U0225226

中國植物保護百科全書

中国植物保护百科全书

农药卷

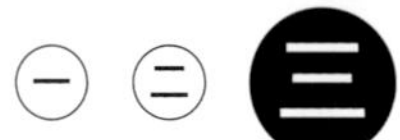

中国林業出版社

杀菌剂作用方式 action modes of fungicide

根据病害侵染过程或者病害循环中的不同时期使用杀菌剂而达到的防病效果，以及不同杀菌剂防治植物病害的作用原理。

杀菌剂的作用方式主要分为以下几种。

保护作用 指利用杀菌剂抑制孢子萌发、芽管形成或干扰病原菌侵入的生物学性质。在植物未罹病之前使用药剂，消灭病原菌或在病原菌与植物之间建立起一道化学药物的屏障，防止病原菌侵入，以使植物得到保护。起保护作用的杀菌剂对病原菌的杀死或抑制作用仅局限于植物体表，对已经侵入寄主的病原菌无效。

治疗作用 指在植物感病或发病以后，对植物施用杀菌剂，解除病菌与寄主的寄生关系或阻止病害发展，使植物恢复健康。包括系统治疗作用和局部治疗作用。系统治疗作用又名内吸作用，即利用现代选择性杀菌剂内吸性和再分布的特性，在植物体的不同部位施药后，药剂能够通过植物根部吸收或茎叶渗透等方式进入植物体内，经过质外体系或共质体系输导后在植物体内达到系统分布，对植株上远离施药点部位的病害具有防治作用。该类杀菌剂一般选择性强且持效期较长，既可以在病原菌侵入以前使用，起到化学保护作用，也可在病原菌侵入之后，甚至发病以后使用，发挥其化学治疗作用，并能保护植物新生组织免遭病原菌侵害。局部治疗作用是指施药于寄主表面，通过药剂的渗透和杀菌作用，杀死罹病植物或种子被入侵部位附近的病原菌，在施药处铲除已侵染的病原菌或阻止其继续扩展蔓延。这类杀菌剂大多数内吸性差，不能在植物体内输导，但杀菌作用强，渗透性能好，一般仅在作物罹病的初期使用才能表现出较好的防治作用。这类杀菌剂可具体分为表面化学铲除和局部化学铲除。通常可通过喷施非内吸性杀菌剂（如石硫合剂、硫黄粉等）直接杀死寄生在植物表面的病原菌（如白粉病菌等），达到表面化学铲除的目的；或喷施具有较强渗透性能的杀菌剂，借助药剂的渗透作用将寄生在寄主表面或已侵入寄主表层的病原菌杀死，表现出局部化学铲除作用。

诱导抗病性作用 （induced systematic resistance） 又名免疫作用。即通过化学物质的施用而使植物系统获得抗性，增强对病原菌入侵的抵抗能力或免疫反应，从而阻止病原菌侵染，使寄主植物得到保护。这类杀菌剂其防治谱较广，但大多数对靶标生物没有直接毒力作用，因此必须在植物未罹病之前使用，对已经侵入寄主的病原菌无效。

（撰稿：刘西莉；审稿：苗建强）

杀菌剂作用机理 mechanism of fungicide

杀菌剂毒力的作用方式。又名杀菌剂作用方式。最早是由具有“杀菌剂之父”之称的著名杀菌剂科学家 James G. Horsfall 在 1956 年所著的《杀菌剂作用原理》一书中进行了比较全面的论述。不仅包含杀菌剂与菌体细胞内的靶标互作，还包含杀菌剂与靶标互作以后使病原菌中毒或失去致病能力的原因，以及间接作用的杀菌剂在生物化学或分子生物学水平上的防病机理。由于杀菌剂作用机理研究需要多学科知识和技术，存在着极大的难度和复杂性，故只有部分杀菌剂的作用机理得到证实，根据已知的杀菌剂作用机理可以归纳为抑制或干扰病原菌生物能量的生成、抑制或干扰病原菌的生物合成和对病原菌的间接作用 3 种类型。

抑制呼吸作用，干扰病原菌生物能量的生成 生物体的能量主要来源于有氧条件下的细胞呼吸作用。细胞呼吸作用过程包括 3 个主要代谢途径：一是糖、脂肪、氨基酸等有机化合物经过糖酵解或其他降解反应，最终转化形成乙酰辅酶 A；二是乙酰辅酶 A 进入柠檬酸循环，酶促分解形成高能 H_2 和 CO_2；三是高能 H_2 分解为 H^+ 和高能电子，后者经呼吸链（电子传递链）传给最终的电子受体 O_2，并形成水。

在呼吸作用过程中，尤其是在电子传递过程中释放出大量的能量，这些能量通过 ADP 的磷酸化转化成 ATP 储藏在细胞内。ATP 是维持一切生物生命活动的能量源泉，所以呼吸作用是一切生物具有生命的基本特征。杀菌剂抑制病原菌呼吸作用的结果是破坏生物能量的生成，导致菌体死亡。大多数传统多作用位点杀菌剂和一些现代选择性杀菌剂，它们的作用靶标正是病原菌呼吸作用过程中催化物质氧化降解的专化性酶或电子传递过程中的专化性氧化还原载体，属于呼吸抑制剂。但是传统多作用位点杀菌剂的作用靶标多为催化物质氧化降解的酶，菌体在物质降解过程中释放的能量较少，所以这些杀菌剂的活性也表现较低。电子传递链中的一些酶复合物抑制剂及氧化磷酸化抑制剂往往表现很高的杀菌活性。

病原菌的不同生长发育期对能量的需求是不同的，真菌孢子萌发要比维持菌丝生长所需要的能量大得多，因而能量供应受阻时，孢子就不能萌发，呼吸抑制剂对孢子萌发的毒力也往往高于对菌丝生长的毒力。

由于有氧呼吸是在线粒体内进行的，所以许多对线粒体结构有破坏作用的杀菌剂，也会干扰有氧呼吸而破坏能量生成。

抑制糖酵解和脂质氧化 在葡萄糖磷酸化和磷酸烯醇式丙酮酸形成丙酮酸的过程中，己糖激酶和丙酮酸激酶需要有 Mg^{2+} 及 K^+ 的存在才有催化活性。一些含重金属元素的杀菌剂可以通过离子交换，破坏细胞膜内外的离子平衡，使细胞质中的糖酵解受阻。

百菌清、克菌丹和灭菌丹等杀菌剂可以与磷酸甘油醛脱氢酶的—SH 结合，使其失去催化 3- 磷酸甘油醛 / 磷酸二羟丙酮形成 1,3- 二磷酸甘油醛的活性。

脂肪是菌体内能量代谢的重要物质来源之一。因此，干扰脂质氧化也是杀菌剂抑制能量生成的重要作用机理之一。在菌体内脂质氧化主要是 β- 氧化，即脂肪酸羧基的第二碳的氧化。β- 氧化必须有辅酶 A 参与，所以一些抑制辅酶 A 活性的杀菌剂如克菌丹、二氯萘醌等都会影响脂肪的氧化，减少能量的生成。

抑制乙酰辅酶 A 形成 细胞质内糖降解产生的丙酮酸通过渗透方式进入线粒体，在丙酮酸脱氢酶系的作用下形成乙酰辅酶 A，然后进入柠檬酸循环进行有氧氧化。克菌丹能够特异性抑制丙酮酸脱氢酶的活性，阻止乙酰辅酶A的形成。作用位点是丙酮酸脱氢酶系中的硫胺素焦磷酸（TPP）。TPP在丙酮酸脱羧过程中起转移乙酰基的作用，而TPP接受乙酰基时只能以氧化型（TPP^+）进行。但有克菌丹存在的情况下，TPP^+结构受破坏，失去转乙酰基的作用，乙酰辅酶A不能形成。

抑制柠檬酸循环　柠檬酸循环在线粒体内进行，参与柠檬酸循环每个生化反应的酶都分布在线粒体膜、基质中。杀菌剂对柠檬酸循环的影响主要是对这些关键酶活性的抑制，使代谢过程不能进行。福美双、克菌丹、硫黄、二氯萘醌等能够使乙酰辅酶A失活，并可以抑制柠檬酸合成酶、乌头酸酶的活性；代森类杀菌剂和8-羟基喹啉等可以与菌体柠檬酸循环中的乌头酸酶螯合，使酶失去活性；克菌丹通过破坏酮戊二酸脱氢酶的辅酶——硫胺素焦磷酸结构使活性丧失；硫黄和萎锈灵可以抑制琥珀酸脱氢酶和苹果酸脱氢酶的活性；含铜杀菌剂能够抑制延胡索酸酶的活性。

抑制呼吸链　呼吸链是生物有氧呼吸能量生成的主要代谢过程，一个分子葡萄糖完全氧化为CO_2和H_2O时，在细胞内可产生36分子ATP，其中32个是在呼吸链中通过氧化磷酸化形成的（见图）。因此，抑制或干扰呼吸链的杀菌剂常常表现很高的杀菌活性。在整个呼吸链的电子传递过程中实际上只有在FMN→Q、cytb→$cytc_1$和$cytaa_3$→O_2三个部位释放大量自由能，这也恰好是氧化磷酸化形成ATP的部位。

研究表明呼吸链中存在由电子传递的一些相邻组分形成的4个复合物，称为复合物Ⅰ、Ⅱ、Ⅲ、Ⅳ，分别位于线粒体内膜上。复合物Ⅰ是由NADH脱氢酶及其非血红素铁硫蛋白组成，复合物Ⅱ是由琥珀酸脱氢酶及其非血红素铁硫蛋白组成，复合物Ⅲ是由cytb、$cytc_1$及其血红素铁硫蛋白组成，复合物Ⅳ是由cyta和$cyta_3$组成。已知电子传递链中的4个复合物都是杀菌剂的作用靶标，其中尤以复合物Ⅱ和Ⅲ最重要，具有很好的选择性。

复合物Ⅰ是敌克松和鱼藤酮的结合靶标，结合位点是复合物I的非血红素铁硫蛋白。新型氨基嘧啶类杀菌剂氟嘧菌胺和吡唑类唑虫酰胺的作用靶标也是NADH氧化还原酶。

复合物Ⅱ由亲水性的黄素蛋白（SdhA）和铁硫蛋白（SdhB）两个亚基形成的膜外域和疏水性的SdhC和SdhD两个亚基形成的跨膜蛋白组成。氧化中心位于亲水区域催化琥珀酸脱氢，还原中心位于疏水区域催化CoQ还原，在完成氧化还原反应的同时将电子从线粒体内膜外传递到膜内。许多含有酰胺基团的杀菌剂可与琥珀酸脱氢酶复合物的不同亚基结合，阻止电子传递，如萎锈灵、拌种灵、啶酰菌胺、噻呋酰胺、氟酰胺、氟吡菌酰胺、氟唑菌酰胺、氟唑菌胺、吡唑萘菌胺等，这些琥珀酸脱氢酶抑制剂又名SDHIs。

复合物Ⅲ是跨线粒体内膜的泛醌—细胞色素c还原酶，催化醌的氧化和细胞色素c的还原。甲氧基丙烯酸酯类的许多杀菌剂如嘧菌酯、醚菌酯、唑菌胺酯、氟嘧菌酯、啶氧菌酯、烯肟菌酯、唑胺菌酯、苯氧菌胺等及噁唑菌酮、咪唑菌酮等，与复合物Ⅲ位于线粒体内膜外壁的Qo位点（CoQ的氧化位点）cytb低势能血红素（b_L）结合，抑制电子转移到铁硫蛋白ISP及cytb低势能血红素b_L上，这类杀菌剂又名Qo抑制剂（QoIs）；抗霉素A、氰霜唑、吲唑磺菌胺等杀菌剂则与复合物Ⅲ位于膜内侧的Q_i位点（CoQ的还原位点）cytb高势能血红素（b_H）结合，阻止电子传递，抑制能量生成，这类杀菌剂又名Qi抑制剂（QiIs）。

复合物Ⅳ中$cyta_3$的铁原子不同于其他细胞色素而形成5个配位，能与O_2、CO、CN^-等结合。一些含有—CN的化合物，如二硫氰基甲烷及硫代氰酸酯类杀菌剂、杀线虫剂的CN^-根与复合物Ⅳ氧化型细胞色素氧化酶中的三价铁结合，改变酶的结构，阻止从底物获得电子还原成二价铁，抑制末端氧化，干扰能量形成。

旁路氧化酶（alternative oxidase，AOX或AO）是旁路氧化途径的关键酶。旁路氧化途径也称为呼吸作用的替代途径（alternative pathway of respiration），将电子直接从辅酶Q传递至O_2，不经过复合物Ⅲ和复合物Ⅳ，所以也称为抗氰化物呼吸途径，但能量生成的效率只有细胞色素介导的呼吸链的40%。AOX在真菌中的存在方式有两种，一是诱导型表达，如在粗糙脉孢霉和稻瘟病原菌中，在以细胞色素介导的呼吸链被阻断或线粒体电子传递载体蛋白质合成受抑制时，AOX被诱导表达，正常条件下AOX活性很低或不能检测到；二是组成型表达，如在灰霉和香蕉黑斑病原菌中，病原菌线粒体AOX活性有无或高低直接关系到复合物Ⅲ和Ⅳ的抑制剂活性。水杨基肟酸（SHAM）是AOX的特异性抑制剂，普遍存在于植物体内的（类）黄酮类物质也能够强烈抑制旁路氧化作用。（类）黄酮类物质与AOX的相互作用至少包括通过清除自由氧抑制AOX的诱导和直接抑制AOX酶活性两种方式。

抑制氧化磷酸化和ATP酶活性　电子传递与磷酸化形成ATP相偶联的过程称为氧化磷酸化。氧化磷酸化是生物体在有氧条件下分解有机物质获得能量的主要过程。

氟啶胺和二硝基苯巴豆酸类及离子载体类杀菌剂会改变线粒体内膜的透性，而消除了内膜内外两侧原来形成的H^+浓度差和电位差，使氧化磷酸化解偶联，阻碍能量的供应；又如噻吩羧酰胺类的硅噻菌胺及砷、铜、锡、汞等杀菌剂能直接影响ATP酶的活性，或抑制氧化磷酸化反应。

抑制或干扰病原菌的生物合成　生物的新陈代谢包括能量代谢的异化作用和物质代谢的同化作用。生物的同化作用就是在酶的催化作用下，从原子合成分子、从小分子合成

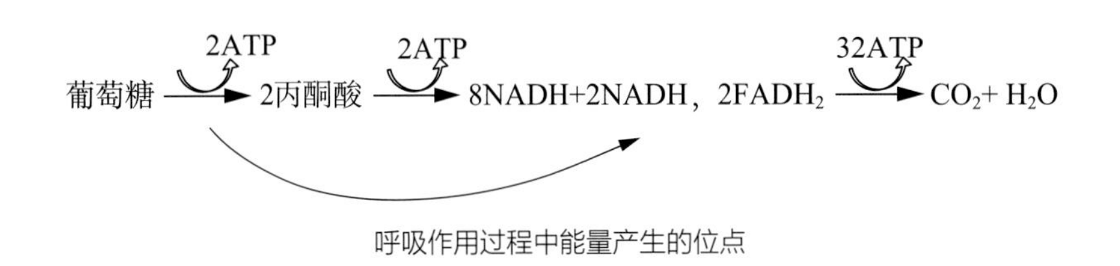

呼吸作用过程中能量产生的位点

S

大分子的过程，为组装细胞和组织结构及各种代谢活动提供物质。病原菌的生物合成受到抑制或干扰则会表现孢子芽管粗糙、末端膨大、扭曲畸形，菌丝生长缓慢或停止、或过度分枝，细胞不能分裂、细胞壁加厚或沉积不均匀，细胞膜损伤，细胞器变形或消失，细胞原生质裸露等中毒症状，继而细胞死亡。

抑制细胞壁组分的生物合成　不同类型病原菌细胞壁的主要组分和功能有很大的差异，以致抑制细胞壁组分生物合成的杀菌剂具有选择性或不同的抗菌谱。

①抑制肽多糖生物合成。细菌的细胞壁主要成分是多肽和多糖形成的肽多糖。已知青霉素的抗菌机理就是药剂与转肽酶结合，抑制肽多糖合成，阻止细胞壁形成。

②抑制几丁质生物合成。真菌中的子囊菌、担子菌和半知菌的细胞壁主要成分是几丁质（N- 乙酰葡萄糖胺同聚物）。几丁质的前体 N- 乙酰葡萄糖胺（GlcNAc）及其活化是在细胞质内进行的，然后通过磷酸化输送到细胞膜外侧，在几丁质合酶的作用下合成几丁质。

多氧霉素类抗生素的作用机理是竞争性抑制真菌几丁质合酶，干扰几丁质合成，使真菌缺乏组装细胞壁的物质，生长受到抑制。多氧霉素对不同真菌的抗菌活性存在很大差异，这是因为不同真菌的细胞壁组分及其含量存在差异，药剂通过细胞壁到达壁的内侧难易程度不同。同样，多氧霉素的不同组分因其结构上的辅助基团不同而表现不同的抗菌谱。

卵菌的细胞壁主要成分是纤维素，不含几丁质。虽然多氧霉素类抗生素对卵菌没有抗菌活性，但是羧酸酰胺类杀菌剂如烯酰吗啉、氟吗啉等则选择性抑制卵菌的纤维素合酶活性，干扰卵菌菌丝顶端细胞壁形成，抑制菌体生长。

③抑制黑色素生物合成。黑色素是许多植物病原真菌细胞壁的重要组分之一，利于细胞抵御不良物理化学环境和有助于侵入寄主。黑色素化的细胞最大的秘密就是黑色素的分布与附着胞功能间的关系。真菌黑色素大多属于二羟基萘酚（DHN）黑色素，沉积于附着胞壁的最内层，与质膜临近，但有一环形区域非黑色素化，该区域称为附着胞孔，并由此产生侵入丝。附着胞壁的黑色素层是保证侵入时维持强大的渗透压必不可少的。三环唑、咯喹酮、灭瘟唑、稻瘟醇、唑瘟酮、四氯苯肽、courmarin、TQ、MQ 等对真菌的作用机理是抑制 1,3,6,8- 四羟基萘酚还原酶（4HNR）和 1,3,8- 三羟基萘酚还原酶（3HNR）的活性；环丙酰菌胺和氰菌胺等则是抑制小柱孢酮脱水酶（SD）的活性，使真菌附着胞黑色素的生物合成受阻，失去侵入寄主植物的能力。一种对稻瘟病具有良好防治作用的新型氨基甲酸酯类杀菌剂 tolprocarb 则是通过抑制多肽合酶而干扰黑色素生物合成的。

抑制细胞膜组分的生物合成　菌体细胞膜是由许多含有脂质、蛋白质、甾醇、盐类的亚单位组成，亚单位之间通过金属桥和疏水键连接。细胞膜各亚单位的精密结构是保证膜的选择性和流动性的基础。膜的流动性和选择性吸收与排泄则是细胞膜维护细胞新陈代谢最重要的生物学性质。杀菌剂抑制细胞膜特异性组分的生物合成或药剂分子与细胞膜亚单位结合，都会干扰和破坏细胞膜的生物学功能，甚至导致细胞死亡。抑制细胞膜组分生物合成和干扰细胞膜功能的杀菌剂作用机理有如下几种。

①抑制麦角甾醇生物合成。麦角甾醇是真菌生物膜的特异性甾醇组分，不仅对保持细胞膜的完整性、流动性和细胞的抗逆性等具有重要的意义，而且甾醇的一些代谢产物还是有关遗传表达的信息素。因此，抑制麦角甾醇生物合成的杀菌剂具有活性高、选择性强和导致真菌多种中毒症状的特点。抑制麦角甾醇生物合成的农用杀菌剂包括多种化学结构类型。其中吡啶类、嘧啶类、哌嗪类、咪唑类、三唑类杀菌剂的作用靶标是 14α- 脱甲基酶（Cyt P-450 加单氧酶，erg11，cyp51），这些杀菌剂杂环中的 N 原子与靶标酶铁硫蛋白中心的铁原子配位键结合，阻止 24（28）甲撑二氢羊毛甾醇第 14 碳位 α 面的甲基氧化脱除，又名脱甲基抑制剂（DMI）。环酰菌胺和胺苯吡菌酮则与 3- 酮还原酶（erg27）结合，阻止 C-4 位脱甲基。吗啉和哌啶类杀菌剂及萁孢菌素的作用靶标是 $\triangle^{8\to7}$ 异构酶（erg2）和 $\triangle^{14-15}$ 还原酶（erg24）。此外，还发现甾醇前体鲨烯环氧化酶（erg1）也是重要的药物靶标，如已开发为抗皮肤真菌疾病医药的丙烯胺类萘替芳和特比萘芬及开发为除草剂的硫代氨基甲酸酯类稗草畏。14α- 脱甲基酶是真菌麦角甾醇生物合成途径中最重要的关键酶，因此大多数抑制 14α- 脱甲基酶的杀菌剂表现了极高的抗菌活性。

②抑制磷脂生物合成。磷脂和脂肪酸是细胞膜双分子层结构的重要组分。硫赶磷酸酯类的异稻瘟净、敌瘟磷及二硫杂环戊烷类的稻瘟灵等作用机理是抑制细胞膜的卵磷脂生物合成。通过抑制 *S*- 腺苷高半胱氨酸甲基转移酶的活性，阻止磷脂酰乙醇胺的甲基化，使磷脂酰胆碱（卵磷脂）的生物合成受阻，改变细胞膜的透性。

③膜的脂质过氧化。芳烃类杀菌剂二硝胺、五氯硝基苯、联苯、有机硫杀菌剂克菌丹、甲基立枯磷、氯唑灵等导致膜不饱和脂肪酸与氧自由基反应生成过氧化脂质，破坏细胞膜的结构和功能。

抑制核酸生物合成　核酸是重要的遗传物质，细胞分裂分化则是病原菌生长和繁殖的前提。因此，抑制和干扰核酸的生物合成和细胞分裂，会使病原菌的遗传信息不能正确表达，生长和繁殖停止。

①抑制 RNA 生物合成。核糖核酸（RNA）是在 RNA 聚合酶的催化下合成的。细胞内有三种 RNA 聚合酶，分别合成 rRNA、mRNA、tRNA 和 5sRNA。苯酰胺类杀菌剂甲霜灵的作用机理是专化性抑制 rRNA 的合成。

②抑制腺苷脱氨酶。腺苷脱氨形成次黄苷是重要的核酸代谢反应之一，而且次黄苷与白粉病原菌的致病性有关。烷基嘧啶类的乙菌定杀菌剂作用机理是抑制腺苷脱氨酶的活性，阻止次黄苷的生物合成。

③抑制拓扑异构酶。该酶催化 DNA 链断开和结合的偶联反应，在 DNA 的复制和转录中具有重要功能。已知杀细菌剂噁喹酸的作用靶标是切断 DNA 两个链而改变拓扑结构的Ⅱ型拓扑异构酶。

破坏细胞骨架和马达蛋白　苯并咪唑类杀菌剂多菌灵、噻苯咪唑和苯菌灵及在生物体转化为多菌灵的甲基硫菌灵与秋水仙素，是维持细胞骨架和有丝分裂的微管蛋白抑制剂，具有广谱抗真菌活性。多菌灵是通过与构成纺锤丝的微管的亚单位β-微管蛋白结合，阻碍其与另一组分α-微管蛋白装配成微管，破坏纺锤体的形成，使细胞有丝分裂停止，表现染色体加倍，细胞肿胀。多菌灵在禾谷镰刀菌中则是与另一种β_2-微管蛋白结合，阻碍细胞分裂、破坏细胞正常形态的。苯酰菌胺和噻唑菌胺则是与卵菌的β-微管蛋白特异性结合，抑制卵菌生长。氟吡菌胺则干扰卵菌细胞隔膜类蛋白的定位。

氰烯菌酯是氰基丙烯酸酯类新型镰刀菌种专化性抑制剂，其作用靶标是在不同物种中遗传分化较大的肌球蛋白-5，药剂分子与肌球蛋白马达域结合，抑制该蛋白的ATP酶活性，干扰细胞营养物质运输，导致菌丝顶端细胞生长停滞。氰烯菌酯对与禾谷镰刀菌肌球蛋白-5序列具有95%以上同源性的串珠镰刀菌和尖孢镰刀菌等具有很高的抗菌活性。

抑制病原菌氨基酸和蛋白质生物合成　氨基酸是蛋白质的基本结构单元，蛋白质则是生物细胞重要的结构物质和活性物质。尽管很多杀菌剂处理病原菌以后，氨基酸和蛋白质含量减少，但是已经确认最初作用靶标是氨基酸和蛋白质生物合成的杀菌剂并不多。已知苯胺基嘧啶类杀菌剂，如嘧霉胺、甲基嘧啶胺、环丙嘧啶胺等现代选择性杀菌剂的作用机理是抑制真菌蛋氨酸生物合成，从而阻止蛋白质合成，破坏细胞结构。

蛋白质的生物合成是一个十分复杂的过程，从氨基酸活化、转移、mRNA装配、密码子识别、肽键形成、移位、肽链延伸、终止、以至肽链从核糖体上释放和修饰，几乎每一步骤都可以被药剂干扰。但是目前确认最初作用机理是抑制或干扰蛋白质生物合成的杀菌剂主要是抗生素。一些抗生素可以在菌体细胞内质网上与RNA大亚基或小亚基结合，如春雷霉素通过干扰rRNA装配和tRNA的酰化反应抑制蛋白质合成的起始阶段；链霉素、放线菌酮、灭瘟素、氯霉素、土霉素等通过错码、干扰肽键的形成、肽链的移位等抑制核糖体上肽链的伸长。蛋白质生物合成抑制剂处理病原菌以后，往往表现细胞内的蛋白质含量减少，菌丝生长明显减缓，体内游离氨基酸增多，细胞分裂不正常等中毒症状。

抑制信号传导　真核细胞感受胞外刺激并将信号传导至细胞核内部，调节其生长、分化及应对环境的应激反应等多种细胞生理过程是通过丝裂原活化蛋白（MAP）激酶实现的。已知苯氧喹啉和碘喹唑酮能够抑制鸟苷酸结合蛋白（G-蛋白）的表达，阻止该跨膜蛋白的信号传导。苯吡咯类杀菌剂拌种咯和咯菌腈、二甲酰亚胺类杀菌剂乙菌利、乙烯菌核利、异菌脲、腐霉利、菌核净等则是干扰渗透压信号传导，分别抑制组氨酸激酶介导的渗透压信号传导途径中的os-2（HOG1）和os-1（Daf1），使真菌丧失对高渗透压的应激反应。

对病原菌的间接作用　传统筛选或评价杀菌剂毒力的指标是抑制孢子萌发或菌丝生长的活性。但是，后来发现有些杀菌剂尤其是一些噻唑类化合物在离体下对病原菌的孢子萌发和菌体生长没有抑制作用，或作用很小。但施用到植物上以后能够表现很好的防病活性。这些杀菌剂能诱导植物产生防卫反应，抵御病原物的侵染。如苯并噻二唑、烯丙异噻唑、异噻菌胺、噻酰菌胺及多糖、多肽等能够诱导寄主植物水杨酸或茉莉酸介导的防卫反应基因过表达，增强抗病性。这些杀菌剂的作用机理是通过干扰寄主与病原菌的互作而达到或提高防治病害效果的。如三环唑除了抑制附着胞黑色素生物合成，阻止稻瘟病原菌对水稻的穿透侵染以外，还能够在稻瘟病原菌侵染的情况下诱导水稻体内O_2^-产生及POX等抗病性相关酶的活性和抑制稻瘟病原菌的抗氧化能力等作用。三环唑在水稻上防治稻瘟病的有效剂量远远低于离体下对黑色素合成的抑制剂量。

乙膦铝在离体下对病原菌生长发育也几乎没有抑制作用，而施用于番茄上可以防治致病疫霉（*Phytophthora infestans*）引起的晚疫病，但在马铃薯上不能防治同种病原菌引起的晚疫病。这是因为乙膦铝在番茄体内可以降解为亚磷酸发挥抗菌作用，而在马铃薯体内则不能降解成亚磷酸。

噻枯唑在离体下虽然对植物病原细菌的生长有一定的抗菌活性，但在防治水稻白叶枯病时的使用有效浓度则相对较低，而且在水稻上表现抗药性的菌株在离体下的生长药敏性与野生型敏感菌株没有差异。因为噻枯唑具有干扰病原细菌侵染过程中的群体效应、抑制细菌胞外多糖生物合成从而降低抑制植物防卫反应的作用。

生物体内的各种生理生化代谢是相互联系的，因此上述的杀菌剂作用机理绝不是孤立的作用。例如能量生成受阻，许多需要能量的生物合成就会受到干扰，菌体细胞内的生物合成受到抑制，菌体的细胞器就会受到破坏，又必然会导致菌体细胞代谢的深刻变化。如麦角甾醇生物合成中的脱甲基作用受到抑制以后，不仅含有甲基的甾醇组入细胞膜，改变透性，引起一系列的生理变化，而且有些甲基甾醇本身很可能也是有毒的。因此，杀菌剂作用机理研究的目标是发现最初的作用靶标。

参考文献

LEROUX P, 2015. Recent developments in the mode of action of fungicides[J]. Pest management science, 47 (2) : 191-197.

YOUNG D H, 2015. Anti-tubulin agents[M]. Springer Japan.

（撰稿：周明国；审稿：刘西莉）

杀铃脲　triflumuron

一种苯甲酰脲类杀虫剂。

其他名称　Alsystin、Baycidal、Certero、Intrigue、Joice、Khelmit、Poseidon、Rufus、Soystin、Startop、Starycide、杀虫隆、三福隆、SIR 8514、OMS 2015。

化学名称　1-(2-氯苯甲酰基)-3-(4-三氟甲氧基苯基)脲；1-(2-chlorobenzoyl)-3-(4-trifluoromethoxyphenyl)urea。

IUPAC名称　2-chloro-*N*-[[4-(trifluoromethoxy)phenyl]carbamoyl]benzamide。

CAS登记号　64628-44-0。

分子式　$C_{15}H_{10}ClF_3N_2O_3$。

相对分子质量　358.70。

结构式

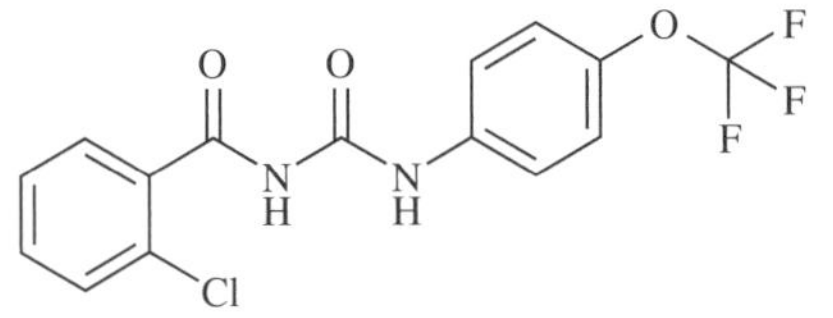

开发单位 由 G. Zoebelein、I. Hammann 和 W. Sirrenberg 分别于 1979 年和 1980 年报道，拜耳公司 1985 年开发。

理化性质 无色粉末。熔点 195℃。蒸气压 4×10^{-5}mPa（20℃）。相对密度 1.445（20℃）。$K_{ow}\lg P$ 4.91（20℃）。水中溶解度 0.025mg/L（20℃）；其他溶剂中溶解度（g/L，20℃）：二氯甲烷 20～50、异丙醇 1～2、甲苯 2～5、正己烷＜0.1。中性和酸性溶液中稳定，碱液中水解，DT_{50}（22℃）：960 天（pH4），580 天（pH7），11 天（pH9）。

毒性 急性经口 LD_{50}（mg/kg）：雄、雌大小鼠＞5000，狗＞1000。雄、雌大鼠急性经皮 LD_{50}＞5000mg/kg。对兔皮肤和眼睛无刺激，对皮肤无致敏性。大鼠吸入 LC_{50}（mg/L 空气）：雄、雌大鼠＞0.12（烟雾剂），＞1.6（粉末）。NOEL（mg/kg 饲料）：大、小鼠（2 年）20，狗（1 年）20。山齿鹑急性经口 LD_{50} 561mg/kg。鱼类 LC_{50}（96 小时，mg/L）：虹鳟＞320，圆腹雅罗鱼＞100。水蚤 LC_{50}（48 小时）0.225mg/L。斜生栅藻 E_rC_{50}（96 小时）＞25mg/L。对蜜蜂有毒。蚯蚓 LC_{50}（14 天）＞1000mg/kg 土壤。其他有益生物：对成虫无影响，对幼虫有轻微影响，对食肉螨安全。

剂型 5%、20%、40% 悬浮剂，5% 乳油。

作用方式及机理 属苯甲酰脲类的昆虫生长调节剂，是具有限触杀作用的非内吸性胃毒作用杀虫剂，仅适用于防治咀嚼式口器昆虫，因为它对吸管型昆虫无效（除木虱属和橘芸锈螨）。杀铃脲阻碍幼虫蜕皮时外骨骼的形成。幼虫的不同龄期对杀铃脲的敏感性未发现有大的差异，所以它可在幼虫所有龄期应用。杀铃脲还有杀卵活性，在用药剂直接接触新产下的卵或将药剂施入处理的表面时，发现幼虫的孵化变得缓慢。杀铃脲作用的专一性在于其有缓慢的初始作用，但持效期长。对绝大多数动物和人类无毒害作用，且能被微生物所分解。虽然杀铃脲对昆虫的作用机理与除虫脲相类似，但其不仅是几丁质生成抑制剂，而且还具有与保幼激素相似的活性。

防治对象 棉铃虫、金纹细蛾、菜青虫、小菜蛾、小麦黏虫、松毛虫等鳞翅目和鞘翅目害虫，包括在梨园中消灭地中海蜡实蝇、马铃薯叶甲和棉花上的海灰翅夜蛾。

使用方法 以悬浮剂加水喷雾使用，防治棉铃虫用有效成分 75～120g/hm^2。

蝽类五龄幼虫对杀铃脲的局部作用表现出非常高的敏感性。该药剂具有高的杀卵效果，即在药剂的浓度为 0.0325% 时，卵完全被致死。第二龄和第三龄鳞翅目幼虫对杀铃脲比第五龄幼虫更敏感。以 0.13% 和 0.065% 杀铃脲溶液处理时，它们的生存能力分别降低 100% 和 53.6%。

对大菜粉蝶和菜蛾以及西纵色卷蛾具有明显效果，且有防治白蚁和许多其他昆虫的效果。对 3 种益虫：北美草蛉（脉翅目草蛉科）、*Acholla multispinosa*（半翅目猎蝽科）和 *Maerocentrus ancylivorus*（膜翅目茧蜂科）显示出高的毒性。无论是局部处理，还是与药剂处理的叶片接触，都引起北美草蛉极高的死亡率和交替龄期蜕皮的抑制。

与其他药剂的混用 ①5% 杀铃脲和 1% 甲氨基阿维菌素苯甲酸盐混配，以 750～900g/hm^2 喷雾用于防治甘蓝小菜蛾。②5% 杀铃脲和 1% 甲氨基阿维菌素苯甲酸盐混配，稀释 1500～2000 倍液喷雾用于防治苹果卷叶蛾，稀释 1000～2000 倍液喷雾用于防治杨树美国大白蛾。③4.7% 杀铃脲和 0.3% 阿维菌素混配，以 750～900ml/hm^2 喷雾用于防治甘蓝小菜蛾。

允许残留量 GB 2763—2021《食品中农药最大残留限量标准》规定杀铃脲最大残留限量见表。ADI 为 0.014mg/kg。水果中杀铃脲残留量按照 GB/T 20769、NY/T 1720 规定的方法测定。

部分食品中杀铃脲最大残留限量（GB 2763—2021）

食品类别	名称	最大残留限量（mg/kg）
水果	柑、橘	0.05
	苹果	0.10

参考文献

刘长令, 2017.现代农药手册[M].北京: 化学工业出版社: 900-901.

（撰稿：杨吉春；审稿：李森）

杀卵效力测定 evaluation of ovicidal effect

通过药剂与虫卵接触，来测定其杀卵毒力（即影响胚胎正常发育）的杀虫剂生物测定。杀卵剂或杀虫剂的杀卵作用主要表现在，用药剂处理虫卵后，药剂可以阻止卵胚胎的正常发育，使之不能孵化。

适用范围 适用于阻止害虫卵胚胎正常发育杀虫剂的毒力测定。

主要内容 测定杀卵毒力的方法有浸渍法、叶碟法、琼脂胶法、喷雾法等；其中最常用的是浸渍法。浸渍法的一般步骤：选取均匀饱满的试虫受精卵或卵块（产后 24 小时），记录卵粒数后置于培养皿中。将供试药剂加水稀释成 5～7 个不同浓度，将带有卵粒（20～30 粒）的叶片或者纸片浸入药液中，10 秒后取出，晾干后重新放回原来的器皿中，于适宜的温湿度条件下培养。另设清水或溶剂为对照组。待处理后的卵发育至将要孵化时，另加入叶片，供孵化的幼虫取食。检查并记录各处理卵块的未孵化数。在解剖镜或放大镜下观察，以卵壳未见孵化孔、且卵变色变形即胚胎已致死，表示卵未孵化，计算未孵化率。可以用未孵化率表示杀卵效果，求出毒力回归方程式及 LC_{50}。

参考文献

沈晋良, 2013. 农药生物测定[M]. 北京: 中国农业出版社.

（撰稿：黄晓慧；审稿：袁静）

杀卵作用 ovicidal action

药剂与虫卵接触后，进入卵内部阻止卵（胚胎）的正常发育，降低卵的孵化率或直接作用于卵壳使幼虫或虫胚中毒死亡的作用方式。

有些昆虫若在卵期内不及时防治就会给以后的防治带来困难，比如果树食心虫、棉铃虫、梨星毛虫等钻蛀型、卷叶型等隐蔽昆虫，因此在昆虫成虫产卵前后使用杀卵剂，阻止卵发育或杀死虫卵。

卵是一个大型细胞，昆虫的卵多数在1.5～2mm，赤眼蜂的卵则很小，长度仅有0.02～0.03mm，蝗虫的卵6～7mm。卵最外面是由卵泡细胞分泌形成的有保护卵和防止卵内水分过量蒸发作用的卵壳（外卵壳：蛋白质，脂肪；内卵壳：蛋白质），卵壳里面为一膜状薄层称卵黄膜（几丁质，蜡质层），卵黄膜围着原生质、卵黄（yolk）和核。卵的前端有1个或若干个贯通卵壳的小孔，称为卵孔（micropyle）。雌虫产卵时，其附腺分泌由鞣化蛋白组成的黏胶层附着于卵壳外面，卵孔也为之封闭。黏胶层可以阻止杀卵剂的侵入。产卵是昆虫生命活动过程中一个极为重要的环节，昆虫产卵忌避信息化学物质（ODS）是影响昆虫产卵的重要生物因素，ODS包括昆虫产卵忌避信息素（ODPs）和植物源昆虫产卵忌避异种化感物（ODAs）两大类。

昆虫的卵对杀虫剂或外界恶劣环境有较强的抵制力，因此杀卵剂须具备的条件：不进入卵内的药剂可使卵壳硬化或者钙化，胚胎干死，如石灰硫黄合剂；包围卵壳，阻碍胚胎呼吸，积累有毒代谢物质，使卵窒息致死；通过卵孔进入卵壳内的药剂，使卵内蜡质溶化，渗透进入卵黄膜，使卵中毒，胚胎发育停止而致死，如苯甲酚、二硝苯酚；对初孵幼虫毒杀，当卵壳喷布药剂后，初孵化幼虫爬过卵壳接触药剂而死亡，如久效磷防棉铃虫卵，主要是杀死初孵幼虫。

具备杀卵作用的杀虫剂：仲丁威（fenobucarb）、氟铃脲（hexaflumuron）、灭多威（thiodicarb）、氰戊菊酯（phenvalerate）、三唑磷（triazophos）。

参考文献

刘长令, 2012. 世界农药大全: 杀虫剂卷[M]. 北京: 化学工业出版社.

徐汉虹, 2007. 植物化学保护学[M]. 4版. 北京: 中国农业出版社.

杨华铮, 邹小毛, 朱有全, 等, 2013. 现代农药化学[M]. 北京: 化学工业出版社.

ISHAAYA I, DEGHELLE D, 1998. Insecticides with novel modes of action, mechanism and application[M]. New York: Springer Verlag.

（撰稿：李玉新；审稿：杨青）

杀螺胺 niclosamide

一种杀虫、杀软体动物剂。

其他名称 百螺杀、Bayluscid、Bayluscide、Clonitralid、Masonil、Yomesan、Chlonitralid、贝螺杀、Bayer 25648、Bayer-2352、SR-73、Bayer 73、RR73、HL2448。

化学名称 2′,5-二氯-4′-硝基水杨酰替苯胺；2′,5-dichloro-4′-nitrosalicylanilide；2′,5-二氯-4′-硝基水杨苯酰胺；*N*-(2-氯-4-硝基苯基)-2-羟基-5-氯苯甲酰胺。

IUPAC名称 2′,5-dichloro-4′-nitrosalicylanilide。

CAS登记号 50-65-7（杀螺胺）；1420-04-8（杀螺胺乙醇胺盐）。

分子式 $C_{13}H_8Cl_2N_2O_4$。

相对分子质量 327.12。

结构式

开发单位 1958年由R. Gnnert和E. Schraufstter报道了其杀螺性质。由拜耳公司开发了乙醇胺盐用作杀螺剂，获专利号DE 1126374；US 3079297；US 3113067。

理化性质 近无色的固体，20℃蒸气压＜1mPa，熔点230℃（208℃分解），在室温水中溶解度为5～8mg/L，其乙醇胺盐为黄色固体，熔点216℃，在室温水中溶解为230mg/L ± 50mg/L，乙醇胺盐对热具有高稳定性，对强酸和碱水解。水中的钙、镁盐含量对其活性影响不大。

毒性 大鼠急性经口LD_{50}＞5000mg/kg，大鼠腹腔注射LD_{50} 250mg/kg；小鼠静脉注射LD_{50} 750mg/kg。大鼠和兔吃5000mg/kg也能生存。乙醇胺盐使猫呕吐的剂量为500mg/kg，耐受为250mg/kg。对鱼和浮游生物有毒，乙醇胺盐对鲤鱼LC_{50}（48小时）为0.235mg/L，对斑点鳟鱼LC_{50}（48小时）为0.05mg/L。但在田间使用浓度下对植物无药害。

剂型 25%乳油，70%可湿性粉剂（Bayluscide，为杀螺胺的2-氨基乙醇盐）。

防治对象 主要用于杀灭钉螺。

使用方法 春季在湖滩上使用可湿性粉剂1g/m^2；秋冬季可用浸灭螺法，施药于湖滩上有积水的洼地，使水中药剂浓度为0.2～0.4mg/kg，浸杀时间一般保持2～3天。水稻田防治福寿螺，施药量315～420g/hm^2，喷雾处理。在沟渠防治钉螺，施药量1～2g/m^3，浸杀处理。

注意事项 ①用药时应注意防护，在拌运或配制母液时，必须戴口罩、风镜和胶皮手套等，以防中毒。②对鱼类、蛙、贝类有毒，使用时要多加注意。

允许残留量 GB 2763—2021《食品中农药最大残留限量标准》规定杀螺胺最大残留限量（mg/kg，临时限量）：稻谷2，糙米0.5。ADI为1mg/kg。

参考文献

马克比恩C, 2015. 农药手册[M]. 胡笑形, 等译. 北京: 化学工业出版社.

朱永和, 王振荣, 李布青, 2006. 农药大典[M]. 北京: 中国三峡出版社.

（撰稿：吴楚；审稿：高希武）

杀螨醇 chlorfenethol

一种触杀性杀螨剂。

其他名称 敌螨、滴灭特、chlorfenethol、BCPE、DCPC、DMC、NSC2848、ENT 9624、Anilix、Daninon、Milsar、Dimite、Qikron。

化学名称 4-氯-α-(4-氯苯基)-α-甲基苯甲醇；4-chloro-α-(4-chlorophenyl)-α-methylbenzenemethanol。

IUPAC名称 1,1-bis(4-chlorophenyl)ethanol。

CAS登记号 80-06-8。

EC号 201-246-3。

分子式 $C_{14}H_{12}Cl_2O$。

相对分子质量 267.15。

结构式

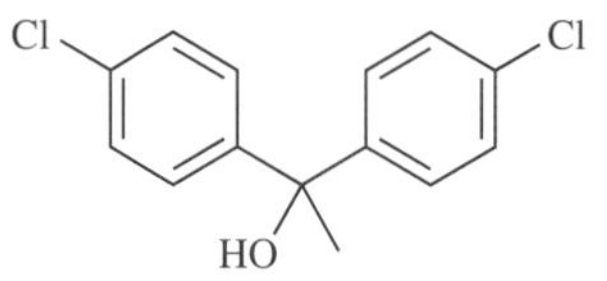

开发单位 1950年美国施温-威廉公司推荐品种。

理化性质 无色结晶。熔点69.5~70℃。相对密度1.2816（水=1）。遇碱和强酸水解。不溶于水，但能与丙酮、甲苯和甲醇混溶。纯品是无色至淡黄色固体，但商业产品是棕色液体。

毒性 急性经口LD_{50}：大鼠926~1391mg/kg，小鼠750mg/kg。大鼠急性经皮LD_{50} 10mg/kg。小鼠腹腔LD_{50} 725mg/kg。含0.1%杀螨醇的饲料喂大鼠10周，能忍受。

剂型 用在Milbex混剂中。

作用方式及机理 触杀性杀螨剂，无内吸性；有明显的杀卵效果。通过接触作用的神经毒素，破坏神经系统的功能。

防治对象 针对柑橘树及落叶果树上的螨虫。

使用方法 作DDT的增效剂，能防治对DDT产生抗性的害虫。可以和螨卵酯混用，增强药效，残效期较长。

注意事项 遇明火、高热可燃。受高热分解，放出有毒的烟气。燃烧（分解）产物：一氧化碳、二氧化碳、氯化氢。生产操作或农业使用时，应该佩戴防毒口罩。紧急事态抢救或逃生时，建议佩戴防毒面具。库房通风低温干燥。

允许残留量 日本农药注册保留标准规定果品（夏蜜柑外果皮除外）为3mg/kg。夏蜜柑外果皮为15mg/kg，蔬菜为1mg/kg，茶叶为20mg/kg。FAO/WHO建议ADI为25μg/kg。现已禁用。杀螨醇为致癌物，可疑致肿瘤物。

参考文献

孙家隆, 2015. 新编农药品种手册[M]. 北京: 化学工业出版社.

（撰稿：赖婷；审稿：丁伟）

杀螨砜 sulfenone

一种具有神经毒剂作用的含硫有机氯杀螨剂。是早期主要的有机硫杀螨剂品种。

其他名称 氯苯砜、一氯杀螨砜、*p*-chlorophenyl phenyl、SULPHENONE。

化学名称 4-氯二苯砜；4-chlorodiphenyl sulfone。

IUPAC名称 1-chloro-4-(phenylsulfonyl)benzene。

CAS登记号 80-00-2。

EC号 201-242-1。

分子式 $C_{12}H_9ClO_2S$。

相对分子质量 252.72。

结构式

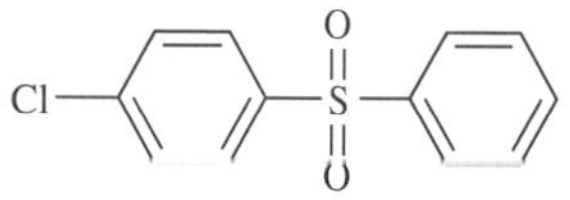

开发单位 1944年美国斯道夫公司推广品种。现已少用或淘汰。

理化性质 无色结晶。熔点90~94℃。沸点389℃（95.86kPa）。溶解度（20℃）：丙酮744g/L、苯444g/L。不溶于水。

毒性 低毒。急性经口LD_{50}：大鼠1400mg/kg，小鼠2700mg/kg。大鼠腹腔LD_{50} 500mg/kg。兔急性经皮LD_{50} > 1mg/kg。

剂型 可湿性粉剂，乳剂。

防治对象 对成螨及螨卵有效，可防治棉花、果树、蔬菜等作物的各种螨类，对蜜蜂寄生螨也有良好的防治效果。使用浓度为0.09%。

注意事项 遇明火、高热可燃。其粉体与空气可形成爆炸性混合物，当达到一定浓度时，遇火星会发生爆炸。受高热分解放出有毒的气体。

参考文献

丁伟, 2010. 螨类控制剂[M]. 北京: 化学工业出版社: 232-233.

（撰稿：赖婷；审稿：丁伟）

杀螨好 tetrasul

一种非内吸性杀螨剂。

其他名称 杀螨硫醚、杀螨氯硫、Animert。

化学名称 4-氯苯基-2,4,5-三氯苯基硫醚；4-chlorophenyl-2,4,5-trichlorophenyl sulfide。

IUPAC名称 1,2,4-trichloro-5-[(4-chlorophenyl)sulfanyl]benzene。

CAS登记号 2227-13-6。

EC号 218-761-4。

分子式 $C_{12}H_6Cl_4S$。

相对分子质量 324.05。

结构式

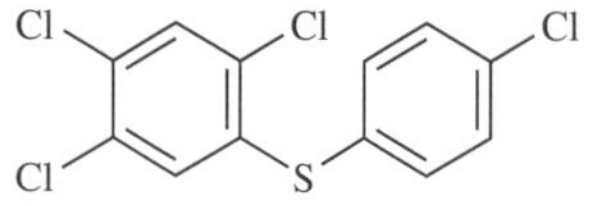

开发单位 1957年荷兰菲利浦-杜法尔公司推广，1985年停产。

理化性质 白色无味结晶。熔点87.3~87.7℃。沸点408℃。蒸气压0.1mPa（20℃）。微溶于水，中度溶于丙酮、乙醚，溶于苯和氯仿。在正常条件下稳定，但要防止长时间阳光下暴露。它能被氧化成它的砜或三氯杀螨砜，能与大多数农药混用，无腐蚀性。

毒性 中等毒性。急性经口LD_{50}：大鼠＞3960mg/kg，小鼠＞5010mg/kg，雌豚鼠＞8800mg/kg。兔急性经皮LD_{50}＞2000mg/kg。

剂型 18%乳剂，18%可湿性粉剂。

作用方式 非内吸性杀螨剂。

防治对象 具有较高的选择性，对益虫和野生动物无危险。除叶螨成螨外，对植食性螨类的卵及各阶段幼虫有较强的触杀作用。

使用方法 用于苹果树、梨树和瓜类上，以1kg 18%可湿性粉剂加400kg水在越冬卵孵化时使用，在该浓度下无药害。

参考文献

丁伟, 2010. 螨类控制剂[M]. 北京: 化学工业出版社: 137-138.

（撰稿：赖婷；审稿：丁伟）

杀螨剂 acaricide; miticide

专门用来防治蛛形纲中有害螨类的一类农药，一般是指只杀螨不杀虫或以杀螨为主的药剂。许多杀虫剂兼有优良的杀螨活性，过去通常不将它们列入杀螨剂中，但现在也有作为杀虫杀螨剂在杀螨剂中介绍。螨分为植食性螨和捕食性螨两大类，平时所讲的害螨，就是植食性螨。对于捕食性螨，应该了解其活动特性，在生产中注意保护和利用。植食性螨的形态很小，种类多、危害对象多，其繁殖能力和适应能力非常强，特别容易对连续使用时间较长的杀螨剂产生抗药性。

杀螨剂大多具有触杀作用或内吸作用，对螨的不同发育阶段常表现一定的选择性，有些杀螨剂对成螨、幼螨和卵都有效，有些只能杀死成螨而对卵无效，还有些只能杀卵，称为杀卵剂。应当根据螨的种类和防治时期来选用合适的杀螨剂。如三氯杀螨砜对螨卵和幼螨的触杀作用很强，但对成螨的效果较差。多种有机磷杀虫剂，如氧化乐果、久效磷、水胺硫磷也具杀螨作用，可与杀螨剂轮换使用来防治抗性螨类或延缓抗药性的产生。杀螨剂可经试验后与杀虫剂和杀菌剂一起使用，以兼治多种病虫和螨类。

1944年，美国斯道夫化学公司（Stauffer Chemical Co.）开发出只有杀螨作用的一氯杀螨砜。此后，专用杀螨剂发展较快，新品种不断出现。各时期出现的主要杀螨剂：40年代后期有消螨普、杀螨醚、杀螨酯、杀螨特；50年代有杀螨醇、乙酯杀螨醇、三氯杀螨醇、三氯杀螨砜；60年代有乐杀螨、消螨通、炔螨特、灭螨猛、溴螨酯、偶氮苯、杀虫脒、三环锡；70年代有苯螨特、苯丁锡、三唑锡、双甲脒、苯螨醚；80年代有灭螨醚、苯硫威、四螨嗪、噻螨酮等；2000年以后有季酮酸酯类杀螨剂螺螨酯、螺虫酯、螺虫乙酯，丙烯腈类杀螨剂腈吡螨酯、丁氟螨酯、乙唑螨腈等。螨类对药剂出现抗药性较快，为了解决这个问题，人们在不断地研究和开发着能防治抗药性螨的新型杀螨剂。为了减少农药对环境的污染，开发高效杀螨剂是一个方向。

杀螨剂品种类型较多，主要有有机氯类、有机硫类、硝基苯类、有机锡类、脒类、抗生素类、季酮酸酯类、丙烯腈类及其他杂环类等。

杀螨剂多属低毒物，对人畜比较安全。螨类对杀螨剂产生抗药性较快。不同类型杀螨剂之间通常无交互抗药性。为了防治抗药性螨和延缓螨类抗药性的发展，应重视不同类型杀螨剂轮换使用或混配使用。现有杀螨剂都无内吸传导作用，喷药必须均匀周到。有的杀螨剂杀卵活性高，不杀成螨，有的则相反，这样的两类药剂配合使用往往能提高杀螨活性。专用杀螨剂多无杀虫作用。

（撰稿：杨吉春；审稿：李淼）

杀螨剂种类 classification of acaricide

按照化学结构的不同对杀螨剂品种进行的分类。

在1918年之前，人类最早防治螨类的药剂是硫黄，硫黄粉和石硫合剂至今还是果园里清园杀螨的良药。砷酸钙也是当时使用的无机杀螨剂之一。1918年以后人们开始利用石油乳剂来防治害螨，1930年代二硝基化合物、1940年代偶氮苯等，陆续用于农业生产中杀螨。1944年美国斯道夫化学公司开发的一氯杀螨砜为起始的化学杀螨剂，从此开辟了有机氯杀螨剂时代，三氯杀螨醇是其最典型的杀螨剂代表。有机磷杀虫剂的推广使用，对害螨的控制起到重要作用。但由于DDT和有机磷杀虫剂的使用，杀死了大量的害螨天敌，造成害螨的猖獗。到60年代时，有机磷杀虫剂也往往对害螨束手无策，这样就促使了科学家们对更为高效同时对天敌无害的杀螨剂的探索。从此，克杀螨、敌螨死等喹噁啉类，单甲脒、双甲脒等脒类，苯螨特为代表的有机硫类，以苯丁锡为代表的有机锡类，以哒螨灵为代表的噻嗪酮类，以及噻螨酮（尼索朗）、四螨嗪、螺螨酯等等，陆续成为高效低毒、对天敌和环境更为安全的杀螨剂。

20世纪90年代以前开发的杀螨剂 回顾全球杀螨剂的发展历史，在20世纪90年代以前，杀螨剂主要是有机氯、有机硫、脒类、硝基苯类和有机锡类化合物，其中有机氯和有机硫类杀螨剂在市场上占有主要地位；另外，还有一些有机磷类、拟除虫菊酯类的杀虫杀螨剂在农业上也有应用。

有机氯杀螨剂 开发得比较早的专用杀螨剂，主要品种有三氯杀螨醇、三氯杀螨砜、杀螨酯，还有类似的溴螨酯，其中尤以三氯杀螨醇对螨卵、若螨、成螨都有很强的触杀作用，速效性和持效性好，国内外市场都很好。但由于该品种不易分解，残留量高，中国早已禁止在蔬菜和茶叶上使用，并根据《POPs公约》的要求，三氯杀螨醇将被替代。

有机锡类杀螨剂 主要品种有三环锡、三唑锡和苯丁锡，由于锡的残留作用，国外目前仅有少量生产和应用。中国曾对以上这些品种都进行过研究和开发，目前仅苯丁锡还有少量生产。三环锡对成螨、若螨和螨卵都有良好触杀作用。三唑锡可杀成螨、若螨和螨卵，但对越冬卵无效。而苯丁锡为持效性好的杀螨剂，以触杀为主，对成螨、若螨的杀伤力较强，但对螨卵基本无效。这些杀螨剂都主要用于果树、蔬菜和观赏植物上的害螨防治。

甲脒类杀螨剂　此类有杀虫脒，它不仅有杀螨作用，还有杀虫活性，曾在中国广泛应用。由于其致癌及毒性问题，中国已于1992年起停止生产和使用。此外，还有双甲脒和单甲脒。双甲脒对成螨、若螨、夏卵都有较好的防效，对越冬卵无效，具有触杀和熏蒸作用，对抗性螨也有效。单甲脒与双甲脒性能类似，也能有效地防治多种害螨，对抗性螨也有良好的防效。它们主要用于果树、蔬菜、茶叶、棉花、大豆、甜菜等作物上防治多种害螨，并可防治牲畜体外蜱螨。这2个品种中国都早已有生产，尤其是单甲脒的生产厂和产量较多，曾是中国杀螨剂的主要品种之一。

杂环类杀螨剂　此类有噻螨酮，商品名尼索朗，是具有触杀和胃毒作用的非内吸性杀螨剂，对许多作物的害螨有强烈的杀螨卵、若螨的特性，但对成螨无效，适用于防治柑橘、苹果、棉花等作物上的害螨。中国在20世纪90年代对该品种曾进行开发，后发现该品种抗性发展很快，并且生产成本较高而未产业化。还有四螨嗪，商品名阿波罗，对植食性螨有特效，主要用于杀螨卵，对若螨有一定效果，对成螨无效，但可显著降低雌成螨的产卵量，产下的卵大部分不能孵化，是防治果树、棉花、观赏植物上植食性螨的高效药剂。此外，灭螨猛对成螨和螨卵都有毒杀作用，对高等动物低毒，可用于防治苹果、柑橘上的叶螨。

含硝基的杀螨剂　此类有乐杀螨和消螨通，前者是非内吸性杀螨剂，用于防治苹果上的红蜘蛛和白粉病，后者是二硝基酚的磺酸酯，也具有杀螨和防治白粉病的作用。这类杀螨剂现在基本上用得很少。

拟除虫菊酯　主要是作为杀虫剂防除鳞翅目、鞘翅目等害虫，但有些拟除虫菊酯具有兼杀螨的作用，可作为杀虫杀螨剂，如早期开发的甲氰菊酯，对大部分螨类（除锈螨外）兼有防治作用，主要是防治若螨和成螨，尤其对果树上的螨类效果更好。在拟除虫菊酯结构的合适位置引入氟原子，不但可以提高对害虫的防效，还兼具有杀螨作用，如氯氟氰菊酯、氟氰戊菊酯、联苯菊酯、氟胺氰菊酯、溴氟菊酯等都兼具杀螨作用。溴氟菊酯，是中国上海中西药业公司研制开发的杀虫杀螨剂，其结构与氟氰戊菊酯类似。另外，氟胺氰菊酯不仅能防治油菜、马铃薯、蔬菜、棉花、果树等作物上的植食性螨，还可用于防治蜂房中的大蜂螨。20世纪80年代法国罗素－尤克福公司研制和开发的拟除虫菊酯类杀螨剂杀螨菊酯，商品名Rufast，对许多植食性螨有活性，对幼螨和成螨具有触杀和胃毒作用，并能兼治多种害虫，适用于防治棉花、大豆、梨果、苹果、柑橘、蔬菜、茶树等作物上的害螨。1987年日本三井化学公司发现和开发了芊螨醚，又名氟螨醚，商品名Anniverse、Sirbon、扫螨宝，是含氟非酯类拟除虫菊酯类杀螨剂，具有触杀作用，对若螨、幼螨、成螨都有较高的活性，并具有杀卵活性，对叶螨速效，活性随温度升高而增强，能防治果树的二斑叶螨和锈螨，适用于防治柑橘、葡萄、梨果、蔬菜、茶树和观赏植物等作物上的害螨。1988年，美国富美实化学公司发现开发的含氟非酯类拟除虫菊酯杀虫杀螨剂F-1327，可防治鳞翅目害虫、蚜虫和螨类，适用于棉花、果树和蔬菜防治害虫和害螨。

20世纪90年代以后开发的杀螨剂　在20世纪90年代初，全球的农药新品种发展迅速，一些新品种不断上市。随着全球农作物上害螨危害猖獗并由于用药频繁，一些商业化的杀螨剂相继出现抗性，亟须开发新的杀螨剂。在这期间，杀螨剂的开发非常兴盛，竞争也非常激烈，同时也发展了一些杀虫杀螨剂，并发现了天然产物类杀螨剂。

天然产物类杀螨剂　主要为阿维菌素、弥拜菌素和嘧螨酯。阿维菌素是一种农用抗生素，属大环内酯双糖类化合物，对植食性螨类有特效，由美国默克公司开发并生产，具有触杀和胃毒作用，有很弱的内吸性。其作用机制是干扰神经生理活动，刺激释放γ-氨基丁酸，而氨基丁酸对节肢动物的神经传导有抑制作用。能防治橘缘螨、普通红叶螨、榆全爪螨和棉红蜘蛛等害螨，主要用于防治棉花、柑橘、坚果、蔬菜、土豆、观赏植物等作物上的害螨，对天敌安全，对能动期的害螨都有活性。弥拜菌素是γ-氨基丁酸抑制剂，作用于外围神经系统。通过提高弥拜菌素与γ-氨基丁酸的结合力，使氯离子流量增加，从而发挥杀菌、杀螨活性。对各个生长阶段的害虫均有效，作用方式为触杀和胃毒，虽内吸性较差，但具有很好的传导活性。对作物安全，对节肢动物影响小，和现有杀螨剂无交互抗性，是对害虫进行综合防治和降低抗性风险的理想选择。嘧螨酯是由德国巴斯夫公司研制、日本曹达公司开发的第一个甲氧基丙烯酸酯类杀螨剂，于2001年底在日本上市。它是在甲氧基丙烯酸酯类杀菌剂的基础上，随机合成，并经优化发现的。主要用于防治果树如苹果、柑橘、梨等中的多种螨类，如苹果红蜘蛛、柑橘红蜘蛛等。使用剂量为10～200g/hm^2（有效成分）。嘧螨酯除对螨类有效外，在250mg/L的剂量下对部分病害也有较好的活性。

吡唑类杀螨剂　主要为唑螨酯、吡螨胺和唑虫酰胺。唑螨酯是由日本农药公司发现和开发生产的，对害螨的全生育期有效，特别对幼螨和若螨活性更强，有速效击倒作用，并有优良的持效性，能防治柑橘、苹果、梨、葡萄等作物上的植食性害螨，如叶螨、全爪螨、跗线螨、细须螨、瘿螨等螨类，与三氯杀螨醇、三环锡和噻螨酮等无交互抗性。吡螨胺是由日本三菱化学公司与美国氰胺公司（现巴斯夫公司）合作开发的，对各种螨类，如叶螨、全爪螨、跗线螨、瘿螨、小爪螨、始叶螨、细须螨等具有卓效，而且对螨类各生育期均有速效和高效，不仅能杀卵，还能抑制产卵，持效期长。其作用机制是阻止昆虫的氧化磷酸化作用，而昆虫正是利用该作用经氧化代谢使二磷酸腺苷（ADP）转变成相应的三磷酸腺苷（ATP），以提供和储存能量用。该品种无内吸性，但有渗透活性，具有触杀和抑食作用，对目标作物有极佳选择性，与三氯杀螨醇、苯丁锡、噻螨酮等无交互抗性，是防治苹果、葡萄、柑橘、蔬菜、棉花和观赏植物等作物害螨的一个优良杀螨剂。唑虫酰胺具有杀虫杀螨活性，由日本三菱化学公司开发，对鳞翅目、半翅目和缨翅目害虫如桃蚜、小菜蛾及瘿螨有很高的活性，并对小鼠的毒性很低。

季酮酸类杀螨剂 主要包括螺螨酯和螺虫酯。螺螨酯由德国拜耳公司开发和生产，是一种广谱性杀螨剂，对植食性螨，如全爪螨、二斑叶螨、瘤锈螨、细须螨、刺瘿螨等都具有卓效，对螨卵、若螨、雌性成螨均有触杀效果，特别是杀螨卵效果好，持效期长，如24%螺螨酯悬浮剂稀释4000~6000倍防治柑橘全爪螨，防效可达35~45天。在高温时活性更高，显示正温度系数。作用机制是抑制害螨体内脂肪合成，破坏害螨的能量代谢，从而杀死害螨，与常用的神经毒性杀螨剂的杀螨机理不同。螺虫酯也是德国拜耳公司开发和生产的，特别对粉虱和二斑叶螨有效。对幼螨、若螨活性卓越，并显示明显的杀螨卵活性，能防治细锈螨和上斑叶螨。作用机制与螺螨酯相同，也是抑制害螨体内脂肪合成。未发现与商业杀螨剂产生交互抗性，对有益昆虫安全，适用于有害生物综合治理（IPM）。主要用于棉花、蔬菜、番茄、草莓、玉米和观赏植物等作物害螨防治，具有很好的持效性，植物的相容性好，有很好的环境效益。

苯甲酰脲类杀螨剂 主要为氟螨脲和氟虫脲。氟螨脲是由美国尤尼鲁化学公司开发和生产，作用机制是抑制害螨的蜕皮过程，仅对螨卵和若螨有效，对成螨无效，能防治叶螨和瘿螨，如苹果上的苹刺瘿螨、榆（苹）全爪螨和麦克氏红叶螨以及其他作物上的普通红叶螨，可用于防治果树、蔬菜和观赏植物等作物上的害螨，并能防治许多害虫的幼虫如大豆夜蛾、苹果蠹蛾、小菜蛾等幼虫。氟虫脲由美国氰胺公司开发和生产，尤其对发育未成熟的害螨有很高的活性，杀螨卵活性高，具有触杀和胃毒作用，广泛用于柑橘、苹果、棉花、茶树、葡萄、大豆、玉米、蔬菜和咖啡等作物，防治植食性螨类如刺瘿螨、短须螨、全爪螨、锈螨和红叶螨等，对捕食性螨安全，还能防治一些害虫。

拟除虫菊酯类杀螨剂 丙苯烃菊酯是由美国富美实化学公司开发的，能防治鳞翅目、鞘翅目害虫以及蚜虫和螨类，对鱼类和水产动物低毒。

苯胺（肼）类杀螨剂 主要为氟啶胺、联苯肼酯和丁醚脲。氟啶胺是杀菌剂但也具有杀螨活性，由日本石原产业公司研制，ICI农业化学公司开发，主要防治葡萄的灰霉病、霜霉病，苹果黑星病等，并可兼治苹果上的螨类，其杀螨作用主要是杀螨卵和杀幼螨，作用机制是抑制ATP的合成，还可用于防治柑橘、梨果、蔬菜和草莓等上的害螨。联苯肼酯由澳大利亚杀虫剂和维他林医学管理局开发，美国尤尼鲁公司生产，对植食性螨如叶螨、全爪螨等都有效，能杀螨卵，对幼螨、若螨和成螨等生育期的螨都有效，具有触杀作用，持效性长，与现有商业化的杀螨剂无交互抗性，可用于防治苹果、桃、葡萄、核果、草莓和蛇麻草等作物上的二点叶螨和苹果全爪螨，有优异的防治作用。丁醚脲属硫脲类杀虫杀螨剂，是瑞士汽巴-嘉基化学公司开发，现先正达化学公司生产，作为杀虫剂对鳞翅目、半翅目害虫有效，作为杀螨剂对幼螨、若螨和成螨有速效，但对螨卵活性较弱，具有触杀和胃毒作用，对植食性螨如叶螨和跗线螨有很好的防效，适用于棉花、果树、蔬菜、观赏植物等作物上害螨的防治，对捕食性螨、蜘蛛均安全。

苯醌类杀螨剂 灭螨醌由美国杜邦公司开发，日本农肯公司生产。该品种无内吸性，但具有快速击倒作用，能防治柑橘、苹果、梨、桃、草莓、西瓜、黄瓜、茶树、棉花、蔬菜和观赏植物等作物上的全爪螨、叶螨、跗线螨和锈螨等害螨。作用机制是一种呼吸抑制剂，主要作用于呼吸肌系统，使呼吸肌麻痹，最终缺氧致死。这一独特的作用机制，使它不会产生交互抗性，并对现在商业化杀螨剂产生抗性的螨类具有很好的防效。

其他杂环类杀螨剂 主要为哒螨灵、嘧螨醚、乙螨唑、氟螨嗪、喹螨醚、溴虫腈、acynonapyr以及pyflubumide。哒螨灵是由日本日产化学公司开发和生产的，对若螨和成螨不同的生育期均有效，有速效击倒作用，并有很好的持效性，对全爪螨、叶螨、小爪螨、始叶螨、跗线螨和瘿螨等均有效，主要防治果树、蔬菜、茶树、烟草和观赏植物等作物上的螨类，并兼治蚜虫和缨翅目害虫。嘧螨醚是由日本三共化学公司开发和生产，对螨的全生育期均有效，能防治叶螨、锈螨等害螨，具有优良的速效性和持效性，能防治苹果、梨、蔬菜和茶叶等作物上的叶螨和柑橘上的叶螨和锈螨。乙螨唑是由日本八州化学公司开发，现由日本八州化学公司和日本住友化学公司生产，对植食性螨类的叶螨和全爪螨有高效，对防治螨卵、幼螨、若螨有卓效，但对成螨无效，主要具有触杀作用，持效期长达30天以上，作用机制与噻螨酮相似，可用于防治果树、棉花、蔬菜、茶树、草莓、观赏植物等作物上的害螨。氟螨嗪是由匈牙利喜农公司开发和生产，与四螨嗪有类似结构，对危害葡萄、坚果、梨和蔬菜等作物的主要害螨有很高的防治效果，作用机制与四螨嗪、噻螨酮相同，除对成螨外，还对其他生育期的害螨都有效，不仅对螨卵有优异活性，还能使雌螨产生不健全的卵，难以孵化。与四螨嗪相比，较四螨嗪活性高4倍，对叶面表里间的渗透性高，有很好的防治效果和持效性，并对捕食性螨、天敌及有益昆虫影响很小。喹螨醚是由陶氏益农（现科迪华）公司开发和生产，对植食性螨整个生育期均有效，同时有杀卵活性，可避免螨卵孵化，可有效地防治真叶螨、全爪螨和红叶螨以及紫红知须螨，具有触杀作用，有很好的击倒活性，可用于防治扁桃、苹果、柑橘、棉花、葡萄和观赏植物等作物的害螨，与现有的商业化杀螨剂无交互抗性。溴虫腈是具有吡咯结构的杀虫杀螨剂，由美国氰胺公司开发，现德国巴斯夫公司生产，具有主要的胃毒作用和一些触杀作用，能防治棉花、蔬菜、苹果、茶叶等作物上鳞翅目害虫和叶螨，持效期长，活性高。acynonapyr和pyflubumide是近期正在开发中的杀螨剂，分别是由日本曹达化学公司和日本农药公司开发。

参考文献

王宁，薛振祥，2005，杀螨剂的进展和展望[J]. 现代农药(2)：1-8.

（撰稿：杨吉春；审稿：李淼）

杀螨剂作用机制 mechanism of acaricidal action

杀螨剂侵入螨体内并到达作用部位、位点的途径和方法。杀螨剂研究的一个重要方面是确定合适的、杰出的靶标位点。开发具有新杀螨作用位点的新化合物以及选择使用具有不同作用机制的杀螨剂是目前解决抗性问题的最好途径。作用机理主要为线粒体呼吸作用抑制剂、生长抑制剂和神经毒素。

线粒体呼吸作用抑制剂 近期开发的一些新的、结构不同的杀螨剂作用机理都是抑制线粒体的呼吸作用，该类杀螨剂主要有灭螨醌、溴虫腈、丁醚脲、喹螨醚、唑螨酯、嘧螨酯、哒螨灵、嘧螨醚、吡螨胺、腈吡螨唑、pyflubumide 等。

灭螨醌是一个前体杀螨剂，它可以分解成有活性的代谢物——一种脱乙酰基化合物。对灭螨醌脱乙酰基代谢物作用机制的研究表明：该代谢物可以抑制电子传递链中复合物Ⅲ的线粒体呼吸作用，键合点为复合物Ⅲ辅酶氧化作用点（Q_0）。溴虫腈也是一个前体杀螨剂，其 *N*- 乙氧基甲基基团通过氧化作用而消去，从而显示活性，*N*- 脱烷基化代谢物是一种线粒体氧化磷酸化作用抑制剂。丁醚脲也是一种前体杀螨剂，它被代谢成有关的羰基二酰亚胺类化合物，该代谢物通过键合在 F_0 部位而成为线粒体 ATP 酶抑制剂。其作用位点与二环己基羰基二酰亚胺相同。喹螨醚通过在辅酶 Q_0 位点与复合物Ⅰ键合来抑制线粒体的电子传递，从而影响螨的代谢作用。唑螨酯为抑制复合物Ⅰ的 NADH- 辅酶 Q 还原酶位点的线粒体电子传递。嘧螨酯的作用机制类似于甲氧基丙烯酸酯类杀菌剂，它抑制呼吸链中复合物Ⅲ上线粒体的电子传递。它们专门作用于色素细胞 bc1 的辅酶氧化 Q_0 位点。哒螨灵通过在辅酶 Q_0 位点上与复合物Ⅰ键合来抑制线粒体的电子传递，哒螨灵专门而高效地阻止线粒体和分离的复合物Ⅰ氧化作用。嘧螨醚与相关的嘧啶类杀螨剂一样，抑制复合物Ⅰ上的电子传递。吡螨胺作用机制为抑制复合物Ⅰ上线粒体的电子传递。腈吡螨酯的作用机理主要与去酯化烯醇的活化代谢有关，通过破坏呼吸电子传递链中的复合物Ⅱ（琥珀酸脱氢酶）来抑制线粒体的功能。pyflubumide 则是呼吸链线粒体复合物Ⅱ的一种新颖抑制剂。

生长抑制剂 研究具有新靶标位点杀螨剂的另一途径是发现影响螨生长过程的化合物。类脂化合物是螨卵的主要能量来源，所以，破坏类脂物的使用可以导致对螨类的毒害作用。最近开发了这方面的杀螨剂，它们作用于螨生长发育的关键阶段，这些杀螨剂主要为乙螨唑、氟螨脲、氟虫脲、氟螨嗪、螺螨酯和螺虫酯。

乙螨唑的作用机理与苯甲酰苯基脲类杀螨剂作用机理类似，都可以抑制螨生长期间的蜕皮过程。氟螨脲和氟虫脲均是通过抑制几丁质的合成，从而影响螨和昆虫表皮的形成。氟螨嗪作用机理是抑制螨卵和蝶蛹期螨的生长，但是尚未得到论证。螺螨酯和螺虫酯作用机制为阻止乙酰辅酶 A 羧化酶的作用，这种酶在螨的生长过程中帮助合成重要的脂肪酸。

神经毒素 神经毒素类杀螨剂已经发展成为杀螨剂中最大的一类化合物，其中有有机磷类、氨基甲酸酯类以及拟除虫菊酯类。最近开发的几个新杀螨剂中，有几个拟除虫菊酯类化合物，有类似于大环内酯类化合物阿维菌素的化合物以及一个氨基甲酸酯类化合物。该类主要的杀螨剂有氟酯菊酯、联苯肼酯、溴氟醚菊酯、弥拜菌素和阿维菌素。

氟酯菊酯与其他拟除虫菊酯类杀螨剂一样，可以影响螨类的神经系统，通过持续打开 Na^+ 通道阻止神经信号的传递。联苯肼酯是一种 γ- 氨基丁酸（GABA）拮抗剂。溴氟醚菊酯与其他常规拟除虫菊酯类化合物一样，能诱使美洲大蠊神经元重复放电，并持续打开 Na^+ 通道。弥拜菌素与同类杀螨剂阿维菌素一样，都是 GABA 拮抗剂。

参考文献

柏亚罗, 2005. 具有不同作用机理的杀螨剂[J]. 世界农药, 4 (3) : 27-30.

（撰稿：杨吉春；审稿：李淼）

杀螨醚 DCPM

一种醚类有机氯杀螨剂。

其他名称 Neotran。

化学名称 2-(4- 氯苯氧基)甲烷；1,1′-(methylenebis(oxy))bis(4-chloro)benzene。

IUPAC 名称 1,1′-[methylenebis(oxy)]bis(4-chlorobenzene)。

CAS 登记号 555-89-5。

EC 号 209-107-9。

分子式 $C_{13}H_{10}Cl_2O_2$。

相对分子质量 269.12。

结构式

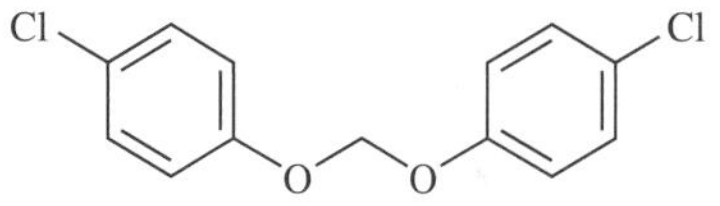

Cl Cl O O

理化性质 纯品为白色晶体。沸点 189~194℃（0.798kPa）。折射率 1.585（27℃）。闪点：151.5℃。密度 1.308g/cm³（20℃）。化学性质稳定，不溶于水。具有可燃烧性。

毒性 急性经口 LD_{50}：大鼠 5800mg/kg，小鼠 5800mg/kg。该品属于低毒化合物，但是燃烧后可以产生有毒氯化物气体。

防治对象 对大多数叶螨的卵和幼螨高效，具有较强的触杀作用。

注意事项 储存库房要通风低温干燥。遇明火、高热可燃。受高热分解，放出有毒的烟气。远离火种、热源。专人保管。包装密封。应与氧化剂分开存放。不能与粮食、食物、种子、饲料、各种日用品混装、混运。

参考文献

丁伟, 2010. 螨类控制剂[M]. 北京: 化学工业出版社: 136-137.

（撰稿：赖婷；审稿：丁伟）

杀螨特 aramite

一种含氯的有机硫类杀螨剂。

其他名称 螨灭得、异黄樟（没）素、88R、Aramit、

CES、NSC 404155、Niagaramite、Ortho-Mite。

化学名称　2-氯乙基 1-甲基-2-(4-叔-丁基苯氧基)乙基亚硫酸酯；2-chloroethyl 2-[4-(1,1-dimethylethyl)phenoxy]-1-methylethyl sulfite。

IUPAC名称　(*RS*)-2-(4-*tert*-butylphenoxy)-1-methylethyl 2-chloroethyl sulfite。

CAS 登记号　140-57-8。

分子式　$C_{15}H_{23}ClO_4S$。

相对分子质量　334.89。

结构式

开发单位　1948 年由优乐化学公司推广，1962 年停产。

理化性质　纯品为无色黏稠状液体。沸点 175℃(13.3mPa)。工业品呈深褐色。不溶于水，室温下易溶于丙酮、苯、己烷等有机溶剂。遇强酸和强碱稳定，对黑色金属无腐蚀性。相对密度 1.145～1.162。

毒性　急性经口 LD_{50}：大鼠和豚鼠＞3900mg/kg，小鼠＞2000mg/kg。鲤鱼 LC_{50}（48 小时）2.3mg/L。口服中毒最低量，大鼠 15 000mg/（kg·2YC），小鼠 130 000mg/kg，狗 20 725mg/kg。小鼠腹腔注射致死最低量，200mg/kg。200mg/kg 喂小鼠 2 年无任何影响。500mg/kg 喂狗 20 周，无慢性中毒。但近来试验结果表明，有致癌和变异作用。

剂型　15% 可湿性粉剂，15% 悬浮剂，35% 乳油，3% 粉剂，85% 乳油。

作用方式及机理　具触杀作用。

防治对象　对卵、幼螨及成螨均具有触杀作用。适用于防治果树、棉花、黄瓜、茄子等作物上的植食性螨类，速效性好，持效期长。

使用方法　用有效成分 220.5～441g/hm^2 加水喷雾，果树上用 300～600mg/kg 浓度药液喷雾。

注意事项　在作物收获前 15 天禁用。不能与酸性或碱性农药混用。

允许残留量　在作物中的最大允许残留量为 1mg/kg。

参考文献

丁伟, 2010. 螨类控制剂[M]. 北京: 化学工业出版社: 132-133.

朱永和, 王振荣, 李布青, 2006. 农药大典[M]. 北京: 中国三峡出版社: 299-300.

（撰稿：刘瑾林；审稿：丁伟）

杀螨酯　chlorfenson

一种非内吸性杀螨剂。

其他名称　除螨酯、K 6451、ovex、chlorfenizon、螨卵酯。

化学名称　4-氯苯基4-氯苯磺酸酯；4-chlorophenyl 4-chlorobenzenesulfonate。

IUPAC名称　4-chlorophenyl 4-chlorobenzenesulfonate。

CAS 登记号　80-33-1。

分子式　$C_{12}H_8Cl_2O_3S$。

相对分子质量　303.16。

结构式

开发单位　由 E. E. Kenaga 和 R. W. Hummer 于 1949 年报道，陶氏化学公司（现陶氏益农公司）推出。

理化性质　无色晶体，有特殊气味（原药无色至棕褐色固体）。熔点 86.5℃。工业品熔点 80℃。蒸气压低（25℃）。溶解度（g/L，25℃）：丙酮 1300、乙醇 10、二甲苯 780。遇强碱水解。

毒性　大鼠急性经口 LD_{50} 约为 2000mg/kg。大鼠急性经皮 LD_{50}＞10 000mg/kg，可能引起皮肤刺激。以含 300mg/kg 杀螨酯的饲料喂大鼠 130 天，没有明显的影响。急性经口 LD_{50}（mg/kg）：日本鹌鹑 4600，鸡 3780。鲤鱼 LC_{50}（48 小时）3.2mg/L。对蜜蜂无毒。

作用方式及机理　非内吸性杀螨剂，有触杀和胃毒活性，具有长效杀卵活性。

防治对象　用于防治多种植食性螨卵，有显著的残留杀卵活性，微有杀虫活性，一般无药害。

使用方法　可有效防治果树、观赏植物和蔬菜上的螨类，用量 17～32g/100L。适于在春季使用，它和杀螨醇、对氯苯氧甲烷混合使用效果更好，可以弥补杀螨幼虫和成虫之不足。

注意事项　对皮肤有刺激作用。

参考文献

康卓, 2017. 农药商品信息手册[M]. 北京: 化学工业出版社: 296.

（撰稿：李新；审稿：李淼）

杀螟丹　cartap

属沙蚕毒素类杀虫剂，主要是胃毒作用、触杀作用，具有一定的拒食和杀卵作用。

其他名称　Padan、Sanvex、Thiobel、Vegetox、Caldan、Sunta、巴丹、杀螟单、卡塔普、沙蚕。

化学名称　杀螟丹：二-(氨基甲酰硫)-2-二甲基氨基丙烷；杀螟丹盐酸盐：1,3-二(氨基甲酰硫基)-2-二甲基氨基丙烷盐酸盐。

IUPAC名称　*S*,*S*-(2-dimethylaminotrimethylene) bis(thiocarbamate)。

CAS登记号　15263-53-3(杀螟丹)；15263-52-2(杀螟丹盐酸盐)。

EC 号　620-418-2；239-309-2（盐酸盐）。

分子式　$C_7H_{15}N_3O_2S_2$（杀螟丹）；$C_7H_{15}N_3O_2S_2$·HCl（杀螟

丹盐酸盐）。

相对分子质量 237.34（杀螟丹）；273.80（杀螟丹盐酸盐）。

结构式

$$H_2N-C(=O)-S-CH_2-CH(N(CH_3)_2)-CH_2-S-C(=O)-NH_2$$

杀螟丹

$$H_2N-C(=O)-S-CH_2-CH(N(CH_3)_2)-CH_2-S-C(=O)-NH_2 \cdot HCl$$

杀螟丹盐酸盐

开发单位 武田药品工业公司（现属住友化学公司）开发。

理化性质 杀螟丹：白色粉末，熔点 187～188℃，25℃时蒸气压 2.5×10^{-2} mPa，在正己烷、甲苯、氯仿、丙酮和乙酸乙酯中的溶解度＜ 0.01g/L，在甲醇中溶解度 16g/L，在 150℃时可以稳定存在。杀螟丹盐酸盐：白色晶体，有特殊臭味，具有吸湿性，熔点 179～181℃，蒸气压可以忽略，在水中的溶解度为 200g/L（25℃），微溶于甲醇、乙醇，不溶于丙酮、乙醚、乙酸乙酯、氯仿、苯和正己烷等。在酸性条件下稳定，在中性及碱性条件下水解。

毒性 杀螟丹盐酸盐急性经口 LD_{50}（mg/kg）：雄大鼠 345，雌大鼠 325，雄小鼠 150，雌小鼠 154。对小鼠急性经皮 LD_{50} ＞ 1000mg/kg，对皮肤和眼睛无刺激。小鼠的吸入 LC_{50}（6 小时）＞ 0.54mg/L，大鼠以 10mg/kg 饲料饲喂 2 年，小鼠以 20mg/kg 饲料饲喂一年半，均安全。对鲤鱼的 LC_{50}（mg/L）：1.6（24 小时），1（48 小时）。对蜜蜂中等毒性，没有持效性，对鸟低毒，对蜘蛛等天敌无不良影响。

剂型 50%、98%、95% 可溶性粉剂，6% 水剂，3% 粉剂，0.8%、4% 颗粒剂。

质量标准 50% 可溶性粉剂为白色粉状物，杀螟丹 ≥ 50%；pH5～8；悬浮率≥ 98%，储存稳定性良好。

作用方式及机理 是沙蚕毒素的一种衍生物，胃毒作用强，同时具有触杀和一定的拒食和杀卵作用。其毒理机制是阻滞神经细胞接点和中枢神经系统中的传递冲动作用，使昆虫麻痹，对害虫击倒较快，有较长的持效期。沙蚕毒素是存在于海生环节动物异足索沙蚕（*Lumbriconereis heteropoda* Marenz）体内的一种有杀虫活性的有毒物质。沙蚕毒素的作用主要是影响胆碱能突触的传递，其作用方式可以归纳为 4 种：①对 N 型受体的胆碱能阻断作用。②对 Ach 释放的抑制作用。③对胆碱酯酶（ChE）的抑制作用。④对 M 型受体的类胆碱能作用。此外，沙蚕毒素对昆虫的其他生理活动如呼吸率等也有一定的影响。

防治对象 梨小食心虫、潜叶蛾、茶小绿叶蝉、稻飞虱、叶蝉、稻瘿蚊、小菜蛾、菜青虫、跳甲、玉米螟、二化螟、三化螟、稻纵卷叶螟、马铃薯块茎蛾。

使用方法 在实际应用中主要使用的是杀螟丹盐酸盐，通常使用剂量为 0.4～1kg/hm^2。防治稻飞虱、小菜蛾、菜青虫等害虫，在二至三龄若虫高峰期施药，每亩用 50% 的可溶性粉剂 50～100g，兑水 50～60kg 喷雾。

防治水稻害虫 ①二化螟、三化螟。在卵孵化高峰前 1～2 天施药，每亩用 50% 杀螟丹盐酸盐可溶性粉剂 75～100g（有效成分 37.5～50g），或 98% 杀螟丹盐酸盐每亩用 35～50g，兑水喷雾。常规喷雾每亩喷药液 40～50L，低容量喷雾每亩喷药液 7～10L。②稻纵卷叶螟。防治重点在水稻穗期，在幼虫一至二龄高峰期施药，一般年份用药 1 次，大发生年份用药 1～2 次，并适当提前第一次施药时间。每亩用 50% 杀螟丹盐酸盐可溶性粉剂 100～150g（有效成分 50～75g），兑水 50～60L 喷雾，或兑水 600L 泼浇。③稻苞虫。在三龄幼虫前防治，用药量及施药方法同稻纵卷叶螟。④稻飞虱、稻叶蝉。在二至三龄若虫高峰期施药，每亩用 50% 杀螟丹盐酸盐可溶性粉剂 50～100g（有效成分 25～50g），兑水 50～60L 喷雾，或兑水 600L 泼浇。⑤稻瘿蚊。要抓住苗期害虫的防治，防止秧苗带虫到本田，掌握成虫高峰期到幼虫盛孵期施药。用药量及施药方法同稻飞虱。

防治蔬菜害虫 ①小菜蛾、菜青虫。在二至三龄幼虫期施药，每亩用 50% 杀螟丹盐酸盐可溶性粉剂 25～50g（有效成分 12.5～25g），兑水 50～60L 喷雾。②黄条跳甲。防治重点是作物苗期，幼虫出土后，加强调查，发现危害立即防治。用药量及施药方法同小菜蛾。③二十八星瓢虫。在幼虫盛孵期和分散危害前及时防治，在害虫集中地点挑治，用药量及施药方法同小菜蛾。

防治茶树害虫 ①茶尺蠖。在害虫第一、二代的一至二龄幼虫期进行防治。用 98% 杀螟丹盐酸盐 1960～3920 倍液或每 100L 水加 98% 杀螟丹盐酸盐 25.5～51g；或用 50% 可溶性粉剂 1000～2000 倍液（有效成分 250～500mg/L）均匀喷雾。②茶细蛾。在幼虫未卷苞前，将药液喷在上部嫩叶和成叶上，用药量同茶尺蠖。③茶小绿叶蝉。在田间第一次高峰出现前进行防治。用药量同茶尺蠖。

防治甘蔗害虫 在甘蔗螟卵盛孵期，每亩用 50% 可溶性粉剂 137～196g 或 98% 杀螟丹盐酸盐 70～100g（有效成分 68～98g），兑水 50L 喷雾，或兑水 300L 淋浇蔗苗。间隔 7 天后再施药 1 次。此用药量对条螟、大螟均有良好的防治效果。

防治果树害虫 ①柑橘潜叶蛾。在柑橘新梢期施药，用 50% 杀螟丹盐酸盐可溶性粉剂 1000 倍液或每 100L 水加 50% 杀螟丹盐酸盐 100g（有效成分 500mg/L）喷雾。每隔 4～5 天施药 1 次，连续 3～4 次，有良好的防治效果。②桃小食心虫。在成虫产卵盛期，卵果率达 1% 时开始防治。用 50% 杀螟丹盐酸盐可溶性粉剂 1000 倍液或每 100L 水加 50% 杀螟丹盐酸盐 100g（有效成分 500mg/L）喷雾。

防治旱粮害虫 ①玉米螟。防治适期应掌握在玉米生长的喇叭口期和雄穗即将抽发前，每亩用 98% 杀螟丹盐酸盐 51g 或 50% 杀螟丹盐酸盐 100g（有效成分 50g），兑水 50L 喷雾。②蝼蛄。用 50% 可溶性粉剂拌麦麸（1∶50）制成毒饵施用。③马铃薯块茎蛾。在卵孵盛期施药，每亩用50%杀螟丹盐酸盐可溶性粉剂100～150g（有效成分50～75g）或98%杀螟丹盐酸盐50g（有效成分49g），兑水50L均匀喷雾。

防治林业害虫　防治松毛虫，每亩用3%可溶性粉1000～1500g喷粉。

注意事项　①对家蚕毒性大，蚕区施药要防止药液污染桑叶和桑室。对鱼有毒，应加注意。②水稻扬花期或作物被雨露淋湿时，不宜施药。喷药浓度过高，对水稻也会产生药害。白菜、甘蓝等十字花科蔬菜的幼苗，对该药剂较敏感，在夏季高温或生长幼弱时，不宜施药。③不同的水稻品种对杀螟丹的敏感性不同，用杀螟丹浸稻种时，应先进行浸种的发芽试验。④使用杀螟丹原粉兑水喷雾，应按药液量的0.1%加入中性洗涤剂，以增加药液的湿润展布性。⑤毒性虽较低，但施用时仍须戴安全防护工具，如不慎误服，应立即反复洗胃，从速就医。

中毒症状　中毒症状出现快，一般几分钟至1小时即表现出来。表现为头晕、头痛、乏力、面色苍白、呕吐、多汗、瞳孔缩小、视力模糊，严重者出现血压下降，意识不清，皮肤出现接触性皮炎如风疹，局部红肿痛痒，眼结膜充血、流泪，胸闷、呼吸困难等。若中毒，应立即洗胃，从速就医。可用阿托品0.5～2mg口服或肌肉注射，重者加用肾上腺素。禁用解磷定、氯磷啶、双复磷、吗啡。

与其他药剂的混用　16%咪鲜·杀螟可湿性粉剂、50%多·硫·杀螟可湿性粉剂、17%杀螟·乙蒜素可湿性粉剂用于防治水稻恶苗病、干尖线虫病；15%阿维·杀螟微乳剂防治菜豆斑潜蝇等。

允许残留量　GB 2763—2021《食品中农药最大残留限量标准》规定杀螟丹最大残留限量见表。ADI为0.1mg/kg。谷物按照GB/T 20770规定的方法测定；蔬菜、水果、糖料按照GB/T 20769规定的方法测定；茶叶参照GB/T 20769规定的方法测定。

部分食品中杀螟丹最大残留限量（GB 2763—2021）

食品类别	名称	最大残留限量（mg/kg）
谷物	大米、糙米	0.1
蔬菜	大白菜	3.0
水果	柑、橘	3.0
饮料类	茶叶	20.0
糖料	甘蔗	0.1

参考文献

马克比恩C, 2015. 农药手册[M]. 胡笑形,等译. 北京: 化学工业出版社.

王振荣, 李布青, 1996. 农药商品大全[M]. 北京: 中国商业出版社.

朱永和, 王振荣, 李布青, 2006. 农药大典[M]. 北京: 中国三峡出版社.

（撰稿：李建洪；审稿：游红）

杀螟腈　cyanophos

一种有机磷酸酯类广谱杀虫剂。

其他名称　氰硫磷。

化学名称　*O,O*-二甲基-*O*-(对氰基苯基)硫(酮)代磷酸酯；*O*-(4-cyanophenyl)*O,O*-dimethyl phosphorothioate。

IUPAC名称　*O*-(4-cyanophenyl)*O,O*-dimethyl phosphorothioate。

CAS登记号　2636-26-2。

EC号　220-130-3。

分子式　$C_9H_{10}NO_3PS$。

相对分子质量　243.22。

结构式

开发单位　1960年由日本住友公司开发，1966年商品化。

理化性质　纯品为透明琥珀状液体。熔点14～15℃。相对密度1.26（25℃）。30℃时水中的溶解度46mg/L，但易溶于大多数有机溶剂。通常条件下至少在2年内是稳定的。

毒性　急性经口LD_{50}：大鼠610mg/kg，小鼠860mg/kg。大鼠急性经皮LD_{50} 800mg/kg。鲤鱼LC_{50}（48小时）5mg/L，金鱼LC_{50}（24小时）6mg/L。

剂型　2.3%粉剂，50%乳油。

质量标准　原油含量50%以上。

作用方式及机理　乙酰胆碱抑制剂。

防治对象　适用于果树、蔬菜、观赏植物上鳞翅目害虫的防治，也可用来防治蟑螂、苍蝇、蚊子等害虫。用于防治二化螟、三化螟、纵卷叶螟、稻苞虫、稻叶蝉、稻蓟马、黏虫、蚜虫、黄条跳甲、叶螨等。制成毒饵并撒于土中可防治地老虎。使用浓度为有效成分25～50g/100kg水。

使用方法

防治水稻害虫　对二化螟、三化螟、纵卷叶螟、稻苞虫、蓟马、叶蝉等，在虫卵盛孵期用50%乳油1.5～2kg/hm^2，加水750～1000kg喷雾。用2%粉剂10～15kg配成毒土撒施对防治稻苞虫、稻螟、稻蓟马、稻叶蝉等均有很好防治效果；用2%粉剂30kg/hm^{2}加细土150kg拌匀撒施，除治稻纵卷叶螟的四龄幼虫效果很好。

防治蔬菜害虫　对蚜虫、菜青虫、黏虫、黄条跳甲、红蜘蛛等，用50%乳油1.5～2kg/hm^2，加水750～1000kg喷雾。

防治茶叶害虫　对茶小绿叶蝉、茶尺蠖及黑刺粉虱用50%乳油800～1200倍液喷雾。

防治木蠹蛾　用50%乳剂500倍液灌注虫孔（每孔灌注3～10ml），可防治木蠹蛾等。

防治大豆、棉花、玉米害虫　用2%粉剂30～40kg/hm^{2}喷粉，可防治大豆食心虫、棉铃虫、玉米螟等。

防治甜菜夜蛾　用 50% 乳剂 800～1000 倍液，喷 750～1000kg/hm²。

注意事项　对瓜类易产生药害，不宜使用。如有中毒，按有机磷中毒治疗。

参考文献

马世昌, 1990.化工产品辞典[M]. 西安: 陕西科学技术出版社.

农业大词典编辑委员会, 1998. 农业大词典[M]. 北京: 中国农业出版社: 1405-1406.

朱永和, 王振荣, 李布青, 2006. 农药大典[M]. 北京: 中国三峡出版社: 65-66.

（撰稿：薛伟；审稿：吴剑）

杀螟硫磷　fenitrothion

一种有机磷酸酯类非内吸性杀虫剂。

其他名称　Accothion、Cyfen（American Cyanamid Co.）、Folithion（Bayer AG）、Sumithion（住友化学公司）、速灭松、诺毕速灭松、Bayer 41831、S-1102A(Bayer AG)、AC 47300 (American Cyanamid Co)、杀螟松。

化学名称　*O,O*-dimethyl *O*-(3-methyl-4-nitrophenyl)phosphorothioate；*O,O*-二甲基 *O*-(3-甲基-4-硝基)硫代磷酸酯。

IUPAC名称　*O,O*-dimethyl *O*-(3-methyl-4-nitrophenyl) phosphorothioate。

CAS 登记号　122-14-5。

EC 号　204-524-2。

分子式　$C_9H_{12}NO_5PS$。

相对分子质量　277.23。

结构式

O_2N S O P O O

开发单位　首先由 Y. Nishizawa 等叙述其杀虫活性，1959 年日本住友化学公司开发，随后拜耳公司和美国氰胺公司相继投产。

理化性质　原药为浅黄色油状液体。沸点 140～145℃（1.33×10^{-2}kPa），118℃（6.65×10^{-3}kPa），97℃（5.32×10^{-3}kPa）。相对密度 1.32～1.34（25℃）。折光率 1.5528（25℃）。20℃的蒸气压 8×10^{-4}Pa。能与乙醇、乙醚、丙酮、苯、二甲苯、氯仿、四氯化碳、植物油等互溶，微溶于石油醚和煤油，难溶于水，遇碱水解，在 10M 氢氧化钠中，30℃半衰期为 4.5 小时。

毒性　雌大鼠急性经口 LD_{50} 800mg/kg。大鼠急性经皮 LD_{50} 890mg/kg（雄），1200mg/kg（雌）。大鼠 2 年饲喂试验的 NOEL 为 5mg/kg 饲料。鲤鱼 LC_{50}（48 小时）4.1mg/L。对哺乳动物有相当低的毒性。

剂型　乳油，可湿性粉剂，粉剂。

作用方式及机理　为触杀性杀虫剂，杀虫谱广。

防治对象　对钻蛀、咀嚼、刺吸性害虫有效，如咖啡细蛾、直翅目害虫、水稻钻心虫、小麦盲蝽科害虫，对二化螟有特效。可以防治尺蠖、毛虫、小绿叶蝉、小象甲、卷叶蛾、食心虫、红铃虫、棉铃虫、蚜虫、叶蝉、造桥虫、飞虱、螟虫。对家庭卫生害虫和 WHO 所列的有害昆虫均有效。

使用方法

防治农业害虫　40% 的杀螟硫磷使用方法见表 1 所示。首先在乳油中加入大约 5 倍水搅匀，而后按表 1 中用量之比例加水稀释，混匀后置于喷雾器内，进行喷雾施药。

表 1　杀螟硫磷使用方法

作物	防治对象	有效成分用药量	施用方法
茶树	尺蠖	250～500mg/kg	喷雾
	毛虫	250～500mg/kg	喷雾
	小绿叶蝉	250～500mg/kg	喷雾
甘薯	小象甲	525～900g/hm²	喷雾
果树	卷叶蛾	250～500mg/kg	喷雾
	毛虫	250～500mg/kg	喷雾
	食心虫	250～500mg/kg	喷雾
棉花	红铃虫	375～750mg/kg	喷雾
	棉铃虫	375～750mg/kg	喷雾
	蚜虫	375～562.5g/hm²	喷雾
	叶蝉	375～562.5g/hm²	喷雾
	造桥虫	375～562.5g/hm²	喷雾
水稻	飞虱	375～562.5g/hm²	喷雾
	螟虫	375～562.5g/hm²	喷雾
	叶蝉	375～562.5g/hm²	喷雾

防治卫生害虫　在 2g/m² 的用量下，每平方米兑水 25～50ml 稀释，滞留喷洒，可以防治蚊、蝇、蜚蠊等害虫。

注意事项　①安全间隔期和每季最多使用次数。茶树 10 天 1 次；苹果树 15 天 3 次；棉花 14 天 5 次；早稻 21 天 3 次，晚稻 21 天 5 次。②对萝卜、油菜、卷叶菜等十字花科蔬菜及高粱易产生药害，使用时应注意避免药液飘移到上述作物上。③不得与碱性药剂混用，以免分解失效。④对家禽有毒，应注意对家禽的影响。对鱼毒性大，使用时应避免对水源的污染。⑤为延缓抗药性产生，应与其他作用机制不同的杀虫剂轮换使用。⑥使用时应现配现用，不可隔天使用，以免影响药效。⑦配药时应戴手套、面罩或护目镜，穿靴子、长袖衣和长裤，喷药时应穿靴子、长袖衣和长裤，喷药后应立即洗澡，并更换和清洗工作服。施药期间不可吃东西和饮水。⑧用完后的包装物不得随便丢放，应妥善销毁和处理。⑨孕妇及哺乳期妇女禁止接触该品。⑩中毒急救。使用中避免药剂直接接触到皮肤及眼睛，如溅入眼睛，应立即用大量清水冲洗。接触该品若出现头昏、恶心、呕吐等中毒症状，应立即携标签送医院治疗。可用阿托品和解磷定解毒。用阿托品 1～5mg 皮下或静脉注射（根据中毒轻重而定）；用解磷定 0.4～1.2g 静脉注射（根据中毒轻重而定）；禁用吗啡、茶碱、吩噻嗪、利血平。误服立即引吐、洗胃、导泻（清醒时才能引吐）。⑪对鱼等水生动物、蜜蜂、蚕有毒，使用时注意不可污染鱼塘等水域及饲养蜂、蚕的场地。

S

蚕室内及其附近禁用。

与其他药剂的混用 可与多种农药混用，如安果、甲氰菊酯、敌百虫、仲丁威、氰戊菊酯、马拉硫磷等混合使用。15%氯·氰·杀乳油（2.6%氰戊菊酯+10.5%杀螟硫磷+1.9%氯氰菊酯）在有效成分含量为68~135g/hm^{2}时喷雾，可防治甘蓝蚜虫；40%敌·杀乳油（18%杀螟硫磷+22%敌百虫）在有效成分含量为600~750g/hm^{2}时喷雾，可以防治水稻二化螟。

允许残留量 GB 2763—2021《食品中农药最大残留限量标准》规定杀螟硫磷最大残留限量见表2。ADI为0.006mg/kg。谷物按照GB 23200.113、GB/T 5009.20、GB/T 14553规定的方法测定；蔬菜、水果按照GB 23200.113、GB/T 14553、GB/T 20769、NY/T 761规定的方法测定；油料和油脂、茶叶按照GB 23200.113规定的方法测定。

表2 部分食品中杀螟硫磷最大残留限量（GB 2763—2021）

食品类别	名称	最大残留限量（mg/kg）
谷物	大米、小麦粉	1.0
	稻谷、麦类、全麦粉、旱粮类、杂粮类	5.0
油料和油脂	大豆	5.0
	棉籽	0.1
蔬菜	鳞茎类蔬菜、芸薹属类蔬菜（结球甘蓝除外）、叶菜类蔬菜、茄果类蔬菜、瓜类蔬菜、豆类蔬菜、茎类蔬菜、根茎类和薯芋类蔬菜、水生类蔬菜、芽菜类蔬菜、其他类蔬菜	0.5
水果	柑橘类水果、仁果类水果、核果类水果、浆果和其他小型水果、热带和亚热带水果、瓜果类水果	0.5
饮料类	茶叶	0.5

参考文献

农业大词典编辑委员会, 1998. 农业大词典[M]. 北京: 中国农业出版社: 1406.

王翔朴, 王营通, 李珏声, 2000. 卫生学大辞典[M]. 青岛: 青岛出版社: 618.

张堂恒, 1995. 中国茶学辞典[M]. 上海: 上海科学技术出版社: 161.

朱永和, 王振荣, 李布青, 2006. 农药大典[M]. 北京: 中国三峡出版社: 68-69.

（撰稿：吴剑、谢丹丹；审稿：薛伟）

杀木膦 fosamine-ammonium

一种有机磷类触杀性除草剂；也可以作为植物生长调节剂。

其他名称 Krenite、Krenite S、调节膦、膦胺素、蔓草膦。

化学名称 氨基甲酰基膦酸乙酯铵盐；phosphonic acid,*P*-(aminocarbonyl)-,monoethyl ester,ammonium salt(1∶1)。

IUPAC名称 ethyl hydrogen carbamoylphosphonate ammonium salt。

CAS登记号 25954-13-6；59682-52-9（酸）。

EC号 247-363-3；611-862-8（酸）。

分子式 $C_3H_{11}N_2O_4P$；$C_3H_8NO_4P$（酸）。

相对分子质量 170.10；153.07（酸）。

结构式

O O
‖ ‖
H_2N—C—P—O—CH_2CH_3
|
ONH_4

开发单位 1975年由美国杜邦公司最先开发成功。1974年O. C. Zoebisch等报道了除草活性。

理化性质 纯品为白色结晶。熔点173~175℃。蒸气压0.53mPa（25℃）。K_{ow}lg*P* −2.9。pK_a（20~25℃）9.25。Henry常数3.61×10^{-8}Pa·m^3/mol（测量值）。相对密度1.24（20~25℃）。水中溶解度（mg/L，20~25℃）>2.5×10^6；有机溶剂中溶解度（g/L，20~25℃）：甲醇125、乙醇9.5、二甲基甲酰胺1.3、氯仿0.06、丙酮0.0008、己烷<0.0007。在中性和碱性介质中较稳定。

毒性 大鼠急性经口LD_{50}>5000mg/kg。兔急性经皮LD_{50}>1683mg/kg。对兔眼睛和皮肤无刺激。大鼠急性吸入LC_{50}（1小时）>56mg/L。对皮肤无致敏。NOEL：在90天的喂食试验中，接受1000mg/kg喂食的大鼠没有显示不良影响。野鸭和山齿鹑急性经口LD_{50}>10 000mg/kg，野鸭和山齿鹑饲喂LC_{50} 5620mg/kg饲料。鱼类LC_{50}（96小时，mg/L）：蓝鳃鱼590、虹鳟300、呆鲦鱼>1000。水蚤LC_{50}（48小时）1524mg/kg，蜜蜂LD_{50}：接触>200μg/只。

剂型 40%水剂。

质量标准 40%杀木膦水剂呈琥珀色液体状，pH7~8，杀木膦含量≥40%，亚磷酸乙酯铵盐含量≤10%。

作用方式及机理 具有轻微的内吸性，被叶子、茎和芽吸收抑制芽发育，控制不需要的木本植物（包括落叶乔木和灌木）。

防治对象 用于在非作物地区和牧场草地上控制不需要的木本植物（包括落叶乔木和灌木）。也用于控制田旋花和羊齿，并且用于选择性地控制针叶树种植园中的落叶物种。

使用方法 适宜施药时期为夏末秋初，用药量6.75~13.5kg/hm^2，施药时添加非离子型表面活性剂，喷雾处理。

注意事项 ①杀木膦对喷雾药械零件易腐蚀，施药后药械应立即冲洗干净。②要用清洁水配药，以免降低活性。喷药后24小时内遇雨会降低药效，根据具体情况确定是否补喷，同时避免过量喷药。③杀木膦不能与酸性农药混用，但可与少量的草甘膦、整形素、赤霉素或萘乙酸混用，有增效作用。④施药后要用清水或肥皂洗脸、手和暴露部分。若误服中毒，应立即送医院诊治，采用一般有机磷农药的解毒和急救方法。

允许残留量 美国EPA推荐每人每日急性参考剂量（RfD）为0.01mg/kg。

参考文献

王焕民, 张子明, 卢建玲, 等, 1989. 新编农药手册[M]. 北京: 农业出版社: 625-627.

张殿京, 程慕如, 1987. 化学除草应用指南[M]. 北京: 农村读物出版社: 413-414.

郑先福, 郑昊, 骞天佑, 等, 2013. 植物生长调节剂应用技术[M]. 2版. 北京: 中国农业大学出版社: 78-80.

TURNER J A, 2015. The pesticide manual: a world compendium[M]. 17th ed. UK : BCPC: 562.

（撰稿：贺红武；审稿：耿贺利）

杀那特 thanite

一种非内吸性触杀性杀虫剂。

其他名称 Terpinyl thiocyanoacetate、硫氰基乙酸异冰片基酯。

化学名称 硫氰基乙酸-1,7,7-三甲基二环[2,2,1]-2-庚酯。

IUPAC名称 1,7,7-trimethylbicyclo[2,2,1]hept-2-yl thiocyanatoacetate。

CAS登记号 115-31-1。

分子式 $C_{13}H_{19}NO_2S$。

相对分子质量 253.36。

结构式

理化性质 黄色油状液体。带松节油气味。相对密度1.1465。折射率1.512。不溶于水，溶于乙醚、乙醇、氯仿、苯等。对光和热稳定。该品为混合物（其中约含82%硫氰基醋酸异冰片基酯，最多含18%相关的萜息酯类）。在通常储存条件下稳定，但对镀锌铁皮有腐蚀性。

毒性 急性经口LD_{50}：大鼠1603mg/kg，豚鼠551mg/kg。根据动物在实验室的急性、亚急性和慢性毒性试验，以及吸入毒性试验结果表明，5%杀那特精制脱臭煤油溶液和不含杀那特的空白脱臭煤油的毒性相当。将未稀释的浓制剂施于大鼠的皮肤上，没有致死。对皮肤有轻微刺激作用，不能用到黏膜和眼睛附近。

剂型 煤油或其他矿物油的油剂。单用或与DDT混配的乳油、气雾剂、粉剂等。

作用方式及机理 非内吸性的触杀性杀虫剂，对家蝇有迅速的击倒力。

防治对象 主要用于喷雾防治畜舍蝇类，如家蝇、厩蝇和角蝇。还能防治人体上的虱子。该品和除虫菊素或DDT等杀虫剂混配后，有很好的增效作用。对农作物有药害，因此不能在农业害虫防治上使用。

使用方法 将该品用脱臭煤油配制成杀那特含量为3.5%～4%油剂对畜舍和空间喷射。为使有较长持效，则必须和DDT混配进行滞留喷射。在防治室内卫生昆虫如蚊蝇等，空间喷射用3%浓度的杀那特油剂；如防治蟑螂，则需喷7%杀那特油剂。如将25%浓乳油用水稀释到杀那特含量为5%时，可以防治头虱和体虱。用滑石粉或叶蜡石粉配制的4%～5%杀那特粉剂，可有效防治狗身上的跳蚤。DDT和该品的混合制剂是按1∶3的质量配制，溶于脱臭煤油而成的。将它的稀释浓度为3%的油剂在室内喷射家蝇，10分钟可达100%击倒效果，24小时内死亡率100%。用这种浓度喷射剂防治蟑螂，24小时后的死亡率（包括击倒的在内）可达80%，48小时后达94%。该品对DDT的增效作用十分明显。

注意事项 宜密闭储存于玻璃瓶中，以防挥发。使用时应避免药液长时间接触皮肤，更勿让药液溅到眼睛，如有沾染，需用肥皂和大量清水冲洗。如发生误服，可送医院按出现症状进行医治。

（撰稿：徐琪、侯晴晴；审稿：邵旭升）

杀扑磷 methidathion

一种非内吸性有机磷杀虫、杀螨剂。

其他名称 速扑杀、Supracide、Uctracide、Geigy、甲噻硫磷、灭达松、GS 13005、NC 2964、OMS844J、ENT27193。

化学名称 *S*-2,3-二氢-5-甲氧基-2-氧代-1,3,4-硫二氮茂-3-基甲基-*O,O*-二甲基二硫代磷酸酯；*S*-2,3-dihydro-5-methoxy-2-oxo-1,3,4-thiadiazol-3-ylmethyl *O,O*-dimethylphosphorodithioate。

IUPAC名称 *S*-[(5-methoxy-2-oxo-1,3,4-thiadiazol-3(2*H*)-yl)methyl] *O,O*-dimethyl phosphorodithioate。

CAS登记号 950-37-8。

EC号 213-449-4。

分子式 $C_6H_{11}N_2O_4PS_3$。

相对分子质量 302.33。

结构式

开发单位 由瑞士制药和化学公司（现为诺华作物保护公司）推广。获有专利BE623246；Swiss P 392521；395637；GB1008451；USP3230；3240668；FP1335。杀虫活性由H. Grob等在Proc. 3rd Br.Insectic，Fungic. Conf.，P，1965.451上作过报道。

理化性质 纯品为无色结晶。相对密度1.51（20℃）。熔点39～40℃。20℃时蒸气压0.25mPa。溶解度（20℃）：

水 200mg/L、乙醇 150g/L、丙酮 670g/L、甲苯 720g/L、乙烷 11g/L、正辛醇 14g/L。不易燃，不易爆炸。常温下储存稳定性约 2 年。在弱酸和中性介质中稳定。在碱性和强酸介质中不稳定，DT_{50}（25℃）为 30 分钟（pH13）。

毒性 高毒。急性经口 LD_{50}：大鼠 25～54mg/kg，小鼠 25～70mg/kg，兔 63～80mg/kg，豚鼠 25mg/kg。急性经皮 LD_{50}：大鼠 1546mg/kg，兔 200mg/kg。对兔眼睛无刺激，对兔皮肤有轻度刺激作用。2 年饲喂试验的 NOEL：大鼠 4mg/kg 饲料（每天 0.15mg/kg），狗每天 0.25mg/kg。野鸭的急性经口 LD_{50} 23.6～28mg/kg。鹌鹑 LC_{50}（8 天）为 224mg/kg 饲料。鱼类 LC_{50}（96 小时）：虹鳟 0.01mg/L，蓝鳃鱼 0.002mg/L。对蜜蜂稍有毒。

剂型 速扑杀 40% 乳油（Supracide 40EC）。

质量标准 速扑杀 40% 乳油由有效成分和稳定剂、乳化剂、溶剂及染料组成。外观为深蓝色液体。相对密度 1.04～1.08，闪点 24～28℃，不易爆炸，储存稳定期 2 年。

作用方式及机理 触杀、胃毒和渗透作用，能渗入植物组织内，无内吸性，不易挥发。

防治对象 广谱性有机磷杀虫剂，能有效防治咀嚼式和刺吸式口器的昆虫。尤其是对介壳虫具有特效。适用于果树、棉花等作物上防治多种害虫。

使用方法

柑橘害虫的防治 ①柑橘矢尖蚧、糠片蚧、蜡蚧的雌蚧。用 800～1000 倍乳油（有效成分 500～400mg/kg）喷雾，可间隔 20 天再喷药 1 次。对若蚧用 1000～3000 倍液（有效成分 400～133mg/kg）即可。②柑橘褐圆蚧。在广东省根据褐圆蚧在 4～5 月危害叶片、枝条和 6～7 月若虫和成虫兼上果危害的特点，在 5 月中旬和 7 月中旬各施药 1 次，浓度为 1500 倍液，防治效果可达 85%～96%。③柑橘粉蚧。在若虫期用 40% 乳油 1000～2000 倍液（有效成分 400～200mg/kg）喷雾。④柑橘红蜡蚧。在浙江省 6 月中旬开始在柑橘红蜡蚧卵孵化盛期和孵化末期各喷药 1 次，浓度为 300～600mg/kg 可达到理想的防治效果，即喷雾后 20 天防效仍达 100%，30 天后亦可达 98.5%。使用速扑杀应在花前施药，对越冬昆虫和刚孵化的幼虫及即将孵化的卵都有效，一般只需施药 1 次即可。

棉花害虫的防治 ①棉蚜、棉叶蝉、棉盲蝽。用 40% 乳油 450～900ml/hm^2（有效成分 180～360g/hm^2），加水喷雾。②幼棉铃虫、红铃虫。用 40% 乳油 1.5～3L/hm^2（有效成分 600～1200g/hm^2）喷雾。

注意事项 ①不可与碱性农药混用。②对核果类应避免在花后期施用，在果园中喷药浓度不可太高，否则会引起褐色叶斑。③遇有中毒情况，应按有机磷中毒处理。中毒症状为出汗多、头痛、体弱、昏厥、头晕、目眩、恶心、胃痛、呕吐、瞳孔收缩、视力减弱、抽搐。中毒者应立即停止作业，脱去工作服，洗净皮肤及头部并送医院诊治。④杀扑磷为高毒农药。应按中国《农药安全使用规定》的有关要求执行。

与其他药剂的混用 可与 DDT 混用，形成（150g 杀扑磷 +250g DDT）乳油剂型。20% 的噻嗪·杀扑磷（噻嗪酮含量 15%、杀扑磷含量 5%）在 200～250mg/kg 时于幼虫期喷雾，可防治柑橘树介壳虫。

允许残留量 GB 2763—2021《食品中农药最大残留限量标准》规定杀扑磷最大残留限量见表。ADI 为 0.001mg/kg。谷物按照 GB 23200.113、GB 23200.116 规定的方法测定；蔬菜、水果按照 GB 23200.8、GB 23200.113、GB 23200.116、GB/T 14553、NY/T 761 规定的方法测定。

部分食品中杀扑磷最大残留限量（GB 2763—2021）

食品类别	名称	最大残留限量（mg/kg）
谷物	稻谷、麦类、旱粮类、杂粮类	0.05
油料和油脂	大型油籽类	0.05
	小型油籽类	0.05
蔬菜	鳞茎类蔬菜、芸薹属类蔬菜、叶菜类蔬菜、茄果类蔬菜、瓜类蔬菜、豆类蔬菜、茎类蔬菜、根茎类和薯芋类蔬菜、水生类蔬菜、芽菜类蔬菜、其他类蔬菜	0.05
水果	柑橘类水果（柑橘除外）、仁果类水果、核果类水果、浆果和其他小型水果、热带和亚热带水果、瓜果类水果	0.05

参考文献

马世昌, 1999.化学物质辞典[M]. 西安: 陕西科学技术出版社: 330.

农业大词典编辑委员会, 1998. 农业大词典[M]. 北京: 中国农业出版社: 1406.

王振荣, 李布青, 1996. 农药商品大全[M]. 北京: 中国商业出版社: 102-103.

朱永和, 王振荣, 李布青, 2006. 农药大典[M]. 北京: 中国三峡出版社: 100-101.

（撰稿：吴剑；审稿：薛伟）

杀鼠剂　rodenticide

用于杀灭鼠类的一类单质或化合物，国内外杀鼠剂有数十种，但目前常用的不到 10 种。从整个杀鼠剂的发展历史看，其趋势可以归纳为从天然物质到人工合成物、从无机化合物到有机化合物的发展。

早期的杀鼠剂来自有毒无机矿物或天然植物，如 1637 年，《天工开物》中已有人们用砒霜（As_2O_3）配制毒饵灭鼠的记载。在 20 世纪 30 年代以前，国际上使用的化学杀鼠剂主要有两类：一类是化学结构简单的无机化合物，如亚砷酸（H_3AsO_3）、黄磷（P_4）、碳酸钡（$BaCO_3$）、硫酸铊（Tl_2SO_4）、氧化砷（As_2O_3）、磷化锌（Zn_3P_2）等；另一类是来源于天然的植物源化合物，如马钱子碱（strychnine）和红海葱（red squill）等。红海葱（海葱素）在 16 世纪就被记录在地中海沿岸用于灭鼠。1740 年，Marggral 合成了磷化锌（zinc phosphide），1911—1912 年磷化锌在意大利首次被用于防治野鼠，1930 年被用于防治家鼠，中国在 20 世纪 50 年代开始大量使用，目前在有的国家和地区仍是主要杀鼠剂之一。30 年代之后，各种各样的有机化合物先后进入化学杀鼠剂市场，杀鼠剂进入了一个大发展时期。与无机物相比，有机毒物毒性更高，作用更快。其应用是化学杀鼠剂发展史上的第一个里程碑。其实有机毒物的应用历史更久远，前面提到的来源于植物质的杀鼠剂，均属于有机化合物。红海葱是地中海岸的一种植物，含有毒物海葱糖苷。马钱子中含有毒物士的宁（番木鳖碱），有苦味，鼠接受性差。山菅兰、海杧果、天南星、狼毒、博落回、山朴子等野生植物均可提取有毒物，用作杀鼠剂。但天然有机毒物受来源限制，且毒力随提取方法的不同而不同，灭鼠效果较差，目前已很少使用。下面所提有机杀鼠剂多指人工合成的有机化合物。1933 年，1,3- 二氟丙醇 -2 和 1- 氯 -3- 氟丙醇 -2 的混合物——甘氟（Gliftor），被开发出来，其对鼠类具有极强的胃毒作用，主要用于在野外防治鼠害，特别是在草原上防治鼠害。1938 年德国研制成功鼠立死（crimidine），1940 年德国拜耳公司开始推广。1940年美国研制成功氟乙酸钠（sodium fluoroacetate）（又名三步倒），50 年代又开发了氟乙酰胺（fluoroacetamide），两者的作用机理相同，但由于对人和其他动物毒性太强、药力发作快，中国已明令禁产和禁用。安妥（antu）是一种 1945 年开发的硫脲类杀鼠剂，用于防治褐家鼠和黄毛鼠的效果较好，也适于防治板齿鼠、黑线姬鼠和屋顶鼠。其对非靶标类生物毒性低，不易引起二次中毒。但由于制造安妥的原料 α- 萘胺有致癌作用，因此安妥也被禁用。毒鼠强（tetramine）在 1949 年由拜耳公司合成，属中枢神经兴奋剂，作用速度极快，因剧毒而被禁用。鼠特灵（norbormide）于 1964 年由 McNeil Laboratories Inc 推出，其作用速度快，对非靶标动物安全，但易产生耐药性和拒食性，不宜连续使用。1965 年，拜耳公司研制成功毒鼠磷（gophacide），其是一种有机磷杀鼠剂，可用于防治各种鼠类，作用缓慢，在一定程度上可防止发生亚致死量中毒。1970 年，美国开发了一种有机硅杀鼠剂毒鼠硅（silatrane），但其适口性差，鼠类易产生拒食，灭效一般。且其毒性发作迅速，对人和禽畜剧毒，目前属禁用杀鼠剂。1972 年美国罗姆 - 哈斯公司开发了氨基甲酸酯类杀鼠剂灭鼠安（pyridyl phenylcarbamate），该药物的毒力对作用动物具有一定的选择性，其对多种鼠类毒力强，对禽畜和人毒力较弱。

上述杀鼠剂都属于急性杀鼠剂，鼠类摄食一次剂量即能迅速死亡，从摄食到死亡的时间通常只有几个小时到几天。急性杀鼠剂的使用可以在一定时间和范围内快速降低鼠密度，特别适用于紧急情况下，如疫区和鼠害的大暴发。但长期使用急性杀鼠剂易导致鼠类产生拒食性、耐药性和适应性，另还有环境污染，对人类、鼠类天敌和畜禽造成二次中毒等弊端。

故尽管上述一些急性杀鼠剂有很长的使用历史，但由于效果和安全等原因，除磷化锌在一些国家和地区继续使用外，其余均已逐渐被淘汰。磷化锌是具有大蒜气味的黑灰色粉末，毒力强，鼠进食后，它能与胃液中的酸作用产生磷化氢致鼠死亡。磷化锌曾一直是国内外常用的杀鼠剂，在发展中国家其应用尤为普遍。到 1983 年为止，美国共有 12 家生产厂家。目前中国山东济宁化工实验厂仍在生产，其生产技术比较成熟。但该化合物在潮湿、酸性环境中很不稳定，保质期短。目前主要用于熏蒸处理。

曾在中国被广泛使用的氟乙酰胺、氟乙酸钠、甘氟、毒鼠强和毒鼠硅这 5 种急性杀鼠剂，因其毒性大，且无特效解毒剂，对人、畜的危险性极大，在中国已被禁止使用。

上述急性杀鼠剂，虽然灭鼠效果非常好，但由于使用过程中的不安全，如多数存在严重的二次毒性问题，无特效解毒剂等，这导致其慢慢退出市场。从防治效果和使用安全性方面综合考虑，目前在鼠害防治中更常用的是慢性杀鼠剂。现有的慢性杀鼠剂主要为抗凝血类化合物，即抗凝血杀鼠剂。

目前广泛使用的抗凝血杀鼠剂（anticoagulant rodenticides），按化学结构分为 4- 羟基香豆素类（4-hydroxycoumarins）和 1,3- 茚满二酮类（1,3-indandiones）两类。1921 年，加拿大兽医病理学家 Frank Schofield 发现牧场的牛在食用发霉腐败的野苜蓿后，会发生凝血功能障碍，造成内出血死亡。1940 年，美国化学家 Karl Paul Link 从发霉腐败的野苜蓿中分离出具有抗凝血作用的物质，并确定了其结构，证实这是一种双香豆素类（dicoumarin）物质。双香豆素是存在于苜蓿体内的香豆素，在苜蓿变质过程中经氧化及与甲醛的缩合作用形成的。双香豆素具有抗凝血和损伤微血管的作用，导致出血不止。1942 年双香豆素类作为杀鼠剂在美国获得登记。1948 年 O'Conner 发现双香豆素以低剂量的方式多次投药，其杀鼠的效果优于一次高剂量的投药方式。1949 年，Krieger 认为香豆素类衍生物中的 42 号化合物可作为杀鼠剂。1950 年，Crabtree 首次报道该化合物被用于防治鼠害。42 号化合物由美国威斯康星州立大学校友研究基金会（Wisconson Alumni Research Foundation）专利推广，以该机构的缩写加香豆素后缀名为 Warfarin，中文名为杀鼠灵。20 世纪 30 年代后期到 40 年代初期，茚满二酮类化合物是作为杀虫剂进行研究开发的。1944 年 Kabat 等报道，以 1mg/kg 剂量的鼠完饲喂动物，观察到抗凝血现象。在这一偶然发现的基础上，鼠完被开发为杀鼠剂。其后，以其为先导化合物进行了诸多研究。当时许多茚满二酮类化合物如杀鼠酮（pindone）、氯鼠酮（chlorophacinone）、敌鼠（dihacinone）等已经合成，所以这类化合物被用作杀鼠剂的发展非常迅速。

抗凝血杀鼠剂属于缓效杀鼠剂，是一类累积性毒物，在实验室条件下，鼠类摄食这些药物后，一般 3～10 天死亡；而在野外，一般 1～2 周见效。慢性杀鼠剂比急性杀鼠剂的优越之处表现为：①使用浓度低（不仅绝对浓度低，相对浓度也低），急性毒力低，误食一次性危险小，对非靶标动物相对安全。②中毒症状产生缓慢，当鼠感到不适时已取食至致死剂量，故鼠拒食性小。③有特效解毒药维生素 K_1。

20 世纪 60 年代前的抗凝血杀鼠剂称为第一代抗凝血杀鼠剂，包括第一代香豆素类抗凝血杀鼠剂杀鼠灵、杀鼠醚（coumatetralyl）、氯杀鼠灵（coumachlor）和克灭鼠（cou-

mafuryl）；茚满二酮类抗凝血杀鼠剂包括敌鼠及其钠盐、氯鼠酮（又名氯敌鼠）、杀鼠酮和杀鼠新。随着第一代抗凝血灭鼠剂（主要是杀鼠灵）的大量连续使用，1958年，在英国第一次发现了对这类药物具有明显抗性的褐家鼠种群，它们的分布区，以每年4～5km的速度向外扩展。随后，在西欧、北美洲、南美洲和大洋洲也相继发现了抗性种群。消灭这些具有抗药性的所谓超级老鼠，成为新的课题，这客观上加速了人们对于新型杀鼠剂的探索。70年代，英国Sorex公司研究成功鼠得克（difenaeoum）；法国Lipha公司研制出了溴敌隆（bromadiolone）。这两种新的抗凝血杀鼠剂不仅可以消灭超级老鼠，且还保留着第一代抗凝血杀鼠剂的特点，且具有更多的优越性，它们被视为第二代抗凝血杀鼠剂。其后大隆（brodifacoum）、杀它仗（flocoumafen）和硫敌隆（difethialone）等第二代抗凝血杀鼠剂相继出现。这些至今被广泛使用，成为化学杀鼠剂的中流砥柱。

由于化学结构的改变，第二代抗凝血杀鼠剂在毒力和抗凝血作用方面，都和第一代药物有显著不同。杀鼠灵等第一代药物的最显著特点之一是急性毒力低、慢性毒力高，亦即只吃一次毒性不大，连吃多次毒性则大增。因此，鼠吃一次毒饵后，并无不适，常常继续取食多日，直到死亡。这一特点，一方面可免除布放前饵的步骤，另一方面又决定了这些药物必须连续投饵，灭鼠效果方能保证。从安全角度看，对于非靶标动物，急性毒力低无疑是个有利因素，因为连续误食的可能性远小于偶尔误食，但从使用的角度看，连续投饵费工、费时又费毒饵，这是第一代抗凝血杀鼠剂的主要弱点。第二代抗凝血杀鼠剂的毒力，虽然也有急、慢性之分，但毒力都比较强，单从急性毒力看，已超过了多数急性杀鼠剂，尤其是大隆。因此，适当提高使用浓度，投饵一次，即可收到较好的效果，该特点方便野外大规模使用。另一方面，较高的慢性毒力，使用该药连续投饵消灭家鼠时，只需很低的浓度即可取得良好效果。该特点减轻了药物对毒饵适口性的不良影响，同时有利于减小对家禽畜等非靶标动物的误伤。这类药物初步解决了第一代抗凝血杀鼠剂出现的抗药性问题，且急慢性毒力都较强，杀鼠广谱，灭杀效果好等特点，被称为第二代抗凝血杀鼠剂。但近年，随着对环境投入物标准的进一步提高和研究的不断深入，人们发现第二代抗凝血杀鼠剂在动物组织中残留性更强，并且在肝脏组织中与结合部位的结合更为有效，积累性和持久性更强，产生二次中毒的风险比第一代大。

总体上，化学杀鼠剂的历史悠久，特别是近代有机化学工业的发展，其也得到了极大的丰富，但相对于其他有害生物治理的化学药剂，化学杀鼠剂的种类显得非常少。

参考文献

姜书凯, 2016. 一种全新的杀鼠剂胆钙化醇(VD_3)在我国问世[J]. 农药市场信息(3): 19.

EASON C T, MURPHY E C, HIX S, et al, 2010. Susceptibility of four bird species to para-aminopropiophenone[J]. Department of conservation research & development series, 3932: 12.

HOWALD G, DONLAN C, GALVAN J, et al, 2007. Invasive rodent eradication on islands[J]. Conservation biology, 21(5): 1258-1268.

LUND M, 1971. The toxicity of chlorophacinone and warfarin to house mice (*Mus musculus*)[J]. Journal of hygiene, 69(1): 69-72.

MARKS C A, GIGLIOTTI F, BUSANA F, et al, 2004. Fox control using a para-aminopropiophenone formulation with the M-44 ejector[J]. Animal welfare, 13(4): 401-407.

MARKS C A, GIGLIOTTI F, 1996. Cyanide baiting manual. Practices and guidelines for the destruction of red foxes (*Vulpes vulpes*)[J]. Fauna protection project report series(1): 64.

MARSH R E, 1987. Relevant characteristics of zinc phosphide as a rodenticide[J]. In great plains wildlife damage control workshop proceedings, 80: 70-74.

RENNISON B D, DUBOCK A C, 1978. Field trials of WBA 8119 (PP 581, brodifacoum) against warfarin-resistant infestations of *Rattus norvegicus*[J]. Journal of hygiene, 80(1): 77-82.

ROWE F P, SMITH F J, SWINNEY T, 1974. Field trials of calciferol combined with warfarin against wild house-mice (*Mus musculus* L.)[J]. Journal of hygiene, 73(3): 353-360.

SHAPIRO L, ROSS J, ADAMS P, et al, 2011. Effectiveness of cyanide pellets for control of dama wallabies (*Macropus eugenii*)[J]. New Zealand journal of ecology, 35(3): 287-290.

（撰稿：王登；审稿：施大钊）

杀鼠灵 warfarin

一种经口羟基香豆素类抗凝血杀鼠剂。

其他名称 灭鼠灵、华法令、华法林。

化学名称 3-(α-丙酮基苄基)-4-羟基香豆素。

IUPAC名称 4-hydroxy-3-[(1*RS*)-3-oxo-1-phenylbutyl]-2*H*-chromen-2-one。

CAS登记号 81-81-2。

分子式 $C_{19}H_{16}O_4$。

相对分子质量 308.33。

结构式

OH O O O

理化性质 外消旋体为无色、无臭、无味的结晶。熔点161℃。易溶于丙酮，能溶于醇，不溶于苯和水。烯醇式呈酸性，与金属形成盐，其钠盐溶于水，不溶于有机溶剂。

毒性 对大鼠、猫、狗的急性经口LD_{50}分别为1.6mg/kg、3mg/kg和3mg/kg。对家禽如鸡、鸭、牛、羊毒力较小。

作用方式及机理 经口毒物。竞争性抑制维生素K环氧化物还原酶，导致活性维生素K缺乏，进而破坏凝血机制，产生抗凝血效果。

剂型 98%或97%母粉，2.5%粉剂。

使用情况 1950年进入市场，褐家鼠是对杀鼠灵最为敏感的鼠种，其防治褐家鼠效果良好。杀鼠灵在澳大利亚曾用于防治野猪，但是很快被淘汰。1958年抗杀鼠灵的抗性鼠种在英国被发现，随后抗性种群在世界各地被发现。虽然目前杀鼠灵的受欢迎程度被广泛产生的抗性所影响，但是杀鼠灵仍然在世界范围内广泛使用。

使用方法 堆投，毒饵站投放0.05%毒饵。

注意事项 毒饵应远离儿童可接触到的地方，避免误食。误食中毒后，可肌肉注射维生素K解毒，同时输入新鲜血液或肾上腺皮质激素降低毛细血管通透性。

参考文献

傅世英, 付兵, 董礼航, 2009. 抗凝治疗对预防心房颤动患者发生脑栓塞的研究[J]. 黑龙江医学, 33(10): 721-723.

BOYLE C M, 1960. Case of apparent resistance of *Rattus norvegicus* Berkenhout to anticoagulant poisons[J]. Nature, 188(4749): 517.

CHOQUENOT D, KAY B, LUKINS B, 1990. An evaluation of warfarin for the control of feral pigs[J]. Journal of wildlife management, 54(2): 353-359.

（撰稿：王登；审稿：施大钊）

杀鼠醚 coumatetralyl

一种经口羟基香豆素类抗凝血杀鼠剂。

其他名称 克鼠立、立克命、杀鼠萘、鼠毒死。

化学名称 4-羟基-3-(1,2,3,4-四氢-1-萘基)香豆素。

IUPAC名称 4-hydroxy-3-[(1*RS*)-1,2,3,4-tetrahydro-1-naphthyl]-2*H*-chromen-2-one。

CAS登记号 5836-29-3。

分子式 $C_{19}H_{16}O_3$。

相对分子质量 292.33。

结构式

OH O O

开发单位 德国拜耳公司。

理化性质 纯品为淡黄色结晶粉末，无臭无味，不溶于水。环己酮中溶解度10~50g/L，甲苯中溶解度< 10g/L，水中溶解度10mg/L，对热稳定，日光下易分解。

毒性 作用毒力与杀鼠灵相当，适口性优于杀鼠灵，配制后可使毒饵带有香蕉味，对鼠类有较强的引诱性。毒理与敌鼠钠盐、杀鼠灵等第一代抗凝血剂基本相同，中毒潜伏期7~12天，二次中毒的危险很小。杀鼠醚对褐家鼠急性经口LD_{50}为16.5~30mg/kg。毒力强于杀鼠灵和杀鼠酮，毒性作用时间比大隆要短，但是比敌鼠作用时间要长。

作用方式及机理 经口毒物。竞争性抑制维生素K环氧化物还原酶，导致活性维生素K缺乏，进而破坏凝血机制，产生抗凝血效果。

剂型 0.75%或3.75%母粉，98%母液。

使用情况 在1957年首次进入市场，现在仍然是使用最广泛的第一代抗凝血杀鼠剂。尽管其毒性低，但由于适口性较好，其对褐家鼠的防治效果稍强于杀鼠灵。杀鼠醚是在检测到杀鼠灵耐药的大鼠群体后引入的，并且多年来控制害鼠取得了相当大的成功，但后来英国和丹麦相继报道了杀鼠醚抗性鼠种。

使用方法 堆投，毒饵站投放0.0375%毒饵。

注意事项 毒饵应远离儿童可接触到的地方，避免误食。误食中毒后，可肌肉注射维生素K解毒，同时输入新鲜血液或肾上腺皮质激素降低毛细血管通透性。

参考文献

FISHER P, O' CONNOR C, WRIGHT G, et al, 2003. Persistence of four anticoagulant rodenticides in the liver of rats[J]. Wellington: Department of conservation, science internal series, 139: 19.

LUND M, 1988. Anticoagulant rodenticides[M]//Rodent Pest management, Prakash I (ed.). Boca Raton: CRC Press: 342-351.

PARMAR G, BRATT H, MOORE R, et al, 1987. Evidence for a common binding site invivo for the retention of anticoagulants in rat liver[J]. Human toxicology, 6(5): 431-432.

POSPISCHIL R, SCHNORBACH H J, 1994. Racumin plus, a promising rodenticide against rats and mice[C]//Halverston W S, Crabb A C. Proceedings of the 16th vertebrate pest conference: 149-155.

ROWE F P, REDFERN R, 1968. Comparative toxicity of the two anticoagulants, coumatetralyl and warfarin, to wild house mice (*Mus musculus* L.)[M]. Annals of applied biology, 62: 355-361.

（撰稿：王登；审稿：施大钊）

杀鼠脲 thiosemicarbazide

一种经口干扰葡萄糖合成类杀鼠剂。

其他名称 灭鼠特。

化学名称 氨基硫脲。

IUPAC名称 hydrazinecarbothioamide。

CAS登记号 79-19-6。

分子式 CH_5N_3S。

相对分子质量 91.14。

结构式

S H_2N N H NH_2

理化性质 白色结晶粉末。熔点180~181℃。沸点208.6℃。密度1.376g/cm³。可溶于水和乙醇，溶于冷水溶解度1%~2%，温水约10%。可从水中得到针状结晶。易与醛和酮发生反应，生成特定的晶体产物；也易与羧酸发生反应。

毒性 剧毒。鼠类服食后，血管的透过性增大，淋巴液渗入肺内，引起水肿和痉挛，1~2小时内残废，尸体干缩。对大鼠、小鼠急性经口LD_{50}分别为19mg/kg和14.8mg/kg。

作用方式及机理 干扰葡萄糖的合成。

S

使用情况 20世纪50年代初开发的包性硫脲类急性杀鼠剂。现主要用作农药原料，生产非选择性除草剂、杀虫剂和灭鼠剂等。

使用方法 堆投，毒饵站投放。

注意事项 口服者立即用清水或1∶5000高锰酸钾溶液洗胃，禁用碱性溶液。导泻，忌用油类泻剂。

参考文献

刘建书, 张钧, 张志成, 1985. 灭鼠特对三种鼠的灭效观察[J]. 中国鼠类防制杂志(2): 84-86.

杨光荣, 赵候, 陶开会, 等, 1987. 灭鼠特毒杀黄胸鼠的效果试验[J]. 兽类学报(3): 238.

（撰稿：王登；审稿：施大钊）

杀鼠酮 pindone

一种经口茚满二酮类抗凝血杀鼠剂。

其他名称 鼠完、品酮。

化学名称 2-(2,2-二甲基-1-氧代丙基)-1*H*-茚-1.3(2*H*)-二酮；叔戊酰茚满-1,3-二酮；2-异戊酰基-1,3-茚满酮。

IUPAC名称 2-(2,2-dimethylpropanoyl)indane-1,3-dione。

CAS登记号 83-26-1。

分子式 $C_{14}H_{14}O_3$。

相对分子质量 230.26。

结构式

开发单位 基尔戈化学公司。

理化性质 黄色粉末。熔点110℃。水溶性0.002%（25℃），易溶于苯、甲苯、丙酮等，能溶于乙醇，难溶于水。

毒性 剧毒。对大鼠、狗、兔子的急性经口LD_{50}分别为280mg/kg、75mg/kg和150mg/kg。

作用方式及机理 经口毒物。竞争性抑制维生素K环氧化物还原酶，导致活性维生素K缺乏，进而破坏凝血机制，产生抗凝血效果。

剂型 99%母粉。

使用情况 于1937年合成，并在20世纪40年代初作为杀虫剂使用，后来被认为具有杀鼠剂的性质，在新西兰曾用于控制负鼠，在澳大利亚和新西兰用于防治欧洲野兔的效果更好。

使用方法 堆投，毒饵站投放。

注意事项 毒饵应远离儿童可接触到的地方，避免误食。误食中毒后，可肌肉注射维生素K解毒，同时输入新鲜血液或肾上腺皮质激素降低毛细血管通透性。

参考文献

EASON C T, JOLLY S E, 1993. Anticoagulant effects of pindone in the rabbit and Australian bushtail possum[J]. Wildlife research, 20(3): 371-374.

ROBINSON M H, TWIGG L E, WHEELER S H, et al, 2005. Effect of the anticoagulant, pindone, on the breeding performance and survival of merino sheep, Ovis aries[J]. Comparative biochemistry and physiology. Part B: biochemistry & molecular biology, 140(3): 465-473.

（撰稿：王登；审稿：施大钊）

杀它仗 flocoumafen

一种经口羟基香豆素类抗凝血杀鼠剂。

其他名称 氟鼠灵、氟鼠酮、伏灭鼠、氟羟香豆素。

化学名称 4-羟基-3-[1,2,3,4-四氢-3-[4[(4-三氟甲基苄基氧基)苯基]-1-萘基]香豆素(顺反异物体混合物)。

IUPAC名称 mixture of 50%-80% *cis*-isomers 4-hydroxy-3-[(1*RS*,3*SR*)-3-(4-[[4-(trifluoromethyl)phenyl]methoxy]phenyl)-1,2,3,4-tetrahydro-1-naphthyl]-2*H*-chromen-2-one and 50%-20% *trans*-isomers 4-hydroxy-3-[(1*RS*,3*RS*)-3-(4-[[4-(trifluoromethyl)phenyl]methoxy]phenyl)-1,2,3,4-tetrahydro-1-naphthyl]-2*H*-chromen-2-one。

CAS登记号 90035-08-8。

分子式 $C_{33}H_{29}F_3O_4$。

相对分子质量 542.54。

结构式

开发单位 德国巴斯夫公司。

理化性质 原药为淡黄色或近白色粉末，有效成分含量90%。相对密度1.23。熔点161～162℃。闪点200℃。25℃时蒸气压为2.67～6Pa。在常温下（22℃）微溶于水，溶解度为1.1mg/L，溶于大多数有机溶剂。纯品为白灰色结晶粉末，难溶于水，可溶于丙酮；有稍溶于水的胺盐。其化学结构与生物活性都与大隆类似。

毒性 对啮齿动物的毒力与大隆相似，并对第一代抗凝血剂产生抗性的鼠类有同等的效力。杀它仗对非靶标动物较安全，但狗对其很敏感。毒饵使用浓度通常为0.005%，适于灭杀农田及室内鼠类。对非靶标动物的急性毒力较低。原药对大鼠急性经口LD_{50} 0.46mg/kg，急性经皮LD_{50} 0.54mg/kg。繁殖试验NOEL为0.01mg/kg，在动物体内主要蓄积在心脏。该药对鱼类高毒，虹鳟LC_{50} 0.009mg/L，对鸟类毒性也很高，5天饲养试验，野鸭LC_{50} 1.7mg/kg饲料。

作用方式及机理 经口毒物。竞争性抑制维生素K环氧化物还原酶，导致活性维生素K缺乏，进而破坏凝血机制，产生抗凝血效果。

剂型 95%母粉。

使用情况 在1984年被引入市场，是第二代抗凝血化合物中最有效的化合物之一。对第一代抗凝血剂产生抗性的鼠非常有效，广泛用于城市、农村和工业灭鼠。由于急性毒力强，鼠类只需摄食其日食量10%的毒饵就可以致死，宜一次投毒防治各种害鼠。

使用方法 堆投，毒饵站投放0.005%毒饵。

注意事项 毒饵应远离儿童可接触到的地方，避免误食。误食中毒后，可肌肉注射维生素K解毒，同时输入新鲜血液或肾上腺皮质激素降低毛细血管通透性。

参考文献

丁薇，程传杰，2012. 抗凝血灭鼠剂杀它仗的合成[J]. 合成化学，20(2): 244-247.

郭英阅，2007. 灭鼠良药杀它仗[J]. 新农业(4): 46.

BUCKLE A P, 1986. Field trials of focoumafen against warfarin-resistant infestations of the Norway rat (*Rattus norvegicus* Berk.)[J]. Journal of hygiene, 96(3): 467-473.

JOHNSON R A, 1988. Performance studies with the new anticoagulant rodenticide, focoumafen, against *Mus domesticus* and *Rattus norvegicus*[J]. EPPO Bulletin, 18: 481-488.

LUND M, 1988. Flocoumafen-a new anticoagulant rodenticide[C]// Crabb A C, Marsh R E, Salmon T P, et al. Proceedings of the 13th vertebrate pest conference. Davis (US): University of California: 53-58.

（撰稿：王登；审稿：施大钊）

杀线虫剂 nematicide

防治植物线虫的药剂。包括化学杀线虫剂、生物杀线虫剂和植物源杀线虫剂等。大部分化学杀线虫剂同时也具有杀虫活性。大部分杀线虫剂主要用于土壤处理，少部分用于种子、苗木处理。植物寄生线虫是植物的重要病原物之一，全世界每年因线虫造成的损失大约1750亿美元。中国植物线虫如蔬菜根结线虫病、小麦孢囊线虫病、大豆孢囊线虫病、马铃薯和甘薯腐烂茎线虫病、水稻根结线虫病、柑橘根结线虫病、松材线虫病等危害非常严重，中国每年因线虫危害造成的损失估计为1500亿元人民币左右。应用化学药剂防治植物线虫病害仍然是当前控制植物线虫病害的重要措施之一。

按照杀线虫剂的作用方式可以分为熏蒸性杀线虫剂和非熏蒸性杀线虫剂两大类。卤代烃类（溴甲烷、氯化苦、二溴化乙烯、二溴氯丙烷和DD混剂）和异硫氰酸甲酯类杀线虫剂（棉隆、威百亩）属于熏蒸性杀线虫剂。而有机磷类（噻唑膦、苯线磷、灭线磷、硫线磷、氯唑磷）、氨基甲酸酯类（克百威、涕灭威、杀线威）、抗生素类（阿维菌素）、氟吡菌酰胺、氟烯线砜以及微生物杀线虫剂和植物源杀线虫剂则属于非熏蒸性杀线虫剂。

参考文献

申继忠，2020. 杀线虫剂概述[J]. 世界农药，42 (10) : 13-23.

EBONE L A, KOVALESKI M, DEUNER C C, 2019. Nematicides: history, mode, and mechanism action[J]. Plant science today, 6 (2) : 91-97.

TAYLOR A L, 2003. Nematocides and nematicides: a history[J]. Nematropica, 33 (2) : 225-232.

（撰稿：彭德良；审稿：高希武）

杀线虫剂生物活性测定 bioassay of nematicide

将一种具有杀线虫活性的化合物作用于线虫或施药于植物后产生各种效应的测定技术。

适用范围 适用于杀线虫剂的活性测定。

主要内容

生物活性测定类型 杀线虫剂的生物活性测定方法主要有离体活性测定和盆栽试验。离体活性测定主要有触杀法和熏蒸法，主要测试对象是能够离体培养的线虫，试验时间短，在24或48小时就能判定药剂的活性。盆栽试验测试对象是植物病原线虫，试验时间较长，在植株感病后才能判定药剂的毒力，但与实际情况较接近。

测定原则 ①靶标。试验的线虫应为易于培养、繁殖量大、生活史短或者为主要病原线虫。②药剂处理方法。室内离体测定需将药剂纯品溶解并均匀分散在培养基中进行测定，但大部分杀线虫剂不溶于水，而易溶于有机溶剂，所以通常把药剂先溶于与水相溶的有机溶剂中，配成母液，测定时再用水稀释或直接与培养基混合到目的浓度。为了消除溶剂对线虫的影响，测定时除空白对照外，还应设立只加溶剂的溶剂对照，且应尽量降低含药培养集中有机溶剂的含量。③线虫死活鉴定。离体试验一般采用体态法及染色法。体态法的判断标准是死的虫体多呈僵直状态，而活的体态是极度弯曲，一般盘卷或蠕动。但这种方法对呈休眠态和体形膨大的雌虫以及卵不适用，且不能绝对肯定线虫的不动就等于死亡、而弯曲的线虫等于生存。染色法是用曙红等染料对供试药剂处理过的线虫进行染色，活线虫不会被染色，死线虫会被染料染上颜色。根据线虫是否被染色，判断线虫的死亡与否。盆栽试验则根据植株感病情况判定药剂毒力高低。

参考文献

粟寒，刁亚梅，李捷，等，2000. 杀线虫剂生物活性测定方法[J]. 浙江化工 (31): 85-89.

（撰稿：袁静；审稿：陈杰）

杀线虫剂种类 classification of nematicide

杀线虫剂按照化学结构和来源结构可以分为卤代烃类化合物、异硫氰酸甲酯类、有机磷类化合物、氨基甲酸酯类化合物、抗生素类、微生物杀线虫剂和未分类的杀线虫剂等

S

7类。

卤代烃类杀线虫剂　溴甲烷（methyl bromide）、氯化苦（chloropicrin）、二溴化乙烯、二溴氯丙烷（DBCP）和DD混剂、二氯丙烷（1,2-dichloropropane）、二氯丙烯（1,3-dichloropropene）。这些杀线虫剂具有挥发性，对植物有毒害，必须在作物种植前2周使用，需要有安全间隔期。

异硫氰酸甲酯类杀线虫剂　棉隆（dazomet）、威百亩（metam）。

有机磷类　胺线磷（diamidafos）、苯线磷（fenamiphos）、丁硫环磷（fosthietan）、甲胺磷（phosphamidon）、硫线磷（cadusafos）、除线磷（dichlofenthion）、灭线磷（ethoprophos）、丰索磷（fensulfothion）、噻唑膦（fosthiazate）、衣胺磷（isamidofos）、氯唑磷（isazofos）、甲拌磷（phorate）、特丁硫磷（terbufos）、治线磷（thionazin）等13个品种。

氨基甲酸酯类杀线虫剂　包括克百威（carbofuran）、丁硫克百威（carbosulfan）、除线威（cloethocarb）、涕灭威（aldicarb）、杀线威（oxamyl）。

抗生素类　阿维菌素（avermactin，abamectin，avermactin B2）。

微生物杀线虫剂　Ditera（疣孢漆斑菌）乳剂和颗粒剂；Biost乳剂（伯克霍尔德菌 *Burkholderia* sp. *strain* A396）；BioAct™（淡紫紫孢菌 *Purpureocilium lilacinum* 251）；Clariva PN种衣剂（巴斯德杆菌 *Pasteuria nishizawae*，PN1）；厚孢轮枝菌微粒剂（*Verticillium chlamydosporium*，ZK7）；嗜硫小红卵菌悬浮剂（*Rhodovulum sulidophilum*，HNI-1）。

未分类的杀线虫剂　氟吡菌酰胺（fluopyram）、三氟咪啶酰胺（fluazaindolizine）、氟烯线砜（fluensulfone）。

参考文献

刘晓艳, 闵勇, 饶犇, 等, 2020. 杀线虫剂产品研究进展[J]. 中国生物防治学报. https://doi. org/10. 16409/j. cnki. 2095-039x. 2021. 01. 004.

申继忠, 2020. 杀线虫剂概述[J]. 世界农药, 42 (10) : 13-23.

EBONE L A, KOVALESKI M, DEUNER C C, 2019. Nematicides: history, mode, and mechanism action[J]. Plant science today, 6 (2) : 91-97.

TAYLOR A L, 2003. Nematocides and nematicides: a history[J]. Nematropica, 33 (2) : 225-232.

（撰稿：彭德良；审稿：高希武）

杀线虫剂作用机制　mechanism of nematicidal action

杀线虫剂对线虫特定生命过程的致死作用。作用机制大致可以分为神经毒剂（有机磷类、氨基甲酸酯类）、抑制呼吸剂（异硫氰酸酯、卤代烃类如溴甲烷）和影响类固醇代谢（如氟噻虫砜）3个方面。

神经毒剂

抑制乙酰胆碱酯酶活性　有机磷类和氨基甲酸酯类这两类化合物的杀线虫机制是抑制乙酰胆碱酯酶活性。植物寄生线虫的神经系统有乙酰胆碱酯酶，它存在于神经传导的轴突部位，杀线虫剂通过抑制线虫神经递质乙酰胆碱酯酶（AChE）的活性，导致乙酰胆碱积累，从而干扰线虫神经突触正常传导，损伤线虫的神经纤维作用的活性，从而减少线虫的活动，抑制线虫侵入植物及摄取食物的能力，破坏雌虫引诱雄虫的能力，因而导致线虫的发育、繁殖滞后。这两类化合物对线虫作用的共同特性是麻痹线虫或称麻醉线虫而并非杀死线虫，作用是可逆的。当把中毒麻痹的线虫从药液中移出置于净水中后，线虫可复苏。有机磷杀线虫剂（噻唑膦、苯线磷、硫线磷和丙线磷等）对乙酰胆碱酯酶的作用分为抑制、恢复、老化和代谢活化等作用。氨基甲酸酯杀线虫剂（涕灭威、克百威和威百亩等）对乙酰胆碱酯酶有很强的亲合性，能与它发生反应生成氨基甲酰化酶，从而抑制乙酰胆碱酯酶。氨基甲酸酯类化合物与乙酰胆碱酯酶的结合一般是可逆的。具有乙酰胆碱酯酶抑制活性的氨基甲酸酯类化合物一般都含有N-甲基氨基甲酸酯结构，氨基甲酸酯类杀线虫剂包括涕灭威、威百亩和克百威等。

激活离子通道　通过与细胞膜离子通道如谷氨酸门控氯离子通道（GluCl）、γ-氨基丁酸受体、甘氨酸受体、组氨酸（Histamine）受体和乙酰胆碱受体（AChR）等离子通道结合，长期激活离子通道，最终导致线虫神经元或肌肉细胞持久极化或去极化，从而阻止线虫的寄生致病功能。这类杀线虫剂包括阿维菌素和伊维菌素等。

阿维菌素通过渗入、吸入或吞入线虫体内后，刺激线虫神经元突触或神经肌肉突触的γ-氨基丁酸（GABA）系统，激发神经末梢释放神经传递抑制剂GABA，促使GABA门控的氯离子通道延长开放，大量氯离子涌入造成神经膜电位超极化，使神经膜处于抑制状态，从而阻断神经冲动传导。这种抑制机制是不可逆的、彻底使线虫致死，所以效果好，且致其后作的线虫虫口仍处于低密度而达不到危害阈值。由于哺乳类动物的GABA中介神经系统的结构分布与无脊椎动物中的蠕虫和昆虫有很大不同，故对于阿维菌素药物的敏感性也出现很大差别，所以对人畜比较安全。GluCl是线虫抑制性神经递质谷氨酸的五聚体受体。GluCl在线虫感觉神经元、中间神经元和运动神经元中广泛表达，与运动的控制和调节、进食的调节以及感觉输入的介导关系密切。GluCl在线虫咽部肌肉细胞中也有表达，其具有控制线虫取食和维持其静水压所必需的线虫咽泵的功能。若激动剂作用于构成GluCl的亚基之间，使得GluCl发生构象变化，门控通道长期开放，将影响线虫的运动、取食和繁殖等生理过程。AChR是受乙酰胆碱控制的神经受体蛋白质。乙酰胆碱受体被激活后，导致神经或肌肉兴奋。若乙酰胆碱受体激活剂作用于AChR，导致AChR长期处于激活状态，将造成线虫肌肉痉挛性麻痹及神经传导抑制。

抑制琥珀酸脱氢酶活性——氟吡菌酰胺（fluopyram）通过抑制线虫琥珀酸脱氢酶活性，导致线虫能量代谢中断的杀线虫剂如氟吡菌酰胺。琥珀酸脱氢酶是细胞线粒体三羧酸循环中的关键酶，催化黄素腺嘌呤二核苷酸介导的琥珀酸氧化为延胡索酸的反应。线粒体三羧酸循环为线虫提供能量，其受到抑制将导致线虫体内能量快速耗尽而死亡。若酶抑制剂与琥珀酸脱氢酶结合，将造成线虫三羧酸循环中断，导致线虫死亡。

麻醉作用和改变线虫行为　涕灭威对孢囊和根结线虫的影响，即抑制线虫的身体活动并产生口针的异常运动。观察到影响线虫的蜕皮过程、代谢毒性，减少孵化和产卵量。

抑制呼吸

抑制细胞色素氧化酶　具有抑制细胞色素氧化酶活性的杀线虫剂有异硫氰酸烯丙酯和棉隆等。异氰酸酯在细胞内的作用多种多样，主要表现为对电子传递的抑制作用、酶的钝化作用和影响诱导细胞凋亡的信号传递。一般认为它的杀线虫作用是通过与酶分子中的亲核部位（如氨基、羟基、巯基）发生氨基甲酰化反应来实现的。细胞色素氧化酶是线粒体电子传递链的最后一个载体，将电子从辅酶 Q 传递给氧。异硫氰酸烯丙酯和棉隆等抑制细胞色素氧化酶活性将导致呼吸链电子传递中断，进而阻止细胞量代谢。氰化物、叠氮化物、CO、H_2S 等都可以抑制细胞色素氧化酶活性。硫氰酸酯类化合物的异硫氰基（-SCN）可与蛋白质的巯基、氨基、酚基和二硫键发生非特异性的共价相互作用，进而导致蛋白质的活性全部或部分丧失。杀线虫剂异硫氰酸烯丙酯具有抑制细胞色素氧化酶活性，因而它可作为氧化磷酸化的解偶联剂抑制细胞呼吸而影响线虫正常的生理过程。棉隆在土壤中可被分解生成异硫氰酸甲酯、甲醛和硫化氢，释放的异硫氰酸甲酯可进一步靶向细胞色素氧化酶而杀死线虫。

干扰线虫核糖体活性　杀线虫剂 tioxazafen 是二取代噁二唑类化合物，其作用机制被认为是干扰了线虫核糖体活性。通过抑制核糖体活性干扰线虫蛋白质的合成。蛋白质是线虫生命的物质基础，核糖体是蛋白质合成的场所。若抑制核糖体活性，将导致线虫因蛋白质合成中断而死亡。

蛋白质烷基化和细胞色素链 Fe 离子部位的氧化（溴甲烷，二溴乙烷）　卤代脂肪族化合物，如溴代甲烷，其作用机制与异氰酸酯相似，是蛋白质的烷基化剂，同时氧化细胞色素中的 Fe^{2+} 中心，阻碍呼吸。卤代烃类一般认为是通过烷基化作用或氧化作用使线虫中毒。最初表现为线虫兴奋和过度活动，继而麻醉，最终使线虫中毒死亡。卤代烃是一种烷基化试剂，生物体内对生命至关紧要的蛋白质特别是酶，其分子中均拥有羟基、氨基，卤代烃可与它们发生烷基化反应（是亲核性的双分子取代反应 Sn_2）而使酶失去原有的活性或使活性受到抑制，因而导致线虫死亡。另一作用机制是发生在细胞色素链 Fe 离子部位的氧化，使线虫呼吸作用受阻而致线虫死亡。二溴乙烷对线虫蛋白质烷基化反应作用的速度比氧化作用慢得多，因此在实际应用的剂量下，氧化作用似乎是更重要的。

影响类固醇代谢（如氟噻虫砜）　氟噻虫砜以触杀为主。氟噻虫砜的作用机制目前尚没有完全明确，根据目前的研究氟噻虫砜能够在短时间内致使线虫麻痹停止进食，运动能力减弱，最后不可逆杀死线虫，可能是影响了线虫的类固醇代谢。另外氟噻虫砜还可以降低线虫卵的孵化率、幼虫的成活率，减少虫卵的数量。

参考文献

申继忠, 2020. 杀线虫剂概述[J]. 世界农药, 42 (10) : 13-23.

EBONE L A, KOVALESKI M, DEUNER C C, 2019. Nematicides: history, mode, and mechanism action[J]. Plant science today, 6 (2) : 91-97.

（撰稿：彭德良；审稿：高希武）

杀线威　oxamyl

一种氨基甲酸酯类杀线虫剂及杀虫剂。

其他名称　Fertiamyl、Oxamate、Sunxamyl、Vacillate、Vydate、Vydagro、thioxamyl、DPX-D1410、万强、甲氨叉威。

化学名称　*N,N*-二甲基-2-甲基氨基甲酰氧基亚氨基-2-(甲硫基)乙酰胺；*N,N*-dimethyl-2-methylcarbamoyloxyimino-2-(methylthio)acetamide。

IUPAC名称　(*EZ*)-*N,N*-dimethyl-2-methylcarbamoyloxyimino-2-(methylthio)acetamide。

CAS 登记号　23135-22-0。

EC 号　245-445-3。

分子式　$C_7H_{13}N_3O_3S$。

相对分子质量　219.26。

结构式

O　O　N　O　N　NH　S

开发单位　由杜邦公司引进，1974 年销售。生产单位有 EastSun、沃农、杜邦、秦禾集团、宁波保税区汇力化工有限公司及宁波中化化学品有限公司等。

理化性质　纯品为略带硫臭味的无色结晶。熔点 100～102℃，双晶型熔点为 108～110℃。相对密度 0.97（25℃）。蒸气压 0.051mPa（25℃）。K_{ow}lg*P* -0.44（pH5）。水中溶解度 280g/L（25℃）；有机溶剂中溶解度（25℃，g/kg）：甲醇 1440、乙醇 330、丙酮 670、甲苯 10。固态和制剂稳定，水溶液分解缓慢。在通风、光照及在碱性介质中可加快其分解速度。土壤中 DT_{50} > 31 天（pH5），8 天（pH7），升高温度条件下 3 小时（pH9）。

毒性　急性经口 LD_{50}（mg/kg）：雄大鼠 3.1，雌大鼠 2.5。急性经皮 LD_{50}（mg/kg）：雄兔 5027，雌兔 > 2000。对兔皮肤无刺激性，对豚鼠皮肤无致敏性。大鼠吸入 LC_{50}（4 小时）0.056mg/L 空气。2 年 NOEL 值（mg/kg 饲料）：大鼠 50 [2.5mg/（kg·d）]，狗 50。无致突变、致癌性，亦无繁殖和发育毒性。鸟急性经口 LD_{50}（mg/kg）：雄野鸭 3.83，雌野鸭 3.16，山齿鹑 9.5。鸟饲喂 LC_{50}（8 天，mg/kg 饲料）：山齿鹑 340，野鸭 766。鱼类 LC_{50}（96 小时，mg/L）：虹鳟 4.2，大翻车鱼 5.6。水蚤 LC_{50}（48 小时）0.319mg/L。羊角月牙藻 EC_{50}（72小时）3.3mg/L。对蜜蜂有毒，LD_{50}（μg/只）：经口 0.078～0.11，接触 0.27～0.36。蚯蚓 LC_{50}（14 天）112mg/kg 土壤。残留对蚜茧蜂、梨盲走螨、小花蝽无害，在土壤中浓度≤ 3mg/L 对隐翅虫、蝽类、豹蛛有不到 30% 的危害。

剂型　24% 可溶性液剂，10% 颗粒剂。

作用方式及机理　内吸、触杀和胃毒作用，可通过根部或叶部吸收，在作物叶面喷药可向下输导至根部。为乙酰胆碱酯酶抑制剂。在土壤中快速降解，DT_{50} 约为 7 天。

适用作物及防治对象 主要用于马铃薯、柑橘、大豆、蔬菜、花生、烟草、棉花、甜菜、草莓、苹果及观赏植物等。能有效防治根结线虫、孢囊线虫、半穿刺线虫、穿孔线虫、短体线虫、刺线虫、矮化线虫、肾形线虫、穿孔线虫、茎线虫、螺旋线虫、纽带线虫、针线虫、粒线虫、环线虫、剑线虫、长针线虫、毛刺线虫等线虫。

使用方法 叶面喷雾，使用剂量为0.28～1.12kg/hm²（有效成分）。土壤处理，使用剂量为3～6kg/hm²（有效成分）。

允许残留量 GB 2763—2021《食品中农药最大残留限量标准》规定杀线威最大残留量（mg/kg，临时限量）：动物源性食品0.02，柑橘类水果5，番茄、甜椒、黄瓜2，胡萝卜、马铃薯0.1，棉籽0.2，花生仁0.05，果类调味料0.07，根茎类调味料0.05。ADI为0.009mg/kg。

参考文献

刘长令, 杨吉春, 2017. 现代农药手册[M]. 北京: 化学工业出版社: 914-915.

马克比恩 C, 2015. 农药手册[M]. 胡笑形, 等译. 北京: 化学工业出版社: 752-753.

（撰稿：刘峰；审稿：彭德良）

杀线酯 ethyl isothiocyanatoacetate

一种有机硫杀线虫剂。

化学名称 异硫氰基乙酸乙酯。

IUPAC名称 ethyl *N*-(thioxomethylene)glycinate。

CAS登记号 24066-82-8。

EC号 417-720-1。

分子式 $C_5H_7NO_2S$。

相对分子质量 145.18。

结构式

理化性质 原药为无色或浅黄色的液体。K_{ow}lg$P$ 0.65（25℃）。难溶于水，易溶于有机溶剂。遇碱易分解。

毒性 中等毒性。对人畜毒性大，鼠急性经口LD_{50} 52mg/kg。对鱼类有毒，对温血动物有毒。

作用方式 通过触杀及熏蒸起作用。

剂型 20%、40%乳油。

防治对象及使用方法 主要用于防治水稻、谷物、菊科作物和观赏植物的线虫病害。可作为种子处理剂和土壤处理剂，浸种水稻可防治水稻干尖线虫，土壤沟施防治花生、山芋根结线虫及棉花枯萎病、黄萎病。

防治水稻干尖线虫 用20%乳油500倍液浸种12～24小时，取出后水洗。

防治甘薯、花生线虫及棉花的黄萎病、枯萎病 开沟晒田，每亩用40%乳油200～300g，兑水后开沟晒施，施后随即盖土。

参考文献

刘长令, 杨吉春, 2017. 现代农药手册[M]. 北京: 化学工业出版社: 914-915.

马克比恩 C, 2015. 农药手册[M]. 胡笑形, 等译. 北京: 化学工业出版社: 752-753.

（撰稿：刘峰；审稿：张鹏）

杀雄-531 Rh531

一种细胞分裂活性抑制剂，能用作小麦、大麦的化学杀雄，也可用于燕麦、水稻等禾本科作物矮化和瓜类作物促进开花、增加雌花数和提高产量等。

其他名称 CCDP、杀雄剂-531。

化学名称 1-(4-氯苯基)-1,2-二氢-4,6-二甲基-2-氧代-3-吡啶羧酸(钠盐)；1-(4-chlorophenyl)-1,2-dihydro-4,6-dimethyl-2-oxo-3-pyridine carboxylic acid(sodium salt)。

CAS登记号 24522-21-2（酸）；24522-24-5（钠盐）。

分子式 $C_{14}H_{12}ClNO_3$（酸）；$C_{14}H_{11}ClNO_3Na$（钠盐）。

相对分子质量 277.71（酸）；299.69（钠盐）。

结构式

酸

钠盐

开发单位 1971年美国罗姆-哈斯公司开发。

理化性质 淡黄色固体粉末，从乙醇中重结晶得淡黄色针状结晶，熔点215～217℃（酸）。较易溶于丙酮，稍溶于醇类，不溶于水。其钠盐熔点为270～272℃，易溶于水，20℃时水中溶解度为20%，水溶液呈红棕色。

毒性 雄大鼠急性经口（12.5%酸悬浮于丙二酮）LD_{50} 1.5g/kg。

剂型 80%钠盐。

作用方式及机理 属于抑制细胞分裂型活性的化学杂合剂。能阻碍小麦、大麦的花粉母细胞减数分裂和花粉外膜形成，从而抑制雄蕊成熟，并抑制秆和穗的伸长和开颖。还有抑制植物节间伸长和促进开花等作用。

使用对象 大麦、小麦、燕麦、水稻等。

使用方法 国外已试用于大麦和小麦上作化学杀雄剂，在大麦抽穗前20天，进行叶面喷药，剂量为有效成分1.5kg/hm²，

S

可诱导100%的雄蕊不熟率，但也能影响部分雌蕊的成熟。在水稻出穗前14天用400mg/L浓度处理，雄蕊发育停止和不熟率可达98.4%，而雌蕊成熟率为62%。在出穗前7天用50mg/L再次处理，雄性不熟率为99.5%，雌性成熟率亦达52.5%。可以用有效成分0.11~2.24kg/hm^2剂量，使大麦、小麦、燕麦、水稻等禾本科作物矮化，用0.11~1.12kg/hm^2剂量，使大豆、花生、豌豆等植株矮化，防止倒伏。用0.11~1.12kg/hm^2剂量，使黄瓜、西瓜、甜瓜、南瓜等增加雌花数，提高产量。

注意事项 储存在阴凉通风处。使用时注意保护，避免吸入药雾和沾染皮肤、眼睛。无专用解毒药，误服时对症治疗。

参考文献

朱永和，王振荣，李布青，2006. 农药大典[M]. 北京：中国三峡出版社.

（撰稿：谭伟明；审稿：杜明伟）

杀雄-532 Rh-532

一种合成的吡啶羧酸盐类化学杀雄剂，通过阻止花粉母细胞减数分裂使雄蕊败育，可用于大麦和小麦杂交育种时进行杀雄处理。

化学名称 1-(3,4-二氯苯基)-1,2-二氢-2,4-二甲基-2-氧代-3-吡啶羧酸（钠盐）；1-(3,4-dichlorophenyl)-1,2-dihydro-2,4-dimethyl-2-oxo-3-pyridine carboxylic acid(sodium salt)。

CAS登记号 60937-96-4。

分子式 $C_{14}H_{10}Cl_2NO_3Na$。

相对分子质量 334.13（钠盐）。

结构式

理化性质 淡黄色晶体，熔点240~242℃（酸）。较易溶于丙酮，不溶于水。其钠盐熔点为253~255℃。易溶于水，20℃时水中溶解度20%。

毒性 雄大鼠急性经口（12.5%悬浮于丙二醇）LD_{50} 325mg/kg。

剂型 80%钠盐，中国暂无登记。

作用方式及机理 是化学杀雄剂，用于小麦、大麦杂交育种时杀雄。主要是阻止花粉母细胞减数分裂，从而使雄蕊败育。

使用对象 大麦和小麦上作化学杀雄剂。

使用方法 采用植株喷洒、土壤浇灌和种子处理，在大麦抽穗前20天进行叶面喷药，可诱导雄蕊不熟率，但也能影响部分雌蕊的成熟。此外，可以使大麦、小麦、燕麦、水稻等禾本科作物矮化，使大豆、花生、豌豆等植株矮化，防止倒伏。使黄瓜、西瓜、甜瓜、南瓜等增加雌花数，提高产量。

注意事项 储存在阴凉通风处。使用时注意保护，避免吸入药雾和沾染皮肤、眼睛。无专用解毒药，误服时对症治疗。

允许残留量 中国未规定残留限量。

参考文献

毛景英，闫振领，2005. 植物生长调节剂调控原理与实用技术[M]. 北京：中国农业出版社.

JAN C C, ROWELL P L, 1981. Response of wheat tillers at different growing stages to gametocide treatment. [J]. Euphytica, 30(2): 501-504.

MILLER J F, LUCKEN K A, 1977. Gametocidal properties of RH-531, RH-532, RH-2956, and RH-4667 on spring wheat (*Triticum aestivum* L.)[J]. Euphytica, 26(1): 103-112.

（撰稿：谭伟明；审稿：杜明伟）

杀雄啶 acetolide

一种植物生长调节剂，被广泛用于大麦、小麦、燕麦、黑麦、玉米等禾本科植物，用作化学杀雄剂。

其他名称 CHA-811、SD 848n。

化学名称 1-*N*-boc-3-吖丁啶-氮杂环丁烷-3-羧酸。

IUPAC名称 3-azetidine carboxylic acid。

CAS登记号 142253-55-2。

分子式 $C_9H_{15}NO_4$。

相对分子质量 201.22。

结构式

开发单位 1984年由壳牌化学公司开发。

理化性质 无色透明至浅褐色黏稠液体。熔点25℃。沸点275℃。相对密度1.129（20℃）。蒸气压19.2mPa（25℃）。水中溶解度1.1g/L（25℃），可与丙酮、乙腈、氯仿、环己酮、二氯甲烷、甲醇、甲苯等相混。常温下储存至少2年，50℃可保存3个月。

毒性 大鼠急性经口LD_{50} 5g/kg；兔急性经皮LD_{50} > 1g/kg。对眼睛和皮肤有刺激性，对豚鼠皮肤有过敏作用。

剂型 可湿性粉剂。

质量标准 药粉（96%原粉）。

作用方式及机理 是诱导自花不亲和的化合物。用杀雄啶处理过的植株，花粉成熟后从花药中释出，但不能使雌蕊受精，而雌蕊则不受影响。

使用对象 对大麦、小麦、燕麦、黑麦、玉米等禾本科植物有较好的杀雄作用。

使用方法 在田间试验中，以有效成分600g/hm^2的剂量进行处理。雄蕊不熟率可达95%，雌性成熟率为70%，处理时期以在幼穗长3cm至孕穗后期和出穗期之间，都有

S

较好效果。

注意事项 储存于低温阴凉通风处。操作时注意防护。皮肤和眼睛接触药液时，及时用大量清水冲洗。严重时去医院就诊。

允许残留量 中国尚未制定最大残留限量值。

（撰稿：杨志昆；审稿：谭伟明）

杀雄啉 cintofen

一种苯并哒嗪类植物生长调节剂。能阻滞禾谷类作物花粉发育而自交不实，生产上主要用于小麦异花授粉，获取杂交种子。

其他名称 津奥啉。

化学名称 1-(4-氯苯基)-1,4-二氢-5-(2-甲氧乙氧基)-4-酮噌啉-3-羧酸。

IUPAC名称 1-(4-chlorophenyl)-5-(2-methoxyethoxy)-4-oxo-cinnoline-3-carboxylic acid。

CAS登记号 130561-48-7。

分子式 $C_{18}H_{15}ClN_2O_5$。

相对分子质量 374.78。

结构式

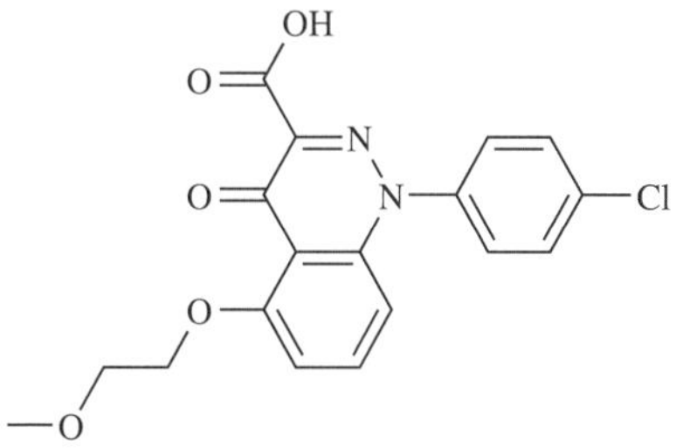

开发单位 由美国Sogetal公司开发，后被法国海伯诺瓦公司收购。

理化性质 原药为黄白色粉末，略有气味。熔点260～263℃。相对密度1.461（20℃）。微溶于水和大多数有机溶剂，可溶于氢氧化钠溶液。

毒性 低毒。大鼠急性经口LD_{50} 5000mg/kg，在欧洲已通过有关致癌、致畸和生态环境影响等测试。

作用方式及机理 能阻滞禾谷类作物花粉发育，使之失去授精能力而自交不实，从而可进行异花授粉，获取杂交种子。用于小麦及其他小粒谷物。在花粉形成前，绒毡层细胞是为小孢子发育提供营养的组织，药剂能抑制孢粉质前体化合物的形成，使单核阶段小孢子的发育受到抑制。药剂由叶片吸收，并主要向上传输，大部分存在于穗状花序及地上部分，根部及分蘖部分极少。湿度大时，利于吸收。

使用方法 在春小麦幼穗长到0.6～1cm，即处于雌雄蕊原基分化至药隔分化期之间，用33%水剂有效成分0.7kg/hm²，加软化水250～300kg均匀喷雾，小麦叶面雾化均匀，不应见水滴，雄性相对不育率达98%，自然异交结实率65%，杂交种纯度达97%，而且副作用小。冬小麦适宜在药隔期施药，小穗长0.55～1cm，用药量同春小麦。

注意事项 ①不同品种的小麦对杀雄啉反应不同。敏感品系在配制杂交种之前，应对母本基本型进行适用剂量的试验，亩用33%水剂180ml以上时，会抑制株高和穗节长度，还会造成心叶和旗叶皱缩、基部失绿白化、生长缓慢，幼小分蘖死亡，抽穗困难，穗茎弯曲。②应在室温避光保存。使用前若发现结晶，可加热溶解后再使用，用前随配随用。

允许残留量 在制种当代的母本株及籽粒中，药品残留为0.5mg/L，在杂种一代植株及麦粒中残留为0，达到无检出水平。

参考文献

耿丽文，王良清，臧寿国，等，2001. 小麦杀雄剂杀雄啉的合成及生物活性[J]. 农药，40(6): 16-17.

孙家隆，2015. 新编农药品种手册[M]. 北京：化学工业出版社：954.

肖建国，蒋爱湘，徐昕，等，1995. 新型小麦化学杀雄剂津奥啉使用技术[J]. 天津农业科学，1 (1): 21-24.

（撰稿：谭伟明；审稿：杜明伟）

杀雄嗪 fenridazon

一种高毒的化学杀雄剂。能诱导花粉发育反常而致雄性不育，主要用于小麦杂交品种的培育。

化学名称 1-(4-氯苯基)-1,4-二氢-6-甲基-4-氧代-3-哒嗪羧酸；1-(4-chlorophenyl)-1,4-dihydro-4-oxo-6-methyl pyridazine-3-carboxylic acid。

IUPAC名称 1-(4-chlorophenyl)-6-methyl-4-oxopyridazine-3-carboxylic acid。

CAS登记号 68254-10-4（酸）；83588-43-6（钾盐）。

EC号 203-401-0。

分子式 $C_{12}H_9ClN_2O_3$（酸）；$C_{12}H_8ClKN_2O_3$（钾盐）。

相对分子质量 264.67（酸）；304.77（钾盐）。

结构式

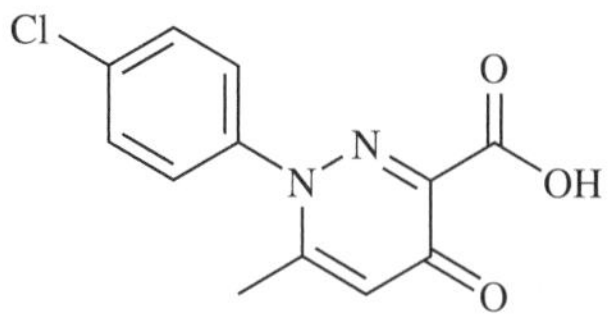

理化性质 原料对氯苯胺常温下为无色至淡黄色结晶，能溶于热水，易溶于醇、醚、丙酮和二硫化碳。熔点72.5℃。沸点232℃。密度1.17g/cm³。

毒性 杀雄嗪主要成分对氯苯胺为高毒化学品，其蒸气对眼睛、皮肤和黏膜有刺激作用，对人体的血液系统和神经系统有毒害作用。中毒后会引起肝肿、肝痛、记忆力衰退等症状，可能致癌。对氯苯胺对环境有害。急性毒性：大鼠经口LD_{50} 310mg/kg，兔经皮LD_{50} 360mg/kg，人吸入出现症状22mg/m³，最小致死剂量（血液毒作用）44mg/m³。致突变性：微粒体诱变，鼠伤寒沙门氏菌100μg/皿。非程序

DNA 合成，大鼠肝 5mg/L。致癌性：IARC 致癌性评论，对人可能致癌。

剂型　可湿性粉剂。

质量标准　对氯苯胺含量＞ 65%。

作用方式及机理　该新型化学杂交剂诱导小麦雄性不育的药效试验研究：采用 3～5kg/hm^2 剂量时，诱导小麦雄性不育率＞ 95%；异交结实率＞ 95%。该药对雌蕊活性未造成有害影响。

使用方法　溶于水，调配至 3～5kg/hm^2 时，于小麦开花期均匀喷施在小麦小花处即可。

注意事项　采用铁桶包装，每桶净重 200kg。储存于阴凉、通风处，防潮、防火。按有毒危险品规定储运。应与酸类、酸酐、酰基氯、氯仿、强氧化剂食用化学品分开存放，切忌混储。配备相应品种和数量的消防器材。储区应备有合适的材料收容泄漏物。配制杀雄嗪时应严格通风，做好防护措施。

允许残留量　由于是以致癌物为原料，允许残留量无法检测出。

参考文献

《化学化工大辞典》编委会, 化学工业出版社辞书编辑部, 2003. 化学化工大辞典[M]. 北京: 化学工业出版社.

张明森, 2008. 精细有机化工中间体全书[M]. 北京: 化学工业出版社.

（撰稿：尹佳茗；审稿：谭伟明）

杀雄酮　prasterone

一种花粉控制剂，能防止花药破裂和花粉脱落，并改变植物开花和有性繁殖，可用作小麦、水稻、玉米、燕麦等作物的化学杀雄剂。

其他名称　DPX3778、KMS-1。

化学名称　3-(4-氯苯基)-6-甲氧基-均三嗪-2,4(1*H*,3*H*)二酮三乙醇胺盐；3-(4-chlorophenyl)-6-methoxy-triazine-2,4(1*H*,3*H*)-dione。

IUPAC 名称　3-(4-chlorophenyl)-6-methoxy-1,3,5-triazine-2,4(1*H*,3*H*)-dione- 2,2',2''-nitrilotriethanol (1:1)。

CAS 登记号　60575-85-1。

分子式　$C_{16}H_{23}ClN_4O_6$。

相对分子质量　402.83。

结构式

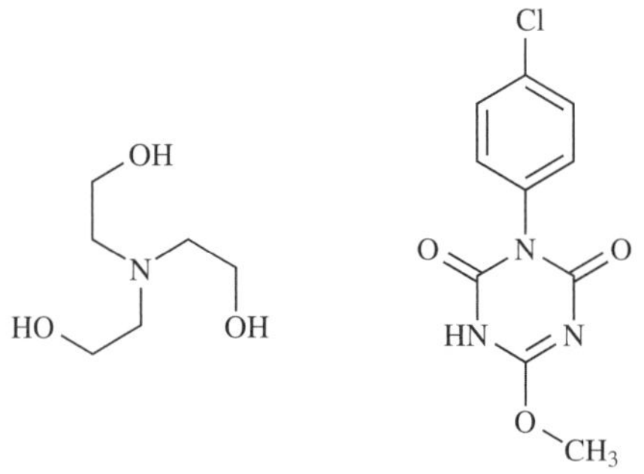

开发单位　1973 年由美国杜邦公司开发。

理化性质　纯品为白色固体。熔点 219～220℃。不溶于水。稍溶于甲醇、乙醇、乙腈、丙酮，能溶于二氧六环、二甲基亚砜等溶剂中。

毒性　大鼠急性经口 LD_{50} 4.7g/kg。无致癌活性。

剂型　该品系加工成三乙醇铵盐使用。

作用方式及机理　具有防止花药破裂和花粉脱落的作用，并改变植物开花和有性繁殖，能杀雄。

使用方法　适用于小麦、水稻、玉米、燕麦等作物杀雄。在小麦和水稻上使用浓度为 0.4%～1%，在作物开花或接近开花时喷洒，杀雄率可达 95%～100%。此外，该品也可用作水稻、玉米等作物地的选择性除草剂或植物生长调节剂。

注意事项　保存在低温通风房间内，勿与食物和饲料共储，勿让儿童接近。使用时注意防护，勿吸入药雾，避免皮肤和眼睛沾染药液，如有沾染，要用大量水冲洗。无专用解毒药，如发生误服可对症治疗。

（撰稿：谭伟明；审稿：杜明伟）

沙蚕毒素类杀虫剂　nereistoxin insecticides

一类生物活性和作用机制类似天然产物沙蚕毒素（nereistoxin）的有机合成杀虫剂。它是在研究天然沙蚕毒素的药理学特性、杀虫活性、有效成分、化学结构、杀虫机制及其衍生物的杀虫活性、杀虫机制的基础上发展起来的一类新的高效、安全杀虫剂。

日本学者 Nitta 在 1934 年从海上环节动物异足索沙蚕 *Lumbricomerereis hateropoda* 体内分离出一种有效成分，并取名为沙蚕毒素（nereistoxin，简称 NTX），并研究了 NTX 对脊椎动物的药理学特性，但此后的 20 年里，NTX 并未引起人们的重视。Hashimoto 和 Okaichi 在 1962 年确定 NTX 的结构，此后对 NTX 及其衍生物进行广泛筛选，日本武田药品工业会社成功开发了第一个沙蚕毒素类杀虫剂——杀螟丹（cartap），这是人类历史上第一次成功利用动物毒素进行仿生合成的动物源杀虫剂。在这之后掀起了对沙蚕毒素类化合物研究的热潮，1970 年日本武田化学开发出杀虫磺（bensultap），1975 年瑞士山德士公司开发出杀虫环（thiocyclam），1975 年中国贵州省化工研究所研制开发出杀虫双（bisultap）和杀虫单（monosultap）。

在昆虫体内杀螟丹和杀虫双等沙蚕毒素类杀虫剂被转变成沙蚕毒素而起作用，其作用机理如下：①对突触传导的抑制。沙蚕毒素类杀虫剂转化为沙蚕毒素后作用于神经系统的突触体，研究显示杀螟丹对于突触集中的神经节有亲和作用，所以一般认为在昆虫体内的作用部位是神经传导的胆碱能突触部位。沙蚕毒素作用于神经系统的突触部位，使得神经冲动受阻于突触部位。在低浓度时，沙蚕毒素类杀虫剂就能够表现出明显神经阻断作用。2×10^{-8}～1×10^{-6}M 的 NTX 就能引起蜚蠊末端腹神经节突触传导的部分阻断，1×10^{-5}M 杀虫环能显著地抑制黑胸大蠊兴奋性突触后电位

（EPSP）。沙蚕毒素类杀虫剂对突触传导的阻断作用是通过与突触后膜乙酰胆碱受体结合实现的，NTX与烟碱型配体竞争nAChR上的激动剂位点，从而抑制神经兴奋的传递。②NTX与nAChR之间的生物化学反应。NTX与受体结合后发生氧化还原反应，受体被还原而导致受体功能受阻。大多数nAChR亚型的α亚基相邻半胱氨酸残基之间存在二硫键，这个二硫键对维持nAChR的空间结构和正常功能很重要。从NTX的结构分析其具有氧化还原活性，能够与受体发生氧化还原反应。研究表明NTX或其代谢物使nAChR被还原，破坏了受体上的二硫键，使受体功能受阻。③对受体通道电流的影响。NTX与nAChR结合影响了受体正常的神经功能，抑制了通道电流的产生，使突触后膜不能去极化，导致神经传导中断。Nagata等采用单通道膜片钳技术记录了杀螟丹对鼠PC12细胞烟碱型乙酰胆碱受体（nAChR）的影响。300M杀螟丹单独处理时，没有引起通道的开放，10Mach就能诱导单通道电流。当杀螟丹与乙酰胆碱同时作用时，单通道的开放时间缩短，间隔增加，表现出杀螟丹的剂量效应。单通道开放的动态变化，说明杀螟丹是nAChR开放的阻断剂。

还有待进一步研究以确证的机制：抑制突触前膜释放乙酰胆碱的机制，及其在毒理学上的作用；沙蚕毒素在nAChR上结合位点的数目，及它们之间的协同作用；沙蚕毒素对其他靶标的作用，及其在毒杀机制中的作用。

由于沙蚕毒素类杀虫剂具有较为独特的杀虫机制，杀虫谱广，具有很强的触杀、胃毒和一定的内吸、熏蒸作用。可用于防治水稻、蔬菜、甘蔗等多种作物上的多种食叶类害虫，有些品种对蚜虫、螨类、叶蝉等害虫也有效。具有低毒低残留以及施药适期长、速效、持效期长、防效稳定等多种优点，此外，有的品种（如杀螟丹等）还具有一定的杀菌活性及抑制媒介昆虫传播病毒的作用。因此，这类杀虫剂在用于农业防治后，就迅速得到了推广应用。

随着沙蚕毒素类杀虫剂在田间的大量使用，有些害虫已对其产生了不同程度的抗药性。但是，沙蚕毒素类杀虫剂与有机磷类、菊酯类、氨基甲酸酯类等杀虫剂的作用机理存在极大的差异，沙蚕毒素类杀虫剂一般不易与后者产生交互抗性，甚至与某些品种间还有一定的负交互抗性，这在害虫综合治理中具有重要作用。同时，沙蚕毒素类杀虫剂是一类动物源的仿生杀虫剂，其低残留、无污染的优点是其他有机合成的杀虫剂所不能比拟的。因此，沙蚕毒素类杀虫剂具有很大的发展潜力。

参考文献

陈茹玉, 杨华铮, 徐立本, 2008. 农药化学[M]. 北京: 清华大学出版社.

韩招久, 韩召军, 姜志宽, 等, 2004. 沙蚕毒素类杀虫剂的毒理学研究新进展[J]. 现代农药, 3(6): 6.

孔令强, 2009. 农药经营使用知识手册[M]. 济南: 山东科学技术出版社.

吴文君, 2000. 农药学原理[M]. 北京: 中国农业出版社.

夏世均, 2008. 农药毒理学[M]. 北京: 化学工业出版社.

徐松伟, 周利娟, 胡美英, 2001. 沙蚕毒素类杀虫剂作用机制及其抗性的研究进展[J]. 农药科学与管理, 22(2): 30-32.

于观平, 王刚, 王素华, 等, 2011. 沙蚕毒素类杀虫剂研究进展[J]. 农药学学报, 13(2): 103-109.

（撰稿：徐晖、于明巧；审稿：杨青）

沙罗拉纳 sarolaner

一种异噁唑类杀跳蚤、蜱、壁虱和疥螨的杀螨、杀虫剂。

其他名称 Simparica。

化学名称 1-[5′-[(5*S*)-5-(3,5-二氯-4-氟苯基)-4,5-二氢-5-(三氟甲基)-3-异噁唑基]螺[氮杂环丁烷-3,1′(3′*H*)异苯并呋喃]-1-基]-2-(甲磺酰基)乙酮；1-[5′-[(5*S*)-5-(3,5-dichloro-4-fluorophenyl)-4,5-dihydro-5-(trifluoromethyl)-3-isoxazolyl]spiro[azetidine-3,1′(3′*H*)-isobenzofuran]-1-yl]-2-(methylsulfonyl)ethanone。

IUPAC名称 1-[5′-[(5*S*)-5-(3,5-dichloro-4-fluorophenyl)-4,5-dihydro-5-(trifluoromethyl)-1,2-oxazol-3-yl]-1*H*,3′*H*-spiro[azetidine-3,1′-[2]benzofuran]-1-yl]-2-mesylethanone。

CAS登记号 1398609-39-6。

分子式 $C_{23}H_{18}Cl_2F_4N_2O_5S$。

相对分子质量 581.36。

结构式

沙罗拉纳

沙罗拉纳的对映异构体

开发单位 由Zoetis Scientists发现并开发，并由Zoetis Belgium SA生产。

理化性质 密度1.71g/cm^3。沸点792.7℃（101.32kPa）。蒸发焓108.6kJ/mol。闪点426.6℃。摩尔体积358.2cm^3。

作用方式及机理 抑制GABA受体和谷氨酸受体，作用于虫体神经肌肉接触部位，使神经肌肉活动失调而致昆虫或蜱螨类死亡。

防治对象 狗身上的蜱螨。

使用方法 口服。

注意事项 仅用于大于6个月的犬类。

参考文献

朱永和, 王振荣, 李布青, 2006. 农药大典[M]. 北京: 中国三峡出版社.

（撰稿：罗金香；审稿：丁伟）

砂磨 sand milling

湿法粉碎在农药制剂工艺领域主要体现为砂磨，是农药悬浮剂和可分散油悬浮剂研发和生产的主要手段。通过将物料注入一个具有转子的研磨腔体，内部填充有一定量的研磨介质，物料通过旋转的转子带动研磨介质相互碰撞、挤压、搅拌、混合，从而达到浆料粉碎、细化效果的一种工艺。

原理 研磨介质及物料间的作用是由高速旋转的转子产生的，靠近转子表面的研磨介质和物料随转子运动，被离心力抛向砂磨机筒壁形成双环形滚动的湍流，研磨介质间剧烈的运动产生剪切、挤压和摩擦力使介质间的物料粒子受力变形并产生应力场。当应力达到颗粒的屈服或断裂极限时便产生塑性变形或破碎。粉碎后的微小颗粒经分离器与研磨介质分离后流出砂磨机。

特点 砂磨工艺在农药领域主要用于悬浮剂、可分散油悬浮剂加工。其优点：生产效率高；产品颗粒细而匀；便于连续化生产；生产成本低、投资小；没有粉尘污染，有利环境保护等。经过多年的研究，已经形成了一套基本模式：配料—高剪切混合—砂磨机湿法粉碎—调配混合—包装。

这一工艺的主要特点：采用多台砂磨机串联、压缩空气管道送料连续化生产。缩短操作时间。湿法粉碎，污染小。自动化程度高，人力成本低等。

设备 砂磨工艺的主要实现设备即为砂磨机，按照其外部构造可分为立式砂磨机、卧式砂磨机、篮式砂磨机等。按照其转子的形态可分为圆盘式、藕片式、风车式、涡轮式、销棒式和异型式等。研磨介质主要有玻璃珠、陶瓷珠、锆珠等。按照研磨腔体内部材质区分为合金钢式、钨钢式、陶瓷式、硬塑料式等。砂磨机发展大概经历了以下几个阶段：第一阶段，立式搅拌磨（底部筛网分离器＋棒式研磨原件）；第二阶段，立式圆盘砂磨机（盘式＋顶部筛网分离器）；第三阶段，立式销棒砂磨机（棒式＋顶部缝隙分离器）；第四阶段，卧式圆盘砂磨机（盘式＋动态转子离心分离器）；第五阶段，卧式销棒循环砂磨机（棒式＋超大过滤面积分离器）。

应用 砂磨机广泛应用于涂料、染料、油墨、感光材料、农药、造纸及化妆品等行业的高效率湿式研磨分散机械。

（撰稿：崔勇；审稿：遇璐、丑靖宇）

闪点 flash point

在一个稳定的特定空气环境中，可燃性液体或固体表面产生的蒸气在试验火焰作用下初次发生闪燃时的温度，也就是可燃液体或固体能放出足量的蒸气并在所用容器内的液体或固体表面处与空气组成可燃混合物的最低温度。又名闪燃点。农药制剂产品的闪点是重要的理化参数，与安全性密切相关。

影响闪点值的因素 对于单组分的可燃性液体或固体，其闪点的高低取决于该物质的密度及其所承受的气压，同一个样品，密度越大、所受压力越高，则所测得闪点越高。

对于可燃性液体或固体混合物，其闪点还取决于该样品中是否混入轻质可燃组分和该类组分的含量高低。

闪点分为两种：闭口杯闪点和开口杯闪点。通常前者数值明显低于后者。

测定方法简述 NY 1860.11 2016《农药理化性质测定导则 第11部分：闪点》介绍了5种农药产品闪点的测定方法：

泰格闭口杯法（Tag closed cup method）；

宾斯基-马丁闭口杯法（Pensky-Martens closed cup method）；

阿贝尔闭口杯法（Abel closed cup method）；

泰格开口杯法（Tag open cup method）；

克利夫兰开口杯法（Cleveland open cup method）。

各方法的适用范围和条件如下：

闪点低于93℃，且25℃时黏度低于$9.5 \times 10^{-5} m^2/s$，可采用泰格闭口杯法；

闪点大于40℃的液体，包括可燃液体、带悬浮颗粒的液体及试验条件下表面趋于成膜的液体，可采用宾斯基-马丁闭口杯法；

闪点在-30～70℃范围内的液体或混合物（液体、黏性物质或固体），可采用阿贝尔闭口杯法测定；

闪点在-18～165℃之间，可采用泰格开口杯法测定；

闪点在79～400℃之间，可采用克利夫兰开口杯法测定。

泰格闭口杯法 将试样倒入试验杯中，盖好盖子，以缓慢均匀的升温速度加热。将试验火焰按规定间隔引入试验杯中。试验火焰引起试样上方蒸气闪火时的最低温度作为试样的闪点。

宾斯基-马丁闭口杯法 将试样倒入试验杯中，在规定的速率下连续搅拌，并以恒定速率加热试样。以规定的温度间隔，在中断搅拌的情况下，将火源引入试验杯开口处，使试样蒸气发生瞬间闪火，且蔓延至液体表面的最低温度，此温度为环境大气压下的闪点，再用公式修正到标准大气压下的闪点。

阿贝尔闭口杯法 试样放入阿贝尔闪点仪的测试杯中，以规定的速度加热。测试小火焰按规定的时间间隔导入测试杯内，火焰使试样上方蒸气点燃并在测试杯中有明显的闪燃的最低温度作为闪点。

泰格开口杯法 将试样装入试验杯至规定的刻度线，先迅速升高试样的温度，当接近闪点时再缓慢地以恒定的速度升温。在规定的温度间隔，用一个小的试验火焰扫过试验杯，使试验火焰引起试样液面上部蒸气闪火的最低温度即为闪点。在环境大气压下测得的闪点用公式修正到标准大气压下的闪点。

克利夫兰开口杯法　除了在测试温度范围、点火温度间隔等操作细节上有所不同外，该测试方法与泰格开口杯法基本一致。

闪点测定的用途　①闪点可以表示样品在受控试验条件下与空气形成可燃性混合物的倾向，它是评估物质整体燃烧危险性的指标之一。②闪点测试可以用于测定和描述物质、产品在受控实验室条件下对热和火焰反应的特性，但不能用于描述或评价在实际着火条件下的物质、产品的着火危险性。③试验结果可作为评价着火危险性的要素之一。④作为判定“易燃物质”的指标。⑤用来在使用、储存和运输液体时警示风险，以便采用正确的预防措施。⑥作为质量控制指标以及用来控制易燃风险。

根据闪点值划分危险等级　易燃液体是闪点不高于93℃的液体。依据液体的闭杯闪点值将易燃液体分为4个类别（见表）。

根据闪点值划分防火等级　闪点是可燃液体生产、储存场所火灾危险性分类的重要依据，是甲、乙、丙类危险液体分类的依据。可燃液体生产、储存厂房和库房的耐火等级、层数、占地面积、安全疏散、防火间距、防爆设施等的确定和选择要根据闪点来确定；液体储罐、堆场的布置、防火间距，可燃和易燃气体储罐的布置、防火间距，液化石油气储罐的布置、防火间距等也要以闪点为依据。

易燃液体类别和警示标签

危险类别	分类	警示标签要素	
1	闪点＜23℃，初始沸点≤35℃	图形符号	
		名称	危险
		危险性说明	极易燃液体和蒸气
2	闪点＜23℃，初始沸点＞35℃	图形符号	
		名称	危险
		危险性说明	高度易燃液体和蒸气
3	23℃≤闪点≤60℃	图形符号	
		名称	警告
		危险性说明	易燃液体和蒸气
4	60℃＜闪点≤93℃	图形符号	不使用
		名称	警告
		危险性说明	可燃液体和蒸气

凡具有爆炸、易燃、毒害、腐蚀、放射性等性质，在运输、装卸和储存保管过程中，容易造成人身伤亡和财产损毁而需要特别防护的货物，均属于危险货物。

危险货物分为9类：①爆炸品。②压缩气体和液化气体。③易燃液体。④易燃固体、自燃物品和遇湿易燃物品。⑤氧化剂和有机过氧化物。⑥毒害品和感染性物品。⑦放射性物品。⑧腐蚀品。⑨杂类。其中第三类为易燃液体，包括易燃的液体、液体混合物或含固体物质的液体，但不包括由于其危险特性已列入其他类别的液体。其闭杯试验闪点≤61℃，但不同运输方式可确定该运输方式适用的闪点，而不得＜45℃。

该类货物按闪点分为3项：

低闪点液体：闭口杯试验闪点低于－18℃的液体。

中闪点液体：闭口杯试验闪点在－18～23℃的液体。

高闪点液体：闭口杯试验闪点在23～61℃的液体。

参考文献

环境保护部化学品登记中心，等，2013. 化学品测试方法理化特性和物理危险性卷[M]. 2版. 北京：中国环境出版社.

GB 20581—2006 化学品分类、警示标签和警示性说明安全规范 易燃液体.

GB 6944—2012 危险货物分类和品名编号.

NY/T 1860.11—2016 农药理化性质测定试验导则 第11部分：闪点.

（撰稿：蔡磊明；审稿：许来威）

商品农药采样方法　sampling method for pesticide products

从整批被检商品农药中抽取一部分有代表性的样品，供分析化验用。样品采集通常简称采样，是一种取样的方式，是一种科学的研究方法。

采样安全　农药是有毒化学品，如果处置不当，会造成中毒。因此采样人员应熟悉并遵守具体农药安全事项，并根据农药标签和图示的警示，穿戴合适的防护服。

采样技术

采样准备　采样人员准备适合的采样器械。

随机采样原则　采样应在一批或多批产品的不同部位进行，这些位置应由统计上的随机方法确定。

采样混合　固体样品的混合可采用在聚乙烯袋中进行，液体样品的混合可在大小适宜的烧杯中进行。将采得的样品混匀后取出部分或全部，分装成所需份数。

样品份数　根据采样目的不同，可由按采样方案制备的最终样品再分成数份样品。

采样分类

商品原药　小于5件（包括5件）从每个包装件中抽取；6～100件，从5件中抽取；100件（不包括100件）以上，每增加20件，增加1个采样单元。每个采样单元采样量应不少于100g。采得块状的样品应破碎后缩分，最终每

农药加工制剂产品采样需打开包装件数

所抽产品的包装件数	需打开包装件数
≤ 10	1
11～20	2
21～260	每增加 20 件增抽 1 件，不到 20 件按 20 件计
≥ 261	15

份样品应不少于 100g。

液体制剂 采样时需打开包装件的数量见表。液体产品采样时，在打开包装容器前，要小心地摇动、翻滚，尽量使产品均匀。液体制剂最终每份样品量，应不少于 200ml。

固体制剂 采样时需打开包装件的数量见表。固体制剂根据均匀程度每份样品量为 300～600g，粉剂、可湿性粉剂每份样品量 300g 即可，而粒剂、大粒剂、片剂等每份样品量应在 600g 以上。

采样报告和记录

采样报告 采样报告至少应包括以下内容：①生产厂（公司）名称和地址。②产品名称（有效成分含量 + 中文通用名称 + 剂型）。③生产日期或（和）批号。④执行标准（生产和抽样检验）。⑤产品等级。⑥产品总件数和每件中包装瓶（袋）的数量和净含量。⑦采样件数。⑧采样方法。⑨采样地点。⑩采样日期。⑪其他说明。⑫采样人姓名（签字）。⑬采样产品生产、销售或拥有者代表姓名（签字）。

记录 采样时，除填写报告规定的内容外，还应记录产品异常现象；检查包装净含量时应记录所检查包装的数量、每个包装的装量偏差和平均净含量等。

抽取样品的包装、运输和储存

标签 抽取的样品装入符合要求的样品瓶（袋）后，应进行密封，粘贴封条和牢固、醒目的标签。

包装 需要运输的样品，应将包装瓶（袋）先装入塑料袋中，密封。然后装入牢固容器中，周围用柔软物固定，密封。贴上标签，并用箭头表示样品朝上的方向。

运输 农药样品的运输应符合国家有关危险货物的包装运输规定。

储存 农药样品，应储存在通风、低温、干燥的库房中，并远离火源。储存时，不得与食物、种子、饲料混放，避免让儿童接触。

（撰稿：楼少巍；审稿：张红艳）

蛇床子素 osthole

从蛇床、欧前胡等中草药中提取的香豆素类化合物，具有触杀、胃毒作用的植物源杀虫、杀菌剂，可用于防治蔬菜、茶树及储粮等害虫。

其他名称 苏科、巨能、天惠虫清、瓜喜、拿多利、三保奥思、天惠、欧芹酚甲醚、甲氧基欧芩酚、喔斯脑、蛇床籽素。

化学名称 7-甲氧基-8-异戊烯基香豆素；7-methoxy-8-(3-methylbut-2-enyl)chromen-2-one。

IUPAC 名称 2*H*-1-benzopyran-2-one,7-methoxy-8-(3-methyl-2-buten-1-yl)-。

CAS 登记号 484-12-8。

EC 号 610-421-7。

分子式 $C_{15}H_{16}O_3$。

相对分子质量 244.29。

结构式

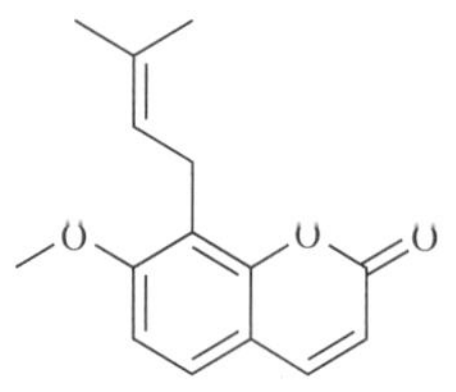

O O O

开发单位 江苏省农业科学研究院、江苏江南农化有限公司、湖北天惠生物科技有限公司。2006 年，湖北天惠生物科技有限公司开发 2% 蛇床子素母药并登记。

理化性质 35%、50% 等低含量为黄绿色粉末，纯品为白色针状结晶粉末。熔点 83～84℃。沸点 396.7℃。密度 1.126g/cm³。溶于碱溶液、甲醇、乙醇、氯仿、丙酮、乙酸乙酯和沸石油醚等，不溶于水和石油醚。

毒性 低毒。大鼠急性经口 LD_{50} 2905mg/kg，经腹腔 LD_{50} 600mg/kg。

剂型 10% 母药，0.4%、2% 乳油，0.5%、1% 水乳剂，1% 粉剂，0.4%、1% 可溶液剂，1% 水剂。

作用方式及机理 对害虫具有触杀、胃毒作用，同时对多种病原真菌具有较好的抑菌作用。蛇床子素除具有香豆素的活性核心结构苯环和吡喃酮环外，还有重要的农药活性基团——异戊烯结构，表现为独特的杀虫抑菌活性。药液通过体表吸收进入昆虫体内，作用于神经系统，抑制乙酰胆碱酯酶活性，导致肌肉非功能性收缩，衰竭而死。蛇床子素还对夜蛾卵块有触杀作用，可溶解夜蛾卵块上的绒毛，降低卵粒的黏附性，导致孵化率降低。

防治对象 蚜虫、茶尺蠖、菜青虫、玉米象、谷蠹等多种昆虫和夜蛾卵块，同时也用于防控黄瓜白粉病、葡萄霜霉病、辣椒疫霉病、小麦赤霉病等多种真菌病害。

使用方法

防治十字花科蔬菜菜青虫 0.4% 蛇床子素乳油用药量为有效成分 4.8～7.2g/hm²（折成 0.4% 蛇床子素乳油 80～120ml/ 亩）。

防治茶树蠖 0.4% 蛇床子素乳油用药量为有效成分 6～7.2g/hm²（折成 0.4% 蛇床子素乳油 100～120ml/ 亩）。

防治仓储原粮害虫赤拟谷盗、谷蠹、玉米象 1% 蛇床子素粉剂用药量为有效成分 0.25～0.75mg/kg 拌粮。

此外，该剂还可用于防治水稻稻曲病，1% 蛇床子素水剂用药量为有效成分 19～25g/hm²（折成 1% 蛇床子素水剂 127～167ml/ 亩）。

注意事项 ①对鱼、蜂、蚕、鸟有毒，禁止在桑蚕养殖区、水产养殖区、河塘等水体附近施药和清洗施药器具。植物开花期禁用，并应密切关注对附近蜂群的影响。②严禁与碱性物质混用。如果使用过碱性化学农药，5天后才可使用该品。③该剂最佳施药时间是清晨或傍晚，阴天可全天施药。

与其他药剂的混用　蛇床子素与甲氨基阿维菌素苯甲酸盐以60∶1复配稀释2000倍对小菜蛾的防效显著，持效期长且无药害产生。

参考文献

方罗, 2008. 蛇床子素与甲氨基阿维菌素苯甲酸盐复配对小菜蛾种群的控制作用[D]. 长沙: 湖南农业大学.

张传根, 程武俊, 李东扬, 2014. 蛇床子素对茶尺蠖和假眼小绿叶蝉的控制效果评价[J]. 农药, 53 (9): 690-692.

（撰稿：胡安龙；审稿：李明）

申嗪霉素　shenqinmycin

一种荧光假单胞M18类新型生物抗菌剂。

化学名称　吩嗪-1-羧酸；phenazino-1-carboxylic acid。

IUPAC名称　phenazine-1-carboxylic acid。

CAS登记号　2538-68-3。

分子式　$C_{13}H_8N_2O_2$。

相对分子质量　224.21。

结构式

开发单位　由上海交通大学许煜泉教授团队和上海农乐生物制品有限公司开发。

理化性质　外观为黄绿色或金黄色针状结晶。熔点241～242℃，微溶于水。对热、潮湿稳定性较好。

毒性　中等毒性。雌、雄大鼠急性经口LD_{50}分别为271mg/kg和369mg/kg。急性经皮LD_{50}＞2000mg/kg。对眼睛、皮肤无刺激，弱致敏物。

剂型　1%悬浮剂。

质量标准　1%悬浮剂外观为可流动、易测量体积的悬浮液体。pH5～8，悬浮率≥85%，低温、热储稳定性合格。

作用方式及机理　主要利用其氧化还原能力，在真菌细胞内积累活性氧，抑制线粒体中呼吸传递链的氧化磷酸化作用，从而抑制菌丝的正常生长，引起菌丝体的断裂、肿胀、变形和裂解。

防治对象　能有效控制水稻纹枯病、辣椒疫病和西瓜枯萎病等。

使用方法

防治水稻纹枯病　发病前或发病初期开始施药，每次每亩用1%申嗪霉素悬浮剂330～467ml（有效成分3～5g）兑水喷雾，视病害发生情况，可连续施药2次，间隔7～10天喷1次。安全间隔期为14天，每季最多使用2次。

防治辣椒疫病　发病前或发病初期开始施药，每次每亩用1%申嗪霉素悬浮剂330～800ml（有效成分3～8g）兑水喷雾，视病害发生情况，可连续施药2～3次，间隔7～10天喷1次。安全间隔期为7天，每季最多使用3次。

防治西瓜枯萎病　应于西瓜移栽时第一次施药，然后在病害发生初期再次施药，用1%申嗪霉素悬浮剂500～1000ml倍液（有效成分10～20mg/kg）灌根，每株灌药液250ml。视病害发生情况，可连续灌2～3次，间隔7～10天喷1次。安全间隔期为7天，每季最多使用3次。

注意事项　不能与碱性农药混用。建议与其他类型的杀菌剂轮换使用。禁止在开花植物、蚕室或桑园附近使用。

与其他药剂的混用　1%申嗪霉素悬浮剂与40%咪鲜胺水乳剂按5∶1混配对小麦赤霉病菌有增效作用。

允许残留量　GB 2763—2021《食品中农药最大残留限量标准》规定申嗪霉素最大残留限量见表。ADI为0.0028mg/kg。

部分食品中申嗪霉素最大残留限量（GB 2763—2021）

食品类别	名称	最大残留限量（mg/kg）
谷物	稻谷	0.10*
	小麦	0.05*
	糙米	0.10*
蔬菜	辣椒	0.10*
	黄瓜	0.30*
水果	西瓜	0.02*

*临时残留限量。

参考文献

侯昌亮, 艾爽, 胡寒哲, 等, 2014. 申嗪霉素和咪鲜胺混配对小麦赤霉病的协同杀菌作用[J]. 农药, 53 (01) : 58-60, 65.

农业部种植业管理司, 农业部农药检定所, 2015. 新编农药手册[M]. 2版. 北京: 中国农业出版社.

（撰稿：周俞辛；审稿：胡健）

砷酸钙　arsenic acid

一种无机杀虫剂。

其他名称　砒酸钙、calcium salt (2:3)、Calcium arsenate ($2AsH_3O_4$ 2Ca)、calcium arsenate (3:2)、Calcium arsenate、Chip-cal、Pencal、Security、Spra-cal、Tricalcium orthoarsenate、tricalcium arsenate、Turf-Cal。

化学名称　碱性砷酸钙。

CAS登记号　7778-44-1。

EC号　231-904-5。

分子式　$As_2Ca_3O_8$。

相对分子质量　398.07。

开发单位　不详，约在1906年就用作杀虫剂。可由砷酸和氢氧化钙反应制得，两者的比例应以产生的碱式砷酸盐多于砷酸氢钙为宜，是一种混合物。

理化性质 絮凝状粉末，几乎不溶于水，溶于稀的无机酸。粉粒很轻。

毒性 含砷量很高，大鼠急性经口 LD_{50} 35mg/kg。由于其极强的毒性，目前在美国、英国及中国等地禁用。

剂型 砷酸钙液剂可与石硫合剂、波尔多液、硫酸铜、硫酸烟碱等混用；用粉时可与硫黄粉、烟草粉等混用；但不能与氟制剂、除虫菊、鱼藤酮、DDT以及在碱性中易于分解的农药混合使用。在某些国家，常常添加红色颜料以示警戒。

作用方式及机理 具有胃毒作用，用于防治食叶性害虫。

防治对象 主要防治甘蔗、白菜、萝卜、马铃薯、苹果、梨、葡萄以及棉花的食叶害虫，也曾是防治蜗牛的有效杀虫剂。

参考文献

马丁 H, 1979. 农药品种手册[M]. 北京市农药二厂, 译. 北京: 化学工业出版社: 426.

唐除痴, 李煜昶, 陈彬, 1998. 农药化学[M]. 天津: 南开大学出版社: 217.

作者不详, 1968. 无机杀虫剂[M]. 北京: 化学工业出版社: 3-5.

（撰稿：王建国；审稿：高希武）

砷酸铅 lead arsenate

砷制剂中使用历史悠久，对植物比较安全、杀虫效力较高的一种无机杀虫剂。

其他名称 砒酸铅、Diplumbic arsenate、Dibasic Lead arsenate、Acid Lead arsenate、Gypsine、Soprabel、Talbot。

化学名称 酸性砷酸二铅(正砷酸二铅)。

CAS 登记号 7784-40-9。

EC 号 222-979-5。

分子式 $AsHO_4P_b$。

相对分子质量 347.12。

理化性质 纯品为白色无定型粉末，几乎不溶于水，对光、空气、水和酸稳定，可被氢氧化钙等碱所分解。可由氧化砷氧化为砷酸，然后在乙酸或无机酸存在下，加氧化铅制得。

毒性 对温血动物剧毒，口服致死剂量为10～50mg/kg。目前已经禁用。

剂型 可以加工成糊剂或粉剂，为了防止误食中毒，常常添加红色颜料以示警戒。可与硫黄、烟草粉、烟碱、鱼藤酮、除虫菊、六六六以及多种有机磷杀虫剂混用，在配制其稀释液时，不要用过硬的水或与碱性物质混合使用，否则会产生较多的水溶性砷酸药害。

作用方式及机理 为迟效性胃毒剂，触杀活性较小，残效长，无药害，对鳞翅目幼虫高效，兼有驱避成虫的作用。

防治对象 Moulton最先用它防治舞毒蛾。中国东北地区早年曾用砷酸铅防治果树上的卷叶虫、苹果小吉丁虫、梨星毛虫，蔬菜上的斜纹夜蛾、原叶虫以及棉花上各种吃叶子的咀嚼式口器害虫。尤其对具有碱性中肠消化液的昆虫如菜青虫效果较好。对刺吸式口器害虫没有效果。

参考文献

马丁 H, 1979. 农药品种手册[M]. 北京市农药二厂, 译. 北京: 化学工业出版社: 427.

唐除痴, 李煜昶, 陈彬, 1998. 农药化学[M]. 天津: 南开大学出版社: 217.

作者不详, 1968. 无机杀虫剂[M]. 北京: 化学工业出版社: 5-8.

（撰稿：王建国；审稿：高希武）

砷酸氢二钠 sodium dihydrogen arsenate

一种经口砷酸类肝脏功能急性损伤的有害物质。

其他名称 砷酸钠（一氢）、砷酸二钠。

化学名称 砷酸氢二钠。

CAS 登记号 7778-43-0。

分子式 $AsH_{15}Na_2O_{11}$。

相对分子质量 312.01。

理化性质 无色斜方晶体结晶。曾用作杀虫剂、防腐剂，也作为农业资源研究等。该物质是人类致癌物，水溶解度15℃时为61g/100ml，密度1.87g/cm³。

毒性 动物试验表明，该物质可能造成人类生殖或发育毒性。毒性主要作用于靶器官肝和肾。肌肉注射，小鼠 LD_{50} 87.3mg/kg。

作用方式及机理 引起肝脏功能的急性损伤。

使用情况 在中国无正式登记或已禁止使用。

使用方法 堆投，毒饵站投放。

注意事项 在中国已禁用。

参考文献

姚晓峰, 王方芳, 姜丽平, 等, 2014. 两种砷化物诱导胰岛细胞的凋亡[J]. 中国组织工程研究, 18(51): 8286-8291.

张利伯, 姜淑荣, 阎中集, 1984. AsV化物砷酸氢二钠对小鼠溶血空斑细胞(PFC)生成影响的研究[J]. 环境与健康杂志, 1(4): 1-2.

（撰稿：王登；审稿：施大钊）

神经毒剂 neuro-toxicants

破坏神经系统正常传导功能的有毒化学物质。

现在使用的大多数药剂属神经毒剂。神经生理学的生命过程是神经毒剂的作用基础，因此要研究神经毒剂，首先要了解与神经毒剂有关的昆虫神经生理。神经毒剂主要是通过影响昆虫的神经信号传导来达到害虫防治的目的。与神经毒剂有关的昆虫神经生理包括昆虫的神经系统，轴突传导与突触传导。

昆虫神经系统（the nervous system） 包括中枢神经系统（脑，腹神经索），外周神经系统（感觉神经纤维，运动神经纤维）和交感神经系统。神经冲动的传导方式由轴突传导和突触传导组成。昆虫的信号传递通过神经冲动，由神经系统传递到各个组织与细胞，从而产生相应的生理活动。轴突传导是信号沿轴状突传导，这个过程中会产生静息电位和动作电位。

静息电位（resting potential） 指神经膜在静止时，由于膜的选择通透性和离子分布的不均匀，形成的膜外为正、膜内为负的跨膜电位差。当静息电位产生时，胞外液中，高 Na^+，低 K^+、Cl^- 等；胞内液中，低 Na^+，高 K^+、Cl^- 和有机阴离子等，Na^+ 不能自由进出，K^+ 可自由进出，因而由内向外扩散，使膜内相对留下较多阴离子，导致膜内外出现电位差，当离子浓度与电场强度形成动态平衡时，K^+ 停止扩散。此时膜内外的电位差为静息电位。昆虫的静息电位一般为 -70mV 左右。

动作电位（action potential） 一定强度的刺激可使神经细胞膜对 Na^+ 的通透性发生改变并在瞬间达到最大值，在电位差和离子浓度的作用下，Na^+ 迅速进入膜内，产生一个向内的电流，使该区域的神经细胞膜电位上升，即产生一个动作电位。动作电位具有明显的阈值，是一个全或无的反应。在动作电位的产生过程中，共产生 4 个阶段：①去极化（depolarization）。钠离子通道的活化引起动作电位的上升阶段。②极化（polarization）。钾离子通道的活化和钠离子通道的失活引起动作电位的下降阶段（恢复极化）。③超极化（ultra-polarization）。正相阶段，K^+ 向膜外不断流出使膜电位实际上比静止电位更负。④负后电位阶段。K^+ 向内流入，实际上比静止电位更正（图 1）。Na^+ 通道打开，Na^+ 流入膜内，使该部位的膜去极化，同时产生一个局部电流。该电流又流到膜的下一部位，使新的位点去极化，产生一个动作电位。这种沿轴突的去极化作用的移动，就形成动作电位的传导（图 1）。

突触（synapse） 一个神经元与另一个神经元或肌细胞之间传递信息的连接点。输出信息的神经元的轴突形成突触前膜，接受信息的树突形成后膜。前膜与后膜之间的间隙称为突触间隙（synaptic cleft），一般为 10～20nm，有的达 20～50nm。前膜以囊泡形式释放神经递质，递质通过间隙与后膜上的受体结合，使后膜上也产生一个动作电位，完成突触传导。

昆虫的神经递质（neurotransmitter） 包括乙酰胆碱（Acetylcholine，Ach），L- 谷氨酸盐（L-glutamate），γ- 氨基丁酸（γ-aminobutyric acid，GABA）和章鱼胺（Octopamine，OA）。与这些神经递质相结合的受体分别是乙酰胆碱受体 nAChR，L- 谷氨酸受体 GluCl，γ- 氨基丁酸受体 GABAR 和章鱼胺受体 OA receptor。在昆虫的神经细胞膜上有许多由通道蛋白形成的跨膜小孔，称为离子通道（ion channel），它具有高度的选择性和亲水性，只允许适当大小、适当电荷的离子通过，大多数离子通道在大部分时间是关闭的，只有在特殊的刺激下，打开的概率才急剧增加，这种现象称为门控（gating），其基础是通道蛋白的构象变化。乙酰胆碱与乙酰胆碱受体结合，使受体激活，导致其构象发生改变，Na^+ 通道打开，Na^+ 进入膜内，引起突触后膜去极化，在突触后神经元上产生动作电位。L- 谷氨酸受体和 γ- 氨基丁酸受体分别与其受体结合，可控制氯离子通道的电位变化。

神经毒剂就是依据神经递质受体而设计，通过竞争性结合特异性的神经递质受体，而激活或者抑制神经突触的信号传递，从而影响电压门控 Na^+ 或 Cl^- 通道的开闭，阻断昆虫的神经传递而使昆虫行为产生异常，甚至死亡。根据神经毒剂的受体类型，可以分为以下几类：

①作用于钠离子通道的杀虫药剂。一般产生的症状包括兴奋、痉挛、麻痹和死亡。它主要包括滴滴涕、拟除虫菊酯类杀虫剂（氯菊酯 permethrin，氯氰菊酯 cypermethrin）、噁二嗪类杀虫剂（茚虫威 indoxacarb）（图 2）。其中氯菊酯属于 I 型拟除虫菊酯类杀虫剂，氯氰菊酯属于 II 型拟除虫菊酯类杀虫剂。滴滴涕的作用机制是作用于神经系统轴突部位的钠离子通道，使钠离子通道关闭延迟，引起动作电位的重复后放，导致神经过度兴奋，信号传递中断，最终死亡。

②作用于氯离子通道的杀虫药剂。多氯化物杀虫剂（硫丹 endosulfan），二环磷酸酯类、苯基吡唑类杀虫剂（氟

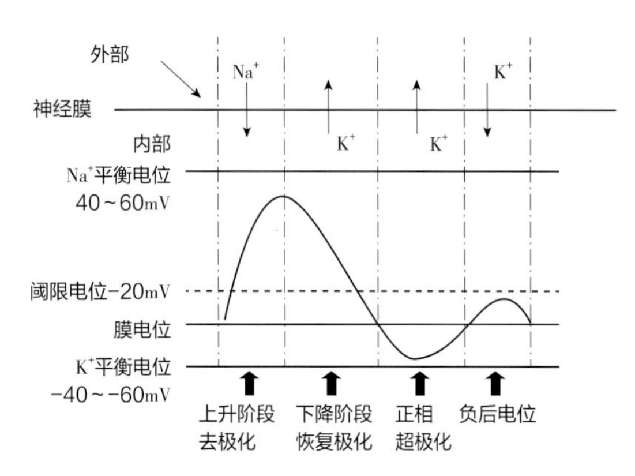

图 1 动作电位产生过程

滴滴涕 DDT　茚虫威 indoxacarb

氯菊酯 permethrin

氯氰菊酯 cypermethrin

图 2 作用于钠离子通道的杀虫药剂

S

虫腈 fipronil），大环内酯类杀虫剂（阿维菌素 abamectin）（图 3）。氟虫腈的作用机制是作用于 GABAR，但作用位点与苦毒宁位点不同，减少氯离子通道的平均开放时间，从而抑制氯离子流；作用于 GluCls，可逆性地抑制 L- 谷氨酸门控的氯离子流。阿维菌素是一种土壤放线菌 *Streptomyces avermitilis* 的天然发酵产物，基本结构为十六元大环内酯，是一类具有强大的杀虫、杀螨、杀线虫活性的生物源杀虫剂。其作用机制是主要作用靶标为 GluCls，同时也作用于 GABARs。通过直接激活或者增强这些通道或受体的功能，促进氯离子进入神经细胞膜或肌细胞膜，抑制兴奋性动作电位的传导。

③作用于乙酰胆碱酯酶的杀虫药剂。有机磷类杀虫剂和氨基甲酸酯类杀虫剂（图 4）。有机磷化合物通过磷原子的亲电子作用使有机磷与 AChE 丝氨酸的羟基结合，使 AChE 磷酰化。与磷原子相连的取代基亲电性越强，化合物的抑制能力越强。氨基甲酸酯类杀虫剂的作用机制与有机磷杀虫剂相同。

④与乙酰胆碱受体结合的药剂。沙蚕毒素类药剂、新烟碱类杀虫剂和多杀菌素类杀虫剂（图 5）。沙蚕毒素类杀虫剂在昆虫体内须转变为沙蚕毒素，作为拮抗剂与突触后膜上的乙酰胆碱受体结合，竞争性抢占乙酰胆碱的结合位点，阻断或部分阻断神经兴奋的传递，导致昆虫死亡。新烟碱类杀虫剂与 AChR 亚基胞外亲水区的 ACh 作用位点结合，激活 AChR，引起向内的 Na^+ 流，抑制中枢神经系统的信号传导，导致昆虫死亡。多杀菌素类杀虫剂主要作用靶标为 nAChR，作用于与 ACh 不同的一个新位点。可以与 ACh 同时作用于 nAChR，极大地延长 ACh 作用于 nAChR 的时间，引起神经系统的过度兴奋。

⑤作用于章鱼胺受体的杀虫药剂。甲脒类（formamidines）

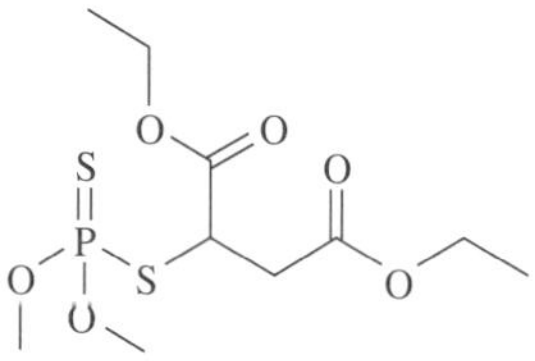

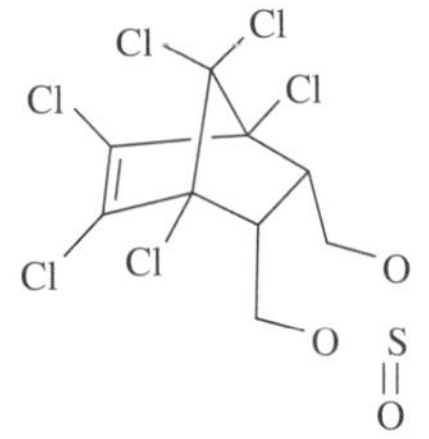

硫丹 endosulfan

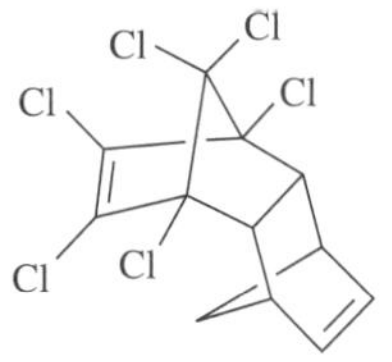

艾氏剂 aldrin

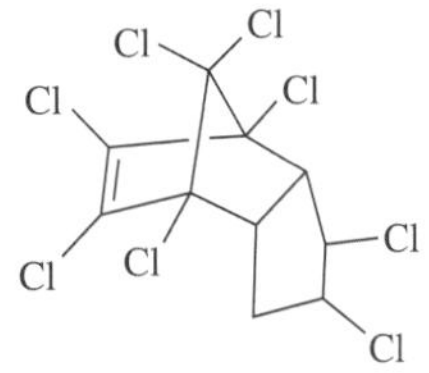

氯丹 chlordane

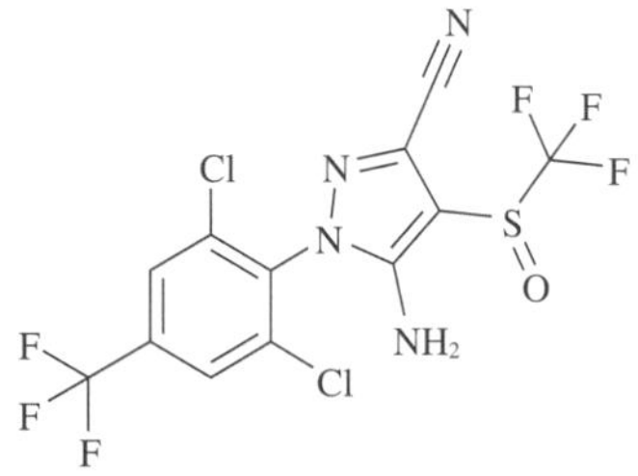

氟虫腈 fipronil

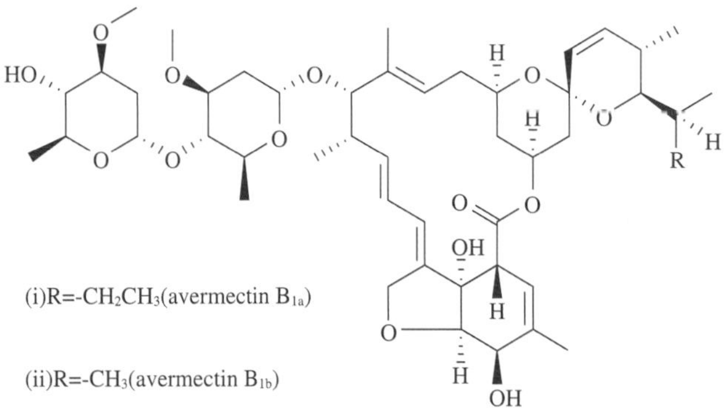

(i)R=-CH_2CH_3(avermectin B_{1a})

(ii)R=-CH_3(avermectin B_{1b})

阿维菌素 abamectin

图 3 作用于氯离子通道的杀虫药剂

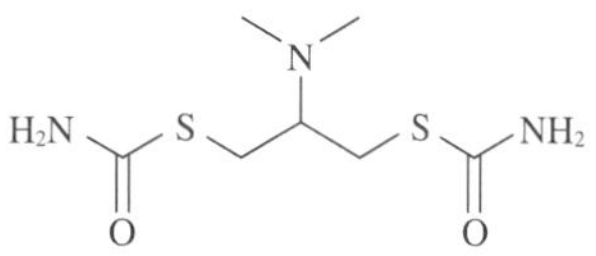

马拉硫磷 malathion

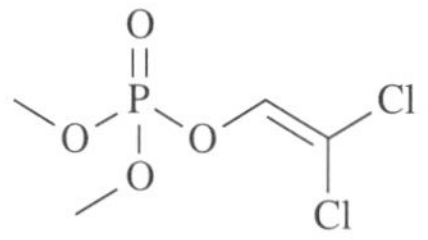

敌敌畏 dichlorvos

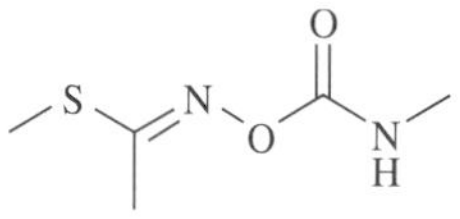

灭多威 mehtomyl

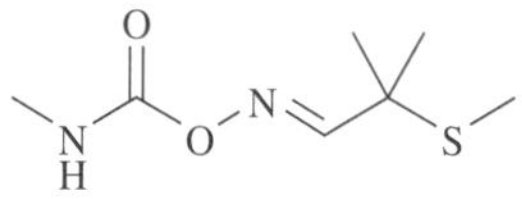

涕灭威 aldicarp

图 4 作用于乙酰胆碱酯酶的杀虫药剂

杀螟丹 cartap

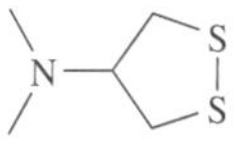

沙蚕毒素 nereistoxin

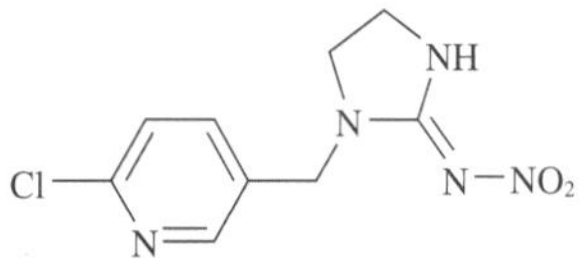

吡虫啉 imidacloprid

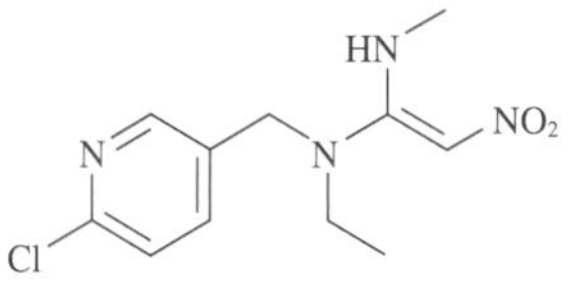

烯啶虫胺 nitenpyram

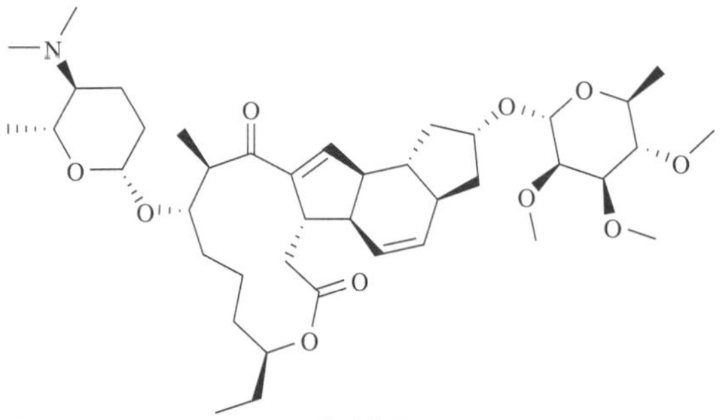

多杀菌素 spinosad A

图 5 作用于乙酰胆碱受体的杀虫药剂

S

药剂（图 6），甲脒类杀虫剂可以阻断 Na^+ 与 Ca^{2+} 通道，同时可模仿章鱼胺，激活章鱼胺受体（主要分布在肌肉系统中）。

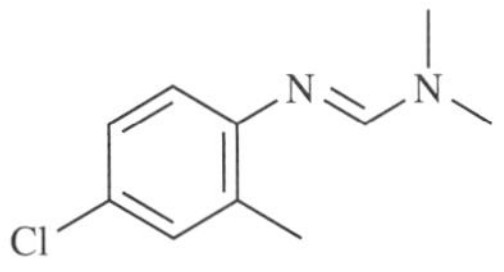

杀虫脒 chlordimeform

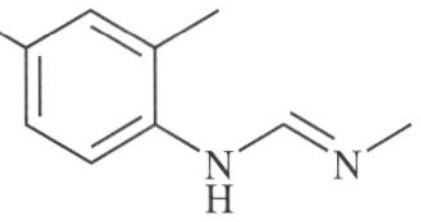

单甲脒 monoamitraz

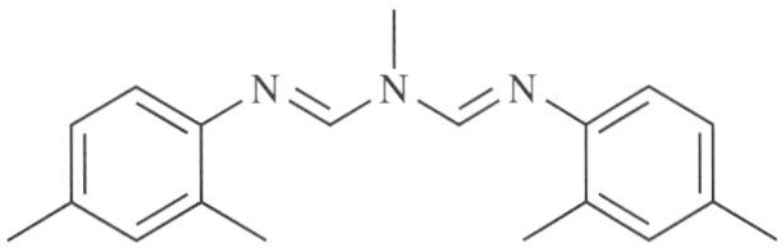

双甲脒 amitraz

图 6 作用于章鱼胺受体的杀虫药剂

参考文献

封云涛, 徐宝玉, 吴青君, 2009. 杀虫剂分子靶标烟碱型乙酰胆碱受体研究进展[J]. 农药学学报, 11(2): 149-158.

高希武, 2012. 害虫抗药性分子机制与治理策略[M]. 北京: 科学出版社.

亢春雨, 赵春青, 吴刚, 2007. 昆虫抗药性分子机制研究的新进展[J]. 华东昆虫学报, 16(2): 136-140.

冷欣夫, 唐振华, 王荫长, 1996. 杀虫药剂分子毒理及昆虫抗药性[M]. 北京: 中国农业出版社.

卢文才, 何林, 薛传华, 2009. 昆虫 γ-氨基丁酸受体研究现状[J]. 昆虫知识, 46(1): 152-158.

唐振华, 1993. 昆虫抗药性及其治理[M]. 北京: 农业出版社.

吴文君, 1982. 氨基甲酸酯类杀虫剂的作用机制及其毒理特点[J]. 应用昆虫学报 (2): 43-45.

徐汉虹, 2010. 植物化学保护学[M]. 北京: 中国农业出版社.

（撰稿：徐晖、孙志强；审稿：杨青）

S

渗透剂 penetrating agent

促进或增强农药制剂成分渗透到植物体内或靶标昆虫内部的助剂。渗透剂一般为表面活性剂或溶剂。润湿和渗透是表面活性剂的基本性能，两者是有区别的，但应用中很难将两者区分得很清楚。

作用机理 渗透剂的作用机理主要有：①表面活性剂类渗透剂能快速润湿植物体或昆虫体表并具有一定的穿透作用，表面活性剂的亲油基吸附在农药颗粒上，帮助农药颗粒穿透植物体。②溶剂类渗透剂能作用于植物或昆虫体表或使农药有效成分部分溶解，促进农药渗透。

分类和主要品种 主要为表面活性剂和溶剂类。

表面活性剂又可分为非离子型和离子型两类。非离子型渗透剂主要有 JFC 系列的脂肪醇聚氧乙烯醚、烷基酚聚氧乙烯醚、聚醚、聚甘油脂肪酸酯等；离子型渗透剂主要有快速渗透剂 T、烷基磺酸钠、烷基硫酸酯钠、仲烷基磺酸钠、仲烷基硫酸酯钠、α-烯基磺酸钠、烷基萘磺酸钠、氨基磺酸钠、磷酸酯类化合物。

溶剂主要有醇类化合物、氮酮等酮类、醚类、脂肪酸、植物油等。

使用要求 渗透剂的加入主要是为了提高农药制剂的润湿性和渗透性，这种渗透性不是对所有农药都有效的，因此在选择时要做药效试验。另外，还要注意加入渗透剂后在一定条件下产生药害的风险。

表面活性剂渗透剂对植物药害的一般规律是非离子型渗透剂小于离子型渗透剂。非离子型助剂中环氧乙烷加成数越多药害越小。

溶剂中含有芳烃类的溶剂，对作物叶面蜡质层溶解能力强，渗透性强，引起的药害大，特别是在气温较高时，药害更大。植物油对叶面蜡质层也具有很好的溶解作用，加入量大时容易引起药害。

应用技术 渗透剂的主要作用是起到渗透作用，对于杀虫剂、杀菌剂及除草剂都可以加入，特别是对于内吸性的农药。由于渗透剂一般为液体，在所有的液体剂型中都可以加入渗透剂。对于固体制剂来说，可以在喷雾的药液中加入渗透剂，作为桶混助剂使用。渗透剂的使用量，根据农药的特性及靶标的特性决定。

参考文献

邵维忠, 2003. 农药助剂[M]. 3版. 北京: 化学工业出版社.

（撰稿：卢忠利；审稿：张宗俭）

生物传感器 biosensor

将生物分子识别元件（敏感元件）和信号转换元件（换能器）紧密结合，从而检测目标化合物的分析装置。其基本原理为：待测物质和分子识别元件特异性结合，发生生物化学反应，产生的生物学信息通过信号转换器转化为可以定量处理的电、光等信号，再经仪表放大和输出，从而达到分析检测的目的。

酶、抗体（抗原）、分子印迹聚合物、核酸适配子、全细胞（包括微生物、动植物组织）、基因等生物活性物质或人工模拟生物分子均可用于生物分子识别元件制作，生物活性材料的固定化技术是制作生物传感器的核心技术，主要方法有包埋法、吸附法、共价键合法、交联法、亲和法等。信号转换元件则包括电化学电极和离子选择性场效应管（ISFET）半导体、光学元件（如光纤、表面等离子共振）、热学热敏元件、声学压电晶体（如石英晶体微天平、表面声波）、微机械悬臂梁等。从生物传感器中生物分子识别元件上的敏感材料角度，可将生物传感器分类为酶生物传感器、免疫生物传感器、基于人工模拟生物分子的生物传感器、全细胞生物传感器、基因生物传感器。其中，用于农药残留快

图 1 马克斯普朗克研究所报道的生物传感器

（Infineon（英飞凌）产品中心）

速检测的生物传感器主要为酶和免疫两种类型。

酶生物传感器 由物质识别元件（固定化酶膜）和信号转换器（基体电极）组成，当酶膜上发生酶促反应时，产生的电活性物质由基体电极对其响应，将化学信号转变为电信号，从而实现检测。

迄今为止，已有胆碱酯酶、酪氨酸酶、碱性磷酸酶、酸性磷酸酶、过氧化物酶、有机磷水解酶和谷胱甘肽巯基转移酶等多种活性酶被用于制作酶生物传感器，进行农药残留快速检测。其中，前 5 种酶制作的酶生物传感器是基于测量酶抑制作用，而后两种酶制作的酶生物传感器是基于直接测量酶促反应中所涉及的化合物。

目前绝大多数农药残留生物传感器都集中在胆碱酯酶生物传感器上，胆碱酯酶生物传感器检测有机磷和氨基甲酸酯类农药主要是基于胆碱酯酶（ChE）抑制作用。已研究开发出了众多胆碱酯酶生物传感器。从分子识别元件的敏感材料角度，胆碱酯酶生物传感器有单酶、双酶和三酶 3 种类型。其中，单酶型胆碱酯酶生物传感器应用最多，从信号转换元件角度，主要有电位、电流、ISFET、光学、压电多种类型。构建双酶生物传感器的常规方法是将 ChE 与胆碱氧化酶（ChOD）耦合，这种电流型双酶生物传感器检测限可达到 3×10^{-11}g/ml；或者将乙酰胆碱酯酶（AChE）与酪氨酸酶耦合，使用丝网印刷电极的这种电化学双酶生物传感器对对氧磷和氯吡硫磷的检测限分别为 5.2×10^{-9}g/ml 和 5.6×10^{-10}g/ml。三酶生物传感器则是将过氧化物酶添加到 AChE 与酪氨酸酶耦合的双酶系统中制成，这种使用石英晶体微天平（QCM）的三酶生物传感器可以检测浓度低于 1×10^{-9}g/ml 的甲萘威和敌敌畏。

有机磷水解酶生物传感器的研究在深度和广度上仅次于胆碱酯酶生物传感器，通常，有机磷水解酶（OPH）是指磷酸三酯酶，它只能水解磷酸三酯。OPH 能催化有机磷农药中 P-O、P-S 和 P-CN 键水解生成酸和醇，这些水解产物通常是电活性或光活性物质，可以被转换成可测量的电或光信号，实现有机磷农药浓度的测定，这是有机磷水解酶生物传感器的检测原理。已开发出用 OPH 制成的电位、电流、电位 - 电流、ISFET、光学等多种类型有机磷水解酶生物传感器。然而，与胆碱酯酶生物传感器相比，有机磷水解酶生物传感器灵敏度值较低而检出限较高。而且，有机磷水解酶生物传感器只能检测部分有机磷化合物。目前 OPH 也尚未商品化，主要原因是 OPH 在天然菌株中含量太低，难以大量生产，生产成本高昂，这也是导致有机磷水解酶生物传感器研发较晚和进展较慢的重要原因。

免疫生物传感器 免疫生物传感器工作原理的核心是抗原 - 抗体间的特异性分子识别机制，即固定在信号转换元件（换能器）表面的抗体（Ab）或抗原（Ag）可以识别并结合与之相对应的特定分析物中的 Ag 或 Ab。再利用合适的信号转换方法，将抗原 - 抗体反应所产生的生物学信息变化转化为合适的测量参数，从而构成相应的免疫生物传感器。因此，免疫生物传感器的工作原理与常规免疫分析法相似，都属于固相免疫分析法，即把 Ab 或 Ag 固定在固相支持物表面，来检测样品中的 Ag 或 Ab。不同的是，常规免疫分析法的输出结果只能定性或半定量地判断，而免疫生物传感器具有能将输出结果数字化的精密换能器，实现了定量检测的效果。目前，农药检测用途的免疫生物传感器主要有电化学免疫生物传感器、光学免疫生物传感器、压电免疫生物传感器和微机械悬臂梁免疫生物传感器，可以直接用于饮用水、果汁和葡萄酒等饮品中农药残留快速检测。

光学免疫生物传感器 是基于测量抗体 - 抗原复合物生成所引起的光学特性变化。主要有表面等离子体共振（SPR）、荧光偏振、全内反射荧光（TIRF）、偏振调制红外反射吸收光谱（PM-IRRAS）几种类型。其中，开发出的 SPR 免疫生物传感器最多，主要用于检测莠去津、滴滴涕、氯吡硫磷、甲萘威、2,4-滴、异丙隆、三硝基甲苯、2,4- 二氯苯酚。SPR 可以实时监测，而不需要标记分子。

将抗体或抗原固定在石英晶体等材料表面上制成压电免疫生物传感器。石英晶体微天平（QCM）传感器是质量敏感装置，能够测量极小的质量变化。最近，开发出一种石英晶体微天平（QCM）免疫传感器，用于果汁中西维因和 3,5,6- 三氯 -2- 吡啶酚（TCP）的分析，甲萘威和 3,5,6- 三氯 -2- 吡啶酚（TCP）分别是杀虫剂氯吡硫磷和除草剂绿草定的主要代谢物。

微机械悬臂梁免疫生物传感器 是基于由于表面应力变化或质量负荷而引起的响应。固定化配体（如抗体）和分析物（如抗原）之间相互作用导致悬臂梁表面应力变化，并可以按悬臂梁挠度的变化进行检测。微机械悬臂梁传感器具有许多优点：无标记检测，高精度，可靠性，小型化以及多元传感器阵列易于加工。已开发出几种微悬臂梁免疫传感器，用于莠去津、滴滴涕和 2,4-滴等农药的检测。

基于人工模拟生物分子的生物传感器 由于酶和抗体的生物传感器存在成本高、稳定性差、缺乏合适的抗体以及结合力太强导致传感器无法重复使用的缺点，国内外已先后有一些科研小组利用人工模拟生物分子来构建生物传感器。

分子印迹聚合物（molecularly imprinted polymers，MIPs）是一种预先设计好结构的人工大分子材料，具有特殊的分子结构和官能团，能选择性识别待测分子。与抗体和酶相比，具有制备过程简单、稳定性好、使用寿命长、耐酸碱、可重复使用的优点。国际上已有利用 MIPs 对环境和食品中的杀虫剂和除草剂等进行了富集、分离和检测，得到了较好的结果。例如，利用具有荧光特性的 Eu 复合物发展超分子荧光生物传感器，其对有机磷农药的检出限为 7ng/L。

尽管传统的 MIPs 材料有很多优点，但基于 MIPs 的生物传感器也存在一些不足：结合能力差、响应速度慢。近年来，一些研究小组将纳米材料与 MIPs 结合，有效地提高 MIPs 生物传感器的灵敏度。例如，将 MIPs 固定在 SiO_2 纳米球包覆的 CdSe 量子点上，具有很高的光稳定性而且对氯氟氰菊酯具有很高的选择性和灵敏度。在最佳条件下，CdSe-SiO_2-MIP 的荧光强度在 0.45～449.9mg/L 的浓度范围内随氯氟氰菊酯浓度增加而线性下降，其最低检测限为 3.6μg/L。将 MIPs 固定在等离子体共振（SPR）传感器的金膜表面得到了具有极低检出限的生物传感器，对苹果和油菜样品中乙酰甲胺磷的检出限分别为 0.02ng/L和 0.008ng/L，对乙酰甲胺磷和其结构类似物的选择效率分别为 1 和 0.11～0.37。

核酸适配子　是一种新兴的人工合成的配体，在小分子检测分析中具有广阔的前景。适配子是人工合成的单链 DNA 或 RNA（最近将多肽也包括在内）序列，适配子与目标物的结合行为具有类似于抗原 - 抗体反应的特异性。适配子热稳定性好、保质期长、易化学合成和修饰以及它们的特异性和亲和力，这些独一无二的特点使得其成为比抗体更有效的选择。最近，应用 SELEX（systematic evolution of ligands by exponential enrichment）技术制备一种对啶虫脒特异性结合的适配子，虽然其检测效果较免疫传感器尚有一定距离，但对于发展基于适配子的生物传感器仍具有一定的借鉴意义。就目前而言，适配子一般很少作为农药检测生物传感器的识别元件，原因是适配子的选择过程复杂。因此只要能够发展出有效、简便的适配子筛选方法，获得对农药特异性识别的适配子，进而结合相关的换能装置，就能够建立简单方便可信的生物传感系统用以大面积地检测农产品和环境中的农药残留。

全细胞生物传感器　早期的全细胞生物传感器主要是利用农药残留对微生物的光合活性或磷酸化过程的抑制作用，通过 Clark 氧电极或光学传感器测定微生物的死亡率或发光情况来测定农药残余量，但这种传感器选择性很低，重现性较差，因而受到限制。近年来，通过生物工程细胞表达有机磷降解基因，进而利用该细胞制备针对有机磷农药的全细胞传感器表现出很好的应用前景。利用在假单胞菌 diminuta，flavactenium，鞘氨醇单胞菌等表达有机磷水解酶，通过电化学或光学方法实现了对氧磷、对硫磷、甲基对硫磷等有机磷农药的测定。

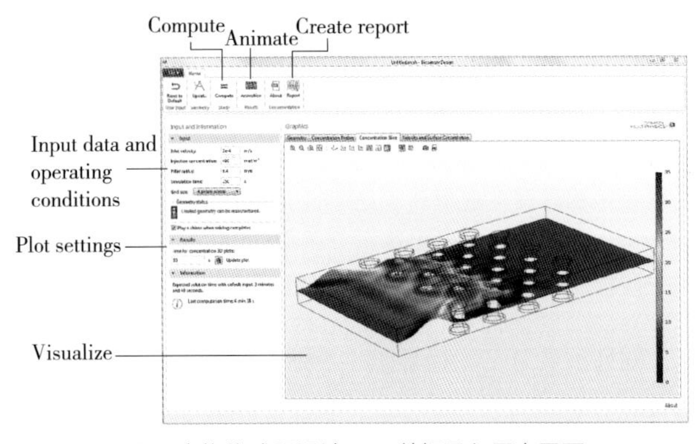

图 2 生物传感器设计 App 数据录入用户界面
（COMSOL 5.1 化学反应工程模块系统）

基因生物传感器　基因生物传感器在农药检测方面的应用研究很少。最近，将生物素化 DNA 探针固定在链霉抗生素蛋白修饰的电极表面上，开发出一种电化学 DNA 生物传感器，用于研究由莠去津、2,4-滴、草铵膦、克百威、对氧磷和除虫脲等几种农药引起的 DNA 损伤检查。基因生物传感器在食品中农药残留快速检测上应用基本属于空白。

挑战与未来展望　随着近年来农药施用量的加大，水、土壤、蔬菜、水果中有害、剧毒农药的残留问题已成为人们关注的焦点，传统色谱方法由于受到仪器设备昂贵、样品前处理、耗时、专业人员要求高等诸多因素的限制，只能用于实验室操作，无法满足农药残留现场检测的需要，因此建立现场、快速的检测技术就显得极为紧迫。国内外在基于酶抑制原理、有机磷水解酶、免疫分析、分子印迹技术和全细胞生物传感器进行农药残留分析研究方面已取得了较大的进展，传感器的技术参数如检出下限、选择性和重现性都获得了极大的提高，成为一种强有力的农药残留分析工具。尽管生物传感器在实验室条件下使用状态良好，但并没有得以广泛应用，主要问题是其选择性有限，生物材料固定化易失活、重现性差、精密加工难度大，且一般为一次性使用，实际应用范围较窄。

基于上述原因，现有商品化的农药残留生物传感器为数不多，主要有法国 Protein Biosensor 公司生产的 OP-Stick Sensor，美国 Aqua Survey 公司生产的 NeuroIQTox Test Kit，Severn Trent Services 公司的 Eclox 农药试纸以及 PRO-LAB 公司生产的适于水中杀虫剂检测的试纸。这些商业化的传感器在检测的灵敏度和测试时间上仍有提高的空间，例如，Protein Biosensor 公司的 OP-Stick Sensor 是基于乙酰胆碱酶比色法而设计的一种传感器，可用于水、土壤和食品中的农药残留检测，其对涕灭威的检出限为 100mg/L，一次操作需要 1.5～2 小时。如果科学家们能利用基因工程、酶工程等新的科学技术获得高活性和高特异性的酶、抗体 / 微生物、核酸适配子和分子印迹聚合物，解决生物材料的有效性和重复性等一些技术上的问题；利用新材料和纳米技术对农药残留进行更快速的定性定量检测，生物传感器将在农药残留分析中具有广阔的应用前景。

参考文献

梅博, 丁利, 程云辉, 等, 2015. 纳米材料在SPR生物传感器中的应用进展[J]. 包装工程, 36(1): 24-28, 79.

秦伟彤, 田健, 伍宁丰, 2018. 全细胞生物传感器的设计及其在环境监测中的应用[J]. 生物技术进展, 8(5): 369-375.

王春皓, 崔传金, 赵雨秋, 等, 2018. 基于纳米材料的电化学生物传感器检测微生物的研究进展[J]. 化学通报 (10): 890-895.

王昆, 陶占辉, 徐蕾, 等, 2014. 功能化核酸适配子传感器的研究进展[J]. 分析化学, 42(2): 298-305.

王一娴, 叶尊忠, 斯城燕, 等, 2012. 适配体生物传感器在病原微生物检测中的应用[J]. 分析化学, 40(4): 634-642.

徐红斌, 叶青, 2018. 生物传感器研究进展及其在食品检测中的应用[J]. 食品安全质量检测学报, 9(17): 4587-4594.

（撰稿：贾明宏、李义强；审稿：武爱波）

生物电子等排　bioisostere

生物电子等排取代是将某些原子或基团，根据其外层电子总数相等或在形状、体积、构型、电子分布、脂水分配系数等参数上具有相似性的原子或基团进行替换，使所产生的新化合物接近或优于原化合物。"生物电子等排"的概念最初可追溯到 1919 年，由著名化学家、物理学家 Langmuir 提出的"电子等排体（isostere）"这一概念演化而来。狭义的电子等排体是指原子数、电子总数以及电子排列状态都相同的不同分子或基团，如 N_2 与 CO；$CH_2{=}C{=}O$ 与 $CH_2{=}N{=}N$ 等。广义的电子等排体是指具有相同数目价电子的不同分子或基团，不论其原子及电子总数是否相同。如—F、—OH、$—NH_2—$、—O—、$—CH_2—$、—NH—等。

生物电子等排的分类　以生物电子等排的基本定义来分类，可分为"经典生物电子等排体"和"非经典生物电子等排体"两类。经典生物电子等排体指具有相同的外层价电子数目、不饱和度、芳香性等性质相似的原子、基团、同主族元素以及环等价体。非经典生物电子等排体不一定遵循经典生物电子等排体的规则，需具有相似的理化性质且具有立体排列、电子构型与原化合物相似的原子或基团。例如在分子大小、形状（键角、杂化度）、构象、电子分布（极化度、诱导效应、共轭效应、电荷、偶极等）、lg*P*、pK_a、化学反应性、代谢相似性以及氢键形成能力等方面存在相似性。

表 1　经典生物电子等排

等排体	基团
一价电子等排体	— F、— OH、— CH_3、— NH_2
二价电子等排体	— O —、— S —、— CH_2 —、— NH —
三价电子等排体	— N ═、— AS ═、— P ═、— CH ═
四价电子等排体	—C—、—N⊕—、—P⊕—、—Si—
环内电子等排体	— O —、— CH — CH —、— CH_2 —、— NH —

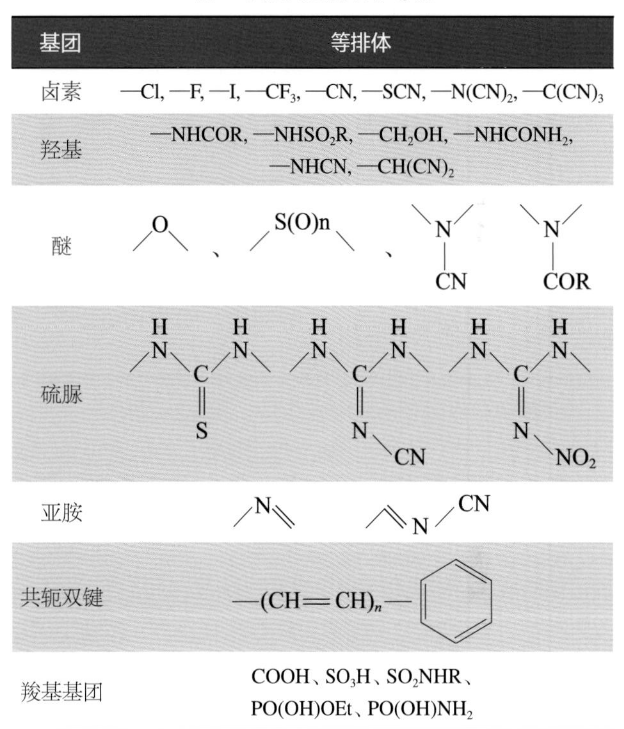

表 2　非经典生物电子等排

基团	等排体
卤素	—Cl, —F, —I, $—CF_3$, —CN, —SCN, $—N(CN)_2$, $—C(CN)_3$
羟基	—NHCOR, $—NHSO_2R$, $—CH_2OH$, $—NHCONH_2$, —NHCN, $—CH(CN)_2$
醚	O、S(O)n、N(CN)、N(COR)
硫脲	NH—C(═S)—NH、NH—C(═N—CN)—NH、NH—C(═N—NO_2)—NH
亚胺	N═、═N—CN
共轭双键	$—(CH{=}CH)_n—$、苯环
羧基基团	COOH、SO_3H、SO_2NHR、PO(OH)OEt、$PO(OH)NH_2$

经典生物电子等排（表 1）

一价电子等排取代　主要包括 F 代替 H，NH_2 代替 OH，SH 代替 OH，F、OH、NH_2、CH_3 间的相互替换，Cl、Br、SH、OH 之间的替换。

二价电子等排　常见的二价电子等排包括—O—、—S—、—NH—、$—CH_2—$，因为它们的键角相似（110° 左右），立体结构相似，但其疏水性却相差较大，因此替换后的衍生物活性也变化较大。

三价生物电子等排　开链的三价的生物电子等排并不常见，其中比较重要的是—N═ 与—CH═ 的互换。环内三价生物电子等排比较常见，医药或者农药上有许多应用的案例。

四价生物电子等排　在生物电子等排的应用中，由于 C、Si 原子之间在原子大小、负电性和亲脂性等方面有很大差异，而且 Si—H 键也很不稳定，所以这类电子等排体之间的替换还存在很大局限性。少数案例如杜邦的氟硅唑的创制就运用了四价电子等排。

环等价电子等排取代　环等价电子等排，也能归于非经典生物电子等排，常见的有苯环和吡啶环的互换，苯环和噻吩环的互换。

非经典生物电子等排（表 2）

基团翻转　常见的基团翻转包括酯、酰胺、磺胺的翻转，农药上的案例如氟虫酰胺、氯虫苯甲酰胺的创制。

环 - 链的转换　环与链的转换主要包括扩环与缩环、开环、闭环以及引进新环。例如烯草酮和吡喃草酮的转换就是运用了开环以及闭环的手段。

极性相似基团　一些极性相似的基团之间的互相转换，可发现具有类似生物活性的化合物。主要包括：羧基的电子等排体、酚羟基的电子等排体、磺酰脲的电子等排体。

参考文献

郭宗儒, 2012. 药物设计策略[M]. 北京: 科学出版社.

刘长令, 1998. 生物电子等排及其在新农药创制中的应用[J]. 农药, 37: 1-7.

仇缀百, 2008. 药物设计学[M]. 2版. 北京: 高等教育出版社.

宋倩, 2009. 生物电子等排原理在农药与医药开发中的应用[J]. 河北工业科技, 26: 131-136.

杨华铮, 2003. 农药分子设计[M]. 北京: 科学出版社.

叶德泳, 2015. 药物设计学[M]. 北京: 高等教育出版社.

TOPLISS J G, 1972. Journal of medicinal chemistry, utilization of operational schemes for analog synthesis in drug design[J]. Journal of medicinal chemistry, 15: 1006-1011.

（撰稿：邵旭升、栗广龙；审稿：李忠）

《生物防治剂手册》 *The Manual of Biocontrol Agents*

全世界公认的权威性生物农药工具书，是《农药手册》的姊妹篇。该手册每3～5年更新再版，以及时反映全球生物防治行业的变化和发展，至2014年已出版到第5版。随着人们对环境保护和食品安全的日益关注，具有环境相容性的生物农药市场逐渐发展壮大，相应的产品不断问世。为此，英国作物生产委员会于1998年首版发行《生物农药手册》(*The Biopesticide Manual*)，受到农药和植保界同行的青睐。随后于2001年发行了第2版，主要登载宏体生物（macro-organism）、微生物（micro-organism）、天然源产品（natural products）、信息化学物质（semiochemi-cals）、基因（genes）等生物农药。随着生物技术的快速发展及市场需求的不断变化，2004年该手册第3版出版时改为《生物防治剂手册》(*The Manual of Biocontrol Agents*)。2009年发行第4版，该版内容进行了全面更新，包含了452种生物防治剂的条目，共涉及2000个产品，其中有149种宏体生物、89种天然源产品、140种微生物和74种信息化学物质，关于基因相关产品不再收录此手册，而是另成手册出版。第1～4版主编为Leonard G. Copping。

最新的第5版于2014年出版，主编为Roma Gwynn博士。与前4版不同，为了更真实地反映当前的生物防治产业状况，并与姊妹篇《农药手册》保持一致的出版宗旨，该版只收录200多种已商品化的生物防治剂的活性成分，其中有微生物农药90余种、植物源农药15余种、宏体生物农药80余种及信息化学物质30余种。对每个品种进行及时、准确的综合性介绍。主要内容包括以下几个方面：

- 活性物质：学名、批准名、通用名、美国化学文摘登记号、IUPAC名称及化学结构。
- 产品详情：生物来源、作用机制、生产方法。
- 靶标：作物、害虫、杂草和病原菌。
- 产品：产品名称及生产商。
- 毒理学：哺乳动物毒性、生态毒性和环境归趋。
- 抗药性代码：FRAC（杀菌剂抗性行动委员会），HRAC（除草剂抗性行动委员会）或IRAC（杀虫剂抗性行动委员会）的代码。

手册最后有产品—公司、公司—产品、靶标（通用名-学名）、靶标（学名-通用名）4种附录，并附有美国化学文摘登记号和名称索引，供使用者快速检索所需信息。

（撰稿：杨新玲；审稿：陈万义）

生物合成作用 biosynthesis action

生物合成（biosynthesis）又名生源合成。是生物体内进行的各种物质（如糖、脂类、氨基酸、核酸、蛋白质等）同化反应的总称，该过程用于合成生命活动和生长发育所必需的各种化合物，具有重要的生理意义。生物体内不同物质的合成发生在细胞内不同部位，是在一系列相关的酶连续作用下逐步进行的，并具有各自特定的代谢途径。如脂质、糖、核苷酸、核酸和蛋白质等物质的生物合成均具有不同的合成和代谢途径。病原物中重要物质合成途径中的关键蛋白酶受到抑制，则会阻断生命代谢的某个过程，影响病原菌的正常生命活动，从而表现为病原菌菌丝生长受阻，或其吸器产生被抑制、染色体有丝分裂和细胞壁形成受到影响等，致使病原菌不能正常发育，在受抑制期间失去致病能力，进而阻断了其在寄主体内侵染扩展，达到防治植物病害的目的。一般来说，生物合成是耗能反应，因此，许多抑制病原菌呼吸作用的杀菌剂，也间接影响重要物质的生物合成。

（撰稿：刘西莉；审稿：苗建强）

生物合理性设计 biorational design

利用靶标生物体生命过程中某个关键的生理生化机制作为研究模型，设计和合成能影响该机制的化合物，从中筛选出先导化合物进行新药创制的途径。该理念在20世纪70年代就已提出，但由于受科学技术水平的限制，作为研究基础的众多生理生化机理并未被准确阐明，故该方法仍处于发展探索阶段。

与传统的先导化合物优化方法相比，生物合理性设计具有其自身的特点：①逆向思维。传统方法是先合成化合物，然后通过筛选发现生物活性，再探索其作用机理；生物合理性设计是先选择合适的生理生化机制作为靶标，然后设计发现先导化合物。②研究起点高。以往的随机合成与类同合成方法进行分子设计偏重化学合理性，筛选化合物看中宏观的生物活性，而生物合理性设计注重理解活性化合物作用方式，合理阐明化合物作用的生理生化机理，这就要求分子设计以前沿的生物化学以及分子生物学研究进展作为工作基础，以较高的起点进行分子设计工作。③多学科深入合作。生物合理性设计要求深入到生物化学以及分子生物学水平进行研究，这就要求在原有的有机化学家和农药生物学家组成的研究队伍中加入生物化学家、生物物理学家、分子生物学家和计算机技术相关专家等来协同工作，通过多学科高层次融合，深入合作共同完成这项任务。

生命过程复杂，涉及的生理生化过程繁多，选取合适的机理机制作为研究靶标至关重要。根据现有的药物研发经验，靶标的选取可参照以下几个原则：第一，所选择的作用机理已经在生物化学或分子生物学水平基本得到阐明和解释；第二，对活性已知但作用机理未明确的机制进行研究，期望发现新的作用靶标；第三，以活性天然产物为出发点，探寻其机制发现作用靶标。

靶标的选取还要兼顾高效、环境友好、实用性强等因素。选择靶标生物所特有的作用机理，由此开发的药物具有高选择性，对非靶标生物无直接影响；选择靶标生物生命过程中易受攻击或有致命影响的作用部位作为研究对象；还要考虑靶标生物的代表性和经济重要性，选择具有实用价值和经济意义的靶标。

参考文献

陈万义, 1996. 新农药研究与开发[M]. 北京: 化学工业出版社.

陈万义, 2007. 新农药的研发: 方法·进展[M]. 北京: 化学工业出版社.

杨华铮, 2003. 农药分子设计[M]. 北京: 科学出版社.

（撰稿：邵旭升、周聪；审稿：李忠）

生物氯菊酯 biopermethrin

一种拟除虫菊酯类杀虫剂。

其他名称 NRDC-147、(1*R*)-*trans*-permethrin、D-*trans*-permethrin、(+)-trans-permethrin、右旋-反式氯菊酯(右反氯菊酯)。

化学名称 (+)-反-2,2-二甲基-3-(2,2-二氯乙烯基)环丙烷羧酸-3-苯氧基苄基酯；3-phenoxybenzyl(1*R*)*trans*-2,2-dimethyl-3-(2,2-dichlorovinyl)cyclopropanecar-boxylate。

IUPAC名称 3-phenoxybenzyl 3-(2,2-dichlorovinyl)-2,2-dimethylcycl opropanecarboxylate。

CAS登记号 51877-74-8。

分子式 $C_{21}H_{20}Cl_2O_3$。

相对分子质量 391.29。

结构式

开发单位 1973年由英国M. Elliott合成并进行试验。

理化性质 浅棕色液体。折射率n_D^{20}1.5638。比旋光度$[\alpha]_D$+5.2°（c = 1.3，乙醇）。难溶于水，能溶于多种有机溶剂，对光稳定。

毒性 对小鼠（雌）急性经口LD_{50} 3g/kg。虹鳟LC_{50}（48小时）0.017mg/L。

剂型 加工成乳油、超低容量液剂、可湿性粉剂、粉剂、烟剂、气雾剂等剂型使用。

作用方式及机理 同氯菊酯，但对昆虫的毒力一般比氯菊酯高，对卫生害虫的药效远高于生物苄呋菊酯，持效期亦较长。

防治对象 家蝇、辣根猿叶甲。

参考文献

朱永和, 王振荣, 李布青, 2006. 农药大典[M]. 北京: 中国三峡出版社: 196.

（撰稿：刘登曰；审稿：吴剑）

生物农药生物测定 bioassay of bio-pesticide

以病原物或代谢产物的致病机理为基础，通过被检样品与对照品在一定条件下对目标生物作用的比较，并经过统计分析，进而确定被检生物农药的生物活性和防治效果的一种测定技术。生物农药生物测定在本质上与农药生物测定（见农药生物活性测定）是一致的，但由于生物农药的有效成分通常是生物有机体或它们的代谢产物，它们的效果往往与菌株、病毒株类型、培养条件、剂型、供试对象、环境条件等多种因素相关。

适用范围 适用于生物农药对靶标的活性测定。

主要内容

生物农药生物测定的适用范围 ①生物农药各种活性成分的分离鉴定。在分离菌株毒株或其代谢产物时，通过测定对靶标生物的生物毒性大小，从而指导进一步的研究工作。②产品的效价测定。③生物农药的安全性试验。④作为其他研究的一种验证手段。生物测定的结果可以验证其他实验方法，如采用血清学方法测定昆虫病毒的数量，再用生物测定方法根据致死剂量确定感染的浓度，相互验证，就可以对血清学方法测量病毒数量的准确性作出判断。

生物农药生物测定的主要观察指标 ①生物体反应的类型。生物体对某种物质的作用会发生一定的反应，而这种反应是多种多样的，大致可分为3类：质反应。这是一种定性反应，生物体对测试物的反应不涉及数量上的差别，在质量上指标只有阳性反应和阴性反应，即有、无反应。量反应。是观察每个反应本身所表现的强度，用数量表示。时间反应。也是量反应的一种特殊类型，是指发生某种生物反应所需要的时间和持续时间。如，昆虫病毒杀虫剂需经过潜伏期、死亡高峰期所需要的时间等。②生物农药生物测定的计量方式。生物农药用于各种病虫草害的防治，其效果主要是看防治对象被毒杀、抑制生长的程度，因此生物农药测定中计量时通常根据所选择的观察指标，选用LD_{50}、LC_{50}、LT_{50}、ED_{50}等计量方式，这些指标通常也在其他农药的生物测定中使用。在生物农药的生物测定中有些特有的指标需要指出。例如，效价单位与效价、滴度、空斑形成单位等。效价单位是指某物质引起生物反应效力强弱的公认计量单位，如青霉素G的效价单位为一个国际单位（IU）等于0.6μg，苏云金杆菌制剂的效价单位规定“E-61”每毫克制剂为1000国际单位（1000IU/mg）。效价是指待测制剂通过生物测定，与标准品对比之后所求出的效价单位的数量。滴度是指用几何级

S

数（对数）稀释的病毒材料接种细胞、动物胚胎或动物，观察病毒增殖的指征（如细胞病变、空斑等），使 50% 宿主发生感染的稀释度称为病毒的感染滴度。有时在血清学试验中，产生阳性反应的血清稀释度，也称为这一血清的滴度。空斑形成单位则是指产出一个空斑病毒感染的剂量。

参考文献

陈涛, 张友清, 孙松柏, 1993. 生物农药检测及其原理[M]. 北京: 农业出版社.

（撰稿：徐文平；审稿：陈杰）

生物统计分析 biological statistical analysis

在生物学指导下以概率论为基础，来描述偶然现象中隐藏着必然规律的一种科学分析方法。它可以将复杂的试验数据化繁为简，分辨开偶然因素的作用与必然规律的结果，它能正确估计误差大小，从而判断处理间的差异究竟是本质的还是偶然误差引起的，以便得出科学的结论。

适用范围 适用于生物测定中得到的各种试验数据和结果的整理与分析。

主要内容

校正死亡率（corrected mortality） 死亡率（或中毒、击倒率）表示受试目标昆虫经药剂处理后的死亡（或中毒、击倒）百分数，可以直接反映药剂的效果。但是受试目标昆虫中往往也有自然死亡的个体，如天敌寄生、感病以及体弱等原因造成的死亡，所以药剂处理后的死亡数中，也包括自然死亡的个体，因此对死亡率加以校正，常采用 Abbott1925 年提出的校正死亡率公式。只有当自然死亡与药剂所引起的死亡没有关系时，自然死亡率在 5%~20% 之间时才适用，如自然死亡率过大或药剂处理对自然死亡率有影响时，均不适用。校正死亡率不能表示目标昆虫的个体间差异而引起生理效应的变异性，也不能表示毒力相差程度。

$$\text{校正死亡率} = \frac{X-Y}{Y} \times 100\%$$

式中，X 为对照组生存率；Y 为处理组生存率。

致死中浓度（medium lethal concentration，LC_{50}） 用来表示杀虫剂的毒力大小，是指杀虫剂杀死供试目标昆虫一半（50%）时所需要的药剂浓度。

致死中量（medium lethal dosage，LD_{50}） 用来表示杀虫剂的毒力大小，是指杀虫剂杀死供试目标昆虫一半（50%）时所需要的药量。

致死中时（median lethal time，LT_{50}） 用来表示杀虫剂的毒力大小，是指在一定条件下，供试生物群体 50% 个体死亡所需的时间。

击倒中量（median knockout dose，KD_{50}） 指致半数供试昆虫被击倒所需杀虫剂用量，与致死中量不同，昆虫的反应是击倒（麻痹），而不是死亡，是群体接受的药量，不是个体接受的药量。

击倒中时（median knockout time，KT_{50}） 比较药剂毒力大小的单位之一，也称半数击倒时间，是指在一定条件下，供试昆虫 50% 个体被麻痹而击倒，不醒或不能飞行所需的时间。主要用于气体药剂的毒力测定。

有效中浓度（median effect concentration，EC_{50}） 能使供试生物群体中有 50% 个体产生某种药效反应所需的药剂浓度。

有效中量（median effect dose，ED_{50}） 能使供试生物群体中有 50% 个体产生某种药效反应所需的药剂用量。

致死中量的置信限（confidence limit of medium lethal dosage） 致死中量（有效中量）的置信限是表明致死中量可靠范围的限度，在统计上要求，100 次测验中如果有 95 次能成功，就认为达到最低可靠标准。也就是 95% 的可靠性。计算公式为：

LD_{50} 的 90% 置信限 $=LD_{50} \pm S_m$

$$S_m = \sqrt{\frac{1}{b^2}\left(\frac{1}{\sum nw} + \frac{(m-\bar{x})^2}{\sum nw(x-\bar{x})^2}\right)}$$

式中，S_m 为致死中量的标准差。

换算为剂量，查反对数表则得致死中量（有效中量）95% 置信限。

相对毒力指数（relative toxicity index，TI） 几种药剂在不同时间不同条件下进行试验，每次都采用一个标准药剂做对比，以其比值进行毒力比较。这样可以在一定程度上克服差异性。

TI =（标准药剂 LD_{50}/ 供试药剂 LD_{50}）× 100%

参考文献

沈晋良, 2013. 农药生物测定[M]. 北京: 中国农业出版社.
陈年春, 1991. 农药生物测定技术[M]. 北京: 北京农业大学出版社.

（撰稿：袁静；审稿：陈杰）

生物氧化作用 biological oxidation action

生物氧化（biological oxidation）是有机物质在生物体细胞内氧化分解产生二氧化碳、水，并释放出大量能量的过程。又名细胞呼吸或组织呼吸。在生物氧化中，碳的氧化和氢化是非同步进行的。氧化过程中脱下来的质子和电子，通常由各种载体，如 NADH 等传递给氧并最终生成水。生物氧化是一个分步进行的过程，每一步都由特殊的酶催化，每一步反应的产物都可以分离出来。这种逐步反应的模式有利于在温和的条件下释放能量，提高能源利用率。生物氧化释放的能量，通过与 ATP 合成相偶联，转换成生物体能够直接利用的生物能 ATP。抑制了上述生物氧化的任何过程，生物体的呼吸作用则会受到抑制，病原菌的能量合成受到影响，则其孢子萌发等耗能阶段发育也会受阻，从而阻止了病原菌侵入寄主植物体内。有些杀菌剂因其靶标与呼吸有密切关系，因而也会间接影响呼吸作用。

（撰稿：刘西莉；审稿：苗建强、张博瑞）

生物源农药 biogenic pesticides

来源于生物体本身和生物代谢产生的、在农（林）业和卫生方面有应用价值的生物活性物质的统称，包括植物源农药，微生物源农药（抗生素类），外激素（性外激素、聚集外激素、报警外激素、标记外激素等）及昆虫生长调节剂（蜕皮激素类似物、保幼激素类似物等）。生物农药和生物源农药是有区别的，生物农药是指用来防治农林牧业有害生物的活的生物体，可分为天敌昆虫（寄生性天敌、捕食性天敌）、天敌微生物（细菌、病毒、真菌、线虫、原生动物）、遗传工程生物（转基因植物、遗传工程微生物、遗传工程昆虫）三大类。而生物源农药是指来自动物、植物、微生物等生命有机体的具有控制农林牧业有害生物活性的代谢产物（主要指植物提取物、抗生素、昆虫信息素等）。

多数农药是具体的化学物质，有固定的元素组成和分子结构。正是其分子结构决定了药物的理化性质和生物活性。农药作为药物有其确定的作用机制（无论是否被人类认识），而这种药物的作用机制主要表现为药物小分子和靶标大分子的相互作用。而用来防治农林有害生物的活体生物，如昆虫天敌、天敌微生物等都不具备药物的基本特征，对有害生物的控制不是像药物那样的分子间相互作用，而是一种生命活动中的行为互作反应；又如某些天敌微生物对植物病害的防治，是依赖天敌微生物竞争性地占据空间争夺营养而抑制病原菌的生长，表现为一种生态效应。这些有生命的生物体应归为生物防治的一种手段。

生物源农药和传统的化学农药同属于农药的范畴，其最大的区别在于前者是生物合成的，后者是人工化学合成的。但随着社会的进步、科学的发展，二者的界限会越来越模糊。

不同国家的农药管理部门对生物农药的概念和内涵亦有不同的界定，OECD（国际经济合作与发展组织）提出的生物农药的定义包括：①信息素。②昆虫和植物生长调节剂。③植物提取物。④微生物。⑤大生物（主要指捕食性和寄生性昆虫天敌）。OECD 没有将抗生素列入生物农药范畴。欧盟农药登记指令 91/414/EEC 虽然采用 OECD 关于生物农药的定义，但在登记时仍将信息素、植物提取物等视作化学农药，而且不允许转基因植物登记。EPA（美国环境保护局）界定的生物农药包括：①微生物农药（指活体微生物）。②生物化学农药（biochemical pesticides）（包括信息素、激素、天然的昆虫或植物生长调节剂、驱避剂以及作为农药活性成分的酶蛋白）。③转基因植物（plant-pesticides）。其中“生物化学农药”还必须具备两个条件：①对防治对象没有直接毒性，而只有调节生长、干扰交配

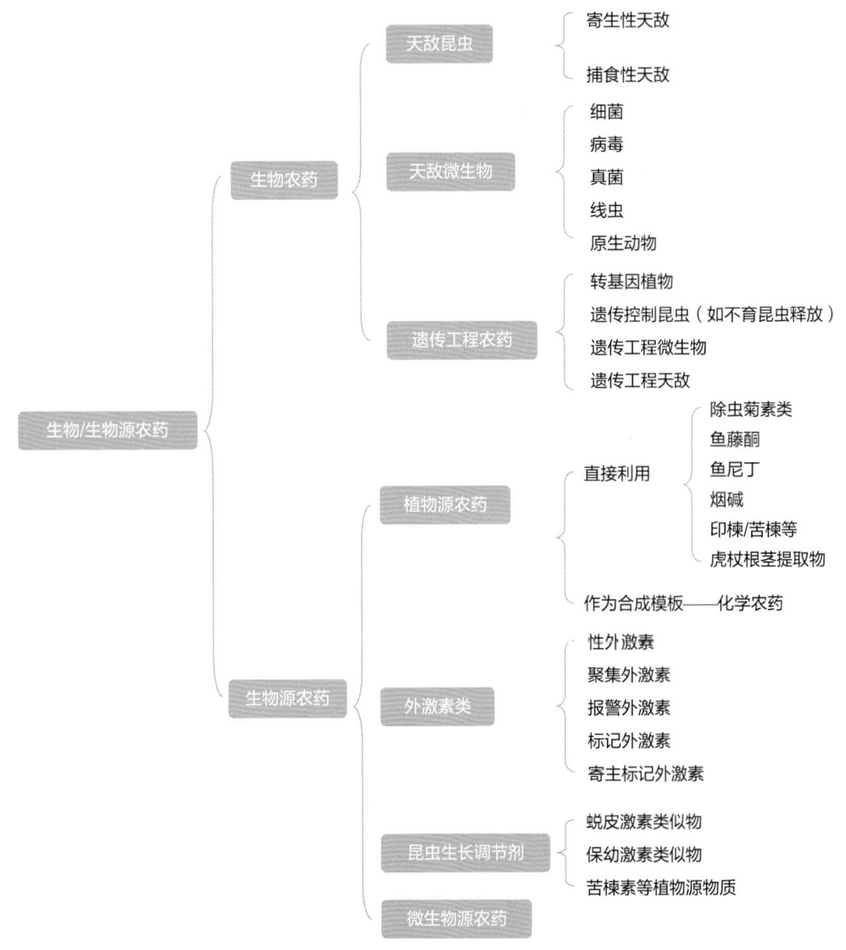

生物农药和生物源农药分类

或引诱等特殊作用。②必须是天然产物，如果是人工合成的，其结构必须和天然产物相同（允许异构体比例的差异）。显然EPA没有将抗生素列为生物农药，也没有笼统地将植物提取物列为生物农药（除非植物提取物符合生物化学农药的条件）。中国农药管理机构对生物农药的界定类似于EPA，在正式文件中将微生物农药和生物化学农药视为生物农药。

与传统的化学合成农药相比，生物农药具有下述特点：

①对哺乳动物毒性较低，使用中对人、畜相对比较安全。生物农药中的活体生物（包括微生物）、信息素等对靶标有明显的选择性，乃至专一性，因而基本上不对哺乳动物构成威胁。生物农药的植物提取物和抗生素往往具有不同于化学农药的作用机制或具有特异的靶标，因而对哺乳动物毒性较低，如印楝素，对昆虫主要表现为拒食作用和干扰生长发育，对大鼠急性经口LD_{50}＞5000mg/kg，兔急性经皮LD_{50}＞2000mg/kg；鱼藤酮对大鼠急性经口LD_{50}为132mg/kg，对兔急性经皮LD_{50}为1500mg/kg；除虫菊素Ⅰ和Ⅱ对大鼠急性经口LD_{50}为340mg/kg，急性经皮LD_{50}＞600mg/kg。亦有少数抗生素毒性较高，如阿维菌素，对大鼠急性经口LD_{50}仅为10.06mg/kg，但急性经皮LD_{50}＞380mg/kg，而且因其活性极高，其制剂有效成分含量很低，如1.8%阿维菌素乳油有效成分含量仅1.8%，对大鼠急性经口LD_{50}为650mg/kg，兔急性经皮LD_{50}＞2000mg/kg，一般稀释4000~6000倍喷雾，因而在使用中仍然对人畜安全。

②防治谱较窄，甚至有明显的选择性。大多数生物农药，特别是昆虫天敌、活体微生物以及昆虫信息素对靶标有明显的选择性，有时甚至表现为专一性，即只对部分靶标生物有效。以昆虫天敌为例，棉田、麦田的异色瓢虫、七星瓢虫、龟纹瓢虫等主要捕食棉蚜、麦蚜，松毛虫赤眼蜂和螟黄赤眼蜂主要寄生棉铃虫卵、松毛虫卵、玉米螟卵；以活体微生物为例，即使是广泛使用的Bt制剂，其株系或品种之间的专一性也是很强的，如有的株系主要对某些鳞翅目幼虫有效，布氏白僵菌主要防治天牛、金龟子，玫烟色拟青霉主要防治白粉虱，淡紫拟青霉主要防治根结线虫，胶孢炭疽菌孢子专一性地寄生菟丝子；以植物提取物为例，苦皮藤素主要用于防治某些鳞翅目害虫如小菜蛾、菜青虫、槐尺蠖等，但对同是鳞翅目的甜菜夜蛾、甘蓝夜蛾、小地老虎等无效；再以抗生素为例，井冈霉素对水稻纹枯病、小麦纹枯病高效，对稻曲病也很有效，但对其他许多病害防效很差，甚至无效。

③对环境压力小，对非靶标生物比较安全。生物农药中的活体生物（微生物和天敌昆虫等）本身就是自然环境存在的生物体。这些生物体死亡后很快就被其他微生物分解，不可能对环境产生不利影响。植物提取物，抗生素则是植物和微生物的次生代谢产物，亦是天然产物，在环境中容易通过光解、水解、酶解等途径降解，在自然界参与能量和物质的循环，不会像一些化学农药那样引起残毒、生物富集等问题。前已述及，许多生物农药对靶标生物具有选择性，乃至专一性，而作用方式往往又多是非毒杀性的，因而对非靶标生物，特别是对鸟类、兽类、蚯蚓、害虫天敌及有益微生物影响较小。0.2%苦皮藤素乳油对非靶标生物的安全评价，鹌鹑急性经口LD_{50} 2880.6~2885.6mg/kg，对鸟类低毒；红鲫鱼的LC_{50}（72小时）为171.1mg/L，对鱼类低毒；意大利蜜蜂饲喂LC_{50}为1660mg/L，触杀LC_{50}为9213mg/L，对蜜蜂低毒；家蚕LC_{50}（触杀）为3277.3mg/L，低毒；对蚯蚓LC_{50}（3天）为2178.8mg/L，低毒；泽蛙蝌蚪LC_{50}（7天）为72.8mg/L，低毒；七星瓢虫、异色瓢虫和龟纹瓢虫LC_{50}（触杀）为1893.2~1948.7mg/L，低毒；对土壤微生物群落无明显影响。生物农药的这一特点不仅有利于保护生态平衡，而且有利于有害生物综合治理（IPM）方案的实施。

④对靶标生物作用缓慢。和传统化学农药作用的速效性相比，大多数生物农药尤其是活体微生物及某些植物提取物和抗生素对靶标生物作用缓慢。如细菌杀菌剂Bt制剂防治小菜蛾，施药后1天基本上不表现防效，往往要3天后才表现出明显的防治效果；病毒杀虫制剂和真菌杀虫制剂，因病毒或真菌孢子首先要对寄主侵染，然后在寄主体内大量繁殖，害虫从被感染到死亡要3~5天时间。植物杀虫剂印楝素制剂、苦皮藤素制剂防治小菜蛾，大田施药3天后才有80%以上的防治效果。抗生素制剂阿维菌素，在推荐浓度下防治小菜蛾，施药1天后防效往往不到60%，3天后方可达90%以上。生物农药的这种缓效性，在遇到有害生物大量发生、迅速蔓延时，往往不能及时控制危害。

微生物源农药（agricultural anti-biotic） 又名农用抗生素。是指由细菌、真菌和放线菌等产生的可以在较低浓度下抑制或杀死其他生物的低分子量的次生代谢产物。抗生素的研究始于1877年巴斯德关于微生物拮抗作用的发现。1929年英国细菌学家弗莱明发现了青霉素，青霉素的工业化生产和链霉素的发现开创了抗生素研究的黄金时代。抗生素最初主要用于人类疾病方面的治疗，后来向农用抗生素方向发展，美国、英国、日本等先后将链霉素、四环素等用于农作物病虫害防治。1946—1958年虽然发现了放线菌酮等农用高活性抗生素，但都因为使用中的不稳定性和成本、毒性等问题而难以商品化，直到1959年日本开发出第一个商品化的农用抗生素灭瘟素-S，农用抗生素的发展才进入了高潮，陆续成功开发出春雷霉素、多抗霉素、有效霉素、灰黄霉素、阿维菌素、杀螨素和双丙胺膦等高效低毒无公害农用抗生素品种。这些抗生素绝大部分来自土壤放线菌，其次是真菌和细菌。其中杀虫抗生素阿维菌素、多杀霉素，杀菌抗生素有效霉素、米多霉素及除草抗生素双丙胺膦是世界上最有影响力的农用抗生素。

中国农用抗生素的研究始于20世纪60年代初，70年代、80年代相继开发出农抗101、内疗素、灭瘟素、井冈霉素、春雷霉素、庆丰霉素等农用抗生素品种。90年代以后，中国农用抗生素的研究进入了一个新的时期，中生霉素、武夷菌素、宁南霉素、浏阳霉素、华光霉素等一批新的抗生素产品相继问世。目前，中国已经登记的农用抗生素类农药已有20余种，170多个产品。其中正式登记的有井冈霉素、农抗120、多抗霉素等8种杀菌剂，临时登记的杀菌剂有中生菌素、宁南霉素等5种，临时登记的杀虫杀螨剂有阿维菌素等3种，除草剂有双丙氨磷。其中年产值和应用面积最大的品种是井冈霉素，其次是阿维菌素和农抗120。另外值得一提的是，近年来中国又开发出一批具有自主知识产权的品种，如戒台霉素（jietacin）、宁南霉素、波拉霉素（polarmycin）、金核霉素、抑霉菌素等，其中宁南霉素还登记用于防治植物病毒病，并成为中国防治病毒病的有效制剂之一，填补了抗生素防治病毒病的空白。

植物源农药（botanical pesticide） 来源于植物的用于控制病虫草鼠等有害生物以及调节植物生长发育的药剂。早在公元前7—前5世纪，中国就用莽草等植物杀灭害虫，用菊科艾属的艾蒿茎、叶点燃后熏蚊蝇；公元6世纪就有利用藜芦作杀虫剂的记载；10世纪中叶有用百部根煎汁作杀虫剂的记载；到17世纪，烟草、松脂、除虫菊和鱼藤等也已作为农药使用。在印度、巴基斯坦等地，印楝是传统的杀虫植物，当地农民很早以前就将印楝叶子混入谷物以防治储粮害虫。在20世纪40年代以前的100余年中，烟草、除虫菊和鱼藤等植物源杀虫剂是工业化国家重要的农药品种。在有机氯、有机磷和氨基甲酸酯等化学农药出现以后，植物源杀虫剂在农药市场所占的比重迅速下降。随着化学与生物学的交叉研究，杀虫植物已成为新农药创制的重要资源。化学合成与生物合成相结合开发新农药的方法有两种：一种是以从植物中发现的杀虫活性成分作为先导化合物，创制新的农药。例如以天然除虫菊素为先导化合物，开发出了当今几十个高效拟除虫菊酯类杀虫剂；以毒扁豆碱为先导，开发了甲萘威、速灭威、异丙威等氨基甲酸酯类杀虫剂；以烟碱为先导，开发了吡虫啉、啶虫脒等杀虫剂。另一种方法是对现有天然产物杀虫剂的结构进行改造，开发出活性更高、毒性更低的新杀虫剂，这方面最典型的例子是阿维菌素的结构改造。在植物源农药方面虽然也有不少研究，但未有真正成功的报道。

和传统的化学合成农药相比，植物源农药具有以下特点：①大多数植物源农药对哺乳动物毒性较低，使用中对人畜比较安全。如除虫菊素大鼠急性经口LD_{50}为2370mg/kg，急性经皮LD_{50}为5000mg/kg，属于低毒；而辣椒碱、大蒜素本身就来源于食品；苦参碱则在医药上广泛使用。这些产品作为农药使用，都是十分安全的。当然，也有个别植物源农药的毒性很高，如烟碱，其大鼠急性经口LD_{50}为50～60mg/kg，兔急性经皮LD_{50}为50mg/kg。鉴于此，一些曾经在北美和西欧广泛使用的植物源农药品种已经不再允许登记，其中包括烟碱、苦木素以及鱼尼丁。②防治谱较窄，甚至有明显的选择性。当前的化学合成杀虫剂，绝大多数都是广谱性的杀虫剂，如拟除虫菊酯类、有机氯类、有机磷类杀虫剂对常见的农林害虫大多有良好的防治效果，而绝大多数植物杀虫剂则正好与此相反，杀虫谱较窄，甚至有明显的选择杀虫作用，即对一些害虫的毒力很高，而对另一些害虫的毒力很低，甚至根本无作用。以印楝素为例，直翅目昆虫对印楝素最敏感，低于1～50μg/g的浓度就有很高的拒食效果，鞘翅目、半翅目昆虫对印楝素相对地不敏感，要达到100%的拒食效果，需要100～600μg/g的浓度。对于不同的直翅目昆虫，其活性也有明显的差异，对沙漠蝗（*Schistocerca gregaria*）具有强烈的拒食作用（EC_{50}为0.05μg/g），对亚洲飞蝗（*Locusta migratoria*）的拒食活性就低得多（EC_{50}为100μg/g），对有些蝗虫则根本不具有拒食作用。苦皮藤素仅对鳞翅目中的菜青虫、小菜蛾以及槐尺蠖等少数几种昆虫有很好的防治效果，对甘蓝夜蛾、银纹夜蛾则基本不表现活性。烟碱对棉蚜的LC_{50}为0.003mg/L，对墨西哥豆瓢虫的LC_{50}为0.145mg/L，二者相差48倍，而烟蓟马对烟碱也很敏感，其LC_{50}仅为0.0075mg/L，因此烟碱很适合于防治蚜虫、蓟马等害虫。③对环境的压力小，对非靶标生物安全。④大多数植物源农药作用缓慢，在遇到有害生物大量发生迅速蔓延时往往不能及时控制危害。一些植物杀虫剂，其主要作用机制是对害虫的拒食作用、忌避作用、抑制产卵作用或干扰昆虫的生长发育等特异性作用，在施药后的短时间内，害虫往往不会死亡，种群数量不会有大的变化。也有一些例外，如烟碱就属于速效性的杀虫剂，碱性的烟草水稀释液在施药后3小时可发挥其最高的熏蒸和触杀作用，许多体型小的害虫（如蚜虫、蓟马）大多在短时间内死亡。⑤多种成分协同发挥作用。植物源杀虫剂所使用的原料都是从植物中提取的多种成分的混合物，尽管活性成分含量相同，但提取物往往比其纯品的活性更高，如含量为60%～75%的楝素提取物比楝素纯品对昆虫的生长发育抑制作用更为强烈，可能提取物中的其他成分对楝素具有增效作用。⑥延缓抗性。作为多组分体系，植物源杀虫剂对延缓害虫的抗药性也具有明显的作用。以绿色桃蚜（*Myzus persicae*）为试虫，用LC_{50}剂量的印楝素纯品处理植株，然后接虫，在35代以后，试虫对印楝素的抗性仅增长了9倍，而用印楝素含量相同的印楝种子提取物为供试药剂的平行处理，试虫未表现出对印楝素的抗药性。

植物一农药（plant-pesticides） 指表达农药活性物质的转基因植物，属于生物源农药中的一类。目前常见的有以下几类：

①表达Bt毒素的转基因植物。例如转Bt棉、转Bt玉米、转Bt马铃薯等。Bt不同株系的芽孢含有不同的由*cry*基因编码的晶体原毒素蛋白，不同的毒素蛋白控制不同类型的昆虫，主要包括鳞翅目、鞘翅目和双翅目的害虫以及植物线虫。在自然界发现的Bt毒素可以按其蛋白质序列的同源性和专一性进行分类，例如命名为Cry1、Cry2等。Cry1、Cry2和Cry9系列对鳞翅目昆虫有活性；Cry3、Cry7和Cry8系列对鞘翅目昆虫有活性；Cry4、Cry10和Cry11系列对双翅目昆虫有活性；Cry5、Cry6、Cry12和Cry13对植物线虫有活性。Cry1毒素是最普通的类型，此外，还有没有Bt毒素而对半翅目昆虫具有高活性的菌株。为了使Bt毒素蛋白基因在植物体内表达使其对昆虫具有比较强的毒力，需对基因进行改造，主要表现在两个方面，即蛋白质序列和基因序列的改造。

②表达消化蛋白酶抑制剂的转基因植物。针对害虫的危害，植物体内含有各种类型的生物化学防御措施。对于基因工程来讲，基因编码的植物防御性蛋白可能比植物次生性物质更容易利用。第一个异种植物之间基因的转移是将编码豇豆的Bowman-Birk型丝氨酸蛋白酶抑制剂基因转移到另外一种植物中，含有两个对牛胰蛋白酶（CpTI）的抑制活性部位。编码胰蛋白酶抑制剂（具有一些胰凝乳蛋白酶抑制活性）的番茄抑制剂II基因用花椰菜花叶病毒（CaMV）35S启动子在烟草中表达显示出抗虫活性，但是，用诱导愈伤组织启动子表达没有抗虫活性。丝氨酸蛋白酶抑制剂的表

S

达很少导致害虫高水平的死亡率，这点和转 Bt 毒素基因植物不同，转 Bt 毒素基因植物能够表达足够的量造成害虫高水平的死亡。对于鳞翅目、双翅目、直翅目和膜翅目昆虫，可以利用以丝氨酸残基为活性中心的内切蛋白酶作为靶标，该酶类似于高等动物的消化蛋白酶。而对于鞘翅目中的大多数昆虫种是利用以半胱氨酸残基作为活性中心的消化蛋白酶作为靶标。一般典型的丝氨酸蛋白酶的抑制剂对该酶没有抑制作用。但是，半胱氨酸蛋白酶抑制剂广泛地分布在生物体中用来调节相关的蛋白酶活性，即使通常水平比较低，依据丝氨酸蛋白酶抑制剂的基因推导出的编码半胱氨酸蛋白酶抑制剂的基因转移到植物体中用于控制鞘翅目害虫。该抑制剂用培养基混药法证明对多种鞘翅目害虫是有效的，在白杨等少数植物中证明也是有效的。植食性昆虫的营养许多是由氨基酸提供，并不是通过消化淀粉利用碳源，因此，消化淀粉酶抑制剂基因的利用潜力比蛋白质酶抑制剂基因要低得多。高等动物和昆虫的 α- 淀粉酶的抑制剂广泛地分布在植物体中，并且可以在与蛋白酶抑制剂类似的组织中积累。该酶的抑制对鳞翅目昆虫的影响还没有搞清楚，对植食性的鞘翅目昆虫具有明显的致死作用，特别是仓库害虫。已经证明从小麦和菜豆（*Phaseolus vulgaris*）中纯化的 α- 淀粉酶抑制剂对鞘翅目昆虫具有杀虫活性，使其不能在含有该抑制剂的人工饲料上正常取食。编码菜豆的 α- 淀粉酶抑制剂的基因命名为 LLP，实际上与菜豆种子中的凝集素是同源的。由在烟草中已经表达了由编码 LLP 的凝集素基因序列和编码凝集素的一个亚基（PHα-2）基因的 5′ 和 3′ 的侧翼序列构建的一个嵌合基因，该嵌合基因的启动子是种子专一性的，转基因的产物可以在种子中积累，可以抑制黄粉甲中肠中的 α- 淀粉酶活性。

③表达凝集素的转基因植物。第一次发现凝集素的抗虫作用是大豆种子中的凝集素对仓库害虫的作用。已经发现了 17 种具有商业价值的对四纹豆象有活性的植物源凝集素。有 5 种凝集素在饲料中含 0.2%～1%（相当于总蛋白质的 1%～5%，w/w）时，使幼虫发育明显延迟。凝集素对鳞翅目害虫的控制作用还没有足够的证据证明，尽管发现了雪花莲凝集素对番茄夜蛾有降低生长发育的作用，但是对其存活几乎没有影响。从取食方式分析，凝集素对具有刺吸式口器的半翅目害虫具有明显的控制作用。这些害虫主要包括蚜虫、叶蝉、飞虱等，主要在韧皮部取食，中肠中几乎没有蛋白质水解酶的活性，使这些刺吸式口器的害虫一般对蛋白酶抑制剂不敏感，对一般的 Bt 毒素也不敏感。已经有实验证明凝集素可以明显地减少褐稻虱的存活率。目前发现了两种最有效的凝集素蛋白，一种是从雪莲花得到的 GNA（甘露糖专一性的），另一种是从麦芽中分离到的 WGA（GlcNAc- 专一性的），在饲料中含有 0.1%（w/v）时，死亡率可达到 80%。GNA 对褐稻虱的 LC_{50} 是 0.02%。GNA 对黑尾叶蝉等其他水稻刺吸式口器害虫也具有生物活性，也能够降低蚜虫的繁殖速率。从刀豆（*Canavalia ensiformis*）分离出的凝集素 Con A 对豌豆蚜（*Acyrthosiphon pisum*）的存活和生长发育具有明显的影响。从麦芽、荨麻、菜籽中得到的几丁质结合的凝集素能够引起甘蓝蚜（*Brevicornye brassicae*）的大量死亡。通过组成 CaMV 35S 启动子在烟草中表达编码大豆凝集素（P-Lec）的基因，表达量占总蛋白质的 1%，提高烟草对美洲烟夜蛾（*Heliothis virescens*）的抗性。在转基因烟草田美洲烟夜蛾的数量和对照田相比明显降低，叶片受害率也明显降低。转胰蛋白酶抑制剂（CpTI）和大豆凝集素（P-Lec）基因的烟草品系杂交获得的双重表达（CpTI 和 P-Lec）品系可以提高对美洲烟夜蛾的抗性，控制效果可以达到 90%，单基因存在的烟草品系为 50% 左右，说明两个基因间是相加作用。凝集素基因可以加强作物的抗虫性，与原有的抗性基因是相加作用。转 *GNA* 基因的植物和转 *P-Lec* 的表现是类似的。表达 *GNA* 的马铃薯受番茄夜蛾（*Lacanobia oleracea*）幼虫的危害明显减少，尽管幼虫存活率比对照仅减少 25%，但是叶片受害率减少 70% 以上。表达 *GNA* 的马铃薯可以减少桃蚜（*Myzus persicae*）和马铃薯长须蚜（*Aulacorthum solani*）繁殖率，孤雌生殖的后代繁殖率降低 80%，种群数量明显降低。取食表达 *GNA* 小麦的蚜虫（*Sitobion avenae*）繁殖率也明显降低。通过水稻中蔗糖合成酶基因（*RSs1*）的启动子构建含有 *GNA* 编码序列的基因，使 *GNA* 专一性地在烟草和水稻韧皮部中表达。转 *RSs1-GNA* 基因的水稻显示出 *GNA* 能够在维管束和表皮组织积累，使稻褐虱的存活率降低 60%。和蛋白酶抑制剂一样，转外源性凝集素基因的植物对害虫危害的保护作用不是很高，单一基因的作用商品化的可能性比较小。

④表达其他抗昆虫因子的转基因植物。一些水解酶，如几丁质酶在转基因植物中表达对害虫具有一定的控制作用。植物针对害虫危害防御反应的氧化酶系有过氧化物酶和多酚氧化酶。特别是多酚氧化酶，植物受害后该酶可以被诱导表达。多酚氧化酶可以改变蛋白质的质量，使幼虫生长发育速度降低。在转基因植物中该酶的过量表达对植物保护的作用还有待于进一步明确。在转基因植物中至少有两种脂氧化酶可以利用，脂氧合酶和胆甾醇氧化酶。在许多植物中，受伤或病菌危害可以诱导脂氧合酶的基因表达，该酶是植物内源性的防御系统，对鳞翅目的幼虫和半翅目的褐稻虱等也是有毒的。转基因植物中脂氧合酶的过量表达对植物的负面作用还有待于进一步证明。胆甾醇氧化酶可以作为杀棉铃象甲幼虫的蛋白，因为昆虫本身不能对甾醇代谢，主要依赖于体内的共生菌。纯化的胆甾醇氧化酶在 20μg/ml 即对棉铃象甲幼虫表现出活性。次生物质代谢调控基因也是转基因植物利用的途径之一。

遗传工程生物农药 通过各种手段对控制有害生物的活体因子进行遗传改造，提高其控制效果。

①遗传工程寄生性和捕食性天敌。利用重组 DNA 技术创造遗传学上改良的天敌昆虫品系和传统的人工选育相比具有明显的优点。遗传学上希望改进的目标能够很快获得，不用经过漫长的人工选育；另一方面重组 DNA 技术可以获得原天敌昆虫本身以外的基因性状。1949 年，Heilmann 等归纳了改良天敌昆虫 3 个有益的可利用的性状：抗药性和抗病性；耐寒性；改变性比（适于仅单一性别控制害虫的天敌昆虫）。这些性状一般都是单基因或单一主控基因控制的。对于多基因控制的寄主搜寻能力和寄主的选择性还没有在分子水平上搞清楚，很难用于基因工程。一般为了使改良的天敌

的性状能够具有稳定性、可遗传性以及使外源基因在节肢动物中表达需要一定种类的生物载体，如遗传工程共生细菌、泛嗜性逆转录病毒（pantropic retrovirus）等。泛嗜性逆转录病毒对于大多数种类的节肢动物都是一个非常有潜力的载体。对于节肢动物转化常用的技术是胚胎的显微注射。但是，传统的胚胎显微注射技术并不是对所有的种都是适合的，例如，拟寄生（parasitoid）和胎生（viviparous）的昆虫。一种替代的方法是基因送递方法，即母体显微注射法，该方法已经用于捕食螨（*Metaseiulus occidentalis*）的基因改造，一般是将目的 DNA 直接注射进雌螨体内接近成熟的卵内。捕食螨是受农药影响比较大的，通过抗药性基因的转化可以加强其对害螨（虫）的控制能力。对于捕食螨来讲，母体显微注射比对卵更容易操作。母体显微注射的第一个实验是用含有由果蝇（*Drosophila melanogaster*）hsp70 启动子控制的 *lacZ* 基因（编码 β- 半乳糖苷酶）的质粒注射的雌螨。注射了 48 个，有 7 个获得成功，其中两个 6 代后仍然含有质粒的序列。但是持续时间还是比较短，不能产生足够的 DNA 在质粒整合的染色体中检测到。在以后的实验中，得到了用 PCR 技术能对显微注射后产下的卵检测到质粒序列的满意结果，并且阳性卵率非常高。培养 150 代后仍含有质粒的序列。随后在美国佛罗里达州进行了田间释放试验。该技术在一些寄生蜂中也进行了试验。

②遗传工程昆虫病原菌。天敌微生物的遗传工程相对于天敌昆虫来讲起步比较早，成功的事例也比较多。常见的昆虫病原有真菌、线虫、细菌、原生动物、病毒等，通过重组 DNA 技术可以改善其致病力、对环境的适应性、耐药性以及扩大其寄主范围等。斯氏线虫科（Steinernematidae）和异小杆线虫科（Heterorhabditidae）昆虫病原线虫可以寄生 250 种以上的昆虫，大部分为土壤害虫。由于昆虫病原线虫具有比较高的致病力、对非靶标生物安全、遗传风险较低。加上线虫本身在土壤环境中的适应性问题，其应用受到了限制。昆虫病原线虫体内有异短杆菌属（*Xenorhabdus*）的细菌共生，该共生菌是专一性的，每一种线虫有自己专一性的共生细菌。当线虫定殖在合适的昆虫寄主上后，线虫通过自然孔道进入寄主体腔，细菌在体腔内生长，在 48 小时内杀死昆虫。细菌产生的胞外酶水解体腔内的蛋白质和脂肪，为细菌和线虫提供营养。细菌也可以产生抗生素控制寄主受到二次感染，提供线虫生长最适的环境和营养。线虫为细菌提供保护和寄主间的转移。因此，共生细菌的遗传工程将是改良线虫最有效的途径。在线虫品系中由于自然界的变异，其致病力、抗干扰性、寄主寻找能力以及抗低温性在传统的选育中一般也能实现。对于线虫的转化主要也是采用显微注射的方法。对异小杆线虫（*Heterorhabditis bacteriophora*）进行遗传工程改良使之表达秀丽隐杆线虫（*Caenorhabditis elegans*）Hsp 70A 加强耐高温性，转化的线虫有 90% 耐 40℃的高温，野生型的线虫仅有 2%～3%。通过遗传工程技术可以改善线虫对环境的适应性、稳定性、致病力以及寄主范围等，因此风险评估是必须的。在众多的细菌当中，通过遗传工程技术加强其杀虫活性的并不多。大多数的遗传改良集中在 Bt 上，Bt 占生物农药市场的 95% 以上。Bt 在生长后期能够产生几种杀虫晶体蛋白（ICPs），ICPs 可以达到芽孢干重的 30%。ICPs 可以分为 α-、β- 和 γ- 外毒素以及 δ - 内毒素，其中 β- 外毒素和 δ - 内毒素已经在农业上应用。研究最广泛的是 δ - 内毒素，对鳞翅目、双翅目和鞘翅目昆虫的幼虫都具有活性。编码 Bt-ICPs 的基因是 *cry* 基因，位于染色体外的质粒上（30Mda），单一品系有 2～12*cry* 基因，到目前为止已经得到了 50 个 *cry* 基因的序列。按其序列的类似性和专一性将 *cry* 基因分为 *cry*I～*cry*VI。Bt 的致病性和寄主范围是 Bt 改良最重要的两点，利用重组 DNA 技术和非重组技术都能达到目的。*ICP* 基因可以通过类似于细胞融合的过程在株系间转移，杀虫活性低的株系或质粒丢失的株系可以和具有编码高杀虫活性 ICPs 的株系合并。不同的 ICPs 具有不同的靶标，*ICP* 基因的调控、合并直接影响着细菌的致病力和寄主范围。Bt 的新株系也可以通过重组技术得到。限制 Bt 使用的两个最重要因子是田间条件下持久性差和芽孢的漂移，可以通过遗传工程技术使 Bt 在非昆虫病原菌上繁殖，最后杀死细菌并使 ICPs 释放，加强 ICPs 在田间的持久性并避免了活孢子的漂移。另一个通过遗传工程获得的表达 CryIIIA 的 spoOA 突变系对鞘翅目昆虫具有活性，*spoOA* 基因与芽孢的形成有关，通过该基因的导入阻止了芽孢的形成。该突变品系通过大量地培养，无芽孢形成，杀虫毒素分散在细胞中，提高了对环境的安全性和提供稳定的基于 Bt 的生物农药。对于 Bt 的遗传工程的方向可以从以下 4 方面着手：提高特殊株系对特定靶标的活性；扩大寄主范围；增加田间条件下的稳定性；提供用于抗性治理的替换种类。

许多类似于昆虫神经毒素的蛋白质或肽类作用位点在血腔中，通过触杀或胃毒很难发挥其活性。昆虫病毒可以起到传送体系的作用，将毒素送到血腔中，这样毒素相当于附加到病毒上的第二道杀虫体系。通过遗传工程技术提高病毒杀虫活性的病毒主要是杆状病毒。表达神经毒性肽的重组杆状病毒比较多。

参考文献

沈寅初, 张一宾, 2000. 生物农药[M]. 北京: 化学工业出版社.

吴文君, 高希武, 2004. 生物农药及其应用[M]. 北京: 化学工业出版社.

吴文君, 刘惠霞, 朱靖博, 等, 1998.天然产物杀虫剂——原理、方法、实践[M]. 西安: 陕西科学技术出版社.

徐汉虹, 2001. 杀虫植物与植物性杀虫剂[M]. 北京: 中国农业出版社.

BURGES H D, 1998. Formulation of microbial biopesticides: beneficial microorganisms, nematods and seed treatments[M]. Dordrecht: Kluwer Academic Publishers.

COPPING L G, 1998. The biopesticides manual[M]. UK: BCPC.

HALL F N, MENN J J, 1999. Biopesticides use and delivery[M]. Totowa, New Jersey: Humana Press.

HEDIN P A, 1991. Naturally occurring pest bioregulators[M]. Washington, DC: American Chemical Society.

HUNTER-FUJITA F R, ENTWISTLE P F, EVANS H F, et al, 1998. Insect viruses and pest management[M]. Chichester: John Wiley & Sons.

KOUL O, DHALIWAL G S, 2002. Microbial biopesticides[M]. London & New York: Taylor & Francis.

（撰稿：高希武；审稿：耿贺利）

生物最佳粒径　biological optimum droplet size

最易被生物体捕获并能取得最佳防治效果的农药雾滴直径或尺度。

基本内容　农药雾化后可形成不同细度的雾滴。但对于某种特定的生物体或生物体上某一特定部位，只有一定细度的雾滴能被捕获并产生有效的致毒作用。这种现象发现于20世纪50年代。经过多年的研究后，于70年代中期由希默尔（C. M. Himel）和奥克（S.Uk）总结为生物最佳粒径理论（简称BODS理论），为农药的科学使用技术提供了重要的理论基础（表1）。

表1　生物靶体与生物最佳粒径

生物靶体	生物最佳粒经 (μm)
飞行昆虫	10～50
叶面上的昆虫	30～50
植物叶片	40～100

农药雾滴在向靶标生物体撞击的过程中，基本上服从流体动力学原理的支配。细雾滴比较容易沉积在纤细的生物靶体上，而较难沉积到宽大的靶体表面上。在喷洒相同细度的雾滴时，细小靶体上单位面积内的沉积量显著高于宽大靶体单位面积内的沉积量。在昆虫体躯上，对农药特别敏感的部位往往是纤细的部分，如触角、足的跗节、感觉毛等，所以最佳粒径一般都在10～50μm范围内。尤其是在飞翔运动状态下，细雾滴可获得较大的相对动能，更容易被这些部位捕获。植物叶片是比较宽大的靶标，但叶片表面上长有许多毛、刺以及其他纤细的装饰构造，如棉叶上的树枝状微细装饰构造、茄叶上的剑麻状毛丛等，都很容易捕获细雾滴。在同一片叶上，其狭窄部分如稻、麦叶的尖梢部分，对细雾滴的捕获能力明显地高于宽阔部分。用阶梯形模拟纸型靶标对不同细度雾滴沉积量测定的结果证明，狭窄区段上的雾滴沉积密度显著大于宽阔区段上的沉积密度（表2）。因此，根据生物体的大小尺度以及表面上的微细构造和附属器官，各种生物体表现出对不同细度的雾滴的选择捕获能力，能捕获最适宜的雾滴。

表2　变幅纸片上的雾滴沉积情况和雾滴谱

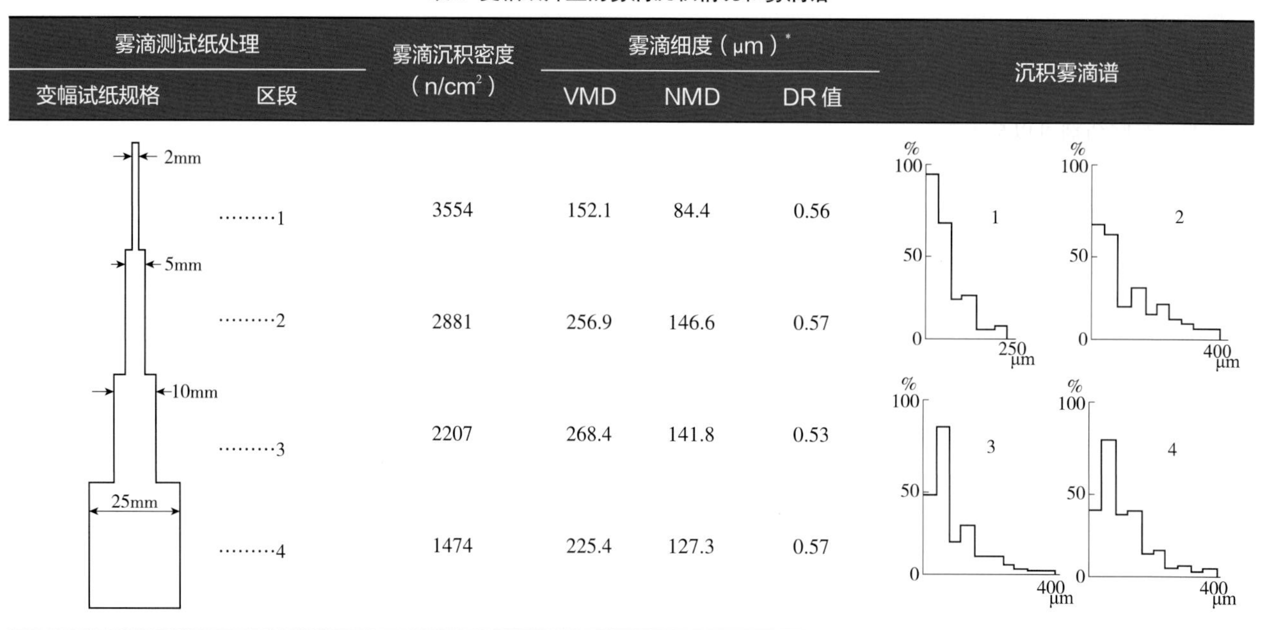

雾滴测试纸处理		雾滴沉积密度 (n/cm^2)	雾滴细度（μm）*			沉积雾滴谱
变幅试纸规格	区段		VMD	NMD	DR值	
2mm	1	3554	152.1	84.4	0.56	1
5mm	2	2881	256.9	146.6	0.57	2
10mm	3	2207	268.4	141.8	0.53	3
25mm	4	1474	225.4	127.3	0.57	4

影响意义　此项理论在设计科学用药技术和开发研制新的喷洒机具等方面有重要指导意义，它根本改变了过去大容量喷洒农药的技术体系。这种体系是把整株作物甚至整块农田作为靶标，并以大水量全覆盖作为喷洒技术指标。生物最佳粒径理论则以生物体各部分捕获雾滴的能力为依据，根据生物体敏感部位的选择捕获能力，选用适宜的喷洒技术手段，产生最佳粒径的雾滴，使敏感部位能大量捕获雾滴，就可获得较好的防治效果并显著提高农药利用率。因此，低容量和超低容量喷雾技术代替了过去的大容量喷雾技术，其靶标是生物体的敏感部分，而不是整个植株或整块农田，使农药喷洒技术发生了质的飞跃。与此相应的技术发展，是控滴喷洒技术（CDA）和器械的产生，如超低容量喷雾（ULVA）、静电喷雾（electrosfatic sprayer）等。

参考文献

何雄奎, 2012. 高效施药技术与机具[M]. 北京: 中国农业大学出版社.

何雄奎, 2013. 药械与施药技术[M]. 北京: 中国农业大学出版社.

全国农业技术推广服务中心, 2015. 植保机械与施药技术应用指南[M]. 北京: 中国农业出版社.

中国农业百科全书总编辑委员会农药卷编辑委员会, 中国农业百科全书编辑部, 1993. 中国农业百科全书: 农药卷[M]. 北京: 农业出版社.

（撰稿：何雄奎；审稿：李红军）

施粒法　granule application

颗粒剂是相对于粉剂而言的一种粒度较大的固体农药制剂。颗粒撒施可以徒手撒施，也可以采用专用器械。颗粒状农药制剂粒度大、下落速度快，施药时受风的影响很小。施粒法是最简单、最方便、最省力的方法。

作用原理

播种行沟施颗粒的分布　颗粒撒施可以采用全面撒施，也可以采用播种行沟施。对于地下害虫的防治，全面撒施浪费农药，不提倡使用，推荐采用播种行沟施技术。播种行沟施可以徒手撒施，也可采用具有计量和散布功能的专用机具。农药颗粒在播种沟内的分布大部分均在种子周围1cm以内，围绕种子周围，药剂颗粒按照颗粒数目以正态分布散布在种子周围。

药剂的内吸作用特性　颗粒剂的粒径比较大，撒施出去的颗粒与有害生物的直接接触机会与喷雾方法相比明显减少，假如依靠撒施出去的颗粒直接与害虫、病原菌等有害生物直接接触而使有害生物致死，其效率显然要低于喷雾法和喷粉法。在大多数情况下（微粒剂防治杂草除外），颗粒撒施法不是直接与有害生物接触，而是撒施出去的药剂在达到施药区域后，吸收水分分散，利用作物对药剂的内吸输导作用在植物体内分布，进而控制有害生物。从根系吸收进入植物体内的内吸药剂，在植物体内的运输和传导方式是不完全相同的。有些药剂可以自由地在植物体内自下而上运输传导，如吡虫啉等。

药剂在土壤或水中的扩散能力　撒施的颗粒到达（或混入）土壤、落入田水中后，能够吸收土壤或田水中的水分，释放药剂（如杀虫双）或分解出活性物质，释放出的药剂或分解出的活性物质能够在土壤或水中扩散，或被生物吸收，或接触有害生物，达到控制有害生物的目的。

适用范围　施粒法最早出现于20世纪30年代，50年代得到更广泛应用，在防治地下害虫、蚜虫、水稻田杂草、禾谷类作物茎秆钻蛀害虫、公共卫生防疫等方面发挥了重要作用。随着人们对环境安全的关注，以及很多具有优良内吸传导活性新农药的出现，颗粒撒施技术将得到进一步发展和应用。

施粒法施1.5%辛硫磷颗粒剂防治玉米螟（孔肖摄）

施粒法适合在下列条件下使用：①土壤处理。②水田施用多种除草剂，特别是希望药剂快速沉入水底以便迅速被田泥吸附或被水稻根系吸收。③多种作物的心叶期施药，例如玉米、甘蔗、凤梨等。有些钻心虫如玉米螟等藏匿在喇叭状的心叶中危害，往心叶中施入适用的颗粒剂可以取得很好的效果，而且施药方法非常简便。④水稻省力化施药，中国在水稻省力化施药技术研究中，中国农业科学院植物保护研究所研究推广了水稻秧盘颗粒处理技术，即在水稻插秧过程中，通过插秧机上的颗粒撒施装置或徒手操作，把颗粒剂撒施到秧盘中，颗粒剂随着插秧过程落入水稻秧苗根系，颗粒剂有效成分缓慢释放，对水稻主要病虫害发挥长期控制作用。

主要内容　颗粒剂是相对于粉剂而言的一种粒径较大的固体农药制剂。大多数安全型农药颗粒剂使用时不需要任何器械，或只需要很简单的撒施工具。颗粒剂粒度大，下落速度快，受风的影响很小。由于用途不同，颗粒剂的粒径范围很宽。根据国家标准大体可分为以下几种规格：①微粒剂。粒径74～297μm，相当于60～200号筛目，也称细粒剂。②颗粒剂。粒径297～1680μm，相当于10～60号筛目。③大粒剂。粒径5000μm以上，大小近于绿豆。农药粒剂按防治对象可分为杀虫剂粒剂、杀菌剂粒剂、除草剂粒剂等，按加工方法可分为包衣粒剂、吸附法粒剂等。

抛掷或撒施颗粒状农药的施药方法　使用中，适应多种农田条件的需要，可采取多种方法：①徒手抛撒。对人体安全的粒剂可以直接用手抛撒。②人力操作的撒粒器抛撒。采用各种形状的撒粒器，如牛角形撒粒器、撒粒管、手提撒粒箱等。有些撒粒器上有控制撒粒量的装置。③机动撒粒机抛撒。有机动背负式撒粒机、拖拉机牵引的悬挂式颗粒撒布机、气动式颗粒撒布机以及手推式颗粒撒布车等多种形式。少数情况下要求在植物的株冠部使用颗粒状药剂，如棉花、柑橘及其他作物，但要选用较小的粒剂，如微粒剂以及粉粒剂等。④土壤施粒机施药。拖拉机牵引的播种机或经过改装的播种装置可用于向土壤中施用颗粒剂，有些颗粒剂可以与种子同时播下。在作物长大后，向土壤中施用颗粒剂，也有各种类型的专用施粒器械。⑤航空施粒。在植保无人机等农用航空设备加装颗粒剂盛放、撒施装置进行颗粒剂的撒施，作业效率高，对人安全。

施粒机具　施粒机主要形式有手持式、手摇式、动力背负式、拖拉机悬挂式以及航空撒粒装备等。

影响因素　施粒效果主要受颗粒剂的加工状态、环境条件等因素影响。

颗粒剂的加工状态　应根据防治对象的不同选择合适大小的颗粒剂。如杂草防除中要求做到颗粒剂均匀散布以及最大程度地与杂草叶片接触，这就要求颗粒剂粒径尽可能小，若加工成大粒剂，药效则难以保证。

环境条件　主要是湿度对颗粒剂形态的影响，湿度太大的情况下，施粒前颗粒剂受潮分解，防治效果随之降低。相反，在土壤熏蒸剂的撒施过程中，颗粒剂进入土壤，若土壤条件不适宜颗粒剂迅速分解发挥药效，则对有害生物的防治效果也随之降低。

注意事项　尽管大部分颗粒剂对人体安全，但在使用时尽量选择使用施粒工具，避免徒手撒施。施粒时应严格按照颗粒剂有关说明进行撒施，切勿自行减少或加大用量，或不按规定操作的其他行为。颗粒剂应妥放，避免人畜误食。

参考文献

袁会珠, 2011. 农药使用技术指南[M]. 2版. 北京: 化学工业出版社.

DUNNING R A, WINDER G H, 1976, Seed-furrow application of granular pesticide and their biological efficiency on sugar beet [C]// Proceedings of a Symposium held on 14th~15th July, University of Notiingham, BCPC.

PARMERY H. 1976. Granules and their application [C]// Proceedings of a Symposium held on 14th~15th July, University of Notiingham, BCPC.

TAKESHITA T, 1994. Labor saving granular or flowable herbicides for paddy rice fields[J]. Agrochemicals Japan, 64(5).

（撰稿：孔肖；审稿：袁会珠）

施粒机具 granular pesticide applicator

施撒粒剂农药的植保机具。

发展简况 20 世纪 50 年代，粒剂农药在美国开始使用后，由于粒剂农药具有药效持续期较长，对环境污染少，喷撒效率高，对作物、害虫天敌和人畜安全以及针对目标物着落性较好等优点，一些国家相继研制并推广使用了各种施粒机。70 年代以来，美国、英国、日本等生产了手动的、机动的施粒机及与拖拉机配套的施粒机具。美国还采用了航空施粒装置，而日本以喷雾喷粉喷粒多用机配用多孔长塑料薄膜管喷撒粒剂更为普及。中国在 60 年代曾推广过简易颗粒撒布器，1977 年以后，在山东、辽宁等地推广了手持式粒剂点施器。

类型 按机具的使用动力可分为人力的、机动的、拖拉机配套的施粒机及航空施粒装置。按作业方式可分为穴施、苗行施撒、行间施撒、全面施撒及针对作物的特定部位施撒等类型。此外，还可分为专用型或与其他作业如整地、播种、移植、插秧、中耕等进行联合作业的机型等。

人力施粒器 有 3 种形式：①手持式施粒器。利用粒剂的重力施布粒剂，又名人力重力施粒器。使用时，开关启闭管式容器下端的粒剂排出口，由一个锥面体调节粒剂排量，可以间断地或连续地施粒。主要用于单株作物根部的点处理及选择性杂草的防除。②手摇粒剂撒布器。结构如图 1，转动手柄驱动带叶片的转盘旋转，将从粒箱落入转盘的粒剂撒布出去。主要用于全面撒施，并可用于施撒种子及肥料。③手持式粒剂点施器。粒箱为一小圆筒，筒的底部装有推杆和活门。施粒时，手持圆筒对着玉米心叶，揿压推杆便可使粒剂落下。

机动施粒机 大多采用离心式风机吹送粒剂的方式。有专用型及喷雾喷粉喷粒兼用型，其工作原理见喷粉法，气流输粒原理与气流输粉原理相似。兼用型只需换装喷粒用的零部件及喷粒头或喷粒管，即可喷撒粒剂。

拖拉机配套的施粒机 图 2 为拖拉机悬挂式施粒机。粒箱底部装有槽轮式排粒轮，由地轮驱动。利用离心式风机输出的气流输送粒剂并提高粒剂撒布的均匀性。粒剂经过喷头喷出。有些拖拉机配套的施粒机带开沟器及覆土器。有的施粒装置可附装在其他作业机具上进行联合作业。

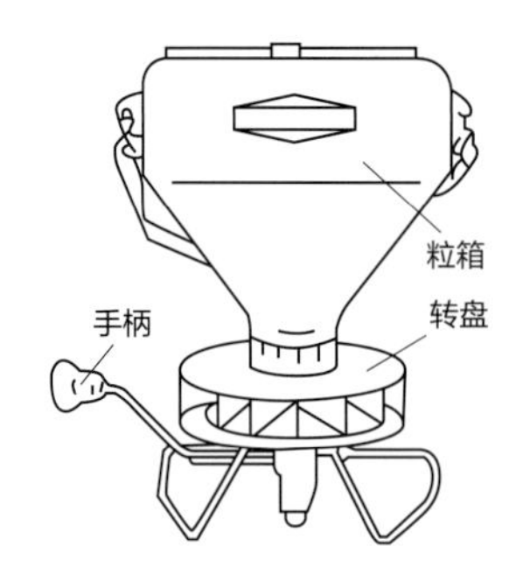

图 1 手摇粒剂撒布器

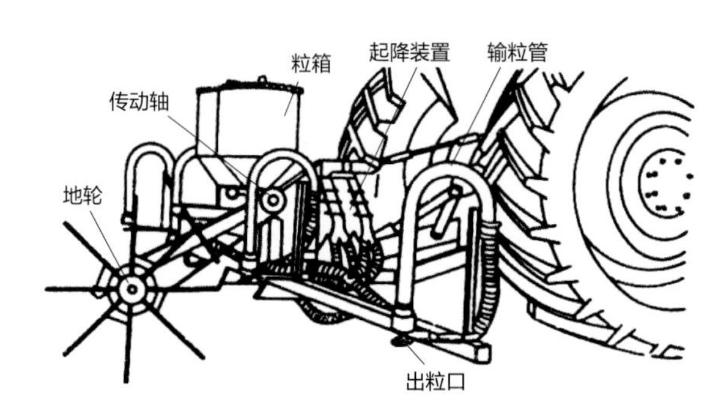

图 2 拖拉机悬挂式施粒机

航空施粒装置 有利用高速气流或利用转筒或转盘施布粒剂等类型。

参考文献

何雄奎, 2012. 高效施药技术与机具[M]. 北京: 中国农业大学出版社.

何雄奎, 2013. 药械与施药技术[M]. 北京: 中国农业大学出版社.

全国农业技术推广服务中心, 2015. 植保机械与施药技术应用指南[M]. 北京: 中国农业出版社.

中国农业百科全书总编辑委员会农药卷编辑委员会, 中国农业百科全书编辑部, 1993. 中国农业百科全书: 农药卷[M]. 北京: 农业出版社.

（撰稿：何雄奎；审稿：李红军）

施药方法 pesticide application method

把农药施用到目标物上所采用的各种技术措施。

发展过程 施药方法的研究较晚，直到 19 世纪中叶，药液还是用笤帚或刷子洒。19 世纪 80 年代在阐明波尔多液的应用效果及杀菌作用原理以后，发现用笤帚等工具蘸药涂洒的办法不能使药液均匀分布于葡萄叶片上，显著降低了波尔多液的应用效果，于是研制了一些简单的喷洒工具。19 世纪 90 年代出现了最早的几种雾化喷头；20 世纪 20 年代出现了飞机施药；40年代出现低量和超低量喷雾；70年代出现了静电喷雾；使施药液量降低到每公顷1.5L以下。目前已基本上形成了较完整的施药体系。

基本内容 农药种类甚多，不同药剂防治对象不同，同种药剂可有不同剂型；不同药剂、剂型之间施用方法及防治效果存在显著差异。因此，在确定防治对象、选择对口农药及适当剂型基础上，采用适宜的施药方法与技术，是提高防效、保证安全、降低用药量、生产无公害农产品的重要措施。

喷雾法 是最常用的施药方法。是将一定量的农药与适宜的水配成药液，用喷雾器喷洒成雾滴至植物上，达到防治病虫草害或控制（促进）作物生长发育的一种施药方法。喷雾可作茎叶处理、土壤处理等；乳油、可湿性粉剂、水剂、悬浮剂等都可进行喷雾。根据亩用药液量及雾滴直径大小将喷雾分为：①常量喷雾。亩用药液量10~15L，雾滴直径0.1~0.5mm，一般用常规喷雾器喷雾，如工农-16型。由于雾滴直径大，雾粒下沉快，单位面积药剂利用率低，一般受药量占用药量的25%左右，因此浪费较大，污染严重。②低容量喷雾。亩用药液量3~5L、雾滴直径0.05~0.1mm，一般采用18型机动弥雾机喷雾。由于雾滴直径小，70%左右的雾粒都沉落在植株上部，单位面积药剂利用率高、浓度高、雾化好、防治效果好。但高毒易产生药害的药剂慎用，以免发生人畜中毒和产生药害。③超低容量喷雾。亩用药液量1~3L，雾滴直径0.01~0.05mm，一般采用电动喷雾器喷雾，由于雾滴直径极小，90%左右的雾粒都沉落在植株顶部，单位面积药剂利用率高，防治效果好。尤其适宜保护地蔬菜进行防治，喷药液量少，可降低棚内湿度，减轻病虫害发生程度，降低用药量，生产出更多无公害蔬菜。另外，为提高喷雾质量与防治效果，必须选择水质好的水，即软水；对附着力差的水剂，需加入少量中性洗衣粉作展着剂；配药时宜先用少量水把原药稀释，充分搅拌，促使悬浮均匀；喷头离开农作物0.5m左右，覆盖较均匀；一般药剂喷雾后6小时内遇小到中雨应补喷。

喷粉法 是用喷粉器产生风力将农药粉剂喷撒到农作物表面。适于缺水地区，工效较高，但粉剂附着力差，飘移性强，防治效果一般不如喷雾法，易污染环境。

泼浇法 是把定量的乳油、可湿性粉剂或水剂等，加水稀释，搅拌均匀，向植物泼浇或用水唧筒进行喷淋。主要用于稻田害虫的防治，用水量比喷雾多出2~3倍，不适用于多数病害的防治。

撒施法 是将农药与土或肥混用，用人工直接撒施。撒施法的关键技术在于把药与土或药与肥拌匀，撒匀。拌药土：取细的湿润土粉20~30kg，先将粉剂、颗粒剂农药与少量细土拌匀，再与其余土搅和；液剂农药先加少量水稀释，用喷雾器喷于土上，边喷边翻动。拌和好的药土以捏得拢撒得开为宜。拌药肥，选用适宜农药剂型与化肥混合均匀。要求药肥二者互无影响，对作物无药害而且施药与施肥时期一致。

土壤处理法 结合耕翻，将农药利用喷雾、喷粉或撒施的方法施于地面，再翻入土层，主要用于防治地下害虫、线虫、土传性病害和土壤中的虫、蛹。也用于内吸剂施药，由根部吸收，传导到作物的地上部分，防治地面上的害虫和病菌。

拌种法 将一定量的农药按比例与种子混合拌匀后播种，可预治附带在种子上的病菌和地下害虫及苗期病害。不同剂型农药拌种方法各异。用粉剂或颗粒剂拌种时，将农药和种子同放在拌种器或其他器具内拌和均匀即可；用水剂或乳油拌种时，先将药剂加入少量水，然后再均匀地喷在待播的种子上。关键在于药种拌匀，使每粒种子外面都沾药剂。拌种后根据药剂的挥发性或渗透性大小，堆闷一定时间，再晾干播种。

浸种法 药液浸种的要点在于掌握好药液浓度、浸种温度与时间三者关系。浸种药液一般要多于种子量的20%~30%，以药液浸没种子为宜。不同种子浸种时间有长有短，粮食种子一般为12小时左右，蔬菜种子一般24~48小时。

浇灌法 防治土传根基部病害时，采用灌根、灌窝，效果较好，一般亩用药250~300kg，配药时浓度要准确，搅拌均匀，用量统一。

毒饵法 是利用害虫或鼠类喜食的食物为饵料与农药混合制成的毒饵来防治地下害虫或老鼠的常用施药方法。用胃毒性的农药如辛硫磷、敌百虫、溴敌隆与饵料（豆饼、粮食、麦麸、莴笋）与适当水混合配成毒饵，撒于田间防治害虫或害鼠。

涂茎法、滴心法 涂茎法是用氧化乐果、久效磷等内吸性药剂配成一定浓度药液，用棉棒蘸取药液涂抹在嫩茎上，防治蚜虫、烟粉虱等害虫的施药方法。对易产生药害的要禁用。严格掌握配药浓度、现配现用。滴心法是用内吸剂久效磷、磷胺等农药配成200倍药液、采用工农-16型喷雾器，用3~4层纱布包住喷头，打小气，开关开至1/3~1/2大小，慢走，每株滴4~6滴，对二代棉铃虫防治效果较好，可有效保护棉花顶心，发挥其补偿作用，对棉田七星瓢虫、龟纹瓢虫、草蛉等天敌有较好的保护作用。

影响 同一种农药防治同一种有害生物，采用的施药方法不同，其防治效果和所需药剂的量往往会有显著的差异。施药方法也会影响农药对环境污染和有益生物危害的程度。这是因为农作物种类很多而形态和结构各异，农药的粉粒或雾滴在各种农田中的穿透和分布行为也不一样，必须根据农药的性能和施药对象的特征选用适当的方法施药，才能把少量的农药均匀喷洒到靶标上，收到应有的防治效果。

参考文献

傅泽田, 祁力钧, 2002. 农药喷施技术的优化[M]. 北京: 中国农业科学技术出版社.

郭武棣, 2003. 液体制剂[M]. 3版. 北京: 化学工业出版社.

何雄奎, 刘亚佳, 2006. 农业机械化[M]. 北京: 化学工业出版社.

李宝筏, 2003. 农业机械学[M]. 北京: 中国农业出版社.

梁帝允, 邵振润, 2011. 农药科学安全使用培训指南[M]. 北京: 中国农业科学技术出版社.

沈钟, 赵振国, 2004. 胶体与表面化学[M]. 3版. 北京: 化学工业出版社.

屠豫钦, 李秉礼, 2006. 农药应用工艺学导论[M]. 北京: 化学工业出版社.

徐映明, 朱文达, 2008. 农药问答精编[M]. 北京: 化学工业出版社.

颜肖慈, 罗明道, 2004. 界面化学[M]. 北京: 化学工业出版社.

袁会珠, 2011. 农药使用技术指南[M]. 2版. 北京: 化学工业出版社.

（撰稿：何雄奎；审稿：李红军）

施药机具 pesticide application equipment

施洒化学农药的机械器具。又名植保机械或者农业药械。其作用是将一定量的农药药液、药粉按照防治要求均匀地撒布于田间或农作物上，防治和控制有害生物对作物的危害。

发展简史 美国在1850—1860年生产了第一代手动喷雾器，1890年动力喷雾机问世。19世纪末美国首先制成喷粉器，1922年开始飞机喷药。中国施药机具的制造与使用始于20世纪30年代，50年代初大量推广手动喷雾器和喷粉器，50年代中期开始推广畜力和机动施药机械，并试用飞机施洒农药。至今中国已生产有20余个品种、70多种型号的施药机具。1990年，施药机具的社会保有量已达到手动药械5000万架，机动药械约45万台。2000年以后，各种型号的果园喷雾机和喷杆喷雾机在中国的使用逐步增加。2010年以后，植保无人机在中国开始用于生产，到2017年厂家已超过100家，年销售量超过8000架。

适用范围 目前使用的植保机械，其功用早已超出了仅防治病虫害的范围，它的功用表现在以下诸多方面：喷施杀虫剂、杀菌剂，用以防治植物虫害、病害；喷施化学除草剂用以防治杂草；喷施病原体及细菌等生物制剂用以防治植物病虫害；喷施液体肥料进行叶面追肥；喷施生长调节剂、花果减疏剂促进果实的正常生长与成熟；撒布人工培养的天敌昆虫进行植物病虫害的生物防治；对病、虫、草、兽、鸟等施以射线、光波、电磁波、超声波、高压电以及火焰、声响等物理能量，达到控制、去除或灭除的目的；对植物种子进行药剂消毒包衣处理，用以防治播种后的病虫害；喷施落叶剂或将作物进行适当处理以便于机械收获；将农药施于翻整过的地面或注入地下，进行土壤消毒用以防治杂草及地下害虫等。

S

分类 植保机械的种类很多，由于农药的剂型、作物种类和防治对象的多样性，农药的施用方法不同，这就决定了植保机械也多种多样。从手持式小型喷雾器到拖拉机牵引或自走式大型喷雾机；从地面喷洒机具到装在飞机上的航空喷洒装置，形式多种多样，其分类方法主要：

按施用的农药助剂和用途分类，分为喷雾机、喷粉机、喷烟机、撒粒机、拌种机和土壤消毒机等。

按配套动力分类，分为手动植保机具、畜力植保机具、小型动力植保机具、大型牵引或自走式植保机具、航空喷洒装置等。

按操作、携带或运载方式等分类，手动植保机具可分为手持式、手摇式、肩挂式、胸挂式、踏板式等；小型动力植保机具可分为担架式、背负式、手提式、手推车式等；大型动力植保机具可分为牵引式、悬挂式、自走式等。

按施药量多少分类，可分为常量喷雾、低量喷雾、微量（超低量）喷雾。

按雾化方式分类，可分为液力喷雾机、气力喷雾机、热力喷雾机、离心喷雾机等。

施药机具的技术要求与发展趋势

施药机具的技术要求 应能满足农业、园艺、林业等不同种类、不同生态以及不同自然条件下对植物病、虫、草、兽害的防治要求。应能满足将液剂、粉剂、粒剂等各种剂型的农药均匀地分布在施用对象所要求的施药部位上。对所施用的农药应有较高的附着率、较少的飘移损失及环境污染。机具应具有较高的生产效率、较好的使用经济性和安全性。

施药机具的发展趋势 现代植保机械的发展趋势是，提高喷洒作业质量、有效利用农药、保护生态环境、提高工效、改善人员劳动条件与安全防护设施、提高机具使用可靠性、经济性等。主要表现在以下几个方面：①低容量喷雾机喷雾量少、雾滴细、药液分布均匀、工效高，在园艺方面获得广泛应用。液力喷雾机、风送喷雾机将在农、林、牧业病虫害防治方面进一步获得广泛应用。②小型机动植保机械配备小型发动机，对不同植物和地区有广泛适应性，其中背负、手提、推车、担架等形式的液力喷雾机和风送喷雾机是主要发展机型。③喷洒部件形式多样化、规格化、标准化、系列化，制造精密、喷洒性能优良，能满足不同植物、不同生长形态以及不同剂型农药的喷洒要求。④大型植保机械趋向机电一体化，宽幅喷雾机安装机电液控制系统与电子装置，对喷雾作业参数实施监控与自动调整，提高喷洒精度与作业效率。⑤不锈钢、铝合金、硬质陶瓷、工程塑料等新材料大量用于植保机械的工作部件，提高机具的可靠性和耐久性。⑥新型植保机械发展迅速，静电喷雾机、控滴喷雾机、回收循环式喷雾机、双流体喷雾机、遥控喷雾机、常温烟雾机等都是植保机械技术的新成果。⑦重视生态环境的保护，尽可能减少喷洒农药过程中对土壤、水源、害虫天敌以及环境的污染与损害。

参考文献

何雄奎, 2012. 高效施药技术与机具[M]. 北京: 中国农业大学出版社.

何雄奎, 2013. 药械与施药技术[M]. 北京: 中国农业大学出版社.

全国农业技术推广服务中心, 2015. 植保机械与施药技术应用指南[M]. 北京: 中国农业出版社.

（撰稿：何雄奎；审稿：李红军）

施药适期 pesticide application timing

农业病、虫、草害的施药适期，一般是指病、虫、草害在整个生育期中最薄弱和对农药最敏感的时期。也就是防治农作物病、虫、草害最适当的施药时期。此时使用药剂防治可收到事半功倍的效果。

适用范围 适用于田间药效试验。

主要内容 施药时间应根据不同的防治对象、种群密度消长情况和危害特性及作物和杂草的生育期、药剂的性能等来准确掌握。如杀虫剂试验中，对一些食叶性害虫可以在害虫种群密度较明显上升、尚未造成较大危害之前开始喷药。对钻蛀性害虫或危害隐蔽的害虫，应在害虫种群密度开始上升和危害形成之前喷药，也可用卵量消长作为指示，密度高时可以从卵盛期开始，卵密度低时可在卵峰期或幼虫初孵期施药。

病害防治一般以预防为主，应考虑作物的发病程度、作物的感病期、常年的发生时间及气候条件（主要为雨量和湿度）等来确定施药适期，一般掌握发病初期施药为宜。

杂草的防除适期主要取决于施药的方法、杂草的生育期和药剂的性能。

参考文献

顾宝根, 2007. FAO农药登记药效评审准则简介[J]. 农药科学与管理, 25(1): 35-40.

慕立义, 1994. 植物化学保护研究方法[M]. 北京: 中国农业出版社.

（撰稿：张佳；审稿：陈杰）

施药适期评价　evaluation of optimum using period

通过测定药剂对不同叶龄期试材的生物活性，明确药剂杂草防效最高、安全性最好的施药时期，为除草剂正确合理使用提供依据。

作为除草剂的防治对象杂草和保护对象作物，其不同生育状况、叶龄及株高状态下对药剂的敏感性会有一定变化。该试验通过测定不同叶龄期杂草、作物的生物活性差异，来明确药剂杂草防效最高、安全性最好的施药时期，评价药剂的最佳使用时期。

适用范围　适用于测定除草剂效果最佳的使用时期，为药剂合理使用提供科学的理论依据。

主要内容　根据测试药剂的活性特点，选择药剂应用目标作物和敏感、易培养的杂草为试验靶标。采用温室盆栽法，于不同时间定期种植不同叶龄期的作物和杂草试材。选择0叶、1叶、2叶、3叶、4叶、5叶等不同叶龄期（可按试验设计选更多叶龄期）的杂草和作物，同时进行药剂处理。处理后放入温室统一培养，于药效完全发挥时进行结果调查，可以按试验要求测定试材出苗数、根长、株高、鲜重等具体的定量指标，计算生长抑制率；也可以对植物受害症状及程度进行综合目测法评价。绘制各剂量下不同叶龄与除草活性、安全性的对应图，分析各剂量下不同叶龄与除草活性、安全性的变化趋势，明确药剂对杂草防效最高、安全性最好的叶龄期或范围，评价药剂的最佳使用时期。

因温室盆栽试验中不同批次试验结果直接进行比较会有一定误差风险，所以，不同叶龄期试验要求同期进行药剂处理，以增加不同龄期试验结果的可比性和科学性。

参考文献

徐进, 雷虹, 文耀东, 等, 2002. 四种除草剂不同施药时期对冬小麦田杂草的防除效果[J]. 杂草学报 (2): 26-27.

徐小燕, 陈杰, 台文俊, 等, 2008. 除草活性化合物ZJ2528的室内生物活性[J]. 浙江农业学报, 20(5): 376-379.

徐小燕, 陈杰, 台文俊, 等, 2009. 新型水稻田除草剂SIOC0172的作用特性[J]. 植物保护学报, 36(3): 268-272.

詹咏梅, 陈国喜, 王树勋, 等, 2000. 7种麦田除草剂不同施药时期药效试验[J]. 安徽农业科学, 28(5): 627-628.

（撰稿：徐小燕；审稿：陈杰）

施药质量　application quality of pesticide

施药质量包括药剂在施药区域内的沉积分布状况和所取得的防治效果两个方面，因而评价施药质量指标划分为理化指标和生物指标。理化指标包括雾粒（雾滴和粉粒）直径大小、雾粒有效覆盖密度和均匀度、最高最低雾粒密度变异系数百分率、雾粒直平比、农药回收率等。其中以雾粒直径和有效覆盖密度指标最为重要。生物指标包括药效、对作物药害、作物产量、对施药人员安全性等。

施药质量评价指标　影响施药质量的主要因素是喷洒（撒）方法、施药机具、喷液（或粉、粒）的物理性能和施药时的环境条件。喷雾作业质量指标概括为分布均匀性、飘移性和覆盖率。

雾滴分布均匀性　是指雾滴在目标上分布的均匀程度，一般用分布变异系数的大小来表示。造成分布均匀性不高的原因很多，但主要原因是多喷头喷雾时喷头之间的间隔、高度布置不合适，或喷头雾型（雾滴在喷头与目标之间的空间状态）选择不当，造成漏喷或不均匀重叠。另外，侧风也很容易造成不均匀分布。

飘移性　是指雾滴偏离目标的趋势，用偏离目标雾滴占总喷量的比例来表示。侧风是造成飘移的最直接原因。减小飘移的措施主要有通过应用低飘移喷头产生较大且大小较为均匀、初速度较高的雾滴抵抗侧风的干扰。另外可采取风助等抗飘移技术。

覆盖率　是指雾滴对目标的覆盖比率，用单位面积上的雾滴数来表示。显然，在相同喷量的情况下，小雾滴的覆盖率高于大雾滴。

不难看出，衡量喷雾质量的3个指标并非独立，相互之间存在矛盾性。较集中的雾型有利于减小飘移，但不利于分布均匀性。用小雾滴可提高覆盖率，但小雾滴的抗飘移性能较差。增大喷头与目标的垂直距离，在大多数情况下可改善雾滴分布的均匀性，但不可避免地会增加飘移量（在有侧风时）。所以，在一次喷雾作业中是很难同时满足3个喷雾质量指标的，这给喷雾参数的选择增加了难度。

施药质量影响因素

气象条件　雾滴能够到达目标物上的比例，在很大程度上要受到气温、相对湿度、风速和风向的影响。

气温和相对湿度对雾滴运动的影响，主要表现在对小雾滴的蒸发上，除此以外，气温和相对湿度还对雾滴在植物表面上的附着存在影响。在高温、低湿度的天气下，植物的叶面对雾滴的容纳性比较差，由于叶面上小绒毛湿润不够，雾滴难以与叶面完全贴合，使许多雾滴难以停留在植物上，

以 1 滴 /mm^2 的雾滴密度在 1hm^2 面积上喷洒最小喷雾量与雾滴直径之间的关系

雾滴直径（μm）	20	40	60	80	100	200	400
所需的喷雾量（L）	0.042	0.335	1.131	2.682	5.238	41.905	335.103

而从叶子中间落下了。但是湿度太大时，喷洒的雾滴能够保持在叶面上的比例也将是有限的，受饱和度的限制，过多的液体会滴漏到下层叶面上，再流到土壤中。因此叶面上所得到的农药沉积在饱和以前与喷洒的药剂的浓度成正比，但当喷洒量超过饱和值时就不再与其相关了，而这正是目前药防中大量、超量使用农药的误区。

风速和风向是对喷雾作业影响更大的因素。风力可以使雾滴完全脱离目标而造成相邻作物的药害或对邻近地面水的污染。特别是带状或点状喷雾时，这种情况就可能造成喷洒完全无效。飘移一直是喷雾作业中需要严格控制的因素，但野外作业要想完全避免是不可能的。喷杆式喷雾设备，对风向很敏感，如果风向与喷杆平行或夹角很小时，沿着喷杆布置的喷头产生的雾体的覆盖面就会出现不正常的重叠，这种现象很容易造成喷雾不均匀，在整块地上出现漏喷和药害。

雾滴的大小　喷雾飘移性和覆盖率与雾滴的大小直接相关。如果选择的雾滴大小合适的话，可以用最小的药量、最小的环境污染达到最大程度控制病虫害的目的。如果实际的雾滴比需要的雾滴大的话，所浪费的农药就会以雾滴直径三次方的速率增长。一个 400μm 的雾滴比一个 40μm 的雾滴大 1000 倍。最优的雾滴大小会因不同的施药对象和条件而变化，但总的来讲，小于 100μm 的雾滴则更容易被害虫或叶面所吸收。飞虫，如蚊子吸收 11～20μm 体积中径的雾滴，其他飞虫吸收的雾滴大小也一般在 10～50μm。但当药液是以水为稀释剂，并且是在干热的条件下喷洒时，则必须强调飘移的问题，因为这种条件下雾滴的直径会因为蒸发而很快地减小，导致高农药含量的细小药滴漂移很远的距离。对于茂密的植被，选择较大的雾滴有利于雾滴穿透到植冠中间，而且大而均匀的雾滴减少飘移的效果是非常显著的。

雾滴密度　雾滴密度决定雾滴对目标的覆盖率。所需雾滴的密度取决于害虫密度、流动性（迁移率）、药液中有效成分的性质及有效成分在目标上的再分布。当雾滴的大小确定以后，不同的雾滴密度决定了农药的使用量。Johnstone 算出了在一定面积上当雾滴密度一定时雾滴大小与所需药液量之间的关系（见表）。

用体积中径 30μm 的农药控制舌蝇需要的剂量约为 30L/hm^2，而用 250μm 的雾滴喷洒除草剂则需要 6～20L/hm^2。除非喷洒的雾滴数增加或雾滴的分布得到改善，否则增加药量并不一定能够达到提高防治效果的目的。例如用手持转子式喷雾器在棉花上喷药，雾滴大小控制在 80～100μm，喷量增加 1 倍，对害虫的控制效果并不明显，除非把雾滴适当地集中在一个较窄的幅宽上。10% 的浓度，5L/hm^2 的用量，0.9m 的幅宽要比用同样剂量 25% 浓度，2L/hm^2 的用量，4.5m 的幅宽更有效。原因是大的幅宽降低了雾滴的密度并很难使雾滴在目标上分布均匀。

S

喷头　喷头是喷雾装置中最为重要的部件之一，雾滴的大小、密度、分布状况等在很大程度上都取决于喷头的类型、大小和质量。常用的喷头从作用原理来分有压力式和离心式两种。压力式喷头应用历史长，适用于大容量的喷雾。由于压力式喷头产生的雾滴有较大的初速度，其抗飘移性能明显优于离心式喷头，缺点在于产生的雾滴粒谱较广，使其难以达到精量喷雾的要求。压力式喷头的种类很多，常用的有各种型号的扁扇喷头、空心锥雾喷头和双流喷头等。离心式喷头的优点在于产生的雾滴粒谱范围较窄，另外很容易从同一喷头得到不同大小的雾滴，因其雾滴的大小取决于它的转速。不同种类的喷头其作用原理、适用条件和所产生雾滴的物理特性都不相同，选择合适的喷头是保证喷雾质量的重要因素。

喷头的间隔和高度　用于面积喷洒的喷头在实际中是很难将雾滴均匀分布在目标上的。喷头的间隔和高度是和喷头类型同样重要的影响雾滴分布均匀性的参数。喷头间隔的选择与喷头雾锥角的大小相关，而高度是根据间隔而定的。面积喷洒要求雾滴在整个喷洒平面上能够均匀分布，但这两个参数配合不当就会造成喷头之间喷幅重叠或漏喷。带状喷雾的喷头间隔取决于植物的行距，高度也根据植物的高度和宽度而定，以喷幅刚能完全覆盖植行为宜。喷头的安装角度（与垂直面的夹角）对雾滴分布均匀性也有影响。

参考文献

傅泽田, 祁力钧, 2002. 农药喷施技术的优化[M]. 北京: 中国农业科学技术出版社.

关成宏, 2010. 绿色农业植保技术[M]. 北京: 中国农业出版社.

郭武棣, 2003. 液体制剂[M]. 2版. 北京: 化学工业出版社.

梁帝允, 邵振润, 2011. 农药科学安全使用培训指南[M]. 北京: 中国农业科学技术出版社.

农业部种植业管理司, 全国农技推广服务中心, 2012. 农作物病虫害专业化统防统治手册[M]. 北京: 中国农业出版社.

沈钟, 赵振国, 2004. 胶体与表面化学[M]. 3版. 北京: 化学工业出版社.

屠豫钦, 李秉礼, 2006. 农药应用工艺学导论[M]. 北京: 化学工业出版社.

徐映明, 朱文达, 2008. 农药问答精编[M]. 北京: 化学工业出版社.

颜肖慈, 罗明道, 2004. 界面化学[M]. 北京: 化学工业出版社.

袁会珠, 2011. 农药使用技术指南[M]. 2版. 北京: 化学工业出版社.

OHKAWA H, MIYAGAWA H, LEE P W, 2007. Pesticide chemistry: crop protection, public health, environmental safety[M]. Weinheim, Germany.

MATHEWS G A, 2000. Pesticide application methods[M]. Blackwell Science.

（撰稿：何雄奎；审稿：李红军）

湿筛试验 wet sieve test

为了限定农药产品不溶颗粒物的大小以防止喷雾时堵塞喷孔或过滤网而设定的指标。一般采用试样经水冲洗后通过规定筛目的质量与试样原称取质量的百分率表示。

农药制剂的湿筛试验指标，一般要求测定结果≥98%（通过75μm标准筛）。

农药产品湿筛法的测定主要有如下几种方法：

CIPAC MT 59 Sieve analysis（筛分分析）/59.3wet sieving（湿筛法）；

CIPAC MT 182 Wet sieving using recycled water（利用循环水进行湿筛试验）；

CIPAC MT 167 Wet sieving after dispersion of water dispersible granules（水分散粒剂分散后的湿筛试验）；

MT 185 Wet sieve test, a revision of the methods MT59.3 and MT 167（湿筛试验，MT59.3、MT167的修订版）；

GB/T 16150—1995 农药粉剂、可湿性粉剂细度测定方法。

上述几种方法的原理基本相同，均为：取一定量的试样，用水润湿、稀释，再倒入润湿的试验筛中，用平缓的水流冲洗、洗涤，再将筛中残余物转移至烧杯中，干燥残余物，称重（见表）。

各方法的比较

测定方法	取样量	筛网孔径	测定方式			适用范围
			润湿体积	水流	洗涤终点	
CIPAC MT 59.3	适量	选择合适孔径	约150ml	平缓的水流	洗涤至筛中可见量的残留物保持恒定，再在盆中移动洗涤至2分钟内无物料过筛	粉剂
CIPAC MT 182	10g	选择合适孔径	100ml	平缓的水流（采用循环水）	洗涤至筛中可见量的残留物保持恒定，再在盆中移动洗涤至2分钟内无物料过筛	水分散粒剂
CIPAC MT 167	10g	75μm	100ml	4～5L/min	用水冲洗10分钟	水分散粒剂
CIPAC MT 185	10g	75μm	100ml	4～5L/min	洗涤至筛中可见量的残留物保持恒定（最多10分钟）	水分散粒剂
GB/T 16150—1995	20g	选择合适孔径	约150ml	4～5L/min	冲洗至水清亮透明，再在盆中移动洗涤至2分钟内无物料过筛	可湿性粉剂

参考文献

GB/T 16150—1995 农药粉剂、可湿性粉剂细度测定方法.

CIPAC Handbook F, MT 59, 1995, 177-181.

CIPAC Handbook F, MT 182, 1995, 135-136.

CIPAC Handbook F, MT 167, 1995, 416-417.

CIPAC Handbook F, MT 185, 1995, 149-150.

（撰稿：孙剑英、许来威；审稿：吴学民）

十二吗啉 meltetox

一种吗啉类内吸性杀菌剂。

化学名称 *N*-十二烷基-2,6-二甲基吗啉；*N*-dodecyl-2,6-dimethyl morphline。

CAS登记号 1704-28-5。

分子式 $C_{18}H_{37}NO$。

相对分子质量 283.50。

结构式

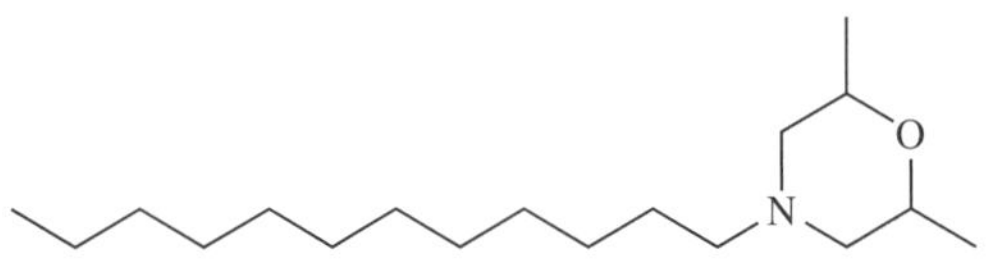

开发单位 由德国巴斯夫公司于1967年开发。

理化性质 与十三吗啉化学、生物学特性相似。

毒性 大鼠急性经口 LD_{50} 4810mg/kg。

作用方式及机理 经叶部和根部吸收的内吸性杀菌剂。属类固醇还原酶和异构酶抑制剂，抑制麦角甾醇的生物合成。

防治对象 主要用于防治谷类作物的白粉病、黄锈病；烟草、马铃薯、豌豆的白粉病等。

参考文献

程玉镜, 王美仙, 梁锡新, 等, 1980. 内吸杀菌剂十二吗啉研究[J]. 农药工业 (1) : 46-49.

韩熹莱, 1984. 新型内吸杀菌剂麦角甾醇生物合成抑制剂(EBIS)[J]. 植物保护 (6) : 22-24.

（撰稿：刘西莉；审稿：彭钦）

十三吗啉 tridemorph

一种吗啉类广谱性内吸杀菌剂，具有保护和治疗双重作用。

其他名称 Calixin、克啉菌、克力星、BASF 220F、tridecyldimethyl morpholine。

化学名称 2,6-二甲基-4-正十三烷基吗啉；2,6-dimethyl-4-tridecylmorpholine。

S

IUPAC名称　4-alkyl-2,6-dimethylmorpholine。

CAS 登记号　24602-86-6；81412-43-3。

EC 号　246-347-3。

分子式　$C_{19}H_{39}NO$。

相对分子质量　297.53。

结构式

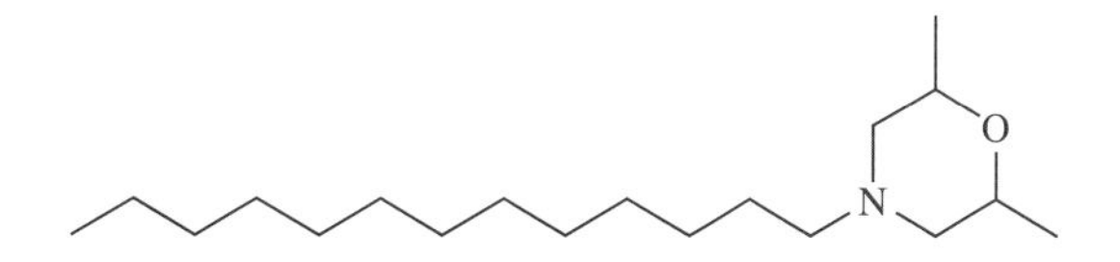

开发单位　1969 年由德国巴斯夫公司开发。J. Kradel and E. H. Pommer 等人报道该杀菌剂。

理化性质　纯品为黄色油状液体，具有轻微氨气味。沸点 134℃（66.7Pa，原药）。蒸气压 12mPa（20℃）。K_{ow}lg$P$ 4.2（pH7，22℃）。Henry 常数 3.2Pa·m^3/mol（计算值）。相对密度 0.86（原药，20℃）。溶解度：水 1.1mg/L（pH7，20℃），能与乙醇、丙酮、乙酸乙酯、环己烷、乙醚、氯仿、橄榄油、苯互溶。稳定性：50℃以下稳定，紫外线照射 20mg/kg 的水溶液，16.5 小时水解 50%。呈碱性，pK_a6.5（20℃）。闪点 142℃。

毒性　大鼠急性经口 LD_{50} 480mg/kg，大鼠急性经皮 LD_{50} 4000mg/kg。对兔眼睛和皮肤无刺激。大鼠急性吸入 LC_{50}（4 小时）4.5mg/L。NOEL：大鼠（2 年）30mg/kg（每天 1.8mg/kg），狗 50mg/L。鸟类急性经口 LD_{50}：山齿鹑 1388mg/kg，野鸭＞2000mg/kg。虹鳟 LC_{50}（96 小时）3.4mg/L。水蚤 LC_{50}（48 小时）1.3mg/L。蜜蜂 LD_{50}（24 小时）＞200μg/ 只。蚯蚓 LC_{50}（14 天）＞880mg/kg 土壤。

剂型　乳油，可湿性粉剂，悬浮剂。

质量标准　750g/L 乳油外观为无色液体，20℃时密度为 0.89g/cm^3，闪点 152℃，溶于水和有机溶剂，可与其他杀菌剂、杀虫剂相混，50℃以下存储 2 年以上稳定。95% 油剂外观为黄色透明液体，有轻微氨味，pH 范围为 5.7～7，无可见悬浮物和沉淀。

作用方式及机理　主要是抑制病菌的麦角甾醇生物合成。是一种具有保护和治疗作用的广谱性内吸杀菌剂，能被植物的根、茎、叶吸收，对担子菌、子囊菌和无性型真菌引起的多种植物病害有效。

防治对象　小麦和大麦白粉病、叶锈病和条锈病，黄瓜、马铃薯、豌豆白粉病，橡胶树白粉病，香蕉叶斑病。

使用方法　推荐使用剂量为有效成分 200～750g/hm^2。

防治小麦白粉病　在发病初期施药，每亩用 75% 乳油 33ml（有效成分 24.8g）喷雾，喷液量加水人工每亩 20～30L，拖拉机每亩 10L，飞机每亩 1～2L。

防治香蕉叶斑病　在发病初期施药，每亩用 75% 乳油 40ml（有效成分 30g），加水 50～80L 喷雾。

防治茶树茶饼病　在发病初期施药，每亩用 75% 乳油 13～33ml（有效成分 9.75～24.8g），加水 58～80L 喷雾。

注意事项　对蜂、鸟、鱼、蚕等有毒，蜜源作物花期禁止使用。施药时，应避免药物飘移到桑园，污染桑叶。使用后的施药器械不得在池塘、河流内洗涤，避免污染水源。不能和碱性农药等物质混用，建议与作用机制不同的杀菌剂轮换使用，以延缓抗性的产生。

与其他药剂的混用　该品的混剂有：十三吗啉＋多菌灵＋代森锰、十三吗啉＋三唑醇、十三吗啉＋丙环唑等。

允许残留量　GB 2763—2021《食品中农药最大残留限量标准》规定十三吗啉最大残留限量见表。ADI 为 0.01mg/kg。水果按照 GB/T 20769 规定的方法测定。

部分食品中十三吗啉最大残留限量（GB 2763—2021）

食品类别	名称	最大残留限量（mg/kg）
水果	枸杞（鲜）	0.20
药用植物	枸杞（干）	2.00

参考文献

化工部农药信息总站, 1996. 国外农药品种手册 (新版合订本)[M]. 北京: 化学工业出版社: 678-679.

刘长令, 2006. 世界农药大全: 杀菌剂卷[M]. 北京: 化学工业出版社: 223-224.

农业部种植业管理司, 农业部农药检定所, 2015. 新编农药手册[M]. 2版. 北京: 中国农业出版社: 247-248.

TURNER J A, 2015. The pesticide manual: a world compendium[M]. 17th ed. UK: BCPC: 1147-1148.

（撰稿：刘西莉；审稿：彭钦）

十一碳烯酸　10-undecylenic acid

一种有机植物生长调节物质。是重要的蓖麻油衍生物之一，可作为植物的除草剂、脱叶剂。

化学名称　10- 十一烯酸。

IUPAC 名称　10-undecenoic acid。

CAS 登记号　112-38-9。

分子式　$C_{11}H_{20}O_2$。

相对分子质量　184.28。

结构式

开发单位　现制备单位为上海恒远生物技术发展公司。

理化性质　熔点 23～25℃。沸点 137℃。密度 0.912g/ml（25℃）。储存条件：−20℃。不溶于水，具有臭味。

毒性　急性经口 LD_{50}：鼠 8150mg/kg；兔 2500mg/kg。皮肤刺激 500mg/24h（rbt），对皮肤、黏膜和眼睛有刺激性。

剂型　97% 原药。

作用方式及机理　重要的蓖麻油衍生物之一，分子结构中含有羧基和双键 2 个功能基团，可以发生很多化学反应，并且具有抗细菌、真菌的活性，可作植物的除草剂、脱叶剂。

防治对象　杂草。

使用方法 三乙醇胺盐的1%溶液用于云杉苗圃芽前除禾本科杂草，用0.5%～32%的十一碳烯酸盐可作脱叶剂。

注意事项 不宜受热，需避光、低温储存。药液对皮肤具有刺激性，操作时避免接触。中毒后无专用解毒药，应对症治疗。

参考文献

孙家隆, 2015. 新编农药品种手册[M]. 北京: 化学工业出版社:955.

（撰稿：王琪；审稿：谭伟明）

石硫合剂 lime sulfur

由一定比例的生石灰、硫黄与水熬制成的一种无机硫杀菌剂。19世纪作为杀菌剂引入，也可防治介壳虫。

其他名称 Policalcio（Chemia）、Sulka（Istorchem）、石灰硫黄合剂、可隆。

化学名称 多硫化钙；CaS_x。

IUPAC名称 calcium polysulfide。

CAS登记号 1344-81-6。

EC号 215-709-2。

分子式 CaS_x。

相对分子质量 200.38（以CaS_5为例）。

开发单位 林兹化学公司。

理化性质 水溶液中含有微量的硫代硫酸钙。深橙色液体，伴有硫化氢的气味。相对密度＞1.28（15.6℃）。溶于水。遇酸易分解，在空气中易被氧化，特别是在高温和日光照射下容易发生，生成游离的硫黄和硫酸钙。储存时应密封。

毒性 低毒。急性经口LD_{50} 400～500mg/kg。对眼睛有伤害，对皮肤有刺激性。毒性等级：Ⅰ（制剂，EPA）。EC分级：R31 | Xi；R36/37/38 | N；R50。

剂型 45%结晶粉，29%水剂。

作用方式及机理 直接起到杀菌作用，或分解成硫元素起作用，为保护性杀菌剂。作为杀虫剂主要是使介壳虫的蜡质层软化。

防治对象 防治多种作物真菌和细菌病害，如紫花苜蓿、大豆、苜蓿和果树的白粉病、炭疽病、黑星病等。防治果树介壳虫和害螨卵。

使用方法 兑水喷雾。

防治苹果树红蜘蛛 在苹果树萌芽前用45%石硫合剂结晶粉20～30倍液喷雾。

防治柑橘锈壁虱、介壳虫 在早春用45%石硫合剂结晶粉300～500倍液喷雾。

防治麦类白粉病 发病初期开始施药，用45%石硫合剂结晶粉150倍液喷雾，或者用1波美度的29%石硫合剂水剂喷雾。

防治柑橘红蜘蛛 在红蜘蛛发生期施药，用45%石硫合剂结晶粉200～300倍液喷雾，或者用29%石硫合剂水剂20～40倍液喷雾。

防治茶树红蜘蛛 在红蜘蛛发生期施药，用45%石硫合剂结晶粉150倍液喷雾，或者用29%石硫合剂水剂0.5～1波美度液喷雾。

注意事项 石硫合剂应在低温、阴凉和密封条件下储存，一旦开封最好用完；若继续储存，应尽可能封口。石硫合剂具有碱性，应避免与有机磷药剂和铜制剂混用。储存于干燥，远离食品和饲料，儿童接触不到的地方。杏、覆盆子和果类蔬菜等敏感作物慎用。与其他药剂不相容。

与其他药剂的混用 石硫合剂与矿物油混用对矢尖蚧和梨木虱有良好的控制效果。

允许残留量 中国尚未规定石硫合剂的最大残留限量。

参考文献

农业部农药检定所, 1998. 新编农药手册[M]. 北京: 中国农业出版社: 265-268.

农业部种植业管理司, 农业部农药检定所, 2015. 新编农药手册[M]. 2版. 北京: 中国农业出版社: 212-214.

（撰稿：刘峰；审稿：刘鹏飞）

食物链与生物富集 food chain and biological amplification

农药在田间使用之后会对环境介质（水、土、气）造成污染。生物则有可能通过被污染的环境介质，或者通过食物链而接触农药。进入生物体内农药有可能被降解，也有可能直接排出体外，还有可能在生物体内发生富集。

食物链是群落中的生物由于食物关系而形成的关联。食物链有多种，包括捕食性食物链（由捕食动物和被捕食动物构成）、植食性食物链（由植食性动物和植物构成）、碎屑性食物链、腐食性食物链、寄生性食物链等。最引人注目的当属捕食性食物链。鸟类可以通过捕食鱼类而吸收农药，鱼类则可以通过捕食甲壳类而吸收农药，鸟类也可以通过捕食陆地昆虫和蚯蚓而吸收农药。

生物富集（bioconcentration），又名生物浓缩，从概念上讲有广义和狭义之分。狭义的生物富集专指水生动物通过鳃和表皮从水中吸收元素或化合物，使得它们在水生动物体内的浓度超过其在水中浓度；当涉及动物，特别是水生动物通过取食活动而积累农药时，人们倾向于使用生物积累（bioaccumulation）一词；当生物积累涉及不同营养层级时，人们倾向于使用生物放大（biomagnification）一词。

可以利用下面公式来计算鱼类对农药的富集：

$$BCF = C_{fs}/C_{ws}$$

式中，BCF为生物富集系数；C_{fs}为平衡时鱼体内的农药含量（mg/kg）；C_{ws}为平衡时水体当中的农药含量（mg/L）。

农药能否在动物体内发生富集，与其自身的一些性质，特别是脂溶性密切相关。一般而言脂溶性强化学性质稳定的农药比脂溶性弱化学性质不稳的农药更容易在动物体内发生富集。例如，杀菌剂嘧霉胺（pyrimethanil），其油水分配系数（octanol-water partition coefficient）= 6.92×10^2，苗海生等测得在0.25mg/L和2.5mg/L的浓度和8天的暴

S

露下，斑马鱼对该农药的 BCF 分别为 10.49 和 7.93。又如杀虫剂溴虫腈（chlorfenapyr），其油水分配系数 = 6.76×10^{4}，张瑞明等测得在 2×10^{-4}mg/L 和 2×10^{-3}mg/L 的浓度和 8 天的暴露下，斑马鱼对该农药的 BCF 分别为 1211.6 和 1549.7。

生物富集对农药毒性有一定影响。富集能力高的农药有可能对动物体产生较高程度的危害。

农药在动物体内的富集程度亦与动物习性和代谢特点有一定关系。如魏玲霞等测量了淀山湖中的铜锈环棱螺、乌鳢、日本沼虾等 8 个物种体内有机氯化合物的残留水平，发现残留水平最高的是具有肉食性且体内脂肪含量较高的乌鳢。

参考文献

刘志荣, 2007. “生物积累”等三个术语概念的探讨[J]. 中国科技术语 (3): 52-53.

苗海生, 余向阳, 王鸣华, 等, 2012. 嘧霉胺对斑马鱼的急性毒性和生物富集性研究[J]. 江苏农业科学, 40(3): 277-278.

魏玲霞, 周轶慧, 王莹, 等, 2015. 淀山湖水生生物中有机氯化合物的浓度与富集特征[J]. 长江流域资源与环境, 24(1): 128-134.

于彩虹, 王然, 张纪海, 等, 2012. 欧盟针对农药对水生生物的初级风险评价——生物富集因子[J]. 农药科学与管理, 33(7): 57-60.

张瑞明, 李祥英, 陈崇波, 等, 2014. 虫螨腈对斑马鱼的急性毒性及生物富集性[J]. 生态毒理学报, 9(3): 430-436.

（撰稿：李少南；审稿：蔡磊明）

世界农化网 Agropages

由加拿大和中国共同投资的合资公司——重庆斯坦利信息科技有限公司旗下专注于农化领域的资讯门户网站。以“立足世界，服务中国”为宗旨，为中国农药行业介绍第一手国际农化时讯，同时向世界传递中国声音。内容覆盖农药、化肥、种子、生物技术、非农保护等领域，提供实时的行业资讯、公司产品、研发动态等信息及农化数据库、农化市场报告等专业信息。

网址：http://cn.agropages.com。

（撰稿：杨新玲；审稿：韩书友）

《世界农药》 *World Pesticides*

大型综合性农药产业信息刊物。1979 年创刊，初名《农药工业译丛》，1981 年改名为《农药译丛》，1999 年改为现名。自创刊至 2018 年由上海市农药研究所主办，2019 年改由中国农药工业协会主办，现为该协会会刊。月刊，现任主编李钟华。

该刊以促进农药行业科技进步和国际交流为宗旨，介绍世界农药科学技术的进展、农药政策法规、农药工业和市场动态，内容覆盖农药行业科研、生产、销售以及使用全产业链，涉及农药中间体、包装机械、助溶剂、安全、环保等农药相关产业。自创刊以来，以新观点、新方法、新材料为主题，坚持“期期精彩、篇篇可读”的理念。设有政策法规、技术创新、社会责任、企业风采（人物风采）、行业资讯等五大栏目，融汇了全行业新闻、技术和信息。既是了解全球农药行业发展的窗口，也是联系政府与企业间的桥梁和纽带。被誉为具有业内影响力的杂志之一。

该刊曾获中国优秀期刊奖，被 CNKI 中国期刊全文数据库、维普中文期刊数据库、万方数据库、美国《化学文摘》等数据库收录。

（撰稿：杨新玲；审稿：敖聪聪）

《世界农药大全：除草剂卷》 *Encyclopedia of World Pesticides: Herbicides*

由沈阳化工研究院（现沈阳中化农药化工研发有限公司）刘长令主编，化学工业出版社于 2003 年 10 月出版发行。

该书为《世界农药大全》的首卷——除草剂卷，从当时世界除草剂约 600 个品种中精选出 225 个（其中除草剂 185 个，安全剂 9 个，植物生长调节剂 29 个，生物除草剂 2 个）。主要选自中国生产、进口的农药品种；中国未生产，亦没有进口的国外重要品种以及开发中的新品种（收集至 2002 年 5 月）。该书内容包括：农田的主要杂草、各类除草剂的创制经纬和每个品种的名称、理化性质、毒性、制剂、分析、作用机理、应用（适宜作物与安全性、防除对象、应用技术、使用方法）、专利概况 / 专利与登记（专利名称、专利号、专利申请日期、在世界各国申请的相关专利、工艺专利、制剂专利、品种登记和行政保护）、合成方法及实例。每个品种后均附有参考文献。该书在开篇处还较为详细地介绍了中国农田各种杂草，书末有附录 15 个，介绍世界各大公司除草剂开发年表、世界除草剂市场情况及销售额、欧洲与美国的专利到期品种、全球杂草情况和为减缓抗性而提出的除草剂混用等。最后还列出除草剂的中文通用名称、英文通用名称、试验代号、商品名称、分子式、CAS 登记号索引。

可供从事农药科研、生产、应用、销售、进出口贸易以及管理的有关人员查阅，也可供高等院校相关专业师生参考。

（撰稿：杨吉春；审稿：刘长令）

《世界农药大全：杀虫剂卷》 *Encyclopedia of World Pesticides: Insecticides*

由沈阳化工研究院（现沈阳中化农药化工研发有限公司）刘长令主编，化学工业出版社于 2012 年 2 月出版发行。

该书为《世界农药大全》的杀虫剂分册，精选了 308 个目前国内外重要品种（含正开发中的新品种），包括杀虫剂 220 个、杀螨剂 33 个、熏蒸剂和杀线虫剂 21 个、昆虫驱避剂 3 个、杀鼠剂 15 个，其他 16 个。此外，还收集了常见的混剂品种 94 个。系统而又详细地介绍了新药创制、产品简介（名称、理化性质、毒性、制剂、分析、作用机理）、应用（适宜作物与安全性、防除对象、应用技术、使用方法）、专利与登记概况（包括原药专利、工艺专利、制剂专利及其同族专利的名称及申请日期、登记情况等）、合成方法（包括最基本原料的合成方法、合成实例）、主要参考文献等。该书在开篇处还较为详细地介绍了相关重要昆虫知识。每一产品均给出了美国《化学文摘》主题索引或化学物质名称供检索。书后附有剂型对照表等附录，以及完善的索引，供读者进一步检索。

该书实用性强、信息量大、内容齐全、重点突出、索引完备，可供从事农药或杀虫剂、杀螨剂管理、专利与信息、科研、生产、应用、销售、进出口贸易等有关工作人员以及高等院校相关专业师生参考。

（撰稿：杨吉春；审稿：刘长令）

《世界农药大全：杀菌剂卷》 *Encyclopedia of World Pesticides: Fungicides*

由沈阳化工研究院（现沈阳中化农药化工研发有限公司）刘长令主编，化学工业出版社于 2006 年 1 月出版发行。

该书为《世界农药大全》的杀菌剂分册，从当时国内外 450 多个杀菌剂、杀细菌剂、杀病毒剂、杀线虫剂中精选出 209 个，其中杀菌剂、杀细菌剂、杀病毒剂 188 个，杀线虫剂 21 个。这些品种主要选自中国生产或进口的农药品种、中国未生产亦没有进口的国外重要品种以及在开发中的新品种（内容收集至 2005 年 11 月）；还收集了常见的混剂品种 29 个。国外曾生产但停产且国内从未使用的老品种或应用前景欠佳或对环境不太友好或抗性严重的品种等均未收录。

该书内容涉及农作物重要病害、新药创制、产品简介（名称、理化性质、毒性、制剂、分析、作用机理）、应用（适宜作物与安全性、防治对象、应用技术、使用方法）、专利概况 / 专利与登记（包括原药专利、工艺专利、制剂专利及其同族专利的名称及申请日期等，还有该品种登记与行政保护情况）、合成方法（包括最基本原料的合成方法、合成实例）、主要参考文献等。该书在开篇处还较为详细地介绍了中国农作物的各种病害，对每一产品均给出美国《化学文摘》主题索引和化学物质名称供检索，书后附有重要杀菌剂品种、市场概况、作用机理与抗性、抗性与治理以及杀菌剂名称索引。

该书主要供从事农药或杀菌剂管理、专利与信息、科研、生产、应用、销售、进出口贸易等有关工作人员以及高等院校相关专业师生参考。

（撰稿：杨吉春；审稿：刘长令）

《世界农药大全：植物生长调节剂卷》 *Encyclopedia of World Pesticides: Plant Growth Regulators*

由中化化工科学技术总院张宗俭、沈阳化工研究院李斌主编，化学工业出版社于 2011 年 7 月出版发行。

该书为《世界农药大全》的植物生长调节剂分册。详细介绍了当前中国或国外生产应用以及开发过的植物生长调节剂主要品种 122 个，每一品种均阐述其化学结构（包括分子式、相对分子质量、CAS 登记号），产品简介（中、英文化学名称，美国化学文摘系统名称、理化性质、毒性），作用特性，应用，专利与开发、登记概况及合成方法等。书后附有中、英文通用名称索引、CAS 登记号索引、商品名称索引等，方便读者查询和检索。该书在开篇处还较为详细地介绍了传统公认的六大类植物激素及其生理功能和人工合成的植物生长调节剂在国内外农业生产中被广泛应用的重要地位。

该书实用性强、信息量大、内容齐全、重点突出、索引完备，可供从事植物生长调节剂研究、应用、生产、销售、进出口贸易、管理等相关人员阅读参考。

（撰稿：段红霞；审稿：杨新玲）

世界农药行动网 Pesticide Action Network International

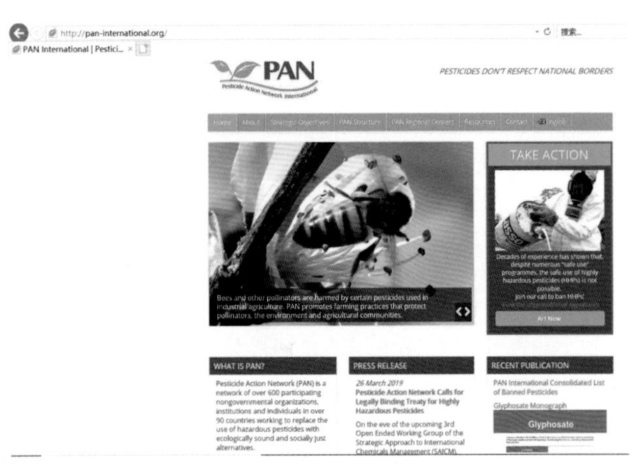

该网是由来自90余个国家的600多个非政府组织、机构或个人组成的网络。该网络成立于1982年，含有5个相对独立、又相互协作的地区中心（非洲、亚太、欧洲、拉丁美洲、北美洲）。其宗旨是用生态友好的替代品取代高危险性的农药，以保护人类和环境安全、抵制或阻止基因工程技术用于农产品体系。

具体网址：http://www.pan-international.org。

（撰稿：杨新玲；审稿：顾宝根、韩书友）

试验测剂 test product

在一个试验项目中需要测试的农药试验样品。

适用范围 适用于农药室内生物活性测定和田间药效试验。

主要内容 室内生物活性测定试验中，药剂活性测定一般要求试验药剂为原药，通常需要设5~7个剂量；田间小区效果试验中，一般要求试验药剂为制剂产品，至少设3个剂量。试验过程中，通常还会设置对照药剂来比较和评价试验药剂的应用效果和市场价值。田间药效试验的对照药剂应是已登记注册的并在实践中证明有较好药效的产品。对照药剂的类型和作用方式应与试验药剂相近。如果试验药剂为IPM（综合治理）体系中的组成部分时，则应以包括药剂在内的IPM体系为对照。

参考文献

顾宝根, 2007. FAO农药登记药效评审准则简介[J]. 农药科学与管理, 25(1): 35-40.

（撰稿：王晓军；审稿：陈杰）

试验地选择 field site selection

为准确评价农药田间使用效果，选择作物、防治对象、土壤、环境和气候条件一致或相似的地块。

适用范围 适用于田间药效试验。

主要内容

试验地要求 试验地的地势应平坦，肥力水平均匀一致。试验地的作物长势一致，而且防治对象常年发生较重且危害程度比较均匀，且每小区的害虫虫口密度和病害的发病情况大致相同。特别是杀菌剂试验，要选择高度感染供试对象病害的品种进行试验。试验地的田间管理水平相对一致，并符合当地的实际情况。试验地应选择离房屋、道路、水塘稍远的开阔农田，以保证人、畜安全和免受外来因素的偶然影响。试验地周围最好种植相同的作物，以免试验地孤立而易遭受其他因素危害。

靶标生物的要求 应确认靶标生物的种及亚种等。确保靶标生物数量达到防治指标的要求，如果未达到要求，可以视试验具体情况人为接种。施药时期应为靶标生物的防治适期。靶标生物应均衡一致。

参考文献

顾宝根, 2007. FAO农药登记药效评审准则简介[J]. 农药科学与管理, 25(1): 35-40.

（撰稿：王晓军；审稿：陈杰）

试验结果调查 assessment of trials

明确调查的对象、项目和内容，根据调查对象在田间的分布型，采用适当的取样方法和足够的样本数，使调查得到的数据能够反映出客观真实的情况。

适用范围 适用于田间药效试验。

主要内容

取样方式

①五点取样。先确定对角线的中点作为中心取样点，再在对角线上选择4个与中心样点距离相等的点作为样点。或者在离边缘4~10步远的各处，随机选择5个点取样。这种方法适用于调查个体分布比较均匀的情况。

②对角线取样。调查取样点全部落在田块的对角线上，可分为单对角线取样法和双对角线取样法。单对角线取样法是在田块的某条对角线上，按一定的距离选定所需的全部样点。双对角线取样法是在田块四角的两条对角线上均匀分配调查取样点取样。

③棋盘式取样。将田块划分成等距离、等面积的方格。每个方格中央取一个点，相邻行的样点交错分开。这种方法适用于调查个体分布比较均匀的情况。

④单行线取样。在成行的作物田，每隔数行取一行进行调查。该法适用于分布不均匀的病虫害调查。

⑤“Z”字形取样。取样的样点分布，田边多，中间少。对于田边发生多的迁移性害虫，在田边呈点片不均匀分布时用此法为宜，如螨害的调查。

取样数量　取决于病、虫、草害田间分布均匀程度及发生密度。一般密度大时，样点数量可适当少些，每个样点可稍大些；相反，则应增加样点数，而每个样点可稍小些。在确定取样数量时，还必须考虑调查时所要求的精确度高低。

取样单位　根据病虫、草、害种类以及作物种类和栽培方式的不同，确定合适的取样单位。一般常用的单位有长度、面积、体积、质量、植株及植株上部分器官或部位。

调查时间和次数　根据病、虫、草害种类，确定调查时间和次数。如除草剂用药前调查杂草基数。第一次调查触杀型药剂在药后7~10天进行；内吸传导型药剂在药后10~15天进行。同时记载药剂对杂草的防效及对作物的药害情况。第二次调查触杀型药剂在药后15~20天进行；内吸传导型药剂在药后20~40天进行。调查时注意将用药时已出土杂草与新出土杂草分别记载。第三次调查在药后45~60天进行。调查残存杂草的株数及地上部分鲜重。第4次调查在收获前调查残草量。

作物测产　测产时，去掉两个边行，取中间行作物，风干后，测籽粒质量，含水率应符合国家标准。

参考文献

顾宝根, 2007. FAO农药登记药效评审准则简介[J]. 农药科学与管理, 25(1): 35-40.

慕立义, 1994. 植物化学保护研究方法[M]. 北京: 中国农业出版社.

（撰稿：张佳；审稿：陈杰）

试验结果统计分析　statistical analysis of results

采用科学的方法，对在田间药效试验中得出的各种试验数据、结果进行整理和分析，做出正确的判断，得出科学的结论。

适用范围　适用于田间药效试验中得到的各种试验数据、结果的整理与分析。

主要内容

杀虫剂试验结果统计　杀虫剂药效试验结果的调查统计一般根据防治前后取样调查虫口数量的变化，计算害虫死亡率或虫口减退率表示药效。但有的害虫繁殖快，药剂处理后在短时间内也可能有繁殖，尤其是对照区的害虫自然增长很快（如蚜、螨），则应对药效加以校正，计算校正药效或防治效果。杀虫剂的药效通常按照下面公式（1）、（2）计算虫口减退率和防效。

$$\text{虫口减退率}=\frac{\text{施药前虫数}-\text{施药后虫数}}{\text{施药后虫数}}\times 100\% \tag{1}$$

$$\text{防治效果}=\frac{\text{药剂处理虫口减退率}-\text{空白对照虫口减退率}}{100-\text{空白对照虫口减退率}}\times 100\% \tag{2}$$

杀虫剂对二化螟的防效以下面公式（3）、（4）计算枯心率和防效。

$$\text{枯心率}=\frac{\text{枯心数}}{\text{调查总穗数}}\times 100\% \tag{3}$$

$$\text{防效}=\frac{\text{空白对照区药后枯心率}-\text{药剂处理区药后枯心率}}{\text{空白对照区药后枯心率}}\times 100\% \tag{4}$$

杀虫剂对地下害虫（蝼蛄、蛴螬、金针虫、地老虎）的药效则以幼苗被害率及保苗效果等来表示。

保苗效果=[（对照区幼苗被害率-处理区幼苗被害率）/对照区幼苗被害率]×100%

杀菌剂试验结果统计　分级计数法是植物病情调查中应用最广泛的方法，它不但适用于真菌病害，也适用于线虫病害和病毒病害；无论叶斑类病害、果实腐烂病及其他病害均可采用。分级调查的单位不限于叶片，也可以整株为单位。分级数目的多少可根据不同作物不同病害特点来定，少则3~4级，多则可到9~10级或更多。然后采用病情指数（或叫感染指数）来表示发病严重率。根据病情指数计算防效。

$$\text{病情指数}=\frac{\sum(\text{病级株数或叶数}\times\text{代表级值})}{\text{株数或叶数总和}\times\text{最高代表级值}}\times 100\%$$

$$\text{防治效果}=\left(1-\frac{CK_0\times PT_1}{CK_1\times PT_0}\right)\times 100\%$$

式中，CK_0为空白对照区药前病情指数；CK_1为空白对照区药后病情指数；PT_0为药剂处理区药前病情指数；PT_1为药剂处理区药后病情指数。

除草剂试验结果统计　杂草调查分为绝对值调查法和目测调查法2种方法。新化合物药效筛选和大面积示范试验采用目测法即可，在特定因子试验等比较精确的试验中，则需要采用绝对值调查法。

绝对值调查法。是在各个试验小区内随机选点，调查各种杂草的株数及地上部分鲜重，计算杂草株防效及鲜重防效的方法。

杂草株防效=[（空白对照区杂草株数-处理区杂草株数）/空白对照区杂草株数]×100%

鲜重效果=[（空白对照区杂草鲜重-处理区杂草鲜重）/空白对照区杂草鲜重]×100%

若供试药剂无土壤封闭作用时，应依据对照区杂草出苗情况，采用校正防效。必要时，可用计算或测量杂草特殊器官（如分蘖数、分枝数、开花数）的指标。

目测调查法。是以杂草种类组成、优势种、覆盖度等指标评价除草剂大田药效的方法。除草效果可直接应用，不需转换成估计值百分数的平均值。估计值调查法常以杂草盖度为依据，包括杂草群落总体和单个杂草种群。一般采用9级分级法调查记载。

1级：无草；

2级：相当于空白对照区杂草的0～2.5%；

3级：相当于空白对照区杂草的2.6%～5%；

4级：相当于空白对照区杂草的5.1%～10%；

5级：相当于空白对照区杂草的10.1%～15%；

6级：相当于空白对照区杂草的15.1%～25%；

7级：相当于空白对照区杂草的25.1%～35%；

8级：相当于空白对照区杂草的35.1%～67.5%；

9级：相当于空白对照区杂草的67.6%～100%。

数据处理与应用效果评价　试验数据采用邓肯氏多重比较法（Duncan's Multiple Range Test，DMRT）进行分析，将调查的原始数据进行整理列表，计算防效，进行显著性测验，并对结果进行分析说明。对产品特点、应用技术、药效、持效期、药害及增产、成本等经济效益进行评价，给出结论性意见。

参考文献

陈年春, 1991. 农药生物测定技术[M]. 北京: 北京农业大学出版社.

明道绪, 2005. 田间试验与统计分析[M]. 北京: 科学出版社.

（撰稿：张佳；审稿：陈杰）

试验筛　test sieve

符合一项试验筛标准规范的、用于对待筛物料作粒度分析的筛子。它是对物质颗粒的粒度分级、粒度检测的工具，应由计量权威机构检验和鉴定。

试验筛材料一般为不锈钢丝网、镀锌丝网、锦纶丝网和镀铬板等。试验筛有网孔尺寸规定，一般用网孔尺寸表示每个筛子的规格，筛号相当于“目”但不等于“目”。试验筛有两种类型，即丝编织网试验筛和孔板试验筛，两种试验筛均为圆形或方形，由筛框和筛面组成。过去人们常用目数来描述筛子，但近年来多用筛孔尺寸描述筛子。因为分析用筛主要用来测量粉末的颗粒尺寸及其含量，即粒度分布，它与筛孔尺寸大小有关，而与目数并无直接关系。目前试验筛广泛应用于食品、医药、化工、磨料、颜料、矿山、冶金、地质、陶瓷和国防等行业的科研单位、实验室、检验室、生产控制等的检验及分析。

筛子筛面开孔的尺寸称为筛孔尺寸，通常用mm或μm表示。当筛孔尺寸≥1mm时，用mm表示；而当筛孔尺寸<1mm，则用μm表示。农药分析湿筛试验中常用到的75μm、45μm两种规格试验筛，筛孔和筛号对应如下：

φ200×50mm 筛孔尺寸：75μm 标准目数：200#；

φ200×50mm 筛孔尺寸：45μm 标准目数：325#。

参考文献

GB/T 6005—2008 试验筛金属丝编织网、穿孔板和电成型薄板筛孔的基本尺寸.

GB/T 5329—2003 试验筛与筛分试验术语.

ISO3310/1—1982 试验筛-技术要求和试验筛 第一部分: 金属丝网试验筛.

ISO3310/2—1982 试验筛-技术要求和试验筛 第一部分: 金属穿孔板试验筛.

（撰稿：侯青春；审稿：徐妍）

嗜硫小红卵菌　*Suspension concentrate*

一种微生物杀线虫剂、杀菌剂。

其他名称　2.0亿CFU/ml嗜硫小红卵菌HNI-1悬浮剂。

开发单位　长沙艾格里生物科技有限公司在2019年取得产品登记。

理化性质　外观为红色液体。2.0亿CFU/ml嗜硫小红卵菌HNI-1悬浮剂为活体微生物，无化学式、结构式、经验式、相对分子质量。密度1.0007g/cm³；无可燃性和爆炸性，对包装无腐蚀性，加热到96℃左右时，仍无闪燃现象，与其他农药具有较好的相混性，可与任何农药现混现用。

毒性　2.0亿CFU/ml嗜硫小红卵菌HNI-1悬浮剂大鼠经口LD_{50}>5000mg/kg。大鼠经皮LD_{50}>2000mg/kg。大鼠吸入LC_{50}>2000mg/m³。白兔眼刺激性试验、皮肤刺激性试验结果均为无刺激性，豚鼠致敏试验结果属弱致敏物。致病性试验结果：对大鼠无急性经口毒性或致病性，对大鼠无急性经呼吸道毒性或致病性，对大鼠无急性注射毒性或致病性。环境生物安全性评价：2.0亿CFU/ml嗜硫小红卵菌HNI-1悬浮剂鸟类急性经口毒性LD_{50}（165小时）>2000mg/kg·bw。鱼类急性毒性（LC_{50}或TLm）：斑马鱼LC_{50}（96小时）>100mg/L。蜜蜂急性经口LD_{50}（48小时）>458μg/只，蜜蜂急性接触LD_{50}（48小时）>100μg/只。家蚕急性毒性食下毒叶法：LC_{50}（96小时）>2000mg/L，试验结果均为低毒。

剂型　悬浮剂。

质量标准　2.0亿CFU/ml嗜硫小红卵菌HNI-1悬浮剂为纯生物制剂，无原药，培养出的菌体即为杀菌主体，细度（通过75μm试验筛）≥98%，悬浮率≥80%，pH6.5～8.5，产品的冷、热储存和常温2年储存均稳定。

作用方式及机理　通过诱导植物系统抗病性、提高植物免疫力，增强植株抗病能力，同时能分泌抗病毒蛋白，直接钝化病毒粒子，阻止其侵染寄主植物；代谢产物具有杀线虫活性物质，对植物寄生线虫具有较好的毒杀作用，同时，此细菌代谢产物具有促进作物生长，提高作物免疫力的作用，利用此细菌发酵液浇灌作物时，可培育出健壮幼苗，从而有效抵抗植物寄生线虫的入侵，减少侵染危害。对番茄根结线虫、番茄花叶病、水稻稻曲病具有一定的抑制作用。

防治对象　番茄根结线虫、番茄花叶病、水稻稻曲病。

使用方法

防治番茄花叶病　发病前或发病初期，2700～3600ml/hm²

常规喷雾，每季使用2～3次，间隔7～10天。

防治番茄根结线虫　番茄移栽时，6000～9000ml/hm^2 灌根，每季使用2～3次，间隔28天左右。

防治水稻稻曲病　破口期前7天，3000～6000ml/hm^2 常规喷雾，每季使用2次，间隔7天左右。

注意事项　①如需与其他药剂混用，需现混现用。②使用时应注意安全防护，使用中不可饮水或吃东西。③属于生物活性菌剂，应储存在阴凉通风处，开瓶后如未使用完须密封保存。④禁止在池塘等水体中清洗施药器具。⑤禁止儿童等无关人员接触该品。

参考文献

刘晓艳, 闵勇, 饶犇, 等, 2020. 杀线虫剂产品研究进展[J]. 中国生物防治学报, DOI: 10. 16409/j. cnki. 2095-039x. 2021. 01. 004.

佚名, 2020. 2. 0亿CFU/mL嗜硫小红卵菌HNI-1悬浮剂[J]. 农药科学与管理, 41 (2) : 49-50.

（撰稿：迟元凯、戚仁德；审稿：陈书龙）

手动喷雾器　hand sprayer

一类用人力来驱动泵进行喷雾的喷雾器。其特点是结构简单，价格低廉，操作和维修保养容易掌握。

简史　美国在1850—1860年间生产制造了第一代手动喷雾器。1936年中国开始有小批量生产。1949年以后，生产的数量和形式都有很大发展，2000年前它仍是中国生产量最大的一类施药机械。

类型和组成　喷雾器按其泵类型和装配形式不同可分为背负式、踏板式和压缩式。

背负式喷雾器　主要由药液箱、滤网、液泵、空气室、输液软管、手持喷杆、开关和喷头组成（图1）。开关采用旋塞式或揿压式，揿压式可以点喷，能节省农药。药液箱容量一般为10～20L。液泵多为活塞式，也有柱塞式或隔膜式。背负式喷雾器的工作压力为0.25～0.4MPa。喷施杀虫剂或杀菌剂时，手持喷杆前端安装1个或多个（簇式）圆锥雾喷头；喷施除草剂时，手持喷杆前端还可加装横喷杆，在横杆上按一定间距安装扇形雾喷头。

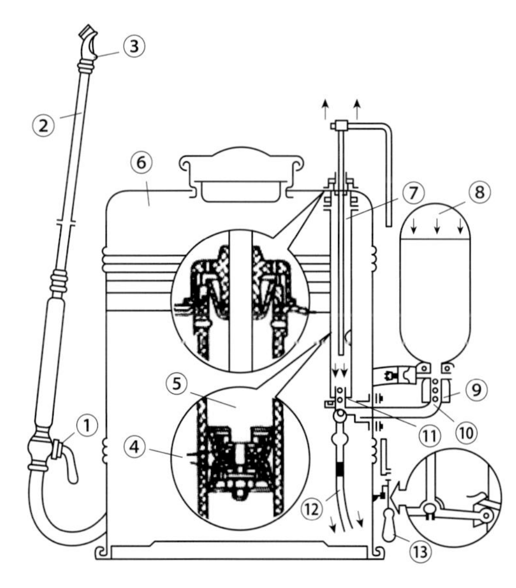

图1 背负式喷雾器示意图

①开关；②喷杆；③喷头；④皮碗；⑤柱体；⑥药箱；⑦活塞杆；⑧空气室；⑨出水球阀；⑩出水阀座；⑪进水球阀；⑫吸水管；⑬进水阀座

踏板式喷雾器　基本组成同背负式，但不用药液箱，而采用加长的驱动液泵的杠杆以增加力矩，用手推拉时，可使液泵产生较高的工作压力（1MPa）（图2）。进液软管端部装有过滤装置可放在药桶中吸取药液。这种形式的喷雾器适合在果园中使用。

压缩式喷雾器　主要组成同背负式，但药液箱坚固密封，兼作气室，改用气泵（图3）。药液箱容量为6～10L，圆筒形，利于单肩背负，药液箱顶部装有排气安全阀。药液箱装入药液后，箱内顶部应留有一定存气空间，起空气室作用。气泵筒的出气活门为单向阀，只允许压缩空气进入药液箱，而药液不能进入泵筒。其喷药工作过程同背负式喷雾器。压缩喷雾器的优点是喷药前先将药液箱内一次充足空气，使药液面上保持有空气压力，作业时不需要随时操作气泵。在作物行中通过性能好。其主要缺点是，在喷药过程中，喷施压力逐渐下降，影响喷量和雾滴尺寸。但在喷杆上加装稳压装置后，可改善其喷雾性能。

使用　分为喷药前准备、灌装药液和田间作业3方面。①喷药前准备。应检查保养喷雾器具，保证良好的技术状态。如单位时间内应有足够的供药液量，喷雾雾化良好，雾

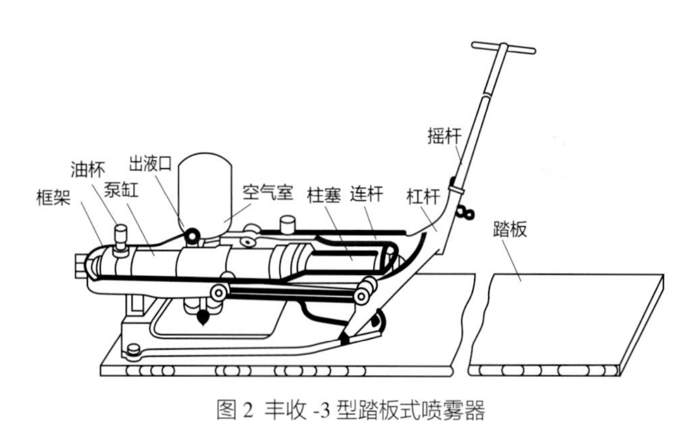

图2 丰收-3型踏板式喷雾器

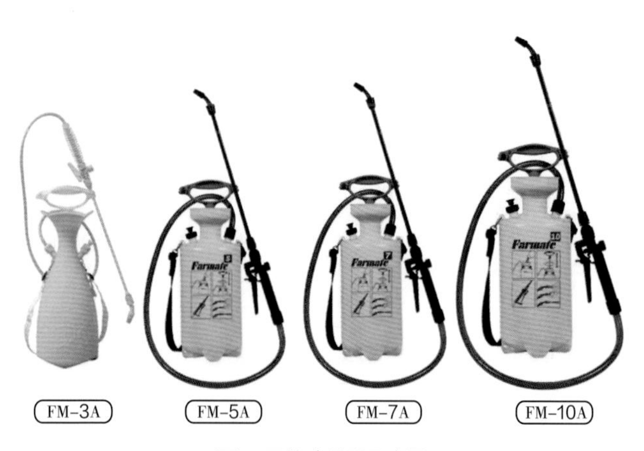

图3 压缩喷雾器示意图

形正确，各部件连接处不漏药液，且操作灵活，并根据作业要求，选择合适类型及型号的喷头。②灌装药液。药液量按规定量灌装，液面不得超过规定高度。药液应搅拌均匀并经过过滤。药液箱盖应盖严，以免背负弯腰时，药液从药液箱口溢出污染人体。压缩式喷雾器的药液箱盖必须将药液箱完全密封。如漏气，喷雾器将不喷雾。灌装药液后如不立即喷施，悬浮剂药液将会沉淀，乳液将可能分离，应再次搅拌均匀后才开始作业。③田间作业。防治病虫害时，应使药雾均匀笼罩靶标。如病虫害主要集中于叶背面，应将喷头从下向上喷施。全面喷施除草剂，应使用装有扇形雾喷头的喷杆，喷施时保持喷头距地面的合理高度并注意与邻接喷幅衔接，以保证药液在地面上均匀覆盖。在喷量、喷幅确定后，调节行进速度保证施药液量。

（撰稿：何雄奎；审稿：李红军）

手动气力喷雾器　hand-operated pneumatic sprayer

人力驱动配带气力式喷头的气力式喷雾机具（又名吹雾器）。20 世纪 40 年代，用于卫生防疫的手持式气力喷雾器问世，20 世纪 80 年代初在中国首先研制成功了用于农田病虫害防治的背负式手动喷雾器。

主要结构和工作原理　手动气力喷雾器主要由活塞杆、气筒、导管、排液管、喷头、喷杆、开关、底座（裙罩）等部件组成（见图）。

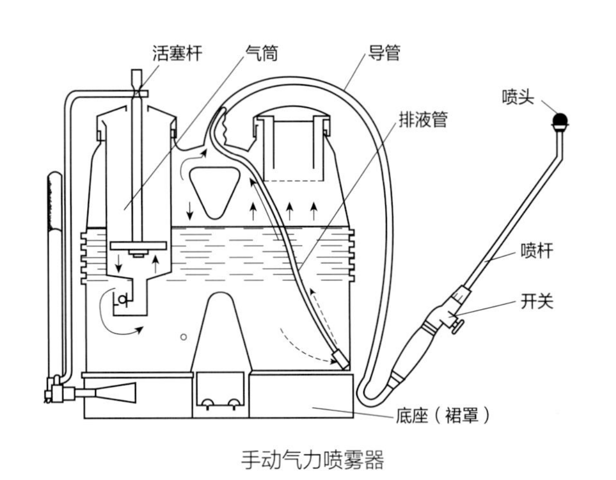

手动气力喷雾器

采用了大流量的活塞泵，并将空气室与液泵合二为一，内置于药箱，可以避免空气室的意外损坏而造成药液的泄漏。当摇动摇杆时，连杆带动活塞杆和皮碗，在泵筒内做上下运动，当活塞杆和皮碗上行时，出水阀关闭，泵筒内皮碗下方的容积增大，形成真空，药液箱内的药液在大气压力的作用下，经吸水滤网，冲开了进水球阀，涌入泵筒中。当摇杆带动活塞杆和皮碗下行时，进水阀被关闭，泵筒内皮碗下方容积减少，压力增大，所储存的药液即冲开了出水球阀，进入空气室。由于塞杆带动皮碗不断的上下运动，使空气室内的药液不断增加，空气室内的空气被压缩，从而产生了一定的压力，这时如果打开开关，空气室内的药液在压力作用下，通过出水接头，压向导管，流入喷管、涡头体的涡流室，经喷口呈雾状喷出，达到喷洒作业的目的。

工作特点　采用边充气边喷雾的工作方式进行喷雾作业；喷头的工作气压较低，且基本稳定，一般为 0.02～0.03MPa；喷头为气力式喷头，流经喷头的流体为液体和气体相混合的二相流体；喷头的喷雾角较小，一般为 20°～35°。其雾形为实心圆锥雾；雾滴直径较小，雾滴的体积中径（VMD）可达 30～80μm；喷雾量较小，一般为 20～100ml/min。雾滴尺寸大小比较均匀，即雾滴谱较窄。雾滴在靶标上的附着率较高，药液流失少。

使用方法　正确使用与维护，有利于提高机具的作业质量和延长机具的使用寿命，保证操作者的人身安全。

安装时，应确保机具的各连接处密封可靠，不得有漏气、漏水现象。

在向药液箱内加注药液时，药液应经过过滤，且液面不应超过规定的水位线，以免影响机具的充气性能。

进行喷雾作业时，供液量不宜过大。因为供液量过大会使气力式喷头的雾化质量变差。

田间作业时，操作者应控制好步行速度，防止重喷或漏喷。同时应注意安全操作，避免逆风作业，严防人身中毒。

喷雾作业结束后，应及时放出药液箱内的剩余药液，并彻底清洗后，将机具存放在阴凉、通风的场所。

注意事项　①作业时间不要过长，应以 3～4 人组成一组，轮流作业，避免长期处于药雾中吸不到新鲜空气。②操作人员必须佩戴口罩，并应经常换洗。作业时携带毛巾、肥皂，随时洗脸、洗手、漱口，擦洗着药处。③避免顶风作业，禁止喷管在作业者前方以八字形交叉方式喷洒。④发现有中毒症状时，应立即停止背机，求医诊治。

参考文献

何雄奎, 2012. 高效施药技术与机具[M]. 北京: 中国农业大学出版社.

何雄奎, 2013. 药械与施药技术[M]. 北京: 中国农业大学出版社.

全国农业技术推广服务中心, 2015. 植保机械与施药技术应用指南[M]. 北京: 中国农业出版社.

中国农业百科全书总编辑委员会农药卷编辑委员会, 中国农业百科全书编辑部, 1993. 中国农业百科全书: 农药卷[M]. 北京: 农业出版社.

（撰稿：何雄奎；审稿：李红军）

手性拆分　resolution

在拆分剂的作用下，将外消旋体拆分为手性对映体的过程。虽然通过不对称合成方法获取单一对映体更为合理和诱人，但外消旋体拆分目前仍是获取单一对映体医药和农药的主要方法之一。手性拆分方法有化学拆分、包结拆分、酶法拆分、色谱拆分、膜分离拆分等。外消旋体拆分用得最多的是经典的化学拆分法，利用光学活性的有机酸或碱与对映异构体形成非对映异构体衍生物或盐，通过结晶分离，然后再用无机酸或碱分解，从而获得有光学活性的产物，但是其局限性在于只适用于有机酸和有机碱。近年来发展起来的主客体包结拆分法等新型拆分方法有效地弥补了经典化学拆分的缺陷。

（撰稿：王益锋；审稿：吴琼友）

手性农药的生态效应　ecological effect of chiral pesticide

手性农药的对映异构体在环境行为和生态毒理方面表现出选择差异性。手性农药由互为实物与镜像的对映异构体构成，其对映异构体的分子结构相同，左右排列相反。根据费舍尔投影式命名右旋为 *R*，左旋为 *S*；旋光仪测试命名右旋光为 +，左旋光为 -。目前主要的手性农药包括以下几类。

有机磷类　有机磷农药分子中因含有手性磷原子、碳原子、硫原子而具有手性特征。目前超过 25% 的有机磷农药具有对映体选择性，不同的对映异构体具有明显的生物毒性差异。目前关于手性有机磷农药对水生生物的对映选择性毒性的研究较多，例如，地虫磷和丙溴磷对水生生物大型溞和网纹溞 96 小时的急性毒性具有对映体选择性，(-)-对映体的急性毒性大于（+）-对映体。Nillos 等应用大型溞（24 小时暴露）和日本青鳉（96 小时暴露）作为模式生物，研究了丙溴磷、地虫磷、丁烯磷对乙酰胆碱酯酶的手性差异，研究发现（-）-丙溴磷对乙酰胆碱酯酶的抑制作用是（+）-丙溴磷的 4.3～8.5 倍；地虫磷的（-）-对映体是其（+）-对映体的 2.3～29 倍；丁烯磷的（+）-对映体是（-）-对映体的 1.1～11 倍；表明了有机磷类农药对乙酰胆碱酯酶表现出了不同的抑制作用。

拟除虫菊酯类　商品化的拟除虫菊酯包含 2 个或者 3 个手性中心，有 4 个或者 8 个光活性异构体。拟除虫菊酯分子的立体异构型对其生物学活性具有决定的意义。例如，Liu 等对于大型溞和网纹溞的研究中发现，3 种拟除虫菊酯（顺式联苯菊酯，顺式苄氯菊酯，反式苄氯菊酯）的（+）-对映体的 96 小时急性毒性是（-）-对映体的 17～38 倍。高效氟氯氰菊酯对斑马鱼的急性毒性 LC_{50} 也具有手性差异，对斑马鱼成鱼（-）-高效氟氯氰菊酯毒性是（+）-高效氟氯氰菊酯的 162 倍，(-)-高效氟氯氰菊酯对斑马鱼胚胎的毒性是（+）-高效氟氯氰菊酯的 7.2 倍。

三唑类　三唑类农药数量和种类众多，化学结构上的共同点是含有 1,2,4- 三唑环，但多数分子中一般均有 1 或 2 个手性中心，存在 2 个或者 4 个对映异构体。目前商品化的 30 多种三唑类农药产品中，有 75% 以上是具有手性的。手性三唑类杀菌剂在对映体水平的活性往往差异很大，在对映体水平的毒性也有很大差异。研究表明苯醚甲环唑对水生生物的毒性存在手性差异，应用斜生栅藻 96 小时 EC_{50}、大型溞和斑马鱼 48 和 96 小时 LC_{50} 为毒性终点，毒性大小排序：（2*S*, 4*S*）>（2*S*, 4*R*）>（2*R*, 4*R*）>（2*R*, 4*S*）。

参考文献

王鸣华, 宋宝安, 等, 2016. 农药立体化学[M]. 北京: 化学工业出版社.

DONG F S, LI J, CHANKVETADZE B, et al, 2013. Chiral triazole fungicide difenoconazole: absolute stereochemistry, stereoselective bioactivity, aquatic toxicity, and environmental behavior in vegetables and soil[J]. Environmental science & technology, 47(7): 3386-3394.

LIU W P, GAN J Y, SCHLENK D, et al, 2005. Enantioselectivity in environmental safety of current chiral insecticides[J]. Proceedings of the national academy of sciences, 102(3): 701-706.

NILLOS M G, RODRIGVEZ-FUENTES G, GAN J, et al, 2007. Enantioselective acetylcholinesterase inhibition of the organophosphorous insecticides profenofos, fonofos, and crotoxyphos[J]. Environmental toxicology & chemistry, 26(9): 1949-1954.

XU C, WANG J J, LIU W P, et al, 2008. Separation and aquatic toxicity of enantiomers of the pyrethroid insecticide lambdacyhalothrin[J]. Environmental toxicology and chemistry, 27: 174-181.

YE J, ZHAO M R, NIU L L, et al, 2015. Enantioselective environmental toxicology of chiral pesticides[J]. Chemical research in toxicology, 28(3): 325-38.

（撰稿：王蔷薇；审稿：蔡磊明）

手摇喷粉器　hand duster

一种由人力驱动风机产生气流来喷撒粉剂的植保机具。其主要借助于风扇产生的气流，将粉剂农药均匀地喷撒到目标物上。

发展过程　由于有机氯粉剂农药价格低廉，使用简便，效率高，在 20 世纪 30 年代，许多国家先后研制各种形式的手摇喷粉器投入使用。中国于 50 年代开始投入批量生产。手摇喷粉器的结构简单，操作方便，功效比手动喷雾器高。使用手摇喷粉器喷粉时，一定要注意防止粉尘污染。

基本内容　手摇喷粉器由手摇粉箱、风机、齿轮箱、喷撒部件和手摇柄等组成。有背负式和胸挂式两种形式。前者由于摇柄通过增速齿轮传动结构带动风机叶轮高速旋转，叶轮中的空气在离心力作用下获得能量，形成高速气流由出风口吹出。叶轮中心形成低压，产生吸力，空气由下方从吸风口吸入风机，药箱内粉槽中的药粉在重力和风机的吸力作用下容易下滑，使药粉经输粉器进入风机，随高速气流经喷管由喷头喷出。进粉口设有开关。粉箱为直立圆筒形，粉槽呈锥形。胸挂式与背负式工作原理相同，结构上则有差异。为不妨碍视线，有利操作，粉箱做成长圆筒形，并置有摇柄、增速齿轮箱和风机等部件。左侧储药粉。为使药粉膨松并将其向右侧的风机推送喂进，设有搅拌器和松粉盘。松粉盘边缘开有小孔，风机的小股气流经小孔引入粉箱的一侧，吹动药粉使之疏松并起喂进作用。左右两侧之间隔以开关盘，控制和调节进粉量。

其中，胸挂式又分为胸挂卧式和胸挂立式。胸挂卧式手摇喷粉器的结构如图 1，左端为粉箱，其容积为 5L，粉箱内安装搅拌架，可防止药粉架空。输粉器为圆盘形，可以均匀地将粉箱内的药粉送入风扇内。粉门开关盘可以调节出粉量大小。齿轮箱在桶身的右端。在靠近风扇处的桶身上开有圆形进气孔。当手柄的转速为 36r/min 时，风扇叶轮转速可达 1600r/min，出口风速为 10～12m/s，喷粉量为 0.3～0.5L/min。

胸挂立式手摇喷粉器的结构如图 2，筒身呈圆筒形，粉箱容量为 5L，使用时筒身竖立在胸前。粉箱上部为圆柱形，下部呈圆锥台形，可防止药粉架空。输粉器和风扇叶轮都安装在齿轮箱的输出轴上，当转动手柄时，风扇叶轮与输粉器同时旋转，输粉器可将粉箱内药粉送到出粉口。齿轮箱内有两对齿轮，传动比为 31，筒身上开有圆形的风扇进气孔。喷粉量为 0.5L/min，出口风速为 10～12m/s。

背负式手摇喷粉器作业时机具背在身后，粉箱容量为 7～10L，出口风速为 10～12m/s。齿轮箱在身后通过链传动到胸前，结构较复杂。

手持式手摇喷粉器药箱容量为 0.4L，出口风速为 3～4m/min。使用时一手握住把手，一手摇动手柄。

手摇喷粉器几种形式的工作原理基本相同，作业时转动手柄，经增速传动装置，风扇叶轮高速旋转，产生一股强气流，使粉箱内的粉剂通过输粉器及粉门开关孔进入风扇壳内，与空气混合后经喷粉管和喷粉头喷出。由于射程只有 2m 左右，效率低，只宜用于小块地作物、庭院、苗圃、幼龄及矮小果树的防治作业。今后随着农药向高效、低毒、低残留、经济方便的微粒剂型发展，手摇喷粉器有可能改型后，兼用于撒布颗粒药剂和颗粒肥料。

影响因素 使用手摇喷粉器喷粉时，一定要注意防止粉尘污染。专家建议安全地使用手摇喷粉器最好按以下几个小步骤进行：①选用合适的机型。了解产品有关的主要性能特点，如粉箱容量，机具净重、风量、最大喷粉量、喷粉射程等。②装药粉前，应先关闭开关，以免药粉由出粉口漏入风机内部，造成积粉、结块，影响喷撒，药粉装入量要适当，最多不超过桶身总容积的 2/3。使用的药粉应干燥、无结块，药粉中应没有木屑、纸片、草根、碎石、泥块和布头等杂物。③在使用前要仔细阅读产品使用说明书，了解所用手摇喷粉器的主要结构、使用方法和容易发生的故障及排除方法，要特别重视使用说明书中提出的注意事项。④根据使用者的身体高矮，调整背带长短至适宜，并将下腰带收紧。⑤安装好摇柄、喷撒部件后，按照桶身上箭头所指的旋转方向试摇几下，如叶轮运转灵活，无金属碰擦声和卡住现象，标明机具安装正确，否则拆下检查后重新安装。⑥按每亩的喷药粉量，调节粉门开关的开度。初喷粉时，开度要小些，以后逐步加大至适当的开度。⑦喷粉作业时，操作人应穿戴防护用具，如口罩、防风眼镜、手套等。行走方向一般应同风向垂直或者顺风前进。如果需要逆风前进时，要把喷粉管移到人体后面或者侧面喷撒，避免中毒。⑧在清晨或夜间有露水时喷粉，应注意不让喷粉头沾着露水，以免阻碍出粉。⑨喷粉过程中如果遇到不正常的碰击声，手柄不动或者特别沉重，应立即停止摇转手柄，停止喷粉，修理好再使用，切不要硬摇，以免损坏机件。摇柄不能倒摇。⑩停止喷粉时，要先关闭出粉开关，再摇几下手柄，把风机内的药粉全部喷干净。

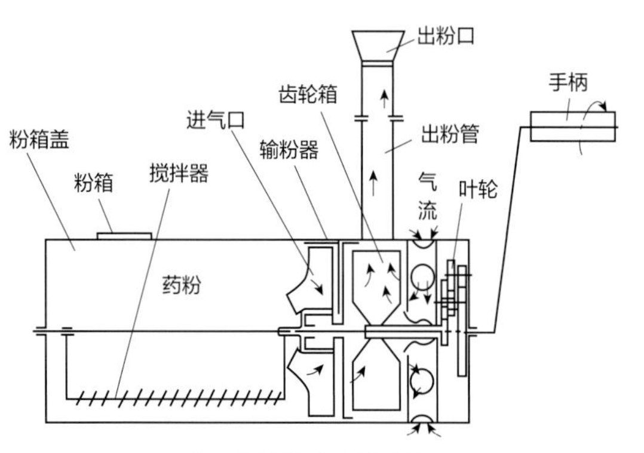

图 1 胸挂卧式手摇喷粉器

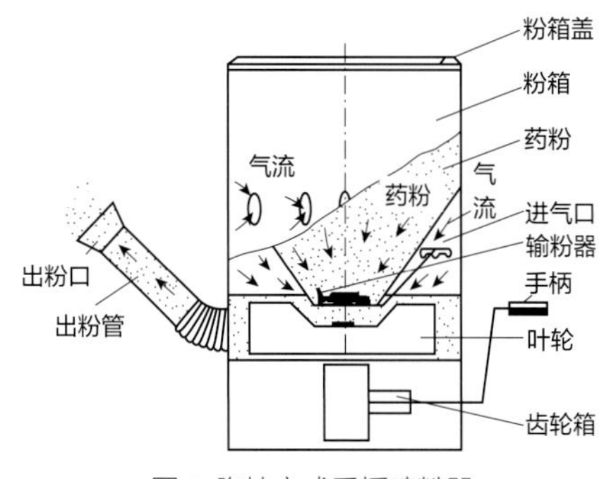

图 2 胸挂立式手摇喷粉器

总之，手摇喷粉器主要用于特殊环境的农田，如封闭的温室、大棚，郁闭性比较好的果园、高秆作物，生长后期的棉田和水稻田等的病虫害防治，在小块旱地、水田，尤其是干旱、少雨的丘陵山区，可以用于喷撒粒剂化肥。手摇喷粉器曾经是中国主要的植保机具之一，年产量高达 40 多万台。

参考文献

何雄奎, 2012. 高效施药技术与机具[M]. 北京: 中国农业大学出版社.

何雄奎, 2013. 药械与施药技术[M]. 北京: 中国农业大学出版社.

全国农业技术推广服务中心, 2015. 植保机械与施药技术应用指南[M]. 北京: 中国农业出版社.

中国农业百科全书总编辑委员会农药卷编辑委员会, 中国农业百科全书编辑部, 1993. 中国农业百科全书: 农药卷[M]. 北京: 农业出版社.

（撰稿：何雄奎；审稿：李红军）

舒非仑 sulfiram

一种医用抗疥螨药。

其他名称 单硫化四乙基秋兰姆、NSC 36731。

化学名称 N^1,N^1,N^3,N^3-tetraethyl-1,2,3-trithiodicarbonic diamide。

IUPAC 名称 tetraethylthiuram monosulfide。

CAS 登记号 95-05-6。

EC 号 202-387-3。

分子式 $C_{10}H_{20}N_2S_3$。

相对分子质量 264.47。

结构式

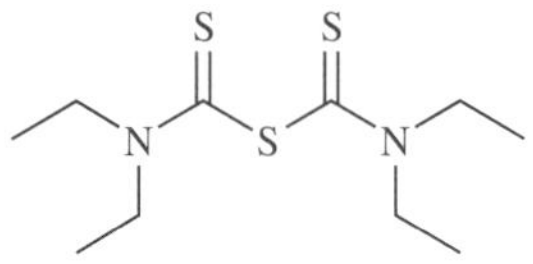

防治对象 啮齿动物，老鼠以及疥螨。

理化性质 密度 1.139g/cm³。沸点 329.1 ℃。折射率 1.59。闪点 152.8℃。

注意事项 该溶液含酒精，应远离火源。

参考文献

康卓, 2017. 农药商品信息手册[M]. 北京: 化学工业出版社.

（撰稿：郭涛；审稿：丁伟）

蔬果磷 salithion

一种具有触杀作用和胃毒作用的有机磷类杀虫剂。

其他名称 水杨硫磷、杀抗松。

化学名称 2-甲氧基-4-(*H*)-1,3,2-苯并二氧杂磷-2-硫化物; *(RS)*-2-methoxy-4-(*H*)-1,3,2-benzodioxaphosphorine-2-sulfide。

IUPAC名称 (*RS*)-2-methoxy-4*H*-1,3,2λ⁵-benzodioxaphosphinine 2-sulfide。

CAS登记号 3811-49-2。

分子式 $C_8H_9O_3PS$。

相对分子质量 216.19。

结构式

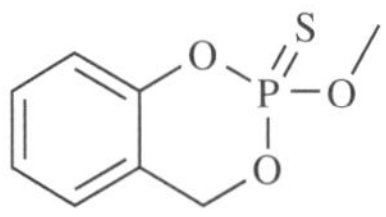

开发单位 1962 年由日本住友化学公司推广。1992 年停产。

理化性质 纯品为无色至淡蓝色结晶固体。熔点 55.5～56℃。25℃时的蒸气压 0.627Pa。工业品为淡黄色晶体，熔点 52～55℃。水中溶解度（30℃）58mg/L；可溶于丙酮、苯、乙醇和乙醚，适量溶于甲苯、二甲苯、甲基戊酮和环己酮。稳定性：在弱酸性或碱性介质中稳定。

毒性 急性经口 LD_{50}：大鼠 125～180mg/kg，小鼠 91.3mg/kg。大鼠经皮 LD_{50} 490mg/kg。鱼类 LC_{50}（48 小时）：鲤鱼 3.55mg/L，鲫鱼 2.8mg/L，金鱼 3.2mg/L。水蚤 LC_{50}（3 小时）0.75mg/L。（*S*）-（-）-蔬果磷对大型溞的 96 小时 LC_{50} 为（*R*）-（+）-蔬果磷的 3 倍。

剂型 25%、20% 乳剂，25% 可湿性粉剂，5%、10% 颗粒剂。

作用方式及机理 有机磷杀虫剂，具有触杀和胃毒作用，并有杀卵作用，击倒作用快，高效低残留。抑制乙酰胆碱酯酶活性。（*S*）-（-）-蔬果磷对家蝇成虫及其幼虫的毒杀活性为（*R*）-（+）-蔬果磷的 2 倍。与其相反，（*S*）-（-）-蔬果磷对赤拟谷盗幼虫的杀虫活性则仅为（*R*）-（+）-蔬果磷的 1/17。（*R*）-（+）-蔬果磷对丁酰胆碱酯酶的 IC_{50} 为（*S*）-（-）-蔬果磷的 5.4 倍。

防治对象 果树、蔬菜、茶、桑、烟草、水稻和纤维作物的蚜虫、桃小食心虫、康氏粉蚧、桑蚧、红蜡蚧、角蜡蚧、果树卷叶蛾、舞毒蛾、顶梢潜夜蛾、葡萄天牛、烟青虫、桑螟、桑小象甲、茶小卷叶蛾、斜纹夜蛾、菜青虫、小菜蛾、甘蓝夜蛾、水稻螟虫和稻瘿蚊。对有机磷农药有抗性的棉铃虫也有效。

使用方法 果树 1000～2000 倍液喷雾；蔬菜、桑、烟草、茶等作物 500～2000 倍液喷雾。防治水稻螟虫、稻瘿蚊、稻飞虱等害虫，用 20% 乳剂 3kg/hm²，对稻叶蝉效果不好。对棉花棉铃虫、红铃虫、果树卷叶虫、食心虫、柑橘介壳虫、蔬菜菜青虫、小地老虎、斜纹夜蛾等害虫均有效，一般使用浓度为 25% 乳剂稀释 1000～2000 倍。

注意事项 该药剂对各种作物的药害较轻，但对桃的幼果和蔬菜的幼苗有药害。对柿树部分品种会伤害 5～6 月的新叶。在收获前 10 天禁用。

参考文献

孙家隆, 2015.新编农药品种手册[M]. 北京: 化学工业出版社.

王振荣, 李布青, 1996. 农药商品大全[M]. 北京: 中国商业出版社.

HIRASHIMA A, ISHAAYA I, UENO R, et al, 1989.Biological activity of optically active salithion and salioxon[J]. Agricultural and biological chemistry, 53 (1): 175-178.

WU S Y, HIRASHIMA A, MORIFUSA E, et al, 1989.Synthesis of highly pure enantiomers of the insecticide salithion[J]. Agricultural and biological chemistry, 53 (1): 157-163.

ZHOU S, LIN K, LI L, et al, 2009.Separation and toxicity of salithion enantiomers[J]. Chirality, 21 (10): 922-928.

（撰稿：王鸣华；审稿：吴剑）

鼠得克 difenacoum

一种经口羟基香豆素类抗凝血杀鼠剂。

其他名称 联苯杀鼠萘。

化学名称 3-(3-联苯-4-基-1,2,3,4-四氢-1-萘基)-4-羟基香豆素。

IUPAC名称 3-[(1*RS*,3*RS*;1*RS*,3*SR*)-3-biphenyl-4-yl-1,2,3,4-tetrahydro-1-naphthyl]-4-hydroxy-2*H*-chromen-2-one。

CAS登记号 56073-07-5。

EC 号 259-978-4。

分子式 $C_{31}H_{24}O_3$。

相对分子质量 444.52。

结构式

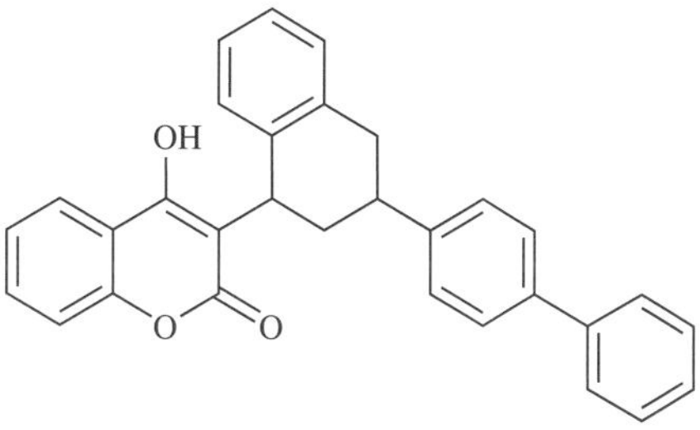

开发单位 英国索耐克公司。

理化性质 白色粉末。熔点215~219℃，蒸气压160μPa。溶解度：水中＜100mg/L，丙酮或氯仿中＞50g/L，苯中为600mg/L。

毒性 对大鼠、小鼠和长爪沙鼠急性经口LD_{50}分别为0.96~1.7mg/kg、0.8mg/kg和0.05mg/kg，对非目标靶生物毒性比啮齿动物小得多，对猪、狗、猫和鸡急性经口LD_{50}分别为＞50mg/kg、50mg/kg、100mg/kg和50mg/kg。

作用方式及机理 经口毒物。竞争性抑制维生素K环氧化物还原酶，导致活性维生素K缺乏，进而破坏凝血机制，产生抗凝血效果。

使用情况 1975年被合成并于1976年推出进入市场，用于防治对第一代抗凝血剂有抗性的害鼠。鼠得克现在广泛用于啮齿类动物的控制，特别是在欧洲和南美洲，最近已被引入美国。虽然1978年在英国检测到害鼠对鼠得克产生了抗性，但该化合物仍然对害鼠有很好的防治效果并且是最常用的抗凝血剂之一。

使用方法 堆投，毒饵站投放。

注意事项 毒饵应远离儿童可接触到的地方，避免误食。误食中毒后，可肌肉注射维生素K解毒，同时输入新鲜血液或肾上腺皮质激素降低毛细血管通透性。

参考文献

石华王, 天桃, 张小华, 2003. 鼠得克毒饵实验室灭鼠效果观察[J]. 中华卫生杀虫药械 (4): 39-40.

GREAVES J H, SHEPHERD D S, GILL J E, 1982. An investigation of difenacoum resistance in Norway rat populations in Hampshire[J]. Annals of applied biology, 100(3): 581-587.

HADLER M R, SHADBOLT R S, 1975. Novel 4-hydroxycoumarin anticoagulants active against resistant rats[J]. Nature, 253: 275-277.

（撰稿：王登；审稿：施大钊）

鼠立死 crimidine

一种经口中枢神经刺激类杀鼠剂。

其他名称 甲基鼠灭定、杀鼠嘧啶。

化学名称 2-氯-*N*,*N*,6-三甲基嘧啶-4-胺。

IUPAC名称 2-chloro-*N*,*N*,6-trimethylpyrimidin-4-amine。

CAS登记号 535-89-7。

分子式 $C_7H_{10}ClN_3$。

相对分子质量 171.63。

结构式

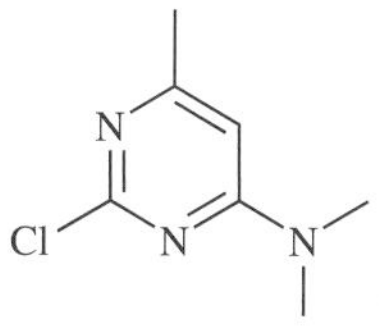

开发单位 德国拜耳公司。

理化性质 棕色蜡状固体。熔点87℃。沸点140~147℃。能溶于乙醚、乙醇、丙酮、氯仿、苯类等大多数有机溶剂，不溶于水，可溶于稀酸。受热分解有毒氧化氮、氯化物气体。

毒性 是一种高效、剧毒、急性杀鼠剂。急性经口LD_{50}：大鼠1.25mg/kg，兔5mg/kg，小鼠1.2mg/kg。牛、羊LD_{50} 200mg/kg（12天），家禽LD_{50} 22.5mg/kg。在动物体内能迅速被代谢，不产生累积中毒。中毒后的死鼠很少引起二次毒性。

作用方式及机理 为维生素B_6的拮抗，破坏了谷氨酸脱羧代谢，严重损伤中枢神经，导致痉挛，症状表现为坐立不安、恐惧、肌肉僵硬、怕光、怕噪声、出冷汗。

使用情况 德国拜耳公司20世纪40年代末开发和推广应用的杀鼠剂，对家栖鼠和野栖鼠均有良好灭效，具有灭鼠谱广、使用浓度低的特点。鼠立死的突出优点是蓄积毒性微弱，不易发生二次中毒，有高效解毒剂，低浓度毒饵易被鼠接受等特点。杀鼠效果与被禁用的氟乙酰胺相当，是一种理想的急性杀鼠剂。该药毒性较强，现已停止使用。

使用方法 堆投，毒饵站投放。

注意事项 毒饵应远离儿童可接触到的地方，避免误食。误食中毒后，可用维生素B_6解毒，必要时反复使用。同时，可用巴比妥类药物控制抽搐。

参考文献

李东光, 1987. 急性广谱杀鼠剂鼠立死[J]. 农药(3): 1-4.

许良忠, 吴秀勇, 易冬亚, 1997. 急性灭鼠剂——鼠立死的合成[J]. 山东化工(1): 23-25.

（撰稿：王登；审稿：施大钊）

鼠特灵 norbormide

一种经口中枢神经兴奋类杀鼠剂。

其他名称 鼠克星、灭鼠宁。

化学名称 5-(*α*-羟基-*α*-2-吡啶基苄基)-7-(*α*-2-吡啶基亚苄基)-8,9,10-三降冰片-5-烯-2,3-二羧酰亚胺。

IUPAC名称 5-(α-hydroxy-α-2-pyridylbenzyl)-7-(α-2-pyridylbenzylidene)-8,9,10-trinorborn-5-ene-2,3-dicarboximide。

CAS登记号 991-42-4。

分子式 $C_{33}H_{25}N_3O_3$。

相对分子质量 511.61。

结构式

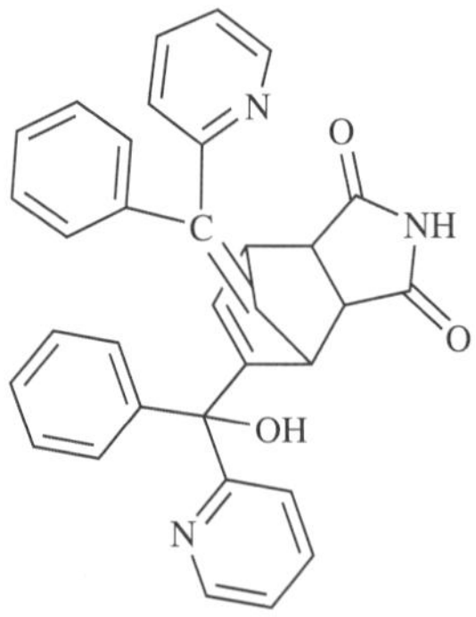

开发单位 麦克尼尔实验室。

理化性质 无色透明至浅褐色黏稠液体。熔点25℃。沸点275℃。相对密度1.129（20℃）。蒸气压19.2mPa（25℃）。水中溶解度1.1g/L（25℃），可与丙酮、乙腈、氯仿、环己酮、二氯甲烷、甲醇、甲苯等相混。常温下储存至少2年，50℃可保存3个月。

毒性 鼠类食后15分钟后会出现活跃、动作失调，进而乏力、呼吸困难的症状，之后死亡。大鼠急性经口LD_{50} 5.3～52mg/kg。

作用方式及机理 使呼吸中枢缺氧致死。

剂型 99%母粉。

使用情况 在1964年作为种属特异性杀鼠剂被Roszkowski等人意外发现，其作用速度快，鼠类有时有拒食现象。野外灭鼠效果不好。在美国南部野外试验中，33个防治褐家鼠的试点实验中有12个取得了良好的效果，18个防治屋顶鼠的试点实验中只有3个取得了良好的效果。1970年代随着抗凝血杀鼠剂的兴起，鼠特灵未能在市场推广取得成功，逐渐退出了市场。但是，研究者对鼠特灵的改进从未间断过。在过去的30年间，微胶囊技术取得了不同程度的成功，但是鼠特灵症状的快速发作和适口性仍然没有得到明显的改善。近年来新西兰土地保护所的专家对其加以改造，改善鼠特灵快速作用时间和适口性问题，一系列鼠特灵衍生物被合成。

使用方法 堆投，毒饵站投放。

注意事项 误食者要进行催吐、洗胃和导泻。可试行血液透析机血液灌流。

参考文献

CHOI H, CONOLE D, ATKINSON D J, et al, 2016. Fatty acid-derived pro-toxicants of the rat selective toxicant norbormide[J]. Chemistry & biodiversity, 13(6): 762-775.

GRATZ N G, 1973. A critical review of currently used single-dose rodenticides[J]. Bulletin of the World Health Organization, 48(4). 469-477.

GREAVES J H, REDFERN R, KING R E, 1974. Some properties of calciferol as a rodenticide[J]. Journal of hygiene, 73: 341-351.

NADIAN A, LINDBLOM L, 2002. Studies on the development of a microencapsulated delivery system for norbormide, a species-specific acute rodenticide[J]. International journal of pharmaceutics, 242(1/2): 63-68.

ROSZKOWSKI A P, NAUSE B R, MICHAEL E H, et al, 1965. The pharmacological properties of norbormide, a selective rat toxicant[J]. Journal of pharmacology and experimental therapeutics, 149(2): 288-299.

（撰稿：王登；审稿：施大钊）

双苯威 fenethacarb

一种具有触杀作用和内吸性的氨基甲酸酯类杀虫剂。

其他名称 蚊蝇氨、双乙威、BAS-2350、BASF-2350、BAS-2351。

化学名称 3,5-二乙基苯基-*N*-甲基氨基甲酸酯。

IUPAC名称 3,5-diethyphenyl-*N*-methyl carbamate。

CAS登记号 30087-47-9。

分子式 $C_{12}H_{17}NO_2$。

相对分子质量 207.27。

结构式

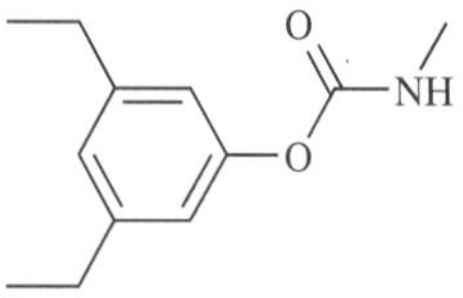

开发单位 1970年联邦德国巴斯夫公司试验性品种。

理化性质 白色结晶，无臭。不溶于水，能溶于乙醇、丙酮等有机溶剂。遇碱能分解，在室内和阳光直接照射下均稳定。

毒性 急性经口LD_{50}：大鼠998mg/kg，小鼠240～300mg/kg。急性经皮LD_{50}：大鼠200mg/kg，小鼠2.5g/kg。

剂型 50%可湿性粉剂。

作用方式及机理 能抑制动物体内的胆碱酯酶，其作用机制与灭除威类似。

防治对象 对双翅目昆虫有良好的防治效果，主要用于防治室内蚊蝇。

使用方法 用2g/m^{2}剂量滞留喷射灭蚊，持效期达两个月以上。对蚊幼虫的杀灭效果较差，药品0.2mg/kg浓度只能杀死50%淡色库蚊幼虫，药品的击倒作用差，无驱避作用。

参考文献

朱永和, 王振荣, 李布青, 2006. 农药大典[M]. 北京: 中国三峡出版社.

（撰稿：李圣坤；审稿：吴剑）

S

双苯酰草胺 diphenamid

一种酰胺类内吸、选择性除草剂。

其他名称 Dymid（Lilly）、Enide（Upjohn）、草乃敌、L-34314、益乃得、双苯胺。

化学名称 *N,N*-二甲基二苯基乙酰胺；*N,N*-dimethyl-α-phenylbenzeneacetamide。

IUPAC名称 *N,N*-dimethyl-2,2-diphenyl acetamide。

CAS登记号 957-51-7。

EC号 213-482-4。

分子式 $C_{16}H_{17}NO$。

相对分子质量 239.31。

结构式

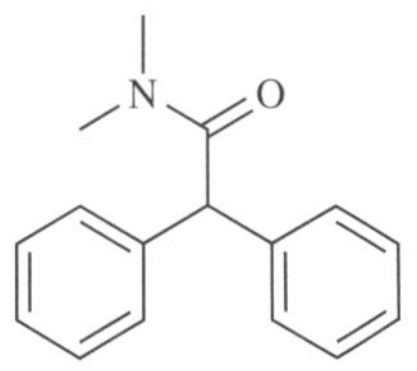

开发单位 1960年报道，由礼来公司和厄普约翰公司开发。

理化性质 纯品为无色结晶，熔点134.5~135.5℃。工业品为灰白色固体，熔点132~134℃。蒸气压可忽略（20℃）。相对密度1.17（23.3℃）。水中溶解度260mg/L（27℃）；有机溶剂中溶解度（g/L，27℃）：丙酮189、二甲基甲酰胺165、二甲苯50。稳定性：强酸强碱下分解，210℃下有部分分解，对热中等稳定，对紫外线相对稳定。

毒性 急性经口LD_{50}：大鼠1050mg/kg，小鼠600mg/kg，兔1.5g/kg，狗和猴1g/kg。大鼠急性经皮LD_{50}＞225mg/kg。小鼠腹腔注射LD_{50} 500mg/kg。兔皮下注射LD_{50} 800mg/kg。2g/kg剂量处理兔皮肤，可引起轻微的刺激。以2g/kg饲料喂养狗和大鼠2年，对其生理和繁殖无不良影响。大鼠吃100mg/kg和250mg/kg各2年都无病变。鲤鱼TLm（48小时）＞40mg/L。水蚤LC_{50}（3小时）＞40mg/L。

剂型 80%可湿性粉剂，5%颗粒剂。

质量标准 工业品含量95%。

作用方式及机理 属内吸性除草剂。由发芽的杂草幼根吸收，阻碍根的形成，起杀草作用。

防治对象 花生、马铃薯、甘薯、草莓、番茄、烟草、大豆、棉花、苹果、桃、柑橘以及观赏植物田除草。为选择性芽前土壤处理除草剂，可用于大豆、花生、烟草、白菜等进行播前土壤处理。防除多种一年生禾本科、莎草和阔叶杂草。如大豆田、花生田在播种前，用90%可湿性粉剂2250~3750g/hm^2加水喷雾土表，然后混土。主要通过根系吸收，抑制杂草分生组织的细胞分裂，阻止幼芽和次生根形成，使杂草死亡。

使用方法 杂草萌发前，作物播后苗前或移植后施药。用双苯酰草胺有效成分4~6kg/hm^2，加水750~900kg喷雾作土壤处理。

注意事项 施用该剂时，需1年后才能栽种水稻、小麦等禾本科作物，以及瓜类和菠菜。对一年生阔叶杂草和禾本科杂草都有特效。但对宿根性杂草效果较差。须在杂草发芽萌发前施药，残效期长达1~2个月，若在杂草的生育期内施用则无效。

与其他药剂的混用 可与多数农药混用。

允许残留量 日本：果实、蔬菜、薯类、豆类允许残留量0.2mg/kg；韩国：花生等农产品中允许残留量0.05mg/kg。

参考文献

石得中, 2008. 中国农药大辞典[M]. 北京: 化学工业出版社: 447.

（撰稿：王红学；审稿：耿贺利）

S

双丙氨膦 bilanafos

一种次膦酸类灭生性除草剂。

其他名称 Herbie、bialaphos、双丙氨酰膦、bilanafos-sodium。

化学名称 2-[2-[[2-氨基-4-(羟基甲基磷酰基)丁酰基]氨基]丙酰氨基]丙酸；L-alanine,(2*S*)-2-amino-4-(hydroxymethylphosphinyl)butanoyl-L-alanyl。

IUPAC名称 4-[hydroxy(methyl)phosphinoyl]-L-homoalanyl-L-alanyl-alanine。

CAS登记号 35597-43-4。

EC号 609-147-0。

分子式 $C_{11}H_{22}N_3O_6P$。

相对分子质量 323.28。

结构式

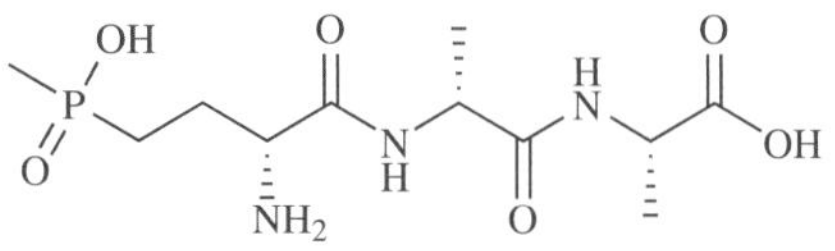

开发单位 K. Tachibana等报道双丙氨膦除草活性。1984年由日本明治制果公司研发。

理化性质 制剂外观为蓝色粉末，原料含量98%。熔点160℃（分解）。蒸气压8.8×10^{-5}Pa（20℃）。溶解度（g/L，20~25℃）：水687、丙酮＜0.01、二氯甲烷＜0.01、乙酸乙酯＜0.01、正己烷＜0.01、甲醇＞620、甲苯＜0.01。在pH4、7和9的水溶液中稳定，在强碱和强酸中不稳定，对光和热较稳定。不易燃，无爆炸性。在土壤中易失去活性。

毒性 双丙氨膦钠盐对雄大鼠急性经口LD_{50} 268mg/kg，雌大鼠LD_{50} 404mg/kg，大鼠急性经皮LD_{50}＞3000mg/kg，对兔眼睛和皮肤无刺激作用。试验结果表明，对大鼠无致畸、致突变、致癌作用。小鸡急性经口LD_{50}＞5000mg/kg。鲤鱼LC_{50}（48小时）1000mg/L，水蚤LC_{50}（48小时）1000mg/L。对蚯蚓无影响，对土壤微生物没有毒性。

剂型 水剂（双丙氨膦钠盐）。

作用方式及机理 非选择性接触型除草剂，具有内吸性，在植物体内代谢为草铵膦（glufosinate）的L-异构体，其代谢物抑制植物体内谷酰胺合成酶活性，导致氨的积累，从而抑制光合作用中的光合磷酸化。其除草机理是和植物活体中的谷酰胺合成酶争夺氮的同化作用，同时又阻碍谷酰胺和其他氨基酸的生成，达到除草效果。

防治对象 对很多杂草包括单子叶、双子叶及多年生杂草防效好，尤其对双子叶杂草防效更好。可用于防除芥菜、猪殃殃、雀舌草、匍匐冰草、看麦娘、野燕麦、藜、莎草、钝叶酸模、稗、早熟禾、马齿苋、车前、水葫芦等，对日本扁柏无效。其除草作用比草甘膦快，比百草枯慢，而且对多年生植物有效。在土壤中半衰期较短（20~30天）。可用于耐草甘膦的转基因作物田中。

使用方法 一般用于播种前除草或在桑园和果园中施用。依草的大小和种类，用1~3kg/hm^2。叶施时都具有很强的除草功能，对阔叶杂草的防除效果优于禾本科杂草。在杂草各生长期进行茎叶处理，在蔬菜和果园行间施药 900～3000g/hm^2。防除果园一年生杂草，用 35% 制剂 5～7.5L/hm^2；防除多年生杂草，用 35% 制剂 7.5～10L/hm^2。防除蔬菜田一年生杂草，使用 35% 制剂 3～5L/hm^2。

注意事项　如进行土壤处理施用，无药效。

参考文献

谢建军, 朱亚红, 朱嘉虹, 2003. 除草剂双丙氨膦及代谢物草铵膦在土壤与橘子中的残留测定[J]. 农药 (8) : 18-20.

TACHIBANA K, 1983. 双丙氨膦的除草药效和机理[J]. 世界农药 (1) : 63.

TURNER J A, 2015. The pesticide manual: a world compendium[M]. 17th ed. UK : BCPC: 108.

（撰稿：贺红武；审稿：耿贺利）

双草醚　bispyribac-sodium

一种嘧啶水杨酸类选择性内吸传导型除草剂。

其他名称　Nominee、Grass-short、Short-keep、农美利、一奇、水杨酸双嘧啶、双嘧草醚、KIH-2023、V-10029、KUH-911。

化学名称　2,6-双(4,6-二甲氧嘧啶基-2-氧基)苯酸钠。

IUPAC名称　sodium 2, 6-bis (4,6-dimethoxypyrimidin-2-yloxy) benzoate。

CAS 登记号　125401-92-5（钠盐）；125401-75-4（酸）。

分子式　$C_{19}H_{17}N_4NaO_8$。

相对分子质量　452.35。

结构式

开发单位　1987 年由组合化学公司开发。

理化性质　纯品为白色粉末固体。原药纯度＞93%。熔点为223~224℃。相对密度0.64（20℃）。蒸气压5.05×10^{-6}Pa（25℃）。K_{ow}lg$P$ –1.03（23℃）。Henry常数3.12×10^{-11}Pa·m^3/mol（计算值）。pK_a3.05。水中溶解度（g/L, 25℃）73.3；有机溶剂中溶解度（g/L, 25℃）：丙酮0.043、甲醇26.3。水中稳定性DT_{50}：＞1年（pH7~9）、448小时（pH4）。对光稳定。55℃储存14天未分解。

毒性　低毒。急性经口 LD_{50}：雄性大鼠 4111mg/kg、雌性大鼠 2635mg/kg、雌性和雄性小鼠＞ 3524mg/kg。大鼠急性经皮 LD_{50} ＞ 2000mg/kg。对兔眼睛有轻微刺激，对兔皮肤无刺激。大鼠急性吸入 LC_{50}（4 小时）＞ 4.48mg/L 空气。NOEL [mg/(kg·d)]：雄大鼠（2 年）1.1、雌大鼠（2 年）1.4、雄小鼠（2 年）14.1、雌小鼠（2 年）1.7。无致突变性，无致畸性。山齿鹑急性经口 LD_{50} ＞ 2250mg/kg，饲喂 LC_{50}（5 天）＞ 5620mg/kg 饲料。水蚤 LC_{50}（48 小时）＞ 100mg/L。虹鳟和大翻车鱼 LC_{50}（96 小时）＞ 100mg/L。蜜蜂 LD_{50} ＞ 200μg/ 只（经口），LC_{50} ＞ 7000mg/L 喷雾。蚯蚓 LD_{50}（14 天）＞ 1000mg/kg 土壤。羊角月牙藻 EC_{50}（120 小时）3.4mg/L。NOEC 0.625mg/L。大鼠应用剂量的 95% 7 天内通过尿液和粪便排出体外。土壤中 DT_{50} ＜ 10 天（淹没和旱地条件）。在水稻 5 叶期叶面喷施和土壤施用，在收获时约 10% 的碳标签分布在秸秆和根之间。

剂型　10%、15%、20%、40% 双草醚悬浮剂，20% 双草醚可湿性粉剂，10% 双草醚可分散油悬浮剂，79% 双醚·草甘膦水分散粒剂，40% 氰氟·双草醚可湿性粉剂，20%、28% 氰氟·双草醚可分散油悬浮剂，30% 苄嘧·双草醚可湿性粉剂，30% 吡嘧·双草醚可湿性粉剂，28% 二氯·双草醚悬浮剂，60% 吡·氯·双草醚可湿性粉剂，25% 唑草·双草醚可湿性粉剂，4% 五氟·双草醚悬浮剂，10% 五氟·双草醚可分散油悬浮剂。

质量标准　10% 双草醚悬浮剂为可流动的易测量的悬浮液体，不应有结块。pH6～9，悬浮率≥ 90%，储存稳定性良好。

作用方式及机理　乙酰乳酸合成酶抑制剂，通过阻碍支链氨基酸合成而起作用。通过茎叶和根吸收，并在植株体内吸收传导，杂草即停止生长，而后枯死。在农田生态系统中，除水稻、部分莎草以外的其他植物对其均表现一定程度的敏感。

防治对象　能有效防治水田一年生和多年生杂草，特别对稗草等杂草有较强的活性，如车前臂形草、芒稷、阿拉伯高粱、异型莎草、碎米莎草、萤蔺、紫水苋、假马齿苋、鸭跖草、粟米草、大马唐、瓜皮草等。

使用方法　主要用于水稻直播苗后除草，对 1~7 叶期的稗草均有效，3～6 叶期防效尤佳，使用剂量为 15～45g/hm^2（有效成分）。水稻移栽田或抛秧田，应在移栽或抛秧 15 天以后，秧苗后返青后施药，以避免用药过早，秧苗耐药性差，从而出现药害。每亩用 20% 双草醚可湿性粉剂 12～18g，兑水 25～30kg，均匀喷雾杂草茎叶。施药前排干田水，使杂草全部露出，施药后 1~2 天灌水，保持 3～5cm 水层 4～5 天。

注意事项　严格控制施用期和施用量，双草醚在水稻使用适期为水稻 4～6 叶期，并且无论粳稻还是籼稻品种一般都要控制在 5 叶期以后施用。在 5 叶期以后，水稻对双草醚的降解能力显著增强，安全性大大提高。双草醚对不同水稻品种的选择性存在差异，需严格控制使用品种。品种安全性为：籼稻＞杂交稻＞粳稻＞糯稻。严格掌握用药量、加水量，选好器具，科学喷药，在喷药器具上一般选择手动喷雾器，切勿选择机动弥雾机（也是防止药液浓度过高，造成秧苗药害）。注意温度变化，严格把握天气。双草醚适宜施用的温度范围在 15～35℃之间。在适宜温度区间内，双草醚对杂草的防效随温度升高呈线性增加，安全性也越好。在温度低于 15℃的情况下，双草醚的防效表现不稳定，同时水稻生理代谢水平的降低，增加了药害的发生概率。双草醚的自然降解也与温度有关，随着温度的升高双草醚的降解速率增加，半衰期缩短。温度每升高 10℃，双草醚的水解速率提高

1.6倍。因此，双草醚的储存应避免高温。高温下施用双草醚虽有利于药效发挥，也可能会缩短其药效期，降低防效，同时由于高温（高于35℃），水分蒸发快，也很容易产生药害。严格遵循“先排水，后用药，再复水”的用药原则。在施药前需排干田间积水，使杂草露出，保持田间湿润。用药后2天，复水，保持浅水层5天（水层不能淹没心叶，以免产生药害），后进行正常的田间水管理。注意环境pH，以免影响双草醚的防效。随着pH的不断减小，双草醚的降解速率不断增加。在实际应用中，对于磷酸二氢钾、碳酸氢铵、尿素3种常用肥料，其中由于磷酸二氢钾离解出H^+，使双草醚降解速率变大；而碳酸氢铵和尿素则相反，水溶液呈碱性，药效持效期变长。同时，不同的土壤，有机质含量和pH的差异也影响着双草醚的降解速率，从而一定程度上影响防效。

与其他药剂的混用 双草醚可以和苄嘧磺隆、氰氟草酯混配，或和二氯喹啉酸、吡嘧磺隆三元混配。

允许残留量 中国未规定双草醚最大残留限量。日本规定ADI为0.011mg/kg。

参考文献

刘长令, 2002. 世界农药大全: 除草剂卷[M]. 北京: 化学工业出版社: 88-89.

TURNER J A, 2015. The pesticide manual: a world compendium[M]. UK: BCPC: 116-117.

（撰稿：赵卫光；审稿：耿贺利）

双氟磺草胺 florasulam

一种三唑并嘧啶磺酰胺类选择性除草剂。

其他名称 麦施达、麦喜、Primus、XDE-564。

化学名称 2′,6′-二氟-5-乙氧基-8-氟[1,2,4]三唑[1,5-*c*]嘧啶-2-磺酰苯胺；*N*-(2,6-difluorophenyl)-8-fluoro-5-methoxy[1,2,4] triazolo[1,5-*c*]pyrimidine-2-sulfonamide。

IUPAC名称 2′,6′,8′-trifluoro-5-ethoxy[1,2,4]triazolo[1,5-*c*]pyrimidine-2-sulfonanilide。

CAS登记号 145701-23-1。

EC号 604-488-1。

分子式 $C_{12}H_8F_3N_5O_3S$。

相对分子质量 359.28。

结构式

F F O N S NH F N N N O

开发单位 陶氏益农公司。

理化性质 灰白色固体。相对密度1.77（21℃）。熔点193.5~230.5℃。蒸气压1×10^{-5}Pa（25℃）。水中溶解度6.36g/L（20℃，pH7）。

毒性 大鼠急性经口LD_{50}＞6000mg/kg，兔急性经皮LD_{50}＞2000mg/kg。对兔眼睛有刺激性，对兔皮肤无刺激性。大、小鼠饲喂试验NOEL 100mg/（kg·d）（90天）。试验剂量下无致畸、致突变、致癌作用。对鱼、蜜蜂、鸟低毒。鱼类LC_{50}（96小时，mg/L）：虹鳟＞86，翻车鱼＞98。蜜蜂LD_{50}（48小时）＞100μg/只。野鸭和鹌鹑LC_{50}（5天）＞5000mg/kg饲料。蚯蚓LC_{50}（14天）＞1320mg/kg土壤。

剂型 50g/L悬乳剂。

质量标准 双氟磺草胺原药（HG/T 5242—2017）。

作用方式及机理 内吸性传导型除草剂。植物根、茎、叶吸收，经木质部和韧皮部传导至植物的分生组织。抑制乙酰乳酸合成酶活性，阻止支链氨基酸如缬氨酸、亮氨酸、异亮氨酸的生物合成，从而抑制细胞分裂、导致敏感杂草死亡。杂草主要中毒症状为植株矮化，叶色变黄、变褐最终导致死亡。

用药适期宽，冬前和早春均可用药。在低温下用药仍有较好防效，药剂在土壤中降解快，推荐剂量下对当茬和后茬作物安全。

防治对象 小麦田猪殃殃、繁缕、蓼属和部分菊科阔叶杂草，对播娘蒿、麦瓶草、荠菜也有较好控制作用。

使用方法 主要用于小麦田杀除阔叶杂草。小麦田冬小麦苗后，阔叶杂草3~5叶期，每亩用50g/L双氟磺草胺悬乳剂5~6g（有效成分0.25~0.3g），加水30L茎叶喷雾。

注意事项 ①该药冬前施用比冬后施药效果理想，因此应在冬前杂草叶龄较小时喷施。②该药无土壤残留活性，应在田间杂草大部分出苗后施药。③在杂草种类较多的田块，可与唑嘧磺草胺、2,4-滴、2甲4氯等混用扩大杀草谱。

与其他药剂的混用 与氯氟吡氧乙酸异辛酯、2,4-滴异辛酯、2甲4氯、甲基二磺隆等混用扩大杀草谱。

允许残留量 GB 2763—2021《食品中农药最大残留限量标准》规定双氟磺草胺在小麦中的最大残留限量为0.01mg/kg。ADI为0.05mg/kg。谷物参照GB/T 20769规定的方法测定。

参考文献

刘长令, 2002. 世界农药大全: 除草剂卷[M]. 北京: 化学工业出版社.

马克比恩 C, 2015. 农药手册[M]. 胡笑形, 等译. 北京: 化学工业出版社.

中国农业百科全书总编辑委员会农药卷编辑委员会, 中国农业百科全书编辑部, 1993. 中国农业百科全书: 农药卷[M]. 北京: 农业出版社.

SHANER D L, 2014. Herbicide handbook[M]. 10th ed. Lawrence, KS: Weed Science Society of America.

（撰稿：李香菊；审稿：耿贺利）

双胍辛胺 iminoctadine

一种胍类杀菌剂，用于种子处理或喷雾防治各种病害。

其他名称 双胍辛胺乙酸盐：Befran（Nippon Soda）；

混剂：Befran-Seed（+种菌唑）（Kureha，Nippon Soda）。

双胍三辛烷基苯磺酸盐：Bellkute（Nippon Soda）；混剂：Daipower（+克菌丹）（Nippon Soda）。

化学名称　1.1′-亚胺基二(辛基亚甲基)双胍；双-(8-胍基-辛基)胺；1,1′-亚胺基二(辛基亚甲基)三乙酸双胍盐；1,1′-亚胺基(辛基亚甲基)双胍三(烷基苯基磺酸盐)。

IUPAC名称　1,1′-iminodi(octamethylene)diguanidinium；bis(8-guanidino-octyl)amine；1,1′-iminodi(octamethylene)diguanidinium triacetate；1,1′-iminodi(octamethylene)diguanidinium tris(alkylbenaenesulfonate)。

CAS登记号　13516-27-3；57520-17-9；169202-06-6。

EC号　236-855-3。

分子式　$C_{18}H_{41}N_7$。

相对分子质量　355.56。

结构式

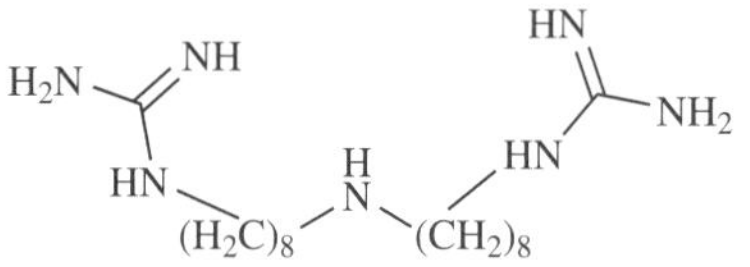

iminoctadine

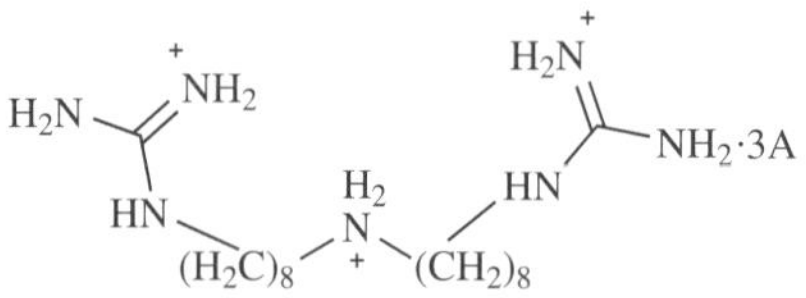

$A=CH_3CO_2^-$　iminoctadine tricaetate

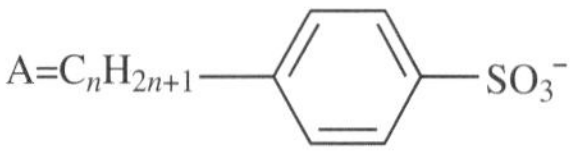

$A=C_nH_{2n+1}-C_6H_4-SO_3^-$　iminoctadine tris(albesilate)

n=10 to 13, ave. 12

开发单位　日本曹达公司。

理化性质　1986年前通用名guazatine用于上述第一个结构［BSI，E-ISO，(f) F-ISO］（BSI 1970—1972年使用通用名guanoctine），但现在这个通用名被用于反应混合物（见双胍辛盐，guazatine）。双胍辛胺为强碱。

双胍辛胺乙酸盐：相对分子质量535.7。白色粉末。熔点140.3～145.6℃。蒸气压＜0.4mPa（23℃）。$K_{ow}\lg P<2$（20℃）。水中溶解度550g/L，乙醇66、甲醇356（g/L，20℃）。234℃稳定。

双胍三辛烷基苯磺酸盐：带相反电荷的离子是C10～C13烷基苯磺酸盐的混合物；质量平均对应于C12。相对分子质量1335（平均）。白色粉末，熔点92～96℃。蒸气压＜1.6×10^{-1}mPa（60℃）。$K_{ow}\lg P$ 1.14（25℃）。相对密度1.03（22℃）。水中溶解度6mg/L（20℃）；有机溶剂中溶解度（g/L，20℃）：甲醇616、乙醇412、丙酮0.15（g/L）；不溶于乙腈、二氯甲烷、正己烷、二甲苯、二硫化碳和乙酸乙酯（20℃）。328℃稳定，在酸碱水溶液中，室温下稳定。

毒性

双胍辛胺：毒性等级分级为Ⅱ（a.i.，WHO）（指定为双胍辛胺乙酸盐的基础数据）。EC分级：T+；R26 | Xn；R21/22 | Xi；R37/38，R41 | N；R50，R53（guazatine，除了双胍辛盐的CAS登记号和EC数据）。

双胍辛胺乙酸盐：急性经口LD_{50}（mg/kg）：大鼠约187，小鼠308。大鼠急性经皮LD_{50} 1500mg/kg。对皮肤和眼睛中等刺激，对皮肤无致癌性。大鼠吸入LC_{50}（4小时）0.028mg/L（空气）（25%液剂）。NOEL：大鼠（2年）0.356mg/（kg·d）。ADI/RfD 0.0023mg/kg（双胍辛胺）。8mg/kg无胚胎毒性，Ames和Rec分析试验表明无致突变作用。

双胍三辛烷基苯磺酸盐：急性经口LD_{50}（mg/kg）：雌、雄大鼠1400，雄小鼠4300，雌小鼠3200。雌、雄大鼠急性经皮LD_{50}＞2000mg/kg。对兔皮肤和眼睛有轻微刺激性，对豚鼠皮肤致敏性。大鼠吸入LC_{50}（4小时）1mg/L。狗NOEL 0.9mg/（kg·d）。ADI/RfD 0.0023mg/kg（双胍辛胺）。Ames、Rec、染色体畸变试验阴性。

剂型　可湿性粉剂。

作用方式及机理　保护性杀菌剂。在与甾醇脱甲基抑制剂不同的作用位点上，影响真菌细胞膜的功能和类脂化合物的生物合成。

防治对象

双胍辛胺乙酸盐：用于谷物种子处理（3～5ml/kg种子），叶面喷洒防治镰刀菌、壳针孢菌、禾长蠕孢菌和腥黑粉菌引起的病害。收获前防治柑橘链格孢菌和青霉菌引起的病害；苹果休眠期喷洒（0.5～1kg/hm²）防治苹果树腐烂病，叶面喷洒（0.6～0.9kg/hm²）防治链格孢菌、溃疡病菌、煤污病菌和菌核病菌引起的病害。

双胍三辛烷基苯磺酸盐：用于果树、蔬菜（0.25～0.5kg/hm²）、大田作物（0.5～1.5kg/hm²），防治多种真菌病害：苹果和梨疮痂病；桃和日本杏疮痂病；柑橘、柿子、洋葱、黄瓜、番茄和生菜灰霉病；柿子、西瓜、草莓白粉病；西瓜、茶树、菜豆炭疽病；西瓜、莴苣菌核病；苹果斑点落叶病、茎腐病、褐斑病、蝇粪病和煤污病；梨黑星病和溃疡病；桃褐腐病和蒂腐病；柿子叶斑病和炭疽病；猕猴桃溃疡病；枇杷叶灰斑病；西瓜蔓枯病；茶树立枯病和纹枯病；芦笋茎枯病和紫斑病；胡萝卜叶枯病；甘蔗柱隔孢叶斑病；小麦赤霉病、马铃薯早疫病、甜菜叶斑病。

使用方法　喷雾。

允许残留量　残留物以双胍辛胺表示。GB 2763—2021《食品中农药最大残留限量标准》规定双胍辛胺最大残留限量见表。ADI为0.009mg/kg。

部分食品中双胍辛胺最大残留限量（GB 2763—2021）

食品类别	名称	最大残留限量（mg/kg）
蔬菜	番茄	1.0*
	黄瓜	2.0*
	芦笋	1.0*
水果	柑、橘、橙	3.0*
	苹果	2.0*
	葡萄	1.0*
	西瓜	0.2*

* 临时残留限量。

S

参考文献

马克比恩 C, 2015. 农药手册[M]. 胡笑形, 等译. 北京: 化学工业出版社: 576-578.

（撰稿：闫晓静；审稿：刘鹏飞、刘西莉）

双胍辛盐 guazatine

经批准的英文通用名 guazatine 最初被定义为适用于 1,1′ - 亚胺基双（亚辛基）二胍（BSI 从 1970–1972 年使用的名称 guanoctine）。目前知道市场上销售的是一个反应混合物。产生于工业亚胺基双（亚辛基）二胺脒化，商业双胍辛盐包含大量胍类（其中聚胺链的氨基和亚氨基是组成部分）和聚胺，基本都具有杀菌活性。替换的英文通用名 iminoctadine（q.v.）是指 1,1′ - 亚胺双（亚辛基）二胍。

其他名称 双胍辛乙酸盐、Panoctine（Makhteshim-Agan，Nufarm Ltd.）、GTA。

化学名称 双胍辛盐是一种来自于聚胺(polyamines)的反应产物的混合物,主要成分:辛二胺和亚安基二(亚辛基)二胺、亚辛基双(亚胺基亚辛基)二胺以及氨基化氰。

IUPAC 名称 A mixture of the reaction products from polyamines,comprising mainly octamethylenediamine,iminodi(octamethylene)diamine and octamethylenebis(imino-octamethylene)diamine,and carbamonitrile。

CAS 登记号 108173-90-6；79956-56-2（被删除的登记号）；双胍辛乙酸盐（guazatine acetates）115044-19-4。

分子式

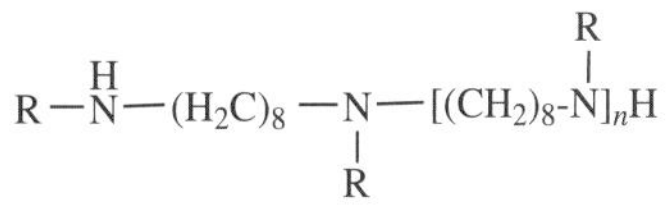

$$\mathrm{R-\overset{H}{N}-(H_2C)_8-\underset{R}{N}-[(CH_2)_8-\overset{R}{N}]_nH}$$

式中，n 可以是 0、1 或 2 等，任一个 R 取代基可以是—H（17%～23%）或者—$C(NH_2)=NH$（83%～77%）

开发单位 以色列马克西姆 - 阿甘公司有 W. S. Catling 等报道 1,1′ - 亚胺双（亚辛基）二胍盐的杀菌活性。埃文斯医疗公司报道了三乙酸盐。由墨菲化学公司开发（现美国陶氏农业科学的一部分），后来由克诺达公司（现拜耳公司）开发，1974 年在瑞典首次上市。

毒性 双胍辛盐：大鼠急性经口 LD_{50} 300mg/kg，NOEL：大鼠（2 年）2.8mg/（kg·d）。

双胍辛乙酸盐：大鼠急性经口 LD_{50} 360mg/kg，大鼠急性经皮 LD_{50} ＞ 10 000mg/kg。兔急性经皮 LD_{50} 1176mg/kg。对眼睛可能有刺激作用。大鼠急性吸入 LC_{50} 225mg/m^3。NOEL：大鼠 2 年 17.5mg/（kg·d）。狗 1 年 0.9mg/（kg·d）。对大鼠无致畸、致癌作用。毒性等级分级：Ⅱ（a.i.，WHO）；Ⅱ（制剂，EPA）。

双胍辛盐：雉鸡 LD_{50} 308mg/kg。

双胍辛乙酸盐：鸽子 LD_{50} 82mg/kg，且有催吐反应。虹鳟 LC_{50}（96 小时）1.41mg/L。水蚤 EC_{50}（48 小时）0.15mg/L。推荐剂量下对蜜蜂无毒，LD_{50} ＞ 200μg/ 只（接触）。蚯蚓 LC_{50}（14 天）＞ 1000mg/kg 土壤。

剂型 干拌种剂，种子处理液剂，可溶液剂。

作用方式及机理 杀菌剂。

防治对象 用作种子处理剂防治各种植物病原菌，主要用于柑橘病害的防治。防治谷物、玉米颖枯病，网腥黑穗病菌、镰刀菌和长蠕孢属引起的病害。也用作驱鸟剂。防治水稻稻瘟病，花生和大豆叶斑病、小麦叶枯病、甘蔗凤梨病。处理收获后的马铃薯种子、柑橘和菠萝。木材保护剂。

使用方法 种子处理，剂量 600～700g/t 种子。

参考文献

马克比恩 C, 2015. 农药手册[M]. 胡笑形, 等译. 北京: 化学工业出版社: 531-532.

（撰稿：闫晓静；审稿：刘鹏飞、刘西莉）

双环磺草酮 benzobicyclon

一种新颖的双环辛烷类芽后除草剂。

其他名称 ShowAce（SDS Biotech K. K.）；混剂：Kusa Kont（＋丙草胺）（Sankyo Agro，SDS Biotech k. k.，Syngenta）、Prekeep（＋苄草唑）（Ishiara Sangyo）、Sunshine（＋双唑草腈）（SDS Biotech k. k.）、SiriusExa（＋嗯嗪草酮＋吡嘧磺隆＋双唑草腈）（Nissan）。

化学名称 3-[2-氯-4-(甲磺酰基)苯甲酰基]-4-(苯硫基)二环[3.2.1]辛-3-烯-2-酮；3-[2-chloro-4-(methylsulfonyl)benzoyl]-4-(phenylthio)bicyclo[3.2.1]oct-3-en-2-one。

IUPAC 名称 3-(2-chloro-4-mesylbenzoyl)-2-phenylthio-bicyclo[3.2.1]oct-2-en-4-one。

CAS 登记号 156963-66-5。

分子式 $C_{22}H_{19}ClO_4S_2$。

相对分子质量 446.97。

结构式

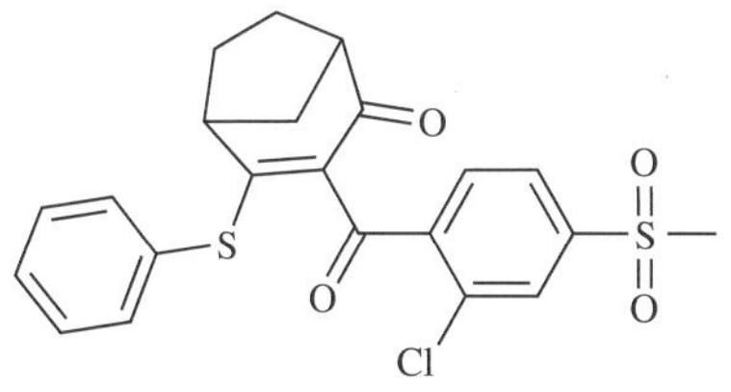

开发单位 2001 年由日本史迪士生物科学开发。

理化性质 纯品为浅黄色无味晶体。熔点 187.3℃。蒸气压＜ 5.6×10^{-2}mPa（25℃）。K_{ow}lg$P$ 3.1（20℃）。相对密度 1.45（20.5℃）。水中溶解度 0.052mg/L（20℃）。热稳定性达到 150℃迅速水解。

毒性 大鼠和小鼠急性经口 LD_{50} ＞ 5000mg/kg。大鼠急性经皮 LD_{50} ＞ 2000mg/kg。对皮肤无刺激性。大鼠吸入 LC_{50}（4 小时）＞ 2720mg/m^3。ADI/RfD 0.034mg/（kg·d）。山齿鹑和野鸭 LD_{50} ＞ 2250mg/kg。山齿鹑和野鸭 LC_{50} ＞ 5620mg/kg 饲料。鲤鱼 LC_{50}（48 小时）＞ 10mg/L。水蚤 LC_{50}（3

小时）> 1mg/L。羊角月牙藻 EC_{50}（72 小时）> 1mg/L。蜜蜂 LD_{50}（经口和接触）> 200μg/ 只。

剂型 颗粒剂，水分散粒剂，25% 悬浮剂。

作用方式及机理 对羟苯基丙酮酸双氧化酶（HPPD）抑制剂。选择性除草剂，通过杂草根部和底部茎吸收，在整株杂草传导，导致新叶白化。

防治对象 防除水稻直播田和移栽稻田的一年生和多年生杂草。苗前和苗后使用剂量 0.2～0.3kg/hm^2。

使用方法 茎叶喷雾防治水稻移栽田一年生杂草，有效成分用药 168～252g/hm^2。

参考文献

马克比恩 C, 2015. 农药手册[M]. 胡笑形, 等译. 北京: 化学工业出版社: 84-85.

（撰稿：张传清；审稿：刘西莉）

双甲胺草磷 H 9201

一种硫代磷酰胺酯类选择性内吸传导型除草剂。

其他名称 禾阔灵、Shuangjiaancaolin。

化学名称 (*RS*)-*O*- 甲基 -*O*-（6- 硝基 - 2,4- 二甲基苯基）- *N*- 异丙基硫代磷酰胺酯；*O*-methyl-*O*-(2-nitro-4,6-dimethylphenyl)-*N*-isopropyl phosphorothioate。

IUPAC 名称 (*RS*)-(*O*-methyl *O*-6-nitro-2,4-xylyl isopropylphosphoramidothioate)。

CAS 名称 *O*-(2,4-dimethyl-6-nitrophenyl) *O*-methyl *N*-（1-methylethyl）phosphoramidothioate）。

CAS 登记号 189517-75-7。

分子式 $C_{12}H_{19}N_2O_4PS$。

相对分子质量 318.33。

结构式

HN, P, S, O, O, NO_2

开发单位 南开大学元素有机化学研究所创制。与江苏省南通江山农药化工股份有限公司合作开发，2005 年在中国农业部农药检定所（ICAMA）获得农药临时登记，杨华铮等人报道双甲胺草磷的除草沽性。

理化性质 纯品为浅黄色固体，熔点 92～93℃。原药含量≥ 95%。易溶于丙酮、氯仿等有机溶剂，微溶于醇类，难溶于水；有机溶剂中溶解度（g/L，25℃）：乙酸乙酯 300，乙醚 65，石油醚 40，甲醇 15。稳定性：在 pH5～9 条件下稳定，在强酸和强碱条件下易发生水解反应。在温度> 120℃下发生分解。20% 双甲胺草磷乳油为黄色均相透明液体。

毒性 低毒。原药大鼠急性经口 LD_{50} 2150mg/kg，急性经皮 LD_{50} > 2000mg/kg；对兔皮肤无刺激性，眼睛轻度刺激性；对豚鼠致敏率为 0。20% 双甲胺草磷乳油雌、雄大鼠急性经口 LD_{50} 均> 5000mg/kg，急性经皮 LD_{50} > 2000mg/kg；兔皮肤属无刺激性，眼睛属轻度刺激性；对豚鼠致敏率为 0。20% 双甲胺草磷乳油斑马鱼 LC_{50}（96 小时）5.67mg/L；鹌鹑经口染毒 LD_{50}（14 天）> 2000mg/kg；蜜蜂接触染毒 LC_{50} > 100μg/μl，LD_{50} > 200μg/ 只蜂；桑蚕（食下毒叶法，24 小时）LC_{50} > 5000mg/kg 桑叶。20% 双甲胺草磷乳油对鱼为中毒级，对鸟、蜜蜂、家蚕属低毒级。

剂型 20% 乳油。

作用方式及机理 选择性内吸传导型除草剂。通过杂草在出土过程中其幼芽、幼根和分蘖节等对药剂的吸收，从而来抑制其分生组织的生长，最终达到除草目的。

防治对象 属水旱两用土壤处理除草剂，可用于大豆、水稻、小麦、蔬菜等作物芽前土壤处理，对胡萝卜田的一年生禾本科杂草及部分阔叶杂草有较好的防治效果，如马唐、牛筋草、铁苋菜、马齿苋等。对农作物安全。

使用方法

防治水稻田杂草 在移栽稻田秧苗活棵返青期拌土撒施，20% 双甲胺草磷 3750～5625ml/hm^2。

防治胡萝卜田杂草 在胡萝卜播后苗前，土壤喷雾处理，用药量为有效成分 750～1125g/hm^2，即每亩 20% 乳油 250～375ml，兑水 30～50L。土壤状况良好有利于增大药效，施药后土壤不能积水。施用推荐的剂量有明显的增产效果，对胡萝卜安全。每亩有效成分用量小于 60g（20% 乳油剂量为每亩 300g）时，对后茬作物小麦、油菜、葱等作物未见不良影响。

注意事项 ①施药人员必须戴防毒口罩，穿长袖上衣、长裤和鞋、袜。在操作时不能用手擦嘴、脸、眼睛，绝对不准互相喷射嬉闹。被农药污染的工作服要及时换洗。②哺乳期、孕期、经期的妇女，皮肤损伤未愈者不得喷药或暂停喷药。③施药人员每天喷药时间一般不得超过 6 小时。连续施药 3～5 天后应停休 1 天。④应按照推荐方法使用、操作。使用时应接受当地农业技术部门的指导。⑤操作人员如有头痛、头昏、恶心、呕吐等症状时，应立即离开施药现场，脱去被污染的衣服，漱口，擦洗手、脸和皮肤等暴露部位，及时就医。

参考文献

傅桂平, 杨明, 2014. 农药新专利和行政保护手册[M]. 北京: 中国农业出版社: 134-136.

刘永泉, 2012. 农药新品种实用手册[M]. 北京: 中国农业出版社: 372-374.

唐韵, 2010. 除草剂使用技术[M]. 北京: 化学工业出版社: 238-239.

朱桂梅, 潘以楼, 沈迎春, 2011. 新编农药应用表解手册[M]. 南京: 江苏科学技术出版社: 197.

（撰稿：贺红武；审稿：耿贺利）

双甲脒 amitraz

一种非内吸性杀螨剂。

其他名称　Akaroff、Byebye、Mitac、Parsec、Rotraz、Sender、Sunmitraz、Tactic、Vapcozin、螨克、BTS 27419、OMS1820、ENT 27967、双虫脒、果螨杀。

化学名称　*N*-甲基二(2,4-二甲苯亚氨基甲基)胺；*N′*-(2,4-dimethylphenyl)-*N*-[[(*N*-2,4-dimethylphenyl)imino]methyl]-*N*-methylmethanimidamide。

IUPAC名称　*N*-methylbis(2,4-xylyliminomethyl)amine。

CAS登记号　33089-61-1。

EC号　251-375-4。

分子式　$C_{19}H_{23}N_3$。

相对分子质量　293.41。

结构式

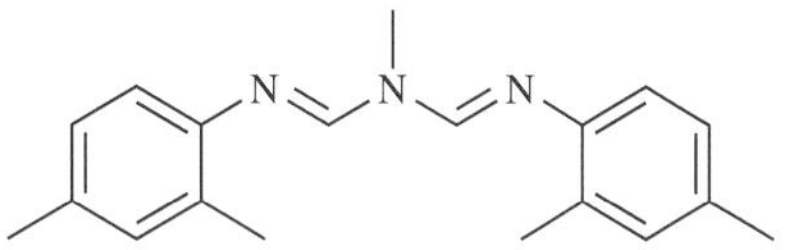

开发单位　B. H. Palmer等在1971年作为兽用杀螨剂报道，后在1972年D. M. Weighton等报道用作农用杀螨剂。由布兹公司将其上市，之后由拜耳公司进行农用市场推广和赫斯特公司进行兽用市场推广。2005年开始，农用市场改由爱利思达生命科学公司推广。

理化性质　白色或浅黄色晶状固体。熔点86~88℃。蒸气压0.34mPa（25℃，采用Clapeyron-Clausius分析）。K_{ow}lg$P$ 5.5（25℃，pH5.8）。Henry常数1.0Pa·m^3/mol（测定值）。相对密度1.128（20℃）。水中溶解度＜0.1mg/L（20℃）；溶于大多数有机溶剂，丙酮、甲苯、二甲苯＞300g/L。水解DT_{50}（25℃）：2.1小时（pH5）、22.1小时（pH7）、25.5小时（pH9）。紫外光对稳定性影响很小。pK_a4.2，弱碱。

毒性　急性经口LD_{50}（mg/kg）：大鼠650，小鼠＞1600。急性经皮LD_{50}（mg/kg）：兔＞200，大鼠＞1600mg/kg。大鼠吸入LC_{50}（6小时）65mg/L空气。NOEL：大鼠2年饲喂试验50~200mg/L进食量，或狗0.25mg/（kg·d），未观察到不良影响。人类NOEL＞0.125mg/（kg·d）。ADI/RfD（SCFA）0.003mg/kg［2003］；（JMPR）0.01mg/kg［1998］；（EPA）aRfD 0.0125mg/kg［2006］，cRfD 0.0025mg/kg［1988］。山齿鹑LD_{50} 788mg/kg。LC_{50}（8天，mg/kg饲料）：绿头野鸭7000，日本鹌鹑1800。鱼类LC_{50}（96小时，mg/L）：虹鳟0.74，蓝鳃翻车鱼0.45。因为快速水解，在自然水系中不可能显示出毒性。水蚤LC_{50}（48小时）0.035mg/L。羊角月牙藻EC_{50}＞12mg/L。对蜜蜂和肉食性昆虫低毒：LD_{50}（接触）50μg/只（制剂）。蚯蚓LC_{50}（14天）＞1000mg/kg土壤。

剂型　200g/L、20%乳油。

作用方式及机理　可能与蜱虫神经系统中章鱼胺受体的交互作用有关，由此增加神经活动。非内吸性杀虫剂，有触杀和吸入杀虫作用。驱虫作用表现为使蜱虫迅速收回口器并从宿主动物身上掉落。

防治对象　防治所有阶段的叶螨和瘿螨、木虱、疥虫、水蜡虫、粉虱、蚜虫，鳞翅目害虫的卵和第一阶段幼虫。适用作物有梨果、柑橘、棉花、核果、灌木浆果、草莓、啤酒花、南瓜、茄子、柿子椒、番茄、观赏植物等。也可兽用，驱除动物（牛、狗、猪、绵羊、山羊）体表的寄生虫，如蜱、螨、虱等。高温时对未成熟的柿子椒和梨可能有药害。

使用方法

防治果树害螨　苹果叶螨，柑橘红蜘蛛、柑橘锈螨、木虱，用20%乳油1000~1500倍液喷雾。

防治茶树害螨　防治茶半跗线螨，用150~200mg/kg（有效成分）药液喷雾。

防治蔬菜害螨　茄子、豆类红蜘蛛，用20%乳油1000~2000倍液喷雾。西瓜、冬瓜红蜘蛛，用20%乳油2000~3000倍液喷雾。

防治棉花害螨　防治棉花红蜘蛛，用20%乳油1000~2000倍液喷雾。同时对棉铃虫、红铃虫有一定兼治作用。

防治牲畜体外蜱螨及其他害螨　牛、羊等牲畜蜱螨处理药液500~1000mg/kg。牛疥癣病用药液250~500mg/kg全身涂擦、涮洗。环境害螨用20%乳油1000倍液喷雾。

注意事项　马敏感，慎用；对鱼类有剧毒，禁用。废弃包装请妥善处理，切勿污染环境及水源。

与其他药剂的混用　可与高效氯氰菊酯、四溴菊酯等复配。

允许残留量　GB 2763—2021《食品中农药最大残留限量标准》规定双甲脒在谷物（鲜食玉米）、油料和油脂（棉籽、棉籽油）、蔬菜（番茄、茄子、辣椒、黄瓜）、水果（柑橘、橙、柠檬、柚、枇杷、桃、樱桃）、食用菌（鲜蘑菇类）上的最大残留限量均为0.5mg/kg。ADI为0.01mg/kg。

参考文献

刘长令, 2012. 世界农药大全: 杀虫剂卷[M]. 北京: 化学工业出版社: 331-334.

马克比恩 C, 2015. 农药手册[M]. 胡笑形, 等译. 北京: 化学工业出版社: 34-35.

（撰稿：李新；审稿：李淼）

双硫磷　temephos

一种有机磷杀虫剂。

其他名称　Abaphos、Abat、Abate、Abathion、Biothion、Difenthos、Lypor、Nimetox、Swebate、替美福司、硫双苯硫　磷、teAbathion、AC 52150、AC52160 OMS-786、ENT 27165。

化学名称　*O,O,O′,O′*-四甲基-*O,O′*-硫代双-对-苯撑二硫代磷酸酯；*O,O,*O′,*O*-tetramethyl *O,O ′*-thiodi-*p*-phenylene phosphorothioate)。

IUPAC名称　*O,O,O′,O′*-tetramethyl *O,O′*-thiodi-*p*-phenylene bis(phosphorothioate)。

CAS登记号　3383-96-8。

EC号　222-191-1。

分子式　$C_{16}H_{20}O_6P_2S_3$。

相对分子质量　466.47。

结构式

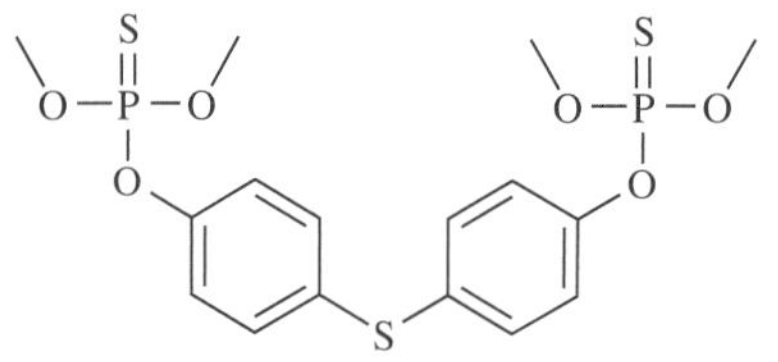

开发单位 1965年由美国氰胺公司推广。获有专利Colombia P13806、13807、Iran P5177、5178、Pakistan P115189、115227、Belg P648531、BP1039238、USP3317636。

理化性质 纯品为无色结晶固体。熔点30~30.5℃，相对密度1.586（20℃）。不溶于水、己烷、甲基环己烷，可溶于乙腈、四氯化碳、乙醚、甲苯、低级烷酮类、二氯乙烷。在普通的淡水和盐水中，具有很好的化学稳定性，pH5~7范围内，其稳定性最好。强酸性（pH＜2）或强碱性（pH＞9）介质中加速水解，其水解速度取决于温度的高低和酸（或碱）度的大小。

毒性 低毒。大鼠急性经口LD_{50} 2000~2300mg/kg。兔急性经皮LD_{50} 0.97~1.93mg/kg，急性吸入LC_{50}（4小时）＞4.79mg/L。以含有350mg/kg的双硫磷饲料喂大鼠90天，除对胆碱酯酶有抑制外，无其他有害作用。鱼类LC_{50}（24小时）：虹鳟31.8mg/L，鲑鱼1.9mg/L。双硫磷对鸟有毒，对蜜蜂直接接触时有较高毒性，但在大田条件下使用仅有轻度毒性。

剂型 10%、50%乳油，50%可湿性粉剂，1%、2%、5%颗粒剂，2%粉剂。

质量标准 原药含量≥85%。

作用方式及机理 具有强烈的触杀作用，它的最大特点是对蚊和蚊幼虫特效，持效期也很长。当水中药的浓度为1mg/kg时，37天后仍能在12小时后把蚊幼虫100%杀死。无内吸性，具有高度选择性，适于歼灭水塘、下水道、污水沟中的蚊蚋幼虫，稳定性好，持效久。

防治对象 蚊虫、黑蚋、库蠓、摇蚊等的幼虫和成虫。对防治人体上的虱，狗、猫身上的跳蚤亦有效。还能防治水稻、棉花、玉米、花生等作物上的多种害虫，如黏虫、棉铃虫、稻纵卷叶螟、卷叶蛾、地老虎、小造桥虫和蓟马等。

使用方法 用1%颗粒剂7.5~15kg/hm^2，2%颗粒剂3.75~7.5kg/hm^{2}或5%颗粒剂1.5kg/hm^2，可防治死水、潜湖、林区、池塘中的蚊类。含有机物多的水中，用1%颗粒剂15~30kg/hm^{2}或2%颗粒剂15kg/hm^{2}或5%颗粒剂7.5kg/hm^2，可防治沼泽地、湖水区有机物较多的水源中或潮湿地上的蚊类。用2%颗粒剂37.5kg/hm^2，或5%颗粒剂15kg/hm^2，可防治污染严重的水源中的蚊类。用50%乳油45~75kg/hm^2，加水均匀喷洒，可防治孑孓，但对有机磷抗性强的地区，应用较高的剂量，必要时重复喷洒。用50%乳油1000倍液喷雾，可防治黏虫、棉铃虫、卷叶虫、稻纵卷叶螟、小地老虎、小造桥虫等害虫，效果良好。

注意事项 因对鸟类和虾有毒，在养殖这类生物的地区禁用。对蜜蜂有毒，果树开花期禁用。由于双硫磷低毒，采取一般防护。

允许残留量 ①日本规定双硫磷最大残留限量：牛食用内脏、牛瘦肉为2mg/kg，牛肥肉为4mg/kg；其他哺乳动物脂肪3mg/kg，其他哺乳动物食用内脏、肌肉为0.5mg/kg。②澳大利亚规定双硫磷最大残留限量：牛肉、牛内脏、羊肉、羊内脏的分别为5mg/kg、2mg/kg、3mg/kg、0.5mg/kg。③新西兰规定双硫磷牛脂肪的最大残留限量为2mg/kg。

参考文献

孙家隆, 2015.新编农药品种手册[M]. 北京: 化学工业出版社.

王振荣, 李布青, 1996. 农药商品大全[M]. 北京: 中国商业出版社.

张敏恒, 2006.新编农药商品手册[M]. 北京: 化学工业出版社.

（撰稿：王鸣华；审稿：吴剑）

双氯酚 dichlorophen

一种广谱性取代苯类杀菌灭藻剂。

其他名称 Super mosstox、甲双氯酚、杀菌灭藻剂NL-4、二氯酚。

化学名称 4,4′-二氯-2,2′-亚甲基二苯酚；双(5-氯-2-羟基苯基)甲烷；5,5′-二氯-2,2′-二羟基二苯基甲烷；4,4′-dichloro-2,2′-methylenediphenol；bis(5-chloro-2-hydroxyphenyl) methane；5,5′-dichloro-2,2′-dihydroxy diphenylmethane。

IUPAC名称 4,4′-dichloro-2,2′-methylenediphenol。

CAS登记号 97-23-4。

EC号 202-567-1。

分子式 $C_{13}H_{10}Cl_2O_2$。

相对分子质量 269.12。

结构式

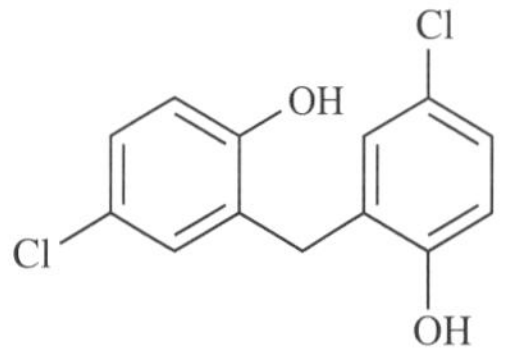

理化性质 纯品为无色无味晶体（原药为浅棕褐色粉末，略带酚醛气味）。熔点177~178℃（原药，≥164℃）。蒸气压1.3×10^{-5}mPa（25℃）。Henry常数1.17×10^{-7}Pa·m^3/mol（计算值）。水中溶解度30mg/L（25℃）；有机溶剂中溶解度（g/L，25℃）：乙醇530、异丙醇540、丙酮800、丙二醇450；溶于甲醇、异丙醇和石油醚，微溶于甲苯。稳定性：空气中缓慢氧化。酸性反应，形成碱性金属盐。在缺氧条件下、酸性溶液中光解，导致一个氯原子水解，形成相应的酚；在氧气存在的条件下，形成相应的苯醌。pH9时形成同样的产品，4-氯-2,2′-亚甲基二苯酚。pK_{a1}7.6；pK_{a2}11.6，弱酸。

毒性 急性经口LD_{50}（mg/kg）：大鼠2690，小鼠1000，豚鼠1250，狗2000。用含2000mg/kg剂量的饲料喂大鼠90天未出现中毒症状。刺激性：兔子皮肤500mg/24小时，轻度刺激。对鱼有毒。

作用方式及机理 有触杀作用。

S

防治对象　作杀菌灭藻剂，对细菌、真菌、藻类、酵母菌均有较高活性。防治苔藓、红线病、镰刀菌斑和草坪的币斑，路上、墙壁、屋顶和非耕地的苔藓；预防公园的长椅、设备、棉织品等的发霉和长藻。也可作驱虫剂。

注意事项　对鱼有毒。

参考文献

马克比恩 C, 2015. 农药手册[M]. 胡笑形, 等译. 北京: 化学工业出版社: 294-295.

孙家隆, 2015. 新编农药品种手册[M]. 北京: 化学工业出版社: 556-557.

（撰稿：毕朝位；审稿：谭万忠）

双氯磺草胺　diclosulam

一种三唑并嘧啶磺酰胺类选择性除草剂。

其他名称　XDE-564。

化学名称　*N*-(2,6-二氯苯基)-5-乙氧基-7-氟[1,2,4]-三唑并[1,5-*c*]嘧啶-2-磺酰胺。

IUPAC名称　*N*-(2,6-difluorophenyl)-5-methoxy-7-fluoro[1,2,4]triazolo[1,5-*c*]pyrimidine-2-sulfonamide。

CAS登记号　145701-21-9。

EC号　604-487-6。

分子式　$C_{13}H_{10}Cl_2FN_5O_3S$。

相对分子质量　406.22。

结构式

F N N O Cl NH Cl S O O N N O

开发单位　陶氏益农公司。

理化性质　纯品外观为白色固体。相对密度1.602（20℃）。熔点218～221℃。蒸气压6.67×10^{-10}mPa（25℃）。水中溶解度6.32μg/L（20℃，pH7）；其他溶剂中溶解度（mg/100ml，20℃）：丙酮797、乙腈459、二氯甲烷145、甲醇81.3、辛醇4.42、甲苯5.88。

毒性　原药大鼠急性经口$LD_{50} > 5000$mg/kg，急性经皮$LD_{50} > 2000$mg/kg，急性吸入$LC_{50} > 5.04$mg/L。对兔皮肤和眼睛无刺激。对鱼、鸟、蜜蜂、家蚕低毒。鱼类LC_{50}（96小时）：虹鳟> 100mg/L、大翻车鱼> 137mg/L。鹌鹑急性经口$LD_{50} > 2250$mg/kg。蜜蜂接触LD_{50}（48小时）> 25μg/只。蚯蚓LC_{50}（14天）> 991mg/kg土壤。

剂型　84%水分散粒剂。

质量标准　双氯磺草胺原药企业标准（Q/320411 JSY 078—2019）。

作用方式及机理　内吸传导型除草剂。经杂草叶片、根吸收，累积在生长点，抑制乙酰乳酸合成酶，影响蛋白质合成，使杂草停止生长而死亡。

防治对象　反枝苋、凹头苋、蓼、藜、鸭跖草、豚草、苣荬菜、刺儿菜等阔叶杂草。

使用方法　用于大豆、花生田防除阔叶杂草。

防治大豆田杂草　东北地区春大豆播种后出苗前，每亩用84%双氯磺草胺水分散粒剂2～4g（有效成分1.7～3.36g），兑水40～50L土壤喷雾。

注意事项　①施药后大豆叶片有褪绿现象，药后15天药害症状消除，不影响产量。②大豆新品种施药前，应先进行小面积试验。③该品仅限于一年一熟春大豆田施用。

允许残留量　GB 2763—2021《食品中农药最大残留限量标准》规定双氯磺草胺最大残留限量见表。ADI为0.05mg/kg。

部分食品中双氯磺草胺最大残留限量（GB 2763—2021）

食品类别	名称	最大残留限量（mg/kg）
油料和油脂	大豆	0.2
蔬菜	菜用大豆	0.5

参考文献

刘长令, 2002. 世界农药大全: 除草剂卷[M]. 北京: 化学工业出版社.

马克比恩 C, 2015. 农药手册[M]. 胡笑形, 等译. 北京: 化学工业出版社.

中国农业百科全书总编辑委员会农药卷编辑委员会, 中国农业百科全书编辑部, 1993. 中国农业百科全书: 农药卷[M]. 北京: 农业出版社.

SHANER D L, 2014. Herbicide handbook[M]. 10th ed. Lawrence, KS: Weed Science Society of America.

（撰稿：李香菊；审稿：耿贺利）

双螺旋混合　double helix mixing

一般双螺旋混合主要设备为锥形双螺旋混合机，是指利用螺旋的公转、自转使物料反复提升，在锥体内产生剪切、对流、扩散等复合运动，从而达到混合的目的。

原理　锥形混合机筒内两只非对称螺旋自转将物料向上提升，转臂慢速公转运动使螺旋外的物料不同程度进入螺柱，从而达到全圆周方位物料的不断更新扩散，被提到上部的两股物料再向中心凹穴汇合，形成一股向下的物料流，补充了底部的空缺，从而形成对流循环的三重混合效果。

特点　锥形筒体符合混合物料无残留的高要求；柔和的搅拌速度不会对易碎物料产生破坏作用并对热敏性物料不会产生过热现象；搅拌作用对物料的化学反应有更好的配合作用；适用于密度悬殊、混配比较大的物料及粉体颗粒相当大的物料；底部错位阀出料方便，由于螺旋底部无固定装置，因此不会出现颗粒物料压馈和磨碎的现象。

设备　根据工艺要求可在混合机筒体外增加夹套，通过向夹套内注入冷热介质来实现对物料的冷却或加热；冷却一般泵入工业用水，加热可通入蒸汽或电加热导热油。

应用　广泛用于化工、农药、染料、食品、饲料、建材、稀土等粉体与液体（固—液）的混合。在农药上主要用于可湿性粉剂的前混合及成品的后混合，还可用于吸附法颗粒剂的制造，如硅藻土颗粒剂、高岭土颗粒剂等。

参考文献

蒋志坚，马毓龙，1991. 农药加工丛书[M]. 北京：化学工业出版社.

刘步林，1998. 农药加工技术[M]. 2版. 北京：化学工业出版社.

（撰稿：周惠中；审稿：遇璐、丑靖宇）

双炔酰菌胺　mandipropamid

一种新型酰胺类杀菌剂。

其他名称　瑞凡。

化学名称　4-氯-*N*-[2-[3-甲氧基-4-(2-丙炔-1-基氧基)苯基]乙基]-*α*-(2-丙炔-1-基氧基)苯乙酰胺；4-chloro-*N*-[2-[3-methoxy-4-(2-propyn-1-yloxy)phenyl]ethyl]-*α*-(2-propyn-1-yloxy)benzeneacetamide。

IUPAC名称　(*RS*)-2-(4-chlorophenyl)-*N*-[3-methoxy-4-(prop-2-yovanyloxy)phenylethyl]-2-(prop-2-ynyloxy)acetamide。

CAS登记号　374726-62-2。

分子式　$C_{23}H_{22}ClNO_4$。

相对分子质量　411.88。

结构式

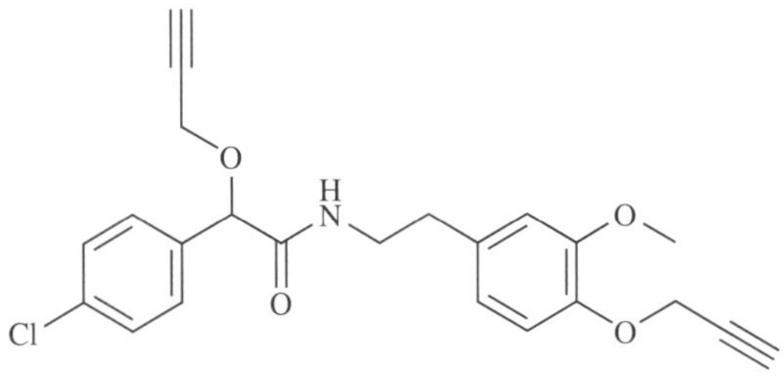

开发单位　先正达公司。

理化性质　原药外观为浅褐色细粉末。密度1.24g/cm^3。溶解度（g/L，20℃）：丙酮300、二氯甲烷400、乙酸乙酯120、正己烷42、甲醇66、辛醇4.8、甲苯29。

毒性　大鼠急性经口LD_{50}＞5000mg/kg，急性经皮LD_{50}＞5000mg/kg。对白兔眼睛和皮肤有轻度刺激性。

剂型　悬浮剂。

质量标准　23.4%悬浮剂，储藏温度应避免低于-10℃或高于35℃。

作用方式及机理　对绝大多数由卵菌引起的叶部病害有很好的防效，对处于萌发阶段的孢子具有极高的活性，此外还可抑制菌丝生长和孢子的形成，对处于潜伏期的植物病害有较强的治疗作用。与叶表的蜡质层有很好的亲和力。

防治对象　可防治番茄晚疫病、辣椒疫病、荔枝霜疫霉病、马铃薯晚疫病、葡萄霜霉病、西瓜疫病等卵菌病害。

使用方法　喷雾使用，推荐在作物谢花后或坐果期使用该品，快速生长期配合内吸性较强的产品。在连续阴雨或湿度较大的环境中，或者当病情较重的情况下，建议使用较高剂量。为获得最佳的防治效果，使用前应摇匀。尽量于病害发生之前整株均匀喷雾。

防治番茄晚疫病　按推荐剂量，在发病初期喷雾使用，或在作物谢花后或雨天来临前，根据病害发展和天气情况连续使用2～3次，间隔7～10天，兑水后整株均匀充分喷雾。一季作物最多施用3次，安全间隔期3天。

防治西瓜疫病　按推荐剂量，在作物谢花后或雨天来临前，根据病害发展和天气情况连续使用2～3次，间隔7～10天，喷药量675～900L/hm^2。一季作物最多施用3次，安全间隔期5天。

防治辣椒疫病　在作物谢花后或雨天来临前，根据病害发展和天气情况连续使用2～3次，间隔7～10天，喷药量675～900L/hm^2。一季作物最多施用3次，安全间隔期3天。

防治马铃薯晚疫病　按推荐剂量，在作物谢花后或雨天来临前，根据病害发展和天气情况连续使用2～3次，间隔7～14天，喷药量675～900L/hm^2。一季作物最多施用3次，安全间隔期3天。

防治荔枝霜疫霉病　在荔枝开花前幼果期、中果期和转色期各使用1次，加水后整株均匀充分喷雾。一季作物最多施用3次，安全间隔期3天。

防治葡萄霜霉病　按推荐剂量，在发病初期喷雾使用，或在作物谢花后或雨天来临前，根据病害发展和天气情况连续使用2～3次，间隔7～14天，兑水后整株均匀充分喷雾。一季作物最多施用3次，安全间隔期3天。

注意事项　按照农药安全使用准则使用该品。避免药液接触皮肤、眼睛和污染衣物，避免吸入雾滴。切勿在施药现场抽烟或饮食。在饮水、进食和抽烟前，应先洗手、洗脸及暴露部位皮肤。配药和喷药时，应戴手套、面罩，穿靴子。施药后，彻底清洗防护用具，洗澡，并更换和清洗工作服。

使用过的空包装，用清水冲洗3次后妥善处理，切勿重复使用或改作其他用途。所有施药器具，用后应立即用清水或适当的洗涤剂清洗。药液及其废液不得污染各类水域、土壤等环境。勿将药液或空包装弃于水中或在河塘中洗涤喷雾器械，避免污染水源。未用完的制剂应放在原包装内密闭保存，切勿置于饮食容器中。

过敏者禁用。孕妇及哺乳期妇女禁止接触。使用中有任何不良反应请及时就医。

与其他药剂的混用　双炔酰菌胺40g/L、百菌清400g/L混用，用来防治黄瓜霜霉病。

允许残留量　GB 2763—2021《食品中农药最大残留限量标准》规定双炔酰菌胺最大残留限量见表。ADI为0.2mg/kg。

部分食品中双炔酰菌胺最大残留限量（GB 2763—2021）

食品类别	名称	最大残留限量（mg/kg）
蔬菜	洋葱	0.10*
	葱	7.00*
	结球甘蓝	3.00*
	青花菜	2.00*
	叶菜类（芹菜除外）	25.00*
	芹菜	20.00*
	番茄	0.30*
	辣椒	1.00*
	黄瓜、西葫芦	0.20*
	马铃薯	0.01*
水果	葡萄	2.00*
	荔枝、西瓜	0.20*
	甜瓜类水果	0.50*
干制水果	葡萄干	5.00*
饮料类	啤酒花	90.00*
调味料	干辣椒	10.00*
药用植物	人参（鲜）	0.20*
	人参（干）	2.00*

* 临时残留限量。

参考文献

傅桂平, 杨明, 2014. 农药新专利和行政保护手册[M]. 北京: 中国农业出版社: 94-95.

刘长令, 2006. 世界农药大全: 杀菌剂卷[M]. 北京: 化学工业出版社: 107-108.

（撰稿：刘西莉；审稿：代探）

双三氟虫脲 bistrifluron

一种苯甲酰脲类杀虫剂。

其他名称 Hanaro、DBI-3204。

化学名称 1-[2-氯-3,5-双(三氟甲基)苯基]-3-(2,6-二氟苯甲酰基)脲；1-[2-chloro-3,5-bis(trifluoromethyl)phenyl]-3-(2,6-difluorobenzoyl)urea。

IUPAC名称 *N*-[[2-chloro-3,5-bis(trifluoromethyl)phenyl] carbamoyl]-2,6-difluorobenzamide。

CAS登记号 201593-84-2。

分子式 $C_{16}H_7ClF_8N_2O_2$。

相对分子质量 446.68。

结构式

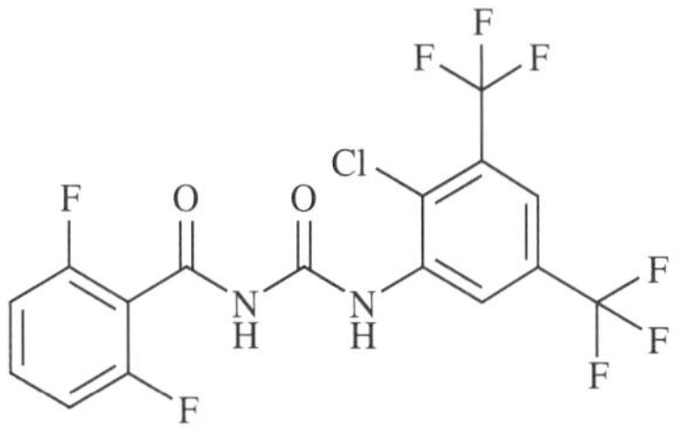

开发单位 韩国东宝化学公司。2006年在韩国上市。

理化性质 白色粉状固体。熔点172~175℃。蒸气压2.7×10^{-3}mPa（25℃）。K_{ow}lg*P* 5.74。Henry常数＜4×10^{-2}Pa·m³/mol。水中溶解度（25℃）＜0.03mg/L；其他溶剂中溶解度（25℃，g/L）：甲醇33、二氯甲烷64、正己烷3.5。室温，pH5~9下稳定。pK_a 9.58±0.46（25℃）。

毒性 雄、雌大鼠急性经口LD_{50}＞5000mg/kg。雄、雌大鼠急性经皮LD_{50}＞2000mg/kg。对皮肤无刺激，对眼睛轻微刺激。NOEL：（13周）大鼠亚慢性毒性＞1000mg/kg，亚慢性经皮毒性1000mg/kg，致畸毒性＞1000mg/kg。在Ames试验、染色体畸变和微核试验均为阴性。山齿鹑和野鸭急性经口LD_{50}＞2250mg/kg。鱼类LC_{50}（48小时，mg/L）：鲤鱼＞0.5，鳉鱼＞10。蜜蜂LD_{50}（48小时，接触）＞100μg/只。蚯蚓LC_{50}（14天）32.84mg/kg土壤。

剂型 10%悬浮剂，10%乳油。

作用方式及机理 对昆虫具有显著的生长发育抑制作用，对白粉虱有特效。该化合物抑制昆虫几丁质形成，影响内表皮生成，使昆虫不能顺利蜕皮而死亡。

防治对象 粉虱，如白粉虱和烟粉虱；鳞翅目害虫，如甜菜夜蛾、小菜蛾和金纹细蛾。

使用方法 75~150g/hm² 防治蔬菜上的鳞翅目害虫和小菜蛾，10~400g/hm² 用于果树都有很好杀虫效果；50~100g/hm² 防治粉虱效果很好；75~150g/hm² 用于柿子树有很好效果。

参考文献

刘长令, 2017.现代农药手册[M].北京: 化学工业出版社: 946-947.

（撰稿：杨吉春；审稿：李淼）

双杀鼠灵 dicoumarol

一种经口羟基香豆素类抗凝血杀鼠剂。

其他名称 敌鼠害。

化学名称 3,3′-亚甲基双(4-羟基香豆素)。

IUPAC名称 3,3'-methylenebis(4-hydroxy-2*H*-chromen-2-one)。

CAS登记号 66-76-2。

分子式 $C_{19}H_{12}O_6$。

相对分子质量 336.30。

结构式

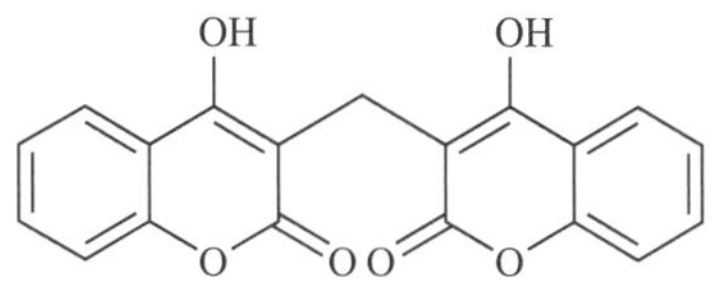

理化性质 白色或浅黄色粉末。熔点287~293℃。溶于碱、吡啶，微溶于氯仿、苯，不溶于水、醇、醚，味苦，有臭味。

毒性 大鼠急性经口LD_{50} 250mg/kg。

作用方式及机理 经口毒物。竞争性抑制维生素K环氧化物还原酶，导致活性维生素 K 缺乏，进而破坏凝血机制，产生抗凝血效果。

使用情况 在中国无正式登记或已禁止使用。

使用方法 堆投，毒饵站投放。

注意事项 一种中等毒性的杀鼠剂，误食后立即饮用大量温水催吐、就医。

参考文献

PALOM Y, BELCOURT M F, TANG L Q, 2001. Bioreductive metabolism of mitomycin C in EMT6 mouse mammary tumor cells: cytotoxic and non-cytotoxic pathways, leading to different types of DNA adducts. the effect of dicumarol[J]. Biochemical pharmacology, 61(12): 1517-1529.

RAABE J, AREND C, STEINMEIER J, et al, 2019. Dicoumarol inhibits multidrug resistance protein 1-mediated export processes in cultured primary rat astrocytes[J]. PubMed, 44(2): 333-346.

（撰稿：王登；审稿：施大钊）

霜霉灭 valifenalate

一种缬氨酰胺氨基甲酸酯类杀菌剂。

其他名称 缬氨菌酯。

化学名称 *N*-异丙氧羰基-L-缬氨酰基-(3*RS*)-3-(4-氯苯基)-*β*-丙氨酸甲酯。

IUPAC名称 methyl *N*-(isopropoxycarbonyl)-L-valyl-(3*RS*)-3-(4-chlorophenyl)-*β*-alaninate。

CAS 登记号 283159-90-0。

分子式 $C_{19}H_{27}ClN_2O_5$。

相对分子质量 398.88。

结构式

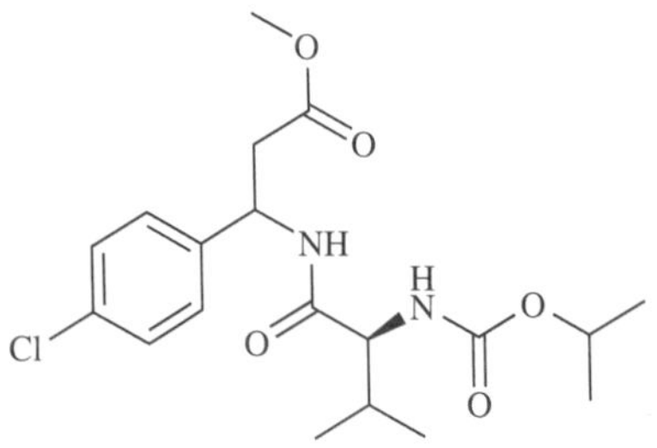

开发单位 意大利意赛格公司。

理化性质 原药纯度 98%。纯品为无味白色细粉末。熔点 147℃。沸点 367℃ ±0.5℃（101.83~102.16kPa），有轻微分解。蒸气压 9.6×10^{-5}mPa（20℃）、2.3×10^{-4}mPa（25℃）（EECA4）。K_{ow}lg$P$ 3~3.1（pH4~9）。Henry 常数 1.6×10^{-6}Pa·m^3/mol（计算值）。相对密度 1.25（21℃ ±0.5℃）。水中溶解度（g/L）：2.41×10^{-2}（pH4.9~5.9）、4.55×10^{-2}（pH9.5~9.8）；有机溶剂中溶解度（g/L）：甲醇 28.8、丙酮 29.3、乙酸乙酯 25.4、正庚烷 2.55×10^{-2}、二氯乙烷 14.4、二甲苯 2.31。稳定性：在空气中迅速降解，大气中 DT_{50} 7.5 小时。在水溶液中稳定（pH4），DT_{50} 7.62 天（pH7，50℃）4.15 天（pH9，25℃）（计算值）。水溶液中不光解。pK_a 为 −1.78 ± 0.7，11.53 ± 0.46（酰胺基 1）；−1.78 ± 0.7，14.885 ± 0.46（酰胺基 2）。闪点：在其熔点下没有一个相对的自燃温度。

毒性 大鼠急性经口 LD_{50} > 5000mg/kg，急性经皮 LD_{50} > 2000mg/kg。对兔眼睛和皮肤无刺激作用。大鼠吸入 LC_{50} > 3.118mg/L（空气）。NOEL［mg/（kg·d）］：雄大鼠 150，雌大鼠 1000。ADI/RfD 0.168mg/kg。无致癌、致畸和致突变作用。北方鹌鹑和野鸭急性经口 LD_{50}（14 天）> 2250mg/kg，饲喂 LC_{50}（5 天）> 5620mg/kg 饲料。野鸭 2649mg/（kg·d），北方鹌鹑 1513mg/（kg·d）。虹鳟和斑马鱼 LC_{50}（96 小时）> 100mg/L。水蚤 LC_{50}（48 小时）> 100mg/L。近具刺链带藻 EC_{50}（72 小时）> 100mg/L。蜜蜂 LD_{50}（48 小时）：接触 > 100μg/ 只，经口 > 106.6μg/ 只。赤子爱胜蚓 LD_{50}（14 天）> 1000mg/kg 土壤。

剂型 水分散粒剂。

作用方式及机理 抑制纤维素合成酶。具有预防、治疗、铲除作用和抗孢子活性的杀菌剂。通过干扰细胞壁的合成，在植物的外部（在孢子上）或内部（在菌丝体上），影响病原体所有的生长阶段。主要通过叶子渗透到植物组织中，也可以通过根吸收，向上传至木质部，并均匀扩散到植物组织中。可给植物提供持久保护，施用后也可以促进植物新的生长。

防治对象 用于防治卵菌纲，尤其是霜霉菌科、疫霉菌属和单轴菌属，但不包括腐霉病菌引起的病害。对马铃薯和番茄枯萎病的后期防治有特效，也可用于防治葡萄、生菜、洋葱、烟草和其他作物的霜霉病以及观赏植物的多种病害。

使用方法 常和其他杀菌剂混用，使用剂量 120~159g/hm^2。

参考文献

马克比恩 C, 2015. 农药手册[M]. 胡笑形, 等译. 北京: 化学工业出版社: 1058-1059.

（撰稿：闫晓静；审稿：刘鹏飞、刘西莉）

霜霉威 propamocarb

一种新型、高效、广谱、内吸性的氨基甲酸酯类杀菌剂。

其他名称 Banol、Previcur N、Previcur、Proplant、Promo。

化学名称 （非盐酸盐）3-(二甲基氨基)丙基氨基甲酸正丙酯。

IUPAC名称 propyl [3-(dimethylamino)propyl] carbamate。

CAS 登记号 24579-73-5。

EC 号 607-406-2。

分子式 $C_9H_{20}N_2O_2$。

相对分子质量 188.27。

结构式

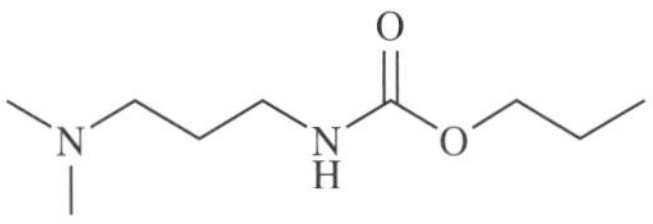

理化性质　熔点45~55℃。蒸气压730mPa（25℃）。K_{ow}lg$P$ 0.84（20℃）。Henry常数1.5×10^{-4}Pa·m^3/mol（20℃）。水中溶解度1005g/L（20℃）；有机溶剂中溶解度（g/L，20℃）：正己烷＞883、甲醇＞933、甲苯＞852、二氯甲烷＞937、丙酮＞921、乙酸乙酯＞856。不易水解和光解，且能耐400℃高温。

毒性　急性经口LD_{50}（mg/kg）：大鼠2000~2900，小鼠2650~2800，狗1450。大鼠和小鼠急性经皮LD_{50}＞3000mg/kg。对兔皮肤和眼睛无刺激性，无皮肤过敏现象。大鼠急性吸入LC_{50}（4小时）＞0.0057mg/L。2年饲喂试验NOEL：大鼠1000mg/kg。无致突变作用。急性经口LD_{50}：野鸡3050mg/kg，野鸭＞6290mg/kg。饲喂LC_{50}（5天）：野鸡＞52 000mg/kg饲料，日本鹌鹑＞25 000mg/kg饲料，野鸭12 915mg/kg饲料。鱼类LC_{50}（96小时，mg/L）：虹鳟275，蓝鳃太阳鱼275，鲤鱼155。水蚤LC_{50}（48小时）280mg/L。蜜蜂LD_{50}＞0.1μg/只（经口）。蚯蚓LC_{50}（14天）＞1000mg/kg土壤。

剂型　72.2%和66.5%水剂。

质量标准　66.5%霜霉威水剂外观为无色、无味水溶液。相对密度在20℃时1.08~1.09，可以与大多数常用农药混配。

作用方式及机理　主要抑制病菌细胞膜成分的磷脂和脂肪酸的生物合成，抑制菌丝生长、孢子囊的形成和萌发。霜霉威属于内吸传导杀菌剂，当用作土壤处理时，能很快被根吸收并向上输送到整个植株。当用作茎叶处理时，能很快被叶片吸收并分布在叶片中，在30分钟内就能起到保护作用。还可以用于无土栽培、浸泡块茎和球茎、制作种衣剂等。与其他药剂无交互抗性，尤其防治对常用杀菌剂已产生抗药性的病菌有效。

防治对象　对卵菌纲真菌有特效，可有效防治多种作物的种子、幼苗、根、茎叶部卵菌纲引起的病害，如霜霉病、猝倒病、疫病、晚疫病、黑胫病等病害。霜霉威不推荐用于防治葡萄霜霉病。

使用方法　防治苗期猝倒病和疫病。播种前或播种后、移栽前和移栽后均可施用，每平方米用72.2%水剂5~7.5ml加2~3L水稀释灌根。防治霜霉病、疫病等，在发病前或初期，每亩用72.2%水剂60~100ml加30~50L水喷雾，每隔7~10天喷药1次。为防治和治疗抗药性，推荐每个生长季节使用霜霉威2~3次，与其他不同类型的药剂轮换使用。

允许残留量　GB 2763—2021《食品中农药最大残留限量标准》规定霜霉威最大残留限量见表。ADI为0.4mg/kg。蔬菜、水果按照GB/T 20769、NY/T 1379规定的方法测定；调味料参照SN 0685规定的方法测定。

部分食品中霜霉威最大残留限量（GB 2763—2021）

食品类别	名称	最大残留限量（mg/kg）
调味料	干辣椒	10.0
蔬菜	番茄	2.0
	茄子	0.3
	菊苣	2.0
	甜椒	3.0
	瓜类蔬菜	5.0
	萝卜	1.0
	马铃薯	0.3
水果	葡萄	2.0
	瓜果类水果	5.0

参考文献

刘长令, 2006. 世界农药大全: 杀菌剂卷[M]. 北京: 化学工业出版社: 259-260.

农业部种植业管理司, 农业部农药鉴定所, 2013. 新编农药手册[M]. 2版. 北京: 中国农业出版社: 300-301.

MACBEAN C, 2012. The pesticide manual: a world compendium[M]. 16th ed. UK: BCPC.

（撰稿：侯毅平；审稿：张灿、刘西莉）

霜霉威盐酸盐　propamocarb hydrochloride

一种高效、广谱、低毒的氨基甲酸酯类杀菌剂。

其他名称　普力克、霜霉威、丙酰胺。

化学名称　*N*-3-二乙胺基丙基氨基甲酸丙基脂盐酸盐。

IUPAC名称　propyl 3-(dimethylamino)propylcarbamate hydrochloride。

CAS登记号　25606-41-1。

EC号　247-125-9。

分子式　$C_9H_{21}ClN_2O_2$。

分子质量　224.73。

结构式

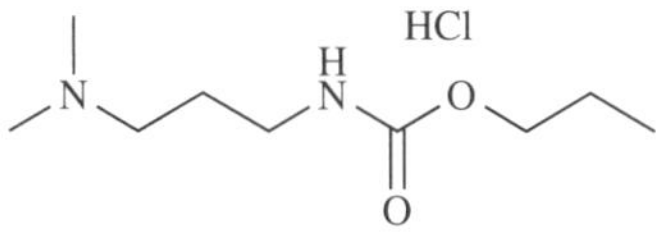

理化性质　纯品为无色淡芳香味吸湿性晶体。熔点64.2℃。溶解度（25℃）：水867g/L，二氯甲烷＞626g/L，乙酸乙酯4.34g/L，己烷＜0.01g/L、甲苯0.14g/L，甲醇＞500g/L。K_{ow}lg$P$ 1.21（pH7）。稳定性＜400℃；易光解，易水解，对金属有腐蚀作用。

毒性　按照中国农药毒性分级标准，霜霉威盐酸盐属低毒。原药急性经口LD_{50}：大鼠2000~8550mg/kg，小鼠1960~2800mg/kg。大鼠和兔急性经皮LD_{50}＞3920mg/kg。大鼠急性吸入LC_{50}（4小时）> 3960mg/m³。在试验剂量中未见致畸、致突及致癌作用。2年饲喂试验NOEL：大鼠1000mg/kg，狗3000mg/kg；野鸭急性经口LD_{50} 6290mg/kg。鱼类LC_{50}（96小时）：虹鳟410~416mg/L，鲤鱼235mg/L。蜜蜂LD_{50}：84μg/只（经口）。对蚯蚓低毒，对天敌及有害生物无害。

剂 型 30%、35%、36%、40%、66.5%、66.6%、722g/L水剂。

质量标准 722g/L霜霉威盐酸盐水剂为无色透明均相液体，无刺激性气味。密度1.0751g/cm³（20℃），黏度48mPa·s（20℃）。闪点45.5℃，易燃液体。

作用方式及机理 主要通过干扰细胞膜成分的磷脂和脂肪酸的合成，影响病菌的菌丝生长、孢子产生和萌发。既适合用于土壤处理，也可以用来浸种作为种子保护剂，与其他防卵菌病害药剂间暂无交互抗性的报道。

防治对象 杀菌谱广，对由卵菌引起的霜霉病、疫霉病、腐霉病防效优异。

使用方法

防治黄瓜猝倒病、疫病 播种前对苗床和本田进行土壤消毒，在播种时及幼苗移栽前进行苗床浇灌，每平方米用722g/L霜霉威盐酸盐水剂5~8ml（有效成分3.6~5.7g）稀释成2~3L的药液浇灌，注意使药液充分到达根区，浇灌后保持土壤湿润，安全间隔期为3天，每季最多使用3次，每隔7天浇灌1次。

防治黄瓜霜霉病 发病初期开始施药，每亩用772g/L霜霉威盐酸盐水剂60~100ml（有效成分43.3~72.2g）加水喷雾，间隔7~10天喷1次，连续施药3次，安全间隔期为3天，每季最多使用3次。

防治甜椒疫病 发病初期开始施药，每亩用772g/L霜霉威盐酸盐水剂72~108ml（有效成分51.7~77.6g）加水喷雾，间隔7~10天喷1次，连续施药3次，安全间隔期为4天，每季最多使用3次。

防治烟草黑胫病 发病前或发病初期施药，每次每亩用772g/L霜霉威盐酸盐水剂72~108ml（有效成分51.7~77.6g）加水喷雾，间隔7~10天喷1次，连续施药2~3次，安全间隔期为14天，每季最多使用3次。

注意事项 不宜与碱性农药混合使用。不推荐用于葡萄霜霉病的防治。防治病害应尽早用药，最好在发病前，最晚也要在发病初期使用。

与其他药剂的混用 15%甲霜灵和10%霜霉威盐酸盐混用，有效成分用药量为468.8~675g/hm²进行喷雾用来防治黄瓜霜霉病。625g/L霜霉威盐酸盐和62.5g/L氟吡菌胺混用，有效成分用药量为618.8~773.4g/hm²进行喷雾用来防治番茄晚疫病和黄瓜霜霉病。10%精甲霜灵和50%霜霉威盐酸盐混用，有效成分用药量为405~540g/hm²进行喷雾用来防治番茄晚疫病。

允许残留量 GB 2763—2021《食品中农药最大残留限量标准》规定霜霉威盐酸盐最大残留限量见表。ADI为0.4mg/kg。蔬菜、水果按照GB/T 20769、NY/T 1379规定的方法测定；调味料参照SN 0685规定的方法测定。

部分食品中霜霉威盐酸盐最大残留限量（GB 2763—2021）

食品类别	名称	最大残留限量（mg/kg）
调味料	干辣椒	10.0
蔬菜	番茄	2.0
	茄子	0.3
	菊苣	2.0
	甜椒	3.0
	瓜类蔬菜	5.0
	萝卜	1.0
	黄瓜	5.0
	马铃薯	0.3
水果	葡萄	2.0
	瓜果类水果	5.0

参考文献

马克比恩C, 2015. 农药手册[M]. 胡笑形, 等译. 北京: 化学工业出版社: 837.

农业部种植业管理司, 农业部农药鉴定所, 2013. 新编农药手册[M]. 2版. 北京: 中国农业出版社: 302-303.

（撰稿：侯毅平；审稿：张灿、刘西莉）

霜脲氰 cymoxanil

一种高效、低毒的脲类杀菌剂。

其他名称 Curzate、Asco。

化学名称 1-(2-氰基-2-甲氧基亚胺基乙酰基)-3-乙基脲。

IUPAC名称 1-[(*EZ*)-2-cyano-2-methoxyiminoacetyl]-3-ethylurea。

CAS登记号 57966-95-7。

EC号 261-043-0。

分子式 $C_7H_{10}N_4O_3$。

相对分子质量 198.18。

结构式

理化性质 纯品为无色无嗅结晶固体。熔点160~161℃。蒸气压0.15mPa（20℃）。$K_{ow}\lg P$ 0.59（pH5）、0.67（pH5）。Henry常数3.8×10^{-5}Pa·m³/mol（pH7）、3.3×10^{-5}Pa·m³/mol（pH5）。相对密度1.32（25℃）。水中溶解度890mg/L（pH5，20℃）；有机溶剂中溶解度（g/L，20℃）：正己烷5.29、乙腈57、乙酸乙酯28、正丁醇1.43、甲醇22.9、丙酮62.4、二氯甲烷133。水解半衰期为DT_{50} 148天（pH5）、34小时（pH7）、31分钟（pH9）。光解DT_{50} 1.8天

（pH5）。pK_a9.7。

毒性 雄、雌大鼠急性经口 LD_{50} 960mg/kg。兔急性经皮 LD_{50} ＞ 2000mg/kg。对兔眼睛无刺激作用，对兔皮肤有轻微刺激作用。对豚鼠无皮肤过敏现象。雄、雌大鼠急性吸入 LC_{50}（4 小时）＞ 5.06mg/L。2 年饲喂试验 NOEL［mg/(kg·d)］：雄大鼠 4.1，雌大鼠 5.4，雄小鼠 4.2，雌小鼠 5.8，雄狗 3，雌狗 1.6。山齿鹑和野鸭急性经口 LD_{50} ＞ 2250mg/kg，山齿鹑和野鸭饲养 LC_{50}（8 天）＞ 5620mg/kg 饲料。鱼类 LC_{50}（96 小时，mg/L）：虹鳟 61，蓝鳃太阳鱼 29，普通鲤鱼 91。水蚤 LC_{50}（48 小时）27mg/L。东方牡蛎 LC_{50}（96 小时）＞ 46.9mg/L。对蜜蜂无毒，LD_{50}（48 小时，接触）＞ 187.2μg/ 只；LC_{50}（48 小时，经口）＞ 1000mg/L。蚯蚓 LC_{50}（14 天）＞ 2208mg/kg 土壤。

剂型 72% 霜脲氰·锰锌可湿性粉剂。

质量标准 由有效成分霜脲氰和代森锰锌及载体、表面活性剂等组成。外观为淡黄色粉末，pH6～8，悬浮率 60%，水分含量 2%，常温下至少可储存 2 年。

作用方式及机理 主要是阻止病原菌孢子萌发，对侵入寄主内的病菌也有杀伤作用。具有保护、治疗和内吸作用，对霜霉病和疫病有效。单独使用霜脲氰持效期短，与保护性杀菌剂混配，可以延长持效期。

防治对象 黄瓜、葡萄、辣椒、马铃薯、番茄等的霜霉病和疫病。

使用方法 单独使用推荐剂量为有效成分 200～250g/hm^2。防治黄瓜霜霉病在发病前或发病初期开始喷药，每隔 7 天喷药 1 次，连续喷药 3～4 次。根据黄瓜苗的大小，掌握好喷液量，使叶的正面、背面均匀沾附药液为好。通常与其他杀菌剂混用。

与其他药剂的混用 30% 霜脲氰和 22.5% 噁唑菌酮混用，有效成分用药量为 157.5～315g/hm^2 喷雾用来防治黄瓜霜霉病。8% 霜脲氰和 64% 代森锰锌混用，有效成分用药量为 1440～1800g/hm^2 喷雾用来防治黄瓜霜霉病。14% 霜脲氰和 56% 丙森锌混用，有效成分用药量为 525～840g/hm^2 喷雾用来防治黄瓜霜霉病。12.5% 霜脲氰和 12.5% 烯肟菌酯混用，有效成分用药量为 100～200g/hm^2 喷雾用来防治葡萄霜霉病。

允许残留量 GB 2763—2021《食品中农药最大残留限量标准》规定霜脲氰最大残留限量见表。ADI 为 0.013mg/kg。蔬菜、水果按照 GB/T 20769 规定的方法测定。

S

部分食品中霜脲氰最大残留限量表（GB 2763—2021）

食品类别	名称	最大残留限量（mg/kg）
蔬菜	辣椒	0.2
	黄瓜	0.5
	马铃薯	0.5
水果	葡萄	0.5
	荔枝	0.1

参考文献

刘长令, 2006. 世界农药大全: 杀菌剂卷[M]. 北京: 化学工业出版社: 324-325.

农业部种植业管理司, 农业部农药鉴定所, 2013. 新编农药手册[M]. 2版. 北京: 中国农业出版社. 292-293.

MACBEAN C, 2012. The pesticide manual: a world compendium[M]. 16th ed. UK: BCPC.

（撰稿：侯毅平；审稿：张灿、刘西莉）

水胺硫磷 isocarbophos

一种有机磷类广谱性杀虫、杀螨剂。

其他名称 羧胺磷。

化学名称 *O*-甲基-*O*-(邻-异丙氧基羰基苯基)硫代磷酰胺；*O*-methyl-*O*-(2-carboisopro-oxyphenyl)phosphoroamidothioate。

IUPAC名称 *(RS)*-(*O*-2-isopropoxycarbonylphenyl *O*-methyl phosphoramidothioate)。

CAS 登记号 24353-61-5。

EC 号 246-192-1。

分子式 $C_{11}H_{16}NO_4PS$。

相对分子质量 289.29。

结构式

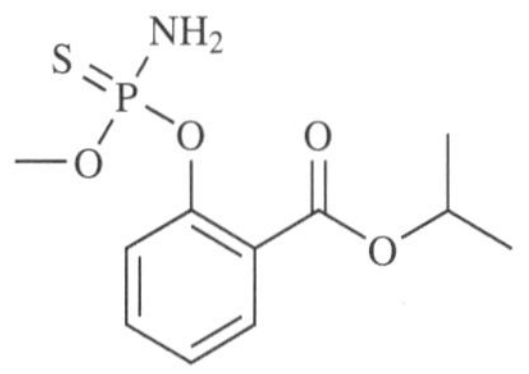

开发单位 华中师范大学农药化学研究所（1980 年 6 月通过湖北省省级鉴定）；仙桃市农药厂；石家庄黄磷厂（1991 年通过省级鉴定）。

理化性质 纯品为无色片状结晶，原油为浅黄色至茶褐色油状液体，有效成分含量为 85%～90%。在常温下放置逐渐会有晶体析出。能溶于乙醚、丙酮、苯、乙酸乙酯等有机溶剂，不溶于水，难溶于石油醚。常温下储存较稳定。

毒性 属高毒杀虫剂。急性经口 LD_{50}：雄大鼠 25mg/kg，雌大鼠 36mg/kg，雄小鼠 11mg/kg，雌小鼠 13mg/kg。急性经皮 LD_{50}：雄大鼠 197mg/kg，雌大鼠 218mg/kg。亚急性毒性试验表明，NOEL 为每天 0.3mg/kg。慢性毒性试验表明，NOEL 为每天 0.05～0.3mg/kg。未发现致畸、致突变作用。对动物蓄积中毒作用小。(-)-水胺硫磷对 G2 细胞的毒性是 (+)-水胺硫磷的 2 倍。(+)-水胺硫磷对大型溞的毒性是 (-)-水胺硫磷 49.9 倍。

剂型 20%、40% 乳油。

质量标准 由有效成分、乳化剂和溶剂等组成。外观为黄色至茶褐色透明相油状液体，酸度（以 H_2SO_4 计）≤ 0.5%，乳化稳定合格，在 50℃ ±1℃储存 2 周有效成分相对分解率在 1% 以下。

作用方式及机理 广谱有机磷杀虫、杀螨剂，具触杀、胃毒和杀卵作用。在昆虫体内能首先被氧化成毒性更大的水胺氧磷，抑制昆虫体内的乙酰胆碱酯酶。在土壤中持久性差，易于分解。持效期 7~14 天。(+) - 水胺硫磷对乙酰胆碱酯酶的抑制活性是 (-) - 水胺硫磷 91.2 倍。

防治对象 对螨类、鳞翅目、半翅目害虫具有很好的防效。主要防治红蜘蛛、介壳虫和水稻、棉花害虫。

使用方法

防治水稻害虫 ①二化螟。防枯心苗和枯梢在蚁螟孵化高峰前后 3 天内用药，防治虫伤株、枯孕穗和白穗在孵化始盛期至高峰期用药，用 20% 乳油 400~500 倍液（有效成分 600~750g/hm^2），或 40% 乳油 800~1000 倍液喷雾。②三化螟。防枯心苗，在幼虫孵化高峰前 1~2 天用药，防白穗在 5%~10% 破口露穗时用药。用药量同二化螟。③稻瘿蚊。本田防治在成虫高峰期至幼虫盛孵期施药，用量同二化螟。④稻蓟马。水稻四叶期后，达到防治指标时用药。用 20% 乳油 600~750 倍液（有效成分 400~500g/hm^2），或用 40% 乳油 1200~1500 倍液喷雾。⑤稻纵卷叶螟。在一、二龄幼虫高峰期施药，用药量同稻蓟马。

防治棉花害虫 ①棉花红蜘蛛、棉蚜。害虫发生期 20% 乳油 500~750 倍液（有效成分 400~600g/hm^2）喷雾。②棉铃虫、红铃虫。在卵孵盛期，用 20% 乳油 500~1000 倍液（有效成分 300~600g/hm^2）喷雾。

注意事项 不可与碱性农药混用。该品为高毒农药，禁止用于果、菜、烟、茶、中草药植物上。使用 40% 水胺硫磷乳油杀虫剂时，应注意劳动保护，穿长袖长裤工作服，戴防护口罩和风镜，并站在上风向施药，施药后的剩余药液和清洗药械的废水应妥善处理，不得乱倒。工作结束后必须用肥皂仔细洗手、洗脸，严禁用不洁的手接触面部和眼睛，操作过程中不得抽烟和吃东西。40% 水胺硫磷乳油能通过食道、皮肤和呼吸道引起中毒，中毒症状有头晕、恶心、无力、盗汗和其他典型有机磷农药的中毒症状。如遇中毒，应立即请医生治疗，误服或沾污皮肤应彻底洗胃或清洗皮肤，洗涤液宜用碱性液体或清水，忌用高锰酸钾溶液，可用阿托品类药物治疗，中、重度中毒用胆碱酯酶复能剂，并积极采取对症处理和支持疗法。

与其他药剂的混用 可与辛硫磷、三唑磷、氯氰菊酯等复配。

允许残留量 GB 2763—2021《食品中农药最大残留限量标准》规定水胺硫磷最大残留限量见表。ADI 为 0.003mg/kg。谷物按照 GB 23200.9、GB 23200.113 规定的方法测定；油料和油脂按照 GB 23200.113 规定的方法测定；蔬菜按照 NY/T 761 规定的方法测定；水果、糖料按照 GB 23200.113、GB/T 5009.20、NY/T 761 规定的方法测定；茶叶按照 GB 23200.113、GB/T 23204 规定的方法测定。

部分食品中水胺硫磷最大残留限量（GB 2763—2021）

食品类别	名称	最大残留限量（mg/kg）
谷物	稻米、糙米、麦类、旱粮类、杂粮类	0.05
油料和油脂	棉籽、花生仁	0.05
蔬菜	鳞茎类、芸薹属、叶菜、茄果类、瓜类	0.05
	豆类、茎类、根茎类、水生类、芽菜类	0.05
水果	柑橘类	0.02
	仁果类	0.01
	核果类、浆果类、瓜果类、热带和亚热带水果	0.05
糖料	甜菜、甘蔗	0.05
饮料类	茶叶	0.05

参考文献

孙家隆, 2015.新编农药品种手册[M]. 北京: 化学工业出版社.

王振荣, 李布青, 1996. 农药商品大全[M]. 北京: 中国商业出版社.

张敏恒, 2006.新编农药商品手册[M]. 北京: 化学工业出版社.

LIU H, LIU J, XU L, et al, 2010.Enantioselective cytotoxicity of isocarbophos is mediated by oxidative stress-induced JNK activation in human hepatocytes[J]. Toxicology, 276 (2): 115-121.

LIN K, LIU W, LI L, et al, 2008.Single and joint acute toxicity of isocarbophos enantiomers to *Daphnia magna*[J]. Journal of agricultural and food chemistry, 56 (11): 4273-4277.

ZHUANG X M, WEI X, TAN Y, et al, 2014.Contribution of carboxylesterase and cytochrome P450 to the bioactivation and detoxification of isocarbophos and its enantiomers in human liver microsomes[J]. Toxicological sciences, 140 (1): 40-48.

（撰稿：王鸣华；审稿：吴剑）

水稻幼苗叶鞘伸长“点滴”法 gibberellins bioassay by sheath growth stimulating on rice seedlings

利用赤霉素可以促进幼嫩植物节间（叶鞘）伸长，在一定浓度范围内（0.1~1000mg/L），叶鞘的伸长与赤霉素浓度成正比的原理，进行赤霉素生物测定的一种方法。

适用范围 适用于赤霉素类植物生长调节剂的生物测定。

主要内容 将精选过的水稻种子放 10% 次氯酸钠表面灭菌 30 分钟，用流水冲洗干净。置于润湿的滤纸上，在 30℃下黑暗中催芽 2 天。种子露白后，选取芽长约 2mm 生长一致的发芽种子，胚芽朝上，嵌入盛有 1% 琼脂糖凝胶的烧杯中，每杯放 10 粒种子，注入少量水。置入恒温生长箱，在 30℃、2000~3000lx 光照下培养 2 天。当第二叶的叶尖高出第一叶 2mm 时，去掉生长不一致的幼苗备用。用微量注射器将 1μl 不同浓度的（0.1~100mg/L）GA_3 溶液小心滴于幼苗的胚芽鞘与第一叶叶腋间，勿使滴落。如果液滴滴落，应立即拔除这一幼苗。处理后的幼苗放在恒温生长箱继续培养，在连续光照下培养3天后，测定水稻幼苗第二叶鞘的长度。以GA_3浓度的对数为横坐标，第二叶叶鞘长度为纵坐标绘制标准曲线，在一定范围内，第二叶叶鞘的伸长与GA_3浓度的对数成正比。以标准曲线可以计算待测样品中赤霉素类物质的活性相当于多少浓度GA_3的活性。

该方法的优点是需时短，样品量少，且灵敏度高。村上浩曾用此方法测定GA_1～GA_5，发现水稻幼苗第二叶叶鞘伸长对GA_1和GA_3最敏感。

参考文献

陈年春，1991. 农药生物测定技术[M]. 北京：北京农业大学出版社.

（撰稿：谭伟明；审稿：陈杰）

水分含量 water content

农药中水分含量通常用所含水分的质量与农药的质量之比的百分数表示。既是原药又是制剂的质量控制指标。控制农药原药及其制剂中水分含量的目的是降低有效成分的水解作用，保持化学稳定性。比如乳油、粉剂、可湿性粉剂，适当的水分含量可使制剂保持较好的分散性和稳定性，喷洒时能很好地分散到叶面上，以达到应有的药效。

测定方法 农药水分含量测定有卡尔·费休法、共沸蒸馏法和干燥减量法3种。共沸蒸馏法和干燥减量法适用于热稳定性好且不含挥发性或低沸点成分的农药样品的水分测定，尤其适用于水分含量较高的情况；而卡尔·费休法几乎适用于所有农药样品的水分测定，尤其是微量水分的测定。卡尔·费休法又包括卡尔·费休化学滴定法和卡尔·费休－库仑滴定仪器测定法。

测定原理

卡尔·费休化学滴定法 将样品分散在甲醇中，用标准卡尔·费休试剂滴定。

卡尔·费休-库仑滴定仪器测定法 微量水分测定仪是根据卡尔·费休试剂与水的反应，结合库仑滴定原理设计而成。

测定装置如图1所示。

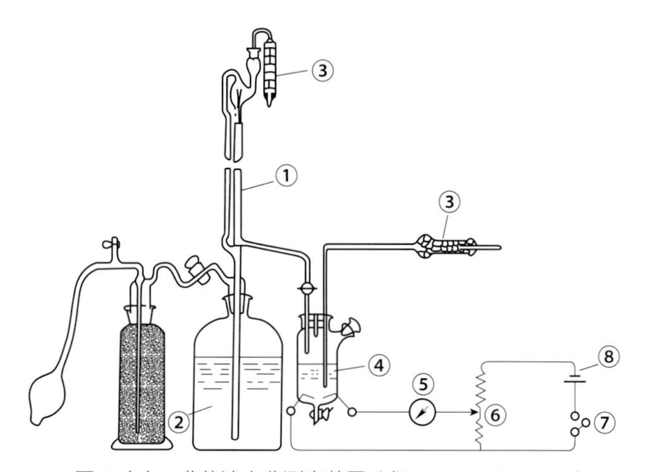

图1 卡尔·费休法水分测定装置（据GB/T 1600—2001）

①10ml滴定管；②试剂瓶；③干燥管；④滴定瓶；⑤电流计或检流计；⑥可变电阻；⑦开关；⑧1.5～2.0V电池组

卡尔·费休试剂与水的反应式如下：

$$I_2+SO_2+3C_5H_5N+H_2O \rightarrow 2C_5H_5N\cdot HI+C_5H_5N\cdot SO_3$$

$$C_5H_5N\cdot SO_3+CH_3OH \rightarrow C_5H_5N\cdot HSO_4CH_3$$

所用的卡尔·费休试剂溶液是由一定浓度的单质碘和充有二氧化硫的无水吡啶、无水甲醇等试剂混合而成，通过在电解池的阳极上被氧化形成碘，碘又与水反应生成氢碘酸，直至水全部反应完毕为止。反应终点用一铂电极来检测指示。

在电解过程中，电极反应式如下：

阳极： $2I^- - 2e \rightarrow I_2$

阴极： $I_2+2e \rightarrow 2I^-$ $2H^+ + 2e \rightarrow H_2$

在整个过程中，二氧化硫消耗的物质的量与水的物质的量相等。依据法拉第电解定律，在阳极上析出的碘的量与通过的电量成正比。经仪器换算，在屏幕上直接显示出被测试样中水的含量。

共沸蒸馏法 试样中的水与甲苯形成共沸二元混合物，一起被蒸馏出来，根据蒸馏出水的体积计算水的含量（图2）。

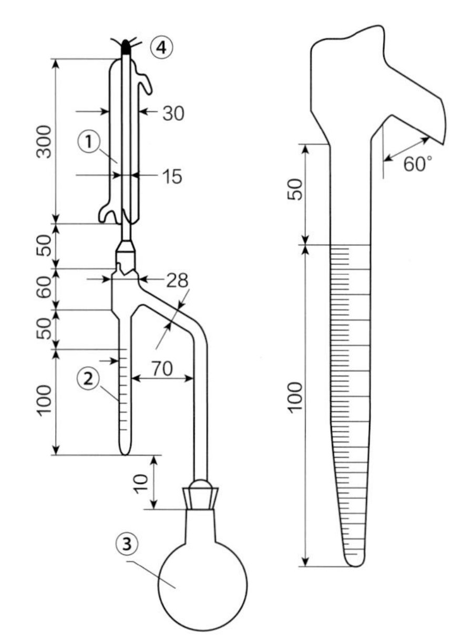

图2 共沸法水分测定器（据GB/T 1600—2001）

①直形冷凝器；②接收器，有效体积2ml，每刻度为0.05ml；③圆底烧瓶；④棉花团

干燥减量法 又名加热减量法。是指在规定温度和时间条件下，加热后所损失的水分质量分数。通常以质量百分数表示试样的干燥减量。GB/T 6284—2006将干燥减量法作为固体化工产品中水分测定的通用方法。标准规定该方法适用于加热稳定的固体化工产品中水分的测定。但是，在干燥或加热过程中，除了水分含量的丢失外，也会有一些原药产品中残存的溶剂、副产物等低沸点杂质的挥发丢失，因此干燥减量反映的是原药产品中水分和低沸点杂质的量的总和。

参考文献

刘丰茂，2011. 农药质量与残留实用检测技术[M]. 北京：化学工业出版社.

GB/T 6284—2006 化工产品中水分测定的通用方法 干燥减量法.

GB/T 1600—2001 农药水分测定方法.

JJG 1044—2008 卡尔·费休库仑法微量水分测定仪.

（撰稿：尤祥伟；审稿：刘丹）

水分散粒剂　water dispersible granules, WG

国际农药工业协会联合会（GIFAP）将其定义为：在水中崩解和分散后使用的颗粒剂。《农药剂型名称及代码国家标准》定义为：加水后能迅速崩解并分散成悬浮液的粒状制剂。水分散粒剂的粒径在200~5000μm。是20世纪80年代初在欧美发展起来的一种农药剂型。

水分散粒剂主要由原药、分散剂、润湿剂、黏结剂、崩解剂、消泡剂和填料组成，入水后可以迅速崩解、分散形成悬浮分散体系。分散剂是水分散粒剂配方中最重要的成分之一，是影响悬浮率和分散性的重要因素。目前用于水分散粒剂中的分散剂主要有三大类：一为聚羧酸盐类分散剂，二为萘磺酸盐类分散剂，三为木质素类分散剂。水分散粒剂的质量控制指标主要包括崩解性、悬浮率、热储稳定性、pH值、水分、分散性、湿筛试验、粒度范围、堆积密度等。其中崩解性、悬浮率、热储稳定性3项指标是水分散粒剂的关键技术指标。

水分散粒剂的加工方法很多，总的来说分为两类，一类是“湿法”，另一类是“干法”。“湿法”就是将原药、助剂、辅助剂等以水为介质制成浆料，在砂磨机中磨细，然后进行造粒，其典型的方法有喷雾干燥造粒。“干法”造粒是将农药、助剂、辅助剂等一起先混合并用气流粉碎机粉碎成超细粉末，制成可湿性粉剂，然后加入少量水或黏结剂进行造粒，典型的造粒方法是流化床造粒、挤压造粒、高速混合造粒。

中国水分散粒剂的产品包括杀虫剂、杀菌剂、除草剂单剂及复配制剂，从原药来源看，大部分为化学合成农药，有少量生物农药。一般喷施时，只需将水分散粒剂投入水中自动崩解，不用搅拌或只需稍加搅拌即可。优良制备的水分散粒剂有以下优点：无溶剂和粉尘；有足够的硬度和强度；流动性好，不粘连不结块，不沾壁；表观密度大，包装容器小；倒入不同水温和硬水中，能迅速崩解，有良好自动分散性；优良悬浮性，悬浮率可高达90%，甚至更高；可制成高浓度制剂，一般有效成分含量可在50%以上，最高达90%；储存稳定性好。但其缺点也明显，如加工技术复杂，投资费用大，加工成本高等。尤其是加工工艺成为阻碍水分散粒剂发展的重要因素。

（撰稿：杜凤沛；审稿：黄啟良）

水分散片剂　waterdispersible tablet, WT

遇水可迅速崩解形成均匀混悬液的片剂。是20世纪末在水分散性粒剂（WG）、片剂（TB）以及泡腾片剂（EB）基础上研发出来的农药固体新剂型。该制剂具有对环境安全，施用方便，计量准确，生产工艺简单等诸多优点。又名可分散片剂。

水分散片剂的配方主要由原药、崩解剂、黏结剂、润湿剂、分散剂、吸附剂、流动调节剂等助剂及填料组成。对于水分散片剂来说，应尽量提高原药的含量，以减少每次用药片数，降低每次施药成本。而吸附剂的加入是为了改善其流动性，常用的有硅藻土、凹凸棒土等。水分散片剂的检测指标包括外观、有效成分含量、水分、酸碱度或pH值、崩解时间、湿筛试验、悬浮率、持久起泡性、粉末和碎片的测定、热储稳定性等。

水分散片剂的加工工艺主要根据是否加入黏结剂浆液分为干法或湿法压片。干法压片是先将原药、助剂、填料混合，之后粉碎再加如黏结剂浆液和流动调节剂混合后再压片制得。片剂成型好的话，也有利于脱模，在水中崩解速度也快。湿法压片是在加入黏结剂浆液与流动调节剂后增加了造粒、干燥、整粒3个步骤后再压片。

水分散片剂吸收了3种制剂的优点，它保持了片剂的外形，使得水分散片剂比水分散粒剂对环境更加友好；同时它保持了泡腾剂的崩解速度、水分散粒剂悬浮率高的优点，使其在药效不降低的前提下具有对环境和施药者更安全，没有粉尘，减少了对环境的污染。水分散片剂的有效成分含量一定，以单位面积多少片数计算，因此计量准确。同时，水分散片剂可兑水稀释，便于使用。水分散片剂的加工方式与普通的片剂压片方式差别不大，因此不需要特别器械，便于制备。但是水分散片剂也有一定的缺点，因为一般可加工成可分散片剂的原药也符合制备可分散粒剂的条件。两者加工工艺与配方差别亦不大，只不过形状不一样，因此如非特别情况，水分散片剂的使用较少。

（撰稿：杜凤沛；审稿：黄啟良）

水剂　aqueous solution, AS

水剂是中国独有的剂型，国外把它归于可溶液剂，2018年5月1日开始实施的《农药剂型名称及代码》（GB/T 19378—2017）标准将其归类为可溶液剂。水剂是有效成分或其盐的水溶液剂型，由农药有效成分、助剂及水组成的真溶液均相分散体系，农药有效成分或其盐具有水溶性，以分子或离子状态分散在水中，如草甘膦酸微溶于水，但其异丙胺盐、铵盐可溶于水，利用其盐可配制30%草甘膦水剂。而杀虫双为水溶性的有效成分，可直接利用母液配制20%杀虫双水剂。

水剂加工工艺简单，在反应釜中经过简单搅拌即可获得产品。水剂用标准硬水稀释成5ml/L于30℃ ±2℃恒温水浴中，静置1小时，稀释液单相、透明，无析出物为合格；水不溶物小于1%；持久起泡性低于25ml；pH值符合原药稳定要求；在0℃ ±1℃下储存7天无结晶析出、无分层为冷储稳定性合格；热储分解率低于5%；室温条件下储存2

年其有效成分质量分数不低于标定含量。

水剂使用范围广泛：①加水在叶面喷雾使用防治大田农作物病虫害。②用水稀释灌根防治地下害虫及根结线虫。③加少量水稀释成高浓度溶液用于无人机等航空喷雾。

在有机合成农药出现之前，广泛应用的均是无机农药或者植物性农药，其中的部分农药为水溶性，可以制备成水剂，所以说水剂是最古老的、对环境友好的农药剂型之一。早期的水剂剂型由于技术落后，对助剂的作用认识不足，如中国20世纪70~80年代加工的传统水剂很多是不加助剂的，导致其在植物靶标的润湿、展着较差，影响生物活性的充分发挥。随着农药科学的发展，认识到助剂对药效的作用，现在生产的水剂都添加了提高药效的助剂，使水剂重新焕发了活力。水剂具有以下特点：①在制剂中无有害的有机溶剂，对环境友好。②由于制剂不含有机溶剂，不易挥发，闪点较高，水剂不易燃、不易爆，生产、储存和运输均很安全。③水剂加工方便，制剂稳定。④水剂中的农药有效成分以分子水平存在，有效成分分散度高，药效好。

（撰稿：陈福良；审稿：黄啟良）

水面漂浮施药法　floating method

利用农药漂浮粒剂、展膜油剂等能够在水中自动分散，并漂浮在水面上的特性施用农药的方法。主要应用在水稻田，起到杀虫、除草和杀菌作用，是一种省力施药方式。中国主要采用如下两种方式：

展膜油剂及其使用方法　根据水稻田有水的独特环境特点，把憎水性农药原药溶解在有机溶剂内制成独特的“油剂”（展膜油剂），使用时只需“点状施药”，药剂滴在水面后即自行呈波浪状迅速扩散，日本称此种农药剂型为“冲浪”，中国命名为“展膜油剂”或者“水面扩散剂”。

漂浮粒剂及其使用方法　水面漂浮颗粒剂是以膨胀珍珠岩为载体，加工成水面漂浮剂，其颗粒大小为60~100筛目。当前主要有甲基对硫磷水面漂浮剂、甲胺磷水面漂浮剂等，这种施药方法对防治水稻螟虫的危害有较强的针对性，药效显著，且药效期较长。在日本，水面漂浮颗粒剂的使用自1961年起得以普及。这是由于使用颗粒剂无须特殊的器械，只要用手撒施，十分简单。并且也不会像粉剂和液剂那样在喷洒时四处飞散，故对周围影响很小。同时由于其药效好、持效期长等优点而得以迅速推广。

水稻田使用展膜油剂（冯超摄）

作用原理

①展膜药剂撒施水稻田后，药剂能快速自动扩散，均匀分布整个田块的水面。由于毛细作用，药剂能沿稻茎爬升到茎外水膜中，在水稻基部呈聚集状，在靠近水稻茎基部的药剂量明显高于空白水面，药剂能很快被水稻茎基部内吸输导，具有“靶向施药”的特点，杀灭栖息在水稻茎基部的飞虱类害虫。展膜油剂农药在水稻田施用后，药剂在靠近水稻茎基部的药剂量不仅具有“聚集现象”，还有很强的“爬秆效应”，即顺着水稻茎秆向上爬行，在水稻稻株茎秆分布，可以很好地防治此区域发生危害的病虫害。这种施药技术具有防治效果显著、提高功效、节省工时、受环境影响系数低和低毒安全的优势。

②水面漂浮性颗粒剂的杀虫机理是由于药剂落到水田后，由稻根部吸收并向茎叶移行。溶于水的药剂随着毛细管现象向上渗透到叶鞘间隙，或其有效成分从水面蒸散气化附于水稻体上，直接或间接地发挥作用。

适用范围　用于水稻田防治水稻茎基部的飞虱和叶蝉等害虫以及水稻纹枯病。

主要内容及影响因素

展膜油剂　中国应用比较多的是8%噻嗪酮油剂，日本在中国登记了4%醚菊酯油剂，均作为水稻田水面展膜施用。试验结果显示，8%噻嗪酮油剂对稻飞虱的防治效果好（8~20天内达85%~98%），对水田常见的小生物低毒，对人畜安全，环境友好，与常规手动喷雾相比，施药效率提高了15~30倍。基于己唑醇的生物活性特点以及展膜油剂在水稻田的扩散、聚集、爬秆等运动规律，中国农业科学院植物保护研究所研究开发了10%己唑醇展膜油剂、4%噻呋·嘧菌酯展膜油剂等制剂。中国目前登记的展膜油剂还有8%噻嗪酮展膜油剂（陕西省西安西诺农化有限责任公司），1%杀螺胺展膜油剂（江苏艾津农化有限责任公司），25%噁草·丙草胺展膜油剂（河南金田地农化有限责任公司），4%噻呋酰胺展膜油剂（河北博嘉农业有限公司），40%稻瘟灵展膜油剂（河北博嘉农业有限公司），30%稻瘟灵展膜油剂（河北博嘉农业有限公司）。

展膜油剂的使用方法：例如10%己唑醇展膜油剂，在水稻移栽初期，将展膜油剂产品在田埂或进水口直接洒滴；在拔节中后期，在田埂边分5~10个点，均匀滴入或洒入即可，无需加水稀释。可有效防治水稻纹枯病。预防纹枯病发生推荐使用剂量：有效成分150g/hm^2，制剂用量1500g/hm^2。治疗纹枯病推荐使用剂量：有效成分180~270g/hm^2，制剂用量1800~2700g/hm^2。使用10%己唑醇展膜油剂，只需使用1次，便可全季防控纹枯病的发生，不用再补打药剂。

水面漂浮颗粒剂　作为水面漂浮性颗粒剂的有效成分要有较高的水溶性和蒸散性。粉末载体应是水溶性高，能在水中迅速溶解，并在造粒加工时无问题，生产方便经济，不易受空气中水分影响等；黏结剂必须具有能使载体粉末粒子之间很好结合，并能使存于颗粒内的空气在水中不外逸这两个功能。而且在加水混拌时，溶于水中的混合物具有可塑性，以易于造粒；当颗粒成型干燥后，必须充分发挥其黏结作用，防止在产品储存、运输和施用时粉化。作为颗粒必不可少的条件，是应在水中沉降后具有上浮性。总之，能在水中保持黏稠状，而不是立即溶解；在上述的颗粒基剂中所保持的有效成分，为使其在水面展开，必须为油状液体。当有效成分为固体或高黏性液体时，则需加入适当的溶剂进行混合，以使其黏度下降。另外，可通过加入表面活性剂以使其能有良好的水面展开性。作为溶剂的油状物，除能溶解有效成分外，其密度必须小于 1g/cm^3。另外，还应该是不易燃的低挥发性物，这是十分重要的。同时对作物的药害也必须进行充分的调查。

注意事项 ①在使用展膜油剂时，需要水稻田的水不溢出田埂。②展膜油剂在使用时，影响其药效发挥最为重要的因素是铺展速度和铺展面积。

参考文献

冯超, 2009. 5%醚菊酯展膜油剂配制及使用技术研究[D]. 北京: 中国农业科学院.

冯超, 杨代斌, 袁会珠, 2010. 5%醚菊酯展膜油剂配制及其对稻飞虱的防治效果[J]. 农药学学报, 12(1): 67-72.

林雨佳, 华乃震, 2016. 省时、省工的农药新剂型——漂浮粒剂[J]. 世界农药, 38(6): 17-23.

袁会珠, 李卫国, 2013. 现代农药应用技术图解[M]. 北京: 中国农业科学技术出版社.

（撰稿：何玲；审稿：袁会珠）

水溶性袋的溶解速率 dissolution rate of water soluble bags

水溶性袋的溶解性保证装在水溶性袋中的制剂分散或溶解时不堵塞药械的滤网或喷嘴，适用于所有含水溶性袋的制剂。将被测试的物料制备成水悬浮液，剪一片水溶袋浸入到悬浮液一段时间后与悬浮液一起搅拌，通过测量过滤悬浮液的流动时间或观察过滤器上是否有堵塞物来判断水溶性袋溶解性。流动时间最大不超过 30 秒。

主要内容

试剂 CIPAC 标准水，通常为 CIPAC 标准水 C，MT18，20℃ ±2℃。

装置 烧杯：1000ml；高 18cm ± 0.5cm；直径 9cm ± 0.5cm。硬质盖板：胶合板（厚度约 4mm）或塑料，150mm × 150mm，设有一个 5cm 长的金属丝作为金属挂钩（图 1）。

磁力搅拌器：搅拌速度可调。过滤漏斗：配有 250μm 过滤器（图 2）。量筒：1000ml。计时器。防护手套。

测定步骤 ①样品的制备。从袋子上切下 50mm × 100mm 的一块，使得该部件包括熔合密封件的一部分，如图 2 所示。将袋样连接到金属挂钩（图 3）。②制备悬浮液。将搅拌棒放入烧杯中，加入标准水（1000ml，20℃ ±2℃），并将烧杯放入磁力搅拌器上。将相应样品粉末 10g ± 1g 倒入烧杯中，静置 1 分钟，然后在 120r/min ± 10r/min 转速下搅拌 1 分钟。③袋子的溶解。停止搅拌悬浮液，将挂有袋片的盖子放在烧杯中，使得袋子在 5 秒内完全浸入悬浮液，并避免与烧杯壁接触（图 4）。静置 10 分钟后将未溶解的袋片从钩上取下，并将其倒回悬浮液中。在 120r/min ± 10r/min 转速下搅拌 5 分钟，取下盖子和搅拌棒（例如用铁棒），并将黏附在搅拌棒上的所有袋片放入烧杯中。④流动试验。将过滤器放在量筒（1000ml）上，并保持漏斗的出口堵塞。定量地将烧杯里的成分（包括黏在烧杯上未溶解的残留物）转移到漏斗中，打开漏斗塞子，启动计时器并测量悬浮液达到 950ml 所需的时间。检查漏斗，如有残余的袋片存在，可略去流动测定。

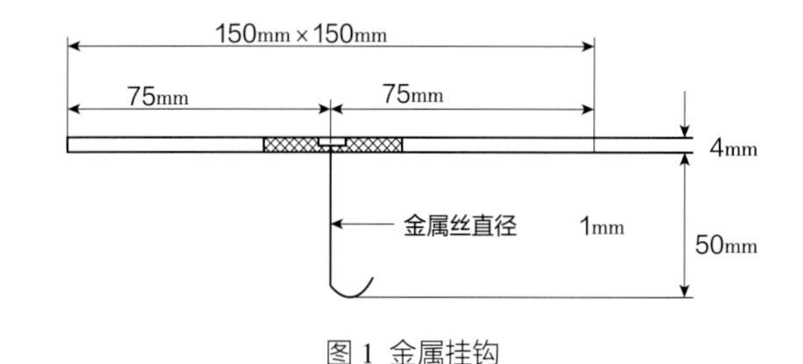

图 1 金属挂钩

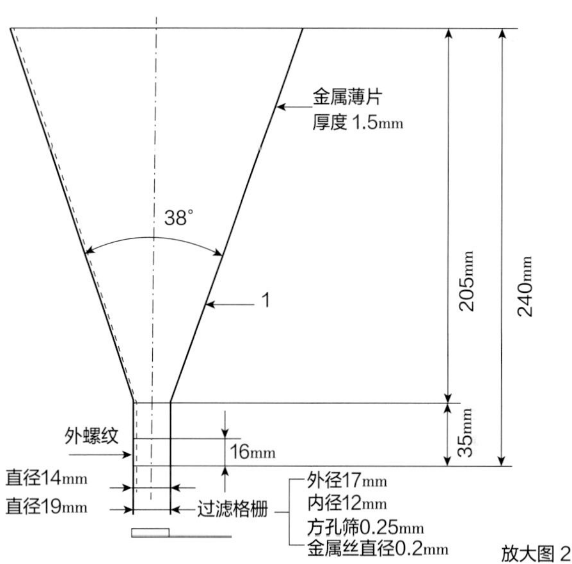

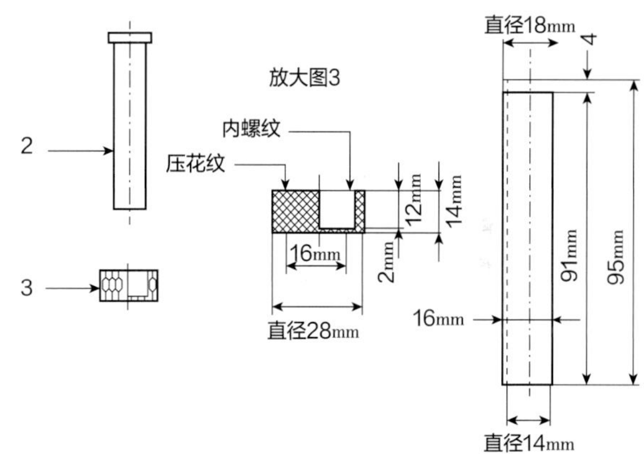

图 2 配有 250μm 过滤器的过滤漏斗

影响因素 水溶性袋是一种高分子水溶性膜，采用水溶性高分子材料作为成膜基质，附加增塑剂、柔软剂、表面

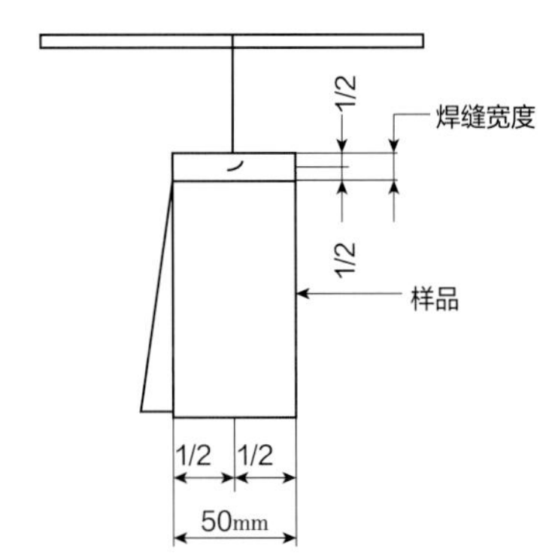

图3 焊缝样品与金属挂钩连接图

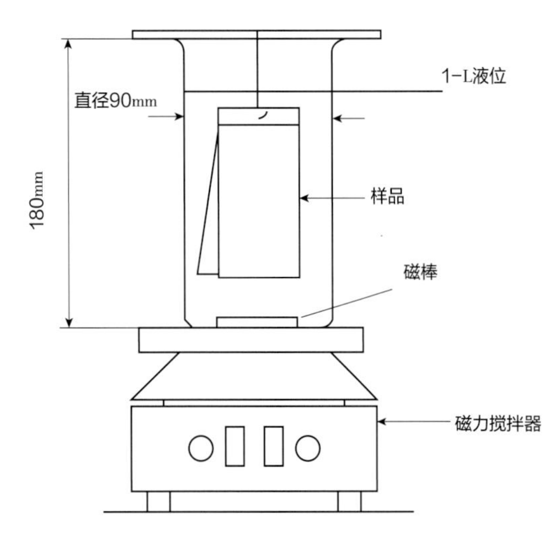

图4 装置示意图

活性剂、分散剂等辅助材料，通过特定的成膜工艺制作而成。该膜具有良好的柔韧性和对各种物质的隔绝性，遇水迅速溶解。使用该高分子水溶性膜作为农药包装，农药在施撒过程中，可以不去除包装直接使用，保证了使用者不与农药直接接触，减少和避免了农药对使用者健康的危害，能够大大减少农药中毒事件的发生。

水溶性袋目前主要用于农药包装，适用于各种粉剂、片剂、颗粒状和油质胶体的农药成分的包装，尤其对于农药泡腾制剂更为适用。

影响水溶性袋溶解速率的主要有以下几个因素：

①水溶性袋的种类。②温度。一般情况下溶剂温度越高，溶质的溶解速率越快。③水溶性制剂形态。样品颗粒越小，与溶剂的接触面积越大，溶解越快，粉末状溶质比块状溶质在标准水中溶解快。④搅拌。在不同的搅拌速度下，水溶性袋的黏度会发生变化，较快的搅拌速度得到的水溶性袋及其样品黏度较小，在溶解过程中可能形成决定黏度的二次结构，这种结构的形成与溶解过程中的搅拌速度有关，这种二次结构相当稳定，不易再受搅拌速度的影响。宏观上表现为溶液的最终黏度受到配制条件的影响，而配制溶解完成后表现稳定。

注意事项 通常10g/L悬浮液通过过滤器需要7～12秒（最多15秒），建议悬浮的流动时间极限值为30秒。

参考文献

CIPAC Handbook F, MT 176, 1995, 440-444.

（撰稿：刘长生；审稿：徐妍）

水乳剂 emulsion in water, EW

有效成分溶于有机溶剂中，并以微小的液珠分散在连续相水中，成非均相乳状液剂型。又名浓乳剂、粗乳剂。它是由农药原药、有机溶剂、乳化剂及水组成的不透明的乳白色液体，是一种以水为连续相的水包油（O/W）非均相乳状液分散体系。在油溶性有机溶剂中具有一定溶解度的、且在水中稳定的非水溶性农药有效成分均可配制水乳剂。

水乳剂为热力学不稳定的分散体系，需输入外界能量（高速乳化剪切机或高压均质机）经过高速剪切或高压均质，形成具有0.1～10μm（D_{50}为3μm以下更稳定）油珠粒径的乳状液。水乳剂应具备乳液稳定（30℃下，在标准硬水5mg/L中静置1小时），在水中乳化分散性好，析水率低于5%，倾倒后残余物、洗涤后残余物分别低于5%及≤1%，持久起泡性低于25ml，pH值符合原药稳定要求，在0℃ ±1℃下储存7天无结晶析出、无分层为冷储稳定性合格，热储分解率低于5%，室温条件下储存2年其有效成分质量分数不低于标定含量。

水乳剂使用范围广泛：①加水在叶面喷雾使用防治大田农作物病虫害。②用水稀释灌根防治地下害虫及根结线虫。③用少量水稀释成高浓度乳液进行滞留喷雾防治卫生害虫。④加少量水稀释成高浓度乳液用于无人机等航空喷雾。

水乳剂是随着人们对环境保护的重视而发展起来的一种环境友好的水基化剂型。最早出现于20世纪60年代，国外开发了40%对硫磷水乳剂。中国从20世纪90年代开始开发水乳剂。水乳剂具有以下特点：①大大降低了有机溶剂、乳化剂用量；降低生产成本，水乳剂原料成本在水基化制剂中是较低的。②用水替代了大部分有机溶剂，制剂不易挥发，闪点较高，水乳剂不易燃、不易爆，生产、储存和运输均很安全。③水乳剂是热力学不稳定体系，开发难度比乳油大，而且要达到2年的经时稳定性也比较困难，制剂稳定性比乳油差，对有效成分的适应范围比乳油窄，受有效成分在水中稳定的制约较大。④部分水乳剂产品药效可能不如同等含量的乳油产品。

（撰稿：陈福良；审稿：黄啟良）

顺式苄呋菊酯 cismethrin

一种拟除虫菊酯类杀虫剂。

其他名称 苦里斯伦、Chrysron、Benzyfuroline、顺-氯菊酯、顺苄氯菊酯。

化学名称 右旋-顺-2,2-二甲基-3-(2-甲基-1-丙烯基)-环丙烷羧酸-5-苄基-3-呋喃甲基-酯。

IUPAC名称 (5-benzyl-3-furyl)methyl (1*R*,3*S*)-2,2-dimethyl-3-(2-methylprop-1-enyl)cyclopropanecarboxylate。

CAS 登记号 35764-59-1。

分子式 $C_{22}H_{26}O_3$。

相对分子质量 338.45。

结构式

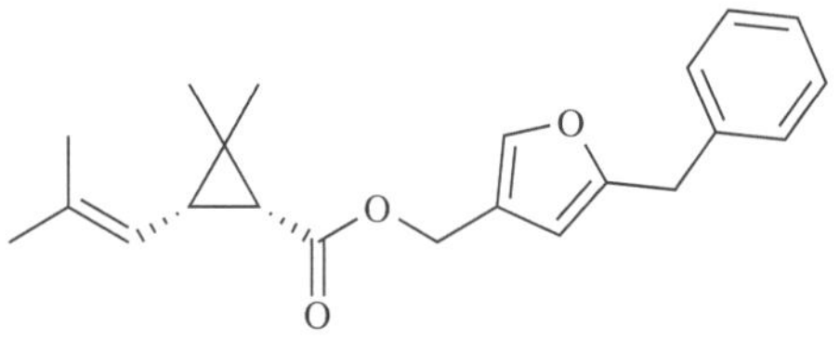

开发单位 1967 年英国洛桑（Rothamsted）试验站的艾列奥特（M. Elliott）等首先研制成功。

理化性质 原药为无色蜡状固体，带有特殊的除虫菊酯味。熔点 43～48℃。对光不稳定，暴露在空气中易分解，弱酸性介质中较稳定，碱性介质中易分解。几乎不溶于水，溶于煤油，易溶于二氯甲烷、异丙醇、二甲苯等有机溶剂。

毒性 对高等动物低毒。大鼠急性经口 LD_{50} > 2500mg/kg，大鼠急性经皮 LD_{50} > 3000mg/kg。在试验剂量内对试验动物未发现致畸和致突变作用。对大鼠喂以含有效成分 3000mg/kg 的饲料 90 天，未发现不利的作用。对鱼类等水生生物高毒，对蜜蜂有毒。杀虫活性比天然除虫菊酯高，对家蝇的生物活性比天然除虫菊酯高约 20 倍。

剂型 乳油，气雾剂，可湿性粉剂等。

作用方式及机理 属神经毒剂，具有强触杀作用。击倒作用较缓慢，持效期比天然除虫菊酯长。

防治对象 用于防治蚊、蝇、蜚蠊等卫生害虫和仓储害虫均有较好药效。因光稳定性差，不用于防治农业害虫。

使用方法 乳液，以喷雾等形式。

注意事项 储于低温干燥场所，勿和食品和饲料共储，勿让儿童接近。使用时避免接触皮肤，如眼部和皮肤有刺激感，需用大量水冲洗。对鱼有毒，使用时勿靠近水域，勿将药械在水域中清洗，也勿将药液倒入水中。如发生误服，按出现症状进行治疗，适当服用抗组织胺药是有效的。并可采用戊巴比妥治疗神经兴奋和用阿托品治疗腹泻。出现持续症状，需到医院诊视。

与其他药剂的混用 与烯丙菊酯混配加工成蚊香，与胺菊酯混配加工成气雾剂等使用可提高击倒效果。

参考文献

朱永和, 王振荣, 李布青, 2006. 农药大典[M]. 北京: 中国三峡出版社. 121-122.

TURNER J A, 2015.The pesticide manual: a world compendium[M]. 17th ed. UK: BCPC: 1003-1005.

（撰稿：陈洋；审稿：吴剑）

顺式氯氰菊酯 α-cypermethrin

一种拟除虫菊酯类杀虫剂，有效成分为顺式氯氰菊酯。

其他名称 兴棉宝（Cymbush）、安绿宝（Arrivo）、灭百可（Pipcord）、赛波凯（Cyperkill）、轰敌（Kordon）、NRDC147、PP 383、WL43467、CCN 52、Polytrin、Ambush C、Stockade、Barricard、高效灭百可 (Fastac)、高效安绿宝 (Bestox)、奋斗呐 (Fendona)。

化学名称 α-氰基-3-苯氧基苄基(1*R*,3*R*)-3-(2,2-二氯乙烯基)-2,2-二甲基环丙烷羧酸酯。

IUPAC名称 (*R*)-α-cyano-3-phenoxybenzyl (1*S*,3*S*)-3-(2,2-dichlorovinyl)-2,2-dimethylcyclopropanecarboxylate 和 (*S*)-α-cyano-3-phenoxybenzyl (1*R*,3*R*)-3-(2,2-dichlorovinyl)-2,2-dimethylcyclopropanecarboxylate 的外消旋体。

CAS 登记号 67375-30-8。

EC 号 257-842-9。

分子式 $C_{22}H_{19}Cl_2NO_3$。

相对分子质量 416.30。

结构式

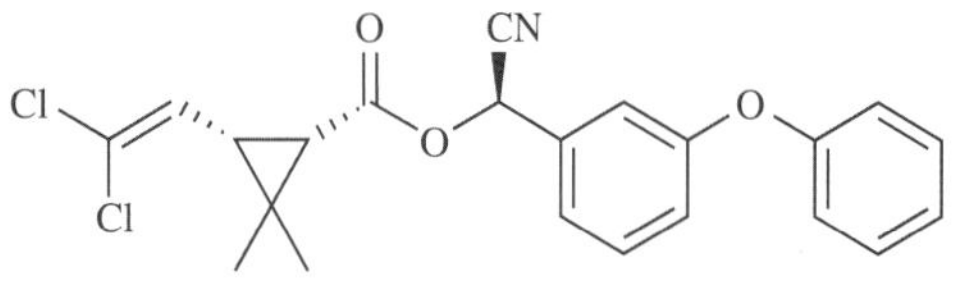

(*R*)-alcohol (1*S*,3*S*)-acid

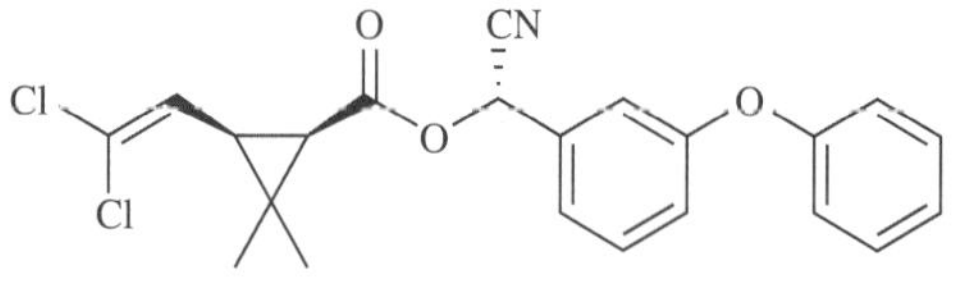

(*S*)-alcohol(1*R*,3*R*)-acid

理化性质 无色晶体。熔点82.1℃。沸点200℃(9.33Pa)。蒸气压2.3×10^{-2}mPa(20℃)、8.5×10^{-4}mPa(25℃)。相对密度1.33(20～25℃)。Henry常数0.053Pa·m^3/mol。K_{ow}lg$P$ 6.94(pH7)。水中溶解度(mg/L, pH6.5, 20～25℃): 0.003; 有机溶剂中溶解度(g/L, 20～25℃): 丙酮>1000、乙腈200～250、二氯甲烷>1000、乙酸乙酯584、正己烷6.5、异丙醇9.6、甲醇21.3、甲苯596。稳定性：在酸性和中性水溶液中稳定，碱性水溶液中发生水解，水解DT_{50}(天)>10(pH4, 50℃)、101(pH7, 20℃)、7.3(pH9, 20℃)，220℃下热稳定。

毒性 中等毒性。无皮肤刺激性，无眼睛刺激性，无皮肤致敏性。

剂型 可湿性粉剂，乳油，水乳剂，微乳剂，悬浮剂，种子处理悬浮剂，饵剂，长效防蚊帐。

作用方式及机理 氰菊酯高效异构体。具有触杀和胃毒作用，杀虫谱广，击倒速率快，生物活性高。

防治对象 蚜虫、棉铃虫、红铃虫、盲蝽、潜叶蛾、蒂蛀虫、菜青虫、小菜蛾、大豆卷叶螟、蚊、蝇、蜚蠊、跳蚤等。

使用方法 用10%乳油加水稀释后喷雾。①用乳油75～150ml/hm^2，加水750～900kg，防治黄守瓜、黄曲条跳甲、菜螟幼虫等。②用乳油75～225ml/hm^2，加水750～900kg，防治菜蚜、菜青虫、小菜蛾幼虫、豆卷叶螟幼虫等。

注意事项 在蔬菜收获前3天停用。不能与碱性农药混用。做好施药时的安全防护。

参考文献

马克比恩 C, 2015. 农药手册[M]. 胡笑形, 等译. 北京: 化学工业出版社: 247-249.

朱永和, 王振荣, 李布青, 2006. 农药大典[M]. 北京: 中国三峡出版社: 137-139.

（撰稿：陈洋；审稿：吴剑）

四氟苯菊酯 transfluthrin

一种多氟拟除虫菊酯类杀虫剂。

其他名称 Baygon、Bayothrin。

化学名称 2,3,5,6-四氟苄基(1*R*,3*S*)-3-(2,2-二氯乙烯基)-2,2-二甲基环丙烷羧酸酯; 2,3,5,6-tetrafluorobenzyl-(1*R*)-*trans*-3-(2,2-dichlorovinyl)-2,2-dimethyl-cyclopropanecarboxylate。

IUPAC名称 2,3,5,6-tetrafluorobenzyl (1*R*,3*S*)-3-(2,2-dichlorovinyl)-2,2-dimethylcyclopropanecarboxylate。

CAS登记号 118712-89-3。

EC号 405-060-5。

分子式 $C_{15}H_{12}Cl_2F_4O_2$。

相对分子质量 371.15。

结构式

Cl Cl F F F F O O

开发单位 德国拜耳公司。

理化性质 纯品为有轻微气味的无色晶体，工业品为含有少量结晶物的棕红色黏稠液体。熔点32℃。相对密度1.5072（23℃）。沸点135℃（13.33Pa），250℃（101.32kPa）。蒸气压0.4mPa（20℃）。降解力（不加稳定剂）：＞250℃时存在很短时间，200℃时存在5小时以上，120℃时存在120小时以上。旋光度$[\alpha]_D^{29}$+15.3°（在三氯甲烷中）。亲油度对数值5.46（20℃）。水解半衰期：＞1年（pH5，25℃）、14天（pH9，25℃）。不溶于水，能溶于大多数有机溶剂。

毒性 经对大鼠、普通老鼠、母鸡等动物试验，四氟苯菊酯的急性经口、经皮LD_{50}值见表。四氟苯菊酯雾滴在空气中的剂量为513mg/m^{3}时，在此环境中4小时，没有大鼠死亡。四氟苯菊酯的专一腹膜剂对大鼠的LD_{50}为1496～2413mg/kg。

四氟苯菊酯对动物急性毒性试验结果

动物名称	急性经口LD_{50}（mg/kg）	急性经皮LD_{50}（mg/kg）
雄性大鼠	＞5000	＞5000
雌性大鼠	＞5000	＞5000
雄性普通老鼠	688	—
雌性普通老鼠	583	—
母鸡	＞5000	—

防治对象 杀虫谱广，能有效防治卫生害虫和储藏害虫。对双翅目昆虫如蚊类有快速击倒作用，且对蟑螂、臭虫有很好的残留效果。可用于蚊香、气雾杀虫剂、电热片蚊香等多种制剂中。

注意事项 不能与碱性物质混用。对鱼、虾、蜜蜂、家蚕等毒性高，使用时勿接近鱼塘、蜂场、桑园，以免污染上述场所。

参考文献

陈建海, 2005.四氟苯菊酯的合成[J]. 农药, 44 (7): 312-313.

周小柳, 霍天雄, 唐忠锋, 等, 2008.四氟苯菊酯的合成与毒理学及生物学特征[J]. 中华卫生杀虫药械, 14 (7): 246-249.

（撰稿：吴剑；审稿：王鸣华）

四氟醚唑 tetraconazole

第二代三唑类杀菌剂。分子结构中含氟，杀菌活性是第一代2～3倍，杀菌谱广、高效，持效期长达4～6周，具有保护和治疗作用，以及很好的内吸传导性能。

其他名称 氟醚唑、朵麦克、杀菌全能王、Arpège、Buonjiorno、Concorde、Defender、Domark、Emerald、Eminent、Gréman、Hokuguard、Juggler、Lospel、Soltiz、Thor、Timbal。

化学名称 (*RS*)-2-(2,4-二氯苯基)-3-(1*H*-1,2,4-三唑-1-基)丙基1,1,2,2-四氟乙基醚; 1-[2-(2,4-dichlorophenyl)-3-(1,1,2,2-tetrafluoroethoxy)propyl]-1*H*-1,2,4-triazole。

IUPAC名称 (*RS*)-2-(2,4-dichlorophenyl)-3-(1*H*-1,2,4-triazol-1-yl)propyl 1,1,2,2-tetrafluoroethyl ether。

CAS登记号 112281-77-3。

EC号 407-760-6。

分子式 $C_{13}H_{11}Cl_2F_4N_3O$。

相对分子质量 372.15。

结构式

Cl Cl F F O N N N F F

开发单位 蒙太蒂森公司（现为意大利意赛格公司）。

理化性质 原药为黄色或棕黄色液体。纯品为无色黏稠油状物。熔点6℃。沸点240℃（分解，但没有沸腾）。相对密度1.432（21℃）。蒸气压0.018mPa（20℃）。$K_{ow}\lg P$ 3.56（20℃）。Henry常数3.6×10^{-4}Pa·m^3/mol（计算值）。水中溶解度（20℃，pH7）156mg/L；可快速溶解于丙酮、二氯甲烷、甲醇中。稳定性：水溶液对日光稳定，在pH4～9下水解稳定。

毒性 急性经口LD_{50}（mg/kg）：雄大鼠1248，雌大鼠

1031。大鼠急性经皮 LD_{50} > 2000mg/kg。对兔眼睛有轻微刺激性，对兔皮肤无刺激性。大鼠急性吸入 LC_{50}（4 小时）> 3.66mg/L。NOEL：（2 年）大鼠 80mg/（kg·d）。山齿鹑急性经口 LD_{50}（5 天）> 650mg/kg，野鸭急性经口 LD_{50}（5 天）422mg/kg。鱼类 LC_{50}（96 小时，mg/L）：蓝鳃太阳鱼 4，虹鳟 4.8。蜜蜂 LD_{50}（48 小时）> 130μg/ 只（经口）。

剂型 4% 水乳剂。

质量标准 外观为淡黄色液体。蒸气压 1.8×10^{-4}Pa（25℃），水中溶解度为 189.8mg/L（20℃），可溶于丙酮、甲醇，pH5～8。

作用方式及机理 是甾醇脱甲基化抑制剂。具有很好的内吸性，可迅速地被植物吸收，并在内部传导；具有很好的保护和治疗活性。持效期 6 周。

防治对象 可以防治白粉菌属、柄锈菌属、喙孢属、核腔菌属和壳针孢属菌引起的病害，如小麦白粉病、小麦散黑穗病、小麦锈病、小麦腥黑穗病、小麦颖枯病、大麦云纹病、大麦散黑穗病、大麦纹枯病、玉米丝黑穗病、高粱丝黑穗病、瓜果白粉病、香蕉叶斑病、苹果斑点落叶病、梨黑星病和葡萄白粉病等。

使用方法 既可作茎叶处理，也可作种子处理使用。

茎叶喷雾 防治禾谷类作物和甜菜病害，使用剂量为 100～125g/hm^2 有效成分；防治葡萄、观赏植物、仁果、核果病害，使用剂量为 20～50g/hm^2 有效成分；防治蔬菜病害，使用剂量为 40～60g/hm^2 有效成分；防治甜菜病害，使用剂量为 60～100g/hm^2 有效成分。

作种子处理 通常使用剂量为有效成分 10～30g/100kg 种子。

注意事项 与苯菌灵、多菌灵等苯并咪唑类药剂有正交互抗药性，不能与该类药剂轮用。建议与其他作用机制不同的杀菌剂轮换使用，以延缓抗性产生。产品在草莓作物上使用的推荐安全间隔期为5天，每个作物周期最多使用2次。原液及其废液不得污染各类水域。禁止将剩余的药剂及其废液流入到池塘、河流等水体中。赤眼蜂与天敌放飞区域禁用。用过的包装物焚烧可深埋处理。使用时应穿防护服，戴防护手套、口罩等，避免皮肤接触及口鼻吸入。使用中不可吸烟、饮水和吃东西，使用后应及时清洗手、脸等暴露部位皮肤并更换衣物。若误服，应立即饮用大量盐水进行引吐，并及时就医。无特定中毒症状，无特殊解毒剂，需对症治疗。孕妇及哺乳期妇女禁止接触。

与其他药剂的混用 四氟醚唑可与嘧菌酯、吡唑嘧菌酯、肟菌酯、醚菌酯等复配，防治果蔬白粉病。

允许残留量 GB 2763—2021《食品中农药最大残留限量标准》未见明确要求。

日本对四氟醚唑在食品中的残留限量规定见表。

日本规定部分食品中四氟醚唑最大残留限量

食品类别	名称	最大残留限量（mg/kg）
蛋类	鸡蛋	0.03
肉禽类	鸡肉	0.30
	其他水生动物	0.30

参考文献

刘长令, 2006. 世界农药大全: 杀菌剂卷[M]. 北京: 化学工业出版社: 187-189.

吴新平, 朱春雨, 张佳, 等, 2015. 新编农药手册[M]. 2版. 北京: 中国农业出版社: 284-285.

TURNER J A, 2015. The pesticide manual: a world compendium[M]. 17th ed. UK: BCPC: 1079-1080.

（撰稿：刘鹏飞；审稿：刘西莉）

四环唑 tetcyclacis

一种植物生长延缓剂。属于降冰片二氮杂环丁烯的衍生物，通过阻碍贝壳杉烯生成异贝壳杉烯酸的反应过程，从而阻止内源赤霉素的合成，使玉米、水稻等多种植物生长受到抑制，紧凑而矮壮。

其他名称 特效烯、BAS106-W、NDA、Tetracyclacis。

化学名称 5-(4-氯苯基)-3,4,5,9,10-五氮杂四环[5.4.1.0^{2,6}.0^{8,11}]十二-3,9-二烯。

IUPAC名称 (1*R*,2*R*,6*S*,7*R*,8*R*,11*S*)-5-(4-chlorophenyl)-3,4,5,9,10-pentazatetracyclo [5.4.1.0^{2,6}.0^{8,11}] dodeca-3,9-diene。

CAS 登记号 77788-21-7。

分子式 $C_{13}H_{12}ClN_5$。

相对分子质量 273.73。

结构式

开发单位 联邦德国巴斯夫公司 20 世纪 80 年代试制生产。

理化性质 密度 1.97g/cm^3，沸点 407.4℃（101.32kPa），闪点 200.2℃。

毒性 对人畜微毒，大鼠急性经口 LD_{50} 261mg/kg。

作用方式及机理 通过阻碍贝壳杉烯生成异贝壳杉烯酸的反应过程中的 3 个氧化反应，从而阻止内源赤霉素的合成，抑制细胞的纵向生长。对根系生长具有促进作用，使根增长增粗，根系干物质增加。对根系生长的抑制作用小于对地上部生长的抑制作用。从而提高了植株（如小黑麦、燕麦和水稻等）的根冠比，有利于提高植株的抗旱力。

防治对象 玉米、水稻、豌豆、蚕豆和向日葵幼苗，使幼苗生长受到抑制，紧凑而矮壮，栽后容易返青直立，增加了植株干物质生产。

使用方法 用 30μl/L 特效烯处理玉米、豌豆、蚕豆和向日葵幼苗，可控制幼苗生长。600μl/L 特效烯处理大豆种子，发现它对地上部生长的抑制作用大于对地下部，其地上部赤霉素含量的降低程度大于地下部，根系中激动素的含量大大高于对照。用14～56μl/L的特效烯分别对种子浸种16小时，春大麦和燕麦秋播越冬成活率、有效穗和产量均有提高。

注意事项 浓度不宜过大。

允许残留量 中国未规定最大残留限量，WHO无残留规定。

参考文献

孙家隆, 2015. 新编农药品种手册[M]. 北京: 化学工业出版社:956.

汤永禄, 杨文钰, 李尧权, 等, 1995. 特效烯对小麦临界期干旱的生理调节作用[J]. 西南农业学报(2): 36-45.

杨文钰, 1990. 一种新型植物生长调节剂——特效烯[J]. 植物生理学通讯(2): 62.

（撰稿：谭伟明；审稿：杜明伟）

四甲磷 mecarphon

一种具有触杀活性的有机磷杀虫剂。

其他名称 MC2420。

化学名称 7-oxa-5-thia-2-aza-6-phosphaoctanoicacid,2,6-dimethyl-3-oxo-,methyl ester,6-sulfide。

IUPAC名称 methyl (*RS*)-[[[methoxy(methyl)phosphinothioyl]thio]acetyl]methylcarbamate。

CAS登记号 29173-31-7。

EC号 249-487-3。

分子式 $C_7H_{14}NO_4PS_2$。

相对分子质量 271.29。

结构式

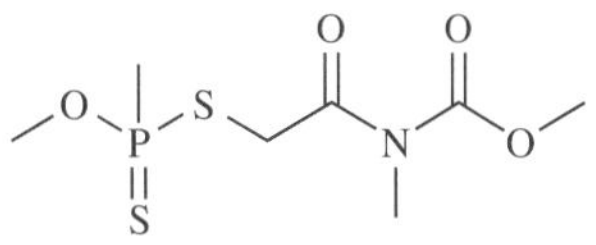

开发单位 M. Pianka和W. S. Catlinga介绍其杀虫活性，1968年由墨菲化学公司开发。

理化性质 无色固体。熔点36℃。折射率1.5489。20℃时，在水中的溶解度为3mg/L，可溶于乙醇、芳香烃和氯代烃，几乎不溶于己烷。稳定，无腐蚀性。

毒性 大鼠急性经口LD_{50} 57mg/kg，大鼠急性经皮LD_{50} 720mg/kg。

剂型 25%可湿性粉剂，50%乳剂。

作用方式及机理 乙酰胆碱酯酶抑制剂，具有触杀活性。

防治对象 介壳虫、果蝇等。

使用方法 以0.05%有效成分防治半翅目害虫，包括梨树、核果、柑橘和油橄榄等的介壳虫、果蝇等。

（撰稿：汪清民；审稿：吴剑）

四聚乙醛 metaldehyde

一种杀软体动物剂。

其他名称 密达、Meta、Metason、Antimiltace、Namekil、Scatterbait、Slugan、Slugges、Slugoids、Halizan、Limatox、蜗牛敌、聚乙醛、灭蜗灵。

化学名称 2,4,6,8-四甲基-1,3,5,7-四氧杂环辛烷；2,4,6,8-tetramethyl-1,3,5,7-tetroxocane。

IUPAC名称 *r*-2,*c*-4,*c*-6,*c*-8-tetramethyl-1,3,5,7-tetroxocane; 2,4,6,8-tetramethyl-1,3,5,7-tetraoxacyclo-octane。

CA名称 2,4,6,8-tetramethyl-1,3,5,7-tetraoxacyclooctane; acetaldehyde tetramer。

CAS登记号 108-62-3。

EC号 203-600-2。

分子式 $C_8H_{16}O_4$。

相对分子质量 176.21。

结构式

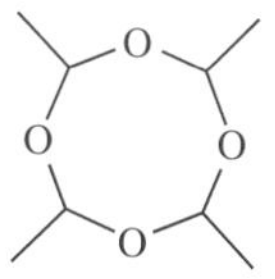

开发单位 该品的杀蜗牛活性早在1936年由G. W. Thomas报道。

理化性质 纯品为无色菱形结晶，相对密度1.27（20℃），熔点246℃（封闭管），在112～115℃升华。溶解度（20℃）：水222mg/L、甲苯530mg/L、甲醇1730mg/L。闪点50～55℃。工业品纯度97%以上，难溶于水（17℃能溶解0.02%），稍溶于乙醇（18g/L，70℃）、乙醚，可溶于苯和氯仿，存放不好，容易解聚。不易光解和水解，但在高温条件下稳定性差。可燃，燃烧无烟，可用作固体燃料。

毒性 急性经口LD_{50}：大鼠283mg/kg，小鼠425mg/kg，鹌鹑170mg/kg。大鼠急性经皮$LD_{50}>5000$mg/kg，对兔皮肤无刺激，对豚鼠皮肤无致敏作用。大鼠急性吸入LC_{50}（4小时）>15mg/L空气。虹鳟LC_{50}（96小时）75mg/L。蚯蚓$LC_{50}>50\ 000$mg/kg土壤。水蚤EC_{50}（48小时）>900mg/L。海藻EC_{50}（96小时）73.5mg/L。

剂型 原粉，80%可湿性粉剂，6%颗粒剂，3.3%四聚乙醛5%砷酸钙混合剂，4%四聚乙醛5%氟硅酸钠混合剂。

作用方式 具有较强的胃毒作用。对田螺、旱地蜗牛和蛞蝓有诱杀作用。该药不易被植物吸收，在植物体内无残留。

作用机理 四聚乙醛是一种选择性强的杀螺剂，有特殊香味，有很强的引诱力。当螺受引诱剂的吸引而取食或接触到药剂后，破坏螺体内特殊的黏膜，湿度低时使螺体迅速脱水，神经麻痹，并分泌乳液，由于大量体液的流失和细胞被破坏，导致螺体、蛞蝓、蜗牛等在短时间内中毒死亡。

防治对象 福寿螺、蜗牛、蛞蝓。

使用方法 可用2.5%～5%有效成分的蜗牛散混合豆饼、

玉米粉或糠制成毒饵，傍晚施于田间诱杀；或用3.3%蜗牛散5%砷酸钙制剂6.75～7.5kg/hm²，傍晚时撒于田间。防治福寿螺，于插秧前1～3天用80%可湿性粉剂1.2kg/hm²喷雾，田水保持1～3cm，约7天。

注意事项 ①不要用焊锡的铁器包装。在储存期间如果保管不好，容易解聚。②施药后不要在田地中践踏。③气温低于15℃或高于35℃时，因螺的活动能力减弱，不要使用。④发现中毒后立即灌洗清胃和导泻，用抗痉挛作用的镇静药。输葡萄糖液保护肝脏、帮助解毒和促进排泄。如伴随发生肾衰竭，则应仔细监测液体平衡状态和电解质以免发生液体超负荷。无专用解毒剂。

允许残留量 GB 2763—2021《食品中农药最大残留限量标准》规定四聚乙醛最大残留限量见表。ADI为0.1mg/kg。美国制定四聚乙醛在芸薹属蔬菜上的残留限量标准为2.5mg/kg，澳大利亚制定四聚乙醛在蔬菜上的残留限量标准为1mg/kg。

部分食品中四聚乙醛最大残留限量（GB 2763—2021）

食品类别	名称	最大残留限量（mg/kg）
谷物	糙米	0.2
蔬菜	大白菜、菠菜、芹菜、韭菜	1.0*
	结球甘蓝	2.0*
	普通白菜	3.0*

* 临时残留限量。

参考文献

马克比恩 C, 2015. 农药手册[M]. 胡笑形, 等译. 北京: 化学工业出版社.

朱永和, 王振荣, 李布青, 等, 2006. 农药大典[M]. 北京: 中国三峡出版社.

（撰稿：吴楚；审稿：高希武）

四硫特普 phostex

一种有机磷杀虫、杀螨剂。

其他名称 蚜螨特、Bio-1137、NHT-23584、FMC-1137、Nigara1137、NIA-1137。

化学名称 双(二乙基硫代膦酰基)二硫化物与(二异丙基硫代膦酰基)二硫化物的混合物；mixture of bis (diethylphosphinothioyl)disulfide and bis(diisopropyl phosphinothiyl)-disulfide。

CAS登记号 37333-40-7。

分子式 $C_{11}H_{26}O_4P_2S_4$+$C_9H_{22}O_4P_2S_4$。

相对分子质量 797.02。

结构式

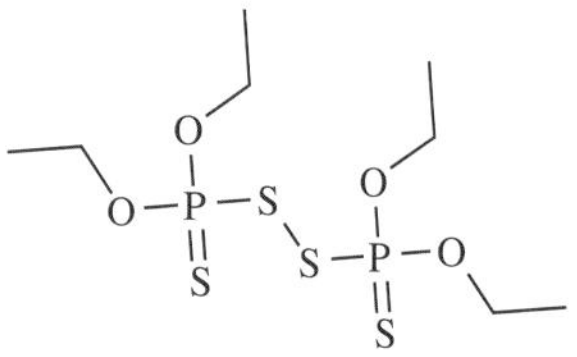

75%

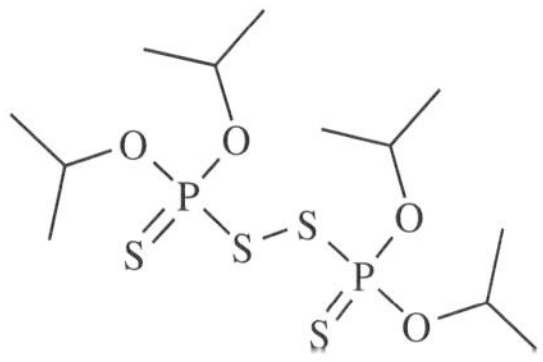

25%

开发单位 美国富美实公司介绍的试验性品种（Journal of Agricultural and Food Chemistry13，30-33，1958），Niagara Chemicals 1966年停产。

理化性质 工业品为可流动的琥珀色液体，只能微溶于水，但可与大多数有机溶剂混溶。室温下几乎不挥发。

毒性 大鼠急性经口LD_{50} 250mg/kg。以2500mg/kg剂量涂敷到皮肤上，有轻微的刺激性；以5000mg/kg四硫特普喂大鼠40天，体重减轻。

剂型 958g/L乳剂，25%可湿性粉剂。

防治对象 为杀虫、杀螨剂，用于防治落叶树上的介壳虫、梨叶肿瘤螨和作杀蚜卵剂。在某些条件下，对核果类的植物叶有药害；收获后或冬眠期用药，对仁果类的植物叶有药害。

参考文献

孙家隆, 2015.新编农药品种手册[M]. 北京: 化学工业出版社.

王振荣, 李布青, 1996. 农药商品大全[M]. 北京: 中国商业出版社.

（撰稿：王鸣华；审稿：吴剑）

四氯苯酞 phthalide

一种高效低毒有机氯类保护性杀菌剂。

其他名称 Rabcid、Blasin、Hinorabcide、热必斯、稻瘟酞、氯百杀、Rabcide、KF-32、fthalide。

化学名称 4,5,6,7-四氯苯酞；4,5,6,7-tetrachloro-1(3*H*)-isobenzofranone。

IUPAC名称 4,5,6,7-tetrachlorophthalide。

CAS登记号 27355-22-2。

分子式 $C_8H_2Cl_4O_2$。

相对分子质量 271.99。

结构式

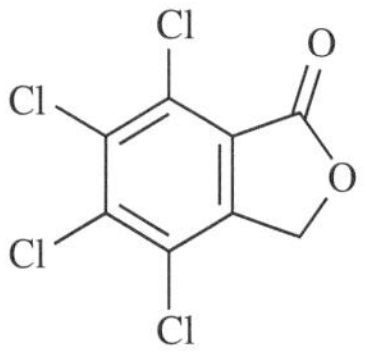

开发单位 日本吴羽化学公司。

理化性质 纯品为无色结晶状固体，熔点209~210℃。蒸气压3×10^{-3}mPa（25℃）。K_{ow}lg$P$ 3.17。水中溶解度2.5mg/L；有机溶剂中溶解度（25℃，g/L）：四氢呋喃19.3、苯16.8、二氧六环14.1、丙酮8.3、乙醇1.1。稳定性：在pH2（2.5mg/L溶液）稳定12小时，弱碱中DT_{50}约10天（pH6.8，5~10℃，2mg/L溶液），碱性条件下在12小时有15%开环（pH10，25℃，2.5mg/L溶液），对热和光稳定。

毒性 按照中国农药毒性分级标准，属低毒。原药对大鼠和小鼠急性经口LD_{50}＞10 000mg/kg。大鼠和小鼠急性经皮LD_{50}＞10 000mg/kg。对兔眼睛及皮肤无刺激性。在试验剂量内对动物无致突变、致畸、致癌作用。大鼠急性吸入LC_{50}（4小时）＞4.1mg/L。2年饲喂试验NOEL：大鼠2000mg/kg饲料，小鼠100mg/kg饲料。对蜜蜂无害，LD_{50}（接触）＞0.4mg/只。蚯蚓LC_{50}（14天）＞2000mg/kg干土。鲤鱼LC_{50}（48小时）＞320mg/kg。对鸟类毒性极低，如日本鹌鹑急性经口LD_{50}＞15 000mg/kg。

剂型 单剂：50%可湿性粉剂，30%可湿性粉剂，25%粉剂，20%悬浮剂；混剂：四氯苯酞+嘧菌腙，四氯苯酞+敌瘟磷。

质量标准 50%四氯苯酞可湿性粉剂为白色粉末，细度在250目筛以上，水中（15分钟）悬浮率＞90%，常温储存条件下稳定2年以上。

作用方式及机理 保护性杀菌剂，主要防治稻瘟病，抑制黑色素生物合成（1,3,8-三羟基萘的还原）。在培养皿内即使浓度高达1000mg/L也不能抑制稻瘟病菌的孢子萌发和菌丝生长。但在稻株表面能有效地抑制附着胞形成，阻止菌丝入侵，减少菌丝的产孢量，具有良好的预防作用；在稻株体内，对菌丝的生长没有抑制作用，但能抑制病菌的再侵染。

防治对象 主要用于防治稻瘟病。

使用方法 使用剂量为200~400g/hm^{2}有效成分，50%可湿性粉剂64~100g兑水40~50kg喷雾可防治叶瘟病。抽穗前3~5天每亩用50%可湿性粉剂75kg喷雾可防治穗颈瘟。

注意事项 用四氯苯酞连续喂养桑蚕会使茧的重量减轻，因此在桑园附近的稻田喷药时要防止雾滴飘移污染桑叶。不能与碱性农药混合使用。

允许残留量 GB 2763—2021《食品中农药最大残留限量标准》规定四氯苯酞最大残留限量见表。ADI为0.15mg/kg。谷物按照GB 23200.9规定的方法测定。

部分食品中四氯苯酞最大残留限量（GB 2763—2021）

食品类别	名称	最大残留限量（mg/kg）
谷物	稻谷	0.5*
	糙米	1.0*

*临时残留限量。

参考文献

刘长令, 2008. 世界农药大全: 杀菌剂卷[M]. 北京: 化学工业出版社: 319-320.

马克比恩C, 2015. 农药手册[M]. 胡笑形, 等译. 北京: 化学工业出版社: 803-804.

农业部种植业管理司, 农业部农药检定所, 2015. 新编农药手册[M]. 2版. 北京: 中国农业出版社: 229-230.

孙家隆, 2015. 新编农药品种手册[M]. 北京: 化学工业出版社: 561-562.

（撰稿：毕朝位；审稿：谭万忠）

四氯对醌 chloranil

一种主要用于种子及土壤消毒的内吸性杀菌剂。

其他名称 四氯苯醌。

化学名称 2,3,5,6-四氯-2,5-环己二烯-1,4-二酮；2,3,5,6-tetrachloro-2,5-cyclohexadiene-1,4-dione。

IUPAC名称 tetrachloro-*p*-benzoquinone。

CAS登记号 118-75-2。

EC号 204-274-4。

分子式 $C_6Cl_4O_2$。

相对分子质量 245.88。

结构式

O, Cl, Cl, Cl, Cl, O

开发单位 早在1935年开始把四氯对醌作为染料中间体来使用，1937年由尤尼鲁化学公司推广作为农用杀菌剂。

理化性质 金黄色叶状结晶。熔点290℃。溶于醚，微溶于醇，难溶于氯仿、四氯化碳和二硫化碳，几乎不溶于冷醇，不溶于水。

毒性 中等毒性。大鼠急性经口LD_{50} 4000mg/kg。

防治对象 对棉花、水稻、蔬菜等种子、球茎进行处理以防治病害，如对甘蓝、甜瓜的霜霉病，烟草苗立枯病等均有良效。

参考文献

陈光雨, 1982. 四氯苯醌的综合利用[J]. 染料与染色 (6) : 19-23.

（撰稿：陈雨；审稿：张灿）

四氯化碳 carbon tetrachloride

一种化学物质，能溶解脂肪、油漆等多种物质，易挥发液体。不易燃，曾作为灭火剂。主要用作生产氟利昂F11和F12的原料，也可用作有机物氯化剂、香料浸出剂、干洗去污剂、谷物熏蒸剂等。

其他名称 四氯甲烷。

化学名称 tetrachloromethane。

IUPAC名称 carbon tetrachloride; tetrachloromethane。

CAS登记号 56-23-5。

EC号 203-453-4。

分子式 CCl_4。

相对分子质量 153.82。

结构式

开发单位 1908年开始用作熏蒸剂。

理化性质 为无色液体，有明显的异味，沸点76.8℃，熔点23℃。相对密度：气体（空气＝1）5.22，液体（在4℃时，水＝1）1.595（20℃）。在空气中不燃烧。水中溶解度0.08g/100ml（20℃）。不着火，化学性质惰性，在高温遇水分解。不同温度下的自然蒸气压力：0℃时4.39kPa；10℃时7.46kPa；20℃时12.13kPa；30℃时19.06kPa。1kg体积626.959ml，1L重1.595kg。

毒性 急性经口LD_{50}：大鼠5730～9770mg/kg，小鼠12 800mg/kg，兔6380～9975mg/kg。长时期暴露则刺激黏膜，引起头痛和恶心。同其他普通熏蒸剂相比，尽管四氯化碳对昆虫的毒性不太大，但对人的毒性是非常强的，主要损害人的肝脏。人体处于高浓度中能引起急性中毒。美国政府工业卫生学会会议确定的四氯化碳浓度阈限降低到连续接触的浓度10mg/（kg·d）。

主要用途 该品有低的杀虫活性，主要用作谷物消毒剂，其主要优点是被处理谷物对药剂的吸收很少。四氯化碳单独作为熏蒸剂使用时，对昆虫的毒性很低，需要高剂量或者延长密闭的时间。单独使用不影响种子的发芽，但对生长着的植物、苗木及水果和蔬菜有一定的伤害。因为四氯化碳受热时，立即挥发成很重的气体，可将火包围起来，与空气隔绝，因此，可用作灭火剂。也可用作溶剂和干洗剂，谷物熏蒸杀虫剂，有机合成时的氯化剂，香料浸出剂，分析试剂，聚氨酯发泡剂及医药麻醉剂。

注意事项

操作注意事项 密闭操作，加强通风。操作人员必须经过专门培训，严格遵守操作规程。建议操作人员佩戴直接式防毒面具（半面罩），戴安全护目镜，穿防毒物渗透工作服，戴防化学品手套。防止蒸气泄漏到工作场所空气中。避免与氧化剂、活性金属粉末接触。搬运时要轻装轻卸，防止包装及容器损坏。配备泄漏应急处理设备。倒空的容器可能残留有害物。

储存注意事项 储存于阴凉、通风的库房。远离火种、热源。库温不超过30℃，相对湿度不超过80%。保持容器密封。应与氧化剂、活性金属粉末、食用化学品分开存放，切忌混储。储区应备有泄漏应急处理设备和合适的收容材料。

与其他药剂的混用 与无水氟化氢作用生成二氟二氯甲烷（氟利昂-12），这是目前应用最多的一种制冷剂。四氯化碳作为粮食或谷物熏蒸剂时，经常与其他熏蒸剂混用（如二氯乙烷），以防着火。

参考文献

安家驹，王伯英，2000.实用精细化工辞典[M].北京：中国轻工业出版社.

吴永仁，李和，何少华，等，1990.中国中学教学百科全书：化学卷[M].沈阳：沈阳出版社.

（撰稿：陶黎明；审稿：徐文平）

四螨嗪 clofentezine

一种非内吸性杀螨剂。

其他名称 Apollo、Niagara、NC 21314。

化学名称 3,6-双(2-氯苯基)-1,2,4,5-四嗪；3,6-bis(2-chlorophenyl)-1,2,4,5-tetrazine。

IUPAC名称 3,6-bis(2-chlorophenyl)-1,2,4,5-tetrazine。

CAS登记号 74115-24-5。

EC号 277-728-2。

分子式 $C_{14}H_8Cl_2N_4$。

相对分子质量 303.15。

结构式

开发单位 K. M. G. Bryan等于1981年将其作为杀螨剂报道，在1987年P. J. Brooker报道了该类化合物的构效关系。

由富必西公司（现拜耳公司）开发，2001年该品种业务转移到马克西姆-阿甘公司。

理化性质 品红色晶体。熔点183℃。蒸气压1.4×10^{-4}mPa（25℃）（气体饱和法，用GLC分析）。K_{ow}lg*P* 4.1（25℃）。相对密度1.52（20℃）。溶解度：水2.5μg/L（pH5，22℃）；有机溶剂中溶解度（g/L，25℃）：二氯甲烷37、丙酮9.3、二甲苯5、乙醇0.5、乙酸乙酯5.7。原药和制剂对光、热和空气稳定；22℃下水解DT_{50}：248小时（pH5）、34小时（pH7）、4小时（pH9）。自然光下水溶液稳定性＜7天。不可燃。

毒性 大鼠急性经口LD_{50}＞5200mg/kg。大鼠急性经皮LD_{50}＞2100mg/kg。不刺激眼睛和皮肤。大鼠吸入LC_{50}（4小时）＞9mg/L空气。NOEL：（2年）大鼠40mg/kg饲料[2mg/（kg·d）]；（1年）狗50mg/kg饲料[1.25mg/（kg·d）]。鸟急性经口LD_{50}（mg/kg）：绿头野鸭＞3000，山齿鹑＞7500。绿头野鸭、山齿鹑饲喂LC_{50}（8天）＞4000mg/kg饲料。鱼类LC_{50}（96小时，mg/L）：虹鳟＞0.015，大翻车鱼＞0.25（溶解度上限）。水蚤LC_{50}（48小时）＞1.45μg/L（溶解度上限）。溶解度上限浓度下对栅列藻（Scenedesmus pannonicus）无毒。溶解度上限浓度下对其他水生生物无害。蜜蜂急性LD_{50}（经口）＞252.6μg/只；LC_{50}（接触）＞84.5μg/只。对蚯蚓无毒；LC_{50}＞439mg/kg土壤（Apollo 50%悬浮剂）。尚未发现对捕食性螨和捕食性昆虫的毒害。

S

剂型 500g/L、20%、50%悬浮剂，10%可湿性粉剂，75%、80%水分散粒剂。

作用方式及机理 在胚胎和幼虫早期阶段干扰细胞生长和分化。特异性触杀型杀螨剂，长残效性。

防治对象 用于梨果、核果、柑橘、坚果、瓜类、葡萄、草莓、啤酒花、棉花和观赏植物（剂量最大至0.3kg/hm^2，视喷施用水量而定），防治全爪螨和叶螨的卵和活动性幼虫（但对成虫无效）。对捕食性螨或有益昆虫无害。可能对温室玫瑰有轻微药害。在白色或灰色花瓣上沉积粉色斑块。Apollo制剂与其他用于果园的杀虫剂兼容，但碱性农药和铜制剂除外。

使用方法 苹果树害螨，谢花后1~2周，用50%悬浮剂2000~3000倍液喷施。其他果树及经济作物害螨，在产卵盛期，用50%悬浮剂2000~3000倍液喷施。

注意事项 该品主要杀螨卵，对若螨也有一定效果，对成螨无效，所以在螨卵初孵时用药效果最佳。在螨的密度大或温度较高时施用最好与其他杀成螨药剂混用，在气温低（15℃左右）和螨口密度小时施用效果好，持效期长。与噻螨酮有交互抗性，不能交替使用。

与其他药剂的混用 可与联苯菊酯、螺螨酯、哒螨灵、丁醚脲、三唑锡、阿维菌素、炔螨特、联苯肼酯、苯丁锡等复配。

允许残留量 GB 2763—2021《食品中农药最大残留限量标准》规定四螨嗪最大残留限量（mg/kg）：番茄、黄瓜等蔬菜0.5，橙、苹果、柚、梨等水果0.5，番茄、黄瓜等蔬菜0.5，橙、苹果、柚、梨等水果0.5，草莓、葡萄2，甜瓜类水果0.1。ADI为0.02mg/kg。

参考文献

刘长令, 2012. 世界农药大全: 杀虫剂卷[M]. 北京: 化学工业出版社: 724-727.

马克比恩 C, 2015. 农药手册[M]. 胡笑形, 等译. 北京: 化学工业出版社: 192-194.

（撰稿：李新；审稿：李淼）

四烯雌酮 aviglycine

一种植物乙烯合成抑制剂，能延迟苹果、梨等果实成熟，可减少落果，延迟收获。

其他名称 Retain（Valent Bioscience）、保鲜灵、四烯雌酮盐酸盐（aviglycine hydrochloride）、艾维激素、AVG、aminoethoxyvinylglycine。

化学名称 *(E)*-L-2-[2-(2-氨基乙氧基)乙烯基]甘氨酸；*(E)*-L-2-[2-(2-aminoethoxy)vinyl]glycine。

IUPAC名称 (*E*)-L-2-[2-(2-aminoethoxy)vinyl]glycine。

CA名 (2*S*, 3*E*)-2-amino-4-(2-aminoethoxy)-3-butenoic acid; L-*trans*-2-amino-4-(2-aminoethoxy)-3-butenoic acid。

CAS登记号 49669-74-1。

分子式 $C_6H_{12}N_2O_3$。

相对分子质量 160.17。

结构式

H_2N O O OH NH_2

理化性质 四烯雌酮盐酸盐：原药白色至棕褐色粉末，有氨气味。熔点178~183℃（分解）。水中溶解度660g/L（pH5，室温）。需要避光保存。

毒性 四烯雌酮盐酸盐：大鼠急性经口LD_{50} > 5000mg/kg。兔急性经皮LD_{50} > 2000mg/kg。大鼠吸入LC_{50}（4小时）1.13mg/L。大鼠（90天）NOEL 2.2mg/（kg·d）。ADI RfD 0.002mg/kg［1997］。鹌鹑急性经口LD_{50} 121mg/kg。水蚤EC_{50}（48小时）> 135mg/L。蜜蜂LD_{50}（48小时，经口和接触）> 100μg/只。蚯蚓LC_{50} > 1000mg/kg土壤。在土壤环境中易降解。

剂型 可溶性粉剂。

作用方式及机理 抑制乙烯的生物合成。通过竞争性抑制乙烯生物合成途径中ACC合成酶，控制果实的成熟和老化。

使用对象 可用于苹果、梨、核果类果树，包括减少落果、延迟果实成熟、延迟或延长收获期、改进收获管理、提高水果品质（如水果的硬度），改善果实大小和颜色以便延迟收获等。

参考文献

叶陈津, 2014. 艾维激素的合成探究[D]. 武汉: 华中师范大学.

（撰稿：白雨蒙；审稿：谭伟明）

四溴菊酯 tralomethrin

一种拟除虫菊酯类杀虫剂。

其他名称 Scout、Scout X-TRA、Tralate、Tralex、Tracker、Marwate、凯撒、刹克、四溴氰菊酯、NU-831、RU-25474、HAG107、OMS3048。

化学名称 3-(1′,2′,2′,2′-四溴乙基)-2,2-二甲基环丙烷羧酸-*α*-氰基-3-苯氧苄基酯。

IUPAC名称 2,2-dimethyl-3-(1,2,2,2-tetrabromoethyl)-cyclopropanecarboxylica cicyano-(3-phenoxyphenyl)methylester。

CAS登记号 66841-25-6。

EC号 266-493-1。

分子式 $C_{22}H_{19}Br_4NO_3$。

相对分子质量 665.01。

结构式

Br Br Br Br O O CN O

开发单位 1978年由法国罗素-尤克福公司发现和开发。获得专利号FR2364884。

理化性质 原药为黄色至橘黄色树脂状物质。相对密度1.7（20℃）。[α]$_D$+21°～+27°（50g/L 甲苯）。能溶于丙酮、二甲苯、甲苯、二氯甲烷、二甲基亚砜、乙醇等有机溶剂；在水中溶解度为70mg/L。50℃时，6个月不分解，对光稳定。无腐蚀性。

毒性 急性经口 LD_{50}：雄大鼠99.2mg/kg，雌大鼠157.2mg/kg；兔急性经皮 LD_{50} > 2000mg/kg。大鼠急性吸入 LC_{50}（4小时）0.286mg/L。对兔皮肤和眼睛有轻微刺激作用。2年饲喂试验NOEL［mg/（kg·d）］：大鼠0.75、小鼠3、狗1。对大鼠、小鼠和兔无致畸作用。在大鼠3代繁殖试验中未见对繁殖有影响；在致癌试验剂量下，对大鼠和小鼠均呈阴性；Ames试验、细菌生长抑制试验、微核试验、活体外细胞遗传试验、显性致死试验等均呈阴性。鱼类 LC_{50}：虹鳟0.0016mg/L（96小时），蓝鳃鱼0.0043mg/L（96小时），水蚤38mg/L（48小时）。鹌鹑急性经口 LD_{50} > 2510mg/kg。蜜蜂接触 LD_{50} 0.12μg/只。

剂型 5%可湿性粉剂，乳油（200g/L），油基和水基型气雾剂（均含有效成分0.04%，还有加敌敌畏或残杀威混配的），油喷射剂（0.04%），蚊香（0.02%和0.03%），电热蚊香片（5mg或50mg，90℃电热板；10mg或50mg，130～145℃电热板）。

作用方式及机理 具有触杀和胃毒作用。药剂通过昆虫表皮渗透或食取经药剂处理后的叶子进入体内。四溴菊酯通过抑制离子通道关闭能力，干扰调节钠离子流，导致过多的钠离子进入细胞，从而对神经细胞产生神经冲动振幅，最终导致神经细胞兴奋完全消失、麻痹、虚脱而死亡。

防治对象 对家蝇、伊蚊属、斯氏按蚊具有快速击倒作用，主要用于食草动物体外寄生虫的防治。

使用方法 可用于防治鞘翅目、半翅目、直翅目害虫，尤其是禾谷类、棉花、玉米、果树、烟草、蔬菜、水稻上的鳞翅目害虫。用量7.5～195g/hm^2 有效成分。

注意事项 储存处要干燥凉爽。勿受日光照射，勿与食物、种子和饲料共置。勿让孩童进入。操作时宜穿戴工作服、橡胶手套和面具，避免药液接触眼睛、皮肤和衣服，勿吸入药雾。操作完毕脱去工作服，并充分洗涤。

参考文献

马克比恩 C, 2015. 农药手册[M]. 胡笑形, 等译. 北京: 化学工业出版社: 1017-1018.

朱永和, 王振荣, 李布青, 2006. 农药大典[M]. 北京: 中国三峡出版社: 202-203.

TURNER J A, 2015.The pesticide manual: a world compendium[M]. 17th ed. UK: BCPC: 1122-1123.

（撰稿：陈洋；审稿：吴剑）

四唑酰草胺 fentrazamide

一种氨基甲酰四唑啉酮类选择性除草剂。

其他名称 拜田净、四唑草胺、yrc2388。

化学名称 4-[2-氯苯基]-5-氧-4,5-二氢-四唑基-1-羧酸环己基-乙基-酰胺；4-(2-chlorophenyl)-*N*-cyclohenyl-*N*-ethyl-4,5-dihydro-5-oxo-1*H*-tetrazole-1-carboxamide。

IUPAC名称 4-(2-chlorophenyl)-*N*-cyclohexyl-*N*-ethyl-4,5-dihydro-5-oxo-1*H*-tetrazole-1-carboxamide。

CAS登记号 158237-07-1。

EC号 605-140-1。

分子式 $C_{16}H_{20}ClN_5O_2$。

相对分子质量 349.82。

结构式

O O N N N=N N Cl

开发单位 T. Yayama 等报道 bensulfuron-methyl 除草活性，1992年由日本拜耳农化公司开发成功。

理化性质 纯品为无色结晶。熔点79℃。蒸气压 5×10^{-5} mPa（20℃）。K_{ow}lg$P$ 3.6（20℃）。Henry常数 7×10^{-6}Pa·m^3/mol。水中溶解度：2.3mg/L（20℃）；有机溶剂中溶解度（g/L，20℃）：正庚烷 > 2.1、异丙醇32、二氯甲烷和二甲苯 > 250。稳定性：水中 DT_{50}（25℃）> 300天（pH5）、> 500天（pH7）、70天（pH9）。光解稳定性 DT_{50}（25℃）20天（纯水）、10天（天然水）。

毒性 大鼠急性经口 LD_{50} > 5000mg/kg，大鼠急性经皮 LD_{50} > 5000mg/kg，大鼠急性吸入 LC_{50} > 5000mg/m^3。对兔眼睛和皮肤无刺激。对豚鼠皮肤无致敏作用。NOEL（mg/kg）：大鼠10.3、小鼠28、狗0.52；ADI/RfD值（FSC）0.005mg/kg。Ames等试验呈阴性，无致畸或致突变性。日本鹌鹑和北美鹌鹑急性经口 LD_{50} > 2000mg/kg。LC_{50}（8天）> 5620mg/kg 饲料。鱼类 LC_{50}（96小时，mg/L）：鲤鱼3.2，虹鳟 > 3.4。水蚤 LC_{50}（24小时）> 10mg/L。绿藻 EC_{50}（72小时）6.04μg/L，对藻类无长期影响，可迅速恢复。其他水生生物：沼虾 LC_{50}（72小时）6.5mg/L，蛤贝 LC_{50} > 100mg/L。蜜蜂 LD_{50}（μg/只）：经皮 > 150。蚯蚓 LC_{50}（14天）> 1000mg/kg 干土。

剂型 颗粒剂（1.9%），悬浮剂，水分散剂，可湿性粉剂（50%）。

作用方式及机理 细胞分裂抑制剂，主要作用位点可能是脂肪酸代谢。它的选择性定位是被吸附到土壤表层，但不接触移栽水稻种子的生长点。可被植物的根、茎、叶吸收并传到根和芽顶端的分生组织，抑制其细胞分裂，使生长停止，组织变形，生长点、节间分生组织坏死。

防治对象 对大多数一年生杂草有较好的效果，如稗草、异型莎草、鸭舌草、牛毛毡等；对多年生杂草也有效，如莎草、泽泻等，尤其对稗草类和异型莎草在出苗前至3叶期的效果最佳。与苄嘧磺隆等磺酰脲类的防阔叶杂草除草剂混用，同时防治莎草科多年生杂草和某些难防治的阔叶杂草。

使用方法 防除水稻田苗前到3叶期稗草和一年生莎草。也可用于移栽期。使用剂量为200～300g/hm^2。水稻直播田苗后、移栽田插秧后0～10天、抛秧田抛秧后0～7天，在稗草苗前至2.5叶期施药，每亩用50%拜田净可湿性粉剂13～26g（有效成分6.5～13g），毒土法或喷雾均可。使用毒土法时，需保证土壤湿润，即田间有薄水层，以保证药剂能均匀扩散。

注意事项 施药后田间水层不可淹没稻心叶，特别是立针期幼苗，秧田和水稻直播田要求浸种催芽并整齐平地播种，整地和播种间隔不宜过长。

与其他药剂的混用 需要和其他药剂复配来防除萤蔺和一些多年生稻田杂草。如可与苄嘧磺隆、敌稗混配；还可与氟嘧磺隆、吡嘧磺隆复配。

参考文献

陈亮, 2003. 四唑酰草胺——一种新颖的稻田除草剂[J]. 世界农药, 25 (2) : 46-47.

程志明, 2005. 除草剂四唑酰草胺的开发[J]. 世界农药(2) : 5-8.

马克比恩 C, 2015. 农药手册[M]. 胡笑形, 等译. 北京: 化学工业出版社: 436-437.

（撰稿：王红学；审稿：耿贺利）

松异舟蛾性信息素 sex pheromone of *Thaumetopoea pityocampa*

适用于松林的昆虫性信息素。最初从未交配的松异舟蛾（*Thaumetopoea pityocampa*）雌虫腹部提取分离，主要成分为（*Z*）-13-十六碳烯-11-炔-1-醇乙酸酯。

其他名称 FERSEX TP（SEDQ）、Y11Z13-16Ac、Z13Y11-16Ac、pityolure。

化学名称 (*Z*)-13-十六碳烯-11-炔-1-醇乙酸酯；(*Z*)-13-hexadecen-11-yn-1-ol acetate。

IUPAC名称 (*Z*)- hexadec-13-en-11-yn-1-yl acetate。

CAS登记号 78617-58-0。

分子式 $C_{18}H_{30}O_2$。

相对分子质量 278.43。

结构式

生产单位 由SEDQ公司生产。

理化性质 无色或淡黄色液体，有特殊气味。沸点364℃（101.32kPa，预测值）。相对密度0.91（20℃，预测值）。难溶于水，溶于正庚烷、乙醇、苯等有机溶剂。

毒性 大鼠急性经口 LD_{50} ＞5000mg/kg，大鼠急性经皮 LD_{50} ＞2000mg/kg。对皮肤与眼睛无刺激。

剂型 悬浮型微胶囊，缓释诱饵。

作用方式 主要用于干扰松异舟蛾的交配，诱捕松异舟蛾。

防治对象 适用于松林，防治松异舟蛾。

使用方法 在松林中，将含有松异舟蛾性信息素的缓释诱饵固定于松树齐胸高处，使性信息素扩散到空气中，用于监测松异舟蛾的虫口密度。

与其他药剂的混用 可以与其他化学农药一起使用，诱捕松异舟蛾。

参考文献

马克比恩 C, 2015. 农药手册[M]. 胡笑形, 等译. 北京: 化学工业出版社.

吴文君, 高希武, 张帅, 2017. 生物农药科学使用指南[M]. 北京: 化学工业出版社.

（撰稿：钟江春；审稿：张钟宁）

松脂二烯 pinolene

来源于松树松脂，具有良好的展着性和黏附性，是绿色无公害的农药助剂。植物叶面喷施后会很快地形成一薄层黏性的展布很快的分子，可作为抗蒸腾剂防止水分从叶片的气孔蒸发。

其他名称 Vapor-Gard、Miller Aide、NU FILM 17。

化学名称 2-甲基-4-(1-甲基乙基)-环己烯二聚物；dimer2-methyl-4-(1-methylethyl)-cyclohexene。

CAS登记号 34363-01-4。

分子式 $C_{20}H_{34}$。

相对分子质量 274.69。

结构式

理化性质 松脂二烯是存在于松脂内的一种物质，为环烯烃二聚物。沸点175～177℃。相对密度0.8246（20℃）。溶于水和乙醇。

毒性 对人畜安全。

剂型 水剂。

作用方式及机理 是存在于松脂内的一种化合物。在植物叶面喷施，会很快形成一薄层黏性的展布很快的分子。因此，与除草剂或杀菌剂混用，叶面施用会提高作用效果。可作为抗蒸腾剂防止水分从叶片的气孔蒸发。

使用方法 主要用作抗蒸腾剂。冬季来临前在常绿植物叶面喷洒，可防止叶片枯萎变黄，也可防止空气污染。

参考文献

孙家隆, 2015. 新编农药品种手册[M]. 北京: 化学工业出版社: 957.

（撰稿：徐佳慧；审稿：谭伟明）

松脂酸钠 sodium pimaric acid

一种以天然原料为主体的新型低毒植物性生物杀虫剂。

其他名称 瑞利、江岚、大鹏、浩伦、松脂杀虫乳剂、松香皂、松脂合剂。

开发单位 安徽省利辛县农药厂。

毒性 小鼠(雄、雌)急性经口 LD_{50} 6122.09mg/kg。

剂型 水乳剂,可溶粉剂。

质量标准 制剂外观为棕褐色黏稠液体。相对密度1.05～1.1(20℃)。pH9～11。黏度0.3～0.4Pa·s(25℃)。水分含量为24.5%。稀释200～300倍后符合GB 1630乳液稳定性测定的要求。热储存稳定性:50℃ ±1℃,14天,相对分解率＜5%,冷热储存稳定性:0～5℃不出现分层、沉淀。常温储存2年稳定。

作用方式及机理 药剂为黑褐色液体状,对介壳虫具有强烈的触杀作用,有很好的脂溶性、黏着性和渗透性,对介壳虫的蜡质层有强烈的腐蚀作用,能溶解破坏虫体外表的蜡质,使虫体失水,并能阻塞气门呼吸,使害虫窒息致死。

防治对象 防治柑橘介壳虫效果较好,防治柑橘树矢尖蚧、褐圆蚧、红蜡蚧等介壳虫,杨梅柏牡蛎蚧、榆牡蛎蚧、扶桑棉粉蚧等介壳虫效果较显著。

使用方法

防治柑橘介壳虫 45%可溶粉剂,80～120倍液,喷雾;20%可溶粉剂,100～120倍液,喷雾。

防治柑橘矢尖蚧 45%可溶粉剂,10～12.5kg/hm²,喷雾。

防治杨梅介壳虫 30%水乳剂,300倍液,喷雾。

注意事项 属于强碱性农药,不能与酸性农药等物质混用。黏度较大,使用前应充分搅拌均匀;稀释可分两次进行,先加少量水搅拌药剂,再加水稀释至喷施浓度。花芽期禁止使用该品,高温季节应增加稀释倍数。不能将手伸入药水中搅拌,不能使用渗漏的器具施药;施药时穿长裤、戴手套等,不能饮食、吸烟等;施药后,立即洗干净手脸及器具。施药适宜在16:00以后进行。废弃物要妥善处理,不可他用;清洗器具的废水不能排入河流等,避免药液污染水源。孕妇及哺乳期的妇女避免接触。

参考文献

戴德江, 宋会鸣, 丁佩, 等, 2015. 松脂酸钠防治杨梅介壳虫的初步研究[J]. 扬州大学学报(农业与生命科学版)(2): 89-94.

过戊吉, 2006. 松脂酸钠产品登记动态纪实[J]. 农药市场信息(21): 25.

何永梅, 2011. 植物性杀虫剂——松脂酸钠[J]. 农药市场信息(24): 37.

(撰稿:刘西莉;审稿:刘鹏飞)

松脂酸铜 copper abietate

一种高效低毒的新型铜制剂杀菌农药,具有持效期长、使用方便的特点。

其他名称 绿乳铜、铜状元、铜圣、细诛、卿乘、海宇博尔多乳油、Resin acid copper salt。

分子式 $C_{40}H_{58}CuO_4$。

相对分子质量 666.4。

CAS登记号 10248-55-2。

开发单位 广东省珠海绿色南方保鲜总公司。

剂型 乳油,水乳剂,可湿性粉剂,悬浮剂。

作用方式及机理 喷施于作物表面缓释铜离子,可抑制真菌、细菌蛋白质合成,致使菌体死亡,对多种真菌、细菌病害等防治效果显著;铜离子缓慢释放进入病菌体内,凝固病菌蛋白质,使病菌失去侵染能力。

防治对象 黄瓜霜霉病、葡萄霜霉病、白菜霜霉病、水稻稻曲病、柑橘溃疡病、苹果斑点落叶病、柑橘炭疽病。

使用方法

防治柑橘溃疡病 23%乳油制剂,600～900倍稀释,全株喷雾。

防治葡萄霜霉病 20%水乳剂,1050～1200ml/hm²,喷雾。

防治黄瓜霜霉病 12%乳油制剂,2625～3495g/hm²,喷雾。

防治柑橘炭疽病 18%乳油制剂,400～800倍稀释液,喷雾。

注意事项 安全间隔期为15天,每季作物最多使用2次。不宜与强酸或强碱性农药和化学肥料混用。喷雾要均匀,用量必须按照规定的剂量取药液,不得任意增加用量。严禁用手拌药。施药人员应佩戴手套、口罩及眼罩等防护用品,穿操作服、鞋。勿使药液溅入眼睛、皮肤上,施药后用肥皂洗手、洗脸。孕妇及哺乳期的妇女禁止接触。使用时注意药液及其废液不得污染河流、池塘等各类水域及桑园、养蜂场等。建议与其他作用机制不同的杀菌剂轮换使用,以延缓抗性产生。

参考文献

成秀娟, 徐伟松, 周振标, 等, 2012. 松脂酸铜防治柑橘溃疡病效果研究[J]. 农药科学与管理(7): 41-43.

江土玲, 叶勇, 麻建清, 等, 2008. 松脂酸类农药登记及应用[J]. 农药科学与管理(11): 53-55.

唐永奉, 闫大琦, 杨建荣, 等, 2014. 5种药剂防治核桃膏药病药效试验[J]. 西部林业科学(4): 128-131.

(撰稿:刘西莉;审稿:代探)

苏硫磷 sophamide

一种触杀和内吸性有机磷杀虫剂、杀螨剂。

其他名称 Ditionats、苏果、MC62、P662、Formocabam。

化学名称 *O,O*-二甲基-*S*-(*N*-甲氧基甲基)氨基甲酰甲基二硫代磷酸酯;*O,O*-dimethyl-*S*-(*N*-methoxymethyl)carbamoylmethyl phosphorodithioate。

IUPAC名称 *S*-[2-[(methoxymethyl)amino]-2-oxoethyl] *O,O*-dimethyl phosphorodithioate。

CAS登记号 37032-15-8。

分子式 $C_6H_{14}O_4NPS_2$。

S

相对分子质量 259.28。

结构式

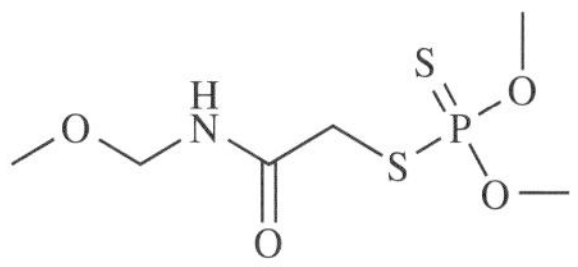

开发单位 美国蒙太卡蒂尼公司介绍品种，但未见商品化。

理化性质 白色结晶。熔点40~42℃。在水中溶解2.5%，可溶于乙醇、酮类和芳烃溶剂。遇碱和强酸水解。

毒性 急性经口LD_{50}：大鼠600mg/kg，小鼠450mg/kg。

剂型 5%颗粒剂，25%混合溶液。

作用方式及机理 杀虫剂和杀螨剂，有内吸和触杀作用。

防治对象 以0.1%及0.2%浓度防治蚜虫和红蜘蛛。

参考文献

孙家隆, 2015.新编农药品种手册[M]. 北京: 化学工业出版社.

王振荣, 李布青, 1996. 农药商品大全[M]. 北京: 中国商业出版社.

（撰稿：王鸣华；审稿：吴剑）

苏云金杆菌 *Bacillus thuringiensis*

内生芽孢的革兰氏阳性土壤细菌，在芽孢形成初期会形成杀虫晶体蛋白，对敏感昆虫有特异性的防治作用。1901年在日本被发现，1911年由德国人贝尔奈（Berliner）从地中海粉螟的患病幼虫中分离出来，1915年正式依其发现地点德国苏云金省而命名。

其他名称 联除、点杀、康雀、锐星、科敌、千胜、农林丰、绿得利、BT、敌宝、杀虫菌1号、快来顺、果菜净、康多惠、包杀敌、菌杀敌、都来施、力宝、灭蛾灵、苏得利、苏力精、苏特灵、苏力菌、先得力、先力、强敌313、青虫灵、虫卵克、生力、益万农、苏云金芽孢杆菌。

理化性质 原药为黄褐色固体。是一种细菌杀虫剂，属好氧性蜡状芽孢杆菌群，在芽孢囊内产生晶体，有12个血清型，17个变种。是由昆虫病原细菌苏云金杆菌的发酵产物加工成的制剂。苏云金杆菌可湿性粉剂（100亿个活芽孢/g）由苏云金杆菌活芽孢和填料等组成，外观为浅灰色粉剂，含水量≤0.3%，细度（通过0.15mm筛孔）≥90%。

毒性 低毒。鼠经口按每千克体重2×10^{22}个活芽孢给药无死亡、无中毒等症状。对皮肤及眼睛无刺激。对动物、鱼类和蜜蜂安全。

剂型

单剂 Bt乳剂（100亿个孢子/ml），菌粉（100亿个孢子/g），3.2%、10%、50%可湿性粉剂，8000IU/mg、16 000IU/mg、32 000IU/mg可湿性粉剂，2000IU/μl、4000IU/μl、8000IU/μl悬浮剂，2000IU/ml、7300IU/ml悬浮剂，15 000IU/mg、16 000IU/mg水分散粒剂，100亿、150亿活芽孢/g可湿性粉剂，100亿活芽孢/g悬浮剂。

混剂 2%阿维菌素+苏云金可湿性粉剂，80%杀虫单+苏云金可湿性粉剂。

作用方式及机理 苏云金杆菌进入昆虫消化道后，可产生两大类毒素：内毒素（即伴孢晶体）和外毒素（α、β和γ外毒素）。伴孢晶体被昆虫摄取后在肠道经蛋白酶水解，转变成带有*N*-末端的对蛋白酶有抗性的毒性多肽分子δ-内毒素，能结合到昆虫中肠上皮细胞的刷状缘毛的特异结合位点上，因其构象发生改变插入到细胞膜上，使中肠停止蠕动、瘫痪，中肠上皮细胞解离、停食，芽孢则在中肠中萌发，经被破坏的肠壁进入血腔，大量繁殖，使虫得败血症而死。外毒素作用缓慢，它是苏云金杆菌的几个突变株在一定的培养条件下所产生的胞外毒蛋白，在蜕皮和变态时作用明显，这两个时期正是RNA合成的高峰，外毒素能抑制依赖于DNA的RNA聚合酶，可以干扰与昆虫发育有关的激素的合成，导致幼虫发育畸形或不能正常化蛹。

产品特点 苏云金杆菌属微生物源、细菌性、广谱、低毒杀虫剂，对大多数鳞翅目幼虫具有胃毒作用，死亡虫体破裂后，还可感染其他害虫，但对蚜类、螨类、蚧类害虫无效。苏云金杆菌制剂的速效性较差，对人畜安全，对作物无药害，不伤害蜜蜂和其他昆虫。对蚕有毒。鉴别要点：原药为黄褐色固体。32 000IU/mg、16 000IU/mg、8000IU/mg可湿性粉剂为灰白至棕褐色疏松粉末，不应有团块。8000IU/mg、4000IU/mg、2000IU/mg悬浮剂为棕黄色至棕色悬浮液体。苏云金杆菌可与阿维菌素、杀虫单、甜菜夜蛾核型多角体病毒、棉铃虫核型多角体病毒、苜蓿银纹夜蛾核型多角体病毒、虫酰肼等杀虫剂成分混配，用于生产复配杀虫剂。

防治对象 鳞翅目、双翅目、膜翅目、鞘翅目、食毛目、直翅目、等翅目、蜚蠊目、蚤目和毛翅目等昆虫。

使用方法

防治蔬菜害虫 主要用于防治斜纹夜蛾幼虫、甘蓝夜蛾幼虫、棉铃虫、甜菜夜蛾幼虫、灯蛾幼虫、小菜蛾幼虫、豇豆荚螟幼虫、黑纹粉蝶幼虫、粉斑夜蛾幼虫、大菜螟幼虫、菜野螟幼虫、马铃薯甲虫、葱黄寡毛跳甲、烟青虫、菜青虫、小菜蛾幼虫等。

①喷雾。防治十字花科蔬菜菜青虫、小菜蛾。幼虫三龄前，每亩用8000IU/mg苏云金杆菌可湿性粉剂100~300g，或16 000IU/mg可湿性粉剂100~150g，或32 000IU/mg可湿性粉剂50~80g，或2000IU/μl悬浮剂200~300ml，或4000IU/μl悬浮剂100~150ml，或8000IU/μl悬浮剂50~75ml，或100亿个活芽孢/g可湿性粉剂100~150g，兑水30~45kg均匀喷雾。防治大豆天蛾、甘薯天蛾。幼虫孵化盛期，每亩用8000IU/mg苏云金杆菌可湿性粉剂200~300g，或16 000IU/mg可湿性粉剂100~150g，或32 000IU/mg可湿性粉剂50~80g，或2000IU/μl悬浮剂200~300ml，或4000IU/μl悬浮剂100~150ml，或8000IU/μl悬浮剂50~75ml，兑水30~45kg均匀喷雾。

②利用虫体。可把因感染苏云金杆菌致死变黑的虫体收集起来，用纱布包住在水中揉搓，一般每亩用50g虫体，兑水50kg喷雾。

③撒施。主要用于防治玉米螟，在喇叭口期用药。

一般每亩用100亿个活芽孢/g苏云金杆菌可湿性粉剂150～200g，拌细土均匀心叶撒施。

④混剂喷雾。每亩用奥力克30g，兑水55kg，喷雾防治甘蓝上的菜青虫和小菜蛾幼虫；每亩用2%阿维菌素＋苏云金可湿性粉剂75～100g，每亩每次兑水50kg，防治花椰菜上的小菜蛾幼虫（一、二龄）。

⑤混配喷雾。苏云金杆菌水乳剂与18%杀虫双水剂，按4∶1混配，然后用250倍液，防治小菜蛾幼虫；苏云金杆菌粉剂与99%杀螟丹原粉，按9∶1混配，然后用250倍液，防治小菜蛾幼虫。

防治棉花害虫　在棉铃虫卵孵化盛期，用3.2%可湿性粉剂兑水1000～2000倍液喷雾有好的效果。

防治水稻害虫　每亩用菌粉（100亿个孢子/g）50g兑水稀释2000倍液喷洒，可防治稻苞虫、稻螟；用Bt乳剂（100亿个孢子/ml）400～600倍液可防治稻纵卷叶螟。

防治玉米害虫　每亩用菌粉50g，兑水稀释200倍液灌玉米心叶或每亩用菌粉100～200g，掺入3.5～5kg细沙充分拌匀制成颗粒剂，然后投放玉米喇叭口内，可防治玉米螟。

防治储粮害虫　每$10m^2$粮堆表层（3～5cm厚），用Bt乳剂1kg与粮食拌匀，可防治对马拉硫磷产生抗性的仓库害虫和印度谷螟、棕斑螟等，而且不影响小茧蜂、寄生螨类对害虫的寄生。

防治森林害虫松毛虫　将菌粉兑滑石粉，配成5亿个孢子/g的浓度，用机动喷粉器喷粉，或用高杆挑纱布袋施菌。根据经验，虫口在每株30头以下，温度23℃以上，相对湿度70%以上时，每天16：00以后施菌效果最好。

注意事项

①在蔬菜收获前1～2天停用。药液应随配随用，不宜久放，从稀释到使用，一般不能超过2小时。

②苏云金杆菌制剂杀虫的速效性较差，使用时一般以害虫在一龄、二龄时防治效果好，取食量大的老熟幼虫往往比取食量较小的幼虫作用更好，甚至老熟幼虫化蛹前摄食菌剂后可使蛹畸形，或在化蛹后死亡。所以当田间虫口密度较小或害虫发育进度不一致，世代重叠或虫龄较小时，可推迟施菌日期以便减少施菌次数，节约投资。对生活习惯隐蔽又没有转株危害特点的害虫，必须在害虫蛀孔、卷叶隐蔽前施用菌剂。

③因苏云金杆菌对紫外线敏感，故最好在阴天或晴天16：00～17：00后喷施，需在气温18℃以上使用，气温在30℃左右时，防治效果最好，害虫死亡速度较快。18℃以下或30℃以上使用都无效。

④加黏着剂和肥皂可加强效果。如果不下雨（下雨15～20mm则要及时补施），喷施一次，有效期为5～7天，5～7天后再喷施，连续几次即可。

⑤只能防治鳞翅目害虫，如有其他种类害虫发生需要与其他杀虫剂一起喷施。喷施苏云金杆菌后，再喷施菊酯类杀虫剂能增加杀虫效果。

⑥购买苏云金杆菌制剂时要特别注意产品的有效期，最好购买刚生产不久的新产品，否则影响效果。

⑦对蚕剧毒，在养蚕地区使用时，必须注意勿与蚕接触。

⑧应保存在低于25℃的干燥阴凉仓库中，防止暴晒和潮湿，以免变质，有效期2年。由于苏云金杆菌的质量好坏以其毒力大小为依据，存放时间太长或方式不合适则会降低其毒力，因此，应对产品做必要的生物测定。

⑨一般作物安全间隔期为7天，每季作物最多使用3次。

⑩不能与碱性农药及内吸性有机磷杀虫剂或杀菌剂混合使用。建议与其他作用机理不同的杀虫剂轮换使用。

与其他药剂的混用　苏云金杆菌制剂可以与生物农药类、昆虫生长调节剂类、菊酯类、沙蚕毒素类、氨基甲酸酯类、有机磷农药类、无机化合物及化肥和杀菌剂等混合使用。

参考文献

高立起, 孙阁, 等, 2009. 生物农药集锦[M]. 北京: 中国农业出版社.

洪华珠, 喻子牛, 李增智, 2010. 生物农药[M]. 武汉: 华中师范大学出版社.

（撰稿：宋佳；审稿：向文胜）

速灭磷　mevinphos

一种水溶性触杀兼内吸的有机磷杀虫剂。

其他名称　磷君、PhosdrinN、Phosfeme、OS-2046、PD-5、CMOP、PSO、ENT-22374。

化学名称　2-甲氧羧基-1-甲基-乙烯基二甲基磷酸酯；2-methoxy-carbonyl-1-methylvinyl dimethyl phosphate。

IUPAC名称　methyl (*EZ*) -3-(dimethoxyphosphinoyloxy) but-2-enoate。

CAS登记号　26718-65-0（*E*-异构体，曾用298-01-1）；338-45-4（*Z*-异构体）；7786-34-7（*Z*-异构体＋*E*-异构体）。

EC号　232-095-1（*Z*-异构体＋*E*-异构体）。

分子式　$C_7H_{13}O_6P$。

相对分子质量　224.15。

结构式

开发单位　1953年由Shell Development Company推广，其杀虫性能由R. A. Corey等首先报道于Journal of Economic Entomology，1953，46，386；获得专利USP 2685552。

理化性质　纯品为无色液体，原药有反式异构体和顺式异构体，一般为混合物，其中顺式异构体至少60%，反式异构体不超过40%。沸点99～103℃(40Pa)。折射率1.4494。蒸气压0.0165Pa（20℃）。顺式（*Z*）熔点6.9℃，相对密度1.245（20℃），折射率1.4524。反式（*E*）熔点21℃，相对密度1.2345，折射率1.4452。易溶于水，能与醇、酮等多种溶剂混溶。常温下储存稳定，在碱性水中水解加快。

毒性　大鼠急性经口LD_{50} 3～12mg/kg；急性经皮LD_{50} 4～90mg/kg。大鼠饲喂含该品400mg/kg的饲料，喂至13周出现了中毒体征，肝、肾有退行性改变，唾液腺、泪腺等腺体上皮细胞也有退行性改变。200mg/kg 组仍见上述改变，但较轻；25mg/kg 组中毒体征极少；2mg/kg 相当于每天 0.1mg/kg，无明显临床效应，脑 ChE 无抑制。对小鼠的毒性速灭磷（*E*）- 异构体是速灭磷（*Z*）- 异构体的 20 倍。

剂型 由于速灭磷是水溶性的，一般不需要加工成制剂，但也可制成 10%、18%、24%、40% 和 50% 乳剂。还可做成水溶性液剂。

质量标准 酸度（以 H_2SO_4）≤ 1%，乳液稳定性合格。

作用方式及机理 对各类害虫和螨类都具有触杀和胃毒作用，并具有内吸性。速灭磷（*E*）- 异构体对家蝇的毒力是速灭磷（*Z*）- 异构体的 50 倍。对乙酰胆碱酯酶的抑制活性，速灭磷（*E*）- 异构体是速灭磷（*Z*）- 异构体的 100 倍。

防治对象 棉虫、苹果蚜、苹果全爪螨、玉米蚜、大豆蚜、菜蚜、菜青虫。

使用方法 防治棉蚜用 40% 乳油 750～1125ml/hm²，兑水 750～1500kg 喷雾。防治棉铃虫用 40% 乳油 1125～1500ml/hm²，兑水 750～1500kg 喷雾。防治叶螨、菜青虫，用 40% 乳油 2000 倍稀释液喷雾。以 125～250g/hm² 剂量施用，对防治刺吸性害虫有效，200～300g/hm² 剂量施用，对螨类和甲虫有效，250～500g/hm² 剂量对鳞翅目害虫有效，无药害。

注意事项 该药毒性高，挥发性大，使用时应严格按照《农药安全使用规定》进行，防止中毒。

允许残留量 欧盟规定速灭磷最大残留限量：杏、柿子为 0.01mg/kg，八角、茴香、胡椒、苹果 0.02mg/kg，芦笋、茄子、鳄梨、枸杞、竹笋、香蕉、大麦、豆、甜菜、浆果、黑莓为 0.01mg/kg。日本规定速灭磷最大残留限量：杏、芦笋、鳄梨分别为 0.2mg/kg、0.2mg/kg、0.1mg/kg。新西兰规定速灭磷最大残留限量：杏为 0.2mg/kg。

参考文献

孙家隆，2015. 新编农药品种手册[M]. 北京：化学工业出版社.

王振荣，李布青，1996. 农药商品大全[M]. 北京：中国商业出版社.

MORELLO A, SPENCER E Y, VARDANIS A, 1967. Biochemical mechanisms in the toxicity of thegeometrical isomers of two vinyl organophosphates[J]. Biochemical pharmacology, 16 (9): 1703.

（撰稿：王鸣华；审稿：吴剑）

S

速灭威 metolcarb

一种具有触杀、熏蒸和内吸性的氨基甲酸酯类杀虫剂。

其他名称 Metacrate、治灭虱、都赛过、C-3、tsumacide。

化学名称 间甲苯基-*N*-甲基氨基甲酸酯。

IUPAC 名称 *m*-tolyl-*N*-methylcarbamate。

CAS 登记号 1129-41-5。

EC 号 214-446-0。

分子式 $C_9H_{11}NO_2$。

相对分子质量 165.19。

结构式

开发单位 由日本农药公司（已不再生产和销售）和住友化学公司开发。

理化性质 纯品为无色固体。熔点 76～77℃。蒸气压 145mPa（20℃）。溶解度（30℃）：水 2.6g/L，溶于极性有机溶剂，环己酮 790g/kg、二甲苯 100g/kg；室温：甲醇 880g/kg。不溶于非极性有机溶剂。

毒性 中等毒性。急性经口 LD_{50}：小鼠 109mg/kg，大鼠 498～580mg/kg；大鼠急性经皮 LD_{50} 2g/kg。大鼠急性吸入 LC_{50} 0.475mg/L 空气。对大鼠 NOEL 为 15mg/（kg · d）。鲤鱼 TLm（48 小时）22.2mg/L。

剂型 25% 可湿性粉剂，2%、4% 粉剂，20%、30% 乳油。

质量标准 外观为疏松粉末，速灭威含量≥ 25%，水分含量≤ 3.5%，pH6～8，细度（通过 300 目筛）≥ 90%。25% 速灭威可湿性粉剂大鼠急性经口 LD_{50} 为 1.47g/kg。

作用方式及机理 是一种氨基甲酸酯类杀虫剂，具有触杀和熏蒸作用，击倒力强，持效期较短，一般只有 3～4 天。对哺乳动物，主要是与乙酰胆碱酯酶的反应，酶被抑制后，即出现中毒。

防治对象 主要用于防治稻飞虱、稻叶蝉、稻蓟马及蝽等。对稻纵卷叶螟、柑橘锈壁虱、棉红铃虫、蚜虫、红蜘蛛等也有一定效果。对稻田蚂蟥有良好杀伤作用。

使用方法

防治水稻害虫 在稻飞虱、稻叶蝉若虫盛发期，用 20% 乳油 1875～3750ml/hm²（有效成分 375～750g/hm²），或 25% 可湿性粉剂 1875～3750g/hm²（有效成分 465～937g/hm²），兑水 4500～6000kg 泼浇；或兑水 1500～2000kg 喷雾；3% 粉剂用 37.5～45kg/hm²（有效成分 1125～1350g/hm²）直接喷粉。

防治棉花害虫 棉蚜、棉铃虫用 25% 可湿性粉剂 200～300 倍液（有效成分 1245～1875g/hm²）喷雾。棉叶蝉用 3% 粉剂 37.5～45kg/hm²（有效成分 1125～1350g/hm²）直接喷粉。

防治茶树害虫 在茶蚜虫、茶小绿叶蝉、茶长白介壳虫和龟甲介壳虫、黑粉虱一龄若虫期，使用 25% 可湿性粉剂 600～800 倍液（有效成分 465～630g/hm²）喷雾。

防治柑橘害虫 防治柑橘锈壁虱用 20% 乳油 500mg/kg 或 25% 可湿性粉剂 400 倍液（625mg/kg）喷雾。

注意事项 不得与碱性农药混用或混放，应放在阴凉干燥处。对蜜蜂的杀伤力大，不宜在花期使用。某些水稻品种如农工 73、农虎 3 号等对速灭威敏感，应在分蘖末期使用，浓度不宜高，否则会使叶片发黄变焦。下雨前不宜施药，食用作物在收获前 10 天应停止用药。中毒症状：头痛、恶心、呕吐、食欲下降、出汗、流泪、流涎，严重时出现震颤、四肢瘫痪等症状。解毒药剂可用阿托品、葡萄糖醛酸内酯及胆碱，但不要用解磷定等肟类复能剂。

与其他药剂的混用 不得与碱性农药混用或混放。与噻嗪酮复配为30%噻·速乳油防治水稻飞虱；与硫酸铜复配成80.3%速·铜可湿性粉剂（克蜗净）防治旱地蜗牛。

允许残留量 韩国规定速灭威在稻谷上的最大残留限量为0.05mg/kg。

参考文献

朱永和, 王振荣, 李布青, 2006. 农药大典[M]. 北京: 中国三峡出版社.

（撰稿：李圣坤；审稿：吴剑）

速杀硫磷 heterophos

一种不对称有机磷杀虫剂、杀螨剂。

其他名称 Heterofos、Phostil。

化学名称 *O*-乙基-*O*-苯基-*S*-丙基硫代磷酸酯；*O*-ethyl-*O*-phenyl-*S*-propyl phosphorothiaoate。

IUPAC名称 (*RS*)-(*O*-ethyl *O*-phenyl *S*-propyl phosphoro thioate)。

CAS登记号 40626-35-5。

分子式 $C_{11}H_{17}O_3PS$。

相对分子质量 260.31。

结构式

理化性质 棕黄色均相液体。相对密度1.2673。沸点111～112℃（133.32Pa）。闪点154.4℃。

毒性 急性经口LD_{50} 92.6mg/kg；急性经皮LD_{50} 392mg/kg。

剂型 40%乳油。

作用方式及机理 为不对称有机磷杀虫、杀螨剂，杀虫谱广，对鳞翅目、半翅目、缨翅目、鞘翅目害虫及害螨均有效。对害虫以触杀和胃毒作用为主，具有渗透作用，但不能传导。

防治对象 毒性和残留较低，可用于蔬菜、果树、粮食及棉花等作物。防治棉铃虫，亩用40%乳油25～32ml，兑水40～50kg喷雾。

与其他药剂的混用 可与氯氰菊酯混用。

参考文献

孙家隆, 2015. 新编农药品种手册[M]. 北京: 化学工业出版社.
张敏恒, 2006. 新编农药商品手册[M]. 北京: 化学工业出版社.

（撰稿：王鸣华；审稿：薛伟）

速效性与持效期测定 evaluation of rapid efficiency and persistent period

除草剂的速效性是指从药剂开始处理到杂草出现药害症状所需时间的长短。所需时间越短，速效性越好，一般触杀型除草剂均具有较好的速效性。除草剂的持效期是指农药在施用后能够有效控制杂草所持续的时间，持效期越长，杂草控制效果越好，但对后茬作物药害的风险也越高。

速效性和持效期测定是对杂草受药后，对除草剂药效开始发挥的速度和后期能有效控制杂草所持续的时间进行评价。通过对杂草用药后症状反应和受害程度的动态观察和记录来评价药剂对杂草的控制速度和药效持续时间。

适用范围 适用于新除草活性化合物或提取物、新型除草剂、商品化除草剂，及其混配、助剂对供试杂草的控制速度和药效持续时间评价。

主要内容 速效性和持效期测定试验可以采用温室盆栽法，也可以直接在田间开展。供试药剂施药处理后，定期观察杂草反应症状，对有药害的处理应观察记载药害反应的时间、症状以及药害程度。结果调查可以按试验要求测定试材出苗数、根长、株高、鲜重等具体的定量指标，计算生长抑制率；也可以对植物受害症状及程度进行综合目测法评价。试验结束后，以施药后结果调查时间为横坐标，不同时间测得的杂草防效为纵坐标，绘制杂草防效与时间的曲线图，曲线基本是前期防效上升，到顶峰后，又缓缓回落。如图可见，A点为药效开始反应时间，D点为结束时间，以杂草控制效果较好的防效画一直线，该线条与曲线的两个交汇点B和C，B点体现速效性，C点为持效期。

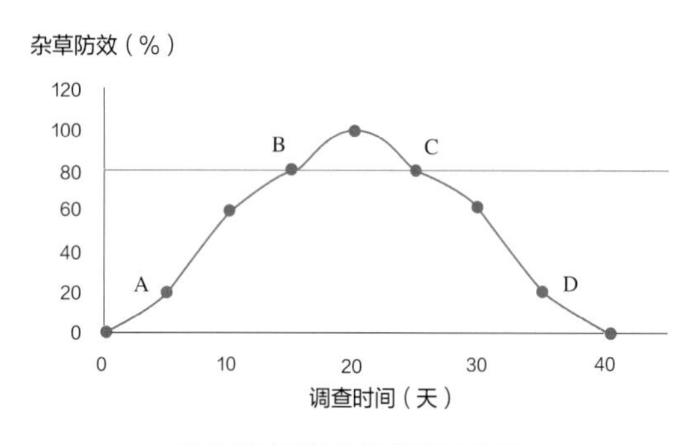

除草剂速效性与持效期评价图

除草剂持效期的长短与药剂性质、环境条件、植株生长情况、杂草抗性程度等因素相关联。为了提高试验结果的科学性，可以在不同环境条件、不同区域多次开展重复试验，取多次重复试验的平均值可以得出更为客观的结论。

参考文献

陈年春, 1991. 农药生物测定技术[M]. 北京: 北京农业大学出版社.

（撰稿：徐小燕；审稿：陈杰）

酸碱度 acidity and alkalinity

农药中含有游离酸或游离碱的数量。是农药（原药和制剂）的质量指标之一。控制农药产品中酸碱度的目的是通过限制酸碱度减少有效成分潜在的分解、防止制剂物理性质的改变及使用时产生药害，此外还可以用于评估对包装容器的潜在腐蚀性。FAO 规定酸度或碱度应以 g/kg 计的 H_2SO_4 和 NaOH 来表示，不考虑实际中以何种酸或碱存在。中国规定农药原药以酸度和碱度表示，制剂大多以 pH 值评价。

测定方法 国家标准法 GB/T 28135—2011 采用甲基红指示剂法测定酸度或碱度，指示剂法适用于与农业原药及其加工制剂中的酸度或碱度的测定（仅适用于在乙醇或丙酮中溶解的产品）；国家标准法 GB/T 1601—1993 使用 pH 计测定 pH 值，适用于农药原药、粉剂、可湿性粉剂、乳油等的水分散液（或水溶液）。

应用 农药的酸碱度指标控制对于农药的使用及保存有重要意义。当多种农药混合使用时，尤其要注意农药的酸碱度。从常用的农药看，呈碱性的农药主要是波尔多液和石硫合剂，尤以石硫合剂的碱性为强。很多农药对碱性敏感，如有机磷酸酯类、氨基甲酸酯类、拟除虫菊酯类等。碱性条件下容易分解的农药如马拉硫磷、敌敌畏、乐果、氧化乐果、甲基对硫磷、甲萘威等，不能与碱性农药混用。凡是能与石硫合剂混用的农药，一般均可与波尔多液混用。在使用和储存农药时，应考虑其酸碱度，把中性、酸性、碱性的农药分开。

参考文献

联合国粮食及农业组织和世界卫生组织农药标准联席会议，2012. 联合国粮食及农业组织和世界卫生组织农药标准制定和使用手册: 农药标准[M]. 2版. 北京: 中国农业出版社.

（撰稿：李红霞；审稿：刘丹）

随机合成 random synthesis

发现先导化合物采用的最基本途径。又名经验合成。该方法以发现活性化合物为目的，主要包括新化合物分子设计和合成以及生物活性筛选。它具有非定向性和广泛性的特点，自由度高，至今仍不失为一种有效的药物设计合成方法。

该方法通常需要合成大量新的化合物进行生物活性筛选。传统农药合成方式主要以单个化合物作为目标不断合成和积累，是一个较为缓慢的过程，时间和物力投资较大，新品种的研发周期也比较长。随着技术的发展与成熟，人们将组合化学引入农药合成领域，运用固相或液相合成技术等方法可在较短的时间内合成出大量具有结构多样性的化合物分子，在 20 世纪末，已经能够合成包含上万种化合物的小分子、核酸、单肽等化合物库。筛选技术的发展也极大地提高了药物研发的速率，尤其是高通量筛选技术可以从大量化合物中快速地筛选出活性化合物，一般是通过基于靶点、细胞水平及胚胎水平的筛选模型，应用先进的细胞生物学、分子生物学、自动化控制、计算机等高新技术建立一套完善的体系来实现筛选。组合化学和高通量筛选技术这两种方法的结合打破了传统的随机合成筛选模式，在很大程度上提高了新药研发的效率。

随机合成的特点是思路广阔，更易得到新的先导物或新的靶标及作用机理，利于开辟新的品种领域，不少公司投入相当的资金与人力从事新农药的随机开发，但随着化合物的结构的设计越来越复杂，随机合成筛选的难度也越来越高。随机合成筛选目前仍是新农药创制的重要途径。

参考文献

陈万义，1996. 新农药研究与开发[M]. 北京: 化学工业出版社: 22-24.

杨华铮，2003. 农药分子设计[M]. 北京: 科学出版社.

CARGILL J F, LEBL M, 1997. New methods in combinatorial chemistry-robotics and parallel synthesis[J]. Current opinion in chemical biology(1): 67-71.

MANDEAU A, DAVID B, 2005. High throughput screening, an alternative to ethnopharmacology[J]. Revista de fitoterapia, 5(3): 882-894.

WANG Y, HE J, WANG, 2011. Establishment of aptamer screening technique for carbamate pesticide[J]. Journal of Nanjing Agricultural University, 34(3): 131-134.

（撰稿：韩醴、邵旭升；审稿：李忠）

莎稗磷 anilofos

一种二硫代磷酸酯类选择性内吸传导型除草剂。

其他名称 Aniloguard、Control H、阿罗津。

化学名称 *O,O*-二甲基*S*-(4-氯-*N*-异丙基苯氨基甲酰基甲基)二硫代磷酸酯；*S*-[2-[(4-chlorophenyl)(1-methylethyl)amino]-2-oxoethyl] *O,O*-dimethyl phosphorodithioate。

IUPAC 名称 4′-chloro-2-dimethoxyphosphinothioylthio-*N*-isopropylacetanilide；*S*-4-chloro-*N*-isopropylcarbaniloylmethyl *O,O*-dimethyl phosphorodithioate。

CAS 登记号 64249-01-0。

EC 号 264-756-5。

分子式 $C_{13}H_{19}ClNO_3PS_2$。

相对分子质量 367.85。

结构式

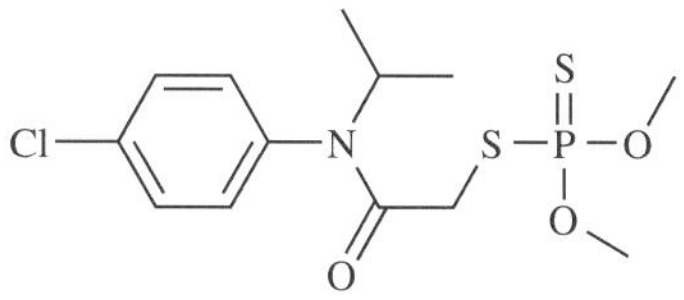

开发单位 赫斯特公司（现为拜耳公司）开发。P. Langeluddeke 等 1981 年报道除草活性。

理化性质 纯品为结晶固体，熔点50.5～52.5℃，蒸气压2.2mPa（60℃），$K_{ow}\lg P$ 3.81。相对密度1.27（20～25℃）。水中溶解度（mg/L，20～25℃）：13.6；有机溶剂中溶解度（g/L）：丙酮＞1000、苯＞200、氯仿＞1000、二氯甲烷＞200、乙醇＞200、乙酸乙酯＞200、己烷12，甲苯＞1000。22℃时在pH5～9稳定，在150℃分解，对光不敏感。

毒性 急性经口LD_{50}：雄大鼠830mg/kg，雌大鼠472mg/kg。大鼠急性经皮LD_{50}＞2000mg/kg。轻微皮肤刺激。急性吸入LC_{50}（4小时）26mg/L空气。毒性等级：WHO（a.i.）Ⅱ，EPA（formulation）Ⅲ。鸟类LD_{50}（mg/kg）：日本雄鹑3360，日本雌鹑2339，雄鸡1480，雌鸡1640。鱼类LC_{50}（96小时，mg/L）：金鱼4.6，虹鳟2.8。

剂型 30%、300g/L乳油。

质量标准 30%莎稗磷乳油为褐色液体，有磷酸酯气味。pH2～4，黏度3.6mPa·s±0.5mPa·s，相对密度1±0.05（20℃），水分含量＜0.3%，闪点28℃ ±2℃，常温可储存2年。

作用方式及机理 内吸传导选择型除草剂。药剂主要通过植物的根部和叶子吸收，抑制细胞分裂。

防治对象 可在水稻移栽田使用，防除一年生禾本科杂草如稗草、莎草、牛毛草等。

使用方法 适宜施药时期为水稻栽后5～7天，稗草1.5～2.5叶期，可毒土或喷雾施药，施药量为每亩30%莎稗磷乳油60～70ml（有效成分18～21g）。若毒土施药，施药时应保持浅水层；若喷雾施药，施药前排干田水，待施药24小时后复水。

注意事项 ①可用于大苗移栽田使用，不可用于小苗秧田；抛秧田用药需慎重，直播水稻4叶期前对该药敏感。②施药4小时后灌溉或降雨对药效影响不大。③若误服，用5%碳酸氢钠水灌胃，胃服液体石蜡。严重时应立即注射2mg硫酸阿托品，必要时每隔15分钟注射1次硫酸阿托品，至口和皮肤变干。注射硫酸阿托品后，才可用0.5～1g的2-PAM输液，禁止使用肾上腺素。

与其他药剂的混用 可与乙氧嘧磺隆混用。用量30%莎稗磷675～900ml/hm² 加15%太阳星水分散粒剂90g。适宜施药时期为水稻插秧后5～7天，施药方式为拌毒土均匀撒施于稻田，施药后5～7天内保持3～5cm水层。对稗草、莎草及部分阔叶杂草防效较好。

允许残留量 GB 2763—2021《食品中农药最大残留限量标准》规定莎稗磷在稻谷和糙米中的最大残留量为0.1mg/kg。ADI为0.001mg/kg。

参考文献

刘乃炽, 张子明, 卢建玲, 等, 1998. 新编农药手册 续集[M]. 北京: 中国农业出版社: 428-430.

王焕民, 张子明, 卢建玲, 等, 2015. 新编农药手册[M]. 2版. 北京: 中国农业出版社: 490-491.

TURNER J A, 2015. The pesticide manual: a world compendium[M]. 17th ed. UK: BCPC : 49-50.

（撰稿：贺红武；审稿：耿贺利）

羧螨酮 UC-55248

一种羧酸酯类杀螨剂。

化学名称 3-(2-乙基己酰基氧)-5,5-二甲基-2-(2′-甲基苯基)-2-环己烯-1-酮；5,5-dimethyl-2-(2-methylphenyl)-3-oxocyclohex-1-en-1-yl 2-ethylhexanoate。

IUPAC名称 5,5-dimethyl-2-(2-methylphenyl)-3-oxo-1-cyclohexen-1-yl 2-ethylhexanoate。

CAS登记号 72619-67-1。

分子式 $C_{23}H_{32}O_3$。

相对分子质量 356.50。

结构式

O O O

理化性质 沸点473.2℃（101.32kPa）。密度1.04g/cm³。折射率1.532。闪点203℃。在乙酸乙酯、二氯甲烷、乙腈和丙酮中稳定，在甲醇中可能分解，在土壤中半衰期依土壤类型不同而异，为4～21周，在水中半衰期依pH不同而异，为15～40天。

毒性 急性经口LD_{50}：大鼠＞1180mg/kg，小鼠＞6900mg/kg。大鼠急性经皮LD_{50}＞4000mg/kg。鱼类LC_{50}（mg/L）：鲤鱼3.8，金鱼3.8。水蚤LC_{50}＞14mg/L。

剂型 50%乳油。

防治对象 对柑橘螨、棉叶螨、紫红短须螨等螨类有很好的杀卵、杀幼螨和杀若螨作用，但对成螨的杀伤作用较差。

使用方法 1L/hm² 的4%溶液能很好地防治柑橘园中的紫红短须螨。

参考文献

孙家隆, 2015. 新编农药品种手册[M]. 北京: 化学工业出版社.

朱永和, 王振荣, 李布青, 2006. 农药大典[M]. 北京: 中国三峡出版社.

（撰稿：赖婷；审稿：丁伟）

羧酸硫氰酯 2-thiocyanatoethyl laurate

一种硫氰类触杀性杀虫剂。

其他名称 Lethane 60（Rohm & Haas）。

化学名称 2-氰硫基乙基十二酸酯。

IUPAC名称 2-thiocyanatoethyl dodecanoate。

CAS登记号 301-11-1。

分子式 $C_{15}H_{27}NO_2S$。

相对分子质量 285.45。

结构式

$$CH_3(CH_2)_{10}COOCH_2CH_2SCN$$

开发单位 1938年美国罗姆-哈斯公司以它和Lethane 384的混合油剂出售，一度曾与鱼藤酮混配成粉，已少用。

理化性质 沸点160~190℃（13.33Pa），相对密度0.976。折射率1.4692（20℃）。在20℃时蒸气压120Pa。不溶于水，溶于矿物油和大多数有机溶剂。

毒性 大鼠急性经口LD_{50} 500mg/kg。

剂型 54.5%（含量），即50%（体积）煤油剂；37.5% Lethane加12.5% Lethane 384的煤油剂；油喷雾剂；气雾剂。

作用方式及机理 触杀性杀虫剂。

防治对象 用于防治蔬菜、马铃薯等作物上的害虫，用量为0.224~8.96kg/hm^2。

（撰稿：徐琪、侯晴晴；审稿：邵旭升）

羧酸酰胺类杀菌剂 carboxyfic acid amides, CAAs

继苯酰胺类杀菌剂之后主要用于植物卵菌病害防治的一类具有新型作用机制的药剂。根据化学结构的不同，可分为3个亚组：①肉桂酰胺类（cinnamic acid amides）。其中代表性品种包括20世纪80年代由美国氰胺公司研发的肉桂酰胺类杀菌剂烯酰吗啉（dimethomorph）和1994年由沈阳化工研究院开发的中国第一个具有自主知识产权的杀菌剂氟吗啉（flumorph）。②缬氨酰胺氨基甲酸酯类（valinamide）。主要是1988年由拜耳公司推出的异丙菌胺（iprovalicarb）。③扁桃酰胺类（mandelic acid amides）。主要是先正达公司开发的双炔酰菌胺（mandipropamid）。此外，CAAs药剂还包括苯噻菌胺（benthiavalicarb）、异苯噻菌胺（benthiavalicarb-isopropyl）、丁吡吗啉（pyrimorph）、霜霉灭（valiphenal）等。这类杀菌剂具有相似的杀菌谱，对绝大多数植物病原卵菌具有特效，但相互之间有明显的交互抗药性。

作用机制 主要抑制病原菌的休止孢和孢子萌发，以及芽管和菌丝的伸长，对游动孢子的释放和游动均无抑制作用，因为游动孢子阶段缺少细胞壁组成，因此推测CAAs类药剂可能干扰了靶标菌细胞壁的形成。此外，细胞生物学研究表明，氟吗啉、烯酰吗啉、异丙菌胺和苯噻菌胺处理后的菌丝会呈串珠状畸形膨大，菌丝的细胞内膜结构被破坏。研究者同时发现CAAs药剂作用于细胞壁上而非细胞膜中，药剂处理后细胞壁内多糖物质的分布受到影响。综合以上研究，FRAC将CAAs类药剂划分为纤维素生物合成抑制剂。

抗性风险 不同病原菌对不同CAAs类药剂的抗性风险不同。葡萄霜霉病菌对该类药剂抗性风险较高，辣椒疫霉、黄瓜疫霉对CAAs类杀菌剂的抗性风险为低到中等，而致病疫霉则对该类药剂的抗性风险较低。

抗性机制 目前已有研究发现，导致病原菌对CAAs类药剂产生抗性的基因突变位点主要集中在纤维素合酶A3亚基（cellulose synthase A3，CesA3）上，如1105位由甘氨酸突变为缬氨酸、丙氨酸、丝氨酸、色氨酸，1109位由缬氨酸突变为亮氨酸。植物病原卵菌中纤维素合酶CesA3上的点突变是造成病原菌对CAAs类杀菌剂产生抗性的原因，且不同病原菌所产生的抗性突变位点有所区别。

参考文献

ALBERT G, CURTZE J, DRANDAREVSKI C A, et al, 1988. Dimethomorph (CME 151) , a novel curative fungicide[J]. Brighton crop protection conference-pests and disease, 1: 17-24.

BLUM M, BOEHLER M, RANDALL E, et al, 2010. Mandipropamid targets the cellulose synthase-like PiCesA3 to inhibit cell wall biosynthesis in the oomycete plant pathogen, *Phytophthora infestans*[J]. Molecular plant pathology, 11: 227-243.

CHEN L, ZHU S S, LU X H, et al, 2012. Assessing the risk that *Phytophthora melonis* can develop a point mutation (V1109L) in CesA3 conferring resistance to carboxylic acid amide fungicides[J]. PLoS ONE, 7: e42069.

COHEN Y, GISI U, 2007. Differential activity of carboxylic acid amide fungicides against various developmental stages of *Phytophthora infestans*[J]. Phytopathology, 97: 1274-1283.

（撰稿：刘西莉；审稿：刘鹏飞）

羧酰替苯胺类杀菌剂 carboxamides

最早发现具有杀菌活性的芳酰胺结构的化合物为水杨酸苯胺（salicylanilide）。因其杀菌谱不同，且由于其无内吸活性，在作用机理上归为其他类别。萎锈灵是1966年由美国尤尼鲁化学公司（现化学作物公司）研制成功的内吸性酰胺类杀菌剂，它的诞生标志着在农业领域应用内吸性杀菌剂防治植物病害方面取得了重大突破，自此农用杀菌剂的开发与研究也由传统保护性杀菌剂转入了内吸性杀菌剂的研究与应用。

主要包括萎锈灵、氧化萎锈灵和拌种灵。

萎锈灵主要用于担子菌病害的防治，对作物锈病、黑穗病、纹枯病等具有良好的防效。萎锈灵是第一个SDHI类杀菌剂，至今仍服务于农业生产，在美国、中国和欧盟等许多国家和地区登记和上市。

1973年，在萎锈灵化学结构的基础上又开发了氧化萎锈灵，其对谷物和蔬菜的锈病有效，兼具保护和治疗作用。其主要用于叶面，但也通过植物的根部吸收。氧化萎锈灵已在美国等国家登记和上市，但迄今未在欧盟和中国登记。

该类杀菌剂为SDHI类杀菌剂，作用于病原菌线粒体呼吸电子传递链上的复合体Ⅱ。复合物Ⅱ即琥珀酸—泛醌氧化还原酶或琥珀酸脱氢酶，是唯一连接三羧酸循环和呼吸电子传递系统的复合物，琥珀酸脱氢酶（SDH）是唯一存在于线粒体膜上的脱氢酶，其他的酶都是游离在线粒体基质中。SDH含有铁硫中心和共价结合的核黄素腺嘌呤二核苷酸（FAD），来自琥珀酸的电子通过FAD和铁硫中心，然后进入电子传递链到O_2复合体Ⅱ的功能是催化琥珀酸氧化为延胡索酸，并将H^+转移到FAD生成还原型核黄素腺嘌呤二核苷酸（$FADH_2$），然后再把H^+转移到泛醌（UQ）生成泛醇（UQH_2）。SDHIs类杀菌剂的作用靶标位点为病原菌线粒体呼吸电子传递链蛋白复合物Ⅱ上的铁硫蛋白和膜锚蛋白，并通过作用在此位点，阻碍病原菌能量的代谢，抑制病原菌正常生长。

参考文献

陈红军, 2009. 杂环类杀菌剂作用机理的研究进展[J]. 现代农业科学, 16 (11) : 4-5.

何秀玲, 张一宾, 2013. 甲氧基丙烯酸酯类和酰胺类杀菌剂品种市场和抗性发展情况[J]. 世界农药, 35 (3) : 14-19.

仇是胜, 柏亚罗, 2015. 琥珀酸脱氢酶抑制剂类杀菌剂的研发进展（Ⅱ）[J]. 现代农药, 1 (1) : 1-20.

张一宾, 2007. 芳酰胺类杀菌剂的演变——从萎锈灵、灭锈胺、氟酰胺到吡噻菌胺、啶酰菌胺[J]. 世界农药, 19 (1) : 1-7.

TURNER J A, 2015. The pesticide manual: a world compendium[M]. 17th ed. UK: BCPC: 165-166.

（撰稿：刘西莉；审稿：彭钦、苗建强）

缩株唑

一种三唑类植物生长抑制剂，通过抑制赤霉素的合成而改善植物株型，延缓叶片衰老，改进同化物分配，促进根系生长，提高作物抗低温干旱的能力。生产上主要应用于油菜，可降低株高，减轻或防止倒伏，提高耐寒性。

化学名称 1-苯氧基-3-(1*H*-1,2,4-三唑-1-基)-4-羟基-5,5-二甲基己烷；1-phenoxyl-3-(1*H*-1,2,4-triazol-1-yl)-4-hydroxy-5,5-dimethylhexane。

IUPAC名称 2,2-dimethyl-6-phenoxy-4-(1,2,4-triazol-1-yl)hexan-3-ol。

CAS登记号 80553-79-3。

分子式 $C_{16}H_{23}N_3O_2$。

相对分子质量 289.38。

结构式

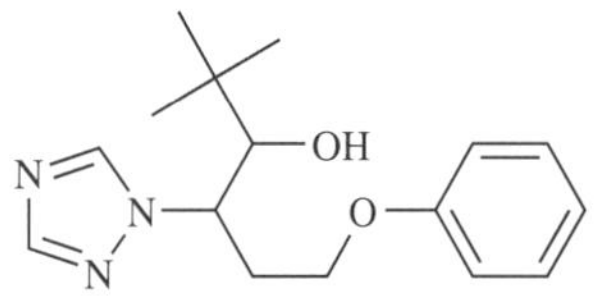

毒性 大鼠急性经口LD_{50} 5g/kg。

剂型 25%悬浮液剂。

作用方式及机理 三唑类抑制剂，通过植物的叶或根吸收，在植物体内阻碍赤霉素生物合成中从贝壳杉烯到异贝壳杉烯酸的氧化，抑制赤霉素的合成。促进作物增产的途径：改善树冠结构，延缓叶片衰老，改进同化物分配，促进根系生长，提高作物抗低温干旱能力。

使用对象 油菜等。

使用方法 用该品处理油菜可使产量明显增加。在茎开始伸长及伸长过程中施药可增加产量，施于作物冠层的不同部位也可增产，在没有施杀菌剂的试验区产量较低。该品通过降低处理植株的细胞伸长而使植株高度降低，从而减轻或防止倒伏。以有效成分450g/hm^2施药，可减轻或防止油菜倒伏，最佳施药时间在茎开始伸长期，使产量增加10%～20%。秋季施用可增加油菜的耐寒性。

注意事项 宜储存在阴凉场所。勿靠近食物和饲料处储藏。避免药液接触眼睛和皮肤。如溅入眼中，要用清水冲洗15分钟，皮肤用肥皂和水洗涤。如果眼睛和皮肤继续出现刺激感，去医院进行药物治疗。发生误服，给患者饮用1～2杯温水，促使呕吐，送医院治疗。无专用解毒药，根据症状对症治疗。

参考文献

孙家隆, 2015. 新编农药品种手册[M]. 北京: 化学工业出版社:958.

朱永和, 王振荣, 李布青, 2006. 农药大典[M]. 北京: 中国三峡出版社.

（撰稿：徐佳慧；审稿：谭伟明）

S

T

酞菌酯 nitrothal-isopropyl

一种取代苯类非内吸保护性杀菌剂。

其他名称 KUMULAN、PALLINAL。

化学名称 双(1-甲基乙氧基)-5-硝基-1,3-苯二甲酸酯；bis(1-methylethyl)5-nitro-1,3-benzenedicarboxylate。

IUPAC名称 diisopropyl 5-nitroisophthalate。

CAS登记号 10552-74-6。

EC号 234-139-5。

分子式 $C_{14}H_{17}NO_6$。

相对分子质量 295.29。

结构式

NO_2

开发单位 由W. H. Phillips等报道杀菌剂活性。由德国巴斯夫集团（现在的BASF SE）引入市场。

理化性质 黄色晶体。熔点65℃。蒸气压＜0.01mPa（20℃）。K_{ow}lg$P$ 2.04（pH7）。Henry常数＜1.09×10^{-3}Pa·m^3/mol（20℃）。有机溶剂中溶解度（g/100g，20℃）：丙酮、苯、氯仿、乙酸乙酯＞100，乙醚86.5，乙醇6.6。正常存储条件下稳定，在强碱中水解。闪点400℃。

毒性 原药大鼠急性经口LD_{50}＞6400mg/kg。大鼠急性经皮LD_{50}＞2500，兔＞4000mg/kg。对兔眼睛和黏膜有轻微刺激作用。大鼠吸入LC_{50}（8小时）≥2.8mg/L。大鼠NOEL 4.4mg/kg。毒性等级：U（a.i.，WHO），Ⅳ（制剂，EPA）。鲑鱼LC_{50}（96小时）0.56mg/L。水蚤LC_{50}（48小时）2.84mg/L。藻类EC_{50}（96小时）1.72mg/L。蜜蜂LD_{50}（经口）＞100μg/只。蚯蚓LC_{50}（14天）1200mg/kg土壤。

剂型 可湿性粉剂。

作用方式及机理 具有保护性的非内吸性触杀型杀菌剂。

防治对象 常与其他杀菌剂混用，防治苹果、葡萄、啤酒花、蔬菜和观赏植物的白粉病。也可用于防止苹果结痂。

参考文献

马克比恩C, 2015. 农药手册[M]. 胡笑形, 等译. 北京: 化学工业出版社.

石得中, 2008. 中国农药大辞典[M]. 北京: 化学工业出版社.

（撰稿：张传清；审稿：刘西莉）

碳氯灵 isobenzan

一种触杀和胃毒性杀虫剂，持效期极长。

其他名称 Telodrin、SD 4402。

化学名称 1,3,4,5,6,7,8,8-八氯-1,3,3a,4,7,7a-六氢-4,7-亚甲基异苯并呋喃；1,3,4,5,6,7,8,8-octachloro-1,3,3a,4,7,7a-hexahydro-4,7-methanoisobenzofuran。

IUPAC名称 1,3,4,5,6,7,8,8-octachloro-1,3,3a,4,7,7a-hexahydro-4,7-methanoisobenzofuran。

CAS登记号 297-78-9。

EC号 206-045-4。

分子式 $C_9H_4Cl_8O$。

相对分子质量 411.76。

结构式

开发单位 壳牌化学公司。

理化性质 纯品为白色晶体。熔点120～122℃。在20℃时，蒸气压为4×10^{-4}Pa；在80℃时，蒸气压为0.8Pa。易溶于苯、甲苯、乙酸乙酯、丙酮等，可溶于石油醚、乙醇和二甲苯，不溶于水。工业品为奶油色结晶固体，熔点范围112～115℃。在空气中、高温下稳定，对酸碱稳定。

毒性 大鼠急性经口LD_{50} 4.8mg/kg。对鱼类毒性高。

剂型 0.5%粉剂。

质量标准 0.5%粉剂，储存稳定性良好。

作用方式及机理 作用于昆虫神经系统的轴突部位，影响钠离子通道或使突触前释放过多的乙酰胆碱，从而干扰或破坏昆虫正常的神经传导系统。

防治对象 防治土壤害虫，也可用于小麦拌种。

使用方法 每1000m^{2}用量：防治早稻、小麦种蝇用3kg；防治甘蓝、萝卜蝇用6kg；防治大豆根潜蝇，早稻根蚜，早稻、小麦、玉米和薯类上的金针虫用3kg；对甘薯小象虫，在栽后2～3周，在地面上再施3kg。

注意事项 ①叶面喷药7～25天持效，土壤施药有5个月以上持效，收获前禁用期为21天。②对鱼类毒性高，对人有剧毒，有触杀作用和胃毒作用。③受热放出有毒氯化物气体。④储存于阴凉、通风的库房中，与食品原料分开储运。

与其他药剂的混用 可与大多数其他农药混用。

参考文献

王振荣, 李布青, 1996. 农药商品大全[M]. 北京: 中国商业出版社.

吴世敏, 印德麟, 1999. 简明精细化工大辞典[M]. 沈阳: 辽宁科学技术出版社.

朱永和, 王振荣, 李布青, 2006. 农药大典[M]. 北京: 中国三峡出版社.

（撰稿：张建军；审稿：吴剑）

碳酸钡 barium carbonate

一种经口无机盐类离子损害器官的有害物质。

其他名称 沉淀碳酸钡、毒重石。

化学名称 碳酸钡。

CAS登记号 513-77-9。

分子式 $BaCO_3$。

相对分子质量 197.34。

开发单位 辽宁微科生物工程股份有限公司。

理化性质 熔点811℃。沸点1450℃。密度4.43g/cm^3。白色粉末，难溶于水，水中溶解度2mg/L（20℃），易溶于强酸。

毒性 对大鼠、小鼠的急性经口LD_{50}分别为418mg/kg和200mg/kg。

作用方式及机理 钡离子损害心脏跳动，死于瘫痪。碳酸钡会蓄积在骨骼上，引起骨髓造白细胞组织增生，从而发生慢性中毒。碳酸钡会与胃液中的盐酸发生反应，变成可溶性的氯化钡，氯化钡属于可溶性钡盐，为有毒物质，若不及时抢救，将会很快中毒，严重时死亡。

使用情况 在中国无正式登记或已禁止使用。

使用方法 堆投，毒饵站投放。

参考文献

MOHAMMED A T, ISMAIL H T, 2017. Hematological biochemical and histopathological impacts of barium chloride and barium carbonate accumulation in soft tissues of male Sprague-Dawley rats[J]. Environmental science and pollution research international, 24(34): 26634-26645.

（撰稿：王登；审稿：施大钊）

桃条麦蛾性信息素 sex pheromone of *Anarsia lineatella*

适用于桃树的昆虫信息素。最初从未交配桃条麦蛾（*Anarsia lineatella*）雌虫腹部末端提取分离，主要成分为（*E*）-5-癸烯-1-醇乙酸酯，次要成分为（*E*）-5-癸烯-1-醇。

其他名称 Checkmate PTB-F（喷雾制剂）[混剂，（*E*）-5-癸烯-1-醇乙酸酯:（*E*）-5-癸烯-1-醇为4∶1]（Suterra）。

化学名称 (*E*)-5-癸烯-1-醇乙酸酯；(*E*)-5-decen-1-ol acetate；(*E*)-5-癸烯-1-醇；(*E*)-5-decen-1-ol。

IUPAC名称 (*E*)-deca-5-en-1-yl acetate；(*E*)-deca-5-en-1-ol。

CAS登记号 38421-90-8（酯）；56578-18-8（醇）。

EC号 253-923-8（酯）；260-267-6（醇）。

分子式 $C_{12}H_{22}O_2$（酯）；$C_{10}H_{20}O$（醇）。

相对分子质量 198.30（酯）；156.27（醇）。

结构式

(*E*)-5-癸烯-1-醇乙酸酯

(*E*)-5-癸烯-1-醇

生产单位 由Suterra等公司生产。

理化性质 淡黄色液体，有特殊气味。沸点49～50℃（4Pa）（酯）；95～96℃（266.64Pa）（醇）。相对密度0.88～0.9（25℃）（酯）；0.83～0.85（25℃）（醇）。难溶于水，溶于氯仿、乙醇、乙酸乙酯等有机溶剂。

毒性 大鼠急性经口LD_{50} > 2000mg/kg。

剂型 微胶囊悬浮剂，管剂，手动分配器，聚乙烯胺胶囊缓释剂。

作用方式 主要用于干扰桃条麦蛾的交配。

防治对象 适用于桃树，防治桃条麦蛾。

使用方法 将含有桃条麦蛾性信息素的缓释剂固定在桃树上，按每公顷500个均匀分布于桃园。使性信息素扩散到空气中，并分布于整个桃园。

参考文献

马克比恩C, 2015. 农药手册[M]. 胡笑形, 等译. 北京: 化学工业出版社.

吴文君, 高希武, 张帅, 2017. 生物农药科学使用指南[M]. 北京: 化学工业出版社.

（撰稿：钟江春；审稿：张钟宁）

桃小食心虫性信息素 sex pheromone of *Carposina niponensis*

适用于果树的昆虫性信息素。最初从未交配桃小食心虫（*Carposina niponensis*）雌虫中提取分离，主要成分为（*Z*）-13-二十碳烯-10-酮。

其他名称 Confuser A（混剂）（苹果，日本）（Shin-Etsu）、Confuser P（混剂）（桃，日本）（Shin-Etsu）、Z13-20-10Kt。

化学名称 (*Z*)-13-二十碳烯-10-酮；(*Z*)-13-eicosen-10-one。

IUPAC名称 (*Z*)-icos-13-en-10-one。

CAS登记号 63408-44-6。

分子式 $C_{20}H_{38}O$。

相对分子质量 294.54。

结构式

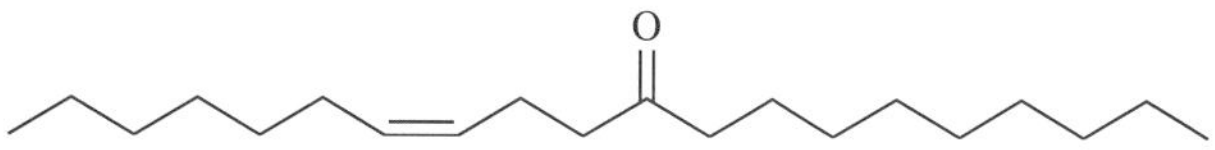

生产单位 由Shin-Etsu公司生产。

理化性质 无色或淡黄色液体。沸点159℃（93.32Pa）。相对密度0.85（20℃）。K_{ow}lg$P$ 3.86（20℃）。在水中溶解度6.8mg/L。溶于苯、丙酮等有机溶剂。

剂型 缓释制剂，管剂。

作用方式 主要用于干扰桃小食心虫的交配，诱捕桃小食心虫。

防治对象 适用于苹果、桃、杏等果树，防治桃小食心虫。

使用方法 将含有桃小食心虫性信息素的缓释剂固定在果树上，使性信息素扩散到空气中，并分布于整个果园。每公顷使用的诱芯数目与释放速度有关。

与其他药剂的混用 可以与其他化学杀虫剂一起使用，诱捕桃小食心虫。

参考文献

马克比恩C, 2015. 农药手册[M]. 胡笑形, 等译. 北京: 化学工业出版社.

吴文君, 高希武, 张帅, 2017. 生物农药科学使用指南[M]. 北京: 化学工业出版社.

（撰稿：钟江春；审稿：张钟宁）

特草定 terbacil

一种尿嘧啶类除草剂。

其他名称 Sinbar。

化学名称 5-氯-3-(1,1-二甲基乙基)-6-甲基-2,4(1*H*,3*H*)-二羟基嘧啶。

IUPAC名称 3-*tert*-butyl-5-chloro-6-methyl-1*H*-pyrimidine-2,4-dione。

CAS登记号 5902-51-2。

EC号 227-595-1。

分子式 $C_9H_{13}ClN_2O_2$。

相对分子质量 216.67。

结构式

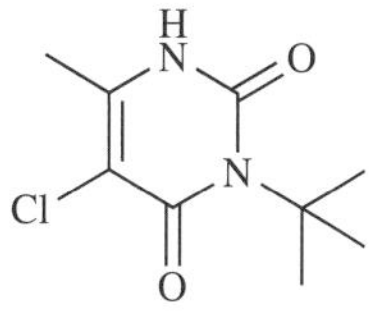

开发单位 美国杜邦公司。

理化性质 纯品为无色晶体。熔点175～177℃，易升华。相对密度1.34（25℃）。25℃时的溶解度：水710mg/L、二甲基甲酰胺337g/kg、环己酮220g/kg、甲基异丁基酮121g/kg、乙酸正丁酯88g/kg、二甲苯88g/kg，难溶于矿物油和脂肪烃，在强碱溶液中易溶。稳定性：温度达到熔点时依旧稳定。

毒性 急性经口LD_{50}：大鼠934mg/kg。皮肤和眼睛的急性经皮LD_{50}：兔>2000mg/kg。对眼睛有温和刺激，对皮肤有轻微刺激。无皮肤致敏。

剂型 可湿性粉剂，悬浮剂等。

作用方式及机理 选择性芽前土壤处理除草剂，通过根部吸收，传导至叶片内抑制光合作用，使叶片褪绿枯死，对根的生长也有抑制作用。

防治对象 许多一年生和一些多年生杂草。用于苹果、柑橘、苜蓿的选择性控制，桃子和甘蔗用量为0.5～4kg/hm^2（根据实际面积处理）；也用于防除柑橘地里的狗牙根和高粱，用量为4～8kg/hm^2。

使用方法 防除一年生杂草，用量1～4kg/hm^2，在杂草出苗前将药剂施于土表。防除多年生杂草，用量4～8kg/hm^2，在施药前用圆盘耙彻底耙1次。

允许残留量 澳大利亚规定特草定最大残留限量见表。

澳大利亚规定部分食品中特草定最大残留限量

名称	最大残留限量（mg/kg）
杏	0.50
仁果类水果、核果类水果	0.04

参考文献

孙家隆, 2015. 新编农药品种手册[M]. 北京: 化学工业出版社: 839.

（撰稿：杨光富；审稿：吴琼友）

特丁草胺 terbuchlor

一种酰胺类除草剂。

其他名称 Cambat、Mon-0358、CP46358。

化学名称 *N*-(2-叔丁基-6-甲基苯基)-*N*-(丁氧基甲基)-氯乙酰胺；*N*-(butoxymethyl)-*N*-(2-(*tert*-butyl)-6-methylphenyl)-2-chloroacetamide。

IUPAC名称 *N*-butoxymethyl-6′-*tert*-butyl-2-chloroacet-*O*-toluidide。

CAS登记号 4212-93-5。

分子式 $C_{18}H_{28}ClNO_2$。

相对分子质量 325.88。

结构式

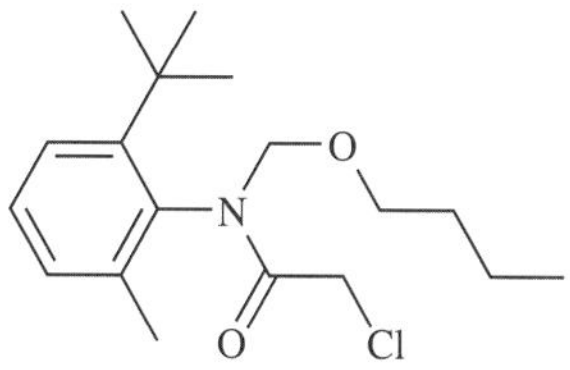

开发单位 20世纪70年代由美国孟山都公司开发。

理化性质 在水中溶解度5.3mg/L（25℃）。

毒性 大鼠急性经口LD_{50} 6100mg/kg，鲤鱼LC_{50} 1.8mg/L。

作用方式及机理 选择性芽前土壤处理除草剂，与丁草胺相似，抑制细胞分裂，抑制长链脂肪酸生物合成。在土壤中移动性小，持效期约为5个月。

防治对象 用于甘蓝等蔬菜，防除一年生杂草。

使用方法 杂草芽前、作物播后苗前土壤处理，每公顷用药量1~2kg。

注意事项 在小麦和大麦田中与氯麦隆以1kg/hm²+1kg/hm²混用，可以近100%防治多花黑麦草、酸模叶蓼和野芥等，80%防治拉拉殃，如果单独使用则防治效果较差。

参考文献

张殿京，程慕如，1987. 化学除草应用指南[M]. 北京：农村读物出版社：174.

（撰稿：陈来；审稿：范志金）

特丁津 terbuthylazine

一种三氮苯类除草剂。

其他名称 草净津、GS 13529。

化学名称 2-氯-4-叔丁氨基-6-乙氨基-1,3,5-三嗪。

IUPAC名称 N^2-*tert*-butyl-6-chloro-N^4-ethyl-1,3,5-triazine-2,4-diamine。

CAS登记号 5915-41-3。

EC号 227-637-9。

分子式 $C_9H_{16}ClN_5$。

相对分子质量 229.71。

结构式

Cl
N N
N H N N H

开发单位 杜邦公司。

理化性质 无色结晶。相对密度1.188（20℃）。熔点177~179℃。蒸气压0.15×10^{-3}Pa（25℃）。水中溶解度8.5mg/L（20℃，pH7）；有机溶剂中溶解度（25℃，g/L）：丙酮41、乙醇14、异丙醇10、二甲基甲酰胺100。

毒性 低毒。大鼠急性经口LD_{50} 2160mg/kg，兔急性经皮LD_{50} 3000mg/kg。对鱼中毒，对蜜蜂、鸟低毒。鱼类LC_{50}（96小时，mg/L）：虹鳟3.8~4.6、蓝鳃鱼7.5、鲤鱼7。野鸭急性经口LD_{50} > 1000mg/kg。蜜蜂经口及接触LD_{50} > 100μg/只。蚯蚓LC_{50}（7天）200mg/kg。

剂型 50%悬浮剂，25%可分散油悬浮剂。

质量标准 特丁津水分散粒剂（Q/370783 SRF058—2017）。

作用方式及机理 有效成分被杂草根吸收随蒸腾流向上传导，也可被叶片吸收在体内进行有限的传导，抑制光合作用。施药后各种敏感杂草萌发出苗不受影响，出苗后叶褪绿，最后因营养枯竭而致死。

防治对象 玉米田稗草、狗尾草、牛筋草、马齿苋、反枝苋、苘麻、龙葵、酸浆属、酸模叶蓼、柳叶刺蓼、猪毛菜、小麦自生苗等，对马唐、铁苋菜等防效稍差。

使用方法 常用在玉米田除草，也可与二氯喹啉酸混用，用于高粱田除草。玉米播后苗前，每亩使用50%特丁津悬浮剂100~120g（有效成分50~60g），加水40~50L进行土表均匀喷雾。

注意事项 ①可与防除禾本科杂草的除草剂混用，扩大杀草谱。②创造良好的土壤墒情再播种和施药有利于药效发挥。如果施药后干旱，可采用浅混土。③土壤有机质含量低于2%的田块慎用。土壤pH7.5以上的碱性土壤和降雨多、气温高的地区适当减少用药量。④该药对大豆安全性差，施药量过高或施药不均，或施药后遇大雨或大水漫灌、田间积水，均会造成大豆药害，重者可造成死苗。⑤大豆田只能苗前使用，苗期使用易产生药害；大豆播种深度至少3.5~4cm，播种过浅易发生药害；施过该品的大豆田药后立即灌溉、遇大雨等会因药剂淋溶造成大豆药害。⑥注意与后茬作物安全间隔期。玉米、马铃薯4个月，水稻8个月，块根以外的其他阔叶作物12个月；洋葱、甜菜等根茎、鳞茎、块根作物18个月。

与其他药剂的混用 可与乙草胺、异丙草胺、硝磺草酮、烟嘧磺隆等混用。

允许残留量 GB 2763—2021《食品中农药最大残留限量标准》规定特丁津最大残留限量见表。ADI为0.003mg/kg。谷物按照GB 23200.9、GB 23200.113、GB/T 20770规定的方法测定。

部分食品中特丁津最大残留限量（GB 2763—2021）

食品类别	名称	最大残留限量（mg/kg）
谷物	玉米	0.10
	小麦	0.05

参考文献

刘长令，2002. 世界农药大全：除草剂卷[M]. 北京：化学工业出版社.

马克比恩 C，2015. 农药手册[M]. 胡笑形，等译. 北京：化学工业出版社.

中国农业百科全书总编辑委员会农药卷编辑委员会，中国农业百科全书编辑部，1993. 中国农业百科全书：农药卷[M]. 北京：农业出版社.

SHANER D L, 2014. Herbicide handbook[M]. 10th ed. Lawrence, KS: Weed Science Society of America.

（撰稿：李香菊；审稿：耿贺利）

特丁净 terbutryn

一种1, 3, 5-三嗪类选择性除草剂。

其他名称 去草净、GS14260、Igrane、Clarosan。

化学名称 2-叔丁氨基-4-乙氨基-6-甲硫基-1,3,5-三嗪；2-*tert*-butylamino-4-ethylamino-6-methylthio-1,3,5-triazine。

IUPAC名称 N^2-(*tert*-butyl)-N^4-ethyl-6-(methylthio)-1,3,5-triazine-2,4-diamine。

CAS登记号 886-50-0。

EC号 212-950-5。

分子式 $C_{10}H_{19}N_5S$。

相对分子质量 241.36。

结构式

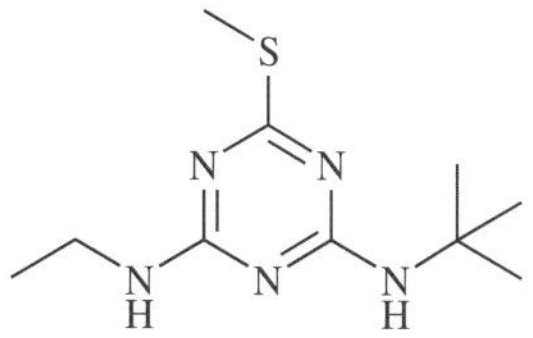

开发单位 诺华公司。

理化性质 纯品特丁净为白色粉末，熔点104～105℃，沸点274℃（101kPa）。溶解度：水0.022g/L（22℃），20℃时，丙酮220g/L、已烷9g/L、辛醇130g/L、甲醇220g/L、甲苯45g/L；在二氧六环、乙醚、二甲苯、氯仿、四氯化碳、二甲基甲酰胺中迅速溶解，微溶于石油醚。相对密度1.12（20℃）。蒸气压0.225mPa（25℃）。pK_a4.3（21℃），碱性。在正常条件下稳定，无腐蚀性。pH5、7.9条件下无明显水解。土地中DT_{50} 14～28天。

毒性 原药急性LD_{50}（mg/kg）：大鼠经口2500，小鼠经口500 000，大鼠经皮＞2000，兔经皮＞20 000。对兔皮肤和眼睛无刺激作用；对豚鼠皮肤无致敏作用。吸入LC_{50}（4小时）：大鼠＞2200mg/m^3空气。NOEL：大鼠（2年）300mg/kg，小鼠（2年）3000mg/kg，狗（1年）100mg/kg。ADI为0.027mg/kg。对蜜蜂无毒。

剂型 50%、80%可湿性粉剂。

质量标准 特丁净质量分数：50%±2.5%；悬浮率≥90%；湿筛试验（通过75μm试验筛）≥96%；倾倒后残余物≤5%；洗涤后残余物≤0.5%；持久起泡性（1分钟后泡沫量）≤45ml；pH6～9；低温稳定性合格；热储稳定性合格。

作用方式及机理 特丁净为选择性内吸传导型除草剂。

防治对象 该品适用于芽前、芽后除草，土壤中持效期3~10周。主要用于冬小麦、大麦、高粱、向日葵、马铃薯、豌豆、大豆、花生等作物田，防除多年生裸麦草、黑麦草及秋季萌发的繁缕、母菊、罂粟、看麦娘、马唐、狗尾草等。

使用方法 冬小麦、冬大麦、向日葵、马铃薯和豌豆等播后苗前施药，2～2.5kg/hm^2。玉米在苗后4叶期前用药，约1kg/hm^2。

注意事项 对水生生物极毒，可能导致对水生环境的长期不良影响。

与其他药剂的混用 与异丙甲草胺混合，用于棉花和花生中。也用于谷物的出苗后（0.2～0.4kg/hm^2）、甘蔗（1~30.4kg/hm^2）和玉米的定向喷施。它被用来控制水道、水库和鱼塘中的藻类和淹没的维管植物。也可与莠去津混用。

允许残留量 日本规定在鸡肉、鸡蛋中的最大残留量为0.05mg/kg；猪肉、牛肉、蔬菜、大麦、小麦、玉米、大米中的最大残留量为0.1mg/kg。

参考文献

DEAN J R, WADE G, BARNABAS I J, 1996. Determination of triazine herbicides in environmental samples[J]. Journal of chromatography A, 733: 295- 335.

（撰稿：杨光富；审稿：吴琼友）

特丁硫磷 terbufos

一种内吸性有机磷杀虫剂、杀螨剂。

其他名称 Counter、Contraven、Pillarfox、抗虫得、叔丁硫磷、特丁磷、特福松、特虫宁、抗得安、特丁甲拌磷、特丁三九一一、AC92100。

化学名称 *O,O*-二乙基-*S*-(叔丁硫基甲基)二硫代磷酸酯；*O,O*-diethyl-*S*-*tert*-butylthiomethyl phosphorodithioate。

IUPAC名称 *S*-*tert*-butylthiomethyl *O,O*-diethyl phosphorodithioate。

CAS登记号 13071-79-9。

EC号 235-963-8。

分子式 $C_9H_{21}O_2PS_3$。

相对分子质量 288.43。

结构式

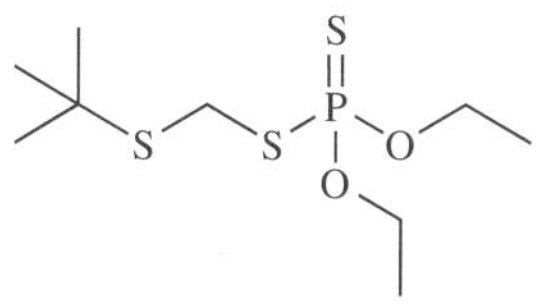

开发单位 1974年美国氰胺公司开发的杀虫剂。

理化性质 原药外观为浅黄色至黄棕色透明液体，纯度在85%以上的原药为无色或淡黄色液体。相对密度1.105（24℃）。沸点69℃（1.33Pa）。熔点-29.2℃。25℃时蒸气压34.6mPa。在常温下，水中的溶解度10～15mg/L，能溶于丙酮、醇类、芳烃和氯代烃中。室温下储存2年稳定，在120℃以上或pH＜2或pH＞9的条件下分解。

毒性 急性经口LD_{50}：雄大鼠1.6mg/kg（原药），雌小鼠5.4mg/kg。急性经皮LD_{50}：兔1mg/kg（原药），大鼠7.4mg/kg（原药）。鱼类LC_{50}（96小时，mg/L）：蓝鳃鱼0.004，虹鳟0.01。蜜蜂LD_{50} 0.0041mg/只。在动植物体及土壤中容易生物降解，不积累在食物链和环境中。

剂型 2%、5%、10%、15%颗粒剂。

作用方式及机理 触杀和胃毒。喂大鼠2年、小鼠1年半、狗半年的试验表明，除乙酰胆碱酯酶降低及有关病症外，没有其他有害影响。在动植物体及土壤中容易生物降解，不积累在食物链和环境中。

防治对象 因毒性高，只作土壤处理剂或拌种用，制成颗粒剂，能防治玉米、甜菜、棉花、水稻等作物的叶甲幼虫、甜菜斑蝇、葱蝇、金针虫、马陆、幺蚰科、红蜘蛛、蚜虫、蓟马、叶蝉、螟虫等害虫。在种植时直接施于犁沟内。对多种土壤线虫及地下害虫有优异的防效，持效期长。

使用方法 是高效、内吸、广谱性杀虫剂。因毒性高，只作土壤处理剂或拌种用。常用量 1～2kg/hm^2。该药剂持效期长。

注意事项 ①为剧毒农药，在使用、运输、储存中应遵守剧毒农药安全操作规程，操作时必须佩戴口罩、橡胶手套，穿操作服，施药时不准进食、吸烟、饮水，施药后必须洗手、更衣。储存和运输：应储存于阴凉、干燥、通风处，避免接触水源、食品、种子和饲料等。不适宜在地上部叶片喷雾。不能与皮肤和碱性物质直接接触。如发生中毒，可用阿托品硫酸盐做解毒剂，或解磷毒（P.A.M）进行急救，并立即送医院进行抢救。②在花生作物田施药时，先将药剂施入播种沟内，覆盖少量土后再播入花生种，使药剂与种子隔离，以避免发生药害。③该剂及接触颗粒剂的用具必须由专人保管，颗粒剂应储存于阴凉、避光处，用后的包装物，要集中销毁，禁止他用。④安全间隔期。最后一次施药距收获期 3 个月。实际使用中，土壤残留半衰期 30 天。

允许残留量 GB 2763—2021《食品中农药最大残留限量标准》规定特丁硫磷最大残留限量见表。ADI 为 0.0006mg/kg。谷物按照 SN 0522 规定的方法测定；油料和油脂参照 NY/T 761、SN 0522 规定的方法测定；蔬菜、水果按照 NY/T 761、NY/T 1379 规定的方法测定；糖料、茶叶参照 SN 0522 规定的方法测定。

部分食品中特丁硫磷最大残留限量（GB 2763—2021）

食品类别	名 称	最大残留限量（mg/kg）
谷物	稻谷、糙米、旱粮类、杂粮类	0.01*
油料和油脂	棉籽	0.01*
	花生仁	0.02*
蔬菜	鳞茎类、芸薹属叶菜、茄果类、瓜类、豆类、茎类、根茎类、水生类、芽菜类	0.01*
水果	柑橘类、仁果类、瓜果类、核果类、浆果类、热带和亚热带类	0.01*
糖料	甜菜、甘蔗	0.01*
饮料类	茶叶	0.01*

* 临时残留限量。

参考文献

孙家隆, 2015.新编农药品种手册[M]. 北京: 化学工业出版社.

王振荣, 李布青, 1996. 农药商品大全[M]. 北京: 中国商业出版社.

张敏恒, 2006.新编农药商品手册[M]. 北京: 化学工业出版社.

（撰稿：王鸣华；审稿：吴剑）

特乐酚 dinoterb

一种酚类除草剂。

其他名称 地乐消、芸香酸二壬酯、二硝特丁酚。

化学名称 2-(*tert*-butyl)-4,6-dinitrophenol。

IUPAC 名称 2-*tert*-butyl-4,6-dinitrophenol。

CAS 登记号 1420-07-1。

EC 号 215-813-8。

分子式 $C_{10}H_{12}N_2O_5$。

相对分子质量 240.21。

结构式

HO NO$_2$ NO$_2$

开发单位 法国罗纳 - 普朗克公司。

理化性质 黄色固体。熔点 125.5～126.5℃。蒸气压 20mPa（20℃）。溶解度：水 4.5mg/L（pH5，20℃），乙醇、乙二醇、脂族烃中约 100g/kg，环己酮、二甲基亚砜、乙酸乙酯中约 200g/kg；该品为酸性，可形成水溶性盐；稳定性：低于熔点下稳定，约 220℃分解；pH5～9（20℃）稳定期至少 34 天。

作用方式及机理 是一种氧化磷酸化的解偶联剂。通过降低质子梯度，消除细胞产生 ATP 的能力，导致细胞死亡。

毒性 急性经口 LD_{50}：小鼠约为 25mg/kg，大鼠约为 62mg/kg。兔急性经口 LD_{50} 28mg/kg。豚鼠急性经皮 LD_{50} 150mg/kg。大鼠 2 年饲喂试验 NOEL 0.375mg/kg。虹鳟 LC_{50}（96 小时）0.0034mg/L。对蜜蜂有毒。

剂型 一般使用铵盐的糊状液体，或与 2 甲 4 氯丙酸的混合制剂。

防治对象 适用作物与地乐酚相同，但对禾谷类作物的选择性更强，温度等气象因素对除草活性的影响小。

使用方法 在作物生育期使用的适期宽，既可芽前土壤处理，也可苗后茎叶处理。以常量喷雾效果好。在冬小麦和冬大麦分蘖期使用时，可与 2 甲 4 氯丙酸混用，但更广泛地与异丙隆混用，因其能促进杂草对异丙隆的吸收，提高药效，既可防阔叶草，也可防燕麦草等禾本科杂草。

注意事项 为高毒除草剂，吸入、摄入或经皮肤吸收后会中毒，受热分解释放出氮氧化物烟雾。对环境有危害。该品可燃。运输车辆应配备相应品种和数量的消防器材及泄漏应急处理设备；严禁与氧化剂、食用化学品等混装混运；装运该物品的车辆排气管必须配备阻火装置；使用槽（罐）车运输时应有接地链，槽内可设孔隔板以减少振荡产生静电；禁止使用易产生火花的机械设备和工具装卸；夏季最好早晚运输；运输途中应防暴晒、雨淋，防高温；中途停留时应远离火种、热源、高温区；公路运输时要按规定路线行驶，勿在居民区和人口稠密区停留；铁路运输时要禁止溜放；严禁用木船、水泥船散装运输；运输工具上应根据相关运输要求张贴危险标志、公告。

（撰稿：祝冠彬；审稿：徐凤波）

特乐酯 dinoterb acetate

一种酚类广谱性除草剂。亦可作为杀虫剂使用。

其他名称 地乐消乳剂。

化学名称 2-(1,1-dimethylethyl)-4,6-dinitrophenyl acetate。

IUPAC 名称 (2-*tert*-butyl-4,6-dinitrophenyl) acetate。

CAS 登记号 3204-27-1。

EC 号 221-706-7。

分子式 $C_{12}H_{14}N_2O_6$。

相对分子质量 282.25。

结构式

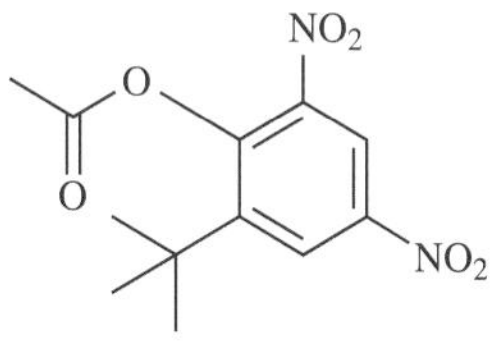

NO_2 O O NO_2

开发单位 法国罗纳 - 普朗克公司。

理化性质 淡黄色固体。熔点 134～135℃。沸点 374.2℃（101.32kPa）。闪点＞100℃。折射率 1.548。密度 1.298g/cm^3。难溶于水，微溶于乙醇或正己烷，易溶于丙酮或二甲苯。通常是稳定的，但遇碱易发生水解（室温下进行较慢，遇热则加速）。

作用方式及机理 通过降低质子梯度，消除细胞产生 ATP 的能力，导致细胞死亡。

毒性 急性经口 LD_{50}：大鼠 62mg/kg，兔 100mg/kg，母鸡＞4g/kg。大鼠和豚鼠急性经皮 LD_{50} ＞ 2g/kg。

剂型 36% 油状膏剂，5% 颗粒剂，25%～50% 可湿性粉剂。

防治对象 多年生阔叶杂草及禾本科杂草。谷子、棉花、甜菜、豆科作物田苗前防除杂草，也用于杀线虫和防治蚜螨，对蚜虫和榆全爪螨的卵有效。

使用方法 0.5～1kg/hm^2（有效成分）作苗前土壤处理。

注意事项 该品为高毒除草剂，禁止和强氧化剂、强碱、强酸配用；避免暴露；本物质残余物和容器必须作为危险废弃物处理，避免排放到环境中。与皮肤接触有毒，吞咽极毒，可能对未出生的婴儿导致伤害。对水生生物极毒，可能导致对水生环境的长期不良影响。

（撰稿：祝冠彬；审稿：徐凤波）

特螨腈 malonoben

一种触杀性杀螨剂。

其他名称 GCP 51262 EC、GCP-5126、S15126、丙螨氰、克螨腈。

化学名称 2-(3,5-二叔丁基-4-羟基亚苄基)丙二腈；[[3,5-bis(1,1-dimethylethyl)-4-hydroxyphenyl]methylene]propanedinitrile。

IUPAC 名称 2-(3,5-di-*tert*-butyl-4-hydroxybenzylidene) malononitrile。

CAS 登记号 10537-47-0。

分子式 $C_{18}H_{22}N_2O$。

相对分子质量 282.38。

结构式

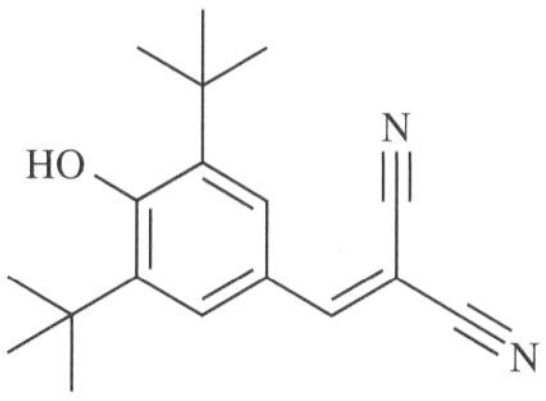

N HO N

开发单位 由 H. Fukashi 等在 1971 年作杀螨剂报道，由美国海湾石油化学公司评价了杀螨活性。

理化性质 结晶固体。熔点 140～141℃。

毒性 大鼠急性经口 LD_{50} 87mg/kg。兔急性经皮 LD_{50} 2000mg/kg。

作用方式及机理 具有摄取和触杀毒性。

防治对象 防治豆类、柑橘、棉花、坚果树和观赏植物上的各种螨。

参考文献

康卓, 2017. 农药商品信息手册[M]. 北京: 化学工业出版社: 325.

（撰稿：李新；审稿：李淼）

特灭威 knockbal

一种具有触杀、熏蒸和内吸性的氨基甲酸酯类杀虫剂。

其他名称 叔丁威、TBPMC、Terbam、RE-5030。

化学名称 3-叔丁基苯基-*N*-甲基氨基甲酸酯。

IUPAC 名称 3-*tert*-butylphenyl-*N*-methyl carbamate。

CAS 登记号 780-11-0。

分子式 $C_{12}H_{17}NO_2$。

相对分子质量 207.27。

结构式

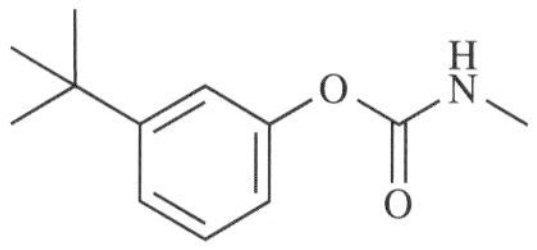

O H N O

开发单位 1959 年美国加利福尼亚化学公司创制。1970 年日本北兴化学工业公司和保土谷化学公司开发。

理化性质 白色粉末。原药熔点 144.5℃。

毒性 小鼠急性经口 LD_{50} 470mg/kg。对鱼有毒。

T

剂型 50% 可湿性粉剂，2% 粉剂。

作用方式及机理 系具触杀毒性的氨基甲酸酯类杀虫剂，杀虫广谱。抑制生物体内的胆碱酯酶。

防治对象 能防治豆甲虫和黏虫。日本主要用于水稻、桃树、茶树、森林，以防治稻叶蝉、飞虱、蚧类、卷蛾属和螨类。

注意事项 见间位叶蝉散。中毒时使用硫酸阿托品。

参考文献

朱永和, 王振荣, 李布青, 2006. 农药大典[M]. 北京: 中国三峡出版社.

（撰稿：李圣坤；审稿：吴剑）

特普 TEPP

一种持效期较短的非内吸性有机磷杀虫剂、杀螨剂。

其他名称 Nifos T、Vapotone、Tetron、Kilmire40、ethylpyro-phosphate、Bladen、Fosvex、Hexamite、Kilax、Lethalaireg52、Teep、TEP、HETP、Orga 3045、Mortopal、Killsy。

化学名称 双-*O,O*-二乙基磷酸酐；四乙基焦磷酸酯；tetraethyl pyrophosphare。

IUPAC 名称 tetraethyl diphosphate。

CAS 登记号 107-49-3。

分子式 $C_8H_{20}O_7P_2$。

相对分子质量 290.19。

结构式

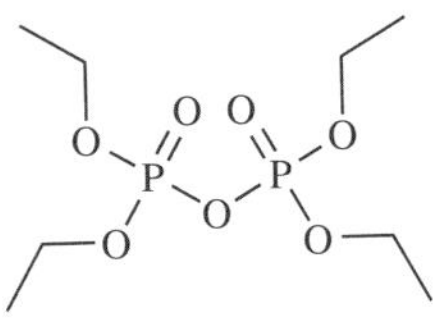

开发单位 1938 年由 G. Schrader 和 H. Kiikenthal 报道，1943 年拜耳公司推广。

理化性质 无色无味的吸湿性液体。沸点 124℃（133.3Pa）。20℃的蒸气压 0.02Pa。相对密度 1.185（20℃）。折射率 1.4196。与水和大多数有机溶剂混溶，难溶于矿物油。工业品是暗琥珀色的可流动液体，相对密度 d_{25}^{20}1.2。易水解，在 pH7 和 25℃时的半衰期为 6.8 小时；它在 170℃时分解放出乙烯，对大多数金属有腐蚀性。

毒性 大鼠急性经口 LD_{50} 1.12mg/kg；雄鼠急性经皮 LD_{50} 2.4mg/kg。在动物体内能迅速地被代谢，一旦发生中毒，以阿托品解毒。

剂型 至少含 40% 焦磷酸四乙酯的多磷酸酯混合物，35%、40% 乳剂，气溶胶制剂。

作用方式及机理 非内吸性的杀蚜剂和杀螨剂，持效期较短。

防治对象 收获前治蚜虫和棉红蜘蛛，由于它水解很快，持效期短，在收获作物上没有残毒，故能用于桑及蔬菜上。

注意事项 该农药为高毒农药，不得喷雾使用，只能拌毒土撒施。稻田施药应在前一天调节水层 3cm 左右，施药后 3~5 天不得放水，严防田水外流。收获前 20~30 天禁用。对鱼类毒性高，养鱼稻田不得施该药。施药时应注意安全防护措施，以免污染皮肤和眼睛，甚至中毒。

允许残留量 欧盟规定特普的最大残留限量：多香果、八角、茴香、胡椒为 0.02mg/kg；杏、柿子、苹果、芦笋、茄子、鳄梨、枸杞、竹笋、香蕉、大麦、薄荷、豆、甜菜、浆果、蓝莓、芸薹属类蔬菜为 0.01mg/kg。

参考文献

孙家隆, 2015.新编农药品种手册[M]. 北京: 化学工业出版社: 296.
王振荣, 李布青, 1996. 农药商品大全[M]. 北京: 中国商业出版社: 13.

（撰稿：王鸣华；审稿：薛伟）

涕灭砜威 aldoxycarb

一种内吸性杀虫和杀线虫剂。

其他名称 Standak、AI3-29261、AN4-9、UC21865、砜灭威。

化学名称 2-甲磺酰基-2-甲基丙醛-*O*-甲基氨基甲酰基肟；2-甲基-2-甲磺酰基丙醛-*O*-甲基氨基甲酰基肟。

IUPAC名称 propanal 2-methyl-2-(methylsulfonyl)-*O*-[(methylamino)carbonyl]oxime。

CAS 登记号 1646-88-4。

EC 号 216-710-0。

分子式 $C_7H_{14}N_2O_4S$。

相对分子质量 222.26。

结构式

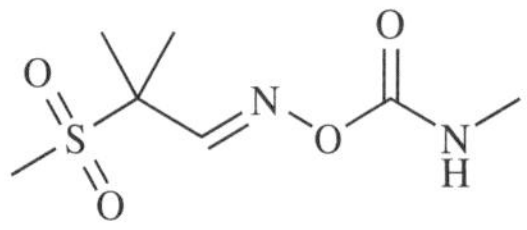

开发单位 1965 年由 M. H. J. Weiden 等报道，由联碳公司（现为罗纳-普朗克公司）开发。

理化性质 为无色结晶固体。熔点 140~142℃。蒸气压 12mPa（25℃）。溶解性（25℃）：水 10g/L、丙酮 50g/L、乙腈 75g/L、二氯甲烷 41g/L。稳定性：＞140℃时分解，对光稳定，遇浓碱分解。避免与碱或者无机酸类接触。

毒性 雄大鼠急性经口 LD_{50} 21.4mg/kg。急性经皮 LD_{50}：大鼠 1000mg/kg，兔 200mg/kg。标准计量对皮肤和眼睛无刺激作用。大鼠急性吸入 LC_{50}（4 小时）0.14mg/L 空气，生命期饲喂试验的 NOEL：大鼠 2.4mg/kg。没有致畸、繁殖和诱变作用。野鸭急性经口 LD_{50} 33.5mg/kg，慢性饲喂 LC_{50}（8 天，mg/kg 饲料）：野鸭＞10 000，鹌鹑 5706。鱼类 LC_{50}（96 小时）：虹鳟 42mg/L，蓝鳃 53mg/L。

剂型 75% 可湿性粉剂，颗粒剂。

作用方式及机理 为内吸性杀虫和杀线虫剂。能有效抑制胆碱酯酶。由根系吸收，可保护植物免受蚜科、缨翅目和类似害虫的危害。在移栽时，以 2～3kg/hm² 施于水中，可防治烟草上的线虫类害虫。

防治对象　主要用于防治蚜科、缨翅目害虫。同时可防治烟草上的线虫类。

注意事项　库房通风低温干燥，与食品原料分开存放。极毒。易燃；燃烧产生刺激烟雾。

允许残留量　日本规定涕灭砜威的最大残留限量见表。

日本规定部分食品中涕灭砜威的最大残留限量

食品	最大残留限量（mg/kg）	食品	最大残留限量（mg/kg）
牛食用内脏	0.20	牛肝	0.20
牛肥肉	0.02	牛瘦肉	0.02
牛肾	0.20	小麦	0.02

参考文献

MATHIAS H J, WEIDEN HERBERT H, 1965.Moorefield Linwood K. Payne O- (methylcarbamoyl) oximes: a new class of carbamate insecticide-acaricides[J]. Journal of economic entomology, 58 (1): 154-155.

（撰稿：张建军；审稿：吴剑）

涕灭威　aldicarb

一种具有触杀、胃毒以及内吸性的氨基甲酰肟类杀虫剂。

其他名称　铁灭克（Temik）、Sanacarb、Ambush、OMS-771、UC21 149、Shaugh nessy 098301、AI3-27 093。

化学名称　2-甲基-2-(甲硫基)丙醛-*O*-[(甲基氨基)甲酰基]肟。

IUPAC名称　(*EZ*)-2-methyl-2-(methylthio)propion-aldehyde *O*-(methylcarbamoyl)oxime。

CAS登记号　116-06-3。

EC号　204-123-2。

分子式　$C_7H_{14}N_2O_2S$。

相对分子质量　190.26。

结构式

开发单位　1965年美国联碳公司发展品种。

理化性质　纯品为白色结晶，略带硫黄气味。相对密度 1.195（25℃）。熔点 98～100℃，温度＞100℃时分解。工业品含量在 90% 以上，略具硫黄气味。蒸气压 1.33mPa（0℃），13.1mPa（20℃），0.093Pa（75℃）。在水中溶解度为 0.6%（25℃），可溶于丙酮、氯仿、苯、四氯化碳等大多数有机溶剂。纯品对光稳定，在一般储存条件下放置 2 年，不会分解或凝聚。耐储藏，对金属容器、设备没有腐蚀性，不易燃。在碱性溶液中易被水解，在 50% 浓碱液中半衰期仅 2～3 分钟。对热敏感，高温下能分解成相应的腈化物；在氧化剂作用下，能依次转化为亚砜和砜的衍生物。

毒性　原药急性经口 LD_{50}：大鼠 0.56～0.93mg/kg，小鼠 0.59mg/kg。急性经皮 LD_{50}：大鼠 7mg/kg，兔 5～12.5mg/kg。大鼠急性吸入 LC_{50}：在 200mg/m³ 浓度的粉尘中 5 分钟内全部被杀死，在 7.6mg/m³ 浓度中 8 小时有 67% 大鼠死亡。10% 颗粒剂急性经口 LD_{50}：大鼠 6.2～7.1mg/kg，兔 17.8mg/kg。经皮 LD_{50}：雄大鼠 2100mg/kg，雌大鼠 3970mg/kg，兔＞4800mg/kg。3% 颗粒剂大鼠急性经口 LD_{50} 28mg/kg，经皮 LD_{50} 179mg/kg。经长期动物试验表明，大鼠经口给服涕灭威连续 90 天的最大 NOEL 为 0.1～0.5mg/（kg·d），连续 2 年的最大 NOEL 为 0.3mg/（kg·d），对狗连续 2 年的最大 NOEL 为 0.3mg/（kg·d）。对鸟类、蜜蜂高毒，急性经口 LD_{50}：鸡 9mg/kg，野鸭 3.4mg/kg；鹌鹑 LC_{50}（8 天）71mg/kg 饲料。对鱼类高毒，虹鳟急性吸入 LC_{50}（96 小时）0.88mg/L，金鱼 LC_{50}（48 小时）8.3mg/L，蓝鳃鱼 LC_{50}（96 小时）1.5mg/L。

剂型　因该品高毒，仅加工成颗粒剂一种剂型。其中水分含量＜0.5%，细度以 10～40 目为宜。以玉米棒为填料加工成 5%、10% 和 15% 颗粒剂；以石膏为填料加工成 10% 和 15% 颗粒剂；以煤粉为填料加工成 10% 颗粒剂。颗粒剂表面常包以水溶性涂层，以确保安全。

质量标准　3% 涕灭威颗粒剂，涕灭威含量≥5%，水分≤2%，粒径 2mm，破碎率≤ 2%，外观因填料的颜色而异。

作用方式及机理　触杀、胃毒、内吸。能通过根部吸收并转移到木质部向细胞内浸透。当进入动物体内，由于其结构上有甲氨基甲酰肟，它和乙酰胆碱类似，能阻碍胆碱酯酶的反应。是强烈的胆碱酯酶抑制剂，当与昆虫（或螨）接触或浸透时，显示出一种典型的胆碱酯酶受阻症状，但它对线虫的作用机制目前尚不清楚。

防治对象　对百余种作物的害虫都有很高的防治效果，尤其对危害棉花、玉米、马铃薯及多种经济作物的蚜虫、蓟马、甲虫、叶蝉、蝽类、螨类及线虫等有效。有效用量为 0.5～3.5kg/hm²。但对一些鳞翅目幼虫几乎无效。杀虫速度与施药量、施药方法、土质，特别是土壤中的水分有关，作物根部附近的水分较多时，通常在 24 小时之内即能见效；水分较少的干旱地区，其杀虫效果将推迟几天甚至几周才出现。对蚜虫、粉虱、潜叶蝇等高度敏感的害虫，药效期可持续 12 周之久，对棉铃象虫、叶蝉、螨类、木虱、甜菜种蝇等敏感性较差的害虫，药效期在 4～6 周。一般认为，其持效期可达 6 周以上。通常施用量超过推荐量的 2～3 倍时，对作物也不会出现药害。单纯的药害则与施药方法不当有关。如药剂集中施于种子和根部附近、用药过多或在棉花播种期间沟施超过规定用量，且赶上不利的气候因素，这时即可产生药害。症状是叶子边缘变白和出现萎缩，但经过一段时间后会自行消失。

使用方法

防治棉花害虫　播种时，防治蚜虫、蓟马用药量 0.35～0.55kg/hm²（为有效成分，下同）；甲虫、叶蝉、蝽类、螨类等用药量 0.65～1.1kg/hm²；在种子下面带状施药，或在播种的沟中施药后盖土。与种子混拌，在垄上播种药量可酌减。防治线虫类，用药量0.55～1.7kg/hm²；用量小于1kg时，方法同上，药量大时，带状施药后与土壤混拌或盖土，然后在上面播种。花蕾初期：防治叶蝉、跳蝉等用药量1.1～2.25kg/hm²；花蕾期：在植株两侧各距20～40cm处，5～15cm深的土壤中施药；防治蝉虫、螨类等用药量2.25～3.35kg/hm²，棉叶穿孔虫2.25kg/hm²；开花期防治粉虱2.25～3.35kg/hm²。

防治花生害虫　播种时，防治蓟马类，用药量1.1～2.25kg/hm²，播种沟上施药后盖土。防治线虫类用药量2.25～3.35kg/hm²，15～30cm的带状施药后，和土壤混拌或5～10cm深处施药后盖土，然后在上面播种。

防治马铃薯害虫　种植时，防治跳甲类、蚜虫、木虱等，用药量3.35kg/hm²，种植时在种植沟中同时施药后盖土。防治甲虫、叶蝉等，用药量1.1～2.25kg/hm²，用上述方法，或离种薯2～5cm的两侧面，8～20cm深处施药。防治线虫类，用药量3.35kg/hm²，用上述方法，或20cm宽的带状施药后，和土壤混拌，或10cm深处施药盖土，然后在上面种植。发芽后，防治蚜虫、甲虫等，用药量2.25～3.35kg/hm²，在离作物两侧面10～15cm的10cm深处施药，只适用于旱生种，如在种植时施了药的，可不再施药。

防治甜菜害虫　播种时或播种后1周内，防治线虫类，用药量4.5～5.5kg/hm²，10～15cm的带状施药后和土壤混拌，或10～15cm深处施药盖土，然后在施药的土壤中或在上面播种，亦可以在播种沟的单侧面4～8cm处的5～10cm深处施药。防治蚜虫类，用药量1.1～2.25kg/hm²，在播种沟下面2.5～8cm深处施药。防治叶蝉、潜叶蝇等，用药量2.25～3.25kg/hm²，用量在1kg以下时，可在播种沟中施药；防治蛆类，用药量1.7～2.25kg/hm²，在播种沟上每5～10cm间隔处施药后和土壤混拌或盖土。播种时和发芽后，防治线虫类，播种时10～15cm的带状施药后，和土壤混拌或盖土5～10cm厚，或离播种沟4～8cm处的5～10cm深处施药。发芽后施药时可在离作物5～10cm的单侧面8～15cm深处施药，施药时期为播种后的40～60天以内；生长发育期，防治蛆类，用药量1.1～2.25kg/hm²，在作物的两侧面施药后，和土壤混拌或盖土。

防治观赏植物害虫　①石竹、蔷薇、菊花、兰花、金鱼草等。防治蚜虫、蓟马、叶蝉、蜷类、粉虱及线虫类，用药量5.5～8.5kg/hm²，对生长中的植物，应在害虫发生时或发生前施药，对茎叶密度较大的植物，在根部周围施药。②杜鹃花、蕨类、山茶、常春藤、杜松、猩猩木、石楠等。防治螨类和线虫，用药量8.5～11.25kg/hm²，对生长中植物的叶边部下面均匀施药后，和土壤混拌，充分灌水。③橘子、松树、枞树、柊树、枫树等。防治螨类和线虫，用药量8.5～11.25kg/hm²，对生长中的植物，只能在新芽出芽后或虫害发生前施药。对大树，可在叶边下面施药盖土，或离开根部60cm处的8～15cm深处施药后，和土壤混拌盖土，并充分灌水，在2～3周后方能看到效果。④常绿树、落叶树、矮小树等。防治螨类和线虫，用药量8.5～11.25kg/hm²，在生长中的植物叶边下部均匀施药后和土壤混拌充分灌水。茎部木质化的植物，因药剂内吸需要一些时间，故药效出现迟，因此要注意施药的时间。

防治甘蔗害虫　种植时，防治线虫类，用药量2.25～3.35kg/hm²，在沟中插种苗，上面放后盖土15cm厚；或者用药量1.75～3.35kg/hm²，在30cm宽的垄沟中带状施药后，盖土20～25cm厚。施药后以施药地点为中心插种苗。

防治球根类植物害虫　防治螨类和线虫，用药量8.5～11.25kg/hm²，在播种中或全面施药后，和土壤混拌或在10cm深处施药后盖土。由于品种不同有时会出现药害，为避免产生药害，在施药时要注意球根和药剂要隔开或先施药再种植，但在施药后的1周内要种植。

注意事项　高毒，不能将涕灭威颗粒剂与水混合作喷射剂施用。亦不能使用可破碎颗粒剂的施药器械。使用时要穿长袖防护服和戴橡胶手套，取食物和吸烟前必须洗手和洗脸，工作完毕要用肥皂、清水洗澡，工作服要每天更换，并用强碱水、清水浸洗。此药中国只准在棉花和花生上使用，并限于地下水位低的地方，因涕灭威对棉花种子发芽产生药害，故不能拌种。应储存在清洁干燥和通风的场所，远离食物和饲料，勿让儿童靠近。中毒注射硫酸阿托品，治疗后，须洗净病人身体和剪除指甲等附着物。如中毒症状严重，有时要进行人工呼吸吸入氧气等。2-PAM对治疗涕灭威中毒无效，不能使用。

允许残留量　GB 2763—2021《食品中农药最大残留限量标准》规定涕灭威最大残留限量见表。ADI为0.003mg/kg。

部分食品中涕灭威的最大残留限量（GB 2763—2021）

食品类别	名称	最大残留限量（mg/kg）
油料和油脂	棉籽	0.10
	花生仁	0.02
	棉籽油	0.01
	花生油	0.01
蔬菜	芸薹属类蔬菜	0.03
	鳞茎类蔬菜	0.03
	叶菜类蔬菜	0.03
	茄果类蔬菜	0.03
	瓜类蔬菜	0.03
	豆类蔬菜	0.03
	茎类蔬菜	0.03
	根茎类和薯芋类蔬菜（甘薯、马铃薯、木薯、山药除外）	0.03
	马铃薯	0.10
	甘薯	0.10
	山药	0.10
	木薯	0.10
	水生类蔬菜	0.03
	芽菜类蔬菜	0.03
	其他类蔬菜	0.03
水果	柑橘类水果	0.02
	仁果类水果	0.02
	核果类水果	0.02
	浆果及其他小型水果	0.02
	热带和亚热带水果	0.02
	瓜果类水果	0.02

参考文献

朱永和, 王振荣, 李布青, 2006. 农药大典[M]. 北京: 中国三峡出版社.

（撰稿：李圣坤；审稿：吴剑）

天然产物发现与衍生 natural product discovery and derivation

从天然资源（包括中药或植物）中寻找有效成分，发现具有开发前景的新类型结构化合物作为先导化合物，经结构修饰和改造，寻找活性更高、结构更简单并且易于大量生产的、安全有效的候选化合物，再经过生物测试筛选判断这种化合物是否能作为新药上市，这是一条行之有效的创新农药研究途径。

在农药发展的早期阶段，天然产物在防治作物病虫草害方面起了重要作用。例如，现有的三大植物性杀虫剂（除虫菊、鱼藤和烟草）已经被使用了数百年，但由于早期天然产物的相关基础学科的发展相对较为缓慢，天然产物的开发利用较为缓慢。20 世纪，随着提取及分离分析科学和结构鉴定技术的发展，天然产物的研究开发进入了一个快速发展的阶段。现在，从动物、中草药和微生物体内分离、鉴定具有生物活性的物质，是获得先导化合物的重要手段。各种现代分离手段，如层析法（薄层层析、气相层析和高效液相层析等）、电泳、凝胶过滤等方法的采用和包括利用 X 射线的晶体学在内的仪器分析方法用于确定天然产物的化学结构、绝对构型和构象，使得分离鉴定天然产物结构的研究工作能够快速、准确地完成，微量复杂结构的成分也因使用先进的分离鉴定手段而得以成为有价值的先导化合物。

天然毒素、动物生长调节物质、植物生长调节物质、害虫行为控制剂，其他天然活性物质，如植物防卫素（phytoalexin）、异株克生物质（allelopathie chemical）都是寻找先导化合物的重要来源。

参考文献

刘长令, 2000. 用于植物保护的天然产物新农药研究开发文集[M]. 北京: 化学工业出版社: 64-68.

CROUSE G D, 1998. Pesticide Ieads from nature[J]. Chemtech, 28(11): 36-45.

LEE K H, 2004. Current developments in the discovery and design of new drug candidates from plant natural product leads[J]. Journal of natural products, 67(2): 73-83.

PACHLATKO J K, 1998. Natural products in crop protection[M]. Bern: CHIMIA.

PALMA L, MUNOZ D, BERRY C, et al, 2014. *Bacillus thuringiensis* toxins: an overview of their biocidal activity[J]. Primitivo toxins, 6(12): 3296-3325.

（撰稿：韩醴、邵旭升；审稿：李忠）

添加回收率 fortified recovery

在测定未知样品时，由于无法判断测定值与真实值的偏差程度，通常需要算出拟定方法的添加回收率及其偏差程度，以判断该方法是否可行。添加回收率是主要用于衡量定量分析方法准确度和可行性的指标。

通常在某空白样品中加入某物质已知浓度的量，经过样品方法制备和分析后，对比样品中测定浓度与已知添加浓度的比值，即为该方法的添加回收率。

比如，在空白黄瓜样品中加入吡虫啉已知浓度（C_1）后，经过样品制备和分析，测定黄瓜样品中吡虫啉的测定浓度为（C_2），测定浓度与添加浓度之间的比值 F 即为该方法的添加回收率（$F=\frac{C_2}{C_1}$），通常用百分比表示。

通常添加回收率以接近 100% 为最好，但由于方法步骤多，在进行样本提取、净化和测定过程中，往往不可避免存在损失和误差，因此，一般添加回收率在一定的范围即可。

对于分析目的不同，添加回收率要求水平不一样。对农药残留分析，通常添加回收率范围要求为 70%～110% 即可。同时，不同添加浓度，回收率要求也不一样。中国农药残留分析要求的标准具体见表。

不同添加浓度要求的回收率

添加浓度 C（mg/kg）	平均回收率（%）
$C>1$	70～110
$0.1<C\leqslant 1$	70～110
$0.01<C\leqslant 0.1$	70～110
$0.001<C\leqslant 0.01$	60～120
$C\leqslant 0.001$	50～120

但就农药常量分析而言，通常添加回收率为 95%～105%，有时特殊要求为 98%～102%。

参考文献

NY/T 788—2018 农作物中农药残留试验准则.

（撰稿：董丰收；审稿：郑永权）

田安 MAFA

一种有机砷杀菌剂。

其他名称 Arsonate、Heo-Asozin、Neo So sin Gin、JMAF。

化学名称 ammonium iron(3+)methylarsonate；ammonium iron methylarsonate；ammonium ferric methylarsonate；neo-asozin；甲基砷酸铁胺。

IUPAC 名称 ferric ammonium salt of methane arsenic acid。

CAS 登记号 35745-11-0；原为 87176-72-5。

T

分子式　$C_2H_{10}As_2FeNO_6$。

相对分子质量　349.79。

开发单位　日本组合化学工业公司推广。

理化性质　纯品为棕色粉末，工业品是棕红色水溶液，具有氨臭味。相对密度1.15～1.25。铁与砷原子比为2.5∶1，含亚砷酸钠0.6%以下。在酸性或碱性溶液中均会分解。对光、热稳定。

毒性　低毒杀菌剂。纯品大鼠急性经口LD_{50} 1000mg/kg，小鼠急性经口LD_{50} 707mg/kg。对皮肤及黏膜有刺激作用。

剂型　5%水剂。

作用方式及机理　田安是一种有机砷杀菌剂，主要用于防治水稻纹枯病，此外对葡萄炭疽病、白腐病、白粉病等都有良好的防效。砷酸盐类的砷原子对菌产生毒性试验证明，在经砷作用后的菌体内有丙酮的累积，使菌体发生变异，从而达到防治效果。

防治对象　水稻纹枯病。

使用方法

防治水稻纹枯病　在水稻拔节到孕穗前喷药1次，孕穗期间喷药1次，每次每亩用5%田安水剂150～250g（有效成分7.5～12.5g），兑水50～100kg喷雾；或每亩用5%田安水剂250～300g（有效成分12.5～15g），兑水300～400kg泼浇；亦可每亩用5%田安水剂500g（有效成分25g），兑水1kg，均匀喷洒在干细土上，充分拌匀，撒于稻茎根部。

防治桃炭疽病　用5%田安水剂500倍（有效浓度1×10^{-4}）喷雾。

防治葡萄炭疽病、白腐病、白粉病　用5%田安水剂500倍（有效浓度1×10^{-4}）喷雾。

参考文献

王振荣, 李布青, 1996. 农药商品大全[M]. 北京: 中国商业出版社: 536.

（撰稿：刘长令、杨吉春；审稿：刘西莉、张灿）

田间大区药效试验　large area field trial of pesticide

是在小区试验的基础上进行的，试验处理较少，目的是了解在与农业生产实际相近的情况下农药的使用效果、对作物的安全性、对环境以及非靶标生物的影响。

适用范围　验证田间小区药效试验结果，是新农药首次登记时药效评价的内容。

主要内容　通过调查药剂在不同环境、较大规模（面积）使用条件下对有害生物的防治效果，以及对作物安全性等方面的影响，为综合评价药剂用于农业生产中大规模防治时的使用剂量、使用方法、使用时期、注意事项等关键使用技术提供依据。试验区总面积不超过$10hm^2$。每个处理区面积根据作物种类及种植方式而定，原则上，大田作物不少于$1500m^2$；露地蔬菜、花卉等不少于$500m^2$；保护地蔬菜、花卉等不少于$150m^2$（或1个独立大棚）；果树不少于50株；林木、荒地、滩涂等不少于$2500m^2$。各处理之间设置隔离保护行。大区试验不设重复。

参考文献

黄国洋, 2000. 农药试验技术与评价方法[M]. 北京: 中国农业出版社.

GB/T 17980.44—2000 农药田间药效试验准则(一).

（撰稿：杨峻；审稿：陈杰）

田间小区药效试验　small plot field trial of pesticide

在田间小面积、规范化、标准化条件下进行的田间药效试验。主要是确定农药的作用范围，在不同土壤、气候等条件下对靶标生物的防治效果、最佳使用剂量（浓度）、最适的使用时间和施药技术，以及药剂对作物及非靶标有益生物的影响。

适用范围　在实验室、温室试验以及田间初步筛选试验基础上进行的小面积标准化试验，是登记药效评价的主要依据。

主要内容　小区面积在保证有代表性的前提下尽量缩小，具体试验的小区面积可由试验目的、作物品种以及试验地条件的差异决定，一般为15～$50m^2$，果树不少于2株。小区试验处理由试验目的而定，每个处理设3～5次重复，设空白对照，设常用登记药剂对照。在田间试验条件下，通过将试验小区设计随机区组排列，采用符合当地良好农业规范的施药方式和施药时间进行药剂处理，调查比较药剂处理区和空白对照区病、虫、草、鼠等有害生物施药前后数量变化情况，计算不同剂量处理的实际防治效果，并通过生物统计方法进行差异显著性分析；同时观察记录药剂处理对作物、其他病虫草害或非靶标生物的影响。综合各地田间小区药效试验结果，推荐药剂的防治适期、使用剂量、施药方法等关键应用技术。

参考文献

黄国洋, 2000. 农药试验技术与评价方法[M]. 北京: 中国农业出版社.

GB/T 17980.44—2000. 农药田间药效试验准则(一).

（撰稿：杨峻；审稿：陈杰）

田间药效试验设计　design of field experiment

田间药效试验设计的主要目的是减少试验误差，提高试验精确度，使研究人员能从试验结果中获得正确的观测值，对试验误差进行正确的估计。田间药效试验设计的基本原则是重复、随机、局部控制。一个好的试验设计，必须根据设置重复、随机排列、局部控制这3个基本原则合理周密地做出安排。只有这样，才能在试验中得到最小的试验误差。

适用范围　适用于田间药效试验。

主要内容

常用的田间试验小区设计　随机区组设计（randomized blocks design），又名完全随机区组设计（random complete block design)。在田间布置时，一般采用方形区组和狭长形小区以提高试验精确度，一般区组长边与肥力变异方向垂直，小区长边与肥力变异方向平行。若处理数较多，为避免第一小区与最末小区距离过远，也可将小区排成两行。

小区面积　可以从以下各方面考虑确定一个具体试验的小区面积：试验种类，作物的类别，试验地土壤差异的程度与形式，试验地面积，试验过程中的取样需要，边际效应和生长竞争。小区面积还应根据靶标发生情况，适当扩大或缩小。

小区重复次数　小区面积较小的试验，通常以3~6次重复为宜；小区面积较大的试验，一般可重复3~4次；一般生产性示范试验，2次重复即可。

对照区（check，CK）的设置　对照应当是当地推广的品种、产品或最为广泛应用的技术措施。设置对照的目的在于对各处理进行观察比较时作为衡量处理优劣的标准；用以矫正试验导致的系统性误差。

保护行（guarding row）　保护行的数目视作物而定，如禾谷类作物一般至少设4行以上的保护行，小区之间一般连接种植，不设保护行；重复之间不必设置保护行。

通常情况下要求试验药剂设3个剂量，同时设对照药剂。

参考文献

顾宝根，2007. FAO农药登记药效评审准则简介[J]. 农药科学与管理，25(1): 35-40.

（撰稿：王晓军；审稿：陈杰）

田乐磷　demephion

一种内吸性有机磷杀虫剂。

其他名称　Tinox、Atlasetox、Cymetox、Pyyacide、甲基硫吸磷。

化学名称　*O,O*-二甲基-*O*-[2-(甲硫基)乙基]硫逐(硫赶)磷酸酯；*O, O*-dimethyl *O*-2-methylthioethyl phosphorothioate and *O,O*-dimethyl *S*-2-methylthioethyl phosphorothioate。

IUPAC名称　reaction mixture of *O,O*-dimethyl *O*-[2-(methylsulfanyl)ethyl] phosphorothioate and *O,O*-dimethyl *S*-[2-(methylsulfanyl)ethyl] phosphorothioate。

CAS登记号　682-80-4（Ⅰ）；2587-90-8（Ⅱ）；8065-62-1（Ⅰ+Ⅱ）。

EC号　211-666-9。

分子式　$C_5H_{13}O_3PS_2$。

相对分子质量　216.26。

结构式

Ⅰ硫逐异构体　　Ⅱ硫赶异构体

开发单位　1963年德国Wolfen公司合成。生产厂家美国氰胺公司（已停产）。

毒性　硫逐异构体对大鼠的急性经口LD_{50} 50mg/kg；硫赶异构体对大鼠的急性经口LD_{50} 40mg/kg。

剂型　50%乳剂。

作用方式及机理　内吸性杀虫剂。

防治对象　对果树、啤酒花上蚜螨、叶蜂有效。

参考文献

王振荣，李布青，1996. 农药商品大全[M]. 北京：中国商业出版社.

（撰稿：王鸣华；审稿：薛伟）

甜菜安　desmedipham

一种氨基甲酸甲酯类选择性除草剂。

其他名称　甜草灵、甜菜胺。

化学名称　3-苯基氨基甲酰氧基苯基氨基甲酸乙酯；ethyl[3-[[(phenylamino)carbonyl]oxy]phenyl]carbamate。

IUPAC名称　ethyl 3-phenylcarbamoyloxyphenylcarbamate；ethyl 3′-phenylcarbamoyloxycarbanilate；3-ethoxycarbonyla。

CAS登记号　13684-56-5。

EC号　237-198-5。

分子式　$C_{16}H_{16}N_2O_4$。

相对分子质量　300.31。

结构式

开发单位　安万特公司。

理化性质　白色结晶。相对密度0.536（倾注）。熔点120℃。蒸气压4×10^{-8}Pa（25℃）。20℃水中溶解度7mg/L（pH7）；有机溶剂中溶解度（20℃，g/L）：丙酮400、甲醇180、乙酸乙酯149、氯仿80、二氯乙烷17.8、苯1.6、甲苯1.2、己烷0.5。

毒性　低毒。急性经口LD_{50}：大鼠10 250mg/kg，小鼠>5000mg/kg，兔急性经皮LD_{50}>4000mg/kg。大鼠急性吸入LC_{50}（4小时）>7.4mg/L。对兔眼睛有轻度刺激性，对皮肤无刺激性。饲喂试验NOEL（mg/kg饲料）：大鼠（2年）60，小鼠（2年）1250，狗（1年）300。在2代繁殖试验中NOEL为50mg/kg。在试验剂量内无致畸、致突变、致癌作用。对鱼中等毒性，鱼类LC_{50}（96小时）：虹鳟1.7mg/L，翻车鱼3.2mg/L。对蜜蜂、鸟、土壤微生物低毒，蜜蜂急性接触LD_{50}>100μg/只，经口LD_{50}>50μg/只。对野鸭急性经口LD_{50}>5000mg/kg，对野鸭和山齿鹑饲喂LC_{50}（8天）>5000mg/kg饲料。蚯蚓LC_{50}（14天）466.5mg/kg土壤。

剂型　16%乳油。

质量标准　甜菜安原药（Q/ZDC 036—2020）。

作用方式及机理　杂草的茎叶吸收药剂后在体内传导，破坏光合作用，杀死杂草。甜菜能把进入体内的药剂水解成无活性物质，故对甜菜高度安全。

防治对象 繁缕、荠菜、芥菜、荞麦蔓、野芝麻、野萝卜、牛舌草、鼬瓣花、牛藤菊等。

使用方法 用于甜菜地除草。在甜菜生育期内、杂草2～4叶期，每亩用160g/L乳油370～400ml（有效成分59.2～64g），加水30L茎叶喷雾。

注意事项 ①当天气条件不好、干旱、杂草出土不齐时，应采用低剂量分次施药，例如，每亩用200ml，每7～10天喷1次，连喷2～3次。②应避免在蜜源作物附近与水源附近施用该药剂，以免对蜜蜂与水生生物产生影响。

允许残留量 GB 2763—2021《食品中农药最大残留限量标准》规定甜菜安在甜菜中的最大残留限量为0.1mg/kg。ADI为0.04mg/kg。

参考文献

刘长令, 2002. 世界农药大全: 除草剂卷[M]. 北京: 化学工业出版社.

马克比恩 C, 2015. 农药手册[M]. 胡笑形, 等译. 北京: 化学工业出版社.

中国农业百科全书总编辑委员会农药卷编辑委员会, 中国农业百科全书编辑部, 1993. 中国农业百科全书: 农药卷[M]. 北京: 农业出版社.

SHANER D L, 2014. Herbicide handbook[M]. 10th ed. Lawrence, KS: Weed Science Society of America.

（撰稿：李香菊；审稿：耿贺利）

甜菜宁 phenmedipham

一种氨基甲酸甲酯类选择性除草剂。

其他名称 凯米丰、凯米双、甜安宁。

化学名称 3-(3-甲苯基氨基甲酰氧基)苯基氨基甲酸甲酯; 3-[(methoxycarbonyl)amino]phenyl(3-methylphenyl)carbamate。

IUPAC名称 methyl 3-(3-methylcarbaniloyloxy)carbanilate; 3-methoxycarbonylaminophenyl 3′-methylcarbanilate。

CAS登记号 13684-63-4。

EC号 237-199-0。

分子式 $C_{16}H_{16}N_2O_4$。

相对分子质量 300.31。

结构式

H N O O H N O O O

开发单位 安万特公司。

理化性质 白色结晶。相对密度0.34～0.54（20℃）。熔点143～144℃。蒸气压1.33×10^{-9}Pa（25℃）。20℃水中溶解度6mg/L；有机溶剂中溶解度（20℃，g/L）：丙酮、环己酮约200，乙酸乙酯56.3，甲醇50，氯仿20，二氯甲烷16.7，甲苯0.97，己烷0.5。常温下储存可达数年。

毒性 低毒。大鼠和小鼠急性经口LD_{50} > 8000mg/kg。大鼠急性经皮LD_{50} > 4000mg/kg。大鼠急性吸入无影响浓度为1mg/L。对眼睛和皮肤有轻度刺激性。2年饲喂试验NOEL［mg/（kg·d）］：大鼠5～10、狗25～35。在试验剂量内无致畸、致突变、致癌作用。大鼠3代繁殖试验NOEL为25mg/（kg·d）。迟发性神经毒性试验未见异常。对鱼中等毒性，鱼类LC_{50}（96小时，mg/L）：虹鳟1.4～3、翻车鱼3.98。对海藻高毒，LC_{50} 241μg/L。对鸟类低毒，急性经口LD_{50}（mg/kg）：鹌鹑2900、野鸭2100、鸡 > 3000。野鸭和山齿鹑饲喂LC_{50}（8天）> 10 000mg/kg饲料。蚯蚓LC_{50} 447.6mg/kg土壤。

剂型 主要有160g/L、16%、21%乳油，可与甜菜安、乙氧呋草黄等复配。

质量标准 甜菜宁原药企业标准（Q/ZDC 065—2016）。

作用方式及机理 杂草通过茎叶吸收，传导到各部分，其主要作用是阻止合成三磷酸腺苷和还原型烟酰胺腺嘌呤磷酸二苷之前的希尔反应中的电子传递，破坏光合作用，杀死杂草。甜菜能把进入体内的药剂水解成无活性物质，故对甜菜高度安全。

防治对象 繁缕、荠菜、芥菜、荞麦蔓、野芝麻、野萝卜、牛舌草、鼬瓣花、牛藤菊等。

使用方法 用于甜菜地除草。在甜菜生育期内、杂草2～4叶期，亩用160g/L甜菜宁乳油370～400ml（有效成分59.2～64g），加水30L茎叶喷雾。

注意事项 ①当天气条件不好、干旱、杂草出土不齐时，应采用低剂量分次施药。②应避免在蜜源作物附近与水源附近施用该药剂，以免对蜜蜂与水生生物产生影响。

允许残留量 GB 2763—2021《食品中农药最大残留限量标准》规定甜菜宁在甜菜中的最大残留限量为0.1mg/kg。ADI为0.04mg/kg。

参考文献

刘长令, 2002. 世界农药大全: 除草剂卷[M]. 北京: 化学工业出版社.

马克比恩 C, 2015. 农药手册[M]. 胡笑形, 等译. 北京: 化学工业出版社.

中国农业百科全书总编辑委员会农药卷编辑委员会, 中国农业百科全书编辑部, 1993. 中国农业百科全书: 农药卷[M]. 北京: 农业出版社.

SHANER D L, 2014. Herbicide handbook[M]. 10th ed. Lawrence, KS: Weed Science Society of America.

（撰稿：李香菊；审稿：耿贺利）

甜菜夜蛾性信息素 sex pheromone of *Spodoptera exigua*

适用于蔬菜田的昆虫性信息素。最初从未交配甜菜夜蛾（*Spodoptera exigua*）雌虫中提取分离，主要成分为（9*Z*,12*E*）-9,12-十四碳二烯-1-醇乙酸酯与（*Z*）-9-十四碳烯-1-醇，二者的实际使用比例可以为7∶3。

其他名称 Yotoh-con-S（日本）［混剂，（9*Z*,12*E*）-9,12-十四碳二烯-1-醇乙酸酯+（*Z*）-9-十四碳烯-1-醇］（Shin-Etsu)、Checkmate BAW-F(喷雾制剂)[混剂,(9Z,12E)-9,12-十四碳二烯-1-醇乙酸酯:(Z)-11-十六碳烯-1-醇乙酸酯(9:1)](Suterra)、Isomate-BAW、Hercon Disrupt BAW、No-Mate-BAW。

化学名称 (9Z,12E)-9,12-十四碳二烯-1-醇乙酸酯;(9Z,12E)-9,12-tetradecadien-1-ol acetate;(Z)-9-十四碳烯-1-醇;(Z)-9-tetradecen-1-ol。

IUPAC名称 (9Z,12E)- tetradeca-9,12-dien-1-yl acetate;(Z)-tetradeca-9-en-1-ol。

CAS登记号 30507-70-1(酯);35153-15-2(醇)。

分子式 $C_{16}H_{28}O_2$(酯);$C_{14}H_{28}O$(醇)。

相对分子质量 252.39(酯);212.37(醇)。

结构式

(Z)-9-十四碳烯-1-醇

(9Z,12E)-9,12-十四碳烯-1-醇乙酸酯

生产单位 由Suterra、Shin-Etsu等公司生产。

理化性质 无色或浅黄色液体,有温和的脂肪、水果气味。沸点192~194℃(266.64Pa)(酯);128~130℃(40Pa)(醇)。相对密度0.88~0.9(25℃)(酯),0.87(20℃)(醇)。在水中溶解度0.09mg/L(酯);溶于正己烷、环己烷、苯、甲苯、二氯甲烷、乙醇、氯仿、丙酮等有机溶剂。

毒性 急性经口LD_{50}:大鼠>5000mg/kg(酯),小鼠>5000mg/kg(酯)。

剂型 微胶囊悬浮剂,缓释剂,管剂。

作用方式 主要用于干扰甜菜夜蛾的交配,诱捕甜菜夜蛾。

防治对象 适用于蔬菜,如辣椒、洋葱等,防治甜菜夜蛾。

使用方法 在蔬菜田内,将甜菜夜蛾性信息素缓释剂固定于植物或木棍上,使性信息素扩散到空气中。每公顷使用的诱芯数目与释放速度有关。

与其他药剂的混用 可以与化学杀虫剂联合使用。

参考文献

马克比恩C, 2015. 农药手册[M]. 胡笑形, 等译. 北京: 化学工业出版社.

吴文君, 高希武, 张帅, 2017. 生物农药科学使用指南[M]. 北京: 化学工业出版社.

(撰稿:钟江春;审稿:张钟宁)

调呋酸 dikegulac

一种糖类植物生长调节剂,能打破植物顶端优势,促进侧枝生长,生产上常以钠盐形式用作生长抑制剂,减少修剪次数,可用于果树和花卉。

其他名称 DK钠盐、敌草克钠、古罗酮糖、diprogulic acid。

化学名称 2,3:4,6-二-O-异亚丙基-α-L-2-己酮呋喃糖酸;2,3:4,6-bid-O-idopropylidene-α-L-xyl0-2-hexu lofuranosonic acid。

IUPAC名称 (1R,2S,6R,8S)-4,4,11,11-tetramethyl-3,5,7,10,12-pentaoxatricyclo [6.4.0.0^{2,6}]dodecane-6-carboxylic acid。

CAS登记号 18467-77-1。

EC号 242-348-8。

分子式 $C_{12}H_{18}O_7$。

相对分子质量 274.27。

结构式

开发单位 瑞士马戈公司开发。

理化性质 白色或灰白色无味粉末。熔点74℃。沸点375℃。闪点>100℃。密度1.281g/cm^3。蒸气压(25℃)4×10^3MPa。溶解度(g/L,25℃):乙醇、丙酮>200,二氯甲烷100~200,甲苯2~5,正己烷0.1~1。在有氧土壤中DT_{50}为15天。

毒性 哺乳动物急性经口LD_{50}>19 000mg/kg;鸟类急性经口LD_{50}>50 000mg/kg;鱼类LC_{50}(96小时)>5000mg/L;水生无脊椎动物EC_{50}(48小时)>10 000mg/L;水生植物急性生物量毒性EC_{50}为9.6mg/L;藻类72小时急性生长毒性EC_{50}为60mg/L;蜜蜂接触LD_{50}>81μg/只。

作用机理 是内吸性植物生长调节剂,能被植物吸收并运输到植物茎端,从而打破顶端优势,促进侧枝的生长。其主要作用是抑制生长素、赤霉酸和细胞分裂素的活性,诱导乙烯的生物合成。

使用对象 杜鹃花、柑橘、松、柏、秋海棠、矮牵牛、马鞭草、夹竹桃等。

使用方法 用4000~5000mg/L的调呋酸叶面喷洒常绿杜鹃花和矮生杜鹃花,可使它们在整个生长季节茎的伸长缓慢,一般在春季修剪后2~5天处理,需将药液喷湿全株,可促使侧枝多发,株型紧凑。

允许残留量 中国无残留限量规定。

参考文献

毛景英, 闫振领, 2005. 植物生长调节剂调控原理与实用技术[M]. 北京: 中国农业出版社.

孙家隆, 2015. 新编农药品种手册[M]. 北京: 化学工业出版社: 912.

BOCION P F, DE SILVA W H, 1977. Some effects of dikegulac on the physiology of whole plants and tissues; interactions with plant hormones[C]//Plant growth regulation. Springer, Berlin, Heidelberg: 189-198.

(撰稿:谭伟明;审稿:杜明伟)

调果酸 cloprop

一种芳氧基链烷酸类植物生长调节剂，可用于水果果实增大，推迟果实成熟。

其他名称 Fruitone、菠萝灵、坐果安、间氯苯氧异丙酸。

化学名称 2-(3-氯苯氧基)丙酸。

IUPAC名称 2-(3-chlorophenoxy)propionic acid。

CAS登记号 101-10-0。

EC号 202-915-2。

分子式 $C_9H_9ClO_3$。

相对分子质量 200.62。

结构式

Cl O O OH

开发单位 由阿姆化学产品公司开发的芳氧基链烷酸类植物生长调节剂。

理化性质 原药略带酚气味。熔点114℃。纯品为无色无嗅结晶粉末，熔点117.5~118.1℃。在室温下无挥发性。溶解度（g/L）：在22℃条件下，水1.2、丙酮790.9、二甲基亚砜2685、乙醇710.8、甲醇716.5、异辛醇247.3；在24℃条件下，苯24.2、甲苯17.6、氯苯17.1；在24.5℃条件下，二甘醇390.6、二甲基甲酰胺2354.5、二噁烷789.2。该品相当稳定。

毒性 大鼠急性经口LD_{50}（mg/kg）：雄3360，雌2140。兔急性经皮LD_{50} > 2000mg/kg。对兔眼睛有刺激性，对皮肤无刺激性。大鼠于1小时内吸入200mg/L空气无中毒现象。NOEL：大鼠（2年）8000mg/kg饲料，小鼠（1.88年）6000mg/kg饲料，无致突变作用。绿头鸭和山齿鹑饲喂试验LC_{50}（8天）> 5620mg/kg饲料。鱼类LC_{50}（96小时，mg/L）：虹鳟约21、蓝鳃翻车鱼约118。

剂型 可溶液剂。

质量标准 7.5%可溶液剂。

作用方式及机理 增大凤梨果实。调果酸为芳氧基链烷酸类植物生长调节剂，通过植物叶片吸收且不易向其他部位传导。

使用对象 凤梨等果树。

使用方法 以有效成分240~700g/hm² 剂量使用，通过抑制顶端生长，不仅可增加菠萝植株和根蘖果实大小与重量，而且可以推迟果实成熟。还可用于某些李属的疏果。

注意事项 按照推荐浓度施用，无药害。

与其他药剂的混用 无相关报道。

允许残留量 中国尚未制定最大残留限量值。

参考文献

黄何何，张缙，徐敦明，等，2014. QuEChERS-高效液相色谱-串联质谱法同时测定水果中21种植物生长调节剂的残留量[J]. 色谱，32(7): 707-716.

黄何何，2014. 水果中植物生长调节剂残留检测及其筛查技术研究[D]. 福州：福建农林大学.

林海丹，谢守新，王岚，等，2015. 超高效液相色谱串联质谱法测定果蔬中13种植物生长调节剂残留量[J]. 广东农业科学，42(9): 82-87.

孙家隆，2015. 新编农药品种手册[M]. 北京：化学工业出版社：913.

（撰稿：谭伟明；审稿：杜明伟）

调环酸钙 prohexadione calcium

一种抑制赤霉素生物合成的植物生长调节生长剂，通过降低赤霉素的含量进而控制作物旺长。

其他名称 Viviful、调环酸、环己酮酸钙、调环酸钙盐、3,5-二氧代-4-丙酰基环己烷羧酸钙盐。

化学名称 3,5-二氧代-4-丙酰基环己烷羧酸钙。

IUPAC名称 calcium 3-oxido-5-oxo-4-propionylcyclohex-3-enecarboxylate。

CAS登记号 127277-53-6。

分子式 $C_{10}H_{10}CaO_5$。

相对分子质量 250.26。

结构式

O^- O O Ca^{++} H_3C O^- O

开发单位 1994年由日本组合化学工业公司开发。湖北移栽灵农业科技股份公司、郑州郑氏化工产品有限公司生产。

理化性质 为85%原药，其钙盐为无味白色粉末。熔点 > 360℃。蒸气压1.33×10^{-2}mPa（20℃）。K_{ow}lg$P$ −2.9。Henry常数1.92×10^{-5}Pa·m³/mol。相对密度1.46。溶解度（20℃，mg/L）：水174、甲醇1.11、丙酮0.038。稳定性：其在水溶液中稳定。DT_{50}（20℃）：5天（pH 5），83天（pH 9）。200℃以下稳定，水溶液光照DT_{50} 4天。pK_a5.15。

毒性 大、小鼠急性经口LD_{50} > 5000mg/kg。大鼠急性经皮LD_{50} > 2000mg/kg。对兔皮肤无刺激性，对兔眼睛有轻微刺激性。大鼠急性吸入LC_{50}（4小时）> 4.21mg/L。NOEL［2年，mg/（kg·d）］：雄大鼠93.9，雌大鼠114，雄小鼠279，雌小鼠351；雄或雌狗（1年）80mg/（kg·d）。对大鼠和兔无致突变和致畸作用。野鸭和小齿鹑急性经口LD_{50} > 2000mg/kg，野鸭和小齿鹑饲养LC_{50}（5天）> 5200mg/kg饲料。鱼类LC_{50}（96小时，mg/L）：虹鳟和大翻车鱼 > 100，鲤鱼 > 150。水蚤LC_{50}（48小时）> 150mg/L。海藻EC_{50}（120小时）> 100mg/L。蜜蜂LD_{50}（经口和接触）> 100μg/只。蚯蚓LC_{50}（14天）> 1000mg/kg土壤。

剂型 90%原药，25%可湿性粉剂。

作用方式及机理 是赤霉素生物合成抑制剂，能降低赤霉素的含量，控制作物旺长。

使用对象 主要用于禾谷类作物，如小麦、大麦、水稻抗倒伏以及花生、花卉、草坪等控制旺长。使用剂量为75～400g/hm^2。

参考文献

李玲, 肖浪涛, 谭伟明, 2018. 现代植物生长调节剂技术手册[M]. 北京: 化学工业出版社:54.

毛景英, 闫振领, 2005. 植物生长调节剂调控原理与实用技术[M]. 北京: 中国农业出版社.

（撰稿：黄官民；审稿：谭伟明）

萜品二醋酸酯 terpin diacetate

一种除虫菊素的增效剂。

化学名称 对-蓝烷-1,2-二乙酸酯。

IUPAC名称 *p*-menthane-1,2-diol diacetate。

CAS登记号 20009-20-5。

EC号 243-464-1。

分子式 $C_{14}H_{25}O_4$。

相对分子质量 256.35。

结构式

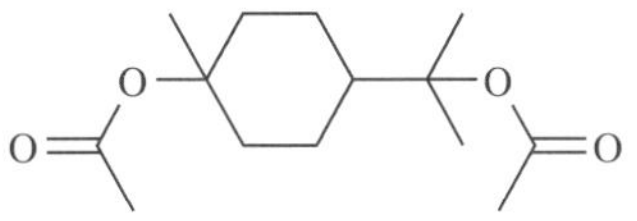

开发单位 1945年美国R. L. Pierpont提出该品与除虫菊素合用，对家蝇有良好的增效。

理化性质 无色结晶固体。熔点48～50℃。相对密度1.0219。沸点99℃（1.07×10^{2}Pa）。折射率1.4498。皂化当量为135。

毒性 对哺乳动物低毒。

剂型 含除虫菊素100mg的100ml脱臭煤油中，加入2.5%和5%萜品二醋酸酯对家蝇的增效作用，随所用的增效剂剂量成正比例增加，且比加入10%萜品二醋酸酯的效果要好。

作用方式及机理 除虫菊素可使纤维素受到损伤，并致组织分离；而含有该品和丁氧硫氰醚（Lethane 384）的杀虫剂商品，可使纤维的组成成分全部受到损伤。该品可使家蝇脑的非纤维性细胞组成部分进行溶胞作用。该品在除虫菊制剂中，对家蝇的击倒和杀死，均表现有增效活性。

注意事项 该品与除虫菊素的混合制剂勿储存于玻璃瓶中，免受日光或光的照射；勿受高温，勿近火源。制剂对人畜安全，使用时不需采用防护措施。

参考文献

朱永和, 王振荣, 李布青, 2016 农药大典 [M]. 北京: 中国三峡出版社.

（撰稿：徐琪、侯晴晴；审稿：邵旭升）

烃菊酯 MTT-800

一种非酯类拟除虫菊酯杀虫剂。

化学名称 2-甲基-2-(4-乙氧基苯基)-5-(4-氟-3-苯氧基苯基)戊烷。

IUPAC名称 2-methyl-2-(4-ethoxyphenyl)-5-(4-fluoro-3-phenoxyphenyl)pentane。

CAS登记号 89764-44-3。

分子式 $C_{26}H_{29}FO_2$。

相对分子质量 392.49。

结构式

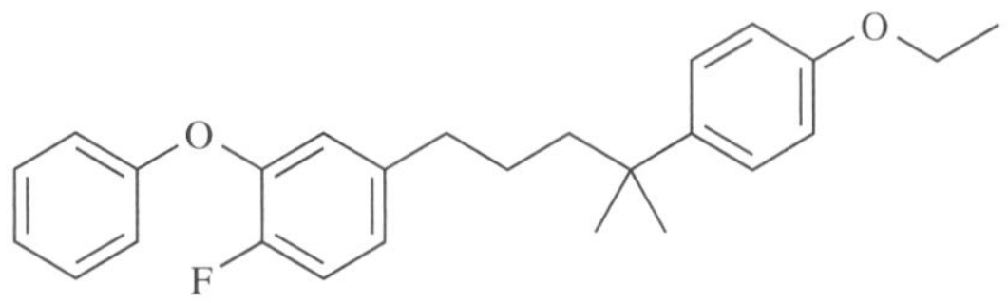

开发单位 1983年日本三井东亚化学公司研制开发。

理化性质 淡黄色黏稠液体。不溶于水，能溶于多种有机溶剂。对光和热稳定，在碱性介质中亦稳定。

毒性 对鲤鱼LC_{50} 5mg/L。

作用方式及机理 该品高效，杀虫活性比醚菊酯高得多，害虫对它产生抗性的周期也长（抗性周期约是溴氰菊酯的3～5倍）。且比所有拟除虫菊酯的稳定性都好，耐酸和碱的能力强，但其对鱼类毒性比醚菊酯大。

防治对象 斜纹夜蛾、小菜蛾、稻褐飞虱等。

注意事项 储藏于通风凉爽场所。该品低毒，采取一般防护。

参考文献

王振荣, 李布青, 1996. 农药商品大全[M]. 北京: 中国商业出版社: 147-148.

朱永和, 王振荣, 李布青, 2006. 农药大典[M]. 北京: 中国三峡出版社: 151-152.

（撰稿：陈洋；审稿：吴剑）

土耳其蛾性信息素 sex pheromone of Turkey moth

从土耳其蛾虫体中提取分离的一种昆虫性信息素。主要成分为（Z）-7-十二碳烯-1-醇乙酸酯。

其他名称 FERSEX CCh（SEDQ）、Z7-12Ac。

化学名称 (*Z*)-7-十二碳烯-1-醇乙酸酯；(*Z*)-7-dodecen-1-ol acetate。

IUPAC名称 (*Z*)-dodeca-7-en-1-yl acetate。

CAS登记号 14959-86-5。

EC号 236-031-1。

分子式 $C_{14}H_{26}O_2$。

相对分子质量 226.36。

结构式

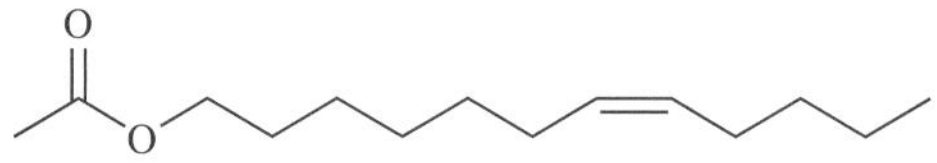

生产单位　由 SEDQ 公司生产。

理化性质　无色或淡黄色液体，有特殊气味。沸点 96～98℃（26.66Pa）。相对密度 0.88（20℃，预测值）。难溶于水，溶于正庚烷、乙醇、苯等有机溶剂。

作用方式　主要用于引诱土耳其蛾。

防治对象　主要用于防治土耳其蛾。

与其他药剂的混用　可以与（Z）-9- 十四碳烯 -1- 醇乙酸酯组合，用于防治秋季夜蛾（草地夜蛾）。

参考文献

马克比恩 C, 2015. 农药手册[M]. 胡笑形, 等译. 北京: 化学工业出版社.

（撰稿：钟江春；审稿：张钟宁）

土菌灵　etridiazole

一种具有保护和治疗作用的噻二唑类杀菌剂。

其他名称　Terrazole、echlomezol、ethazol、ethazole。

化学名称　5-乙氧基-3-三氯甲基-1,2,4-噻二唑；ethyl 3-trichloromethyl-1,2,4-thiadiazole-5-yl ether。

IUPAC名称　ethyl 3-trichloromethyl-1,2,4-thiadiazol-5-yl ether。

CAS 登记号　2593-15-9。

EC 号　219-991-8。

分子式　$C_5H_5Cl_3N_2OS$。

相对分子质量　247.53。

结构式

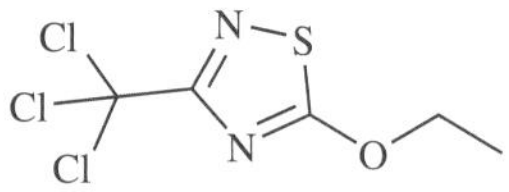

开发单位　尤尼鲁化学公司。

理化性质　原药为暗红色液体。纯品呈淡黄色液体，具有微弱的持续性臭味。熔点 22℃。沸点 113℃（533.28Pa）。蒸气压 1430mPa（25℃）。相对密度 1.497（20～25℃）。$K_{ow}\lg P$ 3.37。Henry 常数 $3.03\times10^{-4}Pa\cdot m^3/mol$。溶解度：水 117mg/L（25℃）；溶于乙醇、甲醇、芳烃、乙腈、正己烷。稳定性：在 55℃下稳定 14 天，在日光、20℃下，连续暴露 7 天，分解 5.5%～7.5%。水解 DT_{50} 12 天（pH6，45℃）、98 天（pH6，25℃）。pK_a2.77，呈弱碱性。闪点 66℃。

毒性　大鼠急性经口 LD_{50}：雄性 1141mg/kg，雌性 945mg/kg。兔急性经皮 LD_{50} > 5000mg/kg。对兔皮肤无刺激，对兔眼睛无刺激。大鼠急性吸入 LC_{50} > 5.7mg/L。饲喂试验 NOEL：雄狗 3.1mg/（kg·d），雌狗 4.3mg/（kg·d）。ADI 为 0.025mg/kg。山齿鹑急性经口 LD_{50} 560mg/kg。饲喂 LC_{50}（8 天）：山齿鹑 > 5000mg/kg 饲料，野鸭 1650mg/kg 饲料。鱼类 LC_{50}（216 小时）：虹鳟 1.21mg/L，蓝鳃翻车鱼 3.27mg/L。水蚤 LC_{50}（48 小时）4.9mg/L。

剂型　30%、35% 可湿性粉剂，25%、40%、44% 乳油，4% 粉剂。

作用方式及机理　具有保护和治疗作用的触杀性杀菌剂。

防治对象　防治镰孢属、丝核菌属真菌以及疫霉属、腐霉属卵菌引起的病害。

使用方法　主要用作种子处理，使用剂量为有效成分 18～36g/100kg 种子，也可土壤处理，使用剂量为有效成分 168～445g/hm²。

与其他药剂的混用　混剂如该品 + 甲基硫菌灵、该品 + 涕灭威 + 五氯硝基苯、该品 + 五氯硝基苯。若与五氯硝基苯混用可扩大杀菌谱。

参考文献

刘长令, 2006. 世界农药大全: 杀菌剂卷[M]. 北京: 化学工业出版社.

TURNER J A, 2015. The pesticide manual: a world compendium[M]. 17th ed. UK: BCPC.

（撰稿：庞智黎；审稿：刘西莉、薛昭霖）

土壤浇灌法　soil drench test

一种兼具触杀和内吸活性测定的方法。用药剂处理土壤，根据活体植株的被侵染情况判断药剂毒力大小。

适用范围　适用于植物病原线虫的活性测试，如南方根结线虫、大豆胞囊线虫等。

主要内容　采用离心漂浮分离法或贝曼浅盘法分离、收集线虫，在解剖镜和显微镜下鉴定。如不含线虫，则可用于寄主植物的培养。受试植物种植在小钵内，待幼苗长至 3～5cm 高，用配制好的药液淋土，第二天接种二龄幼虫，每小钵约 500 头。待空白对照根部感病症状明显（约 20 天）后进行调查。目测感病程度或根据感病指数进行计算，确定药效。

参考文献

粟寒, 刁亚梅, 李捷, 等, 2000. 杀线虫剂生物活性测定方法[J]. 浙江化工(31): 85-89.

万树青, 1994. 杀线虫剂生物活性测定[J]. 农药 (5): 10-11.

DAWESV K G, LAIRD I, KERRY B, 1991. The motility development and infection of *Meloidogyne incognita* encumbered with spores of the obligate hyperparasite *Pasteuria penetrans*[J]. Revue Nématol, 14(4). 611-618.

（撰稿：袁静；审稿：陈杰）

土壤杀菌剂生物测定法　soil fungicide bioassay

测定土壤处理剂对土传病害病原菌生物活性的试验方法。土传病害是当前农业生产中的一类重要病害，如玉米丝黑穗病、小麦纹枯病、棉花枯萎病、瓜果腐霉病和辣椒疫病等。

T

引起这类病害的病原菌主要存活在土壤中，生产中通常会采用熏蒸、灌根、沟施等办法施用药剂，尽可能使药剂和病原菌直接接触，以达到杀菌防病的作用。对于该类药剂的生物活性测定应根据其实际使用特点选择适宜的方法进行试验。

适用范围　适用于土壤灭菌、消毒的杀菌剂品种。

主要内容

寄主植物和病原物　杀菌剂温室效力试验选择的病原菌必须具有强致病力，并选择感病寄主植物；供试种子应饱满、无病，建议播种之前经过表面消毒，防止种子携带病原菌对试验的干扰。

病原菌培养和供试土壤处理　土壤处理杀菌剂效力试验的接菌一般采用菌土来进行，即将病原菌活化后接种在经过灭菌处理的玉米砂培养基（或者是适合病原菌生长的植物组织，要求该组织容易粉碎以利于土壤接种）中培养10～14天，取出后尽量在无菌的条件下晾干，将其与灭菌的农田土壤按照一定的比例混合后制成菌土。对于一些难以离体培养的病原菌（如玉米丝黑穗病菌），可以直接将病组织（冬孢子）与消毒后的细砂混合均匀直接制成菌土。将菌土和经过160℃灭菌6小时的田间自然土壤按照一定的比例混合均匀后，作为已接菌的土壤进行试验。

施药处理　根据药剂的性质采用下面相应的方法进行施药处理。①喷淋或浇灌法。将药剂用清水稀释成一定浓度，用喷雾器喷淋于土壤表层或直接灌溉到土壤中，使药液渗入土壤深层，杀死土中病原菌。常用消毒剂有多菌灵、土菌消等。②毒土混入法。先将药剂配成毒土，然后施用。毒土的配制方法是将杀菌剂（乳油、可湿性粉剂）与具有一定湿度的细土按比例混匀制成。毒土的施用方法有沟施、穴施和撒施。③熏蒸法。利用土壤注射器或土壤消毒机将熏蒸剂注入土壤中，于土壤表面盖上薄膜等覆盖物，在密闭或半密闭的设施中扩散，杀死病原菌。土壤熏蒸后，待药剂充分散发后才能播种，这段等待的时期称为候种期，一般为15～30天，否则，容易对后茬作物产生药害。常用的广谱、高效土壤熏蒸消毒剂有棉隆、氯化苦等，对土壤中的病、虫、草等有害生物和有益微生物均有效。

播种和调查　将混合好的带菌土装于直径合适的花盆中，待杀菌剂处理土壤后，根据药剂的特性，立即或过一定时间后播种供试作物种子或移栽苗木，放置在适合作物生长的环境中培养，正常水肥管理，观察7～14天种子的发芽和幼苗生长情况，根据不同病害的发生特点，14～28天后对其病情指数进行调查（对部分病害可调查发病率），同时需要关注株高、根长、鲜重、干重等反映幼苗质量性状的指标，以考察药剂对寄主植物的安全性。

参考文献

沈晋良, 2013. 农药生物测定[M]. 北京: 中国农业出版社.

（撰稿：刘西莉；审稿：陈杰）

土壤施药法　soil treatment method

采用适宜的方式把农药施到土壤表面或土壤表层中对土壤进行药剂处理，以达到防治病虫草害目的的施药方式。按照操作方式和作用特点可以分为土壤化学灌溉技术、土壤注射技术、土壤覆膜熏蒸消毒技术等。

作用原理　土壤施药的作用原理主要有4个方面：①杀灭土壤中的植物病原菌、害虫、线虫、杂草。②阻杀由种子带入土壤的病原菌。③内吸性杀虫剂、杀菌剂由种子、幼芽及根吸收传送到幼苗中防治作物地上部分的病虫害。④内吸性植物生长调节剂通过根吸收进入植物体内，对作物的生长和发育进行化学调控，或为果树缺素症供给某些营养元素。

适用范围　可以在播种前处理，也可以在生长期间施于植株基部附近的土壤中。

土壤化学灌溉技术　可以用在农田、苗圃、草坪、温室大棚中除草剂、杀菌剂、杀虫剂和杀鼠剂的施用，也可以用于肥料的施用。

土壤注射技术　①氯化苦土壤注射对真菌病害、细菌病害、线虫以及地下害虫均有防效。②根区土壤注射适用于作物定植后，采用非熏蒸性药剂注射处理，有效防治枯萎病、黄萎病、地下害虫、蚜虫等。

土壤覆膜熏蒸技术　①溴甲烷土壤覆膜熏蒸对土壤中的病原菌、线虫、害虫、杂草等均能有效地杀死，其中热法熏蒸一般适用于温室大棚，特别是早春季节处理温室大棚土壤；溴甲烷土壤覆膜冷法熏蒸适用于苗床、小块温室大棚土

土壤覆膜熏蒸（曹坳程摄）

壤熏蒸。②硫酰氟土壤覆膜熏蒸主要用于仓库熏蒸，可以杀灭多种仓库（谷物、面粉、干果等）的害虫及老鼠，对害虫和老鼠的所有生活阶段均有效。还可以用于木材防腐及纺织品、工艺品、文物档案、图书、建筑物等的消毒。③棉隆土壤覆膜熏蒸可以防治包括狗牙根、繁缕、藜、狐尾草、马齿苋、独脚金等多种杂草；能有效防治根结线虫，但对孢囊线虫的效果较差；能有效防治土传病原菌，如镰刀菌、腐霉菌、立枯丝核菌、轮枝菌等引起的枯萎病、猝倒病、黄萎病等；高剂量下对地下害虫，如蛴螬、金针虫等有很好的防治效果。④威百亩土壤覆膜熏蒸对黄瓜根结线虫、花生根结线虫、烟草线虫、棉花黄枯萎病、十字花科蔬菜根肿病等均有效，对马唐、看麦娘、马齿苋、豚草、狗牙根、莎草等杂草也有很好的防治效果。

主要内容

土壤化学灌溉技术　以水为载体把农药施入土壤中，使农药在土壤中均匀分布的方法。

土壤浇灌、沟施、穴施、灌根等技术，是以水为载体把农药施入土壤的方法。在容器中用水稀释农药制剂。然后用水桶、洒水壶等器具把药液洒施到土壤中，是一种小农户生产中适合采用的方法。其优点是操作简便，不需要特殊的设备，但其缺点是很难把药液均匀地分散到耕层土壤中，操作费时、费工，不能机械化操作，不符合农业集约化的发展方向。

化学灌溉技术，指对灌溉（喷灌、滴灌、微灌等）系统进行改装，增加化学灌溉控制阀和储药箱，把农药混入灌溉水施入土壤和农作物中的施药方法。这种施药方法安全、经济、防治效果好，避免了拖拉机喷撒农药时拖拉机行走对土壤的压实和对作物的损伤。

土壤注射技术　指采用注射设备把药液直接注射到表土层以下，达到防治土传病害、线虫以及栖息在土壤中生活或越冬害虫的目的。

氯化苦土壤注射。氯化苦易挥发，扩散性强，采用注射设备把药剂注射进土壤后，仍需要在土壤表面覆盖塑料膜，利用其熏蒸作用发挥生物效果。

根区土壤注射。在作物定植后使用农药，可以采用手动注射器将药液注射到植株的根部附近，有效地杀灭植株根部区域周围的病原菌、害虫，或便于植株根部吸收内吸性药剂，防治茎叶部害虫。该施药方式针对性强，节约农药，操作简便。

土壤覆膜熏蒸技术　与植株叶面喷雾技术、喷粉技术、空间熏蒸消毒等农药技术不同，土壤熏蒸处理过程中，药剂需要克服土壤中固态团粒的阻障作用才能与有害生物接触，因此，为保证药剂在耕层土壤内有比较均匀的分布，需要使用较大的药量，处理前需要翻整土壤。为了保证熏蒸药剂在土壤中的渗透深度和扩散效果，在土壤覆膜熏蒸前，对于土壤的前处理要求比较严格，必须进行整地松土，深耕40cm左右并清除土壤中的植物残体，在熏蒸前至少2周进行土壤灌溉，在熏蒸前1～2天检查土壤湿度，土壤应呈潮湿但不黏结的状态。可以利用下列简便方法检测：抓一把土，用手攥能成块状，松手使土块自由落在土壤表面能破损，即为合适。土壤保墒的目的是让病原菌和杂草种子处于萌动状态，以便熏蒸药剂更好地发挥效果。

溴甲烷土壤覆膜熏蒸。溴甲烷对土壤中的病原菌、线虫、害虫、杂草等均能有效地杀死，并且能够加快土壤颗粒结合的氮素迅速分解为速效氮，促进植物生长，因而溴甲烷土壤覆膜熏蒸法成为世界上应用最广、效果最好的一种土壤熏蒸技术。但溴甲烷可破坏大气臭氧层物质，已经被列为受控物质，已经或正在使用溴甲烷的地区，应采取各种措施降低溴甲烷单位面积的用量。采用其他化学药剂土壤熏蒸消毒技术是最方便有效的替代技术。

硫酰氟土壤覆膜熏蒸。硫酰氟是一种中等毒性的广谱性熏蒸剂，沸点极低，易于扩散和渗透，可以迅速渗透多孔的物质并迅速从物体扩散到空中，在物体上的吸附极低。处理过程与溴甲烷土壤熏蒸处理过程相似。

棉隆土壤覆膜熏蒸。棉隆是一种广谱性土壤熏蒸剂，在土壤中分解成二硫代氨基甲酸，接着生成异硫氰酸甲酯，异硫氰酸甲酯气体迅速扩散至土壤团粒间，使土壤中各种病原菌、线虫、害虫以及杂草无法生存而达到杀灭效果，在国际上广泛应用。

威百亩土壤覆膜熏蒸。威百亩的作用方式同棉隆类似，都是混入湿润的土壤后，迅速分解生成异硫氰酸甲酯，依靠异硫氰酸甲酯的熏蒸活性进行土壤消毒。

影响因素　土壤施药法要兼顾防治效果及药剂对作物的安全性。

药剂　根据不同病虫害的防治要求，选择合适的农药品种、合适的农药剂型及使用剂量。

土壤特性　土壤质地、土壤温度和湿度等因素会影响药效。

温度　温度影响熏蒸剂在土壤中扩散和渗透，如溴甲烷熏蒸时土壤温度应保持在8℃以上，棉隆熏蒸时土壤温度应保持在6℃以上；温度影响熏蒸剂施用后土壤密封时间、土壤通气时间及安全试验时间，如棉隆施用时，在5～25℃范围内，温度越高土壤密封时间越短，土壤通气时间越短。

风速　风速影响药剂的飘移，易造成药害。如当风速较大时，撒施棉隆微粒剂易于飘移到邻近地块，造成药害。

密闭程度　土壤覆膜熏蒸时密闭程度直接影响效果，要求塑料膜不能有破损。

注意事项　①化学灌溉技术系统中需要装配回流控制阀，防止药液回流污染水源。②根区土壤注射宜选用悬浮剂、微乳剂和水乳剂等有机溶剂含量比较少的制剂，不宜选用乳油，乳油中大量的有机溶剂与幼嫩根部接触易发生药害。可湿性粉剂的颗粒有可能被土壤颗粒拦截而难以在土壤中扩散，尤其是质量差的制剂，更难以均匀分布。③土壤覆膜熏蒸时塑料膜不能有破损。④土壤覆膜熏蒸只能在空闲地块使用，必须在土壤播种或定植作物前使用。

参考文献

袁会珠, 2011. 农药使用技术指南[M]. 2版. 北京: 化学工业出版社.

袁会珠, 徐映明, 芮昌辉, 2011. 农药应用指南[M]. 北京: 中国农业科学技术出版社.

（撰稿：杨利娟；审稿：袁会珠）

T

土壤湿度对除草剂活性影响　effect of soil moisture on herbicide activity

测定供试药剂在不同土壤湿度环境条件下的除草活性，根据活性差异评价土壤湿度对活性的影响，为除草剂正确合理使用提供依据。除草剂尤其是土壤处理剂和以根吸收为主的除草剂需通过土壤介质与药剂发生作用，不同土壤湿度密切关系到除草剂的溶解、吸附、淋溶和降解等行为趋势。

适用范围　适用于测定土壤湿度对除草剂生物活性的影响，评价除草剂作用特性，为药剂合理使用提供科学的理论依据。

主要内容　根据测试药剂的活性特点，选择敏感、易萌发培养的植物为试材，如反枝苋、龙葵、稗草等标准试验用种子。供试土壤在实验室自然风干后过孔径 2mm 筛，在干燥箱内 60℃烘 72 小时至恒重。称取等量土壤于一次性塑料杯内，按比例加入蒸馏水，使土壤含水量分别为 20%、30%、40% 和 50%，或按试验要求设置更多土壤湿度梯度。土壤喷雾处理药剂播入已催芽露白的植物种子，覆土，静置 24 小时，待土壤水分达到平衡后进行土壤喷雾处理。药后放入人工气候室培养，出苗前用保鲜膜密封杯口保湿，待植物出苗后去掉密封膜，定时补充水分，保持土壤含水量恒定。茎叶处理药剂则待杂草长至适龄期时进行药剂处理，并定时补充土壤水分，保持土壤含水量恒定，于药效完全发挥时，测量各处理地上部分鲜重，计算鲜重抑制率。用 DPS 统计软件对试验数据进行回归分析，建立回归模型，并计算致死剂量（ED_{90} 值）及其 95% 置信区间。分析 ED_{90} 值与湿度变化的相关性，评价土壤湿度对供试药剂除草活性的影响。

设置不同土壤湿度时，要充分考虑供试靶标在该湿度条件下的可生长性，试材在试验设置环境条件下生长状态良好是保证试验成功的必备条件。

参考文献

郭怡卿, 张付斗, 2003. 土壤湿度对土壤处理除草剂药效的影响研究[J]. 西南农业学报, 16(4): 77-81.

徐小燕, 唐伟, 姚燕飞, 等, 2015. 土壤环境因子对氯胺嘧草醚除草活性的影响[J]. 农药学学报, 17(3): 357-361.

张付斗, 郭怡卿, 许胡兰, 2000. 土壤湿度对不同水溶度除草剂药效的影响[J]. 华中农业大学学报, 19(5): 437-441.

（撰稿：徐小燕；审稿：陈杰）

土壤吸附作用　pesticide adsorption in soil

农药于土壤中在固、液两相间分配达到平衡时的吸附性能。

一般指农药在土壤表面的分配积聚过程。传统的吸附理论认为，在土壤颗粒物的表面存在着许多吸附位点，农药通过范德华力、疏水键力、氢键力、离子交换及离子键力、电子迁移作用力和化学作用力等分子间作用力，与吸附位点相互作用，从而吸附在土壤表面，包括化学吸附、静电吸附和物理吸附；而分配理论则认为，农药在土壤中的吸附是农药在土壤有机质和土壤水溶液之间进行的分配。自然条件下，土壤中农药的吸附，由多种作用力共同作用引起，一种作用力起支配作用。

吸附类型与作用力关系

吸附分类	作用类型	作用范围
化学吸附	共价键	化学键作用范围
	氢键	化学键作用范围
静电吸附	离子 - 离子（库仑力）	l/r
	离子 - 偶极	l/r^2
	偶极 - 偶极（取向力）	l/r^3
物理吸附	偶极 - 诱导偶极（诱导力）	l/r^6
	诱导偶极 - 诱导偶极（色散力）	l/r^6

农药在土壤中的吸附研究，一般可通过以下几种方法进行：

振荡平衡法　该方法是将一定体积已知浓度的农药溶液和一定质量的土壤混合，经过充分振荡平衡后，离心分离，测定溶液平衡前后农药浓度，计算单位质量土壤中吸附农药量。农药在土壤和水中的分配系数通过式（1）求得：

$$K_d = \frac{Q}{C_e} \qquad (1)$$

式中，Q 为农药在土壤上的吸附量（μg/g）；K_d 为分配系数（ml/g）；C_e 为吸附平衡时农药在水相中的浓度（μg/ml）。

多数农药在土壤 - 水体系中的吸附等温线符合 Freundlich 方程（式 2 和式 3）：

$$Q = K_f \cdot C_e^{1/n} \qquad (2)$$

即

$$\lg Q = \lg K_f + (1/n) \lg C_e \qquad (3)$$

式中，Q 为土壤吸附量（μg/g）；C_e 为平衡浓度（μg/ml）；K_f 和 1/n 是 Freundlich 常数。一般认为 K_f 代表吸附的程度与强弱。

土壤柱淋溶法　用一定浓度的农药淋洗土壤柱，直至农药的滤出液与流入液的浓度相等，则认为吸附 - 解吸平衡。利用新的取代剂淋洗土壤，淋洗流出液中农药的总量即为被吸附的农药量。该方法能够保持土壤的团聚体，更接近于自然条件下土壤的形态。缺点是分析时间长，水土比较大，偏离自然环境下实际水土比。

正辛醇 / 水分配系数法　该方法是一种间接测定农药吸附系数的方法，通过农药的 K_{ow} 值对农药的吸附系数进行估算。国内外已有许多学者对农药的 K_{ow} 值与 K_{oc} 值（农药在土壤有机碳中的分配系数）之间的相关性进行了研究，推出了各自的拟合方程，例如式（4）：

$$\lg K_{oc} = 0.94 \lg K_{ow} + 0.02 \qquad (4)$$

在自然条件下，土壤或沉积物是非常复杂的体系，因此影响农药在土壤中吸附的因素也非常复杂。土壤的组成和物理化学性质，以及农药自身的分子结构和理化性质如水溶性、分配系数与离解特性等是影响农药在土壤中吸附的主要因素。另外，一些外界环境因素，比如温度、pH值、离子强度、表面活性剂等也对农药在土壤中的吸附产生一定程度的影响。

参考文献

刘维屏, 2006. 农药环境化学[M]. 北京: 化学工业出版社.

王连生, 1990. 有机化学污染: 上册[M]. 北京: 科学出版社: 186-195.

赵振国, 2005. 吸附作用应用原理[M]. 北京: 化学工业出版社.

BELTRAN J, HERNANDEZ F, LOPEZ F J, et al, 1995. Study of sorption processes of selected pesticides on soils and ceramic porous cups used for soil solution sampling[J]. International journal of environmental analytical chemistry, 58: 287-303.

FUSI P, ARFAIOLI P, CALAMAI L, et al, 1993. Interactions of two acetanilide herbicides with clay surfaces modified with Fe (III) oxyhydroxides and hexadecyltrimethyl ammonium[J]. Chemosphere, 27(5): 765-771.

WANG Q Q, LIU W P, 1999. Correlation of imazapyr adsorption and soil properties[J]. Soil science, 164(6): 411-416.

（撰稿：刘新刚；审稿：单正军）

蜕皮激素受体 ecdysone receptor, EcR

节肢动物体内蜕皮激素的配体，可与超气门蛋白（USP）形成复合体作为蜕皮激素的感受器。

生理功能 蜕皮激素（ecdysone）是节肢动物生长发育过程中最重要的内源激素之一，其主要功能是启动节肢动物蜕皮的生理过程，使之完成向下一个虫态的发育。在成虫中，蜕皮激素也参与了如生殖、滞育、免疫等诸多行为的调节，具有非常重要的生理功能。蜕皮激素受体（EcR）与蜕皮激素结合后能够启动下游的级联反应，调控靶标基因行使其功能。由于蜕皮激素是节肢动物特有的内激素，因此以蜕皮激素作用通路为靶标的杀虫剂在对害虫害螨具有良好防效的同时，对高等动物低毒，是杀虫剂开发的重点领域。

作用药剂 双酰肼类杀虫剂，如环虫酰肼、氯虫酰肼、甲氧虫酰肼、抑虫肼等。

杀虫剂作用机制 双酰肼类杀虫剂可与EcR/USP复合体结合，诱导下游的蜕皮反应，并且由于这种结合状态非常稳定，因此下游通路无法及时关闭或启动，从而导致害虫死亡。

靶标抗性机制 尚不明确。

相关研究 昆虫的EcR和USP基因最早在黑腹果蝇中被克隆测序，随着分子生物学研究技术的推广和普及，现在已获得了大量昆虫相关基因的序列信息，对了解蜕皮激素及其受体在昆虫发育、变态、繁殖等生理活动中的调节功能具有重要意义。研究发现埃及伊蚊蜕皮激素受体上特定的氨基酸位点决定了其对配体结合的专一性和结合活性。当同类型的化合物或药剂作用于蜕皮激素受体时，往往与相同的氨基酸位点结合，如蜕皮激素及其类似物蜕皮素甲、20-羟基蜕皮酮等与烟芽夜蛾、烟粉虱等多种昆虫的蜕皮激素受体结合时，作用位点的氨基酸种类和顺序完全一致。但不同类型化合物的作用位点又存在差异，如双酰肼类杀虫剂与烟芽夜蛾蜕皮激素受体结合时，氨基酸位点和形成的复合体形态与蜕皮激素类似物存在明显的差异。这些药剂与蜕皮激素受体的结合方式及其亲和性决定了它们杀虫活性的高低，这为开发特异性的抑制剂提供了重要参考。目前作用于蜕皮激素受体的药剂开发思路就是从解析靶标昆虫相关蛋白的结合位点入手，在构建蛋白模型的基础上，利用分子模拟的方式预测不同化合物与靶标结合能力的差异，从中筛选出可能具有较好抑制效果的化合物并合成，然后验证其杀虫活性。

参考文献

BILLAS I M, IWEMA T, GARNIER J M, et al, 2003. Structural adaptability in the ligand-binding pocket of the ecdysone hormone receptor[J]. Nature, 426: 91.

CARMICHAEL J A, LAWRENCE M C, GRAHAM L D, et al, 2005. The X-ray structure of a hemipteran ecdysone receptor ligand-binding domain: comparison with a lepidopteran ecdysone receptor ligand-binding domain and implications for insecticide design[J]. Journal of biological chemistry, 280: 22258-22269.

WANG S F, AYER S, SEGRAVES W A, et al, 2000. Molecular determinants of differential ligand sensitivities of insect ecdysteroid receptors[J]. Molecular and cellular biology, 20: 3870-3879.

（撰稿：申光茂、何林；审稿：杨青）

托实康 tomacon

一种植物生长调节剂，对蔬菜的生长具有显著促进作用。

化学名称 1-(2,4-二氯苯氧乙酰基)-3,5-二甲基吡唑。

IUPAC名称 2-(2,4-dichlorophenoxy)-1-(3,5-dimethyl-1*H*-pyrazol-1-yl)ethanone。

CAS登记号 13241-78-6。

分子式 $C_{13}H_{12}Cl_2N_2O_2$。

相对分子质量 299.16。

结构式

Cl Cl O N N O

理化性质 由3,5-二甲基吡唑与2,4-二氯苯氧乙酸氯在吡唑作用下生成。燃烧产生有毒氮氧化物和氯化物气体。

毒性 小鼠急性经口LD_{50} 1130mg/kg。

剂型 油剂。

作用方式及机理 能提高果实坐果率，促进果实成熟，作物生根。

T

注意事项 库房应通风、低温、干燥，与食品原料分开储运。

参考文献

孙家隆, 2015. 新编农药品种手册[M]. 北京: 化学工业出版社:958.

（撰稿：徐佳慧；审稿：谭伟明）

脱果硅 silaid

一种植物生长调节剂，有乙烯释放活性，在花青苷形成时可促使果实脱落，可用作桃树疏果剂和大果越橘脱落剂。

化学名称 (2-氯乙基)甲基-双(苯基甲氧基)硅烷；(2-chloroethly)methyl-bis(phenylmethoxy)silane。

IUPAC名称 bis(benzyloxy)(2-chloroethyl)methylsilane。

CAS登记号 63748-22-1。

分子式 $C_{17}H_{21}ClO_2Si$。

相对分子质量 320.89。

结构式

Cl
Si
O O

开发单位 1978年瑞士汽巴-嘉基公司产品，由Woolfolk Chem. Works开发。

毒性 对皮肤有刺激。

剂型 0.4mg/L乳剂。

作用方式及机理 具有乙烯释放活性，在花青苷形成时可促使果实脱落。可用作桃树疏果剂和大果越橘脱落剂。在果实储存期能使表皮颜色增艳。

使用方法 可在桃子的胚珠约长6mm和16~18mm（种实硬化）时喷洒250~500mg/L药液。越橘脱落可在收获前7~10天喷洒200mg/L药液。施药后越橘花青苷的形成比对照增加150%。

注意事项 使用时采取一般防护。无专用解毒药，对症治疗。储存在阴凉通风处。

参考文献

朱永和, 王振荣, 李布青, 2006. 农药大典[M]. 北京: 中国三峡出版社.

（撰稿：徐佳慧；审稿：谭伟明）

脱落率 expulsion rate

通过对颗粒剂试样或已完成包衣的种子进行振荡、磨损或碰撞后，计算脱落的部分占试样总体之比，即为脱落率。是衡量农药颗粒剂（包衣法）产品的包衣牢度，或衡量农药种衣剂产品对种子的附着性的重要质量指标，是有效成分在载体/种子上附着能力的量化。

脱落率有多种表示方法：①以有效成分脱落的百分率表示。②以试样脱落的百分率表示。③以试样中特定组分（染色剂）的脱落百分率表示。一般前两个方式适用于颗粒剂产品，后一种方式适用于悬浮种衣剂的包衣脱落率。

对于包衣法生产的农药颗粒剂产品，一般要求脱落率指标在5%以下；对于农药悬浮种衣剂产品，一般要求对种子的包衣脱落率在10%以下。

脱落率的通用测定方法如下。

农药颗粒剂产品的脱落率测定方法 称取一定量的规定粒径范围内的试样，放入盛有一定数量钢球的标准筛中，将筛置于底盘上加盖，移至振筛机中固定后振荡一定时间，称取接盘内试样质量。测定并计算接盘内脱落的试样中有效成分质量与试样中有效成分总质量之比（上述第一种表示方法），或计算接盘内脱落的试样质量与称取的试样总质量之比（上述第二种表示方法），即为脱落率。

上述标准筛的孔径应为粒径范围的下限。

一般情况下，取用直径7.9mm的钢球，使用数量15个；振筛机振幅36mm、频率240r/min。

农药悬浮种衣剂产品的包衣脱落率测定方法 在将试样对种子包衣并已成膜后，称取一定量的包衣种子两份。一份用溶剂将附着在种子上的试样中的染色剂萃取出来，经稀释定容后测定吸光度（溶液A）；另一份经振荡一定时间后，再用溶剂将未脱落的、仍然附着在种子上的试样中的染色剂萃取出来，经稀释定容后测定吸光度（溶液B）。两者所用的溶剂种类及溶解体积、最终稀释定容体积均应完全相同。

上述振荡操作中，应使用锥形瓶（用来放置称取的包衣种子）、振荡仪和紫外分光光度计进行；一般情况下，振荡频率500r/min或250r/min，振荡时间10分钟。

如被检测的种衣剂产品使用取罗丹明B为染色剂，一般称取包衣种子10g左右、选用250ml锥形瓶，以100ml乙醇进行萃取，然后吸取10ml萃取液稀释定容至50ml，吸光度的测定波长选择550nm。

如果种衣剂产品选用其他染色剂，则应根据该染色剂的溶解度、吸收波长、吸光度线性范围等选择合适的称量范围、萃取溶剂、稀释定容体积、测定波长等各项参数。

包衣脱落率X按照下式计算：

$$X=\frac{A_0/m_0-A_1/m_1}{A_0/m_0}\times 100\%$$

式中，m_0为配制溶液A所称取的包衣种子质量（g）；m_1为配制溶液B所称取的包衣种子质量（g）；A_0为溶液A的吸光度；A_1为溶液B的吸光度。

参考文献

凌世海, 2003. 农药剂型加工丛书: 固体制剂[M]. 3版. 北京: 化学工业出版社.

HG/T 5241—2017 吡丙醚颗粒剂.

HG/T 2467.12—2003 农药颗粒剂产品标准编写规范.

GB/T 17768—1999 悬浮种衣剂产品标准编写规范.

GB/T 22610—2008 丁硫克百威颗粒剂.

（撰稿：谢佩瑾、许来威；审稿：李红霞）

脱叶磷 tribufos

一种有机磷植物生长调节剂，能刺激乙烯的生成，进而促使叶片脱落，生产上用作棉花脱叶剂。

其他名称 DEF、Degreen、Deleaf、Defoliant、Easy OffD、E-Z-Off-D、Fos-Fall A、Ortho Phosphate Defoliant、B-1776、落叶磷、三丁磷、脱叶膦、脱叶灵。

化学名称 *S,S,S*-三丁基三硫磷酸酯；*S,S,S*-tributylphosphorotrithioate。

IUPAC名称 1-bis(butylsulfanyl)phosphorylsulfanylbutane。

CAS 登记号 78-48-8。

EC 号 201-120-8。

分子式 $C_{12}H_{27}OPS_3$。

相对分子质量 314.50。

结构式

S S S P O

开发单位 1960 年被匹兹堡焦炭化工公司注册。

理化性质 浅黄色透明液体，具有类似硫醇的臭味。沸点 210℃（99.99kPa）。蒸气压 0.35mPa（20℃），0.71mPa（25℃）。熔点在 -25℃以下。相对密度 1.057（20℃）。折射率 251.532。闪点＞93℃（闭杯）。难溶于水，能溶于丙酮、乙醇、苯、二甲苯、正己烷、煤油、柴油、石脑油和甲基萘。对热和酸相当稳定，但在碱性介质中能缓慢分解。DT_{50}（35℃）14 天（pH 4.7～9）。光解缓慢。

毒性 急性经口 LD_{50}：雄大鼠 435mg/kg，雌大鼠 234mg/kg。急性经皮 LD_{50}：大鼠 850mg/kg，兔约 1g/kg。对兔眼睛刺激很小，对兔表皮有中等刺激。对皮肤无致敏作用。急性吸入 LC_{50}（4 小时）：雄大鼠 4.65mg/L（气溶胶），雌大鼠 2.46mg/L（气溶胶）。饲喂试验 NOEL：大鼠（2 年）4mg/kg 饲料，狗（1 年）4mg/kg 饲料，小鼠（90 周）10mg/kg 饲料。ADI 为 0.001mg/kg。鹌鹑急性经口 LD_{50} 142～163mg/kg，野鸭急性经口 LD_{50} 500～707mg/kg。鹌鹑 LC_{50}（5 天）1643mg/kg 饲料，野鸭 LC_{50}（5 天）＞ 5g/kg 饲料。鱼类 LC_{50}（96 小时）：蓝鳃鱼 0.72～0.84mg/L，虹鳟 1.07～1.52mg/L。对蜜蜂相对无毒。水蚤 LC_{50}（48 小时）为 0.12mg/L。

剂型 45%、67% 和 70% 乳油，7.5% 粉剂。中国暂无登记。

作用方式及机理 主要经由植株的叶、嫩枝、芽部吸收，然后进入植株体内细胞里，刺激乙烯的生成，进而促使叶片的脱落。

使用对象 棉花。

使用方法 为棉花脱叶剂，对植物高毒。用 1.87～2.82L/hm² 的药剂，可使棉叶全部脱落；用 1.41～2.11L/hm² 的药剂，能使棉花植株的底部脱叶。通常施用剂量为 1.18～2.36kg/hm²。

注意事项 使用时注意保护脸、手等部位。残余药液勿倒入河塘。储存于低温、干燥处，勿近热源，勿与食物和饲料混置。出现中毒，可采取有机磷中毒救治办法，硫酸阿托品是有效解救药。

与其他药剂的混用 无相关报道。

允许残留量 中国未规定残留限量，日本规定棉籽中最大残留限量为 4.0mg/kg。

参考文献

李玲, 肖浪涛, 谭伟明, 等, 2018. 现代植物生长调节剂技术手册[M]. 北京: 化学工业出版社: 60-61.

毛景英, 闫振领, 2005. 植物生长调节剂调控原理与实用技术[M]. 北京: 中国农业出版社.

孙亚伟, 李卫华, 胡新燕, 等, 2011. 脱叶剂对棉花脱叶和吐絮的影响研究[J]. 中国棉花, 38(10): 28-29.

（撰稿：王召；审稿：谭伟明）

脱叶亚磷 merphos

一种植物生长调节剂，可作为除草剂、脱叶剂使用，同时具有广谱增效活性，可增效拟除虫菊酯类和有机磷类杀虫剂。

其他名称 DEF Defoltant。

化学名称 三硫代亚磷酸三丁酯。

IUPAC名称 tributyl phosphorotrithioite。

CAS 登记号 150-50-5。

EC 号 205-761-4。

分子式 $C_{12}H_{27}PS_3$。

相对分子质量 298.51。

结构式

S P S S

开发单位 1979 年广西化工研究所研制成功。

理化性质 浅黄色透明液体。有硫醇臭味。沸点 150℃（400Pa）。凝固点 -25℃以下。相对密度 1.057（20℃）。折射率 1.532，闪点＞200℃（闭环）。难溶于水，溶于丙酮、乙醇、苯、二甲苯、己烷、煤油、柴油、石脑油和甲基萘。对热和酸性介质稳定，在碱性介质中能缓慢分解。由丁硫醇和三氯氧磷反应而得。

T

毒性 大鼠急性经口 LD_{50} 910mg/kg；大鼠急性经皮 LD_{50} 615mg/kg。大鼠腹腔 LD_{50} 70mg/kg；小鼠腹腔 LD_{50} 1400mg/kg。兔经口 LD_{50} 170mg/kg，兔经皮 LD_{50} > 4600mg/kg。

剂型 乳油剂。

质量标准 70%、72% 乳油。

作用方式及机理 具有广谱增效活性，用于拟除虫菊酯类和有机磷类杀虫剂的增效。主要用于除草剂，叶面喷施使叶片脱落。

使用对象 棉花、橡胶树。

使用方法 用作棉花落叶剂。马来西亚于 1976 年开始用于橡胶树落叶剂使用，橡胶树落叶处理后，可以减轻台风侵袭影响，也可用于橡胶树的防寒、防病等方面。

注意事项 按照推荐浓度进行施用，无药害。

参考文献

文琼, 姚嘉鑫, 唐诗思, 等, 2018. 脱叶磷的合成研究[J]. 精细化工中间体, 232(1): 22-23, 29.

佚名, 1979. “脱叶亚磷” 合成、试用获得进展[J]. 广东化工 (2): 63.

（撰稿：谭伟明；审稿：杜明伟）

豌豆苗法 pea seedling hypocotyl method

根据一定浓度范围内乙烯浓度与豌豆幼苗下胚轴短粗、横向生长（即抑制下胚轴的伸长）呈正相关的原理来比较这类物质活性的生物测定方法。

适用范围 用于乙烯的生物测定。乙烯是一种气态植物激素，对植物代谢和生长发育有多方面的作用。可以抑制黄化豌豆幼苗下胚轴的伸长；使下胚轴细胞横向扩大，下胚轴短粗；偏上部生长，从而使下胚轴横向生长。黄化幼苗对乙烯的这 3 种反应被称为“三重反应”。

主要内容 将豌豆种子放在过饱和的漂白粉溶液中浸泡 15 分钟，然后用流水缓缓冲洗 2 小时，再浸泡到吸胀。将种子放在垫有湿滤纸的培养皿中，2 天后选择萌发整齐的种子播种在湿润的石英砂上，放在 25℃黑暗中培养约 1 周，待黄化豌豆幼苗生长到约 4cm 高时备用。在洗净的试管底部做一滤纸桥（将滤纸剪成宽约 1.2cm、长约 10cm 的长条，中部挖一小洞，其大小以豌豆苗能穿过即可，将滤纸叠成三折放入试管），将豌豆幼苗从滤纸洞中插入，使根部泡于水中，然后用橡皮塞塞住试管。用注射器注入乙烯气体，使试管内的乙烯气体浓度分别为 0.5、1、5、10mg/L。幼苗分别在不同浓度的乙烯气中黑暗下 25℃生长 2 天，以空气作对照，可以明显地观察到 0.5～1mg/L 的乙烯所引起的三重反应，而且浓度越高，反应也越大。

参考文献

陈年春, 1991. 农药生物测定技术[M]. 北京: 北京农业大学出版社.

黄国洋, 2000. 农药试验技术与评价方法[M]. 北京: 中国农业出版社.

沈晋良, 2013. 农药生物测定[M]. 北京: 中国农业出版社.

（撰稿：许勇华；审稿：陈杰）

豌豆劈茎法 auxins bioassay by splitstem bending on pea

植物生长素生物测定技术方法之一，利用生长素可促进茎侧表皮组织的细胞伸长，其弯曲程度与一定浓度范围的生长素浓度成正比的原理，将对称劈开的黄化豌豆茎段放入水中后两臂会向外弯曲，而浸泡在生长素溶液中则两臂向内弯曲进行生物测定的一种方法。

适用范围 适用于测定生长素的浓度及活性，不适用于鉴定植物提取液中的生长素活性，可用于鉴定人工合成的生长素类物质。

主要内容 挑选饱满的豌豆种子，清水浸泡 4～6 小时后进行发芽。选择发芽一致的豌豆种子播于石英砂盘中，并转移至 25℃恒温黑暗下培养 7～10 小时，待苗高 8～11cm 后，选择幼苗并经红光照射 32 小时。当幼苗长出第三节间时，选取第三节叶片至顶芽长约 0.5cm 生长均匀一致的幼苗，用刀片切除顶端 0.5cm，随后取下其下端 0.4cm 长的一段，再将其茎段由上至下对称劈开全切段的 3/4 即 0.3cm。将切段放置到蒸馏水中漂洗约 1 小时，以避免自身生长素对试验造成影响；漂洗后捞出切段并用滤纸吸干表面水分，每 5～10 段为一组分别放入盛有 10ml 待测溶液中，随后转移至黑暗中培养 10～24 小时，观察并计算两臂向内弯曲的程度。结果发现吲哚乙酸标准溶液浓度与劈茎两臂向内弯曲的程度成正比关系。

豌豆劈茎法的试验操作需要在绿色安全灯下进行操作。

参考文献

陈年春, 1991. 农药生物测定技术[M]. 北京: 北京农业大学出版社.

（撰稿：谭伟明；审稿：陈杰）

威百亩 metam

一种二硫代氨基甲酸酯类熏蒸性杀线虫剂、杀菌剂、除草剂、杀虫剂。

其他名称 维巴姆、保丰收、硫威钠、线克、Vapam、Metham sodium、N-869。

化学名称 甲氨基二硫代甲酸；methyl dithiocarbamic acid；methyl carbamodithioic acid。

IUPAC 名称 potassium methylcarbamodithioate。

CAS 登记号 144-54-7。

EC 号 205-632-2。

分子式 $C_2H_5NS_2$。

相对分子质量 107.20。

结构式

威百亩钾盐 metam-potassium

其他名称 Busan 1180、K-Pam、Tamifume、Greensan、Sectagon K54。

化学名称 甲氨基二硫代甲酸钾；potassium methyldithio carbamate。

IUPAC 名称 potassium methylcarbamodithioate。

结构式

CAS 登记号 137-41-7。

EC 号 205-292-5。

分子式 $C_2H_4KNS_2$。

相对分子质量 145.29。

威百亩钠盐 metam-sodium

其他名称 Arapam、BUSAN 1020、Busan 1236、Discovery、Nemasol、Unifume、Vapam、SMDC、karbation、carbarn（JMAF- 此名也适用于铵盐）。

化学名称 甲氨基二硫代甲酸钠；sodium methyldithio carbamate。

IUPAC 名称 methylcarbamodithioic acid sodium salt。

CAS 登记号 137-42-8；6734-80-1（二水合物）。

EC 号 205-293-0。

分子式 $C_2H_4NNaS_2$。

相对分子质量 129.18。

结构式

威百亩铵盐 metam-ammonium

其他名称 Ipam。

IUPAC 名称 ammonium methylcarbamodithioate。

CAS 登记号 39680-90-5。

分子式 $C_2H_8N_2S_2$。

相对分子质量 124.23。

结构式

开发单位 威百亩钠盐的杀菌剂活性最早在 1951 年由荷兰乌得勒支大学的 H. L. Klopping 报道，1956 年由 A. J. Overman 和 D. S. Burgis 报道。美国施多福公司（现在为先正达公司）开始工业化生产，后来杜邦公司也开始工业化生产（现已不再生产或销售）。生产单位：威百亩钾盐：Amvac、Lainco、Taminco、Tessenderlo Kerley。威百亩钠盐：Amvac、Aragro、Buckman、Cerexagri、Lainco、Lucava、Taminco、Tessenderlo Kerley、沈阳丰收、盐城利民。

理化性质

威百亩钾：稀释不稳定。

威百亩钠：纯品为无色晶体（二水合物）。熔点以下就分解；不挥发。K_{ow}lg$P$＜1（25℃）。相对密度 1.44（20℃）。溶解性：水 722g/L（20℃）；丙酮、乙醇、煤油、二甲苯中的溶解度＜5g/L；不溶于其他有机溶剂。稳定性：在浓缩水溶液中稳定，但稀释后不稳定；酸和重金属盐能加速其分解。光照下溶液 DT_{50}（25℃）1.6 小时（pH7）；水解 DT_{50}（25℃）：23.8 小时（pH5）、180 小时（pH7）、45.6 小时（pH9）。威百亩在土壤中可快速分解为适量的异硫氰酸甲酯。DT_{50} 为 23 分钟至 4 天。

毒性 威百亩钠盐：急性经口 LD_{50}（mg/kg）：大鼠 896，小鼠 285。在土壤中形成的异硫氰酸甲酯对大鼠急性经口 LD_{50} 97mg/kg。兔急性经皮 LD_{50} 1300mg/kg。对眼睛有中度刺激；对皮肤有腐蚀性；对皮肤或器官有任何接触时应按照烧伤处理。大鼠吸入 LC_{50}（4 小时）＞2.5mg/L（空气）（整个身体）。大鼠暴露 65 天试验（6h/d，5d/ 周），NOEL 为 0.045mg/L（空气）。NOEL：狗（90 天）1mg/kg；小鼠（2 年）1.6mg/kg（EPA Tracking）。无生殖毒性。山齿鹑急性经口 LD_{50} 500mg/kg；野鸭和日本鹌鹑饲喂 LC_{50}（5 天）＞5000mg/kg 饲料。鱼类 LC_{50} 0.1～100mg/L，取决于物种与试验条件。孔雀鱼 LC_{50}（96 小时）4.2，蓝鳃翻车鱼 0.39，虹鳟 35.2mg/L。水蚤 EC_{50}（48 小时）2.3mg/L。藻类 EC_{50}（72 小时）0.56mg/L。直接使用对蜜蜂无毒性。

剂型 38.2% 可溶性液剂，32.7%、35%、42%、48% 水剂。

作用方式及机理 土壤熏蒸剂，其熏蒸作用是通过在湿润土壤中逐渐释放出异硫氰酸甲酯而产生的。

适用作物及防治对象 威百亩钠盐能够杀灭土壤中的真菌、线虫、杂草种子和地下害虫，主要用于可食用作物。威百亩钾盐活性与威百亩钠盐类似，主要用于马铃薯等需要钾离子的作物，或用于对钠离子敏感的作物，如莴苣、洋葱、花椰菜等。中国 35%、42% 水剂登记作物为番茄和黄瓜等，防治对象为根结线虫等。适用于蔬菜、花卉、烟草、草莓等作物的苗床和温室大棚的熏蒸，防治根结线虫、孢囊线虫、短体线虫、螺旋线虫、纽带线虫、矮化线虫等线虫。

使用方法 用于土壤处理威百亩 15～60g/m^2（异硫氰酸甲酯 7～28g/m^2）。具有严重药害，应注意安全使用。

42% 威百亩钠盐水剂用于防治黄瓜根结线虫病，用量为 3300～5000ml/ 亩。使用时加水稀释（视土壤湿度而定），于播种前 20 天以上，在地面开沟，沟深 20cm，沟距 20cm。将稀释药液均匀施于沟内，盖土压实后（不要太实），覆盖地膜进行熏蒸处理（土壤干燥可多加水稀释药液），15 天后去掉地膜翻耕透气 5 天以上，确定药气散尽后方可播种或移栽。

35% 威百亩水剂用于防治烟草苗床猝倒病，使用方法为：施药前先将土壤锄松、整平并保持潮湿。每平方米以 50～75ml 威百亩水剂和 3L 水稀释成 60 倍溶液均匀浇洒地表面，让土层湿透 4cm。浇洒药液后，用聚乙烯地膜覆盖。经过 10 天后除去地膜，将土表层耙松，使残留药气充分挥发 5～7 天。待剩余药气散尽后整平，方可播种或种植。

注意事项 不可直接喷洒于作物。该药在稀溶液中易分解，使用时要现配。大风天或预计 1 小时内降雨时请勿施药。每季使用 1 次。

允许残留量 GB 2763—2021《食品中农药最大残留限量标准》规定威百亩在黄瓜上的最大残留限量为 0.05mg/kg（临时限量）。ADI 为 0.001mg/kg。

参考文献

刘长令, 杨吉春, 2017. 现代农药手册[M]. 北京: 化学工业出版社: 986-987.

马克比恩 C, 2015. 农药手册[M]. 胡笑彤, 等译. 北京: 化学工业出版社: 660-662.

（撰稿：刘峰；审稿：彭德良）

威尔磷 veldrin

一种内吸性有机磷杀螨剂。

化学名称 2-(*O,O*-二甲基二硫代磷酸甲酯基)-1,4,5,6,7,7-六氯双环-(2,2,1)-2,5-庚二烯；2-(*O,O*-dimethyldithiophosporylmethyl)-1,4,5,6,7,7-hexachlorobicyclo-[2,2,1]-2,5-heptadiene。

分子式 $C_{10}H_9Cl_6O_2PS_2$。

相对分子质量 468.97。

结构式

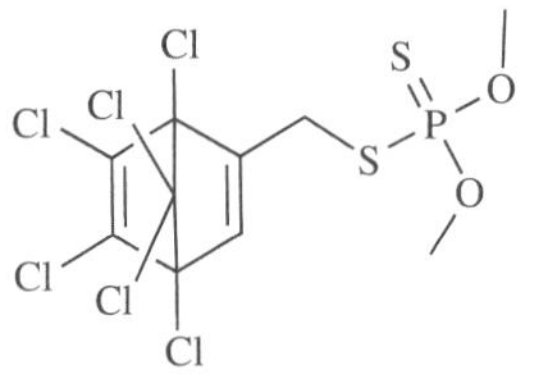

开发单位 1961 年美国韦尔西化学公司发展品种。

理化性质 沸点 135℃。不溶于水，易溶于丙酮、甲苯。

毒性 大鼠急性经口 LD_{50} 30～100mg/kg。

作用方式及机理 内吸性杀螨剂。

防治对象 能防治棉蚜、棉红蜘蛛等棉花害虫，且有杀卵作用。杀家蝇的毒力是滴滴涕的 1.5 倍。

参考文献

孙家隆, 2015. 农药品种手册[M]. 北京: 化学工业出版社.

王振荣, 李布青, 1996. 农药商品大全[M]. 北京: 中国商业出版社.

（撰稿：王鸣华；审稿：薛伟）

威菌磷 triamiphos

一种内吸性杀菌剂、杀虫剂、杀螨剂。

其他名称 Wepsyn 155、三唑磷胺、WP155、ENT-27223。

化学名称 *P*-(5-amino-3-phenyl-1*H*-1,2,4-triazol-1-yl)-*N,N,N′,N′*-tetramethylphosphonic diamide；5-氨基-3-苯基-1-[双(*N,N*-二甲基氨基氧膦基)]-1,2,4-三氮唑。

IUPAC 名称 5-amino-3-phenyl-1*H*-1,2,4-triazol-1-yl-*N,N,N′,N′*-tetramethylphosphonic diamide。

CAS 登记号 1031-47-6。

分子式 $C_{12}H_{19}N_6OP$。

相对分子质量 294.29。

结构式

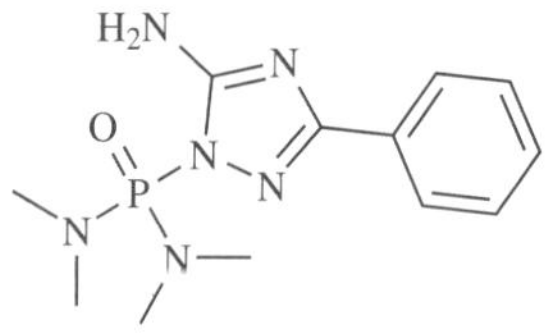

开发单位 1960 年荷兰菲利浦-杜法尔公司推广，现已停产。

理化性质 白色无味固体。熔点 167～168℃。在 20℃水中的溶解度为 0.025g/100ml；溶于大多数有机溶剂中。在中性或弱碱性条件下于室温时稳定，遇强酸则迅速水解。工业品纯度在 99% 以上。熔点 166～170℃。不腐蚀容器，可与其他农药混用。

毒性 雄性大鼠急性经口 LD_{50} 20mg/kg。白兔急性经皮 LD_{50} 1500～3000mg/kg。

剂型 25% 可湿性粉剂，10% 乳剂。

防治对象 对白粉病的防治有内吸活性；也有内吸性杀虫、杀螨剂的性质。

使用方法 以 25% 可湿性粉剂 1g/L 喷于苹果树，可防治苹果白粉病，有效期 10 天。以 10% 水剂 2ml/L 可防治玫瑰花白粉病。在此浓度下对植物无毒，并且对野生生物无害。

注意事项 健康危害：抑制胆碱酯酶活性。轻者头痛、头晕、流涎、呕吐和胸闷；中度中毒肌束震颤、瞳孔缩小、呼吸困难、腹痛等；重者出现肺水肿、呼吸抑制和脑水肿等。皮肤接触：立即脱去被污染的衣着，用肥皂水及流动清水彻底冲洗被污染的皮肤、头发、指甲等，就医。眼睛接触：提起眼睑，用流动清水或生理盐水冲洗，就医。吸入：迅速脱离现场至空气新鲜处；保持呼吸道通畅；如呼吸困难，给输氧，如呼吸停止，立即进行人工呼吸，就医。食入：饮足量温水，催吐；用清水或 2%～5% 碳酸氢钠溶液洗胃，就医。

参考文献

王振荣, 李布青, 1996. 农药商品大全[M]. 北京: 中国商业出版社.

（撰稿：刘长令、杨吉春；审稿：刘西莉、张灿）

微孔板-浑浊度测定法 microplate turbidimeter methods

一种基于微孔板进行杀菌剂抑菌效果测定的方法。该方法将靶标菌的菌体组织与待测杀菌剂进行振荡培养，最后通过光学效应原理测定并比较不同处理之间浑浊度的差异，判定药剂抑菌能力。该方法操作较为复杂，但需要药剂量少，速度快，尤其适合测定药剂对细菌的抑菌作用。

适用范围 该方法适用于测定药剂对菌体组织易分散的真菌、卵菌及细菌的生物活性。

主要内容

病原菌准备 根据试验要求，选择具有代表性的病原菌作为靶标菌，培养靶标菌至待测状态。如靶标菌为细菌，则用0.85%的生理盐水配制成浓度为1×10^7CFU/ml菌悬液；如靶标菌为真菌或卵菌，则配制成浓度为1×10^6个孢子/ml左右的孢子悬液。

药剂配制 供试药剂必须能完全溶解，以便可均匀扩散于培养基中。但是，由于不同的药剂具有不同的理化性质，易溶于水的杀菌剂可直接配制成所需的水溶液，而难溶于水的杀菌剂和抗生素选用甲醇、丙酮或其他适当溶剂配制成母液，然后再用水稀释到所需的系列等比质量浓度。有机溶剂最终含量不宜超过0.5%。

药剂处理与培养 按照试验设计，在灭菌后冷却的培养基中定量加入药剂，每处理设4个重复，并设只含溶剂和表面活性剂而不含有效成分处理做空白对照。将提前准备好的病原菌接种到含药培养基中，置于适宜条件振荡培养。

调查与分析 开始培养前分别测定各处理的浑浊度，待对照处理达到对数生长期时，测定并记录各处理浑浊度数据，计算靶标菌的生长抑制率。用SAS（统计分析系统）或DPS（数据处理系统）标准统计软件进行药剂浓度的对数与生长抑制率几率值之间的回归分析，计算抑制靶标菌生长50%的抑制中浓度（EC_{50}）、95%置信限及相关系数R。

$$抑制百分率=\frac{对照浑浊度增加值-处理浑浊度增加值}{对照浑浊度增加值}\times100\%$$

参考文献

NY/T 1156. 16—2008 农药室内生物测定试验准则 杀菌剂第16部分: 抑制细菌生长量试验浑浊度法.

NY/T 1156. 17—2009 农药室内生物测定试验准则 杀菌剂第17部分: 抑制玉米丝黑穗病菌活性试验浑浊度-酶联板法.

（撰稿：刘西莉；审稿：陈杰）

微囊化 microencapsulation

将液体、固体或气体囊芯物质（芯材）分散，然后以这些微滴（粒）为核芯，使高分子聚合物或载体（壁材）在其上沉积，涂层，形成一层薄膜，将囊芯微滴（粒）包覆。这个过程称为微囊化。形成具有半透性或封闭的微型胶囊，外观呈粒状或圆球形，一般直径在5~400μm。

原理 农药微囊化的方法较多，按照原理可分为化学法、物理法及物理化学法。化学法主要有界面聚合法和原位聚合法，界面聚合法利用水油两相的两种单体在水油两相界面进行反应，原位聚合的聚合单体只存在连续相或分散相中，在芯材液滴表面反应。物理法主要有喷雾干燥法、空气悬浮法等，利用机械力将高分子包覆在芯材上。物理化学法主要有单凝聚法和复合凝聚法，单凝聚法由凝聚剂引起单一聚合物的相分离，复合凝聚法利用至少两种带相反电荷的胶体，在适当的条件下（pH值改变、温度改变、浓度改变、电解质加入等）彼此中和而引起相分离。

特点 微囊化的主要目的是将原药吸附或包裹，使其形成具有一定缓释能力的微小囊球。该技术通过壁膜将囊芯物质（有效成分）与周围环境隔离开，从而达到保护和稳定芯材、屏蔽气味或颜色、控制释放芯材等目的。同时大部分微囊化制剂以水为分散介质，降低有害溶剂的用量，减少对环境的污染，有利于节约资源。但微囊技术发展缓慢，主要原因是微囊化有较高的技术难度，且微囊壁材的成本较高。

设备 微囊化的制剂形态决定所用设备，液态制剂主要设备有高剪切乳化机和反应釜，高剪切乳化机将芯材乳化分散，转入反应釜中，进行成囊固化。固态制剂需通过脱除水分形成粉剂或造粒，因此干燥和造粒设备必不可少。常用设备有喷雾干燥塔、流化床工艺中的Wurster装置及挤压造粒机等。

应用 微囊化在农药制剂中的应用较广，可防治地下害虫、防治生长和危害期长的病虫害、卫生害虫等。同时可解决部分有效成分在理化性质上的“先天缺陷”。将活性组分包裹在囊膜中，改变了原药的表面性质，改善了药剂的物理性能，使液体农药固型化，储存、运输、使用和后处理都很简便。使高毒农药低毒化，避免或减轻高毒农药在使用过程中对人、畜及有益微生物的急性中毒和伤害，也可避免或减轻农药对环境的污染。另外由于微囊化的囊膜将原药与外界隔离，对药剂的应用性能有较好的促进作用，可减少农药在环境中的光解、水解、生物降解、挥发、流失等，使用药量大大减少。囊膜的半透性使药剂释放量和时间得到了控制，药剂在最佳时间释放，既保证药效又可延长持效期。

（撰稿：王莹；审稿：遇璐、丑靖宇）

微囊悬浮剂 microcapsule suspension, CS

将农药有效成分包覆在高分子微囊中的一种悬浮剂。微囊悬浮剂的微囊直径一般为1~20μm，属于缓慢释放剂型。因有效成分被包封在壁材中而具有缓释效果，延长了药效时间。同时由于农药有效成分（囊芯或内相）用天然的或合成的高分子化合物完全包覆起来，而农药有效成分的原有化学成分不发生改变，微囊投放到环境中可通过某些外部刺激或缓释作用使农药有效成分缓慢释放出来，延长了持效期，而且囊壁的屏蔽作用也有保护芯材的作用。

微囊悬浮剂的配方主要包括原药、壁材、溶剂及乳化剂、分散剂、黏度调节剂、防冻剂、消泡剂以及pH调节剂和防腐剂等常用助剂。壁材是决定微囊农药性能的关键因素之一，一般要求成膜性好，与囊芯（有效成分）不发生化学反应，具有一定的机械强度、稳定性且具有渗透性，它决定着囊芯的释放速率。常用的壁材有聚脲树脂、阿拉伯树胶、羧甲基纤维素钠等材料。微囊悬浮剂的控制指标有外观、有效成分含量、游离的有效成分含量、pH值或酸碱度、湿筛试验、悬浮率、自发分散性、倾倒性、持久起泡性、低温稳定性和热储稳定性等。

传统的微囊制备方法从原理上大致可以分成化学法、物理化学法和物理法。化学成囊法按照反应方式的不同又分为界面聚合法、原位聚合法和锐孔凝聚法。物理化学成囊的典型方法是相分离法（包括复凝聚法和单凝聚法）。而物理成囊主要是利用有效成分与介质均匀分散形成微囊。制备方法的选择需要考虑芯材与壁材的理化性质，同时还要考虑有效成分被分散后形成水包油或油包水液滴后与囊壁材料的亲和性。

由于微囊壁材隔绝了有效成分与外界环境的接触，可以避免有效成分暴露在外界环境（高温、紫外光等）下的降解，同时减少了药害的发生，另外可以延长有效成分的释放时间，减少施药次数，降低成本。微囊悬浮剂一般有较长的持效期、安全性以及稳定性，由于囊壁的屏蔽作用使得多种组分可以混合。当然也有一定的缺点，如制备工艺复杂、成本高、有效成分被包覆可能降低药效，同时还易分层。

（撰稿：杜凤沛；审稿：黄啟良）

微囊悬浮—水乳剂 mixed formulation of CS and EW, ZW

一种有效成分包封在囊材中再与另一种以水乳液形式存在的有效成分混合形成的水基型制剂，通常加水稀释使用。

微囊悬浮—水乳剂的配方主要包括原药、壁材、溶剂及乳化剂、分散剂、黏度调节剂、防冻剂、消泡剂以及pH调节剂和防腐剂等常用助剂。壁材是决定微囊农药性能的关键因素之一，一般要求成膜性好，与囊芯不发生化学反应，具有一定的机械强度、稳定性和渗透性，它决定着囊芯的释放速率。为了保证制剂的稳定性，壁材与水乳液应不反应、不团聚，可以稳定在介质中独立存在。另外对于微囊悬浮—水乳剂来说，为了形成稳定制剂，需调整微囊悬浮剂和水乳液至合适的复配比例。微囊悬浮—水乳剂的控制指标有外观、有效成分含量、游离的有效成分含量、pH值或酸碱度、湿筛试验、悬浮率、自发分散性、倾倒性、持久起泡性、低温稳定性和热储稳定性等。

微囊悬浮—水乳剂的制备工艺一般分成两个有效成分，将其中一个有效成分制备成微囊，另一个有效成分制备成水乳液，再加入助剂进行混合复配。微囊的制备工艺与微囊悬浮剂类似，不过需要考虑微囊壁材和水乳液液滴间的亲和性，从而降低两种制剂的拮抗效果，达到协同增效、储藏稳定、药效持久、生物利用率高、防治效果好的目的。

微囊悬浮—水乳剂作为一种复配剂型，它将其中的一个有效成分包裹在囊内，处于惰性囊壁材料的阻隔下，与水隔离。另一个有效成分则以乳液微粒形式分散在整个体系中，从而达到两种有效成分复配之后药剂具有更广谱的防治效果的目的。由于囊壁的存在，隔绝了两种有效成分的直接作用，增加了两者的稳定性。与水乳剂相比较，因为一个有效成分包裹在囊内因此具备很好的持效性，解决了目前水乳剂药效过短的弊端。与普通微囊剂比较，因为一个有效成分在囊外，弥补了微囊剂速效性不足的缺点。但是由于其制备工艺复杂、成本高，因此应用范围不广。

（撰稿：杜凤沛；审稿：黄啟良）

微囊悬浮—悬浮剂 mixed formulation of CS and SC, ZC

一般是复配剂，一种成分微囊化，另一种成分为悬浮剂，二者混合到一起稳定后即成微囊悬浮—悬浮剂。喷雾施药前需要加水稀释。

微囊悬浮—悬浮剂的配方主要包括原药、壁材、溶剂及乳化剂、分散剂、黏度调节剂、防冻剂、消泡剂以及pH调节剂和防腐剂等常用助剂。壁材是决定微囊农药性能的关键因素之一，一般要求成膜性好，与囊芯不能发生化学反应，具有一定的机械强度、稳定性和渗透性，它决定着囊芯的释放速率。为了保证制剂的稳定性，壁材与悬浮颗粒应不反应、不团聚。另外，对于微囊悬浮—悬浮剂来说，为了形成稳定制剂，需调整微囊悬浮剂和悬浮剂至合适的复配比例。微囊悬浮—悬浮剂的控制指标有外观、有效成分含量、游离的有效成分含量、pH值或酸碱度、湿筛试验、悬浮率、自发分散性、倾倒性、持久起泡性、低温稳定性和热储稳定性等。

微囊悬浮—悬浮剂的制备工艺一般分成两个有效成分，将其中一个有效成分制备成微囊，另一个有效成分制备成悬浮剂，再加入助剂进行混合复配。微囊的制备工艺与微囊悬浮剂类似，但需要考虑微囊壁材和悬浮剂颗粒间的亲和性，降低两种制剂混合后的不良影响。

微囊悬浮—悬浮剂两种有效成分的比例调整较为复杂，因此除一些特殊的应用场景外，较少有制备。微囊悬浮—悬浮剂可直接用水稀释使用。由于微囊悬浮—悬浮剂是由微囊悬浮剂和悬浮剂复配而成，因此其具有广谱的防治范围；同时微囊的囊壁使两种有效成分隔离开来，不会影响其稳定性。同时兼具悬浮剂的优点，如可直接用水稀释使用，便于取用等。但也有如有制备工艺复杂、成本高、易分层等缺点。

（撰稿：杜凤沛；审稿：黄啟良）

微囊悬浮—悬乳剂 mixed formulation of CS and SE, ZE

将微囊悬浮剂和悬乳剂复配成的一个相对稳定的分散体系。比起微囊悬浮—悬浮剂和微囊悬浮—水乳剂来说，体系更为复杂。其中包含了微囊、水乳液液滴以及不溶于水的悬浮颗粒等多种体系。其中固体微粒和乳液液滴，每一个都包含一个或多个有效成分。微囊悬浮—悬乳剂使用前需要用水稀释。

微囊悬浮—悬乳剂的配方主要包括原药、壁材、溶剂及乳化剂、分散剂、黏度调节剂、防冻剂、消泡剂以及pH调节剂和防腐剂等常用助剂。壁材是决定微囊农药性能的关键因素之一，一般要求成膜性好，与囊芯不发生化学反应，而且具有一定的机械强度、稳定性和渗透性，它决定着囊芯的释放速率。为了保持制剂的稳定性，壁材与悬浮颗粒、乳液液滴不反应、不团聚，可以稳定在介质中独立存在。另外对于微囊悬浮—悬乳剂来说，为了形成稳定制剂，需调整合适的微囊悬浮剂和悬乳剂的复配比例。微囊悬浮—悬乳剂的控制指标有外观、有效成分含量、游离的有效成分含量、pH值或酸碱度、湿筛试验、悬浮率、自发分散性、倾倒性、持久起泡性、低温稳定性和热储稳定性等。

微囊悬浮—悬乳剂的制备工艺一般分成多个有效成分，将其中一个有效成分制备成微囊的形式，其他有效成分制备成悬乳剂的形式，再加入助剂进行混合复配。微囊的制备工艺与微囊悬浮剂类似，但需要考虑微囊壁材和悬浮颗粒、乳液液滴间的亲和性，从而降低两种制剂的拮抗效果，达到协同增效、储藏稳定、药效持久、生物利用率高、防治效果好的目的。

微囊悬浮—悬乳剂可直接用水稀释使用，从而避免了使用时桶混这一步骤，避免了有效成分不相容的问题，减少了使用次数，扩大了防治范围。和其他水基型制剂一样，微囊悬浮—悬乳剂便于使用和计量，无粉尘、不易燃。一个或多个有效成分被封装有利于发挥有效成分活性或减少急性毒性，或获得一个物理或化学性质稳定的水基配方。但是由于其制备工艺复杂、成本高，另外体系随着不同有效成分的增加，使得制剂易分层，因此如非特定的环境下，较少有人使用，市场上的产品较少。

（撰稿：杜凤沛；审稿：黄啟良）

微球剂 microspheres

具缓释功能的农药新剂型，是农药有效成分分散或包埋在载体中而形成均匀球状实体（实心球），微球粒径大小一般0.3～100μm。微球剂由农药原药、载体组成，微球剂所用的高分子聚合物载体一般均可生物降解，环境相容性友好。根据载体种类，农药微球剂可以分为聚乳酸微球、壳聚糖微球、明胶微球等。通常微球剂的制备方法为乳化溶剂挥发法、相分离法、凝聚法、喷雾干燥法、乳化交联法等。制备的微球剂粒径＜100μm，包埋率75%以上，有效成分热储分解率低于5%，储存2年稳定。

农药微球剂主要用于：①土壤拌种处理及根部施药防治土传病害及种传病害、根结线虫、地下害虫、粮食储存害虫等。②经过二次加工成常规剂型如可湿性微球粉剂，叶面喷雾防治生长期与危害期较长的害虫，滞留喷雾防治卫生害虫等。

微球剂是伴随着微囊剂出现而存在的，只不过当时科学水平比较落后，没有把微球与微囊区分开来，随着科学发展，国际纯粹与应用化学联合会（IUPAC）以及《中华人民共和国药典》（2010年版）已经明确把微球与微囊区分开。国外1985年首次报道二溴磷聚碳酸酯微球、舞毒蛾性诱素聚砜微球。中国2002年报道阿维菌素明胶微球。微球剂具有以下特点：①微球的持效期长，可减少用药次数，降低用药成本。②微球包埋技术降低了原药在生产、储存、运输和使用过程中有效成分的降解、挥发和流失，提高了农药有效成分的稳定性，延长了农药的持效期。③随着载体的降解，其有效成分可完全释放，农药利用率高。④微球剂速效性较差，不适合用于防治暴发性、突发性的病虫害；具有较长的持效性，不适合用于叶面喷雾防治蔬菜病虫害。⑤有效成分难以完全被包埋，导致生产成本上升。

（撰稿：陈福良；审稿：黄啟良）

微乳剂 microemulsion, ME

在乳化剂和助表面活性剂共同作用下，农药有效成分溶于有机溶剂所得到的溶液分散于水中形成微乳液的一种农药剂型。又名水基乳油、可溶乳油。它是由农药原药、有机溶剂、乳化剂、助表面活性剂及水组成的清澈透明的液体，是一种以水为连续相的水包油（O/W）非均相微乳液分散体系。在油溶性有机溶剂中具有一定溶解度的、且在水中稳定的非水溶性农药有效成分均可配制微乳剂，它是一个可自发形成的热力学稳定的分散体系，故加工工艺简单，在反应釜中简单搅拌即可形成微乳剂。

微乳剂应具备微乳液稳定（30℃下，在标准硬水10mg/L中静置1小时微乳液稳定），透明温度范围为-5～60℃，pH值符合原药稳定要求，在-5℃ ±1℃下储存7天无结晶析出、无分层为冷储稳定性合格，热储分解率低于5%，室温条件下储存2年其有效成分质量分数不低于标定含量。

微乳剂使用范围广泛：①加水在叶面喷雾使用防治大田农作物病虫害。②用水稀释灌根防治地下害虫及根结线虫。③用少量水稀释成高浓度微乳液进行滞留喷雾防治卫生害虫。④加少量水稀释成高浓度微乳液用于无人机等航空喷雾。

微乳剂是随着人们对环境保护的重视而发展起来的一种环境友好的水基化剂型。国外于20世纪70年代开发了氯丹微乳剂。中国从20世纪80年代后期开始家庭卫生使用的微乳剂研究和开发，先后研制了不同配方的家用水基杀虫喷雾剂，直到20世纪90年代才开始研究和开发农用微乳剂。微乳剂具有以下特点：①制剂及稀释液外观透明或半透明，且具有媲美于乳油的流动性，在蔬菜和果树上使用，不会在果蔬上残留制剂中填料或乳状液形成的污渍。②用水替代了大部分有机溶剂，制剂不易挥发，闪点较高，微乳剂不易燃、不易爆，生产、储存和运输均很安全。③生物活性高，是药效最高的水基化剂型。④制剂加工工艺简单，加工成本低廉。⑤经时稳定性好，是最稳定的水基化剂型。⑥表面活性剂用量较高，增加了生产原料成本，透明温度范围较窄，影响制剂外观及物理稳定性。

（撰稿：陈福良；审稿：黄啟良）

微生物代谢物杀虫剂　microbial metabolite insecticide

虫害是制约农作物稳产、高产的一个重要因素。据FAO统计，全世界虫害造成的损失约占农作物总收成的13%，每年损失近1000亿美元。化学防治仍是目前防治作物病、虫、草、鼠害的主要措施，全世界每年农药产量约为300万吨原药，原药与制剂以1∶6计算，则每年制剂产量约为1800万吨。长时期、无节制使用化学农药，致使每年数以千万吨的农药喷洒在地球上，必然会引起一系列的环境与社会问题，对可持续发展产生了严重的负面效应。随着时间的推移，化学防治弊端已越来越突出，其在自然界中的残留已严重污染环境，在食物中的累积正在影响人们的身体健康，其非特异性的作用方式，不仅杀死害虫，也大量杀伤害虫天敌和有益生物，正在破坏自然界生态平衡。生物源农药研究与开发也有长足进步，特别是杀虫抗生素成了新型生物源农药的新亮点，由于其防效高、杀虫谱广、毒性相对低、对环境影响小，目前已在水稻、棉花、蔬菜、果树、烟草、花卉等多种作物上施用，在牲畜、宠物体内外寄生虫的防治上也显示了它的优越性，因而受到人们越来越多的重视。

微生物源杀虫剂包括活体微生物杀虫剂、杀虫抗生素及其结构改造物和仿生合成杀虫剂，是目前生物防治的一个最主要组成部分，不论在基础研究还是产业化方面均走在整个生物农药研究领域的前列，占杀虫剂市场份额的7%左右，占整个生物源农药的80%左右。其中杀虫抗生素作为一种重要的微生物源杀虫剂，由于其具有防效高、杀虫谱广、毒性相对较低、对环境影响小等优点，逐渐成为杀虫剂研究的热点。

微生物源杀虫剂

活体微生物杀虫剂　苏云金杆菌（*Bacillus thuringiensis*）、球状芽孢杆菌（*Bacillus sphaericus*）、白僵菌（*Beauveria*）、绿僵菌（*Metarhizium*）等。

杀虫抗生素　阿维菌素、多杀菌素、浏阳霉素、制蚜菌素、米尔贝霉素、日光霉素和梅岭霉素等。

同时，人们对已有的杀虫抗生素进行了结构改造，这极大地改进了其原有物质的某些不足，并形成了系列化合物，如阿维菌素和多杀菌素均形成了系列品种。

杀虫抗生素的研究现状　从20世纪50年代开始，利用抗生素防治农业害虫的研究就有报道。但直到60年代以后，人们才开始有目的地筛选以杀虫为目的的抗生素，陆续筛选到四活菌素（tetranactinl）、密旋霉素（pactamycin）及阿维菌素（avermectin）等有实用价值的杀虫活性物质。80年代以来，杀虫抗生素逐步成为抗生素研究领域的一个热点，2000—2005年报道发现的新抗生素有3000多种，其中杀虫抗生素占了大约5%，并且发现了一些很有发展潜力的抗生素品种，如Watanabe等从红藻中发现了具杀虫活性的Z-laureatin。Takahashi等发现了由链霉菌产生的杀虫杀螨抗生素altemicidintn。江西农业大学微生物研究室从南昌霉素（*Strptomyces nanchangensis*）中筛选到新的抗生素——梅岭霉素。由北京农业大学自主研制的、以阿维菌素经发酵、提取等工艺生产的抗生素类杀虫、杀螨剂爱福丁（齐螨素）等。

目前抗生素研究面广泛，但商品化的不多，主要有阿维菌素（avermectin）、多杀菌素（spinosad）和米尔贝霉素（milbemycin）等，其中阿维菌素和多杀菌素研究较多，发现了许多对害虫高效的杀虫抗生素品种，为生物杀虫剂开辟了一个崭新的领域。

杀虫抗生素研究展望　21世纪是一个环保生态世纪，随着人们环保意识的增强，一批高毒、高残留的农药逐渐被淘汰，高效、低毒、低残留的农药受到人们的青睐。杀虫抗生素作为一类高效、低毒、对环境无公害的生物源农药，具有广阔的发展前景。但从目前推出的杀虫抗生素的作用方式来看，主要是胃毒作用，这样在防治对象、防治适期上有局限性，对钻蛀性害虫防治效果较差，杀虫谱相对较窄，另外还有价格昂贵、农民使用成本高和抗药性产生等问题，其发展亦受到一定的限制。未来希望通过菌种再筛选，菌株诱变等方法寻找到更多效果更好的品种，通过现代生物技术手段，提高菌种的产素能力，并通过生产工艺和制剂技术的改进，以及生物活性物质的结构改造等方法和手段，大幅度提高生产效率、降低生产成本和提高杀虫物质的活性等方法，为杀虫抗生素的发展开辟广阔发展前景。

参考文献

陆自强, 汪世新, 黄奔立, 2002. 杀虫抗生素的发展概况与展望[J]. 现代农药, 1 (1): 33-37.

沈寅初, 张一宾, 2000.生物农药[M].北京: 化学工业出版社.

王爱民, 李晓刚, 林壁润, 2008. 杀虫抗生素的研究进展[J]. 广东农业科学 (8): 76-78.

BRYANT R, 2008. Ag chem new compound review[M]. Hopkins W. L.

（撰稿：陶黎明；审稿：徐文平）

微生物农药杀虫机制　insecticidal mechanisms of microbial pesticides

微生物农药是指能够用来杀虫、抗病、除草等的微生物活体（病毒、细菌、真菌、昆虫病原线虫、原生动物等）及其代谢产物（抗生素类）的总称，是生物防治的物质基础和重要手段。现将其杀虫机制总结归纳如下：

病毒杀虫剂的杀虫机制　病毒杀虫剂是利用昆虫病毒的生命活动来控制那些直接和间接对人类和环境造成危害的昆虫。

害虫取食病毒体后，病毒体在肠腔内快速溶解，释放出大量的病毒粒子，病毒粒子首先侵染中肠的上皮细胞，使上皮细胞膨大，核仁消失，染色质凝聚并向核四周集中，随后在细胞中看到一种典型的物质——"病毒发生基质"。在基质中病毒粒子不断地增殖复制，而核内充满了大量成熟病毒体及病毒粒子，随后染色质凝块消失，核被病毒体膨大破裂，释放出大量成熟病毒体及病毒粒子，细胞也随之崩裂，大量病毒体及病毒粒子进入细胞间隙和血腔中去感染其他的敏感细胞，造成害虫死亡。如棉铃虫取食棉铃虫核型多角体病毒后，病毒在其体内大量增殖复制，引起棉铃虫的败血症等，最终导致棉铃虫趋向死亡。

细菌杀虫剂的杀虫机制 细菌杀虫剂是利用对某些昆虫有致病或致死作用的昆虫病原细菌，经发酵制成含有杀虫活性成分或菌体本身，用于防治和杀死目标昆虫的生物杀虫制剂。

细菌杀虫剂主要是利用自身代谢产生的生物活性毒素对目标昆虫进行毒杀或通过营养体、芽孢在虫体内的繁殖等途径来致死目标昆虫。如苏云金芽孢杆菌代谢产生毒素 δ-内毒素和β-外毒素，与靶标部位结合，进而发生作用，造成害虫死亡。

真菌杀虫剂的杀虫机制 真菌生防制剂是以有害生物的病原真菌为有效成分而研制的生物农药，具有触杀性、流行性、环境安全、不杀伤非目标生物等优点。真菌杀虫剂的机理十分复杂，又具有许多优点，加上有害生物难以产生抗药性，故对真菌生防制剂的研发成为生物农药的研究热点之一。

真菌杀虫剂主要是在病菌突破昆虫表皮后，在血腔中大量繁殖（如半知菌在血腔里产生虫菌体或延长形成菌丝后再产生酵母状额虫菌体），并从昆虫体内不断吸收维持自身生长、繁殖必需的营养物质，降低昆虫生活能力，最终导致昆虫死亡。此外，真菌也能通过自身产生的毒素对昆虫起作用。

昆虫病原线虫的杀虫机制 昆虫病原线虫是昆虫的专化性寄生性天敌，能主动寻找寄主，且具有侵染率高、致死力强、寄主广、对人畜及环境安全、可以人工大量繁殖等独特的优越性，被广泛地用于防治农、林、牧草、花卉和卫生等行业的重要害虫。

侵染期线虫幼虫肠道细胞内携带有共生菌，在遇到合适的寄主昆虫后，线虫便可通过昆虫的自然孔口（如口腔、肛门、气门等）、伤口或节间膜进入昆虫的肠道和血腔，然后在昆虫血腔中释放出共生菌并快速繁殖，进而破坏寄主的主要器官，导致死亡。线虫则取食共生菌和液化的寄主组织并发育成熟，完成交配、繁殖，最后又释放出大量的三龄幼虫，继续侵染其他寄主。

杀虫抗生素的杀虫机制 杀虫抗生素是指由微生物代谢产生的杀虫活性物质，并不包括活体微生物本身。

抗生素杀虫剂可作用于昆虫神经系统，靶标位点为GABA受体（如阿维菌素）、乙酰胆碱烟碱型受体（如多杀霉素），干扰细胞壁几丁质的合成（如日光霉素），破坏细胞膜结构（如浏阳霉素）等。

参考文献

中国农业百科全书总编辑委员会农药卷编辑委员会，中国农业百科全书编辑部，1993. 中国农业百科全书：农药卷[M]. 北京：农业出版社.

周燚，王中康，喻子牛，2006. 微生物农药研发与应用[M]. 北京：化学工业出版社.

（撰稿：罗金香；审稿：丁伟）

W

维生素D_2 ergocalciferol

一种经口维生素类干扰代谢的有害物质。

其他名称 钙化醇、麦角钙化醇。

化学名称 (3β,5E,7Z,22E)9,10-开环麦角甾-5,7,10(19),22-四烯-3-醇。

IUPAC名称 (5Z,7E,22E)-(3S)-9,10-secoergosta-5,7,10(19),22-tetraen-3-ol。

CAS登记号 50-14-6。

分子式 $C_{28}H_{44}O$。

相对分子质量 396.64。

结构式

HO H

开发单位 英国索耐克公司。

理化性质 白色针状结晶或结晶性粉末，无臭，无味。熔点115~118℃（分解）。沸点504.2℃。密度0.97g/cm^3。比旋光度$[\alpha]^{20}_{D}$+102.5°（乙醇）。该品乙醇液在265nm波长处有最大吸收。易溶于乙醇（1:2）、乙醚（1:2）、丙酮（1:10）和氯仿（1:0.7），不溶于水。遇氧或光照活性降低。可由吸入、食入和经皮吸收。用途仅用于研发，不作为药品、家庭或其他用途。

毒性 急性经口LD_{50}：大鼠56mg/kg，小鼠23.7mg/kg，大鼠亚急性经口LD_{50}（5天）7mg/（kg·d）。对家畜相对稳定。豚鼠经口LD_{50} 40mg/kg。

剂型 97%母粉。

作用方式及机理 刺激小肠大量吸收钙和磷，同时使得大量的钙和磷从骨组织中释放进入血浆，形成高钙血症，使心脏及血管钙化。

使用情况 在英国被商业推出，被广泛用来控制鼠害，其和杀鼠灵一起用于控制小家鼠，取得了很好的效果，该化合物混合华法林的毒性试验表明，两种化合物之间可能存在加强作用。钙化醇的一个有趣的优点是它对抗杀鼠灵的啮齿类动物效果好。第二个优点是它可以在1周内迅速杀死，而不是抗凝血杀鼠剂经常需要的1~3周。目前一些证据显示亚致死剂量可能会导致厌恶感和拒食性。

使用方法 堆投，毒饵站投放0.075%浓度毒饵。

注意事项 大量口服者催吐、洗胃。使用特殊解毒药降钙素，严重者进行血液透析。

参考文献

PRESCOTT C V, EL-AMIN M, SMITH R H, 1992. Calciferols and bait shyness in the laboratory rat[C]//Borrecco, J E and Marsh, R E (eds) Proceedings of the 15th vertebrate pest conference: 218-223.

RENNISON B D, 1974. Field trials of calciferol against warfarin resistant infestations of the Norway rat (*Rattus norvegicus* Berk.)[J]. Journal of hygiene, 73(3): 361-367.

ROWE F P, SWINNEY T, PLANT C, 1978. Field trials of brodifacoum (WBA 8119) against the house mouse (*Mus musculus* L.)[J]. Journal of hygiene, 81(2): 197-201.

（撰稿：王登；审稿：施大钊）

萎锈灵 carboxin

一种具有内吸作用的酰胺类杀菌剂。

其他名称 Vitavax、Sunboxin、Hiltavax、Kemikar、卫福（混剂）、D-735（试验代号）。

化学名称 5,6-二氢-2-甲基-1,4-氧硫环己烯-3-甲酰苯胺；5,6-dihydro-2-methyl-*N*-phenyl-1,4-oxathiin-3-carboxamide。

IUPAC名称 5,6-dihydro-2-methyl-1,4-oxathiine-3-carboxanilide。

CAS登记号 5234-68-4。

EC号 226-031-1。

分子式 $C_{12}H_{13}NO_2S$。

相对分子质量 235.30。

结构式

开发单位 美国尤尼鲁化学公司（现科聚亚公司）。

理化性质 纯品为白色结晶，原药为浅黄色粉末，有轻微硫黄气味。熔点为91.5～92.5℃或98～100℃（视晶体结构而定）。蒸气压0.025mPa（25℃）。K_{ow}lg$P$ 2.3。Henry常数3.24×10^{-5}Pa·m³/mol。密度1.45g/cm³。溶解度（20℃）：水147mg/L、丙酮221.2g/L、甲醇89.33g/L、乙酸乙酯107.7g/L。25℃条件下pH从5上升至9时逐渐水解。

毒性 低毒。大鼠急性经口LD_{50} 2864mg/kg。兔急性经皮LD_{50}＞4000mg/kg。对兔眼睛和皮肤无刺激作用。在试验剂量内对试验动物未发现致突变、致畸、致癌作用，3代繁殖试验未见异常。大鼠急性吸入LC_{50}（4小时）＞4.7mg/L。大鼠和狗2年喂养试验NOEL均为600mg/kg。对鸟类低毒。鹌鹑急性经口LD_{50} 3302mg/kg。野鸭和鹌鹑LC_{50}（8天）＞5000mg/kg饲料。鱼类LC_{50}（96小时，mg/L）：虹鳟2.3，蓝鳃太阳鱼3.6。水蚤EC_{50}（48小时）＞57mg/L。羊角月牙藻LC_{50}（5天）0.48mg/L。蜜蜂急性经口和急性接触LD_{50}＞100μg/只。

剂型 20%乳油，400g/L悬浮种衣剂，20%可湿性粉剂，75%种子处理可分散粒剂。

作用方式及机理 内吸杀菌剂，为琥珀酸脱氢酶抑制剂。

防治对象 主要用于防治由锈菌和黑粉菌在多种作物上引起的锈病和黑粉（穗）病，如高粱散黑穗病、丝黑穗病，玉米丝黑穗病，麦类黑穗病、麦类锈病，谷子黑穗病以及棉花苗期病害。对棉花立枯病、黄萎病也有效。

使用方法

防治大豆根腐病 每100kg种子用400g/L萎锈·福美双140～200g拌种。

防治大麦黑穗病 每100kg种子用400g/L萎锈·福美双0.2～0.3L拌种。

防治大麦条纹病 每100kg种子用400g/L萎锈·福美双80～120g拌种。

防治棉花立枯病 每100kg种子用400g/L萎锈·福美双160～200g拌种。

防治水稻立枯病 每100kg种子用400g/L萎锈·福美双160～200g拌种。

防治小麦散黑穗病 每100kg种子用400g/L萎锈·福美双108.8～131.2g拌种。

防治玉米苗期茎基腐病 每100kg种子用400g/L萎锈·福美双80～120g拌种。

防治玉米丝黑穗病 每100kg种子用400g/L萎锈·福美双160～200g拌种。

防治玉米苗期茎基腐病 每100kg种子用14%甲·萎·种菌唑悬浮种衣剂42～56g种子包衣。

注意事项 用药前应仔细阅读标签，按照标签的建议使用和处置产品。药液和包衣的种子不要长时间在阳光下暴晒，以免降低药效。处理过的种子，不能用作食物或饲料，在包装袋上按规定标明，并妥善存放，以免误食或误用。

与其他药剂的混用 可以与福美双混用防治大豆根腐病、大麦黑穗病、大麦条纹病、棉花立枯病、水稻恶苗病、水稻立枯病、小麦散黑穗病、玉米苗期茎基腐病、玉米丝黑穗病、花生根腐病。与唑菌胺酯混用防治棉花枯萎病。与三唑酮混用防治小麦锈病。

允许残留量 GB 2763—2021《食品中农药最大残留限量标准》规定萎锈灵最大残留限量见表。ADI为0.008mg/kg。谷物按照GB 23200.9、GB/T 20770规定的方法测定；油料和油脂参照GB 23200.9、GB/T 20770规定的方法测定。

部分食品中萎锈灵最大残留限量（GB 2763—2021）

食品类别	名称	最大残留限量（mg/kg）
谷物	小麦	0.05
	糙米、玉米	0.20
油料和油脂	棉籽、大豆	0.20
蔬菜	菜用大豆	0.20

参考文献

刘长令, 2005. 世界农药大全[M]. 北京: 化学工业出版社: 111-112.

W

农业部种植业管理司, 农业部农药检定所, 2015. 新编农药手册第2版[M]. 北京: 中国农业出版社: 306-307.

TURNER J A, 2015. The pesticide manual: a world compendium[M]. 17th ed. UK: BCPC: 116.

（撰稿：司乃国；审稿：刘君丽）

卫生杀虫剂室内生物测定 laboratory efficacy of public health insecticides

在室内相对可控的环境条件下，采用标准的生物靶标，对卫生杀虫剂的毒力和药效进行测定的生物测定方法。

卫生杀虫剂，是指用于预防、控制人生活环境和农林业中养殖业动物生活环境的蚊、蝇、蜚蠊、蚂蚁和其他有害生物的农药。按其使用场所和使用方式分为家用卫生杀虫剂和环境卫生杀虫剂两类。家用卫生杀虫剂主要是指使用者不需要做稀释等处理就可以直接使用；环境卫生杀虫剂主要是指经稀释等处理后在室内外环境中使用。

适用范围 适用于卫生杀虫剂的室内毒力和药效试验。

主要内容 卫生杀虫剂室内生物测定包括两个方面：一是室内生物活性试验，也称毒力测定，是指药剂本身（指有效成分，通常为原药）对不同生物直接作用的性质和程度，是在相对可控的环境条件下，采用标准试虫，按照标准方法进行的试验；二是室内药效测定试验，是指由农药原药（母药）和适宜的助剂加工成的制剂产品，在相对可控的环境条件下，采用标准试虫，根据产品用途，按照相应检测方法进行的生物测定试验。

参考文献

黄国洋, 2000. 农药试验技术与评价方法[M]. 北京: 中国农业出版社.

蒋国民, 2000. 卫生杀虫剂剂型技术手册[M]. 北京: 化学工业出版社.

（撰稿：王晓军；审稿：陈杰）

卫生杀虫剂现场试验 field efficacy of public health insecticides

在蚊、蝇、蜚蠊等病媒生物实际发生现场开展的生物测定试验。

适用范围 适用于评价待测杀虫制剂对靶标害虫的现场控制效果，同时也可评价相关杀虫器械的使用效果。

主要内容 现场试验的靶标试虫，通常是指卫生杀虫剂标签所标注的害虫或受委托测试的害虫，一般是某地区的优势种。试虫可以现场采集，也可以采集后实验室饲养1~2代，或使用实验室饲养的具有明确的杀虫剂敏感性的试虫。现场试验，以靶标害虫的发生高峰期进行为宜。现场试验通常设置处理区和对照区，选择植被、生境、害虫密度等相似的区域开展现场试验，对照区和试验区应相对隔离，以减少相互影响。试验面积要有代表性和可操作性。

参考文献

黄国洋, 2000. 农药试验技术与评价方法[M]. 北京: 中国农业出版社.

蒋国民, 2000. 卫生杀虫剂剂型技术手册[M]. 北京: 化学工业出版社.

（撰稿：王晓军；审稿：陈杰）

胃毒毒力测定 evaluation of stomach toxicity

通过试虫吞食带药食料，引起消化道中毒致死反应，由此来衡量杀虫剂胃毒毒力的生物测定方法。基本原理是利用昆虫的贪食性，在昆虫取食正常食物的同时将药剂摄入消化道，经肠壁细胞吸收进入血液，随血液循环到达作用部位致使昆虫中毒。但在操作中要尽量避免药剂与昆虫体壁接触而产生其他毒杀作用。

适用范围 适用于杀虫剂胃毒毒力的测定。

主要内容 因靶标昆虫种类和杀虫剂剂型不同，其测定方法可采用喷雾、喷粉、点滴、浸渍等将杀虫剂施于一定面积的叶片上制成夹毒叶片，或将药液加入糖液中饲养，或用注射器将含糖药液注入试虫口腔。根据靶标昆虫取食量的差异，可分为无限取食法和定量取食法。

无限取食法 靶标昆虫在一定的饲喂时期内，可以无限制地取食混有杀虫剂的饲料，不计算靶标昆虫实际吞食的药量。此法比较简单，但不能避免其他毒杀作用的影响；且药量不易掌握，有拒食效应时更难获得满意结果。无限取食法主要包括饲料混药喂虫法、培养基混药法；还包括种子拌药或浸药处理法、糖浆混药法、毒饵法等。

①饲料混药喂虫法。此法通常以拟谷盗、米象、锯谷盗和麦蛾类等仓库害虫为靶标昆虫。在面粉或谷物中加入药剂，含药浓度以药剂相当于食物的比例来表示。其方法是将称好的药粉同谷物混合均匀，然后每个处理放入试虫20~50头。如用药液应先将药剂溶于有机溶剂中（如丙酮），再将一定量的药液同食物混匀，待溶剂全部挥发后，接一定数量的试虫，然后置于适合该试虫生长的条件下培养5天或7天后，检查死虫数，计算胃毒毒力。

②培养基混药法。此法以果蝇为靶标昆虫，用培养基与不同浓度的药剂混合，然后接一定数量的试虫让其在培养基上取食。如凝胶混药法，先称取琼脂2g和白糖6g，加水100ml煮制成琼脂液，再将杀虫剂配成所需浓度的悬浮液、水溶液或乳液。然后吸取5ml药液放入直径为9cm的培养皿内，再加入5ml热琼脂液（注意药液浓度已稀释一半），混合使其冷凝成凝胶。待冷却后，用吸虫管吸取经低温或氯仿麻醉的果蝇50头，放入垫有吸水纸的培养皿盖内，再将盛有含药琼脂凝胶的培养皿底朝上扣放于培养皿盖内，置22~24℃的恒温条件下培养。果蝇苏醒后，便飞到凝胶上取食，24小时后观察死亡情况。应设不加药的凝胶培养基作为对照组。

定量取食法 基本原理是使供试靶标昆虫按预定杀虫

剂的剂量取食，或在供试靶标昆虫取食后能准确地测定其含量。定量取食法主要有叶片夹毒法（最为常用）、液滴饲喂法和口腔注射法。

①叶片夹毒法。基本原理是用两张叶片，中间均匀地涂上一定量的药剂饲喂靶标昆虫，然后由被吞服的叶片面积推算出吞服的药量。此法适用于植食性、取食量大的咀嚼式口器的昆虫，如鳞翅目幼虫、蝗虫、蟋蟀等。

夹毒叶片的准备：将采回的植物叶片用水洗净，待表面水分挥发后，制成一定面积的叶片，其中一片的一面定量涂（喷）上药剂，另一片则涂上淀粉糊（或面粉糊），小心地将两片叶片对合制成夹毒叶片。将夹毒叶片按不同剂量饲喂已知体重的靶标昆虫。叶片被食后，用方格纸法或叶面积测定仪法或电脑扫描法测定剩余叶片面积，从而计算所吞食叶的面积。

饲喂方法：为保证试虫有较大的取食量，在饲喂前应饥饿3~5小时。将试虫逐一称重编号，单独饲喂，取食一段时间后取出叶片，根据取食面积计算取食量（取食时间一般为10分钟到1小时）。单位体重靶标昆虫吞食药量可按下式计算：

$$\text{吞食药量}(\mu g/g)=\frac{\text{吞食面积}(mm^2)\times\text{单位面积药量}(\mu g/mm^2)}{\text{昆虫体重}(g)}$$

结果记录：试虫取食后放入干净的容器中，放入新鲜的叶片，在24~96小时后检查死亡率。由于各昆虫的取食量不同，因此必须单独观察记录。

计算致死中量：根据单位体重受药量，由小至大顺序排列。在取食量较小时试虫无死亡；随着取食量加大，出现死、活均有出现的剂量范围；再加大取食量，试虫全部死亡。这3种表现自然分成3组：生存组、生死组、死亡组。如实验中3组数值均出现，则说明实验成功，如缺其中一组，应重做。生存组和死亡组是划分生死组（中间组）界线的。

将中间组死虫的每项单位体重药量累加，除以总死虫数得A；中间组活虫的每项单位体重相加除以活虫数得B。将$A+B$除2即得致死中量（μg/g），计算公式：

$$\text{致死中量}（LD_{50}）=（A+B）/2$$

②改进叶片夹毒法。即将不定量进食改为定量给食，并用点滴药量代替喷粉或喷雾。

具体操作方法：将供试药用丙酮溶解，按等比方式稀释成系列浓度，制成一定面积的叶片，用毛细管微量点滴器或微量进样器将药剂定量滴在叶片上，药剂挥发后，再用一涂有糨糊的叶片将点滴药面覆盖制成夹毒叶片。将点滴不同药剂浓度和剂量的夹毒叶片饲喂一头已饥饿3~4小时并称重的试虫，喂食2小时后，将吃完夹毒叶片的试虫移入带有新鲜植物叶片的大培养皿内饲养，检查试虫死活情况。这种方法仅将把叶片取食完毕的试虫作有效试虫，因此每次测定时应适当增加试虫数量。致死中量的计算方法同上述叶片夹毒法。

③液滴饲喂法。此法适用于舐吸式口器昆虫，如家蝇、果蝇、蜜蜂等。这类昆虫喜食糖液，不宜采用叶片夹毒法。可将一定的杀虫剂加入到糖液中，用微量注射器形成一定大小的液滴（0.001~0.01ml），直接喂试虫；或将形成的液滴放在玻璃片上，让家蝇等靶标昆虫自行舐食，试虫在舐食前后都称重，以确定其取食量。

靶标昆虫经药剂处理后，移入清洁干燥的器皿中，置于适宜的条件下定期观察反应情况，计算死亡率，求出致死中量。

④口腔注射法。此法适用于个体较大的咀嚼式口器的昆虫，如鳞翅目幼虫等。处理时，将药剂溶解后用微量注射器或毛细管微量点滴器定量注入试虫口腔内。昆虫吞食药液后，放入有新鲜饲料的容器内饲养观察，计算致死中量。

参考文献

陈年春, 1991. 农药生物测定技术[M]. 北京: 北京农业大学出版社.

沈晋良, 2013. 农药生物测定[M]. 北京: 中国农业出版社.

（撰稿：黄晓慧；审稿：袁静）

胃毒作用 stomach poisoning action

药剂通过昆虫的口器取食后，进入消化道作用于消化系统，破坏组织器官，扰乱昆虫生理机能，使昆虫中毒死亡的作用方式。

药剂被昆虫取食后，经肠道吸收进入昆虫体内，特别是在中肠部位，造成消化组织损伤，细胞破裂，或干扰消化生理，抑制消化酶活性，排泄缓慢导致中肠食物残渣滞留结块，并伴有拉稀（大量、剧烈的排泄也可因脱水而死亡），体表大量脱水，最后因中肠穿孔破裂，食物漏出，腐烂而死。该种作用方式主要适用于防治咀嚼式口器的昆虫，也适用于防治虹吸式及舐吸式等口器的昆虫。杀虫剂被植物吸收并在植物体内运转，刺吸式口器昆虫取食汁液或咀嚼式口器昆虫取食植物，杀虫剂进入口腔。昆虫有敏锐的感化器，大都集中在触角、下颚须、下唇须及口器的内壁上，能被化学药剂激发，很快产生反应。昆虫口器部位的感化器，对含有药剂的液体及固体食物均有一定的反应，药剂在食物中的含量过高时，昆虫即产生拒食作用，所以昆虫必须对含有杀虫剂的食物不产生忌避和拒食作用。

具有胃毒作用的杀虫剂称为胃毒剂。胃毒剂必须经口，所以适口性是最为重要的，有时可直接左右其毒力和药效。一般来说，杀虫剂可以喷洒在农作物上，昆虫取食农作物，杀虫剂进入口腔；杀虫剂和饵料拌在一起，制成昆虫喜食的毒饵料，随饵料进入口腔。

胃毒剂举例：阿维菌素（avermectin）、氯虫酰胺（chlorantraniliprole）、灭幼脲（chlorbenzuron）、氯氰菊酯（cypermethrin）、吡虫啉（imidacloprid）、砜虫啶（sulfoxaflor）。

参考文献

刘长令, 2012. 世界农药大全: 杀虫剂卷[M]. 北京: 化学工业出版社.

徐汉虹, 2007. 植物化学保护学[M]. 4版. 北京: 中国农业出版社.

ISHAAYA I, DEGHELLE D, 1998. Insecticides with novel modes of action, mechanism and application[M]. New York: Springer Verlag.

（撰稿：李玉新；审稿：杨青）

W

温室盆栽测定法 greenhouse test

室内生物活性测定试验是承接农药前期活性筛选和后期田间应用的重要环节。除草剂室内生物活性测定方法众多，如盆栽法、培养皿法、小杯法、高粱法、玉米根长法、稗草中胚轴法、萝卜子叶法、黄瓜幼苗形态法、小麦去胚乳法、燕麦法、菜豆叶片法、叶鞘滴注法、浮萍法、小球藻法等。温室盆栽测定法指在温室环境条件下，用盆栽整株植物来测定除草剂生物活性的试验方法。温室盆栽法是最为有效的除草剂室内生物活性测定方法，能定性或定量测定除草剂生物活性，且评价结果与田间自然环境条件的活性结果最为接近。因其评价结果可以直接指导田间用药及确定药剂使用技术，而广泛应用于新除草剂活性评价、混配配比筛选、仿制品种及其混剂的除草活性、作物选择性、杀草谱评价等。

温室盆栽法是在温室特定环境条件下，选择测定药剂应用范围内具有代表性的植物为测试靶标，通过盆栽法培养生长一致的供试植物，根据不同试验要求和药剂特性进行相应药剂处理，待药害症状明显后进行观察评价。评价的指标包括出苗率、株高、地上部分重量和地下部分重量等，还可对植物受害症状进行综合目测。最后对试验得到的大量数据进行分析统计，得出其内在规律和客观结论。因盆栽试验可以选择田间实际应用的植物为测试靶标，模拟田间环境条件开展试验，所以试验结果与田间应用真实结果最为接近，试验科学性较好。

适用范围 温室盆栽法是最常用的、经典的除草剂生物活性测定试验方法，几乎适用于所有新除草剂、仿制品种和商品化除草剂的活性评价、安全性评价、杀草谱评价等。也适用于助剂筛选、不同剂型比较和混配配比筛选。

主要内容

试材的选择 除草剂生物活性测定试验的靶标植物可以选择栽培植物、杂草或其他指示植物以及藻类等生物。针对不同试验试材选择原则包括：①在分类学上、经济上或地域上有一定代表性的栽培植物或杂草等。②对药剂敏感性符合要求，且对药剂的反应便于定性、定量测定，达到剂量—反应相关性良好。③易于培养、繁育和保存，能为试验及时提供相对标准一致的试材。

种子收集 作物种子和部分有市售的种子可以在种子公司购买。杂草种子可以自行采集，于杂草种子成熟时，在未用药剂区域采集各类自然成熟的杂草种子。将采集的种子晾晒、去皮、过筛，留下干净、饱满一致的种子，保持阴凉、干燥，自然条件下放置3~5个月，度过休眠滞育期。取少量置于室内自然条件下保存，方便使用；剩余种子置于冰箱4℃保存，延长种子使用时间。

试材的培养 收集未施药地块20cm以上地表壤土，试验用土为收集到的壤土与培养基质按2∶1体积比例混合均匀。根据植株大小选择相应口径的花盆种植试材，将混好的试验用土装满花盆的4/5，花盆整齐摆放在平板车或相应器具内。在花盆底部加水，让水从下向上渗透，使土壤吸水完全润湿。根据种子大小，将适量试材种子均匀播于花盆内，覆土。放温室内培养至试验要求状态进行药剂处理。

药剂处理 按试验药剂特性或田间实际施药方法进行药剂处理，可分为苗后茎叶喷雾处理、芽前土壤喷雾处理、浇灌处理或撒施处理等。通过喷雾装置进行药剂处理的试验，需要设置和记录相应喷雾面积、施药液量、工作压力、着液量。处理后静置2~3小时，移入温室内培养，于药效完全发挥时调查试验结果。

试验环境条件 在生物活性测定试验中，环境条件（如土壤、光照、温度、湿度等）不仅影响靶标生物的生理状态，也影响药剂的吸收、传导及药效的发挥。所以在试验开展过程中，应对环境条件进行控制或全程记录环境条件参数，以方便分析或验证各因素对结果的可能影响。另外，为了减少误差，同一试验的同种试材应放在同一条件下进行培养，以保证所有处理在相对一致的环境下测试，结果更可靠。

结果评价与记录 根据具体试验内容、试验性质以及所用具体靶标生物选用相应的结果调查评价方法以及数据记录和处理方法等。由于试验结果与药剂、靶标、测试条件等多种因素相关，故在记录和评价活性时，要有详细的试验原始记录。原始记录应记载药剂的特性、剂型、含量、生产日期、样品提供者、配制过程、施药方法、靶标生育期、培养条件、喷雾参数等基础数据，以及处理后的试材培养条件及管理方法，结果调查方法与调查结果等。结果调查可以测定试材根长、鲜重、干重、株高、分枝（蘖）数、枯死株数、叶面积等具体的定量指标，通过对比药剂处理与空白对照的数值，计算生长抑制率（%）。也可以视植物受害症状及程度进行综合目测法评价，评价标准见表。

数据处理 对于试验得到的大量数据，通过计算机统计分析软件进行分析才能发现其内在关系与规律，如通过DPS统计软件进行剂量与活性的回归分析，建立相关系数$R \geq 0.9$的剂量—反应相关模型，获得ED_{90}值（除草剂抑制杂草生长90%的最低剂量）或ED_{50}值、ED_{10}值等数据。

除草活性和作物安全性目测法评价标准

植物毒性（%）	除草剂活性综合评语（对植株抑制、畸形、白化、死亡等影响程度）	作物安全性综合评语（对植株抑制、畸形、白化、死亡等影响程度）
0	同对照，无活性	同对照，无影响，安全
10	稍有影响，活性很低	稍有影响，药害很轻
20~40	有影响，活性低	有影响，药害明显
50~70	明显影响生长，有活性	明显影响生长，药害严重
80	严重影响生长，部分死亡，活性好	严重影响生长，药害较严重
90	严重影响生长，大部分死亡，残余植株少，活性很好	严重影响生长，大部分死亡，药害非常严重
95	严重影响生长，植株基本死亡，残余植株很少，活性很好	植株基本死亡，药害非常严重
100	全部死亡	全部死亡

还可以对不同处理进行在 $P = 0.05$ 或 0.01 水平上的活性差异显著性分析，以比较不同处理间的差异，科学阐述不同处理产生的不同试验结果。

结论和讨论　根据试验研究目的和性质，得出客观的试验结论，并进行相关讨论。

注意事项及影响因素　由于生物的复杂性、多样性，常会产生一些难以预料的结果。生物种群中个体之间的大小、生理状态以及反应程度等可能存在一定差异，试验时应确保有足够的生物数量，并设置相应重复，以减轻个体反应差异，保证其结果的代表性和可靠性。另外，在设计和开展试验时还须设立空白对照、不含有效成分的溶剂对照，以排除偶然性误差，取得可信的试验数据。还有，因温室盆栽试验涉及环境因素和测试生物等众多可变因素，温室中不同时间开展的相同试验可能会有数据不能完全重复和再现的情况，所以不同批次试验结果不能直接进行比较。

参考文献

陈年春, 1991. 农药生物测定技术[M]. 北京: 北京农业大学出版社.

宋小玲, 马波, 皇甫超河, 等, 2004. 除草剂生物测定方法[J]. 杂草科学 (3): 1-6.

STREIBIG J C, 1993. Herbicide bioassay[M]. London: CRC Press. Inc.: 7-28.

（撰稿：徐小燕；审稿：陈杰）

温室植株测定法　greenhouse plant assay

在室内毒力测定的基础上和人为可控条件下进行的杀菌剂实际效力的测定。试验涉及药剂、病原菌和寄主植物三者间的相互作用，试验结果与室内毒力测定不一定完全相符，但其结果可以进一步验证或完善室内毒力测定的结论，并可作为田间试验的参考。是一些国家进行大批量的杀菌剂活性筛选时通常采用的测定方法。

适用范围　温室植株测定法不仅适用于测定大量对靶标菌具有直接抑制作用的杀菌剂，而且同样适用于一些离体条件下无活性或活性不强，但喷施到植株上却可表现出高活性的一类诱导植物产生抗病性或抑制病原菌致病过程的杀菌剂。该方法的优点是不受时间、地点限制，在具有供试寄主植物和设备条件良好的情况下即可以进行。

主要内容　影响温室效力试验的因素很多，包括供试植物、病原菌、接种方法及环境因子等，设计标准化的温室效力试验必须考虑尽可能减少上述各因素对试验的影响。

供试植物　供试植物要求在人工环境条件下容易栽培、生长迅速，可保证全年定时大量供应，不受季节限制。同时具有高感病性，对杀菌剂不过度敏感，最好为生产上主要栽培品种。由于植株的感病性会随着生长情况而波动，因此在保证植株健康、生长状况一致的同时，应特别注意其易感病期，即病原菌的接种试验应该安排在最适发病时期进行。

病原菌　试验中通常采用人工接种病原菌后发病的方法进行杀菌剂的活性测定，所以要求供试病原菌容易培养，最好在离体条件下生长良好，易产生大量的孢子，同时致病力要强，尤其注意与供试植物的寄主专化性。供试病原菌的致病力是影响温室测定的重要因素，在选取病原菌时必须检测其致病力是否退化，如果发现致病力减弱或丧失，须经过植物接种及重新分离的方法使其恢复致病力后，才能进行试验或更换致病力更强的菌株。病原菌的培养条件、菌株或生理小种、接种的菌量等因素均能影响病原菌的致病力。同时，在新化合物最初的活性筛选试验中，须关注病原菌对供试杀菌剂的敏感性，尽量采用未接触过药剂的野生敏感菌株进行接种试验，以避免因采用抗药性菌株接种而导致试验结果活性偏低或无活性而造成新活性化合物的漏筛；当田间已出现明显抗性时，最好选用或增用人田的抗药性菌株接种试验，以便筛选出能在抗性地区推广应用的新药剂。

接种方法　病原菌的接种工作是温室效力试验成功与否的关键。根据病害的传播方式和侵染途径的不同，接种方式也有所差异，接种方式的选择还应尽量接近自然发病情况，以保证效力测定的科学性和准确性。

环境因子　环境条件是影响温室效力试验的重要因素。病原菌是否能够成功接种受到多个环境因子的影响，主要包括温度、湿度和光照等。接种时应尽量创造供试病原菌在自然情况下侵染寄主的最适环境条件。

通常，试验中应当尽可能控制温度条件与自然发病情况下相近，对于控温能力较差的温室，可以选择该病害发生的季节进行试验，降低控温的难度。对于一些对温度要求特别严格的病原菌，应该在适合的人工气候箱内进行接菌。湿度对于病原菌的成功入侵也非常重要，一般植物在接种后须保持一定时间的湿度条件，如在已接种植物上覆盖塑料薄膜自然保湿，也可以在温室安装加湿器等，以满足病原菌侵入寄主的要求。保湿时间的长短，因病害种类的不同而有所差异，一般保湿 24 小时即可。接种完毕后需要将寄主植物恢复到正常的光照条件进行培养，以保证植物正常生长发育。一般病原菌接种时及孢子萌发过程中并不需要光照，但麦类锈病接种后如果对寄主植物不给予适当的光照则会降低发病率。

施药方式　在杀菌剂温室效力试验的过程中，杀菌剂的施用一般要求接近田间的使用，而且施药必须均匀一致，如喷雾施药的杀菌剂应该采用较精密的喷雾器进行喷施，种子处理剂应选择性能优异的包衣机，土壤熏蒸剂注意密封材料的选择等。施药时间要根据药剂的特性及试验目的来定，如测定杀菌剂的保护作用，一般要求在接种前 24 小时施药。如果测定杀菌剂的治疗作用，应先接种，等发病后再施药，或等病菌侵入但植株未表现明显病症前施药。

取样和调查　该方法是以寄主植物发病的程度来衡量杀菌剂的生物活性，根据病害发生的情况不同，其调查方法也有差异，一般温室病害调查的方法可以分为两类：

①调查发病率。这种方法是以整株或一个叶片为单位，只要在调查部位出现病斑就算发病，计算调查总株数（总叶数）中发病百分率和防治效果。该法比较简单，特别适用于杀菌剂土壤或种子处理防治苗期病害的效力测定，其缺点是不能精确表示发病轻重。

$$发病率=\frac{发病株（叶）数}{调查总株（总叶）数}\times 100\% \quad (1)$$

②分级计数法。在温室盆栽测定中，大多病害均可采用分级计数法进行调查，以计算病情指数和防治效果，计算公式如（2）、（3），病情指数可直接反映发病的严重程度。该方法可靠性强，能反映实际情况，不但适用于真菌病害，同样适用于线虫和病毒病害。分级调查的单位不限于叶片，也可以是整株。

分级计数法的原理是按照植物发病的轻重分为多个级值，每级按轻重顺序用简单数值表示，然后用下列公式计算病情指数。级值数目的多少（即最高代表级值）可以根据病害的发生情况确定，通常分为5级或9级。

$$病情指数=\frac{\sum（各级病株数或叶数\times相对级数值）}{调查总株数或叶数\times最高代表级值}\times 100 \quad (2)$$

$$防治效果=\frac{空白对照区病情指数-药剂处理区病情指数}{空白对照区病情指数}\times 100\% \quad (3)$$

参考文献

沈晋良, 2013. 农药生物测定[M]. 北京: 中国农业出版社.

NY/T 1156. 4—2006 农药室内生物测定试验准则 杀菌剂第4部分: 防治小麦白粉病试验盆栽法.

NY/T 1156. 15—2008 农药室内生物测定试验准则 杀菌剂第15部分: 防治麦类叶锈病试验盆栽法.

（撰稿：刘西莉；审稿：陈杰）

稳定剂 stabilizer

能防止或减少农药有效成分在生产、储存和使用过程中发生分解或制剂物理性质变化的助剂。农药有效成分或制剂物理性质的稳定性需要一定的pH、光照、温度和湿度等条件，如果外界条件变化就会引起制剂的不稳定。农药稳定剂的主要功能是保持制剂在有效期内的各项性能指标符合要求。

作用机理 引起农药不稳定的因素，不同的农药各不相同，情况比较复杂。一般导致有效成分不稳定的因素主要有：原药杂质较多即纯度不够；原药本身储存条件比较苛刻，即受外界因素影响较大容易分解；制剂中的其他助剂对有效成分产生影响，比如遇碱容易分解的农药配方中含有碱性成分、遇水易分解的农药制剂含水量较大等；农药有效成分与助剂发生了化学反应等。稳定剂的主要稳定作用主要就是消除和减少以上因素的影响。

分类和主要品种 从稳定的目标上分，稳定剂可分为化学稳定剂和物理稳定剂。

化学稳定剂，主要是解决有效成分的分解、活性降低、抗外界环境干扰等，即抗分解剂。主要有：①抗氧化剂。能防止和减少农药有效成分氧化分解的稳定剂，比如1,2-丁二醇等醇类、环氧大豆油等环氧化合物、邻苯二甲酸酐等。②抗光解剂。比如抗紫外线的物质。③抗降解剂。比如乌洛托品、尿素等。

物理稳定剂，主要解决制剂结晶、絮凝、沉淀、聚集、不抗硬水、结块等问题。在配方的筛选过程中分散剂等助剂已经起到了稳定的作用，如果制剂哪方面不稳定就针对性地加入稳定剂，比如制剂不抗硬水，就可以加入适量的EDTA解决。

使用要求 使用稳定剂之前，首先查清农药原药的稳定存在的条件，然后设计农药配方；如果出现农药有效成分分解的情况，要排除并找出分解的原因，才能够找到合适的稳定剂。

对于引起制剂本身絮凝、沉淀、不崩解的原因，可能是使用了不当的助剂，主要是从所使用的农药助剂查起，更换其他的助剂或加入稳定剂。

应用技术 稳定剂的使用一般是要根据制剂的需要进行选择使用。如果制剂不加入稳定剂就可以在有效期内各项指标合格，就没必要加入稳定剂。在配方的筛选过程中要选择使农药有效成分稳定或制剂稳定的助剂，避免制剂不稳定问题的发生。

参考文献

邵维忠, 2003. 农药助剂[M]. 3版. 北京: 化学工业出版社.

中国农业百科全书总编辑委员会农药卷编辑委员会, 中国农业百科全书编辑部, 1993. 中国农业百科全书: 农药卷[M]. 北京: 农业出版社.

（撰稿：卢忠利；审稿：张宗俭）

喔草酯 propaquizafop

一种苯氧羧酸类选择性除草剂。

其他名称 Agil、Shogun、噁草酸。

化学名称 2-异丙基亚氨基-氧乙基-(*R*)-2-[4-(6-氯喹喔啉基-2-基氧基)苯氧基]丙酸乙酯；(*R*)-2-[[(1-methylethylidene)amino]oxy]ethyl-2-[4-[(6-chloro-2-quinoxalinyl)oxy]phenoxy]propanoate。

IUPAC名称 2-isopropylideneaminooxyethyl(*R*)-2-[4-(6-chloroquinoxalin-2-yloxy)phenoxy]propionate。

CAS登记号 111479-05-1。

分子式 $C_{22}H_{22}ClN_3O_5$。

相对分子质量 443.88。

结构式

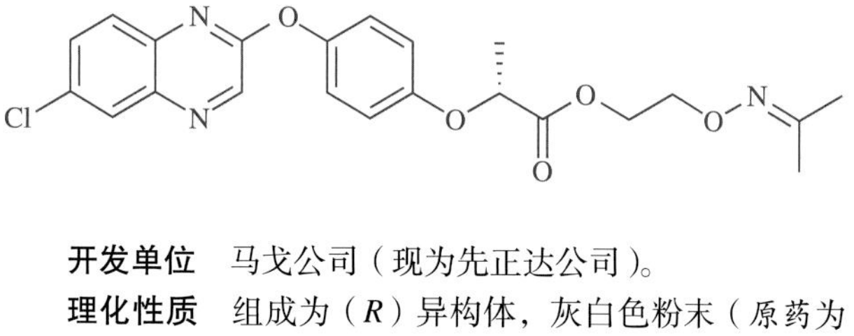

开发单位 马戈公司（现为先正达公司）。

理化性质 组成为（*R*）异构体，灰白色粉末（原药为橙色至褐色细粉末和颗粒的混合物）。熔点66.3℃。相对密度1.35（20℃）。比旋光度$[\alpha]_D^{20}$+29.7°（c = 0.93% in chloroform)，蒸气压 4.4×10^{-7}mPa（25℃），1.3×10^{-7}mPa（20℃）。K_{ow}lg$P$ 4.78（25℃）。Henry 常数 9.2×10^{-8}Pa·m³/mol（20℃，计算值）。水中溶解度 0.63mg/L；有机溶剂中溶解度（g/L，25℃）：正己烷 37、乙醇 59、丙酮 730、甲苯 630。稳定性：在室温下密闭容器中稳定≥2 年，pH5 和 pH7 时对水解稳定。对光稳定。

毒性　急性经口 LD_{50}：大鼠＞5000mg/kg，小鼠 3900mg/kg。大鼠急性经皮 LD_{50}＞2000mg/kg。大鼠急性吸入 LC_{50}（4 小时）2.5mg/L 空气。对兔皮肤无刺激，对兔眼睛有轻微刺激。无诱变性，无致畸性和胚胎毒性。大、小鼠 2 年喂养试验 NOEL 为 1.5mg/（kg·d），狗 1 年喂养试验 NOEL 为 20mg/（kg·d）。饲喂 LD_{50}（10 天）野鸭与山齿鹑（14 天）＞6593mg/kg 饲料。鱼类 LC_{50}（96 小时，mg/L）：虹鳟 1.2，鲤鱼 0.19，大翻车鱼 0.34。蜜蜂 LD_{50}（48 小时）：经口＞20μg/只，接触＞200μg/只。蚯蚓 LC_{50}（14 天）＞1000mg/kg 土壤。

剂型　乳油。

作用方式及机理　乙酰辅酶 A 羧化酶（ACCase）抑制剂，一种苗后选择性除草剂，茎叶处理后能很快被禾本科杂草的叶子吸收传导到整个植株，积累于植物分生组织，抑制植物体内乙酰辅酶 A 羧化酶，导致脂肪酸合成受阻而杀死杂草。苗后施药 4 天后敏感的禾本科杂草停止生长，施药后 7～12 天，植株组织发黄或发红，再经 3～7 天后枯死。从施药到杂草死亡一般需 10～20 天。

防治对象　主要用于防除一年生和多年生禾本科杂草，如阿拉伯高粱、匍匐冰草、狗牙根等。

使用方法　用作茎叶处理剂，3～4 天内杂草停止生长。防除一年生杂草，施药量为 60～120g/hm²（有效成分）；防除多年生杂草，施药量为 140～280g/hm²（有效成分）。对大豆、棉花、油菜、马铃薯和蔬菜安全。在杂草幼苗期和生长期施药效果最好，且作用迅速。添加剂可提高防效 2～3 倍。在相对低温的情况下，也有良好的除草活性。防除一年生和多年生禾本科杂草，药后 5 小时降雨不影响药效。

允许残留量　GB 2763—2021《食品中农药最大残留限量标准》规定喔草酯在棉籽中的最大残留限量为 0.1mg/kg（临时限量）。ADI 为 0.015mg/kg。

参考文献

刘长令, 2002. 世界农药大全: 除草剂卷[M]. 北京: 化学工业出版社: 229-230.

马克比恩 C, 2015. 农药手册[M]. 胡笑形, 等译. 北京: 化学工业出版社: 840-841.

（撰稿：赵毓；审稿：耿贺利）

肟草安　fluxofenim

一种肟醚除草安全剂，用以保护高粱不受异丙甲草胺的危害。

其他名称　Concep III、Bemzacetonitrile、CGA 133205。

化学名称　4′-氯-2,2,2-三氟乙酰苯 O-1,3-二噁戊环-2-基甲基肟；4′-chloro-2,2,2-trifluoroacetophenone O-1,3-dioxolan-2-ylmethyl-oxime。

IUPAC 名称　1-(4-chlorophenyl)-2,2,2-trifluoroethan-1-one O-[(1,3-dioxolan-2-yl)methyl]oxime。

CAS 登记号　88485-37-4。

分子式　$C_{12}H_{11}ClF_3NO_3$。

相对分子质量　309.67。

结构式

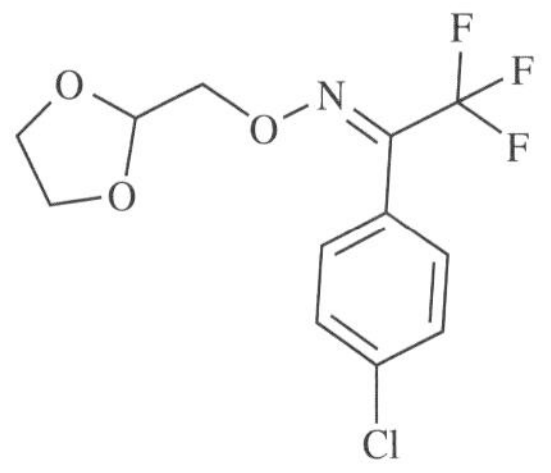

开发单位　由 T. R. Dill 首先报道该除草剂安全剂。由汽巴-嘉基公司开发。获有专利 USP4530716（1984）；EP89313（1984）。

理化性质　油状物。沸点 94℃（13.3Pa），20℃时蒸气压 38mPa。相对密度 1.36（20℃）。20℃时水中溶解度 30mg/L，与大多数有机溶剂互溶。K_{ow}lg$P$ 7950（反相 TLC 法）。对热（≤200℃）稳定。闪点＞93℃。

毒性　大鼠急性经口 LD_{50} 670mg/kg，大鼠急性经皮 LD_{50} 1.54g/kg，大鼠急性吸入 LC_{50}（4 小时）＞1.2mg/L。饲喂试验 NOEL（90 天）：大鼠 10mg/kg［1mg/（kg·d）］，狗 20mg/（kg·d）。鹌鹑急性经口 LD_{50}＞2g/kg，鹌鹑 LC_{50}（8 天）＞5g/kg 饲料。鱼类 LC_{50}：虹鳟 0.86mg/L，蓝鳃鱼 2.5mg/L。水蚤 LC_{50}（48 小时）0.22mg/L。

剂型　96% 乳油（有效成分 960g/L）。

作用方式及机理　肟醚除草安全剂，用以保护高粱不受异丙甲草胺的危害。以有效成分 0.3～0.4g/kg 作种子处理，可迅速渗入种子，加速异丙甲草胺的代谢，保持高粱对异丙甲草胺的耐药性。

使用对象　高粱。

使用方法　用该安全剂作种子处理。

与其他药剂的混用　在混剂中加入 1,3,5-三嗪，可增加防除阔叶杂草活性。

参考文献

朱永和, 王振荣, 李布青, 2006. 农药大典[M]. 北京: 中国三峡出版社: 916-917.

（撰稿：张弛；审稿：耿贺利）

肟草酮　tralkoxydim

一种环己烯酮类除草剂。

其他名称　Grasp、Splendor、Achieve、三甲苯草酮、苯草酮。

化学名称　2-[1-(乙氧基亚氨基)丙基]-3-羟基-5-(2,4,6-

W

三甲苯基)环己烯-2-酮;2-[1-(ethoxyimino)propyl]-3-hydroxy-5-(2,4,6-trimethylphenyl)-2-cyclohexen-1-one。

IUPAC名称　2-[1-(ethoxyimino)propyl]-3-hydroxy-5-mesitylcyclohex-2-enone。

CAS登记号　87820-88-0。

EC号　618-075-9。

分子式　$C_{20}H_{27}NO_3$。

相对分子质量　329.43。

结构式

开发单位　由ICI澳大利亚公司发明并与ICI植物保护部共同开发。

理化性质　纯品为白色固体。熔点106℃（原药，99～104℃）。相对密度1.49（20℃）。蒸气压3.7×10^{-4}mPa（20℃，外推值）。K_{ow}lg$P$ 2.1（20℃，纯水）。Henry常数2×10^{-5}Pa·m^3/mol。水中溶解度（mg/L，25℃）：7（pH6.5）、5（pH5）；有机溶剂中溶解度（g/L，20℃）：正己烷18、甲苯213、二氯甲烷＞500、甲醇25、丙酮89、乙酸乙酯100。稳定性：在15～25℃下稳定＞1.5年，DT_{50}（25℃）：6天（pH5）、11天（pH7）、pH9时28天后87%未分解，在土壤中DT_{50}约3天（20℃），灌水土壤中DT_{50}约25天。

毒性　急性经口LD_{50}（mg/kg）：雄大鼠1324，雄小鼠1231，雌小鼠1100；大鼠急性经皮LD_{50}＞2000（试验的最高剂量下）。大鼠急性吸入LC_{50}（4小时）＞3467mg/L空气。兔急性经口LD_{50}＞519。对兔皮肤用药4小时后有轻微刺激，对兔眼睛有极轻微刺激，对豚鼠皮肤无过敏性。大鼠90天饲喂试验的NOEL为12.5mg/kg，狗为5mg/kg。在一系列毒理学试验中，无致突变、致畸作用。鱼类LC_{50}（96小时，mg/L）：虹鳟＞7.2，蓝鳃太阳鱼＞6.1。蜜蜂LD_{50}＞0.1mg/只（接触）、0.054mg/只（经口）。

剂型　悬浮剂，水分散粒剂。

作用方式及机理　ACCase抑制剂，叶面施药后迅速被植株吸收和转移，在韧皮部转移到生长点，在此抑制新芽的生长，杂草先失绿，后变色枯死，一般3～4周内完全枯死。

防治对象　属环己二酮肟醚类除草剂，以150～350g/hm^{2}芽后施用于小麦和大麦田。防除鼠尾看麦娘、燕麦、瑞士黑麦草、狗尾草等，对阔叶杂草或莎草科杂草无明显除草活性。

使用方法　小麦和大麦田苗后处理，使用剂量为有效成分150～350g/hm^2。叶面喷雾要1小时内无雨，喷液量35～400L/hm^2，并添加0.1%～0.5%表面活性剂。以有效成分200～350g/hm^{2}防除野燕麦的效果优于禾草灵在推荐剂量下的防效，而且施药适期宽，几乎可以防除分蘖终期以前的野燕麦，抑制期可延至拔节期。该品即使在2倍最大推荐剂量下，对小麦、大麦亦安全，包括硬粒小麦。

注意事项　对水生生物有毒并有长期持续的影响。在确保安全的前提下，采取措施防止进一步的泄漏或溢出，不要让产物进入下水道。

与其他药剂的混用　肟草酮与其他除草剂复配可以提高肟草酮的除草活性。用于玉米田可与莠去津混用，苗前处理可与甲草胺、乙草胺、异丙草胺等混用。

允许残留量　GB 2763—2021《食品中农药最大残留限量标准》规定肟草酮在小麦中的最大残留限量为0.02mg/kg。ADI为0.005mg/kg。

参考文献

刘长令, 2002. 世界农药大全: 除草剂卷[M]. 北京: 化学工业出版社: 181-182.

马克比恩 C, 2015. 农药手册[M]. 胡笑形, 等译. 北京: 化学工业出版社: 1016-1017.

（撰稿：赵毓；审稿：耿贺利）

肟菌酯　trifloxystrobin

一种内吸性甲氧基丙烯酸酯类杀菌剂。

其他名称　Aprix、Compass、Consist、Dexter、Éclair、Flint、Flint J、Gem、Natchez、Swift、Tega、Twist、Zato、Zest；混剂：Agora、Fencer、Rombus、Sphere、Stratego等。

化学名称　(*E*)-甲氧亚胺-[(*E*)-α-[1-(α,α,α-三氟间甲苯基)乙亚胺氧]邻甲苯基]乙酸甲酯；methyl(α*E*)-α-(methoxyimino)-2-[[[(*E*)-[1-[3-(trifluoromethyl)phenyl]ethylidene]amino]oxy]methyl]benzeneacetate。

IUPAC名称　methyl(*E*)-methoxyimino-[(*E*)-α-[1-(α,α,α-trifluoro-*m*-tolyl)ethylideneaminooxy]-*o*-tolyl]acetate。

CAS登记号　141517-21-7。

EC号　604-237-6。

分子式　$C_{20}H_{19}F_3N_2O_4$。

相对分子质量　408.37。

结构式

开发单位　1998年P. Margot等报道肟菌酯杀菌活性。1999年由先正达公司研制，2000年德国拜耳公司开发。

理化性质　原药含量≥96%，无嗅白色固体。熔点72.9℃。相对密度1.36（20～25℃）。蒸气压3.4×10^{-6}Pa（25℃）。K_{ow}lg$P$ 4.5（25℃）。Henry常数2.3×10^{-3}Pa·m^3/mol。水中溶解度（mg/L，25℃）：0.61；有机溶剂中溶解度（g/L，20℃）：二

氯甲烷＞500、丙酮＞500、乙酸乙酯＞500、正己烷11、甲醇76、正辛醇18、甲苯500。稳定性：在微碱性条件水溶液中易降解，酸性条件下稳定；DT_{50}（20℃）：27.1小时（pH9）、79.8（pH7）、稳定（pH5）。在水中光解，DT_{50}（25℃）：1.7天（pH7）、1.1天（pH5）。在土壤中DT_{50}为4.2～9.5天。在水中，DT_{50}为0.3～1天。

毒性 低毒。大鼠急性经口LD_{50}＞5000mg/kg。大鼠急性经皮LD_{50}＞2000mg/kg。大鼠急性吸入LC_{50}（4小时）＞4646mg/kg。对兔眼睛和皮肤无刺激。对皮肤可能有致敏性。NOEL［mg/（kg·d）］：大鼠繁殖（2代）3.8，大鼠（2年）9.8。无生殖毒性和致畸变性。绿头鸭急性经口LD_{50}＞2250mg/kg，山齿鹑急性经口LD_{50}＞2000mg/kg。山齿鹑和绿头鸭饲喂LC_{50}＞5050mg/kg饲料。鱼类LC_{50}（96小时，mg/L）：蓝鳃太阳鱼0.054，虹鳟0.015。水蚤LC_{50}（48小时）0.016mg/L，淡水藻E_bC_{50} 0.0053mg/L。蜜蜂LD_{50}（μg/只）：接触和经口＞200。蚯蚓LC_{50}（14天）＞1000mg/kg土壤。

剂型 7.5%、12.5%乳油，25%、45%、50%干悬浮剂，45%可湿性粉剂，50%水分散粒剂。

质量标准 75%肟菌酯·戊唑醇水分散粒剂外观为白色颗粒，水分含量≤2%，pH7～9，悬浮率≥97%，润湿时间≤60秒，粒度500μm。

作用方式及机理 线粒体呼吸抑制剂，作用机制与其他甲氧基丙烯酸酯类杀菌剂相同。半内吸性杀菌剂，具有较强的穿透活性，具有较好的耐雨水冲刷能力及持效期长。

防治对象 杀菌谱广，对于子囊菌、担子菌、半知菌和卵菌引起的病害都有防治作用。如白粉病、锈病、颖枯病、网斑病、霜霉病、稻瘟病、叶斑病、立枯病、苹果黑星病等均有活性。

使用方法 主要进行叶面喷雾处理。

防治水稻稻瘟病、纹枯病和稻曲病 病害发生初期或水稻孕穗末期和齐穗期各施药1次，每次每亩用70%肟菌·戊唑醇水分散粒剂15～20g（有效成分11.25～15g）兑水喷雾；对于稻瘟病，在病害发生初期施用70%肟菌·戊唑醇水分散粒剂10～15g（有效成分7.5～11.25g）兑水喷雾；对于稻曲病，在孕穗末期和齐穗期分别施用1次，施用70%肟菌·戊唑醇水分散粒剂10～15g（有效成分751～11.25g）兑水喷雾；使用安全间隔期均为21天，每季最多使用3次。

防治大白菜炭疽病 病害发生初期进行叶面喷雾处理，每次每亩用70%肟菌·戊唑醇水分散粒剂10～15g（有效成分7.5～11.25g）兑水喷雾；使用安全间隔期均为14天，每季最多使用3次。

防治黄瓜白粉病、炭疽病 病害发生前或病害发生初期进行叶面喷雾处理，每次每亩用70%肟菌·戊唑醇水分散粒剂10～15g（有效成分7.5～11.25g）兑水喷雾；每隔7～10天喷1次，使用安全间隔期为3天，每季最多使用3次。

防治番茄早疫病 病害发生前或病害发生初期进行叶面喷雾处理，每次每亩用70%肟菌·戊唑醇水分散粒剂10～15g（有效成分7.5～11.25g）兑水喷雾；每隔7～10天喷1次，使用安全间隔期均为5天，每季最多使用3次。

注意事项 该药剂对鱼类等水生生物有毒，严禁在养鱼等养殖水产品的稻田使用。稻田施药后，不得将田水排入江河、湖泊、水渠以及鱼塘等水产养殖塘。

与其他药剂的混用 肟菌酯20%与苯醚甲环唑20%复配，防治西瓜炭疽病，施药量为120～180g/hm^2。肟菌酯14%与戊唑醇28%复配，防治苹果树褐斑病，施药量为120～180mg/kg。肟菌酯1.4%和异菌脲23.6%复配，防治草坪褐斑病，施药量为2450～4900g/hm^2；草坪枯萎病，施药量为3063～6250g/hm^{2}喷雾；草坪叶斑病，施药量为2450～4900g/hm^2。肟菌酯21.5%和氟吡菌酰胺21.5%复配，防治番茄叶霉病和辣椒炭疽病，施药量为150～225g/hm^2；防治番茄早疫病、黄瓜靶斑病、黄瓜炭疽病和西瓜蔓枯病，施药量为112.5～187.5g/hm^2；防治黄瓜白粉病，施药量为37.5～75g/hm^2。肟菌酯10%和乙嘧酚20%复配，防治黄瓜白粉病，施药量为180～270g/hm^2。以上均为有效成分剂量。

允许残留量 GB 2763—2021《食品中农药最大残留限量标准》规定肟菌酯最大残留限量见表。ADI为0.04mg/kg。谷物参照GB 23200.113规定的方法测定；蔬菜、水果按照GB 23200.8、GB 23200.113、GB/T 20769规定的方法测定。WHO推荐肟菌酯ADI为0.04mg/kg。

部分食品中肟菌酯最大残留限量（GB 2763—2021）

食品类别	名称	最大残留限量（mg/kg）
谷物	稻谷	0.10
	小麦	0.20
	大麦	0.50
	玉米	0.02
	杂粮类	0.01
	糙米	0.10
油料和油脂	大豆	0.05
	花生仁	0.02
	初榨橄榄油	0.90
	精炼橄榄油	1.20
蔬菜	洋葱	0.05
	韭菜	0.70
	结球甘蓝	0.50
	抱子甘蓝	0.50
	结球莴苣	15.00
	萝卜叶	15.00
	芹菜	1.00
	番茄	0.70
	茄子	0.70
	辣椒	0.50
	甜椒	0.30
	黄瓜	0.30
	芦笋	0.05
	萝卜	0.08

（续表）

食品类别	名称	最大残留限量（mg/kg）
蔬菜	胡萝卜	0.10
	马铃薯	0.20
水果	柑	0.50
	橘	0.50
	橙	0.50
	柠檬	0.50
	柚	0.50
	佛手柑	0.50
	金橘	0.50
	苹果	0.70
	梨	0.70
	山楂	0.70
	枇杷	0.70
	榅桲	0.70
	核果类水果	3.00
	葡萄	3.00
	草莓	1.00
	橄榄	0.30
	香蕉	0.10
	番木瓜	0.60
	西瓜	0.20
干制水果	葡萄干	5.00
	柑橘肉（干）	1.00
坚果		0.02
糖料	甜菜	0.05
饮料类	啤酒花	40.00

参考文献

刘长令, 2006. 世界农药大全: 杀菌剂卷[M]. 北京: 化学工业出版社: 143-146.

农业部种植业管理司, 农业部农药检定所, 2015. 新编农药手册[M]. 2版. 北京: 中国农业出版社: 319-320.

TURNER J A, 2015. The pesticide manual: a world compendium[M]. 17 th ed. UK: BCPC: 1149-1151.

（撰稿：王岩；审稿：刘鹏飞）

W

肟螨酯 ETHN

一种肟类杀螨剂。

化学名称 *N*-对甲苯酰-3,6-二氯-2-甲氧基苯酰肟酸乙酯；eyhyl-*N*-*p*-toluoyl-3,6-dichloro-2-methoxy benzohydroxamate。

CAS 登记号 32389-43-8。

分子式 $C_{18}H_{17}Cl_2NO_4$。

相对分子质量 382.24。

结构式

毒性 急性经口 LD_{50}：大鼠 > 4500mg/kg。小鼠 > 3000mg/kg。鲤鱼 LC_{50}（48 小时）> 40mg/L。

剂型 目前在中国未见相关制剂产品登记。

防治对象 用于柑橘和苹果上的螨类防治，具有杀卵、杀成虫作用，一般制成混剂使用。

参考文献

孙家隆, 2015. 新编农药品种手册[M]. 北京: 化学工业出版社.

（撰稿：赖婷；审稿：丁伟）

肟醚菊酯

一种具有胃毒和触杀作用的拟除虫菊酯类杀虫剂、杀螨剂。

其他名称 809。

化学名称 1-(4-氯苯基)-异丙基酮肟-氧-(3-苯氧苄基)醚；1-(4-chlorophenyl)-isopropyl ketone oxime *O*-(3-phenoxybenzyl)ether。

CAS 登记号 69043-27-2。

分子式 $C_{23}H_{22}ClNO_2$。

相对分子质量 379.87。

结构式

开发单位 1980 年 M. J. Bull 等首先报道。1982 年中国南开大学元素有机化学研究所进行系统合成和研究。

理化性质 淡黄色油状液体。折射率 n_D^{25}1.5889。反式异构体（*E*）与顺式异构体（*Z*）之比为 3 : 1。难溶于水，能溶于苯、二氯甲烷等有机溶剂。两个异构体的折射率为（*E*）n_D^{25}1.5870 和（*Z*）n_D^{25}1.5828。

毒性 对哺乳动物低毒、对鱼低毒。小鼠急性经口 LD_{50} > 5g/kg（*E* 和 *Z* 的 LD_{50} 均 > 4.5g/kg）。对鲤鱼毒性 TLm > 10mg/L。

作用方式及机理 具有胃毒和触杀作用，对黏虫和玉米螟的杀虫活性接近氰戊菊酯而高于滴滴涕。对黏虫的击倒速度比氰戊菊酯慢；但击倒后的黏虫在 24 小时后无一复活。

而氰戊菊酯在低剂量时击倒的黏虫能全部复活，而在高剂量时也有 25% 的黏虫复活。在加热成烟雾时对蚊成虫有熏杀作用，但熏杀毒力要略差于氰戊菊酯。

防治对象　杀虫、杀螨剂。对斜纹夜蛾和叶螨有活性，对黏虫有较高的杀虫活性。

参考文献

朱永和, 王振荣, 李布青, 2006. 农药大典[M]. 北京: 中国三峡出版社: 208.

（撰稿：张阿伟；审稿：吴剑）

肟醚菌胺　orysastrobin

一种甲氧基丙烯酸酯类杀菌剂。

其他名称　单剂：Arashi；混剂：Arashi prince10、Arashi prince6、Arashi Carzento。

化学名称　(2*E*)-2-(甲氧亚氨基)-2-[2-[(3*E*,5*E*,6*E*)-5-(甲氧亚氨基)-4,6-二甲基-2,8-二氧杂-3,7-二氮杂壬-3,6-二烯-1-基]苯基]-*N*-甲基乙酰胺；(*α*,*E*)-*α*-(methoxyimino)-2-[(3*E*,5*E*,6*E*)-5-(methoxyimino)-4,6-dimethyl-2,8-dioxa-3,7-diazanona-3,6-dien-1-yl]phenyl]-*N*-methylacetamide。

IUPAC名称　(2*E*)-2-(methoxyimino)-2-[(3*E*,5*E*,6*E*)-5-(methoxyimino)-4,6-dimethyl-2,8-dioxa-3,7-diaza-3,6-nonadienyl]-*N*-methylberzeneacetamide。

CAS 登记号　248593-16-0。

EC 号　607-448-1。

分子式　$C_{18}H_{25}N_5O_5$。

相对分子质量　391.42。

结构式

开发单位　德国巴斯夫公司开发。A. Watanabe 等（2004）、G. Stammler 等（2007）和 T. Grote 等（2007）报道其生物活性。

理化性质　纯品为白色固体晶体。熔点 98.4～99℃。相对密度 1.296（20～25℃）。蒸气压 7×10^{-7}mPa（20℃）、2×10^{-6}mPa（25℃）。K_{ow}lg*P* 2.36（25℃）。水中溶解度（mg/L，20～25℃）：80.6；有机溶剂中溶解度（g/L，20℃）：乙酸乙酯 206、正辛醇 12.1、异丙醇 33.9、甲苯 125。在土壤中半衰期依土壤类型不同而异，为 51.2～61.7 天，在水中半衰期＞365 天，光解半衰期为 0.8 天。

毒性　雌、雄大鼠急性经口 LD_{50} 356mg/kg。雌、雄大鼠急性经皮 LD_{50}＞2000mg/kg。对兔眼睛和皮肤无刺激，对皮肤无致敏。大鼠急性吸入 LC_{50}（4 小时）：雄性 4.12mg/L，雌性 1.04mg/L。NOEL［mg /（kg · d）］：大鼠（2 年）5.2。山齿鹑急性经口 LD_{50}＞2000mg/kg。鱼类 LC_{50}（96 小时，mg/L）：虹鳟 0.89。水蚤 LC_{50}（24 小时）＞1.3mg/L。羊角月牙藻 EC_{50}（72 小时）7.1mg/L。蜜蜂 LD_{50}（μg/ 只）＞95。赤子爱胜蚓 LC_{50}＞1000mg/kg 土壤。

剂型　3.3% 粒剂。

作用方式及机理　线粒体呼吸抑制剂，肟醚菌胺结合于病原菌细胞色素 bc1 复合物中细胞色素 b 部分的 Qo 位点。具有保护、治疗、铲除和渗透作用，对病原菌的孢子萌发、附着胞的形成具有抑制作用。

防治对象　对水稻稻瘟病和纹枯病有特效。

使用方法　主要通过撒施进行水面处理。在发病前 10 天和发病初期、移栽前 3 天，施用 3.3% 肟醚菌胺粒剂有效成分 700g/hm²，防治水稻稻瘟病。对于水稻纹枯病，在移植当天施用 3.3% 肟醚菌胺粒剂有效成分 700g/hm²，在抽穗前 1 天到收获前 21 天内，禁止施药。

与其他药剂的混用　Amshi Dantotsu SBP（肟醚菌胺 7% + 噻虫胺 1.5%），在水稻移栽前 3 天或移植当天施用，用于防治水稻稻瘟病、纹枯病、稻飞虱、黑尾叶蝉、稻水象甲、水稻负泥虫。Amshi Prince SBP 10（肟醚菌胺 7% + 氟虫腈 1%），在移植当天施用，用于防治水稻稻瘟病、纹枯病、稻飞虱、黑尾叶蝉、稻水象甲、水稻负泥虫、稻纵卷叶螟、二化螟。Amshi Prince SBP 6（肟醚菌胺 7% + 氟虫腈 0.6%），在移植前 3 天或移植当天施用，用于防治水稻稻瘟病、纹枯病、稻飞虱、黑尾叶蝉、稻水象甲、水稻负泥虫、稻纵卷叶螟、二化螟。Amshi Carzento（肟醚菌胺 7% + 丁硫克百威 3%），在移植前 3 天或移植当天施用，用于防治水稻稻瘟病、稻水象甲、水稻负泥虫。

允许残留量　中国无肟醚菌胺的最大残留限量信息。日本对肟醚菌胺的最大残留限量为大米、糙米 0.2mg/kg。

参考文献

华乃震, 2013. Strobilurin类杀菌剂品种、市场、剂型和应用 (II) [J]. 现代农药, 12 (4): 6-12.

颜范勇, 王永乐, 刘冬青, 等, 2010. 新型甲氧基丙烯酸酯类杀菌剂肟醚菌胺[J]. 农药, 49 (7): 514-518.

TURNER J A, 2015. The pesticide manual: a world compendium[M]. 17th ed. UK: BCPC: 815-816.

（撰稿：王岩；审稿：刘鹏飞）

无机杀虫剂　inorganic insecticide

有效成分是无机化学物质的杀虫剂类型，早期多指由天然矿产加工制成的一类杀虫的农药。又名矿物性杀虫剂。

其杀虫有效成分有的含有砷元素，有的含有氟元素，有的含有硫元素。无机杀虫剂的特点是生产技术和设备相对简单，使用不当可能会产生药害。

开发单位　大多是人们在早期的农业生产活动中通过长期的实践和经验发现的，形成于现代农药问世之前，往往没有确定的开发单位。使用无机杀虫剂的时间阶段大约是

19 世纪 60 年代至 20 世纪中期，在个别国家使用历史时期较长。

毒性　一般都具有较高的毒性。

剂型　常用的主要分为砷制剂和氟制剂等类型，如砷酸铅、硫黄、氟硅酸钠等。

作用方式及机理　主要通过胃毒作用起杀虫效果。

防治对象　主要用于果树和蔬菜害虫的防治。

参考文献

李希平, 任翠珠, 1993. 农药使用技术大全：杀虫剂[M]. 北京: 化学工业出版社: 5.

唐除痴, 李煜昶, 陈彬, 1998. 农药化学[M]. 天津: 南开大学出版社: 217.

作者不详, 1968. 无机杀虫剂[M]. 北京: 化学工业出版社: 5.

（撰稿：王建国；审稿：高希武）

无人机喷雾　UAV spraying

利用轻小型植保无人机为载体，在飞行器上搭载农药喷雾设备进行农药喷洒作业。

发展简史　多年来，中国农业及植保专家展开了大量对无人机植保技术的深入研究。2007 年中国开始植保无人机的产业化探索，2010 年第一架商用的植保无人机交付市场。2013 年，全国性的无人机植保展示、表演方兴未艾，但营利性的飞防组织还比较少。农用无人机的生产和加工大都从航模生产加工企业发展而来，具备一定的自主研发能力，但技术保障有待提高。

中国通用的农用植保无人机主要有 Z-3 型、MG-1 型、天鹰 -3 型、CD-15 型、3WQF120-12 型、3WSZ-18 型等。近 10 年来植保无人机低空低量喷雾作业逐渐兴起，发展迅猛。据农业部相关部门统计，截至 2016 年，全国在用的农用无人机共 178 种，可挂载 5～20L 的药箱，喷幅在 5～20m，可适用于不同的施药条件，喷雾作业效率高达 $6hm^2/h$，能有效及时防治多种大田及经济作物的病虫草害。

工作原理　单旋翼无人直升机依据其动力配置及任务载荷，可分为微型 / 小型、轻型 / 中型、重型 / 大型，有军用、民用、农用之分。农用型无人直升机以轻便灵巧为主要特点，结构组成除飞机平台外，还主要包括机上系统和地面系统。飞机平台包括发动机动力传动结构、旋翼头结构、尾传动结构、发动机、机身结构件和起落架等（图 1）。

多旋翼植保无人机是由多组动力系统组成的飞行平台，一般常见的有四旋翼、六旋翼、八旋翼、十八旋翼、二十四旋翼等。多旋翼植保无人机由无刷电机驱动螺旋桨组成单组旋翼动力系统，由惯导系统、飞控系统、导航系统、电子调速器组成控制驱动部分。

适用范围　植保无人机不需要跑道，运行成本低，控制灵活，机动性强，作业效率高，适用于大面积单一作物、果园、草原、森林的施药作业，以及滋生蝗虫的荒滩和沙滩等地的施药。因其可在全地形条件下作业，适用于高秆作物如玉米和甘蔗、水稻以及丘陵山地作物等地面大型机械难以进入作业的地块植保喷雾作业。

主要内容

植保无人机类型与性能　当前中国农用无人机按结构主要分为单旋翼和多旋翼两种，按动力系统可以分为电池动力与燃油动力两种，种类达十多种，一般空机重量 10～50kg，作业高度 1.5～5m，作业速度小于 8m/s。电池动力系统的核心是电机，操作灵活，起降迅速，单次飞行时间一般为 10～15 分钟。燃油动力系统的核心是发动机，灵活性相对较差，机身大，需要一定的起降时间，单次飞行时间可超过 1 小时，维护较复杂。单旋翼无人机药箱载荷多为 5～20L，部分机型载荷可达 30L 以上。多旋翼无人机多以电池为动力，较单旋翼无人机药箱载荷少，多为 5～10L，其具有结构简单、维护方便、飞行稳定等特点。

植保无人机的系统组成

机上系统　包括动力、控制与航电、测控系统、农用任务设备等。

①动力。有电动机（电源）用于微型或小型单旋翼植保无人机；两冲程内燃机用于小型单旋翼植保无人机；四冲程以上内燃机用于轻型或中型无人机；涡轮发动机用于大型或重型机。农用型无人直升机常规采用的是二冲程、四冲程或三角转子内燃机动力。

②机体布局。农用型无人直升机，通常采用单旋翼带尾桨或共轴双旋翼式布局，农用载荷便于在机身及起落架附

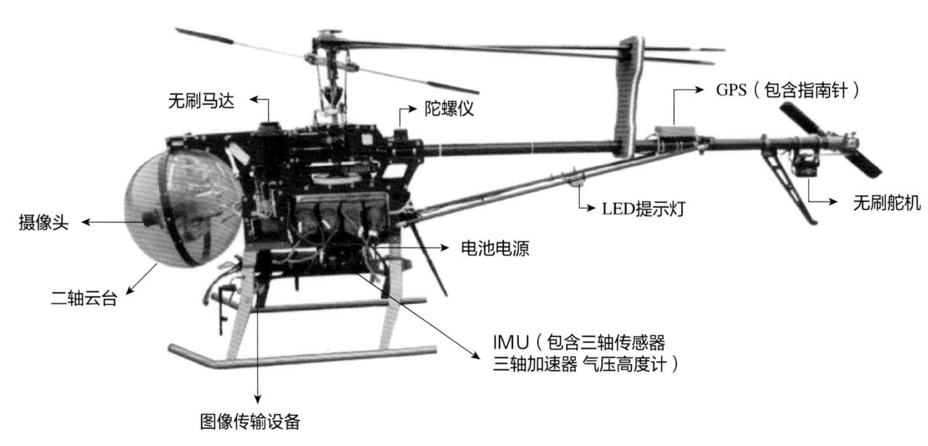

图 1　单旋翼植保无人机系统组成

近挂载，靠近重心附近，对气动和动力学特性的影响较小。如日本 RAMX TYPE Ⅱ的单旋翼带尾桨布局。

③控制与航电。机载电源包括电池或发电机；飞控计算机，计算处理单元、传感器模块、机上数据链模块；测量传感，如发动机参数，姿态角及角速率测量，位置与高度测量，速度测量，自检测量；伺服执行，伺服舵机，开关量；航电系统有分布式和集成式。分布式：部件多，系统复杂，军用。集成式：集成化程度高，系统简单，民用、农用型。

④测控系统。商用数传，农用型：窄带监测数据，商用数字图传）；专用链路，专用图传，扩频宽带，卫通。

⑤农用任务设备。农药喷洒设备，如药液箱、液泵、喷头等；种子、肥料、害虫天敌播撒设备等。图 2 为常见的机载药液喷洒系统组成。

⑥遥感探测。如摄像头，用于农情监测，灾害评估，施药效果评估等。

地面系统　包括控制终端和辅助设备。

①控制终端。地面站系统：控 / 显设备、DGPS 基站、数据链地面部分等。有车载式和便携式。车载式有单车系统和多车系统，军用或专用。便携式如人工遥控设备、手持标地设备。

②辅助设备。常规无人机系统的辅助设备包括检测设备、地面供电设备、储运装置、载荷信息收集与处理设备和地面组网通信设备等。

植保无人机的辅助设备主要实现飞行信息监控和航路规划功能。采用 Android/IOS 平台移动终端，利用其内置的 GPS 地图功能进行田块的航线规划，使用蓝牙功能与飞控计算机进行数据交互。辅助 PDA 设备用于飞行信息监控，航路规划。

植保无人机的关键技术是航路规划和调整，内容包括：航电采集：采集田块外形及作业幅宽；自动航线规划：自动解算并生成飞行航线；航点修正：由于 GPS 点具有时间漂移特性（在一定的作业时间内可以保证相对的作业精度），根据基准点的偏差进行所有航点及航线的自动调整。

无人机喷雾的特点

全能　空中飞行，特别适合小地块及地面设备无法行走的水稻、中后期的玉米和甘蔗等高秆作物以及森林病虫害防治，具有直升机的高效作业性能和良好喷洒效果。

高效　可以搭载 10L 及以上的药液，喷洒效率 1.3～3 亩 / 分钟，巡航时间 15 分钟以上，巡航喷雾速度 1～3m/s。自动化程度高，作业机组人员相对较少，劳动强度低。

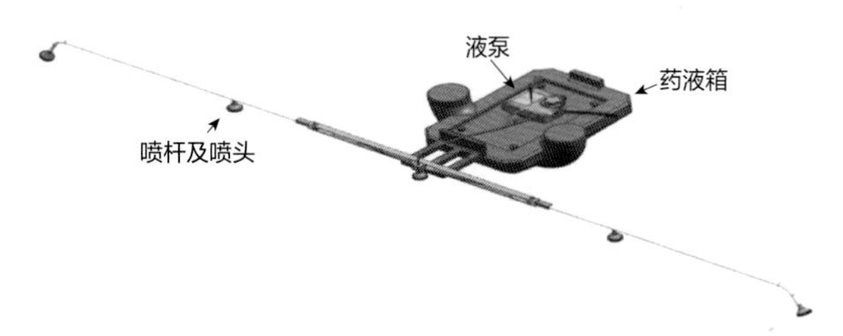

图 2 无人直升机施药系统主要组成

优质　采用 GPS 导航，自动规划航线，自主按航线飞行并可接力作业，减少人工漏喷重喷的现象。无人直升机是螺旋机翼，作业高度比较低（2～4m），当药液雾滴从喷洒器喷出时被旋翼的向下气流加速形成气雾流，直接增加了药液雾滴对农作物的穿透性，减少农药飘移程度。

安全　采用人工遥控技术和自动导航技术，保证了飞机操控者的安全性。施药人员远离施药环境，避免近距离接触农药导致的健康危害。

节水　使用超低容量液剂、热雾剂及超低容量静电制剂等，每亩施药仅 200～500ml（兑水），用药量少，每亩节省农药 30%～40%，而且喷洒均匀度是人工的 3～5 倍，减少农药残留量。

便利　无人机机体重量轻，转运方便。垂直起降，对场地基本无要求，可在田间地头起降，可实现自主起降、自主悬停，减少人为误操作风险，特别适用于中国土地集中度不高的国情。

图 3 为植保无人直升机喷雾作业流程图。

无人机喷雾作业影响因素

农药的有效性　由于农药喷洒植保飞机采用的都是超低量高浓度喷洒，一般施药液量 500～1000ml/ 亩。目前，中国植保无人机喷雾使用的农药基本上都是市场上销售的普通农药进行浓缩，当然也可以使用一些农药厂家生产低空低量喷洒专用农药剂型，与相应的抗飘移、抗蒸发助剂混合使用来确保农药的使用效果。

飞行参数　由于单位面积用药少，喷洒的均匀性至关重要。如果没有飞控，植保无人机的高度、速度与喷洒量也无法联动，尤其是当飞机悬停时，飞机下方的用药量剧增，

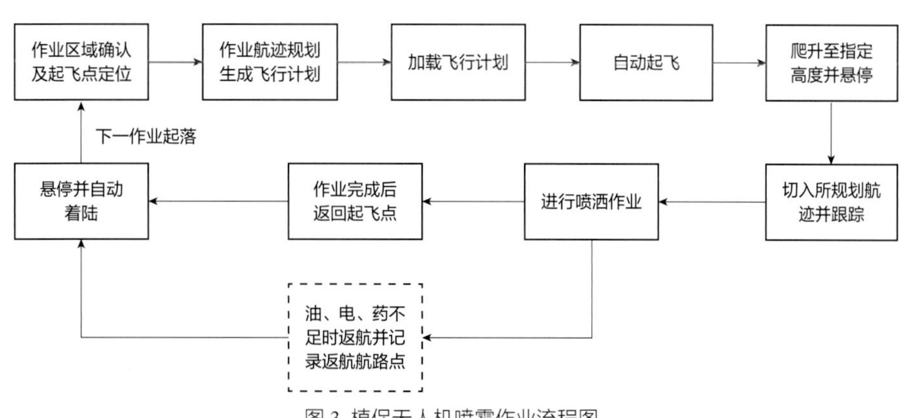

图 3 植保无人机喷雾作业流程图

造成药害。喷幅对接不齐造成重喷、漏喷，影响喷洒效果。因此需要植保无人机在整个作业过程中尽量保持匀速和一定的高度，确保喷雾效果。

操纵人员的技术水准 虽然现在大多植保无人机已经安装了工业级的飞控系统，能够确保飞机的高度平稳，但是实际作业中的飞行速度还是需要人为进行控制，因此飞手操作的熟练程度将直接影响喷洒效果。而且飞手在实际操作过程中要具备相应的观察判断能力，降低作业中的漏喷率、重喷率和误喷率。

喷洒系统 目前主要使用液力式喷头和离心式喷头。由于液力式喷头的流量随压力发生变化的范围比较小，根据飞机的速度控制流量的效果就不明显。离心式喷头可以根据飞机速度很好调节流量，但离心式喷头由于高速旋转，农药雾滴比较细，容易发生飘移和蒸发，因此具体选择什么喷洒系统还需要根据实际作业情况和使用的农药特性决定。

气候条件 合适的喷雾时间是提高雾滴沉积率的重要因素之一，特别是在不同的地域、地形条件下，除了旋翼飞机本身产生的涡流外，作业时的温度和风速，气流与作物摩擦产生的涡流等也会影响雾滴在作物上的分布。为了减少药液的飘移及挥发流失，在大气温度超过 28℃、空气相对湿度在 60% 以下、风速大于 3m/s 时，不适宜作业。

参考文献

郭永旺, 邵振润, 赵清, 等, 2015. 植保机械与施药技术应用指南[M]. 北京: 中国农业出版社.

何雄奎, 2012. 高效施药技术与机具[M]. 北京: 中国农业大学出版社.

何雄奎, 2013. 药械与施药技术[M]. 北京: 中国农业大学出版社.

（撰稿：何雄奎；审稿：李红军）

无人驾驶喷雾飞机 unmanned spray aerial vehicle

一类不需要飞行员驾驶的小型喷雾飞机。又名无人植保机。

优越性 无人驾驶喷雾飞机的优势在于无须飞行员驾驶，风险小；飞机起降不需要跑道，田间地头即可完成起降；机动灵活，适用于中小地块的田间作业；可在地面机械无法进入的水田进行作业。植保无人机可以远距离遥控操作，从根本上避免了作业人员暴露在农药中的危险，改善了操作者的劳动条件。植保无人机在水田、高秆作物间作业和应对暴发性病虫害等方面已经表现出突出的优势，而且可以应对农村劳动力减少的问题，近年来发展迅猛。日本等国在植保无人机及其施药技术方面的研究已比较成熟。

分类 目前常用的无人驾驶喷雾飞机主要分为两类：单旋翼无人喷雾机和多旋翼无人喷雾机。

单旋翼无人喷雾机 单旋翼无人喷雾直升机可用于水稻、甘蔗、玉米、棉花、小麦等农作物及林业病虫害防治，如采用单旋翼无人植保机进行超低容量施药等（图 1）。

单旋翼无人喷雾直升机主要包括飞机平台、机上系统和地面系统。机型特点：①全能。空中飞行特别适合小地块及地面设备无法行走的水稻、中后期的玉米和甘蔗等高秆作物以及森林病虫害防治，具有直升机的高效作业性能和良好喷洒效果。②高效。可以搭载 10L 及以上的药液，喷洒效率每分钟 867～2000m^2，巡航时间 15 分钟以上，巡航喷雾速度 1～3m/s。自动化程度高，作业机组人员相对较少，劳动强度低。③优质。采用 GPS 导航，自动规划航线，自主按航线飞行并可接力作业，减少人工漏喷重喷的现象；无人直升机是螺旋机翼，作业高度较低（2～4m），当药液雾滴从喷洒器喷出时被旋翼的向下气流加速形成气雾流，直接增加了药液雾滴对农作物的穿透性，减少了农药飘移程度。④安全。采用人工遥控技术和自动导航技术，保证了飞机操控者的安全性；施药人员远离施药环境，避免近距离接触农药导致对健康的危害。⑤节水。使用超低容量液剂、热雾剂及超低容量静电制剂等，每亩施药仅 200～500ml（加水），用药量少，每亩节省农药 30%～40%，而且喷洒均匀度是人工的 3～5 倍，减少农药残留量。⑥便利。无人机机体重量轻，运转方便。垂直起降，对场地基本无要求，可在田间地头起降，可实现自主起降、自主悬停，减少人为操作失误的风险，特别适用于中国土地集中度不高的地区。但仍有限制因素：购机成本和专业化操作要求高；小机型载荷比较小，电动动力续航能力差；需要研制配套的低空低量喷雾制剂及进行施药技术研究，制定防治规范标准，做好监督管理。

多旋翼无人喷雾机 适用范围与单旋翼无人喷雾直升机相似，但在结构上与单旋翼无人喷雾直升机不同。多旋翼无人喷雾机是由多组动力系统组成的飞行平台，常见的有四旋翼、六旋翼、八旋翼等，甚至由更多旋翼组成（图 2）。电动多旋翼无人喷雾机由无刷电机驱动螺旋桨组成单组旋翼动力系统，由惯导系统、飞控系统、导航系统、电子调速器组成控制驱动部分。多旋翼无人喷雾机的性能优势在于：防治效率高，每分钟达到 667～1334m^2，单日单架可防治 33.3hm^2。减轻劳动者劳动强度，提高防治效率。用高性能聚合物电池作为动力，只以电机轴承为机械部件，无单一故

图 1 单旋翼植保无人机

图 2 多旋翼植保无人机

障点，各旋翼独立控制，任何故障造成的单个旋翼停转，不影响机器的正常飞行、降落等操作，保证了财产安全和人身安全。当机器出现故障损坏时，只需更换单一配件，维修成本低。配置专用喷洒部件，实现低空（1～4m）、低量（每亩 200～600ml）或超低量喷雾。雾滴直径达到 50～100μm，提高雾滴的黏附能力，有效降低农药残留，提高农药利用率，减少农药施用量，节约成本。整机全电子增稳，操作简单。自主导航可实现全自动飞行。动力系统性能优异，可提供机动灵活的飞行姿态，抗风能力强。

参考文献

何雄奎, 2012. 高效施药技术与机具[M]. 北京: 中国农业大学出版社.

何雄奎, 2013. 药械与施药技术[M]. 北京: 中国农业大学出版社.

全国农业技术推广服务中心, 2015. 植保机械与施药技术应用指南[M]. 北京: 中国农业出版社.

（撰稿：何雄奎；审稿：李红军）

无重力混合　agravic mixing

充分利用对流混合原理，即利用物料在混合器内的上抛运动形成流动层，产生瞬间失重，使之达到最佳混合效果的混合形式。

原理　无重力混合是电机通过减速机、链条（或齿轮）带动两根主轴以一定的速度做等速反向转动，以一定角度安装在主轴上的桨叶将一部分物料抛洒到整个容器空间，在一定的圆周速度下，物料在失重的状态下，形成流动层的混合，同时物料在桨叶的作用下做轴向和径向运动，从而在容器内形成复合循环。并且物料在特定的重叠叶片作用下，进行轴向移动，实现在全方位范围内进行混合，形成随机的最佳运动状态。

特点　无重力混合机的减速机带动轴的旋转速度与桨叶的结构会使物料重力减弱，随着重力的缺乏，各物料存在颗粒大小、密度悬殊的差异在混合过程中被忽略。即使物料有密度、粒径的差异，在交错布置的搅拌叶片快速剧烈的翻腾抛洒下，也能达到很好的混合效果。无重力混合机可实现喷雾操作，加液后黏度太大的物料不适合。根据用户及产能要求，还可以在无重力上加装喷液装置进行喷加液体的固（粉）—液混合或在无重力外加上夹套装置使之成为干燥设备使用。混合速度快，一般粉体混合只需 2～3 分钟。低能耗，是一般混合机的 1/4～1/10。无重力混合机不允许满载启动，装载量严格控制在 40%～60%。若物料过重，则机器一边运行一边加料为最佳。

设备　中国工业上应用的无重力混合机大体可分为两类，一种是普通无重力混合机，一种为飞刀式无重力混合机，后者主要针对物料中含有纤维而进行飞刀切断后再混合的一个种类。无重力混合机在传动过程中有齿轮传动或链条传动两种，链条传动有缓冲但链条易损耗、齿轮传动较平稳。

应用　无重力混合广泛用于干粉砂浆、化工、农药、洗涤剂、颜料、食品、味精、奶粉、食盐、饲料、化学品、陶瓷、塑料、橡胶添加剂等粉料的混合与干燥上。无重力混合机在农药的应用主要用于密度较轻不宜混合均匀的粉体混合及含有液体—固体制剂的制造，即将液体（原药）从压力罐经喷嘴喷到无重力混合机内的载体上吸附后混合均匀出料即得产品。

参考文献

蒋志坚, 马毓龙, 1991. 农药加工丛书[M]. 北京: 化学工业出版社.

刘步林, 1998. 农药加工技术[M]. 2版. 北京: 化学工业出版社.

（撰稿：周惠中；审稿：遇璐、丑靖宇）

梧宁霉素　tetramycin

由不吸水链霉菌梧州亚种（*Streptomyces ahygroscopicn* subsp. *wuzhouensisn*）产生的一种高效低毒的广谱农用抗生素。是目前防治真菌病害理想的生物农药之一。

其他名称　四霉素、11371 抗生素。

IUPAC名称　(4*Z*,6*Z*,8*Z*,10*Z*,16*Z*)-3-(4-amino-3,5-dihydroxy-6-methyloxan-2-yl)oxy-12-ethyl-19,21,23,25-tetrahydroxy-13-methyl-15-oxo-14,27-dioxabicyclo[21.3.1]heptacosa-4,6,8,10,16-pentaene-26-carboxylic acid。

CAS 登记号　11076-50-9。

分子式　$C_{35}H_{53}NO_{13}$。

相对分子质量　695.79。

结构式

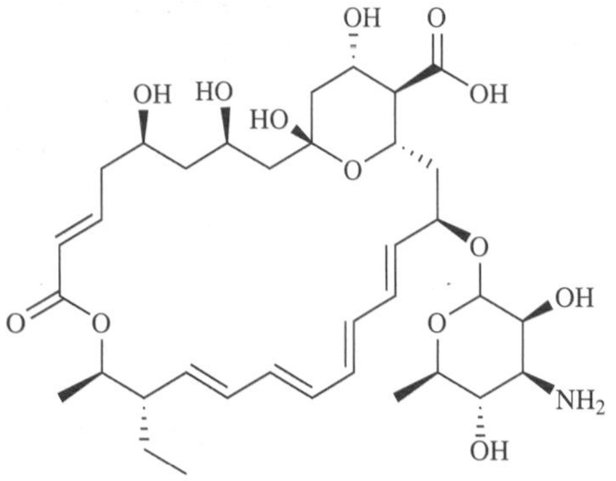

OH　O　OH　HO　HO　OH　O　O　O　OH　O　O　NH$_2$　OH

W

开发单位 辽宁微科生物工程有限公司研发。

理化性质 为不吸水链霉菌梧州亚种的发酵代谢物。含有4个组分：A1、A2、B和C。A1、A2组分为大环内酯类四烯抗生素，B组分为肽类抗生素，C组分属含氮杂环芳香族衍生物抗生素，与茴香霉素相同。易溶于碱性水、吡啶和醋酸中，不溶于水和苯、氯仿、乙醚等有机溶剂。无明显熔点，晶粉在140～150℃开始变红，250℃以上分解。B组分为白色长方晶体，溶于含水吡啶等碱性溶液，微溶于一般有机溶剂，对光、热、酸、碱稳定。C组分为白色针状结晶，熔点140～141℃，溶于甲醇、乙醇、丙酮、乙酸乙酯、氯仿等大多数有机溶剂，微溶于水，性质稳定。

毒性 毒性低，对人畜安全，无公害，不污染环境。经有关部门试验，大鼠LD_{50} 400mg/kg，致突变试验为阴性，蓄积毒性系数为5.6，与食盐毒性相似。施药后不影响果质，属高效低毒生物农药。

剂型 0.3%水剂，15%母药。

作用方式及机理 含有多种抗菌素，其中大环内酯四烯抗生素，防治细菌病害；肽嘧啶核苷酸类抗生素，防治真菌病害；含氮杂环芳香族衍生物抗生素，提高作物免疫力。具有内吸抑菌活性，阻止病菌侵入和扩展。药剂发酵生产过程中形成多种可被作物吸收利用的营养元素，有促进作物组织受到外伤后的愈合再生功能，增强植物的光合作用，提高产量。同时能明显促进愈伤组织愈合，促进弱苗根系发达、老化根系复苏，提高作物抗病能力和优化作物品质。

防治对象 杀菌谱广，对鞭毛菌、子囊菌和半知菌亚门真菌等3大门类26种已知病原真菌均有极强的杀灭作用。适用各种农作物多种真菌病害的防治，尤其对果树腐烂病、斑点落叶病，棉花黄（枯）萎病，大豆根腐病，水稻纹枯病、苗期立枯病，人参和三七黑斑病，茶叶茶饼病，葡萄白腐病，西瓜蔓枯病、根腐病、茎基腐病特效。

使用方法 刮治病斑。在落叶后和早春发现病斑，将发病部位表皮全部刮掉深达木质部，形状呈梭形立茬刀口，并刮掉健皮1～1.5cm。然后，用5～10倍药液涂于刮后病斑处。刮下树皮烧掉，以免病菌传播蔓延。在6～8月病菌活跃期进行全树刮表皮，凡直径3cm以上的粗枝和树干全部刮皮，刮深0.5～1mm，即刮到侧枝见绿、主干见白为止。发现病斑和侵染点全部刮掉，刮后用5～10倍喷涂或刷刮皮部位，7天后再喷刷1次。为了防治没刮皮部位有侵染点，在果树落叶后全树用20～30倍液喷洒1次，可预防早春发病。

注意事项 在小麦上的安全间隔期为7天，每季最多使用3次；防治小麦白粉病施药2次；防治小麦赤霉病施药1～2次。在水稻上的安全间隔期14天，防治细菌性条斑病施药3次。黄瓜安全间隔期1天，防治细菌性角斑病施药2次。药液及其废液不得污染水域，禁止在河塘等水体清洗器具。用过的容器应妥善处理，不可做他用，也不可以随意丢弃。不能与碱性农药混用。使用时应戴手套、口罩等防护用具，避免吸入药液，施药期间不可吃东西和饮水，施药后应及时清洗手、脸等暴露部位皮肤并更换衣物。孕妇及哺乳期妇女禁止接触。有任何不良反应请及时就医。不宜在阳光直射下喷施，喷施后4小时内遇雨需补施。

与其他药剂的混用 梧宁霉素与噁霉灵有效成分比例为0.15∶2.5混配时，增效作用明显，可有效防治水稻立枯病。

参考文献

胡永兰, 1995. 高效低毒生物农药——梧宁霉素[J]. 新农业 (1) : 20.

李丽丽, 姜亚娟, 李立华, 等, 2017. 四霉素与噁霉灵混配制剂对水稻立枯病的防治效果[J]. 微生物学杂志, 37 (1) : 83-87.

唐伟, 孙军德, 张翠霞, 等, 2005. 梧宁霉素产生菌链霉素抗性基因突变株的筛选初报[J]. 微生物学杂志 (1) : 97-98.

余露, 2011. 生物农药——梧宁霉素[J]. 农药市场信息 (21) : 33.

（撰稿：周俞辛；审稿：胡健）

五氟苯菊酯 fenfluthrin

一种低剂量高效广谱杀虫剂。

其他名称 Remrdor、五氟氯菊酯、NAK-1654、OMS 2013。

化学名称 2,3,4,5,6-五氟苄基-3-(2,2-二氯乙烯基)-2,2-二甲基环丙烷羧酸酯；2,3,4,5,6-pentafluorobenzyl 3-(2,2-dichlorovin-yl-2,2-dimethyl cyclopropanecarboxylate)。

IUPAC名称 2,3,4,5,6-pentafluorobenzyl (1*R*,3*S*)-3-(2,2-dichlorovinyl)-2,2-dimethylcyclopropanecarboxylate。

CAS登记号 75867-00-4。

EC号 278-329-6。

分子式 $C_{15}H_{11}Cl_2F_5O_2$。

相对分子质量 389.15。

结构式

Cl Cl O O F F F F F

开发单位 1997年德国拜耳公司中央化学实验室合成，1982年开发研究成功。

理化性质 纯品为有轻微气味的无色晶体。熔点44.7℃。相对密度1.38（25℃）。沸点130℃（10Pa）。20℃时蒸气压约1.0mPa。比旋光度$[\alpha]_D^{20}$ −16.8°（$c=1$，$CHCl_3$）和−7.9°（$c=1$，C_2H_5OH）。在20℃时的溶解度（g/L）：水中1×10^{-4}，正己烷、异丙醇、甲苯和二氯甲烷均＞1000。

毒性 对哺乳动物的急性经口、经皮和皮下注射的急性毒性数据见表中。

大鼠吸入LC_{50}：暴露1小时雄鼠为500～649mg/m³，雌鼠为335～500mg/m³；暴露4小时雄鼠为134～193mg/m³，雌鼠约为134mg/m³；暴露30小时，雄雌鼠＞97mg/m³。对大鼠的试验表明，亚急性口服毒性的NOEL为5mg/kg；亚急性吸入毒性的NOEL为5mg/m³；亚慢性口服毒性的NOEL为200mg/L；亚慢性吸入毒性的无作用浓度为4.2mg/m³。对狗的试验表明，亚慢性口服毒性的NOEL为100mg/L。本品在试验条件下无致畸，亦未显示有诱导作用。但对豚鼠和小鼠的试验，均出现过敏性。禽鸟毒性LD_{50}（mg/kg）：

母鸡＞2500；日本鹌鹑＞2000（雄）和1500～2000（雌）。鱼类LC_{50}（mg/L）：金色圆腹雅罗鱼0.001～0.01（96小时）；虹鳟＜0.0013（96小时）。

五氟苯菊酯对哺乳动物的急性毒性

动物	经口LD_{50}（mg/kg）	经皮LD_{50}（μg/kg）*	皮下注射LD_{50}（mg/kg）
大鼠	90～105（雄） 85～120（雌）	约2500（雄） 1535（雌）	
小鼠	119（雄）158（雌）		＞2500
绵羊	＞2500（雄，雌）		

*24小时接触。

剂型 可湿性粉剂（5%），乳油（200g/L），油基和水基型气雾剂（均含有效成分0.04%，还有加敌敌畏或残杀威混配的），油喷射剂（0.04%），蚊香（0.02%和0.03%），电热蚊香片（5mg或50mg，90℃电热板；10mg或50mg，130～145℃电热板）。

作用方式及机理 杀虫谱广。能有效防治卫生害虫和储藏害虫。对双翅目昆虫如蚊类有快速击倒作用，且对蟑螂、臭虫等爬行害虫有很好的残留活性。该品对有机磷或氨基甲酸酯类杀虫剂已产生抗性的昆虫，亦能防治。但它和其他菊酯农药类似，对蜱螨类的防治效力不高，如与百树菊酯混合使用，可以互补短长。

防治对象 该品为低剂量高效广谱杀虫剂，对家蝇、伊蚊属、斯氏按蚊有快速击倒作用。主要用于食草动物体外寄生虫的防治。该品防治室内多种昆虫高效，它对家蝇的LD_{50}（μg/蝇）为0.0023，而胺菊酯为0.21，生物丙烯菊酯为0.42，生物苄呋菊酯为0.009，除虫菊素为1.1，残杀威为0.31，杀虫威为0.22，敌敌畏为0.03。该品对多种昆虫既有快速击倒作用，又具较长的残留活性，在多种情况下它的持效期可与氯菊酯相当。

使用方法 该品以20mg/m^{2}大面积喷洒防治浅色按蚊，5周内即可降低成蚊的密度。

参考文献

朱永和, 王振荣, 李布青, 2006. 农药大典[M]. 北京: 中国三峡出版社: 201-202.

（撰稿：张阿伟；审稿：吴剑）

五氟磺草胺 penoxsulam

一种三唑并嘧啶磺酰胺类选择性内吸传导型除草剂。

其他名称 Granite、稻杰。

化学名称 3-(2,2-二氟乙氧基)-*N*-(5,8-二甲氧基-[1,2,4]三唑并[1,5-*c*]嘧啶-2-基)-α,α,α-三氟甲苯基-2-磺酰胺；2-(2,2-difluoroethoxy)-*N*-(5,8-dimethoxy[1,2,4]triazolo[1,5-*c*]pyrimidin-2-yl)-6-(trifluoromethyl)benzenesulfonamide。

IUPAC名称 3-(2,2-difluoroethoxy)-*N*-(5,8-dimethoxy[1,2,4]triazolo[1,5-*c*]pyrimidin-2-yl)-α,α,α-trifluorotoluene-2-sulfonamide。

CAS登记号 219714-96-2。

EC号 606-869-8。

分子式 $C_{16}H_{14}F_5N_5O_5S$。

相对分子质量 483.37。

结构式

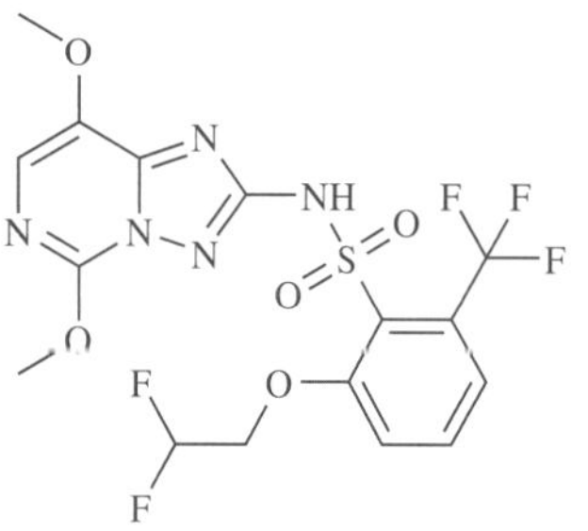

开发单位 由道农科开发，用作稻田除草剂。2003年由R. K. Mann等（Proc. Weed Sci. Soc. America, 2003, 43）以及D. Larelle等（Proc. BCPC Int. Congr., Glasgow, 2003, 1, 75）报道。

理化性质 纯品为灰白色臭味固体，原药含量98%。熔点212℃。相对密度1.61（20℃）。蒸气压9.55×10^{-11} mPa（25℃）。K_{ow}lg*P* -0.354（无缓冲水，19℃）。水中溶解度（g/L，19℃）：0.0049（蒸馏水）、1.46（pH9）、0.408（pH7）、0.00566（pH5）；有机溶剂中溶解度（g/L，19℃）：丙酮20.3、乙腈15.3、甲醇1.48、辛醇0.035、二甲基亚砜78.4、*N*-甲基吡咯烷酮40.3、二氯乙烷1.99。稳定性：储存稳定性＞2年。不易燃、不易爆。耐水解，光解DT_{50} 2天。

毒性 大鼠急性经口LD_{50}＞5000mg/kg，兔急性经皮LD_{50}＞5000mg/kg。对兔眼睛有轻微、短暂刺激性，对兔皮肤有非常轻微、短暂刺激性，对豚鼠皮肤无致敏性。大鼠吸入LC_{50}＞3.5mg/L（最大可达浓度）；NOEL：大鼠500mg/（kg·d）（雌）、1000mg/（kg·d）（胚胎）。在Ames试验、基因突变试验（CHO-HGPRT）、微核试验及小鼠淋巴瘤试验中均无致突变作用。毒性分级：WHO（a.i.）为U级，EPA（制剂）为Ⅲ级（颗粒剂、悬浮剂）。对鱼类、鸟类、陆生和水生无脊椎动物低毒，对水生植物低毒至中等毒性。鸟类LD_{50}：野鸭＞2000mg/kg，山齿鹑＞2025mg/kg；饲喂LC_{50}（8天，mg/kg饲料）：野鸭＞4310，山齿鹑＞4411。鱼类LC_{50}（96小时）：鲤鱼＞101mg/L，蓝鳃翻车鱼＞103mg/L，虹鳟＞102mg/L，银汉鱼＞129mg/L，黑头呆鱼NOEC（36天）为10.2mg/L。水蚤EC_{50}（24, 48小时）＞98.3mg/L。藻类：淡水硅藻EC_{50}（120小时）＞49.6mg/L，蓝绿藻0.49mg/L；淡水绿藻EC_{50}（96小时）0.086mg/L。浮萍EC_{50}（14天）0.003mg/L。蜜蜂LD_{50}（48小时）：经口＞110μg/只；接触＞100μg/只。蚯蚓LC_{50}（7, 14天）＞1000mg/kg土壤。在五氟磺草胺有效成分用量为40g/hm^{2}时，捕食螨死亡率为0，繁殖影响率为8.2%；寄生蜂死亡率为0，繁殖影响率为26%。土壤微生物NOEC＞500g/hm^2。

剂型 22%悬浮剂，25g/L可分散油悬浮剂，0.3%颗粒剂。

W

作用方式及机理　抑制乙酰乳酸合成酶，使支链氨基酸（亮氨酸、异亮氨酸和缬氨酸）生物合成停止，蛋白质合成受阻，植物生长停滞，最终导致死亡。主要经由叶面吸收，其次经由根部吸收，并通过韧皮部和木质部传导。

防治对象　稻田用广谱除草剂，芽前、芽后皆可施用。可有效防除稗草（包括对敌稗、二氯喹啉酸具抗性的稗草）、千金子以及一年生莎草科杂草，并对许多阔叶杂草有效，如鳢肠、田菁、竹节菜、鸭舌草等。

使用方法　适用于水稻的旱直播田、水直播田、秧田以及抛秧、插秧栽培田。用量为 15～30g/hm^2。旱直播田于芽前或灌水后，水直播田于苗后早期应用；插秧栽培则在插秧后 5～7 天施药。施药方式可采用喷雾或拌土处理。根据土壤类型和使用量不同，五氟磺草胺可提供 30～60 天不等的持效作用，一次用药能基本控制全季杂草危害。用药后 1 小时，其耐雨水冲刷。

注意事项　①每季最多使用 1 次。在东北、西北秧田，须根据当地示范试验结果使用。②稗草叶龄较大时需采用高剂量，以保证防效。③高温会降低药效，施药时应避开高温尤其是中午时间。④秧田除草时，东北、西北地区宜采用药土法。⑤制种田因遗传背景复杂，使用该药前须进行小面积试验。⑥对水生生物有毒，需远离水产养殖区施药。应避免其污染地表水、鱼塘和沟渠等。⑦当超高剂量时，早期对水稻根部的生长有一定的抑制作用，但迅速恢复，不影响产量。

与其他药剂的混用　与五氟磺草胺进行复配的药剂主要有：氰氟草酯、丁草胺、精噁唑禾草灵、吡嘧磺隆、苄嘧磺隆、双草醚、二氯喹啉酸、甲基磺草酮和氯氟吡氧乙酸异辛酯等。用于防治水稻田一年生禾本科杂草、阔叶杂草及莎草。

允许残留量　GB 2763—2021《食品中农药最大残留限量标准》规定五氟磺草胺最大残留限量见表。ADI 为 0.147mg/kg。

部分食品中五氟磺草胺最大残留限量（GB 2763—2021）

食品类别	名称	最大残留限量（mg/kg）
谷物	糙米	0.02*
	稻谷	0.02*

* 临时残留限量。

参考文献

李香菊, 梁帝允, 袁会珠, 2014. 除草剂科学使用指南[M]. 北京: 中国农业科学技术出版社.

刘长令, 2011. 世界农药大全: 除草剂卷[M]. 北京: 化学工业出版社.

马克比恩 C, 2015. 农药手册[M]. 胡笑形, 等译. 北京: 化学工业出版社.

孙家隆, 周凤艳, 周振荣, 2014. 现代农药应用技术丛书: 除草剂卷[M]. 北京: 化学工业出版社.

（撰稿：马洪菊；审稿：李建洪）

五氯苯酚　pentachlorophenol

一种有机氯杀虫剂、杀菌剂。

其他名称　五氯酚。

化学名称　2,3,4,5,6-pentachlorophenol。

IUPAC 名称　2,3,4,5,6-pentachlorophenol。

CAS 登记号　87-86-5。

EC 号　201-778-6。

分子式　C_6HCl_5O。

相对分子质量　266.34。

结构式

Cl、OH、Cl、Cl、Cl、Cl

理化性质　纯品为无色结晶，具有酚的气味。熔点 191℃（187～189℃）。沸点 309～310℃。100℃时蒸气压 16Pa。相对密度 1.98（22℃）。30℃时在水中溶解度为 80mg/L，溶于多数有机溶剂，但在四氯化碳和石蜡烃中溶解度不大。原粉外观为浅棕色至褐色晶体，有效成分含量≥90%，苯不溶物≤5.5%，碱不溶物≤10%，游离酸（以 HCl 计）≤0.3%，熔点 187～189℃，水分挥发物≤5%。储存条件下较稳定。

毒性　属高毒杀菌剂（防腐剂）。大鼠急性经口 LD_{50} 210mg/kg。兔急性经口最低致死剂量 40mg/kg，人急性经口最低致死剂量 29mg/kg。大鼠急性经皮 LD_{50} 105mg/kg。对黏膜和皮肤有刺激作用。用含 3.9～10mg/（kg·d）饲料喂养大鼠和狗，70～190 天无死亡发生。对鱼类等水生动物敏感，水中含量达 0.1～0.5mg/L 即致死。其钠盐属中等毒类（见五氯酚钠）。

剂型　90% 原粉，65% 可溶性粉剂。

作用方式及机理　几乎不溶于水，化学性质稳定，残效期长。是良好的木材防腐剂，主要用于铁道枕木的防腐。对钉螺有触杀作用。

防治对象　拌种剂和土壤杀菌剂。用于防治棉花立枯病、猝倒病，小麦、高粱腥黑穗病，马铃薯疮痂病等。喷洒该品可防治水稻纹枯病。

使用方法　可防治由朽木菌等引起的木材腐朽，对白蚁也有效。使用时在防腐油中加 2% 或在无毒性的石油或植物油中加 5% 五氯苯酚，配制成油溶液使用。将枕木用加压蒸制法进行浸注。用五氯苯酚防腐处理的枕木，使用寿命大于 20 年。在杀虫方面，以 5～8g/m^3，采用浸杀方式，可防治沟渠的钉螺。以 15～20g/m^2 喷洒，防治滩涂钉螺。

注意事项　①装卸、使用该品时，应穿戴防护衣帽、口罩、风镜和手套，注意药物勿与皮肤直接接触。工作结束后需用肥皂洗手、洗脸和身体裸露的部分。五氯苯酚能通过食道和皮肤等引起中毒，误服应立即用 2% 碳酸氢钠液洗胃，并进行对症处理，禁用阿托品和巴比妥类药物。

②用药后各种工具要注意清洗。包装物要及时回收并妥善处理。③药剂应储存在避光和通风良好的仓库中，尤其应注意防潮。运输和储放应有专门的车皮和仓库。不得与食物及日用品一起运输和储存。④对钉螺有触杀作用，阴天或晴天傍晚用药为佳。⑤对鱼类高毒，注意不要在靠近鱼塘的地方拌药，洗刷容器后的污水切不可随便倾入河川。⑥对鱼、贝类高毒，浓度1.5mg/L 4小时可使鱼类及软体动物全部死亡。对人、畜毒性中等。该品为淡红色或灰白色疏松鳞片状粉末，易溶于水，显碱性，易吸湿结块，但不影响药效。用药量可随温度高低适量增减，温度越高，用药量越小。在推荐使用量下经过3~5个晴天，药效即分解；该品在阳光下易分解，当天配药，当天用完。

（撰稿：汪清民；审稿：吴剑）

五氯酚钠 sodium pentachlorophenol

一种灭生性触杀型土壤处理为主的酚类除草剂。

其他名称 PCP-Na。

化学名称 五氯酚钠; sodium pentachlorobenzen-1-olate。

IUPAC名称 sodium;2,3,4,5,6-pentachlorophenolate。

CAS登记号 131-52-2。

EC号 205-025-2。

分子式 C_6Cl_5NaO。

相对分子质量 288.32。

结构式

Cl
Cl Cl
Cl O⁻ Na⁺
Cl

开发单位 美国孟山都化学公司。

理化性质 纯品为白色针状晶体，有酚的气味。熔点191℃。难溶于水，其钠盐易溶于水，呈碱性。在水中溶解度（25℃时）为330g/L。水溶液呈碱性，遇酸则析出五氯酚晶体。溶于醇和丙酮，不溶于石油和苯。常温下不易挥发。光照下迅速分解，脱出氯化氢，颜色变深。

毒性 急性毒性LD_{50}：大鼠经口140~280mg/kg；大鼠经皮66mg/kg；大鼠吸入LC_{50} 152mg/m^3；小鼠吸入LC_{50} 229mg/m^3。小鼠经皮5%浸尾×（8小时/天）×8天，70%死亡。30mg/kg为小鼠致畸剂量，10mg/kg为不致畸剂量，大鼠的致畸剂量为5mg/kg。五氯酚钠有蓄积作用。

剂型 85%、65%可溶性粉剂。

质量标准 85%五氯酚钠原药为白色或灰白色结晶。65%五氯酚钠可溶性粉剂为灰白色或淡红色鳞片状结晶，为松散的鳞片状，有刺鼻气味，易溶于水，水中不溶物或沉淀几乎没有，沉淀物少于1%，水溶液呈淡红色，显碱性，假冒五氯酚钠一般为硬结块状或粉末状，颜色不一，一般为灰白色，不易溶于水，沉淀很多，一般大于10%，五氯酚钠含量一般在10%~30%，其不溶物长期残留不分解。

作用方式及机理 能与植物细胞内酸性化合物结合形成五氯酚结晶，使细胞死亡，但不能传导，能破坏线粒体中的蛋白质膜，是氧化磷酸化的解偶联剂，阻止ATP的形成。还具有苛性作用，能够破坏叶绿素。在农田中主要利用时差和位差选择来消灭杂草。

防治对象 用作落叶树休眠期喷射剂，以防治褐腐病，也用作除草剂或杀虫剂，主要防除稗草和其他多种由种子萌发的幼草，如鸭舌草、瓜皮草、水马齿、狗尾草、节节草、马唐、看麦娘、蓼等。对牛毛草有一定抑制作用，还可消灭钉螺、蚂蟥等有害生物。也可作木材防腐剂，蛋白质和淀粉型黏结剂及水基油漆的杀菌剂。

使用方法 五氯酚钠对各种杂草均有触杀作用，萌芽期效果更好，旱地每平方米用药5~20g，调水均匀喷洒，水田每亩1.5~3kg，在插秧、抛秧前，3~5天内将五氯酚钠兑水或拌土喷洒在田间，水深以3~4cm为宜，保持5~7天。钉螺是血吸虫的中间宿主，对人和牲畜都有严重危害。钠是杀灭钉螺、防血吸虫病的药物。方法：①浸泡法，每立方米水体10~20g。②喷洒法，每平方米5~10g。③沿边铲草法，每米10~15g；与氯硝柳胺合用能增强杀灭钉螺效果。五氯酚钠对福寿螺有触杀作用，在插秧或抛秧前2~3天内，每亩使用五氯酚钠250~1000g，兑水10倍或拌土，均匀喷洒于水田，水深以3~4cm为宜，保持3~7天，可灭杀表层及稀泥深层的福寿螺。在此时喷洒，还可以对田间杂草以及蚂蝗有很好的灭杀作用。橡胶树原是割完胶后无用的废材，通过五氯酚钠防腐后，变成了优质木材，其他木材用五氯酚钠处理后可一次性达到防虫、防霉、防变形的作用。方法：①以硼砂、硼酸、五氯酚钠，按照3∶1∶1的比例混合每吨水中加入50kg。②热槽中用3%五氯酚钠药液将木材煮1小时放入盛有5%五氯酚钠药液的冷槽中冷却吸收。③以硼砂、硼酸、五氯酚钠，按照5∶2∶3的比例混合，每吨水中加入50kg，浸泡4~7天。五氯酚钠通常在果树休眠期，作铲除剂使用。对防治葡萄黑豆病，梨、苹果干腐病、轮纹病（群众称烂果病）、炭疽病和枝干病、粗皮病，均有很好的防治效果，并能兼治早期落叶病及其他越冬病源和越冬红蜘蛛。在萌芽前期，用1%的五氯酚钠溶液与3%石硫合剂混合后，喷洒在树干上或涂刷在果树发病伤口上。

注意事项 五氯酚钠容易对眼、鼻、呼吸道产生刺激，皮肤接触过久会引起红肿、辣疼，对人畜毒性中等，使用时应戴口罩、手套，施完药后用肥皂洗净手，不与粮食、饲料混放，以免误用。

参考文献

中国农业百科全书总编辑委员会农药卷编辑委员会，中国农业百科全书编辑部，1993. 中国农业百科全书: 农药卷[M]. 北京: 农业出版社: 394.

（撰稿：祝冠彬；审稿：徐凤波）

W

五氯硝基苯　quintozene

一种用作土壤和种子处理的保护性有机氮杀菌剂。

其他名称　Brassicol、Folosan、RTU、Terraclor、PCNB、土粒散、掘地生、把可赛的。

化学名称　五氯硝基苯；1,2,3,4,5-pentachloro-6-nitrobenzene。

IUPAC名称　pentachloronitrobenzene。

CAS登记号　82-68-8。

EC号　201-435-0。

分子式　$C_6Cl_5NO_2$。

相对分子质量　295.34。

结构式

NO_2
Cl　Cl
Cl　Cl
Cl

开发单位　德国拜耳公司。

理化性质　纯品为无色针状结晶（原药为灰黄色结晶状固体，纯度99%）。熔点146℃。沸点328℃（少量分解）。蒸气压12.7mPa（20℃）。相对密度1.907（21℃）。$K_{ow}\lg P$ 5.1（21℃）。Henry常数7.7×10^{-2}Pa·m³/mol。水中溶解度0.1mg/L（20℃）；有机溶剂中溶解度（g/L，20℃）：甲苯1140、甲醇20、乙醇20、庚烷30；易溶于二硫化碳、氯仿、苯等。稳定性：对热、光和酸介质稳定，在土壤中稳定，持效期长，但在碱性介质中分解。暴露空气10小时后，表面颜色发生变化。

毒性　按照中国农药毒性分级标准，属低毒。大鼠急性经口LD_{50} 17 000mg/kg。兔急性经皮LD_{50}＞5000mg/kg。对兔皮肤无刺激性，对兔眼睛有轻微刺激性。大鼠急性吸入LC_{50}（4小时）＞1.7mg/L。NOEL［mg/（kg·d）］：大鼠（2年）1，狗（1年）3.75。ADI为0.01mg/kg（含有＜0.1%六氯硝基苯的五氯硝基苯）。野鸭急性经口LD_{50} 2000mg/kg，野鸭和山齿鹑饲喂LC_{50}（8天）＞5000mg/kg饲料。鱼类LC_{50}（96小时，mg/L）：大翻车鱼0.1，虹鳟0.55。水蚤LC_{50}（48小时）0.77mg/L。蜜蜂LD_{50}（接触）＞100μg/只。

作用方式及机理　保护性杀菌剂，无内吸性，用于土壤处理和种子消毒。对丝核菌引起的病害有较好的防效，对甘蓝根肿病、多种作物白绢病也有效，其杀菌机制被认为是影响菌丝细胞的有丝分裂。

剂型　单剂：40%可湿性粉剂，75%可湿性粉剂，24%乳油等。混剂：该品＋土菌灵，该品＋放线菌酮，该品＋甲霜灵。

质量标准　40%五氯硝基苯可湿性粉剂外观为土黄色粉末，不溶于水，五氯硝基苯含量≥40%，六氯苯含量≤6%，水分≤1.5%，细度（通过200目筛）≥98%，pH5～6。常温储存稳定。

防治对象　小麦腥黑穗病、秆黑粉病，高粱腥黑穗病，马铃薯疮痂病、菌核病，棉花立枯病、猝倒病、炭疽病、褐腐病、红腐病，甘蓝根肿病，莴苣灰霉病、菌核病、基腐病、褐腐病以及胡萝卜、糖萝卜和黄瓜立枯病，菜豆猝倒病、丝菌核病，大蒜白腐病，番茄及辣椒的南方疫病，葡萄黑痘病，桃、梨褐腐病等。如喷雾对水稻纹枯病也有极好的防治效果。

使用方法　防治以上病害，既可以茎叶处理，又可以拌种，也可以用作土壤处理。茎叶处理使用剂量为1～1.5kg/hm²；种子处理使用剂量为1～1.5kg/100kg种子；土壤处理使用剂量为1～1.5kg/100hm²。以上均为有效成分剂量。

注意事项　不能与碱性药物混用。拌过药的种子不能用作饲料或食用。

允许残留量　GB 2763—2021《食品中农药最大残留限量标准》规定五氯硝基苯最大残留限量见表。ADI为0.01mg/kg。谷物、蔬菜按照GB 23200.113、GB/T 5009.19、GB/T 5009.136规定的方法测定；油料和油脂、糖料、调味料参照GB 23200.113规定的方法测定；动物源性食品按照GB/T 5009.19、GB/T 5009.162规定的方法测定。

部分食品中五氯硝基苯最大残留限量（GB 2763—2021）

食品类别	名称	最大残留限量（mg/kg）
谷物	小麦、大麦、玉米	0.01
	鲜食玉米	0.10
	杂粮类（豌豆除外）	0.02
	豌豆	0.01
油料和油脂	大豆	0.01
	花生仁	0.50
	棉籽油	0.01
蔬菜	结球甘蓝	0.10
	花椰菜	0.05
	茄子、番茄、辣椒	0.10
	甜椒	0.05
	菜豆	0.10
	马铃薯	0.20
水果	西瓜	0.02
糖料	甜菜	0.01
食用菌	蘑菇类（鲜）	0.10
调味料	干辣椒	0.10
	果类调味料	0.02
	种子类调味料	0.10
	根茎类调味料	2.00
动物源性食品	禽肉类	0.10
	禽类内脏	0.10
	蛋类	0.03

参考文献

马克比恩 C, 2015. 农药手册[M]. 胡笑形, 等译. 北京: 化学工业出版社: 903-904.

农业部种植业管理司, 农业部农药检定所, 2015. 新编农药手册[M]. 2版. 北京: 中国农业出版社: 230-231.

孙家隆, 2015. 新编农药品种手册[M]. 北京: 化学工业出版社: 571-572.

中国农业百科全书总编辑委员会农药卷编辑委员会, 中国农业百科全书编辑部, 1993. 中国农业百科全书: 农药卷[M]. 北京: 农业出版社: 394.

（撰稿：毕朝位；审稿：谭万忠）

武夷菌素　wuyiencin

从不吸水链霉菌武夷变种（*Streptomyces ahygroscopicus* var. *wuyiensis*）代谢产物中分离得到的一种广谱、高效和低毒的农用抗生素。其主要组分为A和B，其他两个组分含量甚少，抗菌活性最强的为组分A。

其他名称　农抗BO-10。

CAS登记号　249621-14-5。

分子式　$C_{13}H_{21}N_3O_{14}$（武夷菌素A）。

相对分子质量　443.32（武夷菌素A）。

结构式

开发单位　中国农业科学院植物保护研究所开发。

理化性质　武夷菌素A和B的碱基为白色粉末。溶解于水和低级醇类，不溶于其他有机溶剂。对茚三酮、高锰酸钾和Rydon-Smith试剂呈阳性反应，对双缩脲、坂口和Elson-Morgan试剂呈阴性反应。酸性稳定，碱性不稳定。其中，组分A熔点＞200℃（分解），组分B熔点100℃。

毒性　急性毒性LD_{50}＞10g/kg体重，测试物属于相对无毒，无致畸、致突变效应，无明显蓄积性。

剂型　1%、2%水剂。

作用方式及机理　通过改变菌丝体细胞膜的透性和抑制菌丝蛋白质的合成，破坏菌丝体细胞结构，造成菌丝原生质渗漏，致使菌丝畸形生长，从而降低病原菌的致病力，同时能够诱导植株对病原菌产生抗性，从而达到防治病害的效果。

防治对象　对多数植物病原真菌、部分酵母菌及少数革兰阳性和阴性细菌有抑菌作用。对蔬菜、水果、粮食和经济作物的白粉病、番茄叶霉病、灰霉病、黄瓜黑星病、大豆灰斑病、柑橘疮痂病等真菌病害有良好的防效，同时对作物生长还有一定的刺激作用。

使用方法　对叶、茎部病害，常采用600～800倍药液喷雾，蔬菜病害一般喷2～3次，间隔7～10天。对种传病害，常进行种子消毒，一般用100倍药液浸种1～24小时。对苗床、营养钵，可采用800～1000倍药液进行土壤消毒。对土传病害，以灌根为好。对果树茎部病害可对患部进行涂抹。从苗期开始连续喷武夷菌素3～4次，该作物发病率大大降低。

注意事项　与植物生长调节剂、三唑酮、多菌灵等各种杀菌剂混用能提高药效。与杀虫剂混用须先试验，切忌与强酸、强碱性农药混用。喷施的时间以晴天为宜，不要在大雨前后或露水未干以及阳光强烈的中午喷施。施用该药以预防为主，应适当提早用药，施药力求均匀、周到，增加施用效果。储存地点应选择在通风、干燥、阳光不直接照射的地方，低温储存，可延长存储期。

与其他药剂的混用　枯草芽孢杆菌250倍液和1%武夷菌素水剂250倍液对番茄灰霉病的防治效果可分别达到74.73%和71.82%，与75%百菌清500倍液的效果相当。

参考文献

李梅, 2005. 核苷类农用抗生素[C]//北京农药学会. 农药与环境安全国际会议论文集. 北京农药学会.

孙延忠, 曾洪梅, 石义萍, 等, 2003. 武夷菌素对番茄灰霉菌(*Botrytis cinerea*)的作用方式[J]. 植物病理学报, 33 (5) : 434-438.

武哲, 2013. 武夷菌素对草莓白粉病和番茄灰霉病的控病效果及机理[D]. 北京: 中国农业科学院.

（撰稿：周俞辛；审稿：胡健）

舞毒蛾性信息素　sex pheromone of *Lymantria dispar*

适用于温带果园果树的昆虫性信息素。最初从未交配舞毒蛾（*Lymantria dispar*）雌虫腹部尖端提取分离，主要成分为（7*R*,8*S*）-2-甲基-7,8-环氧十八烷。

其他名称　Disrupt IIgM（Hercon）、(7*R*,8*S*)-(+)-disparlure、*cis*-7,8-epo-2me-18Hy、disparlure。

化学名称　(7*R*,8*S*)-2-甲基-7,8-环氧十八烷；(2*R*,3*S*)-2-decyl-3-(5-methylhexyl)oxirane；(7*R*,8*S*)-2-methyl -7,8-epoxy octadecane。

IUPAC名称　(7*R*,8*S*)-7,8-epoxy-2-methyloctadecane。

CAS登记号　54910-51-9。

分子式　$C_{19}H_{38}O$。

相对分子质量　282.50。

结构式

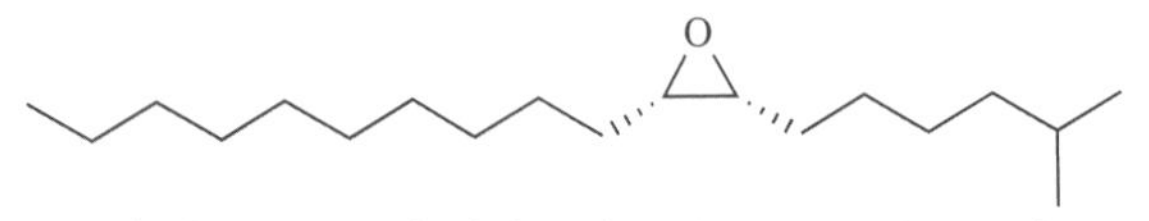

生产单位　1998年首次上市，由Hercon公司生产。

理化性质　无色黏稠液体。沸点131～132℃(14.66Pa)。相对密度0.83。比旋光度$[\alpha]_D^{22}+0.8°$（$c=0.5$，CCl_4）。难溶于水，溶于乙醇、氯仿、正己烷等有机溶剂。

毒性 大鼠急性经口 LD_{50} > 3460mg/kg。兔急性经皮 LD_{50} > 2025mg/kg。大鼠急性吸入 LC_{50}（1小时）> 5.0mg/L 空气。虹鳟、蓝鳃翻车鱼 LC_{50} > 100mg/L。绿头野鸭 LC_{50}（8天）> 5000mg/kg 饲料，鹌鹑 LC_{50}（8天）> 5000mg/kg 饲料。刺激皮肤，轻度刺激眼睛。

剂型 含有舞毒蛾性信息素的塑料板、塑料管或塑料栅片缓释剂。

作用方式 主要用于干扰舞毒蛾的交配，诱捕舞毒蛾。

防治对象 适用于温带果园，防治苹果、梨与桃树的舞毒蛾。

使用方法 在舞毒蛾成虫羽化前，把舞毒蛾性信息素制剂固定在果树较低枝条顶端。每公顷使用的诱芯数目与释放速度有关，引诱有效期为12周。

参考文献

马克比恩 C, 2015. 农药手册[M]. 胡笑形, 等译. 北京: 化学工业出版社.

吴文君, 高希武, 张帅, 2017. 生物农药科学使用指南[M]. 北京: 化学工业出版社.

（撰稿：钟江春；审稿：张钟宁）

戊草丹 esprocarb

一种硫代氨基甲酸酯类除草剂。

其他名称 禾草畏。

化学名称 *S*-苄基-1,2-二甲基丙基(乙基)硫代氨基甲酸酯。

IUPAC名称 *S*-benzyl ethyl[(2*RS*)-3-methylbutan-2-yl] carbamothioate。

CAS登记号 85785-20-2。

分子式 $C_{15}H_{23}NOS$。

相对分子质量 265.41。

结构式

理化性质 纯品为液体。沸点135℃（4.666kPa）。20℃时在水中溶解度4.8mg/L，在丙酮、乙腈、氯苯、乙醇、二甲苯的溶解度> 1g/L。在120℃稳定，在水中分解，25℃时 DT_{50} 21天（pH7），土壤中 DT_{50} 30~70天。

毒性 原药大鼠急性经口 LD_{50} > 3700mg/kg。大鼠急性经皮 LD_{50} > 2000mg/kg。对兔皮肤和眼睛有轻微刺激作用，对动物无致畸、致突变、致癌作用。

剂型 Fuji-grass25，颗粒剂（20g该品+2.5g苄嘧磺隆）/kg；Fuji-grass17，（70g该品+1.7g苄嘧磺隆）/kg。

防治对象及使用方法 属于硫代氨基甲酸酯类除草剂，在稻田进行苗前和苗后处理，防除一年生杂草稗草最迟至2~5叶期。单用或与苄嘧磺隆混用，2500~4000g/hm²。

参考文献

孙家隆, 周凤艳, 周振荣, 2014, 现代农药应用技术丛书: 除草剂卷[M]. 北京: 化学工业出版社.

（撰稿：王建国；审稿：耿贺利）

戊菊酯 valerate

第一个非三元环结构的拟除虫菊酯杀虫剂。

其他名称 中西除虫菊酯、多虫畏等。

化学名称 α-异丙基-4-氯-苯乙酸-3-苯氧基苄酯。

IUPAC名称 3-phenoxybenzyl (2*RS*)-2-(4-chlorophenyl)-3-methylbutanoate。

CAS登记号 51630-33-2。

分子式 $C_{24}H_{23}ClO_3$。

相对分子质量 394.92。

结构式

开发单位 1972年日本住友化学公司首先合成。中国于20世纪70年代末期研制，上海市中西药厂、江西省委新赣化工厂等相继投入生产。

理化性质 原药为黏稠黄色或棕色液体，在室温条件下，有时会出现部分晶体。熔点39.5～53.7℃，闪点230℃，蒸气压（mPa，20℃）0.0192，相对密度1.175（20～25℃），K_{ow}lg$P$ 5.01。水中溶解度（mg/L，20～25℃）< 0.01；有机溶剂中溶解度（g/L，20～25℃）：正己烷53、甲醇84、二甲苯200。稳定性：对水和热稳定。在酸性介质中相对稳定，但在碱性介质中迅速水解。

毒性 对高等动物低毒。原药对大鼠急性经口 LD_{50} 2416mg/kg（雄），对大鼠急性经皮 LD_{50} 9000mg/kg。对皮肤、黏膜无明显刺激作用。在试验剂量内对试验动物未发现致畸、致突变作用。对鱼类等水生生物、蜜蜂、家蚕高毒，对鸟类毒性较低。

剂型 20%、40%乳油，喷射剂，气雾剂。

作用方式及机理 杀虫活性中等，属神经毒剂，主要起触杀、胃毒作用，无内吸传导和熏蒸作用。

防治对象 杀虫谱广，活性低于氰戊菊酯，对鳞翅目、半翅目、双翅目、蜚蠊目的不少害虫有效，对螨类无效。防治农业害虫用乳油，用于棉花、蔬菜、茶树、果树、花卉等作物上防治各种蚜虫、棉铃虫、造桥虫、卷叶虫、菜青虫、菜蚜、茶尺蠖、茶毛虫、柑橘潜叶蛾、梨小食心虫、橘蚜等。

使用方法 喷雾。

注意事项 喷药时要均匀周到。防治害螨时的使用剂量要比防治害虫提高1~2倍，最好不要作为专门杀螨剂使用。药液不慎接触眼睛、皮肤时，应立即用水冲洗，误食或吞服该品时，可能会有中枢系统受刺激症状发生，应立即请医生治疗。不宜与碱性物质混用。对蜜蜂、鱼虾、家禽等毒性高，用药时不要污染河流、池塘、桑园和养蜂场等，不宜在蚕区使用。喷前要搅匀。

与其他药剂的混用 防治卫生害虫采用气雾剂、油剂，制剂中配有适量的胺菊酯以提高击倒效果，用于防治蚊、蝇、蜚蠊等卫生害虫。

参考文献

中国农业百科全书总编辑委员会农药卷编辑委员会，中国农业百科全书编辑部, 1993. 中国农业百科全书: 农药卷[M]. 北京: 农业出版社: 394-395.

朱永和, 王振荣, 李布青, 2006. 农药大典[M]. 北京: 中国三峡出版社: 136-137.

（撰稿：陈洋；审稿：吴剑）

戊菌隆 pencycuron

一种新型的苯基脲类非内吸保护性杀菌剂。

其他名称 Monceren。

化学名称 1-(4-氯苄基)-1-环戊基-3-苯基脲。

IUPAC名称 dicopper(II)chloride trihydroxide。

CAS登记号 66063-05-6。

EC号 266-096-3。

分子式 $C_{19}H_{21}ClN_2O$。

相对分子质量 328.84。

结构式

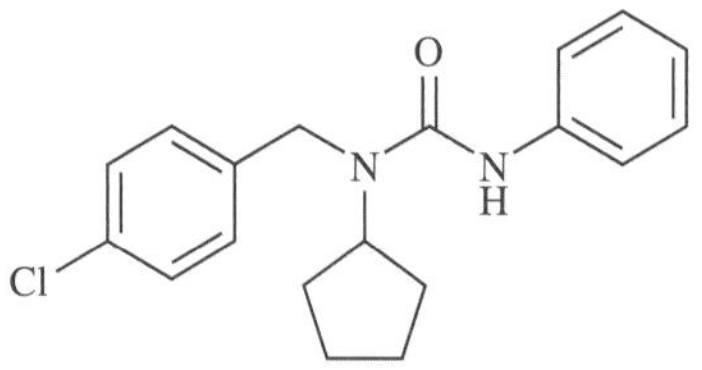

理化性质 纯品为无色无嗅结晶固体。熔点128℃（异构体A），132℃（异构体B）。蒸气压5×10^{-10}mPa（20℃）。K_{ow}lg$P$ 4.68（20℃）。Henry常数5×10^{-7}Pa·m^3/mol（20℃）。相对密度1.22（20℃）。水中溶解度0.3mg/L（20℃）；有机溶剂中溶解度（g/L，20℃）：正己烷0.12、甲苯20、二氯甲烷270。25℃水解半衰期280天（pH4）、22年（pH7）、17年（pH9）。在水中和土表中光解。

毒性 大鼠急性经口LD_{50}＞5000mg/kg。大鼠和小鼠急性经皮LD_{50}（24小时）＞2000mg/kg。对兔皮肤和眼睛无刺激性。大鼠急性吸入LC_{50}（4小时）＞268mg/L空气（大气），＞5130mg/L空气（灰尘）。2年饲喂试验NOEL（mg/kg）：雄大鼠500，雌大鼠50，雄、雌小鼠500，狗100。山齿鹑急性经口LD_{50}＞2000mg/kg。虹鳟LC_{50}（96小时）＞690mg/L（11℃），蓝鳃太阳鱼LC_{50}（96小时）127mg/L（19℃）。水蚤LC_{50}（48小时）0.27mg/L。藻类LC_{50}（96小时）0.56mg/L（11℃）。对蜜蜂安全LD_{50}＞100μg/只（接触、经口）。蚯蚓LC_{50}（14天）＞1000mg/kg干土。在实际情况下，对土壤微生物组织无消极影响。

剂型 1.5%粉剂，25%可湿性粉剂，12.5%干拌种剂。

作用方式及机理 非内吸的保护性杀菌剂，持效期长。对立枯丝核菌属有特效。

防治对象 主要用于防治立枯丝核菌引起的病害。尤其对水稻纹枯病有卓效，同时还能有效地防治马铃薯立枯病和观赏植物的立枯丝核菌。该药剂对其他土壤真菌如腐霉菌属和镰刀菌属引起的病害效果不佳，为同时兼治土传病害，应与能防治土传病害的相应杀菌剂混用。

使用方法 对防治立枯丝核菌引起的病害有特效，且使用极方便：茎叶处理、种子处理、浇灌土壤或混土处理均可。不同作物拌种用量：马铃薯、水稻、棉花、甜菜均为15～25g/100kg有效成分。按规定剂量使用，显示出良好的植物耐药性。

防治水稻纹枯病，茎叶处理使用剂量为有效成分150～250g/hm^2。或在纹枯病初发生时喷第一次药，20天后再喷第二次。每次每亩用25%可湿性粉剂50～66.8g（有效成分12.5～16.7g）加入水100kg喷雾。用1.5%无飘移粉剂以500g/100kg处理马铃薯，可有效防治马铃薯黑胫病。

与其他药剂的混用 15%戊菌隆和32%福美双混用，有效成分用药量为188～235g/100kg种子拌种，用来防治棉花立枯病和棉花炭疽病。

参考文献

刘长令, 2006. 世界农药大全: 杀菌剂卷[M]. 北京: 化学工业出版社: 314-316.

MACBEAN C, 2012. The pesticide manual: a world compendium[M]. 16th ed. UK: BCPC.

（撰稿：侯毅平；审稿：张灿、刘西莉）

戊菌唑 penconazole

一种兼具保护、治疗和铲除作用的内吸性三唑类杀菌剂，对葡萄白粉病有较好的防治效果。

其他名称 Topas、Dallas、配那唑、果壮、笔菌唑。

化学名称 1-(2,4-二氯-*β*-丙基苯乙基)-1-1*H*-1,2,4-三唑；1-[2-(2,4-dichlophenyl)pentyl]-1*H*-1,2,4-triazole。

IUPAC名称 (*RS*)-1-[2-(2,4-dichlophenyl)pentyl]-1*H*-1,2,4-triazole。

CAS登记号 66246-88-6。

EC号 266-275-6。

分子式 $C_{13}H_{15}Cl_2N_3$。

相对分子质量 284.18。

结构式

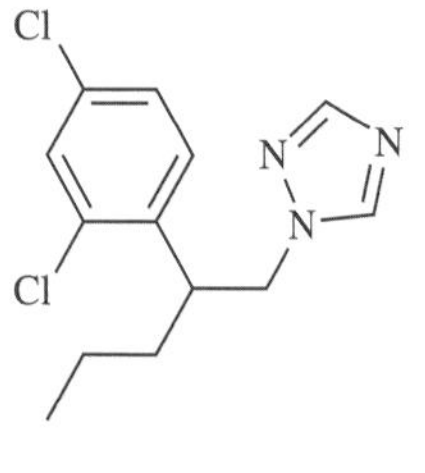

W

开发单位 先正达公司。

理化性质 纯品为白色粉末。熔点60.3～61℃。相对密度1.3（20～25℃）。蒸气压0.37mPa（25℃）。K_{ow}lg$P$ 3.1（pH5.7，25℃）。Henry常数6.6×10^{-4}Pa·m³/mol。水中溶解度73mg/L（20～25℃）；有机溶剂中溶解度（g/L，20～25℃）：丙酮＞500、正己烷24、甲醇＞500、正辛醇400、甲苯＞500。pK_a（20～25℃）1.51。稳定性：在pH4～9条件水溶液中很稳定，在350℃以下温度范围内稳定。

毒性 低毒。大鼠急性经口LD_{50} 2125mg/kg，急性经皮LD_{50}＞3000mg/kg。对兔眼睛和皮肤无刺激。大鼠（4小时）急性吸入LC_{50}＞4mg/L空气。对皮肤无致敏。NOEL［mg/（kg·d）］：雄性狗（1年）3，雄性大鼠繁殖（2年）7.3，野鸭急性经口LD_{50}（8天）＞1590mg/kg，野鸭和山齿鹑饲喂LC_{50}（8天）＞5620mg/kg饲料。鱼类LC_{50}（96小时，mg/L）：大翻车鱼2.1～2.8，虹鳟1.7～4.3。水蚤LC_{50}（48小时）7～11mg/L。蜜蜂LD_{50}（μg/只）＞200（制剂经口或接触）。蚯蚓LC_{50}（14天）＞1000mg/kg土壤。

剂型 水乳剂，乳油。

质量标准 20%水乳剂为浅黄色透明液体；闪点约为55℃；冷、热储存和常温储存稳定。10%乳油外观为浅棕色液体，无刺激性异味，密度为1.002g/ml（20℃），水分含量≤0.5%，pH5～7。

作用方式及机理 是一种兼具保护、治疗和铲除作用的内吸性杀菌剂，是甾醇脱甲基化抑制剂，可由作物根、茎、叶等组织吸收，并向上传导。

防治对象 能有效地防治半知菌子囊菌、担子菌和无性型真菌所致病害，尤其对白粉病、黑星病等具有优异的防效。

使用方法 茎叶喷雾，使用剂量通常为25～75g/hm²有效成分。

防治观赏菊花白粉病 发病初期开始施药，每次用20%戊菌唑水乳剂4000～5000倍液（有效成分40～50mg/kg）叶面喷雾，间隔10天左右再喷施1次。

防治葡萄白粉病 发病初期开始施药，每次用10%戊菌唑乳油2000～4000倍液（有效成分25～50mg/kg）整株喷雾，间隔10天左右喷1次，连续使用2～3次，安全间隔期14天，直播田水稻直播到播后3周内均可用药，以播后早期（秧苗出叶，杂草萌芽期）用药为好，用10%可湿性粉剂每季最多使用3次。

注意事项 不可与铜制剂、碱性制剂、碱性物质（如波尔多液、石硫合剂）等物质混用。对鱼类等水生生物及蜜蜂、家蚕有毒，施药期间应避免对周围蜂群的影响，蚕室和桑园附近禁用，赤眼蜂等天敌放飞区域禁用。建议与其他类型的杀菌剂轮换使用。

允许残留量 GB 2763—2021《食品中农药最大残留限量标准》规定戊菌唑最大残留限量见表1。ADI为0.03mg/kg。蔬菜、水果、干制水果按照GB 23200.8、GB 23200.113、GB/T 20769规定的方法测定；饮料类参照GB 23200.113规定的方法测定。英国对戊菌唑在食品中的残留限量规定见表2。

表1 中国规定部分食品中戊菌唑最大残留限量（GB 2763—2021）

食品类别	名称	最大残留限量（mg/kg）
蔬菜	黄瓜	0.10
	番茄	0.20
水果	仁果类水果（梨除外）	0.20
	桃	0.10
	梨	0.10
	油桃	0.10
	葡萄	0.20
	草莓	0.10
	甜瓜类水果	0.10
	西瓜	0.05
干制水果	葡萄干	0.50
饮料类	啤酒花	0.50

表2 英国规定部分食品中戊菌唑最大残留限量

食品类别	名称	最大残留限量（mg/kg）
蔬菜	甘蓝、卷心菜头、芽甘蓝、其他芸薹类	0.05
	花椰菜	0.05
	椰菜	0.05
	甜玉米	0.05
	其他不宜食用的葫芦	0.10
	南瓜	0.10
	其他瓜类	0.10
	其他可食用葫芦	0.10
	小胡瓜	0.10
	腌食用小黄瓜	0.10
	黄瓜	0.10
	其他茄科类	0.05
	黄秋葵、秋葵荚	0.05
	茄子	0.10
	红辣椒、胡椒	0.20
	生吃的小洋葱、葱	0.05

参考文献

刘长令, 2006. 世界农药大全: 杀菌剂卷[M]. 北京: 化学工业出版社: 178-179.

吴新平, 朱春雨, 张佳, 等, 2015. 新编农药手册[M]. 2版. 北京: 中国农业出版社: 288-289.

TURNER J A, 2015. The pesticide manual: a world compendium[M]. 17th ed. UK: BCPC: 845-846.

（撰稿：刘鹏飞；审稿：刘西莉）

戊氰威 nitrilacarb

一种氨基甲酸酯类杀虫剂。

其他名称 Accotril、Cyanotril、AC85258 (1∶1 氯化锌络合物)、CL72613。

化学名称 二氯-[4,4-二甲基-5-[(甲基氨基甲酰基)-氧-亚胺基]戊腈]锌。

IUPAC 名称 1-[[(*EZ*)-(4-cyano-2,2-dimethylbutylidene)amino]oxy]-*N*-methylformamide。

CAS 登记号 58270-08-9（络合物）；29672-19-3。

分子式 $C_9H_{15}Cl_2N_3O_2Zn$。

相对分子质量 333.52。

结构式

开发单位 1973 年由美国氰胺公司推广，获有专利 USP 3681505T 3621049，其杀虫活性由 W. K. Whitney 和 J. L. Aston 发表在 Proc.8th Br-Insectic.Ftmgic. Conf.，1975.2.633。

理化性质 工业品为无味、白色粉末。熔点 120～125℃。密度 0.5g/cm^3。易溶于水、丙酮、乙腈、醇类，微溶于氯仿，不溶于苯、乙醚、己烷、甲苯和二甲苯。具有强吸湿性，不使用时必须保存于密封的容器中。在 25℃以下，产品储存于原封容器中，稳定期 1 年以上。

毒性 工业品急性经口 LD_{50}：雄大鼠 9mg/kg，小鼠 18mg/kg。工业品对兔（24 小时接触）经皮 LD_{50} 857mg/kg，25% 可湿性粉剂为 2267mg/kg，含 1% 有效成分的水溶液对兔眼睛和皮肤无刺激作用。对大鼠和狗的亚急性饲喂研究表明，对该化合物的耐药量要大于单个口服 LD_{50} 的预测数值。

剂型 加工剂型有 250g/kg（有效成分）可湿性粉剂（AC85，258 25-WP）。

防治对象 防治多种植食性螨类和蚜虫，以及其他几种重要害虫：粉虱、蓟马、叶蝉和马铃薯甲虫，并具有穿透叶片的能力。

使用方法 使用浓度范围为 250～750mg/L（有效成分）。防治马铃薯甲虫的有效剂量为 0.5kg/hm^2（有效成分）。戊氰威不仅能杀成螨，且能杀卵，用 250mg/L 浓度防治黄瓜上的红蜘蛛，20 天杀卵率为 90.4%。是高效杀蚜剂，以 300mg/L 浓度防治桃蚜，3 周后的杀虫率还有 90%。

注意事项 使用时须穿防护服，戴面罩和橡胶手套，避免吸入药雾，勿让药液接触皮肤。如溅到药液，要立即用肥皂和大量清水冲洗。药品储存要远离食物和饲料，不能让儿童接近。中毒时，可用硫酸阿托品解毒。

参考文献

张维杰, 1996. 剧毒物品实用技术手册[M]. 北京: 人民交通出版社.

朱永和, 王振荣, 李布青, 2006. 农药大典[M]. 北京: 中国三峡出版社.

（撰稿：李圣坤；审稿：吴剑）

戊酰苯草胺 pentanochlor

一种酰胺类选择性除草剂。

其他名称 蔬草灭、Chlorpentan、Pentachlore、Dakuron、Dutom、Hortox、Solane、CMA、CMMP、Niagara 4512。

化学名称 *N*-(3-chloro-4-methylphenyl)-2-methylpentanamide。

IUPAC 名称 (*RS*)-3′-chloro-2-methylvaler-*p*-toluidide。

CAS 登记号 2307-68-8。

EC 号 218-988-9。

分子式 $C_{13}H_{18}ClNO$。

相对分子质量 239.74。

结构式

开发单位 由 D. H. Moore 首先报道，1958 年由 Niagara Chemical Division of the FMC Corporation 推广（现已不再生产和销售）。

理化性质 工业品为白色至淡黄色粉末。熔点 82～86℃（纯品熔点 85～86℃）。相对密度 1.106（25℃）。室温下溶解度：水 8～9mg/L、二异丁基酮 460g/kg、异氟尔酮 550g/kg、甲基酮异丁基 520g/kg、二甲苯 200～300g/kg、松油 410g/kg。室温下稳定。无腐蚀性。

毒性 大鼠急性经口 LD_{50} > 10g/kg。兔急性经皮 LD_{50} > 10g/kg。20g/kg 喂大鼠 140 天，对体重和存活率都无影响，但肝有组织变异；2g/kg 则没有发现这种现象。鲤鱼 LC_{50}（48 小时）1.8mg/L。水蚤 LC_{50}（3 小时）3.2mg/L。

剂型 乳油，每升含该品 120g。

作用方式及机理 选择性芽后除草剂。

防治对象 防除马唐、蟋蟀草、繁缕、马齿苋、稗草、萹蓄、藜、苘麻、豚草、小蓟等一年生禾本科杂草和一年生阔叶杂草。

使用方法 有效成分 4kg/hm^2，加水 750～900kg 均匀喷雾。

（撰稿：王大伟；审稿：席真）

戊硝酚 dinosam

一种出苗后的接触性除草剂，主要用于与地乐酚的复配。

其他名称 Dnosap、DNAP、拒食胺。

化学名称 2,4-dinitro-6-pentan-2-ylphenol；2,4-dinitro-6-*sec*-amylphenol；2-(1-methylbutyl)-4,6-dinitrophenol；(*RS*)-2-(1-methylbutyl)-4,6-dinitrophenol；4,6-dinitro-*o*-*sec*-amylphenol；2-*sec*-amyl-4,6-dinitrophenol。

IUPAC 名称 2,4-dinitro-6-pentan-2-ylphenol。

CAS 登记号 4097-36-3。

分子式 $C_{11}H_{14}N_2O_5$。

相对分子质量 254.24。

结构式

开发单位 1975 年报道，由斯坦达农化公司开发。

理化性质 原药为乳白色晶体。熔点 39.5~41.5℃。沸点 100℃（2.66Pa）。蒸气压 2.9mPa（25℃）。密度 1.133g/cm³（25℃）。水中溶解度 242mg/L（25℃）；能溶于乙醇、乙醚、丙酮、氯仿等有机溶剂。分解温度 105℃，在强酸强碱条件下分解。

作用方式及机理 通过破坏质子梯度来解耦氧化磷酸化。

使用方法 常与地乐酚复配。

防治对象 除草剂，可防除荠菜、酸模、千里光、繁缕等杂草，并可杀螨。

（撰稿：祝冠彬；审稿：徐凤波）

戊唑醇 tebuconazole

一种三唑类杀菌剂，能防治多种作物的真菌病害。

其他名称 立克秀、好力克、爱普、秀丰、翠喜。

化学名称 1-(4-氯苯基)-4,4-二甲基-3-(1*H*-1,2,4-三唑-1-基甲基)戊-3-醇；(±)-*α*-[2-(4-chlorophenyl)ethyl]-*α*-(1,1-dimethylethyl)-1*H*-1,2,4-triazole-1-ethanol。

IUPAC 名称 (*RS*)-1-*p*-chlorophenyl-4,4-dimethyl-3-(1*H*-1,2,4-triazol-aylmethyl)pentan-3-ol。

CAS 登记号 107534-96-3；80443-41-0。

EC 号 600-834-0。

分子式 $C_{16}H_{22}ClN_3O$。

相对分子质量 307.82。

结构式

开发单位 由 Kuck 和 Berg 报道。1988 年拜耳公司在南非引入。

理化性质 纯品为无色晶体（原药为无色至浅棕色粉末）。熔点 102.4℃。沸点 379℃。燃点 242℃。相对密度 1.25（26℃）。蒸气压 1.7×10^{-3}mPa（20℃）。$K_{ow}\lg P$ 3.7（20℃）。Henry 常数 1×10^{-5}Pa·m³/mol（20℃）。水中溶解度 36mg/L（25℃）；有机溶剂中溶解度（g/L，20℃）：二氯甲烷＞200、异丙醇与甲苯 50~100、己烷＜0.1。稳定性：对高温稳定，纯水中不易发生光解和水解，水解 DT_{50}＞1 年（pH4~9.22℃）。

毒性 雄大鼠急性经口 LD_{50} 4g/kg。大鼠急性经皮 LD_{50}＞5g/kg（生理盐水溶液）。对兔皮肤无刺激性，对眼睛有中度刺激性。大鼠急性吸入 LC_{50}（4 小时）0.37mg/L（空气），＞5.1mg/L（粉尘）。NOEL［mg/（kg·d）］：狗 100，雄大鼠（2 年）300，小鼠 20。山齿鹑急性经口 LD_{50}＞1.988g/kg。野鸭饲喂 LC_{50}（5 天）＞4.82g/kg 饲料。鱼类 LC_{50}（96 小时，mg/L）：虹鳟 4.4，蓝鳃翻车鱼 5.7。近头状伪蹄形藻 EC_{50} 3.8mg/L。蜜蜂急性 LD_{50}（96 小时）：经口＞83μg/ 只，接触＞200μg/ 只。

剂型 0.2%、6% 种子处理悬浮剂，2% 湿拌种剂，25%、30% 和 43% 悬浮剂，12.5%、25% 水乳剂，12.5%、25%、40% 和 80% 可湿性粉剂，25% 乳油，80% 水分散粒剂。

质量标准 6% 种子处理悬浮剂外观为红色悬浮剂，相对密度 1.12（20℃），pH5.5，0.04mm 筛孔通过率＞95%，水中沉淀非常缓慢。在温带和亚热带半衰期 2 年，热带气候为 1.5 年。25% 可湿性粉剂外观为白色均匀疏松粉末，无刺激性气味。堆密度 0.440g/ml（20℃），pH6~10，非易燃液体，无爆炸性，无腐蚀性。25% 乳油外观为浅黄色液体，无可见沉淀和悬浮物，pH6~8。80% 水分散粒剂外观为淡灰色细颗粒状无味固体，不可燃，爆炸性较低，高闪点物质，不可与碱性农药等混合使用。

作用方式及机理 具有保护、治疗和铲除作用的内吸性杀菌剂，经植物根和叶吸收，可在新生组织中迅速传导。通过杂环上的氮原子与病原菌细胞内羊毛甾醇 14*α* 脱甲基酶的血红素 - 铁活性中心结合，抑制 14*α* 脱甲基酶的活性，从而阻碍麦角甾醇的合成，最终起到杀菌的作用。

防治对象 可有效防治禾谷类作物的多种锈病、白粉病、网斑病、根腐病、赤霉病、黑穗病及种传轮斑病，茶树茶饼病，香蕉叶斑病，豆类叶斑病，番茄和马铃薯早疫病等。

使用方法 可用于种子处理或叶面喷洒。

种子处理 防治小麦颖枯病，用量 3~4g/100kg 种子；防治玉米丝黑穗病，用量 6~12g/100kg 种子（均为有效成分含量）。

喷雾使用 防治锈病用量 125~250g/hm²、白粉病用量 200~250g/hm²、豆类叶斑病用量 250g/hm²、番茄和马铃薯上的早疫病用量 150~200g/hm²（均为有效成分含量）。

注意事项 不能与碱性农药等物质混用。处理过的种子严禁再用于人食或动物饲料，而且不能与饲料混合。处理过的种子必须要与粮食分开存放，以免污染或误食。对鱼类、水蚤、家蚕有毒。施药时应避免对周围蜂群的不利影响，开花植物花期慎用。蚕室和桑园附近禁用。禁止在河塘等水体中清洗施药器具，施药后的田水不得直接排入水体。药液用清水稀释，不得使用污水、混浊水，以免降低药效。使用该品时应穿戴防护服和手套，避免吸入药液。施药期间不可吃东西和饮水。施药后应及时冲洗手、脸及裸露部位。用过的容器妥善处理，不可做他用或随意丢弃，可用控制焚烧法或安全掩埋法处置包装物或废弃物。避免孕妇及哺乳期妇女接触该品。

与其他药剂的混用 可与多菌灵混用防治水稻稻曲病；与福美双混用防治小麦赤霉病；与唑菌胺酯或甲基硫菌灵或异菌脲或丙森锌混用防治苹果树斑点落叶病；与噻呋酰胺或春雷霉素混用防治水稻纹枯病；与克菌丹混用防治苹果树炭疽病；与肟菌酯混用防治苹果树褐斑病；与噻虫嗪或吡虫啉混用防治蚜虫和丝黑穗病。

允许残留量 ① GB 2763—2021《食品中农药最大残留限量标准》规定戊唑醇最大残留限量见表。ADI 为 0.03mg/kg。谷物、油料和油脂、坚果、饮料类参照 GB 23200.113、GB/T 20770 规定的方法测定；蔬菜、水果、干制水果、调味料按照 GB 23200.8、GB 23200.113、GB/T 20769 规定的方法测定。② WHO 推荐 ADI 为 0.03mg/kg。最大残留量（mg/kg）：苹果 1，香蕉 1.5，大麦 2，胡萝卜 0.4，鸡蛋 0.05，桃 2，水稻 1.5，小麦 0.15。

部分食品中戊唑醇最大残留限量（GB 2763—2021）

食品类别	名称	最大残留限量（mg/kg）
谷物	糙米	0.50
	小麦	0.05
	大麦、燕麦	2.00
	黑麦、小黑麦	0.15
	杂粮类	0.30
油料和油脂	油菜籽	0.30
	棉籽	2.00
	花生仁	0.10
	大豆	0.05
蔬菜	大蒜、洋葱	0.10
	韭葱	0.70
	结球甘蓝	1.00
	抱子甘蓝	0.30
	花椰菜	0.05
	青花菜	0.20
	结球莴苣	5.00
	茄子	0.10
	甜椒、黄瓜	1.00
	西葫芦	0.20
	朝鲜蓟	0.60
	胡萝卜	0.40
	玉米笋	0.60
水果	柑、橘	2.00
	猕猴桃	5.00
	苹果	2.00
	梨	0.50
	桃、油桃、杏	2.00
	李子	1.00
	樱桃	4.00
	桑葚	1.50
	葡萄	2.00
	西番莲	0.10
	橄榄、杧果	0.05
	番木瓜	2.00
	香蕉	3.00
	甜瓜类水果	0.15
干制水果	李子干	3.00
坚果		0.05
饮料类	咖啡豆	0.10
	啤酒花	40.00
调味料	干辣椒	10.00

（续表）

参考文献

刘长令, 2006. 世界农药大全: 杀菌剂卷[M]. 北京: 化学工业出版社.

农业部种植业管理司和农业部农药检定所, 2015. 新编农药手册[M]. 2版. 北京: 中国农业出版社.

TURNER J A, 2015. The pesticide manual: a world compendium[M]. 17th ed. UK: BCPC.

（撰稿：陈凤平；审稿：刘西莉）

芴丁酸 flurenol

一种植物生长抑制剂，被植物根、叶吸收后会抑制植物生长，可防除谷类作物中的杂草。此外，还用于与苯氧链烷酸除草剂一起使用，起增效作用。

其他名称 抑草丁。

化学名称 9-烃基芴-9-羧酸。

IUPAC名称 9-hydroxyfluorene-9-carboxylic acid。

CAS 登记号 467-69-6。

EC 号 207-397-1。

分子式 $C_{14}H_{10}O_3$。

相对分子质量 226.23。

结构式

HO O OH

理化性质 熔点 71℃。蒸气压 3.1×10^{-2}mPa（25℃）。K_{ow}lg$P$ 3.7。pK_a1.09。溶解度：水 36.5mg/L（20℃）；甲醇 1500g/L、丙酮 1450g/L、苯 950g/L、乙醇 700g/L、氯仿 550g/L、环己酮 35g/L（20℃）。在酸碱介质中水解。DT_{50}：土壤约 1.5 天，水中 1 ～ 4 天。在 0.5%～ 2.6%有机碳和 pH 6 ～ 7.6 条件下，土壤吸附系数 K_f1.6 ～ 5mg/kg。

W

毒性　急性经口 LD_{50}：大鼠＞6400mg/kg，小鼠＞6315mg/kg。大鼠急性经皮 LD_{50}＞10 000mg/kg。NOEL：大鼠（117 天）＞10 000mg/kg 饲料；狗（119 天）＞10 000mg/kg 饲料。虹鳟 LC_{50}（96 小时）318mg/L。水蚤 LC_{50}（24 小时）86.7mg/L。

剂型　中国无登记。

作用方式及机理　通过被植物根、叶吸收而抑制植物生长，但它主要用于与苯氧链烷酸除草剂一起使用，起增效作用，可防除谷类作物中的杂草。

允许残留量　中国尚未制定最大残留限量值。

参考文献

马克比恩 C，2015. 农药手册[M]. 胡笑形，等译. 北京：化学工业出版社：485-486.

孙家隆，金静，张茹琴，2014. 现代农药应用技术丛书：植物生长调节剂与杀鼠剂卷[M]. 北京：化学工业出版社.

（撰稿：黄官民；审稿：谭伟明）

雾滴沉积　droplet deposition

雾滴在防治靶标表面的沉积质量。

发展简史　早在 19 世纪后期就发现，简单的泼洒施药法，药剂沉积不均匀，防治效果很差。后来又发现由于沉积率不高，喷到果树上的无机砷杀虫剂大量流失到地面上对土壤造成污染，导致美国于 1910 年建立了第一个杀虫剂管理法——《联邦杀虫剂管理法》，对砷素杀虫剂的使用加以限制。1922 年飞机用于喷撒农药后，雾滴的大范围飘移所产生的农药污染问题更日益引起关注。这些问题均与雾滴的沉积特性有关。对于雾滴沉积特性的研究，须借助于流体力学、空气动力学以及气溶胶力学的研究方法和有关理论。而雾滴在物体表面上的附着则与表面化学及界面物理化学的基础研究相关。在开拓这些边缘科学研究方面，约翰斯通（D. R. Johnstone）、弗米奇（C. G. L. Furmidge）、布伦斯齐尔（R. T. Brunskill）以及耶茨和阿克森（Wesley E. Yates 和 Norman B. Akesson）等人所做的大量研究工作奠定了基础。20 世纪 50 年代以来由于低容量和超低容量喷洒技术的迅速发展，细雾滴和超细雾滴的运动和沉积特性受到特别重视。研究发现了生物体对不同细度雾滴具有选择捕获能力，并于 70 年代中提出了生物最佳粒径学说。随后，雾滴在作物群体中的沉积分布模型的研究引起了广泛的兴趣。查明农药雾滴在各种类型的作物丛中的典型沉积分布模式，对于发展科学的使用技术有重大指导作用。80 年代以来，这项研究的重要性使国际上许多农药公司也纷纷建立了专门的试验室和试验站进行了大量研究。英国的帝国化学农化公司还因此而开发成功一种有很高沉积效率的静电喷雾机。中国从 80 年代初开始系统地研究农药雾滴沉积分布特性，并发现了雾滴在叶部沉积时的叶尖优势现象以及烟微粒在植物上沉积时的热值迁移效应。

基本内容　一般来说，雾滴沉积在植物表面上有 3 种沉积方式。过大的雾滴降落在叶片表面上后，会冲击碰撞破碎成更小的雾滴或者滚落流失至地面上；只有合适大小的雾滴才能稳定地沉积在叶面上；而过小的雾滴有可能或飘失至空中或沉积在叶面上，也有可能绕过叶片正面沉积在叶背或者飘移到其他地方去（图 1）。

雾滴能否稳定地沉积并附着在植物表面主要取决于雾滴的物理特性以及植物表面的自然特性、结构特性，通常用植物在目标上的接触角 θ 来间接地表达两者的关系。θ 角小，表明雾滴与目标表面的接触面积大，或者说容易润湿目标表面；θ 角大，则表明接触面积小或者不容易润湿。研究表明，$\theta<90°$ 时，容易润湿表面；$\theta>90°$ 时，不容易润湿表面。不同的接触角 θ 以及雾滴大小与接触面积（润湿程度）之间有如下关系：

①在 θ 角相同时，雾滴直径小则可以获得较大的接触面积，雾滴直径大则接触面积减小。

②对于相同直径大小的雾滴来说，θ 角小的接触面积则大，θ 角大的接触面积减小。

③雾滴直径减小，接触面积的大小对于 θ 角的变化越敏感。

由此可见，采用雾滴直径角小的低容量或者超低容量喷雾可以获得较高的雾滴接触面积，但这时应注意调整接触角 θ，使 θ 角较小，否则接触面积急剧下降（图 2）。

在喷雾液体中加入适当的喷雾助剂能够改变其表面张力的大小，液体表面张力越小，雾滴接触面积则越大；改变液体的黏度也会对雾滴接触面积产生影响：

①增加液体的黏度可以提高雾滴的接触面积。但是当黏度增加到一定程度后，对接触面积的影响就不那么明显了。

②液体黏度对于大雾滴的接触面积影响较小。

③对于表面张力一定的同一种液体来说，沉积角越接近 90°，其接触面积也越大；当沉积角＞60° 时，影响已不

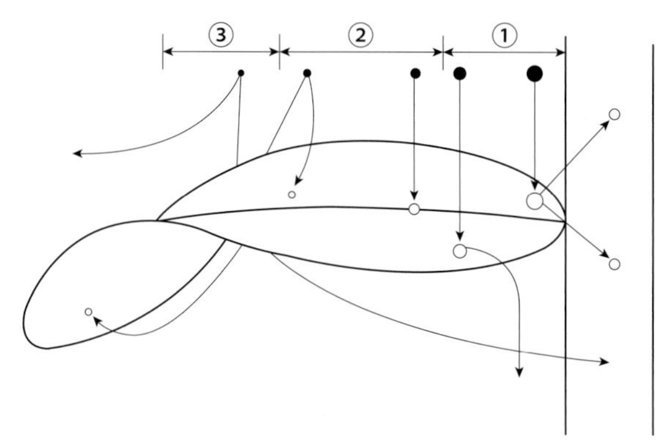

图 1　不同大小雾滴在靶标上的沉积方式
①雾滴流失（大与特大细雾滴）；②雾滴沉积（最佳喷雾粒径）；③雾滴流失（细与极细雾滴）

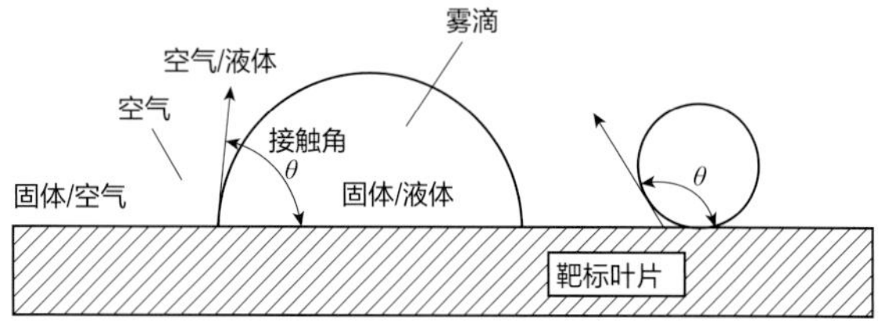

图 2　雾滴接触角与接触面积的关系

大明显。

④对于表面张力不同的两种液体来说，表面张力较小的雾滴，具有较大的接触面积，其差别是十分明显的。

由此可见，对于黏度较低的液体或者雾滴较大时，可以通过调整其黏度的方法获得较大的雾滴接触面积。

综上所述，雾滴直径大小以及液体表面张力与雾滴基础面积之间的关系可以表示为：较小的雾滴直径或者较小的液体表面张力或者两者都较小的情况下，都能够获得较大的接触面积。

植物表面特性对雾滴沉积的综合影响：

①对于表面张力一定的同一种液体来说，其雾滴对于不同植物具有不同的接触角 θ。表面张力越小，接触角 θ 的差异越明显。

②对于同一种植物来说，有的随着液体的表面张力的变化对接触角 θ 的影响很大，有的则影响较小。

影响因素　雾滴在植物上的沉积性能主要与下列因素有关：雾滴的物理化学特性；植物的自然物理特性与冠层特性；雾滴的几何尺寸及动力因素；靶标的形状和所处的位置等。

参考文献

何雄奎, 2012. 高效施药技术与机具[M]. 北京: 中国农业大学出版社.

中国农业百科全书总编辑委员会农药卷编辑委员会, 中国农业百科全书编辑部, 1993. 中国农业百科全书: 农药卷[M]. 北京: 农业出版社.

（撰稿：何雄奎；审稿：李红军）

雾滴分布　droplet distribution

在一次喷雾中，雾滴群的直径尺寸范围及其分布状况。又名雾滴谱。可用雾滴累积分布曲线（图 1，红线）或雾滴分布图表示（图 1，蓝线）。雾滴累积分布是雾滴从小到大的体积累积或数量累积。

图 2 中 A 类喷头产生的雾滴，集中在较窄的谱段内，雾滴较均匀。绝大部分雾滴是靶标截获率最高的尺寸，是控滴喷雾的理想喷头类型，用较少的药液就能将靶标均匀覆盖，取得良好的药效。离心喷头的雾滴谱属于 A 类。B 类喷头产生的雾滴，其尺寸大小差异很大，各谱段都占相当比例的药液量。若用于对单一形状的靶标喷雾，只有少量药液的粒径处在靶标的最佳粒径范围内，而沉积在靶标上，因此药液回收率极低。这类喷头适用于多种形状的靶标，例如同时防治多种类型杂草的喷洒作业。液力式喷头的雾滴谱分布属于此类。

雾滴分布的集中或分散状况，称为雾滴分布均匀度，可用扩散比（ratio of diffusion，RD）和相对粒谱宽度（relative span，RS）表示。

$$RD = NMD/VMD$$

式中，*NMD* 为数量中值直径；*VMD* 为体积中值直径。如果雾滴群的各雾滴直径相同，则不论用体积中径或数量中径表示雾滴尺寸，都为同一数值，扩散比值为 1。这种现象在实际喷雾中不可能存在，但扩散比值愈接近于 1，则表示雾滴分布范围愈窄（或称雾滴谱较窄），雾滴均匀。反之，则表示雾滴尺寸分布范围较宽。一般认为，扩散比在 0.67～1 的范围内，雾滴分布属于较均匀的范围。

$$RS = \frac{DV_{90} - DV_{10}}{VMD}$$

式中，DV_{10}、DV_{90} 分别表示在一次喷雾中，将全部雾滴的体积从小到大累积到分别占全部雾滴体积总和的 10% 和 90% 时所对应的雾滴直径值。有了 DV_{10} 和 DV_{90} 值，就能了解介于这两值之间的大多数雾滴的直径范围。再与体积中径 VMD 相比，就可知雾滴的均匀程度。比值越小，表示雾滴越均匀。有些国家明确要求植物保护机械的喷头，必须给出 *VMD*、DV_{10} 和 DV_{90} 三种数值。

粒度特征参数

D（4,3） 139.95μm	D50 131.95μm	D（3,2） 107.78μm	S.S.A. 0.06 sq.m/c.c.
D10 62.78μm	D25 92.57μm	D75 172.50μm	D90 211.46μm

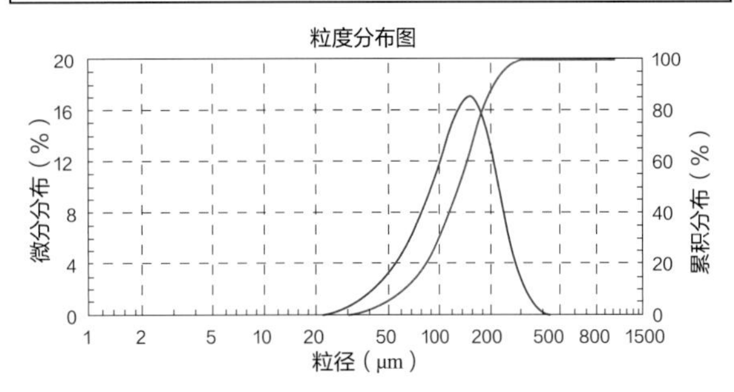

图 1　雾滴累积分布曲线

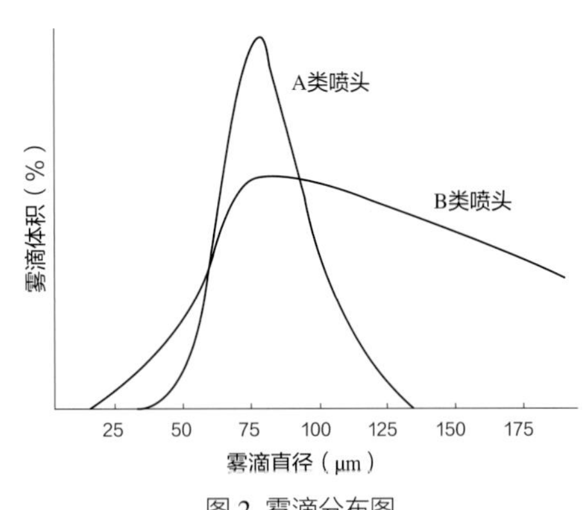

图 2　雾滴分布图

参考文献

何雄奎, 2012. 高效施药技术与机具[M]. 北京: 中国农业大学出版社.

何雄奎, 2013. 药械与施药技术[M]. 北京: 中国农业大学出版社.

全国农业技术推广服务中心, 2015. 植保机械与施药技术应用指南[M]. 北京: 中国农业出版社.

中国农业百科全书总编辑委员会农药卷编辑委员会, 中国农业百科全书编辑部, 1993. 中国农业百科全书: 农药卷[M]. 北京: 农业出版社.

（撰稿：何雄奎；审稿：李红军）

雾滴体积中径 volume median diameter

在一次喷雾中，将全部雾滴的体积从小到大顺序累加，当累加值等于全部雾滴体积的50%时，所对应的雾滴的直径（见图）。

大体可分为直接测量和间接测量两类。

间接测量法是测量雾滴在特殊靶面上留下的印迹，再求雾滴的直径的方法，也称为印迹法。多用于田间作业中测量。印迹直径略大于雾滴直径。

雾滴直径＝扩散系数 × 印迹直径

其中，扩散系数的确定是一项烦琐的工作。①氧化镁薄膜印迹法。在距玻璃片下几厘米处燃烧金属镁带，形成的氧化镁烟粒沉积在玻璃片上，形成氧化镁薄膜，可用来捕集雾滴。当雾滴撞击到薄膜层上时即在膜上留下相应的孔洞。再把玻片放到显微镜下测量孔洞的直径，便可算出雾滴的直径。孔洞直径略大于雾滴直径，当雾滴直径在20～200μm范围内时，其扩散系数为0.86：

雾滴直径值＝0.86× 孔径值

当直径为15～20μm和10～15μm时，其系数分别为0.8和0.75。此法不适用于测量直径小于10μm和大于300μm的雾滴。②在玻璃片上涂瓷土或明胶等材料捕集雾滴的测量方法。因扩散系数随粒径和液体种类而波动，不如氧化镁法通用。③用特制的纸卡，如水敏纸、油敏纸、克罗密柯特纸卡（kromeket card）等捕集雾滴，再测量纸上雾滴印迹直径的方法。

直接测量法是在雾滴保持其原形时，直接测量其直径的方法。适于实验室内测定。常用的方法：①用激光雾滴粒径测定仪直接测定在空间运动中的雾滴直径。并可用计算机立即进行雾滴尺寸的计算和打印。②沉入法。使雾滴落入盛有两种不同黏度的油（如机油和煤油，下层为黏度大的机油）的平底玻璃皿中，使雾滴在黏度大的油层中保持原形，上层稀黏度油层的作用是防止雾滴蒸发，即可在显微镜下直接测定雾滴直径。也可用0.1%～0.2%浓度的BSF（brilliant sulfo-flavin）荧光液喷入装有两种不同黏度硅油的容器中，随即在紫外灯光下照相，冲洗后的底片用幻灯机放大后测量雾滴直径，再将测得的数据输入计算机处理。③雾滴全息摄影法。把空中的雾滴群摄入全息底片中，能如实地记录雾滴群在空中的立体分布状况。

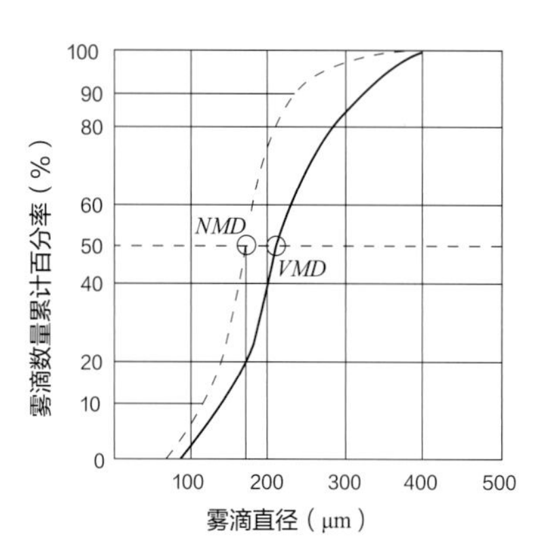

雾滴体积中径示意图

随着高效农药的生产和低容量喷施技术的推广，对雾滴尺寸的研究日显重要。雾滴尺寸的正确选用是用最少药量取得最好药效及减少环境污染等技术的关键，并相继产生出理论和控滴喷雾等新的施药技术。大雾滴的特点：①有较大的动能，能很快沉降到靶标正面上。②不易发生随风飘移及蒸发散失，有利于控制飘失。③大雾滴撞击到靶标上后的附着力差，易发生弹跳和滚落流失（称为田内流失），造成大量农药损失并污染环境。小雾滴的特点：①由于雾滴体积与其直径的立方成正比，一定体积的药液能产生的小雾滴的数量将几倍于甚至几十倍于大雾滴的数量，因此小雾滴对靶标的覆盖密度和覆盖均匀度远胜于大雾滴。在低容量喷施时，这一特点尤为突出。②小雾滴有较好的穿透能力，能随气流深入株冠层，沉积在果树或植株深处靶标正面或大雾滴不易沉积的背面。③小雾滴在靶标上的附着力强、不会产生流失现象，农药利用率高。④但过细的雾滴（例如小于10μm的雾滴）易蒸发和飘移而造成环境污染，在施药时应考虑这些特点。例如喷施除草剂时，为防止因飘失而引起对邻近地块敏感作物的危害，应选用产生较大粒径雾滴的喷头，在防治突发性暴食性虫害时，采用超低容量飘移喷雾法利用自然风或气流运送及分散细小雾滴，是防治飞翔害虫的较好的雾滴选择，能有效杀灭害虫，又能提高工效，及时防治。施药时，所选用的雾滴尺寸应能使所喷施的药液的绝大部分都均匀地沉积在靶标各部位，并能最大限度地减少环境污染。

参考文献

何雄奎, 2012. 高效施药技术与机具[M]. 北京: 中国农业大学出版社.

何雄奎, 2013. 药械与施药技术[M]. 北京: 中国农业大学出版社.

全国农业技术推广服务中心, 2015. 植保机械与施药技术应用指南[M]. 北京: 中国农业出版社.

中国农业百科全书总编辑委员会农药卷编辑委员会, 中国农业百科全书编辑部, 1993. 中国农业百科全书: 农药卷[M]. 北京: 农业出版社.

（撰稿：何雄奎；审稿：李红军）

雾滴雾化 droplet atomization

将农药以雾滴的形式分散到大气中，使之形成雾状分散体系的过程称为雾化。农药雾滴雾化的实质是喷雾液体在喷雾机具提供的外力作用下克服自身的表面张力，实现比表面的大幅度扩增。

基本内容 按雾化原理分，液体农药雾化成雾滴的方式可分为液力式、气力式、离心式和热力式几种。液力式雾化方式特别适合于水溶液的喷洒，是液体药剂最常用的雾化方式。这种雾化是使液体在一定的压力下通过一个一定形状的小孔而雾化。气力式雾化是应用高速气流冲击液体使其雾化，更广泛地应用于工业。离心式液化，雾化是使液体在一个高速旋转的圆盘上沿径向流动，最后从圆盘的边缘飞出形成液滴。离心式雾化的特点是形成的雾滴大小非常均匀，并且其大小容易调整。撞击式雾化是让液体在重力的作用下通过一个或多个小孔，同时用外力使喷雾装置产生振动，使液丝断裂成液滴，这种方式有时用于除草剂的喷洒。热力式雾化是利用热能使药液雾化，各种熏蒸剂的使用就是采用这种方法。

雾滴对喷雾的影响 雾滴直径大小、雾滴的飘移和沉降速度影响施药效果。在这些因素中，雾滴直径大小起着决定作用。雾滴直径大，农药飘移少，但用水量大，工作效率低，成本高。雾滴直径小，则可在作物表面得到很好的沉降和覆盖，并在作物丛中有较好的穿透性，防治效果较好。但雾滴过小，在空中飘移的时间长，会污染环境，危及人畜的健康。

参考文献

傅泽田, 祁力钧, 2002. 农药喷施技术的优化[M]. 北京: 中国农业科学技术出版社.

郭武棣, 2003. 液体制剂[M]. 3版. 北京: 化学工业出版社.

（撰稿：何雄奎；审稿：李红军）

雾滴运移 droplet transport

从喷头喷出的雾滴运行到靶标以及靶标外的移动过程。

基本内容 雾滴的大小及其运动轨迹，直接影响到决定喷雾质量的3个主要指标：覆盖率、飘移率、均匀性，进而影响到作物的病虫害防治效果。一般来说，小雾滴的覆盖率要高于大雾滴（相同喷雾量），穿透力强于大雾滴，但抗飘移性能不如大雾滴。在给定压力下，所有的喷嘴都会产生一系列尺寸的雾滴，科学地对雾滴大小进行分类，并了解雾滴从喷头到目标作物的运动轨迹受哪些因素影响，用户才能科学合理地选择施药设备和施药方法。

雾滴运移的影响因素 雾滴运动要受各种因素的影响，主要有蒸发、重力和气候条件等影响因素，对这些影响因素进行细致的研究，对提高喷雾质量是非常重要的。

蒸发的影响 在喷雾作业中，药液在离开喷头时，会分成很多小雾滴，在总体积不变的情况下，其表面积却大大增加了，并且雾滴平均直径越小，其表面积总和就越大。当雾滴直径小于50μm时，雾滴直径的减小会使其表面积呈几何级数地急剧增加，但这对于小雾滴的利用却是非常不利的，因为雾滴与空气的接触面积加大了，其在空气中的挥发速度也就加快了。后果就是小雾滴能够在空气中存留的时间缩短了，常常在到达目标之前就已完全蒸发了，这个问题十分严重，限制了小雾滴的应用，进而限制了低量喷雾的应用。

大田植保喷雾作业，如果作物低矮，喷嘴的高度一般在作物之上0.5～1m，因此雾滴在空气中运动的时间很短，挥发的量较小，即使是50μm以下的小雾滴，一般也能到达目标。但如果是对玉米等高秆植物进行喷雾，尤其是为果树喷洒农药，由于喷头到目标的距离较远，小雾滴在到达目标之前就完全有可能蒸发没了。可以看出，如果为高度20m以上的植物喷雾，则直径100μm以下的雾滴就会完全挥发了，同时这还是假设在静止空气中，如果加上风的影响，则对雾滴直径的要求还会大得多。

重力的影响 在假设空气是静止的前提下，由于存在垂直向下的重力，雾滴是向下加速运动的，直到空气的阻力完全抵消重力的作用时才变为匀速下落。一般情况下，25cm/s是直径小于100μm的雾滴末速度。而70cm/s是500μm直径雾滴的末速度。雾滴的大小、比重、形状以及空气的密度、黏度等因素都会对雾滴末速度造成影响，下面的公式体现了这种影响：

$$v = (2gr^2\rho/9\eta)$$

式中，v为末速度（m/s）；r为雾滴半径（μm）；g为重力加速度（m/s^2）；ρ为雾滴的密度（kg/m^3）；η为空气的黏度（Pa·s）。

从公式中可以看出，在影响雾滴末速度的诸多因素中，雾滴的大小对其影响最大，较大雾滴由于空气动力而使其有效直径减小，其末速度要比按球体计算的数值略低。直径很小的雾滴，尤其是直径小于30μm的雾滴，其末速度较低，这些雾滴需要几分钟才能落下。小雾滴暴露在空气中如此长的时间，必然要受到空气运动的影响。如果风速是1.3m/s，直径1μm的雾滴从3m高处喷出后，在到达地面以前，理论上要顺风飘移150km，与此相反，直径200μm的雾滴，假设其直径保持恒定，顺风飘移不到6m就可着地。

气象条件的影响 雾滴从喷头运动到目标作物上的数量受气象条件影响很大，这其中包括气温、相对湿度、风速和风向等多种气象因素。

在空气中，小雾滴的迅速蒸发就是气温和相对湿度对雾滴运动的主要作用。另外，气温和相对湿度还对雾滴在植物表面上的附着存在影响。如果是在高温、低湿度的天气下，植物的叶面对雾滴的容纳性比较差，同时由于叶面上小茸毛湿润不够，雾滴难以与叶面完全贴合，使许多雾滴难以停留在植物上，反而从叶子中间落下了。可是湿度太大时，喷洒的雾滴能够保持在叶面上的比例也将是有限的，因为受饱和度的限制，叶面无法吸附过多的雾滴，多余的雾滴会流到叶面之外，有的落到下层叶面上，有的直接落到土壤中。由此可以知道，植物叶面上所得到的农药沉积在饱和以前与喷洒的药剂的浓度成正比，但当叶面上药液浓度超过饱和值时，喷洒量与沉积量就不再相关了。

风速和风向对喷雾运动的影响比气温和相对湿度更大。较大的风完全能够使雾滴不能运动到靶标上，而是发生飘移，从而造成相邻近地块不同作物的药害或对邻近地面水的污染。特别需要注意的是，在进行点状或带状喷雾时，如果发生飘移，有可能导致喷雾作业无效，需要重新进行喷雾作业，不但浪费时间、人力、农药，还会错过防治机会，后果很严重。所以对风力造成的雾滴飘移要给予高度的重视，严格控制其造成的不良影响。在温室内进行喷雾可以不考虑风力的影响，但是在野外，在大田中进行植保喷雾作业，风力的影响是无法完全避免的。相对其他喷雾设备，喷杆式喷雾设备由于自身的特点更易受到风力和风向的影响，在风向与喷杆平行或夹角很小时，沿着喷杆布置的喷头产生的雾体的覆盖面就会出现不正常的重叠，这时就会很容易造成喷雾不均匀，在整块地上出现漏喷和药害。

参考文献

傅泽田, 祁力钧, 2002. 农药喷施技术的优化[M]. 北京: 中国农业科学技术出版社.

关成宏, 2010. 绿色农业植保技术[M]. 北京: 中国农业出版社.

郭武棣, 2003. 液体制剂[M]. 3版. 北京: 化学工业出版社.

梁帝允, 邵振润, 2011. 农药科学安全使用培训指南[M]. 北京: 中国农业科学技术出版社.

农业部种植业管理司, 全国农技推广服务中心, 2012. 农作物病虫害专业化统防统治手册[M]. 北京: 中国农业出版社.

沈钟, 赵振国, 2004. 胶体与表面化学[M]. 3版. 北京: 化学工业出版社.

屠豫钦, 李秉礼, 2006. 农药应用工艺学导论[M]. 北京: 化学工业出版社.

徐映明, 朱文达, 2008. 农药问答精编[M]. 北京: 化学工业出版社.

颜肖慈, 罗明道, 2004. 界面化学[M]. 北京: 化学工业出版社.

袁会珠, 2011. 农药使用技术指南[M]. 2版. 北京: 化学工业出版社.

MATTHEWS G A, 2000. Pesticide application methods[M]. Blackwell Science.

OHKAWA H, MIYAGAWA H, LEE P W, 2007. Pesticide chemistry: Crop protection, public health, environmental safety[M]. Weinheim, Germany.

（撰稿：何雄奎；审稿：李红军）

雾滴蒸发 droplet evaporation

农药雾滴的溶剂在自然条件下挥发逸失的现象。农药雾滴有水雾滴和油雾滴之分，水和有机溶剂在自然条件下均有不同程度的挥发逸失现象，从而使雾滴逐渐变小。

基本原理 水和有机溶剂以及各种油类都有一定的蒸气压，因此都能不同程度地挥发逸失。水的蒸气压很高，在20～30℃下即达到2.32～4.24kPa。二甲苯的蒸气压也很高（表1）。

水是农药喷雾中最常用的载体，二甲苯及其同系物是通常的农药乳剂中最常用的溶剂，因此在喷雾后雾滴的蒸发均很迅速。不同的相对湿度，水滴的蒸发速度也有所变化（表2）。

表1 水、有机溶剂和某些农药的蒸气压

物质	温度（℃）	蒸气压（Pa）
水	10	1226.54
	20	2333.10
	30	4239.58
	40	7372.60
邻-二甲苯	20	654.98
间-二甲苯	20	805.47
马拉硫磷	30	5.30
对硫磷	20	5.00
17碳烷烃	20	0.22
18碳烷烃	20	0.168

表2 水滴蒸发过程的时间和相对湿度的关系（20℃）

水滴起始直径（Do,μm）	体积缩小90%后最终水滴直径（Dr,μm）	不同相对湿度时的蒸发速度和垂直下落高度			
		RH 30%		RH 70%	
		时间（s）	落距（cm）	时间（s）	落距（cm）
100	46	4.2	187.5	9.2	397.50
80	37	2.8	60	6.3	165.00
60	28	1.7	＜37.5	3.8	56.25
40	19	0.8	＜37.5	1.8	＜37.50

相对湿度越低则蒸发越快。因为细雾滴的比表面积大，起始雾滴直径越小则蒸发也越快。其他有机溶剂的蒸发则主要受温度和雾滴直径的影响。有机溶剂的蒸气压比水小，蒸发速度也比水慢。但是在流动的空气中蒸发速度会加快，与静止空气条件下相比，雾滴表面与周围空气中的溶剂蒸气压的梯度差要大得多。所以在细雾喷洒法的喷洒过程中，蒸发过程进行得比较快。在强气流下，大量的细雾滴很快就会蒸发而变成超细雾滴，从而发生飘移。因此，超低容量喷雾对溶剂的蒸气压有严格的要求。

影响因素 影响液体蒸发速率的因素有很多，根据道尔顿蒸发定律（Dalton's Law），蒸发速率 W 可表示为：

$$W=C\frac{(E-e)}{P}$$

式中，W 为蒸发速率[mg/（cm^2·s）]；E 为蒸发面温度下的饱和水蒸气压；e 为蒸发面上大气中的实际水蒸气压；E-e 为两者间的差值即饱和差；P 为大气压强（mPa）；C为与风速有关的比例系数。

由公式可看出，影响蒸发速率的主要因素：环境温度、相对湿度、大气压强以及常数C。常数C受气液界面的界面特性影响，助剂能够改变蒸发速率主要原因是能够改变界面特性。

比较常用的减缓雾滴蒸发速率方法：①在农药喷雾液中加入蒸气压极低的可溶性物质，降低溶剂或载体的饱和蒸气压，从而降低蒸发速率。例如尿素、糖蜜等物质以及多糖类。②控制雾滴直径，减少或者消除过细雾滴。在喷雾液中加入某些增黏剂，如海藻酸酯衍生物（keltex）、羟乙基纤维素（vistik）以及多糖胶（polysaccarides）等，均能提高喷雾液的黏度，可防止喷雾液在碎裂过程中产生过细雾滴。③添加抗蒸发剂，其中硬脂酸铵（LOVO）是最典型的抗蒸发剂。雾滴形成后，氨逸失，在雾滴表面留下一层硬脂酸分子膜，就能显著抑制水分蒸发。LOVO特别适用于可湿性粉剂的细雾喷施。④选择优质的施药机具并严格技术操作，以减少过细雾滴的产生。

参考文献

徐映明, 2010. 农药施用技术问答[M]. 北京: 化学工业出版社.

中国农业百科全书总编辑委员会农药卷编辑委员会, 中国农业百科全书编辑部, 1993. 中国农业百科全书: 农药卷[M]. 北京: 农业出版社.

（撰稿：何雄奎；审稿：李红军）

西部杨树透翅蛾性信息素 sex pheromone of *Paranthrene robiniae*

适用于白杨树与其他树木的昆虫性信息素。最初从西部杨树透翅蛾（*Paranthrene robiniae*）虫体中提取分离，主要成分为（3*E*,13*Z*）-3,13- 十八碳二烯 -1- 醇与（3*Z*,13*Z*）-3,13- 十八碳二烯 -1- 醇（4 : 1）。

其他名称 FERSEX PT（SEDQ）。

化学名称 (3*E*,13*Z*)-3,13-十八碳二烯-1-醇; (3*E*,13*Z*)-3,13-octadecadien-1-ol; (3*Z*,13*Z*)-3,13-十八碳二烯-1-醇; (3*Z*,13*Z*)-3,13-octadecadien-1-ol。

IUPAC名称 (3*E*,13*Z*)- octadeca-3,13-dien-1-ol; (3*Z*,13*Z*)-octadeca-3,13-dien-1-ol。

CAS登记号 66410-28-4[(3*E*,13*Z*)-异构体]; 66410-24-0[(3*Z*,13*Z*)-异构体]。

分子式 $C_{18}H_{34}O$。

相对分子质量 266.46。

结构式

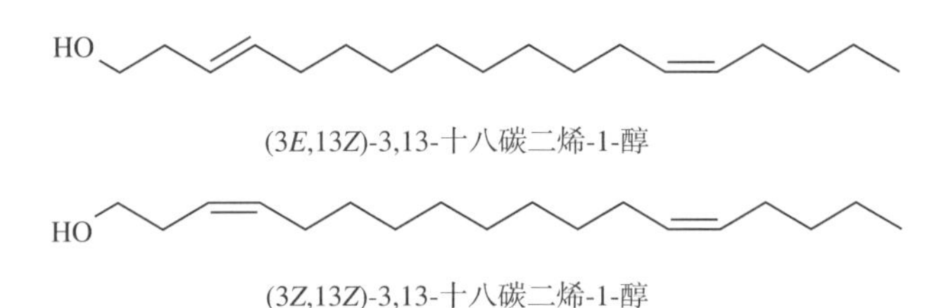

(3*E*,13*Z*)-3,13-十八碳二烯-1-醇

(3*Z*,13*Z*)-3,13-十八碳二烯-1-醇

生产单位 由 SEDQ 公司生产。

理化性质 浅黄色油状液体，具有温和的甜味。沸点 173～174 ℃（266.64Pa）[（3*E*,13*Z*）- 异构体]。相对密度 0.85（25℃）。蒸气压 0.5～0.9mPa（20℃）。在水中溶解度 0.09mg/L。溶于正己烷、苯、三氯甲烷、乙醇等有机溶剂。

剂型 悬浮型微胶囊剂。

作用方式 主要用于干扰西部杨树透翅蛾的交配。

防治对象 适用于杨树与其他树木，防治西部杨树透翅蛾。

参考文献

马克比恩 C, 2015. 农药手册[M]. 胡笑形, 等译. 北京: 化学工业出版社.

（撰稿：钟江春；审稿：张钟宁）

西草净 simetryn

一种三嗪类选择性除草剂。

其他名称 西散净、西散津、G32911、Gy-Ben。

化学名称 2-甲硫基-4,6-二(乙氨基)-1,3,5-三嗪; 2,4-bis(ethylamion)-6-methylmercapto-*S*-1,3,5-triazine。

IUPAC名称 N^2,N^4-diethyl-6-(methylthio)-1,3,5-triazine-2,4-diamine。

CAS 登记号 1014-70-6。

EC 号 213-801-7。

分子式 $C_8H_{15}N_5S$。

相对分子质量 213.30。

结构式

开发单位 日本农药公司。

理化性质 纯品为白色晶体，熔点 82～83 ℃。20 ℃时溶解度：水 400mg/L、丙酮 400g/L、甲醇 380g/L、甲苯 300g/L、己烷 4g/L、辛醇 160g/L。相对密度 1.02（20℃）。蒸气压 9.47×10^{-5}Pa（25℃）。K_{ow}lg*P* 0.8（25℃）。Henry 常数＜ 5.3×10^{-8}Pa · m^3/mol（计算值）。常温下储存两年有效成分含量基本不变，遇酸、碱或高温易分解。可燃烧，燃烧产生有毒硫氧化物和氯化物气体。

毒性 原药急性 LD_{50}（mg/kg）：大鼠经口 750～1195，小鼠经口 535，雄豚鼠经皮＞ 5000，大鼠经皮＞ 3200。对兔皮肤和眼睛无刺激性。NOEL：大鼠（2 年）2.5mg/kg，小鼠（2 年）56mg/（kg · d），狗（2 年）10.5mg/（kg · d）。鳟鱼 LC_{50}（96 小时）70mg/L，虹鳟 LC_{50}（96 小时）5.2mg/L。对蜜蜂无毒，对海藻有毒。

剂型 主要有 25% 可湿性粉剂，以及与 2 甲 4 氯钠、丁草胺复配的 60% 乳油。

质量标准 25% 可湿性粉剂由有效成分、填料和表面活性剂等组成，外观为灰白色粉末，悬浮率≥ 34%，水分含量≤ 3%，pH5～9，常温储存 2 年，有效成分含量基本不变。有效成分含量≥ 25%；水分含量≤ 3%；细度（通过 200 目筛）≥ 95%；润湿时间≤ 5 分钟。

作用方式及机理 是选择性、内吸传导型均三嗪类除草剂。能通过杂草根、叶吸收，并传导到植株全身，抑制杂草光合作用，使叶片缺绿变黄而死亡。

防治对象 主要用于水稻，也可以用于玉米、大豆、小麦、花生和棉花等作物，防除眼子菜、牛毛草、稗草、野慈姑、苦草、瓜皮草、水鳖、三棱草、苋草、铁苋菜、藜、蓼等杂草。

使用方法

防治水稻田杂草 防除眼子菜，于水稻移栽后15～20天，直播田在分蘖后期，眼子菜发生盛期，叶片大部分由红转绿时，每亩用25%可湿性粉剂100～200g，混细潮土20kg左右，均匀撒施。施药时水层2～5cm，保持5～7天，亦可防除2叶前稗草和阔叶杂草。在中国东北地区和内蒙古东部6月上旬至7月下旬，每亩用25%可湿性粉剂200～250g，华北地区每亩用133～150g，南方每亩用100～150g。

防治旱地杂草 作物播种后出苗前，每亩用25%可湿性粉剂150～500g，加水40kg，对土表均匀喷雾。

注意事项 要求土地平整，用药均匀。施药时温度应在30℃以下，超过30℃易产生药害。所以主要用于北方。

与其他药剂的混用 与2甲4氯钠、丁草胺复配60%乳油。

允许残留量 GB 2763—2021《食品中农药最大残留限量标准》规定西草净在糙米和花生仁中的最大残留限量为0.05mg/kg。ADI为0.025mg/kg。

参考文献

庄占兴,孙文国,范金勇,等,2017. 西草净对谷子田一年生杂草活性及其安全性测定[J]. 农药,56: 531-534.

（撰稿：杨光富；审稿：吴琼友）

西玛津 simazine

一种三氮苯类选择性内吸传导型除草剂。

其他名称 西玛三嗪、西保净、gesatop、prince。

化学名称 6-氯-*N,N*-二乙基-1,3,5-三嗪-2,4-二胺。

IUPAC名称 6-chloro-N^2,N^4-diethyl-1,3,5-triazine-2,4-diamine。

CAS登记号 122-34-9。

EC号 204-535-2。

分子式 $C_7H_{12}ClN_5$。

相对分子质量 201.66。

结构式

Cl
N N
N N N
H H

开发单位 嘉基公司（现先正达公司）。

理化性质 纯品为白色粉末。熔点226～227℃。溶解度：水6.2mg/L（22℃，pH7）；20℃时有机溶剂中溶解度：乙醇0.57g/L、丙酮1.5g/L、甲苯0.13g/L、辛醇0.39g/L、正己烷3.1g/L。化学性质稳定，但在较强的酸碱条件下和较温和温度下易水解，生成无活性的羟基衍生物。无腐蚀性。

毒性 原药急性LD_{50}（mg/kg）：大鼠、小鼠、兔经口＞5000，大鼠经皮＞2000，对兔皮肤无刺激。大鼠吸入LC_{50}（4小时）＞5.5mg/L。NOEL：雌大鼠（2年）0.5mg/（kg·d），雌狗（1年）0.8mg/（kg·d），小鼠（95周）5.7mg/（kg·d）。ADI为0.005mg/kg。野鸭急性经口LD_{50}＞2000mg/kg。蜜蜂经口和局部接触（48小时）LD_{50}＞99μg/只。

剂型 主要有90%水分散粒剂，50%悬浮剂，50%可湿性粉剂。

质量标准 50%可湿性粉剂由有效成分、助剂和水组成，外观为可自由流动的粉状物，无可见外来物质及硬块。悬浮率≥90%，分散性合格，常温储存两年，有效成分含量基本不变。

作用方式及机理 选择性内吸除草剂。主要通过植物的根和叶面吸收，在木质部传导，并在顶端分生组织和叶子累积。

防治对象 适用于玉米、高粱、甘蔗、茶园、橡胶及果园、苗圃防除狗尾草、画眉草、虎尾草、莎草、苍耳、鳢肠、野苋菜、青葙、马齿苋、灰菜、野西瓜苗、罗布麻、马唐、蟋蟀草、稗草、三棱草、荆三棱、苋菜、地锦草、铁苋菜、藜等一年生阔叶杂草和禾本科杂草。

使用方法 玉米、高粱、甘蔗地使用于播种后出苗前每亩用40%胶悬剂200～500ml，兑水40kg，均匀喷雾土表。茶园、果园使用一般在4～5月，田间杂草处于萌发盛期出土前，进行土壤处理，每亩用40%胶悬剂185～310ml，或50%可湿性粉剂150～250g，兑水40kg左右，均匀喷雾土表。

注意事项 残效期长，可持续12个月左右。对后茬敏感作物有不良影响，对小麦、大麦、棉花、大豆、水稻、十字花科蔬菜等有药害。用药量受土壤质地，有机质含量、气温高低影响很大。一般气温高有机质含量低、砂质土用量少，药效好，但也易产生药害。反之用量要高。喷雾器具用后要反复清洗干净。

与其他药剂的混用 可与多种除草剂混用，特别是与草甘膦混用效果好，可以减少单用药量，提高防效，扩大杀草谱。

允许残留量 德国规定在葫芦上最大残留限量为1.0mg/kg，其他植物性食物上最大残留限量为0.1mg/kg。加拿大规定西玛津在玉米、苹果、苜蓿、黑莓、芦笋、葡萄、罗甘莓、树莓、草莓上最大残留限量为0.1mg/kg。美国规定在玉米、苹果、梨、李子、樱桃、桃子、橄榄、柚子、柠檬、香橙、葡萄、黑莓上最大残留限量为0.25mg/kg。法国规定在仁果、甜玉米上最大残留限量为0.1mg/kg。

参考文献

孙家隆,2015. 农药品种手册[M]. 北京：化学工业出版社: 854-855.

（撰稿：杨光富；审稿：吴琼友）

西玛通 simetone

一种植物光合作用抑制型选择性除草剂。

化学名称 2-甲氧基-4,6-双(乙氨基)均三嗪。

IUPAC名称 N^2,N^4-diethyl-6-methoxy-1,3,5-triazine-2,4-diamine。

CAS登记号 673-04-1。

EC号 211-601-4。

分子式 $C_8H_{15}N_5O$。

相对分子质量 197.24。

结构式

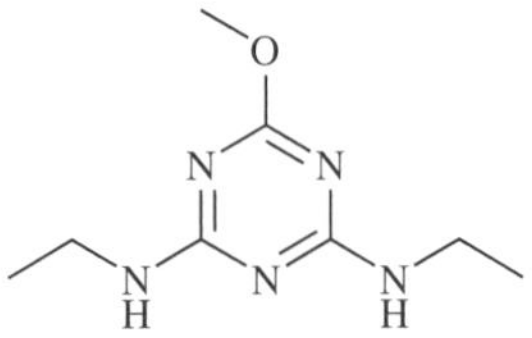

开发单位 汽巴-嘉基公司。

理化性质 纯品为白色结晶。熔点92~94℃。易溶于水，溶于甲醇、部分有机溶剂。

毒性 LD_{50}：大鼠经口535mg/kg、小鼠静脉180mg/kg。

作用方式及机理 在醇或者水溶液中卤素取代的均三嗪经光解可生成相应的烷氧基或羟基化合物，此类化合物可干扰植物的光合作用。

参考文献

DEAN J R, WADE G, BARNABAS I J, 1996. Determination of triazine herbicides in environmental samples[J]. Journal of chromatography A, 733: 295- 335.

（撰稿：杨光富；审稿：吴琼友）

吸附 adsorption

在农药制剂研究中，吸附是指当流体（多为液体）与多孔固体接触时，流体在固体表面产生积蓄的现象。根据固体与流体表面分子间结合力的性质，吸附可以分为物理吸附和化学吸附。物理吸附是由两者分子间引力所引起，结合力较弱，吸附过程可逆；化学吸附由两者间的化学键引起，结合力较大，通常不可逆。农药制剂研究中的吸附，通常为物理吸附。

原理 在吸附过程中，固体物质被称为吸附剂，被吸附的物质称为吸附质。当液体或气体混合物与吸附剂长时间充分接触后，系统达到平衡。单位质量吸附剂在达到吸附平衡时所吸附的吸附质质量被称为平衡吸附量。平衡吸附量的大小，取决于吸附剂的化学组成和物理结构，同时与系统的温度和压力等参数有关。温度越高，压力越小，平衡吸附量越小。

特点 ①化学吸附主要特点。吸附热与化学反应热接近；化学吸附具有选择性，即某些吸附剂仅吸附某些吸附质；是不可逆吸附。化学吸附可分为需要活化能的活化吸附和不需要活化能的非活化吸附，前者吸附速率较慢，而后者则较快。②物理吸附的主要特点。固体表面与被吸附的物质之间不发生化学反应，一种吸附剂可以吸附多种物质，但吸附物质不同，吸附量也会出现差别。吸附过程放热量小，随温度升高吸附量降低，同时可逆性较大，容易脱附，即在吸附的同时，被吸附的分子由于热运动仍会离开固体表面。

设备 ①双叶轮吸附槽。通过中空轴传动，带动叶轮以较低的转速转动，可以减少由于机械外力造成的载体颗粒的损耗，在矿产行业中被广泛采用。②双螺旋锥形混合机。由两根非对称螺旋的快速自转，物料向上提升，一部分物料被错位提升，另一部分物料被抛出螺杜，以达到物料不断混合的目的，被提到上部的物料再向中心处汇合，并向下运动，从而形成对流循环，使得物料在较短的时间内获得了均匀混合。配合有效成分的喷入，可以达到混合与吸附的效果。

应用 农药制剂研究中，吸附造粒法被广泛应用。它通过吸附过程将液体有效成分（也可以是溶解于溶剂中的或者熔融状态的固体有效成分）吸附在具有吸附能力的载体颗粒中。吸附过程中可根据有效成分含量的高低采取直接喷洒搅拌或者喷雾加搅拌的方式以提高吸附均匀度。其工艺具有流程短、设备较简单等优点。但由于既有强吸附能力又有高强度的载体不易选择，该方法制备的颗粒剂有效成分含量普遍较低。

（撰稿：孙俊；审稿：遇璐、丑靖宇）

烯丙菊酯 allethrin

一种拟除虫菊酯类杀虫剂。

其他名称 毕拿命、丙烯除虫菊酯、丙烯菊酯。

化学名称 2,2-二甲基-3-(2-甲基-1-丙烯基)环丙烷羧酸-2-甲基-3-烯丙基-4-氧代-环戊-2-烯基酯。

IUPAC名称 (1*RS*)-3-allyl-2-methyl-4-oxocyclopent-2-enyl (1*RS*,3*RS*; 1*RS*,3*SR*)-2,2-dimethyl-3-(2-methylprop-1-enyl)cyclopropanecarboxylate。

CAS登记号 584-79-2。

EC号 209-542-4。

分子式 $C_{19}H_{26}O_3$。

相对分子质量 302.41。

结构式

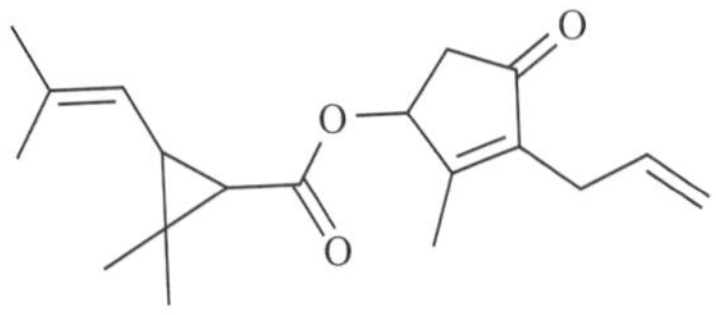

开发单位 1949年美国M. S. Schechter等人介绍其杀虫性能，W. Barthel综述了其发展过程和性能，由日本住友

化学公司开发。

理化性质 淡黄色油状液体。沸点281.5℃。相对密度1.01（20℃）。蒸气压0.16mPa（21℃）。折射率1.507。能与石油互溶，易溶于乙醇、四氯化碳等大多数有机溶剂，不溶于水。在中性和弱酸性条件下稳定，在碱性条件水解失效。对光不稳定。

毒性 急性经口LD_{50}：小鼠640mg/kg，大鼠920mg/kg。大鼠经皮LD_{50} 3700mg/kg。对大鼠以2g/kg剂量喂养1年，没有影响。鱼类LC_{50}（48小时）：鲤鱼1.5mg/L，水蚤40mg/L。

剂型 气雾剂，油剂，粉剂，可湿性粉剂，乳油，油基或水基喷射剂。

质量标准 原药异构体总含量≥90%。

作用方式及机理 具强烈触杀作用，击倒快。作用和除虫菊素类似，但药效比除虫菊素要差，尤其是对蟑螂。最适于加工成蚊香液、电热蚊香片。作用机理在于引起昆虫激烈的麻痹作用，倾仰落下，直至死亡。该药剂为扰乱轴突传导的神经毒剂。

防治对象 防治家蝇、蚊虫、蟑螂、臭虫、虱子等卫生害虫，也可以与其他药剂混配作为农场、畜舍和奶牛房喷射剂，以防治飞翔和爬行昆虫。还适用于防治寄生在猫、狗等体外的跳蚤和体虱。

使用方法 现场大规模喷射，剂量为0.55kg/hm^2（有效成分）。家庭用气雾剂喷雾，剂量为21mg/m^2，蚊香配方中该品含量一般在0.3%～0.6%。制剂中加用增效剂后，可以提高杀虫活性。

注意事项 见光易分解，喷洒时间最好选在傍晚进行。不能与石硫合剂、波尔多液、松脂合剂等碱性农药混用。商品制剂需在密闭容器中保存，避免高温、潮湿和阳光直射。施药时药剂一定要接触虫体才有效，否则效果不好。

与其他药剂的混用 能与增效剂和其他杀虫剂混合，做成飞机喷雾剂、气溶胶以及蚊香、电热蚊香片等。

允许残留量 在原粮中烯丙菊酯残留限量规定为2mg/kg。

参考文献

朱永和, 王振荣, 李布青, 2006. 农药大典[M]. 北京: 中国三峡出版社: 114-117.

（撰稿：陈洋；审稿：吴剑）

烯丙异噻唑 probenazole

一种具有烯丙基醚结构的苯并异噻唑类植物激活剂。

其他名称 Oryzemate、烯丙苯噻唑。

化学名称 3-烯丙氧基-1,2-苯并异噻唑-1,1-二氧化物；3-allyloxy-1,2-benz[*d*]-isothiazole 1,1,-dioxide。

IUPAC名称 3-(2-propenyloxy)-1,2-benzisothiazole1,1-dioxide。

CAS登记号 27605-76-1。

分子式 $C_{10}H_9NO_3S$。

相对分子质量 223.25。

结构式

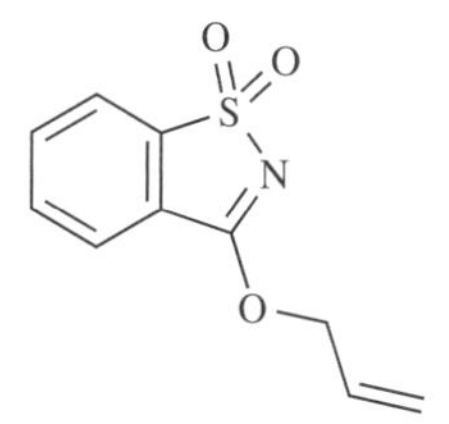

开发单位 1977年由日本明治制果公司开发。

理化性质 纯品为无色结晶固体。熔点138～139℃。溶解度：微溶于水中（150mg/L），易溶于丙酮、二甲基甲酰胺和氯仿，微溶于甲醇、乙醇、乙醚和苯，难溶于正己烷和石油醚。

毒性 急性经口LD_{50}（mg/kg）：大鼠2030mg/kg，小鼠2750～3000mg/kg。大鼠急性经皮LD_{50} > 5000mg/kg。NOEL：大鼠110mg/kg，无致突变作用，6000mg/kg饲料饲养大鼠无致畸作用。鲤鱼LC_{50}（48小时）6.3mg/L。

剂型 单剂如0.3%～0.4%粒剂，混剂如该品＋抗倒胺。

作用机制和特点 水杨酸免疫系统促进剂。在离体试验中，稍有抗微生物活性。处理水稻，促进根系的吸收，保护作物不受稻瘟病菌和稻白叶枯病菌的侵染。

适宜作物 水稻。

防治对象 稻瘟病、白叶枯病。

使用方法 通常在移植前以粒剂2.4～3.2kg/hm^2有效成分施于水稻，或者1.6～2.4g/育苗箱（30cm×60cm×3cm）。如以有效成分750g/hm^2防治水稻稻瘟病，其防效可达97%。

参考文献

刘长令, 2006. 世界农药大全: 杀菌剂卷[M]. 北京: 化学工业出版社: 335.

SCHREIBER K, DESVEAUX D, 2008. Message in a bottle: chemical biology of induced disease resistance in plants[J]. Plant pathology journal, 24 (3) : 245-268.

WATANABLE T, IGARASHI H, MATSUMOTO K, et al, 2008. The characteristics of probenazole (oryzemate) for the control of rice blast[J]. Journal of pesticide science, 2 (3) : 291-296.

（撰稿：范志金；审稿：张灿、刘鹏飞）

烯草胺 pethoxamid

一种氯乙酰胺类内吸、选择性除草剂。

其他名称 Successer、Koban、Pethoxamide、TKC-94。

化学名称 2-氯-*N*-(2-乙氧基乙基)-*N*-(2-甲基-1-苯基丙-1-烯基)乙酰胺；2-chloro-*N*-(2-ethoxyethyl)-*N*-(2-methyl-1-phenyl-1-propenyl)acetamide。

IUPAC名称 2-chloro-*N*-(2-ethoxyethyl)-*N*-(2-methyl-1-phenylprop-1-enyl)acetamide。

CA名称 2-chloro-*N*-(2-ethoxyethyl)-*N*-(2-methyl-1-phenylprop-1-enyl)acetamide。

CAS登记号 106700-29-2。

EC号 600-765-6。

X

分子式　$C_{16}H_{22}ClNO_2$。

相对分子质量　295.80。

结构式

开发单位　日本 Tokuyama 公司。

理化性质　工业品原药含量为 94%，纯品为白色无味结晶状固体（原药为红棕色晶状固体）。熔点 37～38℃。沸点 141℃（20Pa）。蒸气压 3.4×10^{-1}Pa（25℃）。K_{ow}lg$P$ 2.96（25℃）。Henry 常数 7.6×10^{-6}Pa · m^3/mol（25℃）。相对密度 1.19。溶解性：水 0.401g/L（20℃）；易溶于有机溶剂，20℃下在各种有机溶剂中的溶解度：丙酮 3566、二氯乙烷 6463、乙酸乙酯 4291、甲醇 3292、正庚烷 117、二甲苯＞250。稳定性：在 pH4、5、7、9（50℃）的缓冲液中稳定。在 101.5kPa 299℃自燃。无爆炸性。

毒性　大鼠急性经口 LD_{50} 1196mg/kg，小鼠急性经皮 LD_{50}＞2000mg/kg，对兔皮肤和眼睛无刺激作用，对豚鼠皮肤有刺激作用。小鼠急性吸入 LC_{50}（4 小时）＞4.16mg/L。大鼠 NOEL：（90 天）7.5mg/（kg · d），（2 年）25mg/kg [1mg/（kg · d）]。ADI/RfD（EC）0.01mg/kg（2006）。无致癌性、致突变性、致畸性和繁殖毒性。山齿鹑急性经口 LD_{50} 1800mg/kg，山齿鹑饲喂 LC_{50}＞5000mg/kg 饲料。鱼类 LC_{50}（96 小时，mg/L）：虹鳟 2.2，蓝鳃大翻车鱼 6.6。水蚤 EC_{50}（48 小时）23mg/L。羊角月牙藻 E_rC_{50}（72 小时）3.96μg/L。浮萍 EC_{50}（14 天）7.9μg/L。蜜蜂经口和接触 LD_{50}＞200μg/ 只。蚯蚓 LC_{50}＞435mg/kg 土壤。

剂型　60% 乳油。

作用方式及机理　细胞分裂抑制剂，氯乙酰胺能抑制长链脂肪酸的合成。内吸性除草剂，被根和新生嫩叶吸收。

防治对象　适合作物：玉米、油菜、大豆。芽前或芽后早期用于防除玉米和大豆田的稗草、马唐和莠狗尾草等禾本科杂草，以及反枝苋、藜等阔叶杂草。也可用复配制剂，以提高对阔叶杂草的防除效果。

使用方法　通常使用剂量为 1.0～2.4kg/hm^2（有效成分），加水 200～400L。每种作物推荐使用一次。大豆田推荐在苗前使用，玉米田可在作物苗前和苗后早期使用。土壤中的持效期为 8～10 周。因田间试验未发现明显残留，在喷药和下茬作物间不需要间隔。

与其他药剂的混用　可与莠去津、特丁津和二甲戊灵混配使用。

允许残留量　欧盟残留标准：葵花籽、菜籽、大豆、南瓜子、玉米谷物当中的最大残留量 0.01mg/kg。

参考文献

马克比恩 C, 2015. 农药手册[M]. 胡笑形, 等译. 北京: 化学工业出版社: 782-783.

张宗俭, 2002. 新型玉米、大豆田选择性除草剂——烯草胺[J]. 农药, 43 (8) : 44-45.

（撰稿：王红学；审稿：耿贺利）

烯草酮　clethodim

一种环己烯酮类选择性内吸传导型除草剂。

其他名称　赛乐特、收乐通、Selec。

化学名称　(5*RS*)-2-[(*E*)-1-[(2*E*)-3-氯代丙烯氧基亚氨基]丙基]-5-[(2*RS*)-2-(乙硫基)丙基]-3-羟基环己-2-烯-1-酮。

IUPAC 名称　(5*RS*)-2-[(*E*)-1-[(2*E*)-3-chloroallyloxyimino]propyl]-5-[(2*RS*)-(ethylthio)propyl]-3-hydroxyclohexen-1-one。

CAS 登记号　99129-21-2。

EC 号　619-396-7。

分子式　$C_{17}H_{26}ClNO_3S$。

相对分子质量　359.91。

结构式

开发单位　美国谢富隆化学公司。

理化性质　原药为淡黄色黏稠液体，沸点下分解。相对密度 1.1395（20℃）。蒸气压＜1.3×10^{-5}Pa（20℃）。溶于大多数有机溶剂。对紫外光稳定，在高 pH 下不稳定。

毒性　低毒。大鼠急性经口 LD_{50}（mg/kg）：1630（雄）、1360（雌），兔急性经皮 LD_{50}＞5000mg/kg。大鼠急性吸入 LC_{50}（4 小时）＞3.9mg/L，对眼睛和皮肤有轻微刺激，对皮肤无致敏性。饲喂试验 NOEL [mg/（kg · d）]：大鼠 16，小鼠 30，狗 1。试验剂量内，对试验动物无致畸、致癌和致突变作用。对鱼、鸟、蜜蜂、土壤微生物低毒。鱼类 LC_{50}（96 小时，mg/L）：虹鳟 67，翻车鱼 120。山齿鹑急性经口 LD_{50}＞2000mg/kg。山齿鹑和野鸭饲喂 LC_{50}（8 天）＞6000mg/kg 饲料。蚯蚓 LC_{50}（14 天）45mg/kg 土壤。

剂型　12%、13%、24%、120g/L、240g/L 乳油等。

质量标准　烯草酮原药（GB/T 22614—2008）。

作用方式及机理　选择性内吸、传导型茎叶处理剂。茎叶处理后经叶片迅速吸收，传导到分生组织，在敏感植物中抑制支链脂肪酸和黄酮类化合物的生物合成，使细胞分裂不能正常进行。施药后 1～3 周内受害杂草褪绿坏死。土壤中半衰期 3～26 天。

防治对象　大豆、花生、油菜、烟草、菠菜等阔叶作物田防除禾本科杂草。如稗、马唐、牛筋草、狗尾草、金狗尾、千金子、假高粱等一年生及部分多年生禾本科杂草。

使用方法　常为苗后茎叶喷雾。

防治大豆田杂草　大豆封垄前，禾本科杂草3～5叶期，春大豆田每亩用24%烯草酮乳油30～40g（有效成分7.2～9.6g），夏大豆田每亩用24%烯草酮乳油20～30g（有效成分4.8～7.2g），兑水30L茎叶喷雾。

防治油菜田杂草　油菜出苗后，看麦娘等禾本科杂草出齐至1.5个分蘖期，每亩用24%烯草酮乳油20～25g（有效成分4.8～6g），兑水30L茎叶喷雾。

防治马铃薯田杂草　禾本科杂草3～5叶期，用24%烯草酮乳油30～40g（有效成分7.2～9.6g），兑水30L茎叶喷雾。

注意事项　①干旱时施药，可加入表面活性剂、植物油等助剂，以提高烯草酮的除草活性。②玉米、水稻和小麦等禾本科作物对该品敏感，施药时应避免药雾飘移到上述作物上。与禾本科作物间、混、套种的田块不能使用。

与其他药剂的混用　可与二氯吡啶酸、氟磺胺草醚、草除灵、异噁草松、砜嘧磺隆等桶混使用。

允许残留量　GB 2763—2021《食品中农药最大残留限量标准》规定烯草酮最大残留限量见表。ADI为0.01mg/kg。蔬菜、糖料按照GB 23200.8规定的方法测定。

部分食品中烯草酮最大残留限量（GB 2763—2021）

食品类别	名称	最大残留限量（mg/kg）
谷物	杂粮类	2.0*
油料和油脂	大豆	0.1*
	花生仁	5.0*
	葵花籽	0.5*
糖料	甜菜	0.1
蔬菜	荚用豆类、大蒜、洋葱	0.5
	番茄	1.0

* 临时残留限量。

参考文献

刘长令, 2002. 世界农药大全: 除草剂卷[M]. 北京: 化学工业出版社.

马克比恩 C, 2015. 农药手册[M]. 胡笑形, 等译. 北京: 化学工业出版社.

中国农业百科全书总编辑委员会农药卷编辑委员会, 中国农业百科全书编辑部, 1993. 中国农业百科全书: 农药卷[M]. 北京: 农业出版社.

SHANER D L, 2014. Herbicide handbook[M]. 10th ed. Lawrence, KS: Weed Science Society of America.

（撰稿：李香菊；审稿：耿贺利）

烯虫炔酯　kinoprene

一种昆虫生长调节剂。目前主要以*S*体销售。

其他名称　Altodel、Enstar、Enstar Ⅱ、抑虫灵、ENT 70531、SB716、ZR777。

化学名称　烯虫炔酯；丙-2-炔基-(*E,E*)-(*RS*)-3,7,11-三甲基十二碳-2,4-二烯酸酯；(*E,E*)-(*S*)-3,7,11-三甲基十二碳-2,4-二烯酸酯。

IUPAC名称　prop-2-ynyl(*E,E*)-(*RS*)-3,7,11-trimethyldodeca-2,4-dienoate；prop-2-ynyl(*E,E*)-(*S*)-3,7,11-trimethyldodeca-2,4-dienoate(*S*异构体)。

CAS登记号　42588-37-4（消旋）；53023-55-5（曾用）；65733-20-2（*S*-）。

分子式　$C_{18}H_{28}O_2$。

相对分子质量　276.41。

结构式

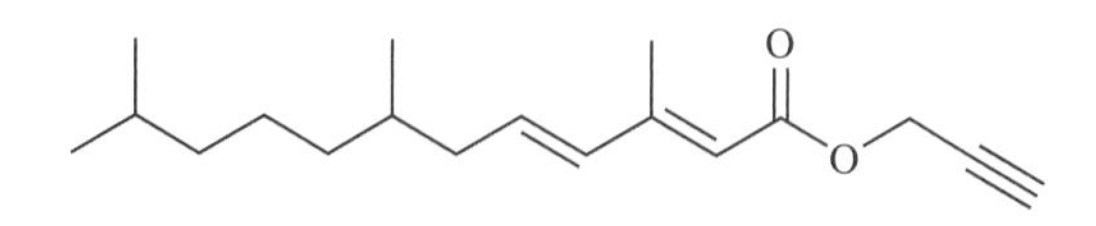

开发单位　左伊康公司开发后转给Wellmark International。

理化性质

烯虫炔酯：原药含量93%。产品为琥珀色液体，带有淡淡的水果味。沸点134℃（13.3Pa）。蒸气压0.96mPa（20℃）。K_{ow}lg*P* 5.38。Henry常数3.43Pa·m³/mol。相对密度0.918（25℃）。水中溶解度0.211mg/L（25℃）；能溶于大部分有机溶剂。在无光条件下储存稳定，闪点40.5℃。

（*S*）-烯虫炔酯：原药含量93%。产品为琥珀色液体，带有淡淡的水果味。沸点134℃（13.3Pa）。蒸气压0.96mPa（20℃）。K_{ow}lg*P* 5.38。Henry常数3.43Pa·m³/mol。相对密度0.918（25℃）。在水中的溶解度0.515mg/L（25℃）；能溶于大部分有机溶剂，在无光条件下储存稳定，旋光率$[\alpha]_D^{20}$+3.87。闪点40.5℃。

毒性

烯虫炔酯：大鼠急性经口LD_{50}＞5000mg/kg，兔急性经皮LD_{50}＞9000mg/kg，大鼠吸入LC_{50}（4小时）＞5.36mg/L。

（*S*）-烯虫炔酯：大鼠急性经口LD_{50} 1649mg/kg，兔急性经皮LD_{50}＞2000mg/kg，对兔的眼睛和皮肤有中度刺激，对豚鼠皮肤有致敏性。大鼠吸入LC_{50}（4小时）＞5.36mg/L。NOEL（90天，mg/L）：大鼠1000，狗900。

烯虫炔酯和（*S*）-烯虫炔酯：北美山齿鹑急性经口LD_{50}＞2250mg/kg，虹鳟LC_{50}（96小时，流动）＞20mg/L，水蚤LC_{50}（48小时）＞0.11mg/L，蜜蜂LD_{50} 35μg/只。

作用方式及机理　作为保幼激素类似物，可以抑制害虫的生长发育，是一种昆虫生长调节剂，能阻止害虫的正常生长，影响害虫器官的形成、卵的孵化和导致雌虫不育。在昆虫的生长和成熟关键时期，其体内正常保幼激素的生物化学水平起着平衡作用。昆虫生长调节剂通过接触和吸收起作用。抑制正常昆虫的生长，导致不完全蛹化、不育成虫和不能孵化的卵。

外消旋的烯虫炔酯已不再使用。（*S*）-kinoprene用于温室和工厂等处，用来控制观赏植物和苗圃植物，特别是一品红上的半翅目和双翅目害虫。使用浓度在150～300ml/1858m²，靶标害虫包括蚜虫、粉虱、粉蚧、真菌小蠓虫。在外国一品红的苞片上发现药害，但对树叶安全。

防治对象 温室里的木本和草本类观赏植物和花坛花草上的半翅目和双翅目害虫，特别是一品红上的害虫，如蚜虫、粉虱、柑橘小粉蚧、水蜡虫、甲虫、蚊科害虫等。

使用方法 可以喷洒到植物的叶上或是往根部灌药，每 $1858m^2$ 用药 150～300ml。

参考文献

刘长令, 2017.现代农药手册[M]. 北京: 化学工业出版社: 1018-1019.

（撰稿：杨吉春；审稿：李淼）

烯虫乙酯 hydroprene

一种保幼激素抑制剂类杀虫剂。该化合物的 *S* 异构体为最优活性。

其他名称 Biopren BH、Gentrol、增丝素、蒙五一二、ENT-70459、OMS1696、SAN814、ZR512。

化学名称 烯虫乙酯: *(E,E)-(RS)*-3,7,11-三甲基十二碳-2,4-二烯酸乙酯; ethyl *(E,E)-(RS)*-3,7,11-trimethyldodeca-2,4-dienoate; *S*-烯虫乙酯: ethyl*(E,E)-(S)*-3,7,11-trimethyldodeca-2.4-dienoate。

CAS登记号 41096-46-2[(*E,E*)-]; 65733-18-8[(2*E*,4*E*, 7*S*)-]; 65733-19-9[(*E,E*)-(*R*)-]。

分子式 $C_{17}H_{30}O_2$。

相对分子质量 266.42。

结构式

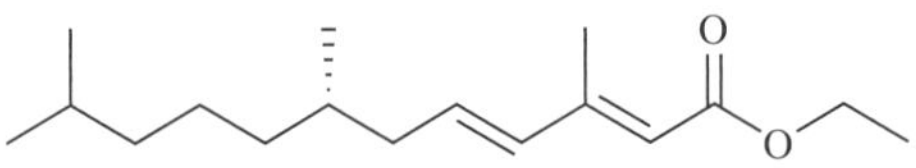

开发单位 由 C. A. Henrick 报道，左伊康公司（被山德士公司收购，后又变为诺华作物保护公司）开发，后转让给美国 Wellmark 国际公司。

理化性质

烯虫乙酯：原药纯度 96%，琥珀色液体。沸点 174℃（2.527kPa）。138～140℃(166.65Pa)。蒸气压 40mPa（25℃）。闪点 148℃。K_{ow}lg*P* 3.06。相对密度 0.892（25℃）。水中溶解度 2.5mg/L（25℃），溶于普通有机溶剂。在普通储存条件下至少稳定 3 年以上，对紫外光敏感。

S-烯虫乙酯：原药纯度 96%，琥珀色液体，有蜡状味。沸点 282.3℃（97.2kPa）。蒸气压 40mPa（25℃）。K_{ow}lg*P* 6.5。相对密度 0.889（20℃）。水中溶解度 2.5mg/L（25℃），在丙酮、正己烷、甲醇中溶解度＞500g/L（20℃）。在正常储存条件下，至少稳定 3 年以上，对紫外光敏感。$[\alpha]_D$+4°，闪点：148℃（闭杯），260℃（自燃）。动力黏度 12.8mPa·s（20℃），6.3mPa·s（40℃）；运动黏度 $14.3mm^2/s$（20℃），$7.1mm^2/s$（40℃）。表面张力 54.4mN/m。

毒性

烯虫乙酯：急性经口 LD_{50}（mg/kg）：大鼠＞5000，狗＞10 000。急性经皮 LD_{50}（mg/kg）：大鼠＞5000，兔＞510。大鼠 NOEL（90 天）50mg/（kg·d），ADI（EPA）0.1mg/kg［1990］。无致突变性和致畸性。虹鳟 LC_{50}（96 小时）＞0.5mg/L，水蚤 EC_{50}（48 小时）0.13mg/L，羊角月牙藻 EC_{50}（24～72 小时）6.35mg/L。蜜蜂 LD_{50}（经口和接触）：成虫＞1000μg/只，幼虫 0.1μg/只。

S-烯虫乙酯：大鼠急性经口 LD_{50}＞5050mg/kg。兔急性经皮 LD_{50}＞5050mg/kg。对皮肤轻微刺激，对眼睛无刺激，对豚鼠皮肤无致敏性。大鼠急性吸入 LC_{50}＞2.14mg/L。大鼠 NOEL（90 天）50mg/（kg·d）。无致突变性和致畸性。鱼类 LC_{50}（96 小时，mg/L）：虹鳟＞0.5，斑马鱼＞100。水蚤 EC_{50}（48 小时）0.49mg/L，藻类 EC_{50}（24～72 小时）：淡水藻 6.35mg/L，羊角月牙藻 22mg/L。

作用方式及机理 作为一种保幼激素抑制剂，抑制幼虫的发育成熟。对高等动物无害。对靶标对象有高度的选择性。

防治对象 鞘翅目、半翅目、鳞翅目害虫，对防治蜚蠊有极好的效果。对梨黄木虱也有效。

使用方法 在使用前做好有效浓度试验。最好在害虫低龄时期使用。

参考文献

刘长令, 2017.现代农药手册[M].北京: 化学工业出版社: 1019-1020.

（撰稿：杨吉春；审稿：李淼）

烯虫酯 methoprene

一种保幼激素抑制剂类杀虫剂。该化合物的 *S* 异构体为最优活性。

其他名称 烯虫酯：OMS 1697、SAN 800、ZR 515、Biopren BM、Extinguish Plus；*S*-烯虫酯：SAN 810、Altosid、Apex、Biopren BM、Biosid、Diacon II、Extinguish、Kabat、Precor、Protect、Strike。

化学名称 烯虫酯：*(E,E)-(RS)*-11-甲氧基-3,7,11-三甲基十二碳-2,4-二烯酸异丙酯; isopropyl*(E,E)-(RS)*-11-methoxy-3,7,11-trimethyldodeca-2,4-dienoate; *(S)*-烯虫酯: *(E,E)-(S)*-11-甲氧基-3,7,11-三甲基十二碳-2,4-二烯酸异丙酯; isopropyl*(E,E)-(S)*-11-methoxy-3,7,11-trimethyldodeca-2,4-dienoate。

CAS登记号 40596-69-8[(*E,E*)-]; 41205-06-5[(*E,E*)-(*R*)-]; 65733-16-6(*S*); 65733-17-7[(*E,E*)-(*R*)-]。

分子式 $C_{19}H_{34}O_3$。

相对分子质量 310.47。

结构式

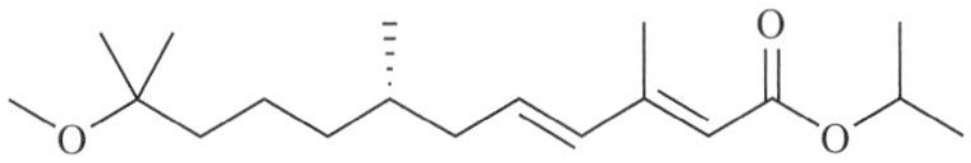

开发单位 由 C. A. Henrick 报道，由左伊康公司（被山德士公司收购，后又变为诺华作物保护公司）开发，后转让给美国 Wellmark 国际公司和诺华动物保健有限公司。

理化性质

烯虫酯：含量94%，淡黄色液体，有水果气味。沸点256℃，100℃（6.67Pa），相对密度0.924（20℃），0.921（25℃）。K_{ow}lg$P$ > 6。溶于大多数的有机溶剂。在水、有机溶剂、酸或碱中稳定存在。对紫外光敏感。闪点136℃。

（S）- 烯虫酯：含量94%，淡黄色液体，有水果气味。沸点279.9℃（97.2kPa）。蒸气压0.623mPa（20℃），1.08mPa（25℃）（克努曾压力计）。K_{ow}lg$P$ > 6。相对密度0.924（20℃），0.921（25℃）。水中溶解度（mg/L）6.85（20℃），0.515（25℃），溶于大多数有机溶剂，比如在丙酮和正己烷>500g/L（20℃ ±1℃），甲醇>450g/L（20℃ ±1℃）。在水、有机溶剂、酸或碱中稳定存在。对紫外光敏感。比旋光度$[\alpha]_D^{20}$+5.64°。闪点147℃（封闭容器中电弧加热），自燃温度263℃。动力黏度51.3mPa·s（20℃），17.8mPa·s（40℃）；运动黏度：55.3mm²/s（20℃），19.2mm²/s（40℃）。表面张力50.1mN/m。

毒性

烯虫酯：大鼠急性经口LD_{50} > 10 000mg/kg。兔急性经皮LD_{50} > 2000mg/kg。对兔眼睛无刺激，对兔皮肤中度刺激，对豚鼠皮肤无致敏性。NOEL（mg/L）：大鼠（2年）1000，小鼠（1.5年）1000。小鼠600mg/kg或兔200mg/kg时后代无畸形现象。500mg/L饲料下大鼠3代内无繁殖毒性。ADI/RfD：（JMPR）0.09mg/kg［2001］,（EPA）cRfD 0.4mg/kg［1991］。鸡饲喂LC_{50}（8天）> 4640mg/kg饲料。大翻车鱼LC_{50}（96小时）370μg/L。羊角月牙藻EC_{50}（48~96小时）1.33mg/ml。对水生双翅目昆虫有毒。对成年蜜蜂无毒，LD_{50}（经口或接触）> 1000μg/只，蜜蜂幼虫致敏感量0.2μg/只。

（S）- 烯虫酯：大鼠急性经口LD_{50} > 5050mg/kg。兔急性经皮LD_{50} > 5050mg/kg。对兔皮肤轻微刺激，对豚鼠皮肤无致敏性。大鼠吸入LC_{50} > 2.38mg/L。NOEL［mg/（kg·d）］：狗NOAEL（90天）100，大鼠（90天）< 200，大鼠致畸NOAEL 1000，兔胚胎NOAEL 100。ADI（JMPR）0.05mg/kg［2001］。无诱变，无染色体断裂现象。鱼类LC_{50}（μg/L）：大翻车鱼> 370，虹鳟760；斑马鱼LC_{50}（96小时）4.26mg/L，NOEC1.25mg/L。水蚤EC_{50}（48小时）0.38mg/L。羊角月牙藻EC_{50}（48~96小时）1.33mg/ml，E_rC_{50}（72小时）2.264mg/ml。

剂型 20%微囊悬浮剂，4.1%可溶性液剂。

作用方式及机理 保幼激素类似物，抑制昆虫成熟过程。当用于卵或幼虫，抑制其蜕变为成虫。可以用作烟叶保护剂，是一种人工合成的昆虫流毒的类似物，干扰昆虫的蜕皮过程。它能干扰烟草甲虫、烟草粉螟的生长发育过程，使成虫失去繁殖能力，从而有效控制储存烟叶的害虫种群增长。由于其作用机理不同于以往作用于神经系统的传统杀虫剂，具有毒性低、污染少、对天敌和有益生物影响小等优点，且这类化合物与昆虫体内的激素作用相同或结构类似，所以一般难以产生抗性，能杀死对传统杀虫剂具有抗性的害虫，因此被誉为"第三代农药"。

防治对象 双翅目害虫和蚂蚁，鞘翅目害虫，半翅目害虫和蚤类，蚊子幼虫，烟草飞蛾，菊花叶虫，仓库害虫等。

使用方法 药效在蚊子幼虫的后期阶段发挥，效果更好。对水生无脊椎动物有毒，使用时避免对水域污染。不能与油剂和其他农药混合使用。防治烟草甲虫，在发生危害期间，用4000~5000倍液均匀喷雾。防治蚊蝇，特别是洪水退后的防疫工作，可用4.1%烯虫酯可溶液剂40.5~100.5ml/hm²，加水后喷雾。防治角蝇，可将药剂混在饲料中，然后饲喂牲畜。

参考文献

刘长令, 2017.现代农药手册[M].北京: 化学工业出版社: 1020-1021.

（撰稿：杨吉春；审稿：李淼）

烯啶虫胺 nitenpyram

一种新烟碱类杀虫剂。

其他名称 Bestguard、T1 304。

化学名称 (E)-N-(6-氯-3-吡啶甲基)-N-乙基-N'-甲基-2-硝基亚乙烯基二胺；(E)-N-(6-chloro-3-pyridylmethyl)-N-ethyl-N'-methyl-2-nitrovinylidenediamine。

IUPAC名称 (E)-N-(6-chloro-3-pyridylmethyl)-N-ethyl-N'-methyl-2-nitrovinylidenediamine。

CAS登记号 150824-47-8。

分子式 $C_{11}H_{15}ClN_4O_2$。

相对分子质量 270.71。

结构式

N Cl HN N NO_2

开发单位 日本武田公司。

理化性质 纯品为浅黄色结晶体。熔点83~84℃，相对密度1.4（26℃）。蒸气压1.1×10^{-9}Pa（25℃）。溶解度（g/L、20℃）：水（pH7）840、氯仿700、丙酮290、二甲苯4.5。

毒性 大鼠急性经口LD_{50}：雄1680mg/kg，雌1575mg/kg。小鼠急性经口LD_{50}：雄867mg/kg，雌1281mg/kg。大鼠急性经皮LD_{50}：雄、雌> 2000mg/kg。大鼠吸入LC_{50}（4小时）> 265.8g/L；对兔眼睛有轻微刺激，对兔皮肤无刺激。无致畸、致突变、致癌作用。NOEL：大鼠（2年）雄129、雌53.7mg/（kg·d）。狗（1年）60mg/（kg·d）。鹌鹑LD_{50} > 2250mg/kg，野鸭LD_{50} 1124mg/kg。鹌鹑和野鸭LC_{50} 5620mg/kg饲料。鲤鱼LC_{50}（96小时）> 1000mg/L。水蚤LC_{50}（24小时）10 000mg/L。

剂型 颗粒剂，水溶性粉剂，可溶粉剂，水剂。

作用方式及机理 为新烟碱类杀虫剂，具有独特的化学与生物性质。主要作用于昆虫神经，对害虫突触受体具有神经阻断作用。

防治对象 用于水稻、蔬菜等作物，对各种蚜虫、粉虱、水稻叶蝉和蓟马显示了卓越活性。具有高效、低毒、内吸和无交互抗性四大优点，而且杀虫谱较广，残留期较长（以100mg/kg施用，可持续15天），对稻飞虱，在0.5～0.8mg/kg时，致死率仍可达100%。使用安全，害虫不易产生抗体。

使用方法

防治稻飞虱 用50%可溶粉剂，用药量75～90g/hm^{2}时喷雾，在稻飞虱卵孵盛期至低龄若虫高峰期施药，注意喷雾均匀。视虫害发生情况每14天左右施药1次，可连续使用2次。

防治棉蚜 用10%水剂150～300ml/hm^2，在蚜虫初发期开始施药，注意均匀喷雾。视虫害发生情况每10天左右施药1次，可连续使用2～3次。

防治柑橘蚜虫 在蚜虫发生初期施药，10%水剂4000～5000倍液喷雾，注意均匀喷雾。

注意事项 ①在水稻上的安全间隔期为14天，每季度最多使用3次；在柑橘上每季最多使用2次，安全间隔期为14天；在棉花上的安全间隔期为14天，每季度最多使用次数为3次。②建议与其他作用机制不同的杀虫剂轮换使用。该品不可与碱性农药等物质混用。③对蜜蜂、家蚕高毒，施药期间应避免对周围蜂群的影响，蜜源作物花期、蚕室和桑园附近禁用。赤眼蜂等天敌放飞区域禁用。④施药和清洗药械时，应避免污染池塘和水源。用过的容器应妥善处理，不可做他用，也不可随意丢弃。⑤用该品时应穿戴防护服和手套，佩戴防尘面具。避免吸入药液。施药期间不可吃东西和饮水。施药后应及时洗手和洗脸。⑥孕妇及哺乳期妇女避免接触此药。⑦中毒急救。皮肤接触脱去被污染的衣物，用流动清水冲洗。眼睛接触提起眼睑，用流动清水或生理盐水冲洗15分钟。吸入，迅速脱离现场至空气新鲜处，保持呼吸道通畅，如呼吸困难，给输氧，如呼吸停止，立即进行人工呼吸就医。该药无特殊解药，如误服立即就医。

与其他药剂的混用 噻嗪酮、吡蚜酮、联苯菊酯阿维菌素等复配使用。如80%的"烯啶·吡蚜酮"水分散粒剂（烯啶虫胺20%；吡蚜酮60%）在60～120g/hm^{2}时喷雾，可以防治稻飞虱；25%的"烯啶·联苯"可溶液剂（烯啶虫胺15%，联苯菊酯10%）33.75～45g/hm^{2}时喷雾，可有效防治棉花蚜虫。

允许残留量 ①GB 2763—2021《食品中农药最大残留限量标准》规定烯啶虫胺最大残留限量见表。ADI为0.53mg/kg。谷物按照GB/T 20770规定的方法测定；油料和油脂参照GB/T 20769规定的方法测定；蔬菜、水果按照GB/T 20769规定的方法测定。②日本规定烯啶虫胺食品的最大残留限量见表2。

表1 中国规定部分食品中烯啶虫胺最大残留限量（mg/kg）
（GB 2763—2021）

食品类别	名称	最大残留限量
谷物	稻谷	0.50
	糙米	0.10
油料和油脂	棉籽	0.05
蔬菜	结球甘蓝	0.20
水果	柑、橘	0.50

表2 日本规定部分食品中烯啶虫胺最大残留限量（mg/kg）

食品名称	最大残留限量	食品名称	最大残留限量
杏仁	0.03	莴苣	5.00
苹果	0.50	枇杷	1.00
杏	5.00	杧果	1.00
芦笋	5.00	瓜	5.00
鳄梨	1.00	油桃	1.00
竹笋	0.20	韭菜	5.00
香蕉	1.00	黄秋葵	1.00
大麦	0.03	洋葱	0.03
黑莓	5.00	木瓜	1.00
蓝莓	5.00	西番莲果	1.00
青花菜	5.00	桃	0.50
球芽甘蓝	5.00	梨	0.50
卷心菜	0.03	马铃薯	0.20
可可豆	0.03	榅桲	1.00
胡萝卜	0.20	覆盆子	5.00
花椰菜	5.00	黑麦	0.03
芹菜	5.00	菠菜	5.00
樱桃	5.00	草莓	5.00
玉米	0.03	甘蔗	0.03
棉花籽	0.03	向日葵籽	0.03
蔓越莓	5.00	甘薯	0.20
酸枣	5.00	芋	0.20
茄子	5.00	茶叶	10.00
大蒜	0.03	番茄	5.00
姜	0.20	豆瓣菜	5.00
葡萄	5.00	小麦	0.03
番石榴	1.00	山药	0.20
蛇麻草	0.03	猕猴桃	1.00
黑果木	5.00	柠檬	2.00

参考文献

马克比恩C, 2015. 农药手册[M]. 胡笑形, 等译. 北京: 化学工业出版社: 727-728.

（撰稿：吴剑；审稿：薛伟）

烯炔菊酯 empenthrin

一种拟除虫菊酯类杀虫剂。

其他名称 Vaporthrin、empenthrine、S 2852。

化学名称 2,2-二甲基-3-(2-甲基-1-丙烯基)环丙烷羧酸-1-乙炔基-2-甲基-2-戊烯基酯。

IUPAC名称 (1*R*,*S*)-*cis-trans*-2,2-dimethyl-3-(2-methyl-1-propenyl)-cyclopropanecar-boxylicaci-1-ethynyl-2-meth-

X

yl-2-pentenylester。

CAS 登记号 54406-48-3。

EC 号 259-154-4。

分子式 $C_{18}H_{26}O_2$。

相对分子质量 274.40。

结构式

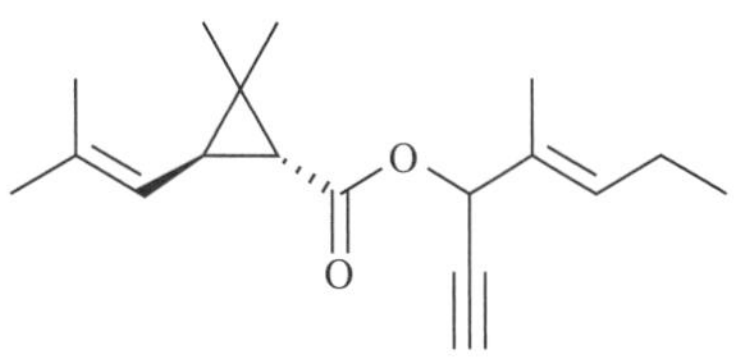

开发单位 1973 年日本住友化学工业公司合成，该公司现已开发出药效更高的右旋烯炔菊酯。

理化性质 外观为带黄色油状液体。沸点 128～132℃（120～170Pa）。折射率 n_D^{18} 1.489。相对密度 0.932（25℃）。蒸气压 140mPa（25℃）。在甲醇、二甲苯中溶解度＞500g/kg，在水中溶解度 2.4mg/L。

毒性 急性经口 LD_{50}：大鼠＞1680～2280mg/kg，小鼠 2870～2940mg/kg。大、小鼠急性经皮 LD_{50}＞5000mg/kg。对眼睛、皮肤有轻微刺激作用。Ames 试验呈阴性。

剂型 0.4% 烯炔菊酯乳油，0.5% 烯炔菊酯蚊香，药丸，防虫涂料，喷射剂等。

质量标准 外观为淡黄色或棕红色透明液体，有效成分含量≥91.0%（85.0%），水分含量≤0.5%。

作用方式及机理 蒸气压高，对昆虫有快速击倒、熏杀和驱避作用，对谷蛾科害虫有强拒食活性，对德国小蠊则有强拒避作用。

防治对象 主要用于防治蚊子、家蝇、蟑螂等卫生害虫，对夜蛾有强的拒食作用，可代樟脑丸防除衣服的蛀虫。可用作加热或不加热熏蒸剂于家庭和禽舍防治蚊蝇和谷蛾等害虫。熏杀成蚊，击倒作用优于胺菊酯。

使用方法 该品有优良的熏蒸效果，用于防治卫生害虫或侵蚀织物的害虫。可制作低温熏蒸剂、驱避剂。对蚊子防治效果优于胺菊酯，若每立方米含 8ml 药剂，20 分钟击倒成蚊达 100%。对家蝇击倒效果优于甲醚菊酯。混于涂料中可驱除蟑螂。

注意事项 在室内使用加压喷射剂喷雾时，采取一般防护。必须储藏在密闭容器中，放置在低温和通风良好的房内，防止受热，勿受日光照射。

参考文献

张一宾, 张译, 1997. 农药[M]. 北京: 中国物资出版社.

朱良天, 2004.精细化工产品手册: 农药[M]. 北京: 化学工业出版社: 170-171.

朱永和, 王振荣, 李布青, 2006. 农药大典[M]. 北京: 中国三峡出版社: 124-125.

TURNER J A, 2015.The pesticide manual: a world compendium[M]. 17th ed. UK: BCPC: 400-401.

（撰稿：陈洋；审稿：吴剑）

烯肟菌胺 fenaminstrobin

一种广谱、高效的甲氧基丙烯酸酯类杀菌剂。

其他名称 高扑（单剂）、爱可（复配）。

化学名称 *N*-甲基-2-[2-[[[[1-甲-3-(2′,6′-二氯苯基)-2-丙烯基]亚氨基]氧基]甲基]苯基]-2-甲氧基亚氨基乙酰胺；(α*E*)-2-[[[(*E*)-[(2*E*)-3-(2,6-dichlorophenyl)-1-methyl-2-propen-1-ylidene]amino]oxy]methyl]-*α*-(methoxyimino)-*N*-methylbenzeneacetamide。

IUPAC 名称 (2*E*)-2-[2-[(*E*)-[(2*E*)-3-(2,6-dichlorophenyl)-1-methylprop-2-enylidene]aminooxymethyl]phenyl]-2-(methoxyimino)-*N*-methyllacetamide。

CAS 登记号 366815-39-6。

分子式 $C_{21}H_{21}Cl_2N_3O_3$。

相对分子质量 434.32。

结构式

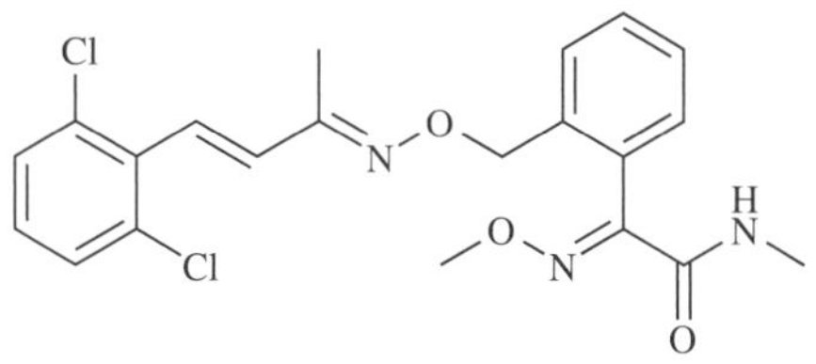

开发单位 1999 年由沈阳化工研究院开发成功，2003 年获得中国发明专利授权。

理化性质 原药有效成分含量≥98%，外观为白色或微带淡棕色固体。熔点 131～132℃。溶于二甲基甲酰胺、丙酮，稍溶于乙酸乙酯、甲醇（2%），微溶于石油醚。常温条件下稳定。在强酸、强碱条件下不稳定。

毒性 低毒。原药大鼠急性经口 LD_{50}＞4640mg/kg，急性经皮 LD_{50}＞2000mg/kg。对兔皮肤无刺激，对兔眼睛有中度刺激。对豚鼠皮肤有弱致敏性。NOEL［mg/（kg·d）］：雄大鼠喂养试验为 106，雌大鼠为 112。无生殖毒性和致畸变性。

剂型 5% 乳油。

质量标准 5% 烯肟菌胺乳油外观为均相液体，无悬浮物和沉淀物，pH5～7。

作用方式及机理 烯肟菌胺为线粒体呼吸抑制剂，主要通过与细胞色素 bc1 复合体的结合抑制线粒体的电子传递，从而破坏病菌能量合成而起到杀菌作用。烯肟菌胺杀菌谱广，对大多数植物真菌病害均有一定的防治效果，杀菌活性高，具有保护及治疗作用，无内吸传导作用。

防治对象 杀菌谱广、活性高，具有预防与治疗作用。对鞭毛菌、接合菌、子囊菌、担子菌及半知菌引起的多种植物病害具有良好的防治效果。对白粉病和锈病防效卓越。

使用方法 主要将药剂兑水进行叶面喷施使用。

防治小麦、黄瓜白粉病，在病害发生初期开始施药，每次每亩用 5% 烯肟菌胺乳油 54～108ml（有效成分 2.7～5.4g）兑水喷雾，每隔 7 天左右喷 1 次，连续施药 2～3 次，在黄瓜上安全间隔期为7天，每季最多使用3次。在小麦上安全间隔期为30天，每季最多使用2次。

注意事项 发病初期使用，可以兼防多种真菌病害，效果最佳。建议与其他杀菌剂交替使用以避免产生抗性。

与其他药剂的混用 戊唑醇10%与烯肟菌胺10%复配，防治花生叶斑病，施药量为90~120g/hm^2；防治黄瓜白粉病和水稻纹枯病，施药量为100~150g/hm^2；防治水稻稻曲病，施药量为120~160g/hm^2；水稻稻瘟病150~200g/hm^2；防治小麦锈病40~60g/hm^2。烯肟菌胺2.5%和三环唑22.5%复配，防治水稻稻瘟病，施药量为225~337.5g/hm^2。以上均为有效成分剂量。

允许残留量 GB 2763—2021《食品中农药最大残留限量标准》规定烯肟菌胺最大残留限量见表。ADI为0.069mg/kg。

部分食品中烯肟菌胺最大残留限量（GB 2763—2021）

食品类别	名称	最大残留限量（mg/kg）
谷物	稻谷	1.0*
	糙米	1.0*
	小麦	0.1*
油料和油脂	花生仁	0.1*
蔬菜	黄瓜	1.0*
水果	香蕉	0.5*

* 临时残留限量。

参考文献

刘长令, 2006. 世界农药大全: 杀菌剂卷[M]. 北京: 化学工业出版社: 147-148.

农业部种植业管理司, 农业部农药检定所, 2015. 新编农药手册[M]. 2版. 北京: 中国农业出版社: 326-327.

TURNER J A, 2015. The pesticide manual: a world compendium[M]. 17th ed. UK: BCPC: 441-442.

（撰稿：王岩；审稿：刘鹏飞）

烯肟菌酯 enestroburin

中国开发的第一个甲氧基丙烯酸酯类广谱、内吸性杀菌剂。

其他名称 佳斯奇。

化学名称 2-[2-[[[[3-(4-氯苯基)-1-甲基丙烯-2-基]亚氨基]氧基]甲基]苯基]-3-甲氧基丙烯酸甲酯；methyl-α-(methoxyimino)-2-[2-[[[3-(4-chlorophenyl)-1-methyl-2-propenylidene]amino]oxy]methyl]benzeneacetate。

IUPAC名称 methyl-2-[2-[[[[3-(4-chlorophenyl)-1-methyl-2-propenylidene]amino]oxy]methyl]phenyl]-3-methoxyacrylate。

CAS登记号 238410-11-2。

分子式 $C_{22}H_{22}ClNO_4$。

相对分子质量 399.87。

结构式

Cl N O O O O

开发单位 1997年由沈阳化工研究院开发。

理化性质 原药含量≥90%，外观为棕褐色黏稠状物。熔点99℃（*E*体）。易溶于丙酮、三氯甲烷、乙酸乙酯、乙醚，微溶于石油醚，不溶于水。对光、热比较稳定。$K_{ow}\lg P$ 3.03（30℃）。

毒性 低毒。雄、雌大鼠急性经口LD_{50}分别为1470mg/kg和1080mg/kg。兔急性经皮LD_{50} > 2000mg/kg。对兔眼睛有轻度刺激，对皮肤无刺激性，皮肤致敏性为轻度。无生殖毒性和致畸变性。斑马鱼LC_{50}（96小时，mg/L）为0.29（25%乳油）。蜜蜂LD_{50} > 200μg/只。

剂型 25%乳油。

质量标准 25%乳油外观为稳定均相液体，无可见的悬浮物和沉淀物。pH5~7。

作用方式及机理 具有保护和治疗作用。为线粒体呼吸抑制剂，通过与细胞色素bc1复合物的Qo位点结合，抑制线粒体的电子传递，从而破坏病菌能量合成，起到杀菌作用。具有显著的促进植物生长、提高产量、改善作物品质的作用。

防治对象 具有广谱、高效、毒性低、与环境相容性好等特点，对由卵菌、接合菌、子囊菌、担子菌及半知菌引起的多种植物病害有良好的防治效果。能控制黄瓜霜霉病、葡萄霜霉病、番茄晚疫病、小麦白粉病、马铃薯晚疫病及苹果斑点落叶病。

使用方法 主要用于茎叶喷雾处理。发病初期开始施药，每次每亩用25%乳油28~56ml（有效成分7~14g），兑水喷雾，视病害发生情况，连续用药2~3次，间隔7~10天，安全间隔期2天，一个生长季最多使用3次。

注意事项 对鱼高毒，使用时应远离鱼塘、河流、湖泊等地方。该制剂虽属低毒杀菌剂，但仍须按照农药安全规定使用。工作时禁止吸烟和进食，作业后用水洗脸、手等裸露部位。

与其他药剂的混用 烯肟菌酯12.5%与霜脲氰12.5%复配，用于防治葡萄霜霉病，施用药剂量为有效成分100~200g/hm^2。烯肟菌酯12%与氟环唑6%复配，用于防治苹果斑点落叶病，施用药剂量为100~200mg/kg有效成分。烯肟菌酯7%与多菌灵21%复配，用于防治小麦赤霉病，施用药剂量为200~400g/hm^{2}有效成分。

允许残留量 GB 2763—2021《食品中农药最大残留限量标准》规定烯肟菌酯最大残留限量：黄瓜、苹果、葡萄为1mg/kg。ADI为0.024mg/kg。

参考文献

黄杰, 付一峰, 范志金, 等, 2012. 烯肟菌酯正辛醇—水分配系数的测定[J]. 四川师范大学学报, 35 (1) : 113-116.

刘长令, 2006. 世界农药大全: 杀菌剂卷[M]. 北京: 化学工业出版社: 146-147.

农业部种植业管理司, 农业部农药检定所, 2015. 新编农药手册[M]. 2版. 北京: 中国农业出版社.

（撰稿：王岩；审稿：刘西莉）

烯酰吗啉　dimethomorph

一种新型内吸性杀菌剂，主要用于防治果树霜霉病及晚疫病等卵菌病害。

其他名称　安克、Acrobat、Forum、Festival、Paraat、Solide。

化学名称　(*E*,*Z*)-4-[3-(4-氯苯基)-3-(3,4-二甲氧基苯基)丙烯酰基]吗啉(*Z*与*E*的比一般为4∶1)。

IUPAC名称　(*E*,*Z*)-4-[3-(4-chlorophenyl)-3-(3,4-dimethoxyphenyl)acryloy]morpholine。

CAS登记号　110488-70-5。

EC号　404-200-2。

分子式　$C_{21}H_{22}ClNO_4$。

相对分子质量　387.86。

结构式

开发单位　德国巴斯夫公司。

理化性质　外观为无色至白色结晶粉末。熔点127～148℃，其中*Z*异构体为169.2～170.2℃，*E*异构体为135.7℃。*Z*异构体蒸气压1×10^{-3}mPa（25℃），*E*异构体蒸气压9.7×10^{-4}mPa（25℃）。密度1318kg/m^3（20℃）。在20～23℃时，水（pH7）中溶解度＜50mg/L，可溶于多种有机溶剂。正常条件下对热稳定，耐水解。在黑暗中可稳定保存5年。

毒性　按照中国农药毒性分级标准，烯酰吗啉属低毒。对大鼠急性经口LD_{50} 3900mg/kg，急性经皮LD_{50}＞2000mg/kg，急性吸入LC_{50}＞4240mg/m^3。对家蚕无毒害作用，对天敌无影响。在试验条件下，无致突变、致畸和致癌作用。

剂型　40%、50%、80%水分散粒剂，25%、30%、50%可湿性粉剂，10%、20%悬浮剂，10%水乳剂，25%微乳剂。

作用特点　防治卵菌病害的杀菌剂，内吸作用强，叶面喷雾可渗入叶片内部，具有保护、治疗和抗孢子产生的活性。除游动孢子形成及孢子游动期外，对卵菌生活史的各个阶段都有作用，其中在孢子囊梗和卵孢子的形成阶段尤为敏感，在极低浓度下（＜0.25mg/ml）即受到抑制，因此在孢子形成之前施药可抑制孢子产生。对植物无药害，与苯基酰胺类药剂无交互抗性。

作用机理　影响病原菌细胞壁分子结构的重排，干扰细胞壁聚合体的组装，从而干扰细胞壁的形成，致使菌体死亡。

防治对象　黄瓜霜霉病，葡萄霜霉病，辣椒疫病，荔枝霜疫霉病，烟草黑胫病。

使用方法　50%水分散粒剂，每次每亩用30～50g（有效成分15～50g）兑水喷雾，间隔7～10天施药1次，连续施用3次，安全间隔期为3天（黄瓜霜霉病）和20天（葡萄霜霉病），每季最多使用3～4次。50%可湿性粉剂防治辣椒疫病时，在发病前或发病初期开始施药，每次每亩用30～40g（有效成分15～20g）兑水喷雾，视病情发展情况，间隔5～7天施药1次，连续用药3～4次，安全间隔期7天，每季最多使用3次。

注意事项　在施药期间应避免对周围蜂群的影响，蜜源作物花期、蚕室和桑园附近禁用。远离水产养殖区施药，禁止在河塘等水体中清洗施药器具。

与其他药剂的混用　不可与呈碱性的农药等物质混合使用，应与其他保护性杀菌剂轮换使用。

允许残留量　GB 2763—2021《食品中农药最大残留限量标准》规定烯酰吗啉的最大残留限量见表。ADI为0.2mg/kg。蔬菜、水果、饮料类按照GB/T 20769规定的方法测定。

部分食品中烯酰吗啉最大残留限量表（GB 2763—2021）

食品类别	名称	最大残留限量（mg/kg）
蔬菜	大蒜	0.60
	洋葱	0.60
	韭菜	10.00
	葱	9.00
	韭葱	0.80
	结球甘蓝	2.00
	青花菜	1.00
	芥蓝	30.00
	菜薹	10.00
	菠菜、蕹菜	30.00
	结球莴苣、野苣	10.00
	油麦菜	40.00
	叶芥菜	20.00
	芜菁叶	30.00
	芋头叶	10.00
	芹菜	15.00
	茄果类蔬菜（茄子、辣椒除外）	1.00
	茄子	2.00
	辣椒	3.00
	瓜类蔬菜（黄瓜、南瓜除外）	0.50
	黄瓜	5.00

（续表）

食品类别	名称	最大残留限量（mg/kg）
蔬菜	南瓜	2.00
	食荚豌豆	0.15
	荚不可食豆类蔬菜	0.70
	朝鲜蓟、根芥菜	2.00
	芜菁	3.00
	马铃薯	0.05
水果	葡萄	5.00
	草莓	0.05
	莲雾	3.00
	龙眼、番木瓜	7.00
	菠萝	0.01
	瓜果类水果	0.50
干制水果	葡萄干	5.00
饮料类	啤酒花	80.00
调味料	干辣椒	5.00
药用植物	人参（鲜）	0.10
	人参（干）	0.50
	石斛（鲜、干）	20.00

参考文献

化工部农药信息总站, 1996. 国外农药品种手册 (新版合订本) [M]. 北京: 化学工业出版社: 82-84.

农业部种植业管理司, 农业部农药检定所, 2015. 新编农药手册 [M]. 2版. 北京: 中国农业出版社: 295-297.

TURNER J A, 2015. The pesticide manual: a world compendium[M]. 17th ed. UK: BCPC: 365-367.

（撰稿：刘西莉；审稿：彭钦）

烯腺嘌呤 enadenine

一种植物内源细胞分裂素，通过发酵可生产含有烯腺嘌呤和羟烯腺嘌呤的具有细胞分裂素活性的生长调节剂。可以促进细胞分裂及生长活跃部位的生长发育，适用于多种作物。

其他名称 5406细胞分裂素。

化学名称 4-羟基异戊烯基腺嘌呤；异戊烯基腺嘌呤。

英文名称 isoamyl alkenyl adenine。

CAS 登记号 2365-40-4。

分子式 $C_{10}H_{13}N_5$。

相对分子质量 203.24。

结构式

理化性质 纯品熔点216.4~217.5℃。溶于甲醇、乙醇，不溶于水和丙酮。经发酵生产出的溶液有效成分含量约240μg/L。0.0001%异戊烯基腺嘌呤可湿性粉剂由发酵液加填料，再经干燥加工成可湿性粉剂。有效成分含量≥0.0001%，外观为米黄色粉末，pH6~8，水分含量≤5%，悬浮率≥70%，润湿时间≤120秒，粉粒细度98%通过74μm（200目）筛。在常温条件下储存，稳定期在2年以上。

毒性 微毒。原药小鼠急性经口LD_{50} > 10g/kg。大鼠喂养90天试验，NOEL为5000mg/kg。Ames试验，小鼠骨髓嗜多染红细胞微核试验、精子畸变试验均为阴性。大鼠致畸试验为2.5g/kg，0.625g/kg、0.156g/kg对大鼠无致畸作用。大鼠28天蓄积性毒性试验，蓄积系数K > 5，属弱蓄积毒性。

剂型 0.0001%可湿性粉剂。

作用方式及机理 是微生物发酵产生的含有烯腺嘌呤和羟烯腺嘌呤的具有细胞分裂素活性的生长调节剂。它是由泾阳链霉菌（*Streptomyces jingyangensis*）通过深层发酵而制成的腺嘌呤细胞分裂素类型的植物生长调节剂。有效成分为玉米素和异戊烯基腺嘌呤，其作用原理是促进细胞分裂及生长活跃部位的生长发育，其特点与富滋有效成分——羟烯腺嘌呤相同。

使用对象

柑橘 于谢花期和第一次生理落果后期，以300~500倍药液均匀喷布枝叶2次，对温州蜜橘、红橘、脐橙、血橙、锦橙等均有显著增加坐果率的效果。在果实着色期（7月下旬至9月下旬），用600倍药液均匀喷雾茎、叶、果，可使果实外观色泽橙红，而且含糖量、固形物含量增加，柠檬酸含量下降。

西瓜 开花始期用600倍药液进行茎叶喷雾，喷液量300~450L/hm²，每隔10天处理1次，重复3次，使西瓜藤势早期健壮，中后期不衰，使枯萎、炭疽病等病害减轻，而且使产量和含糖量增加。

玉米 以玉米种子:水:植物细胞分裂素三者的比例为1:1:0.1，浸种24小时。并于穗位叶分化、雌穗分化末期、抽雄始期，再用600倍药液均匀喷洒3次，喷液量450~750L/hm²。可使玉米拔节、抽雄、扬花及成熟提前，而且穗节位和穗长提高，穗秃尖减少，粒数增加，千粒重增加。

水稻 分蘖期开始叶面喷雾600~800倍液，生育期喷施3次，间隔期7~10天，也可以使用100倍液浸种24小时，可以增加水稻产量。

烟草 在移栽后10天起，400~600倍液喷雾，生育期喷施3次，间隔期7天，增产的同时可以减轻花叶病的发生。

茶树 在新生茶叶长至1叶1心开始，400~600倍液喷雾，生育期喷施3次，间隔期7天，可以增加咖啡碱、茶多酚，提高品质。

其他蔬菜 在苗期开始，400~600倍液喷雾，生育期喷施3~5次，间隔期7~10天，能保花保果，增产。

使用方法 使用方法灵活，可用喷雾、浇灌等方法。

注意事项 应储存在阴凉、干燥、通风处，切勿受潮；不可与种子、食品、饲料混放。

参考文献

毛景英, 闫振领, 2005. 植物生长调节剂调控原理与实用技术

[M]. 北京: 中国农业出版社.

孙家隆, 2015. 新编农药品种手册[M]. 北京: 化学工业出版社: 965.

（撰稿：白雨蒙；审稿：谭伟明）

烯效唑 uniconazole

一种广谱高效的三唑类的植物生长延缓剂，通过抑制赤霉素的生物合成使细胞伸长受抑，对草本或木本的单子叶或双子叶作物具有强烈的抑制生长作用。

其他名称 高效唑、特效唑、Sumiseven、Sumagic、Prunit、S3307。

化学名称 (*E*)-(*RS*)-1-(4-氯苯基)-4,4-二甲基-2-(1*H*-1,2,4-三唑-1-基)-1-戊烯-3-醇；(1*E*,3*S*)-1-(4-chlorophenyl)-4,4-dimethyl-2-(1,2,4-triazol-1-yl)pent-1-en-3-ol。

IUPAC名称 (*E*,3*S*)-1-(4-chlorophenyl)-4,4-dimethyl-2-(1,2,4-triazol-1-yl)pent-1-en-3-ol。

CAS 登记号 83657-22-1。

EC 号 617-481-3。

分子式 $C_{15}H_{18}ClN_3O$。

相对分子质量 291.78。

结构式

开发单位 日本住友化学公司1986年开发，中国由南开大学元素有机化学研究所首先合成。

理化性质 纯品为白色结晶固体。熔点162～163℃。蒸气压（20℃）89Pa。相对密度1.28（21.5℃）。能溶于丙酮、甲醇、乙酸乙酯、氯仿和二甲基甲酰胺等多种有机溶剂，难溶于水（8.41mg/L）。原药（含量85%）为白色或淡黄色结晶粉末，熔点159～160℃。

毒性 对人畜低毒。小鼠急性经口LD_{50}：雄性4000mg/kg，雌性2850mg/kg。对鱼毒性中等，金鱼TLm（48小时）>1mg/L，蓝鳃鱼6.4mg/L，鲤鱼6.36mg/L。

剂型 原药（含量85%）为白色或淡黄色结晶粉剂。

质量标准 纯度85%以上。稳定性好。

作用方式及机理 是三唑类的植物生长延缓剂，通过抑制赤霉素的生物合成使细胞伸长受抑。跟多效唑一样，不仅有很强的矮化作用，还有一定的杀菌效果。生物活性是多效唑的2～6倍。主要通过叶、茎组织和根部吸收。进入植株后，活性成分主要通过在木质部的转移向顶部输送。

土壤浇灌比叶面喷施效果好。烯效唑通过植物根部吸收后在植物体内传导，有稳定细胞膜结构、增加脯氨酸和糖的含量的作用，提高植物抗逆性，耐寒和抗旱能力增强。于土壤和叶面处理，对各类单子叶和双子叶植物，烯效唑均有很强的抑制生长活性。

使用对象 该品用量小、活性强，10～30mg/L浓度就有良好抑制作用，且不会使植株畸形，持效期长，对人畜安全。可用于水稻、小麦、玉米、花生、大豆、棉花、果树、花卉等作物，可茎叶喷洒或土壤处理，增加着花数。如用于水稻、大麦、小麦，以10～100mg/L喷雾；用于观赏植物，以10～20mg/L喷雾。主要应用于水稻培育壮秧。

使用方法

水稻 水稻种子用50～200mg/kg。早稻用50mg/kg，单季稻或连作晚稻因品种不同用50～200mg/kg药液浸种，种子量与药液量比为1：（1.2～1.5），浸种约36小时，每隔12小时拌种1次，以利种子着药均匀。然后用少量水清洗后催芽播种。可培育多蘖矮壮秧。

小麦 小麦种子用10mg/kg药液拌种，每1kg种子用10mg/kg药液150ml，边喷雾边搅拌，使药液均匀附着在种子上，然后掺少量细干土拌匀以利播种。亦可在拌种后闷3～4小时，再掺少量细干土拌匀播种。可培育冬小麦壮苗，增强抗逆性，增加年前分蘖，提高成穗率，减少播种量。在小麦拔节期（宁早勿迟），每亩均匀喷施30～50mg/kg的烯效唑药液50kg，可控制小麦节间伸长，增加抗倒伏能力。

观赏植物 以10～200mg/kg药液喷雾，以0.1～0.2mg/kg药液盆灌，或在种植前以10～1000mg/kg药液浸根，可控制株形，促进花芽分化和开花。花卉和草坪等的建议用量为每亩40g，配水30kg。

注意事项 严格掌握使用量和使用时期。作种子处理时，要平整好土地，浅播浅覆土，墒情好。

参考文献

李玲, 肖浪涛, 谭伟明, 等, 2018. 现代植物生长调节剂技术手册[M]. 北京: 化学工业出版社: 61.

邵莉楣, 2011. 植物生长调节剂应用手册[M]. 北京: 金盾出版社.

孙家隆, 2015. 新编农药品种手册[M]. 北京: 化学工业出版社: 961.

（撰稿：黄官民；审稿：谭伟明）

烯唑醇 diniconazole

一种三唑类杀菌剂，对多种作物的真菌病害有效。

其他名称 达克利、灭黑灵、速保利、特灭唑、特普唑、兰麦灵。

化学名称 (*E*)-(*RS*)-1-(2,4-二氯苯基)-4,4-二甲基-2-(1*H*-1,2,4-三唑-1-基)戊-1-烯-3-醇；(*E*)-(±)-*β*-[(2,4-dichlorophenyl)methylene]-*α*-(1,1-dimethylethyl)-1*H*-1,2,4-triazo-1-ethonal。

IUPAC名称 (*E*)-(*RS*)-1-(2,4-dichlorophenyl)-4,4-dimethyl-2-(1*H*-1,2,4-triazol-1-yl)pen-1-en-3-ol。

CAS 登记号 83657-24-3；76714-88-0[(*E*)-异构体]。

EC 号 617-485-5。

分子式 $C_{15}H_{17}Cl_2N_3O$。

相对分子质量 326.22。

结构式

开发单位 1987年由日本住友化学公司和Valent U. S. A.公司开发上市。

理化性质 无色晶体。熔点153℃。沸点386℃。燃点257℃。相对密度1.32（20℃）。蒸气压2.93mPa（20℃）。K_{ow}lg$P$ 4.3（25℃）。Henry常数3.99×10^{-4}Pa·m^3/mol（25℃）。水中溶解度4mg/L（25℃）；有机溶剂中溶解度：丙酮、甲醇95，二甲苯14，己烷0.7（g/kg，25℃）。稳定性：对热、光、水分稳定。

毒性 大鼠急性经口LD_{50}约639mg/kg。大鼠急性经皮LD_{50}＞5g/kg。轻度刺激兔眼睛，不刺激皮肤。大鼠急性吸入LC_{50}（4小时）＞2.77g/m^3。山齿鹑急性经口LD_{50}＞1.49g/kg。野鸭饲喂LC_{50}（5天）＞2g/kg饲料，绿头野鸭饲喂LC_{50}（8天）＞5.07g/kg饲料。鱼类LC_{50}（96小时，mg/L）：鲤鱼4、虹鳟1.58。蜜蜂急性LD_{50}（接触）＞20μg/只。

剂型 5%、12.5%可湿性粉剂，10%、12.5%、25%乳油，5%微乳剂。

质量标准 12.5%可湿性粉剂外观为浅黄色细粉，堆密度0.231g/ml，不易燃、不易爆，悬浮率为89%~92%，正常条件下储存2年稳定。5%微乳剂外观为稳定的均相液体，无可见悬浮物或沉淀，常温储存稳定性2年以上。

防治对象 防治谷物叶部和穗部病害，如霜霉病、斑枯病、萎凋病、黑粉病、腥黑病、锈病、疮痂病等；用于种子处理防治黑粉菌、腥黑粉菌和腔菌导致的病害；也可防治葡萄霜霉病，玫瑰的霜霉病、锈病和黑斑病，花生叶斑病，香蕉叶斑病和咖啡锈病。

使用方法 主要喷雾使用，剂量为1.875~5g/hm^2；也可种子处理，剂量为2~5g/100kg（种子）

注意事项 不可与碱性农药混用。对水生生物有毒，施药后的水不得直接排入水体，禁止在江河、湖泊中清洗施药器械。喷药时应穿防护服。施药后剩余的药液和空容器要妥善处理，可烧毁或深埋，不得留做他用。药剂要放存在儿童和家畜接触不到的地方。避免药剂触及皮肤和眼睛，喷雾时不可吃东西、喝水和吸烟。

与其他药剂的混用 可与多菌灵或甲基硫菌灵或福美双或代森锰锌混用防治梨黑星病；与井冈霉素混用防治水稻稻曲病；与吡虫啉、福美双混用防治玉米地下害虫和丝黑穗病。

允许残留量 GB 2763—2021《食品中农药最大残留限量标准》规定烯唑醇最大残留限量见表。ADI为0.005mg/kg。谷物按照GB 23200.113、GB/T 20770规定的方法测定；蔬菜、水果按照GB 23200.113、GB/T 5009.201、GB/T 20769规定的方法测定。

部分食品中烯唑醇最大残留限量（GB 2763—2021）

食品类别	名称	最大残留限量（mg/kg）
谷物	稻谷	0.05
	小麦	0.20
	玉米、高粱、粟、稷	0.05
油料和油脂	花生仁	0.50
蔬菜	芦笋	0.50
水果	柑、橘、橙	1.00
	苹果	0.20
	梨	0.10
	葡萄	0.20
	香蕉	2.00

参考文献

刘长令, 2006. 世界农药大全: 杀菌剂卷[M]. 北京: 化学工业出版社.

农业部种植业管理司和农业部农药检定所, 2015. 新编农药手册[M]. 2版. 北京: 中国农业出版社.

TURNER J A, 2015. The pesticide manual: a world compendium[M]. 17th ed. UK: BCPC.

（撰稿：陈凤平；审稿：刘西莉）

系统诱导活性法 system-induction activity method

利用不同浓度药剂处理一定时间后诱导植株产生系统抗病能力，抗病能力的强弱与烟草叶片发病程度呈负相关、药剂浓度和防效呈正相关的原理，测定供试样品系统诱导抗病毒活性的生物测定方法。

适用范围 适用于初筛、复筛及深入研究阶段的活性验证；可以用于测定新化合物的抗病毒活性，测定不同剂型、不同组合物及增效剂对抗病毒活性的影响，比较几种抗病毒剂的生物活性。

主要内容 系统诱导活性采用全株法，药剂处理7天后接种病毒，继续观察3天后调查病情指数，计算防效。试验中选取长势均匀一致的3~5叶期珊西烟植株，全株喷雾施药，每处理3次重复，并以0.1%吐温80水溶液对照。7天后，叶面撒布金刚砂（500目），用毛笔蘸取病毒液，在全叶面沿支脉方向轻擦2次，叶片下方用手掌（或者木板、玻璃板）支撑，病毒浓度为10mg/L，接种后以流水冲洗。3天后调查病斑数，计算防效。

防效＝[（对照组病情指数－处理组病情指数）/对照组病情指数]×100%

一般设置5~7个浓度测定供试样品的活性，每个浓度3~5个重复。采用DPS统计软件中专业统计分析生物测定功能中的数量反应生测几率值分析方法获得药剂浓度与生长抑制率之间的剂量效应回归模型，计算得到抑制剂量浓度（IC_{50}、IC_{90}）和95%置信区间。

参考文献

陈年春, 1991. 农药生物测定技术[M]. 北京: 北京农业大学出版社.

王力钟, 李永红, 于淑晶, 等, 2013. 2种抗TMV活性筛选方法在农药创制领域的应用[J]. 农药, 52(11): 829-831.

（撰稿：李永红、王力钟；审稿：陈杰）

细胞骨架 cytoskeleton

细胞骨架是指真核细胞中的蛋白纤维网架体系，主要由微管（microtubule, MT）、微丝（microfilament, MF）及中间纤维（intermediate filament, IF）组成，还包含很多结构单元的附属蛋白质，如动力蛋白（dynein）、驱动蛋白（kinesin）、肌球蛋白（myosin）等分子马达蛋白和一些结合蛋白等。真核细胞内的细胞器和膜系统都由这个网络来作为支架，是真核细胞借以维持其基本形态的重要结构，被形象地称为细胞骨架。直到20世纪60年代后，采用戊二醛常温固定，才逐渐认识到细胞骨架的客观存在。在真核细胞内，细胞骨架不仅在维持细胞形态、承受外力、保持细胞内部结构的有序性方面发挥重要作用，还参与许多重要的生命活动，如在细胞分裂中细胞骨架牵引染色体分离，在细胞物质运输中各类小泡和细胞器可沿着细胞骨架定向转运等。

（撰稿：刘西莉；审稿：苗建强）

细胞有丝分裂和细胞分化 mitosis and cell differentiation

真核细胞增殖的主要方式，包括有丝分裂、减数分裂、无丝分裂。分裂前的细胞称为母细胞，分裂后形成的新细胞称为子细胞。细胞分裂通常包括细胞核分裂和细胞质分裂两步，在核分裂过程中母细胞把遗传物质传给子细胞。在单细胞生物中细胞分裂就是个体的繁殖，在多细胞生物中细胞分裂是个体生长、发育和繁殖的基础。

有丝分裂又名间接分裂，特点是有纺锤体和染色体出现，子染色体被平均分配到子细胞，是真核细胞分裂产生体细胞的过程。纺锤体由纺锤丝构成，纺锤丝由微管聚合而成，微管是一个异源二聚体，包括两个亚单位，即α-微管蛋白和β-微管蛋白。通过有丝分裂，每条染色体可精确复制成两条染色单体并均等地分到两个子细胞，使子细胞含有同母细胞相同的遗传信息。秋水仙素主要通过干扰纺锤体的形成进而破坏哺乳动物或植物细胞的有丝分裂。多菌灵、苯菌灵、噻苯咪唑和硫菌灵等苯并咪唑类药剂的作用机理类似于秋水仙素，可抑制β-微管蛋白组装，导致细胞不能形成纺锤丝，使有丝分裂停滞在中期状态，即每个染色体复制的两个姊妹染色单体虽然分开了，却不能彼此向两极分离，导致该细胞内的染色体数量加倍，不能形成两个子核，抑制病原菌细胞的正常有丝分裂。

细胞分化是指同一来源的细胞逐渐产生出形态结构、功能特征各不相同的细胞类群的过程，其结果是在空间上细胞产生差异，在时间上同一细胞与其从前的状态有所不同。细胞分化的本质是基因组在时间和空间上的选择性表达，通过不同基因表达的开启或关闭，最终产生标志性蛋白质。细胞分化具有高度的稳定性，正常生理条件下，已经分化为某种特异的、稳定类型的细胞一般不可能逆转到未分化状态或者成为其他类型的分化细胞。细胞分化与细胞的分裂状态和速度相适应，分化必须建立在分裂的基础上，即分化必然伴随着分裂，但分裂的细胞不一定就分化。分化程度越高，分裂能力也就越差。

（撰稿：刘西莉；审稿：苗建强、张博瑞）

细菌农药生物测定 bioassay of bacterial pesticide

以细菌农药的致病机理为基础，通过被检样品与对照品在一定条件下对目标生物作用的比较，并经过统计分析，进而确定被检生物农药的生物活性和防治效果的一种测定技术。细菌农药是指利用细菌制备的用于防治植物病虫害、环境卫生昆虫、杂草、鼠害以及调节植物生长的活菌体制剂。目前细菌农药生产和使用量较大的主要有细菌杀虫剂（如苏云金芽孢杆菌）和细菌杀菌剂（如枯草芽孢杆菌）。这类产品的制剂中含有的菌体数，可以通过平板计数法求得；而对其毒效的高低，则需要通过生物测定予以确定，也就是以生物效应为指标对生物活性物质进行定量分析的方法。细菌农药的生物测定方法与一般合成农药的测定基本一致，但需要注意的是在细菌农药的生物测定中，所选用的测试对象必须是对样品比较敏感的靶标，观察周期也比合成农药的测定要长。此外，其活性的大小不是以细菌制剂的活性成分作为定量单位的，而是以标准活性单位（IU）作为生物效价来定量的。

适用范围 适用于作为农药开发的细菌对靶标的活性测定。

主要内容 以苏云金芽孢杆菌对小菜蛾效价的测定为例说明。①感染液配制。准确称取标准品、待测样品，装入有玻璃珠的磨口三角瓶中，加入10ml稀释缓冲液（含NaCl 0.85%、K_2HPO_4 0.6%和KH_2PO_4 0.3%），在漩涡振荡器上振荡5分钟，再加入10～20ml稀释缓冲液，得样品浓度约为5mg/ml的母液。根据预备试验结果，将母液用缓冲液稀释配制成5～7个系列等比质量浓度。②按配方（维生素C 0.5g，菜叶粉3g，酪蛋白2g，酵母粉1.5g，纤维素1g，蔗糖6g，10%甲醛0.5ml，琼脂粉2g，菜籽油0.2g，15%尼泊金1ml，蒸馏水100ml）称取蔗糖、酵母粉、酪蛋白和琼脂粉，加入90ml蒸馏水，调匀。搅拌煮沸2～3次，使琼脂完全融化，然后加入尼泊金搅匀。将配方中的其他成分用10ml蒸馏水调成糊状，当琼脂冷却至75℃左右时与其混合均匀，置55℃水浴中保温备用。③在各烧杯中加入前述准备的感染液1ml，然后将9ml琼脂液与之充分混合均匀。静置冷却，待琼脂完全凝固后，用小刀切成1cm见方的饲料块放入养虫管内，每管1块，每个处理4个重复。④在每管内投放10头三龄初期小菜蛾幼虫，塞上棉塞，25℃饲养。⑤感染48小时检查试虫的死亡情况。用软件计算测定样品和标准品的毒力回归方程、致死中浓度（LC_{50}）及95%置信限，按公式计算测试样品的效价。

$$测定样品效价（mg）=\frac{标准品 LC_{50}（mg/ml）}{样品 LC_{50}（mg/ml）}\times 标准品效价（mg）$$

参考文献

沈晋良, 2013. 农药生物测定[M]. 北京: 中国农业出版社.

（撰稿：徐文平；审稿：陈杰）

先导化合物发现　discovery of leading compounds

新发现的对特定靶标或者模型呈现明确生物活性并值得优化的化学结构，简称先导物。又名原型物。通过活性筛选将达到所设定指标的化合物定为苗头化合物，在经过多种模型的评价，优化化合物的生物活性以及考虑知识产权等因素后，将苗头化合物发展为先导化合物，这个过程称为先导化合物的发现。通过发现过程所得到的先导化合物一般是结构新颖的化合物，也可以是具有新活性的已知化合物。通过筛选获得的先导化合物一般具有如下特点：①该活性化合物必须具有体内活性。②该活性化合物必须具有明确的构效关系（SAR）。③该活性化合物具有一定的专利新颖性。但是先导化合物未必是可使用的优良药物，可能由于活性不强，作用特异性低，药代动力学性质不合理等不能直接应用。这便需要先导化合物的优化，来使其具备成药的性质。

发现有生物活性的先导化合物是创制农药的物质基础，是创新农药研究成败的关键，构建化合物的化学结构是该过程的起点。一般地，先导化合物发现的来源主要有从天然产物中发现或由其衍生而来、随机合成、类同合成、靶向分子设计和基于碎片的分子设计。

大自然是化合物的宝库，从天然产物中寻找有活性的化合物作先导化合物进行新农药的创制是学者们公认的有效途径之一。最早期的药物开发，几乎是依靠天然产物，而且现在从自然界分离获得有生物活性的天然产物依然是先导化合物的重要来源。很多先例已经证明，天然产物是新药创制的良好先导。譬如著名的吡咯类杀虫剂吡咯胺，就是从链霉素菌属中分离提取的二噁吡咯霉素优化而来；从植物除虫菊中分离得到的除虫菊素具有优良的杀虫活性，以此为先导开发获得的拟除虫菊酯类杀虫剂是目前世界上使用范围最广、用量最大的杀虫剂之一。

随机合成　也称为经验合成，是发现先导化合物所采用的经典途径。其具有非定向性和广泛性的特征。比如苯基吡唑类杀虫剂氟虫腈的先导化合物最初设计为除草剂，后因其出色的杀虫活性而开发为杀虫剂。随机合成的方法思路开阔，发现新颖化学结构的机会较多，一旦成功发展潜力较大。但其缺点明显：工作量大、投入较多的财力物力，成功率较低而且容易进入科研误区。因此化学家们在进行随机合成时需根据知识和经验，提出合理的设计思路。

类同合成　也称衍生合成或者周围合成，该方法是基于某个已开发的药物分子谋求开发同一系列的衍生物新品，期望发现新的二次先导。该方法的设计思路可分为两个层次。低层次分子设计是保留原有分子基本化学结构，只改变个别基团和亚结构；较高层次的设计思路，是对已开发品种的分子结构进行亚结构连接或者生物电子等排替换，得到新的化合物骨架。例如有机磷酸酯类经过结构改造已经开发出100多个品种，其作用都是抑制胆碱酯酶，但由于结构不同，导致理化性质和生物活性有所不同；陶氏化学利用电子等排原理进行骨架改变从磺酰脲除草剂得到三唑并嘧啶除草剂。

靶向分子设计　是指以靶标作为导向的先导化合物设计发现方法。后基因组时代的到来，蛋白表达、纯化和蛋白晶体学的快速发展提供了众多靶标蛋白的详细信息，推进了基于靶标结构设计新农药的进步，并为该策略应用于新农药研发提供了保障。基于结构的设计策略，需要得到靶标蛋白结合位点的形状和电子特性的信息。还需要测定并解析蛋白配体复合物的单晶结构以获得蛋白活性位点上分子相互作用的信息，以此为指导在生物活性实验的基础上，对苗头化合物进行优化，获得先导化合物。

基于碎片的分子设计　目标是筛选得到一个或者多个碎片集，将其中的碎片对靶标位点进行结合验证，选择与该位点结合状况最佳的碎片，根据它们的空间位置进行连接获得具有一定活性的化合物。碎片分子设计的理念提出较早，但直到20世纪90年代中期才被付诸实施，其一经应用就取得令人鼓舞的成果，而且相比于传统的高通量筛选具有筛选结果发展空间大、不易受专利限制和易发现新的先导骨架等优势。

先导化合物的发现直接决定了后续农药研发的进程，影响着农药研发的速度和最终的成败。由于新农药研发难度不断增加，而且农药发现过程伴随着随机性和不可预见性，这便需要综合运用多种先导化合物发现手段，协同推进先导化合物的发现，加快新型农药研发进程。

参考文献

陈万义, 1996. 新农药研究与开发[M]. 北京: 化学工业出版社.

陈万义, 2007. 新农药的研发: 方法·进展[M]. 北京: 化学工业出版社.

仇缀百, 2008. 药物设计学[M]. 2版. 北京: 高等教育出版社.

徐宜进. 2006. 药物化学[M]. 北京: 化学工业出版社.

杨华铮, 2003. 农药分子设计[M]. 北京: 科学出版社.

仉文升, 2005. 药物化学[M]. 2版. 北京: 高等教育出版社.

GHOSH A K, GEMMA S, 2014. Structure-based design of drug and other bioactive molecules: tools and strategies[M]. Weinheim: Wiley-VCH.

WERMUTH C G, 2008. The practice of medicinal chemistry[M]. 3rd ed. Massachusetts: Academic Press.

ZARTLER E R, SHAPIRO M J, 2009. Fragment-based drug iscovery: a practical approach[M]. New York: Wiley.

（撰稿：邵旭升、周聪；审稿：李忠）

先导化合物优化 lead optimization

基于构效关系，有目的地对先导化合物进行结构改造，发现物理化学性质或活性更优化合物的过程称为先导化合物优化。先导化合物优化是新药研究发现的关键环节。多数先导化合物存在诸多不足而难以商品化，比如对靶标生物活性低，结构不稳定，选择性差，对非靶标生物毒性大，降解困难等原因造成对生态环境的破坏等。

先导化合物优化之所以是新农药研发的重要环节，原因主要有以下两点：首先，先导优化中所考虑的各种取代基的变换，脂肪链与脂环的变换以及同系物的变换等，都要对药效、生态环境、人畜安全以及合成原料来源等各方面因素进行仔细考虑和评估；其次，先导化合物优化是个“庞大”的工程，在这个过程中不可避免地会有大量人力、财力投入。在先导化合优化过程中，各种取代基就有数百种，各种取代基不同的排列组合的数目堪称“天文数字”。因此，一套提高优化准确性和效率的优化方案在先导化合物中至关重要。早在1972年Topliss就提出了一套经验理论，后来运用Hansch提出的QSAR（quantitative structure-activity relationship，定量构效关系）概念来进一步完善。迄今为止所用到的先导优化方法都是根据经验的总结，通过设计合成类似物、衍生物或同源物，分析其理化性质，做生物活性测试以及毒性测试，建立其QSAR模型，建立结构－毒性模型，根据生物数据对模型进行完善。通过这样的化学结构以及生物学评价，一些化合物的药效团、药效片段被发现，也可以得到理化性质优于先导的化合物。

先导化合物优化是通过对先导化合物在结构上进行修饰与改造，来改善先导化合物在某些理化性质方面的不足，如T. Sugane，T. Tobe，W. Hamaguchi等研究表明，利用生物电子等排，用吡啶环替换苯环使化合物的溶解性提高了两个数量级；Stepan AF，Efremov IV等用脂肪链取代苯环，溶解度提高数十倍。

先导化合物优化原则 先导化合物优化虽然可以根据结构、活性、毒性、理化常数以及其他参数建立模型，但是这并非一个通用的模式，还应根据先导化合物的结构与性质多方面考虑。多年来，在医药、农药先导化合物的创制中，许多宝贵经验逐渐被积累下来。根据这些经验，许多经验法则约定俗成地成为先导优化时考虑的原则，如最小修饰原则、经济性、明确的优化目的等。具体如下：①最小修饰原则。在先导化合物优化过程中，对先导结构做微小的结构改变以得到类似物。微小的结构变化可通过简单化学反应来实现，比如甲基化、乙基化、羟基化、酰化、氧化、还原或生物电子等排。一般的，优化后的化合物可与先导化合物相比，会在某些方面有所改进，比如活性增加、选择性增加、对非靶标生物毒性减小、环境更加友好。②经济性。先导化合物的优化要符合经济性，先导的优化要从中间体或原料是否廉价易得、合成路线长度是否合理、实验操作是否简单可行等多个方面考虑。③明确的优化目的。在进行结构优化时，根据优化的目的，确定对目标化合物性质的要求。若是单个官能团的优化，要关注相关官能团的性质，多方面考虑。考虑官能团的结构、形状、极性或非极性、亲水性和疏水性、酸碱性、电性参数、疏水常数等；若是多官能团的优化，要考虑优化后整个分子各个官能团之间的平衡，如是否能够形成分子内氢键、是否存在离子化问题、是否对酸碱性有影响、是否对水溶性有影响、对化合物的稳定性或成药性有影响、对与靶标相互作用有影响（如分子过大而难以进入靶标口袋）等问题。在对众多因素考虑周全的基础上对先导有目的地优化，提高成功率。

先导化合物优化方法 常见的先导化合物优化方法主要有结构化学衍生、生物电子等排、活性基团拼接、生物合理性设计和虚拟组合库构建。其中结构化学衍生主要包括取代基位置与性质改变，同系物变换，不饱和基团的引入或去除，大位阻基团的引入、替换或去除，开环与关环的转换；生物电子等排可分为“经典生物电子等排体”和“非经典生物电子等排体”这两类；活性基团拼接将是两个或多个化合物的活性基团或活性片段拼合到一个化合物中；生物合理性设计是利用靶标生物体生命过程中某个关键的生理生化机制作为研究模型，设计和合成能影响该机制的化合物，从中筛选出先导化合物进行新药创制的途径；虚拟组合库是一个由计算机通过组合化学的方式构建的一系列可以反应的化合物的集合。

参考文献

陈万义, 2007. 新农药的研发: 方法·进展[M]. 北京: 化学工业出版社.

郭宗儒, 2012. 药物设计策略[M]. 北京: 科学出版社.

仇缀百, 2008. 药物设计学[M]. 2版. 北京: 高等教育出版社.

杨华铮, 2003. 农药分子设计[M]. 北京: 科学出版社.

叶德泳, 2015. 药物设计学[M]. 北京: 高等教育出版社.

TOPLISS J G, 1972. Utilization of operational schemes for analog synthesis in drug design[J]. Journal of medicinal chemistry, 15: 1006-1011.

WEBER L, 2005. Current status of virtual combinatorial library design[J]. QSAR & combinatorial science, 24: 809-823.

FURUYA T, SUWA A, NAKANO M, et al, 2015. Synthesis and biological activity of a novel acaricide, pyflubumide[J]. Journal of pesticide science, 40: 38-43.

SUGANE T, TOBE T, HAMAGUCHI W, et al, 2013. Atropisomeric 4-phenyl-4 H-1,2,4-triazoles as selective glycine transporter 1 inhibitors[J]. Journal of medicinal chemistry, 56: 5744-5756.

（撰稿：邵旭升、栗广龙；审稿：李忠）

酰胺磷 ifosfamide

一种有机磷类内吸和触杀性杀虫剂、杀螨剂。

其他名称 AC-3741。

化学名称 *O,O*-二乙基-*S*-(氨基甲酰甲基)二硫代磷酸酯；*O,O*-diethyl-*S*-(carbamoylmethyl)phosphorodithioate。

CAS登记号 2047-14-5。

分子式 $C_6H_{14}NO_3PS_2$。

相对分子质量 243.28。

结构式

开发单位 1950年国外报道了该品的杀虫性能，1953年报道了它的内吸性，1958年美国氰胺公司介绍了它的杀虫作用及对温血动物毒性的研究。

理化性质 纯品为无色针状结晶，熔点57～58℃。工业品为白色或浅黄色结晶，熔点50～52℃（或53～56℃）。不溶于水，易溶于丙酮、氯仿、乙醇等有机溶剂，并可用四氯化碳进行重结晶。

毒性 大鼠急性经口LD_{50} 10～20mg/kg，如果酰胺磷结构中的氨基甲酰基的氧原子用硫原子取代时，则毒性增大。

剂型 1%粉剂，可湿性粉剂，30%、50%乳剂。

质量标准 10%可湿性粉剂为浅棕色粉状物，相对密度1.41，悬浮率≥80%，储存稳定性良好。

作用方式及机理 内吸和触杀，胃毒作用较小。

防治对象 用于防治棉花、果树作物的蚜虫、红蜘蛛。1%酰胺磷粉剂防治棉蚜与同浓度的乙基对硫磷效果相同，用它防治苹果、桃的顶芽卷叶虫也有效。

参考文献

王振荣，李布青，1996. 农药商品大全[M]. 北京：中国商业出版社.

（撰稿：王鸣华；审稿：薛伟）

酰草隆 phenobenzuron

一种脲类除草剂。

其他名称 Benzomarc、苯酰敌草隆、Benzuride、Benzuron、Phenobenzuron。

化学名称 1-苯甲酰基-1-(3,4-二氯苯基)-3,3-二甲基脲；*N*-(3,4-dichlorophenyl)-*N*-benzoyl-*N*′,*N*′-dimethyl-urea。

IUPAC名称 *N*-(3,4-dichlorophenyl)-*N*-(dimethylcarbamoyl)benzamide。

CAS登记号 3134-12-1。

EC号 221-529-5。

分子式 $C_{16}H_{14}Cl_2N_2O_2$。

相对分子质量 337.20。

结构式

理化性质 白色固体。熔点119℃。相对密度1.358（20℃）。在22℃水中的溶解度16mg/L；有机溶剂中溶解度（20℃）：丙酮315g/L、苯105mg/L、乙醇28g/L。

毒性 大鼠急性经口LD_{50} 5000mg/kg，豚鼠急性经皮LD_{50} > 4000mg/kg。

剂型 50%可湿性粉剂。

作用方式及机理 光合电子传递抑制剂，作用在光系统II受体部位。

防治对象 用于大麦、水稻、豌豆、亚麻等作物中，防除一年生杂草。

使用方法 用量1～2kg/hm²，在多年生作物田中用量为4～6kg/hm²。

参考文献

石得中，2008. 中国农药大辞典[M]. 北京：化学工业出版社.

（撰稿：李玉新；审稿：耿贺利）

酰嘧磺隆 amidosulfuron

一种磺酰脲类除草剂。

其他名称 Hoestar、Adret、Gratil、好事达、思阔得。

化学名称 1-(4,6-二甲氧基嘧啶-2-基)-3-甲磺酰基(甲基)氨基磺酰基脲；*N*-[[[[(4,6-dimethoxy-2-pyrimidin-2-yl)amino]carbonyl]amino]sulfonyl]-*N*-methylmeyhanesulfonamide。

IUPAC名称 1-(4,6-dimethoxypyrimidin-2-yl)-3-mesyl(methyl)sulfamoylurea。

CAS登记号 120923-37-7。

EC号 407-380-0。

分子式 $C_9H_{15}N_5O_7S_2$。

相对分子质量 369.37。

结构式

开发单位 安万特公司（现拜耳公司）。

理化性质 纯品为白色颗粒状固体。熔点160～163℃。相对密度1.5（20℃）。蒸气压2.2×10^{-5}Pa（20℃）。K_{ow}lg$P$ 1.63（20℃，pH2）。水中溶解度（20℃，mg/L）：3.3（pH3）、9（pH5.8）、13 500（pH10）；有机溶剂中溶解度（20℃，mg/L）：异丙醇99、甲醇872、丙酮8100。pK_a 3.58。稳定性：在室温下存放24个月稳定。在水中半衰期（20℃）：> 33.9天（pH5），> 365天（pH7）。

毒性 大（小）鼠急性经口LD_{50} > 5000mg/kg。大鼠急性经皮LD_{50} > 5000mg/kg。大鼠急性吸入LC_{50} > 1.8mg/L。对兔皮肤无刺激性，对兔眼睛有轻微刺激性，对豚鼠皮肤无致敏性。雄性大鼠NOEL（2年）19.45mg/（kg·d）。无致癌、致畸、致突变性。野鸭和山齿鹑急性经口LD_{50} >

2000mg/kg。虹鳟 LC_{50}（96 小时）＞ 320mg/L。蜜蜂 LD_{50}：经口＞ 1000μg/ 只。蚯蚓 LC_{50}（14 天）＞ 1000mg/kg 土壤。

剂型 50% 酰嘧磺隆（好事达）水分散粒剂，混剂思阔得为酰嘧磺隆加碘甲磺隆钠盐。

作用方式及机理 乙酰乳酸合成酶抑制剂。通过杂草根和叶的吸收，在植株体内传导，杂草即停止生长，叶色褪绿，而后枯死。

防治对象 具有广谱的除草活性，能有效防除麦田多种阔叶杂草，如猪殃殃、播娘蒿、荠菜、苋、苣荬菜、田旋花、独行菜、野萝卜等。对猪殃殃有特效。

使用方法 作物出苗前、杂草 2~5 叶期且生长旺盛时施药，使用剂量为有效成分 30~60g/hm²。在中国，茎叶喷雾，冬小麦亩用量为有效成分 1.5~2g，春小麦亩用量为有效成分 1.8~2g。如果天气干旱、低温或防除 6~8 叶大龄杂草，通常采用上限用药量。如果防除猪殃殃等敏感杂草时，即使施药推迟至杂草 6~8 叶期，也可以取得较好的除草效果。

注意事项 杂草出苗后尽早用药，使用者尽量避免身体直接接触该药，用药后应用清水洗手和冲洗暴露皮肤。

与其他药剂的混用 酰嘧磺隆可与多种除草剂混用。例如在防除小麦田看麦娘、野燕麦、猪殃殃、播娘蒿等禾本科和阔叶草混生杂草时与精噁唑禾草灵（加解毒剂）按常量混用，可一次性用药解除草害。与 2 甲 4 氯、苯磺隆等防阔叶杂草的除草剂混用，可扩大杀草谱。每亩用 50% 酰嘧磺隆水分散粒剂 3g 加 6.9% 精噁唑禾草灵（加解毒剂）水乳剂 50ml 可防除阔叶杂草和禾本科杂草；每亩用 50% 酰嘧磺隆水分散粒剂 2g 加 20% 2 甲 4 氯水剂或 75% 苯磺隆 0.7~0.8g 可防除阔叶杂草。

允许残留量 GB 2763—2021《食品中农药最大残留限量标准》规定酰嘧磺隆最大残留限量麦类为 0.01mg/kg（临时限量）。ADI 为 0.2mg/kg。

参考文献

刘长令, 2002. 世界农药大全: 除草剂卷[M]. 北京: 化学工业出版社: 17-19.

马克比恩 C, 2015. 农药手册[M]. 胡笑形, 等译. 北京: 化学工业出版社: 29-30.

孙家隆, 周凤艳, 周振荣, 2014. 现代农药应用技术丛书: 除草剂卷[M]. 北京: 化学工业出版社: 187-189.

GB 2763—2021 食品中农药最大残留限量.

（撰稿：李玉新；审稿：耿贺利）

酰亚胺类杀菌剂 carboxylic acid imide fungicide

一种化学结构中含有酰亚胺结构的有机化合物，有环状亚胺类和二酰亚胺类，是 20 世纪 70 年代初推出的一类广谱、触杀型、保护性杀菌剂，具有很高的选择性和作用专化性，对灰葡萄孢属、核盘菌属、长蠕孢属等真菌引起的病害具有特效，与苯并咪唑类杀菌剂、三唑类杀菌剂和甲氧基丙烯酸酯类杀菌剂等现代选择性杀菌剂无交互抗性，但与芳烃类和甲基立枯磷存在一定的交互抗性。主要有异菌脲、腐霉利、乙菌利、甲菌利、菌核净、氟氯菌核利、乙烯菌核利、菌核利、敌菌丹、克菌丹和灭菌丹等品种。

（撰稿：刘圣明；审稿：刘西莉）

苋红素合成法 cytokinins bioassay by amaranthin content change on *Amaranthus caudatuscotyledon*

细胞分裂素的生物测定技术之一。其原理为在一定激动素浓度范围内，色素的量与激动素浓度增加成正比。该法作为生物激动素的测定方法，专一性强，操作简便，对细胞分裂素最低检测浓度为 5mg/L。

适用范围 适用于细胞分裂素的生物测定。

主要内容 操作方法如下：配制 0.4% 酪氨酸的磷酸缓冲液，配制 0.01~3mg/L 系列梯度的激动素（KT，6- 呋喃氨基嘌呤）标准溶液。将滤纸置于直径 6cm 的培养皿内，加入不同浓度的激动素溶液 2.5ml。将精选后的尾穗苋种子先用饱和漂白粉溶液浸泡 15 分钟，用水冲洗，再播入培养皿中，在 25℃黑暗中培养 72 小时。选取子叶大小均一的黄化尾穗苋幼苗，用镊子取子叶，放入已有 2.5ml 激动素溶液的培养皿中，每皿 30 个子叶，重复 3 次。在 25℃黑暗中放置 18 小时后取出子叶，用滤纸吸去多余水分，移入盛有 4ml 蒸馏水的带塞试管中，放入低温冰箱冰冻过夜。取出试管在 25℃暗夜中使其融化，2 小时后放入低温冰箱冷冻，再融化，如此重复两次。倒出红色上清液，用分光光度计分别在波长 542nm 和 620nm 读取光密度，两值相减的差值即为苋红素浓度的光密度。以激动素为横坐标，光密度为纵坐标作图得到标准曲线。在 0.01~3.0mg/L 浓度范围内，光密度与激动素浓度成正比。从标准曲线中可查出未知浓度的溶液中细胞分裂素浓度相当于激动素的活力单位。

该试验所用尾穗苋种子应放于冰箱中经 2~3 个月低温处理，试验需在暗室中进行，其他操作在绿光下进行。

参考文献

陈年春, 1991. 农药生物测定技术[M]. 北京: 北京农业大学出版社.

（撰稿：谭伟明；审稿：陈杰）

《现代农药手册》 *Handbook of Modern Pesticide*

由沈阳化工研究院（现沈阳中化农药化工研发有限公司）刘长令和杨吉春主编，化学工业出版社于 2018 年 4 月出版发行。

该手册在已出版的《世界农药大全》四分卷所涵盖农药品种的基础上，收集了近年来刚开发或正在开发的新农药品种共计 1312 个。其中，按照中文通用名首字汉语拼音排序，详细介绍了 821 个农药品种（除草剂 225 个，解毒剂 10 个，植物生长调节剂 36 个，杀菌剂 221 个，杀虫剂 241 个，杀螨剂 29 个，杀线虫剂 23 个，杀鼠剂及其

他杀虫剂36个）的产品简介（中英文名称、其他名称、结构式、分子式、相对分子质量、CAS登记号、理化性质、毒性、制剂、作用机理）、应用（适宜作物与安全性、防除对象、应用技术、使用方法）、专利与登记概况（包括专利号及登记情况等）、合成方法（包括最基本原料的合成方法、合成实例）、参考文献等。另外，书后还列出了其他不常用或因故停产的农药品种491种，包括除草剂（205个）、杀菌剂（95个）及杀虫剂（191个）的简介、相关名称、结构式、应用、专利及合成路线等内容。

该手册具有实用性强、信息量大、内容权威、重点突出等特点，可供从事农药产品管理、专利与信息、科研、生产、应用、销售、进出口贸易等有关工作人员使用，也可供高等院校相关专业师生参考。

（撰稿：杨新玲；审稿：刘长令）

香蕉球茎象甲聚集信息素 sex pheromone of *Cosmopolites sordidus*

适用于香蕉的昆虫信息素。最初从香蕉球茎象甲（*Cosmopolites sordidus*）虫体中提取分离，主要成分为（1*S*,2*R*,5*R*,7*S*）-3,5,7-三甲基-1-乙基-2,8-二氧双环［3.2.1］辛烷。

其他名称 Cosmolure（Chem Tica）、苏敌丁、sordidin。

化学名称 (1*S*,3*R*,5*R*,7*S*)-3,5,7-三甲基-1-乙基-2,8-二氧双环［3.2.1］辛烷；(1*S*,2*R*,5*R*,7*S*)-1-ethyl-3,5,7-trimethyl-2,8-dioxabicyclo［3.2.1］octane。

IUPAC名称 （1*S*,3*R*,5*R*,7*S*）-1-ethyl-3,5,7-trimethyl-2,8-dioxabicyclo［3.2.1］octane。

CAS登记号 162490-88-2。

分子式 $C_{11}H_{20}O_2$。

相对分子质量 184.28。

结构式

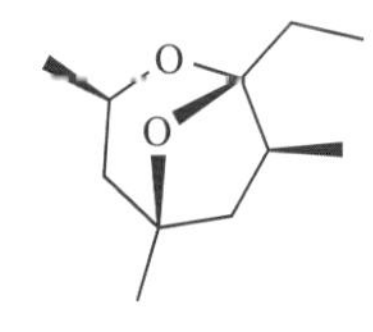

开发单位 1998年开始应用，由Chem Tica公司生产。

理化性质 纯品为无色或浅黄色液体，有特殊气味。沸点211℃（101.32kPa，预测值）。相对密度0.96（20℃，预测值）。比旋光度$[\alpha]_D^{24}$+25.1°（$c = 0.94$，乙醚）。难溶于水，溶于乙醚、氯仿、丙酮等有机溶剂。

毒性 大鼠急性经口LD_{50} 2538mg/kg。

剂型 缓释袋。

作用方式 作为聚集信息素发挥作用，引诱香蕉球茎象甲。

防治对象 适用于香蕉树，防治香蕉球茎象甲。

使用方法 在香蕉林地面上的笼子中放入含有香蕉球茎象甲聚集信息素的缓释袋，引诱香蕉球茎象甲，然后浸入水中杀死。

参考文献

马克比恩 C, 2015. 农药手册[M]. 胡笑形, 等译. 北京: 化学工业出版社.

（撰稿：边庆花；审稿：张钟宁）

香茅油 citronella oil

一种对昆虫具有驱避、熏蒸作用的植物精油杀虫剂。从禾本科香茅属香茅草的全草经蒸汽蒸馏而得，主要成分是香茅醛、香叶醇和香茅醇。主要用于日用化学品，也可用于食用香精。目前，尚未检索出香茅油作为农药产品登记的信息。

其他名称 香草油、雄刈萱油。

化学名称 3,7-二甲基-6-辛烯-1-醇；3,7-dimethyl-6-octen-1-ol。

CAS登记号 8000-29-1。

EC号 616-771-7。

分子式 $C_{10}H_{20}O$（香茅醛）；$C_{10}H_{18}O$（香叶醇）；$C_{10}H_{20}O$（香茅醇）。

相对分子质量 156.27（香茅醛）；154.25（香叶醇）；156.27（香茅醇）。

结构式

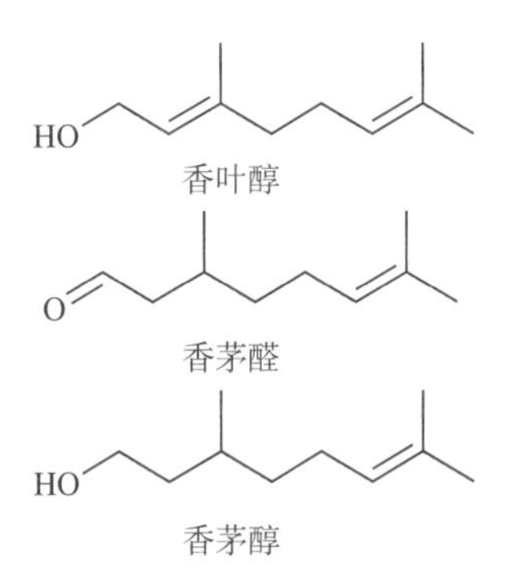

开发单位 上海敬康生物医药科技有限公司、江西省吉水中南天然香料油厂、江西雪松天然药用油有限公司。

理化性质 苍黄色至苍棕黄色澄清液体，具有浓郁的山椒香气。密度0.8g/cm³。沸点225℃。闪点102℃。熔点77～83℃。折射率n_D^{20} 1.466～1.487。溶于乙醇和大多数非挥发性油及丙二醇，不溶于甘油，难溶于水。

毒性 低毒。大鼠急性经口LD_{50} 3450mg/kg，兔急性经皮LD_{50} 2650mg/kg。高体雅罗鱼LC_{50}（96小时）10~22mg/L，大型溞EC_{50}（48小时）17mg/L，藻类EC_{50}（72小时）2.4mg/L。

作用方式及机理 对害虫具有驱避和熏蒸作用。作用机理主要是引起害虫无法选择和定向，远离其适宜生境和食物，从而达到防虫效果。其次是香茅油产生的气体在空间自行扩散而均匀分布，通过气孔或气门进入害虫的呼吸系统后达到作用位点而导致害虫中毒死亡。

防治对象 蚊、玉米象和赤拟谷盗等害虫。

使用方法 驱避或熏蒸蚊用量为0.3%（v/w），熏蒸玉米象用量为0.15%（v/w），熏蒸赤拟谷盗成虫用量为0.1%（v/w）。

注意事项 避免接触皮肤和眼睛，避免吸入蒸气和烟雾。储存在阴凉、干燥通风处。

允许残留量 FAO/WHO（1994）推荐香茅油ADI为0～0.5mg/kg。

参考文献

肖洪美, 屠康, 2008. 香茅精油对两种主要储粮害虫的控制作用[J]. 粮食储藏, 37 (3): 8-11.

杨频, 2004. 五种植物精油对蚊虫的熏蒸毒杀作用及驱避效果的研究[D]. 西安: 陕西师范大学.

张雪梅, 胡志宇, 2009. 我国香茅属植物研究进展[J]. 中国民族民间医药, 18 (5): 14-15.

（撰稿：吴小毛；审稿：李明）

香芹酚 carvacrol

一种芳香酚单萜类化合物，具有麝香草酚味。普遍存在于各种天然植物及植物的挥发油中，如植物牛至的挥发油、百里香挥发油、石香薷全草及樟木等。

其他名称 香荆芥酚、异麝香草酚。

化学名称 2-甲基-5-异丙基苯酚；5-isopropyl-2-methylphenol。

CAS 登记号 499-75-2。

分子式 $C_{10}H_{14}O$。

相对分子质量 150.22。

结构式

HO

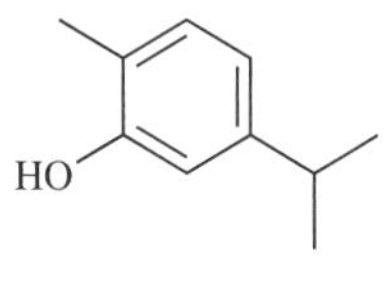

理化性质 有麝香草酚味的淡黄色液体。熔点约0℃。沸点237～238℃。相对密度0.976。闪点105℃。

毒性 对人、畜、作物安全，多次使用无残留。大鼠急性经口LD_{50}＞1000mg/kg，大鼠急性经皮LD_{50}＞1000mg/kg，无任何致畸、致突变等毒副作用。对兔眼、皮肤无刺激。对水域安全，不污染环境。对鱼、鸟、蜜蜂、蚕、天敌安全。

剂型 为5%丙烯酸·香芹酚水剂。

作用机理 丙烯酸·香芹酚是一种纯天然植物源高效广谱杀菌剂，有强渗透性和内吸性，能抑制多种病原菌的正常生长和孢子萌发。也能通过穿透病原菌的细胞膜，使细胞内容物流失，导致细胞内关键过程受阻，从而使细胞成分渗漏，水分失去平衡，最终使病原菌死亡。同时具有促进叶面光合作用及根系生长发育，提高抗旱、抗寒、抗病能力。药效稳定、持久，不产生药害，不易产生抗药性。

防治对象 黄瓜灰霉病和水稻稻瘟病。

使用方法 用5%水剂500～800倍液喷雾，防治黄瓜灰霉病。用5%水剂400～600倍液喷雾，防治水稻稻瘟病。

注意事项 不能与强碱性农药混用。不慎与眼睛接触后，立即用大量清水冲洗并征求医生意见。

参考文献

纪明山, 2011. 生物农药手册[M]. 北京: 化学工业出版社: 160-161.

（撰稿：刘西莉；审稿：代探）

香芹酮 carvone

一种萜类植物源杀菌剂、植物生长调节剂。

化学名称 2-甲基-5-(1-甲基乙烯基)-2-环己烯-1-酮；2-methyl-5-(1-methylethenyl)-2-cyclohexen-1-one。

IUPAC名称 (*RS*)-5-isopropenyl-2-methylethenyl-2-en-1-one。

CAS 登记号 99-49-0。

EC 号 202-759-5。

分子式 $C_{10}H_{14}O$。

相对分子质量 150.22。

结构式

O

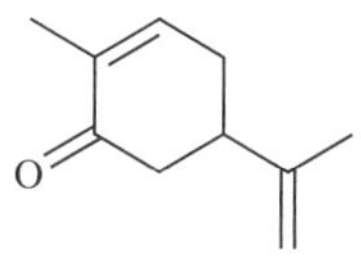

理化性质 无色至浅草黄色澄清液体，留兰香型。熔点230℃。沸点232℃。相对密度0.956～0.96（20～25℃）。折光指数1.495～1.499（20℃）。溶于丙二醇、植物油和矿物油，混溶于乙醇，1ml溶于2ml 70%乙醇，呈澄清透明。不溶于甘油和水。

毒性 大鼠急性经口LD_{50} 3710mg/kg。

作用方式及机理 影响病原菌的呼吸作用及细胞膜功能。用于制备药物和香料，其中*S*-（-）-香芹酮可用于马铃薯储藏以防止过早发芽，*R*-（-）-香芹酮可用于驱蚊和清新空气。

允许残留量 ADI为1.0mg/kg（FAO/WHO，1994）。

参考文献

CARVALHO D E , FONSECA D A, 2006. Carvone: Why and how should one bother to produce this terpene[J]. Food chemistry, 95 (3): 413-422.

ENGEL W, 2001. In vivo studies on the metabolism of the monoterpenes *S*-(+)-and *R*-(-)-carvone in humans using the metabolism of ingestion-correlated amounts (MICA) approach[J]. Journal of agricultural food chemistry, 49 (8) : 4069-4075.

VOLLHARDT P, NEIL S, 2007. Organic chemistry[M]. 5th ed. New York: Freeman.

SIMONSEN J L, 1953. The terpenes[M]. 2nd ed. Cambridge: Cambridge University Press.

（撰稿：刘西莉；审稿：代探）

孙立宏, 孙立明, 2009. 香叶醇的研究进展[J]. 西北药学杂志, 24 (5): 428-430.

REVAY E E, JUNNILA A, KLINE D L, et al, 2012. Reduction of mosquito biting pressure by timed-release 0.3% aerosolizedgeraniol[J]. Acta tropical, 124 (1): 102-105.

（撰稿：吴小毛；审稿：李明）

香叶醇 geraniol

一种具有驱避害虫作用的单萜类植物源杀虫剂。

其他名称 牛儿醇、香叶草醇、牻牛儿醇、牝牛儿醇、香天竺葵醇。

化学名称 (*E*)-3,7-二甲基-2,6-辛二烯-1-醇；(*E*)-3,7-dimethyl-2,6-octadien-1-ol。

IUPAC名称 2,6-octadien-1-ol,3,7-dimethyl-,(2*E*)-。

CAS登记号 106-24-1。

EC号 203-377-1。

分子式 $C_{10}H_{18}O$。

相对分子质量 154.25。

结构式

OH
E

开发单位 杭州胡庆余堂药业有限公司、Eden Research公司、武汉纯度生物科技有限公司、深圳市森迪生物科技有限公司、西安嘉博盈生物科技有限公司。

理化性质 无色至淡黄色油状液体，具玫瑰味香气，在空气中易被氧化。密度0.9g/cm^3。熔点-15℃。沸点230℃。折射率 n_D^{20} 1.477。闪点101℃。溶于乙醇、乙醚、丙二醇、矿物油和动物油，微溶于水，不溶于甘油。

毒性 低毒。大鼠经口 LD_{50} 3600mg/kg，兔经皮 LD_{50} 5000mg/kg。可刺激兔皮肤，对兔眼睛造成严重损伤，豚鼠接触皮肤可引起过敏。斑马鱼 LC_{50}（96小时）22mg/L，大型溞 EC_{50}（72小时）13.1mg/L。

剂型 0.3%乳剂。

作用方式及机理 对害虫具有驱避作用。作用机理可能是引起害虫无法选择和定向，远离其适宜生境和食物，从而达到防虫效果。

防治对象 牛虻、蚊、德国小蠊等害虫。

使用方法 采用驱蚊器驱避牛虻与蚊，用量为3g/L（0.3%香叶醇乳剂）；驱避德国小蠊用量为1mg/m^3。

注意事项 避免接触皮肤和眼睛，避免吸入蒸气和烟雾。储存在阴凉、干燥通风处。

与其他药剂的混用 香叶醇与丁子香酚、百里香酚混用可防控葡萄灰霉病。

允许残留量 WHO推荐香叶醇ADI为0~0.5mg/kg。

参考文献

林永丽, 郝蕙玲, 孙锦程, 2008. 四种植物精油对德国小蠊的驱避效果[J]. 昆虫知识, 45 (3): 477-479.

消螨多 dinopenton

一种能够有效防治抗有机磷农药红蜘蛛的杀螨剂。

其他名称 carbonıcacid。

化学名称 2-(1-甲基正丁基)-4,6-二硝基苯碳酸异丙酯；2-(1-methylbutyl)-4,6-dinitrophenyl-1-methylethyl carbonate。

IUPAC名称 isopropyl(*RS*)-2-(1-methylbutyl)-4,6-dinitrophenyl carbonate。

CAS登记号 5386-57-2。

分子式 $C_{15}H_{20}N_2O_7$。

相对分子质量 340.33。

结构式

NO_2
O
O O
NO_2

开发单位 1960年英国墨菲化学公司创制。现少用或趋于淘汰。

理化性质 原药为结晶体。熔点62~64℃。含量89%。药品蒸气压低。可溶于丙酮、苯。对酸稳定，遇0.1mol/L碱便水解。

毒性 大鼠急性经口 LD_{50} 3500mg/kg。

剂型 25%可湿性粉剂，25%混合溶液。

防治对象 对螨类具有快速触杀作用，能杀灭对有机磷具抗性的红蜘蛛。

使用方法 使用浓度为0.05%，防治抗性螨类，收获前14天禁用。

参考文献

朱永和, 王振荣, 李布青, 2006. 农药大典[M]. 北京: 中国三峡出版社: 303.

（撰稿：郭涛；审稿：丁伟）

消螨酚 dinex

一种非内吸性杀螨、杀虫剂。

其他名称 DynoneII、DN1（dinex）、DN111（dinex-diclexine）、DNOCHP（dinex）。

化学名称 2-环己基-4,6-二硝基苯酚；2-cyclohexyl-4,6-dinitrophenol。

IUPAC名称 2-cyclohexyl-4,6-dinitrophenol。

CAS登记号 131-89-5(dinex)；317-83-9(dinex-diclexine)。

EC 号 205-042-5。

分子式 $C_{12}H_{14}N_2O_5$。

相对分子质量 266.25。

结构式

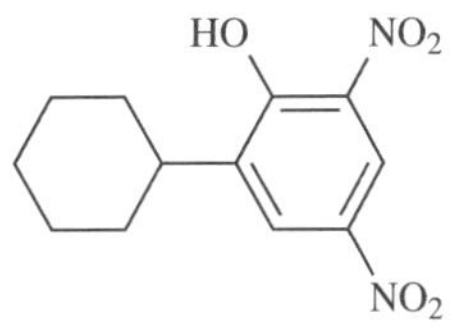

HO NO2

NO2

开发单位 由陶氏化学公司（现陶氏益农公司）开发。其二环乙基铵盐（dinex-diclexine）由菲森斯公司（现先灵农业）开发。

理化性质 原药为浅黄色结晶。熔点106℃。在室温下蒸气压低。几乎不溶于水，溶于有机溶剂和乙酸中。可与胺类或碱金属离子生成水溶性盐。

毒性 对小鼠和豚鼠急性经口 LD_{50} 50～125mg/kg，急性经皮 LD_{50} 20～45mg/kg。

防治对象 为胃毒和触杀型杀虫剂，也有杀卵作用。它虽比二硝酚药害小，但仍只能在休眠期喷药。

参考文献

康卓, 2017. 农药商品信息手册[M]. 北京: 化学工业出版社: 338-339

（撰稿：李新；审稿：李淼）

消螨通 dinobuton

一种非内吸性杀螨剂、杀菌剂。

其他名称 Acarelte、MC 1053、OMS 1056、ENT 27244。

化学名称 2-仲丁基-4,6-二硝基苯基异丙基碳酸酯；1-methylethyl 2-(1-methylpropyl)-4,6-dinitrophenyl carbonate。

IUPAC名称 2-*sec*-butyl-4,6-dinitrophenyl isopropyl carbonate。

CAS登记号 973-21-7。

EC 号 213-546-1。

分子式 $C_{14}H_{18}N_2O_7$。

相对分子质量 326.30。

结构式

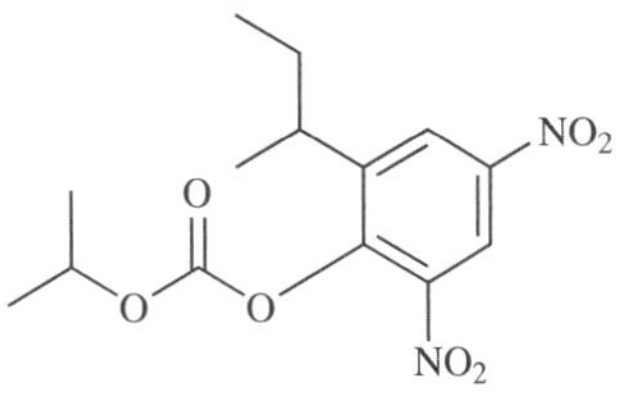

NO2

O

O O

NO2

开发单位 M. Pianka 和 C. B. F. Smith 于1956年报道，由墨菲化工公司引入，继而由克诺达（现拜耳公司）开发。

理化性质 原药纯度97%。浅黄色晶体。熔点61～62℃（原药，58～60℃）。蒸气压＜1mPa（20℃）。K_{ow}lg*P* 3.038。Henry常数＜3Pa·m³/mol（20℃，计算值）。相对密度0.9（20℃）。溶解度：水0.1mg/L（20℃）；溶于乙醇、脂肪烃类和脂肪油类；在芳香烃类和较低脂肪酮类中溶解度很大。中性和酸性介质中稳定；碱性介质中水解。加热稳定至600℃。不可燃。

毒性 急性经口 LD_{50}（mg/kg）：小鼠2540，大鼠140。大鼠急性经皮 LD_{50} ＞5000，兔＞3200mg/kg。NOEL［mg/(kg·d)］：狗4.5，大鼠3～6。作为代谢刺激剂，高剂量下导致体重损失。母鸡急性经口 LD_{50} 150mg/kg。

剂型 50%可湿性粉剂，50%悬浮剂，50%粉剂，50%水剂。

作用方式及机理 杀菌剂与具有快速杀灭作用的杀螨剂。

防治对象 非内吸性杀螨剂和杀菌剂，用于苹果、梨、核果类果树、葡萄、棉花、蔬菜（温室和田间）、观赏植物、草莓，防治红蜘蛛和霜霉病，剂量40～100g/100L。对温室中某些种类的番茄和玫瑰可能有药害。与碱性物质或甲萘威不相容。

使用方法 一般用药量为0.05%（有效成分的剂量）。防治柑橘红蜘蛛和锈壁虱，使用50%可湿性粉剂1500～2000倍液喷雾，使用50%水悬浮剂1000～1500倍液喷雾；防治落叶果树、棉花、胡瓜的红蜘蛛，使用50%粉剂1000～1500倍液喷雾。防治苹果、棉花和蔬菜的白粉病，使用50%粉剂或水剂1500～2000倍液喷雾。

与其他药剂的混用 可与三氯杀螨砜等复配。

参考文献

康卓, 2017. 农药商品信息手册[M]. 北京: 化学工业出版社: 339-340.

马克比恩 C, 农药手册[M]. 胡笑形, 等译. 2015. 北京: 化学工业出版社: 342-343.

（撰稿：李新；审稿：李淼）

消泡剂 defoamer

在农药加工和使用过程中降低表面张力，抑制泡沫产生或消除已产生泡沫的物质。泡沫是空气被包围在表面活性剂液膜中的一种现象。在农药配方加工、分装以及田间稀释和施用时产生泡沫是不利的，所以要求使用的制剂或助剂低泡，必要时需要加入消泡剂和抑泡剂。性能优秀的消泡剂必须兼有消泡和抑泡作用，它不仅能使泡沫迅速破灭，而且能在相当长的时间内防止泡沫生成。

作用机理 消泡剂的作用机理主要有以下几点：①泡沫局部表面张力降低导致泡沫破灭。高级醇或植物油等在水中溶解度小的物质在泡沫上会显著降低接触部位的表面张力，表面张力降低的部分被强烈地向四周牵引、延伸，最后破裂。②消泡剂能破坏膜弹性而导致气泡破灭。消泡剂添加到泡沫体系中，会向气液界面扩散，使具有稳泡作用的表面活性剂难以发生恢复膜弹性的能力。③消泡剂能促使液膜排液，因而导致气泡破灭。泡沫排液的速率可以反映泡沫的稳定性，添加一种加速泡沫排液的物质，也可以起到消泡作用。④添加疏水固体颗粒可导致气泡破灭。在气泡表面疏水固体颗粒会吸引表面活性剂的疏水端，使疏水颗粒产生亲水性并进入水相，从而起到消泡的作用。⑤电解质瓦解表面活性剂双电层而导致气泡破灭。对于借助泡沫的表面活性剂双电层互相作用，产生稳定性的起泡液，加入普通的电解质即可瓦解表面活性剂的双电层起消泡作用。

分类与主要品种 根据消泡剂的有效成分，主要分为以下5类：①硅类。如聚二甲基硅氧烷，也称二甲基硅油。②聚醚类。如GP型消泡剂、GPE型消泡剂、GPES型消泡剂。③天然植物油脂。如豆油、玉米油等。④矿物油。⑤高碳醇。如C_7~C_9醇消泡作用最有效。

使用要求 有机硅消泡剂消泡能力强，但活性物含量为100%的有机硅消泡剂很少直接用于生产，而是加入水、乳化剂等配制成低含量有机硅乳液，或者与SiO_2按一定比例复合制成固体有机硅消泡剂，有机硅消泡剂质量要符合国家标准GB/T 26527—2011。聚醚类消泡剂抑泡能力强，聚醚改性有机硅消泡剂的消泡和抑泡能力都强，在使用时根据需求选择合适的消泡剂。

应用技术 消泡剂用量少，一般用量0.2%~1.0%，在起泡前添加能够抑制泡沫的产生，起泡后添加能够快速消除泡沫。固体农药产品，如可湿性粉剂、可溶粒剂等，一般都使用固体消泡剂，将消泡剂与其他物料一起投料，制作成产品，在产品兑水稀释使用时可抑制泡沫的产生。液体农药产品，如可溶液剂、悬浮剂、水乳剂等，多选择使用液体状态的消泡剂，在配料过程中和生产加工过程中加入可抑制、消灭泡沫，利于产品分装，并使产品在加水稀释使用时抑制泡沫的产生。

参考文献

刘广文, 2013. 现代农药剂型加工技术[M]. 北京: 化学工业出版社.

（撰稿：张春华；审稿：张宗俭）

硝虫硫磷 xiaochongliulin

一种广谱性有机磷杀虫剂、杀螨剂。

化学名称 *O,O*-二乙基-*O*-(2,4-二氯-6-硝基苯基)硫代磷酸酯；*O,O*-diethyl-*O*-(2,4-dichloro-6-nitrophenyl)thiophosphate。

IUPAC名称 *O*-(2,4-dichloro-6-nitrophenyl) *O,O*-diethyl phosphorothioate。

CAS登记号 171605-91-7。

分子式 $C_{10}H_{12}Cl_2NO_5PS$。

相对分子质量 360.15。

结构式

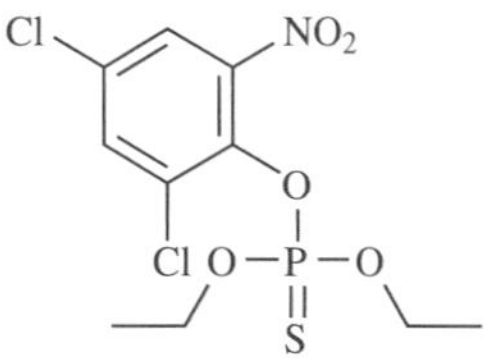

开发单位 四川省化工研究设计院，专利号ZL9310003245。

理化性质 纯品为无色晶体。熔点31℃。原药为棕色油状液体。相对密度1.4377。几乎不溶于水，在水中溶解度60mg/kg（24℃），易溶于有机溶剂，如醇、酮、芳烃、卤代烷烃、乙酸乙酯及乙醚等溶剂。

毒性 中毒。原药大鼠急性经口LD_{50} 212mg/kg。30%乳油大鼠急性经口LD_{50} > 198mg/kg。30%乳油急性经皮LD_{50} > 1000mg/kg。对兔皮肤、眼睛无刺激性，属弱致敏性。致突变试验、Ames试验、小鼠微核试验、小鼠睾丸生殖细胞染色体试验均为阴性。大鼠（90天经口）亚慢性试验最大NOEL为1mg/kg。对鱼中等毒，对鸟、蜂、蚕低毒。30%硝虫硫磷乳油对鲤鱼LC_{50}（96小时）2.62mg/L。鹌鹑LC_{50}（7天）> 5000mg/kg饲料，蜜蜂LD_{50}（24小时）> 170μg/只，柞蚕LC_{50}（48天）> 10 000mg/kg桑叶。

剂型 30%乳油。

作用方式及机理 有机磷广谱杀虫剂，具有触杀、胃毒作用，对植物有良好的渗透性。其作用机制是抑制昆虫体内乙酰胆碱酯酶，阻碍神经传导而导致死亡。其杀虫谱广，对多种刺吸式口器害虫、螨及某些介壳虫有良好的防效。

防治对象 对水稻、小麦、棉花及蔬菜等作物的20余种害虫都有很好的防治效果，尤其对柑橘和茶等作物的害虫如红蜘蛛效果突出，对棉花棉铃虫、棉蚜虫也有一定的防治效果。对柑橘红蜘蛛、矢尖蚧、棉花棉铃虫、蔬菜菜青虫、小菜蛾及稻飞虱等十多种害虫防治效果突出。安全性好，是高毒有机磷农药的理想替代品种之一。

使用方法 防治柑橘矢尖蚧有较好效果，用药浓度为375~500mg/kg，即稀释600~800倍液，于矢尖蚧幼虫发生盛期喷雾1次，以后间隔15天左右视虫量多少，可再喷药1次。速效性好，持效期较长，对柑橘树未见药害发生。

参考文献

马新刚, 刘钦胜, 2014.2011—2015年专利到期的农药品种之硝虫硫磷[J]. 今日农药, 2: 42-43.

张敏恒, 2006.新编农药商品手册[M]. 北京: 化学工业出版社.

（撰稿：王鸣华；审稿：吴剑）

硝滴涕 dilan

一种非内吸性的有机氯杀虫剂。

其他名称 Bulan(i)、Prolan(ii)、CS 674A(i)、CS 645A(ii)、CS 708(混剂i+ii)。

化学名称 1,1-双(4-氯苯基)-2-硝基丁烷与1,1-双(4-氯苯基)-2-硝基丙烷；1,1-bis(4-chlorophenyl)-2-nitrobutane with 1,1-bis(4-chlorophenyl)-2-nitropropane。

IUPAC名称 1,1′-(2-nitrobutylidene)bis[4-chlorobenzene](i)+1,1′-(2-nitropropylidene)bis[4-chlorobenzene](ii)。

CAS登记号 8027-00-7。

EC号 290-499-00。

分子式 $C_{15}H_{13}Cl_2NO_2$（Prolan）；$C_{16}H_{15}Cl_2NO_2$（Bulan）。

相对分子质量 310.20（Prolan）；324.20（Bulan）。

结构式

R=Me Prolan

R=Et Bulan

开发单位 由Solvents商务公司开发。

理化性质 在室温下，为褐色黏稠有塑性的半固体，65℃以上为液体。不溶于水，微溶于石油醚和乙醇，易溶于甲醇和芳香烃溶剂。该品为混合物，其中含53.3%（重量）Bulan、26.7%Prolan及20%类似物。对碱不稳定，氧化后失去杀虫活性。Bulan熔点66.5～67.5℃，Prolan熔点80.5～81.5℃。

毒性 急性经口LD_{50}：大鼠475～8073mg/kg，小鼠1100mg/kg。急性经皮LD_{50}：雄大鼠6900mg/kg，雌大鼠5900mg/kg。用含625mg/L硝滴涕的饲料喂大鼠1年，无致病影响。对食蚊鱼的TLm（24小时）为0.4～0.5mg/L。

剂型 浓液剂，25%乳剂，50%可湿性粉剂，1%和2%颗粒剂。

质量标准 25%乳剂，储存稳定性良好。

作用方式及机理 作用于神经节，使突触前释放过多的乙酰胆碱，从而干扰或破坏昆虫正常的神经传导系统。

防治对象 防治二十八星瓢虫、蚜虫、蚕豆象、蓟马、梨粉虱、玉米螟、白蚁、黏虫、地老虎、苹果卷叶蛾、日本金龟甲、墨西哥豆甲、叶蝉等。

使用方法 防治鳞翅目害虫，用量为0.56～3.36kg/hm^2，浓度为0.06%～0.24%。活性范围类似于滴滴涕，但持效较滴滴涕和其他氯代烃短。对葫芦科作物也无药害。

注意事项 受热放出有毒氯化物和氮氧化物气体。储存于阴凉、通风的库房中，与食品原料分开储运。

与其他药剂的混用 可与大多数其他农药混用。

参考文献

王振荣, 李布青, 1996. 农药商品大全[M]. 北京: 中国商业出版社.

朱永和, 王振荣, 李布青, 2006. 农药大典[M]. 北京: 中国三峡出版社.

（撰稿：张建军；审稿：吴剑）

硝丁酯 dinoterbon

一种能用于防治红叶螨、爪叶螨等的杀螨剂。

化学名称 2-丁基-4,6-二硝基苯基碳酸乙酯；2-(1,1-dimethylethyl)-4,6-dinitrophenyl ethyl carbonate。

IUPAC名称 2-*tert*-butyl-4,6-dinitrophenyl ethyl carbonate。

CAS登记号 6073-72-9。

分子式 $C_{13}H_{16}N_2O_7$。

相对分子质量 312.28。

结构式

理化性质 密度1.299g/cm^3。沸点406.1℃（101.32kPa）。闪点161.7℃。蒸气压1.11×10^{-4}Pa（25℃）。折射率1.54。

毒性 未见文献报道。

防治对象 能用于防治红叶螨、爪叶螨等。具有杀真菌作用。

注意事项 操作处置应在具备局部通风或全面通风换气设施的场所进行。应与氧化剂、食用化学品分开存放，切忌混储。尽可能回收利用，如果不能回收利用，采用焚烧方法进行处置。

参考文献

朱永和, 王振荣, 李布青, 2006. 农药大典[M]. 北京: 中国三峡出版社.

（撰稿：张永强；审稿：丁伟）

硝二苯胺 fentrifanil

一种硝基苯类杀螨剂。

其他名称 Famaflur、Flufenamine、Hexafluoramin、PP-199、芳氟胺。

化学名称 *N*-[2-氯-5-(三氟甲基)苯基]-2,4-二硝基-6-(三氟甲基)苯胺；*N*-[2-chloro-5-(trifluoromethyl)phenyl]-2,4-dinitro-6-(trifluoromethyl)benzenamine。

IUPAC名称 *N*-(6-chloro-*α*,*α*,*α*-trifluoro-*m*-tolyl)-*α*,*α*,*α*-trifluoro-4,6-dinitro-o-toluidineor2-chloro-2,4-dinitro-5,6-bis(trifluoromethyl)diphenylamine。

CAS登记号 62441-54-7。

EC号 263-546-0。

分子式 $C_{14}H_6ClF_6N_3O_4$。

相对分子质量 429.66。

结构式

理化性质 产品为深红色液体，易溶于水。密度1.664g/cm^3。沸点372.3℃（101.32kPa）。闪点179℃。折射率1.56。蒸气压1.3×10^{-3}Pa（25℃）。

毒性 大鼠急性经口$LD_{50}>100$mg/kg。

剂型 20%水乳剂。

质量标准 外观为稳定乳状液；乳液稳定性：上无浮油，下无沉淀；热稳定性：54℃ ±2℃储存14天；低温稳定性：0℃ ±2℃储存7天。

作用方式及机理 线粒体解偶联剂，刺激螨体内氧气的消耗，同时降低呼吸指数和ADP转化率。

防治对象 一种长效杀螨剂，对棉红蜘蛛有很好的杀灭效果。对叶螨具有较强的杀卵活性和熏蒸作用。

使用方法 喷雾施用，可用4μl/L的药液防治棉红蜘蛛。

参考文献

丁伟, 2010. 螨类控制剂[M]. 北京: 化学工业出版社.

（撰稿：张永强；审稿：丁伟）

硝酸铊 thallium nitrate

一种经口神经毒剂类有害物质。

其他名称 硝酸亚铊。

化学名称 硝酸铊。

IUPAC名称 thallium(1+) nitrate。

CAS登记号 10102-45-1。

分子式 NO_3Tl。

相对分子质量 266.39。

结构式

$Tl^+\ \ NO_3^-$

理化性质 白色结晶。熔点206℃。沸点433℃。水溶性9.55g/100ml（20℃）。密度5.55g/cm^3。

毒性 小鼠急性经口LD_{50} 15mg/kg，大鼠急性经皮LD_{50} 26mg/kg。

作用方式及机理 剧毒物质，吸入、口服或经皮吸收均可引起急性中毒，表现为胃肠炎、上行性神经麻痹、肢体疼痛等症状，严重者可出现中毒性脑病。

剂型 99%母液。

使用情况 神经毒剂，在中国已禁用。

使用方法 堆投，毒饵站投放。

注意事项 与许多其他急性毒性物质一样，它具有对非靶标动物高毒的缺点，并且无任何解毒剂。现已不再被广泛使用作杀鼠剂，主要作为实验室中Tl^+的来源。在澳大利亚等国家被禁用。

参考文献

GUPTA R C, 2018. Non-anticoagulant rodenticides[M]//Gupta R C, editor. Vetrinary Toxicology: Basic and clinical principles. 3rd ed. London: Academic Press: 613-626.

SAGER M, 1994. Thallium[J]. Environmental toxicology and chemistry, 45: 11-32.

（撰稿：王登；审稿：施大钊）

硝辛酯 dinosulfon

一种具有杀真菌作用的兼性杀螨剂。

化学名称 *O*-[2,4-二硝基-6-(2-辛烷基)苯基]*S*-甲基碳硫代酸酯；*S*-methyl *O*-[2-(1-methylheptyl)-4,6-dinitrophenyl] carbonothioate。

IUPAC名称 *S*-methyl *O*-(*RS*)-2-(1-met-hylheptyl)-4,6-dinitrophenyl thıocarbonate。

CAS登记号 5386-77-6。

分子式 $C_{16}H_{22}N_2O_6S$。

相对分子质量 370.42。

结构式

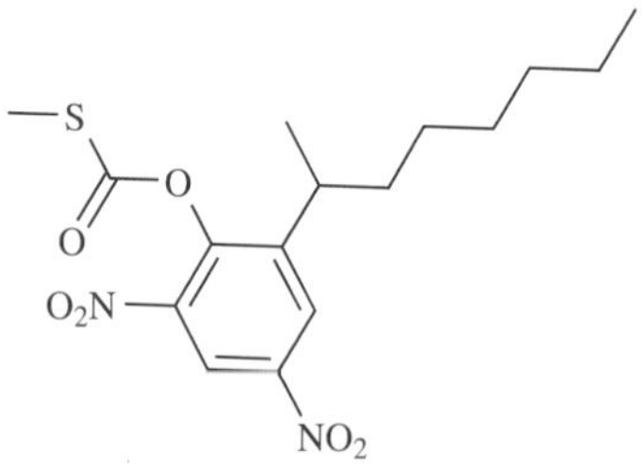

理化性质 密度1.245g/cm^3。沸点469.1℃（101.32kPa）。闪点237.5℃。蒸气压7.55×10^{-7}Pa（25℃）。

防治对象 主要用于防治红叶螨、苹果红蜘蛛。

注意事项 严禁与氧化剂、食用化学品等混装混运。不得采用排放到下水道的方式处置该品。废弃处置前应参阅国家和地方有关法规。

参考文献

朱永和, 王振荣, 李布青, 2006. 农药大典[M]. 北京: 中国三峡出版社.

（撰稿：张永强；审稿：丁伟）

小杯法 glass beaker germination test

利用萌发后的植物种子（稗草、小麦、水稻、油菜等）株高或鲜重的生长量在一定范围内与除草剂剂量呈相关性的特点，进行除草剂活性的生物测定，有较高的灵敏度。

适用范围 用来测定二苯醚类、酰胺类、氨基甲酸酯类除草剂生物活性，对抑制光合作用的除草剂不能用此方法。

主要内容 试验操作方法：在50ml小烧杯底部放置一张圆形滤纸，加入5ml待测的除草剂溶液，选取10粒刚萌发的大小一致稗草种子放入烧杯内，然后放置在28℃光照培养箱内继续培养4~7天，白天给予日光灯照。培养期间烧杯加盖玻璃片，并根据实际生长情况补充蒸馏水，3天后可测量植株株高或鲜重。

计算出稗草株高或鲜重的抑制率（%），来表示除草剂的活性和效果。计算方法如下：

$$株高(鲜重)抑制率=\frac{对照处理株高(鲜重)-待测药液株高(鲜重)}{对照处理株高(鲜重)}\times 100\%$$

小杯法操作简便，试验周期短，适用范围广。实际应用中可根据除草剂的种类选取小麦、水稻、油菜等种子代替稗草。若使用旱地作物种子进行测试，可在滤纸下方放置一层玻璃球（约 10 粒直径为 0.5cm 的玻璃球）防止种子浸于测试液体而影响萌发。

参考文献

陈年春, 1991. 农药生物测定技术[M]. 北京: 北京农业大学出版社.

（撰稿：唐伟；审稿：陈杰）

小檗碱　α-berberine

从中草药黄连等植物中提取分离得到的一类异喹啉类生物碱。

其他名称　黄连素、黄连素碱。

化学名称　5,6-二氢-9,10-二甲氧基苯甲酸(g)-1,3-二乙噁嗪二酮; 5,6-dihydro-9,10-dimethoxy-1,3-benzodioxolo[5,6-*a*]benzo[*g*]quinolizinium。

IUPAC 名称　9,10-dimethoxy-5,6-dihydro[1,3]dioxolo[4,5-*g*]isoquino[3,2-*a*] isoquinolin-7-ium。

CAS 登记号　2086-83-1。

EC 号　218-229-1。

分子式　$C_{20}H_{18}NO_4$。

相对分子质量　336.36。

结构式

开发单位　1826 年 M. E. 夏瓦利埃和 G. 佩尔坦从 *Xanthoxylon clava* 树皮中首次获得。

理化性质　小檗碱为一种季铵生物碱。从乙醚中可析出黄色针状晶体。熔点 145℃。能缓慢溶解于冷水（1∶20）或冷乙醇（1∶100），在热水或热乙醇中溶解度比较大，难溶于苯、乙醚和氯仿。其盐类在水中的溶解度都比较小，例如盐酸盐为 1∶500，硫酸盐为 1∶30。

作用特点　能迅速渗透到植物体内和病斑部位，通过干扰病原菌代谢，抑制其生长和繁殖，达到杀菌目的。

剂型　0.5%、4% 水剂。

质量标准　水剂避免阳光直射，有少许沉淀正常，摇匀使用。

防治对象　番茄灰霉病、叶霉病，黄瓜白粉病、霜霉病，辣椒疫病。

使用方法　0.5% 水剂，使用量：灰霉病 200～250ml/ 亩，叶霉病 230～280ml/ 亩，白粉病 200～250g/ 亩，辣椒疫霉病 200～280ml/ 亩，喷雾使用。

注意事项　在辣椒上每季最多使用 3 次，使用后辣椒至少应间隔 15 天才能收获。不要与化学农药等物质混用，建议与作用机制不同的杀菌剂轮换使用。如出现沉淀及絮状物，不影响质量及防效。使用过的包装物应妥善处理，不可做他用，也不可随意丢弃。使用时应采取相应的安全防护措施，穿防护服，戴防护手套、口罩等，避免皮肤接触及口鼻吸入。使用中不可吸烟、饮水及吃东西，使用后及时用大量清水和肥皂清洗手、脸等暴露部位皮肤并更换衣物。禁止儿童、孕妇和哺乳期妇女接触。对人畜微毒。对鸟类、蜜蜂有毒，对水蚤、藻类等水生生物有毒。鸟类保护区、开花植物花期、水产养殖区、河塘等水体附近禁用，禁止在河塘等水体中清洗施药器具。

与其他药剂的混用　一般不与其他药剂混用。

参考文献

刘新, 邹华娇, 卢金华, 等, 2009. 农药安全使用指南[M]. 福州: 福建科学技术出版社: 143-144.

任伟, 2014. 石蒜碱和小檗碱对植物病原真菌抑制作用及其抑菌生理指标分析[D]. 郑州: 河南农业大学: 12-13.

颜克强, 2012. 小檗碱对膀胱癌的抑制作用及其机制研究[D]. 济南: 山东大学: 14-15.

（撰稿：刘西莉；审稿：代探）

小菜蛾性信息素　sex pheromone of *Plutella xylostella*

适用于十字花科蔬菜的昆虫性信息素。最初从未交配小菜蛾（*Plutella xylostella*）雌虫中提取分离，主要成分为（Z）-11- 十六碳烯醛与（Z）-11- 十六碳烯 -1- 醇乙酸酯。

其他名称　Checkmate DBM-F（喷雾剂）[混剂，（Z）-11- 十六碳烯 -1- 醇乙酸酯:（9*Z*，12*E*）-9，12- 十四碳二烯 -1- 醇乙酸酯（1∶9）]（Suterra）、Konaga-con（日本）[混剂，（Z）-11- 十六碳烯 -1- 醇乙酸酯:（Z）-11- 十六碳烯醛（50 ∶ 50）]（Shin-Etsu）、Z11-16Ac、Z11HDA、Nomate DBM、Isomate DBM。

化学名称　(*Z*)-11- 十六碳烯醛; (*Z*)-11-hexadecen-1-al; (*Z*)-11- 十六碳烯 -1- 醇乙酸酯; (*Z*)-11-hexadecen-1-ol acetate。

IUPAC 名称　(*Z*)- hexadeca-11-en-1-al ; (*Z*)- hexadeca-11-en-1-yl acetate。

CAS 登记号　53939-28-9（醛）；34010-21-4（酯）。

EC 号　251-791-6（酯）。

分子式　$C_{16}H_{30}O$（醛）；$C_{18}H_{34}O_2$（酯）。

相对分子质量　238.41（醛）；282.46（酯）。

结构式

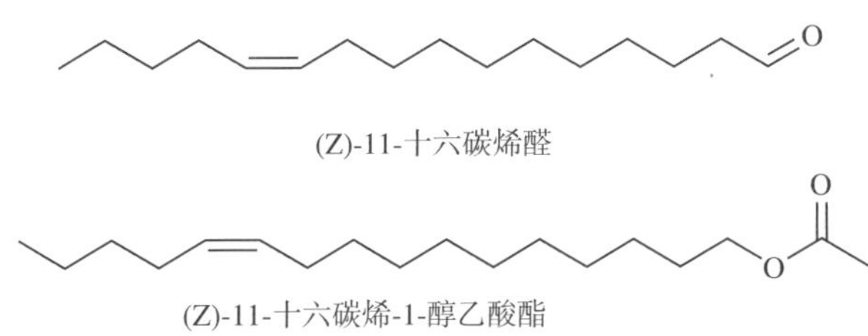

(Z)-11-十六碳烯醛

(Z)-11-十六碳烯-1-醇乙酸酯

生产单位 由 Suterra、Shin-Etsu 等公司生产。

理化性质 无色或微黄色液体，有特殊气味。沸点 130～132℃（133.32Pa）（醛）；133～135℃（26.66Pa）（酯）。相对密度 0.87（20℃，预测值）（酯）。难溶于水，溶于正庚烷、乙醇、苯等有机溶剂。

毒性 大鼠急性经口 LD_{50} > 5000mg/kg（醛）。大鼠急性吸入 LC_{50} > 5mg/L 空气（醛）。

剂型 压制塑料薄片，塑料栅栏片，塑料管缓释制剂。

作用方式 主要用于干扰小菜蛾的交配，诱捕小菜蛾。

防治对象 适用于十字花科蔬菜，防治小菜蛾。

使用方法 将含有小菜蛾性信息素的诱芯固定于离地面 20cm 高的木棍上，使性信息素扩散到空气中。每公顷使用的诱芯数目与释放速度有关。

与其他药剂的混用 可以与其他化学农药一起使用，用于诱捕小菜蛾。

参考文献

马克比恩 C, 2015. 农药手册[M]. 胡笑形, 等译. 北京: 化学工业出版社.

吴文君, 高希武, 张帅, 2017. 生物农药科学使用指南[M]. 北京: 化学工业出版社.

（撰稿：钟江春；审稿：张钟宁）

小麦根长法 wheat root growth test

利用经催芽露白的小麦种子根的生长量在一定范围内与除草剂剂量呈相关性的特点，进行除草剂活性的生物测定，有较高的灵敏度。

适用范围 可测定二苯醚类、酰胺类和氨基甲酸酯类、氯代脂肪酸类等除草剂的活性。

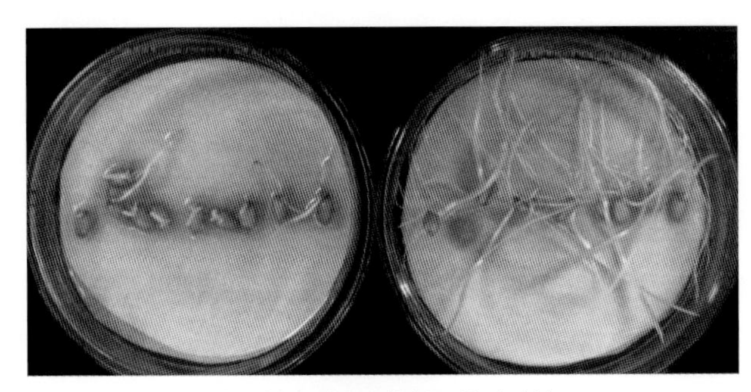

小麦根长法测定除草剂活性试验结果

（左图为除草剂活性较好的处理；右图为空白对照）

主要内容 试验操作方法：选择饱满度一致的小麦种子，浸种 2 小时后，排列在铺有滤纸或纱布的搪瓷盘中，在室温 20℃左右进行催芽至露白。在 9cm 培养皿内铺满一层 0.5cm 的玻璃球，移入 10ml 不同浓度的除草剂药液，放入 10 粒露白的小麦种子，以蒸馏水作为对照，在 20～25℃的培养箱中培养 5～7 天，测定小麦的根长（见图）。计算出小麦根长的抑制率（%），继而求 EC_{50} 来表示除草剂的活性和效果。

计算方法如下：

$$根长抑制率=\frac{对照处理根长度-待测药液根长度}{对照处理根长度}\times100\%$$

参考文献

陈年春, 1991. 农药生物测定技术[M]. 北京: 北京农业大学出版社.

（撰稿：唐伟；审稿：陈杰）

小麦胚芽鞘伸长法 method of wheat coleoptile elongation

根据一定浓度范围的生长素具有促进小麦胚芽鞘细胞直线伸长（或脱落酸具有抑制小麦胚芽鞘细胞直线伸长）的原理来比较这类物质活性的生物测定方法。利用小麦胚芽鞘长度的增加或减少作为生长素或脱落酸的反应指标。

适用范围 用于生长素或脱落酸的生物测定，具有较高的灵敏度，操作简便，试验数值偏差小等特点。

主要内容 用于生长素的生物测定时，选择饱满的小麦种子 100 粒，在饱和的漂白粉溶液中浸泡 15 分钟后取出，数小时后用蒸馏水洗净，播种在垫有洁净滤纸或石英砂带盖的搪瓷盘中，为使胚芽鞘长得直，可将种子排齐，种胚向上并朝向一侧，将盘斜放成 45°，使胚倾斜向下，盘中适当加水并加盖，放在暗室中生长，温度保持 25℃，相对湿度 85%。播种后 3 天，当胚芽鞘长 25～35mm 时，精选芽鞘长度一致的幼苗 50 株，用镊子从基部取下胚芽鞘，用切割器在带方格纸的玻璃板上切下 3mm 的顶端弃去，取中间 4mm 切段做试验，此段对生长素最敏感。将切段漂浮在水中 1～2 小时，以洗去内源生长素；然后称 10mg 吲哚乙酸（IAA），先用少量酒精溶解，用水稀释，定容至 100ml，即浓度为 10mg/L 的 IAA 母液，用磷酸缓冲液配制成 0.001、0.01、0.1、1.0、10mg/L 的标准浓度 IAA 溶液，以缓冲液为对照；在具塞小试管中分别盛入上述溶液各 2ml，重复 3～4 次。每管中放胚芽鞘 10 段，加塞后置于旋转器上，以 16r/min 的速度，在 25℃恒温暗室中旋转培养 20 小时后，取出胚芽鞘切段，测量 10 个胚芽鞘的长度，求出平均长度，然后以生长素溶液中切段长度（L）和对照中切段长度（L_0）得到胚芽鞘增长百分率 [(L/L_0) × 100%]，以此值为纵坐标，以 IAA 浓度的对数作横坐标，画出标准曲线。也可用几率值分析法得出毒力回归方程（见图）。

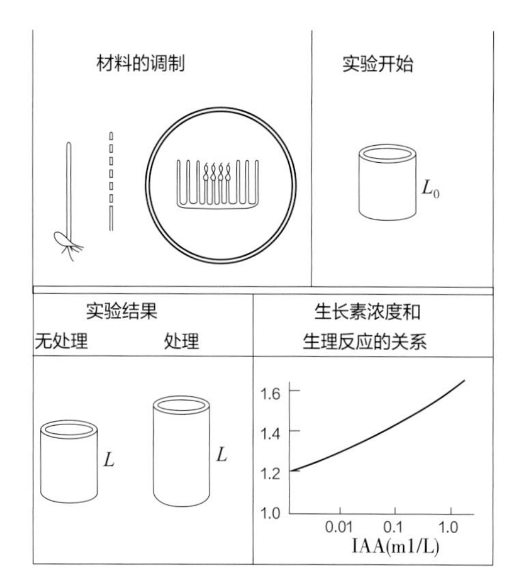

小麦胚芽鞘伸长法

用于脱落酸的生物测定时，与前述IAA的方法完全相同，只是脱落酸（ABA）的作用是抑制小麦胚芽鞘的伸长，与对照组相比，ABA处理组的小麦胚芽鞘伸长少，ABA浓度愈高，胚芽鞘的伸长愈少。试验时，称取20mg ABA溶于少量酒精，用水稀释至100ml，即得100mg/L母液。用前述测定IAA相同的缓冲液配制0、0.001、0.01、0.1、1、10mg/L的ABA溶液，其他操作方法与测定IAA的方法相同。以胚芽鞘长度减少的百分数为纵坐标，以ABA浓度为横坐标，绘成ABA的标准曲线，即可查出待测样品中ABA的含量。

参考文献

陈年春, 1991. 农药生物测定技术[M]. 北京: 北京农业大学出版社.

黄国洋, 2000. 农药试验技术与评价方法[M]. 北京: 中国农业出版社.

沈晋良, 2013. 农药生物测定[M]. 北京: 中国农业出版社.

（撰稿：许勇华；审稿：陈杰）

小麦叶片保绿法　bioassay of wheat leaf chlorophyll

利用细胞分裂素具有阻止叶片衰老、延长叶片寿命的作用，在一定浓度范围内，细胞分裂素浓度与小麦叶片中叶绿素的含量呈正相关的原理来比较这类化合物活性的生物测定方法。离体叶片在黑暗中有自然衰老的趋势，叶片内叶绿素分解，叶片变黄。用激动素溶液处理离体叶片，则能延缓衰老过程，叶绿素的分解比对照慢。因此，以叶绿素的含量为指标，可测定出细胞分裂素的浓度。

适用范围　用于细胞分裂素的生物测定。

主要内容　在培养皿中分别加入蒸馏水（对照）和5~7个系列浓度（5~160mg/L）的激动素溶液各10ml，每个处理重复3~4次。选生长一致的小麦幼苗，剪下第一完全叶，切去叶尖端1.5cm，取其后3cm长的切段。于每一培养皿中放进切段0.5~1g，然后将培养皿放在散射光下培养1~2周。取出小麦叶片，用滤纸吸干多余水分，放入研钵中，加少量石英砂、碳酸钙以及4~5ml 80%丙酮溶液，仔细研磨成浆，过滤至100ml容量瓶中，用80%丙酮溶液4~5ml清洗研钵2次，洗出液过滤。滤渣和滤纸再放入研钵中，研磨过滤。如此反复，直至滤出液无绿色。滤液用80%丙酮溶液定容至100ml。在663nm和645nm处比色。以80%丙酮溶液为空白对照。叶绿素浓度按下式计算：

$$[\mathrm{Chl}]=20.2\times D_{645}+8.03$$

式中，[Chl]为叶绿素浓度（mg/L）；D_{645}为叶绿素溶液在645nm处的消光值；D_{663}为叶绿素溶液在663nm处的消光值。

除小麦外，苍耳、大麦、萝卜、烟草、燕麦等叶片都可供测定使用。最好是用快要衰老的或已成熟的叶片，一般是在剪取后放在黑暗中使其进一步衰老后才可使用。此法可测激动素的最低浓度0.1~10mg/L。

参考文献

陈年春, 1991. 农药生物测定技术[M]. 北京: 北京农业大学出版社.

黄国洋, 2000. 农药试验技术与评价方法[M]. 北京: 中国农业出版社.

沈晋良, 2013. 农药生物测定[M]. 北京: 中国农业出版社.

（撰稿：许勇华；审稿：陈杰）

小球藻法　chlorella method

利用药剂浓度与小球藻生长抑制程度呈正相关的原理，测定供试样品除草活性的生物测定方法。

适用范围　适用于叶绿素生物合成抑制剂类、光合作用抑制剂类、PPO酶抑制剂类、HPPD酶抑制剂类、ALS酶抑制剂类、ACC酶抑制剂类、细胞分裂抑制剂类等除草剂的活性研究。可以用于测定新除草剂的生物活性，测定不同剂型、不同组合物及增效剂对除草活性的影响，比较几种除草剂的生物活性。

研究内容　小球藻法以生长旺盛（处于对数生长期）的藻细胞（小球藻或者蛋白核小球藻）为试材，采用三角瓶、试管、96孔板或者384孔板为容器，在含有代测样品的培养介质（水生4号培养液或者BG11培养基）中于光照培养箱或培养架（光强为5000lx，25~28℃）中培养3天后，在最大吸收波长680nm附近测定吸光度（或者提取叶绿素，进而测定叶绿素含量），以吸光度抑制率为指标表示供试样品的除草活性。一般设置5~7个浓度测定供试样品的活性，每个浓度3~5个重复。采用DPS统计软件中专业统计分析生物测定功能中的数量反应生测几率值分析方法，获得药剂浓度与生长抑制率之间的剂量效应回归模型，计算得到抑制剂量浓度（IC_{50}、IC_{90}）和95%置信区间。

参考文献

陈年春, 1991. 农药生物测定技术[M]. 北京: 北京农业大学出版社.

刘学, 顾宝根, 2016. 农药生物活性测试标准操作规范: 除草剂卷[M]. 北京: 化学工业出版社.

沈晋良, 2013. 农药生物测定[M]. 北京: 中国农业出版社.

（撰稿：李永红；审稿：陈杰）

小试研究 small-scale research

在实验室进行的小规模（通常生产量小于100g）实验研究，其目的是用较小的代价验证工艺方案的可行性并对工艺条件进行优化。主要任务包括：①设计、验证和优化工艺路线，鉴定产物、中间体和主要副产物的结构。②建立产物、中间体和主要副产物的定性、定量分析和中间控制方法。③优化工艺条件，包括原辅料种类、投料比、投料方式、混合方式、温度、压力、反应时间等条件。④研究原辅料和副产物的回收和利用方法，尤其是过量原料、溶剂和催化剂的回收套用及副产物的回收利用。⑤进行小试工艺的安全和环境风险评估。⑥进行初步的原料成本估算和经济效益分析。

（撰稿：杜晓华；审稿：吴琼友）

辛硫磷 phoxim

一种有机磷杀虫剂。

其他名称 腈肟磷、倍腈松、肟硫磷、Baythion、Valaton、地虫杀星、永星、仓虫净、快杀光、威必克。

化学名称 *O,O*-二乙基-*O*-(氰基苯亚氨基)硫代磷酸酯；*O,O*-diethyl-*O*-(-cyanobenzylideneamino)phosphorothioate。

IUPAC名称 *O,O*-diethyl [[(α-cyanobenzylidene)amino]oxy]phosphonothioate。

CAS登记号 14816-18-3。

EC号 238-887-3。

分子式 $C_{12}H_{15}N_2O_3PS$。

相对分子质量 298.30。

结构式

理化性质 纯品为浅黄色油状液体，工业品为红棕色油状液体。熔点6.1℃。20℃蒸气压0.18mPa。相对密度d_4^{20} 1.178。折射率n_D^{20}1.5395。溶解度3.4mg/L（20℃）。易溶于醇、酮、芳烃、卤代烃等有机溶剂，稍溶于脂肪烃、植物油及矿物油。在中性和酸性介质中稳定，遇碱易分解。水解缓慢，DT_{50}（估计值）26.7天（pH4），7.2天（pH7），3.1天（pH9）（22℃）。紫外线下分解。

毒性 依照中国农药毒性分级标准，辛硫磷属于低毒农药。大鼠急性经口LD_{50} > 2g/kg。大鼠急性经皮LD_{50} > 5mg/kg。对兔皮肤无刺激。大鼠急性吸入LC_{50}（4小时）> 4mg/L空气（气溶胶）。NOEL：大鼠（2年）15mg/kg饲料，小鼠（2年）1mg/kg饲料；雄狗（1年）0.3mg/kg饲料，雌狗（1年）0.1mg/kg饲料。对人的ADI为0.001mg/kg。母鸡LD_{50} 40mg/kg。鱼类LC_{50}（96小时）：虹鳟0.53mg/L，蓝鳃鱼0.22mg/L。通过接触和吸入有毒。水蚤LC_{50}（48小时）0.00081mg/L（80%预混物）。

剂型 40%、45%、50%乳油，40%增效乳油，1.5%、3%、5%、10%颗粒剂，2.5%微粒剂，6.15%胶囊剂，2%粉剂。

质量标准 原药为浅红色油状液体（表1）。

表1 辛硫磷原药质量标准（GB 9556—2008）

项目	指标
辛硫磷质量分数（以顺式辛硫磷计）（%）≥	90
水分含量（%）≤	0.5
酸度（H_2SO_4）（%）≤	0.3

作用方式及机理 为触杀性杀虫剂，效果迅速。当害虫接触药液后，神经系统麻痹中毒停食导致死亡。有机磷广谱性杀虫剂，乙酰胆碱酯酶抑制剂。具有触杀和胃毒作用，无内吸和熏蒸作用，可广泛用于防治各种鳞翅目、鞘翅目、双翅目、半翅目、瘿翅目害虫。易光解，但在黑暗处稳定，在土壤中残效期长达2个月以上。

防治对象 对鳞翅目大龄幼虫和地下害虫以及仓库和卫生害虫有较好效果。可用于防治蛴螬、蝼蛄、金针虫等地下害虫，棉蚜、棉铃虫、小麦蚜虫、菜青虫、蓟马、黏虫、稻苞虫、稻纵卷叶螟、叶蝉、飞虱、松毛虫、玉米螟等。防治地下害虫一般用50%乳油100ml加水5kg，拌麦种50kg，拌后放2~3小时即可播种。防治其他害虫用50%乳油1000或1500倍液喷雾。在高粱、大豆、瓜类作物上禁用，在水稻、玉米上慎用，宜傍晚或夜间施药。

使用方法

茎叶喷雾 用50%乳油1000~1500倍液喷雾，可防治小麦蚜虫、麦叶蜂、菜蚜、菜青虫、小菜蛾、棉蚜、棉铃虫、红铃虫、地老虎、蓟马、黏虫、稻苞虫、稻纵卷叶螟、叶蝉、飞虱、尺蠖、梨星毛虫、苹果小卷叶蛾、烟青虫、刺蛾类、松毛虫等。

拌种及其他使用方法 花生蛴螬，花生播种期，50%辛硫磷乳剂0.5kg，兑水3~5kg，拌种250~500kg。50%乳剂拌炉渣（直径2mm左右）5kg，每亩2kg，撒入播种沟内，使药进入土表以下5~6cm。花生生长期，每亩用0.5kg，稀释1000倍，每墩灌浇50~100g；用50%乳油100~165ml，兑水5~7.5kg，拌麦种50kg，防治蛴螬、蝼蛄；用全等药量，兑水3.5~5kg拌玉米种50kg，可有效地防治蛴螬、蝼蛄等地下害虫，保苗效果好，可维持20天以上。大豆蛴螬，配成5%辛硫磷毒砂，播种期混施，每亩用2.5kg。水稻三化螟，每亩150g，用泼浇法。稻纵卷叶虫、稻苞虫，每亩75～150g，用喷雾法。稻蓟马，稀释500～1000倍，用喷雾法。棉花棉铃虫、红铃虫、地老虎、小灰蝉，稀释500～1000倍，用喷雾法。稀释2000倍，喷雾防治棉蚜。果树、蔬菜、大豆蚜虫，稀释2000倍，用喷雾法。小麦蚜虫，稀释1500～2000倍，用喷雾法。谷子、玉米黏虫，稀释1000～2000倍，用喷雾法。菜青虫，稀释2000倍，用喷雾法。烟青虫，稀释1000倍，用喷雾法。茶树茶蚜、黑刺粉虱、鳞翅目食叶幼虫，稀释1000～2000倍用喷雾法（傍晚夜间施药）。桑树桑毛虫、桑蟥、桑螟、桑蓟马，稀释5000～10000倍，用喷雾法。松树松毛虫，稀释1000倍喷雾。稻田鳃蚯蚓，50%辛硫磷乳油，每亩250g，加适量水化开，和25～30kg细土掺均匀施用，防治效果好。

灌浇和灌心　用50%乳油1000倍液（有效成分500mg/L）浇灌防治地老虎，15分钟后即有中毒幼虫爬出地面。用50%乳油500倍液或2000倍液灌心，防治玉米螟，或用50%乳油1kg，拌直径2mm左右的炉渣或河沙15kg，配成1.6%辛硫磷毒沙，在玉米心叶末期，按每亩2500～3350g毒砂施入喇叭口中，防治玉米螟效果良好。在花生生长期防治花生蛴螬，可采用灌根方法，当金龟甲孵化盛期至幼虫一龄期，用50%辛硫磷1000～1500倍液灌墩，每墩灌药液50～100ml或墩旁沟施，防治效果均在90%以上。50%乳油2000倍液灌根，防治茄科（定植缓苗后）、韭菜、葱、蒜等蔬菜田的蛴螬、根蛆，效果也很好。防治储粮害虫，将辛硫磷配成1.25～2.5mg/L药液均匀拌粮后堆放，可防治米象、拟谷盗等储粮害虫，效果优于马拉硫磷。用0.1%辛硫磷（50%乳油2g注入1kg清水中）1kg，以超低量电动喷雾，可喷空仓30～40m^2，对米象、赤拟谷盗、锯谷盗、长角谷盗、谷蠹等害虫均有很好的防治效果。防治卫生害虫，用50%乳油1000倍液喷洒家畜厩舍，防治卫生害虫效果好，对家畜安全。颗粒剂的使用：每亩用5%颗粒剂4.5kg（有效成分225g）随播种撒入，可防治蛴螬等多种地下害虫。

注意事项　①使用前要将药液摇均匀。配制药液时，采取两次稀释法，即先将一定量药液在空瓶中稀释10～20倍，然后再倒入定量的水中搅拌均匀，稀释到要求浓度即可使用。②存放时应置于阴凉、干燥处，避免日光暴晒。应远离火源，谨防失火。③在应用浓度范围内，对蚜虫的天敌七星瓢虫的卵、幼虫和成虫均有强烈的杀伤作用，用药时应注意。④持效期3～5天，因此，在作物收获前3～5天不得用药。⑤无内吸传导作用，喷药应均匀。⑥有毒，使用时应遵守一般农药安全操作规程，防止人、畜中毒。喷药后，应及时用肥皂水洗手，若发现中毒症状，应立即送医院治疗。⑦使用浓度过高，会产生药害，喷雾使用浓度不应超过750mg/kg；拌种用量不超过种子量的0.5%，药液量不超过种子量的15%，不可用于浸种。⑧黄瓜、白菜、甜菜、大豆、松树等对辛硫磷较敏感，喷雾浓度不能过高，一般应低于500mg/kg，且不可用于幼苗期喷雾，拌种时药液量不超过种子量的2%，堆闷时间也不宜过长。⑨高粱和玉米对辛硫磷也较敏感，不可以喷雾使用，玉米上仅能使用颗粒剂。⑩不可与碱性农药混用，药液配成后不可久放，应尽快施用，施药时间最好为傍晚。⑪安全间隔期5天。⑫中毒和急救同有机磷农药。

与其他药剂的混用　辛硫磷广泛与其他杀虫剂混用。与菊酯类混用，具有增效作用，混用的品种主要有氰戊菊酯、溴氰菊酯、氯氟氰菊酯、氯氰菊酯、甲氰菊酯等，用于防治棉花、蔬菜、果树等作物上的害虫。与阿维菌素混用，用于防治蔬菜害虫，与氯吡硫磷、灭多威、敌百虫等混用，用于防治棉花害虫。

允许残留量　GB 2763—2021《食品中农药最大残留限量标准》规定辛硫磷最大残留限量见表2。ADI为0.004mg/kg。谷物按照GB/T 5009.102、SN/T 3769规定的方法测定；油料和油脂参照按GB/T 5009.102、GB/T 20769、SN/T 3769规定的方法测定；蔬菜、水果、糖料按照GB/T 5009.102、GB/T 20769规定的方法测定；茶叶参照GB/T 20769规定的方法测定。

表2 部分食品中辛硫磷最大残留限量（GB 2763—2021）

食品类别	名　称	最大残留限量（mg/kg）
谷物	稻谷、麦类	0.05
	旱粮类（玉米、鲜食玉米除外）	0.05
	杂粮类	0.05
油料和油脂	油菜籽	0.10
	大豆	0.05
	花生仁	0.05
蔬菜	鳞茎类蔬菜（大蒜除外）	0.05
	大蒜	0.10
	芸薹属类蔬菜（结球甘蓝除外）	0.05
	结球甘蓝	0.10
	叶菜类蔬菜（普通白菜除外）	0.05
	普通白菜	0.10
	茄果类蔬菜	0.05
	瓜类蔬菜	0.05
	豆类蔬菜	0.05
	茎类蔬菜	0.05
	根茎类和薯芋类蔬菜	0.05
	水生类蔬菜	0.05
	芽菜类蔬菜	0.05
	其他类蔬菜	0.05
水果	柑橘类水果	0.05
	仁果类水果	0.05
	核果类水果	0.05
	浆果和其他小型水果	0.05
	热带和亚热带水果	0.05
	瓜果类水果	0.05
糖料	甘蔗	0.05
饮料类	茶叶	0.20

参考文献

孔令强，2009. 农药经营使用知识手册[M]. 济南：山东科学技术出版社：19-20.

申泮文, 王积涛, 2002.化合物词典[M]. 上海: 上海辞书出版社: 399.

王振荣, 李布青, 1996. 农药商品大全[M]. 北京: 中国商业出版社: 39-40.

朱永和, 王振荣, 李布青, 2006. 农药大典[M]. 北京: 中国三峡出版社: 34-35.

（撰稿：吴剑、薛伟；审稿：吴剑）

辛噻酮 octhilinone

一种芳杂环类杀细菌、卵菌、真菌剂。多用作木材、涂料等防腐剂。

其他名称 Pancil-T、RH893。

化学名称 2-正辛基异噻唑-3(2*H*)-酮; 2-octylisothiazol-3(2*H*)-one。

IUPAC名称 2-octyl-3(2*H*)-isothiazolone。

CAS 登记号 26530-20-1。

分子式 $C_{11}H_{19}NOS$。

相对分子质量 213.34。

结构式

开发单位 美国罗姆-哈斯公司。

理化性质 纯品为淡金黄色透明液体，具有弱的刺激气味。沸点 120℃(1.33Pa)。蒸气压 4.9mPa（25℃）。K_{ow}lg*P* 2.45。Henry 常数 2.09×10^{-3}Pa·m³/mol（计算值）。溶解度（20~25℃）：蒸馏水 500mg/L，甲醇和甲苯＞800g/L，乙酸乙酯＞900g/L，己烷 64g/L。稳定性：对光稳定。

毒性 大鼠急性经口 LD_{50} 1470mg/kg。兔急性经皮 LD_{50} 4350mg/kg。对大鼠、兔皮肤和眼睛无刺激性。大鼠急性吸入 LC_{50}（4小时）0.58mg/L。急性经口 LD_{50}：山齿鹑 346mg/kg，野鸭＞887mg/kg。山齿鹑和野鸭饲喂 LC_{50}（8天）＞5620mg/kg 饲料。鱼类 LC_{50}（96小时）：蓝鳃翻车鱼 0.196mg/L，虹鳟 0.065mg/L。

剂型 1% 糊剂。

作用方式及机理 DNA/RNA 合成抑制剂。

防治对象 疫霉属卵菌、黑斑等真菌及细菌的侵染。

使用方法 主要用作杀真菌剂、杀卵菌剂、杀细菌剂和伤口保护剂。如用于苹果、梨及柑橘类树木作伤口涂抹剂。可防治疫霉属卵菌、黑斑等真菌及细菌的侵染。目前主要用于木材、涂料防腐等。

参考文献

刘长令, 2006. 世界农药大全: 杀菌剂卷[M]. 北京: 化学工业出版社.

TURNER J A, 2015. The pesticide manual: a world compendium[M]. 17th ed. UK: BCPC.

（撰稿：庞智黎；审稿：刘西莉、薛昭霖）

新农药生物活性筛选程序 screening procedure of new pesticide biological activity

利用生物测定技术快速高效地筛选新化合物，准确评价其生物活性及应用技术。

新农药研究一般分为创制研究阶段、创制开发阶段和产业化阶段。在创制研究阶段，通过标准的试验方法，利用模式化的标准靶标生物，按照规范的筛选流程，对大量的新物质样品（化合物或提取物）进行农药生物活性筛选。

普筛 使用单一剂量，采用标准化培养的病、虫、草害靶标，评价新被试物有无生物活性、何种生物活性。

初筛 对普筛有活性的化合物进行进一步生物活性筛选，以验证其生物活性以及活性大小。常设 3~5 个剂量梯度。

复筛 对初筛活性较高的化合物进一步筛选，明确化合物活性与商品化药剂差异。一般设 5~7 个剂量梯度。

深入筛选 对复筛活性较高、有一定开发潜力的化合物进行作用特性、作用谱以及作物安全性等研究，明确化合物的特点、防治对象及目标市场等，为产品开发提供关键性数据支持。

田间小区筛选 对复筛活性较高的化合物进行田间小区筛选，验证其田间药效。常设 3~4 个剂量梯度。

田间小区药效试验 进行田间应用及不同环境地区的应用效果评价，确定其市场范围以及竞争能力。

使用技术研究 施药适期；气候条件对施药的影响；将病虫草害控制在防治经济阈值下的使用剂量；施药次数以及施药间隔期；对次要靶标的作用；作物的影响及对后茬作物的影响；对其他生物的影响；施药方法；轮换用药或混用方案；药剂使用注意事项。

抗性治理研究 明确抗性分类，制订抗性治理策略，科学合理用药，延缓抗药性产生；确定每年对每个作物周期的施药次数、每次施药量，施药间隔期；确定不同作用机理药剂的混用；确定不同作用机理药剂的轮换、交替使用方法。

参考文献

陈万义, 薛振祥, 王能武, 等, 1995. 新农药研究与开发[M]. 北京: 化学工业出版社.

LI B J, YUAN H Z, FANG J C, et al, 2010. Recent progress of highly efficient in vivo biological screening for novel agrochemicals in China[J]. Pest management science, 66: 238-247.

（撰稿：陈杰；审稿：许勇华）

新农药研究开发 new pesticides research and developing

新农药研究开发是一个多学科交叉、十分复杂的过程，涉及化学、农业、林业、化工、昆虫、植物病理、植物生理生化、毒理学、环境生态学及计算机科学等学科。其旨在开发出对病虫草害高效，而对人畜、害虫天敌、农作物安全，在环境中易分解，在农作物中低残留或无残留的绿色农药。成功开发一个新农药，需要合成约 14 万个化合物，平均耗资 2.56 亿美元，历时超过 10 年。

农药作为控制农林作物病虫草鼠等有害生物危害的特殊商品，在保护农业生产、提高农业综合生产能力、促进粮油稳定增产和农民增收等方面发挥重要作用，是现代农业不可缺少的生产资料和救灾物资。但是，传统农药的高毒性、高残留以及对环境的高污染等缺点，唤醒了人们保护环境的意识，促进了绿色新农药的研究与开发。

绿色农药具备以下特点：杀虫谱广，即对多种害虫均有控制作用；低毒、选择性高，即对农业有害生物的自然天敌和非靶标生物无毒或毒性极小，无“三致”毒害；生物活性高，药效期长，即控制农业有害生物药效高，能够保持较长时间药效；超低用量，单位面积使用量小，少量高效；对农作物无药害；低残留或无残留，使用后在农作物体内外、农产品及环境中即使有少量残留也可以在短期内降解为无毒无害的物质；生产过程环保安全，即在生产过程中尽量使用绿色高效催化剂，尽量不使用对人类健康和环境有毒有害的物质；降低生产成本，化学合成反应符合“原子经济性”，最大化提高原子的利用率，使全部参与反应的原子尽可能进入最终产物，从而减少副产物的产生，同时产生的某些化学废弃物可以进行再循环利用，进而实现工业生产中的零排放。

新农药的开发历史 农药开发经历了低效高毒→高效高毒→高效低毒→绿色农药的过程。以杀虫剂为例，有机合成杀虫剂起源于 1939 年，Paul Muller 首次发现了滴滴涕（DDT），开创了有机杀虫剂的先河。DDT 的使用挽回了 15% 的粮食损失，且在防治疟疾、痢疾、伤寒等方面做出了重大贡献。1940—1950 年期间，开发了有机磷和氨基甲酸酯类杀虫剂，它们具有高杀虫效率但对哺乳动物高毒性。20 世纪 70 年代，研发了拟除虫菊酯类杀虫剂，该类杀虫剂生物活性优异、环境相容性较好，在防治卫生害虫和农作物害虫中占有重要地位。1989 年，以吡虫啉为代表的新烟碱类杀虫剂的发现成为杀虫剂发展的新里程碑，新烟碱杀虫剂杀虫活性卓越，与传统的杀虫剂无交互抗性，并且对非靶标生物和环境风险较低。2010 年，双酰胺类杀虫剂进入市场，该类杀虫剂具有新颖的结构，独特的作用方式，高效低毒等优点，是一类防治鳞翅目害虫的环境友好型杀虫剂。

新农药研究开发的流程 新农药研究开发主要基于对害虫或作物的生理学和生态学的化学合理性和生理合理性进行设计。新农药研究开发主要包括先导物筛选、生物活性筛选、毒性实验和环境安全评估、剂型研究、生产工艺优化和工业分析、专利保护及商业化推广等过程。一个农药的成功创制，需要依靠这样的过程循序渐进地进行。

新农药开发中的分子设计 先导物的筛选常用的方法有随机筛选、类同合成、天然活性物质衍生、生物合理性设计等。其中，从天然物质中寻找新的先导化合物，并进行结构“改造”或“仿生”合成为当前研究的热点。以有害物特有的物质为对象来开发“农药”，或通过提高被保护物的自身能力来开发“农药”，对有害物质的管理最终从灭杀走向控制，是今后农药的发展方向。

除此之外，一些新的分子设计理念得到发展与应用，比如中间体衍生化法、构象柔性度分析、基于碎片的药物设计、基于配体的药物设计等。

新农药开发中的生物筛选 基于生物筛选所提供的化合物的生物活性信息，从大量的化合物中发现先导化合物，并且根据活性差异，建立构效关系，指导先导物的进一步优化与衍生。同时，在生物筛选过程中，有机体所呈现的中毒症状则可以为化合物的作用方式提供参考，且毒理学数据能够对候选化合物是否具有商品化开发价值做出评价，为农药的研究和开发提供新的思路。

对杀虫剂而言，传统的筛选方法分为触杀活性和胃毒活性两种，触杀毒性测试主要包括喷雾法、点滴法、浸虫法和药膜法。测定胃毒活力的经典方式是夹毒叶片法。对具有特异作用机制的化合物，如保幼激素类似物、抗蜕皮激素等化合物，根据特别的作用机制，有特定的方法。在除草剂的筛选过程中，常使用的方法包括电解质渗透法、黄瓜叶碟漂浮法、浮萍法、小球藻法、黄瓜幼苗形态法、小杯法、玉米根长法、燕麦幼苗法、去胚乳小麦幼苗法、番茄水培法、培养皿法、萝卜子叶扩张法、小型植株法、稗草中胚轴法等，此外可以用土壤层析法测定除草剂在土壤中的移动性。杀菌剂的测试方法常分为离体和活体测试。离体测试包括孢子萌发测定和抗菌活性测定，活体测试包括盆栽筛选测定和活体组织实验法，实际测试过程中，要兼顾离体测试和活体测试。具体测试方法可以参考 IRAC（Insecticide Resistance Action Committee）相关规定或参考《植物化学保护实验技术导论》《天然产物杀虫剂：原理、方法、实践》等专著。

随着农业相关的有机体分子生物学的发展，高通量筛选被应用到农药创制过程中，代替传统的筛选方式，正逐渐成为新农药创制的主要筛选方式。该技术具有如下特点：①筛选能力大，每年筛选量达到 10 万~50 万。②化合物用量少，一般只需 0.5mg 的样品用量。③自动化程度高。④模块化。⑤快速且成本低。将高通量筛选与生物化学实验、组合化学、基因组学、计算机辅助、生物信息学相结合，使高度自动化的平行生物测试庞大化合物库成为可能，为新药的发展提供了巨大的便捷。除此之外，电生理技术、荧光标记技术、荧光偏振技术和 NMR 等新筛选技术的发展，为新药创制注入新的活力。

在确认室内药效后，还需要进行小区药效、小区验证、大区示范等过程，才能进行后续产品推进。

新农药开发中的毒性研究和环境安全评估 开展新农药健康风险评估工作，应以健康风险评估为导向，改进农药毒性试验的策略与方法。农药登记，必须有系统的动物毒性试验，包括亚急性、急性经口、皮毒性试验；亚急性、急性吸入毒性试验；急性皮肤、眼刺激试验；“三致”（致癌、致畸、致突变）试验等，同时探究农药对哺乳动物产生的毒性作用的机制，为筛选高效、低毒、低残留、无公害农药，制定防止农药危害措施等提供科学依据，研究农药的代谢过程、吸收、分布、转化、排泄及蓄积与残留期限，为制定农药的应用范围、使用剂量、安全间隔期及残留量标准提供重要依据。现在，新创制农药在登记时，新的毒性试验技术与方法不断出现，毒性试验面临大转变，比如增加试验农药的广度，包括多种不同类型农药、不同物种及生物全生命过程；提供准确而相关联的可用于危害性与剂量反应评估的信息，运用新技术，如生物基因组学、药效动力学等；合理安排试验时间，提高试验效率和减少工作评审手续；本着人道主义精神，尽可能少用试验动物，减少试验动物的痛苦。

同时还要进行新农药的环境安全性评估，主要包括新农药的环境行为和对非靶标生物的安全性。环境行为是指农药进入环境后，在环境中迁移转化过程中的表现和特征，包括物理行为、化学行为和生物效应等3个方面，直观地反映农药对生态环境污染影响的状态，涵盖了新农药的挥发作用、土壤吸附作用、淋溶作用、土壤降解作用、水解作用、光解作用和生物富集作用等试验。新农药对非靶标生物毒性试验，在靶标生物与非靶标生物并存的环境中，使用农药难免对非靶标生物会造成一定的危害。不同的农药品种，由于其施药对象、施药方式、毒性及其危及生物种类的不同，其影响程度也随之而异。环境生物种类很多，在评价时只能选择有代表性的，并具有一定经济价值的生物品种，其中包括陆生生物、水生生物和土壤生物作为评价指标。环境毒性试验主要是对鸟类毒性、蜜蜂毒性、天敌（赤眼蜂、蛙类）毒性、鱼类毒性、水生生物（水蚤、藻类）毒性、家蚕毒性、蚯蚓毒性和土壤微生物影响等试验。

新农药开发中的生产工艺优化和工业分析　农药作为大宗的精细化工产品，其工艺的研究直接影响到经济效益，工艺的研发主要分为小试和中试研究。小试主要包括：①设计选择合成路线。②合成条件的优化。③测定和合成反应有关的理化数据，为设备选型及进一步的工业性试验提供依据。④制定原料、中间体、产品的分析方法，进行物料能量衡算初步评价其经济效益。⑤提供适量合格产品进行田间药效试验评估和安全性评价。通过小试试验后进入中试放大，主要包含：①验证小试结果。②根据工程放大需要，建立一定中间实验装置。③选择主要设备材质和设备选型。④确定三废治理方案。⑤确定原料、产品以及中间体分析方法和质量标准。⑥确定产品应用研究。⑦中试技术评价。通过合成农药的工艺研究，让农药由实验室走向了商品化，得以大量生产，创造经济价值。

新农药开发中的专利申请与保护　随着国家知识产权战略的颁布实施和公众知识产权意识的普遍提高，作为创新主体的中国农药研发单位已经意识到专利保护的重要性，因此，需要对开发得到的新农药及时进行专利申请和保护。农药领域的专利保护主要有以下几种形式：①新化合物或者说原药的保护。②已知农药复配组合物的保护。③已知农药的制备工艺保护。④已知农药的新用途保护。⑤已知农药的新剂型保护等。

对于不同的专利保护类型，专利法对它的撰写要求是有明显区别的：①对于化合物保护，《专利审查指南》中规定，说明书中应当记载该化合物的确认、制备和用途。其中，化合物的确认包括化合物的化学名称、结构式、各种理化参数（例如各种定性或定量的数据和谱图）等；化合物的制备则包括至少一种制备方法以及该方法中所用的原料物质、工艺步骤和条件等；用途则应记载至少一种用途并在无法预测所述用途的情况下记载足以证明所述用途的定性或定量实验数据。②对于复配农药组合物，说明书中需要记载各农药单剂的名称、复配的配比以及各配比下室内毒力测定的实验数据。③对于已知农药的制备工艺保护，说明书中需要记载工艺中所用的原料物质、工艺步骤和工艺条件，而且对于原料物质，应当说明其成分、性能、制备方法或者来源。④对于已知农药的新用途保护，在本领域技术人员无法根据现有技术预测该用途的情况下，说明书应当记载该物质可以用于所述用途并能达到所述效果的实验数据。⑤对于已知农药的新剂型保护，说明书中应当记载该农药剂型配制中所用的各种助剂和（或）载体，并且在通常情况下，水基制剂为更优剂型而更易获得保护。

新农药开发中的农药登记和商品化推动　新农药研究开发的最终目的是农药商品化，走向市场。根据2017年版的《农药管理条例》，农药临时登记被取消。根据《农药管理条例》，申报人需要完成登记试验，登记试验应当由国务院农业主管部门认定的登记试验单位按照国务院农业主管部门的规定进行。与已取得中国农药登记的农药组成成分、使用范围和使用方法相同的农药，可免予残留、环境试验，但已取得中国农药登记的农药在登记资料保护期内的，应当经农药登记证持有人授权同意。试验范围包括田间药效、环境行为、环境毒理、残留、全组分分析、理化分析等，具体参见《农药登记资料规定》及《农药试验管理办法》。登记试验结束后，申请人应当向所在地省、自治区、直辖市人民政府农业主管部门提出农药登记申请，并提交登记试验报告、标签样张和农药产品质量标准及其检验方法等申请资料；申请新农药登记的，还应当提供农药标准品。省、自治区、直辖市人民政府农业主管部门应当自受理申请之日起20个工作日内提出初审意见，并报送国务院农业主管部门。国务院农业主管部门受理申请或者收到省、自治区、直辖市人民政府农业主管部门报送的申请资料后，应当组织审查和登记评审，并自收到评审意见之日起20个工作日内做出审批决定，符合条件的，核发农药登记证；不符合条件的，书面通知申请人并说明理由。取得正式登记证后，才能进行市场开发，推广上市。具体农药登记过程参见2017年版《农药管理条例》。

新农药开发中的新剂型与多晶型的开发　传统的农药剂型（如粉剂、可湿性粉剂及乳油等），因在加工和使用中的粉尘飘移问题，及甲苯、二甲苯等溶剂对环境造成不良影响，并且，不同的剂型也影响原药发挥药效。同时，随着社会经济的发展，人们对环境保护越发注重。当前，农药制剂的改进方向为：①制剂水性化代替传统的有机溶剂，降低毒性。②为防止粉尘吸入和飘移，通过粒状化或水溶性的外包装实现微小粉末制剂的颗粒化。③控制释放剂的开发及改进施用方法，如农用无人机的使用。④增加助剂和开发新颖的溶剂和助剂。⑤开发清洁化环保型的连续化加工体系。围绕这几点，各种水性制剂、颗粒剂、微胶囊剂及水面展开剂等新剂型得到开发。特别是随着纳米技术和纳米颗粒工程在医药领域的兴起，该技术被引入农化产品的剂型及传递系统，提高原药的效力、生物利用以及选择性。

在医药领域，同种药物由于晶型不同而导致理化性质和生物利用度不同，已经得到了广泛的重视并取得了很好的研究成果。在农药领域，对已有农药的多晶型研究，可降低药物开发成本，提高药效，且多晶型的杀虫剂品种已有报道。新农药的创制成本极高，研究已有农药的新晶型也逐渐成为发展农药的一种不可或缺的手段。

新农药的研究开发现状 新农药的研究开发涉及多学科、投资大、周期长、风险高，更多依托国内外著名农药企业和科研院所合作研发。国外知名农化企业包括瑞士先正达、拜耳作物科学、巴斯夫、科迪华、富美实和住友化学等。中国较知名农化企业有浙江新安化工集团、扬农化工股份有限公司、南京红太阳、山东润丰和海利尔、深圳诺普信和华邦颖泰等。中国主要的科研院所单位包括南开大学、中国农业大学、中国农业科学院、华东理工大学、西北农林科技大学、贵州大学、华中师范大学、南京农业大学、上海有机化学研究所、沈阳化工研究院、浙江化工研究院、湖南化工研究院、上海农药研究所和江苏农药研究所等。

中国的新农药创制还处在起步阶段，绿色农药在未来的发展和应用将迎来高峰。目前中国利用化学、生物和信息技术开展新农药的创制技术研究，已研发出四氯虫酰胺、丁烯氟虫腈、氯溴虫腈、硫氟肟醚、叔虫肟脲 NK-17、环氧啉、戊吡虫胍、氯噻啉、环氧虫啶、哌虫啶、勃利霉素、三江霉素、兰溪霉素、氟吗啉、丁吡吗啉、唑胺菌酯、杨凌霉素、毒氟磷、苯噻菌酯、丁香菌酯、单嘧磺酯、丙酯草醚、异丙酯草醚、甲硫嘧磺隆、乙螨唑、氟唑活化酯、甲噻诱胺等高效低毒的新农药。

新农药研究开发的意义 中国是农业大国，农业是国民经济中最基本的物质生产部门，农业在整个国民经济中占有极其重要的基础地位。农业的基础地位是否牢固，关系到人民的切身利益、社会的安定和整个国民经济的稳定发展，也是关系到中国在国际竞争中能否保持独立自主地位的大问题。要高度重视农业生产，在经济发展的任何阶段，农业的基础地位都不能削弱，而只能加强。农药的使用每年可挽回全球粮食损失约 30% 左右。进入 21 世纪以来中国农药行业增速重新加快。近年来国家重视农业生产，陆续出台多项农业扶持政策；加之近年来，中国种植结构发生了很大变化，水果、豆类、油菜、观赏植物和青饲料等作物的种植面积与大棚的种植面积不断增加，且一年栽培数熟，对新型农药的需求有所增加。同时，中国农药是以牺牲农业生态环境为代价发展起来的，农药企业环保治理依然停留在化学技术初级阶段，生物技术基本没有开展。环保问题是农药产业发展的致命问题，环保是发展的必然方向。发展绿色环保的新农药，是确保农业稳产、丰产，提高食品质量与安全，保护环境的重要生产资料。

总结 新农药研究开发是一个典型的交叉学科和系统工程。从先导化合物的发现，到先导衍生、生物活性筛选、毒性实验和环境安全评估、剂型研究、生产工艺优化和工业分析、专利保护到最后的登记上市推广，历时超过 10 年，平均耗资 2.56 亿美元。先导化合物的筛选难度大，研发的成功率较低，预期回报率有不确定性。全球各大农药巨头都在不断加大研发投入力度，重视专利保护，市场竞争尤其激烈。新农药研究创制既是挑战，又是机遇。在新农药的创制中，必须开发新的思路，运用新方法（技术），研发新品种，以适应不断发展的农业需求，为社会发展和人类进步做出贡献。

参考文献

陈万义, 2007. 新农药的研发——方法进展[M]//贺红武. 农药分子的生物合理性设计. 北京: 化学工业出版社: 19-34.

李钟华, 王龙根, 2007. 新农药的研发[M]. 北京: 化学工业出版社.

苏惠, 2007. 绿色农药的发展概述[J]. 农林论坛, 3: 99.

杨华铮, 2003. 农药分子设计[M]. 北京: 科学出版社: 1-14.

张一宾, 张怿, 2014. 世界农药新进展[M]. 北京: 化学工业出版社.

SPECK-PLANCHE A, KLEANDROVA V V, SCOTTI M T, 2012. Fragment-based approach for the in silico discovery of multi-target insecticides[J]. Chemometrics and intelligent laboratory systems, 111(1): 39-45.

BORDAS B, KOMIVES T, LOPATA A, 2003. Ligand-based computer-aided pesticide design: A review of applications of the CoMFA and CoMSIA methodologies[J]. Pest management science, 59(4): 393-400.

CASALEGNO M, SELLO G, BENFENATI E, 2006. Top-priority fragment QSAR approach in predicting pesticide aquatic toxicity chem. [J]. Chemical research in toxicology, 19(11): 1533-1539.

LAMBERTH C, JEANMART S, LUKSCH T, ET AL, 2013. Current challenges and trends in the discovery of agrochemicals[J]. Science, 341(6147): 742-746.

GUAN A Y, LIU C L, YANG X P, et al, 2014. Application of the intermediate derivatization approach in agrochemical discovery[J]. Chemical reviews, 114(14): 7079-7107.

ISHAAYA I, NAUEN R, HOROWITZ A R, 2006. Insecticides Design Using Advanced Technologies[M]. Springer: 1-32.

ISHAAYA I, PALLI S R, HOROWITZ A R, 2012. Advanced technologies for managing insect pests[M]. Springer: 1-10.

JESCHKE P, KRAMER W, SCHIRMER U, et al, 2012. Modern methods in crop protection research[M]. Wiely: 3-18.

LIU C L, GUAN A Y, YANG J D, et al, 2017. Efficient approach to discover novel agrochemical candidates: intermediate derivatization method[J]. Journal of agricultural and food chemistry, 64(1): 45-51.

LOSO M R, GARIZI N, HEGDE V B, et al, 2017. Lead generation in crop protection research: a portfolio approach to agrochemical discovery[J]. Pest management science, 73(4): 678-685.

WAN J, ZHANG L, YANG G F, 2004. Quantitative structure-activity relationships for phenyl triazolinones of protoporphyrinogen oxidase inhibitors: a density functional theory study[J]. Journal of computational chemistry, 25(15): 1827-1832.

（撰稿：陈信飞、邵旭升；审稿：李忠）

《新农药研究与开发》 *New Pesticide Discovery and Development*

由中国农业大学陈万义、江苏省农药研究所薛振祥和上海市农药研究所王能武主编，化学工业出版社于1996年1月出版发行。

主编陈万义（1929—），长期从事农药合成、农药化学和有机磷化学研究，并取得丰硕的研究成果；薛振祥（1929—），教授级高级工程师、农药研究专家；王能武（1928—），教授级高级工程师，从事农药科研和技术管理工作。

20世纪90年代，随着专利法的修改和中国关贸总协定缔约国地位的恢复，农药研发和生产需要逐渐同国际接轨，需要知识产权的产品促进中国农药科学和生产的发展。陈万义、薛振祥和王能武基于各自从事农药研究、技术管理等数十载经验，以及在农药发展、生产与管理等方面的深厚积淀，该书从技术的角度对创制新农药的巨大系统工程进行了全面的介绍。同时，对一些优质农药品种的分子设计构思给予详细介绍，拓宽农药活性新化合物的设计思路。

该书共分十三章。前七章主要介绍新农药研究与开发的思路途径、分子优化设计策略、新农药研究开发程序、农药的生物筛选、农药的应用开发，以及农药的研究、开发与专利等创制新农药中的核心环节，并结合中国的情况，探讨如何加速中国农药创制工作。后六章介绍了拟除虫菊酯、杀蚕毒素类、昆虫几丁质合成抑制剂类杀虫剂的发现、结构修饰方法和部分产品的合成；介绍了甾醇生物合成抑制剂（吗啉类、嘧啶类、三唑类）产品、氨基甲酸酯杀菌剂乙霉威以及防治水稻纹枯病的杀菌剂氟酰胺的发现、结构与活性关系等；介绍了磺酰脲类、咪唑啉酮类、苯氧丙酸类除草剂与乙烯类植物生长调节剂的发现、开发以及与作用靶标相互关系的研究；介绍了抗凝血杀鼠剂、前体农药、农用抗生素的研究开发。

该书为专业书籍，可供从事农药研究、生产及应用的农药工作者，特别是农药研究单位和高等学校农药、化学、化工、植物保护及生物学专业人员学习参考。

（撰稿：刘尚钟；审稿：凌云）

新燕灵 benzoylprop

一种酰胺类选择性内吸传导型除草剂。

其他名称 莠非敌、杀非克斯、WL17731、Suffix。

化学名称 *N*-苯甲酰基-*N*-(3,4-二氯苯基)-DL-丙氨酸乙酯；alanine,*N*-benzoyl-*N*-(3,4-dichlorophenyl)-,ethyl ester。

IUPAC名称 *N*-benzoyl-*N*-(3,4-dichlorophenyl)-alanine。

CAS登记号 22212-55-1（乙酯）；22212-56-2（酸）。

EC号 244-845-5。

分子式 $C_{18}H_{17}Cl_2NO_3$。

相对分子质量 366.24。

结构式

开发单位 1966年英国壳牌公司发现。

理化性质 工业品为灰白色结晶粉末。熔点70~71℃。蒸气压4.7×10^{-3}mPa（20℃）。溶解性：在水中溶解度20mg/L（25℃）；在有机溶剂丙酮中溶解度700~750g/L（20℃）。稳定性：对光稳定。

毒性 急性经口LD_{50}：大鼠＞1555mg/kg，小鼠716mg/kg。家禽＞1000mg/kg。大鼠急性经皮LD_{50}＞1000mg/kg。13周饲喂试验不引起中毒症状的饲料浓度：大鼠1000mg/kg，狗300mg/kg。对斑鲳的LC_{50}（100小时）5mg/kg。

剂型 水乳剂，浓乳剂。

作用方式及机理 抑制野燕麦的细胞伸长，药剂通过叶部吸收后，向其他部位转移，并被代谢分解成为对植物有毒的酰乙基酸。由于新燕灵分解速度快，而与糖形成共轭物的速度慢，在体内引起酰乙基酸的积累达到相当浓度以后就抑制野燕麦细胞生长，在作物体内酰乙基酸可进一步和糖结合成为无毒的化合物。

防治对象 用于防除小麦、甜菜、油菜、蚕豆等作物田和大田禾本科作物田中的野燕麦。

使用方法 选择性苗后处理，使用剂量为1~2kg/hm²，野燕麦的防效为85%~95%。

防治小麦地杂草 在干旱地区小麦田的苗后除草，在野燕麦开始拔节时，用20%新燕灵乳油5~7.5L/hm²（含有效成分1~1.5kg/hm²）。在潮湿地区，用20%新燕灵乳油4.5~6.2L/hm²（含有效成分900~1245g/hm²），加水450~600kg，喷雾，3天后野燕麦开始出现中毒症状，15天后枯心苗明显增多，直至枯死。持效期达30天以上。

防治甜菜地杂草 甜菜3~4片叶，野燕麦4~6片叶时，用20%新燕灵乳油4.5~7.5L/hm²（含有效成分900~1500g/hm²），加水450~600kg，喷洒，能有效抑制野燕麦的生长。

防治油菜地杂草 当油菜的茎伸长阶段，用20%新燕灵乳油5~7.5L/hm²（含有效成分1~1.5kg/hm²），加水450~600kg，叶面喷洒，对冬播或春播的油菜地中的杂草，防除效果良好。该品土壤处理效果很差或基本上没有除草效果，只宜作茎叶处理。

注意事项　燕麦、亚麻、番茄和豌豆等作物对新燕灵敏感。施药时应防止漂移物伤害这些作物。新燕灵对皮肤、眼睛和呼吸道有刺激作用，施药时应有防护措施。当小麦出现3个茎节时应停止用药，否则会发生药害。该品在大麦体内的代谢与野燕麦相似，因此不能用于大麦田。如果在青稞、大麦等作物上误用时，可在中毒后5天用72% 2,4-滴丁酯 $0.75kg/hm^2$，加水225kg左右喷雾有明显的解毒作用。不能与其他除草剂，尤其是2,4-滴类混用。与其他除草剂至少间隔10天以上。

与其他药剂的混用　可与内吸杀菌剂（苯菌灵、十三吗啉等）、矮壮素和一些肥料混用。

参考文献

马克比恩 C, 2015. 农药手册[M]. 胡笑彤, 等译. 北京: 化学工业出版社: 1072.

（撰稿：王红学；审稿：耿贺利）

新颖杀螨剂　acynonapyr

一种具有新颖作用机制的哌啶类杀螨剂，与现有杀螨剂无交互抗性。

其他名称　NA-89。

化学名称　(3-endo)-3-[2-propoxy-4-(trifluoromethyl)phenoxy]-9-[[5-(trifluoromethyl)-2-pyridinyl]oxy]-9-azabicyclo[3.3.1]nonane；(3-内)-3-[2-丙氧基-4-(三氟甲基)苯氧基]-9-[[5-(三氟甲基)-2-吡啶基]氧基]-9-氮杂双环[3.3.1]壬烷。

IUPAC名称　3-endo-[2-propoxy-4-(trifluoromethyl)phenoxy]-9-[5-(trifluoromethyl)-2-pyridyloxy]-9-azabicyclo[3.3.1]nonane。

CAS登记号　1332838-17-1。

分子式　$C_{24}H_{26}F_6N_2O_3$。

相对分子质量　504.47。

结构式

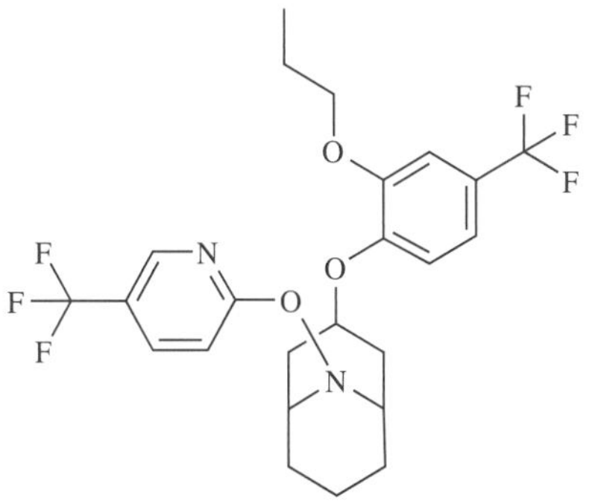

开发单位　日本曹达化学公司。2019年在日本上市。

防治对象及使用方法　与现有杀螨剂无交互抗性，对有益昆虫和天敌安全。用于防治果蔬作物及茶树害螨，叶面喷雾施用，使用剂量为67～200mg/L。

参考文献

陈燕玲, 2017. 拜耳isoflucypram杀菌剂等6种新农药获ISO通用名[J/OL]. http: //www. agroinfo. com. cn/other_detail_4009. html, 2017-04-26/2017-11-16.

（撰稿：吴峤；审稿：杨吉春）

溴苯腈　bromoxynil

一种苯腈类除草剂。

其他名称　伴地农。

化学名称　3,5-二溴-4-羰基苯腈。

IUPAC名称　3,5-dibromo-4-hydroxybenzonitrile。

CAS登记号　1689-84-5。

EC号　216-882-7。

分子式　$C_7H_3Br_2NO$。

相对分子质量　276.91。

结构式

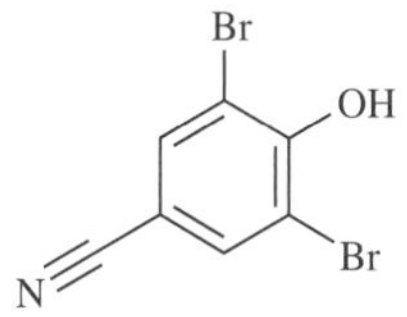

开发单位　罗纳-普朗克公司。

理化性质　白色固体。熔点194～195℃。蒸气压 1.7×10^{-7}Pa（20℃）。溶解度（25℃，g/L）：水0.13、二甲基甲酰胺610、丙酮170、环己酮170、甲醇90、乙醇70、苯10、四氢呋喃410、石油醚＜20。

毒性　中等毒性。急性经口 LD_{50}（mg/kg）：大鼠81～177，小鼠110，兔260，狗100。急性经皮 LD_{50}（mg/kg）：大鼠＞2000，兔3660，大鼠急性吸入 LC_{50}（4小时）＞0.38mg/L。对兔皮肤无刺激性，对眼睛有中度刺激性。试验剂量下无致畸、致突变、致癌作用。对鱼类高毒。虹鳟 LC_{50}（48小时）0.15mg/L，翻车鱼 LC_{50}（96小时）29.2mg/L。水蚤 LC_{50}（48小时）12.5mg/L。对鸟类低毒。急性经口 LD_{50}（mg/kg）：野鸭200、母鸡240。对蜜蜂低毒。蜜蜂 LD_{50}（48小时，μg/只）：经口5、接触150。

剂型　80%可溶粉剂。

质量标准　辛酰溴苯腈原药（HG/T 4466—2012）。

作用方式及机理　选择性触杀型苗后茎叶处理除草剂。主要经由叶片吸收，在植物体内进行极其有限的传导，抑制光合作用的各个过程，迅速使植物组织坏死。施药24小时内叶片褪绿，出现坏死斑。在气温较高、光照较强的条件下，加速叶片枯死。

防治对象　播娘蒿、荠菜、藜、蓼、荞麦蔓、麦瓶草、麦家公、猪毛菜、田旋花、反枝苋、龙葵、苍耳等。对禾本科杂草无防效。

使用方法　茎叶喷雾。用于小麦、玉米田除草。

防治小麦田杂草　小麦3～5叶期、杂草4叶期，每亩使用80%溴苯腈可溶粉剂30～40g（有效成分24～32g），兑水30L茎叶喷雾。

防治玉米田杂草　玉米3~8叶期，每亩使用80%溴苯腈可溶粉剂40~50g（有效成分32~40g），兑水30L茎叶喷雾。

注意事项　①该药仅有触杀作用，传导作用较差，应在麦田杂草较小时施药。②该药使用时遇低温或高湿的天气，除草效果和作物安全性降低，气温超过35℃、湿度过大时施药也易产生药害。③不宜与肥料混用，也不可添加助剂，否则易产生药害。④对鱼类等水生生物有毒，应远离水产养殖区施药，禁止在河塘等水域清洗施药器具；丢弃的包装物等废弃物应避免污染水体。

与其他药剂的混用　可与2甲4氯、烟嘧磺隆、莠灭净等混用，扩大杀草谱。

允许残留量　GB 2763—2021《食品中农药最大残留限量标准》规定溴苯腈最大残留限量见表。ADI为0.01mg/kg。谷物按照SN/T 2228规定的方法测定。

部分食品中溴苯腈最大残留限量（GB 2763—2021）

食品类别	名称	最大残留限量（mg/kg）
谷物	小麦	0.05
	玉米	0.10

参考文献

刘长令, 2002. 世界农药大全: 除草剂卷[M]. 北京: 化学工业出版社.

马克比恩 C, 2015. 农药手册[M]. 胡笑形, 等译. 北京: 化学工业出版社.

中国农业百科全书总编辑委员会农药卷编辑委员会, 中国农业百科全书编辑部, 1993. 中国农业百科全书: 农药卷[M]. 北京: 农业出版社.

SHANER D L, 2014. Herbicide handbook[M]. 10th ed. Lawrence, KS: Weed Science Society of America.

（撰稿：李香菊；审稿：耿贺利）

溴苄呋菊酯　bromethrin

一种强触杀性杀虫剂，对家蝇、埃及伊蚊、德国小蠊、辣根猿叶甲等有效。

其他名称　二溴苄呋菊酯、(±)-反式二溴苄菊酯。

化学名称　(1*R*,*S*)-反式-2,2-二甲基-3-2(2,2-二溴乙烯基)-环丙烷羧酸-5-苄基-3-呋喃甲酯；5-benzyl-3-furylmethyl-(1*R*,*S*)-*trans*-2,2-dimethyl-3-(2,2-dibromovinyl)cyclopropanecarboxylate。

IUPAC名称　(1*R*,*S*)-5-benzyl-3-furylmethyl-*trans*-2,2-dimethyl-3-(2,2-dibromovinyl)cyclopropanecarboxylate。

CAS登记号　42789-03-7。

分子式　$C_{20}H_{20}Br_2O_3$。

相对分子质量　468.16。

结构式

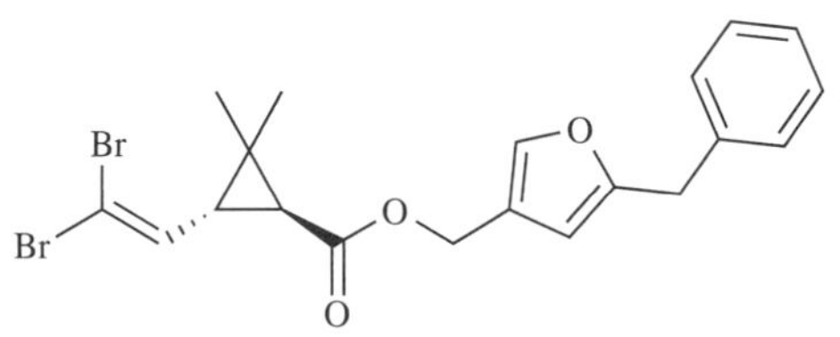

Br　Br　O　O　O

开发单位　1973年英国M. Elliott等首先合成，同时美国D. G. Brown等也进行了实验研究。1984年由美国杜邦公司最先开发成功。

理化性质　淡黄色结晶固体。熔点65℃。不溶于水，能溶于多种有机溶剂。对光较稳定。

剂型　加压喷射剂，乳油，透明乳油，可湿性粉剂（10%），超低容量喷雾剂。

作用方式及机理　对昆虫的毒力，约与(±)-反式苄呋菊酯相当；而对光的稳定性，由于在菊酸乙烯侧链上的二甲基被卤素取代，故远比(±)-反式苄呋菊酯稳定。

防治对象　适用于家庭、畜舍、园林、温室、蘑菇房、工厂、仓库等场所，能有效地防治蝇类、蚊虫、蟑螂、蚤虱、蚋类、蛀蛾、谷蛾、甲虫、蚜虫、蟋蟀、黄蜂等害虫。

使用方法　空间喷射防治飞翔昆虫，使用浓度为200~1500mg/kg；滞留喷射防治爬行昆虫和园艺害虫，使用浓度为0.2%~0.5%；防治羊毛织品的黑毛皮蠹虫、谷蛾科等害虫，使用浓度为50~500mg/kg。

注意事项　储于低温干燥场所，勿与食品和饲料共储。勿让儿童接近。使用时避免接触皮肤，如眼部和皮肤有刺激感，需用大量水冲洗。该品对鱼有毒，使用时勿靠近水域，勿在水域中清洗药械，也勿将药液倾入水中。如发生误服，按出现症状进行治疗，适当服用抗组织胺药将是有效的。并可采用戊巴比妥治疗神经兴奋和用阿托品治疗腹泻。出现持续症状，需到医院诊视。

参考文献

朱永和, 王振荣, 李布青, 2006. 农药大典[M]. 北京: 中国三峡出版社: 197-198.

（撰稿：张阿伟；审稿：吴剑）

溴虫腈　chlorfenapyr

一种结构新颖的吡咯类杀虫剂、杀螨剂、杀线虫剂。

其他名称　Phantom（专业害虫治用）(BASF)、Pylon（BASF）、除尽、虫螨腈、咯虫尽、氟唑虫腈。

化学名称　4-溴-2-(4-氯苯基)-1-乙氧基甲基-5-三氟甲基-3-氰基吡咯。

CAS登记号　122453-73-0。

分子式　$C_{15}H_{11}BrClF_3N_2O$。

相对分子质量　407.62。

结构式

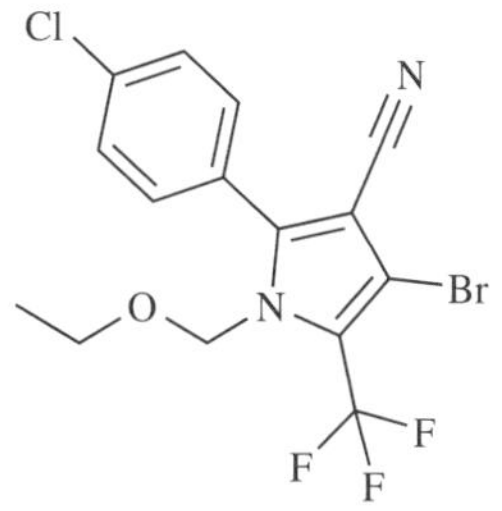

Cl, N, Br, O, N, F, F, F

开发单位 美国氰胺公司（现巴斯夫公司）开发上市。

理化性质 纯品为白色或类白色油性粉末。熔点 101～102℃。蒸气压＜1.2×10^{-2}mPa（20℃）。K_{ow}lg$P$ 4.83。相对密度 0.355（24℃）。溶解度：(g/100ml，25℃)（EPA Fact Sheet）水 0.14mg/L（pH7，25℃）；有机溶剂中溶解度：己烷 0.89、甲醇 7.09、乙腈 68.4、甲苯 75.4、丙酮 114、二氯甲烷 141。在空气中稳定，DT_{50} 0.88 天（10.6 小时，计算值）。水中（直接光解），DT_{50} 4.8～7.5 天。pH4、7、9 时不光解。

毒性 低毒。急性经口 LD_{50}（mg/kg）：雄大鼠 441，雌大鼠 1152，雄小鼠 45，雌小鼠 78（EPA Fact Sheet）。兔急性经皮 LD_{50}＞2000mg/kg。中度刺激兔眼睛，不刺激兔皮肤。大鼠吸入 LC_{50} 1.9mg（原药）/L（空气）。NOEL：经口慢性毒性和致癌性 NOAEL（80 周）雄小鼠 2.8mg/（kg·d）（20mg/kg）；饲喂神经毒性 NOAEL（52 周）大鼠 2.6mg/（kg·d）（60mg/kg）（EPA Fact Sheet）。ADI/RfD（ECCO）0.015mg/kg［1999］；（EPA）RfD 0.003mg/kg［1997］。Ames 试验、CHO/HGPRT、小鼠微核和程序外 DNA 合成试验无致突变性。毒性等级：Ⅱ（a.i.，WHO）；Ⅲ（240g/LPylon，Phantom）（制剂，EPA）。EC 分级：T；R23|Xn；R22|N；R50，R53| 取决于浓度。急性经口 LD_{50}：绿头野鸭 10mg/kg，山齿鹑 34mg/kg。鸟类 LC_{50}（8 天，mg/kg 饲料）：绿头野鸭 9.4，山齿鹑 132。对鱼有毒，日本鲤鱼 LC_{50}（48 小时）500μg/L，虹鳟 LC_{50}（96 小时）7.44μg/L，蓝鳃翻车鱼 11.6μg/L。水蚤 LC_{50}（96 小时）6.11μg/L。羊角月牙藻 EC_{50} 132μg/L。蜜蜂 LD_{50} 0.2μg/ 只。赤子爱胜蚓 NOEC（14 天）8.4mg/kg。

剂型 制剂有 10%、20% 乳油，5%、10%、24% 的悬浮剂；该品＋甲维盐；该品＋甲氨基阿维菌素苯甲酸盐等。

作用方式及机理 作为杀虫剂和杀螨剂，主要是胃毒作用，有部分触杀活性。层间传导性良好，但内吸性有限。溴虫腈是一种杀虫剂前体，其本身对昆虫无毒杀作用。昆虫取食或接触溴虫腈后在昆虫体内，在多功能氧化酶的作用下，活体内 *N*- 乙氧基甲基基团被氧化脱去，产生活性物质，后者为线粒体去偶联剂，使细胞合成因缺少能量而停止生命功能，打药后害虫活动变弱，出现斑点，颜色发生变化，活动停止，昏迷，瘫软，最终导致死亡。对多种害虫具有胃毒和触杀作用，对林木安全。

防治对象 用于棉花、蔬菜、柑橘、葡萄、茶树、果树及观赏植物等，推荐剂量下对作物无药害。对鳞翅目害虫高效，对钻蛀性害虫、刺吸和咀嚼式口器害虫及害螨的防效效果好，尤其对抗性小菜蛾和甜菜夜蛾等有特效，包括对氨基甲酸酯类、有机磷酸酯类、拟除虫菊酯类和几丁质合成抑制剂具有抗性的品系。这些对普通杀虫剂有抗性的品系包括紫红短须螨、科罗拉多金花虫、棉铃虫、实夜蛾、小菜蛾、红蜘蛛。也用于防治室内的蚁科害虫（特别是弓背蚁、虹臭蚁、单家蚁、火蚁）、姬蠊（特别是蜚蠊、小蠊、大蠊、棕带蠊）、干木白蚁（特别是楹白蚁）和鼻白蚁（特别是散白蚁、乳白蚁、异白蚁），剂量 0.125%～0.5%（有效成分质量分数）。要求剂量下无药害。

使用方法 防治鳞翅目害虫，用 10% 溴虫腈悬浮液稀释 1000～1500 倍，低龄幼虫期或虫口密度较低时，均匀喷雾。防治各种螨或者螨卵，用 10% 溴虫腈悬浮液稀释 1500 倍，均匀喷雾，持效期可达 40 多天。可与辛硫磷等混配（或复配）提高防效，如应用 24% 辛硫磷·溴虫腈乳油（21% 辛硫磷 +3% 溴虫腈），750 倍液防治桑园鳞翅目害虫桑螟、桑尺蠖等，在低龄幼虫时喷雾。

该药剂对一龄、三龄拟除虫菊酯抗性烟蛾保持两个世系的活性。可有效地防治棉花、番茄、茄子、马铃薯、芹菜和糖用甜菜作物的豆卫矛蚜、棉铃虫、潜蝇属、马铃薯块茎蛾、甜菜夜蛾、棉红蜘蛛和棉叶波纹夜蛾、夜蛾科、番茄蠹蛾等害虫。除对番茄蠹蛾、夜蛾科为 0.25kg/hm^2 外，其余均以 0.125kg/hm^2 用量防治。日本主要用于蔬菜、茶树、果树上的鳞翅目、半翅目及朱砂叶螨及抗性严重害虫的防治，50mg/L 浓度下即可获得满意的杀螨效果，并具有良好的持效性。小菜蛾幼虫在世界上许多地区对主要杀虫剂如有机氯、有机磷、氨基甲酸酯、拟除虫菊酯、苯甲酰苯基脲基和苏云金杆菌等已经产生抗性。在菲律宾，用溴虫腈在甘蓝上对小菜蛾幼虫（通常商品杀虫剂已不能防治）进行了田间药效评价。溴虫腈用量 0.1kg/hm^2（有效成分）的防治效果优于氟苯脲＋溴氰菊酯。施氟苯脲＋溴氰菊酯的小区，幼虫虫口密度平稳增加，而经各种剂量溴虫腈处理的小区，幼虫虫口密度呈下降趋势，每植株幼虫数小于 1。

注意事项 只限在登记作物上使用，应与其他不同作用方式的农药轮用。同一林地每年使用该药不超过 2 次，不宜与其他杀虫剂混用；在甘蓝上安全间隔期为 14 天，每季作物使用该药不超过 2 次。不要使用低于推荐剂量的药量。该品对人、畜有害，使用过的器皿须用水清洗 3 次后埋掉，不要污染水源；对鱼有毒，使用时避免污染鱼塘。

参考文献

马克比恩 C, 2015. 农药手册[M]. 胡笑形, 等译. 北京: 化学工业出版社: 157-158.

邱立新, 2011. 林业药剂药械使用技术[M]. 北京: 中国林业出版社.

师迎春, 易齐, 2016. 无公害菜园首选农药100种[M]. 北京: 中国农业出版社.

（撰稿：徐琪、侯晴晴；审稿：邵旭升）

溴敌隆 bromadiolone

一种经口羟基香豆素类抗凝血杀鼠剂。

其他名称 乐万通、溴特隆、灭鼠酮、溴敌鼠。

化学名称 3-[3-[4′-溴联苯-4-基)]-3-羟基-1-苯基丙基]-4-羟基香豆素。

IUPAC 名称 mixture comprised of 80%–100%

3-[(1*RS*,3*SR*)-3-(4'-bromobiphenyl-4-yl)-3-hydroxy-1-phenylpropyl]-4-hydroxy-2*H*-chromen-2-one and 20%–0% of the (1*RS*,3*RS*)-isomers。

CAS 登记号 28772-56-7。

分子式 $C_{30}H_{23}BrO_4$。

相对分子质量 527.41。

结构式

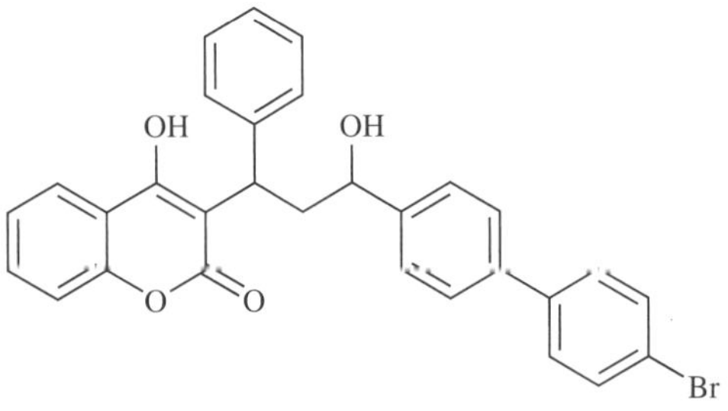

开发单位 法国丽华制药厂。

理化性质 纯品为白色结晶粉末，工业品呈黄白色，几乎不溶于水。性质稳定，在40~60℃的高温下不变质。

毒性 大鼠、小鼠经口 LD_{50} 分别为1.125mg/kg和1.75mg/kg。

作用方式及机理 经口毒物。竞争性抑制维生素K环氧化物还原酶，导致活性维生素K缺乏，进而破坏凝血机制，产生抗凝血效果。

剂型 0.5%母液，98%或95%母粉。

使用情况 1968年获得专利，并于1976年作为灭鼠剂推向市场。溴敌隆对第一代抗凝血剂产生抗性的鼠类有效。被广泛用于防治家栖鼠和野栖鼠类。含有溴敌隆活性成分的粉末浓缩物不再允许在欧盟销售。其毒力强，能杀死抗杀鼠灵等抗凝血杀鼠剂抗性鼠类种群，且适口性好，二次中毒危险小。对多种鼠类有强的毒杀力，对小家鼠的灭杀效果尤佳。

使用方法 堆投，毒饵站投放0.005%毒饵。

注意事项 毒力强，作用时间快，须谨慎使用。在配制、储藏、运输、分发的各环节须专人负责。人员接触后要及时洗涤，注意安全。

参考文献

孙进忠, 王纯玉, 张凤顺, 等, 2018. 0. 005%溴敌隆毒饵药效试验研究[J]. 中华卫生杀虫药械, 24(3): 238-240.

BUCKLE A P, EASON C T, 2015. Control methods: chemical[M]//Buckle A P, Smith R H. Rodent pests and their control. 2nd ed. Wallingford, UK: CABI: 123-155.

（撰稿：王登；审稿：施大钊）

溴丁酰草胺 bromobutide

一种酰苯胺类选择性除草剂。

其他名称 Sumiherb、S-4347、S-47。

化学名称 2-溴-*N*-(α,α-二甲基苄基)-3,3-二甲基丁酰胺；2-bromo-3,3-dimethyl-*N*-(1-methyl-1-phenylethyl)-butanamide。

IUPAC名称 2-bromo-3,3-dimethyl-*N*-(1-methyl-1-phenylethyl)butyramide。

CAS 登记号 74712-19-9。

EC 号 616-129-6。

分子式 $C_{15}H_{22}BrNO$。

相对分子质量 312.25。

结构式

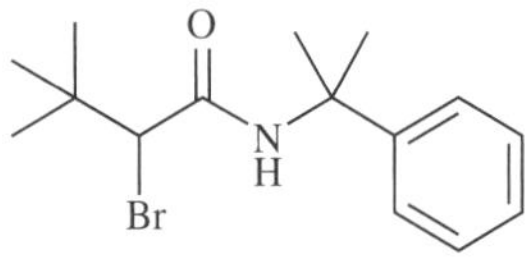

开发单位 1984年由日本住友公司开发成功。

理化性质 原药为无色至黄色晶体。纯品为无色晶体。熔点180.1℃。蒸气压 5.92×10^{-2}mPa（25℃）。溶解度（25℃，mg/L）：水3.54、己烷500、甲醇35 000、二甲苯4700。稳定性：可见光下稳定。60℃下可稳定6个月以上。在正常储存条件下稳定。

毒性 低毒。大鼠和小鼠急性经口 $LD_{50}>5000$mg/kg。大鼠和小鼠急性经皮 $LD_{50}>5000$mg/kg。对兔皮肤无刺激，对兔眼睛轻微刺激，通过清洗可以消除。大、小鼠2年饲喂试验结果表明无致突变作用。2代以上的繁殖研究结果表明，对繁殖无异常影响。鲤鱼 LC_{50}（48小时）> 5mg/L。

剂型 颗粒剂，可湿性粉剂。

作用方式及机理 细胞分裂抑制剂，对光合作用和呼吸作用稍有影响。该药剂的基本作用点在于分生组织。

防治对象 主要防除一年生和多年生禾本科杂草、莎草科杂草，如稗草、鸭舌草、母草、节节菜、细秆萤蔺、牛毛毡、铁荸荠、水莎草和瓜皮草等，对部分阔叶杂草亦有效。

使用方法 以1500~2000g/hm²（有效成分）剂量，苗前或苗后施用能有效防除。即使在100~200g/hm²（有效成分）剂量下，对细秆萤蔺仍有很高防效。若与某些除草剂混配对稗草和瓜皮草的防除效果极佳。

与其他药剂的混用 如Knock-Wan（溴丁酰草胺+苄草唑）、Sario（溴丁酰草胺+吡唑特）、Sinzan（溴丁酰草胺+苯噻酰草胺+萘丙胺）、Leedzon（溴丁酰草胺+吡唑特+苯噻酰草胺）等。

允许残留量 日本残留标准：大米（糙米）0.7mg/kg、鱼4mg/kg。

参考文献

刘长令, 2000. 世界农药大全: 除草剂卷[M]. 北京: 化学工业出版社: 237-238.

孙家隆, 周凤艳, 周振荣, 2014. 现代农药应用技术丛书: 除草剂卷[M]. 北京: 化学工业出版社: 222-223.

（撰稿：王红学；审稿：耿贺利）

溴氟菊酯 brofluthrinate

一种拟除虫菊酯类杀虫剂。

其他名称 中西溴氟菊酯、ZXI8901、Brofluthrin、Flubrocythrinate、ZXI 8901、Zhongxi bromofluoropyrethrin。

化学名称 (*R,S*)-*α*-氰基-3-(4′-溴代苯氧苄基)-(*R,S*)-2-(4-二氟甲氧基苯基)-3-甲基丁酸酯。

IUPAC 名称 (*R,S*)-*α*-cyano-3-(4′-bromophenoxybenzyl)-(*R,S*)-2-(4-difluoromethoxy-phenyl)-3-methylbutyrate。

CAS 登记号 160791-64-0。

分子式 $C_{26}H_{22}BrF_2NO_4$。

相对分子质量 530.36。

结构式

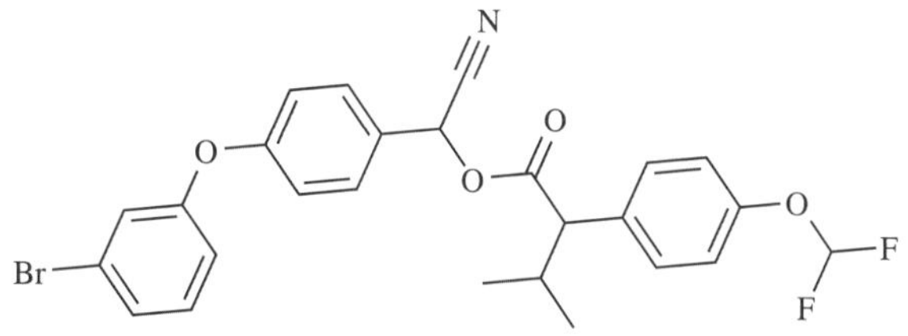

开发单位 1988 年由上海中西药厂（现为上海中西药业股份有限公司）开发，并发现其杀虫、杀螨活性。

理化性质 淡黄色至深棕色液体。易溶于醇、醚、苯、丙酮等多种有机溶剂，不溶于水。在中性、微酸性介质中稳定，碱性介质中易水解。对光比较稳定。

毒性 急性经口 LD_{50}：小鼠≥10 000mg/kg，大鼠≥12 600mg/kg。急性经皮 LD_{50} 小鼠≥20 000mg/kg。涂抹试验对眼和皮肤均无影响，Ames 试验阴性。无致畸、致癌、致突变性。对家蚕、鱼类毒性较大。对蜜蜂低毒，对蜂螨高效，是防治蜂螨的理想药剂。

剂型 5% 乳油。

质量标准 原油一等品：溴氟菊酯质量分数＞85%，酸度＜0.5%；合格品：溴氟菊酯质量分数＞80%，酸度＜0.5%。

防治对象 对多种害虫、害螨如棉铃虫、小菜蛾等有良好的效果。对抗性害虫、害螨也有卓效。由于药剂对蜜蜂低毒，对蜜蜂的害螨高效，因此是养蜂业的理想药剂。具有广谱、高效、持效较长和使用安全等特点。

使用方法 农作物用 5% 乳油 1000～1500 倍液喷雾。

注意事项 不能与碱性农药混用。蔬菜收获前 10 天停止使用。

参考文献

朱永和, 王振荣, 李布青, 2006. 农药大典[M]. 北京: 中国三峡出版社: 209-210.

TURNER J A, 2015.The pesticide manual: a world compendium[M]. 17th ed. UK: BCPC: 1180-1181.

（撰稿：陈洋；审稿：吴剑）

溴谷隆 metobromuron

一种脲类内吸性除草剂。

其他名称 Monobromuron、Patoran、秀谷隆、莠谷隆。

化学名称 3-(4-溴苯基)-1-甲氧基-1-甲基脲；*N′*-(4-bromophenyl)-*N*-methoxy-*N*-methylurea。

IUPAC 名称 3-(4-bromophenyl)-1-methoxy-1-methylurea。

CAS 登记号 3060-89-7。

EC 号 221-301-5。

分子式 $C_9H_{11}BrN_2O_2$。

相对分子质量 259.10。

结构式

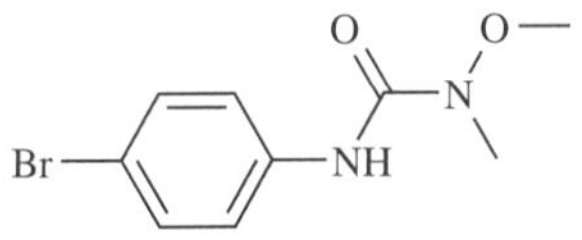

开发单位 汽巴-嘉基公司（现先正达公司）。

理化性质 其纯品为无色晶体。熔点 95.5～96℃。相对密度 1.6（20℃）。蒸气压 0.4mPa（20℃）。K_{ow}lg*P* 2.41（20℃）。Henry 常数 3.1×10^{-4}Pa·m³/mol（计算值）。水中溶解度（20℃）330mg/L；有机溶剂中溶解度（g/L，20℃）：正己烷 2.6、甲苯 100、丙酮 500、二氯甲烷 550、甲醇 240、辛醇 70、氯仿 62.5。稳定性 DT_{50}（20℃）：150 天（pH1）、＞200 天（pH9）、83 天（pH13），在中性、稀酸性和稀碱性介质中很稳定，在强酸和强碱条件下水解。在土壤表面、水中光解非常迅速。

毒性 大鼠急性经口 LD_{50} 2603mg/kg。急性经皮 LD_{50}：大鼠＞3000，兔＞10 200mg/kg。对兔眼睛和皮肤无刺激性。大鼠吸入 LC_{50}（4 小时）＞1.1mg/L 空气。对天竺鼠皮肤无刺激作用。哺乳动物饲养 NOEL（2 年）：大鼠 250mg/kg（饲料）[17mg/（kg·d）]、狗 100mg/kg（饲料）[17mg/（kg·d）]。鸟类急性经口 LD_{50}（mg/kg）：鹌鹑 565、北京鸭 6643。鸟类 LC_{50}（7 天，mg/kg）：日本鹌鹑＞10 000、野鸭＞24 300、山齿鹑 18 100。鱼类 LC_{50}（96 小时，mg/L）：虹鳟 36、蓝鳃翻车鱼 40、鲫鱼 40。水蚤 EC_{50}（48 小时）44mg/L。藻类 EC_{50}（5 天）：0.26mg/L。蜜蜂 LD_{50}（48 小时）：经口＞325μg/只，接触＞130μg/只。蚯蚓 LC_{50}（14 天）467mg/kg 土壤。

剂型 悬浮剂，可湿性粉剂。

作用方式及机理 该除草剂为光合电子传递抑制剂，作用在光系统 II 受体部位。该除草剂为选择性内吸性除草剂，通过植物根部和叶面吸收。

防治对象 一年生阔叶杂草和禾本科杂草。

使用方法 芽前使用，使用剂量为 1.5～2.5kg/hm²。

参考文献

马克比恩 C, 2015. 农药手册[M]. 胡笑彤, 等译. 北京: 化学工业出版社: 691-692.

孙家隆, 2015. 新编农药品种手册[M]. 北京: 化学工业出版社: 859-860.

（撰稿：李玉新；审稿：耿贺利）

溴甲烷 methyl bromide

常作为杀虫剂、杀菌剂、土壤熏蒸剂和谷物熏蒸剂用于植物保护。也用作木材防腐剂、低沸点溶剂、有机合成原料和制冷剂等。溴甲烷是一种消耗臭氧层的物质，根据《蒙特利尔议定书哥本哈根修正案》，发达国家于2005年淘汰，发展中国家于2015年淘汰。由于溴甲烷作为熏蒸剂的卓越作用，溴甲烷仍然受到使用者的欢迎。

其他名称 Netabron（溴灭泰，98%压缩气体）、甲基溴、溴代甲烷、Celfume、Kayafume、MeBr、Mebrom、Monobromomethane。

化学名称 bromomethane。

IUPAC名称 methyl bromide; bromomethane。

CAS登记号 74-83-9。

EC号 200-813-2。

分子式 CH_3Br。

相对分子质量 94.94。

结构式

$$H_3C-Br$$

开发单位 1932年发现其熏蒸杀虫作用，由德国金银矿业公司（Deutsche Gold und Silber Schevideanstalt）开始使用。

理化性质 纯品为无色液体，略有香甜气味。沸点3.6℃，冰点-93℃，气体密度3.27（0℃），液体密度1.732（0℃）。蒸发潜热257.5J/g。在空气中不燃烧。在水中溶解度为13.4g/L（25℃），能大量溶于乙醇、乙醚、氯仿、二硫化碳、苯等有机溶剂中。气态溴甲烷对金属、棉花、丝、毛织品无不良影响，但液态溴甲烷很易溶解脂肪、树脂、橡胶、颜料和亮漆等。在一般熏蒸所用浓度下（0.8%左右）不易燃烧。不爆炸，但在空气中含溴甲烷体积达13.5%~14.5%时，遇火花可以燃烧。渗透力强，可渗入棉籽包中70cm左右。对温度、湿度、压力都稳定。在碱性溶液中可被分解。在不同温度下的自然蒸气压力如下：0℃ 92kPa；10℃ 134kPa；20℃ 190kPa；25℃ 214.6kPa。溴甲烷的稳定性较好，不易被酸碱物质所溶解，但在酒精碱溶液中易分解；在空气中易被紫外光分解。纯净的溴甲烷对金属无腐蚀性。

毒性 急性经口LD_{50}：大鼠21mg/kg，小鼠1.54~2.25g/m^3，大鼠急性吸入LC_{50}（4小时）3.03mg/L空气。对人类高毒，临界值为0.019mg/L空气。在许多国家都限制使用，经过培训的人员才能使用。溴甲烷气体剧毒，且无警戒性，严重中毒后不易恢复。对人和其他高等动植物的影响，因接触强度不同而异，在不立即致命的浓度和时间条件下，能产生中毒症状，溴甲烷进入人体后，一部分由呼吸排出，一部分在体内积累引起中毒，在体内分解反应式如下：

$$CH_3Br + H_2O \longrightarrow HBr + CH_3OH$$

溴化物可以排出体外，而甲醇和甲醇生成的甲醛直接作用于中枢神经系统和肺、肾、肝及心血管系统引起中毒。根据美国政府工业卫生学会议（1964年）规定，溴甲烷在空气中安全浓度为20mg/kg（0.08g/m^3），在2~4g/kg（8~16g/m^3）条件下30~60分钟内可引起严重中毒死亡，在8g/kg（32g/m^3）20分钟内可致人死亡。一般含量达30mg/kg时，必须戴防毒面具。溴甲烷液体直接与皮肤接触，能引起严重灼伤。

剂型 因溴甲烷在常温下为气态，故以压缩气体形式包装在高压钢瓶内，包装的规格有5kg、25kg、40kg、50kg、75kg、100kg。

质量标准 储存于钢瓶内，外观为无色或带有淡黄色液体，常温下为气体，高浓度时有氯仿气味。纯度＞99%。游离酸≤0.1%。不挥发物＜0.3%（35℃）。工业品加2%氯化苦（警戒剂）。

作用方式及机理 挥发性高，空气中可达较高浓度。接触者以呼吸道吸入为主。皮肤沾染有溴甲烷液体也可经皮吸收，特别是液态溴甲烷污染衣物、手套、鞋袜而不及时去除使皮肤接触时间长，吸收量较多。液态溴甲烷有致冷作用，对皮肤、黏膜有冷刺激，故很少有经胃肠道进入人体者。

防治对象 以密闭熏蒸方式防治仓储害虫及鼠。土壤熏蒸可防治青枯病、立枯病、白绢病等植物病害及根瘤线虫。18~45g/m^{3}熏蒸24小时可防治仓储稻、麦、豆类等原粮及面粉、饲料、坚果、干果等的米象、谷象、谷蠹、赤拟谷盗、麦蛾、印度谷螟、豆象、谷斑皮蠹、玉米象、粉螨等害虫害螨；含水量12%以上的种子不能熏蒸，以防影响发芽。32~50g/m^{3}熏蒸2~4小时，可防治新鲜蔬菜、水果的玉米螟、豆荚螟等鳞翅目幼虫、金龟子、果蝇、介壳虫、叶螨、潜叶蝇等。16~50g/m^{3}熏蒸温室植物，可防治介壳虫、蓟马、蚜虫、叶螨、白蝇、潜叶蝇、枯墨蚊等害虫及一些钻蛀性害虫。30~45g/m^{3}熏蒸24~36小时，可防治棉、毛织品及木材蛀虫。4~6g/m^{3}熏蒸4~5小时可灭鼠。温度高，熏蒸力强，药量要相应减少。某些活、鲜植物、果实较敏感，用药前应先做小面积试验，以防产生药害。因溴甲烷毒性较高，无特殊解毒药，使用时要注意安全。

使用方法

熏蒸前准备 熏蒸前应到熏蒸场地实地考察，了解要熏蒸的商品和建筑物的情况，详细记录物体的体积；如果是仓库内熏蒸，首先要了解仓库的气密程度，能否用最经济的手段进行封糊，如密封性能差就必须采用库内帐膜熏蒸的方法。如果要进行大轮船熏蒸，应在船方协助下，对船体结构进行考察，关闭所有通向生活区的阀门和堵封通向生活区的通道，并检查舱盖气密状况；再根据熏蒸时的温度、商品性质、空间大小以及要杀灭的有害生物计算出施药剂量。

施药 用溴甲烷熏蒸时一般采用仓外或帐膜外施药，通过钢瓶接口和橡胶管把溴甲烷导入熏蒸的空间内，因为溴甲烷的气体密度比空气重得多，橡胶管的开口必须位于熏蒸空间的最高处，被熏蒸的某些商品应避免与溴甲烷的液体接触以免造成药害或色斑。施药时钢瓶应立于磅秤上，切不可卧置，这样有利于正确计重和保证正常的出药速度。为保证溴甲烷在较大空间范围内的均匀分布，应使投药点在熏蒸空间均匀分布，必要时增加鼓风装置，一般每100m^{3}设一个投药点，投药完毕封闭投药孔，并立即用卤素灯检漏，如发现泄漏应立即封糊。

散毒 达到密封时间后，打开所有门窗或揭开帐膜散毒，散毒时熏蒸地点上风20m、下风30m内应暂时封锁，在晴天散毒只需几个小时，在阴雨天气则需要较长时间，直至卤素灯火焰无色时方可进入熏蒸场地。

注意事项 ①溴甲烷为无警戒性的毒气，在整个操作过程必须佩戴有效的防毒面具。②下列商品不应选择溴甲烷熏蒸：海绵胶、肥皂粉、苏打、橡胶及其制品、毛皮、羽毛、皮革、木炭、经硫化处理的纸张、照相药品、可能含有起反应的硫化物的任何材料。③活体植物和种子、繁殖材料，如有必要进行溴甲烷熏蒸，应当在试验成功后实施。④在熏蒸开始前5小时，操作人员不得饮酒，以免和中毒症状相混淆，造成事故。

与其他药剂的混用 不能与铝等金属、二甲基亚砜、环氧乙烷共存。

允许残留量 GB 2763—2021《食品中农药最大残留限量标准》规定溴甲烷最大残留限量见表。ADI为1mg/kg。谷物按照SN 0649规定的方法测定；油料和油脂、蔬菜、水果参照SN 0649规定的方法测定。

部分食品中溴甲烷最大残留限量（GB 2763—2021）

食品类别	名称	最大残留限量（mg/kg）
谷物	稻谷	0.02*
	麦类	0.02*
	旱粮类	0.02*
	杂粮类	0.02*
	成品粮	0.02*
油料和油脂	油籽类	0.02*
蔬菜	薯类蔬菜	0.02*
水果	草莓	0.02*

* 临时残留限量。

参考文献

刘鼎铭, 杨金平, 1996. 集装箱运输业务技术辞典: 下册[M].北京: 人民交通出版社.

王振荣, 李布青, 1996. 农药商品大全[M]. 北京: 中国商业出版社.

（撰稿：陶黎明；审稿：徐文平）

溴硫磷 bromophos

一种非内吸性有机磷广谱杀虫剂。

其他名称 Brofene、Nexion、溴磷松、溴末福斯、甲基溴磷松、Bromofos、Brophene、Omexan、Cela S-1942、S1942、OMS658、ENT27162。

化学名称 *O,O*-二甲基-*O*-(4-溴-2,5-二氯苯基)硫代磷酸酯；*O,O*-dimethyl-*O*-(4-bromo-2,5-dichlorophenyl)phosphorothioate。

IUPAC名称 *O*-4-bromo-2,5-dichlorophenyl *O,O*-dimethyl phosphorothioate。

CAS登记号 2104-96-3。

EC号 218-277-3。

分子式 $C_8H_8BrCl_2O_3PS$。

相对分子质量 366.00。

结构式

Br, Cl, S, P, O, Cl, O, O

开发单位 1964年德国Cela公司发展品种。

理化性质 一种带黄色的结晶，有霉臭味。熔点53～54℃。在20℃时，蒸气压为0.017Pa。在室温下，水中的溶解度40mg/L，但能溶于大多数有机溶剂，特别是四氯化碳、乙醚、甲苯中。工业品纯度至少90%，熔点在51℃以上。在pH9的介质中仍是稳定的。

毒性 急性经口LD_{50}：大鼠3750～7700mg/kg，小鼠2829～5850mg/kg，兔720mg/kg，母鸡9700mg/kg。兔急性经皮LD_{50} 2181mg/kg。对大鼠以350mg/（kg·d）剂量，对狗以44mg/（kg·d）剂量饲喂2年，均没有临床症状。对蜜蜂的LD_{50}为18.8～19.6mg/kg。对虹鳟的TLm为0.5mg/L；以0.5～1mg/L浓度，不能引起自然环境中食蚊鱼属的死亡。

剂型 25%、40%乳剂，25%可湿性粉剂，2%～5%粉剂，5%～10%颗粒剂，40%雾剂，20%浸液。

作用方式及机理 非内吸性的、具有触杀和胃毒作用的广谱杀虫剂。

防治对象 可防治半翅目、双翅目、部分鳞翅目、鞘翅目等刺吸式或咀嚼式口器的害虫和螨类。

使用方法 以有效成分25～75g/100L浓度用于作物保护。防治储粮害虫、蚊、家蝇等，对大家畜体外寄生虫也有效，以0.5g/m³浓度防治蝇蚊。在杀虫范围内无药害，叶面喷雾持效期为7～10天。

与其他药剂的混用 除硫黄粉和有机金属杀菌剂外，能与所有农药混用。

允许残留量 日本规定，溴硫磷在苹果中的最大残留限量为2mg/kg，在可可豆中的最大残留限量为0.05mg/kg。

参考文献

孙家隆, 2015. 农药品种手册[M]. 北京: 化学工业出版社.

王振荣, 李布青, 1996. 农药商品大全[M]. 北京: 中国商业出版社.

（撰稿：王鸣华；审稿：薛伟）

溴氯丹 bromocyclen

一种有机氯类杀虫剂、杀螨剂。

其他名称 Aludan、Bromodan、溴杀烯、溴西克林、保满丹、溴烯杀。

化学名称 5-溴甲基-1,2,3,4,7,7-六氯二环[2.2.1]庚-2-烯；5-bromomethyl-1,2,3,4,7,7-hexachlorobicyclo[2.2.1]hept-2-ene。

IUPAC名称 5-bromomethyl-1,2,3,4,7,7-hexachloro-2-norborn-ene。

CAS登记号 1715-40-8。

EC号 216-996-7。

分子式 $C_8H_5BrCl_6$。

相对分子质量 393.75。

结构式

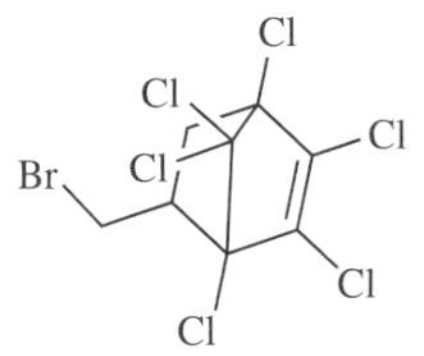

开发单位 由德国赫斯特公司开发。1988年已停产。

理化性质 棕色固体。熔点77~78℃。沸点154℃(133.3~266.6Pa)。

毒性 90%工业品对大鼠急性经口LD_{50} 12 500mg/kg。

剂型 1%、5%粉剂。

质量标准 5%粉剂，储存稳定性良好。

作用方式及机理 作用于神经节，使突触前释放过多的乙酰胆碱，从而干扰或破坏昆虫正常的神经传导系统。

防治对象 农业害虫，螨虫，牲畜体外寄生虫。

使用方法 1%粉剂用1份/1000份麦子对谷象有高效。其5%粉剂(浓度同上)能杀杂拟谷盗。

注意事项 受热放出有毒氯化物。储存于阴凉、通风的库房中，与食品原料分开储运。

与其他药剂的混用 可与大多数农药混用。

参考文献

朱永和, 王振荣, 李布青, 2006. 农药大典[M]. 北京: 中国三峡出版社.

(撰稿：张建军；审稿：吴剑)

溴螨酯 bromopropylate

一种非内吸性杀螨剂。

其他名称 Acarol、Bromolate、Folbex VA、Mitene、Sun-Propylate、螨代治、ENT 27552、GS19851。

化学名称 4,4′-二溴二苯乙醇酸异丙酯；1-methylethyl 4-bromo-α-(4-bromophenyl)-α-hydroxybenzeneacetate。

IUPAC名称 isopropyl 4,4'-dibromobenzilate。

CAS登记号 18181-80-1。

EC号 242-070-7。

分子式 $C_{17}H_{16}Br_2O_3$。

相对分子质量 428.11。

结构式

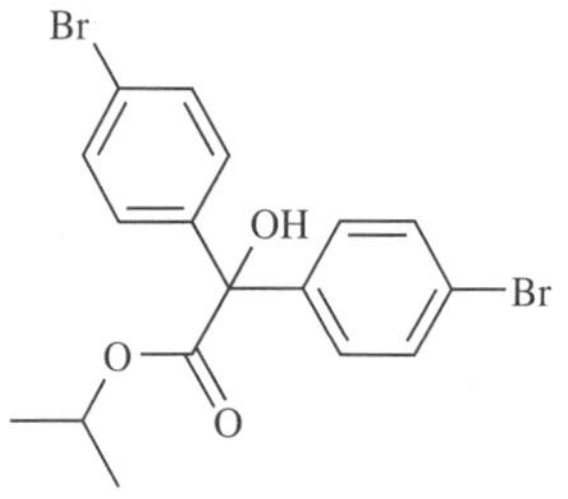

开发单位 1967年H. Grob等报道了其杀螨活性，先正达公司开发。

理化性质 纯品为白色晶体。熔点77℃。蒸气压6.8×10^{-3}mPa(20℃)。K_{ow}lg$P$ 5.4。Henry常数<5.82×10^{-3} Pa·m^3/mol(计算)。相对密度1.59(20℃)。水中溶解度(20℃)<0.5mg/L；其他溶剂中溶解度(g/L，20℃)：丙酮850、二氯甲烷970、二噁烷870、苯750、甲醇280、二甲苯530、异丙醇90。在中性或弱酸性介质中稳定。DT_{50} 34天(pH9)。

毒性 大鼠急性经口LD_{50}>5000mg/kg。大鼠急性经皮LD_{50}>4000mg/kg，对兔皮肤有轻微刺激但对兔眼睛无刺激。大鼠吸入LC_{50}>4000mg/L。NOEL(mg/kg饲料)：大鼠(2年)为500[约25mg/(kg·d)]，小鼠(1年)1000[约143mg/(kg·d)]。ADI为0.03mg/kg。日本鹌鹑急性经口LD_{50}>2000mg/kg。鸟饲喂LC_{50}(8天，mg/kg饲料)：北京鸭600，日本鹌鹑1000。鱼类LC_{50}(96小时，mg/L)：虹鳟0.35，大翻车鱼0.5，鲤鱼2.4。水蚤LC_{50}(48小时)0.17mg/L。羊角月牙藻EC_{50}(72小时)>52mg/L。对蜜蜂无毒，LD_{50}(24小时)183μg/只。蚯蚓LC_{50}(14天)>1000mg/kg土壤。对落叶果树、柑橘属果树和酒花上的花蝽、盲蝽、瓢虫、草蛉、褐蛉、隐翅虫、步甲、食蚜蝇和长足虻的成虫和若虫安全。对肉食性螨的潜在危害可通过避免旱季喷药来降到最低。

剂型 500g/L、50%乳油。

作用方式及机理 氧化磷酸化作用抑制剂，干扰ATP的形成(ATP合成抑制剂)。触杀、长效的非系统性杀螨剂。触杀性较强，无内吸作用。杀螨谱广，持效期长，对成螨、若螨和卵均有较好的触杀作用。

防治对象 可用于控制仁果、核果、柑橘类的水果、葡萄、草莓、啤酒花、棉花、大豆、瓜类、蔬菜和花卉上的各个时期的叶螨、瘿螨；在25~50g/hm^2剂量下，应用于柑橘、仁果、核果、葡萄、茶、蔬菜和花卉上；而在500~750g/hm^2剂量下，应用于棉花。也可以用来控制蜂箱中的寄生螨。对一些苹果、李子和观赏植物有轻微药害。

使用方法

防治果树害螨 柑橘红蜘蛛，在春梢大量抽发期，第一个螨高峰前，平均每叶螨数3头左右时，用50%乳油1500~2500倍液喷雾。柑橘锈壁虱，当有虫叶片达到20%或每叶平均有虫2~3头时开始防治，20~30天后螨密度有所回升时，再防治1次。用50%乳油2000倍液喷雾，重点防治中心虫株。苹果红蜘蛛、山楂红蜘蛛，在苹果开花前后，成若螨盛发期，平均每叶螨数4头以下，用50%乳油1000~1300倍液，均匀喷雾。

防治棉花害螨 在6月底以前，害螨扩散初期，每亩用50%乳油25~40ml，加水50~75kg，均匀喷雾。

防治蔬菜害螨 防治危害各类蔬菜的叶螨，可在成螨、若螨盛发期平均每叶螨数3头左右，每亩用50%乳油20~30ml，加水50~75kg，均匀喷雾。

防治茶叶害螨 在害螨发生期用50%乳油2000~4000倍液，均匀喷雾。

防治花卉害螨 防治菊花二叶螨，于始盛发期用50%乳油1000~1500倍液，均匀喷雾。

注意事项 果树收获前21天停止使用。在蔬菜和茶叶采摘期禁止用药。因该药无内吸作用，使用时药液必须均匀全面覆盖植株。害螨对该药和三氯杀螨醇有交互抗性，使用时要注意。要储存于通风阴凉干燥处，温度不超过 35℃，储藏期可达 3 年。使用时应注意操作安全，避免药液溅到身上，使用后用清水清洗全身。如药液溅到眼里，应用大量的清水反复冲洗。该品无专用解毒剂，应对症治疗。

与其他药剂的混用 可与炔螨特等复配。

允许残留量 GB 2763—2021《食品中农药最大残留限量标准》规定溴螨酯最大残留限量见表。ADI 为 0.03mg/kg。蔬菜、水果、干制水果按照 GB 23200.8、GB 23200.113、SN/T 0192、NY/T 1379 规定的方法测定。

部分食品中溴螨酯最大残留限量（GB 2763—2021）

食品类别	名称	最大残留限量（mg/kg）
蔬菜	西葫芦、黄瓜	0.5
	菜豆	3.0
水果	柑、橘、柠檬、柚、橙、山楂、枇杷、苹果、梨、李、葡萄、草莓	2.0
	甜瓜类水果	0.5
干制水果	李子干	2.0

参考文献

刘长令, 2012. 世界农药大全: 杀虫剂卷[M]. 北京: 化学工业出版社: 707-710.

马克比恩 C, 2015. 农药手册[M]. 胡笑形, 等译. 北京: 化学工业出版社: 114-116.

（撰稿：杨吉春；审稿：李淼）

溴灭菊酯 brofenvalerate

一种含溴拟除虫菊酯类杀虫剂。

其他名称 溴敌虫菊酯、溴氰戊菊酯。

化学名称 α-氰基-3-(4′-溴苯氧基)苄基-2-(4-氯苯基)异戊酸酯。

IUPAC名称 α-cyano-3-(4′bropophenoxybenzyl)-2-(4-chlorophenyl)-3-methylbutyrate。

CAS 登记号 65295-49-0。

分子式 $C_{25}H_{21}BrClNO_3$。

相对分子质量 498.82。

结构式

开发单位 江苏省海水综合利用研究所于 1985 年合成，1989 年通过中试技术鉴定。

理化性质 原药为暗琥珀色油状液体。相对密度 1.367。折射率 n_D^{24}1.5757。可溶于二甲基亚砜及食用油等有机溶剂，不溶于水。对光、热稳定，酸性条件稳定，碱性条件易分解。

毒性 急性经口 LD_{50}：大鼠＞ 1g/kg，小鼠 8g/kg。大鼠经皮 LD_{50} ＞ 10g/kg。大鼠急性吸入 LC_{50} ＞ 2.5g/L。对兔眼睛和皮肤无刺激作用。大鼠 90 天喂养亚慢性毒性试验，最大 NOEL 2.5g/kg，蓄积系数 K ≥ 5，属轻度蓄积毒性。经口摄入量≥ 5g/kg 时，可致多器官损伤。对大鼠慢性经口 NOEL 为 2.5g/kg。该品无致基因突变和诱变毒性。鱼类 TLm（48 小时）：青鳟鱼 1.5mg/L，鲤鱼 3.2mg/L。按中国农药毒性分级标准，溴灭菊酯属低毒杀虫剂。在试验剂量下，对试验动物无致癌、致畸、致突变作用，对眼睛和皮肤无刺激作用。亚慢性毒性的最大无作用剂量 5000mg/kg。

剂型 20% 乳油，20% 可湿性粉剂。

作用方式及机理 和氰戊菊酯类似，除有较高的杀虫活性外，对红蜘蛛亦有效。对鱼类毒性比氰戊菊酯稍低，而对高等动物比氰戊菊酯更安全。具有一般拟除虫菊酯类农药的特点，不仅对多种害虫有良好的杀灭效果，而且毒性低，对螨类亦有兼治作用，应用范围广泛。

防治对象 对棉花的蚜虫、棉铃虫、红铃虫、红蜘蛛、棉卷叶虫，具有显著效果。此外还可用于防治：水稻的稻褐飞虱；蔬菜的菜青虫、菜蚜、大猿叶虫；枸杞的蚜虫；果树的桃蚜、苹果山楂螨、大青叶蝉、橘蚜、柑橘红蜘蛛、柑橘锈壁虱、潜叶蛾（幼叶）；马尾松毛虫。

使用方法 用 20% 乳油 1000～2000 倍液喷雾；苹果蚜虫用 2000～4000 倍液喷雾；棉花蚜虫、棉铃虫、棉红铃虫用药量 75～150g/hm²（有效成分），即用 20% 乳油 375～750ml，加水 750～1000kg 喷雾。菜蚜在无翅蚜发生初盛期用药，用量 30～45g/hm²（有效成分）。

注意事项 不宜在同一果园或同一种害虫上多次施用，以免杀伤天敌和使害虫产生抗药性。其他注意事项见高效氰戊菊酯。储存时应防火、防晒、防潮湿，保持通风良好。严禁与饲料、种子、食物相混置，勿让孩童接近。使用时避免药液与皮肤接触，防止由口鼻进入人体。解毒药为阿托品和氯磷定。

与其他药剂的混用 未见有混配制剂。

参考文献

朱永和, 王振荣, 李布青, 2006. 农药大典[M]. 北京: 中国三峡出版社: 170-171.

TURNER J A, 2015. The pesticide manual: a world compendium[M]. 17th ed. UK: BCPC: 857-858.

（撰稿：陈洋；审稿：吴剑）

溴氰菊酯 deltamethrin

迄今开发的生物活性最高的合成拟除虫菊酯杀虫剂。

X

其他名称 敌杀死、凯素灵、凯安保、Decision、K-Othrine、K-Obiol 等。

化学名称 *α*-氰基苯氧基苄基(1*R*,3*R*)-3-(2,2-二溴乙烯基)-2,2-二甲基环丙烷羧酸酯。

IUPAC名称 *α*-cyano-phenoxybenzyl(1*R*,3*R*)-3-(2,2-dibromoethenyl)-2,2-dimethyl cylcopropane carboxylate。

CAS登记号 52918-63-5。

EC号 258-256-6。

分子式 $C_{22}H_{19}Br_2NO_3$。

相对分子质量 505.24。

结构式

开发单位 1974年英国洛桑（Rothamsted）实验站的埃利奥特（M. Elliott）等首先研制成功，由法国罗素－尤克福公司开发投入生产。

理化性质 白色斜方针状晶体。熔点101～102℃。沸点300℃。20℃水中溶解度为0.002mg/L，溶于丙酮、二甲基甲酰胺、二甲苯、苯等多种有机溶剂。对光及空气较稳定。40℃储存3个月无分解，在酸性介质中较稳定，在碱性介质中易分解。对塑料制品有腐蚀性。

毒性 中等毒性。纯品急性经口LD_{50}：小鼠27～42mg/kg，大鼠105～168mg/kg。工业品雄大鼠急性经口LD_{50} 128mg/kg。大鼠经皮剂量达2940mg/kg，动物无死亡。狗经口300mg/kg，仅出现呕吐、兴奋和后肢发僵，48小时后逐渐恢复正常。大鼠和狗静脉注射LD_{50} 2～2.5mg/kg。兔急性经皮LD_{50} ＞2000mg/kg，2.5%乳油涂于兔皮肤，见轻微刺激作用，引起鳞状上皮脱落；0.1%的乳油无刺激作用。全部动物眼结膜出现轻度充血和少许分泌物，虹膜、角膜未见异常。眼接触立即引起眼痛、畏光、流泪、眼睑水肿、球结膜充血水肿。无致突变性和致癌性，有致畸性。皮肤接触：可出现局部刺激症状和接触性皮炎、红色斑疹或大疱。

剂型 乳油，悬浮剂，超低容量液剂，可湿性粉剂，粉剂，颗粒剂。

作用方式及机理 喷雾要均匀，对钻蛀性害虫应在幼虫蛀入作物前施药，持效期一般为7～14天。

防治对象 农药害虫主要采用乳油，用于棉花、蔬菜、果树、茶树、烟草、甘蔗、旱粮、林业等作物上，如防治各种蚜虫、棉铃虫、棉红铃虫、菜青虫、黄条跳甲、大豆食心虫、豆荚螟、桃小食心虫、梨小食心虫、柑橘潜叶蛾、茶尺蠖、茶毛虫、介壳虫、烟青虫、甘蔗螟虫、旱粮黏虫、马尾松毛虫、赤松毛虫等。

使用方法 对空仓、器材、运输工具、包装材料作防虫消毒，一般采用喷雾施药。对原粮、种子粮的防虫消毒，在有机械传送装置的大粮仓，在粮食入库时，边传送入库边施药处理，在无机械传送装置的小粮仓和农户储粮，可采用药糠处理。

注意事项 严禁在商品粮仓和商品粮上使用本产品。

允许残留量 GB 2763—2021《食品中农药最大残留限量标准》规定溴氰菊酯最大残留限量见表。ADI为0.01mg/kg。谷物、油料和油脂按照GB 23200.9、GB 23200.113规定的方法测定；蔬菜、水果、食用菌按照GB 23200.8、GB 23200.113、NY/T 761、SN/ T 0217规定的方法测定；坚果参照GB 23200.9、GB 23200.113规定的方法测定；茶叶按照GB 23200.113规定的方法测定。

部分食品中溴氰菊酯最大残留限量（GB 2763—2021）

食品类别	名称	最大残留限量（mg/kg）
谷物	稻谷、麦类、旱粮类（鲜食玉米）、杂粮类（豌豆、小扁豆除外）、成品粮（小麦粉除外）	0.50
	豌豆、小扁豆	1.00
	小麦粉	0.20
油料和油脂	油菜籽、棉籽	0.10
	大豆	0.05
	花生仁	0.01
	葵花籽	0.05
蔬菜	洋葱	0.05
	韭葱	0.20
	结球甘蓝、花椰菜、菠菜、普通白菜、莴苣、大白菜	0.50
	番茄、茄子、辣椒、豆类蔬菜、萝卜、胡萝卜、根芹菜、芜菁	0.20
	马铃薯	0.01
	甘薯	0.50
	芋	0.20
水果	柑、橘、橙、柠檬、柚、核果类水果、猕猴桃、荔枝、杧果、香蕉、菠萝	0.05
	苹果、梨	0.10
	葡萄、草莓	0.20
	橄榄	1.00
坚果	榛子、核桃	0.02
饮料类	茶叶	10.00
食用菌	蘑菇类（鲜）	0.20

参考文献

马克比恩 C, 2015. 农药手册[M]. 胡笑形, 等译. 北京: 化学工业出版社: 278 280.

朱永和, 王振荣, 李布青, 2006. 农药大典[M]. 北京: 中国三峡出版社: 126-129.

（撰稿：陈洋；审稿：吴剑）

溴鼠胺 bromethalin

一种经口抑制线粒体氧化磷酸化类杀鼠剂。

其他名称 溴甲灵、鼠灭杀灵。

化学名称 α,α,α-三氟-*N*-甲基-4,6-二硝基-*N*-(2,4,6-三溴苯基)邻甲苯胺。

IUPAC名称 *N*-methyl-2,4-dinitro-*N*-(2,4,6-tribromophenyl)-6-(trifluoromethyl)aniline。

CAS登记号 63333-35-7。

分子式 $C_{14}H_7Br_3F_3N_3O_4$。

相对分子质量 577.93。

结构式

O_2N NO_2 Br Br N CF_3 Br

理化性质 淡黄色结晶。熔点150~151℃。难溶于水，微溶于水饱和烃，溶于氯仿、丙酮，易溶于芳香烃类溶剂。常态下稳定。

毒性 急性经口LD_{50}（mg/kg）：小家鼠5.25~8.13，褐家鼠2.01~2.46，狗4.7，猴5，鹌鹑4.6。对蓝鳃鱼LC_{50}为0.12mg/L。

作用方式及机理 一种神经毒物，其机制为抑制中枢神经系统线粒体内氧化磷酸化过程，减少ATP的产生，降低Na^+/K^+-ATP酶的作用。同时降低神经冲动的传导，使动物、人瘫痪致死。

使用情况 是20世纪70年代发展的杀鼠剂，在美国注册用来防治建筑物周围的鼠类。0.005%或0.01%的溴鼠胺对家栖鼠灭效甚高，对抗凝血杀鼠剂抗性鼠能有效灭杀。目前在美国和一些地方仍然在使用（商标名称为“Vengeance”“Fastrac”和“Tomcat”），但在欧盟已不再被授权使用。曾在新西兰使用，但被认为是不人道，所以没有注册。对鸟类有毒。

使用方法 堆投，毒饵站投放。

注意事项 由于溴鼠胺中毒引起脑水肿，脑压增高，误食者可用利尿剂和肾上腺素进行缓解。重度中毒可静脉滴注高渗利尿药使脑压下降。

参考文献

EASON C T, MILLER A, DUNCAN M, et al, 2014. Toxicology and ecotoxicology of PAPP for pestcontrol in New Zealand[J]. New Zealand journal of ecology, 38(2): 177-188.

SAVARIE P J, PING P H, HAYES D J, et al, 1983. Comparative acute oral toxicity of para-aminopropiophenone[J]. Bulletin of environmental contamination and toxicity, 30(1): 122-126.

（撰稿：王登；审稿：施大钊）

虚拟组合库构建 virtual combinatorial library

由计算机通过组合化学的方式构建的一系列可以反应的化合物的集合。化学多样性是药物开发的关键，利用组合化学的方法可以为农药以及医药先导化合物筛选和优化提供大量的新化学实体，但通过此方法进行生物活性筛选工作量大，成功率低。相比实验方法，通过计算机方法生成的虚拟组合库可通过理论计算筛选出有限的分子进行深入研究，节省较多的时间和资金成本。

通过构建虚拟组合库来进行先导化合物的筛选和优化，通常先采用分子对接方法根据受体活性部位设计合成母核，再根据母核的结构及其与受体生物大分子的作用方式，对化合物数据库进行搜寻，根据加成位点附近受体的结构特征，选择合适的分子碎片连接在母核的加成位点上，再将新生成的分子当作母核，用上述方式对新的位点进行加成，直到受体活性部位没有发展余地，或者达到某种收敛标准。然后利用基于反应试剂的描述方法或基于反应产物的描述方法对化合物结构信息进行编码。在这两种描述方法中前者只需对涉及众多反应的4300余种试剂进行编码，此种方法较为常用；后者则需要对几乎所有可能的产物进行编码，而这是难以实现的。随后，将已得到的化合物进行打分评价，可以结合化合物结构的多样性、基于对接的打分方法、考虑受体与配体结合的实验数据进行化合物打分评价。最后根据打分情况从化合物库中筛选出需要的化合物，一些常用的筛选方法有Cluster聚类分析法、遗传算法、模拟退火法、神经网络算法、支持向量机和随机森林。

虚拟组合库在化合物筛选过程中还可以将化合物的成药性、靶标三维结构等限制条件考虑在内，提高化合物的筛选标准，增加化合物筛选成功率。而且虚拟组合库的多样性技术能够缩减庞大的数据库体量，获得其中能够实际进行化学合成的子库，多样性的组合库构建方法：基于反应物的设计、基于产物的设计以及基于反应物和偏倚产物的设计。这些方法将因子设计、D-Optimal、point-and-click多样性程序、基于单元多样性算法等计算优化方法融入其中，来增加组合库中化合物的有效性，提高先导优化的效率。

参考文献

AUDENAERT D, OVERVOORDE P, 2013. Plant chemical biology[M]. New Jersey: John Wiley & Sons.

WEBER L, 2005. Current status of virtual combinatorial library design[J]. Qsar & combinatorial science, 24(7): 809-823.

（撰稿：邵旭升、周聪；审稿：李忠）

悬浮剂 aqueous suspension concentrate, SC

非水溶性的固体有效成分（原药）与相关助剂，在水中形成高度分散的悬浮液制剂，用水稀释后使用。又名水悬浮剂、浓悬浮剂、胶悬剂。农药悬浮剂的基本原理是将不溶或难溶于水的固体原药，借助表面活性剂和其他助剂的作用，分散到水中形成均匀稳定的粗分散体系。悬浮剂的有效成分在水中的溶解度一般应小于100mg/L，有效成分的熔点一般应不低于60℃，且在水中稳定性要高。

农药悬浮剂由原药、分散剂、润湿剂、增稠剂、防冻剂、pH调节剂、消泡剂、防腐剂组成。制备悬浮剂的有效成分（原药）应具备以下特点：①有效成分在水中的溶解度最好小于 100mg/L，溶解度越小越好。②有效成分的熔点最好不低于 60℃。③在水中的化学稳定性要高，对于有些不稳定的有效成分也可以通过加入稳定剂解决。悬浮剂的质量控制指标主要包括外观、有效成分含量、湿筛试验、悬浮率、分散性、倾倒性、pH 值、持久起泡性、热储稳定性、冷储稳定性。

悬浮剂的加工方式有超微粉碎法，即将原药、助剂、水混合后经预分散再进入砂磨机进行研磨，过滤后再加入增稠剂等进行调配的方法。从农药悬浮剂的加工工艺上来看，主要设备是湿磨机，最具代表性的是砂磨机。根据砂磨机的性能和研磨介质的要求，进入砂磨机的料浆必须达到一定的细度，一般 200 目左右，因此需要一道预粉碎的工序。另一种是热熔分散法即凝聚法，该方法的原理是将不溶或难溶于水的固体原药加热熔化，借助表面活性剂和其他助剂的作用，分散到水中形成相对均匀稳定的悬浮液。典型使用场景及优缺点：农药悬浮剂通常直接用水稀释后使用，能在防治对象上达到较大的均匀覆盖，故多数用于叶面、土表和水面喷雾。从目前已投产和研制的产品看，悬浮剂产品中以除草剂居多，其次是杀菌剂和杀虫剂。悬浮剂具有众多优点，包括药效不受水质、水温的影响，可直接或稀释后喷雾施药，易于取量、使用，无闪点问题，药效高等。但同时其也有对原药质量要求高、制备高性能悬浮剂技术难度大等缺点。另外，悬浮剂是一种热力学不稳定体系，长期储存时，容易出现析水、分层、沉淀、膏化等问题，随着现代新型高分子分散剂等新型助剂的应用以及加工设备的升级换代，悬浮剂发展中的这些问题已经基本解决。

（撰稿：杜凤沛；审稿：黄啟良）

悬浮率 suspensibility

可湿性粉剂、悬浮剂、微囊悬浮剂、水分散粒剂和水分散片剂等加水稀释后使用农药剂型质量控制技术指标之一。将这些剂型的农药用水稀释配成悬浮液，在特定温度下静置一定时间后，以仍处于悬浮状态的有效成分的量占原样品中有效成分量的百分率表示。悬浮率高，有效成分的颗粒在悬浮液中可在较长时间内保持悬浮状态，使药剂浓度在喷洒过程中前后保持一致，均匀覆盖靶标，较好地发挥药效。FAO 规定可湿性粉剂、悬浮剂、微囊悬浮剂和水分散颗粒这些剂型悬浮率至少应在 60% 以上。

悬浮率的测定，主要有如下几个标准方法：

CIPAC MT 15 suspensibility of wettable powders in water（可湿性粉剂的悬浮率）；

CIPAC MT 161 suspensibility of aqueous suspension concentrates（悬浮剂的悬浮率）；

CIPAC MT 177 suspensibility of water dispersible powders（水分散粉剂的悬浮率）；

CIPAC MT 184 suspensibility of formulations forming suspensions on dilution with water（用水稀释形成悬液的制剂的悬浮率）；

GB/T 14825—2006 农药悬浮率测定方法。

国际农药分析协作委员会（CIPAC）的测定方法 MT 184 融合了 MT15、MT161 和 MT168 的方法，已作为所有剂型通用的方法。

上述几种方法的原理和过程基本相同，均为：称取一定量的试样，用规定的 30℃ ±2℃的标准硬水按一定倍数稀释，放入 250ml 具塞量筒中，将量筒上下颠倒 30 次，垂直放入无振动的 30℃ ±2℃恒温水浴中，静置 30 分钟后，用吸管在 10～15 秒内将量筒内上部 9/10（225ml）的悬浮液抽出（如图）。用以下方法中的一种测出量筒中留下的 1/10（25ml）悬浮液及沉淀物的质量。

化学法：用与测定制剂有效成分相同的方法。

重量法：将剩余物蒸干，或用离心法或过滤法将固体分离出来，干燥称重。

溶剂萃取法：采用重量法相同的方法分离固体，将可溶在某一溶剂中的组分提取出来，将所得溶液蒸干，称重。

按下式计算悬浮率：

$$悬浮率=\frac{10}{9}\times\frac{100\times(c-Q)}{c}=\frac{111\times(c-Q)}{c}\%$$

$$c=\frac{a\times b}{100}$$

式中，c 为量筒中有效成分的质量（g）；a 为试样中有效成分的质量分数（%）；b 为量筒中加入的试样质量（g）；Q 为留在量筒底部 25ml 悬浮液中有效成分的质量（g）；10/9 为校正系数，因为留下的 1/10 悬浮液及沉淀物，其中沉淀物所占容积较小，主要是悬浮液，此悬浮液中的有效成分粒子仍处于悬浮状态，为此须乘以校正系数。

以上 3 种方法，化学法是唯一可靠的测定悬浮液中有效成分质量分数的方法。但是，简单的重量法和溶剂萃取法也可以用于日常分析，只要这些方法能给出与化学法相一致的结果。在出现争议的时候，使用化学法进行仲裁。

对于使用水溶性袋的剂型，悬浮率测定时必须添加实

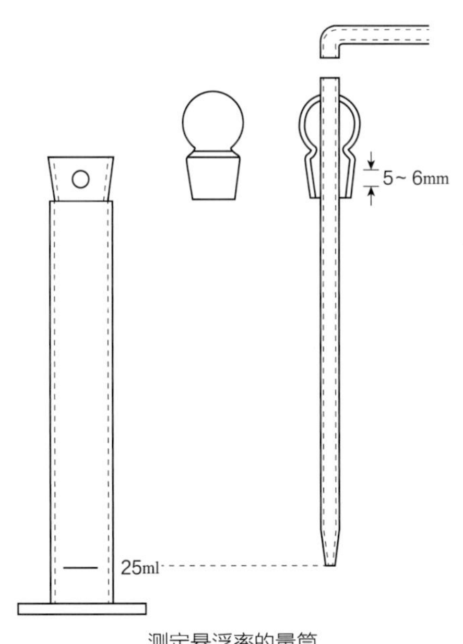

测定悬浮率的量筒

际应用比例的水溶性袋进行测试；如果含有多种规格水溶性袋包装的产品，使用水溶性袋浓度最高的比例进行。

参考文献

CIPAC Handbook F, MT 15, 1995, 45-48.

CIPAC Handbook F, MT 161, 1995, 394-398.

CIPAC Handbook F, MT 177, 1995, 445-447.

CIPAC Handbook K, MT 184, 1995, 142-148.

GB/T 14825—2006 农药悬浮率测定方法.

（撰稿：郑锦彪；审稿：黄啟良）

悬乳剂　suspoemulsion, SE

一种至少含有两种不溶于水的有效成分，它们以固体微粒和微细液珠形式分散在以水为连续相中的非均相液体制剂。悬乳剂是一个三相混合物，有机相（非连续相）分散于水相（连续相），以及完全分散在水相的固相。悬乳剂的平均粒径与以固体微粒和微细液珠形式存在的有效成分配比有关，因此在设计悬乳剂中的液态和固态有效成分配比时，需考虑其分散度及经济性和适用性。

悬乳剂的配方中除了原药外，还必须有适宜的乳化剂、分散剂、增稠剂、防冻剂、消泡剂等助剂。不是所有原药都能或需要制备成悬乳剂。当两种原药，一种为固体原粉，一种为原油或低熔点原药，且都不溶于水，两者混合使用能降低毒性、降低成本，具有增效作用或扩大防治谱等优点时，才加工成悬乳剂。悬乳剂的质量控制指标包括外观、分散稳定性、悬浮率、pH 值、倾倒性、持久起泡性、湿筛试验、低温稳定性和热储稳定性等。

悬乳剂的制备包括两个工艺过程，即固体物料的研磨和油状物料的乳化。通常有 3 种方法：①分别制备悬浮剂和水乳液，然后根据比例混合。②将各种原料混合在一起经各种加工过程形成悬乳剂。③先制备好悬浮剂，然后将原油、乳化剂及各种助剂用高速搅拌器直接乳化到悬浮剂中。第三种方法由于污染小、能耗低、生产效率高、稳定性好而使用较多。

在悬乳剂中可以同时存在液态和固态的农药有效成分，因此可用于农药复配制剂的水基化，与单剂相比，它具有扩大防治谱，减轻药害，并有一定的增效作用，同时也可以减少施药次数，节省时间和费用，具备良好的发展前景。悬乳剂可将多个固体和液体农药有效成分组合，在同一剂型中，生物效能可以互补，扩大防治谱，可减少喷雾次数；它以水为介质，对操作者和使用者安全，使用溶剂少，有利于环境保护、节省成本。但同时也存在一些缺点，如开发高质量稳定制剂的难度较大，对加工生产技术要求非常高。

（撰稿：杜凤沛；审稿：黄啟良）

旋光度测定法　optical rotation

有机化合物中，有一类化合物具有其实物与其镜像不能重叠的特点，即它们具有手征性（chirality），具有手征性的化合物称为光活性化合物，生物体内大部分有机分子都是光活性的。这些有机化合物能使偏振光的振动平面发生偏转，这种偏转的角度称为旋光度。旋光度的大小与所使用的溶剂性质和浓度大小有关，受到旋光管的长度、温度、光的波长等因素的影响。

比旋光度［α］ 在一定条件下，各种光活性物质的旋光度为一常数，通常用比旋光度来表示，下式为溶液的比旋光度计算公式：

$$[\alpha]_\lambda^t = \frac{\alpha}{cL}$$

式中，α 为旋光仪测得的旋光度；L 为旋光管的长度，以分米（dm）表示；λ 为所用光源的波长，通常是钠光源，以 D 表示；t 为测定时的温度；c 为测定溶液的浓度，以 1ml 溶液所含的溶质的克数表示。如果被测定的旋光物质本身是液体，可以直接放入旋光管中测定，不必配成溶液。纯液体的比旋光度计算公式：

$$[\alpha]_\lambda^t = \frac{\alpha}{\rho L}$$

式中，ρ 为纯液体的密度（g/cm^3）。当测得某物质的比旋光度后，如果知道该化合物的最大比旋光度或比旋光度的标准值，还可以通过下式求得样品的光学纯度，即测得的比旋光度与该物质的标准旋光度之比：

$$光学纯度 = \frac{[\alpha]_D^t = 观测值}{[\alpha]_D^t = 标准值} \times 100\%$$

比旋光度测定的意义 测定化合物的比旋光度，包含了比旋光度的大小和旋光方向两个信息：一方面通过比旋光度的大小和旋光方向并与该化合物的标准比旋光度的大小和旋光方向比较可以判断简单光活性化合物手性中心的绝对构型；另一方面也可以了解该化合物的光学纯度信息。

比旋光度测定的应用实例 通过 Sharpless 不对称双羟基化为关键步骤合成的昆虫信息素（5*S*, 6*R*）-6- 乙酰氧基 -5- 十六内酯，以钠光为光源在 25℃测得的比旋光度为 +36.8°，与文献报道该化合物在相同条件下测得的 +36.4°完全吻合，说明其光学纯度高且两个手性碳的绝对构型与文献一致。

参考文献

北京大学化学学院有机化学研究所, 2002. 有机化学实验[M]. 2 版. 北京: 北京大学出版社.

兰州大学、复旦大学有机化学教研室, 1994. 有机化学实验[M]. 北京: 高等教育出版社.

DONG H B, YANG M Y, ZHANG X T, et al, 2014. Asymmetric total synthesis of all four isomers of 6-acetoxy-5-hexadecanolide, the major component of mosquito oviposition attractant pheromones[J]. Tetrahedron: Asymmetry, 25: 610-616.

（撰稿：王明安；审稿：吴琼友）

X

旋转造粒 rotary granulation

造粒工艺的一种。由于它具有特殊的换热方式，即在加工过程中不是采用直接换热方式，而是采用间接换热方式，产品与冷却介质互不接触，冷却介质与造粒物料不相互污染，冷却介质可以循环使用。

原理 旋转式造粒机主要由两部分组成，即旋转式造粒机机头和钢带冷却器。造粒在机头完成，流动性物料由计量泵进入进料孔，进入布料器，当布料器与造粒转筒上的造粒孔相通时，进入造粒孔进行造粒，落到冷却钢带，冷却出料。旋转造粒机关键部位在于喷头，根据工作原理不同，主要有以下几种：底部供料均布喷孔锥形喷头、等质量密度喷洒锥形旋转造粒喷头、向下斜孔式锥形旋转造粒喷头、柱形水平斜孔式旋转造粒喷头和敞口旋转造粒喷头等。

特点 旋转造粒适宜于高黏度的物料造粒，其具有以下几个特点：①造粒的生产量比较小，生产能力相对较弱。②适宜于高黏度物料的造粒。③制备的颗粒剂是由筛网的孔径大小调节，粒子为圆柱状，粒度分布较窄。④制粒的成型率高，颗粒美观，可以自动出料，避免人工出料造成的颗粒破损。⑤适合流水作业。

设备 目前用于农药产品制备的主要有立式旋转造粒机、圆盘式旋转造粒机和旋转挤压造粒机。

应用 旋转造粒在农药工业中主要用于制备水分散粒剂、颗粒剂和水溶性粒剂。

参考文献

王时昣, 1995. 旋转造粒喷头的不同型式及其工作特点[J]. 大氮肥 (1): 10-17.

谢永波, 李书勤, 邹英杰, 等, 2003. 旋转式造粒机的设计与应用[J]. 化工装备技术, 24(4): 7-9.

杨关福, 苏为民, 戴宇, 2011. 具有搅拌装置的旋转造粒机[P]. CN202398342.

（撰稿：李洋；审稿：遇璐、丑靖宇）

血根碱 sanguinarine

一种具有胃毒、触杀等作用的苯菲啶异喹啉类生物碱植物源杀虫剂。杀虫活性成分主要存在于白屈菜、紫堇、博落回、血水草等植物中。

其他名称 绿哥、血根氯铵、氧化血根碱、血根碱硫酸盐、血根碱水合物、氯化血根碱。

化学名称 2-氨基-9-[4-羟基-3-(羟甲基)丁基]-3*H*-嘌呤-6-酮；2-amino-9-[4-hydroxy-3-(hydroxymethyl)butyl]-3*H*-purine-6-one。

IUPAC名称 [1,3]benzodioxolo[5,6-*c*]-1,3-dioxolo[4,5-i] phenanthridinium,13-methyl-。

CAS登记号 2447-54-3。

EC号 219-503-3。

分子式 $C_{20}H_{14}NO_4$。

相对分子质量 332.33。

结构式

开发单位 安徽省安庆市茁壮农药有限公司、安徽金土地生物科技有限公司。

理化性质 淡黄色针状结晶，味苦。熔点265～267℃。可溶于乙醇、氯仿、乙醚、丙酮和乙酸乙酯等有机溶剂，水中微溶，其硫酸盐可溶于水。常温稳定，对光稳定。

毒性 低毒。对眼睛有轻度刺激性，对皮肤无刺激性，无致敏性。对蜜蜂、家蚕低毒，但对鱼类高毒。12%血根碱母药（博落回生物总碱60%）大鼠急性经口LD_{50} 2330mg/kg（雌性）和2000mg/kg（雄性），大鼠急性经皮LD_{50} > 2150mg/kg，大鼠急性吸入LC_{50}（2小时）2150mg/L。

剂型 12%母药，1%可湿性粉剂。

作用方式及机理 具有胃毒、触杀作用。抑制昆虫乙酰胆碱酯酶活性。

防治对象 菜青虫、桃蚜、玉米螟、茶毛虫、茶尺蠖、稻蝽、稻苞虫、蛆蝇、果蝇、钉螺、蜗牛、福寿螺、二斑叶螨和梨木虱，还对番茄根结线虫和水稻潜根线虫有较好的活性。

使用方法 防治十字花科蔬菜菜青虫和菜豆蚜虫，1%血根碱可湿性粉剂用药量为有效成分4.5～7.5g/hm²（折成1%血根碱可湿性粉剂30～50g/亩）。防治苹果树蚜虫和二斑叶螨、梨树梨木虱，1%血根碱可湿性粉剂用药量为有效成分4～5g/hm²（折成1%血根碱可湿性粉剂26.7～33.3g/亩）。

注意事项 ①应在低温下保存，长时间暴露在空气中，含量会有所降低。②该药的速效性较差，通常药后3天防效明显上升，持效期7天左右。

与其他药剂的混用 据文献报道，1%苦参碱·血根碱微乳剂400倍液对葡萄霜霉病具有较好的防治效果。

参考文献

巩忠福, 杨国林, 王建华, 等, 2002. 19种植物提取物的杀螨活性观察[J]. 中国兽药杂志, 36 (1): 6-8.

李春梅, 郁建平, 2013. 血根碱对菜青虫几种代谢酶活性的影响[J]. 中国生物防治学报, 29 (3): 463-468.

孙光忠, 彭超美, 2003. 新型植物源杀虫剂——血根碱对苹果二斑叶螨控制效果初探[J]. 农药科学与管理, 24 (11): 17-18.

（撰稿：胡安龙；审稿：李明）

X

熏菊酯 barthrin

一种具有熏蒸活性的拟除虫菊酯类杀虫剂。

其他名称 熏虫菊酯、椒菊酯、ENT-21557。

化学名称 (1*R*,*S*)-顺,反式-2,2-二甲基-3(2-甲基-丙-1-

烯基)-环丙烷羧酸-3,4-亚甲撑二氧-6-氯-苄基酯；6-chloropiperonyl dl-*cis,trans*-2,2-dimethyl-3-(2-methyl-1-propenyl)-cyclopropane carboxylate。

IUPAC名称　(6-chloro-1,3-benzodioxol-5-yl)methyl (1*RS*,3*RS*；1*RS*,3*SR*)-2,2-dimethyl-3-(2-methylprop-1-enyl)cyclopropanecarboxylate。

CAS登记号　70-43-9。

分子式　$C_{18}H_{21}ClO_4$。

相对分子质量　336.81。

结构式

开发单位　1958年美国M. F. Barthel等首先合成，苯产品公司开发。

理化性质　工业品为淡黄色油状液体。熔点158～169℃（66.7Pa）和184～206℃（93.3Pa）。蒸气压1.33mPa（20℃）。折射率n_D^{25}1.5378。不溶于水（计算值，3mg/L），能溶于丙酮、煤油和多种有机溶剂。

毒性　大鼠急性经口LD_{50} 1500mg/kg。对鱼和哺乳类动物的毒性不高。

作用方式及机理　杀虫活性低于烯丙菊酯而高于除虫菊素，但稳定性较好。

防治对象　家蝇、红蜚蠊、盐沼卤虫。

使用方法　对家蝇、红蜚蠊等，主要采用喷雾防治；对于盐沼卤虫，可加该品于海水中，浓度为118mg/kg，在42小时的防效为95%。

注意事项　储存在密闭容器中，放置于低温凉爽的库房内，勿受热，勿受日光照射。

参考文献

王振荣, 李布青, 1996. 农药商品大全[M]. 北京: 中国商业出版社: 168.

朱永和, 王振荣, 李布青, 2006. 农药大典[M]. 北京: 中国三峡出版社: 174.

（撰稿：刘登曰；审稿：吴剑）

熏烟法　smoking

一种介于细喷雾法、喷粉法与熏蒸法之间的高效施药方法，它利用烟剂（烟雾片、烟雾筒等）农药产生的烟来防治有害生物。烟是悬浮在空气中极细的固体微粒，沉降缓慢，能在空气中自行扩散，在气流的扰动下能扩散到更大的空间和很远的距离。其特点是一方面可以产生很高的工效和效力，另一方面也可能污染环境。但在温室大棚等保护地密闭的环境条件下，不存在污染环境的问题，在温室大棚中应用越来越普遍（见图）。

在众多农药中，只有很少一部分农药适合加工成烟剂，可以采用熏烟法技术。很多农药，或者由于蒸气压太低，加热后不能气化；或者由于高温下容易分解等原因，并不适合加工成烟剂。例如，多菌灵在加热到接近于熔点时即已开始发生热分解，所以用多菌灵作为有效成分不可能制成烟剂，有些以多菌灵为有效成分的杀菌烟剂，所产生的“烟”实际上相当大部分是分解物所形成的烟；噻苯咪唑也存在类似问题，在加工成烟剂后，热分解和氧化分解造成的分解率很高。

在保护地密闭空间点燃烟剂后，由于颗粒细小，烟剂在空中有4种运动特性：①布朗运动。颗粒在空中无规则运动，使烟粒能在生物靶标上多向沉积，在叶片背面沉积量高于常规喷雾法。②热致迁移现象。烟粒在向靶标表面运动时，能被热靶体排斥而向冷靶体沉积，这种现象称之为热致迁移。阳光照射下的植物体，特别是叶片表面温度高于周围空气温度，温差可高达6～9℃（取决于阳光的强度和辐射角度），使叶片成为热靶，烟粒不易沉积；而傍晚或清晨的叶片温度低于气温或相近时，叶片成为冷靶，烟粒的沉积显著增加。③烟粒聚并。单个的烟粒在运动中发生聚并并逐步丧失布朗运动和热致迁移现象，大团粒的沉降速度加快，沉积分布不均匀。④烟云流动。浓密的烟粒密聚体（烟云）在空气中随气流而移动的现象称为烟云流动，烟云流动的快慢、流动的方向和范围，受气流的强弱和方向的影响。

由于细小烟粒的运动特性，烟粒在温室大棚等保护地的密闭空间中悬浮时间长，飘翔距离远，烟粒可以深入沉积到蔬菜叶片背面、植株内部，药剂沉积分布均匀，病虫害防治效果好。

作用原理　是以农药原药、燃料（各种碳水化合物如木屑、淀粉等）、氧化剂（又名助燃剂，如氯酸钾、硝酸钾等）、消燃剂（如陶土、滑石粉等）制成的粉状混合物，点燃后，可以燃烧，但应只发烟而没有火焰，农药有效成分因受热而气化，在空气中冷却又凝聚成固体颗粒，直径可达0.1～2μm。沉积到植物上的烟粒不但对害虫具有良好的触杀和胃毒作用，而且空气中极微小的烟粒还可通过害虫的呼吸通道进入虫体内而起致毒作用。

适用范围　烟剂施用时受自然环境尤其是气流的影响

大棚内熏烟法施药防治番茄灰霉病（袁会珠摄）

较大，所以一般适用于植物覆盖度大或空间密闭场所中的病虫害防治，如森林、仓库、温室和大棚植物病虫害的防治。

主要内容

室内熏蒸　除居室点蚊香熏蚊以外，常在温室、大棚、仓库内熏烟防治病虫。对温室、塑料大棚作物上的病虫，可按作物冠层体积或叶面积确定用药量。对于飞翔的害虫，可根据封闭空间的体积来确定用药量。例如，用45%百菌清烟剂防治温室、塑料大棚中的黄瓜霜霉病和黑星病、番茄叶霉病和早疫病、芹菜斑枯病、草莓白粉病等，亩用烟剂200～250g，傍晚时，先关闭温室或大棚，将烟剂分别放在4～5处，如果地面潮湿可用瓦片或砖头垫上，以防烟剂受潮，用香或烟头暗火点燃，发烟时闭室（棚），熏一夜，次日通风。又如，用硫黄烟剂进行空棚室消毒时，将棚室密闭，每100m^{2}用硫黄粉250g、锯末500g混匀后，于晚上点燃熏一夜，次日打开棚室，通风数日后方可种植作物。国产烟剂大多是用于防治棚室蔬菜病害。

熏烟法　可以用于蔬菜保鲜，例如中国广泛采用噻苯咪唑烟剂用于冷库或常温储存各种水果及蔬菜保鲜。熏烟法还可以用于空仓消毒，消灭空仓中比较隐蔽的害虫和病原菌，沉积的烟粒比熏蒸剂气体的药效持久。但是烟粒不能穿透粮食或其他货物的包装袋、包装箱，不能灭杀包装袋或包装箱内的害虫和病原菌。装有货物的仓库宜采用熏蒸法。

郁闭林区、果园熏烟　在林果区熏烟，必须在树冠层处于气温逆增时才能进行，才会取得良好的防治效果。气温逆增就是地面气温下降气流向下飘沉，当阳光穿透树冠间隙达到林地表面时，树冠内逆温就消失，则不适宜进行熏烟。在林果地熏烟，一般宜在傍晚和清晨进行。中国应用18%硫黄烟剂（亩用600～1100g）熏烟防治松树早期落叶病，取得很好的效果。

影响因素

成烟率　成烟率是烟剂点燃后在烟中农药含量与烟剂点燃前含药量的百分比。成烟率高就表示在烟中含农药量多，防治病虫的效果就好；反之，成烟率低就表示在烟中含农药量少，防治病虫的效果就差。影响成烟率高低的主要因素：①烟剂中农药有效成分的热稳定性。烟剂在点燃过程中产生高热，农药有效成分在热力作用下会有分解，分解多少直接影响成烟率的高低。②烟剂点燃后残渣中农药有效成分的含量高，表示有较多的药剂没有成烟。一般要求农用烟剂的成烟率＞80%，蚊香成烟率＞60%。

湿度　在温室和大棚中施放烟剂时，如果室内空气湿度比较大，悬浮在空气中的细小雾珠能够凝聚烟粒，并形成较大的烟粒，加快降落。在放烟时需注意降低棚室中的空气湿度。

气流　室内熏烟，气流对烟影响较小，但在野外熏烟，气流对烟的影响是很大的，也就影响熏烟的防治效果，这种影响主要体现在以下5个方面：

①上升气流。白天在日光照射下，地面及地面所有物体、作物表面吸收热量，而使其温度高于空气温度，因此气流上升，烟也随上升气流向上部空间飘散，难以沉积在作物表面上。所以白天，特别是日照强的白天，不能进行野外熏烟。

②逆温层。也可以说是向下气流，即气流向下沉。日落后地面及所有物体（包括作物）表面便开始向外释放白天吸收的阳光热量，把空气层加热，使气温高于地面和作物表面的温度，而产生逆温层，烟在逆温层下能滞留而不易飘失，因此熏烟宜在傍晚或清晨进行。

③水平气流。熏烟时产生的烟在作物丛中滞留的时间长短和沉积量多少，直接影响防治效果，而风向和风速能改变烟的流向和流速，所以在微风时熏烟能取得好的效果。

④地形地貌。由于气流（或说是风）的影响，在低凹地、阴冷地烟就相对集中，浓度大。

⑤海风和陆风。在陆地与水域相邻地面，早晨风由陆地向水面吹，谓之陆风；傍晚风自水面向陆地吹，谓之海风。在海风和陆风交变期间，这地区就出现静风。不管海风、陆风，还是静风，都影响烟的流向和流速。

利用好上述5项因子，在森林、果园中采用熏烟法可获得较好的效果。

注意事项　①对症下药。根据发生病虫害种类、特点、抗性等因素，选用合适烟剂，才能获得理想防治效果。②严格掌握用药时期及时间。阴天是烟剂使用的最佳时期，傍晚是烟剂最适宜的使用时间。③注意烟剂使用剂量和次数。④施药方法要规范。⑤与喷雾、喷粉等用药方法交替使用。⑥烟剂保管注意防火防潮。

参考文献

徐映明, 2009. 农药施用技术问答[M]. 北京: 化学工业出版社.

袁会珠, 2011. 农药使用技术指南 [M]. 2版. 北京: 化学工业出版社.

中国农业百科全书总编辑委员会农药卷编辑委员会, 中国农业百科全书编辑部, 1993. 中国农业百科全书: 农药卷[M]. 北京: 农业出版社.

（撰稿：周洋洋；审稿：袁会珠）

熏蒸处理法　fumigation

采用熏蒸剂在能密闭的场所杀死害虫、病菌或其他有害生物的技术措施，是检疫除害处理、土壤消毒、仓储害虫熏蒸防治等常用的化学方法之一，也可以用于作物后期害虫的防治（见图）。出口粮谷、油籽、豆类、皮张等商品以及包装用木材与植物性填充物等时，需要出具熏蒸证书，证明出口产品已经过熏蒸灭虫处理。

作用原理　熏蒸剂是以其气体分子起作用的，不包含呈液态或固态的颗粒悬浮在空气中的烟、雾或霾等气雾剂。熏蒸剂是指在所要求的温度和压力下能产生对有害生物致死的气体浓度的一种化学药剂。这种分子状态的气体，能穿透到被熏蒸的物质中去。熏蒸后通风散气，能扩散出去。熏蒸剂的蒸气主要通过昆虫的呼吸系统进入昆虫体内，如成虫、幼虫、蛹是通过气门进入其体内。某些熏蒸剂可能是通过昆虫节间膜渗透。

适用范围　熏蒸技术是一种普遍使用的化学除害方法，

温室内熏蒸处理（周洋洋摄）

具有操作简单、适用面广、经济高效等特点，广泛应用于木材、粮食、水果、种子、苗木、花卉、药材、土壤、文物、资料、标本上各类害虫、真菌、线虫、螨类及软体动物的除害处理。熏蒸技术被广泛地应用于植物检疫中各种病虫的处理，也常用于防治仓储害虫、原木上的蛀干害虫以及文史档案、工艺美术品和土壤中的病虫，甚至也是防治白蚁、蜗牛等的重要方法。

主要内容

熏蒸场所　熏蒸必须在能保留住熏蒸剂并使处理期间熏蒸剂损失最少的密闭空间进行。设计和建造熏蒸室，必须要满足下面的条件：①必须按规定保证一定的气密程度，并在每次使用中都应有良好密闭状态。②必须配备有效的气体循环和排放系统。③必须备有分散熏蒸剂的有效系统。④必须提供合适的固定装置，以便进行压力渗透检测和气体浓度取样。⑤应备有自动记录温度计。⑥为了保证熏蒸的有效性或避免农产品受害，应尽可能备有加热和制冷装置。因此，熏蒸室主要设备包括密闭结构、循环与排气系统、熏蒸剂的气化系统、压力渗漏检测及药剂取样设备；附属设备包括电力系统、气体输入系统、环流系统、排气系统、加热和制冷系统。土壤熏蒸一定要采用专用塑料膜覆盖土壤，称之为土壤覆膜熏蒸。采用熏蒸防治大田作物虫害，一定要在作物封行郁闭后进行。例如20世纪70~80年代，中国曾广泛采用敌敌畏拌麦糠后撒施到棉田行间熏蒸防治棉花蚜虫。

熏蒸剂　熏蒸剂是指在所要求的温度和压力下能产生使有害生物致死的气体浓度的一种化学药剂。经常使用的熏蒸剂有十多种，可以按其理化性质或使用方式分为不同类型。按物理性质分：固态，如磷化铝；液态（常温下呈液态），如敌敌畏、四氯化碳、二溴乙烷、氯化苦、二硫化碳等；气体（常温下呈气态），如硫酰氟、溴甲烷（禁止在黄瓜、草莓上使用）、环氧乙烷等，经压缩液化，储存在耐压钢瓶内。按化学性质分：卤代烃类，如溴甲烷、四氯化碳、二氯乙烷、二溴乙烷等；氰化物类，如氢氰酸、丙烯腈等；硝基化合物类，如氯化苦、硝基乙烷等；有机化合物类，如环氧乙烷、环氧丙烷等；硫化物类，如二硫化碳、二氧化硫等；磷化合物类，如磷化铝、磷化钙等；其他类，如甲酸甲酯、甲酸乙酯等；一般还是以卤化烃的衍生物最多。从应用观点分：低相对分子质量高蒸气压类，如溴甲烷、硫酰氟、氢氰酸、磷化铝、环氧乙烷等；高相对分子质量低蒸气压类，如氯化苦、二溴乙烷、二氯乙烷等。理想的熏蒸剂应具有以下特点：①杀虫、杀菌效果好。②对动植物和人畜毒性最低。③生产和使用都较安全。④人的感觉器官易发觉。⑤对货物的不利影响小。⑥对金属不腐蚀，对纤维和建筑物不损害。⑦有效渗透和扩散能力强。⑧不容易凝结成块状或液体。选择时，除考虑药剂本身的理化性能外，还要根据熏蒸货物类别、害虫或病害的种类以及当时的气温条件，综合研究分析后而决定。其中最重要的是对有害生物的杀灭效果好而不影响货物的质量。

使用方法　根据使用条件和地点，有仓库熏蒸、帐幕熏蒸、减压熏蒸（真空熏蒸）、土壤熏蒸等。

影响因素　熏蒸效果受药剂的物理性质、熏蒸的环境条件、熏蒸物品与有害生物种类、生理状态等多种因素的影响。

温度　温度直接影响有害生物的活动。多数昆虫在1~6℃时，心搏停止；温度升到45~50℃时，心脏不再收缩。温度在10℃以上时，温度增高，药剂的挥发性增强，气体分子的活动性和化学作用加快，昆虫的活动、呼吸量增大，单位时间内进入虫体的熏蒸剂蒸气浓度相对提高。温度在10℃以下称之为低温熏蒸。较低温度增加货物对熏蒸剂的吸收，降低熏蒸剂扩散穿透能力，降低昆虫呼吸率，增加抗毒能力。因此，不提倡低温熏蒸。有的熏蒸剂如氢氰酸等在低温下虽能气化发挥杀虫作用，但其杀虫效果仍受低温的影响。一般在谷物温度21~25℃使用有效的杀虫剂量，当温度下降时要适当增加剂量：10~15℃，药量增加到1.5倍；16~20℃，药量加到1.25倍；25℃以上，用3/4的药量。此外，害虫在熏蒸前和熏蒸后所处的温度状况也影响杀虫效果。熏蒸前害虫如处于低温环境，新陈代谢低，即使移入较高温度下熏蒸，害虫的生理状态仍受前期低温的影响，抗药能力也较高。熏蒸后温度对害虫死亡的影响，在实践中无重要意义。

湿度　空气湿度对熏蒸效果的影响不如温度那样大，但对某些熏蒸剂影响较大。例如，相对湿度大或谷物含水量较高时，可促使磷化铝分解。

密闭程度　熏蒸时密闭程度直接影响效果。毒气泄漏会降低熏蒸剂蒸气浓度和渗透能力，降低熏蒸效果，还可能发生中毒。

货物的类别和堆放形式　货物对熏蒸剂的吸附量的高低和货物间隙的大小，直接关系到熏蒸剂蒸气的穿透。杂货或袋装粮，对熏蒸剂穿透的阻力小，散装粮阻力大，尤其是海运粮船，经远洋航行，粮食致密，船舱深，需打渗药管，辅助熏蒸剂渗透。

药剂的物理性能　熏蒸剂的挥发性和渗透性强，能迅速、均匀地扩散，使熏蒸物品各部位都接受足够的药量，熏蒸效果较好，所需熏蒸时间较短。溴甲烷、环氧乙烷和氢氰酸等低沸点的熏蒸剂扩散较快；二溴乙烷等高沸点的熏蒸剂，在常温下为液体，加热蒸散后，借助风扇或鼓风机的作用，方能迅速扩散。与熏蒸剂扩散和穿透能力有关的因子有相对分子质量、气体浓度和熏蒸物体的吸收力。一般来说，较重的气体在空间的扩散慢；气体浓度越大弥散作用越强，渗透性也越大。吸附性高可能影响被熏蒸物品的质量，如降低发芽率、使植物产生药害、使面粉或其他食物中营养成分变质，甚至有时由于熏蒸剂被食物吸收而引起食用者的间接中毒。

昆虫的虫态和营养生理状况　同种昆虫不同虫态对熏蒸剂的耐受力：卵强于蛹，蛹强于幼虫，幼虫强于成虫，雄虫强于雌虫。饲养条件不好、活动性较低的个体呼吸速率低，较耐熏蒸。

注意事项　利用熏蒸技术进行除害必须符合检疫法规和相关文件的有关规定，参见《中华人民共和国进出境动植物检疫法》《植物检疫条例》《GB/T 17913—2008 粮油储藏磷化氢环流熏蒸装备》《GB/T 31752—2015 溴甲烷检疫熏蒸库技术规范》《NY/T 2725—2015 氯化苦土壤熏蒸技术规程》等。

参考文献

徐映明, 朱文达, 2004. 农药问答[M]. 北京: 化学工业出版社.

许志刚, 2008. 植物检疫学[M]. 北京: 高等教育出版社.

袁会珠, 2011. 农药使用技术指南[M]. 2版. 北京: 化学工业出版社.

中国农业百科全书总编辑委员会农药卷编辑委员会, 中国农业百科全书编辑部, 1993. 中国农业百科全书: 农药卷[M]. 北京: 农业出版社.

（撰稿：周洋洋；审稿：袁会珠）

熏蒸毒力测定　evaluation of fumigation toxicity

使药剂从气门进入虫体，到达作用部位而引起昆虫中毒致死反应，由此来衡量杀虫剂熏蒸毒力的生物测定。基本原理是在适当气温下，利用有毒的气体、液体或固体挥发产生的蒸气毒杀害虫（或病菌），称为熏蒸。熏蒸时，毒剂主要以气态从昆虫的气门进入气管，再分布到全身的器官，然后到达神经作用部位。因此测定熏蒸毒力的装置都必须基于同一原则，即试虫在一密闭容器中不能和固态或液态的毒剂直接接触。毒剂只能以气态和试虫接触。

适用范围　适用于能挥发产生蒸气而毒杀害虫的杀虫剂毒力测定。

主要内容　熏蒸毒力测定方法主要有药纸熏蒸法、三角瓶熏蒸法、熏蒸盒法和广口瓶法等。

药纸瓶熏蒸法　随机选取发育及生活力趋于一致的试虫。将供试昆虫接入300ml三角瓶中，并将面积7~8cm^{2}的滤纸条固定在大头针顶端，大头针尖端插入瓶塞中央（见图），

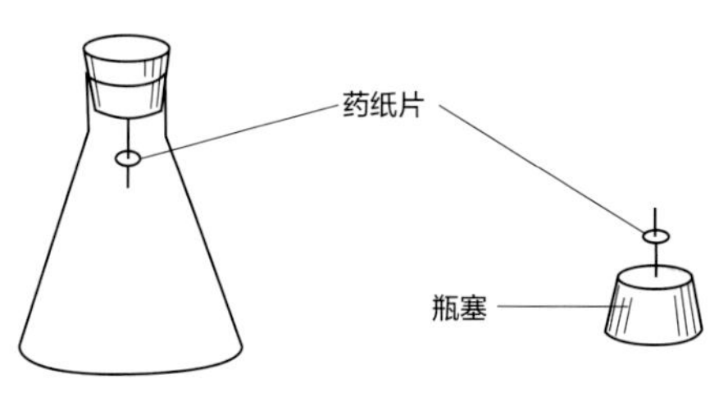

药纸瓶熏蒸法

根据预试结果设置各试虫的处理剂量梯度，由低到高依次用微量移液器向滤纸条上滴加熏蒸剂（对照组不加），迅速盖上瓶塞，每处理重复4次，每重复用试虫10头。将三角瓶置于养虫室（培养温度为24~26℃，相对湿度为70%~80%，每日光照期及暗期各12小时）培养。储粮害虫24小时（卫生害虫如家蝇等4小时）后，揭盖散气将试虫转入干净培养皿中再观察24~96小时后检查结果。各处理均检查死亡数，计算死亡率和校正死亡率，并求出LC_{50}及其95%置信限。

三角瓶熏蒸法　将供试昆虫用毛笔移入小布袋中封口，将滴有供试药剂的滤纸装入一个大三角瓶（1000ml）中，注意勿使药液污染瓶口，然后将装有试虫的小布袋用棉线吊在三角瓶中间，用胶皮塞塞上瓶口，置于25℃温度条件下，作用一定时间后，定期观察试虫的击倒中毒和死亡反应。

熏蒸盒法　在1.5L熏蒸盒内，沿对角线固定1根细铜丝，将叶片、滤纸条悬挂在细铜丝上，叶片要刚好接触到盒底。接入试虫，根据预试结果的剂量梯度，由低到高依次用微量移液器向滤纸条上滴加熏蒸剂（对照组不加），迅速盖上内沿涂有均匀凡士林的盒盖。每处理设3个重复，每重复试虫10只，置于养虫室内培养24小时（卫生害虫如家蝇等4小时），揭盖散气将试虫转入干净培养皿中观察24~96小时，检查死亡虫数，计算死亡率和校正死亡率，求出毒力回归方程、LC_{50}及其95%置信限。

广口瓶法　用两个广口瓶（250ml），在一个广口瓶中放入一定数量的目标昆虫，另一个广口瓶中放入定量药液，然后用插有数根粗玻管的橡皮塞将两个广口瓶严密地连接在一起，断续振摇瓶，使药剂挥发气体充分扩散均匀，作用一定时间后，将目标昆虫移入干净器皿中，放入新鲜饲料，用纱布盖上，置于正常的环境条件下，于规定时间内，观察目标昆虫中毒及死亡反应。

参考文献

陈年春, 1991. 农药生物测定技术[M]. 北京: 北京农业大学出版社.

沈晋良, 2013. 农药生物测定[M]. 北京: 中国农业出版社.

（撰稿：黄晓慧；审稿：袁静）

熏蒸法　fumigation method

将线虫和药剂分别放到密闭容器中，通过药剂挥发，发挥熏蒸作用杀死线虫的方法，是测定供试药剂是否具有熏蒸作用及熏蒸作用大小的一种方法。

适用范围　适用于具有熏蒸作用的药剂。

主要内容　在熏蒸瓶壁上贴一湿滤纸，瓶底放一小玻皿（皿高1cm，直径2cm），皿中注入蒸馏水，使水位高2mm左右，放入15~20条供试线虫，同时在瓶底放一滤纸片（1mm×3mm），用微量注射器将供试药剂滴加在滤纸上。在25℃ ±1℃下处理24小时或48小时，观察线虫死亡情况。

参考文献

粟寒, 刁亚梅, 李捷, 等, 2000. 杀线虫剂生物活性测定方法[J]. 浙江化工, 31(增刊): 85-89.

DAWESV K G, LAIRD I, KERRY B, 1991. The motility development and infection of *Meloidogyne incognita* encumbered with spores of the obligate hyperparasite *Pasteuria penetrans*[J]. Revue Nématol, 14(4): 611-618.

（撰稿：袁静；审稿：陈杰）

熏蒸剂 vapour releasing product, VP

将在常温下由符合规定要求、不借助外界设备、自身具有较大挥发性的药剂，通过化学或物理方法将其加工成相应形式，其挥发速度可通过选择适宜的助剂或施药器械加以控制，使之能根据不同使用条件及场合不断散发出药物蒸气弥漫于空间，以达到有效杀灭各种有害生物目的的各种制品。其作用方式：释放的有毒气体通过害虫的呼吸系统扩散到整个虫体内使害虫死亡。按照物理性质分，熏蒸剂分为固态、液态和气态。按化学性质分，熏蒸剂分为卤化烃类、氰化物类、硝基化合物类、有机化合物类、硫化合物类、磷化合物类、其他类。按应用角度分，熏蒸剂分为低分子量高蒸气压类、高分子量蒸气压类。

根据实际应用情况，配方组成可以是符合要求的单一的农药原药，也可以是由符合要求的农药原药、填料组成。在特定情况下，熏蒸剂配方及质量指标可以基于有效成分特性及实际使用场景进行设计，但应有足够试验数据对其有效性与安全性进行支撑。

熏蒸剂的制备方法：可以直接由农药原药、填料等一起混合而成，也可以将农药原药直接装入一定厚度的塑料袋或乳胶袋内，袋口封紧。根据配方组分特性，熏蒸剂一般采用将配方组分混合，同时结合实际应用情况，采用通用的制剂加工工艺方法制备相应的制剂制品。也可以直接计量混合加工。根据农药有效成分特性，也可以利用易气化的有机溶剂把农药原药溶解混合搅拌而成。

熏蒸剂主要利用一些在常温下容易气化、满足熏蒸剂要求的农药原药，通过其自身挥发或升华的气体分子态物质发挥药效作用，或将熏蒸剂制剂施于土壤后，通过释放产生具有杀虫、杀菌或除草作用的气体。在密闭空间内使用熏蒸剂，通过释放的有毒气体，能迅速杀死可能躲藏在集装箱及各种密闭场所内（如农田大棚、文物档案室、建筑物及易燃易爆场所）的有害生物。熏蒸效果通常与温度呈正相关，温度越高，效果越好。如果延长熏蒸处理时间，较低的浓度也可能获得较好的防治效果。当前主要有仓库熏蒸法、帐幕熏蒸法、减压熏蒸法和土壤熏蒸法这4种熏蒸方法。在农业上使用较多是仓库熏蒸和土壤熏蒸，仓库熏蒸用于作物收获后的处理，而土壤熏蒸是在作物种植前的处理。熏蒸剂具有很强的扩散和渗透能力，可以定量释放，操作简单、安全可靠，处理物表面无残留，避免了通常使用的杀虫剂、杀菌剂残留严重问题。此外，该制剂由于直接施用、不需用水，成本低、工效高，对农作物相对安全等特点而得到广泛应用。

（撰稿：张国生；审稿：遇璐、丑靖宇）

熏蒸杀虫剂 fumigation insecticide

在常温常压下容易成为蒸气并由蒸气毒杀害虫和有害菌的化学药剂。蒸气一般通过害虫的呼吸系统或皮肤进入体内。用以防治潜伏在房舍、仓库、飞机、车、船中的各种害虫，农业上多用以熏杀种子、储粮、果树、苗木的害虫、螨类和病菌，也可用作土壤消毒。杀虫时是以毒剂挥发出来的有毒气体混合在空气中，达到一定浓度，通过害虫的呼吸系统，进入组织内部，经过一定时间，引起中毒而致死。由于气体分子有很大的活动性，因此，物理性质上的渗透力和扩散力也大，能侵入到任何缝隙中，在最短时间内达到最高杀虫效果。在熏蒸过程中，往往因其他因子的影响而削弱熏蒸杀虫效果，这些因子包括熏蒸剂本身的理化性质（如蒸气压力、渗透力、分子扩散力、浓度等），熏蒸室的密闭程度，熏蒸对象对毒气的吸着性（吸收和附着的性能），毒气在熏蒸空间的分布情况，熏蒸时间的长短，温湿度的高低以及二氧化碳和氧的含量等。

大多数熏蒸剂为液体，按化学组分可分为卤化物（数量最多）、氰化物、磷化物及其他。只有当熏蒸剂在空气中的浓度大于害虫的致死浓度，才能起到毒杀作用。因此，熏蒸剂通常适用于具有一定温度的密闭空间，如防治粮仓、货仓、库房、蔬菜暖房或车、船内的各种害虫、病菌。农业上主要用于仓库生态系的仓储害虫。仓库生态系以储藏物为中心，仓储害虫是仓库生态系的组成部分。仓储害虫因其严重危害储藏物而被广泛研究。至今，全世界已定名的仓储害虫有533种，中国有仓储害虫383种，其中分布广、危害大的主要是米象、玉米象、谷蠹、谷盗类、豆象类、麦蛾、印度谷螟等，使储藏的粮食等受到很大损失。

长期生活于仓储条件下的仓储害虫，由于对环境的适应而形成了一个特殊的类群，具有独特的生物学特性，主要表现为体小、不到种群密度增大时往往不易被发现；对环境的适应性强，能耐高温、低温、抗干燥、耐饥饿；食性杂，分布广，严重危害仓储物。仓储害虫对储藏物造成的损失大致有3个方面：一是害虫吃掉仓储物而引起的直接损失；二是仓储害虫的分泌物、粪便及脱皮污染仓储物，甚至引起发热霉变而造成的间接损失；三是使仓储物生虫引起商品价值降低而造成的损失。仓储害虫造成的损失往往十分惊人。全世界储藏的粮食每年约10%损失于虫害，即每年被仓虫损害的谷物可供2亿人一年的食用。有些国家和地区有时损失甚至高达40%。

在仓储害虫的防治中，化学防治一直作为仓储害虫防治的主要手段。全球每年为挽救因害虫对储藏物造成的损失而使用的农药达20亿～30亿kg 。目前，在仓储害虫防治中使用的化学杀虫剂主要有防护性杀虫剂和熏蒸剂两大类。

熏蒸杀虫剂发现和应用均较早。1869年，法国人将二硫化碳注入土壤防治葡萄根瘤蚜虫。1886年，在美国加利福尼亚州首次用氢氰酸熏蒸防治柑橘介壳虫。1908年，四氯化碳和氯化苦开始用作熏蒸杀虫剂 。1925年，奈弗特发现二溴乙烷有杀虫作用。1928年，环氧乙烷开始用作熏蒸杀虫剂。1932年，法国勒古皮尔报道用溴甲烷作储谷熏蒸剂。1941—1942年，德国开始用丙烯腈熏杀粮仓害虫。1957年，陶氏化学公司推广硫酰氟。以后新品种开发无大进展。早期发现的许多老品种仍在广泛应用。

从化学结构上看，熏蒸杀虫剂的主要类型：①卤代烷类。如四氯化碳、溴甲烷、二氯乙烷、二溴乙烷、二氯丙烷、二溴氯丙烷、氯化苦。②硫化物类。如二硫化碳、硫酰氟。③磷化物类。如磷化铝、磷化钙、磷化镁、磷化锌、磷化氢。④氰化物类。如氢氰酸、氰化钙。⑤环氧化物类。如环氧乙烷、环氧丙烷。⑥烯类。如丙烯腈、甲基烯丙基氯。⑦苯类。如偶氮苯、对二氯苯、邻二氯苯。其中磷化铝是目前防治储粮害虫使用量最大的品种。

熏蒸剂是在一定温度和压力条件下，能产生对有害生物具有防治作用的气体的一类化学物质。在常温常压下，它们中有些种类是以气体状态存在的，而有些种类则需经过某些化学反应或增加温度后才能产生这种气体。

熏蒸杀虫剂的性能特点：①渗透力强。熏蒸杀虫剂所产生的气体的扩散、分布、渗透能力极强，适用于防治仓库、温室、帐幕、船舱、车厢、集装箱等密闭空间中的有害生物，也用于熏杀土壤中的有害生物，特别是缝隙和隐蔽处的有害生物，使用熏蒸杀虫剂进行防治的效果最好，效率最高。②防治谱广。熏蒸杀虫剂多无选择性，能防治多种有害生物，例如，磷化铝能熏杀多种仓库害虫，也可用于灭鼠；又如，氯化苦具有杀虫、杀螨、杀菌、杀线虫、杀鼠作用。③影响因素。温度、湿度、害虫种类、虫期、被熏蒸物体的性质等均对熏蒸效果有影响。温度影响药剂挥发、渗透速度，影响昆虫活跃和代谢程度，因而对熏蒸效果影响大。

当储藏物已经发生害虫，或害虫潜藏在不易发现和不易接触的地方，熏蒸剂对于仓储害虫的防治十分有效。自法国最早使用二硫化碳熏蒸防治谷象后，逐渐产生了近40种化学熏蒸剂。中国使用熏蒸剂防治仓储害虫始于20世纪50年代初期，药剂种类主要有氯化苦、溴甲烷和氢氰酸等。由于成本、安全性和仓库封闭性能等原因，氯化苦已很少使用；溴甲烷主要用于检疫性的港口和货物熏蒸，近年来被列为破坏大气臭氧层物质而被禁用；氢氰酸已不再使用。20世纪60年代开始使用的磷化氢，由于它在成本、药效、施用方法、残留毒性以及安全防护等方面具有独特的优点，已成为生产中使用量较大的熏蒸剂。但近年来仓储害虫对磷化氢的抗性在全球范围内有增强的趋势。20世纪80年代以来，人们的环保意识和对食品卫生要求不断提高，有不少老的熏蒸剂品种先后被淘汰，新的可被广泛接受的品种又难以开发出来，这使得国际上可用的熏蒸剂品种不断减少。目前通用的熏蒸剂主要是磷化铝、溴甲烷、环氧乙烷 、硫酰氟、氯化苦、丙烯腈、磷化钙等。

参考文献

高华, 甄彤, 祝玉华, 2016. 仓储害虫检测的研究现状及其展望[J]. 粮食储藏 (6): 10-14.

宋祺, 2010. 熏蒸剂的使用现状与研究进展[J]. 湖北植保 (3): 59-61.

尹文雅, 王小平, 周程爱, 2002. 仓储害虫的为害及化学防治现状[J]. 湖南农业科学 (6): 54-56.

（撰稿：陶黎明；审稿：徐文平）

熏蒸作用 fumigant poisoning action

药剂气化后以气体状态，通过昆虫的呼吸作用从气门进入虫体而致昆虫死亡的作用方式。

杀虫剂通过呼吸系统进入昆虫体内是一条最短、最快的捷径。气体分子在空间有很强的运动能力，可自行扩散到空间的任何一个角落，同昆虫的接触效率高。昆虫的气管由体壁内陷形成，气管的内壁与表皮构造相同。气门是体壁内陷时的开口，可挥发的药剂通过气门、气管、支气管、微气管，最后到达血液，抑制虫体内酶的活性，阻断昆虫的呼吸链使其窒息死亡或导致昆虫体内过氧化物等细胞毒素的积累而发挥毒效。

具有熏蒸作用的杀虫剂称为熏蒸剂，熏蒸剂的使用通常采用熏蒸消毒法。药剂以气体形式进入昆虫体内，因为气体可以通过气门自由进入气管，粉剂基本上不能进入气门，应与烟剂区别。该类型杀虫剂主要针对粮仓昆虫和部分卫生昆虫。

熏蒸剂举例：氯化苦（chloropicrin）、棉隆（dazomet）、二氯异丙醚（DCIP）、碘甲烷（methyl iodide）、硫酰氟（sulfuryl fluoride）。

参考文献

刘长令, 2012. 世界农药大全: 杀虫剂卷[M]. 北京: 化学工业出版社.

徐汉虹, 2007. 植物化学保护学[M]. 4版. 北京: 中国农业出版社.

杨华铮, 邹小毛, 朱有全, 等, 2013. 现代农药化学[M]. 北京: 化学工业出版社.

ISHAAYA I, DEGHELLE D, 1998. Insecticides with novel modes of action, mechanism and application[M]. New York: Springer Verlag.

（撰稿：李玉新；审稿：杨青）

循环喷雾 recycling spraying

能够将未沉积在靶标上的药液回收循环再利用的喷雾技术。使用循环喷雾技术的喷雾机称为循环喷雾机。

发展历程 循环喷雾技术从20世纪90年代开始逐渐被广泛应用，是目前世界上农药损失最少的施药技术之一，经德国农林生物研究中心（JKI）测试，循环喷雾机能够减少飘失85%，被列为低飘喷雾机。循环喷雾机的研制开始于20世纪70年代，主要集中于欧美等国家。目前市场上比较常见的有LIPCO和MUNCKHOF公司生产的各种型号的隧道式循环喷雾机，1992—1995年期间，D. L. Peterson和H. W. Hogmire对研制的两台循环喷雾机做了大量的研究，通过试验改变风送方式，得到相对较好的风机配置方案。2000年Grzegorz Doruchowski和Ryszard Holownichi介绍了两种采用气流封闭循环系统的隧道式循环喷雾机，一种类似横流风机，气流水平吹出，另一种采用 AIR-JET 风送系统。一种是通过改变风机风送方式使气流循环，另一种采用了 4 个轴流风机，每侧安装两个，不同的是 4 个轴流风机吹出的气流平行于机组前进方向，但是两侧气流方向相反，这样在作业时遮罩中的气流就在轴流风机的作用下循环。这种循环方式大大提高了雾滴的穿透性，缺点是冠层外侧沉积的药液量不对称。

循环喷雾技术原理 基本原理是利用机械装置或气流等拦截从靶标上流失的和未沉积在靶标上的雾滴，然后通过药液回收装置循环回药箱，再次进入喷雾系统喷雾。

衡量循环喷雾机作业性能的标准主要有雾滴在冠层中的沉积特性和药液回收率。要求雾滴在冠层不同位置的沉积量差异性小，叶片正反两面有足够的药液沉积，在保证达到病虫害防治要求的前提下药液回收率越高越好。药液回收率为回收药液量与喷雾系统喷出药液的比值。

使用目的 节省农药，减少飘失。循环喷雾机能够在作物生长季节内节药 30%～60%，平均节药 40%，减少飘失 85%，是目前农药飘失最少的施药机具之一。

受环境因子影响小。较其他果园喷雾机，循环喷雾机受到外界气流的影响较小，因此可以在常规喷雾机不能作业的大风天气作业，提高作业及时性。

能够减小缓冲区。在一些地区和国家，为了减少农药对水源、住宅以及公共场所的污染，需要在作业区设置缓冲区，缓冲区的大小取决于喷雾机具的防飘性能，由于循环喷雾机的飘失少，因此设置比较小的缓冲区。

对操作人员污染小。因为循环喷雾机喷雾被限定在一定范围内，因此对操作人员的危害小，保证了操作人员的人身安全。

对冠层结构要求高，不能够在支有防虫网的果园中作业。

对操作人员驾驶技术要求高，作业速度受限。

部分机型只能在比较平坦的地区作业。

应用对象 循环喷雾机主要工作部件包括液泵、药液箱、搅拌器、管路、管路控制部件、机械控制装置、喷雾系统、药液回收装置、雾滴拦截装置、风送辅助喷雾系统等。循环喷雾机的喷雾系统、药液回收装置、雾滴拦截装置、风送辅助喷雾系统组合在一起共同完成喷雾、拦截、回收，这几部分是循环喷雾机的工作部分（图 1）。其中，雾滴拦截装置和药液回收装置是循环喷雾的核心部分，是循环喷雾作业质量的关键。

适用条件 循环喷雾机的雾滴拦截装置需要满足这样一些条件：①雾滴拦截效率高，即尽可能地将不同粒径、不同运动速度、不同运动方向的雾滴拦截。②药液残留少，即在雾滴拦截装置上残留的药液少，便于清洗。③材质轻便、坚固、耐腐蚀，不易损伤作物。

为了有效拦截雾滴，一般需要根据作物冠层结构设计雾滴拦截装置，因此雾滴拦截装置的尺寸较大，所以需要轻质材料，以减小机具自重，降低能量消耗。在循环喷雾机作业的过程中，不可避免地会使雾滴拦截装置与作物冠层接触，因此雾滴拦截装置不能损伤作物的枝条、果实、叶片、嫩梢等结构，并且该装置不能被枝条损坏。雾滴拦截装置与农药接触，因此选择耐腐蚀的材料。

雾滴拦截装置分类 雾滴拦截装置按照拦截机理主要分为软帘式、平板式、栅格式、综合式。

软帘式 一般采用单层或者多层可透水的柔性材质，软帘底端与承液槽相连，雾滴撞击到软帘后，在重力作用下，沿软帘向下流动，收集到承液槽中（图 2）。

平板式 雾滴拦截装置多采用不锈钢板。耐腐蚀塑料、玻璃钢等轻质、坚固的材料，可以设计成多种形状。平板式雾滴拦截装置的表面光滑，雾滴不易残留，容易清洗，但是高速运动的雾滴撞击到平板后会发生弹跳，弹跳的雾滴可能会脱离收集区域（图 3）。

栅格式 雾滴拦截装置的结构同化工上普遍采用的除雾器类似，由多个弯曲的栅格组成，栅格间的空隙形成弯曲的通道。当雾滴进入这些通道后，会在惯性的作用下撞击到

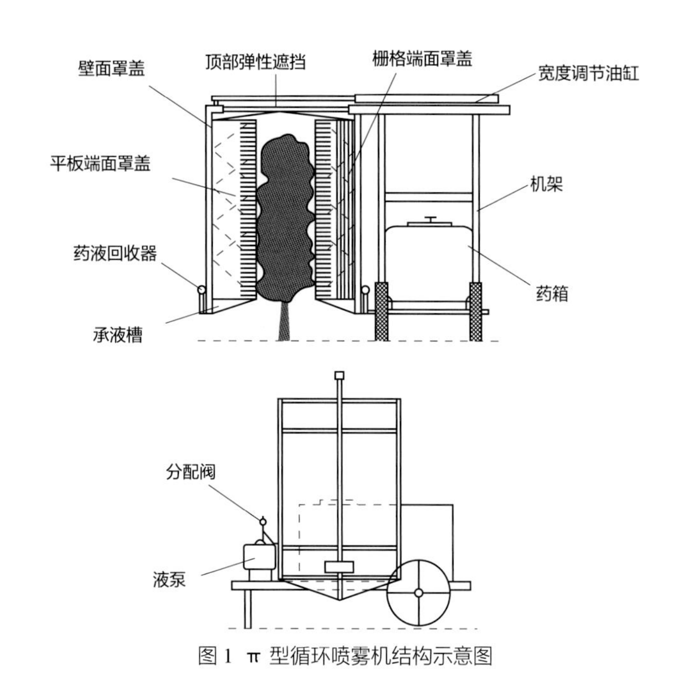

图 1 π 型循环喷雾机结构示意图

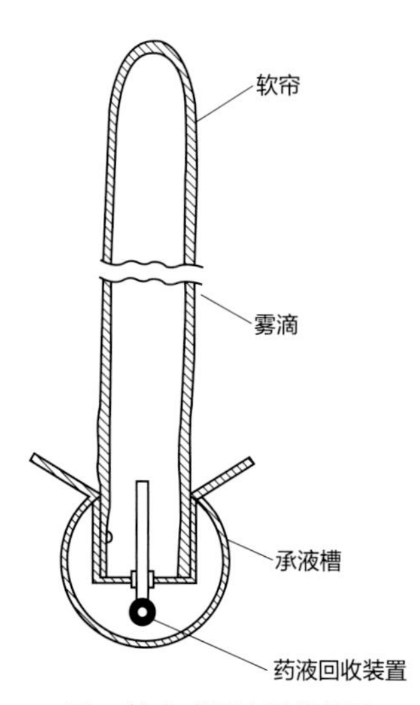

图 2 软帘式雾滴拦截装置

栅格上，被栅格拦截，而气流则会沿着弯曲的通道从栅格的另一侧吹出，从而起到气液分离的作用，栅格式雾滴拦截装置多应用于具有风送喷雾系统的循环喷雾，与其他的雾滴拦截装置相比，该种雾滴拦截效率最高（图4）。

综合式　将平板式和栅格式或结合在一起的拦截装置（图5）。

雾滴拦截装置按照形状可以分为隧道式与非隧道式两种。隧道式雾滴拦截装置为 π 型罩盖，喷雾系统与风送系统安装罩盖两侧，药液回收装置安装在 π 型罩盖两侧底端，防止雾滴从罩盖与冠层之间的间隙逃逸。这种雾滴拦截装置的特点是喷雾在一个相对封闭的空间内完成，限制了易飘失雾滴的运动，雾滴回收效率高，飘失少，缺点是驾驶要求高，作业速度较慢。与之对应的是非隧道式循环喷雾机。

药液回收装置　循环喷雾的药液回收装置由承液槽、管路、过滤器、药液回收器组成。作业时，不可避免地会有枝条、叶片等杂物落到承液槽上，因此承液槽上需安装过滤网，并在管路上安装过滤器，避免杂物堵塞管路。药液回收方式主要分两种，一种是泵回收，另一种是射流回收（图6）。泵回收方式具有效率高、管路简单、对液泵排量要求低等优点；射流回收装置具有结构简单、工作稳定等优点，同泵回收方式比较管路较复杂，液泵配置时除了考虑喷雾系统、搅拌系统的排量需求外，还需要满足药液回收期的排量需求，因此一般需要大排量液泵。

风送辅助系统　当循环喷雾机主要针对冠层较稀疏的作物时，可以不采用风送辅助喷雾；当冠层较茂盛时，为了加强雾滴在冠层中的穿透性，增加冠层内部、叶片正反面的药液沉积，需要采用风送辅助喷雾（图7）。通过合理配置风送系统参数，在改善药液沉积效果的同时，胁迫未沉积雾滴朝向雾滴拦截装置运动，增加药液循环率，达到减少农药损失的作用。

影响　当进行病虫害防治作业时，果树被一个移动的隧道形状的遮罩罩住，雾滴可从遮罩中直接喷施到果树上，没有沉积到叶丛和枝条上的雾滴以及叶面上滴落的雾滴可以被遮罩收集，这些药液汇集到盛液槽中，可以再循环利用，防止农药飘移和流失。同时减小缓冲带的距离，增加果树种植数量，并且能够大量减少农药用量。随着环保要求的不断重视和提高，循环喷雾会被越来越广泛地应用，发展前景广阔。

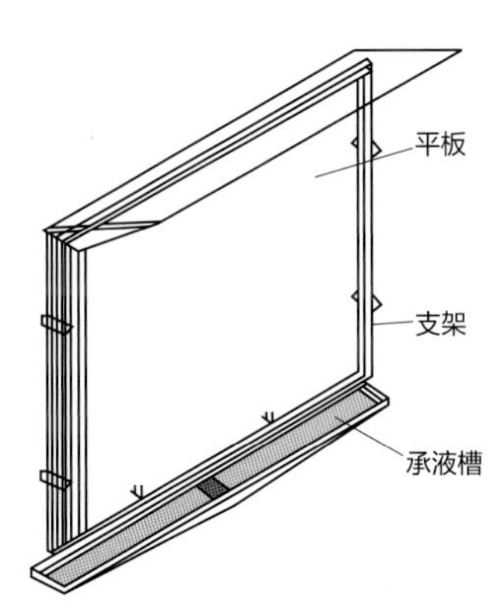

图3 平板式雾滴拦截装置

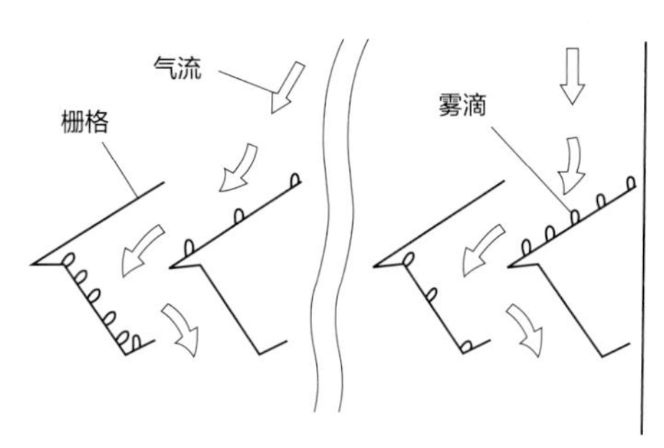

图4 栅格式雾滴拦截装置

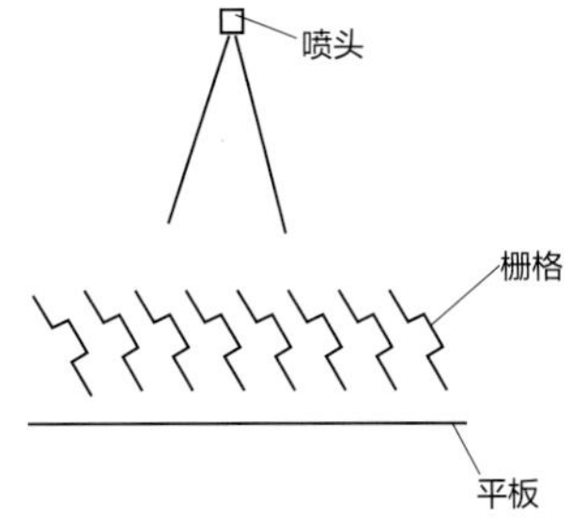

图5 综合式雾滴拦截装置

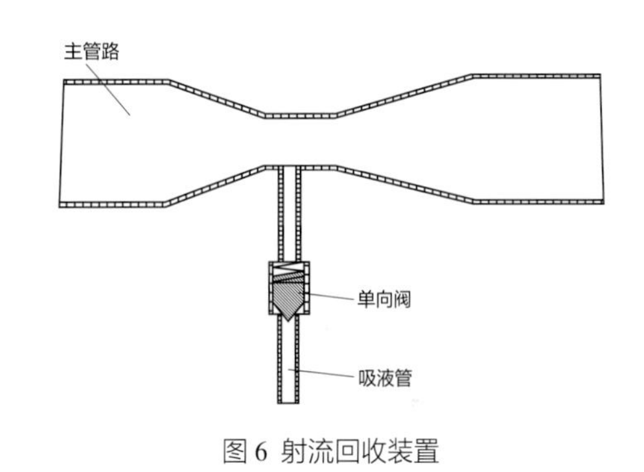

图6 射流回收装置

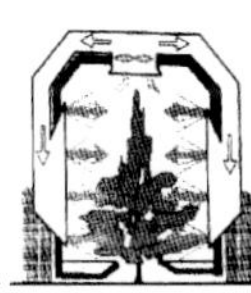
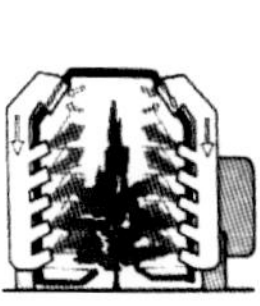
（a）轴流风送式　（b）横流风送式　（c）气流循环　（d）定向风气流循环

图7 循环喷雾机风送系统示意图

参考文献

何雄奎, 2012. 高效施药技术与机具[M]. 北京: 中国农业大学出版社.

何雄奎, 2013. 药械与施药技术[M]. 北京: 中国农业大学出版社.

宋坚利, 何雄奎, 张京, 等, 2012. “π”型循环喷雾机设计[J]. 农业机械学报, 43(4): 31-36.

CARLSON D R, BURNSIDE O C, 1981. Use of the recirculating sprayer to control tall weed escapes in crops[J]. Weed science, 29.

REICHARD D L, LADD T L, Jr, 1984. Experimental recirculating sprayer for sweet corn[J]. Transactions of the ASAE, 27.

（撰稿：何雄奎；审稿：李红军）

循环喷雾机 circulation sprayer

一种把从喷雾机喷出而未沉积在靶标上的药液收集至药液箱重复使用的喷雾装置。循环喷雾技术从20世纪90年代开始逐渐被广泛使用，可减少药液流失，大幅度提高农药利用率，减轻对环境的污染。循环喷雾机可节药30%，减少飘失90%。

性能标准 循环喷雾机作业性能的标准主要有雾滴在冠层中的沉积特性、药液回收率。要求雾滴在冠层不同位置的沉积量差异性小，叶片正反两面有足够的药液沉积，在保证达到病虫害防治要求的前提下药液回收率越高越好。药液回收率为回收药液量与喷雾系统喷出药液的比值。

发展简况 循环喷雾技术概念提出于20世纪80~90年代，概念提出时循环喷雾技术有两种：一种是用于大田作物防治杂草，称为大田用循环喷雾机；另一种是用于果园病虫害防治，称为果园用循环喷雾机。

大田用循环喷雾机主要适用于当杂草冠层高于作物冠层时的杂草防控作业。由于喷杆喷雾技术的发展，大田循环喷雾机的优势并不明显，这种喷雾机在20世纪80年代后就较少被大量研究。

传统果园风送式喷雾机作业时针对冠层一侧喷雾，在强大的气流作用下，会有大量的农药药液飘失，造成农药浪费及环境污染。20世纪70年代，欧洲的果树趋于矮化，传统果园喷雾机已不适用于矮化果园的病虫害防治，而矮化的冠层却使移动的罩盖喷雾成为可能。于是，针对矮化或半矮化的果树或黄瓜等篱架式作物，果园用循环喷雾机在20世纪80~90年代开始被广泛研究，逐步形成商业化产品销售。

循环喷雾机的主要优点：①节省农药减少飘失。循环喷雾机能够在作物生长季节内节药30%~60%，平均节药40%，减少飘失85%。②受环境因素影响小。循环喷雾机受到外界气流的影响较小，因此可以在常规喷雾机不能作业的大风天气作业，提高作业及时性。③能够缩小缓冲区。在一些地区和国家，为了减少农药对水源、住宅以及公共场所的污染，需要在作业区域设置缓冲区，缓冲区的大小取决于喷雾机具的防飘性能，由于循环喷雾机的飘失少，因此可以设置比较小的缓冲区。④对操作人员污染小。因为循环喷雾机喷雾被限定在一定范围内，因此对操作人员的危害小，保证了操作人员的人身安全。

类型 循环喷雾机按照挂接方式不同可以分为悬挂式、牵引式、自走式；按照作业适用性可以分为单行、多行；按照有无风送系统可以分为风送式循环喷雾机与无风送式循环喷雾机。

结构 果园用循环喷雾机的主要工作部件包括液泵、药液箱、搅拌器、管路控制部件、机械控制装置、喷雾系统、药液回收装置、雾滴拦截装置、风送辅助喷雾系统等。

按照雾滴拦截装置形状的差异，果园用循环喷雾机又可以分为隧道式和非隧道式两种。隧道式拦截装置为“π”型罩盖，喷雾作业基本在一个封闭空间内完成，雾滴回收效率高。E. O. Beasley等设计了采用泵循环方式的循环喷雾机，而D. L. Reichard等设计的循环喷雾机则采用了射流原理循环。相较于泵循环，射流循环减少了成本，成为大部分隧道循环喷雾机的循环方式。而“π”型罩盖循环喷雾机与气流辅助喷雾系统结合，增加了雾滴沉积率的同时节约药液，使农药利用率得到进一步提升。宋坚利等设计了“π”型循环喷雾机并对其防飘性能进行测试，与传统喷雾机相比，其药液飘失减少97.9%以上。

隧道式循环喷雾机的特殊结构决定了其在实际作业过程中的行进速度低，对操作人员的技术要求较高，同时对冠层的适应性较差。为提高循环喷雾机的作业效率，一种非隧道式循环喷雾机被开发出来。这种循环喷雾机的风送喷雾系统由风机、风管、风囊组成，风囊分别安装在冠层两侧，内侧风囊与机车前进方向偏转一定角度，外侧风囊气流垂直栅格型雾滴拦截装置喷雾，喷雾系统分别安装在两个风囊气流出口处。内侧风囊产生的气流在穿透冠层后被外侧风囊的气流拦截，向雾滴拦截装置定向输送，气流中的雾滴被栅格型雾滴拦截装置捕获，经药液回收装置回收再利用。

发展前景 由于循环喷雾机的特殊结构，其对作业冠层要求高，同时对地势、操作人员的驾驶技术也有一定要求，且售价昂贵。但是，循环喷雾机节约药液，飘失少，受环境因子影响小，能够减少缓冲区，对环境污染小，对作业人员友好，随着环保意识的不断加强，循环喷雾机的发展前景广阔。

参考文献

何雄奎, 2013. 药械与施药技术[M]. 北京: 中国农业大学出版社.

黄政军, 1994. 减少环境污染的新型喷雾装置[J]. 福建农业 (9): 11.

宋坚利, 何雄奎, 张京, 等, 2012. “π”型循环喷雾机设计[J]. 农业机械学报 (4): 31-36.

张京, 宋坚利, 何雄奎, 等, 2012. “π”型循环喷雾机防飘性能试验[J]. 农业机械学报 (4): 37-39, 125.

BEASLEY E O, ROHRBACH, et al, 1983. Saturation spraying of blueberries with partial spray recovery[J]. Transactions of the ASABE, 26(3): 732-736.

GRZEGORZ D, RYSZARD H, 2000. Environmentally friendly spray techniques for tree crops[J]. Crop protection, 19(9): 617-622.

JAMAR L, MOSTADE O, HUYGHEBAERT B, et al, 2010. Comparative performance of recycling tunnel and conventional sprayers using standard and drift-mitigating nozzles in dwarf apple orchards[J]. Crop protection, 29(6): 561-566.

REICHARD, D L, LADD JR, et al, 1984. Experimental recirculating sprayer for sweet corn[J]. Transactions of the ASABE, 27(6): 1684-1686.

（撰稿：何雄奎；审稿：李红军）

芽后茎叶处理法 postemergence treatment

在植物出苗后，通过对茎叶直接进行药剂处理的施药方式来测定除草剂生物活性的试验方法。按农田的施药时期可分为作物播前杂草茎叶处理和作物播后生育期茎叶处理。生育期茎叶处理可直接药剂处理，也可以通过保护装置进行定向药剂处理。

除草剂按使用方法可分为茎叶处理剂和土壤处理剂两大类。茎叶处理剂是将除草剂溶液兑水，以细小的雾滴均匀喷洒或直接涂抹到植株上，植株茎叶接触、吸收药剂而发挥除草效果。芽后茎叶处理法就是测定茎叶处理除草剂生物活性的试验方法。

适用范围 适用于茎叶处理除草剂、具有芽后除草活性化合物或新创制除草剂等药剂除草活性、安全性、杀草谱和复配配方筛选试验。

主要内容 试验开始前应种植试材，将供试植物种子均匀一致地播种在对应规格的花盆内，部分发芽不整齐的种子可先浸种催芽后再播种，覆土、加水后置于温室内培养生长。于试材出苗整齐后，按植物生长合适密度进行间苗定株，剔除长势较差或过好的植株，保留长势一致植株，并定株确保同种植物每盆株数基本相同。对于试验周期较长的试材，需要施肥以补充营养，肥料应溶于水，混合均匀后浇灌到花盆底部。于试验前一天，挑选生长均匀一致的试材，剪除发黄或叶片颜色异常的叶片，植株培土后备用。

芽后茎叶处理法的药剂配制、药剂处理、结果调查与记录、结果分析与结论等内容可参照芽前土壤处理法。

茎叶喷雾处理操作过程中，如有几种高度不同的试材一起进行药剂处理，需注意将植株喷雾高度调整到一致后再进行药剂处理，以免受药不均匀引起试验误差。

参考文献

NY/T 1155. 4—2006 农药室内生物测定试验准则 除草剂 第4部分: 活性测定试验 茎叶喷雾法.

NY/T 1155. 8—2007 农药室内生物测定试验准则 除草剂 第8部分: 作物的安全性试验 茎叶喷雾法.

（撰稿：徐小燕；审稿：陈杰）

芽前土壤处理法 preemergence soil treatment

在植物种子萌芽前，通过对种植土壤直接进行药剂处理的施药方式来测定除草剂生物活性的试验方法。于植物种植前、播后苗前或苗后3种不同施药时间，对供试土壤直接进行药剂处理，是不同于茎叶喷雾处理的一种药剂处理方式。

除草剂按使用方法可分为茎叶处理剂和土壤处理剂两大类。土壤处理剂是将除草剂均匀地分布到土壤上，在土壤表面形成一定厚度的药层，当杂草种子的幼芽、幼苗及其根系接触或吸收到药剂而发挥除草效果。芽前土壤处理法就是测定土壤处理剂生物活性的试验方法。

适用范围 适用于土壤处理除草剂、具有芽前除草活性化合物或新创制除草剂等药剂除草活性、安全性、杀草谱和复配配方筛选试验。

主要内容

供试药剂配制 电子天平预热30分钟后开启、校正调零。按试验设置剂量要求准确称取供试药剂于称量瓶内，原药先取适量溶剂溶解，然后加0.1%吐温80的蒸馏水稀释成供试母液，制剂直接用蒸馏水稀释成试验母液。对照药剂配制方法同上。

试材种植 处理前24小时将供试植物种子均匀一致地播种在对应规格的花盆内（发芽时间周期较长的种子可适当提前播种），覆土，在花盆底部加水，让水从下向上渗透，使土壤吸水完全润湿，然后置于实验室，待处理。

药剂处理 处理前用油性记号笔对每盆植物标记试验代号，并摆放整齐。药剂处理时先处理空白对照，然后按试验浓度从低到高的顺序处理供试药剂，最后处理对照药剂。如需要喷雾设备进行药剂处理，需先设置喷雾设备的喷雾压力、喷头行走速度；调整喷头高度；选择合适的喷头型号；喷雾前需用0.1%吐温80蒸馏水润洗喷雾管路；每次更换供试药剂时，用0.1%吐温80蒸馏水冲洗喷雾管路（冲洗2次）。试验完成后用丙酮和二甲基甲酰胺混合液（体积比1∶1）清洗喷雾管路至少3次。试材药剂处理后静置2~3小时，使药剂与土壤结合稳定，然后移入温室进行培养。

结果调查与记录 处理后定期观察植物出苗情况及出苗后的生长发育情况。对有活性的处理应观察记载植物反应的时间、症状以及与对照相比的差异。结果调查可以按试验要求测定试材出苗数、根长、鲜重、干重、株高等具体的定量指标，计算生长抑制率（%）。也可以视植物受害症状及程度进行综合目测法评价。

结果分析与结论 对试验数据进行统计分析，发现其内在关系与规律。并根据试验研究目的和性质，得出客观的试验结论。

注意事项及影响因素 土壤处理剂直接施用于土壤，供试土壤质地、有机质含量、土壤微生物和土壤墒情等因素密切关系到除草剂的溶解、吸附、淋溶和降解等行为趋势。土壤处理法试验开展时，需按供试药剂特性选择合适的供试土壤和创造良好的土壤环境条件，以避免这些因素对药剂活性产生影响。另外，部分易光解药剂处理后，应进行覆土处理后再放置温室培养，以免药剂失活，试验失败。

参考文献

NY/T 1155.3—2006 农药室内生物测定试验准则除草剂第3部分: 活性测定试验土壤喷雾法.

NY/T 1155.6—2006 农药室内生物测定试验准则 除草剂 第6部分: 对作物的安全性试验 土壤喷雾法.

（撰稿：徐小燕；审稿：陈杰）

蚜虫报警信息素 aphid alarm pheromone

蚜虫受到外界干扰后从腹管分泌的微量气味物质，能对同种其他个体产生报警作用，使其迅速逃离现场，从而停止侵害作物。其主要成分为 (*E*)-*β*-farnesene（简称 EBF），中文名为（反）-*β*- 法尼烯。

其他名称 *E*-*β*- 法尼烯、金合欢烯、*E*-*β*-farnesene、*trans*-*β*-farnsene。

化学名称 (*E*)-7,11-二甲基-3-亚甲基-1,6,10-十二碳三烯; (*E*)-7,11-dimethyl-3-methylene-1,6,10-dodecatriene。

IUPAC 名称 (*E*)-7,11-dimethyl-3-methylenedodeca-1,6,10-triene。

CAS 登记号 18794-84-8。

分子式 $C_{15}H_{24}$。

相对分子质量 204.36。

结构式

开发单位 *E*-*β*- 法尼烯是大多数蚜虫报警信息素的主要成分，1971 年 Dahl 首次报道了蚜虫的报警反应，自此之后有众多学者展开了对蚜虫报警信息素的研究。1972 年 Bowers 发现蚜虫报警信息素的主要成分为 *E*-*β*-farnesene。

理化性质 无色液体。沸点 80~82℃。易挥发，对光不稳定。

毒性 属于昆虫自身释放的天然产物，毒性较低。

剂型 微乳剂或微胶囊，也可使用释放的装置进行缓慢释放。

作用方式及机理 蚜虫报警信息素的受体是昆虫体内的气味结合蛋白（odorant binding proteins，OBPs）及气味受体蛋白（odorant receptors，ORs）。

防治对象 低浓度（0.02ng/ 蚜虫）对蚜虫具有驱避作用，高浓度（100ng/ 蚜虫）对蚜虫具有明显的毒杀作用。同时对蚜虫的天敌具有引诱作用。

使用方法 微乳剂可使用田间喷雾的方式来施药。微胶囊和其他固体释放装置通过放置在田间缓慢释放的方式来进行施药。

注意事项 分子结构中存在共轭双键，在光照下易被氧化，导致生物活性下降。

与其他药剂的混用 可以与吡蚜酮、吡虫啉等商品化杀蚜剂进行混用，提高杀蚜效果。

参考文献

李胜田, 1981. 蚜虫报警信息素[J]. 世界农业 (7): 47-49.

刘英杰, 迟宝杰, 林芳静, 等, 2016.反-*β*-法尼烯对马铃薯蚜虫及其天敌的生态效应[J]. 应用生态学报, 27 (8): 2623-2628.

游越, 张钟宪, 2007. 蚜虫报警信息素微乳剂的相图研究[J]. 首都师范大学学报 (自然科学版) , 28(2): 58-61.

BOWERS W S, et al., 1972. Aphid alarm pheromone: isolation, identification, synthesis[J]. Science, 177: 1121-1122.

DAHL D B M L, 1971.Uber einen Schreckstoff bei Aphiden[J]. Deutsche entomologische zeitschrift, 18 (1-3): 121-127.

ZHANG R, WANG G R, 2017.Molecular basis of alarm pheromone detection in aphids[J]. Current biology, 27: 55-61.

（撰稿：杨新玲；审稿：张钟宁）

蚜灭多 vamidothion

一种内吸性有机磷杀虫剂和杀螨剂。

其他名称 Kilval、Trucidor、Vamidoate、完灭硫磷、蚜灭磷、除虫雷、NPH83、RP10465。

化学名称 *O,O*-二甲基-*S*-[2-(1-甲氨基甲酰乙硫基)乙基]硫赶磷酸酯; *O,O*-dimethyl-*S*-[2-[[1-methyl-2-(methylamino)-2-oxoethyl]thio]ethyl]phosphorothioate。

IUPAC 名称 *O,O*-dimethyl *S*-(*RS*)-2-(1-methylcarbamoylethylthio)ethyl phosphorothioate。

CAS 登记号 2275-23-2。

EC 号 218-894-8。

分子式 $C_8H_{18}NO_4PS_2$。

相对分子质量 287.34。

结构式

开发单位 1962 年由法国罗纳 - 普朗克公司合成。

理化性质 纯品为无色针状结晶体。熔点 46~48℃。工业品为白色蜡状固体，熔点约 40℃。20℃时蒸气压很小。易溶于水（在水中溶解度 4kg/L）和大多数有机溶剂，但不溶于石油醚和环已烷。工业品和纯品在室温下都有轻微的分解，但纯品分解少。有些溶剂如苯甲醚或丁酮可以阻止分解，没有腐蚀性。

毒性　急性经口 LD_{50}：雄大鼠 100～105mg/kg，雌大鼠 64～77mg/kg，小鼠 34～57mg/kg。急性经皮 LD_{50}：小鼠 1460mg/kg，兔 1160mg/kg。蚜灭多亚砜的经口毒性大约为蚜灭多的一半。以含有 50mg/kg 蚜灭多或含 100mg/kg 蚜灭多亚砜的饲料喂大鼠 90 天，对大鼠的生长无影响。野鸡急性口服 LD_{50} 35mg/kg。金鱼在含有 10mg/L 蚜灭多的水中能活 14 天。斑马鱼 LC_{50}（96 小时）590mg/L。对蜜蜂有毒。水蚤 LC_{50}（48 小时）0.19mg/L。

剂型　400g/L 溶液，40% 乳油。

作用方式及机理　内吸性杀虫剂和杀螨剂。

防治对象　用于防治各种蚜、螨、稻飞虱、叶蝉等。药效与乐果大致相同，但持效期较长。对苹果绵蚜特别有效，以有效成分 37～50g/100L 能防治苹果、梨、桃、李、水稻、棉花等作物上的刺吸式口器害虫。在植物中能代谢成它的亚砜，亚砜的生物活性类似于蚜灭多，但有较长的持效期。

允许残留量　GB 2763—2021《食品中农药最大残留限量标准》规定蚜灭多最大残留限量：苹果、梨为 1mg/kg。ADI 为 0.008mg/kg。水果按照 GB/T 20769 规定的方法测定。

参考文献

孙家隆, 2015. 农药品种手册[M]. 北京: 化学工业出版社.

王振荣, 李布青, 1996. 农药商品大全[M]. 北京: 中国商业出版社.

张敏恒, 2006. 农药商品手册[M]. 北京: 化学工业出版社.

（撰稿：王鸣华；审稿：吴剑）

亚胺硫磷　phosmet

一种广谱性有机磷杀虫剂。

其他名称　Imidan、Phthalophos、Fosdan、Inovat、R-1504、PMP、Appa、ENT 25705、Germisan、Imicide、Imidine、Prolate、SR1504、亚胺磷、酞胺硫磷。

化学名称　*O,O*-二甲基-*S*-酞酰亚胺基甲基二硫代磷酸酯；*O,O*-dimethyl-*S*-(phthalimidomethyl)phosphorodithioate。

IUPAC 名称　*O,O*-dimethyl-*S*-phthalimidomethyl phosphorodithioate。

CAS 登记号　732-11-6。

EC 号　211-987-4。

分子式　$C_{11}H_{12}NO_4PS_2$。

相对分子质量　317.32。

结构式

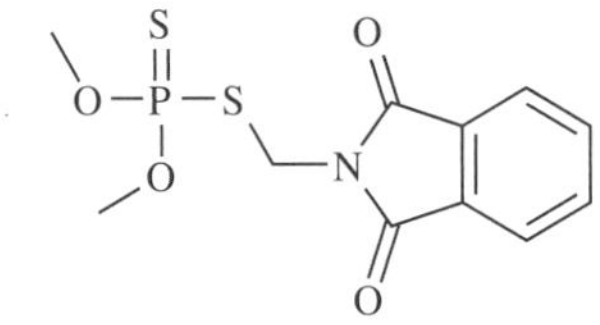

开发单位　1966 年由斯道夫公司推广。获有专利 USP2767194。

理化性质　为灰白色结晶固体，具有令人不愉快的气味。熔点 71.9℃。纯度 99.5% 为无色结晶，熔点 72.5℃。在 50℃时的蒸气压为 0.133Pa，低于沸点则分解。工业品的纯度为 95%～98%，熔点 66.5～69.5℃。在 25℃时，水中的溶解度为 22mg/L，丙酮 650g/L，苯 600g/L，甲苯 300g/L，二甲苯 250g/L，甲醇 50g/L，煤油 5g/L。室温下在 20mg/L 的缓冲溶液中，引起 50% 水解所需的时间：pH4.5 为 13 天，pH7 小于 12 小时，pH8.3 小于 4 小时。除碱性农药外，能与所有农药混用，有轻微的腐蚀性。在 45℃以上储藏时，则发生分解。

毒性　中等毒性。急性经口 LD_{50}：雄大鼠 230mg/kg，雌大鼠 299mg/kg。大白兔急性经皮 LD_{50} > 3160mg/kg；纯品小鼠经皮 LD_{50} > 1g/kg。对大鼠和狗饲喂 2 年的 NOEL 为 40mg/kg。在环境中和在试验动物体内均能迅速降解。对蜜蜂有毒。对皮肤无刺激作用，对眼睛有一定刺激作用。

剂型　29.5%、20.2% 乳剂，50% 可湿性粉剂，20%、25% 乳油。

质量标准　淡黄色和棕色单相透明液体，遇冷结晶析出，加热可溶解，相对密度 1.02。因有苯类溶剂可燃、易爆，能乳化，在常温下稳定，45℃以上会分解。

作用方式及机理　触杀和胃毒，抑制昆虫体内的乙酰胆碱酯酶。

防治对象　水稻、棉花、果树、蔬菜等多种作物害虫，并兼治叶螨。对螨类的各种天敌安全。也可防治家畜身上的螨类和牛蝇。持效期长。

使用方法

棉花害虫的防治　①防治苗期棉蚜用 25% 乳油 750ml/hm^2（有效成分 187.5g/hm^2），兑水 1000kg，或用 20% 乳油 1L/hm^2（有效成分约 200g/hm^2），兑水 1000kg 喷雾。②棉铃虫、红铃虫、棉红蜘蛛用 25% 乳油 1.5～2L/hm^2（有效成分 375～500g/hm^2），兑水 1000kg 喷雾。

水稻害虫的防治　①稻丛卷叶螟。防治重点在水稻穗期，在幼虫一、二龄高峰期用 25% 乳油 2L/hm^2（有效成分 500g/hm^2），兑水 750～1000kg 喷雾。②稻飞虱、稻蓟马。在若虫盛发期用 25% 乳油 2L/hm^2（有效成分 500g/hm^2），兑水 750～1000kg 喷雾。

果树害虫的防治　①苹果叶螨。在果树开花前后进行防治，用 25% 乳油 1000 倍液（有效成分 250mg/kg）喷雾。②苹果卷叶蛾、天幕毛虫。在幼虫发生期进行防治，用 25% 乳油 600 倍药液（有效成分 416mg/kg）喷雾。③柑橘介壳虫。在一龄若虫期防治，用 25% 乳油 600 倍药液（有效成分 416mg/kg）喷雾。

蔬菜害虫的防治　①菜蚜用 25% 乳油 500ml/hm^2（有效成分 124g/hm^2），兑水 500～700kg 喷雾。②地老虎在幼虫三龄期进行防治，用 25% 乳油 250 倍药液（有效成分 1000mg/kg）水灌根。

注意事项　对蜜蜂有毒，毒性为 18.1μg/只，以 0.15% 稀释液喷药后放蜂，约有 17.85% 致死，毒性可存留 2 天，所以喷药后不能放蜂。

与其他药剂的混用　该药剂遇碱不稳定，不能与波尔多液等碱性农药混用。

允许残留量　GB 2763—2021《食品中农药最大残留限量

标准》规定亚胺硫磷最大残留限量见表。ADI为0.01mg/kg。谷物按照GB 23200.113、GB/T 5009.131规定的方法测定；油料和油脂按照GB 23200.113规定的方法测定；蔬菜、水果按照GB/T 5009.131、NY/T 761规定的方法测定；坚果参照GB 23200.8、GB/T 20770规定的方法测定。25%亚胺硫磷乳油在中国茶树上已制定安全使用标准（GB 4285—1989）。

部分食品中亚胺硫磷最大残留限量（GB 2763—2021）

食品类别	名称	最大残留限量（mg/kg）
谷物	稻谷	0.50
	玉米	0.05
油料和油脂	棉籽	0.05
蔬菜	大白菜	0.50
	马铃薯	0.05
水果	柑、橘、橙、柠檬、柚	5.00
	仁果类水果	3.00
	桃、油桃、杏、蓝莓、葡萄	10.00
坚果		0.20

参考文献

王振荣, 李布青, 1996. 农药商品大全[M]. 北京: 中国商业出版社.
张敏恒, 2006. 农药商品手册[M]. 北京: 化学工业出版社.

（撰稿：王鸣华；审稿：薛伟）

亚胺唑 imibenconazole

一种三唑类杀菌剂，具有保护、治疗和铲除作用，可用于防治多种作物的真菌性病害。

其他名称 霉能灵、酰胺唑。

化学名称 *S*-(4-氯苄基)-*N*-(2,4-二氯苯基)-2-(1*H*-1,2,4-三唑-1-基)硫代乙酰胺酯；(4-chlorophenyl)methyl *N*-(2,4-dichlorophenyl)-1*H*-1,2,4-triazole-1-ethanimidothioate。

IUPAC名称 *S*-(4-chlorobenzyl)*N*-(2,4-dichlorophenyl)-2-(1*H*-1,2,4-triazol-1-yl)thioacetamidate。

CAS登记号 86598-92-7。

EC号 617-888-6。

分子式 $C_{17}H_{13}Cl_3N_4S$。

相对分子质量 411.74。

结构式

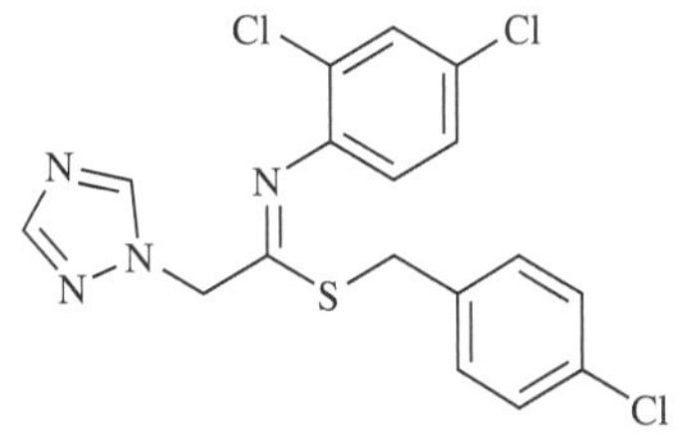

开发单位 由H. Ohyama等报道。日本北兴化学工业公司开发，1994年上市。

理化性质 浅黄色晶体。熔点90℃。沸点437℃。燃点295℃。相对密度1.47。蒸气压8.5×10^{-5}mPa（25℃）。K_{ow}lg*P* 4.94（25℃）。Henry常数8.23×10^{-4}Pa·m³/mol（25℃）。水中溶解度1.7mg/L（25℃）；有机溶剂中溶解度（g/L，25℃）：丙酮1030、苯580、甲醇120、二甲苯250。稳定性：在弱碱的条件下稳定，在酸性和强碱条件下不稳定，对光稳定。

毒性 雄、雌大鼠急性经口LD_{50}分别为2.8g/kg和3g/kg。大鼠急性经皮LD_{50}＞2g/kg，急性吸入LC_{50}＞1.02g/L。对皮肤无刺激作用，但对眼睛有轻微刺激作用。鹌鹑急性经口LD_{50}＞2.25g/kg，野鸭LD_{50}＞2.25g/kg。对兔眼睛有轻度刺激作用，对豚鼠皮肤有轻度刺激作用。对兔皮肤无致敏作用。鲤鱼LC_{50}（48小时）1.02mg/L，水蚤LC_{50}（6小时）102mg/L。蜜蜂经口LD_{50}＞125μg/只，急性接触LD_{50}＞200μg/只。家蚕LC_{50} 1.8g/kg桑叶。

剂型 5%、15%可湿性粉剂。

质量标准 15%可湿性粉剂外观为白色细粉末。相对密度0.2~0.4，pH8.5~10，细度98%以上通过45μm筛孔，悬浮率＞90%，常温储存稳定性3年。在水中半衰期pH7为88天，pH9为92天。

作用方式及机理 具有保护、治疗和铲除作用的内吸性杀菌剂，经植物根和叶吸收，可在新生组织中迅速传导。通过杂环上的氮原子与病原菌细胞内羊毛甾醇14α脱甲基酶的血红素-铁活性中心结合，抑制14α脱甲基酶的活性，从而阻碍麦角甾醇的合成，最终起到杀菌的作用。

防治对象 能防治多种作物的真菌性病害，特别对柑橘疮痂病、葡萄黑痘病、梨树黑星病特效。

使用方法 主要为叶面喷雾，防治梨黑星病和锈病，使用剂量75~100g/hm²；用于草坪使用剂量67~100g/hm²。

注意事项 不宜在鸭梨上使用，以免引起轻微药害（在叶片上出现褐点）。不可与酸性和强碱性农药等物质混用。对眼有刺激作用，如果溅入眼中，可用清水清洗。远离水产养殖区用药，禁止在河塘等水体中清洗施药器具；避免药液污染水源地。喷药时要戴口罩、手套等，喷完药后要漱口，并用肥皂将手脚和脸等暴露部位洗净；用过的容器应妥善处理，不可做他用，也不可随意丢弃。

允许残留量 GB 2763—2021《食品中农药最大残留限量标准》规定亚胺唑最大残留限量见表。ADI为0.0098mg/kg。

部分食品中亚胺唑最大残留限量（GB 2763—2021）

食品类别	名称	最大残留限量（mg/kg）
水果	柑、橘、苹果	1*
	青梅、葡萄	3*

*临时残留限量。

参考文献

刘长令, 2006. 世界农药大全: 杀菌剂卷[M]. 北京: 化学工业出版社.

农业部种植业管理司和农业部农药检定所, 2015. 新编农药手册[M]. 2版. 北京: 中国农业出版社.

TURNER J A, 2015. The pesticide manual: a world compendium[M]. 17th ed. UK: BCPC.

（撰稿：陈凤平；审稿：刘鹏飞）

亚砜磷 oxydemeton-methyl

一种内吸、胃毒和触杀性有机磷杀虫剂。

其他名称 Aimcosystox、Metasysytox-R、Bayer 21097、R2170、ENT-24964、亚砜吸磷、甲基一〇五九亚砜、砜吸硫磷、甲基内吸磷亚砜、metilmerkapt ofosoksid(USSR)、demeton-*S*-methylsulphoxyd(Germany)、Demeton-*S*-methyl sulfoxide。

化学名称 *O,O*-二甲基*S*-[2-(乙基亚砜基)乙基]硫赶磷酸酯；*O,O*-dimethyl-*S*-(2-(ethylsulphinyl)ethyl)phosphorothioate。

IUPAC名称 *S*-2-ethylsulphinylethyl *O,O*-dimethyl phosphorothioate。

CAS登记号 301-12-2。

EC号 206-110-7。

分子式 $C_6H_{15}O_4PS_2$。

相对分子质量 246.29。

结构式

开发单位 1956年德国拜耳公司试验后，于1960年推广。

理化性质 透明琥珀色液体。熔点低于-10℃。沸点106℃（1.33Pa）。相对密度 d_4^{20} 1.289。折射率 n_D^{25} 1.5216。可与水混溶，溶于大多数有机溶剂，但石油醚除外。在碱性介质中水解。

毒性 急性经口LD_{50}：雄大鼠65～80mg/kg，雌大鼠75mg/kg。大鼠腹腔注射LD_{50} 20mg/kg。雄大鼠急性经皮LD_{50} 250mg/kg；用含有20mg/kg亚砜磷饲料喂大鼠，出现了胆碱酯酶轻度下降。

剂型 500g/L可溶于水的制剂，250g/L乳剂。

作用方式及机理 为内吸性的胃毒和触杀杀虫剂。

防治对象 适用于防治刺吸性害虫和螨类，应用范围类似于甲基内吸磷，是甲基内吸磷的代谢产物。

注意事项 收获前禁用期为21天。

允许残留量 ①GB 2763—2021《食品中农药最大残留限量标准》规定亚砜磷最大残留限量见表。ADI为0.0003mg/kg。②《国际食品法典》规定，亚砜磷在花椰菜、甘蓝、奶、马铃薯、甜菜上的最大残留限量为0.01mg/kg；在牛脂肪、棉籽、蛋、大头菜、牛肉、猪肉、山羊肉、梨、禽脂肪、家禽肉、绵羊脂肪上的最大残留限量为0.05mg/kg，在柠檬上的最大残留限量为0.2mg/kg。③欧盟规定，其在花椰菜、大头菜、杏、芦笋、茄子、甜菜、芸薹属类蔬菜、芹菜、大白菜、黄瓜、生菜、韭菜、莴苣、马铃薯、甜玉米上的最大残留限量为0.01mg/kg，多香果、肉桂、丁香、咖啡豆、姜、香料最大残留限量为0.05mg/kg。

部分食品中亚砜磷最大残留限量（GB 2763—2021）

食品类别	名称	最大残留限量（mg/kg）
谷物	小麦、大麦、黑麦	0.02*
	杂粮类	0.10*
油料和油脂	棉籽	0.05*
蔬菜	球茎甘蓝	0.05*
	羽衣甘蓝、花椰菜、马铃薯	0.01*
水果	梨	0.05*
	柠檬	0.20*
糖料	甜菜	0.01*

* 临时残留限量。

参考文献

王振荣, 李布青, 1996. 农药商品大全[M]. 北京: 中国商业出版社.

孙家隆, 2015. 农药品种手册[M]. 北京: 化学工业出版社.

（撰稿：王鸣华；审稿：薛伟）

亚砷酸钙 calcium arsenite

一种经口亚砷酸类麻痹呼吸中枢的有害物质。

其他名称 亚砒酸钙。

化学名称 亚砷酸钙。

IUPAC名称 calcium arsenate。

CAS登记号 27152-57-4。

分子式 $AsCa_3O_6$。

相对分子质量 366.08。

结构式

$$[Ca^{2+}]_3 [AsO_3^{3-}]_2$$

理化性质 熔点1455℃。密度3.62g/cm³。白色粉末，无味，微溶于水，遇酸产生剧毒的三氧化二砷。可由吸入、食入、经皮吸收。

毒性 剧毒物质。对大鼠、小鼠、兔和狗急性经口LD_{50}分别为812mg/kg、794mg/kg、50mg/kg和30mg/kg。也有报道对大鼠急性经口LD_{50}为20mg/kg。

作用方式及机理 砷及其化合物对体内酶蛋白的巯基有特殊亲和力。可用作杀虫剂、杀菌剂、杀软体动物药。

使用情况 大量吸入砷化合物可致咳嗽、胸痛、呼吸困难、头痛、眩晕、全身衰弱、烦躁、痉挛和昏迷；可有消化

Y

道受损症状；重者可致死。摄入致急性胃肠炎、休克、周围神经病、贫血及中毒性肝病、心肌炎等。也可因呼吸中枢麻痹而死亡。长期接触较高浓度砷化合物粉尘，可发生慢性中毒。主要表现为神经衰弱综合征、皮肤损害、多发性神经病、肝损害。可致鼻炎、鼻中隔穿孔、支气管炎。无机砷化合物已被国际癌症研究中心（IARC）确认为肺和皮肤的致癌物。

使用方法 堆投，毒饵站投放。

注意事项 在中国已禁止使用。

参考文献

姚克成, 1958. 杀灭野栖小型祸鼠的毒饵新方[J]. 生物学通报, (10): 22-23.

DENG Z, WANG C X, 1984. Rodent control in China[C]//Clark D O. Proceedings 11th vertebrate pest conference. Davis (US): University of California: 47-51.

（撰稿：王登；审稿：施大钊）

亚砷酸钠 sodium arsenite

一种经口亚砷酸类麻痹呼吸中枢的有害物质。

其他名称 偏亚砷酸钠、亚砒酸钠。

化学名称 亚砷酸钠。

IUPAC 名称 sodium arsenite。

CAS 登记号 7784-46-5。

EC 号 232-070-5。

分子式 $AsNaO_2$。

相对分子质量 129.91。

结构式

Na^+ O=As–O^-

理化性质 白色或者灰色粉末状。熔点 550℃。密度 1.87g/cm^3，易溶于水而吸潮，溶解度 1560g/L，稍溶于醇。在空气中吸收二氧化碳产生亚砷酸氢钠。

毒性 剧毒。对小鼠急性经口 LD_{50} 约 41mg/kg，腹腔注射 LD_{50} 约 1.17mg/kg。

作用方式及机理 剧毒物质，吸入、口服或经皮吸收均可引起急性中毒，严重的急性中毒可能导致神经系统损伤，导致感觉失去协调，或如坐针毡的感觉，最终瘫痪以致死亡。

使用情况 在中国无正式登记或已禁止使用。

防治对象 用于防治蝼蛄、地老虎、蝗虫、草地螟等害虫。亚砷酸钠是强砷毒剂。有时用作饵剂，也曾用作非选择性除草剂。

使用方法 堆投，毒饵站投放。

注意事项 在中国已禁止使用。

参考文献

陈美意, 王逸琦, 狄春红, 等, 2018. 亚砷酸钠对小鼠骨髓嗜多染红细胞微核率的影响[J]. 健康研究, 38(5): 526-528.

徐梦伟, 孙高峰, 谢惠芳, 等, 2019. 阻断β-catenin基因对亚砷酸钠诱导大鼠肺组织氧化应激的影响[J]. 新疆医科大学学报, 42(6): 748-754.

（撰稿：王登；审稿：施大钊）

亚砷酸铜 cupric arsenite

一种经口亚砷酸类麻痹呼吸中枢的有害物质。

化学名称 亚砷酸铜。

IUPAC 名称 copper arsonate。

CAS 登记号 10290-12-7。

分子式 $AsCuHO_3$。

相对分子质量 187.47。

结构式

Cu^{2+} $^-$O–AsH(=O)–O^-

理化性质 相对密度＞1.1（20℃）。淡绿色粉末。不溶于水、醇，溶于酸、氨水。受高热分解，放出高毒的烟气。

作用方式及机理 使呼吸中枢麻痹而死亡。

使用情况 在中国已禁止使用。主要可用作农业杀虫剂，也可用作除草剂、抗真菌剂和灭鼠剂。可引起呼吸道及神经系统症状，也可因呼吸中枢麻痹而死亡，在皮肤接触后，应立即用大量流动清水冲洗，马上就医。

使用方法 堆投，毒饵站投放。

注意事项 在中国已禁止使用。

参考文献

DENG Z, WANG C X, 1984. Rodent control in China[C]//Clark D O. Proceedings 11th vertebrate pest conference. Davis (US): University of California: 44.

（撰稿：王登；审稿：施大钊）

烟剂 smoke generator, FU

由有效成分、供热剂等按一定比例经特殊工艺加工而制成的一种粉状、片状、粒（棒）状等剂型，也称烟雾剂。有效成分分为固体和液体两种形式。经引燃加热后，有效成分若以固体 0.5～5μm 分散悬浮于空气中的称为烟，以液体微粒 1～50μm 分散悬浮于空气中的称为雾。若两种颗粒同时存在，则称为烟雾。烟剂一般为袋装或罐装，直接点燃使用，放出烟雾，无明火。

烟剂配方一般由有效成分、氧化剂、燃料、助剂、发烟剂、阻火剂、黏结剂等按一定比例组成。根据不同情况，还可以加入防潮剂、稳定剂、降温剂等。根据使用要求，有效成分的成烟率应不小于 70%，经过热储稳定性试验，分解率应不高于 5%。其他指标需符合企业标准要求。

烟剂一般采用将有效成分、氧化剂储燃料及各种助剂经粉碎后，按一定比例混合均匀，然后按照剂型的不同，采用不同的工艺流程进行加工。根据制剂的形状分为粉剂、片剂、粒（棒）剂等形式。经混合后直接包装，则为粉剂。片剂加工工艺一般包括湿法制片—干燥—包装和干法—包装两种制片工艺。如果使用的配方组分已达到规定细度要求，则可以直接计量混合加工。粒（棒）剂工艺与片剂类同，为半固体或液体形态的农药有效成分，也可以利用加热或加入挥发性有机溶剂把农药原药溶解、再与经过粉碎的载体混合均匀，进行后续加工。经过几十年的发展，中国在烟剂的开发上积累了丰富的经验。烟剂的生产具有工艺简单、投资少、无“三废”产生的优点。

烟剂主要用于温室、大棚、保护地等密闭环境或森林、灌木丛等一些不利于喷洒药剂的环境和场所中的病虫害防治。烟剂的有效成分以气体的形式分散于空气中，可无孔不入地覆盖、渗入和充满一定空间，对密闭体系中防治病虫害十分有利。烟剂施药还具有不需要任何药械的特点，因此，在一些不利于喷洒药剂的环境和场所广泛地被采用。烟剂虽然有许多优点，但是并非所有的农药都能够和有必要配制成烟剂。只有那些在发烟温度下易挥发、蒸发或升华而又不分解，同时又与配方中的组分在化学和物理上相容的原药才有可能配制成烟剂。另外，烟剂的使用对环境因素中的风速要求较高，风速过大不宜使用。在保管与运输过程中，要注意放热防火、防止受潮、轻拿轻放，一旦发现事故隐患，要及时处理。

（撰稿：董广新；审稿：遇璐、丑靖宇）

烟碱　nicotine

对害虫具有胃毒、触杀和熏蒸作用的三大传统植物性杀虫剂之一。

其他名称　硫酸烟碱、蚜克、尼古丁。

化学名称　(*S*)-3-(1-甲基-2-吡咯烷基)吡啶；(*S*)-3-(1-methyl-2-pyrrolidinyl)pyridine。

IUPAC名称　3-[(2*S*)-1-methylpyrrolidin-2-yl]pyridine。

CAS登记号　54-11-5(烟碱)；65-30-5(硫酸烟碱)。

EC号　200-193-3(烟碱)；200-606-7(硫酸烟碱)。

分子式　$C_{10}H_{14}N_2$(烟碱)；$C_{20}H_{30}N_4O_4S$(硫酸烟碱)。

相对分子质量　162.23(烟碱)；422.54(硫酸烟碱)。

结构式

H N N

开发单位　内蒙古帅旗生物科技股份有限公司、武汉楚强生物科技有限公司。

理化性质　无色油状液体。沸点246~247℃。熔点−80℃。闪点101℃。25℃蒸气压5.65Pa。密度1.0097g/cm³。折射率n_D^{20} 1.527~1.529。60℃以下、210℃以上与水互溶。性质不稳定，易挥发，在空气和光照下分解快，变成褐色呈黏状，有奇臭味和强烈刺激性。其盐类（如硫酸烟碱）较稳定。

毒性　高毒。大鼠急性经口LD_{50} 50~60mg/kg，急性经皮LD_{50} 140mg/kg。兔急性经皮LD_{50} 50~60mg/kg，腹腔注射LD_{50} 14mg/kg。虹鳟LC_{50} 4mg/L，对蜜蜂、鸟有毒，对鱼、贝类毒性小。

剂型　10%水剂，10%乳油，90%原药。

作用方式及机理　对害虫有胃毒、触杀和熏蒸作用，并有杀卵作用，无内吸性。主要作用于神经系统的烟碱型乙酰胆碱受体（nAChRs），低浓度时刺激突触前膜释放乙酰胆碱，高浓度时使乙酰胆碱受体产生脱敏性抑制，阻断昆虫中枢神经系统正常传导。烟碱与nAChRs位元点的结合模式为：吡啶上的氮原子能与nAChRs形成氢键，咪唑上的N1在昆虫体内经离子化带正电荷，与nAChRs的负电中心具有静电作用，咪唑氮原子能与nAChRs产生静电作用，硝基氧与nAChRs形成氢键作用，具有强极性的硝基作为药效基团与受体的氨基酸残基作用，致昆虫兴奋、麻痹死亡。

防治对象　棉蚜、烟青虫。

使用方法　防治棉蚜10%烟碱水剂用药量为有效成分120~150g/hm²（折成10%烟碱水剂80~100ml/亩）、防治烟青虫10%烟碱乳油用药量为有效成分75~112.5g/hm²（折成10%烟碱乳油50~75ml/亩）。

注意事项　①烟碱对人、畜高毒，配药或施药时应遵守农药使用保护规则。②烟碱对蜜蜂有毒，使用时应远离养蜂场所。③急救治疗措施。无解毒剂，对症治疗。中毒时及时用清水或盐水彻底冲洗；如丧失意识，开始时可吞服活性炭，清洗肠胃，禁服吐根糖浆。

与其他药剂的混用　可与苦参碱和氯氰菊酯混用。烟碱与苦参碱7∶5混配成1.2%烟碱·苦参碱烟剂、1.2%烟碱·苦参碱乳油，分别按有效成分用药量180~360g/hm²点燃放烟、7.2~9g/hm²喷雾可防治松毛虫、菜青虫；烟碱与苦参碱5∶1混配成3.6%烟碱·苦参碱微囊悬浮剂，有效成分用药量12~36g/hm²喷雾可防治美国白蛾；烟碱分别与苦参碱、氯氰菊酯1∶5、17∶3混配成0.6%烟碱·苦参碱乳油、4%氯氰·烟碱水乳剂，有效成分用药量5.4~10.8g/hm²、60~120g/hm²喷雾可防治蚜虫。

允许残留量　GB 2763—2021《食品中农药最大残留限量标准》规定烟碱最大残留量见表。ADI为0.0008mg/kg。蔬菜、水果中烟碱残留量按照GB/T 20769、SN/T 2397规定的方法测定。

部分食品中烟碱最大残留限量(GB 2763—2021)

食品类别	名称	最大残留限量(mg/kg)
油料和油脂	棉籽	0.05*
蔬菜	结球甘蓝	0.20
水果	柑、橘、橘	0.20

*临时残留限量。

参考文献

朱永和, 王振荣, 李布青, 2006. 农药大典[M]. 北京: 中国三峡出版社.

邹华娇, 2002. 9%辣椒碱·烟碱微乳剂防治菜青虫和菜蚜效果试

Y

验[J]. 植物保护, 28 (1): 45-47.

YAMAMOTO I, YABUTA G, TOMIZAWA M, 1995. Molecular mechanism for selective toxicity of neonicotinoids[J]. Journal of pesticide science, 20: 33-40.

（撰稿：尹显慧；审稿：李明）

烟嘧磺隆 nicosulfuron

一种磺酰脲类选择性除草剂。

其他名称 玉农乐、SL-950。

化学名称 2-(4,6-二甲氧基嘧啶-2-基氨基甲酰氨基磺酰)-*N*,*N*-二甲基烟酰胺；2-[[[[(4,6-dimethoxy-2-pyrimidinyl) amino]carbonyl]amino]sulfonyl]-*N*,*N*-dimethyl-3-pyridinecarboxamide。

IUPAC名称 2-(4,6-dimethoxypyrimidin-2-ylcarbamoyl-sulfamoyl)-*N*,*N*-dimethylnicotinamide。

CAS登记号 111991-09-4。

EC号 601-148-4。

分子式 $C_{15}H_{18}N_6O_6S$。

相对分子质量 410.41。

结构式

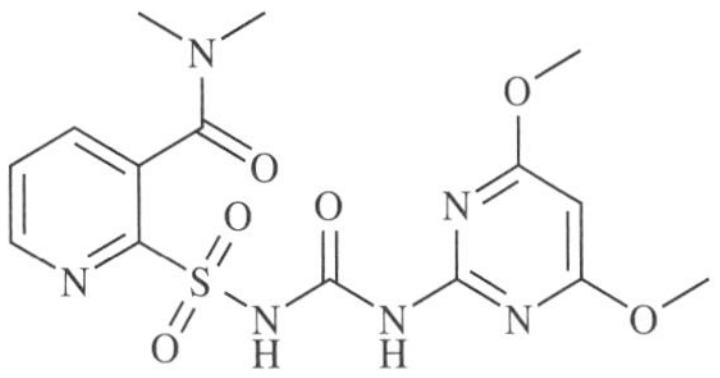

开发单位 日本石原产业公司。

理化性质 白色固体。相对密度1.411（20℃）。熔点141～144℃。蒸气压＜1.6×10^{-14}Pa。溶解度（20℃，g/L）：水0.4（pH5）、12（pH6.8）、39.2（pH8.8），丙酮18，乙腈23，氯仿、二甲基甲酰胺64，二氯甲烷160，乙醇4.5，己烷＜0.02，甲苯0.33。

毒性 低毒。大、小鼠急性经口LD_{50}＞5000mg/kg。大鼠急性经皮LD_{50}＞2000mg/kg。大鼠急性吸入LC_{50}＞5.47mg/L。对兔皮肤无刺激性，对兔眼睛有中度刺激性。大鼠饲喂试验NOEL［90天，mg/（kg·d）］：36（雄）、42.5（雌）。试验剂量内，无致突变、致畸和致癌作用。对鱼、蜜蜂、鸟等低毒。鲤鱼和虹鳟LC_{50}（96小时）＞105mg/L。野鸭急性经口LD_{50} 2000mg/kg，鹌鹑急性经口LD_{50}＞2250mg/kg。蜜蜂LD_{50}：76μg/只（经口）、＞20μg/只（接触）。蚯蚓LC_{50}（14天）＞1000mg/kg土壤。

剂型 4.2%、6%、8%、10%、40g/L可分散油悬浮剂，40g/L、60g/L悬浮剂，75%、80%水分散粒剂，80%可湿性粉剂等。

质量标准 烟嘧磺隆原药（GB 29383—2012）。

作用方式及机理 内吸性传导型除草剂。可被植物茎叶和根部吸收并迅速传导，通过抑制植物体内乙酰乳酸合成酶的活性，阻止支链氨基酸（缬氨酸、亮氨酸与异亮氨酸）合成进而影响细胞分裂，使敏感植物停止生长。杂草受害症状为心叶失绿变黄，然后其他叶由上到下依次变黄，禾本科杂草叶片最后变成紫红色。常规用药量下，一年生杂草1～3周死亡。

防治对象 玉米田马唐、稗草、狗尾草、牛筋草、野黍、酸模叶蓼、卷茎蓼、反枝苋、龙葵、香薷、水棘针、鸭跖草、狼杷草、风花菜、遏蓝菜、苍耳等一年生禾本科杂草和阔叶杂草。对小麦自生苗、落粒高粱也有理想防效。对藜、小藜、地肤、马齿苋、铁苋菜、苘麻、鼬瓣花、芦苇等有控制防效。

使用方法 玉米田除草。玉米苗后3～4叶期，杂草2～4叶期，每亩用4%烟嘧磺隆悬浮剂75～100g（有效成分3～4g），加水30L进行茎叶处理。依杂草密度和叶龄增减用药量，杂草叶龄大、密度高、用药时较干旱使用高剂量，反之，用低剂量。烟嘧磺隆不但有很好的茎叶处理活性，而且有土壤封闭杀草作用，该药在土壤中残效期30～40天。

注意事项 ①应在杂草5叶期以前施用，杂草6叶期以后施药需增加用药量。②不同玉米品种对烟嘧磺隆的敏感性有差异，其安全性顺序为马齿型＞硬质型＞爆裂型＞甜玉米。一般玉米2叶期前及8～10叶期以后（因品种的熟期不同而有差别）对该药敏感。甜玉米、爆裂玉米及玉米自交系对该剂敏感，勿用该药除草。③该药对后茬小白菜、甜菜、菠菜等有药害，尤其是后茬为甜菜的种植区应减量使用；在粮菜间作或轮作地区，应做好对后茬蔬菜的药害试验。④该药可与菊酯类农药混用；不能与有机磷类药剂混用，两药剂的使用间隔期应为7天左右。⑤应选早晚气温低、风力小的时间施药。干旱时施药加喷雾助剂。

与其他药剂的混用 可与莠去津、辛酰溴苯腈、2甲4氯、硝磺草酮等混用，扩大杀草谱。

允许残留量 中国规定烟嘧磺隆在玉米中的最大残留限量为0.1mg/kg。ADI为2mg/kg。谷物参照NY/T 1616规定的方法测定。

参考文献

刘长令, 2002. 世界农药大全: 除草剂卷[M]. 北京: 化学工业出版社.

马克比恩 C, 2015. 农药手册[M]. 胡笑形, 等译. 北京: 化学工业出版社.

中国农业百科全书总编辑委员会农药卷编辑委员会, 中国农业百科全书编辑部, 1993. 中国农业百科全书: 农药卷[M]. 北京: 农业出版社.

SHANER D L, 2014. Herbicide handbook[M]. 10th ed. Lawrence, KS: Weed Science Society of America.

（撰稿：李香菊；审稿：耿贺利）

烟雾法 aerosol and smoke generation

把农药分散成为烟雾状态的各种施药技术的总称，包括熏烟法、热烟雾法、常温烟雾法等。

烟雾法原理 实际上烟和雾是两种物态，但都分散成为极细的颗粒或雾滴，肉眼已无法辨认出是颗粒还是雾滴。烟和雾的区别在于，烟是由固态微粒在空气中的分散状态，而雾则是微小的液滴在空气中的分散状态。烟和雾的共同特征是粒度细，常在0.01～10μm范围内，在空气扰动或有风的情况下，烟雾是很难沉积下来的。因此，烟雾技术非常适合在封闭空间使用，如粮库、温室大棚，也可以在相对密闭的森林里使用。

烟雾技术在中国发展很早，在20世纪50年代，中国著名的农药科学家屠豫钦教授带领的研究小组就在陕西省开展了硫黄熏烟技术防治小麦锈病的研究和示范工作，对于当时小麦锈病的防治做出了很大贡献。20世纪80年代后，随着热烟雾机和常温烟雾机的研发与推广，热雾施药技术和常温烟雾技术也得到了广泛应用。一些地区尝试用热烟雾技术防治小麦、水稻、玉米病虫害，并做了不少田间防治效果的试验，证明其不仅工效高、且防治效果好于喷雾法。但是，在大田喷杆喷雾技术、风送喷雾技术、精准喷雾技术等日益快速发展，已经能够满足大田作物高效喷雾防治病虫害需要的情况下，还把烟雾技术用于露地大田作物，从环境保护和安全角度考虑，此种技术不值得提倡。

喷施质量评价　评价烟雾机喷施质量的主要指标有雾滴覆密度或雾滴附着率、雾滴扩散距离、雾滴扩散均匀性等。

影响因素　影响烟雾法的因素主要是农药的剂型、自然风速及密闭空间内的小气候。采用烟雾技术前，一定要根据防治对象和天气条件，确定施放烟雾的时间。其时间选择原理和超低容量喷雾、喷粉、熏烟等技术相似，对于低矮森林和农田作物，以早、晚或夜间作业为宜；阴天可以整天进行作业。作业时的风速以一级风以下（即树叶轻微摇动）为好。下雨天气不宜进行烟雾作业。

在山地进行热烟雾作业，无风天气先在山顶作业，沿等高线行走，逐渐喷至山下。有风天气，应与风向垂直行走。要随时观察风向和烟雾的扩散情况，及时调整行走路线和间隔距离，使烟雾均匀地布满处理空间。

在室内和密闭空间采用热烟雾技术时，烟雾剂的用量以每1000m^3空间用100ml为宜，用量过大，容易着火。当室内温度较高或有明火时，切不可进行烟雾作业。在采用热烟雾技术时，操作人员应由内向外移动；也可以把烟雾机放置在门口，朝向室内喷施烟雾。

在温室大棚采用烟雾技术要先进行试验研究。有些地方在温室黄瓜上采用热烟雾技术防治病虫害时出现了黄瓜药害问题，一是热烟雾技术喷出的烟雾温度较高，烟雾机出口的温度可达60℃，如果作物叶片距烟雾机出口非常近，就有可能造成叶片灼伤；二是烟雾技术所使用的油剂中多用有机溶剂，这些有机溶剂喷出后容易对作物造成药害。如果在温室大棚采用热烟雾技术，建议采用植物油为溶剂配制油剂，避免对作物产生药害。

自然风速的大小主要影响烟雾的扩散速度、扩散距离和穿透性能。在自然风速较大时，烟雾的扩散速度较快，扩散距离较远，对靶标间隙的穿透能力较强；反之，烟雾的扩散速度较慢，扩散距离较近，穿透能力较弱。当自然风速过大时，将使烟雾的扩散方向和扩散范围无法控制，且飘失严重。

密闭空间内的小气候是指密闭空间内空气自然对流的强弱。当密闭空间内的空气自然对流较强时，有利于烟雾的扩散和充满空间，防治病虫害的效果较好；反之，烟雾的扩散速度就慢，甚至难以充满整个密闭空间，防治病虫害的效果差。

注意事项　①机器的维护。喷雾作业结束后，应将机具擦洗干净，倒出药液箱中的剩余药液，将机具存放在干燥通风的场所。②在使用热烟雾机时一定要按要求使用，注意对操作者以及作物的安全。

见熏烟法、热雾法（热烟雾法）、常温烟雾法（冷烟雾法）等条目。

参考文献

徐映明, 朱文达, 2004. 农药问答[M]. 北京: 化学工业出版社.

袁会珠, 2011. 农药使用技术指南[M]. 2版. 北京: 化学工业出版社.

中国农业百科全书总编辑委员会农药卷编辑委员会, 中国农业百科全书编辑部, 1993. 中国农业百科全书: 农药卷[M]. 北京: 农业出版社.

（撰稿：周洋洋；审稿：袁会珠）

蔬菜大棚内热雾法施药防治辣椒烟粉虱（周洋洋摄）

烟雾机　fog machine

利用内燃机排出气体的热能或利用空气压缩机的气体压力能，使药液雾化成烟雾微粒散布的喷雾机具。其工作原理是利用烟和雾的特性。烟是微小固体颗粒在空气中的分散状态，雾是微小的液体在空气中的分散状态，二者在空气扰动或者有风的情况下，能在空间弥漫、扩散，能够比较持久地呈悬浮状态。

性能特点　①药液与气流混合的雾化部件没有运动摩擦，工作可靠，故障少。②热烟雾机一般使用油剂农药，常温烟雾机对农药剂型没有特殊要求，油剂、水剂、乳剂及可湿性粉剂均可使用。③雾滴直径极小。一般为5～25μm，在空气中及作物丛中飘浮时间长，扩散能力强，穿透性能好。④省水、省药、省工，作业工效高。⑤防治效果好。⑥操作维护比较方便。

发展历史　20世纪40年代苏联首先研制出手推式热烟雾机。德国利用脉冲式发动机研制出手提式热烟雾机。接着，日本于50年代初研制出手推式喷雾、喷粉、喷烟三用机。70年代中后期，日本又研制出常温烟雾机，并于80年代初形成系列产品投放市场。中国于50年代末60年代初先后研制出手提式热烟雾机和手推式喷雾、喷粉、喷烟三用机，80年代中后期又先后研制出背负式热烟雾机和手提式及手推式常温烟雾机。

适用范围　非常适合在密闭空间使用，如粮库、温室大棚；也可在相对封闭的果园和森林里使用。

主要内容　烟雾机主要分为热烟雾机和常温烟雾机两种类型。

热烟雾机　热烟雾机利用汽油在燃烧室内燃烧产生的高温气体的动能和热能，使药液瞬间雾化成均匀、细小的烟雾微粒，能在空间弥漫、扩散，呈悬浮状态，对密闭空间内杀灭飞虫和消毒处理特别有效。它具有施药液量少、防效好、不用水等优点。适用于果园、温室大棚、仓库、城市下水道及林业的病虫害防治。机型：6HY18/20烟雾机，隆瑞牌TS-35A型烟雾机，林达弯管式HTM-30型烟雾机等。

常温烟雾机　常温烟雾机利用高速高压气流或超声波原理在常温下将药液破碎成超细雾滴，直径一般在5～25μm，在设施内充分扩散，长时间悬浮，对病虫进行触杀、熏蒸，同时对棚室内设施进行全面消毒灭菌。不但用于农业保护地作物病虫害防治，进行封闭性喷洒，还可用于室内卫生杀虫、仓储灭虫、畜舍消毒以及高温季节室内增湿降温，喷洒清新剂等。温室大棚中使用常温烟雾机施药要比其他常规施药机械更加高效、安全、经济、快捷、方便。

参考文献

何雄奎, 2012. 高效施药技术与机具[M]. 北京: 中国农业大学出版社.

何雄奎, 2013. 药械与施药技术[M]. 北京: 中国农业大学出版社.

（撰稿：何雄奎；审稿：李红军）

燕草枯　difenzoquat metilsulfate

一种苯基吡唑类除草剂。

其他名称　Modown、野燕枯、燕麦枯、双苯唑快、Avenge、Finaven。

化学名称　1,2-二甲基-3,5-二苯基吡唑阳离子硫酸甲酯；1,2-dimethyl-3,5-diphenylpyrazolium methyl sulfate。

IUPAC名称　1,2-dimethyl-3,5-diphenyl-1*H*-pyrazolium methyl sulfate。

CAS登记号　43222-48-6。

EC号　256-152-5。

分子式　$C_{18}H_{20}N_2O_4S$。

相对分子质量　360.43。

结构式

开发单位　美国ACC公司生产。

理化性质　原药纯度≥96%，纯品为无色固体，易潮解。熔点150～160℃。25℃时溶解度：水765g/L、二氯甲烷360g/L、氯仿500g/L、甲醇588g/L、二氯乙烷71g/L、异丙醇23g/L、丙酮9.8g/L、二甲苯＜0.01g/L。微溶于石油醚、苯和二氧六环。相对密度0.8（25℃）。水溶液对光稳定，热稳定，弱酸介质中稳定，但遇强酸和氧化剂分解。

毒性　原药急性经口LD_{50}：大鼠239～470mg/kg，小鼠31mg/kg。雄兔急性经皮LD_{50} 3540mg/kg。2代繁殖试验和迟发性神经毒性试验未见异常，大鼠2年饲喂试验NOEL为500mg/kg饲料。狗3个月最大无作用剂量为每天2.5g/kg。鲤鱼LC_{50}（96小时）＞100mg/L。野鸭急性经口LD_{50}＞1000mg/kg。蜜蜂LD_{50} 36.21μg/只。

剂型　25%、40%水剂。

作用方式及机理　选择性苗后茎叶处理剂。主要防除野燕麦，药剂施于野燕麦叶片上后，吸收转移到叶心，作用于生长点，破坏野燕麦的细胞分裂和野燕麦顶端、节间分生组织中细胞的分裂和伸长，从而使其停止生长，最后全株枯死。

防治对象　防除小麦和大麦田中野燕麦等杂草。

使用方法　用于防除大麦、小麦和黑麦田的野燕麦时，用64%可溶性粉剂1130～2250g/hm^2，兑水7.5kg喷雾。一般在芽后3～5叶期使用。

注意事项　燕麦枯不可与防除阔叶杂草的钠盐或钾盐除草剂及2甲4氯丙酸混用，需要间隔7天。在土壤水分和空气湿度大的条件下，使药剂渗入作用加强，能提高药效。与2,4-滴丁酯混用时，应注意药剂飘移会使邻近对2,4-滴丁酯敏感的阔叶作物受害。喷雾完后应将喷雾器械彻底清洗干净。

参考文献

孙家隆, 2015. 新编农药品种手册[M]. 北京: 化学工业出版社: 866-867.

（撰稿：王大伟；审稿：席真）

燕麦敌　diallate

一种稳定性良好的播前农用低毒硫代氨基甲酸酯类除草剂。

其他名称　二氯烯丹。

化学名称　2,3-二氯燃丙基-*N*,*N*-二异丙基硫赶氨基甲酸酯；2,3-dichloroallyl-*N*,*N*-diisopropylthiolcarbamate。

IUPAC名称　*S*-[(*Z*)-2,3-dichloroprop-2-enyl] *N*,*N*-di(propan-2-yl)carbamothioate。

CAS 登记号 2303-16-4。

分子式 $C_{10}H_{17}Cl_2NOS$。

相对分子质量 270.22。

结构式

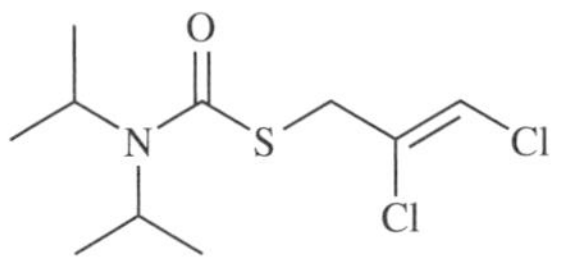

开发单位 1959 年报道，由孟山都化学工业公司开发。专利已过期。

理化性质 棕色液体。沸点 150℃（1.2kPa），97℃（20Pa），相对密度 1.188（25℃）。能与丙酮、乙醇、乙酸乙酯、煤油、二甲苯等有机溶剂混溶，25℃水中溶解度为 40mg/L。200℃以上能分解。顺式和反式的混合物，顺式熔点 36℃。

毒性 属低毒类，无明显蓄积作用。急性经口 LD_{50}：大鼠 395mg/kg；小鼠 790mg/kg。

作用方式及机理 选择性抑制脂肪代谢，促进幼苗芽、根发育。

剂型 浓乳剂和 10% 颗粒剂。

防治对象 是条播前施用的除草剂，对防治十字花科作物和甜菜等作物中的野燕麦特别有效。与其相关的药剂野麦畏（triallate）适用于谷物。

使用方法 播前除草剂，防除野燕麦效果高达 90%。对小麦、青稞、豌豆、马铃薯、蚕豆、油菜等作物均无不良影响。每公顷用 1.5~4kg 有效成分，加水 350~600kg 喷雾，喷雾后立即混土，混土深度不应超过播种深度。或上述药剂制成毒土撒施，再立即混土。混土结束后即可播种。为了扩大杀草谱，燕麦敌可与西马津或敌草腈混用。

注意事项 燕麦敌挥发性大，药剂应随配随用，且大风时最好不施用。燕麦敌类除草剂对皮肤、眼睛有刺激作用，应注意防护。施药后应立即混土，否则无效或药效极低。

允许残留量 苏联（1975）水体中有害有机物的最大允许浓度 0.03mg/L。

参考文献

孙家隆, 周凤艳, 周振荣, 2014. 现代农药应用技术丛书: 除草剂卷[M]. 北京: 化学工业出版社.

（撰稿：祝冠彬；审稿：徐凤波）

燕麦法 oat growth test

利用燕麦种子萌发后，植株地上部分的生长量在一定范围内与除草剂剂量呈相关性的特点，进行除草剂活性的生物测定的方法。

适用范围 适用于测定三氮苯类除草剂，如莠去津、西玛津以及取代脲类除草剂的活性。

主要内容 试验操作方法：将土样烘干，过 1mm 筛后，加入不同剂量除草剂，使土壤水分含量达到最大田间持水量的 60%。取土 200g 装入底部带孔的玻璃器皿中，播种经催芽露白的燕麦种子 10~12 粒，在燕麦出苗后定株 8 株苗，每天从底部灌水，保持原来的重量。于光照下培育 14 天后，测定植株地上部分的鲜重或干重，或幼龄叶片数及第二、三叶片的重量。计算 EC_{50} 值。

参考文献

陈年春, 1991. 农药生物测定技术[M]. 北京: 北京农业大学出版社.

（撰稿：唐伟；审稿：陈杰）

燕麦灵 barban

一种氨基甲酸酯类除草剂。

其他名称 CS-847、氯炔草灵。

化学名称 4-氯丁炔-2-基-3-氯苯氨基甲酸酯；4-chlorobut-2-ynyl-3-chlorophenylcarbamate。

IUPAC 名称 4-chlorobut-2-ynyl(3-chlorophenyl)carbamate。

CAS 登记号 101-27-9。

分子式 $C_{11}H_9Cl_2NO_2$。

相对分子质量 258.10。

结构式

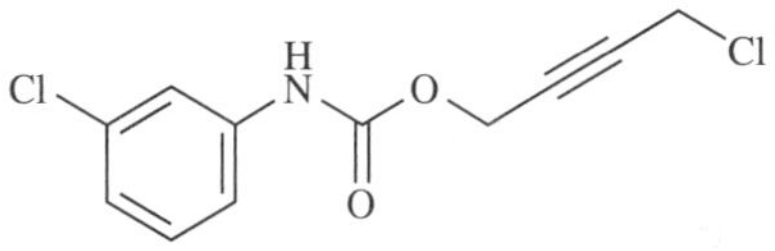

开发单位 由斯盘索化学公司推广。

理化性质 纯品为白色结晶，熔点 75~76℃。20℃时溶解度：水 11mg/L，正己烷 1.4g/L，苯 327g/L，二氯乙烷 546g/L。25℃蒸气压 0.05mPa，25℃在 1mol/L 浓度的氢氧化钠中半衰期为 0.97 分钟。可被碱水解并放出盐酸，在酸性条件下，水解生成 3-氯丙烯酸。

毒性 大鼠急性经口 LD_{50} 1141~1706mg/kg。兔经皮 LD_{50} > 20 000mg/kg。大鼠 30 天喂养试验中仅发现在高剂量（5g/kg）时影响生长。

剂型 主要有 15% 乳油。

防治对象 为防除野燕麦的选择性苗后除草剂，适用于小麦、大麦、油菜、苜蓿、三叶草和其他禾本科牧草、蚕豆、甜菜、青稞田；防治野燕麦，对看麦娘、早熟禾等少数禾本科杂草也有防除效果，对阔叶杂草无效。

参考文献

马克比恩 C, 2015. 农药手册[M]. 胡笑形, 等译. 北京: 化学工业出版社: 1071.

孙家隆, 2015. 新编农药品种手册[M]. 北京: 化学工业出版社: 864.

（撰稿：王建国；审稿：耿贺利）

燕麦弯曲试验法 oat coleoptile bending test

植物生长素的生物测定技术方法之一，是基于植物激素生长素对细胞伸长的促进作用建立起来的生物测定方法。具体以燕麦胚芽鞘为试验材料，通过测定外源生长素对燕麦胚芽鞘的弯曲度影响，在一定的浓度范围内胚芽鞘弯曲度与生长素浓度成直线关系而进行定量测定生长素含量。

适用范围 适用于吲哚乙酸（IAA），或未经定性的一些天然生长素的定量测定。

主要内容 在黑暗中萌发燕麦种子，当根长达到 2mm 时，将幼苗固定并进行水培生长。选择直的幼苗切下胚芽鞘顶端，将切下的胚芽鞘尖端放置在琼脂胶薄片上，使其合成的生长素扩散到琼脂胶上。24 小时移开胚芽鞘尖，将琼脂切成 $1mm^3$ 的小块。约 3 小时后，将切去尖端的胚芽鞘再切去约 4mm 尖端，用镊子轻轻地将第一叶向上提一下。将含有生长素的琼脂胶块轻放在去除胚芽鞘尖端的一侧靠近叶片的部位。经过 90～110 分钟后，进行投影，测量胚芽鞘弯曲后与竖直方向的角度。在一定的浓度范围内，胚芽鞘的弯曲度与生长素浓度成直线关系。试验要求在安全绿光条件下进行操作。

该方法可以用于吲哚乙酸（IAA）的定量或用于未经定性的一些天然生长素的定量上使用，但不适用于人工合成生长素的定量测定。

参考文献

陈年春, 1991. 农药生物测定技术[M]. 北京: 北京农业大学出版社.

（撰稿：谭伟明；审稿：陈杰）

氧化磷酸化和解偶联 oxidative phosphorylation and uncoupling

线粒体进行氧化反应产生能量的过程称为氧化磷酸化。氧化磷酸化是需氧细胞生命活动的主要能量来源，是生物产生 ATP 的主要途径。氧化磷酸化作用指的是生物氧化作用相伴产生的磷酸化作用，是利用生物氧化过程中释放的自由能，使 ADP 和无机磷酸生成高能 ATP 的过程。该过程的关键酶就是位于线粒体内膜上的 ATP 合酶，但目前有关 ATP 合酶合成 ATP 的机理还未有明确的阐释。目前对氧化磷酸化偶联机理的主流解释为化学渗透偶联假说，即通过线粒体内膜上呼吸链组分间氢与电子的交替传递，使质子从内膜内侧向外侧定向转移，由于膜对 H^+ 的不通透性，从而形成跨膜的质子梯度。因此，氧化所释放的能量首先转换为跨膜质子动力势，后者再通过 ATP 合酶催化形成 ATP。三苯基乙酸锡、三苯锡氯等有机锡化合物即是通过抑制此过程，从而影响病原菌能量的合成，起到抑菌作用。

氧化磷酸化是氧化（电子传递）和磷酸化（形成 ATP）的偶联反应。解偶联（uncoupling）指呼吸链与氧化磷酸化的偶联遭到破坏的现象。氧化磷酸化解偶联剂是指不直接作用于 ATP 合酶，也不影响电子传递链从 NADH 或琥珀酸盐中获得电子，但可抑制 ATP 合成的所有化合物，即打破电子传递链和 ATP 合酶之间完整功能性的耦合作用的化合物，如氟啶胺、醚菌腙等。

（撰稿：刘西莉；审稿：苗建强、张博瑞）

氧化萎锈灵 oxycarboxin

一种酰胺类选择、内吸性杀菌剂。

其他名称 Plantvax、F461。

化学名称 5,6-二氢-2-甲基-*N*-苯基-1,4-氧硫杂环己烯-3-甲酰苯胺 4,4-二氧化物；5,6-dihydro-2-methyl-*N*-phenyl-1,4-oxathiin-3-carboxanilide 4,4-dioxide。

IUPAC 名称 5,6-dihydro-2-methyl-1,4-oxathiin-3-carboxanilide 4,4-dioxide。

CAS 登记号 5259-88-1。

EC 号 226-066-2。

分子式 $C_{12}H_{13}NO_4S$。

相对分子质量 267.30。

结构式

开发单位 1966 年由美国尤尼鲁化学公司开发推广。

理化性质 无色晶体，原药含量 97%。熔点 127.5～130℃。相对密度 1.41（20～25℃）。蒸气压 < 5.6×10^{-3}mPa（25℃）。K_{ow}lg$P$ 0.772（25℃）。Henry 常数 < 1.07×10^{-6} Pa·m^3/mol；水中溶解度 1400mg/L（20～25℃）；有机溶剂中溶解度（g/L，20～25℃）：丙酮 83.7、己烷 0.0088。55℃下可稳定存在 18 天。水溶液（pH6，25℃）中半衰期 DT_{50} 44 天。

毒性 低毒。大鼠急性经口 LD_{50}（mg/kg）：雄 5816，雌 1632。兔急性经皮 LD_{50} > 5000mg/kg。急性吸入 LC_{50}（4 小时）：大鼠 > 5000mg/L。大鼠和狗 2 年喂养试验 NOEL 均为 3000mg/kg。鸟类喂养 LC_{50}（8 天，mg/kg 饲料）：野鸭 > 4640。鹌鹑 > 10 000，野鸡 > 4640。鱼类 LC_{50}（96 天，mg/L）：虹鳟 19.9，蓝鳃太阳鱼 28.1。

剂型 乳油，可湿性粉剂。

作用方式及机理 选择性内吸 SDHI 类杀菌剂。靶标位点为病原菌线粒体呼吸电子传递链蛋白复合物Ⅱ上的铁硫蛋白和膜锚蛋白，阻碍病原菌能量代谢，抑制病原菌生长。

防治对象 用于防治谷物、观赏植物和蔬菜锈病。

使用方法 以 200～400g/hm^2 有效成分的剂量防治谷物、观赏植物和蔬菜锈病。

与其他药剂的混用 勿与碱性或酸性药品接触。

允许残留量 日本规定氧化萎锈灵最大残留限量见表。

日本规定部分食品中氧化萎锈灵最大残留限量

名称	最大残留限量（mg/kg）
蔬菜	5.0
药草	5.0
香料	5.0
蓝莓	10.0

参考文献

化工部农药信息总站, 1996. 国外农药品种手册 (新版合订本)[M]. 北京: 化学工业出版社: 686.

唐除痴, 李煜昶, 陈彬, 等, 1998. 农药化学[M]. 天津: 南开大学出版社: 304-308.

TURNER J A, 2015. The pesticide manual: a world compendium[M]. 17th ed. UK: BCPC: 165-166.

（撰稿：刘西莉；审稿：代探）

氧化亚铜　cuprous oxide

一种一价铜的氧化物杀菌剂。

其他名称　Copper Nordox（Nordox）、Cupra-50（Laincp）、Sulcosa、Copper Sandoz、靠山。

化学名称　氧化亚铜；氧化二铜。

IUPAC名称　copper(I)oxide；dicopper oxide。

CAS 登记号　1317-39-1。

EC 号　215-270-7。

分子式　Cu_2O。

相对分子质量　143.09。

结构式

Cu—O—Cu

开发单位　最早作为种子处理用杀菌剂被 J. G. Horsfall 报道（N. Y. St. Agric. Exp.，1932，No. 615）。由山德士公司在 1943 年上市，后来用作叶面杀菌剂。

理化性质　原药含 86% 的 Cu^{2+}，红棕色粉末。熔点 1235℃。沸点 1800℃。蒸气压可忽略。溶解度：不溶于水和有机溶剂。溶于稀无机酸和氨水及其盐溶液。在潮湿环境中倾向于氧化为氧化铜并转化为碳酸盐。

毒性　低毒。大鼠急性经口 LD_{50} 1500mg/kg。人鼠急性经皮 LD_{50} > 2000mg/kg。对皮肤中等刺激性。大鼠急性吸入 LC_{50} 5mg/L 空气。对鸟类无伤害。鱼类 LC_{50}（48 小时，mg/L）：小金鱼 60，中金鱼 150。水蚤 LC_{50}（48 小时）18.9μg/L。蜜蜂 LD_{50} > 25μg/ 只。

剂型　50%、86.2% 可湿性粉剂，50% 粒剂。

作用方式及机理　杀菌作用仅限于阻止孢子萌发。氧化亚铜是保护性杀菌剂，它的杀菌作用主要靠铜离子，铜离子被萌发的孢子吸收，当达到一定浓度时可以杀死孢子细胞，从而起到杀菌作用。

防治对象　防治多种作物真菌和细菌病害，如柑橘溃疡病、黄瓜霜霉病、辣椒疫病、番茄早疫病、葡萄霜霉病等。

使用方法　兑水喷雾。

防治柑橘溃疡病　在春梢和秋梢发病前开始喷药，用 86.2% 可湿性粉剂 800~1200 倍液，均匀喷雾，间隔 7~10 天喷药 1 次，连续喷药 3~4 次。

防治黄瓜霜霉病、辣椒疫病　发病前或发病初期开始喷药，用 86.2% 可湿性粉剂 2100~2775g/hm²，兑水均匀喷雾，间隔 7~10 天喷 1 次，连续喷药 3~4 次。

防治番茄早疫病　发病前或发病初期开始喷药，用 86.2% 可湿性粉剂 1140~1455g/hm²，兑水均匀喷雾，间隔 7~10 天喷 1 次，连续喷药 3~4 次。

防治葡萄霜霉病　发病前或发病初期开始喷药，用 86.2% 可湿性粉剂 800~1200 倍液，均匀喷雾，间隔 7~10 天喷药 1 次，连续喷药 3~4 次。

注意事项　应在发病前或发病初期施药。高温或低温潮湿气候条件下慎用。用药时要穿防护服，避免药液接触身体，切勿吸烟或进食。如药液沾染皮肤或眼睛应立即用大量水清洗；如误服，可服用解毒剂 1% 亚铁氰化钾溶液，症状严重时可用 BAL（二巯基丙醇）。储存于干燥，远离食品、饲料，儿童接触不到的地方。对铜敏感作物慎用。

与其他药剂的混用　氧化亚铜一般为保护性施用。72% 甲霜灵·氧化亚铜可湿性粉剂 360~720mg/kg 喷雾可以用于防治荔枝的霜疫霉病。

允许残留量　中国尚未规定氧化亚铜的最大残留限量。

参考文献

刘长令, 2006. 世界农药大全: 杀菌剂卷[M]. 北京: 化学工业出版社: 306.

农业部种植业管理司, 农业部农药检定所, 2015. 新编农药手册[M]. 2版. 北京: 中国农业出版社: 219-220.

（撰稿：刘峰；审稿：刘鹏飞）

氧环唑　azaconazole

一种三唑类杀菌剂，特别用于木材真菌的防治。

其他名称　戊环唑。

化学名称　1-[[2-(2,4-二氯苯基)-1,3-二氧环戊-2-基]甲基]-1,2,4-三唑；1-[[2-(2,4-dichlorophenyl)-1,3-dioxolan-2-yl]methyl]-1,2,4-triazole。

IUPAC名称　1-[[2-(2,4-dichlorophenyl)-1,3-dioxolan-2-yl]methyl]-1*H*-1,2,4-triazole。

CAS 登记号　60207-31-0。

EC 号　262-102-3。

分子式　$C_{12}H_{11}Cl_2N_3O_2$。

相对分子质量　300.14。

结构式

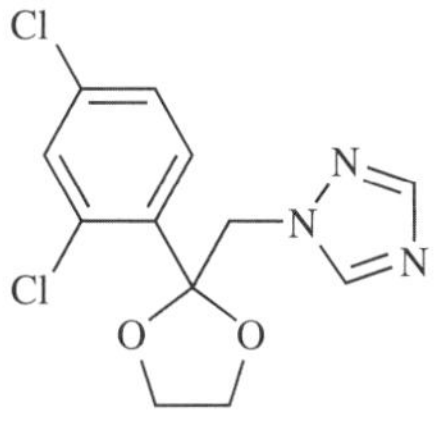

开发单位 J. van Gestel 和 E. Demoen 报道。1983 年由詹森公司在比利时上市。

理化性质 米黄色至浅棕色粉末。熔点 112.6℃。沸点 373℃。燃点 232℃。相对密度 1.25（26℃）。蒸气压 0.172mPa（25℃）。K_{ow}lg$P$ 2.27（25℃）。Henry 常数 3.41×10^{-2}Pa·m³/mol（25℃）。在水中溶解度 300mg/L（20℃）；有机溶剂中溶解度（g/L，20℃）：丙酮 160、甲醇 150、甲苯 79、己烷 0.8。稳定性：对光稳定，水中不易发生水解（pH4~9）。

毒性 急性经口 LD_{50}（mg/kg）：大鼠 308，小鼠 1123，狗 114~136。急性经皮 LD_{50}：大鼠＞2.56g/kg。对兔皮肤和眼睛有轻微刺激。对豚鼠皮肤无致敏作用。NOEL［mg/（kg·d）］：大鼠 2.5。大鼠急性吸入 LC_{50}（4 小时）＞0.64mg/L 空气。雉鸡 LC_{50}（5 天）＞5g/kg 饲料。虹鳟 LC_{50}（96 小时）42mg/L。水蚤 LC_{50}（96 小时）86mg/L。

作用方式及机理 具有保护、治疗和铲除作用的内吸性杀菌剂，经植物根和叶吸收，可在新生组织中迅速传导。通过杂环上的氮原子与病原菌细胞内羊毛甾醇 14α 脱甲基酶的血红素 - 铁活性中心结合，抑制 14α 脱甲基酶的活性，从而阻碍麦角甾醇的合成，最终起到杀菌的作用。

防治对象 对朽木菌和 Sapstain 真菌有特殊活性。

使用方法 以 1~25g/L 用于木材防腐。用作蘑菇栽培中的消毒剂及水果和蔬菜的储存箱。

参考文献

刘长令, 2005. 世界农药大全: 杀菌剂卷[M]. 北京: 化学工业出版社.

农业部种植业管理司, 农业部农药检定所, 2015. 新编农药手册[M]. 2版. 北京: 中国农业出版社.

TURNER J A, 2015. The pesticide manual: a world compendium[M]. 17th ed. UK: BCPC.

（撰稿：陈凤平；审稿：刘西莉）

样本净化 sample cleanup

使用溶剂从样本中提取农药时，样本中的脂肪、蜡质、色素、有机酸和糖等会同农药一起被提取出来，严重干扰残留量的测定。净化的要求与方法与检测方法有关。如采用专一性强的火焰光度检测器测定有机磷或有机硫农药时，不需要复杂的净化步骤，而使用抗干扰能力差的电子捕获检测器测定有机氯或菊酯类农药和使用氮磷检测器时，对净化要求必须严格，否则杂质会影响检测结果，还易污染检测器。

基本原理 从待测样本提取液中将农药与杂质分离并去除杂质的步骤。

常用的净化方法：液 - 液分配法、柱层析法、吹扫蒸馏法、磺化法、凝结剂沉淀法和薄层色谱法等。

具体内容

液 - 液分配法（LLE） 利用样本中农药和干扰物质在互不相溶的两种溶剂中溶解度（分配系数）的差异进行分离的净化方法。是样本提取后的第一个净化步骤。通常使用一种能和水相溶的极性溶剂和一种不与水相溶的非极性溶剂配对来进行分配，这两种溶剂称为溶剂对，经过反复多次分配，使农药残留与杂质分离。有的样本经此步即可直接测定。溶剂对的选配应根据样本提取时所用溶剂的性质而定。①含水量高的样本用丙酮、甲醇等极性溶剂提取，可先减压蒸去部分溶剂，加入食盐或硫酸钠水溶液，再用石油醚、苯、二氯甲烷等非极性溶剂多次分配萃取农药，使极性的干扰物留在水相中而达到分离目的。非极性溶剂可根据农药的性质来选择。②含油量高的样本，如使用石油醚提取后，用极性溶剂乙腈（有毒、有异味，中国较少采用）或二甲基甲酰胺多次分配萃取，农药的极性通常比油脂类强，因而转入极性溶剂中，弃去含有油脂类杂质的石油醚层，再在极性溶剂中加入食盐或硫酸钠水溶液，以减弱它们对农药的亲和力，再用苯、二氯甲烷或石油醚萃取时，农药又回到非极性溶剂中，达到初步净化的目的。③含油脂高的样本亦可用乙腈或二甲基甲酰胺直接提取后，用石油醚萃取 2~3 次，除去大部分脂肪，加食盐或硫酸钠水溶液于乙腈中，再用石油醚或二氯甲烷将农药萃取出来。

柱层析法 利用色谱原理在开放式柱中将农药与杂质分离的净化方法。样品净化中使用的有吸附柱法和凝胶柱法。

①吸附柱法。以吸附剂作色谱柱填料的柱层析法。通常使用直径 0.5~2cm、长 15~30cm 的玻璃管作色谱柱，柱内装有吸附剂作固定相，以溶剂作为流动相。将含有农药及各种杂质的样本提取液浓缩至一定体积后，加进柱中使其被吸附剂吸附，再向柱中加入适当极性的淋洗溶剂。样本组分随淋洗剂移动，其移动性取决于被吸附的强度，吸附较弱的农药移动快，而与脂肪、蜡质和色素等物质分离。

常用的吸附剂有氧化铝、弗罗里硅土、硅胶和活性炭等。

氧化铝：价格较便宜，是常用的吸附剂之一，它有酸性、中性和碱性之分，可根据农药的性质选用。有机氯、有机磷农药在碱性中易分解，用中性或酸性氧化铝净化。均三氮苯类除草剂则使用碱性的。没有标明活性度的氧化铝要进行活化（脱水）处理，氧化铝活性度和含水量的关系密切，经活化的氧化铝吸附性太强，不利于农药组分的淋洗分离，必须加水脱活（见薄层色谱法）。

弗罗里硅土：由硫酸镁和硅酸钠作用生成的沉淀物，经过滤干燥而得的硅酸镁，是多孔性固体。有极大的表面积，为世界上用得最多的柱吸附剂，也称硅镁吸附剂。商品弗罗里硅土也应进行活化处理后再加水脱活。淋洗时如逐渐增大溶剂的极性，淋洗下来的农药极性也依次增大。可根据待测农药的极性大小选用淋洗溶剂，以达到与杂质分离的目的。

硅胶：硅酸钠溶液加入盐酸而得的溶胶沉淀，经部分脱水而得无定形的多孔固体硅胶。通常也需进行活化处理除去残余水分，使用前再加入一定量水分以调节其吸附性能。

N- 丙基乙二胺（PSA）：农药残留前处理过程中常用的吸附剂，与 $-NH_2$ 基柱有相似的吸附作用，但是因其含有两个胺基，故比 $-NH_2$ 柱有更强的离子交换能力，可吸附脂肪酸、色素等，同时可与金属离子螯合，用于提取金属离子（图 1）。

石墨化炭黑（GCB）：是活性炭在高温高压下、惰性气体的环境中煅烧而来。它既可以吸附非极性和弱极性的化合物，又可以吸附极性化合物，对化合物表现出很广的吸附谱。GCB 被广泛应用于农药残留前处理过程中吸附样品中的色素等杂质，起净化作用。

多壁碳纳米管（MWCNT）：是由六边形排列碳原子构成的纳米级中空管，碳原子以 sp^2 和 sp^3 两种方式混合杂化。其尺寸微小，外径一般在几纳米到几十纳米；而长度则在微米级。比表面积大，对极性和非极性化合物均有很强的吸附能力，已有研究表明多壁碳纳米管可作为净化剂去除样品中的杂质，并且在净化色素方面有较好的效果。

活性炭：对色素吸附力强，但对脂肪和蜡质吸附力差，常与中性氧化铝、弗罗里硅土或硅藻土混合装柱，可使色素、脂肪和蜡质等都被吸附。由于它对农药的吸附力也强，使用时必须注意。

②凝胶柱法。以不同孔径的多孔凝胶为柱填充剂的柱层析法（图 2）。它是利用多孔凝胶对不同大小分子的排阻效应进行分离，故也称凝胶排阻色谱法。当样品提取液随流

图 1 PSA 的结构式

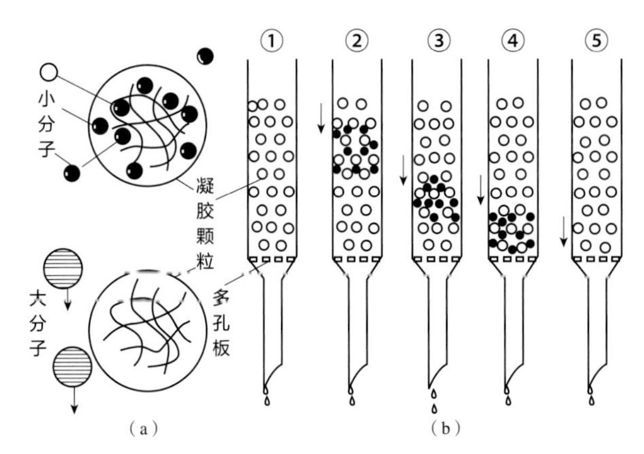

图 2 凝胶层析的原理示意图

①蛋白质混合物上柱；②洗脱开始，相对分子质量较小的蛋白质扩散进入凝胶颗粒内；相对分子质量较大的蛋白质则被排阻于颗粒之外；③相对分子质量较小的蛋白质被滞留，相对分子质量较大的蛋白质向下移动；④相对分子质量不同的分子完全分开；⑤相对分子质量较大的蛋白质行程较短，已从层析柱中洗脱出来，相对分子质量较小的蛋白质还在进行中

动相流经凝胶柱时，分子量较大的干扰物质如油脂、蛋白质、叶绿素等，被排阻在凝胶颗粒之外，随流动相直接排出色谱柱。绝大多数农药分子比较小，扩散进入凝胶孔内，较晚流出色谱柱，可使农药与杂质分离。

吹扫蒸馏法　在高温下通入氮气，利用农药易于气化的特性，使农药与油脂等杂质分离的净化方法。含油脂量较高的农畜产品，采用常规的液－液分配、柱色谱等方法，不能将油脂除去，且步骤复杂，可采用此法。经过预处理的样本提取液由进样口注入分馏管的内管中；残留农药在一定温度下气化，随载气（氮气）经装有硅烷化玻璃珠的外管进入装有吸附剂弗罗里硅土的收集管中，而油脂等高沸点物质则留在分馏管外管的玻璃珠上。取下收集管，用适当淋洗剂将农药淋洗下来，经浓缩即可测定。

磺化法　浓硫酸与样本提取液中的脂肪、蜡质等干扰物质起磺化作用，生成极性很强的物质，从而和农药分开的净化方法。常用于有机氯农药的净化；遇酸易分解或起反应的有机磷、氨基甲酸酯和菊酯类农药，则不能使用此法。按加酸的方式又可分为两种方法。

①硫酸硅藻土柱法。在等量的浓硫酸和 20% 发烟硫酸中，加入硅藻土，混合后装柱，使用己烷或石油醚等非极性溶剂淋洗，用于有机氯农药残留样本的净化，当样本杂质含量多时常用此法。

②直接磺化法。即用浓硫酸与样本提取液直接进行磺化，硫酸用量约为提取液的 1/10。如样本含油量较多，可用硫酸磺化 2～3 次，此法比上述硫酸硅藻土柱简便，中国普遍采用。

凝结剂沉淀法　使用凝结剂将杂质沉淀的净化方法。对于极性较强，在水中有一定溶解度的农药，如有机磷、氨基甲酸酯或其他含氮农药，可用此法。凝结剂由氯化铵与磷酸按一定比例配制而成，可使样本中蛋白质等杂质沉淀。测定时将样品提取液浓缩后，溶于一定浓度的丙酮水溶液中，加入凝结剂，使干扰物质沉淀，过滤除去。其他沉淀剂如乙酸铅等亦可使用。

薄层色谱法　吸附薄层色谱分离法利用各成分对同一吸附剂吸附能力不同，使在流动相（溶剂）流过固定相（吸附剂）的过程中，连续地产生吸附、解吸附、再吸附、再解吸附，从而达到农药中各成分的互相分离的目的。

薄层层析可根据作为固定相的支持物不同，分为薄层吸附层析（吸附剂）、薄层分配层析（纤维素）、薄层离子交换层析（离子交换剂）、薄层凝胶层析（分子筛凝胶）等。一般实验中应用较多的是以吸附剂为固定相的薄层吸附层析。薄层层析硅胶最常用的有硅胶 G、硅胶 GF〈[254]〉、硅胶 H、硅胶 HF〈[254]〉，其次有硅藻土、硅藻土 G、氧化铝、氧化铝 G、微晶纤维素、微晶纤维素 F〈[254]〉等。其颗粒大小，一般要求直径为 10～40μm。薄层涂布，一般可分无黏合剂和含黏合剂两种；前者系将固定相直接涂布于玻璃板上，后者系在固定相中加入一定量的黏合剂，一般常用 10%～15% 煅石膏（$CaSO_4 \cdot 2H_2O$ 在 140℃烘 4 小时），混匀后加水适量使用，或用羧甲基纤维素钠水溶液（0.5%～0.7%）适量调成糊状，均匀涂布于玻璃板上。也有含一定固定相或缓冲液的薄层。

参考文献

钱传范, 2011. 农药残留分析原理与方法[M]. 北京: 化学工业出版社.

赵海香, 孙艳红, 丁明玉, 等, 2011. 多壁碳纳米管净化/超高效液相色谱串联质谱同时测定动物组织中四环素与喹诺酮多残留[J]. 分析测试学报, 30(6): 635-639.

LETCHER T M, 1972. Thermodynamics of aliphatic amine mixtures I. The excess volumes of mixing for primary, secondary, and tertiary aliphatic amines with benzene and substituted benzene compounds[J]. Journal of chemical thermodynamics, 4(1): 159-173.

SHIMELIS O, YANG Y, STENERSON K, et al, 2007. Evaluation of a solid-phase extraction dual-layer carbon/primary secondary amine for clean-up of fatty acid matrix components from food extracts in multiresidue pesticide analysis[J]. Journal of chromatography A, 1165(1): 18-25.

WALTERS S W, 1986. Cleanup of samples[M]// ZweigG & Sherma J Analytical methods for pesticides and plant growth regulators, Vol. 14. Orlando, Florida: Academic Press Inc.

（撰稿：刘新刚；审稿：郑永权）

样本浓缩 sample concentration

化学分析中，用溶剂提取残留分析试样中的农药后，提取液体积大，农药含量甚少，因此在净化和测定前必须进行浓缩。

基本原理 通过减少提取液中的溶剂，而使农药浓度增加的步骤。

浓缩方法 常用的浓缩方法：①自然挥发法。②通气（空气或氮气）吹出法。③仪器浓缩法。方法①②适用于体积小、易挥发的提取液，若易氧化的样品，还必须使用氮气保护。以方法③应用为最多。

基本内容 常用的浓缩仪器：① K–D 浓缩器（图 1）。这是一种简单、高效的浓缩装置。在进行浓缩的同时并可回流洗净器壁和最后定容。既防止了浓缩时农药被溶剂带走，又避免了溶液转移所造成的损失。加热的水浴温度一般在 50℃左右，超过 80℃者很少。它是农药残留量分析中最常用的浓缩方法之一，各国的标准方法中普遍采用。②旋转蒸发器（图 2）。其特点是盛蒸发溶剂的圆底烧瓶，可以边减压边旋转，故温度变化不大时，热量传递较快，使蒸馏能快而平稳地进行，而不发生暴沸；在使用中还可根据浓缩液体积，更换各种容量（10～1000ml）的烧瓶。旋转蒸发器是农药残留分析中最常用的浓缩仪器，特点是浓缩速度快，但不能用作高度浓缩用，而且浓缩后还需转移洗涤。

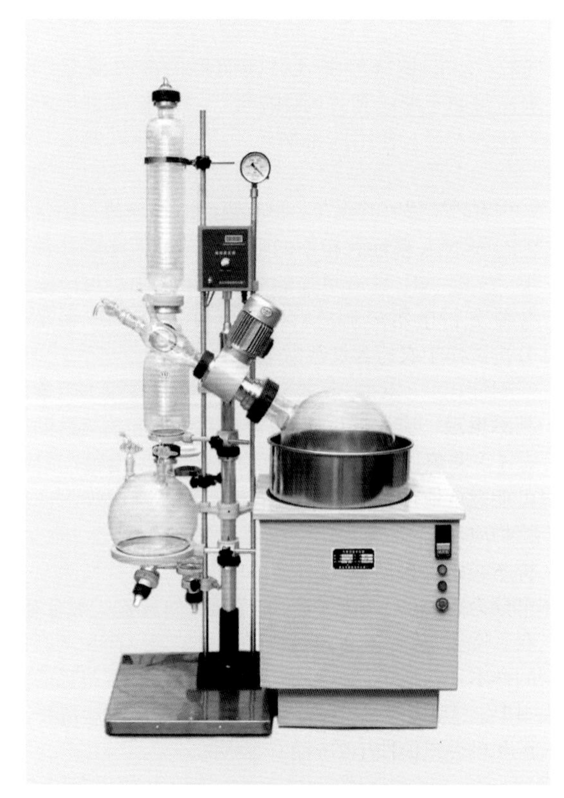

图 1 K–D 浓缩器

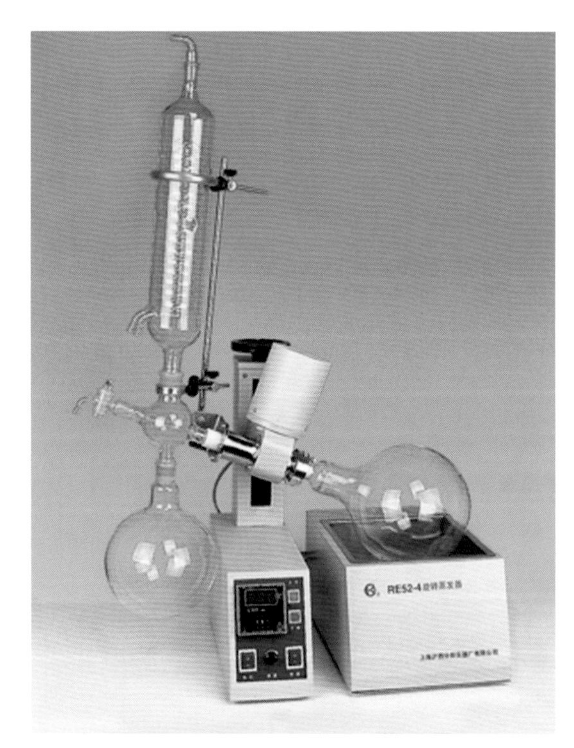

图 2 旋转蒸发器

注意事项及影响因素 在浓缩过程中，要特别注意农药的损失。在残留分析的各个操作步骤中，以浓缩对农药损失最大，故不能使用一般的蒸馏法。使用旋转蒸发器时，应注意水浴温度不宜过高，一般不超过 40℃。但不论用何法浓缩，均应格外注意：决不可把提取液蒸干，保留 1ml 左右为宜。因蒸干时农药最易损失。

参考文献

曹云, 王琳, 董铮, 等, 2007. 全自动浓缩仪浓缩土壤中有机氯农药研究[J].化工之友(15): 27-28.

金沢纯, 马以才, 1981. 农药的生物浓缩[J]. 农药译丛(1): 30-32.

Y

马爱宁, 黄国平, 2000. ELISA法检测不同方法浓缩样本HBsAg结果的比较[J]. 中国消毒学杂志, 17(1): 42-43.

（撰稿：刘新刚；审稿：郑永权）

样本提取　sample extraction

化学分析中用溶剂把农药从试样中提取出来的步骤。残留分析试样中农药含量甚微，提取效率的高低直接影响结果的准确性。

基本原理　应根据试样类型、农药种类、试样中脂肪、水分含量和最终测定方法等来选择提取方法和提取溶剂，以便尽可能完全地提取出试样中所含的农药，而尽量少地提取出干扰物质。

样本类型与提取要求　不同类型样本的提取方法不同，大体可分为5类。①水样。直接用溶剂提取或用吸附剂吸附后提取。②土壤样本。用含水溶剂或混合溶剂提取。③含水量高的样本。如水果、蔬菜等，用与水相混溶的溶剂或混合溶剂提取。④含脂肪量高的样本。如谷物、豆类、油料作物等，用非极性或极性小的溶剂提取。⑤动物组织。用消化法提取。

提取方法　残留分析对象一般为水、土、作物、动物组织等，样本性质差别很大，提取方法亦不相同，主要提取方法：①振荡浸出法。利用振荡器（图1），通过一定时间的振荡或浸泡，而提取出检测成分，系常用方法之一。对一般蔬菜、水果、谷物（粉碎至60目）等样本均可使用。②组织捣碎法。把样本放入捣碎机（图2）中，加提取剂后高速捣碎，使溶剂与微细试样反复紧密接触、萃取，系常用方法之一。③消化法。用消化液把试样消煮分解后，再用溶剂提取检测成分。动物样本中量少而又不易捣碎的器官（皮、鳃、肠等），常用此法提取。④索氏提取器法。把样本放入提取器滤纸筒中，选用适当的提取溶剂，连续提取检测成分。可数小时连续提取，在各种方法中，其效果最好，为国际上标准方法。⑤超临界流体萃取（supercritical fluid extraction, SFE）。用超临界流体代替传统溶剂提取的方法。超临界流体，处于气态和液态之间，黏度低，扩散快，溶解力与其密度有关，而密度又可以用压力控制，常用CO_2超流体。临界温度31.1℃，临界压强73个大气压，高于此数即为超流体。将样品放在不锈钢管中，管的大小只能装数克样品，通入CO_2超流体进行提取，出口连接一根弹性石英毛细管，在此管中将压力降至大气压，则CO_2变为气态，与被提取物分开，后面连一根吸附柱（如C18柱）吸收农药组分。超流体CO_2可用来提取非极性或中等极性农药，加入少量甲醇可增加对极性农药的提取力。⑥ QuEChERS方法。它是由几个英语单词的缩写组合而成。其意义是快速（quick）、简便（easy）、便宜（cheap）、高效（effective）、耐用（rugged）、安全（safe）。分析流程是称取10g样品至50ml聚四氟乙烯具塞离心管，加入提取剂（常规为乙腈）10ml，振荡10分钟，再加入1g氯化钠和4g无水硫酸镁，振荡5分钟，离心5分钟，取上清液1.5ml至加有净化剂的2ml离心管，涡旋1分钟，离心5分钟，取其上清液，过滤膜至进样小瓶，进样。⑦微波萃取。又名微波辅助提取（microwave-assisted extraction，MAE）。是指使用适当的溶剂在微波反应器中从植物、矿物、动物组织等中提取各种化学成分的技术和方法。微波是指频率在300MHz至300GHz的电磁波，利用电磁场的作用使固体或半固体物质中的某些有机物成分与基体有效分离，并能保持分析对象的原本化合物状态。其特点是快速高效，加热均匀，微波加热具有选择性、生物效应（非热效应）。⑧超声波辅助萃取。超声波辅助萃取技术主要是依据物质中有效成分的存在状态、极性、溶解性等在超声波作用下快速地进入溶剂中，得到多成分混合的提取液，再将提取液以适当方法分开、精制、纯化处理，最后得到所需单体化学成分的一项新技术。其优点在于缩短提取时间和提高提取效率。超声波提取不对提取物的结构、活性产生影响，应用广泛，不受成分极性、分子质量大小的限制，适用于绝大多数有效成分的提取。操作简单易行，提取料液杂质少，有效成分易于分离、纯化。

注意事项及影响因素

提取溶剂　选用溶剂要考虑三方面的要求：①纯度。残留分析对溶剂纯度有特殊要求，有的国家已生产农药残留与环境保护专用的溶剂，中国一般自行处理。②极性。一般来说，提取效果也符合“相似相溶原理”。所以极性小的有

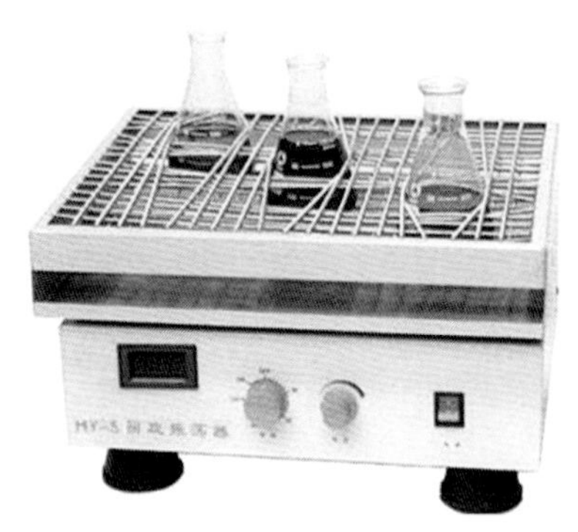

图1 振荡器

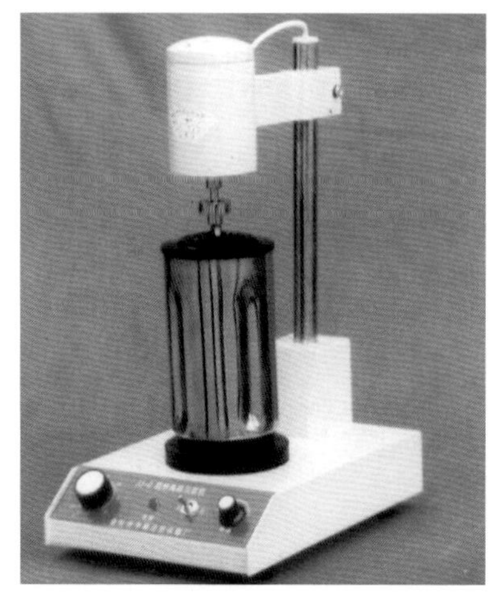

图2 捣碎机

机氯农药用极性小的溶剂提取，如己烷等。而对于极性较强的有机磷农药和强极性的苯氧类除草剂等，则原则上用极性较强的溶剂提取，如二氯甲烷、氯仿、丙酮等。有时两种溶剂混合使用效果更好。③沸点。提取溶剂的沸点在45～80℃之间为宜。沸点太低，容易挥发，沸点太高不易浓缩，且对一些易挥发或热稳定性差的农药不利。常用的提取溶剂有石油醚、正己烷、丙酮、苯、氯仿、甲醇、乙腈等。日本用丙酮提取。美国用乙腈提取。中国尚未统一规定，但因乙腈毒性大、价格昂贵，通常使用丙酮。

提取效果考察　按试样和农药选定提取溶剂和提取方法后，还应考查所选方法的提取效果。考察办法：①用公认的索氏提取器提取12小时后测定，与选用的方法进行比较。②把已提取测定的试样，再用同法提取1～2次，测定第二次、第三次提取液中是否仍有农药。③用不同溶剂提取、比较。实际分析中，可按具体情况选用上述各法，以确认选定方法的可靠性。

参考文献

樊德方, 1982. 农药残留量分析与检测[M]. 上海: 上海科学技术出版社.

严国光, 王福钧, 1982. 农业仪器分析法[M]. 北京: 农业出版社.

（撰稿：刘新刚；审稿：郑永权）

样本预处理　pretreatment of sample

采样后到化学分析前，准备试样的工作。实际上从田间采样或监测抽样时就开始了。

基本原理　按规定方法分取一定数量，视样本种类经过滤、过筛、脱壳、粉碎、切细、捣碎、匀浆等步骤后，供分析使用。从分析测定的角度而言，上述工作不属于化学分析操作，而是采样工作的继续。

适用范围　据样本而定，在农药残留分析中一般为水、土、农作物、动物等样本。其中农作物样本的预处理最为复杂，检测量最大。

具体内容　农作物的分析部位，原则上为可食和可饲部位，中国规定的各分析部位和处理要求见表。

注意事项及影响因素

试样质量　预处理样本质量，应根据每次分析所需试样质量而定。残留分析每次称取试样质量一般在100g以下，故上述分析部位预处理500g左右试样即可。

保存与防分解措施　样本含水量、样本基质的种类、酶的活性以及农药本身的性质都是影响农药残留分解的原因。对含有易分解农药的样本，应立即分析测定；如采样后需储藏较长时间时，则应在−20℃下冷冻保存。但解冻后的样本因细胞已经破坏，必须立即分析。作物上的某些残留农药，在捣碎、冷冻保存过程中，有显著的分解现象，如克菌丹（captan）、敌菌丹（captafol）在捣碎的洋白菜、黄瓜、萝卜中迅速分解，不稳定的有机磷酸酯和二硫代氨基甲酸酯水解等。防分解措施有3种：调节试样的pH值；向样本中添加隐蔽剂；进行必要的添加保存试验。

表1 农作物各分析部位的处理要求

作物	分析部位	处理要求
稻谷	糙米	粉碎至40目左右
豆、麦	脱粒的种子	加干冰粉碎至40目左右
稻、麦植株	全株	剪成1～2cm长短
苹果、梨、桃、柿子、樱桃等	果肉	去蒂、内心或核，不削皮
番茄、草莓、茄子、辣椒等	果实可食部分	去蒂
柑橘类	果肉、果皮	肉、皮分别处理
西瓜、香瓜	瓜肉、全瓜	瓜肉、全瓜分别处理
香蕉	可食部分	去皮
甘蓝、白菜、莴苣等	可食部分	去外层老叶
啤酒花	花	干花
茶叶	叶	成茶
烟叶	叶	烘烤或晾晒

匀浆机

参考文献

後藤安康, 等, 1980. 殘留農薬分析法[M]. 東京: ソフトサイェソス社.

（撰稿：刘新刚；审稿：郑永权）

药剂持留能力　retentivity of pesticides

药剂在靶体表面上的黏附能力。黏着性强的药剂沉积于靶体表面上能耐雨水冲刷，抗机械力振落，能维持较长的药效期。药剂喷施后，主要以粉粒或药膜的方式覆盖在靶体表面上，其黏附能力表现形式有3种：机械的黏附、物理的吸附和化学的亲合。

粉粒黏着　药剂的粉粒通常是机械地黏附于靶面。表面有凹陷或突起物（如毛、刺、突起等）的靶面上，粉粒比较容易黏附；粉粒的大小和形状能影响这种黏附能力：微细粉粒的黏附能力较强，粗大粉粒受重力作用，较易脱落；粉粒和靶面两个固体表面间空气的收缩和膨胀，能减弱粉粒的黏附能力；若靶面有水膜，驱逐了界面间的空气膜，可增强粉剂的黏附能力。所以在早晨露水未干或雨后潮湿植株上喷粉或采用润湿喷粉法（wet dusting），粉粒黏附能力较强，药效较好。含润湿剂的粉粒更易被水润湿，故能增强黏附力。在粉剂中加入适量的黏度较大的矿物油，也能增强粉剂的黏附力。在药剂悬浮液中加入水溶性黏着剂，如各种动物胶、树胶、淀粉糊、松香皂、纸浆废液、废糖蜜等，水分挥发后在粉粒和靶体表面遗留一层黏着性很强的物质，使粉粒黏着很牢固。

植物性杀虫剂和以硅藻土、黏土、滑石粉为填料的粉剂，喷撒时粉粒常易获得负电荷；无机药剂和以叶蜡石、石膏粉为填料的粉剂，在喷撒时粉粒常带正电荷，植物表面一般也会带电荷。不同电荷所产生的静电引力也能增强粉粒的黏着性。

雾滴黏着 农药的油剂雾滴，以及常量喷雾时的水乳剂雾滴和含有润湿剂的水剂雾滴沉积于靶体表面后，很快展开形成连续的液膜，而低容量和超低容量喷雾时的雾滴则各自形成小片液膜。液膜对靶体表面发生完全润湿现象时，药剂对靶面的黏着比粉粒的附着要牢固。含有水溶性黏着剂的液膜，水分挥发后遗留一层黏着性很强的物质，使药膜黏着得更牢固。如助剂硬脂酸胺在叶面遗留一层硬脂酸，与叶面蜡质层分子发生很强的亲合力，所以黏着很牢固。农药制剂中的表面活性剂分子的亲脂基与生物靶体表面的蜡质分子有较好的化学亲合力，因此也能发挥黏着作用。

自静电喷雾器喷出的带电雾滴，接近生物靶体表面时，诱导靶面产生相反电荷，吸引雾滴，增强了雾滴或粉粒同靶面之间的黏着性。

参考文献

中国农业百科全书总编辑委员会农药卷编辑委员会，中国农业百科全书编辑部，1993. 中国农业百科全书：农药卷[M]. 北京：农业出版社.

（撰稿：何雄奎；审稿：李红军）

药膜法 residual film

将一定量的杀虫药剂施于物体表面，形成一层均匀的药膜，使试虫通过爬行接触药膜中毒致死以测定杀虫剂触杀毒力大小的生物测定方法。也可用于测定杀虫剂的残留药效。

适用范围 应用范围广，适用于一切爬行昆虫，飞行昆虫也可采用。

主要内容 用丙酮等易挥发的有机溶剂将杀虫剂原药（或原液）溶解配成母液，再等比稀释配制成系列浓度，采用浸蘸、滴加、涂抹、喷洒等方法将药液按一定用量施于物体表面形成均匀药膜，使昆虫与药膜接触而中毒。以相同用量的溶剂处理为对照。处理一定时间取出置于正常条件下饲养，定期观察并记录死亡情况，计算致死中量，用单位面积上药剂的量表示。也可计算不同剂量下的击倒中时。

根据被处理物体表面的不同可分为3类：①滤纸药膜法。将配制好的药液定量滴加于滤纸上，或将滤纸浸于药液中等完全润湿后取出，待溶剂完全挥发后在滤纸表面形成均匀药膜。②玻璃药膜法，也称容器药膜法。于洁净的三角瓶、广口瓶、血清瓶等玻璃器皿中加入定量药液，均匀滚动容器，使药液在容器内壁形成均匀药膜。③蜡纸药膜法，也称蜡纸粉膜法。将定量药粉倒在蜡纸中央，在一定范围内形成均匀粉膜。主要用于农药粉剂制膜。

测定结果受试虫活动能力影响较大。试虫活动能力越强，接触药剂的机会就越多，药效就越高。而活动能力差或不活动的试虫，药膜对其就基本不起作用。环境中光照对试虫活动影响较大，因此测试同种昆虫时应保证光照条件一致。

参考文献

中国农业百科全书总编辑委员会农药卷编辑委员会，中国农业百科全书编辑部，1993. 中国农业百科全书：农药卷[M]. 北京：农业出版社.

（撰稿：梁沛；审稿：陈杰）

《药械与施药技术》 *Pesticide Machinery and Application Techniques*

受国家自然科学基金和中国农业大学教材立项基金资助的农业科学重点专著。由中国农业大学何雄奎主编，中国农业大学出版社于2013年2月出版发行。

主编何雄奎，多年来一直从事植保机械与施药技术的教学与科研工作，现任中国农业大学植保机械与施药技术中心主任、国际标准委员会ISO/TC 23/SC 6植保机械与施药技术分委员会委员、国家标准化技术委员会委员、中国植物保护学会植保机械与施药技术委员会副主任委员、全国植保机械与清洗机械学会副理事长、北京农药学会副理事长、德国工程师学会会员、农业部种植业专家组专家。

从20世纪80年代开始，何雄奎及其团队成员一直专注于植保机械与施药技术研究，在国家自然科学基金等20多项国家级研究课题资助下，对中国不同地域主要作物植保机械农艺要求和发展状况组织实地调查，常年与国内植保机械厂家和各地植保站合作，经过多年田间试验反复验证，发明了系列精准喷雾施药技术，研制了适应主要作物各生长期农艺要求的新型高效施药机具，实现了主要粮食作物，特别是高秆作物、水田、丘陵地区及果园全程植保机械化。同时一直保持与国际植保机械与施药技术研究中心和相关研究院校的合作与交流，先后与美国、德国、加拿大、英国、荷兰、丹麦、西班牙、澳大利亚等20多个国家和地区的多所著名大学、研究所、植保机械厂家建立了密切的合作关系，承担了中德、中英、中美、中波等10多项国际合作项目，一直掌握着植保机械与施药技术发展的国际前沿动态。在多年科研、生产实践和教学基础上，编写了这本植保机械与施药技术农机农艺紧密结合、农药雾化沉积飘失与实用高效沉积防飘技术理论应用紧密结合的著作。

该书由动力机械篇和植保机械与施药技术篇两篇内容组成。其中动力机械篇包括植保机械用内燃机工作原理、柴油机、汽油机、拖拉机和电动机等内容；植保机械与施药技术篇介绍典型的植保机械与施药技术，并按典型作物专业植保机械化过程来讲解植保机械主要工作部件，以提高农药利用率的施药技术为主线，从农药雾化与喷雾、农药雾滴沉积与飘失理论出发，系统介绍了喷杆喷雾机、果园喷雾机、自动对靶喷雾机、烟雾机、精准施药技术、循环喷雾技术、防飘喷雾技术、静电喷雾技术、保护地施药设备与施药技术、航空施药设备及施药技术等新型药械与高效施药技术。农作物病虫草害是危害农业生产的重要生物灾害，目前化学防治仍然是控制农作物病虫草害的主要手段和措施，高效植保机具与施药技术的应用是提高农药利用率的根本途径。该书的编写适应时代需求，为农药安全高效施用、农产品质量安全作出贡献。该书具有科学性、实用性和通俗性的特点，可供植保工作者和农业生产者阅读，也可供有关大专院校师生参考。

（撰稿：何雄奎；审稿：杨新玲）

野麦畏　triallate

一种硫代氨基甲酸酯类高效选择性除草剂。

其他名称　阿畏达（Avadex BW）、燕麦畏、Fargo、CP23426、三氯烯丹。

化学名称　*S*-(2,3,3-三氯丙烯基)-*N*,*N*-二异丙基硫赶氨基甲酸酯。

IUPAC名称　*S*-(2,3,3-trichloro-2-propenyl)bis(1-methylethyl)carbamothioate。

CAS登记号　2303-17-5。

EC号　218-962-7。

分子式　$C_{10}H_{16}Cl_3NOS$。

相对分子质量　304.66。

结构式

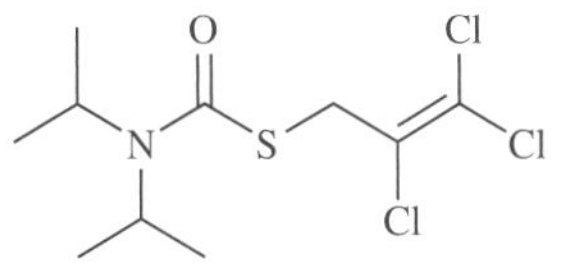

开发单位　孟山都公司推广，获有专利US3330643。

理化性质　纯品为琥珀色油状液体。相对密度1.273（25℃），熔点29～30℃。沸点117℃（40Pa）。分解温度＞200℃。蒸气压0.016Pa（25℃）。25℃时，水中的溶解度为4mg/L，即难溶于水。可溶于乙醚、丙酮、苯等大多数有机溶剂。不易燃，不爆炸。低腐蚀性，紫外光辐射不易分解。常温条件下稳定，闪点＞150℃（闭杯）。

毒性　低毒。原药大鼠急性经口LD_{50} 1.1g/kg。兔急性经皮LD_{50} 8.2g/kg。大鼠急性吸入LC_{50} ＞ 5.3mg/L。对兔眼睛、皮肤有轻度刺激作用。在动物体内的蓄积作用属中等。致突变Ames试验为阴性。但国外报道野麦畏致突变Ames试验（对TA1535、TA98、TA100）有轻度诱变作用。野麦畏高剂量组（$1/5LD_{50}$）可导致小鼠骨髓细胞微核率增高。在试验条件下对大鼠和兔无致畸作用。2年饲喂试验NOEL：大鼠为50mg/kg饲料（约2.5mg/kg），小鼠为20mg/kg饲料（约3.9mg/kg）；狗1年饲喂试验NOEL为2.5mg/kg。无致癌作用。鱼类LC_{50}（96小时）：虹鳟1.2mg/L，太阳鱼1.3mg/L。对鸟类毒性：鹌鹑急性经口LD_{50} 2.25g/kg。鹌鹑和野鸭8天饲喂LC_{50} ＞ 5.62g/kg饲料。对蜜蜂无毒。水蚤LC_{50}（48小时）0.43mg/L。

剂型　40%野麦畏乳油，阿畏达40%乳油（Avadex BW，含有效成分400g/L）。

质量标准　10%野麦畏乳油由有效成分（为40%）、乳化剂、助溶剂组成。外观为棕色透明液体，水分含量＜10%，pH6～8，乳液稳定性符合标准。阿畏达40%乳油由有效成分（为400g/L，相当于37.9%）、乳化剂、溶剂组成，密度1.045g/cm^3，闪点45℃，水分含量＜0.5%，pH4～5，乳液稳定性符合标准。常温储存均稳定2年以上。

作用方式及机理　为防除野燕麦类的选择性土壤处理剂，野燕麦在萌芽通过土层时，主要由芽鞘或第一片叶吸收药剂，并在体内传导，生长点部位最为敏感，影响细胞的有丝分裂和蛋白质的合成，抑制细胞伸长，芽鞘顶端膨大，鞘顶空心，致使野燕麦能出土而死亡。而出苗后的野燕麦，由根部吸收药剂，野燕麦吸收药剂中毒后，生长停止，叶片深绿，心叶干枯而死亡。小麦萌发24小时后便有较强的耐药性。野麦畏挥发性强，其蒸气对野燕麦也有毒杀作用，施后要及时混土，在土壤中主要为土壤微生物分解。

防治对象　适用于小麦、大麦、青稞、油菜、豌豆、蚕豆、亚麻、甜菜、大豆等作物田防除野燕麦。

使用方法

播前混土处理　一般用于气候干旱地区。播种前把地平整耙平，每亩用40%乳油150～200ml，兑水50kg或混细潮土25～30kg拌匀，均匀喷雾或撒施土表，然后即行混土，混土深度为5～10cm，混土后即可播种，播种深度为3～4cm。

播后苗前处理　一般适用于多雨水、土壤潮湿地区和冬小麦地区，作物播种后至出苗前，每亩用40%乳油150～200ml，加水30～50kg或混细潮土25～30kg拌匀，均匀喷雾或撒施土表，然后进行浅混土，深度1～3cm。播种深度为4～5cm。

苗期处理　适于有灌溉条件的麦区使用。小麦3叶期，野燕麦2～3叶期，每亩用40%乳油200ml，结合追肥尿素或细潮土，充分混合，均匀撒施，马上灌水。

秋天施药　适用于东北、西北冬寒地区。在土壤结冻前，每亩用40%乳油200～250ml，加水20kg或混细潮土

25kg，均匀喷雾或撒施土表，随后混土10cm。翌年春播大麦或小麦。

注意事项 野麦畏挥发性强，施药后必须立即混土，否则药效会严重降低。作物种子不能直接接触药剂，否则会产生药害。所以务必使播种深度与施药层分开。

允许残留量 美国规定小麦中最高残留限量为0.05mg/kg。

参考文献

朱永和, 王振荣, 李布青, 2006. 农药大典[M]. 北京: 中国三峡出版社: 776.

（撰稿：汪清民；审稿：刘玉秀、王兹稳）

叶飞散

一种具有较强触杀作用的氨基甲酸酯类杀虫剂。

化学名称 *N*-甲基氨基甲酸-*O*-(二甲基苯基)酯。

IUPAC名称 2,3-dimethylphenyl methylcarbamate。

CAS登记号 2655-12-1。

分子式 $C_{10}H_{13}NO_2$。

相对分子质量 179.22。

结构式

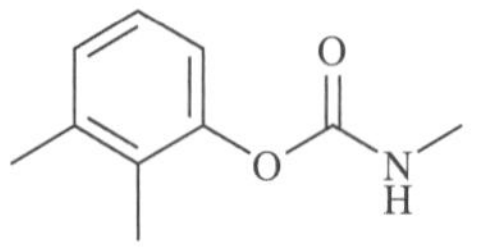

理化性质 原油为淡黄色至红棕色透明油状液体，难溶于水，易溶于乙醇、丙酮、甲苯等有机溶剂，对光、热和酸性物质较稳定，遇碱易分解。

毒性 中等毒性。原油急性经口LD_{50}：雄大鼠293.7～417.1mg/kg，小鼠157.3～194.7mg/kg。对兔皮肤有轻微刺激作用。大鼠经口NOEL为35mg/（kg·d）。试验结果表明在动物体内没有明显的蓄积毒性，在试验条件下未见致畸作用。

剂型 25%乳油。

质量标准 25%叶飞散乳油由有效成分、乳化剂和溶剂等组成，外观为淡黄色透明油状液体，相对密度约0.78，pH4～8，水分含量≤0.3%，乳液稳定性（稀释200倍，25～30℃，1小时）：在标准硬水（342mg/kg）中测定无浮油和沉油，50℃ ±1℃储存2周相对分解率≤3%（FAO规定为54℃ ±2℃储存2周）。

作用方式及机理 属氨基甲酸酯类农药，对害虫具有较强的触杀作用，对飞虱、叶蝉类害虫有特效，击倒力强，药效迅速，但持效期较短，一般只有3～5天，对蓟马类害虫也有良好的防治效果。

使用方法

防治水稻害虫　用25%叶飞散乳剂1.5～2.25L/hm²，兑水1500kg喷雾，在稻飞虱和稻叶蝉若虫发生盛期施药，杀虫效果达90%以上。同时对稻蓟马、稻瘿蚊也有良好的兼治效果。因持效期短，在大发生季节间隔一周再施药。

防治柑橘潜叶蛾　25%叶飞散乳油，稀释500～600倍喷雾，对潜叶蛾卵杀伤率89%，而且对天敌钝绥螨较安全。试验还表明，叶飞散对柑橘木虱有较好的防治效果。

注意事项 不能与碱性农药混用。稻田施药的前后10天内，不能使用敌稗。25%叶飞散乳油应储存在干燥、避光和通风良好的仓库中，并远离火源。25%叶飞散乳油能通过食道和皮肤等引起中毒。中毒症状有流泪、流涎和震颤等，遇有这类症状应立即去医院治疗。治疗可服用或注射阿托品，严禁使用肟类药物。如误服应彻底洗胃。

参考文献

朱永和, 王振荣, 李布青, 2006. 农药大典[M]. 北京: 中国三峡出版社.

（撰稿：李圣坤；审稿：吴剑）

叶菌唑 metconazole

一种三唑类新型、广谱内吸性杀菌剂，兼具优良的保护及治疗作用，对谷类作物壳针孢、链孢霉和柄锈菌有优异防效。

其他名称 Carmba、羟菌唑、WL136184、KNF-S-474、AC189635、WL147281、AC900768。

化学名称 (1*RS*,5*RS*；1*RS*,5*SR*)-5-(4-氯苄基)-2,2-二甲基-1-(1*H*-1,2,4-三唑-1-基甲基)环戊醇；5-[(4-chlorophenyl)methyl]-2,2-dimethyl)-1-(1*H*-1,2,4-triazol-1-ylmethyl)cyclopentanol。

IUPAC名称 (1*RS*,5*RS*；1*RS*,5*SR*)-5-(4-chlorophenyl)-2,2-dimethyl-1-(1*H*-1,2,4-triazol-1-ylmethyl)cyclopentanol。

CAS登记号 125116-23-6。

EC号 603-031-3。

分子式 $C_{17}H_{22}ClN_3O$。

相对分子质量 319.83。

结构式

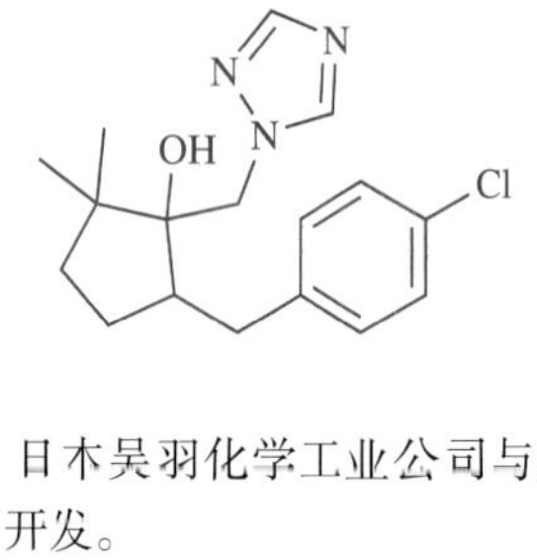

开发单位 日本吴羽化学工业公司与美国氰胺（现巴斯夫）公司共同开发。

理化性质 纯品为白色无气味固体。熔点100～108.4℃。相对密度1.14（20～25℃）。蒸气压1.23×10^{-2}mPa（20℃）。$K_{ow}\lg P$ 3.85（25℃）。Henry常数$2.21\times10^{-7}Pa\cdot m^3/mol$。水中溶解度30.4mg/L（20～25℃）；有机溶剂中溶解度（g/L，20～25℃）：丙酮363、二氯甲烷481、乙酸乙酯260、己烷1.4、异丙醇132、甲醇403、甲苯103。pK_a（20～25℃）11.38。稳定性：较好的热稳定性和水解稳定性。

毒性 微毒。大鼠急性经口LD_{50}＞661mg/kg。大鼠急性经皮LD_{50}＞2000mg/kg。对兔皮肤无刺激，对兔眼睛有轻微刺激，无皮肤过敏现象。大鼠急性吸入 LC_{50}（4 小时）> 5.6mg/L 空气。NOEL［mg/（kg·d）]：狗（52 周）11.1，狗（90 天）2.5，大鼠（104 周）4.8，大鼠（290 天）6.8，小鼠（290 天）5.5；兔致畸变最大无作用剂量 300。山齿鹑急性经口 LD_{50} > 790mg/kg。鱼类 LC_{50}（96 小时，mg/L）：鲤鱼 3.99、虹鳟 2.2～4。水蚤 LC_{50}（48 小时）3.6～4.4mg/L。对蜜蜂无毒，经口 LD_{50}（24 小时）97μg/ 只。对蚯蚓无毒。

剂型 60g/L 水乳剂。

质量标准 性质稳定，不易被水和光分解，对热稳定。

作用方式及机理 是麦角甾醇生物合成中 C14 脱甲基化酶抑制剂。虽然作用机理与其他三唑类杀菌剂一样，但活性谱则差别较大。两种异构体都有杀菌活性，但顺式活性高于反式。杀真菌谱非常广泛，且活性极佳。田间施用对谷类作物壳针孢、镰孢霉和柄锈菌有卓越的防效。与传统杀菌剂相比，剂量极低而防治范围却很广。

防治对象 主要用于防治小麦壳针孢、穗镰刀菌、叶锈病、条锈病、白粉病、颖枯病；大麦矮形锈病、白粉病、喙孢属；黑麦喙孢属、叶锈病；燕麦冠锈病；小黑麦叶锈病、壳针孢。对壳针孢属和锈病活性优异。兼具优良的保护及治疗作用。对小麦颖枯病有效，预防、治疗效果俱佳。

使用方法 既可茎叶处理又可种子处理。茎叶处理使用剂量为有效成分 30～90g/hm²，持效期 5～6 周。种子处理使用剂量为有效成分 2.5～7.5g/100kg。

注意事项 应根据不同的使用方法在相应的推荐剂量下使用。保护作用应提前施药。

与其他药剂的混用 与戊唑醇混用对小麦赤霉病有很好的保护和治疗作用。

允许残留量 中国 GB 2763—2021 标准中未见明确要求。WHO 推荐 ADI 为 0.01mg/kg。

参考文献

韩青梅, 康振生, 段双科, 2003. 戊唑醇与叶菌唑对小麦赤霉病的防治效果[J]. 植物保护学报, 30 (4) : 439-440.

刘长令, 2006. 世界农药大全: 杀菌剂卷[M]. 北京: 化学工业出版社: 175-176.

杨光, 2013. 加拿大拟定杀菌剂叶菌唑最大残留限量[J]. 农药市场信息 (21) : 46.

TURNER J A, 2015. The pesticide manual: a world compendium[M]. 17th ed. UK: BCPC: 735-736.

（撰稿：刘鹏飞；审稿：刘西莉）

液力喷雾 hydraulic spraying

利用液体的压力和迫使液体通过狭缝或小开口，使其通常先形成薄膜状，然后再扩散成不稳定的、大小不等的雾滴。影响薄膜形成的因素有药液的压力和药液的性质，如药液的表面张力、浓度、黏度和周围的空气条件等。很小的压力（几十至几百千帕）就可使液体产生足够的速率以克服表面张力的收缩，并充分地扩大，形成雾体。

基本原理 一般认为，液体薄膜破裂成为雾滴的方式有 3 种，即周缘破裂、穿孔破裂和波浪式破裂。但是破裂的过程是一样的，即先有薄膜裂化成液丝，液丝再裂化成雾滴。

液力喷头雾化如图 1 所示，喷嘴下方完整的薄膜结构即液膜区，而将液膜区下方的最后一层液丝定为雾化区的边界线。穿孔破裂雾化如图 2 所示，它的发生是由于液膜小孔扩大，并在它们的边缘形成不稳定的液丝，最后断裂成雾滴。在周缘破裂雾化（图 3）中，表面张力使液膜边缘收缩成一个周缘，在低压力情况下，由周缘产生大雾滴。在高压情况下，周缘产生的液丝下落，就像离心式喷头喷出的液丝形成的雾滴一样。穿孔式液膜和周缘式液膜雾滴的形成都发生在液膜游离的边缘，而波浪式液膜的破裂则发生在整个液膜部分，即在液膜到达边缘之前就已经被撕裂开来。由于不规则的破裂，这种方式形成的雾滴大小非常不均匀，范围一般在 10～1000μm，最大者甚至可为最小者体积的 100 多万倍。

主要分类 根据喷出雾流的形状，喷头可分为圆锥雾、扇形雾和圆柱雾 3 种。其中以圆锥雾喷头使用较为普遍。

圆锥雾喷头由进水孔、旋水室和喷头片 3 部分组成。若改变进水孔的倾角、形状和数目，以及旋水室的组合形式，

图 1 液力喷头雾化

图 2 穿孔破裂雾化

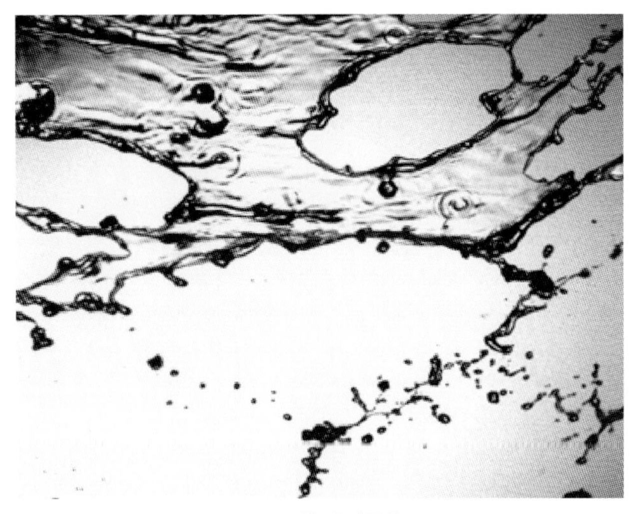

图 3 周缘破裂雾化

可形成多种结构的圆锥雾喷头，如旋水片式、切向进液式、旋水芯式等。形成的雾滴较细、喷雾量较小，适用于喷洒杀虫剂和杀菌剂，亦可用于叶面喷洒除草剂。单孔式喷头雾滴较粗、射程较远，主要用于远射喷枪。此外，还有一种单孔式圆锥雾喷头，液流由圆柱形喷孔直接喷射，其雾流由于周围空气的介入而逐步扩大，成为极小圆锥角的雾流。

圆锥雾喷头按雾滴喷落在平面上的分布情况，又有空心圆锥雾喷头和实心圆锥雾喷头之分。空心圆锥雾喷头是在与喷头轴线相垂直的平面上沉积的雾滴密集成环状，中间由于空气芯的原因，无雾滴或只有甚少的雾滴。实心圆锥雾喷头在与喷头轴线相垂直的平面上，沉积的雾滴为圆形平面分布。除单孔式外，多属于空心圆锥雾喷头。圆锥雾喷头的喷雾量、喷雾角、雾化性能取决于进水孔的尺寸、倾角和旋水室的尺寸、喷头片喷孔直径及构造。在中国农业上应用的喷头片喷孔直径分别为 0.5、0.7、1.0、1.3、1.6、1.8、2.0、2.5mm 等。

扇形雾喷头与圆锥雾喷头相比较，雾滴较粗，在相似条件下的雾流分布范围较窄，但定量定向控制性能较好，能较精确地洒施药液，其结构形式有狭缝式、导流式、液流撞击式等。其中以狭缝式应用最广。导流式扇形雾喷头一般使用压力为 40～120kPa，液体由一圆形孔口喷出，冲向一具有弯曲面的反射体上，能产生较宽的扇形喷雾。液流撞击式喷头是从喷嘴处射出两束射流相撞击，形成扇形雾。这两种类型的扇形雾喷头雾化性能较差，雾滴粗，喷量大，多用于喷洒除草剂。

狭缝式扇形雾喷头孔口窄小并呈椭圆形，液体以扁平扇形薄膜自孔口喷出，与大气撞击而破碎成为扇形雾流。喷孔位置在喷头中央的狭缝式喷头，喷出的雾量沿喷幅的分布状况有正态形与均匀形两种；喷孔位置在喷头一侧的狭缝式喷头，雾量分布呈远射状，并有单侧和双侧两种喷洒形式，其工作压力一般为 300kPa；工作压力为 150～200kPa 的低压狭缝式喷头，其雾量分布近似正态形。

影响因素 雾化过程中，雾滴的平均直径随压力的增加而减少，而随喷头喷孔尺寸的增大而增大。从喷液的理化特性来讲，液体的表面张力减小和黏度增加，也会使雾滴直径加大，因此，在农药制剂的过程中，使用各种添加剂可以减少易飘移小雾滴的数目。在实际使用时，雾滴的大小对农药沉积利用来讲特别重要，它们将由在一定工作条件下使用的喷头及雾化参数所决定，如液体黏度、喷孔大小、喷雾压力等都有关系。

参考文献

何雄奎, 2012. 高效施药技术与机具[M]. 北京: 中国农业大学出版社.

何雄奎, 2013. 药械与施药技术[M]. 北京: 中国农业大学出版社.

全国农业技术推广服务中心, 2015. 植保机械与施药技术应用指南[M]. 北京: 中国农业出版社.

中国农业百科全书总编辑委员会农药卷编辑委员会, 中国农业百科全书编辑部, 1993. 中国农业百科全书: 农药卷[M]. 北京: 农业出版社.

（撰稿：何雄奎；审稿：李红军）

液力喷雾机 hydraulic sprayer

利用液体的压力进行喷雾的机具。按其雾流输送方式分为无气流输送和气流输送两种。无气流输送式，药液由液泵加压，并直接由喷头喷雾，称作非风送液力喷雾机，简称液力喷雾机。

原理 使用喷杆进行叶面喷洒，或使用喷枪等进行喷高或远射。气流输送式是在*液力喷雾*的同时，利用风机产生的气流，使雾滴二次雾化，并由喷口喷出，称作*风送液力喷雾机*。由于有风送的作用，雾滴的穿透力较好，适用于喷洒枝叶茂密的作物。

组成 主要由药液箱、液泵或气泵、喷头、连接管路、导向装置等组成。药液由泵加压后，经压力管路、导向装置进入喷头高速喷出而雾化。

液泵 液力喷雾机上用的液泵有两大类，一类为往复式泵，如柱塞泵、活塞泵、隔膜泵等。这类泵属强制性脉动排液，工作压力较大，需安装安全阀和空气室，使喷雾压力稳定，排液连续。另一类是旋转泵，如离心泵、滚子泵。旋转泵能连续排液，压力稳定，不需要空气室，滚子泵也属强制式排液。

柱塞泵 由泵缸、柱塞、进液阀、传动机构等组成。柱塞泵有单缸（如单管式喷雾器采用的柱塞泵）、双缸（如踏板式喷雾器采用的柱塞泵）和二缸柱塞泵之分。柱塞泵的特点是压力调节范围大，适宜在高压、中小排量、低转速下工作，能自吸。柱塞泵要求药液清洁，以防止柱塞过度磨损和进、排液阀门关闭不严。

活塞泵 有压气泵和压液泵，包括泵体、出水阀、空气室、调压阀、压力指示器和截止阀等组成。具有自吸、效率高、压力调节范围广，适合在高、中压力及中、小流量下工作。

隔膜泵 有单缸、双缸和多缸之分。由泵缸、泵盖、隔膜、进液阀、排液阀、空气室、偏心机构等组成，被广泛应用于大型植保机械上。

风机　风机是液力风送喷雾机的重要工作部件，有离心式和轴流式两种。

离心式风机　由风机壳、叶轮和轴等部分组成（图 1）。风机壳呈蜗壳形，叶轮上的叶片有前弯叶片、径向叶片和后弯叶片。工作原理：工作时，叶轮高速旋转，风机壳内的空气被叶片沿圆周切向压出，壳体中间形成负压，外界空气从进风口进入，如此循环进行，风机将空气加压后输送出去。

轴流式风机　机壳为圆筒形，叶轮的叶片为圆弧板翼型或机翼型。工作原理：叶轮旋转时，叶片对空气产生轴向推力，使空气沿机壳做轴向运动，形成一定风压（图 2）。

喷头　液力喷头是液力式喷雾机的关键部件，主要包括单孔式喷头、反射式喷头、狭缝式喷头、涡流芯式喷头、切向离心式喷头、涡流片式喷头、涡流芯可调式喷头。

单孔式喷头　雾化原理是，当高压药液通过喷嘴时，形成高速射流，与相对静止的空气撞击后破碎雾化。单孔式喷头的特点是射程远、雾滴粗，多用于喷枪，适合水田、果树的喷雾。

反射式喷头　雾化原理是，当高压药液通过喷孔时，形成高速射流，与静止的反射体撞击形成平面液膜，再与静止的空气撞击后破碎雾化，特点是喷洒形状呈扇形平面，喷雾量大，雾滴较粗，飘移较少。

狭缝式喷头　雾化原理为药液从狭长缝中喷出后，受到槽形楔面的挤压，成为平面液膜，与静止的空气撞击后破碎雾化。与反射式喷头相似，雾化形状也呈扇形平面，故都被称为扇形喷头。

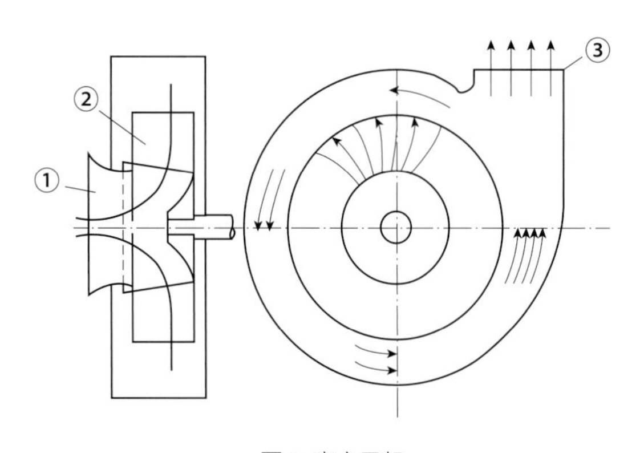

图 1 离心风机
①气流进口；②叶轮；③气流出口

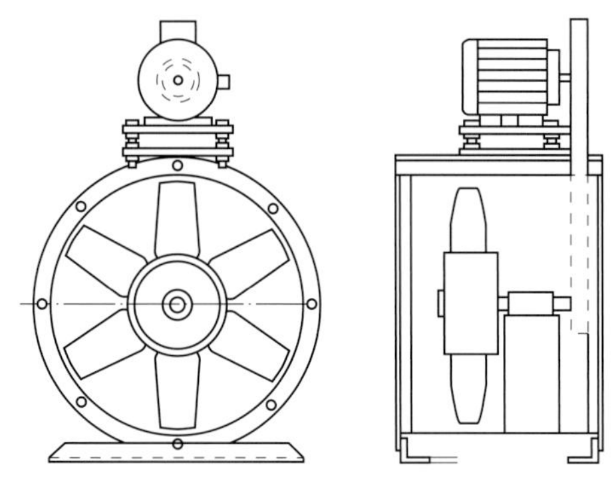
图 2 轴流式风机

涡流芯式喷头　雾化原理为压力药液首先进入喷头内的涡流芯螺旋槽，然后沿螺旋槽切向进入涡流芯与喷孔片之间形成的涡流室内，从喷孔片的喷孔喷出，形成空心圆锥形液膜，与静止空气撞击后，液膜克服表面张力而雾化。

切向离心式喷头　雾化原理为压力药液从喷头体的通道切向进入涡流室，绕锥体芯产生旋转运动，从喷孔片的喷孔喷出后，由于旋转运动产生的离心力和喷孔内外的压力差的作用，使药液向四周飞散，形成空心圆锥液膜，液膜与静止的空气撞击后破碎雾化。主要应用于手动喷雾器。

涡流片式喷头　与涡流芯喷头的区别是以涡流片代替涡流芯，雾化原理相同，应用于各种喷雾机。

涡流芯可调式喷头　与涡流芯喷头的雾化原理相同，所不同的是，通过调节涡流芯，可以改变涡流室的深浅，涡流室变浅，则射程短，雾锥角大，雾滴细；涡流室调深，则射程远，雾锥角小，雾滴粗。

种类　分手动式和机动式两类，手动式有背负式、压缩式、单管式、踏板式等；机动式有背负式、担架式、牵引式、悬挂式等。

特点　由于有风送的作用，雾滴的穿透力较好，适用于喷洒枝叶茂密的作物。使用液力喷雾机和风送液力喷雾机进行大面积喷洒时，需要较大型的液泵、风机，所需功率较大，一般采用拖拉机悬挂式、半悬挂式和牵引式，并装有一定容量的药液箱以及其他一些控制喷洒所用的附属装置。亦可有由发动机和特制底盘组成的同时行走和喷雾的自走式机具，作业时具有风量大、喷雾量多、效率高的特点。

参考文献

何雄奎, 2012. 高效施药技术与机具[M]. 北京: 中国农业大学出版社.

何雄奎, 2013. 药械与施药技术[M]. 北京: 中国农业大学出版社.

全国农业技术推广服务中心, 2015. 植保机械与施药技术应用指南[M]. 北京: 中国农业出版社.

中国农业百科全书总编辑委员会农药卷编辑委员会, 中国农业百科全书编辑部, 1993. 中国农业百科全书: 农药卷[M]. 北京: 农业出版社.

（撰稿：何雄奎；审稿：李红军）

液力喷雾机具　hydraulic spray machinery

利用液压能将药液雾化和喷施的喷雾机具。液力喷雾机具是使用历史最长和最主要的施药机具，广泛应用于大田、果园、林木、苗圃、温室、仓库的病、虫害防治以及卫生防疫等。

基本内容

分类　液力喷雾机具有手动和机动之分。手动液力喷雾器有背负式、压缩式、单管式、踏板式等形式；机动液力喷雾机有背负式、担架式、牵引式、悬挂式等形式。液力喷雾机如带有风机，用气流输送雾滴去靶标，则称为风送式液力喷雾机。

结构特点 液力喷雾机具主要由药液箱、泵（液泵或气泵）、雾化装置（喷头）和连接管路、导向装置等组成。药液箱内的药液由泵加压后，经压力管路、导向装置进入喷头高速喷出而雾化成雾滴（图1）。其特点主要有4方面：①喷雾机的药液箱内大多配有液力搅拌装置。为了充分搅动药液，回流搅拌的药液应有一定容量和压力，回流量至少为药液箱容量的5%。②从灌注药液入口处到喷出前，至少要经过三级以上的过滤。滤网孔的总面积比药液通过实际需要的面积大若干倍，以免部分网孔堵塞时造成药液供量不足。③配用的液泵有容积泵和非容积泵之分。容积泵强制供液，设有安全阀，用以调节喷雾压力，并对泵起安全保护作用；非容积泵不强制供液，不必有安全阀，也不用减少泵流量的方法调整喷施压力。④喷头有多种形式，常使用的有圆锥雾喷头、扇形雾喷头和导流式喷头。各种喷头喷雾药液沉积分布形式见图2。

圆锥雾喷头 又有空心圆锥雾喷头和实心圆锥雾喷头之分。前者雾化质量较好，当喷量小和喷施压力高时，可产生较细的雾滴，用于喷施杀虫剂和杀菌剂（图2①）；后者的雾流中间部分的药液未能充分雾化，但穿透力较强。

扇形雾喷头 按其沉积雾型又分两种：一是中间药，药液沉积量大，两侧逐渐递减的常用形式（图2②），适合安装在水平喷杆上使用，可获得喷幅内药液均匀的沉积分布；二是药液沉积分布近似矩形的均匀平雾式（图2③），特点是单个喷头喷幅内沉积量均匀，适合于在作业行上进行带状喷药。主要用于喷施除草剂。

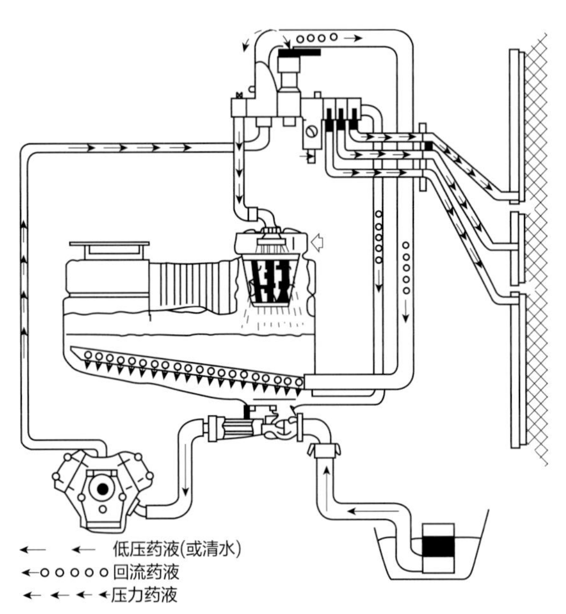

图1 液力式喷雾机的组成和工作过程

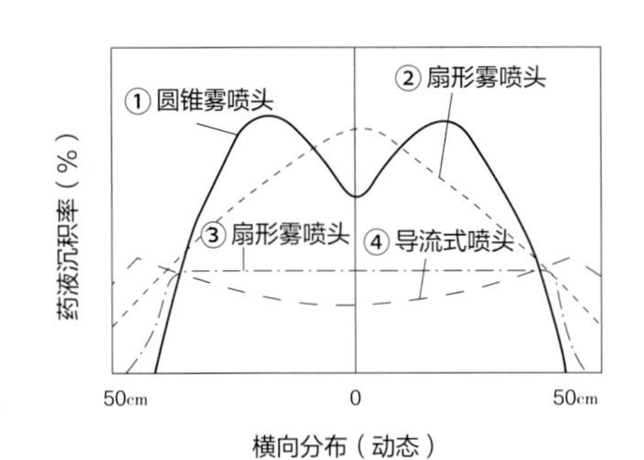

图2 液力式喷头的药液沉积动态分布形式

导流式喷头 所喷出的雾面也为扇形，但雾化质量较差，药液沉积分布是中间少、两侧多（图2④）。安装在水平喷杆上使用时，喷雾沉积雾形应是100%的重叠来保证药液在喷幅内沉积的均匀性。导流式喷头也主要用于喷施除草剂。

喷雾性能和影响因素 用于评价液力式喷雾器喷雾性能的主要指标有喷量（L/min）、雾滴谱（雾滴直径及雾滴尺寸分布范围等）、喷雾角（度）和射程（m）。这些指标的影响因素有喷头结构、压力大小和药液的物理性质。

喷头结构和压力 空心圆锥雾喷头的结构包括喷孔尺寸、进液通道或螺旋槽的斜度（与水平面夹角）、通道截面积、涡流室深浅以及喷头片喷孔处的厚度与直径的比例等。其影响是：喷孔大和进液通道截面积大时，喷量和雾滴直径大；进液通道斜度大和涡流室深时，喷雾角小、射程远、雾滴直径也大；喷头片喷孔处的厚度大时，则喷雾角变小。扇形雾喷头的结构，如喷嘴出口截面积和形状等对喷量、喷雾角、雾滴直径和药液沉积分布形式有影响。喷头结构不变时，增大喷施液压力，则喷量增加，喷雾角变大，雾滴直径变小，小雾滴量增加，射程增加。在农业生产中，是以换用不同喷孔尺寸的喷孔片（圆锥雾喷头）或喷嘴（扇形雾喷头）来满足各种喷量要求，用调整圆锥雾喷头涡流室深浅的方法来改变射程。大田喷药作业时，一般不使用增减喷施压力的办法改变喷量，因液压力变化影响到喷雾性能的其他指标，只在少量变动喷量时才予采用。

药液物理性质 表面张力和黏度对雾面的形成和药液雾化有影响，因而也影响喷量和雾滴直径。一般来说，药液的表面张力和黏度大，雾滴直径也大；但黏度过大时将破坏液膜的正常形成，故液力式喷雾机具只适合喷施黏度不大的以水作为载体的农药。

使用 可用在大田、果园、苗圃的病、虫、草害防治，也可用于人、畜卫生和仓库消毒，适合作针对性喷雾。机具的使用包括喷药准备和作业两部分。

喷药准备 包括喷头选择，估计作业行进速度。添加药剂和水：①估测行进速度。确定喷雾机具田间作业行进速度或选择合适喷孔尺寸的喷头。使用手动喷雾器在大田作业时，可先测定喷量、喷幅。确定施药液量后，再计算作业时行进的速度。拖拉机拖带喷雾机作业时，在田间先测定其实际行进速度（视地面状态而定，一般不超过8km/h），根据施药液量范围和喷幅，选择合适喷量的喷头；也可采用与手动喷雾器作业相同的方法确定行进速度。②加药和水。向药液箱内添加药剂和水时，必须经过严格过滤。小喷量扇形雾喷头的狭缝出口尤其易被药液中的杂质颗粒堵塞，药液过滤应特别仔细。向手动喷雾器补充药液的方法是先将药剂和水搅拌均匀后再加入药液箱。向机动喷雾机补充水和药剂后，应先转动液泵将药液搅拌均匀才可喷施。

田间作业 包括大田及果园防治病虫害和大田除草。

防治大田病虫害时，根据作物形状、生长发育状况和病虫发生或栖息地点，手持喷杆向靶标喷施（图3①），或在水平喷杆上配置多个喷头，从各个角度向靶标喷施（图3②③④）。常用的喷施压力为0.25～0.5MPa。

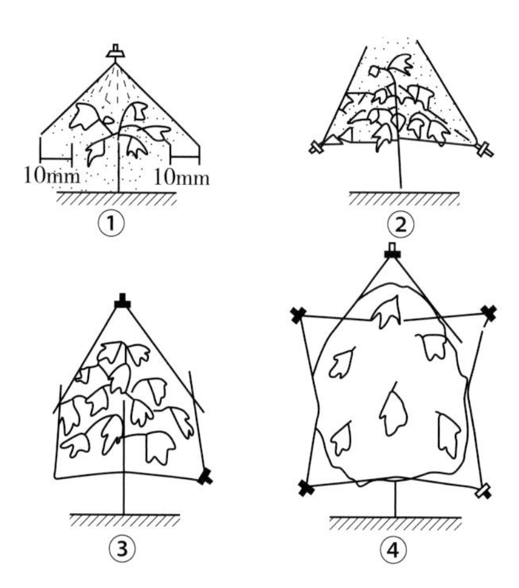

图3 喷头配置

防治果园病虫害时，可采用高压喷枪。其顶端装有可调涡流室深浅的圆锥雾喷头，根据树冠大小、高矮进行调节。喷施压力一般在0.7MPa以上。

防治大田草害时，如向地面全面喷施除草剂，最好使用安装有多个扇形雾喷头的喷杆喷施，这样可减少衔接喷幅的次数，既提高作业效率也易保证喷施质量。喷施的要求：①每个喷头喷出的雾面与水平喷杆间有−5°左右的偏角。②喷幅内药液沉积量是邻近各喷头喷出药液量的组合，要求分布均匀度的变异系数不超过15%。③喷施时喷头与地面的距离适当，以保证药液在地面沉积分布均匀。药液沉积分布的均匀性，除可用专用的集雾槽测量外，也可在干燥水泥平地上作实际行走喷施试验，根据地面上水迹干燥的先后粗略判断。④喷施压力宜在0.3MPa以下。喷施压力大时，药液雾流中的小雾滴数目剧增，易为自然风携带出靶标区（飘失），使邻近田区对除草剂敏感的作物受到药害。目前已生产有喷施压力在0.1～0.15MPa时仍能保证喷施要求的低压扇形雾喷头以及反飘失喷头系列。⑤停顿时，喷头处的防滴装置及总截止开关处的回流通道，应能自动迅速截止喷药，避免局部地块喷施过量的除草剂损害田间作物，或其残留影响后茬作物。⑥为避免与邻接喷幅衔接处的漏喷、重喷，宽喷幅的喷雾机作业时，田间应在播种时留出作业行走道，或种有指示作物或竖立标志。有的喷雾机在喷杆两端配有专用喷头，喷洒泡沫作为指示印记。

影响 液力喷雾机具是目前应用最广泛的喷雾机具，该类机具的广泛应用大大提高了植保机械化水平。

参考文献

何雄奎, 2012. 高效施药技术与机具[M]. 北京: 中国农业大学出版社.

何雄奎, 2013. 药械与施药技术[M]. 北京: 中国农业大学出版社.

全国农业技术推广服务中心, 2015. 植保机械与施药技术应用指南[M]. 北京: 中国农业出版社.

中国农业百科全书总编辑委员会农药卷编辑委员会, 中国农业百科全书编辑部, 1993. 中国农业百科全书: 农药卷[M]. 北京: 农业出版社.

（撰稿：何雄奎；审稿：李红军）

液相色谱-质谱联用技术 liquid chromatography-mass spectrometry, LC-MS

以液相色谱来分离，质谱仪为检测系统，实现对目标物分离定性、定量测定的技术。从20世纪90年代开始，随着电喷雾（ESI）和大气压化学电离源（APCI）等大气压电离技术的应用，成功解决了液相色谱与质谱间的接口问题，液相色谱-质谱联用技术在世界范围内飞速发展。21世纪以来，在食品、环境、医药等领域科研检测应用越来越广泛。John Fenn因应用电喷雾液相色谱-质谱联用技术在生物大分子研究中的贡献，而获得2002年度诺贝尔化学奖。

LC-MS特点 ①可以分析易热裂解或热不稳定的物质（如蛋白质、多糖等大分子物质），弥补GC-MS的不足，解决了GC-MS难以解决的问题。②增强液相色谱的分离能力，进一步提高解决液相色谱分离组分的定性定量能力。③质谱是通用型检测器，具有很高的灵敏度，通过选择离子SIM或者多级反应监测MRM模式，可进一步提高检测限，但是要注意基质效应影响。

LC-MS原理与结构 液质联用仪一般由液相色谱、接口、离子源、质量分析器、离子检测器、数据处理系统以及真空系统等组成（图1）。分析样品在液相色谱部分经流动相和色谱柱分离后，进入离子源被离子化后，经质谱的质量分析器将离子碎片按质荷比分开，经检测器检测，数据系统记录处理分析得到质谱图，从而对化合物进行定性定量分析。液相色谱质谱联用一般采用直接进样、流动注射和液相色谱进样3种进样方式。

真空系统　质谱离子产生及分析检测系统必须处于真空状态，而真空系统就是为这些提供高真空状态。质谱仪采用机械泵预抽初级真空，再用高效率分子涡轮泵获得更高的真空，连续地运行以保持真空。若真空度过低，则会影响离子飞行、干扰离子源的调节、加速极放电等问题，同时易造成质谱元器件损坏、本底背景增高、图谱复杂化等。

离子源　离子源的作用是将分析样品电离，得到带有

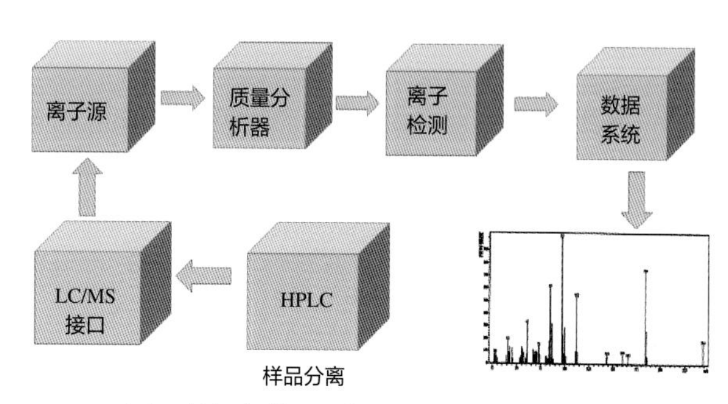

图1 液相色谱-质谱联用的组成基本流程图

样品信息的离子。液相色谱质谱联用常用的离子源有电喷雾电离源、大气压化学电离源等，以及近年来还有基于这两种离子源基础上的复合离子源等。

电喷雾电离源（electrospray ionization, ESI）。ESI 是近年来出现的一种新的软电离方式，其最大特点是容易形成多电荷离子，适合于分析极性强的有机小分子化合物、生物大分子蛋白质及其他分子量大的化合物等，即便是分子量大、稳定性差的化合物，也不会在电离过程中发生分解。液相流出液在高电场下形成电喷雾，在高压电场力作用下穿过气帘，从而雾化，离子蒸发溶剂并阻止中性溶剂分子进入，带电电荷进入后端质量分析器检测（图 2）。

大气压化学电离源（atmospheric pressure chemical ionization，APCI）。APCI 是指在喷雾针喷嘴的下方放置一个针状放电电极，通过放电电极的高压放电，使空气中某些中性分子电离，产生 H_3O^+、N^+_2、O^+_2 和 O^+ 等离子，同时溶剂分子也会被电离，这些离子与待分析物分子进行离子 - 分子反应，发生质子转移而使分析物分子离子化（图 3），从而被检测。APCI 主要用来分析中等极性的化合物，相对于 ESI 更适合于分析极性较小的化合物，是 ESI 的补充。APCI 主要产生的是单电荷离子，很少有碎片离子，主要是准分子离子。

质量分析器　质量分析器是质谱仪的核心，其作用是将离子源产生的离子按不同 m/z 大小顺序分开并排列。不同类型的质量分析器构成不同类型的质谱仪，如：①单聚焦磁场分析器。②傅里叶变换离子回旋共振分析器（Fourier transform ion cyclotron resonance mass analyzer，FT-ICR）。③飞行时间分析器（time of flight mass analyzer，TOF）。④四极杆分析器（quadrupole mass analyzer，Q）。⑤离子阱分析器（ion trap mass analyzer，IT）。与液相色谱联用较多的是四极杆质谱仪（图 4）、离子阱质谱仪（图 4）和飞行时间质谱仪。

检测系统　质量分析器分离并加以聚焦的离子束，按 m/z 的大小依次通过狭缝，到达收集器，经接收放大后被记录，由倍增器出来的电信号被送入计算机储存，这些信号经计算机处理后可以得到色谱图、质谱图及其他相关信息等。质谱仪的检测主要使用电子倍增器（图 5），也有的使用光电倍增管。

LC-MS 应用　近年来，液相色谱 - 质谱联用技术以其系统所具有的高灵敏度和高效分析优点，使得其逐渐成为

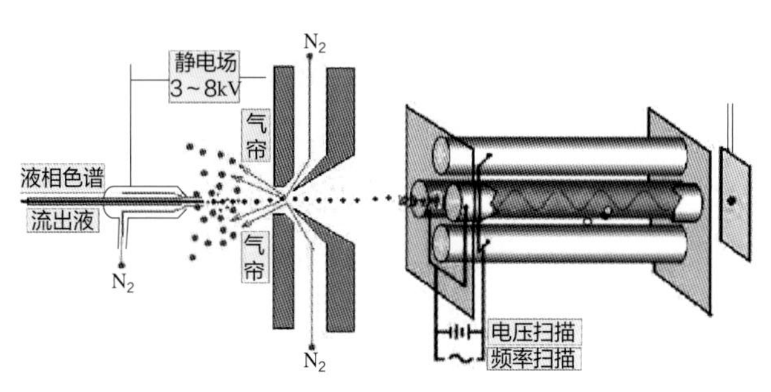

图 2 电喷雾电离 ESI 流程图

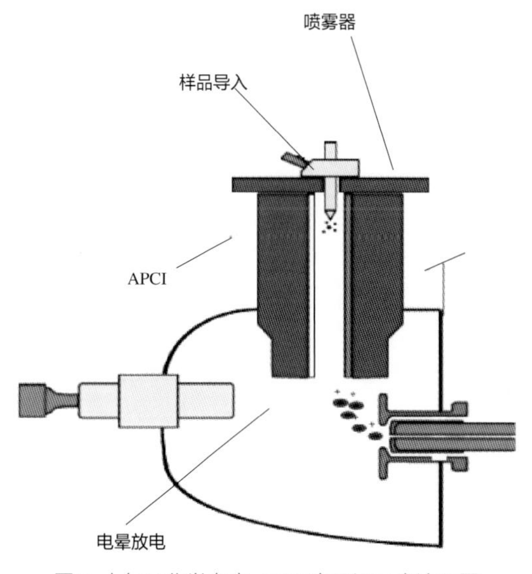

图 3 大气压化学电离 APCI 离子源示意流程图

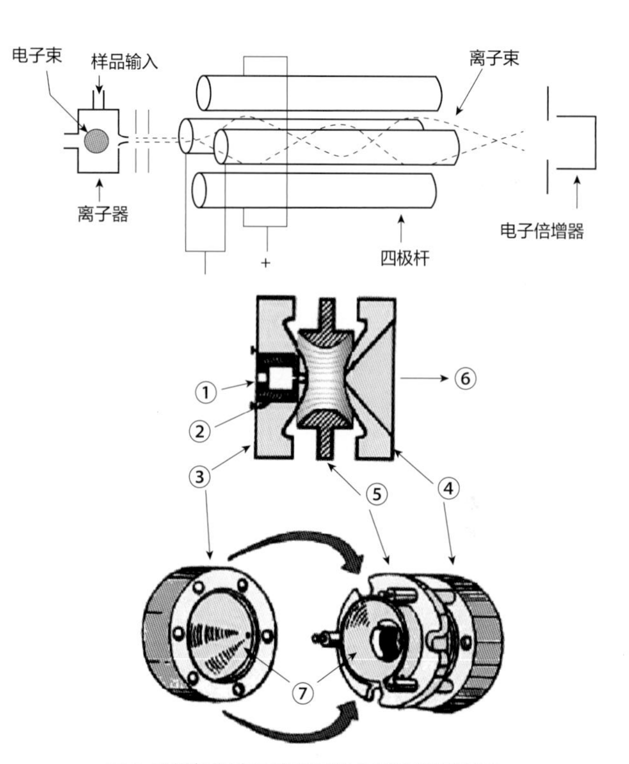

图 4 四极杆和离子阱质量分析器原理示意图

①离子束注入；②离子闸门；③④端电极；⑤环形电极；⑥至电子倍增器；⑦双曲线

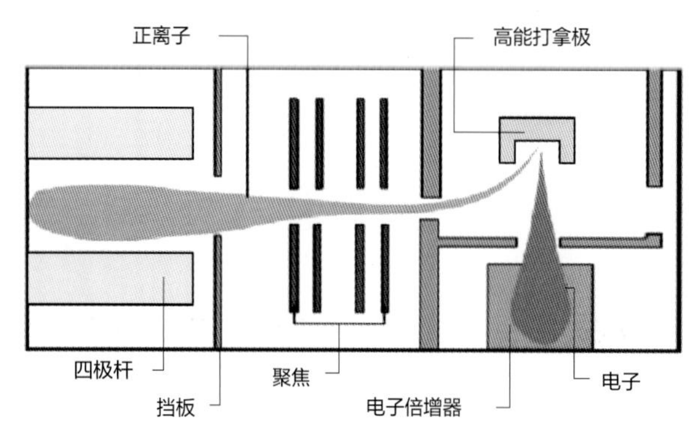

图 5 电子倍增器示意图

现代分析领域最重要的分析技术之一，尤其是超高效液相色谱发展起来之后，由于其强大的分析能力，随着技术性能的不断改善，用途越来越广泛。如有机合成过程中中间体、成品的结构鉴定，杂质分析；天然药物与中药分析中结构鉴定、质谱规律、中药药效物质基础研究；药物代谢动力学、代谢物鉴定；代谢组学；蛋白组学；烟草成分分析；食品环境中质量安全、农药及污染物分析；公安毒物检测；体育兴奋剂检测；中药中非法添加化学药品检测等方面都有重要作用。

超高效液相色谱－串联质谱法同时测定土壤中239种农药的残留量　色谱－质谱条件：Phenomenex Kinetex C_{18} 色谱柱（100mm × 2.1mm × 2.6μm）和Phenomenex Kinetex XB-C_{18} 色谱柱（100mm × 2.1mm × 1.7μm）；流动相A为含5mmol/L甲酸铵和0.1%甲酸的水溶液，B为含5mmol/L甲酸铵和0.1%甲酸的甲醇溶液；流速0.5ml/min；柱温40℃；进样体积10μl。采用线性梯度洗脱0～0.5分钟，0%B；0.5～1分钟，0%B～55%B；1～8分钟，55%～95%B；8～10分钟，95%B；10～15分钟，0%B。电喷雾电离正、负离子多反应监测扫描方式；接口电压4.5kV；雾化气体流速3L/min；雾化温度400℃；脱溶剂气体流速15L/min；脱溶剂温度250℃；碰撞诱导电离气体压力：230kPa；采用二级质谱扫描测定。

土壤样品采用AOAC QuEChERS方法提取，不经过净化过程，对239种极性不同的农药同时分析，结果表明：在10分钟内，239种农药完全分离（图6），在8μg/kg添加水平下，有138种农药回收率在70%～120%内，占总数58%；在40μg/kg添加水平下，有209种农药的回收率在70%～120%范围内，占总数的87%，且相对标准偏差（RSD）均小于20%。按照信噪比S/N = 3计算土壤中的农药的检出限（LOD）为0.69～29.04μg/kg。

高效液相色谱－串联质谱法同时测定茶叶中290种农药残留组分　色谱－质谱条件：色谱柱为Accucore aQ柱（100mm × 2.1mm, 2.6μm）和Accucore C_{18} 预柱（10mm × 2.1mm, 2.6μm）；柱温35℃；流动相A为0.1%甲酸-4mmol/L甲酸铵水溶液，流动相B为0.1%甲酸-4mmol/L甲酸铵甲醇溶液。梯度洗脱0～1分钟，100%A；1～35分钟，100%～0%A；

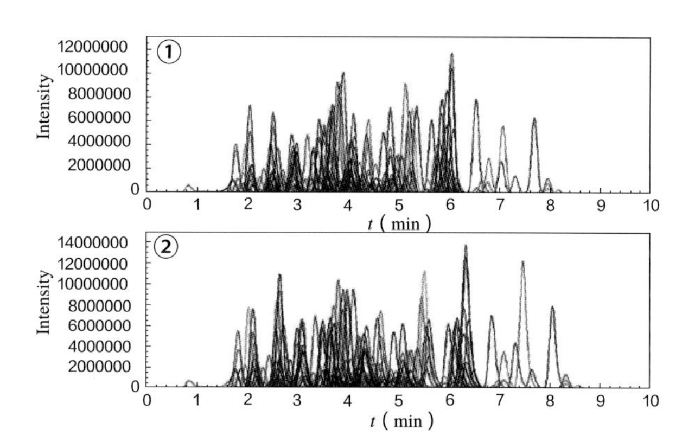

① Phenomenex Kinetex C_{18} 色谱柱（100mm × 2.1mm × 2.6μm）；
② Phenomenex Kinetex XB-C_{18} 色谱柱（100mm × 2.1mm × 1.7μm）

图6 不同色谱柱条件下UPLC-MS/MS方法分析［239种混合农药标准溶液（100μg / kg）的总离子流图］

35～40分钟，0%A；40～40.1分钟，0%～100%A；40.1～45分钟，100%A。流速为300μl/分钟；碰撞气为高纯氩气（纯度≥99.999%），碰撞气压力0.2Pa；进样量为10μl；电喷雾电离离子化，正负离子模式自动切换，动态多反应监测扫描模式，鞘气压力275kPa，辅助气流速3L/min。毛细管电压：正离子模式3000V，负离子模式2500V。Tube lens补偿电压为152V，Skimmer电压为20V。毛细管温度350℃，辅助气雾化温度295℃，扫描速度0.2s。

茶叶样品采用改进的QuEChERS方法，样品加水浸泡后，加入酸化乙腈提取，氯化钠和无水硫酸镁盐析后，经N-丙基乙二胺（PSA）、石墨化炭黑和无水硫酸镁混合型固相分散净化，提取液过滤膜后经高效液相色谱分离，以电喷雾电离串联质谱多反应监测模式（MRM）进行检测，外标法定量。结果表明：290种农药在1～200μg/L浓度范围内具有较好的线性关系，相关系数均大于0.99，定量限0.01mg/kg（图7）。在欧盟MRL值、2MRL值和4MRL值（无MRL值的农药选取0.01mg/kg作为MRL替代值）3个添加水平下，茶叶中290种农药的加标回收率为61%～119%，相对标准偏差（$n = 7$）< 12.4%。

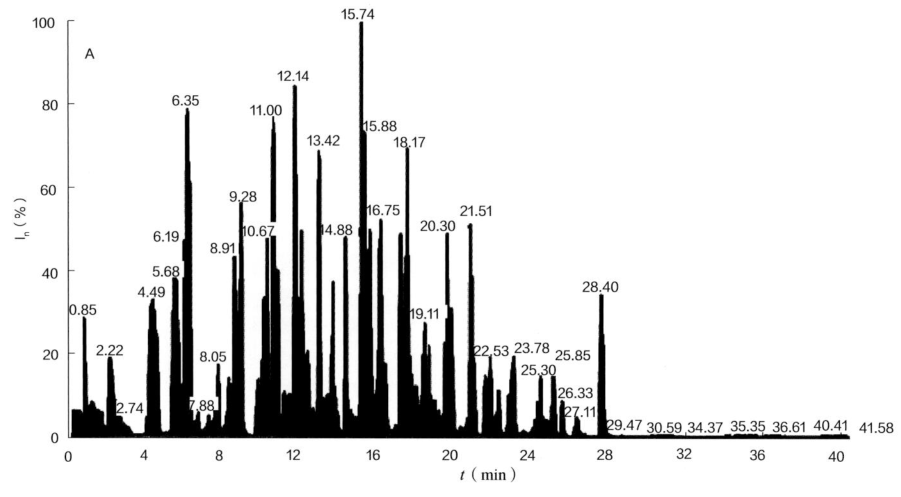

图7 20μg /L浓度下290种农药标准溶液总离子流色谱图

参考文献

贾玮, 黄峻榕, 凌云, 等, 2013. 高效液相色谱-串联质谱法同时测定茶叶中290种农药残留组分[J]. 分析测试学报, 32(1): 9-22.

唐英章, 2004. 现代食品安全检测技术[M]. 北京: 科学出版社.

王维国, 李重九, 李玉兰, 等, 2006. 有机质谱应用——在环境、农业和法庭科学中的应用[M]. 北京: 化学工业出版社.

叶宪增, 张新祥, 等, 2007. 仪器分析教程[M]. 2版. 北京: 北京大学出版社.

朱永哲, 冯雅男, 金正汉, 2013. 超高效液相色谱-串联质谱法同时测定土壤中239种农药的残留量[J]. 色谱, 31(9): 850-861.

（撰稿：张新忠、绳慧珊、钟青；审稿：马晓东）

伊比磷 EPBP

一种有机磷杀虫剂。

其他名称 S-Seven、S-7、氯苯磷。

化学名称 *O*-乙基-*O*-(2,4-二氯苯基)苯基硫代膦酸酯；*O*-ethyl-*O*-(2,4-dichlorophenyl)phenyl phosphonothioate。

CAS登记号 3792-59-4。

分子式 $C_{14}H_{13}Cl_2O_2PS$。

相对分子质量 347.20。

结构式

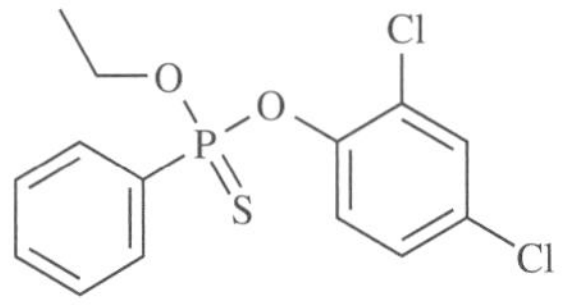

开发单位 1957年由拜耳公司合成，生产单位是日产化学公司，1984年停产。

理化性质 淡黄色油状物。沸点206℃（0.667kPa）、200℃（0.51kPa）和175℃（5.33Pa）。相对密度d_4^{24}1.312，d_4^{20}1.294。折射率n_D^{20}1.5956，n_D^{31}1.597。不溶于水，溶于有机溶剂。在碱性介质中分解。工业纯度约90%，无腐蚀性。

毒性 小鼠急性经口LD_{50} 274.5mg/kg。小鼠急性经皮LD_{50} 783.8mg/kg。

剂型 3%粉剂。

防治对象 主要用于防治土壤害虫，如种蝇、跳甲、地老虎、葱根瘿螨等，用量3%粉剂60～100kg/hm²。用于防治蚜、螨，尤其是防治对有机氯产生抗性的害虫，如豆科作物、黄瓜和其他蔬菜作物上的各种实蝇有突出效果。

注意事项 不能与敌稗（propanil）混用。

参考文献

王振荣, 李布青, 1996. 农药商品大全[M]. 北京: 中国商业出版社.

（撰稿：王鸣华；审稿：薛伟）

乙拌磷 disulfoton

一种具有内吸、触杀活性的有机磷杀虫剂。

其他名称 Disyston、Dithiosyston、Dithiodemeton、Disultex、Ekanon、Frumin Al、Solvirex、S276、Bay 19639、ENT23347。

化学名称 二乙基-*S*-[2-(乙硫基)乙基]硫硫赶磷酸酯；美国习惯称为*O,O*-二乙基-*S*-2-(乙硫基乙基)二硫代磷酸酯。

IUPAC名称 diethoxy-(2-ethylsulfanylethylsulfanyl)-sulfanylidene-*S*-5-phosphane。

CAS登记号 298-04-4。

分子式 $C_8H_{19}O_2PS_3$。

相对分子质量 274.41。

结构式

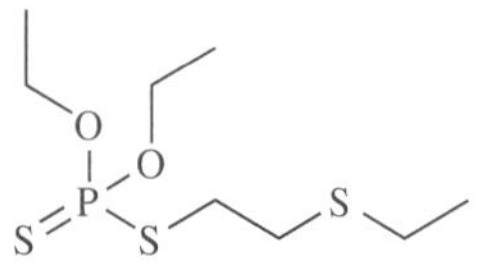

开发单位 1956年由德国拜耳公司研制。同年由拜耳公司和美国开马格公司提出作为试验性杀虫剂在植保上使用。

理化性质 纯品为无色油状液体，工业品为黄褐色油状液体，具有恶臭味。难溶于水，易溶于一般有机溶剂。沸点62℃（1.33Pa）。20℃时蒸气压7.2mPa。相对密度1.144（20℃）。折射率n_D^{20}1.5496。工业品为暗黄色油状物，在室温水中溶解度为25mg/L，易溶于多数有机溶剂。pH＜8时，不易水解。

毒性 急性经口LD_{50}：雌、雄大鼠2～12mg/kg，雌、雄小鼠7.5mg/kg，雌狗约5mg/kg，鹌鹑为39mg/kg。急性经皮LD_{50}：雄大鼠15.9mg/kg，雌大鼠3.6mg/kg。对兔眼睛和皮肤无刺激。急性吸入LC_{50}（4小时）：雄大鼠约0.06mg/L（气溶胶），雌大鼠约0.015mg/L（气溶胶）。2年饲喂试验NOEL：大鼠和狗1mg/kg饲料，小鼠4mg/kg饲料。人ADI 0.0003mg/kg。野鸭LC_{50}（5天）692mg/kg饲料，鹌鹑LC_{50}（5天）544mg/kg饲料。鱼类LC_{50}（96小时）：蓝鳃鱼0.039mg/L，虹鳟3mg/L。对蜜蜂有毒。水蚤LC_{50}（48小时）0.013～0.064mg/L。

剂型 50%活性炭浸渗剂，5%、10%颗粒剂。

作用方式及机理 对害虫、害螨具有强烈的内吸和触杀作用。

防治对象 为内吸性杀虫剂、杀螨剂，防治棉花、甜菜、马铃薯、苜蓿等作物苗期蚜虫、叶螨及地下害虫等。

使用方法 药效期较甲拌磷长，药效期可保持45天左右。用于棉花拌种，可用50%乙拌磷乳剂0.5kg加水25kg，拌种50kg，堆闷12小时后播种；若采用浸种法，可用50%乙拌磷乳剂0.5kg加水75kg，搅匀后放入棉种45kg，浸14小时左右，定时翻动几次捞出晾干后播种。也可用50%乙拌磷活性炭粉剂1kg拌种50kg播种；或用5%乙拌磷颗粒剂每亩用2kg，在棉苗2～3片真叶时开沟施入棉苗旁土中。

注意事项 对人、畜剧毒，只限用于棉花、甜菜、小麦、籽用油菜的拌种；不准用于蔬菜、茶叶、果树、桑树、中药材等作物。严禁喷雾使用。播种时不能用手直接接触毒物种子，以防中毒。长期使用会使害虫产生抗药性，应注意与别的类似拌种药，如甲基硫环磷、甲基异柳磷等交替使用。在水、肥过大的条件下，若用量过大，会推迟棉花的成熟期。中毒症状：头昏、呕吐、盗汗、无力、恶心、腹痛、流涎，严重时会出现痉挛、瞳孔缩小、呼吸困难、肺心肿等症状。解毒药剂为阿托品或解磷毒，并要注意保护心肌，控制肺水肿。

允许残留量 日本最大允许残留量：米类为 0.07mg/kg，果品、豆类为 0.05mg/kg，蔬菜为 0.1mg/kg。

参考文献

《环境科学大辞典》编辑委员会, 1991.环境科学大辞典[M]. 北京: 中国环境科学出版社: 785.

农业大词典编辑委员会, 1998. 农业大词典[M]. 北京: 中国农业出版社: 1966.

王振荣, 李布青, 1996. 农药商品大全[M]. 北京: 中国商业出版社: 47-48.

吴世敏, 印德麟, 1999. 简明精细化工大辞典[M]. 沈阳: 辽宁科学技术出版社: 8-9.

朱永和, 王振荣, 李布青, 2006. 农药大典[M]. 北京: 中国三峡出版社: 1110-1111.

（撰稿：吴剑；审稿：薛伟）

乙草胺 acetochlor

一种氯酰胺类选择性除草剂。

其他名称 禾耐斯、圣农施、消草安、刈草胺。

化学名称 2-氯-*N*-乙氧甲基-6′-乙基乙酰邻甲苯胺。

IUPAC名称 2-chloro-*N*-ethoxymethyl-6′-ethylaceto-*o*-toluidide。

CAS 登记号 34256-82-1。

EC 号 251-899-3。

分子式 $C_{14}H_{20}ClNO_2$。

相对分子质量 269.77。

结构式

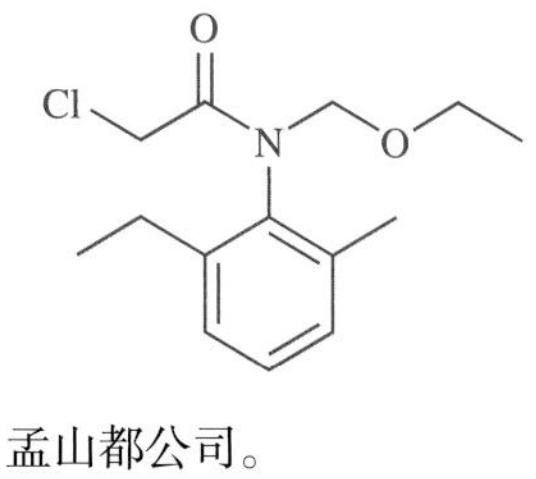

开发单位 孟山都公司。

理化性质 透明黏稠油状液体。相对密度 1.123（25℃）。沸点 172℃(667Pa)。熔点＜0℃。蒸气压 4.6×10^{-2}mPa（25℃）。水中溶解度 223mg/L（25℃），易溶于丙酮、乙醇、乙酸乙酯、苯、甲苯、氯仿、四氯化碳、乙醚等有机溶剂。

毒性 低毒。大鼠急性经口 LD_{50} 2148mg/kg。兔急性经皮 LD_{50} 4166mg/kg。大鼠急性吸入 LC_{50}（4 小时）＞3mg/L。对兔眼睛和皮肤无刺激性，对豚鼠皮肤有潜在致敏性。饲喂试验 NOEL［mg/（kg·d）］：大鼠 11（2 年），狗 2（1 年）。鱼类 LC_{50}（96 小时，mg/L）：虹鳟 0.45、翻车鱼 1.5。水蚤 LC_{50}（48 小时）9mg/L。对蜜蜂、鸟低毒。蜜蜂 LD_{50}（24 小时，μg/ 只）：＞100（经口）、＞200（接触）。山齿鹑急性经口 LD_{50} 1260mg/kg，鹌鹑和野鸭饲喂 LC_{50}（5 天）＞5620mg/kg 饲料。蚯蚓 LC_{50}（14 天）211mg/kg 土壤。

剂型 15.7%、50%、88%、90%、90.9%、98.5%、880g/L、900g/L、990g/L、999g/L 乳油，50% 微乳剂，40%、48%、50%、900g/L 水乳剂，20%、40% 可湿性粉剂。

质量标准 乙草胺原药（GB/T 20691—2006）。

作用方式及机理 有效成分被植物幼根、幼芽吸收，在植物体内干扰核酸代谢及蛋白质合成，使幼芽、幼根停止生长。土壤湿度适宜时，杂草幼芽未出土即被杀死，如果土壤水分少，杂草也可在出土后水分适宜时吸收药剂。该药在玉米、大豆等耐药性作物体内迅速代谢为无活性物质，正常使用对作物安全。乙草胺是酰胺类药剂中杀草活性最高、用药成本较低的品种，也是该类药剂中用量最大的品种。

防治对象 马唐、千金子、稗草、蟋蟀草、藜、反枝苋、鸭舌草、泽泻、母草、藻类、异型莎草等。对铁苋菜、苘麻、蓼科杂草及多年生杂草防效差。

使用方法 用于大豆、油菜、花生、水稻、玉米、棉花、甘蔗、蔬菜、果园等，防除一年生禾本科杂草及部分阔叶杂草。

防治玉米田杂草 播后苗前，春玉米每亩用 50% 乙草胺乳油 200～250g（有效成分 100～125g），夏玉米每亩用 50% 乙草胺乳油 100～140g（有效成分 50～70g），兑水 40～50L 均匀喷雾。

防治大豆、花生田杂草 作物播后苗前，春大豆每亩用 50% 乙草胺乳油 160～250g（有效成分 80～125g），夏大豆每亩用 50% 乙草胺乳油 100～140g（有效成分 50～70g），兑水 40～50L 均匀喷雾。

防治油菜田杂草 春油菜播后苗前，每亩用 50% 乙草胺乳油 105～160g（有效成分 52.5～80g），冬油菜播后苗前或移栽前后 3 天，每亩用 50% 乙草胺乳油 70～144g（有效成分 35～72g），兑水 40～50L 均匀喷雾。

防治水稻田杂草 移栽田除草，水稻移栽缓苗后（早稻移栽后 6～8 天，晚稻移栽后 5～6 天），杂草萌芽期，每亩用 20% 乙草胺可湿性粉剂 35～50g（有效成分 7～10g，北方），或 30～37.5g（有效成分 6～7.5g，南方），拌毒土 20kg 撒施。施药时田间保持 3～5cm 水层，药后保水 5～7 天。不能排水和串水，水深不能淹没水稻心叶。

注意事项 ①旱作物田施药前后，土壤宜保持湿润，以确保药效。东北地区干旱、无灌水的条件下，可采用混土法施药，混土深度以不触及作物种子为宜。②乙草胺活性高，用药量不宜随意增大。有机质含量高、土壤黏重或干旱情况下，建议采用较高药量；反之，有机质含量低、砂壤土或有降雨、灌溉的情况下，建议采用下限药量。③用药后多雨、土壤湿度太大或玉米田排水不良易造成玉米、大豆等药害，这时，应加强玉米水肥管理或喷施芸薹素内酯等植物生长调节剂，促进玉米恢复正常生长。④水稻萌芽及幼苗期对乙草胺敏感，不能用药。⑤秧田、直播田、小苗（秧龄 25 天以下)、弱苗移栽田，用乙草胺及其混剂易出现药害。⑥该品对鱼高毒，施药时应远离鱼塘或沟渠，施药后的田水及残药不得排入水体，也不能在养鱼、虾、蟹的水稻田使用该剂。

与其他药剂的混用 可与莠去津、扑草净、西草净、赛克津、乙氧氟草醚、苄嘧磺隆、噻吩磺隆等混用，扩大杀草谱、降低环境风险。

允许残留量 GB 2763—2021《食品中农药最大残留限量标准》规定乙草胺最大残留限量见表。ADI 为 0.01mg/kg。谷物按照 GB 23200.9、GB 23200.57、GB 23200.113、GB/T 20770 规定的方法测定；油料和油脂按照 GB 23200.57、GB 23200.113 规定的方法测定。

部分食品中乙草胺最大残留限量（GB 2763—2021）

食品类别	名称	最大残留限量（mg/kg）
谷物	糙米、玉米	0.05
油料和油脂	大豆	0.10

参考文献

刘长令, 2002. 世界农药大全: 除草剂卷[M]. 北京: 化学工业出版社.

马克比恩 C, 2015. 农药手册[M]. 胡笑形, 等译. 北京: 化学工业出版社.

中国农业百科全书总编辑委员会农药卷编辑委员会, 中国农业百科全书编辑部, 1993. 中国农业百科全书: 农药卷[M]. 北京: 农业出版社.

SHANER D L, 2014. Herbicide handbook[M]. 10th ed. Lawrence, KS: Weed Science Society of America.

（撰稿：李香菊；审稿：耿贺利）

乙虫磷 N4543

一种含邻苯二甲酰胺结构的二硫代磷酸酯类有机磷杀虫剂。

其他名称 N4543。

化学名称 *S*-((1,3-dioxoisoindolin-2-yl)methyl)*O*-isobutyl ethylphosphonodithioate。

IUPAC名称 *S*-((1,3-dioxoisoindolin-2-yl)methyl)*O*-isobutyl ethylphosphonodithioate。

CAS 登记号 16537-52-3。

分子式 $C_{15}H_{20}NO_3PS_2$。

相对分子质量 357.42。

结构式

开发单位 斯道夫公司。

理化性质 原药为白色结晶固体，熔点 63℃。

毒性 急性经口 LD_{50}：雄大鼠 75mg/kg，雌大鼠 23mg/kg，雄小鼠 316mg/kg，雌小鼠 430mg/kg。兔急性经皮 LD_{50} 121mg/kg。

作用方式及机理 乙酰胆碱酯酶抑制剂。具有杀虫、杀螨活性。

（撰稿：汪清民；审稿：吴剑）

乙滴涕 perthane

一种非内吸性有机氯杀虫剂。

其他名称 Q137、Ethyl-DDT、Ethylan。

化学名称 1,1-双(4-乙苯基)-2,2-二氯乙烷；1,1-(2,2-dichloroethylidene)bis(4-ethylbenzene)。

IUPAC名称 1,1-dichloro-2,2-bis(4-ethylphenyl)ethane。

CAS 登记号 72-56-0。

EC 号 200-785-1。

分子式 $C_{18}H_{20}Cl_2$。

相对分子质量 307.26。

结构式

开发单位 1950 年由罗姆 - 哈斯公司开发。

理化性质 纯品为结晶固体。熔点 60～61℃。工业品为蜡状固体，熔点不低于 40℃，在 52℃以上则有部分分解。不溶于水，但溶于大多数芳烃溶剂和二氯甲烷。

毒性 急性经口 LD_{50}：大鼠 8170mg/kg，小鼠 6600mg/kg。用含有 500mg/kg 乙滴涕的饲料喂大鼠 2 年，在残存者血象上均未发现有害的影响。

剂型 45% 乳剂，75% 液剂。

作用方式及机理 非内吸性杀虫剂。

防治对象 主要用于防治梨木虱和蔬菜作物上的叶蝉及家用防治蛀虫等。

使用方法 以 1～16kg/hm^2（有效成分）的剂量来防治梨黄木虱、叶蝉和蔬菜作物上各种害虫的幼虫，还可用于家庭防治衣蛾和皮蠹，无药害。在土壤中有中度持效。

参考文献

朱永和, 王振荣, 李布青, 2006. 农药大典[M]. 北京: 中国三峡出版社.

（撰稿：张建军；审稿：吴剑）

乙二醇缩糠醛 furfural ethylene ketal

一种从植物秸秆中分离精制而成的抗逆性生长调节剂，

可有效消除作物受逆境胁迫产生的氧化自由基，还可促进植物根系生长，提高作物在逆境条件下的成活力，现在主要用于小麦。

其他名称 润禾宝。

化学名称 2-(2-呋喃基)-1,3-二氧戊环；2-(1,3-dioxolan-2-yl)furan；2-(2-furyl)-1,3-dioxolane；2-(furan-2-yl)-1,3-dioxolane；furfural ethylene acetal。

IUPAC名称 2-(furan-2-yl)-1,3-dioxolane。

CAS登记号 1708-41-4。

分子式 $C_7H_8O_3$。

相对分子质量 140.14。

结构式

开发单位 中国科学院化工冶金研究所。

理化性质 原药外观为浅黄色均相液体。沸点82~84℃。密度1.2g/cm^3。闪点90.6℃。易溶于丙酮、甲醇、乙醇、苯、乙酸乙酯、四氢呋喃、二氧六环、二甲基甲酰胺、二甲基亚砜等有机溶剂，微溶于石油醚和水。光照下接触空气不稳定，弱酸性、中性及碱性条件下稳定。

毒性 低毒。其原药对大鼠急性经口LD_{50} 562mg/kg，急性经皮LD_{50}＞2150mg/kg，急性吸入LC_{50}（2小时）＞2000mg/m^3，对皮肤、眼睛无刺激作用，无致敏反应。大鼠90天饲喂亚慢性试验最大NOEL为11.24mg/（kg·d）。Ames试验、小鼠骨髓细胞染色体畸变试验和小鼠睾丸精母原细胞染色体畸变试验均为阴性。但小鼠骨髓嗜多染红细胞微核试验的高剂量组（56.2mg/kg）的微核率明显增高。20%乳油对雄性和雌性大鼠急性经口LD_{50}分别为1210mg/kg和1000mg/kg，急性经皮LD_{50}＞2150mg/kg，急性吸入LC_{50}（2小时）＞2000mg/m^3，对皮肤无刺激性，对眼睛轻度刺激性。环境生物安全性评价：20%乳油对斑马鱼LC_{50}（96小时）17.03mg/L；鹌鹑LD_{50}（7天）253.59mg/kg；家蚕LC_{50}（二龄）＞3000mg/kg桑叶。该药对鱼、鹌鹑、蜜蜂、家蚕的毒性均为低毒。

剂型 乳油。

作用方式及机理 在光照条件下表现出很强的还原能力，叶面喷药后能够吸收作物叶面的氧自由基，使植物叶面细胞质膜免受侵害，在氧自由基催化下发生聚合反应，生成单分子薄膜，封闭一部分叶面气孔，减少植物水分的蒸发，增强作物的保水能力，起到抗旱作用；作物在遭受干旱胁迫时，使用该药后，可提高作物幼苗的超氧化物歧化酶、过氧化氢酶和过氧化物酶的活性，并能持续较高水平，有效地消除自由基；还可促进植物根系生长，尤其次生根的数量明显增加，提高作物在逆境条件下的生活力。

使用对象 增强小麦对逆境（干旱、盐碱）的抵抗能力，提高小麦产量。

使用方法 使用有效成分浓度为50~100mg/kg，于小麦播种前浸种10~12小时，晾干后再播种。在小麦生长期喷药4次，即在小麦返青、拔节、开花和灌浆期各喷1次药。能有效地调节小麦生长，增加产量，对小麦品质无不良影响。

允许残留量 中国无最大允许残留规定，WHO无残留规定。

参考文献

刘刚，2006. 介绍两种新型植物生长调节剂[J]. 农村百事通(8): 35.

（撰稿：黄官民；审稿：谭伟明）

乙二肟 glyoxime

一种乙烯促进剂，用于柑橘和菠萝果实作离层剂。其在果实和叶片间有良好的选择性，在外果皮吸收后诱导内源乙烯产生，使果实基部形成离层，促进果柄离层形成，加速果实脱落。

其他名称 Pik-off、CGA-22911、glyoxal dioxime。

化学名称 乙二醛二肟。

IUPAC名称 *N*-(2-hydroxyiminoethylidene)hydroxylamine。

CAS登记号 557-30-2。

EC号 209-168-1。

分子式 $C_2H_4N_2O_2$。

相对分子质量 88.07。

结构式

HO N N OH

理化性质 密度1.293g/cm^3。熔点178~180℃。沸点310.23℃（101.32kPa）。闪点188.015℃。白色结晶，无臭。微溶于水，水溶液呈弱酸性，溶于热水、乙醇和乙醚。在常温下较稳定，可保存5年以上，在高温（50~70℃）下易降解，不能与其他化合物混合使用。

毒性 吞食有毒，低毒。大鼠急性经口LD_{50} 119mg/kg，最低腹腔注射致死剂量为100mg/kg，兔急性经皮LD_{50} 1580mg/kg。

作用方式及机理 在果实和叶片间有良好的选择性，柑橘外果皮吸收药剂后，诱导内源乙烯产生，使果实基部形成离层，促进果柄离层形成，加速果实脱落。乙烯会很快传导到中果皮内，但不进入果汁，并不降低芳香味。

使用对象 用作柑橘和菠萝的脱落剂。

使用方法 在柑橘成熟采收前4~6天喷洒，将药剂稀释到15L水中即可，用药量300~450ml/hm^2。气温在18℃左右时使用，不会影响未成熟的果实和树叶。

注意事项 干燥时易爆。高度易燃。与皮肤接触有害。

参考文献

孙家隆，金静，张茹琴，2014. 现代农药应用技术丛书：植物生长调节剂与杀鼠剂卷[M]. 北京：化学工业出版社.

孙家隆，2015. 新编农药品种手册[M]. 北京：化学工业出版社：963.

（撰稿：徐佳慧；审稿：谭伟明）

乙环唑 etaconazole

一种三唑类广谱内吸性杀菌剂，主要用于柑橘储藏期病害的防治。

化学名称 1-[2-(2,4-二氯苯基)-4-乙基-1,3-二氧戊环-2-甲基]-1*H*-1,2,4-三唑；1-((2-(2,4-dichlorophenyl)-4-ethyl-1,3-dioxolan-2-yl)methyl)-1*H*-1,2,4-triazole。

IUPAC名称 1-[[2-(2,4-dichlorophenyl)-4-ethyl-1,3-dioxolan-2-yl]methyl]-1*H*-1,2,4-triazole。

CAS登记号 60207-93-4。

EC号 262-107-0。

分子式 $C_{14}H_{15}Cl_2N_3O_2$。

相对分子质量 328.19。

结构式

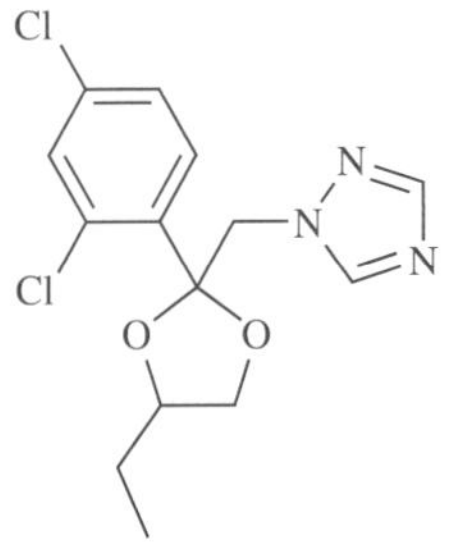

开发单位 瑞士汽巴-嘉基公司。

理化性质 无色晶体。熔点112℃。沸点385℃。燃点238℃。蒸气压0.138mPa（25℃）。K_{ow}lg*P* 3.09（25℃）。Henry常数0.428Pa·m^3/mol（25℃）。硝酸盐熔点122℃。水中溶解度80mg/kg；20℃时有机溶剂中溶解度（g/kg）：丙酮300、二氯甲烷700、甲醇400、异丙醇100、甲苯250。

毒性 对温血动物低毒，大鼠急性经口LD_{50} 1.34g/kg。经皮LD_{50} 3.1g/kg。对鸟无毒性，对鱼中等毒性。

作用方式及机理 具有保护、治疗和铲除作用的内吸性杀菌剂，经植物根和叶吸收，可在新生组织中迅速传导。通过杂环上的氮原子与病原菌细胞内羊毛甾醇14α脱甲基酶的血红素-铁活性中心结合，抑制14α脱甲基酶的活性，从而阻碍麦角甾醇的合成，最终起到杀菌的作用。

防治对象 特别用于柑橘储藏，对防治青霉、绿霉、蒂腐、酸腐、褐腐等有卓越效果。也可防治小麦腥黑穗病、白粉病、锈病等。

参考文献

刘长令, 2006. 世界农药大全: 杀菌剂卷[M]. 北京: 化学工业出版社.

农业部种植业管理司和农业部农药检定所, 2015. 新编农药手册[M]. 2版. 北京: 中国农业出版社.

TURNER J A, 2015. The pesticide manual: a world compendium[M]. 17th ed. UK: BCPC.

（撰稿：陈凤平；审稿：刘鹏飞）

乙基稻丰散 phenthoate ethyl

一种非内吸性、具有触杀和胃毒作用的有机磷杀虫剂。

化学名称 *O,O*-二乙基-*S*-(苯基乙酸酯基)二硫代磷酸酯；*O,O*-diethyl-*S*-(α-ethoxycarbonylbenzyl)phosphorodithioate。

IUPAC名称 *S*-α-ethoxycarbonylbenzyl *O,O*-diethyl phosphorodithioate。

CAS登记号 14211-00-8；65524-46-1。

分子式 $C_{14}H_{21}O_4PS_2$。

相对分子质量 348.42。

结构式

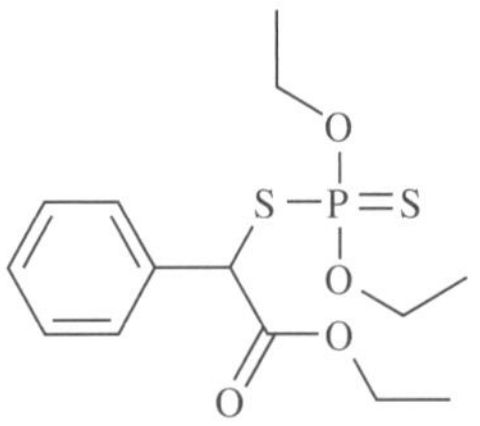

开发单位 1965年由中国湖南化工研究所开发成功。

理化性质 纯品在常温下为无色透明油状液体。工业品为黄色油状液体，具有辛辣刺激臭味。不溶于水，易溶于乙醇、丙酮、苯等溶剂。在酸性和中性条件下稳定，遇碱性物质易分解失效。

毒性 对人、畜毒性高于稻丰散。小鼠急性经口LD_{50} 100～160mg/kg。

剂型 3%粉剂，50%乳油。

作用方式及机理 触杀和胃毒，无内吸作用。作用速度快，持效期较短。其作用机理为抑制昆虫体内乙酰胆碱酯酶的活性。

防治对象 刺吸式口器害虫。适用于防治棉花、水稻、果树、豆类和蔬菜上的多种害虫。对蛀食性害虫和各种瘤蚜效果较差。

使用方法 用3%粉剂22.5～30kg/hm^{2}喷粉或撒毒土，或用50%乳油2000倍液喷雾，可防治稻叶蝉、稻飞虱、稻苞虫、负泥虫、稻蝽、大豆食心虫、豆荚螟、斜纹夜蛾、黏虫、烟青虫、烟蓟马、菜青虫、卷叶蛾、叶甲、麦叶蜂、瓢甲、天社蛾和各种蚜虫。用50%乳油1000倍液喷雾，可防治水稻螟虫、棉花红蜘蛛、果树介壳虫、潜叶蛾、潜叶蝇等。

注意事项 不能与碱性农药混用。茶树在采收前30天，桑树在采收前15天内禁用。对葡萄、桃、无花果和苹果的某些品种有药害。一般使用量对鱼类与虾类影响很小，但要广泛施药时，则须充分注意，因对鲻鱼、鳟鱼影响很大。因此避免在有可能溅入或流进养鱼池及河水的地方使用该农药。使用时须充分注意，以免误食、误用。万一中毒，立即就医，解毒剂以使用阿托品或解磷毒较为有效。

参考文献

农业大词典编辑委员会, 1998. 农业大词典[M]. 北京: 中国农业出版社.

王振荣, 李布青, 1996. 农药商品大全[M]. 北京: 中国商业出版社.

（撰稿：王鸣华；审稿：薛伟）

乙基嘧啶磷 pirimiphos-ethyl

一种含嘧啶杂环的有机磷杀虫剂。

其他名称 Primicid、Primotec、Fernex、E-pirniphos、pp211、灭定磷、安定磷、派灭赛、乙基虫螨磷、嘧啶磷。

化学名称 *O*-[2-(二乙胺基)-6-甲基-4-嘧啶基]-*O,O*-二乙基硫代磷酸酯；*O*-[2(diethylamino)-6-methyl-4-pyrimidinyl]-*O,O*-diethyl phosphoroate。

IUPAC名称 *O*-[2-(diethylamino)-6-methylpyrimidin-4-yl] *O,O*-diethyl phosphorothioate。

CAS登记号 23505-41-1。

EC号 245-704-0。

分子式 $C_{13}H_{24}N_3O_3PS$。

相对分子质量 333.43。

结构式

开发单位 1971年由ICI Ltd.推广，后又由Plant Protection Ltd.推广，获有专利PB 1019227；12050000。

理化性质 纯品为淡黄色液体。相对密度 d_4^{20}1.14。折射率 n_D^{25}1.52。25℃时蒸气压0.0133Pa。几乎不溶于水（30℃时水中溶解度＜1mg/L），但可溶于大多数有机溶剂，室温下稳定，在80℃保存5天仍稳定，在室温下直到1年也稳定；130℃以上开始分解，无沸点；对铁容器有腐蚀性，可与多数杀虫剂混用。在强酸或强碱物质中易水解；工业品不稳定，易降解。

毒性 大鼠急性经皮 LD_{50} 1000～2000mg/kg。急性经口 LD_{50}：大鼠192mg/kg，小鼠105mg/kg，猫25～50mg/kg，豚鼠50～100mg/kg。90天NOEL：大鼠0.08mg/（kg·d），狗0.2mg/（kg·d）；大鼠1.6mg/（kg·d），狗＞2mg/（kg·d），仅影响其胆碱酯酶活性。兔皮肤隔日施药24小时，剂量100mg/kg，连续10天未发现有刺激作用；不是敏感药剂。按大鼠吸入试验推算的最大允许浓度为14mg/m³。虹鳟TLm（96小时）0.2mg/L，对鸟和蜜蜂毒性较低，对作物安全。

剂型 25%、50%乳油，5%、10%颗粒剂，20%胶悬剂，为敌菌酮与嘧啶磷的混剂。

作用方式及机理 为广谱性的有机磷杀虫剂，具有内吸、触杀和熏蒸作用。

防治对象 适用于防治果树、水稻、棉花等作物的多种害虫以及仓储和地下害虫。无药害，可作种子处理剂，是防治稻飞虱、稻叶蝉的特效药。

使用方法

防治果树害虫 ①枣树龟蜡蚧（又名日本蜡蚧）。防治适期为雌成虫越冬期和夏季若虫前期。用50%乙基嘧啶磷乳油1500倍液（有效成分33mg/L）用单管喷雾器喷雾。②柑橘矢尖蚧。一龄若虫期是防治的有利时机，用50%嘧啶磷乳油1000倍液（有效成分500mg/L）喷雾。③柑橘黑点蚧（又名黑星蚧）。一龄若虫期用药，用50%嘧啶磷乳油1000倍液（有效成分500mg/L）喷雾，对防治一、二龄若虫以及雌成虫效果较好。④柑橘红蜡蚧（俗称脐状红蜡蚧、胭脂虫、红蚰、红橘虱、红蜡虫）。防治时机应以幼蚧大量上梢危害时为宜。用50%嘧啶磷乳油1000倍液（有效成分500mg/L）喷雾。

防治棉花害虫 ①棉花红蜘蛛。每亩用50%嘧啶磷乳油100ml（有效成分50g/亩），兑水50～75kg喷雾。②棉蚜（又名瓜蚜）。对秋蚜每亩用50%嘧啶磷乳油50ml（有效成分25g/亩），兑水50～75kg喷雾。③水稻害虫。用50%乳油600～1000倍液喷雾或2000～4000倍液泼浇，可防治稻飞虱、稻叶蝉、二化螟、三化螟、大螟、稻纵卷叶螟、稻蓟马等，效果良好。泼浇对螟虫类害虫效果更好。稻蓟马，一般在秧苗4叶期后，每百株有虫200头以上，或每百株有卵300～500粒，或叶尖初卷率达5%～10%；本田每百株有虫300头，或有卵500～700粒，叶尖初卷10%时，为防治对象田，在若虫盛孵期施药。每亩用50%嘧啶磷乳油75ml（有效成分37.5g/亩），兑水60kg喷雾。

防治小麦害虫 麦蚜在麦田齐苗后，有蚜株率达5%，百株蚜量10头左右；冬麦返青后拔节前，有蚜株率2%，百株蚜量5头以上时进行防治，每亩用50%嘧啶乳油18.5ml（含有效成分9.25g）兑水37.5%喷雾。

防治储粮害虫 ①赤拟谷盗、玉米象、绿豆象。用50%嘧啶磷乳油兑水稀释（兑水比例控制粮食水分不能增加0.1%），使用浓度为5mg/L，应用自动喷雾装置，在粮食倒仓时，将喷嘴安装在运输机上，使喷雾宽度与运输带相同，根据运输机运载速度调节喷雾量，以确保所需的施药量。②书虱。小麦仓中的书虱，可用50%嘧啶磷乳油7mg/L浓度防治。

注意事项 不能与碱性农药混用。安全间隔期为4天。应储存于通风阴凉处。

参考文献

马世昌, 1999.化学物质辞典[M]. 西安: 陕西科学技术出版社: 15.

马世昌, 1990.化工产品辞典[M]. 西安: 陕西科学技术出版社: 3.

王振荣, 李布青, 1996. 农药商品大全[M]. 北京: 中国商业出版社: 76-77.

吴世敏, 印德麟, 1999. 简明精细化工大辞典[M]. 沈阳: 辽宁科学技术出版社: 18.

（撰稿：吴剑、刘登曰；审稿：薛伟）

乙基溴硫磷 nexagan

一种非内吸性、具触杀和胃毒作用的有机磷杀虫剂。

Y

其他名称 Filariol、Cela S-225、S-225、ENT 27258、OMS 659、乙溴硫磷、Bromofos-ethyl、Ethyl bromophos。

化学名称 *O*-(4-溴-2,5-二氯苯基)-*O,O*-二乙基硫逐磷酸酯；*O*-(4-bromo-2,5-dichlorophenyl)-*O,O*-diethyl phosphorothiorothioate。

IUPAC名称 *O*-4-bromo-2,5-dichlorophenyl-*O,O*-diethyl phosphorothioate。

CAS登记号 4824-78-6。

EC号 225-399-0。

分子式 $C_{10}H_{12}BrCl_2O_3PS$。

相对分子质量 394.05。

结构式

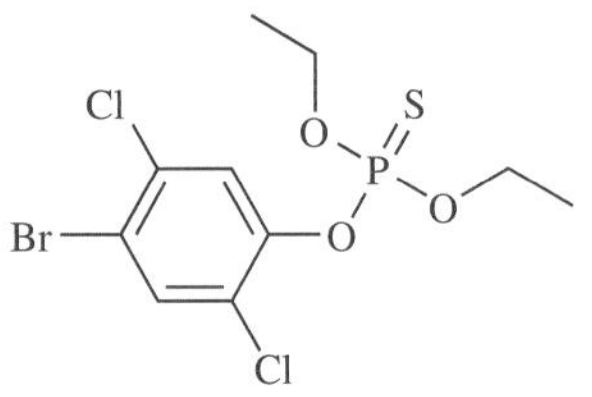

Cl S O P O O Br Cl

开发单位 C. H. Boehringer Sohn/Cela GmbH。

理化性质 纯品为无色至淡黄色液体，几乎无味。沸点122～133℃（0.133Pa）。在30℃时，蒸气压0.006Pa。工业品的相对密度d_4^{20} 1.52～1.55。在室温下，纯品溶于水中的溶解度为2mg/L，能与所有普通有机溶剂混溶。在水悬浮液中稳定，但在pH9的溶液中缓慢水解。在均相的乙醇溶液中，pH9时，出现脱乙基作用，在较高pH值溶液中，能脱掉苯酚。

毒性 急性经口LD_{50}：大鼠71～127mg/kg，小鼠225～550mg/kg。口服100mg/kg剂量能杀死豚鼠，羊口服125mg/kg也能致死。对白兔做24小时贴敷试验表明，急性经皮LD_{50} 1.366mg/kg。以约1.5mg/（kg·d）剂量喂大鼠12天，约1mg/（kg·d）喂狗42天，对大鼠和狗均无害。

剂型 40%、80%乳油，25%可湿性粉剂，5%颗粒剂，80%～90%浓雾剂，40%浸液。

作用方式及机理 非内吸性触杀和胃毒杀虫剂，具有一定的杀螨活性。无药害。

防治对象和使用方法 以0.4～0.6g/L（有效成分）剂量用于作物保护；以0.4～0.8g/L（有效成分）剂量防治螨类；以0.5～1g/L（有效成分）防治家畜身上的蜱类；以0.4～0.8ml/m² 浓度防治蝇类和蚊类。

与其他药剂的混用 无腐蚀性；除硫黄粉和有机金属杀菌剂外，能与其他农药混用。

允许残留量 ①欧盟规定乙基溴硫磷最大允许残留限量值：甜胡椒、大茴香、茴香、胡椒、香菜、谷类、肉桂、丁香、可可豆、咖啡豆、花茶、啤酒花为0.1mg/kg；苹果、杏、芦笋、茄子、鳄梨、猕猴桃、竹笋、香蕉、大麦、豆类、甜菜、芸薹属类蔬菜、花椰菜、鳞茎类蔬菜、甘蔗、杨桃、胡萝卜、芹菜、荔枝、白菜、柑橘类水果、黄瓜、叶菜类蔬菜、玉米、花生、马铃薯、根茎类蔬菜、大豆、西瓜中为0.05mg/kg。②日本规定乙基溴硫磷的最大允许残留限量值：在杏、芦笋、鳄梨、花椰菜、芹菜、大蒜、苹果、香蕉、黄豆、青花菜、卷心菜、可可豆、樱桃、白菜、玉米、黄瓜、茄子、葡萄、豆角、猕猴桃、莴苣、甜瓜、花生米、梨、马铃薯、茼蒿、大豆、菠菜、番茄、西瓜、山药中为0.05mg/kg；在茶叶中为0.1mg/kg。

参考文献

王振荣, 李布青, 1996. 农药商品大全[M]. 北京: 中国商业出版社.

（撰稿：王鸣华；审稿：薛伟）

乙菌利 chlozolinate

一种具有保护和治疗作用的酰亚胺类杀菌剂。

其他名称 Mandero、Serinal。

化学名称 (*RS*)-3-(3,5-二氯苯基)-5-甲基-2,4-二氧代-1,3-噁唑烷-5-羧酸乙酯；ethyl 3-(3,5-dichlorophenyl)-5-methyl-2,4-dioxo-5-oxazolidinecarboxylate

IUPAC名称 ethyl(*RS*)-3-(3,5-dichlorophenyl)-5-methyl-2,4-dioxo-1,3-oxazolidine-5-carboxylate。

CAS登记号 84332-86-5。

EC号 282-714-4。

分子式 $C_{13}H_{11}Cl_2NO_5$。

相对分子质量 332.14。

结构式

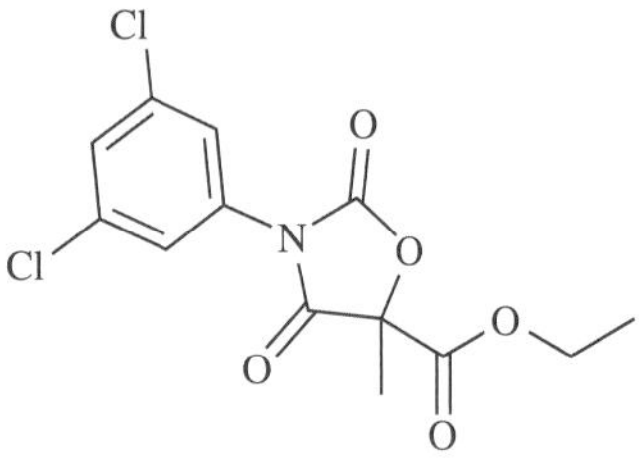

Cl O N O Cl O O O

开发单位 意大利蒙太蒂森公司（现为意大利意赛格公司）。

理化性质 纯品为白色固体。熔点113～114℃。相对密度1.441。蒸气压1.3×10^{-2}mPa（20℃）。水中溶解度（mg/L，20℃）：32；有机溶剂中溶解度（g/L，22℃）：丙酮、二氯甲烷、乙酸乙酯＞250，乙醇13，二甲苯60。

毒性 按照中国农药毒性分级标准，属低毒。急性经口LD_{50}：大鼠＞5000mg/kg，小鼠＞10 000mg/kg。大鼠急性经皮LD_{50}＞2000mg/kg。对兔眼睛和皮肤无刺激。大鼠吸入LC_{50}（4小时）＞10mg/L空气。NOEL［mg/（kg·d）］：大鼠（90天）200，狗（1年）200。鹌鹑急性经口LD_{50}＞4500mg/kg，野鸭急性经口LD_{50}＞4500mg/kg。虹鳟LC_{50}（96小时）＞27.5mg/L。大型溞EC_{50}（48小时）1.18mg/L。蜜蜂急性经口LD_{50}＞100μg/只。

作用方式及机理 具有保护和治疗作用，能够抑制病原菌菌体内甘油三酯的合成，作用于病原菌细胞膜，阻碍菌丝顶端细胞壁的形成，进而抑制菌丝的发育。

防治对象 防治灰葡萄孢和核盘菌属菌引起的病害，如蔬菜和果树灰霉病；防治禾谷类作物叶部病害和种传病害，如小麦腥黑穗病、大麦和燕麦的散黑穗病；也可防治苹果黑星病和玫瑰白粉病等。使用剂量 0.75～1kg/hm^2（有效成分）。

使用方法 番茄灰霉病，在病害发生初期开始用药，每亩用 50～66.7g（有效成分），加水喷雾，每隔 10～14 天喷药 1 次，共喷雾 2～3 次，在作物全生育期内最多使用 3 次。

注意事项 不宜与腐霉利、乙烯菌核净等作用方式相同的杀菌剂混用或轮用。不能与强酸性或强碱性的药剂混用。

参考文献

刘长令, 2008. 世界农药大全: 杀菌剂卷[M]. 北京: 化学工业出版社: 113.

马克比恩 C, 2015. 农药手册[M]. 胡笑形, 等译. 北京: 化学工业出版社: 1077.

（撰稿：刘圣明；审稿：刘西莉）

乙硫苯威 ethiofencarb

一种具有触杀和内吸性的氨基甲酸酯类杀虫剂。

其他名称 Croneton、除蚜威、蔬蚜威、苯虫威、HOX 1901、ethiophencarb、BAY 108594。

化学名称 2-(乙硫甲基)苯基-*N*-甲基氨基甲酸酯。

IUPAC 名称 2-[(ethylthio)methyl]phenyl methylcarbamate。

CAS 登记号 29973-13-5。

EC 号 249-981-9。

分子式 $C_{11}H_{15}O_2NS$。

相对分子质量 225.31。

结构式

HN— O O S

开发单位 J. Hammann 和 H. Hoffmann 报道该杀虫剂，拜耳公司推广，获有专利 DE 1910588；BE 746649。

理化性质 原药在冬天为白色结晶，在夏天为淡黄色油状液体。熔点 33.4℃。蒸馏时分解。相对密度 1.231（20℃）。蒸气压 0.45mPa（20℃），0.94mPa（25℃），26mPa（50℃）。溶解性（20℃）：水 1.8g/L，二氯甲烷、异丙醇、甲苯＞200g/L，己烷 5～10g/L。在普通条件下和酸性条件下稳定，在碱性条件下水解。

毒性 急性经口 LD_{50}：大鼠约 200mg/kg，小鼠约 240mg/kg，雌狗＞50mg/kg。大鼠急性经皮 LD_{50}＞1g/kg，对兔皮肤和眼睛无刺激。大鼠急性吸入 LC_{50}（4 小时）＞0.2mg/L 空气（气溶胶）。2 年饲喂试验的 NOEL：大鼠 330mg/kg 饲料，小鼠 600mg/kg 饲料，狗 1g/kg 饲料。对人的 ADI 为 0.1mg/kg。日本鹌鹑急性经口 LD_{50} 155mg/kg，野鸭 140～275mg/kg。鱼类 LC_{50}（96 小时）：虹鳟 12.8mg/L，金色圆腹雅罗鱼 61.8mg/L。对蜜蜂无毒，水蚤 LC_{50}（48 小时）0.22mg/L。

剂型 2% 粉剂，50% 乳油，10% 液剂，5%、10% 颗粒剂。

作用方式及机理 氨基甲酸酯类高效、低毒、低残留杀虫剂，具内吸性，兼有触杀作用。作用机理为抑制胆碱酯酶。

防治对象 优良的杀蚜剂，用于防治果树、蔬菜、粮食、马铃薯、甜菜、烟草、观赏植物上的各种蚜虫。对有机磷农药产生抗性的蚜虫也十分有效。

使用方法 防治马铃薯、烟草、菊花上的蚜虫时用颗粒剂处理土壤。旱地作物用 10% 颗粒剂 10～15kg/hm^2 行施或沟施，蔬菜用 10% 颗粒剂 20～30kg/hm^2。2% 粉剂 30～40kg/hm^2 对萝卜上的蚜虫有很好防效。50% 乳油兑水稀释 1000 倍，喷雾防治各种作物上的蚜虫。

注意事项 按农药的一般要求防护。储存时远离食物和饲料，勿让儿童接触。不慎中毒可用硫酸阿托品，勿用肟类药物治疗。最后一次施药距收获期：柑橘 100 天，桃、梅 30 天，苹果、梨 21 天，大豆、萝卜、白菜 7 天，黄瓜、茄子、番茄、辣椒 4 天。该药有良好的选择性，对一些寄生蜂无影响，对多种作物安全。可以和大多数杀虫剂和杀菌剂混用。

允许残留量 日本规定乙硫苯威最大残留限量见表。

日本规定乙硫苯威的最大残留限量

食品	最大残留限量（mg/kg）	食品	最大残留限量（mg/kg）
苹果	5.00	莴苣	10.00
杏	5.00	瓜	5.00
竹笋	7.00	桃	5.00
大麦	1.00	梨	5.00
球芽甘蓝	2.00	马铃薯	0.50
卷心菜	2.00	黑麦	1.00
花椰菜	1.00	菠菜	0.50
樱桃	10.00	甘蔗	0.05
玉米	1.00	茶叶	0.05
茄子	5.00	番茄	5.00
蛇麻草	0.50	小麦	1.00
柠檬	5.00		

参考文献

朱永和, 王振荣, 李布青, 2006. 农药大典[M]. 北京: 中国三峡出版社.

（撰稿：李圣坤；审稿：吴剑）

乙硫草特 ethiolate

一种硫代氨基甲酸类选择性除草剂。

Y

其他名称 Prefox、S15076、S6176、乙草丹、抑草威。

化学名称 *N,N*-二乙基硫赶氨基甲酸乙酯。

IUPAC名称 *S*-ethyl diethylthiocarbamate。

分子式 $C_7H_{15}NOS$。

相对分子质量 161.27。

结构式

开发单位 1972年由海湾石油化学公司作为其市售玉米除草剂的一个组分推广，获有专利US 3453802；3503971。

理化性质 浅黄色液体，带有氨味。凝固点＜-75℃。沸点206℃。蒸气压200Pa（57～59℃），11.6kPa（142～143℃）。25℃时在水中溶解度为0.3%，可与大多数有机溶剂混溶。工业品纯度＞97%。

毒性 大鼠急性经口LD_{50} 0.4g/kg。对兔眼睛有刺激性。大鼠在每升空气含15.9mg气雾中接触4小时出现痛苦症状，但能很快复原。大鼠和狗分别以60mg/（kg·d）和15mg/（kg·d）的剂量饲喂90天，未发现明显中毒症状。对野鸭和北美鹑的急性口服LD_{50}分别为530mg/kg和780mg/kg。

剂型 混剂，与环丙津（cyprazine）的混剂称作Prefox。

作用方式 选择性芽前土壤处理除草剂。用药后杂草出芽很快就会发生弯曲畸形，然后出现黑斑，敏感的阔叶作物也有类似效应，并在出芽后很快死亡。

防治对象 在玉米田中防除杂草。

使用方法 播前施药并要混土。它与环丙津16∶3的混剂，以5.3kg/hm^2（有效成分）用于玉米田除草，加水10～40倍，土表干后使土壤彻底混匀，用药后立即播种玉米。

参考文献

朱永和, 王振荣, 李布青, 2006. 农药大典[M]. 北京: 中国三峡出版社: 788.

（撰稿：汪清民；审稿：刘玉秀、王兹稳）

乙硫磷 ethion

一种有机磷酸酯类非内吸性杀虫剂和杀螨剂。

其他名称 Ethanox、Vegfru Fosmite、Tafetuion、Ethiosul、益赛昂、易赛昂、乙赛昂、蚜螨立死、爱杀松、灭蟑灵、昂杀拉、1240、Citriol、Compound 1240、Coopathion、Embathion、Ethodan、FMC 1240、Itopaz、Kwit、NIA 1240、Nialate Rhodocide、Diethion。

化学名称 *O,O,O′,O′*-四乙基-*S,S′*-亚甲基双(二硫代磷酸酯)。

IUPAC名称 *O,O,O′,O′*-tetraethyl *S,S′*-methylene bis(-phosphorodithioate)。

CAS登记号 563-12-2。

EC号 209-242-3。

分子式 $C_9H_{22}O_4P_2S_4$。

相对分子质量 384.46。

结构式

开发单位 富美实公司发展品种，获有专利BP872221，USP2873228。

理化性质 纯品为白色至琥珀色油状液体。冰点-12～-15℃。微溶于水，易溶于有机溶剂。蒸气压0.2mPa（25℃）。有大蒜臭味。遇碱、酸分解。常温稳定，高温易氧化加速分解，在150℃以上时会引起爆炸，应在阴凉地方保存。原油为淡棕色油状液体，带有大蒜臭味，相对密度d_4^{20} 1.215～1.23，折射率n_D^{25} 1.53～1.542，无腐蚀性，在空气中缓慢氧化。

毒性 中等毒性。纯品大鼠急性经口LD_{50} 208mg/kg。大鼠急性经皮LD_{50} 62mg/kg。工业品对雌大鼠的急性经口LD_{50} 24.4mg/kg。兔急性经皮LD_{50} 915mg/kg。以10mg/kg饲喂，对雌大鼠的胆碱酯酶有抑制作用，但以300mg/kg作28天的饲喂试验后仍活着。对天敌高毒，对蜜蜂毒性较小。

剂型 50%乳油，25%可湿性粉剂，480g/L、950g/L乳剂，4%粉剂，5%、8%和10%颗粒剂，各种油剂，与其他农药配制的混剂。

质量标准 50%乳油由有效成分、乳化剂和溶剂等组成，外观为淡黄色油状液体。乳液稳定性（25～30℃，1小时）在标准硬水（3423mg/kg）中测定无浮油和沉油，水分含量≤0.5%，酸度（以H_2SO_4计）≤0.5%，在50℃±1℃储存4周相对分解率≤10%。

作用方式及机理 非内吸性杀虫剂和杀螨剂，具有胃毒和触杀作用，对多种害虫及叶螨有良好效果，对螨卵也有一定杀伤作用。其作用机理为抑制昆虫胆碱酯酶的活性，可作为有机磷药剂的轮换药剂。

防治对象 水稻、果树、棉花、花卉的蚜虫、红蜘蛛、飞虱、叶蝉、蓟马、蝇、蚧类、鳞翅目幼虫。还可用于防治柑橘螨。与石油混合，用到休眠果树上，可杀卵类和介壳虫。除对几个品种的苹果有药害外，一般无药害。

使用方法

防治棉花害虫 ①棉红蜘蛛。于成螨、若螨发生期或螨卵盛孵期施药，以50%乳油1500～2000倍液（有效成分250～333mg/L）喷雾，持效期在15天左右。此浓度还可防治棉花叶蝉、盲蝽等害虫。②棉蚜。棉花苗期蚜虫发生期施药，使用浓度为50%乳油1000～1500倍液（有效成分333～500mg/L），可在15～20天内有效控制蚜虫危害。

防治水稻害虫 防治稻飞虱、稻蓟马用50%乳油2000～2500倍液（有效成分200～250mg/L）于蓟马发生期喷雾，或使用50%乳油750～1500ml/hm^2（有效成分375～750g），兑水喷雾。持效期10天左右，安全间隔期应控制在1个月以上。

防治果树食叶害虫、叶螨、木虱等　用50%的乙硫磷乳油1000～1500倍液喷雾，喷至淋洗状态。

注意事项　蔬菜、茶树上禁用。因其高温分解爆炸，应保存在通风、干燥、避光和远离火源的仓库中。安全注意事项同一般有机磷剂农药。50%乙硫磷能通过食道、呼吸道和皮肤引起中毒，中毒症状表现与一般磷杀虫剂相似，主要是抑制乙酰胆碱酯酶活性，产生毒蕈样、烟碱样症状。轻度中毒治疗可服用或注射阿托品，中度或重度中毒应合并使用阿托品和解磷毒等，还应注意保护心肌及控制肺水肿和脑水肿。如误服应立即催吐，口服1%～2%苏打水或清水洗胃，并立即送医院治疗。忌用高锰酸钾溶液。

允许残留量　①GB 2763—2021《食品中农药最大残留限量标准》规定乙硫磷最大残留限量见表。ADI为0.002mg/kg。谷物中的乙硫磷按照GB/T 5009.20规定的方法测定；油料和油脂参照GB/T 5009.20规定的方法测定。②FAO规定，乙硫磷在种子中的最大残留限量为3mg/kg；在根或植物的根状茎中的最大残留限量为0.3mg/kg；在水果或浆果中的最大残留限量为5mg/kg。③欧盟规定，乙硫磷在稻谷、苹果、杏、芦笋、茄子、鳄梨、香蕉、大麦、豆类、白菜、柑橘类的水果、黄瓜、甘蓝、绿叶芸薹属植物、玉米、杧果、辣椒、马铃薯、菠菜、甜玉米、西瓜中的最大残留限量为0.01mg/kg。

部分食品中乙硫磷最大残留限量（GB 2763—2021）

食品类别	名称	最大残留限量（mg/kg）
谷物	稻谷	0.2
油料和油脂	棉籽油	0.5

参考文献

孙家隆, 2015. 新编农药品种手册[M]. 北京: 化学工业出版社.

王振荣, 李布青, 1996. 农药商品大全[M]. 北京: 中国商业出版社.

（撰稿：王鸣华；审稿：薛伟）

乙螨唑　etoxazole

一种噁唑类非内吸性杀螨剂。

其他名称　Baroque、Biruku、Bornéo、Paramite、Secure、Swing、Tetrasan、Zeal、Zoom、来福禄、依杀螨、S-1283、YI 5301。

化学名称　(*RS*)-5-叔-丁基-2-[2-(2,6-二氟苯基)-4,5-二氢-1,3-唑-4-基]苯乙醚；2-(2,6-difluorophenyl)-4-[4-(1,1-dimethylethyl)-2-ethoxyphenyl]-4,5-dihydrooxazole。

IUPAC名称　(*RS*)-5-*tert*-butyl-2-[2-(2,6-difluorophenyl)-4,5-dihydro-1,3-oxazol-4-yl] phenetole。

CAS登记号　153233-91-1。

分子式　$C_{21}H_{23}F_2NO_2$。

相对分子质量　359.41。

结构式

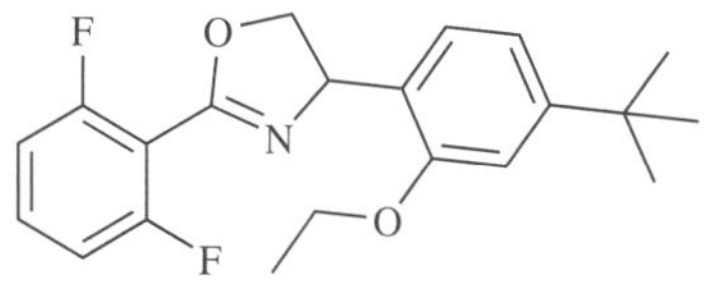

开发单位　由T. Ishida于1994年报道，日本Yashima Chemical公司创制，后由Yashima和住友公司联合开发，于1998年上市。

理化性质　工业纯为93%～98%。纯品为白色晶体粉末。熔点101～102℃。蒸气压7×10^{-3}mPa（25℃）。相对密度1.24（20℃）。$K_{ow}\lg P$ 5.59（25℃）。Henry常数3.6×10^{-2} Pa·m^3/mol（计算）。水中溶解度（20℃）75.4μg/L；其他溶剂中溶解度（g/L，20℃）：甲醇90，乙醇90，丙酮300，环己酮500，乙酸乙酯250，二甲苯250，正己烷、正庚烷13，乙腈80，四氢呋喃750。DT_{50}（20℃）：9.6天（pH4），约150天（pH7），约190天（pH9）。在50℃下储存30天不分解。闪点457℃。

毒性　雌、雄大、小鼠急性经口LD_{50}＞5000mg/kg。雌、雄大鼠急性经皮LD_{50}＞2000mg/kg。对兔眼睛和皮肤无刺激，对豚鼠无皮肤致敏。雌、雄大鼠吸入LC_{50}＞1.09mg/L。大鼠NOEL（2年）4.01mg/（kg·d）。ADI：0.04mg/kg（EC），cRfD 0.046mg/kg（EPA）。Ames为阴性。野鸭急性经口LD_{50}＞2000mg/kg。山齿鹑亚急性经口LD_{50}（5天）＞5200mg/L饲料。鱼类LC_{50}（96小时）：大翻车鱼1.4g/L，日本鲤鱼＞0.89g/L；LC_{50}（48小时）：日本鲤鱼＞20mg/L，虹鳟＞40mg/L。水蚤LC_{50}（3小时）＞40mg/L。羊角月牙藻EC_{50}＞1mg/L。蜜蜂LD_{50}＞200μg/只（经口和接触）。对水生节肢动物的蜕皮有破坏作用。蚯蚓NOEL（14天）＞1000mg/kg土壤。

剂型　110g/L悬浮剂。

作用方式及机理　触杀性杀螨剂。几丁质抑制剂。属于2,4-二苯基唑衍生物类化合物，是一种选择性杀螨剂。主要是抑制螨卵的胚胎形成以及从幼螨到成螨的蜕皮过程，从而对螨从卵、幼虫到蛹不同阶段都有优异的触杀性。但对成虫的防治效果不是很好。试验证明，乙螨唑乳油稀释2500倍后对卵的孵化和一龄若虫的蜕皮都有抑制作用。孵化出的幼虫也在一至两天内死亡。试验结果表明，乙螨唑乳油对皮刺螨的药效长达50天以上。最佳的防治时间是害螨危害初期。该药剂耐雨性强，持效期长达50天。对环境安全，对有益昆虫及益螨无危害或危害极小。

防治对象　对柑橘、棉花、苹果、花卉、蔬菜等作物上的叶螨、始叶螨、全爪螨、二斑叶螨、朱砂叶螨等螨类有卓越防效。具有内吸性，对多种叶螨的卵、幼虫、若虫有卓效，对成螨无效。但能阻止成螨产卵。

使用方法　防治柑橘、仁果、蔬菜和草莓上的螨虫，使用剂量为50g/hm^2。在茶叶上的使用剂量为100g/hm^2。建议在螨数量较少时用药。在作物周期内或6个月内，最多施药2次。每次可用10～20g有效成分，用380L水稀释后全面喷药。11%乙螨唑（SC）登记使用剂量5000～7500倍液。

注意事项　由于在碱性条件下易分解，不能和波尔多液混用。严禁采用灌溉或化学灌溉法施药。该药应与其他类的杀螨剂轮换使用来防治害虫。用药后12小时内，应禁止人员进入用药区。乙螨唑对蚕毒性较高，在喷洒时应尽量防止药液飞散附着于桑树或相关场所。

与其他药剂的混用 可与阿维菌素、联苯肼酯、螺螨酯、甲氰菊酯、丁醚脲、三唑锡、哒螨灵等复配。

允许残留量 GB 2763—2021《食品中农药最大残留限量标准》规定乙螨唑在水果柑橘中的最大残留限量为0.5mg/kg。ADI为0.05mg/kg。水果按照GB 23200.8规定的方法测定。

参考文献

刘长令, 2012. 世界农药大全: 杀虫剂卷[M]. 北京: 化学工业出版社: 771-773.

马克比恩 C, 2015. 农药手册[M]. 胡笑彤, 等译. 北京: 化学工业出版社: 402-403.

（撰稿：杨吉春；审稿：李森）

乙霉威 diethofencarb

一种广谱内吸性氨基甲酸酯类杀菌剂。

其他名称 Sumico。

化学名称 3,4-二乙氧基苯基氨基甲酸异丙酯。

IUPAC名称 isopropyl 3,4-diethoxycarbanilate。

CAS登记号 87130-20-9。

EC号 403-870-3。

分子式 $C_{14}H_{21}NO_4$。

相对分子质量 267.32。

结构式

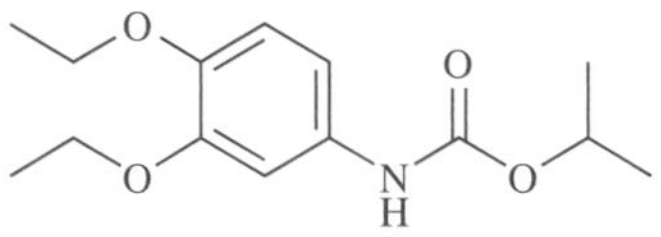

理化性质 原药为无色至浅褐色固体。纯品为白色结晶。熔点100.3℃。蒸气压8.4mPa（20℃）。K_{ow}lg$P$ 3.02（22℃）。Henry常数8.44×10^{-2}Pa·m^3/mol（计算值）。相对密度1.19（23℃）。溶解度（20℃）：水27.6mg/L、己烷1.3g/kg、甲醇101g/kg、二甲苯30g/kg。闪点140℃。

毒性 大鼠急性经口LD_{50} > 5000mg/kg，大鼠急性经皮LD_{50} > 5000mg/kg。大鼠急性吸入LC_{50}（4小时）> 1.05mg/L。Ames试验无诱变作用。山齿鹑和野鸭急性经口LD_{50} > 2250mg/kg。鲤鱼LC_{50}（96小时）> 18mg/L。水蚤LC_{50}（3小时）> 10mg/L。蜜蜂（接触）LD_{50} 20μg/只。

剂型 可湿性粉剂。

作用方式及机理 通过叶和根吸收，在胚芽管中抑制细胞分裂而使灰霉病得到抑制。具有保护和治疗作用。

防治对象 能有效防治对多菌灵产生抗性的灰葡萄孢菌引起的葡萄和蔬菜灰霉病。

使用方法 茎叶喷雾，使用剂量通常为有效成分250～500g/hm^{2}或有效成分250～500mg/L。具体使用方法如下：12.5mg/L有效成分喷雾，防治黄瓜灰霉病、茎腐病；50mg/L有效成分喷雾，防治甜菜叶斑病，其防效均为100%；25%mg/L有效成分防治番茄灰霉病。用于水果保鲜防治苹果青霉病时，加入500mg/L硫酸链霉素和展着剂浸泡1分钟，用量为500～1000mg/L，防效为95%。

与其他药剂的混用 12.5%乙霉威和52.5%甲基硫菌灵混用，有效成分用药量为454.5～682.5g/hm^2，进行喷雾用来防治番茄灰霉病。10%嘧霉胺和16%乙霉威混用，有效成分用药量为390～585g/hm^2，进行喷雾用来防治黄瓜灰霉病。25%乙霉威和25%多菌灵混用，有效成分用药量为750～1125g/hm^2，进行喷雾用来防治番茄灰霉病。

允许残留量 GB 2763—2021《食品中农药最大残留限量标准》规定乙霉威最大残留限量见表。ADI为0.004mg/kg。蔬菜按照GB/T 20769规定的方法测定。

部分食品中乙霉威最大残留限量（GB 2763—2021）

食品类别	名称	最大残留限量（mg/kg）
蔬菜	番茄	1
	黄瓜	5

参考文献

刘长令, 2006. 世界农药大全: 杀菌剂卷[M]. 北京: 化学工业出版社: 253-254.

MACBEAN C, 2012. The pesticide manual: a world compendium[M]. 16th ed. UK: BCPC.

（撰稿：侯毅平；审稿：张灿、刘西莉）

乙嘧酚 ethirimol

一种具有内吸性的嘧啶类杀菌剂。

其他名称 Milgo、PP149（试验代号）、Ethirimal。

化学名称 5-正丁基-2-乙胺基-6-甲基嘧啶-4-醇；5-butyl-2-methylamino-6-methylpyrimidin-4-ol。

IUPAC名称 5-butyl-2-(ethylamino)-6-methyl-1*H*-pyrimidin-4-one。

CAS登记号 23947-60-6。

EC号 245-949-3。

分子式 $C_{11}H_{19}N_3O$。

相对分子质量 209.29。

结构式

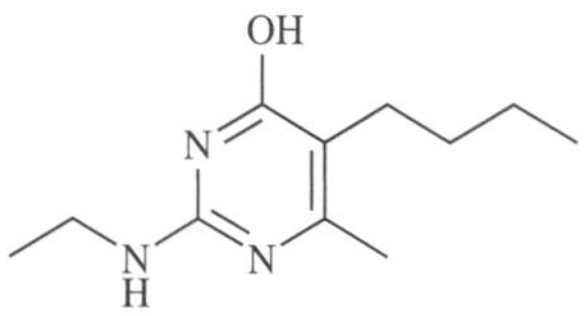

开发单位 先正达公司。

理化性质 原药纯度97%。纯品为无色结晶状固体。

熔点150～160℃（大约140℃软化）。相对密度1.21。蒸气压0.267mPa（25℃）。K_{OW}lg$P$ 2.3（pH7，25℃）。Henry常数≤2×10^{-4}Pa·m^3/mol（pH5.2，计算值）。水中溶解度（20℃，mg/L）：253（pH5.2），150（pH7.3），153（pH9.3）；有机溶剂中溶解度（g/kg，20℃）：氯仿150、乙醇24、丙酮5。土壤降解DT_{50} 14～140天。

毒性 急性经口LD_{50}（mg/kg）：雌大鼠6340，小鼠4000，雄兔1000～2000。大鼠急性经皮LD_{50}＞2000mg/kg。对兔皮肤无刺激性，对兔眼睛有中度刺激性，对豚鼠皮肤无致敏性。大鼠急性吸入LC_{50}（4小时）＞4.92mg/L。NOEL［2年，mg/（kg·d）］：大鼠200，狗30。母鸡急性经口LD_{50} 4000mg/kg。虹鳟LC_{50}（96小时）66mg/L。水蚤LC_{50}（48小时）＞7.3mg/L。蜜蜂LD_{50}（48小时）1.6mg/只（经口）。

剂型 乳油，可溶性液剂，悬浮剂。

作用方式及机理 腺嘌呤核苷脱氨酶抑制剂。内吸性杀菌剂，具有保护和治疗作用。可被植物根、茎、叶吸收，并在植物体内运转到各个部位。

防治对象 主要用于防治禾谷类作物白粉病。

使用方法 茎叶处理，使用剂量为有效成分250～350g/hm^2。种子处理，使用剂量为有效成分4g/1000g种子。

与其他药剂的混用 ①30%唑醚·乙嘧酚悬浮剂，其中乙嘧酚含量20%，吡唑嘧菌酯含量10%。防治黄瓜白粉病，剂量135～225g/hm^2，喷雾。②36%啶酰·乙嘧酚悬浮剂，其中乙嘧酚含量18%，吡唑嘧菌酯含量18%。防治黄瓜白粉病，剂量216～270g/hm^2，喷雾。③40%醚菌·乙嘧酚悬浮剂，其中乙嘧酚含量20%，醚菌酯含量20%。防治黄瓜白粉病，剂量25～33ml/亩，喷雾。④30%腈菌·乙嘧酚悬浮剂，其中乙嘧酚含量20%，腈菌唑含量10%。防治黄瓜白粉病，剂量112.5～157.5g/hm^2，喷雾。⑤40%嘧菌·乙嘧酚悬浮剂，其中乙嘧酚含量25%，嘧菌酯含量15%。防治黄瓜白粉病，剂量180～240g/hm^2，喷雾。⑥70%甲硫·乙嘧酚悬浮剂，其中乙嘧酚含量20%，甲基硫菌灵含量50%。防治苹果白粉病，剂量233～350mg/kg，喷雾。

允许残留量 GB 2763—2021《食品中农药最大残留限量标准》规定食品中乙嘧酚最大残留限量见表。ADI为0.035mg/kg。

部分食品中乙嘧酚最大残留限量（GB 2763—2021）

食品类别	名称	最大残留限量（mg/kg）
蔬菜	菠菜	20.0
	油麦菜	5.0
	茎用莴苣叶	5.0
	黄瓜	1.0
	冬瓜	0.5
	南瓜	1.0
	茎用莴苣	1.0
水果	苹果	0.1
	杧果	1.0
	番木瓜	2.0
	香瓜	0.2

参考文献

刘长令, 2006. 世界农药大全: 杀菌剂卷[M]. 北京: 化学工业出版社.

TOMLIN C D S, 2000. The pesticide manual: a world compendium[M]. 12th ed. UK: BCPC.

（撰稿：陈长军；审稿：张灿、刘西莉）

乙嘧酚磺酸酯 bupirimate

一种内吸性嘧啶类杀菌剂，主要用于防治苹果、温室玫瑰和草莓等作物的白粉病。

其他名称 Nimrod、PP588、EINECS 255-391-2。

化学名称 5-正丁基-2-乙胺基-6-甲基嘧啶-4-基二甲胺基磺酸酯；5-butyl-2-ethylamino-6-methylpyrimidin-4-yl dimethylsulfamate。

IUPAC名称 [5-butyl-2-(ethylamino)-6-methylpyrimidin-4-yl] *N*,*N*-dimethylsulfamate。

CAS登记号 41483-43-6。

EC号 255-391-2。

分子式 $C_{13}H_{24}N_4O_3S$。

相对分子质量 316.42。

结构式

开发单位 由先正达公司开发，以色列马克西姆公司生产与销售。

理化性质 原药纯度为90%。熔点40～45℃。纯品棕色蜡状固体，熔点50～51℃。相对密度1.2（20℃）。蒸气压0.1mPa（25℃）。K_{OW}lg$P$ 3.9（25℃）。Henry常数1.4×10^{-3} Pa·m^3/mol（计算值）。水中溶解度22mg/L（pH5.2，22℃）；可快速溶解于大多数有机溶剂中。土壤降解DT_{50} 35～90天。

毒性 大鼠、小鼠、兔急性经口LD_{50}＞4000mg/kg。大鼠急性经皮LD_{50} 4800mg/kg。对兔皮肤和眼睛无刺激性，对豚鼠皮肤有中度致敏性。大鼠急性吸入LC_{50}（4小时）＞0.035mg/L。NOEL［mg（kg·d）］：大鼠100（2年），大鼠1000（90天），狗15（90天）。鹌鹑急性经口LD_{50}＞5200mg/kg，野鸭（8天）1466mg/kg，山齿鹑和野鸭饲喂LC_{50}（5天）＞10 000mg/kg饲料。虹鳟LC_{50}（96小时）1.4mg/L。水蚤LC_{50}（48小时）＞7.3mg/L。蜜蜂LD_{50}（48小时）：0.05mg/只（接触），0.2μg/只（经口）。

剂型 乳油，可湿性粉剂。

作用方式及机理 腺嘌呤核苷脱氨酶抑制剂。内吸性杀菌剂，具有保护和治疗作用。可被植物根、茎、叶吸收，并在植物体内转运到各个部位，故耐雨水冲刷。持效期

10～14天。

防治对象 各种白粉病，如苹果、葡萄、黄瓜、草莓、玫瑰、甜菜白粉病。

使用方法 茎叶处理，使用剂量为有效成分150～375g/hm^2。

适宜作物 果树、蔬菜、花卉等观赏植物、大田作物。

安全性 对草莓、苹果、玫瑰等某些品种有药害。

与其他药剂的混用 与苯醚甲环唑混用，30%苯甲·乙嘧磺微乳剂，其中乙嘧酚磺酸酯含量20%，苯醚甲环唑含量10%，用于防治黄瓜白粉病，按照制剂用量900～1500ml/hm^{2}喷雾。防治黄瓜白粉病于白粉病发病前或初期进行施药。在黄瓜整个生育期一般施药2～3次，每隔7～10天施1次。

参考文献

刘长令, 2006. 世界农药大全: 杀菌剂卷[M]. 北京: 化学工业出版社.

MACBEAN C, 2012. The pesticide manual: a world compendium[M]. 16th ed. UK: BCPC.

（撰稿：陈长军；审稿：张灿、刘西莉）

乙嘧硫磷 etrimfos

一种有机磷类广谱、非内吸性的触杀、胃毒性杀虫剂。

其他名称 Ekamet、Satisfar、仓贮硫磷、乙氧嘧啶磷、Ekamet、SAN 1971、OMS 1806。

化学名称 *O*-(6-乙氧基-2-乙基-4-嘧啶基)-*O*,*O*-二甲基硫代磷酸酯；*O*-(6-ethoxy-2-ethyl-4-pyrimidinyl)-*O*,*O*-dimethyl phosphorothioate。

IUPAC名称 *O*-6-ethoxy-2-ethylpyrimidin-4-yl *O*,*O*-dimethyl phosphorothioate。

CAS登记号 38260-54-7。

EC号 253-855-9。

分子式 $C_{10}H_{17}N_2O_4PS$。

相对分子质量 292.29。

结构式

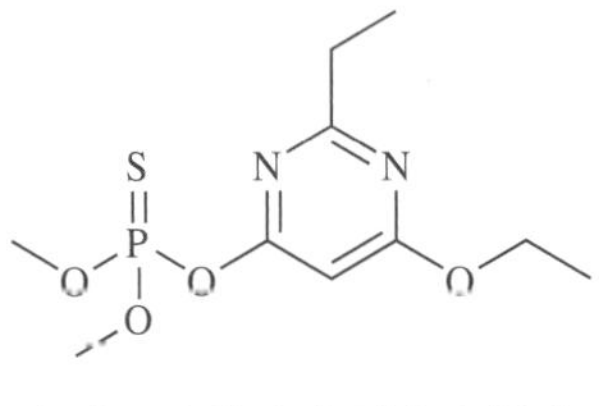

S N N P O O O O

开发单位 由瑞士山德士公司生产推广。

理化性质 纯品为无色油状液体。熔点-3.4℃。20℃时的蒸气压8.66mPa。折射率n_D^{20}1.5068。在20℃时，在水中的溶解度＜10g/L，但可溶于丙酮、氯仿、乙醇、乙醚、甲醇、己醇、二甲基亚砜、甲苯、二甲苯和煤油。25℃水解半衰期为0.4天（pH3）、16天（pH6）、14天（pH9）。纯品不稳定，但在非极性溶剂的稀溶液中稳定。

毒性 急性经口LD_{50}：雄大鼠1800mg/kg，雄小鼠437mg/kg。急性经皮LD_{50}：雄大鼠＞2000mg/kg，雄兔＞500mg/kg。狗饲喂26周，NOEL约12mg/L。大鼠饲喂2年无致癌作用。亚慢性试验NOEL为9mg/kg；鲤鱼LC_{50}（96天）13.3mg/L。

剂型 400g/L超低容量喷雾剂，2%粉剂，5%颗粒剂和50%乳油。

作用方式及机理 触杀、胃毒，广谱、非内吸性。作用机理为抑制昆虫体内胆碱酯酶的活性。

防治对象 对鞘翅目、鳞翅目、啮虫目储粮害虫和粉螨类有特效，尤对初孵幼虫效果最好，对蛹无效。用于水果（包括葡萄）、蔬菜、稻田和苜蓿上防治鳞翅目、鞘翅目、双翅目和半翅目害虫。

使用方法 ①防治仓库害虫。对有机械输送设备的粮库，可于入仓时在输送带上按储存期的不同，以3～10mg/kg剂量向粮流喷雾或撒粉。无机械输送装置，可喷雾人工拌和粮食，或用药剂砻糠载体拌和粮食。②一般用量为有效成分0.25～0.75kg/hm^2，防治水稻螟虫、玉米螟、高粱条螟、甘蔗大螟等，持效期为7～14天，效果明显。以颗粒剂防治水稻螟虫，用量为有效成分1～1.5kg/hm^2，具有中度持效期，最长为7～14天。

注意事项 计算控制好使用药量，不可随意加大。仅限于处理原粮，加工过的成品粮上不能使用。药剂应储放于-10～25℃环境中。

允许残留量 日本规定乙嘧硫磷在苹果、梨、葡萄、香蕉、芦笋、青花菜、胡萝卜、芹菜上的最大残留限量为0.2mg/kg；在杏、花椰菜、桃上的最大残留限量为0.05mg/kg；在洋葱、马铃薯上的最大残留限量为0.1mg/kg。韩国规定乙嘧硫磷在牛肉、樱桃上的最大残留限量为0.01mg/kg；在家禽肉中为0.02mg/kg。

参考文献

孙家隆, 2015.新编农药品种手册[M]. 北京: 化学工业出版社.

王振荣, 李布青, 1996. 农药商品大全[M]. 北京: 中国商业出版社.

（撰稿：王鸣华；审稿：薛伟）

乙氰菊酯 cycloprothrin

一种拟除虫菊酯类杀虫剂。

其他名称 赛乐收、杀螟菊酯、稻虫菊酯、Cyclosal、Phencyclate等。

化学名称 (*R*,*S*)-*α*-氰基-3-苯氧基苄基(*R*,*S*)-2,2-二氯-1-(4-乙氧基苯基)环丙烷羧酸酯。

IUPAC名称 2,2-dichloro-1-(4-ethoxyphenyl)-(*R*,*S*)-*α*-cyano(3-phenoxyphenyl)methyl ester。

CAS登记号 63935-38-6。

EC号 236-494-1。

分子式 $C_{26}H_{21}Cl_2NO_4$。

相对分子质量 482.36。

Y

结构式

开发单位 由澳大利亚联邦科学与工业研究组织（CSIRO）首先研制成功，由日本化药公司等以试验代号NK-8116而开发投入生产的新拟除虫菊酯类杀虫剂。

理化性质 原药为无色至暗黄色油状黏稠液体。几乎不溶于水，微溶于脂肪烃，易溶于丙酮、芳烃等大多数有机溶剂。

毒性 对高等动物低毒。对蜜蜂、家蚕有毒，对鱼类等水生生物和鸟类低毒，可用于水田。

剂型 乳油，可湿性粉剂，粉剂，颗粒剂等。

防治对象 主要用于水稻、蔬菜、果树、茶树等作物上，防治稻水象甲、稻象甲、螟虫、黑尾叶蝉、菜青虫、斜纹夜蛾、蚜虫、大豆食心虫、茶小卷叶蛾、茶黄蓟马、果树食心虫、柑橘潜叶蛾、桃小食心虫、棉铃虫等。

使用方法 防治稻水象甲可用乳油，施于水面能较快地分散。日本化药公司开发的新型颗粒剂最适合用于防治稻水象甲，施药后先沉于稻田底部，又很快浮至水面，颗粒剂中的载体和黏着剂溶解后，释放出有效成分，在水面上杀死稻水象甲成虫和新孵化的幼虫，几天后有效成分沉至水层底部，在土壤表面形成一有效成分层，能杀死转移至水稻根部的稻水象甲幼虫。

参考文献

马克比恩 C, 2015. 农药手册[M]. 胡笑形, 等译. 北京: 化学工业出版社: 226-227.

朱永和, 王振荣, 李布青, 2006. 农药大典[M]. 北京: 中国三峡出版社: 117-178.

TURNER J A, 2015.The pesticide manual: a world compendium[M]. 17th ed. UK: BCPC: 256-257.

（撰稿：陈洋；审稿：吴剑）

乙酸苯汞 phenylmercury acetate

有机汞杀菌剂。此药有剧毒，导致公害。20世纪70年代已停止生产和使用。

其他名称 PMA（JMAF）、龙汞、赛力散、裕米农、醋酸苯汞。

化学名称 （乙酰基-*O*）汞基苯；(acetato-*O*)phenylmercury。

IUPAC名称 phenylmercuric acetate。

CAS登记号 62-38-4。

EC号 200-532-5。

分子式 $C_8H_8HgO_2$。

相对分子质量 336.74。

结构式

开发单位 相应的氯化物的杀菌特性由E. Riehm描述；在1932年，其乙酸盐由发本工业公司（现为拜耳公司）将其作为种子处理剂（Ceresan）上市，并且由J. A. De France报道了它对马唐的毒性。

理化性质 无色晶体。熔点149~153℃（不分解）。蒸气压1.2mPa（35℃）。水中溶解度4.37g/L（15℃）；丙酮48、甲醇34、95%的乙醇17、苯15（g/L，15℃）。对烯酸很稳定。在碱金属存在下，形成氢氧化苯基汞。

毒性 急性经口LD_{50}（mg/kg）：大鼠24，小鼠70。通过皮肤吸收，可能导致皮炎或过敏。因为蒸气有害，因此要控制种子处理条件。对大鼠有致畸性。毒性等级：I_a（a.i., WHO）；I（制剂，EPA）。EC分级：T；R25，R48/24/25 C；R34 N；R50。R53 PIC：是。生态毒性：鸡急性经口LD_{50}为60mg/kg。按照规定使用时对蜜蜂没有毒性。

剂型 干拌种剂，湿拌种剂，种子处理液剂。

作用方式及机理 具有铲除作用。也有一些除草活性。

防治对象 主要作为种子处理剂用于防治谷物的种传病害，例如：小麦腥黑穗病、雪霉病以及大麦的叶片条斑病，燕麦的散黑穗病，以及甜菜、棉花、亚麻、水稻、高粱、草皮和观赏植物的种传病害。也用于防治郁金香的镰刀菌属病害（通过鳞茎浸泡）。也用作选择性除草剂，防除草坪杂草。

注意事项 用于山楂上时，会产生落叶。与碱性物质、油以及其他杀菌剂不相容。①操作注意事项。严加密闭，提供充分的局部排风和全面通风。操作人员必须经过专门培训，严格遵守操作规程。建议操作人员佩戴防尘面具（全面罩），穿胶布防毒衣，戴橡胶手套。远离火种、热源，工作场所严禁吸烟。使用防爆型的通风系统和设备。避免产生粉尘。避免与氧化剂、还原剂、酸类接触。搬运时要轻装轻卸，防止包装及容器损坏。配备相应品种和数量的消防器材及泄漏应急处理设备。倒空的容器可能残留有害物。②储存注意事项。储存于阴凉、通风的库房。远离火种、热源。应与氧化剂、还原剂、酸类、食用化学品分开存放，切忌混储。配备相应品种和数量的消防器材。储区应备有合适的材料收容泄漏物。应严格执行极毒物品“五双”管理制度。

与其他药剂的混用 与石灰混合作为粉剂使用。

参考文献

马克比恩 C, 2015. 农药手册[M]. 胡笑形, 等译. 北京: 化学工业出版社: 788-789.

（撰稿：刘长令、杨吉春；审稿：刘西莉、张灿）

乙酸铊 thallium acetate

一种经口神经毒剂类有害物质，可作杀鼠剂。

其他名称　乙酸亚铊、醋酸铊。

化学名称　乙酸铊。

CAS 登记号　563-68-8。

分子式　$C_6H_9O_6Tl$。

相对分子质量　381.52。

理化性质　白色结晶。熔点 124～128℃。密度 3.77g/cm^3。易溶于水后变成亚铊盐。

毒性　对大鼠、小鼠急性经口 LD_{50} 分别为 41.3mg/kg 和 35mg/kg。该物质对环境可能有危害，特别是对水体有害。

作用方式及机理　剧毒。摄入方式有吸入、食入和经皮吸收。损害中枢神经系统、周围神经、胃肠道和肾脏。

剂型　99% 母液。

使用情况　在中国已禁用。现主要用于比重液的配制。

使用方法　堆投，毒饵站投放。

注意事项　与许多其他急性毒性物质一样，它具有对非靶动物高毒的缺点，并且无任何解毒剂。现已不再被广泛用作杀鼠剂，主要作为实验室中 Tl^+ 的来源，在澳大利亚等国家被禁用。

参考文献

GUPTA R C, 2018. Non-anticoagulant rodenticides[M]//Gupta R C, editor. Vetrinary toxicology: basic and clinical principles, 3rd ed. London: Academic Press: 613-626.

MULKEY J P, OEHME F W, 1993. A review of thallium toxicity[J]. Veterinary and human toxicology, 35: 445-453.

（撰稿：王登；审稿：施大钊）

乙蒜素　ethylicin

大蒜素的同系物，通过渗透溶解病原菌细胞膜，干扰蛋白质的合成，从而达到杀菌的目的。

其他名称　抗菌剂 402、菌无菌、正委舒、亿为克、一支灵。

化学名称　乙烷硫代磺酸乙酯。

IUPAC 名称　*S*-ethyl ethanethiosulfonate。

CAS 登记号　682-91-7。

分子式　$C_4H_{10}O_2S_2$。

相对分子质量　154.25。

结构式

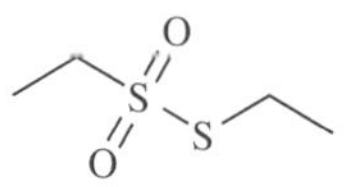

开发单位　中国 20 世纪 50 年代自主开发的产品之一。

理化性质　纯品为无色或微黄色油状液体，有大蒜臭味。pH2～4，酸性介质中稳定，挥发性强，有强腐蚀性。可溶于多种有机溶剂。密度 1.19g/cm^3。水中溶解度为 1.2%。140℃以上易分解。在土壤中的半衰期为 2～3 天。沸点 56℃（26.66Pa），常温储存比较稳定。

毒性　中等毒性。原油急性经口 LD_{50}：大鼠 140mg/kg，小鼠 80mg/kg。对兔和豚鼠皮肤有刺激作用，无致畸、致癌、致突变作用。

剂型　20%、30%、41%、80% 乳油，15%、30% 可湿性粉剂。

质量标准　80% 乙蒜素乳油由有效成分、乳化剂和溶剂等组成。外观为浅黄色或黄色单相透明液体，相对密度 1.18，常温下储存比较稳定。30% 乙蒜素可湿性粉剂外观为浅黄色组成均匀的疏松粉末，不应有结块，pH5～8。

作用方式及机理　乙蒜素是大蒜素的乙基同系物，是一种广谱性杀菌剂。其杀菌机制是其分子结构中的硫代磺酸基团与菌体分子中含有巯基的物质反应，从而抑制病原菌正常代谢。

防治对象　具有植物生长调节作用，并能促进萌芽、提高发芽率、增加产量和改善品质，是复配杀菌型农药的首选原料。主要用于种子处理，可防治棉花枯萎病、黄萎病，甘薯黑斑病，水稻烂秧、恶苗病，大麦条纹病等。对植物生长具有刺激作用，处理过的种子出苗快，幼苗生长健壮。

使用方法

防治水稻烂秧病　播前采用浸种方法处理，用 80% 乳油 6000～8000 倍液（有效成分 100～133.3mg/L）浸种，籼稻浸 2～3 天，粳稻浸 3～4 天，捞出催芽播种。

防治大麦条纹病　播前采用浸种方法处理，用 80% 乙蒜素乳油 2000 倍液（有效成分 400mg/L）浸种 24 小时，然后捞出播种。

防治棉花立枯病、灰疫病、红腐病等苗期病害　播前采用浸种方法处理，用 80% 乳油 5000～6000 倍液（有效成分 133.3～160mg/L）浸种 16～24 小时，捞出催芽播种。

防治棉花枯萎病、黄萎病　采用闷种方法处理，用 80% 乳油 1000 倍液（有效成分 800mg/L）浸闷棉芽 0.5 小时，药液温度保持在 55～60℃。

防治苹果褐斑病　发病初期开始施药，用 80% 乳油 800～1000 倍液（有效成分 800～1000mg/L）整株喷雾，每隔 7～10 天喷 1 次，连续使用 3～4 次。

防治油菜霜霉病　发病初期开始施药，用 80% 乳油 5000～6000 倍液（有效成分 133.3～160mg/L）叶面喷雾，每隔 7～10 天喷 1 次，连续使用 3 次。

防治甘薯黑斑病　采用浸种方法处理，用 80% 乳油 2000 倍液（有效成分 400mg/L）浸种 10 分钟。

防治大豆紫斑病　播前采用浸种方法处理，用 80% 乳油 5000 倍液（有效成分 160mg/L）浸种 1 小时，捞出晾干后播种。

防治水稻稻瘟病　发病初期开始施药，每次每亩用 30% 可湿性粉剂 65～80g（有效成分 19.5～24g）加水喷雾，防叶瘟在发生初期喷雾 1 次，间隔 7～10 天再喷施 1 次；防穗颈瘟在水稻破口前 7 天及齐穗期各喷施 1 次。

注意事项　不能与碱性农药混用，浸过药液的种子不得与草木灰一起播种，以免影响药效。

对皮肤和黏膜有强烈的刺激作用。配药和施药人员需注意防护。能通过食道、皮肤等引起中毒，急性中毒损害中枢神经系统，引起呼吸循环衰竭，出现意识障碍和休克。无特效解毒药，一般采取急救措施和对症处理。注意止血和抗休克，维持心、肺功能和防止感染。口服中毒者洗胃要慎重，注意保护消化道黏膜，防止消化道狭窄和闭锁。早期应灌服硫代硫酸钠溶液和活性炭。可试用二巯基丙烷磺酸钠治疗。

经乙蒜素处理过的种子不能食用或作饲料。棉籽不能用于榨油。

与其他药剂的混用　30% 乙蒜素和 2% 三唑酮混用能够防治蔬菜、果树等作物的白粉病、锈病、根腐病等，能够克服乙蒜素抑制作物生长的缺点。5% 氨基寡糖素和 20% 乙蒜素混用能够防治棉花枯萎病，使用安全间隔期为 7 天，每季最多使用 3 次。噁霉灵和乙蒜素混用能够防治辣椒炭疽病，900～1125g/hm^2 喷雾处理。

允许残留量　GB 2763—2021《食品中农药最大残留限量标准》规定乙蒜素最大残留量见表。ADI 为 0.001mg/kg。

部分食品中乙蒜素最大残留限量（GB 2763—2021）

食品类别	名称	最大残留限量（mg/kg）
谷物	稻谷	0.05*
	糙米	0.05*
油料和油脂	棉籽	0.05*
	大豆	0.10*
蔬菜	黄瓜	0.10*
	菜用大豆	0.10*
水果	苹果	0.20*

* 临时残留限量。

参考文献

古崇, 2011. 乙蒜素[J]. 湖南农业 (1) : 25.

农业部种植业管理司, 农业部农药检定所, 2014. 新编农药手册[M]. 2版. 北京: 中国农业出版社.

（撰稿：刘西莉；审稿：彭钦）

乙羧氟草醚　fluoroglycofen-ethyl

一种二苯醚类选择性除草剂。

其他名称　克草特、RH0265。

化学名称　*O*-[5-(2-氯-*α*,*α*,*α*-三氟对甲苯氧基)-2-硝基苯甲酰基]甘醇酸乙酯。

IUPAC名称　ethyl *O*-[5-(2-chloro-*α*,*α*,*α*-trifluoro-*p*-tolyloxy)-2-nitrobenzoyl]glycolate。

CAS 登记号　77501-90-7。

EC 号　616-465-3。

分子式　$C_{18}H_{13}ClF_3NO_7$。

相对分子质量　447.75。

结构式

开发单位　美国罗姆 - 哈斯公司研制。

理化性质　深琥珀色固体。相对密度 1.01（25 ℃）。熔点 65 ℃。蒸气压 1.33×10^{-2}Pa。水中溶解度 0.6mg/L（25℃），大多数有机溶剂中溶解度＞ 100mg/kg。其水悬液因紫外光而迅速分解，在土壤中被微生物迅速降解，半衰期约 11 小时。

毒性　低毒。大鼠急性经口 LD_{50} 1500mg/kg。兔急性经皮 LD_{50} ＞ 5000mg/kg。大鼠急性吸入 LC_{50}（4 小时）7.5mg/L（10% 乳油）。对兔眼睛和皮肤有轻度刺激性。无致突变作用。鱼类 LC_{50}（96 小时，mg/L）：虹鳟 23、翻车鱼 1.6。蜜蜂接触 LD_{50}（96 小时）＞ 100μg/ 只。鹌鹑急性经口 LD_{50} ＞ 3160mg/kg，野鸭和鹌鹑饲喂 LC_{50}（8 天）＞ 5000mg/kg 饲料。

剂型　10%、15%、20% 乳油。

质量标准　乙羧氟草醚原药（GB/T 28129—2011）。

作用方式及机理　选择性触杀型除草剂。有效成分被植物吸收后，在光照条件下发挥作用，抑制原卟啉原氧化酶活性，该化合物同分子氯反应，生成对植物细胞具有毒性的四吡咯，其积累可使植物细胞膜完全消失，然后引起细胞内含物渗漏，造成杂草死亡。

防治对象　阔叶杂草，如马齿苋、反枝苋、凹头苋、刺苋、酸浆、龙葵等效果理想。对藜、苍耳、苘麻、鸭跖草、苣荬菜、刺儿菜等中等防效。

使用方法　苗后茎叶喷雾，用于大豆、花生、小麦、大麦田、非耕地除草。

防治大豆田杂草　大豆 1～3 片复叶，杂草 2～4 叶期，春大豆每亩用 10% 乙羧氟草醚乳油 50～60g（有效成分 5～6g），夏大豆每亩用 10% 乙羧氟草醚乳油 40～50g（有效成分 4～5g）。加水 30L 茎叶喷雾。防除藜、苍耳等敏感性较差的杂草宜采用高剂量，并提早施药，尽量避免药液喷到大豆叶片。

防治花生田杂草　阔叶杂草 2～4 叶期茎叶处理。每亩施用 10% 乙羧氟草醚乳油 30～50g（有效成分 3～5g），加水 30L 茎叶喷雾。

防治春小麦田杂草　阔叶杂草 2～4 叶期茎叶处理。每亩施用 10% 乙羧氟草醚乳油 40～60g（有效成分 4～6g），加水 30L 茎叶喷雾。

注意事项　①使用该品后，大豆茎叶可能出现枯斑或黄化现象，但不影响新叶生长，1～2 周后恢复正常，不影响产量。大豆生长不良，低洼积水，高温高湿、低温高湿，病虫危害时，易造成大豆药害。小麦低温施药易产生药害。②与防禾本科杂草除草剂混用时请在当地植保部门指导下使用。

与其他药剂的混用　可与高效氟吡甲禾灵、精喹禾灵、氟磺胺草醚、苯磺隆、草甘膦、草铵膦等桶混使用。

允许残留量　GB 2763—2021《食品中农药最大残留

限量标准》规定乙羧氟草醚最大残留限量见表。ADI 为 0.01mg/kg。油料和油脂按照 GB 23200.2 规定的方法测定。

部分食品中乙羧氟草醚最大残留限量（GB 2763—2021）

食品类别	名称	最大残留限量（mg/kg）
油料和油脂	大豆、花生仁	0.05
谷物	小麦	0.05

参考文献

刘长令, 2002. 世界农药大全: 除草剂卷[M]. 北京: 化学工业出版社.

马克比恩 C, 2015. 农药手册[M]. 胡笑形, 等译. 北京: 化学工业出版社.

中国农业百科全书总编辑委员会农药卷编辑委员会, 中国农业百科全书编辑部, 1993. 中国农业百科全书: 农药卷[M]. 北京: 农业出版社.

SHANER D L, 2014. Herbicide handbook[M]. 10th ed. Lawrence, KS: Weed Science Society of America.

（撰稿：李香菊；审稿：耿贺利）

乙烯硅　etacelasil

一种植物生长调节剂，具有乙烯释放活性，用于果实收获时促使落果，生产上用作橄榄化学脱落剂，有利于机械采收。

其他名称　Alsol、调节硅、silane。

化学名称　2-氯乙基-三(2′-甲氧基-乙氧基)硅烷；2-chloroethyl-tris(2′-methoxy-ethoxy)silane。

IUPAC名称　6-(2-chloroethyl)-6-(2-methoxyethoxy)-2,5,7,10-tetraoxa-6-silaundecane。

CAS 登记号　37894-46-5。

EC 号　253-704-7。

分子式　$C_{11}H_{25}ClO_6Si$。

相对分子质量　316.86。

结构式

开发单位　1974 年瑞士汽巴-嘉基公司开发。

理化性质　无色液体。沸点 85℃（0.13Pa）。20℃时水中溶解度 2.5%。

毒性　工业品对大鼠急性经口 LD_{50} 2g/kg，急性经皮 LD_{50} > 3g/kg。

剂型　0.8kg/L 乳油。

作用方式及机理　具有乙烯释出活性，用于果实收获时促使落果。用作橄榄化学脱落剂，有利于机械采收（由机械振动可使 90% 以上的橄榄脱落）。乙烯硅释放乙烯速度比乙烯利快。

使用方法　在收获前 6～10 天，当气温在 15～25℃、相对湿度较高的状况下喷药，使枝叶和果全部被药液浸透，剂量为有效成分 1kg/hm^2。药液中加用表面活性剂可提高脱落效果，但在不良气候状况下，喷施药液勿过量，也勿加用表面活性剂。

注意事项　采取一般防护，避免吸入药雾，避免药液沾染皮肤和眼睛，储藏时与食物、饲料隔离，勿让儿童接近。无专用解毒药，出现中毒症状，对症治疗。

参考文献

孙家隆, 2015. 新编农药品种手册[M]. 北京: 化学工业出版社:963.

朱永和, 王振荣, 李布青, 2006. 农药大典[M]. 北京: 中国三峡出版社.

（撰稿：谭伟明；审稿：杜明伟）

乙烯菌核利　vinclozolin

一种二甲酰亚胺类非内吸性杀菌剂。

其他名称　Flotilla、Ronilan、农利灵、烯菌酮。

化学名称　(*RS*)-3-(3,5-二氯苯基)-5甲基-5-乙烯基-1,3-噁唑啉-2,4二酮。

IUPAC名称　(*RS*)-3-(3,5-dichlorophenyl)-5-methyl-5-vinyl-1,3-oxazolidine-2,4-dione。

CAS 登记号　50471-44-8（未确定立体化学）。

分子式　$C_{12}H_9Cl_2NO_3$。

相对分子质量　286.11。

结构式

开发单位　1981 年由巴斯夫公司开发首次在美国登记。

理化性质　无色晶体，有轻微芳香气味。熔点 108℃。沸点 131℃（6.67Pa）。蒸气压 0.13mPa（20℃）。K_{ow}lg$P$ 3（pH7）。Henry 常数 1.43×10^{-2}Pa·m^3/mol（计算值）。相对密度 1.51。水中溶解度 2.6mg/L（20℃）；有机溶剂中溶解度（g/100ml，20℃）：甲醇 1.54、丙酮 33.4、乙酸乙酯 23.3、正庚烷 0.45、甲苯 10.9、二氯甲烷 47.5。稳定性：温度达 50℃仍稳定。酸性介质中 24 小时稳定。在 0.1mol/L 的氢氧化钠水溶液中，3.8 小时内有 50% 发生水解。

毒性　急性经口 LD_{50}（mg/kg）：大鼠和小鼠 > 15 000，豚鼠约 8000。大鼠急性经皮 LD_{50} > 5000mg/kg。大鼠吸

入 LC_{50}（4 小时）＞ 29.1mg/L（空气）。NOEL：大鼠（2 年）1.4mg/kg；狗（1 年）2.4mg/kg。鹌鹑急性经口 LD_{50} ＞ 2510mg/kg。鹌鹑饲喂 LC_{50}（5 天）＞ 5620mg/kg 饲料。鱼类 LC_{50}（96 小时，mg/L）：虹鳟 22～32，蓝鳃太阳鱼 50。水蚤 LC_{50}（48 小时）4mg/L。对蜜蜂无毒，LD_{50} ＞ 100μg/ 只（急性经口 48 小时）。对蚯蚓无毒，LC_{50} ＞ 1000mg/kg 土壤（急性毒性，14 天）。ADI/RfD（JMPR）0.01mg/kg［1995］；（BfR）0.005mg/kg［2000］；（EPA）aRfD 0.06，cRfD 0.012mg/kg［2000］。乙烯菌核利在实验室动物上显现了抗雄性激素的特性。毒性等级：U（a.i.，WHO）；Ⅳ（制剂，EPA）。EC 分级：R40 ｜ R60，R61 ｜ R43 ｜ N；R51，R53。

质量标准 原药含量＞ 96%。

作用方式及机理 在渗透性信号传导中，影响有丝分裂原活化蛋白组氨酸激酶。具有保护作用的非内吸性杀菌剂，抑制孢子萌发。

防治对象 大豆、油菜菌核病，白菜黑斑病，茄子、黄瓜、番茄灰霉病。多用于果树、蔬菜类作物灰霉病、褐斑病等病害防治。

使用方法

防治黄瓜灰霉病 发病初期开始喷药，每次每亩用 50% 制剂 75～100g，加水喷雾，共喷药 3～4 次，间隔期为 7～10 天。

防治番茄灰霉病、早疫病 发病初期开始喷药，每次每亩用 50% 制剂 75～100g，加水喷雾，共喷药 3～4 次，间隔期为 7 天。

防治花卉灰霉病 发病初期开始喷药，用 50% 制剂 500 倍液喷雾，共喷药 3～4 次，间隔期为 7～10 天。

防治油菜菌核病 油菜抽薹期，每亩用 50% 制剂 100g 加米醋 100ml 混合喷雾，15～20 天后再喷 1 次。

防治大豆菌核病 大豆 2～3 片复叶期，每亩用 50% 制剂 100g 加米醋 100ml 混合喷雾，15～20 天后再喷 1 次。

防治白菜黑斑病、茄子灰霉病 发病初期开始喷药，每次每亩用 50% 制剂 75～100g，加水喷雾，共喷药 3～4 次，间隔期为 7～10 天。

允许残留量 残留物：乙烯菌核利及其所有含 3,5- 二氯苯胺部分的代谢产物之和，以乙烯菌核利表示。GB 2763—2021《食品中农药最大残留限量标准》规定乙烯菌核利最大残留限量见表。ADI 为 0.01mg/kg。蔬菜按照 NY/T 761 规定的方法测定；调味料参照 GB 23200.9、NY/T 761 规定的方法测定。

部分食品中乙烯菌核利最大残留限量（GB 2763—2021）

食品类别	名称	最大残留限量（mg/kg）
蔬菜	番茄	3.00*
	黄瓜	1.00*
调味料		0.05*

* 临时残留限量。

参考文献

刘长令, 2006. 世界农药大全: 杀菌剂卷[M]. 北京: 化学工业出版社: 289-290.

马克比恩 C, 2015. 农药手册[M]. 胡笑形, 等译. 北京: 化学工业出版社: 1060-1061.

（撰稿：闫晓静；审稿：刘鹏飞、刘西莉）

乙烯利 ethephon

一种有机磷植物生长调节剂。通过释放乙烯，有着广泛的用途，如打破休眠、调节性别、控制生长、促进成熟等。

其他名称 Ethrel、Florel、Cepha、CEPHA、一试灵、乙烯磷。

化学名称 2- 氯乙基膦酸。

IUPAC 名称 (2-chloroethyl)phosphonic acid。

CAS 登记号 16672-87-0。

分子式 $C_2H_6ClO_3P$。

相对分子质量 144.49。

结构式

$$\mathrm{Cl-CH_2-CH_2-P(=O)(OH)_2}$$

开发单位 1965 年美国联合碳化公司开发。

理化性质 纯品为白色针状结晶，工业品为淡棕色液体。熔点 74～75℃。沸点约 265℃（分解）。密度 1.409g/cm^3 ± 0.02g/cm^3（20℃，原药）。水中溶解度约 1000g/L（23℃），溶于乙醇、甲醇、异丙醇、丙酮、乙酸乙酯和其他极性有机溶剂，微溶于非极性有机溶剂如苯、甲苯，不溶于煤油、柴油。pH ＜ 3.5 时水溶液中稳定，随 pH 升高水解释放出乙烯。对紫外光敏感，75℃以下稳定。

毒性 急性经口 LD_{50}：大鼠 3400mg/kg，小鼠 2850mg/kg；鹌鹑 1072mg/kg；豚鼠 4200mg/kg；兔急性经皮 LD_{50} 5730mg/kg。

剂型 40%、54%、70%、75% 水剂，4% 超低容量液剂，5% 膏剂，20% 颗粒剂，10%、85% 可溶粉剂，2% 涂抹剂。

作用方式及机理 与乙烯相同，主要是增强细胞中核糖核酸合成的能力，促进蛋白质的合成。在植物离层区如叶柄、果柄、花瓣基部，由于蛋白质的合成增加，促使在离层去纤维素酶重新合成，因为加速了离层形成，导致器官脱落。能增强酶的活性，在果实成熟时还能活化磷酸酯酶及其他与果实成熟有关的酶，促进果实成熟。在衰老或感病植物中，由于乙烯利通过促进蛋白质合成而引起过氧化物酶的变化。但乙烯能抑制内源生长素的合成，延缓植物生长。

使用对象 在农业、林业上有着广泛的用途，如应用于棉花、番茄、水稻、香蕉、苹果、梨等。

使用方法

促进雌花分化 ①黄瓜。苗龄在 1 叶 1 心时喷施 1 次药液（浓度为 200～300mg/kg），增产效果相当显著；经处理后的秧苗，雌花增多，节间变短，坐瓜率高。此时植株需要充足的养分方可使瓜坐住，长大，故要加强肥水管理，施肥量要比不处理的增加 30%~40%。同时在中后期用 0.3% 磷酸二氢钾进行 3~5 次的叶面喷施，用以保证植株营养生长和生殖生长对养分的需要，防止植株老化。②西葫芦和南瓜。在 3 叶期用 150~200mg/kg 药液喷洒植株，以后每隔 10~15 天喷 1 次，共喷 3 次，可增加雌花，提早 7~10 天成熟，增加早期产量 15%~20%。

促进果实成熟　①番茄催熟。可采用涂花梗、浸果和涂果的方法。涂花梗：番茄果实在白熟期，用 300mg/kg 的乙烯利涂于花梗上即可。涂果：用 400mg/kg 的乙烯利涂在白熟果实花的萼片及其附近果面即可。浸果：转色期采收后放在 200mg/kg 乙烯利溶液中浸泡 1 分钟，再捞出于 25℃下催红。大田喷果催熟：后期一次性采收时，用 1000mg/kg 乙烯利溶液在植株上重点喷果实。②西瓜。用 100~300mg/kg 乙烯利溶液喷洒已经长足的西瓜，可以提早 5~7 天成熟，增加可溶性固形物含量 1%~3%，增加西瓜的甜度，促进种子成熟，减少白籽瓜。

促进植株矮化　番茄幼苗 3 叶 1 心至 5 片真叶时用 300mg/kg 乙烯利溶液处理 2 次，可控制幼苗徒长，使番茄植株矮化，抗逆性增强，早期产量增加。

打破植物休眠　生姜播种前用乙烯利浸种，有明显促进生姜萌芽的作用，表现出发芽速度快、出苗率高，每块种姜上的萌芽数量增多，由每个种块上 1 个芽增到 2~3 个芽。使用乙烯利浸种时，应严格掌握使用浓度，以 250~500mg/kg 浓度为宜，有促进发芽，增加分枝，提高根茎产量的作用。

注意事项　勿与碱性药液混用，以免导致乙烯利过快分解。有些水果、瓜类催熟有失风味，有待从混用上弥补不足。严格控制药剂浓度。

与其他药剂的混用　勿与碱性药液混用，以免导致乙烯利过快分解。

允许残留量　GB 2763—2021《食品中农药最大残留限量标准》规定乙烯利最大残留限量（mg/kg）：①谷物。小麦 1、黑麦 1、玉米 0.5。②油料和油脂。棉籽 2。③蔬菜。番茄 2、辣椒 5。④水果。苹果 5、樱桃 10、蓝莓 20、葡萄 1、猕猴桃 2、荔枝 2、杧果 2、香蕉 2、菠萝 2、哈密瓜 1。⑤干制水果。葡萄干 5、干制无花果 10、无花果蜜饯 10。⑥坚果。榛子 0.2、核桃 0.5。⑦调味料。干辣椒 50。ADI 为 0.05mg/kg。

参考文献

李玲, 肖浪涛, 谭伟明, 等, 2018. 现代植物生长调节剂技术手册[M]. 北京: 化学工业出版社: 31-33.

任小林, 李海峰, 弓德强, 等, 2004. 秋施乙烯利和赤霉素对牡丹萌芽及开花的影响[J]. 西北植物学报, 24(5): 895-898.

孙家隆, 2015. 新编农药品种手册[M]. 北京: 化学工业出版社: 964.

（撰稿：黄官民；审稿：谭伟明）

乙酰胆碱受体　acetylcholine receptor, AchR

在中枢神经系统中广泛分布，是神经信号传导中最重要的受体之一。

生理功能　乙酰胆碱受体分为毒蕈型胆碱受体（M 型）和烟碱型受体（N 型）两种，两者在中枢神经系统以及外周神经系统中都有广泛分布，是昆虫神经传导过程中的重要蛋白，属半胱氨酸门控离子通道，主要通过神经递质乙酰胆碱介导神经和肌肉细胞中快速的突触传递，可引起运动终板电位，导致骨骼肌兴奋。

作用药剂　包括新烟碱类杀虫剂，如吡虫啉、噻虫嗪等；沙蚕毒素类杀虫剂，如杀虫双、杀虫环；以及杀螟丹、多杀菌素等。

杀虫剂作用机制　新烟碱类杀虫剂作用于昆虫的中枢神经系统，刺激突触前膜的囊泡释放乙酰胆碱并与突触后膜的烟碱型乙酰胆碱受体结合，促使离子通道持续性开放，导致细胞外的钠离子内流和细胞内的钾离子外流打破细胞膜电势平衡，使昆虫异常兴奋，全身痉挛麻痹而死。沙蚕毒素在生物体内可降解为 DTT 类似化合物，进攻烟碱型乙酰胆碱受体阴离子部位及附近的二硫键，占领受体并使其失去活性，影响离子通道，降低突触后膜对乙酰胆碱的敏感度，阻断突触传递。

靶标抗性机制　乙酰胆碱受体的基因突变是昆虫对药剂产生靶标抗性的主要原因，这些突变使得受体和杀虫剂分子无法正常结合，进而导致其靶标位点与药剂亲和力的降低，杀虫活性降低。

相关研究　乙酰胆碱受体是由 5 个亚基组成的五聚体蛋白，包括同型五聚体和异型五聚体，每个亚基在胞外有一个大的 N 端结构域，其中包含竞争性结合区，之后依次为 3 个跨膜结构 TM1-TM3，一个巨大的胞内环，第四个跨膜区域 TM4 和 C 端胞外区。配体在乙酰胆碱受体上结合的位点在 TM1 的上游，其特征是两个相邻的半胱氨酸残基，胞内 TM3 和 TM4 之间的亲水环以及胞外的 C 端疏水区在序列和长度上都有很高的可变性。目前多种害虫已对新烟碱类杀虫剂多杀菌素产生了抗药性，其中烟碱乙酰胆碱受体的基因突变是害虫抗药性形成的主要原因。烟碱乙酰胆碱受体跨膜结构域 TM3 上的 G275E 突变在多个物种中广泛存在，如在西花蓟马、橘小实蝇、南黄蓟马、番茄斑潜蝇和小菜蛾中均有发现。通过异源表达及 CRISPR/Cas9 对该突变进行功能验证则发现 G275E 突变降低了受体对多杀菌素的敏感性。在果蝇中发现的 P146S 突变以及小菜蛾中 3 个氨基酸缺失也被证明与多杀菌素抗性相关。

参考文献

BASS C, PUINEAN A M, ANDREWS M, et al, 2011. Mutation of a nicotinic acetylcholine receptor beta subunit is associated with resistance to neonicotinoid insecticides in the aphid *Myzus persicae*[J]. BMC neuroscience, 12: 51.

LIU Z, WILLIAMSON M S, LANSDELL S J, et al, 2005. A nicotinic acetylcholine receptor mutation conferring target-site resistance to imidacloprid in *Nilaparvata lugens* (brown planthopper)[J]. Proceedings of the National Academy of Sciences of the United States of America, 102: 8420.

LIU Z, WILLIAMSON M S, LANSDELL S J, et al, 2006. A nicotinic acetylcholine receptor mutation (y151s) causes reduced agonist potency to a range of neonicotinoid insecticides[J]. Journal of neurochemistry, 99: 1273-81.

MIYAZAWA A, FUJIYOSHI Y, UNWIN N, 2003. Structure and gating mechanism of the acetylcholine receptor pore[J]. Nature, 423: 949.

WANG J, WANG X, LANSDELL S J, et al, 2016. A three amino acid deletion in the transmembrane domain of the nicotinic acetylcholine receptor α6 subunit confers high-level resistance to spinosad in *Plutella xylostella*[J]. Insect biochemistry and molecular biology, 71: 29-36.

ZIMMER C T, GARROOD W T, PUINEAN A M, et al, 2016. A crispr/cas9 mediated point mutation in the alpha 6 subunit of the nicotinic acetylcholine receptor confers resistance to spinosad in *Drosophila melanogaster*[J]. Insect biochemistry and molecular biology, 73: 62-69.

（撰稿：徐志峰、何林；审稿：杨青）

乙酰胆碱酯酶 acetylcholinesterase, AChE

生物神经信号传导过程中的一种关键酶，在神经信号传递完成后清除神经递质，终止神经兴奋。

生理功能 乙酰胆碱是生物神经系统中一种重要的兴奋性递质，由轴突末梢释放，穿过突触间隙进入突触后神经元与其受体结合，传递神经兴奋。当神经信号在突触间的传导结束后，由乙酰胆碱酯酶（AChE，EC 3.1.1.7）将乙酰胆碱降解为乙酸和胆碱，终止神经递质对于突触后膜的兴奋刺激作用，该酶对维持神经系统正常的信号传导起着不可或缺的作用。

作用药剂 包括有机磷杀虫剂，如乙酰甲胺磷和马拉硫磷等；氨基甲酸酯类杀虫剂，如甲萘威和灭多威等。

杀虫剂作用机制 有机磷类和氨基甲酸酯类杀虫剂可以特异性地和 AChE 上的活性位点结合，使酶磷酰化或氨基甲酰化，钝化酶的活性，造成突触间产生的乙酰胆碱无法及时降解，使昆虫产生持续性的神经兴奋导致死亡。

靶标抗性机制 AChE 基因突变可导致昆虫产生抗药性。目前已在多种对有机磷类和氨基甲酸酯类药剂产生抗性的昆虫种群中检测到了AChE 基因突变。这些突变改变了 AChE 和相关化合物结合位点的构象，降低了药剂对靶标的结合能力，进而导致靶标敏感性下降，化合物的杀虫活性降低，从而使得突变种群产生抗性。

相关研究 Aldridge 于 1950 年发现有机磷类和氨基甲酸酯类化合物能以共价键的形式与 AChE 结合，抑制该酶的活性。因此关于 AChE 介导抗药性的研究从有害生物抗性、敏感品系的酶活性差异为切入点。Smissaert 等于 1964 年在叶螨的研究中就发现有机磷敏感品系体内 AChE 的活性高达抗性品系的 3 倍，随后在多种昆虫中也发现了类似的现象，为在分子层面研究其抗性机制奠定了基础。Hall 等于 1976 年获得了一条黑腹果蝇 AChE 基因序列，并且在该基因上发现了可导致酶活性下降的突变。随后的研究则发现黑腹果蝇对有机磷类杀虫剂抗性品系的 AChE 基因存在多个位点的突变（I199V、G303A、F368Y 等），这些突变在导致酶活性降低的同时，也使得该靶标酶对药剂的敏感性下降。目前在多种有害生物的研究中已发现了大量与有机磷和氨基甲酸酯类药剂抗性相关的 AChE 基因突变。例如研究发现家蝇对杀螟松抗性品系的 AChE 基因序列存在 4 个点突变，其中的两个（G342A、P407T）与药剂敏感性有密切关系；棉蚜 AChE 基因的两个点突变（S431P 和 A302S）同时介导了其对氨基甲酸酯类和有机磷类杀虫剂的抗药性；以及橘小实蝇 AChE 基因的 3 个点突变（I214V、G488S、Q643R）与其对有机磷类杀虫剂的抗性相关等。与昆虫类似，在害螨抗药性的研究中也发现二斑叶螨 AChE 基因存在 3 个与有机磷抗性相关的点突变（G228S、A391T 和 F439W），并且由于这些点突变会导致 AChE 活性降低，因此该基因的表达还存在补偿效应以维持其正常的生理功能。

大量的研究已证实在有害生物对有机磷类和氨基甲酸酯类杀虫剂的抗性品系中，AChE 存在突变的现象，并且多位点突变引起的抗药性变化明显强于单位点突变。尽管不同物种基因突变的位置存在一定的异同，这些突变的结果均导致该酶与相关药剂结合位点的亲和力下降，使得有害生物表现出对药剂的抗性。同时这种改变也会一定程度导致 AChE 的催化活性降低，使得在没有药剂压力的环境下，某些抗性品系会存在适合度代价。

参考文献

ALDRIDGE W N, 1950. Some properties of specific cholinesterase with particular reference to the mechanism of inhibition by diethyl p-nitrophenyl thiophosphate (E 605) and analogues[J]. Biochemical journal, 46: 451-460.

FOURNIER D, BRIDE J M, HOFFMANN F, et al, 1992. Acetylcholinesterase: Two types of modifications confer resistance to insecticide[J]. Journal of biological chemistry, 267: 14270-14274.

HALL J C, KANKEL D R, 1976. Genetics of acetylcholinesterase in *Drosophila melanogaster*[J]. Genetics, 83: 517-535.

KOZAKI T, SHONO T, TOMITA T, et al, 2001. Fenitroxon insensitive acetylcholinesterases of the housefly, *Musca domestica* associated with point mutations[J]. Insect biochemistry and molecular biology, 31: 991-997.

KWON D H, CHOI JY, JE Y H, et al, 2012. The overexpression of acetylcholinesterase compensates for the reduced catalytic activity caused by resistance-conferring mutations in *Tetranychus urticae*[J]. Insect biochemistry and molecular biology, 42: 212-219.

MUTERO A, PRALAVORIO M, BRIDE J M, et al, 1994. Resistance-associated point mutations in insecticide-insensitive acetylcholinesterase[J]. Proceedings of the National Academy of Sciences of the United States of America, 91: 5922-5926.

SMISSAERT H R, 1964. Cholinesterase inhibition in spider mites susceptible + resistance to organophosphate[J]. Science, 143: 129-131.

TODA S, KOMAZAKI S, TOMITA T, et al, 2004. Two amino acid substitutions in acetylcholinesterase associated with pirimicarb and organophosphorous insecticide resistance in the cotton aphid, *Aphis gossypii* Glover (Homoptera: Aphididae) [J]. Insect molecular biology, 13: 549-553.

（撰稿：申光茂、何林；审稿：杨青）

乙酰辅酶A羧化酶　acetyl-CoA carboxylase, ACCase

催化乙酰辅酶 A+ATP+HCO_3^-→丙二酰辅酶 A+ADP+Pi 反应的生物素酶。

生理功能　乙酰辅酶 A 羧化酶（简称 ACCase）是脂肪酸代谢中的关键酶，真核生物中该酶的多肽链主要包含 3 个功能区域，即生物素羧化酶功能域（BC）、生物素羧基载体蛋白功能域（BCCP）和羧基转移酶功能域（CT）。ACCase 在生物体内催化乙酰辅酶 A 生成丙二酸单酰辅酶 A 的反应，这是脂肪酸从头合成的第一步也是限速步骤。该反应过程分两步：首先是在 ATP 与 Mg^{2+} 参与下 ACCase 通过自身功能域 BC 催化 BCCP 上的生物素发生羧化反应，然后功能域 BC 将活化的羧基从生物素脲环上的 N 原子转移到乙酰辅酶 A 的甲基上，生成丙二酸单酰辅酶 A。

作用药剂　季酮酸类杀虫剂，如螺螨酯、螺甲螨酯、螺虫乙酯等。

杀虫剂作用机制　螺环季酮酸类化合物可以特异性与乙酰辅酶 A 羧化酶结合并显著抑制其酶活性从而减少生物体总脂质的生物合成和 ATP 的水解，进而影响生物体的生长发育及生理功能。如螺虫乙酯在叶片中能瞬间转化为螺虫乙酯—烯醇，螺虫乙酯—烯醇能够抑制桃蚜、草地夜蛾以及二斑叶螨的 ACCase 基因表达。

靶标抗药性机制　研究表明 ACCase 的基因突变导致了昆虫对相关药剂的抗性。目前已在多种对螺虫乙酯产生抗性的昆虫种群中检测到了 ACCase 基因存在突变，并且这些突变改变了 ACCase 和相关化合物结合位点的构象，进而导致其靶标敏感性下降，使得这些化合物的杀虫活性降低，突变种群产生抗性。

相关研究　乙酰辅酶 A 羧化酶早期一直作为除草剂的重要靶标，相应突变在各类除草剂抗性中起重要作用的报道较多，但这类突变在杀虫剂抗性中的报道还很少。目前为止有研究报道称 ACCase 基因中表达生物素羧化酶的区域一个突变（E645K）被证明与温室白粉虱对螺甲螨酯的抗性相关，该研究发现解毒酶增效剂的使用并不影响抗性品系的抗性倍数，说明解毒酶不是烟粉虱产生抗性的主要原因，另外随着烟粉虱对螺甲螨酯抗性倍数的升高，E645K 突变频率逐步升高，进一步说明了 ACCase 基因中表达生物素羧化酶的区域（E645K）是温室白粉虱对螺甲螨酯产生抗性的重要原因。近来，在二斑叶螨、柑橘红蜘蛛和苹果全爪螨等昆虫种群中还发现了对螺螨酯的抗性品系，但尚无突变产生的报道。

参考文献

CRONAN JE, WALDROP GL. 2002. Multi-subunit acetyl-CoA carboxylases[J]. Progress in lipid research, 41: 407-435.

DÉLYE C, CALMÈS E, MATÉJICEK, A. 2002. SNP markers for black-grass (Alopecurus myosuroides Huds.) genotypes resistant to acetyl-CoA carboxylase inhibiting herbicides[J]. Theoretical and applied genetics, 104: 1114-1120.

KARATOLOS N, WILLIAMSON MS, DENHOLM I, et al, 2012. Resistance to spiromesifen in *Trialeurodes vaporariorum* is associated with a single amino acid replacement in its target enzyme acetyl - coenzyme A carboxylase[J]. Insect molecular biology, 21: 327-334.

KHAJEHALI J, VAN NIEUWENHUYSE P, DEMAEGHT P, et al, 2011. Acaricide resistance and resistance mechanisms in *Tetranychus urticae* populations from rose greenhouses in the Netherlands[J]. Pest management science, 67: 1424-1433.

NAUEN R, KONANZ S. 2005. Spiromesifen as a new chemical option for resistance management in whiteflies and spider mites[J]. Pflanzenschutz-Nachrichten Bayer, 58: 485-502.

（撰稿：冯楷阳、何林；审稿：杨青）

乙酰甲胺磷　acephate

一种高效、低毒、低残留广谱硫代磷酰胺类有机磷杀虫剂。

其他名称　Orthene、Ortran、高灭磷、杀虫灵、酰胺磷、Ortho12420、益士磷、Aceprate、Torndo。

化学名称　*O,S*-二甲基乙酰基硫代磷酰胺；*O,S*-dimethyl acetylphosphoramidothioate。

IUPAC名称　(*RS*)-*N*-[methoxy(methylthio)phosphinoyl] acetamide。

CAS 登记号　30560-19-1。

EC 号　250-241-2。

分子式　$C_4H_{10}NO_3PS$。

相对分子质量　183.16。

结构式

开发单位　谢富隆化学公司 1969 年开始田间试验，1971 年推广。

理化性质　纯品为白色针状结晶。熔点 90~91℃。分解温度为 147℃。工业品为白色吸湿性固体，有刺激性臭味。熔点 72~80℃。相对密度 1.35。在 24℃时蒸气压为 0.227mPa。易溶于水、丙酮、醇等极性溶剂及二氯甲烷、二氯乙烷等氯代烷烃中；室温下水中溶解度约为 65%，在芳香烃溶剂中溶解小于 5%，在丙酮或乙醇中大于 10%，醚中溶解度很小。低温储藏比较稳定，高温、酸性、碱性及水介质中均可分解。

毒性　原药急性经口 LD_{50}（mg/kg）：大鼠 945（雄）、866（雌），小鼠 361。对小猎狗的最低呕吐剂量为 215mg/kg，最小致死剂量为 681mg/kg。兔急性经皮 LD_{50} > 2000mg/kg。对豚鼠进行皮肤试验，未观察到刺激性和过敏性。在饲料中掺 100mg/kg 乙酰甲胺磷，对狗进行 2 年的饲喂试验，除对胆碱酯酶活性有所降低外，对狗没有显著的影响。对大鼠进行 2 年的饲喂试验，以 30mg/kg 时，不影响体重的增加，以 100mg/kg 时，略微降低体重，对胆碱酯酶有轻度到中度的影响。对其他参数，包括病理学或肿瘤发病率和肿瘤类别，在处理动物组和对照组之间，没有明显的区别。对大鼠和兔没有致畸作用，在小鼠显性致死基因研究中，未表现出突变效应。雄野鸭急性口服 LD_{50} 350mg/kg，小鸡 852mg/kg，野鸡 140mg/kg。对硬头鳟鱼的 TLm 值（96 小时）＞ 1000mg/L，大鲭鳞鳃太阳鱼 2050mg/L，黑鲈鱼 1725mg/L，斑点叉尾鮰鱼 2230mg/L，食蚊鱼 6650mg/L，鲫鱼 9550mg/L。在动物体内解毒很快，对动物无致畸、致突变、致癌作用。对禽类和鱼类低毒。能很快被植物和土壤分解，所以不会污染环境。*R*-（+）- 乙酰甲胺磷对大型溞毒性大于 *S*-（-）- 乙酰甲胺磷。

剂型　25% 可湿性粉剂，30%、40% 乳油，25%、50% 和 75% 可溶性粉剂，25g/L、10g/L 喷雾剂，颗粒剂。

质量标准　① 40% 乳油。浅黄色透明油状液体，有效成分含量≥ 40%（化学碘量法），水分含量≤ 0.5%，酸度（以 H_2SO_4 计）≤ 1.5%，乳液稳定性合格。② 25% 可湿性粉剂。灰色疏松粉状，悬浮率为 90% 以上，pH4～6，水分含量在 5% 以内，湿润时间在 20 秒以内。

作用方式及机理　是低毒高效广谱性有机磷杀虫剂，能被植物内吸输导，具有胃毒、触杀、熏蒸及杀卵作用。对鳞翅目害虫的胃毒作用大于触杀毒力，对蚜、螨的触杀速度较慢，一般在施药后 2～3 天才发挥触杀毒力。持效期适中，在土壤中半衰期为 3 天。作用机理为抑制昆虫体内的胆碱酯酶。*R*-（+）- 乙酰甲胺磷杀虫活性大于 *S*-（-）- 乙酰甲胺磷。*S*-（-）- 乙酰甲胺磷对电鳗和牛血红细胞乙酰胆碱酯酶抑制活性大于 *R*-（+）- 乙酰甲胺磷。

防治对象　水稻、棉花、小麦、蔬菜、果树、茶、桑等作物上的鳞翅目、半翅目害虫和螨类。

使用方法

防治水稻害虫　①水稻二化螟。在卵孵高峰期施药，用 40% 乳油 2.5～3L/hm^2，加水常量喷雾；药效期 5 天左右。②防治水稻三化螟引起的白穗。在水稻破口到齐穗期，使用 40% 乳油 2.5～3L/hm^2，兑水喷雾，防效可达 95% 左右，在螟害严重的情况下，可将螟害率控制在 0.3% 以下。但在螟虫发生期长、水稻抽穗又不整齐的情况下，第一次药后 5 天应再施第二次。由于乙酰甲胺磷对三化螟无触杀毒力，而且药效期较短，因而对三化螟引起的枯心防效较差，一般不宜使用。③稻纵卷叶螟。水稻分蘖期，二、三龄幼虫百蔸虫量 45～50 头，叶被害率 7%～9%；孕穗抽穗期，二、三龄幼虫百蔸虫量 25～35 头，叶被害率 3%～5% 时，用 40% 乳油 2～3L/hm^2，兑水 900～1000kg 喷雾。④稻飞虱。水稻孕穗抽穗期，二、三龄若虫高峰期，百蔸虫量 1300 头；乳熟期，二、三龄若虫高峰期，百蔸虫量 2100 头时，用 30% 乳油 1.5～2L/hm^2，兑水 900～1000kg 喷雾；对稻叶螟、稻蓟马等也有良好的兼治效果。

防治棉花害虫　①棉蚜、红蜘蛛。用 40% 乳油 1.5L/hm^2，兑水 800～1000kg 喷雾，施药后 2～3 天内防效上升很慢，施药后 5 天防效可达 90% 以上。有效控制期为 7～10 天。②棉小象甲、棉盲蝽。在两虫发生为害初期，使用 40% 乳油 0.75～1.5L/hm^2，兑水 800～1000kg 喷雾。③防治棉铃虫。在 2～3 代卵孵盛期使用 40% 乳油 3～4L/hm^2，兑水 1000～1500kg 喷雾，有效控制期 7 天左右，但对棉红铃虫防效较差，不宜使用。

防治蔬菜害虫　小菜蛾、菜青虫、斜纹夜蛾及烟青虫等鳞翅目害虫，在二、三龄期使用 40% 乳油 1.5～2L/hm^2，兑水 600～750kg 喷雾，药效期 5 天左右，而且对敌百虫等产生抗药性的小菜蛾、菜青虫也有良好的效果，并兼治各种蔬菜上的蚜虫及螨类。

防治果树害虫　①桃小食心虫、梨小食心虫及桃蛀螟等蛀果害虫。在成虫产卵高峰期，卵果率达 0.5%～1% 时，40% 乳油 400～600 倍均匀喷雾，有效控制期 5～7 天。②苹果小卷叶蛾、苹果黄蚜、苹果瘤蚜及红蜘蛛。使用 40% 乳油 400～600 倍液均匀喷雾。③防治柑橘介壳虫。在一龄若虫期使用 40% 乳油 400～600 倍液均匀喷雾。

防治旱田作物害虫　玉米、小麦黏虫，在三龄幼虫前用 40% 乳油 1.5～2L/hm^2，兑水 800～1000kg 喷雾，并对蚜虫、麦叶蜂等有兼治作用。

防治花卉害虫　花卉、盆景上的蚜虫、红蜘蛛、避债蛾、刺蛾等，使用 40% 乳油 400 倍液常量喷雾。防治花卉、盆景上的各种介壳虫，在一龄若虫期使用 40% 乳油 450～600 倍液喷雾。

防治烟草害虫　烟草青虫，在三龄幼虫期用 30% 乳油 1.5～3L/hm^2（有效成分 450～900g），兑水 750～1500kg 喷雾。

注意事项　不宜在桑、茶树上使用。该药易燃，在运输和储存过程中注意防火，远离火源。中毒症状为典型的有机磷中毒症状，但病程持续时间较长，胆碱酯酶恢复较慢。用碱水或清水彻底清除毒物。用阿托品或解磷定解毒，要对症处理，注意防止脑水肿。40% 乙酰甲胺磷乳油已在中国蔬菜上规定了每年最多使用次数、安全间隔期的安全使用标准（GB 4285—1989），见表 1。

表 1　40% 乙酰甲胺磷乳油在蔬菜上的合理使用指南

	常用药量或稀释倍数	最高用药量或稀释倍数	施用方法	最多使用次数	安全间隔期
青菜	2kg/hm^2 1000 倍	4kg/hm^2 500 倍	喷雾	2	不少于 7 天
白菜	2kg/hm^2 1000 倍	4kg/hm^2 500 倍	喷雾	2	不少于 7 天

与其他药剂的混用　不能与碱性农药混用。

允许残留量　① GB 2763—2021《食品中农药最大残留限量标准》规定乙酰甲胺磷最大残留限量见表 2。ADI 为 0.03mg/kg。谷物、油料和油脂按照 GB 23200.113、GB/T 5009.103、SN/T 3768 规定的方法测定；蔬菜、水果按照 GB 23200.113、GB 23200.116、GB/T 5009.103、GB/T 5009.145、NY/T 761 规定的方法测定；调味料参照 GB 23200.8、GB 23200.113 规定的方法测定；茶叶参照 GB 23200.113、GB 23200.116 规定的方法测定。② FAO/WHO 规定，乙酰甲胺磷在蔬菜、柑橘上最大允许残留限量为 5mg/kg。

表 2 部分食品中乙酰甲胺磷最大残留限量（GB 2763—2021）

食品类别	名称	最大残留限量（mg/kg）
谷物	糙米	1.00
	小麦、玉米	0.20
油料和油脂	棉籽	2.00
	大豆	0.30
蔬菜	鳞茎类蔬菜、芸薹属类蔬菜、叶菜类蔬菜、茄果类蔬菜、瓜类蔬菜、豆类蔬菜、茎类蔬菜、根茎类和薯芋类蔬菜、水生类蔬菜、芽菜类蔬菜、其他类蔬菜	0.02
水果	柑橘类水果、仁果类水果、核果类水果、浆果和其他小型水果（越橘除外）、热带和亚热带水果、瓜果类水果	0.02
饮料类	茶叶	0.05
调味料	调味料（干辣椒除外）	0.20
	干辣椒	50.00

参考文献

孙家隆, 2015. 新编农药品种手册[M]. 北京: 化学工业出版社.

王振荣, 李布青, 1996. 农药商品大全[M]. 北京: 中国商业出版社.

周珊珊, 2009. 手性有机磷农药的稳定性及立体选择性生物行为研究[D]. 杭州: 浙江大学.

（撰稿：王鸣华；审稿：薛伟）

乙酰甲草胺 diethatyl ethyl

一种选择性的土壤除草剂。

其他名称 甘草锁、草甘胺。

化学名称 *N*-氯乙酰基-*N*-(2,6-二乙基苯基)甘氨酸乙酯。

IUPAC名称 *N*-chloroacetyl-*N*-(2,6-diethylphenyl)glycine ethylester。

CAS登记号 38727-55-8。

分子式 $C_{16}H_{22}ClNO_3$。

相对分子质量 311.80。

EC号 254-105-3。

结构式

理化性质 无色晶体，熔点49~50℃。蒸气压0.43mPa（30℃）。K_{ow}lg*P* 3.599（pH6.6，25℃）。水中溶解度：105mg/L（25℃）；其他溶剂中溶解度（g/kg）：甲醇、乙醇810，异丙醇750，丙酮820。稳定性：在强酸性或碱性条件下水解。热稳定达到240℃；在正常条件下，配方稳定＞2年。

毒性 急性经口LD_{50}：雄大鼠＞2318mg/kg，雌大鼠＞3720mg/kg，雄小鼠＞1653mg/kg，雌小鼠＞4118mg/kg；兔急性经皮LD_{50}＞4000mg/kg。

剂型 乳油。

作用机制 氯乙酰胺类，抑制极长链脂肪酸的合成。

使用方法 选择性的土壤除草剂，主要由新出现的芽吸收，其次是根。在甜菜、大豆、棉花、向日葵、马铃薯、花生、菜豆、饲料甜菜、啤酒花、甘蔗、亚麻、菠菜，以及稻谷和其他农作物田中防除一年生禾草和一些阔叶杂草，使用量2.2~6.7kg/hm^2。

参考文献

LEWIS K A, TZILIVAKIS J, WARNER D, et al, 2016. An international database for pesticide risk assessments and management [J]. Human and ecological risk assessment, 22(4), 1050-1064. DOI: 10.1080/10807039.2015.1133242.

（撰稿：陈来；审稿：范志金）

乙氧苯草胺 etobenzanid

一种酰胺类选择性除草剂。

其他名称 Hodocide（Hodogaya）、Hw 52。

化学名称 2′,3′-二氯-*N*-(4-乙氧基甲氧基苯甲酰)苯胺；*N*-(2,3-dichlorophenyl)-4-(ethoxymethoxy)-benzamide。

IUPAC名称 2,3-dichloro-4-(ethoxymethoxy)-benzanilide。

CAS登记号 79540-50-4。

EC号 616-701-5。

分子式 $C_{16}H_{15}Cl_2NO_3$。

相对分子质量 340.20。

结构式

开发单位 日本保土谷化学公司最先开发成功。

理化性质 纯品为无色晶体。熔点92~93℃。蒸气压2.1×10^{-2}mPa（40℃）。水中溶解度（25℃）0.92mg/L；其他溶剂中溶解度（g/L，25℃）：丙酮＞100、正己烷2.42、甲醇22.4。

毒性 小鼠急性经口LD_{50}＞5000mg/kg。大鼠急性经皮LD_{50}＞4000mg/kg，对兔眼睛和皮肤有轻微刺激。大鼠急性吸入LC_{50}（4小时）1503mg/L。大鼠喂养试验NOEL为4.4mg/（kg·d），ADI为0.044mg/kg。鹌鹑急性经口LD_{50}＞2000mg/kg。鲤鱼LC_{50}（72小时）＞1000mg/L。对蜜蜂、蚯蚓几乎无毒。蜜蜂LD_{50}＞160mg/kg，蚯蚓LC_{50}＞1000mg/kg土壤。

剂型 颗粒剂，可湿性粉剂。

防治对象 主要防除稻田稗草、莎草、鸭舌草、节节菜、马唐等杂草。

使用方法　主要用于水稻田苗前或苗后除草，使用剂量为 150g/hm^2（有效成分）。

与其他药剂的混用　可与西草净及 2,4-滴，也可与萘丙胺、敌稗、苄嘧磺隆等多种除草剂复配使用。

参考文献

马克比恩 C, 2015. 农药手册[M]. 胡笑形, 等译. 北京: 化学工业出版社: 400.

（撰稿：王红学；审稿：耿贺利）

乙氧氟草醚　oxyfluorfen

一种二苯醚类选择性除草剂。

其他名称　果尔、割草醚、乙氧醚、氟草安、氟硝草醚。

化学名称　2-氯-1-(3-乙氧-4-硝基苯氧基)-4-(三氟甲基)苯; 2-chloro-1-(3-ethoxy-4-nitrophenoxy)-4-(trifluoromethyl) benzene。

IUPAC名称　2-chloro-*α,α,α*-trifluoro-*p*-tolyl 3-ethoxy-4-nitrophenyl ether。

CAS登记号　42874-03-3。

EC号　255-983-0。

分子式　$C_{15}H_{11}ClF_3NO_4$。

相对分子质量　361.70。

结构式

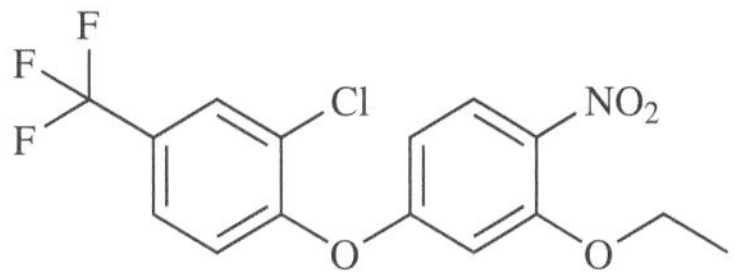

开发单位　罗姆-哈斯公司研发。

理化性质　橘色结晶体。相对密度 1.35（73℃）。熔点 85~90℃（工业品 65~84℃）。沸点 358.2℃（分解）。蒸气压 2.67×10^{-4}Pa（25℃）。水中溶解度 0.116mg/L（25℃）；有机溶剂中溶解度（20℃，g/L）：丙酮 725、氯仿 500~550、环己酮 615、二甲基甲酰胺＞500。

毒性　低毒。大鼠急性经口 LD_{50}＞5000mg/kg，兔急性经皮 LD_{50}＞10 000mg/kg。大鼠急性吸入 LC_{50}（4 小时）＞5.4mg/L。对兔皮肤有轻度刺激性，对兔眼睛有中度刺激性。饲喂试验 NOEL［2 年，mg/（kg·d）］：大鼠 40，小鼠 2，狗 100。试验剂量下未见致畸、致突变、致癌作用。鱼类 LC_{50}（mg/L）：虹鳟 0.41，翻车鱼 0.2，草虾 0.018。螃蟹 LC_{50} 320mg/L。对蜜蜂毒性较低。蜜蜂急性经口 LD_{50} 25.38μg/只。对鸟类低毒。野鸭 LC_{50}（8 天）＞5000mg/kg 饲料，鹌鹑 LD_{50}＞2150mg/kg。

剂型　20%、24%、240g/L 乳油，2% 颗粒剂。

质量标准　乙氧氟草醚原药（HG/T 5124—2016）。

作用方式及机理　触杀型除草剂。在有光条件下发挥杀草作用。主要通过胚芽鞘、中胚轴进入植物体，经根部吸收运输很少。因此该药在芽前及芽后早期施用效果好。土壤中半衰期 30 天左右。

防治对象　稗、鸭舌草、陌上菜、节节菜、水苋菜、半边莲、沟繁缕、泽泻、千金子、异型莎草、碎米莎草、日照飘拂草等。对眼子菜、牛毛毡、扁秆藨草等防效较差。马齿苋、反枝苋、凹头苋、刺苋、酸浆、龙葵等效果理想。对藜、苍耳、苘麻、鸭跖草、苣荬菜、刺儿菜等防效中等。

使用方法　苗后茎叶喷雾，用于大豆、花生、水稻田除草。

防治移栽田杂草　水稻秧龄 30 天以上，苗高 20cm 以上，移栽后 4~6 天，稗草芽期至 1.5 叶期，每亩使用 24% 乙氧氟草醚乳油 10~20g（有效成分 2.4~4.8g），混毒土 20kg 撒施，或加水 1.5~2kg 稀释后装瓶，田间均匀甩施。应在露水干后施药，施药后保持 3~5cm 浅水层 5~7 天。

防治大豆、棉花、花生田杂草　作物播后苗前，每亩使用 24% 乙氧氟草醚乳油 45~60g（有效成分 10~14.4g），加水 40~50L 进行土壤处理。

防治蒜、姜田杂草　作物播后苗前或移栽前，每亩使用 24% 乙氧氟草醚乳油 40~50g（有效成分 9.6~12g），加水 40~50L 进行土壤处理。

防治果园杂草　杂草出苗前，每亩使用 24% 乙氧氟草醚乳油 60~80g（有效成分 14.4~19.2g），加水 40~50L 进行土壤处理。

注意事项　①水稻插秧田，露水干后药土法施用安全。②气温低于 20℃、土温低于 15℃或水稻秧苗过小、嫩弱或不健壮苗用药易出药害。水稻施药后遇暴雨田间水层过深，需要排水，否则易出药害。③旱田作物土壤湿润有利于乙氧氟草醚药效发挥，应在大豆播种前创造良好墒情，干旱条件下施药后混土。药后积水，大豆、花生等易产生药害。④对鱼类有毒，远离水产养殖区施药，禁止在河塘等水体中清洗施药器具，避免药液进入地表水体；养鱼稻田禁用，施药后的田水不得直接排入河塘等水域。

与其他药剂的混用　可与异丙草胺、乙草胺、二甲戊灵、噁草灵、扑草净等混用扩大杀草谱。

允许残留量　GB 2763—2021《食品中农药最大残留限量标准》规定乙氧氟草醚最大残留限量见表。ADI 为 0.03mg/kg。谷物按照 GB 23200.9、GB 23200.113、GB/T 20770 规定的方法测定；蔬菜按照 GB 23200.8、GB 23200.113、GB/T 20769 规定的方法测定。

部分食品中乙氧氟草醚最大残留限量（GB 2763—2021）

食品类别	名称	最大残留限量（mg/kg）
谷物	糙米	0.05
蔬菜	大蒜	0.05
	蒜苗	0.10

参考文献

刘长令, 2002. 世界农药大全: 除草剂卷[M]. 北京: 化学工业出版社.

马克比恩 C, 2015. 农药手册[M]. 胡笑形, 等译. 北京: 化学工业出版社.

中国农业百科全书总编辑委员会农药卷编辑委员会, 中国农业百科全书编辑部, 1993. 中国农业百科全书: 农药卷[M]. 北京: 农业出版社.

SHANER D L, 2014. Herbicide handbook[M]. 10th ed. Lawrence, KS: Weed Science Society of America.

（撰稿：李香菊；审稿：耿贺利）

乙氧喹啉　ethoxyquin

一种植物抗氧化生长调节剂，主要用于防治仓储病害。

其他名称　Escalfred、乙氧基喹啉、山道喹、虎皮灵、polyethoxyquinoline、éthoxyquine。

化学名称　6-乙氧基-1,2-二氢-2,2,4-三甲基喹啉；6-ethoxy-1,2-dihydro-2,2,4-trimethylquinoline。

IUPAC 名称　1,2-dihydro-2,2,4-trimethylquinolin-6-yl ethyl ether。

CAS 登记号　91-53-2。

EC 号　202-075-7。

分子式　$C_{14}H_{19}NO$。

相对分子质量　217.31。

结构式

开发单位　孟山都公司。

理化性质　纯品为黏稠状黄色液体。沸点 123～125℃（267Pa）。相对密度 1.029～1.031（20℃）。在空气中颜色变深变黑，但不影响生物活性。

毒性　急性经口 LD_{50}（mg/kg）：雄大鼠 1920，雌大鼠 1730。NOEL［mg/（kg·d）］：大鼠 6.25（2 年），狗 7.5（1 年）。ADI 为 0.005mg/kg。对鸟、鱼、蜜蜂等无毒。

剂型　乳油，粉剂，原油。

作用方式及机理　植物抗氧化生长调节剂。抑制 α-法尼烯（α-farnesene）的氧化。

防治对象　主要用于防治仓储病害，如苹果和梨的灼伤病。

使用方法　在果实收获前喷雾或收获后浸果实，能预防苹果和梨在储存中的一般灼伤病。

注意事项　对某些品种的苹果，使用后会留下斑点。

允许残留量　GB 2763—2021《食品中农药最大残留限量标准》规定乙氧喹啉在梨上的最大残留限量为 3mg/kg。ADI 为 0.005mg/kg。水果按照 GB/T 5009.129、SN 0287 规定的方法测定。WHO 推荐 ADI 为 0.005mg/kg。欧盟 324 个品类中规定的最大残留限量为 0.05～3mg/kg，美国梨中规定最大残留限量为 3mg/kg，日本 166 个品类中规定的最大残留限量为 0.01～5mg/kg。

参考文献

刘长令, 2012. 世界农药大全[M]. 北京: 化学工业出版社.

（撰稿：陈雨；审稿：张灿）

乙氧隆　s-3552

一种脲类除草剂。

其他名称　苯谷隆。

化学名称　N'-[4-(4-甲基苯乙氧基)苯基]-N-甲氧基-N-甲基脲；N'-[4-(4-methyl phenethyloxy)phenyl]-N-methoxy-N-methylurea。

IUPAC 名称　1-methoxy-1-methyl-3-(4-(4-methylphenethoxy)phenyl)urea。

CAS 登记号　68358-79-2。

分子式　$C_{18}H_{22}N_2O_3$。

相对分子质量　314.38。

结构式

理化性质　纯品为白色针状结晶。熔点 82～83℃。相对密度 1.163（20℃）。蒸气压 10.27mPa。20℃时溶解度：水 2～3mg/L，丙酮 50%～55%，异氟尔酮 33%～40%，甲醇 20%～25%。

剂型　50% 可湿性粉剂。

作用方式及机理　选择性芽后除草剂。通过叶片吸收进入植物体内。有较强的除草活性，对大豆安全。作用机理为抑制光合作用，杀草症状与敌草隆相似。

防治对象　铁苋菜、反枝苋、苍耳、牵牛、苘麻、曼陀罗、豚草、大果田菁及大戟科杂草，对禾本科杂草、莎草防效较差。

使用方法　芽后施用。大豆播后 2～4 周，杂草株高 2cm 左右时用药，一般用量为每公顷用 0.24～0.9kg（有效成分），作茎叶喷雾处理。

注意事项　用药量达 1～2kg/hm^2 时对大豆会产生轻微的抑制作用，但能恢复。

参考文献

孙家隆, 2015. 新编农药品种手册[M]. 北京: 化学工业出版社: 875.

（撰稿：李玉新；审稿：耿贺利）

乙氧嘧磺隆　ethoxysulfuron

一种磺酰脲类除草剂。

其他名称 Sunrice、太阳星、乙氧磺隆。

化学名称 1-(4,6-二甲氧基嘧啶-2-基)-3-(2-乙氧基苯氧磺酰基)脲；2-ethoxyphenyl[[(4,6-dimethoxy-2-pyrimidinyl) amino]carbonyl]sulfamate。

IUPAC名称 2-ethoxyphenyl ((4,6-dimethoxypyrimidin-2-yl) carbamoyl)sulfamate。

CAS登记号 126801-58-9。

EC号 603-166-8。

分子式 $C_{15}H_{18}N_4O_7S$。

相对分子质量 398.39。

结构式

开发单位 拜耳公司。

理化性质 纯品为白色至粉色固体。熔点144~147℃。相对密度1.44（20℃）。蒸气压6.6×10^{-5}Pa（20℃）。$K_{ow}\lg P$（20℃）：2.89（pH3）、0.004（pH7）、-1.2（pH9）。水中溶解度（20℃，mg/L）：26（pH5）、1353（pH7）、7628（pH9）；有机溶剂中溶解度（g/L）：正己烷0.0068、甲苯2.5、丙酮36、二氯甲烷107、甲醇7.7、异丙醇1、乙酸乙酯14.1、二甲基亚砜＞500。稳定性DT_{50}：65天（pH5）、259天（pH7）、331天（pH9）。

毒性 大鼠急性经口LD_{50}＞3270mg/kg。大鼠急性经皮LD_{50}＜4000mg/kg。大鼠急性吸入LC_{50}（4小时）＞3.55mg/L。对兔眼睛和皮肤无刺激性。无致突变性。对大鼠眼睛和皮肤无刺激作用。大鼠喂养试验NOEL为每天3.9mg/kg。鱼类LC_{50}（mg/L）：斑马鱼672、鲤鱼＞85.7、虹鳟＞80。日本鹌鹑和北京鸭急性经口LD_{50}＞2000mg/kg，日本鹌鹑和北京鸭饲喂LC_{50}＞5000mg/kg饲料。蜜蜂（经口）LD_{50}＞200μg/只。蚯蚓LC_{50}＞1000mg/kg土壤。对捕食螨和烟蚜茧有轻微伤害，对细腿豹蛛和土鳖虫无影响。

剂型 可湿性粉剂，15%和60%水分散粒剂，油悬剂，悬浮剂。

质量标准 原药含量≥95%（欧盟标准）。

作用方式及机理 通过阻断基本氨基酸缬氨酸和异亮氨酸的生物合成，从而阻止细胞分裂和植物生长。通过杂草根和叶吸收，在植物体内传导，杂草即停止生长而后枯死。

防治对象 主要用于防除阔叶杂草、莎草科杂草以及藻类。如鸭舌草、青苔、雨久花、水绵、牛毛毡、水莎草、异型莎草、碎米莎草、萤蔺、泽泻、鳢肠、野荸荠、眼子菜、水苋菜、丁香蓼、四叶蘋、狼杷草、鬼针草、草龙、节节菜、矮慈姑等。

使用方法 可以单与沙土混施或者进行茎叶喷雾处理。

单与沙土混施 乙氧嘧磺隆在中国南方（长江以南）插秧稻田、抛秧稻田水稻移栽后3~6天施用，每亩用15%乙氧嘧磺隆3~5g。直播稻田、秧田每亩用4~6g。长江流域插秧稻田、抛秧稻田每亩用5~7g，直播稻田、秧田移栽后4~10天施用，每亩用7~14g。东北地区插秧田、直播田每亩用10~15g。取以上用药量，先用少量水溶解，稀释后再与细沙土混拌均匀，撒施到3~5cm水层的稻田中。每亩用细沙土10~20kg或混用适量化肥撒施亦可。施药后保持浅水层7~10天，只灌不排，保持药效。

茎叶喷雾处理 插秧田、抛秧田，施药时间为水稻移栽后10~20天或直播稻田稻秧苗2~4片叶时每亩加水10~25L在稻田排水后进行茎叶处理，喷药后2天恢复常规水层管理。

注意事项 对稗草防效差，可与除稗剂混用扩大杀草谱。

与其他药剂的混用 乙氧磺隆已有很多复配产品，与其相搭配的品种有：莎稗磷、精噁唑禾草灵、吡唑特+丙草胺、莎稗磷+呋草黄+杀草隆、莎稗磷+呋草黄、莎稗磷+杀草隆、噁唑禾草灵+双苯噁唑酸、四唑酰草胺、氰氟草酯以及唑草胺等。

参考文献

刘长令, 2002. 世界农药大全: 除草剂卷[M]. 北京: 化学工业出版社: 32-34.

马克比恩 C, 2015. 农药手册[M]. 胡笑形, 等译. 北京: 化学工业出版社: 396-397.

孙家隆, 周凤艳, 周振荣, 2014. 现代农药应用技术丛书: 除草剂卷[M]. 北京: 化学工业出版社: 189-190.

（撰稿：李玉新；审稿：耿贺利）

乙氧杀螨醇 etoxinol

一种有机氯类杀螨剂。

其他名称 G-23645、Geigy-337。

化学名称 1,1-双(4-氯苯基)-2-乙氧基乙醇。

IUPAC名称 1,1-bis(4- chlorophenyl)-2-ethoxyethanol。

CAS登记号 6012-83-5。

分子式 $C_{16}H_{16}Cl_2O_2$。

相对分子质量 311.20。

结构式

开发单位 1952年嘉基公司开发。现为少用或过时品种。

理化性质 白色结晶。密度1.26g/cm^3。熔点58~59℃。沸点155~157℃（8Pa）。折射率1.579。闪点213℃。不溶于水，可溶于常用有机溶剂。遇碱或强酸发生水解。

毒性 低毒杀螨剂。鼹鼠和大鼠急性经口 LD_{50} > 5000mg/kg。在哺乳动物体内积累不大。

作用方式及机理 触杀，无内吸性。

防治对象 对螨具有触杀作用。杀螨，不杀虫。

注意事项 燃烧产生有毒氯化物气体。库房通风低温干燥，与食品原料分开储运。

参考文献

朱永和, 王振荣, 李布青, 2006. 农药大典[M]. 北京: 中国三峡出版社: 280.

（撰稿：刘瑾林；审稿：丁伟）

乙酯磷 acetophos

一种触杀性有机磷类杀虫剂。

其他名称 胺吸磷。

化学名称 *O,O*-二乙基-*S*-乙氧羰基甲基硫赶磷酸酯。

IUPAC名称 ethyl [(diethoxyphosphinoyl)thio]acetate。

CAS 登记号 2425-25-4。

分子式 $C_8H_{17}O_5PS$。

相对分子质量 256.25。

结构式

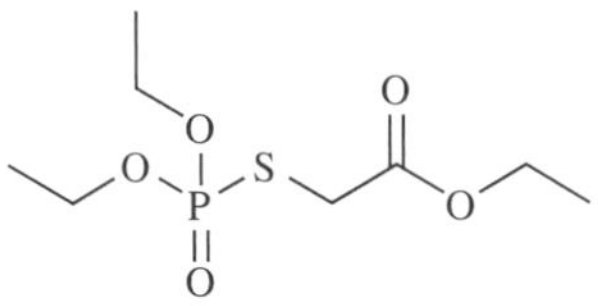

开发单位 1959 年由德国拜耳合成开发。

理化性质 折射率 1.463。闪点 135.1℃。蒸气压 0.15Pa（25℃）。密度 1.192g/cm^3。沸点 120℃（20Pa）。

毒性 大鼠急性经口 LD_{50} 300～700mg/kg。

作用方式及机理 具有触杀活性。

防治对象 谷象、蚜虫、红蜘蛛、家蝇。

注意事项 库房通风，低温干燥；与食品原料分开储运。危险特性：燃烧产生有毒磷氧化物和硫氧化物气体。

（撰稿：汪清民；审稿：吴剑）

乙酯杀螨醇 chlorobenzilate

一种非内吸性杀螨剂。

其他名称 Akar、Folbex、Acaraben、G23992。

化学名称 4,4′-二氯二苯乙醇酸乙酯；ethyl 4-chloro-α-(4-chlorophenyl)-α-hydroxybenzeneacetate。

IUPAC名称 ethyl 4,4′-dichlorobenzilate。

CAS 登记号 510-15-6。

分子式 $C_{16}H_{14}Cl_2O_3$。

相对分子质量 325.19。

结构式

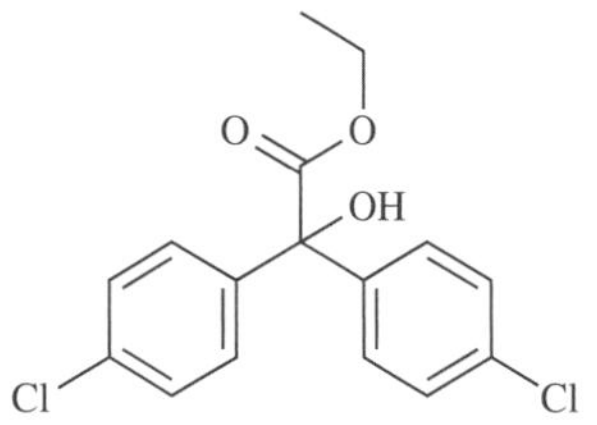

开发单位 由 R. Gasser 于 1952 年报道，汽巴 - 嘉基公司开发。

理化性质 无色固体。熔点 36～37.5℃。蒸气压 0.12mPa（20℃）。沸点 156～158℃（9.33Pa）。K_{ow}lg$P$ 4.58。Henry 常数 3.9×10^{-4}Pa · m^3/mol（计算值）。相对密度 1.2816（20℃）。溶解度（20℃）：水 10mg/L，丙酮、二氯甲烷、甲醇、甲苯 1kg/kg，乙烷 600g/kg，正辛醇 700g/kg。

毒性 大鼠急性经口 LD_{50} 2784～3880mg/kg。大鼠急性经皮 LD_{50} > 10 000mg/kg。对兔皮肤无刺激。2 年饲喂试验的 NOEL：大鼠为 40mg/kg 饲料［约 2.7mg/（kg · d）]，狗为 500mg/kg 饲料［约 16mg/（kg · d）]。鱼类 LC_{50}（mg/L）：虹鳟 0.6，大翻车鱼 1.8。对鸟类和蜜蜂几乎无毒。

作用方式及机理 无内吸性。略有杀虫活性。

防治对象 柑橘、棉花、葡萄、大豆、茶叶和蔬菜的植食性螨类。

使用方法 一般用药量为 1～1.5kg/hm^2。

允许残留量 GB 2763—2021《食品中农药最大残留限量标准》规定乙酯杀螨醇的最大残留限量（mg/kg）：谷物、油料和油脂 0.02，水果、蔬菜 0.01，调味料 0.05。ADI 为 0.02mg/kg。

参考文献

康卓, 2017. 农药商品信息手册[M]. 北京: 化学工业出版社: 289-290.

（撰稿：杨吉春；审稿：李森）

异拌磷 isothioate

一种内吸性杀虫剂。

其他名称 Hosdon、异丙吸磷、甲丙乙拌磷、叶蚜磷、异丙硫磷。

化学名称 *O,O*-二甲基-*S*-(异丙基硫基)乙基二硫代磷酸酯；*O,O*-dimethyl *S*-2-isopropylthioethyl phosphorodithioate。

IUPAC名称 *S*-2-isopropylthioethyl *O,O*-dimethyl phosphorodithioate。

CAS 登记号 36614-38-7。

分子式 $C_7H_{17}O_2PS_3$。

相对分子质量 260.38。

结构式

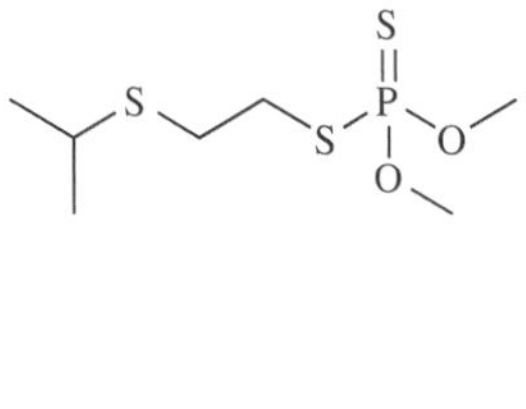

开发单位 1972年由日本农药公司发展。

理化性质 具有芳香味的淡黄褐色液体。20℃时的蒸气压0.29Pa。25℃时在水中的溶解度97mg/L，易溶于丙酮、乙醚等多种有机溶剂。在1.33Pa压力下沸点53~56℃。相对密度d_4^{20}1.18。折射率n_D^{21} 1.535。

毒性 急性经口LD_{50}：雄小鼠44mg/kg，雌小鼠55mg/kg；雄大鼠200mg/kg，雌大鼠180mg/kg；兔150mg/kg。急性经皮LD_{50}：雌小鼠145mg/kg，雄小鼠240mg/kg，雄大鼠310mg/kg。对鲤鱼的TLm（348小时）为7.1mg/L。

剂型 300g/L拌种剂，50%乳油，30%粉剂，5%颗粒剂。

作用方式及机理 为内吸性杀虫剂，兼有熏蒸作用。作用机理为抑制昆虫体内胆碱酯酶的活性。

防治对象 主要防除萝卜、白菜、甘蓝、葱、黄瓜、西瓜、茄子、番茄、马铃薯、菊科的蚜虫类。

使用方法 对各种蔬菜可进行土壤处理或叶面施用。以1~1.5kg/hm² 剂量拌种或叶面施用时，对防治蚜虫类有效。

注意事项 播种时不能用手直接接触毒物种子，以防中毒。长期使用时会使害虫产生抗药性，应注意与别的类似拌种药，如甲基硫环磷、甲基异柳磷等交替使用。中毒症状为头昏、呕吐、盗汗、无力、恶心、腹痛、流涎，严重时会出现痉挛、瞳孔缩小、呼吸困难、肺水肿等症状。解毒药剂为阿托品或解磷毒，并要注意保护心肌，控制肺水肿。

参考文献

孙家隆, 2015. 新编农药品种手册[M]. 北京: 化学工业出版社.

王振荣, 李布青, 1996. 农药商品大全[M]. 北京: 中国商业出版社.

（撰稿：王鸣华；审稿：吴剑）

异丙草胺 propisochlor

一种氯酰胺类选择性除草剂。

其他名称 普乐宝、普安保、杂草胺。

化学名称 2-氯-6′-乙基-*N*-异丙氧基甲基乙酰邻甲苯胺。

IUPAC名称 2-chloro-6′-ethyl-*N*-isopropoxymethylaceto-*o*-toluidide。

CAS登记号 86763-47-5。

EC号 617-914-6。

分子式 $C_{15}H_{22}ClNO_2$。

相对分子质量 283.79。

结构式

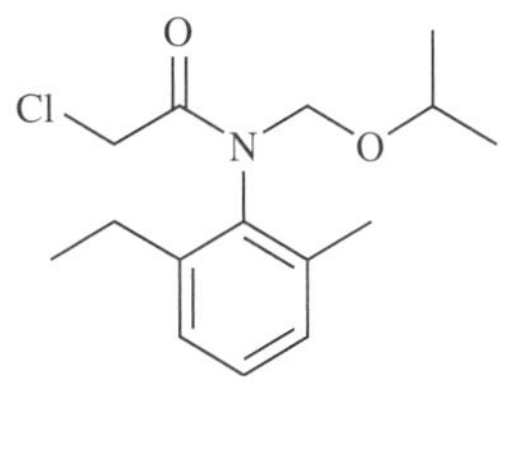

开发单位 匈牙利氮化股份公司。

理化性质 淡棕色至紫色油状液体。相对密度1.097（20℃）。熔点21.6℃。蒸气压4×10^{-3}Pa（20℃）。水中溶解度184mg/L（20℃），溶于大多数有机溶剂。

毒性 低毒。大鼠急性经口LD_{50}（mg/kg）：3433（雄）、2088（雌），急性经皮LD_{50}＞2000mg/kg，急性吸入LC_{50}＞5mg/L。对兔眼睛和皮肤有刺激性。饲喂试验NOEL 250mg/(kg·d)（90天）。对鱼毒性中等，LC_{50}（96小时，mg/L）：虹鳟0.25、鲤鱼7.52、水蚤0.25。对蜜蜂、鸟低毒，蜜蜂经口和接触LD_{50} 100μg/只；鹌鹑急性经口LD_{50} 688mg/kg，野鸭急性经口LD_{50} 2000mg/kg。

剂型 960g/L乳油，40%微囊悬浮剂。

质量标准 异丙草胺原药（Q/370181SLH 066—2018）。

作用方式及机理 有效成分由杂草幼芽、种子和根吸收，然后向上传导，进入植物体内抑制蛋白质合成，使植物芽和根停止生长，不定根无法形成，最后死亡。持效期较乙草胺稍短。

防治对象 旱田马唐、稗草、狗尾草、金狗尾草、牛筋草、千金子等一年生禾本科杂草和一些小粒种子的阔叶杂草，如藜、反枝苋、马齿苋、辣子草等。对铁苋菜、苘麻、酸浆等防效差。水稻田稗、千金子、鸭舌草、节节菜、母草、异型莎草、碎米莎草、牛毛毡等。对扁秆藨草、野慈姑等多年生杂草无明显防效。

使用方法 用于玉米、大豆、花生、油菜、芝麻、向日葵、马铃薯、棉花、甜菜、甘蔗、亚麻、红麻、某些蔬菜及果园、苗圃等旱田防除一年生禾本科杂草。

防治玉米田杂草 玉米播后苗前，春玉米每亩施用72%异丙草胺乳油150~200g（有效成分108~144g），夏玉米每亩施用72%异丙草胺乳油100~150g（有效成分72~108g），兑水40~50L进行土壤均匀喷雾。

防治大豆、花生田、棉花田杂草 播前或播后苗前进行土壤处理。北方地区每亩用72%异丙草胺乳油150~200g（有效成分108~144g），南方地区每亩施用72%异丙草胺乳油100~150g（有效成分72~108g），兑水40~50L进行土壤均匀喷雾。

防治水稻田杂草 南方地区水稻移栽田除草：在水稻移栽5~7天缓苗后，每亩用50%异丙草胺乳油15~20g（有效成分7.5~10g），混土20kg均匀撒施。施药时田间保持3~5cm浅水层，药后保水5~7天，以后恢复正常水层管理。水层不能淹没水稻心叶。

防治甘薯田杂草 甘薯移栽后，每亩用50%异丙草胺乳油200~250g（有效成分100~125g），兑水40~50L进行土壤均匀喷雾。

注意事项 同乙草胺等酰胺类除草剂。

与其他药剂的混用 可与甲草胺、丁草胺、莠去津、乙氧氟草醚、苄嘧磺隆等混用，扩大杀草谱，降低环境风险。

允许残留量 GB 2763—2021《食品中农药最大残留限量标准》规定异丙草胺最大残留限量见表。ADI为0.013mg/kg。谷物按照GB 23200.9、GB/T 20770规定的方法测定；油料和油脂、蔬菜参照GB 23200.9规定的方法测定。

部分食品中异丙草胺最大残留限量（GB 2763—2021）

食品类别	名称	最大残留限量（mg/kg）
谷物	玉米	0.10*
油料和油脂	大豆	0.10*
蔬菜	甘薯	0.05*

* 临时残留限量。

参考文献

刘长令, 2002. 世界农药大全: 除草剂卷[M]. 北京: 化学工业出版社.

马克比恩 C, 2015. 农药手册[M]. 胡笑形, 等译. 北京: 化学工业出版社.

中国农业百科全书总编辑委员会农药卷编辑委员会, 中国农业百科全书编辑部, 1993. 中国农业百科全书: 农药卷[M]. 北京: 农业出版社.

SHANER D L, 2014. Herbicide handbook[M]. 10th ed. Lawrence, KS: Weed Science Society of America.

（撰稿：李香菊；审稿：耿贺利）

异丙甲草胺　metolachlor

一种氯酰胺类选择性除草剂。

其他名称　都尔、稻乐思、杜耳、甲氧毒草胺。

化学名称　2-氯-*N*-(2-乙基-6-甲苯基)-*N*-(2-甲氧基-1-甲基乙基)乙酰胺。

IUPAC名称　2-chloro-6′-ethyl-*N*-(2-methoxy-1-methylethyl)aceto-*o*-toluidide。

CAS登记号　51218-45-2。

EC号　257-060-8。

分子式　$C_{15}H_{22}ClNO_2$。

相对分子质量　283.79。

结构式

开发单位　诺华公司（现先正达公司）。

理化性质　无色油状液体。相对密度1.12（20℃）。熔点-62.1℃。沸点100℃（0.133Pa）。蒸气压1.73×10^{-3}Pa（20℃）。水中溶解度488mg/L（20℃），易溶于苯、甲苯、二甲苯、甲醇、乙醇、辛醇、丙酮、环己酮、二氯甲烷、二甲基甲酰胺、己烷等有机溶剂。

毒性　低毒。大鼠急性经口LD_{50} 2780mg/kg，大鼠急性经皮LD_{50}＞3170mg/kg。大鼠急性吸入LC_{50}（4小时）＞1.75mg/L。对兔眼睛和皮肤有轻度刺激性。饲喂试验NOEL［90天，mg/（kg·d）］：大鼠15、小鼠100、狗9.7。在试验剂量下，未见致畸、致突变、致癌作用。对鱼中等毒性。鱼类LC_{50}（96小时，mg/L）：虹鳟3.9、鲤鱼4.9、翻车鱼10。对蜜蜂、鸟低毒。蜜蜂经口和接触LD_{50}＞100μg/只。山齿鹑和野鸭急性经口LD_{50}＞2150mg/kg，饲喂LC_{50}（8天）＞10 000mg/kg饲料。蚯蚓LC_{50}（14天）140mg/kg土壤。

剂型　72%、720g/L、960g/L乳油等。

质量标准　异丙甲草胺原药（GB/T 35667—2017）。

作用方式及机理　抑制杂草发芽种子的细胞分裂，使芽和根停止生长，不定根无法形成。亦可抑制胆碱渗入卵磷脂，从而干扰卵磷脂形成。吸收、传导及杂草中毒症状同乙草胺。

防治对象　马唐、千金子、稗草、蟋蟀草、藜、反枝苋、鸭舌草、泽泻、母草、藻类、异型莎草等。对铁苋菜、苘麻、蓼科杂草及多年生杂草防效差。

使用方法　用于玉米、大豆、花生、油菜、芝麻、向日葵、马铃薯、棉花、甜菜、甘蔗、亚麻、红麻、某些蔬菜及果园、苗圃等旱田防除一年生禾本科杂草。

防治玉米田杂草　玉米播后苗前，春玉米每亩用72%异丙甲草胺乳油150～200g（有效成分108～144g），夏玉米每亩用72%异丙甲草胺乳油100～150g（有效成分82～108g），兑水40～50L均匀喷雾。

防治大豆、花生田杂草　大豆播前或播后苗前进行土壤处理。春大豆每亩用72%异丙甲草胺乳油150～200g（有效成分108～144g），夏大豆每亩用72%异丙甲草胺乳油120～150g（有效成分86.4～108g），兑水40～50L均匀喷雾。

防治西瓜田杂草　西瓜移栽后，每亩用50%乙草胺乳油75～150g（有效成分54～108g），兑水40～50L均匀喷雾。

防治水稻田杂草　水稻移栽5～7天缓苗后，每亩用72%异丙甲草胺乳油10～20g（有效成分7.2～14.4g），加水30kg均匀喷雾或混土20kg撒施。施药时田间保持3～5cm浅水层，药后保水5～7天，以后恢复正常水层管理。水层不能淹没水稻心叶。

注意事项　①旱作物田施药前后，土壤宜保持湿润，以确保药效。东北地区干旱、无灌水的条件下，可采用混土法施药，混土深度以不触及作物种子为宜。②水稻田只能用于水稻大苗（5.5叶以上）移栽田。秧田、直播田、抛秧田和小苗移栽田不能使用。③该品对鱼有毒，施药时应远离鱼塘或沟渠，施药后的田水及残药不得排入水体，也不能在养鱼、虾、蟹的水稻田使用该药。

与其他药剂的混用　可与莠去津、异噁草松、赛克津、苄嘧磺隆等混用，扩大杀草谱、降低环境风险。

允许残留量　GB 2763—2021《食品中农药最大残留限量标准》规定异丙甲草胺最大残留限量见表。ADI为0.1mg/kg。谷物按照GB 23200.9、GB23200.113、GB/T 20770规定的方法测定；油料和油脂按照GB 23200.113、GB/T 5009.174规定的方法测定；蔬菜、糖料参照GB 23200.8、GB23200.113、GB/T 20769规定的方法测定。

部分食品中异丙甲草胺最大残留限量（GB 2763—2021）

食品类别	名称	最大残留限量（mg/kg）
谷物	糙米、玉米	0.1
油料和油脂	大豆	0.5

参考文献

刘长令, 2002. 世界农药大全: 除草剂卷[M]. 北京: 化学工业出版社.

马克比恩 C, 2015. 农药手册[M]. 胡笑形, 等译. 北京: 化学工业出版社.

中国农业百科全书总编辑委员会农药卷编辑委员会, 中国农业百科全书编辑部, 1993. 中国农业百科全书: 农药卷[M]. 北京: 农业出版社.

SHANER D L, 2014. Herbicide handbook[M]. 10th ed. Lawrence, KS: Weed Science Society of America.

（撰稿：李香菊；审稿：耿贺利）

异丙净 dipropetryn

一种均三嗪类选择性除草剂。

其他名称 Cotofor、Sancap、GS-16068、杀草净。

化学名称 2-乙硫基-4,6-双(异丙基)-1,3,5-三嗪；2-ethylthio-4,6-bis(isopropylamino)-1,3,5-triazine。

IUPAC名称 6-(ethylthio)-N^2,N^4-diisopropyl-1,3,5-triazine-2,4-diamine。

CAS登记号 4147-51-7。

EC号 223-973-5。

分子式 $C_{11}H_{21}N_5S$。

相对分子质量 255.38。

结构式

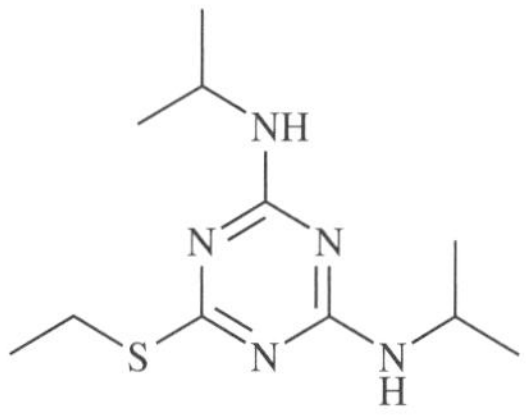

开发单位 1971年由汽巴-嘉基公司推广。

理化性质 原药为白色粉末。熔点104~106℃。相对密度1.12。20℃时蒸气压0.098mPa。在水中溶解度16mg/L（20℃），能溶于有机溶剂。

毒性 大鼠急性经口LD_{50} 4050mg/kg，兔急性经皮LD_{50} > 10g/kg。对狗进行19周饲喂试验，其NOEL为400mg/kg；鹌鹑与鸡的急性经口LD_{50} > 1g/kg。虹鳟LC_{50}（96小时）2.3mg/L，翻车鱼3.7mg/L。

剂型 80%可湿性粉剂，50%胶悬剂。

作用方式及机理 为选择性的芽前土壤处理剂，适用于棉田除草，因其在土壤中的淋渗性较差，施药后降雨或灌溉才能增加其淋渗能力，发挥其药效。当土壤有机质含量高于2%时，须适当增加用药。

防治对象 一年生阔叶杂草，如野苋、马齿苋、龙葵、牵牛花、藜、苍耳、黄花稔，禾本科杂草，如稗草、马唐、蟋蟀草、龙草、臂形草有效，持效期30天左右。

使用方法

防治直播田杂草 用80%异丙净可湿性粉剂1.5~2.25kg/hm²（合有效成分1.2~1.8kg/hm²），加水450kg，于棉花播种时进行土壤处理。对千金子、马唐、异型莎草、繁缕、藜、蓼等都有很好的防除效果。此剂量用于棉花苗床及直播田时，对棉花出苗及棉苗前期生长有一定影响，但对棉花后期生长无影响。

防治苗床杂草 用80%异丙净可湿性粉剂1.5~2.25kg/hm²（合有效成分1.2~1.8kg/hm²）。于棉花播种时，兑水300~600kg，进行土壤喷雾处理，对千金子、牛筋草等有很好的防除效果。

防治育苗移栽棉花田杂草 用80%异丙净可湿性粉剂2~2.5kg/hm²（合有效成分1.5~2.5kg/hm²），兑水375~750kg，进行土壤喷雾处理，对一年生禾本科杂草，如马唐、蟋蟀草、狗尾草、画眉草等及大部分一年生双子叶杂草都有较好效果，但当用药增加到3kg/hm²（合有效成分2.4kg/hm²），直接喷雾于棉苗时，有严重药害。

注意事项 在土壤有机质含量 > 4.5%时，不宜用异丙净，而用氟草隆或扑草净较为适宜。

允许残留量 该药在棉籽中的最大允许残留量为0.1mg/kg（美国）。

参考文献

朱永和, 王振荣, 李布青, 2006. 农药大典[M]. 北京: 中国三峡出版社: 824-825.

（撰稿：杨光富；审稿：吴琼友）

异丙菌胺 iprovalicarb

属羧酸酰胺类（CAAs）中缬氨酰胺氨基甲酸酯类化学结构组。主要用于防治卵菌病害的杀菌剂。

其他名称 Melody、Positon、Invento。

化学名称 2-甲基-1-[(1-对甲基苯基乙基)氨基甲酰基]-(*S*)-丙基氨基甲酸异丙酯。

IUPAC名称 isopropyl[(1*S*)-2-methyl-1-[[(*S*)-1-*p*-tolylethy]carbonyl]propyl]carbamate。

CAS登记号 140923-17-7。

分子式 $C_{18}H_{28}N_2O_3$。

相对分子质量 320.43。

结构式

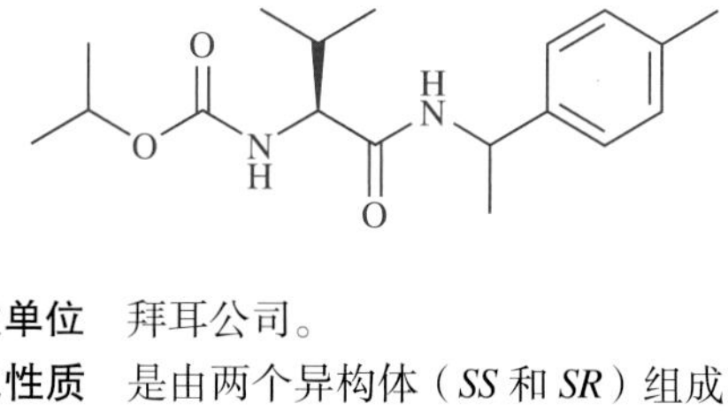

开发单位 拜耳公司。

理化性质 是由两个异构体（*SS*和*SR*）组成的混合物。原药淡黄色粉状固体。纯品为白色固体。熔点：163~165℃（混合物）、183℃（*SR*），199℃（*SS*），蒸气压（mPa，20℃）：7.7×10^{-5}（混合物）、4.4×10^{-5}（*SR*），3.5×10^{-5}（*SS*）。$K_{ow}\lg P$ 3.2

（*SS*和*SR*）。Henry 常数（Pa·m^3/mol，计算值，20℃）：1.3×10^{-6}（*SR*），1.6×10^{-6}（*SS*）。相对密度 1.11（20℃）。水中溶解度（mg/L，20℃）：11（*SR*）、6.8（*SS*）；有机溶剂中溶解度（g/L，20℃）：二氯甲烷 97（*SR*）、35（*SS*），甲苯 2.9（*SR*）、2.4（*SS*），丙酮 22（*SR*）、19（*SS*），己烷 0.06（*SR*）、0.04（*SS*）。

毒性 大鼠急性经口 LD_{50} > 5000mg/kg。大鼠急性经皮 LD_{50} > 5000mg/kg。对兔眼睛和皮肤无刺激。大鼠急性吸入 LC_{50}（4 小时）4977mg/L。NOEL［2 年，mg/(kg·d)］：雄大鼠 500，雌大鼠 500，雄小鼠 1400，雌小鼠 7000，狗 < 80（1 年）。ADI 为 0.015mg/kg。山齿鹑急性经口 LD_{50} > 5000mg/kg。山齿鹑和野鸭饲喂 LC_{50}（5 天）> 5000mg/kg 饲料。鱼类 LC_{50}（96 小时，mg/L）：虹鳟 > 22.7，蓝鳃太阳鱼 > 20.7。蜜蜂 LD_{50}（48 小时）：经口 > 199μg/ 只，接触 > 200μg/ 只。蚯蚓 LC_{50}（14 天）> 1000mg/kg 土壤。

剂型 悬浮剂，水分散粒剂，可湿性粉剂。

作用机理 研究表明其影响卵菌细胞壁重要组成成分纤维素的合成，且与已知杀菌剂作用机理不同，与甲霜灵、霜脲氰等无交互抗性。它通过抑制孢子囊胚芽管的生长、菌丝体的生长和芽孢形成而发挥对作物的保护、治疗作用。

防治对象 主要用于卵菌病害防治，如马铃薯晚疫病、黄瓜霜霉病和葡萄霜霉病。

使用方法 既可用于茎叶处理，也可用于土壤处理（防治土传病害）。防治葡萄霜霉病使用剂量为有效成分 120~150g/hm^2。防治马铃薯晚疫病、番茄晚疫病、黄瓜霜霉病、烟草黑胫病使用剂量为有效成分 180~220g/hm^2。为避免抗性发生，建议与其他保护性杀菌剂混用。

参考文献

刘长令, 2006. 世界农药大全: 杀菌剂卷[M]. 北京: 化学工业出版社: 254-255.

TURNER J A, 2015. The pesticide manual: a world compendium[M]. 17th ed. UK: BCPC: 652-653.

（撰稿：刘西莉；审稿：彭钦）

异丙隆 isoproturon

一种取代脲类除草剂。

其他名称 IPU、Tolkan。

化学名称 3-(4-异丙基苯基)-1,1-二甲基脲；*N*,*N*-dimethyl-*N'*-[4-(1-methylethyl)phenyl]urea。

IUPAC名称 3-(4-isopropylphenyl)-1,1-dimethylurea。

CAS 登记号 34123-59-6。

EC 号 251-835-4。

分子式 $C_{12}H_{18}N_2O$。

相对分子质量 206.28。

结构式

开发单位 德国赫斯特公司（现拜耳公司）。

理化性质 白色结晶。相对密度 1.16（20℃）。熔点 151~153℃。蒸气压 3.15×10^{-6}Pa（20℃）。水中溶解度 70mg/L（20℃）；有机溶剂中溶解度（20℃，g/L）：甲醇 75、二氯甲烷 63、丙酮 38、二甲苯 38、苯 5、己烷 0.1。

毒性 低毒。急性经口 LD_{50}（mg/kg）：大鼠 > 3900，小鼠 3350。急性经皮 LD_{50}（mg/kg）：兔 2000，大鼠 > 3170。大鼠急性吸入 LC_{50}（4 小时）> 1.95mg/L。对兔皮肤无刺激性。对鱼、鸟低毒。鱼类 LC_{50}（96 小时，mg/L）：鲤鱼 193、虹鳟 37、翻车鱼 > 100、鲇鱼 9。蜜蜂经口 LD_{50} > 50~100μg/ 只。日本鹌鹑急性经口 LD_{50} 3042~7926mg/kg，鸽子急性经口 LD_{50} > 5000mg/kg。

剂型 5%、50%、70%、75% 可湿性粉剂，50% 悬浮剂。

质量标准 异丙隆原药（Q/XAK 006—2013）。

作用方式及机理 内吸、选择性除草剂。主要由根吸收，叶片吸收很少。植物吸收药剂后在导管内随水分向上传导，多分布于叶尖和叶缘，抑制植物光合作用，使植物细胞在光照下不能放出氧和二氧化碳，有机物合成停止，造成敏感杂草因饥饿死亡。其受害症状是叶尖、叶缘褪绿、变黄、枯死。

防治对象 小麦田一年生禾本科杂草及某些阔叶杂草，如看麦娘、日本看麦娘、早熟禾、野燕麦、硬草、播娘蒿、牛繁缕、萹蓄、藜、野芥菜等。对猪殃殃、荠菜、婆婆纳、委陵菜等防效较差。

使用方法 冬前小麦齐苗至 3 叶期，每亩用 50% 可湿性粉剂 120~160g（有效成分 60~80g），加水 30~40L 喷雾。在长江中下游麦田也可在小麦播后苗前施药，每亩用 50% 可湿性粉剂 120~140g（有效成分 60~70g），加水 40~50L 喷雾。

注意事项 ①土壤墒情好，药效理想，土壤干旱除草效果不佳。②药剂做土壤处理与露籽麦或麦根接触，易引起死苗，成苗减少，生产上小麦播种后应充分覆土再施药。③杂草分蘖前施药效果理想，叶龄大施药效果差，因此，宜在秋季杂草出苗后施药。④长江中下游冬麦田使用时，对后茬水稻的安全间隔期不少于 109 天。

与其他药剂的混用 可与苯磺隆、吡氟酰草胺、2 甲 4 氯、炔草酯、环吡氟草酮等混用。

允许残留量 GB 2763—2021《食品中农药最大残留限量标准》规定异丙隆最大残留限量见表。ADI为0.015mg/kg。谷物按照 GB/T 20770 规定的方法测定。

部分食品中异丙隆最大残留限量（GB 2763—2021）

食品类别	名称	最大残留限量（mg/kg）
谷物	小麦	0.05
	糙米	0.05

参考文献

刘长令, 2002. 世界农药大全: 除草剂卷[M]. 北京: 化学工业出版社.

马克比恩 C, 2015. 农药手册[M]. 胡笑形, 等译. 北京: 化学工业出版社.

中国农业百科全书总编辑委员会农药卷编辑委员会, 中国农业百科全书编辑部, 1993. 中国农业百科全书: 农药卷[M]. 北京: 农业出版社.

SHANER D L, 2014. Herbicide handbook[M]. 10th ed. Lawrence, KS: Weed Science Society of America.

（撰稿：李香菊；审稿：耿贺利）

异丙威 isoprocarb

一种具有触杀和胃毒作用的氨基甲酸酯类杀虫剂。

其他名称 灭扑威、异灭威、灭扑散、速死威、杀虱蚧、瓜舒、蚜虫清、熏宝、打灭、易死、凯丰、稻开心、大纵杀、Bayer 39731、Bayer 105807、Bayer KHE 0145、OMS32、ENT25670。

化学名称 邻异丙基苯基甲基氨基甲酸酯。

IUPAC名称 2-(1-methylethyl)phenyl methylcarbamate。

CAS登记号 2631-40-5。

EC号 220-114-6。

分子式 $C_{11}H_{15}NO_2$。

相对分子质量 193.24。

结构式

开发单位 1970年德国拜耳公司和三菱化学工业公司（现为三菱化学公司）开发。

理化性质 纯品为白色结晶状粉末。熔点93~96℃。20℃时蒸气压2.8mPa。原粉为浅红色片状结晶。相对密度0.62（25℃）。沸点128~129℃（2.67kPa）。熔点89~91℃。闪点156℃，分解温度为180℃。蒸气压0.13Pa（25℃）。20℃时，在丙酮中溶解度400g/L，甲醇125g/L，二甲苯<50g/L，水265mg/L。在碱性和强酸性中易分解，但在弱酸中稳定。对光和热稳定。

毒性 中等毒性。原粉急性经口LD_{50}：大鼠403~485mg/kg，雄小鼠193mg/kg。急性经皮LD_{50}：雄大鼠>500mg/kg，兔10g/kg。雄大鼠急性吸入LC_{50}>0.4mg/L。对兔眼睛和皮肤的刺激性极小。试验动物显示无明显蓄积性。在试验剂量内对动物未见致突变、致畸、致癌作用，2年喂养试验NOEL：大鼠0.5mg/（kg·d），小猎兔犬8.7mg/（kg·d）。90天饲喂试验NOEL：大鼠300mg/kg饲料，狗500mg/kg饲料。大鼠急性吸入LC_{50}（4小时）>0.5mg/L（烟雾剂）。该品对于甲壳纲以外的鱼类都是低毒的，鱼类LC_{50}（96小时）：鲤鱼10~20mg/L，金色圆腹雅罗鱼20~40mg/L；鲤鱼LC_{50}（48小时）>100mg/L，金鱼LC_{50}（24小时）32mg/L。对蜜蜂有毒。水蚤LC_{50}（3小时）0.3mg/L。

剂型 2%、4%异丙威粉剂，2%灭扑散粉剂（Micpin 2 Dust），20%异丙威乳油。国外还有75%、50%可湿性粉剂，5%热雾剂，4%、5%颗粒剂和5%粉剂。2%、4%、10%粉剂，20%乳油，8%增效乳油，10%、15%、20%烟剂。

质量标准 2%异丙威粉剂含异丙威2%，外观为白色疏松粉末，95%通过200目筛，水分含量≤1.5%，pH5~8。4%异丙威粉剂含异丙威4%，外观为浅黄色疏松粉末，95%通过200目筛，水分≤1.5%，pH5~8。10%可湿性粉剂：含量≥10%，悬浮率≥42%，细度（通过45μm孔筛）≥95%，水分≤3%，湿润时间1分钟，pH6~8。20%乳油：含量≥20%，酸度（以HCl计）≥0.2%，水分含量≤0.1%，乳液稳定性合格。

作用方式及机理 氨基甲酸酯类杀虫剂，具有较强的触杀作用。对昆虫的作用是抑制乙酰胆碱酯酶，致使昆虫麻痹至死亡。对稻飞虱、叶蝉科害虫具有特效。击倒力强，药效迅速，但持效期较短，一般只有3~5天。可兼治蓟马和蚂蟥，对稻飞虱天敌、蜘蛛类安全。具有较强的触杀作用。选择性强，对多种作物安全。可以和大多数杀菌剂或杀虫剂混用。用于防治果树、蔬菜、粮食、烟草、观赏植物上的各种蚜虫，对有机磷产生抗性的蚜虫十分有效。

防治对象 用于防治果树、蔬菜、粮食、马铃薯、甜菜、烟草、观赏植物上的各种蚜虫，对有机磷农药产生抗性的蚜虫十分有效。

使用方法

防治飞虱、叶蝉 在若虫高峰期，用2%粉剂30~37.5kg/hm^2（有效成分600~750g）。直接喷雾或混细土200kg，均匀撒施。或用20%乳油2.25~3L/hm^2（有效成分450~600g/hm^2）。

防治甘蔗扁飞虱 留宿根的甘蔗在开垄松蔸后培土前，用2%粉剂30~37.5kg/hm^2（有效成分600~750g/hm^2）混细沙土20kg，撒施于甘蔗心叶及叶鞘间。防治效果良好，持效1周左右。

防治柑橘潜叶蛾 在柑橘放梢时用20%乳油兑水500~800倍（有效成分400~250mg/kg）喷雾。

用颗粒剂处理土壤防治马铃薯、烟草、菊花上的蚜虫旱地作物用10%颗粒剂10~15kg/hm^2行施或沟施。蔬菜用10%颗粒剂20~30kg/hm^2。日本规定最后一次施药距收获期：橘100天，桃、梅30天，苹果、梨21天，大豆、萝卜、白菜7天，黄瓜、茄子、番茄、圆辣椒1天。该品的选择性好，对一些寄生蜂无影响。对多种作物安全，可以和大多数杀菌剂或杀虫剂混用。根据毒理学试验和残留限量测定结果，该品在收获前4天宜停止使用。中国农药使用准则国家标准规定，2%异丙威粉剂在水稻上的安全间隔期为14天。

注意事项 ①对薯类有药害，不宜在薯类作物上使用。施用该品前、后10天不可使用敌稗。使用异丙威应遵守农药合理使用准则。应在阴凉干燥处保存。勿靠近粮食和饲料，勿让儿童接触。②使用异丙威应遵守农药安全使用的一般操作规程。中毒时轻度症状为头痛、恶心、呕吐、大量流汗、瞳孔缩小、腹痛；中度症状为肌肉纤维痉挛、步行困难、语言障碍；重症为意识昏迷、对反射消失、全身痉挛。在使用过程中接触中毒时，要脱下污染了的衣服，并用肥皂水清洗被污染的皮肤。如溅入眼中，要用大量清水（最好是食盐水）冲洗15分钟以上。

与其他药剂的混用　不可与碱性物质混用。可与氯吡硫磷、噻嗪酮、抗蚜威、哒螨灵、吡虫啉、丁硫克百威、马拉硫磷、辛硫磷以及井冈霉素等多种药剂混用，以扩大防治范围和增强防治效果。常见的复配制剂有13%毒·异乳油、25%噻·异乳油、25%抗·异烟剂，12%哒·异烟剂，20%丁硫·异乳油、30%马·异乳油、32%辛·异乳油、32%井·噻·异可湿性粉剂等。

允许残留量　GB 2763—2021《食品中农药最大残留限量标准》规定异丙威最大残留限量（mg/kg）：大米0.2，小麦0.2，黄瓜0.5。ADI为0.002mg/kg。

参考文献

朱永和, 王振荣, 李布青, 2006. 农药大典[M]. 北京: 中国三峡出版社.

（撰稿：李圣坤；审稿：吴剑）

异草完隆　isonoruron

一种脲类除草剂。

其他名称　Basfitox、BAS 2103H、Tricuron。

化学名称　*N,N*-二甲基-*N′*-[1-或2-(2,3,3*a*,4,5,6,7,7*a*-8*H*-4,7-亚甲基-1*H*-茚基)]脲；*N,N*-dimethyl-*N′*-[1-or2-(2,3,3*a*,4,5,6,7,7*a*-octahydro-4,7-methano-1*H*-indenyl)]urea。

IUPAC名称　(I)1,1-dimethyl-3-((3*aR*,4*R*,7*S*,7*aS*)-octahydro-1*H*-4,7-methanoinden-1-yl)urea; (II)1,1-dimethyl-3-((3*aR*,4*R*,7*S*,7*aS*)-octahydro-1*H*-4,7-methanoinden-2-yl)urea。

CAS登记号　28805-78-9。

EC号　249-245-7。

分子式　$C_{13}H_{22}N_2O$。

相对分子质量　222.33。

结构式

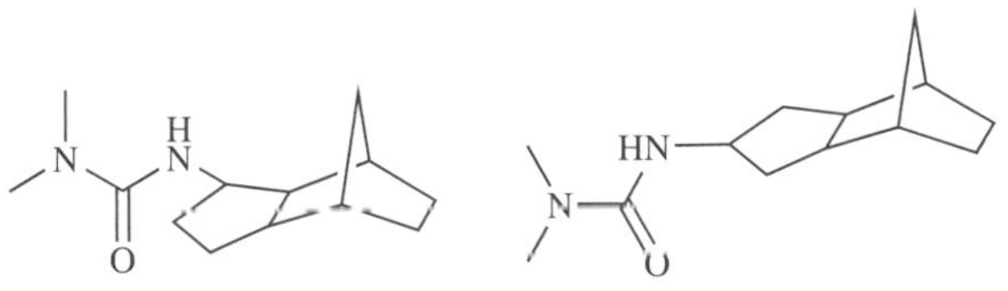

I　　II

开发单位　德国巴斯夫公司。

理化性质　白色粉末状结晶。熔点150～180℃。相对密度1.1（20℃）。20℃时在水中溶解度为220mg/L；20℃时在有机溶剂中溶解度：丙酮1.1%、苯0.78%、氯仿13.8%、乙醇17.5%。

毒性　大鼠急性经口LD_{50} 0.5g/kg。制剂Basfitox的急性经皮LD_{50}：大鼠2.5g/kg、兔4g/kg。用含0.4g/kg的饲料喂养大鼠或1.6g/kg的饲料喂养猎兔犬，4个月未引起中毒症状。50%的该药溶液用于兔背部20小时未引起症状。对虹鳟用Basfitox制剂接触24小时、48小时和4天的LC_{50}分别为18mg/L、12mg/L和8mg/L。

剂型　悬浮剂。

质量标准　纯品≥95%。

作用方式及机理　该除草剂为光合电子传递抑制剂，作用在光系统II受体部位。

防治对象　鼠尾看麦娘、绢毛剪股颖和一年生阔叶杂草。

使用方法　施用剂量为3.4～4kg/hm^{2}加水280～560L，直到条播后3周作芽前除草剂，在秋季或在春季谷物从休眠返青时作芽后除草剂。施药最好在鼠尾看麦娘不多于4叶期，绢毛剪股颖不多于7叶期，阔叶杂草不多于3～5叶期。与播土隆（buturon）的2∶3混合制剂用作马铃薯的芽前除草剂，剂量为每公顷3.4～4.5kg。冬季谷物田中用Basanor 3.4～4kg/hm^{2}作芽前土壤处理或芽后基叶处理。施药最好在鼠尾看麦娘不多于4叶期，绢毛剪股颖不多于7叶期，阔叶杂草不多于3～5叶期。马铃薯田中可用Basfitox为3.4～4.5kg/hm^{2}作芽前处理。

与其他药剂的混用　含25%异草完隆和25%杀秀敏（brompyrazon）的可湿性粉剂；Basfitox是含20%异草完隆和30%播土隆（buturon）的可湿性粉剂。

参考文献

孙家隆, 2015. 新编农药品种手册[M]. 北京: 化学工业出版社.

（撰稿：李玉新；审稿：耿贺利）

异稻瘟净　iprobenfos

一种具有内吸传导作用的有机磷杀菌剂。

其他名称　Kitazin P、异丙稻瘟净。

化学名称　*O,O*-双(1-甲基乙基)-*S*-(苯基甲基)硫代磷酸酯；*O,O*-bis(1-methylethyl)*S*-(phenylmethyl)phosphorothioate。

IUPAC名称　*S*-benzyl *O,O*-diisopropyl phosphorothioate。

CAS登记号　26087-47-8。

EC号　247-449-0。

分子式　$C_{13}H_{21}O_3PS$。

相对分子质量　288.34。

结构式

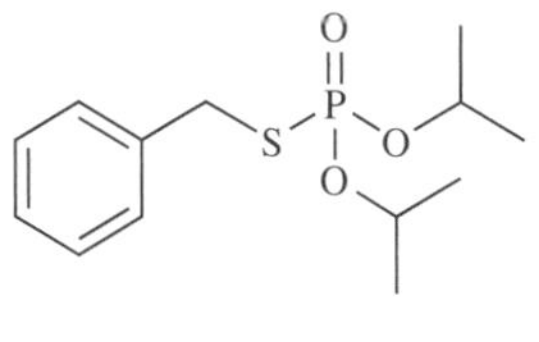

开发单位　日本组合化学公司。

理化性质　原药为淡黄色油状液体，含量为92%。纯品为无色透明油状液体。熔点22.5～23.8℃。沸点187.6℃（1862Pa）。蒸气压0.247mPa（25℃）。K_{ow}lg$P$ 3.37（pH7.1，20℃）。Henry常数1.66×10^{-4}Pa·m^3/mol。相对密度1.1（20℃）。水中溶解度0.54g/L（20℃）；丙酮、乙腈、甲醇、二甲苯

中溶解度＞500g/L（20℃）。稳定性：不高于150℃时稳定，水中DT_{50} 6267小时（pH4），6616小时（pH7），6081小时（pH9）（25℃）。在水中的光解半衰期DT_{50}：6.9天（天然水），11.6天（蒸馏水）（25℃，400W/m^2，300～800nm）。

毒性 急性经口LD_{50}（mg/kg）：雄大鼠790，雌大鼠680，雄小鼠1710，雌小鼠1950。小鼠急性经皮LD_{50} 4000mg/kg。大鼠急性吸入LC_{50}（4小时）＞5.15mg/L空气。对豚鼠皮肤过敏。NOEL［2年，mg/（kg·d）］：雄大鼠3.54，雌大鼠4.53。公鸡急性经口LD_{50} 705mg/kg。山齿鹑饲喂LC_{50}（14天）709mg/kg饲料。鲤鱼LC_{50}（96小时）18.2mg/L。水蚤EC_{50}（48小时）0.815mg/L。羊角月牙藻E_bC_{50}（72小时）6.05mg/L。其他水生生物LC_{50}（96小时，mg/L）：斑节对虾10.9，日本沼虾12.2。蜜蜂LD_{50}（48小时）37.34μg/只。其他有益生物：吸浆虫幼虫LC_{50}（48小时）1.45mg/L。

剂型 40%、50%乳油，20%粉剂，17%颗粒剂。

作用方式及机理 具有内吸传导作用。磷酸脂（phospholipid）合成抑制剂。主要干扰细胞膜透性，阻止某些亲脂几丁质前体通过细胞质膜，使几丁质的合成受阻碍，细胞壁不能生长，抑制菌体的正常发育。

防治对象 稻瘟病。对水稻纹枯病、小球菌核病、玉米小斑病、玉米大斑病等也有防效，兼治稻叶蝉、稻飞虱等害虫。

使用方法

防治水稻叶瘟病 应用适期为田间始见稻瘟病急性型病斑时，每亩用40%异稻瘟净乳油150ml，加水75kg，常量喷雾或加水15～20kg低容量喷雾。若病情继续发展，可在第一次喷药后7天再喷1次。

防治水稻穗瘟病 在水稻破口期和齐穗期各喷药1次，每次每亩用40%异稻瘟净乳油150～200ml，加水60～75kg，常量喷雾或加水15～20kg低容量喷雾。对前期叶瘟发生较重、后期肥料过多、稻苗生长嫩绿、抽穗不整齐、易感病品种的田块，同时在水稻抽穗期多雨露的情况下，可在第二次喷药后7天再喷1次，以减轻枝梗瘟的发生。

注意事项 禁止与碱性农药、高毒有机磷杀虫剂及五氯酚钠混用。

与其他药剂的混用 可与稻瘟灵、井冈霉素、甲胺磷等复配。禁止与碱性农药、高毒有机磷杀虫剂及五氯酚钠混用。

允许残留量 GB 2763—2021《食品中农药最大残留限量标准》规定最大残留限量糙米为0.5mg/kg。ADI为0.035mg/kg。

参考文献

TOMLIN C D S, 2009. The pesticide manual: a world compendium[M]. 15th ed. UK: BCPC: 664-665.

（撰稿：刘长令、杨吉春；审稿：刘西莉、张灿）

异丁草胺 delachlor

一种氯乙酰胺类内吸、选择性芽前除草剂。

其他名称 CP52223。

化学名称 2-氯-*N*-(异丁氧基甲基)-乙酰-2′,6′-二甲基苯胺；2-chloro-*N*-(-2,6-dimethylphenyl)-*N*-[(2-methylpropoxy)methyl-acetamide。

IUPAC名称 2-chloro-*N*-(-)-*N*-[(2-methylpropoxy)methyl-2,6-dimethyl acetanilide。

CAS登记号 24353-58-0。

分子式 $C_{15}H_{22}ClNO_2$。

相对分子质量 283.79。

结构式

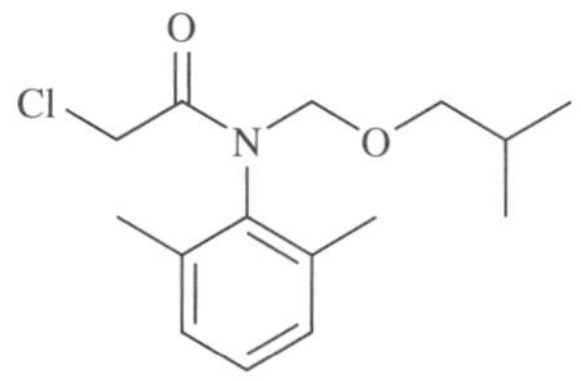

开发单位 1969年孟山都化学公司开发。

理化性质 沸点135～140℃。在水中溶解度59mg/L。

毒性 大鼠急性经口LD_{50} 1750mg/kg。

剂型 48%乳油，可湿性粉剂。

作用方式及机理 主要由萌发的幼芽吸收，根部吸收是次要的。可抑制脂肪酸、脂类、蛋白质、类黄酮等的生物合成。

防治对象 应用于甜菜、花生、玉米、马铃薯、大豆等作物田防除一年生禾本科杂草和阔叶杂草。

使用方法 芽前土壤处理剂，用量1～2kg/hm^2。

与其他药剂的混用 可与灭草特、菌草敌、甜菜宁混配。

参考文献

马克比恩 C, 2015. 农药手册[M]. 胡笑形, 等译. 北京: 化学工业出版社: 1080.

石得中, 2008. 中国农药大辞典[M]. 北京: 化学工业出版社: 551-552.

（撰稿：王红学；审稿：耿贺利）

异噁草醚 isoxapyrifop

一种苗后除草剂，为脂肪酸合成抑制剂。

其他名称 HOK-1566、HOK-868、RH-0898。

化学名称 (*RS*)-2-[2-[4-(3,5-二氯-2-吡啶氧基)苯氧基]丙酰基]异噁唑烷。

IUPAC名称 (*RS*)-2-[2-[4-(3,5-dichloro-2-pyridyloxy)phenoxy]propoxy]isoxazolidine。

CAS登记号 87757-18-4。

分子式 $C_{17}H_{16}Cl_2N_2O_4$。

相对分子质量 383.23。

结构式

Cl, Cl, N, O, O, O, N, O (structural formula)

开发单位 北兴化学工业公司与罗姆-哈斯公司联合开发。

理化性质 纯品为无色晶体，熔点121～122℃。水中溶解度（25℃）9.8mg/L。K_{wo}lg$P$ 3.68。密度1.393g/cm^3。沸点474.2℃（101.32kPa）。闪点240.6℃。折射率1.594。

毒性 低毒。原药大鼠急性经口LD_{50} 1400mg/kg（雌），500mg/kg（雄），急性经皮LD_{50}＞5000mg/kg，鱼类LC_{50}（96小时）：大翻车鱼1.4mg/L，虹鳟1.3mg/L。水蚤LC_{50}（6小时）＞10.1mg/L。日本鹑LD_{50}＞5000mg/kg。致突变性（5种不同试验）：无致突变性。致畸性（大鼠、兔）：2周范围研究中，无致畸性发现。对兔皮肤无刺激性，对眼睛有轻微刺激性。

剂型 50%可分散粒剂，22%悬浮剂。

作用方式及机理 属杂环氧苯丙酸类除草剂，主要抑制脂肪酸的合成，药剂通过叶片吸收，传导至分生组织，抑制分生组织的生长，幼嫩组织失绿坏死。一般3～6周内杂草死亡。是防治禾本科杂草有效的芽后除草剂。

防治对象 适用于棉花、大豆、甜菜等双子叶作物田和水稻、小麦田防治燕麦、黑麦草、看麦娘、臂形草、稗草、千金子、狗尾草等禾本科杂草，对旱雀麦和莎草无效。

使用方法 小麦、水稻芽后杂草2～4叶期75～105g/hm^2（有效成分）喷雾处理。杂草4～6叶期使用要适当增加药量。

注意事项 该药不能与磺酰脲类或苯氧乙酸类除草剂混用。

参考文献

杨桂秋, 侯岳华, 程学明, 等, 2013. 异噁草醚的合成及其除草活性[J]. 现代农药, 12 (1) : 28-30.

赵祖培 (译), 1993. RH-0898禾本科杂草防除用新颖选择性芽后除草剂[J]. 农药译丛, 15 (4) : 55-58.

（撰稿：邹小毛；审稿：耿贺利）

异噁草松 clomazone

一种异噁唑啉酮类除草剂。

其他名称 广灭灵、异噁草酮。

化学名称 2-(2-氯苄基)-4,4-二甲基异噁唑啉-3-酮。

IUPAC名称 2-(2-chlorobenzyl)-4,4-dimethyl-1,2-oxazolidin-3-one。

CAS登记号 81777-89-1。

EC号 617-258-0。

分子式 $C_{12}H_{14}ClNO_2$。

相对分子质量 239.70。

结构式

O, N, O, Cl (structural formula)

开发单位 富美实公司。

理化性质 淡棕色黏稠液体。相对密度1.192（20℃）。熔点25℃。沸点275℃。蒸气压1.92×10^{-2}Pa（25℃）。水中溶解度1.1g/L，易溶于丙酮、乙腈、氯仿、环己酮、二氯甲烷、甲醇、甲苯、己烷、二甲基甲酰胺。其水溶液在日光下半衰期30天。

毒性 低毒。大鼠急性经口LD_{50}（mg/kg）：2077（雄）、1369（雌）。兔急性经皮LD_{50}＞2000mg/kg。大鼠急性吸入LC_{50}（4小时）4.8mg/L。对兔眼睛几乎无刺激性。大鼠饲喂试验NOEL 4.3mg/（kg·d）（2年）。对鱼、鸟低毒。鱼类LC_{50}（96小时，mg/L）：虹鳟19、大翻车鱼34。水蚤LC_{50}（48小时）5.2mg/L。水藻EC_{50}（48小时）2.10mg/L。山齿鹑和野鸭急性经口LD_{50}＞2510mg/kg，饲喂（8天）LC_{50}＞5620mg/kg饲料。蚯蚓LC_{50}（14天）156mg/kg土壤。

剂型 48%、360g/L、480g/L乳油，360g/L微囊悬浮剂。

质量标准 异噁草松原药（GB 24751—2009）。

作用方式及机理 选择性芽前、芽后除草剂。通过植物的根和幼芽吸收，向上传导到植株各部位，抑制类胡萝卜素和叶绿素的合成。做土壤处理时杂草虽能萌芽出土，但出土后不能产生色素，短期内死亡。茎叶处理仅有触杀作用，不向下传导。

防治对象 一年生禾本科杂草和阔叶杂草，如稗、狗尾草、马唐、牛筋草、阿拉伯高粱、毛臂形草、龙葵、香薷、水棘针、马齿苋、苘麻、藜、遏蓝菜、蓼、鸭跖草、狼把草、鬼针草、曼陀罗、苍耳、豚草等。对多年生杂草刺儿菜、大刺儿菜、苣荬菜、问荆等有较强抑制作用。

使用方法 茎叶喷雾。用于大豆、马铃薯、花生、烟草、油菜、水稻等田地除草。

防治大豆田杂草 春大豆播后苗前，每亩用480g/L异噁草松乳油130～160g（有效成分62.4～76.8g），兑水40～50L土壤均匀喷雾。

防治甘蔗田杂草 甘蔗芽前，每亩用480g/L异噁草松乳油110～140g（有效成分52.8～67.2g），兑水40～50L土壤均匀喷雾。

防治水稻田杂草 水稻播种后0～3天，即水稻立针期之前用药，每亩用480g/L异噁草松乳油26.4～37.5g（有效成分12.67～18g），兑水40～50L土壤均匀喷雾。药后7～10天保持田间湿润。水稻2叶1心后建立水层，水层高度以不淹没水稻心叶为准。

防治甘蓝田杂草 甘蓝型油菜移栽前1～3天，每亩用360g/L异噁草松乳油26～33g（有效成分9.36～11.88g），兑水40～50L土壤均匀喷雾。

注意事项 ①在土壤中的残留期可持续6个月以上，施药当年秋（即施用后4～5个月）或翌年春（即施用后6～10个月），都不宜种植小麦、大麦、燕麦、黑麦、谷子、苜蓿。

与敏感作物间作或套种的春大豆田，也不宜使用。②土壤砂性过强、有机含量过低或土壤偏碱性时，该品与赛克津混用会使大豆产生药害。③不能与碱性物质混用。

允许残留量　GB 2763—2021《食品中农药最大残留限量标准》规定异噁草松最大残留限量见表。ADI 为 0.133mg/kg。

部分食品中异噁草松最大残留限量（GB 2763—2021）

食品类别	名称	最大残留限量（mg/kg）
谷物	糙米	0.02
油料和油脂	油菜籽	0.10
	大豆	0.05
糖料	甘蔗	0.10

参考文献

刘长令, 2002. 世界农药大全: 除草剂卷[M]. 北京: 化学工业出版社.

马克比恩 C, 2015. 农药手册[M]. 胡笑形, 等译. 北京: 化学工业出版社.

中国农业百科全书总编辑委员会农药卷编辑委员会, 中国农业百科全书编辑部, 1993. 中国农业百科全书: 农药卷[M]. 北京: 农业出版社.

SHANER D L, 2014. Herbicide handbook[M]. 10th ed. Lawrence, KS: Weed Science Society of America.

（撰稿：李香菊；审稿：耿贺利）

异噁隆　isouron

一种脲类选择性除草剂。

其他名称　爱速隆、异唑隆、Isuron、Isoxyl。

化学名称　3-(5-叔丁基-3-异唑基)-1,1-二甲基脲；*N'*-[5-(1,1-dimethylethyl)-3-isoxazolyl]-*N*,*N*-dimethylurea。

IUPAC 名称　3-(5-*tert*-butylisoxazol-3-yl)-1,1-dimethylurea。

CAS 登记号　55861-78-4。

分子式　$C_{10}H_{17}N_3O_2$。

相对分子质量　211.26。

结构式

开发单位　日本农药公司开发。H. Yukinaga 等报道其除草活性。

理化性质　纯品为无色晶体，熔点 119～120℃。蒸气压 0.116mPa（25℃），相对密度 1.153。水中溶解度 0.585g/L（22℃）；有机溶剂中溶解度（g/L，20℃）：正己烷 8.97、甲苯 363、二氯甲烷 661、丙酮 467、甲醇 623、乙酸乙酯 375（g/L，20℃）。水解稳定（pH4～9），水溶液光解 DT_{50} 274 天（蒸馏水，25℃）。闪点 156℃。

毒性　急性经口 LD_{50}：雄大鼠 630mg/kg，雌大鼠 760mg/kg，雄小鼠 520mg/kg，雌小鼠 530mg/kg。大鼠急性经皮 LD_{50} > 5g/kg。对兔皮肤无刺激性，对眼睛有轻微刺激。大鼠急性吸入 LC_{50}（8 小时）> 0.415mg/L。2 年 NOEL：雄大鼠 7.26mg/（kg・d），雌大鼠 8.77mg/（kg・d），雄小鼠 3.42mg/（kg・d），雌小鼠 16.6mg/（kg・d）。对人的 ADI 为 0.0342mg/kg。该品无诱变性。鹌鹑急性经口 LD_{50} > 2g/kg。鱼类 LC_{50}（48 小时）：鲤鱼 79mg/L（原药），日本金鱼 173mg/L，蓝鳃鱼（96 小时）约 140mg/L，虹鳟（96 小时）110～140mg/L。蜜蜂急性经口 LD_{50}（72 小时）1600mg/kg。

剂型　500g/kg 可湿性粉剂，40g/kg、10g/kg 颗粒剂。

作用方式及机理　光合电子传递抑制剂，作用位点为光合体系Ⅱ受体。选择性内吸性除草剂，主要通过根吸收。

防治对象　适用于非耕地、草坪、旱田、林地等，防除的主要杂草有马唐、狗尾草、雀稗、白茅、蓼、艾蒿等。

使用方法　甘蔗田以 0.5～1.5kg/hm² 于芽前和芽后早期使用，土壤处理或茎叶处理均可。非耕地 2.5～10kg/hm² 可彻底防除杂草。

环境行为　动物经口给药后，48 小时内随粪便和尿液排出。植物代谢主要有两个途径，即 *N*-去甲基化或叔丁基团的羟基化作用。在土壤中发生微生物代谢，DT_{50} 20～37 天。

分析　产品和残留采用衍生物 GLC 分析。

参考文献

马克比恩 C, 2015. 农药手册[M]. 胡笑形, 等译. 北京: 化学工业出版社: 604-605.

中国农业百科全书总编辑委员会农药卷编辑委员会, 中国农业百科全书编辑部, 1993. 中国农业百科全书: 农药卷[M]. 北京: 农业出版社: 24.

（撰稿：王忠文；审稿：耿贺利）

异噁氯草酮　isoxachlortole

一种对羟苯基丙酮酸酯双氧化酶抑制剂类除草剂。

其他名称　Methanone、RPA 201735、异噁唑草酮。

化学名称　4-氯-2-甲磺酰基苯基(5-环丙基-1,2-噁唑-4-基)酮；[4-chloro-2-(methylsulfon)phenyl](5-cyclopropyl-4-isoxazolyl)methanone。

IUPAC 名称　4-chloro-2-(methylsulfonyl)phenyl)(5-cyclopropylisoxazol-4-yl)methanone。

CAS 登记号　141112-06-3。

分子式　$C_{14}H_{12}ClNO_4S$。

相对分子质量　325.77。

结构式

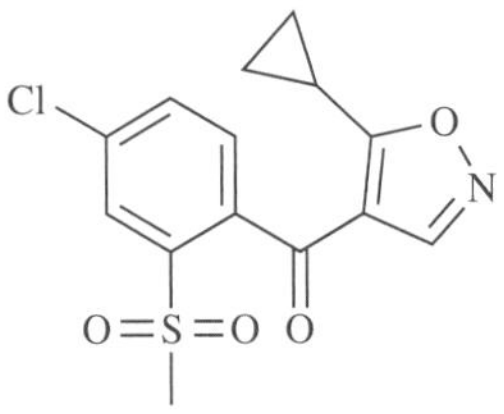

开发单位　安万特公司（现拜耳公司）。

理化性质　固体。熔点184.33℃。相对密度1.44（20℃）。蒸气压0.26mPa（20℃）。在水中溶解度195.9mg/L（20℃）。

作用方式及机理　对羟基苯基丙酮酸酯双氧化酶抑制剂。通过植物根、叶面吸收，阻止乙酰羟酸合成酶的作用，影响生物合成、植物生长受抑制而使叶面失绿、白化、生长停止、坏死；或是敏感植物吸收后导致植株扭曲、生长畸形，储藏物质耗尽而逐渐死亡。

使用方法　使用剂量为75~140g/hm^2。

参考文献

刘长令, 2002. 世界农药大全: 除草剂卷[M]. 北京: 化学工业出版社: 112.

（撰稿：李玉新；审稿：耿贺利）

异噁酰草胺　isoxaben

一种酰胺类选择性除草剂。

其他名称　Brake、Flexidor、Benzamizole、异噁草胺。

化学名称　*N*-[3-(1-乙基-1-甲基丙基)-1,2-噁唑-5-基]-2,6-二甲氧基苯甲酰胺；benzamide-*N*-[3-(1-ethyl-1-methylpropyl)-5-isoxazolyl]-2,6-dimethoxy。

IUPAC名称　*N*-[3-(1-ethyl-1-methylpropyl)-5-isoxazolyl]-2,6-dimethoxybenzamide。

CAS登记号　82558-50-7。

EC号　407-190-8。

分子式　$C_{18}H_{24}N_2O_4$。

相对分子质量　332.39。

结构式

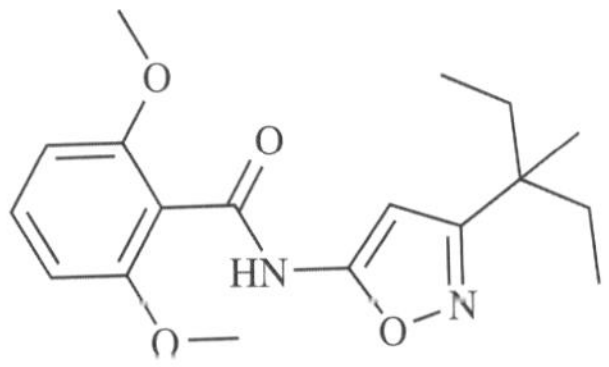

开发单位　1982年F. Huggenberger报道，由道农科公司开发。

理化性质　纯品为白色晶体，形成一水化物，熔点176~179℃。蒸气压5.5×10^{-4}mPa（20℃）。K_{ow}lg$P$ 3.94（pH5.1，20℃）。Henry常数1.29×10^{-4}Pa·m^3/mol。相对密度0.58（22℃）。水中溶解度1.42mg/L（pH7，20℃）；有机溶剂中溶解度（mg/L，20℃）：甲醇、乙酸乙酯、二氯甲烷50~100，乙腈30~50，甲苯3~5，正己烷0.07~0.08。在pH5~9的水中稳定，但其水溶液易发生光解。

毒性　大鼠和小鼠急性经口LD_{50}＞10g/kg，狗急性经口LD_{50}＞5g/kg，兔急性经皮LD_{50} 2g/kg。对兔皮肤和眼睛有轻微刺激，对豚鼠皮肤无致敏性。大鼠急性吸入LC_{50}（1小时）＞1.99mg/L。大鼠（2年）NOEL 5.6mg/（kg·d）。3个月饲喂试验，饲料中含有1.25%药剂，只引起肝肾重量增加，肝微粒体酶水平升高。ADI/RfD 0.06mg/kg（2002）。cRfD 0.05mg/kg（1991）。无致突变作用。大鼠急性腹腔LD_{50}＞2000mg/kg，小鼠LD_{50}＞5000mg/kg。山齿鹑急性经口LD_{50}＞2000mg/kg。野鸭和山齿鹑饲喂LC_{50}（5天）＞5000mg/kg饲料，蓝鳃翻车鱼、虹鳟、鲤鱼LC_{50}（96小时）＞1.1mg/L，水蚤LC_{50}（48小时）＞1.3mg/L。羊角月牙藻EC_{50}（14天）＞1.4mg/L。田间条件下，对蜜蜂无明显伤害，LD_{50}＞100μg/只，蚯蚓最大无作用剂量（14天）＞500mg/kg干土。

剂型　颗粒剂，悬浮剂，水分散颗粒剂。

作用方式及机理　细胞壁（纤维素）生物合成抑制剂。选择性除草剂，主要通过根吸收，传导至茎和叶片，干扰发芽种子的根、茎生长。

防治对象　防除大部分春天和秋天发芽的阔叶杂草，包括洋甘菊、繁缕、蓼、婆婆纳、田堇菜。对冬大麦、小麦、黑麦和燕麦在推荐剂量下无药害。

使用方法　谷物地使用剂量以50~125g/hm^{2}芽前施药，可防除禾谷类作物、树木、葡萄和草坪中的阔叶杂草，如母菊、繁缕、蓼、婆婆纳和堇菜等。其他用途剂量可高达1kg/hm^2。

注意事项　使用后立刻种植一些轮作作物可能会产生药害。

与其他药剂的混用　可与绿麦隆混配；混剂：Glytex、Mesox（Bayer），可湿性粉剂（该品+甲基苯噻隆）。

允许残留量　欧盟残留标准：茶叶＜0.02mg/kg。

参考文献

刘长令, 2002. 世界农药大全: 除草剂卷[M]. 北京: 化学工业出版社: 274-275.

马克比恩C, 2015. 农药手册[M]. 胡笑形, 等译. 北京: 化学工业出版社: 605-606.

（撰稿：王红学；审稿：耿贺利）

异菌脲　iprodione

一种广谱、触杀型酰亚胺类杀菌剂。

其他名称　Botrix、Kidan、Rovral、Sundione、Verisan、扑海因、咪唑霉。

化学名称　3-(3,5-二氯苯基)-1-异丙基氨基甲酰基乙内酰脲；3-(3,5-dichlorophenyl)-*N*-isopropyl-2,4-dioxoimidazolidine-1-carboxamide。

IUPAC名称　3-(3,5-dichlorophenyl)-*N*-isopropyl-2,4-dioxoimidazolidine-1-carboxamide。

CAS登记号　36734-19-7。

EC号　253-178-9。

分子式　$C_{13}H_{13}Cl_2N_3O_3$。

相对分子质量 330.17。

结构式

开发单位 1972年罗纳-普朗克公司（现拜耳公司）开发。

理化性质 纯品为白色无味无吸湿性结晶或粉末，原药纯度≥96%。熔点134℃（原药128～128.5℃）。相对密度1（20℃）（原药1.434～1.435）。蒸气压5×10^{-4}mPa（25℃）。K_{ow}lg$P$ 3（pH3和pH5）。Henry常数0.7×10^{-5} Pa·m^3/mol。水中溶解度（mg/L，20℃）：6.8；有机溶剂中溶解度（g/L，20℃）：正辛醇10、乙醇25、乙腈168、甲苯147、乙酸乙酯225、丙酮342、二氯甲烷450、己烷0.59。稳定性：在酸性条件下相对稳定，在碱性条件下易分解。DT_{50}：1～7天（pH7）、＜1小时（pH9）。水溶液通过紫外线降解，在太阳光下相对稳定。在土壤中以CO_2形式代谢较快，DT_{50} 20～80天（实验室），919天（田间）。

毒性 按照中国农药毒性分级标准，属低毒。大鼠、小鼠急性经口LD_{50}＞2000mg/kg。大鼠、兔经皮LD_{50}＞2000mg/kg。对兔眼睛和皮肤无刺激。大鼠吸入LC_{50}（4小时）＞5.16mg/L空气。NOEL［mg/（kg·d）］：大鼠（2年，饲料）150，狗（1年）18。山齿鹑急性经口LD_{50}＞2000mg/kg，野鸭急性经口LD_{50}＞10 400mg/kg。蓝鳃鱼LC_{50}（96小时）3.7mg/L。大型溞EC_{50}（48小时）0.7mg/L。羊角月牙藻EC_{50}（120小时）1.9mg/L。蜜蜂接触LD_{50}＞100μg/只。蚯蚓LC_{50}＞1000mg/kg土壤。对非靶标节肢动物无害。

剂型 50%可湿性粉剂，25%悬浮剂。

质量标准 50%可湿性粉剂为浅黄色粉末，密度0.2～0.5g/cm^3，悬浮率＞70%，湿润时间＜2分钟，储存稳定性良好。25%悬浮剂为奶油色黏稠液体，密度1.01～1.03g/cm^3，悬浮率＞70%，闪点＞100℃，储存稳定性良好。

作用方式及机理 属一种广谱、触杀型杀菌剂，具有保护和治疗作用，作用于渗透信号传导中的有丝分裂原激活的蛋白组氨酸激酶，可抑制病原真菌孢子萌发和菌丝生长。

防治对象 对葡萄孢属、核盘菌属、链孢霉属、小菌核属等真菌引起的病害具有较好的防治效果，如葡萄、草莓和蔬菜的灰霉病，番茄早疫病，油菜菌核病，玉米小斑病，苹果斑点落叶病和核果类果树菌核病等。也可用于苹果、梨、桃、香蕉、柑橘等水果储存期防腐保鲜。

使用方法

防治番茄早疫病和灰霉病 在病害发生初期开始用药，每亩用50%可湿性粉剂100～200g（有效成分50～100g），兑水不少于60kg（稀释800～1200倍液），均匀喷雾，每隔10～14天喷药1次，共喷雾2～3次，在作物全生育期内最多使用3次，安全间隔期为2天。

防治葡萄灰霉病 发病初期开始用药，用50%可湿性粉剂750～1000倍液（有效成分500～666.7mg/L）加水喷雾，每隔7～10天喷药1次，每季最多不超过3次，安全间隔期14天。

防治草莓灰霉病 发病初期开始用药，用50%可湿性粉剂100～135g（有效成分50～67.5g）兑水喷雾，每隔7～10天喷药1次，每季最多施用不超过3次。

防治油菜菌核病 在油菜始花期，花蕾率达20%～30%（或茎病株率小于0.1%）施第一次药，在盛花期进行第二次施药，每亩用25%悬浮剂120～200g（有效成分30～50g），兑水喷雾，在作物全生育期内最多使用2次，安全间隔期50天。

防治苹果斑点落叶病 发病初期开始用药，用50%可湿性粉剂1000～2000倍液（有效成分250～500mg/L）兑水喷雾，每隔7～10天施用1次，每季最多施用次数不超过3次，安全间隔期7天。

水果防腐保鲜 防治苹果、梨、桃、香蕉、柑橘等水果储存期的病害，如灰霉病、根霉病、蒂腐病、青绿霉病等。水果储存前，在25%悬浮剂2500倍液中浸泡1分钟，取出晾干，包装，储存。

注意事项 异菌脲以保护性作用为主，应在病害发生初期用药，可获得最佳防治效果。不宜与腐霉利、乙烯菌核净等作用方式相同的杀菌剂混用或轮用。不能与强酸性或强碱性的药剂混用。对鱼有毒，应远离水产养殖区施药，禁止在河塘等水体中清洗施药器具。

与其他药剂的混用 可与多种杀菌剂复配、混合或先后使用。与啶酰菌胺复配，具有触杀、内吸、保护和治疗作用，两者作用机制不同，混配后优势互补，对葡萄灰霉病病害具有较好的防治作用。35%啶酰·异菌脲悬浮剂（异菌脲含量20%，啶酰菌胺含量15%）800～1000倍液，在葡萄灰霉病发病前或发病初期喷雾使用，连续喷雾2～3次，每次施药间隔期为7～10天，可有效防治葡萄灰霉病。与咪鲜胺的混配制剂，具有触杀性和一定的传导性，用于香蕉储存期防腐保鲜。新采收的香蕉用16%咪鲜·异菌脲悬浮剂（咪鲜胺含量8%，异菌脲含量8%）300～400倍液浸果1分钟，捞出后晾干，可预防香蕉储藏期冠腐病。还可与嘧霉胺、氟啶胺等混用。

允许残留量 GB 2763—2021《食品中农药最大残留限量标准》规定异菌脲最大残留限量见表。ADI为0.06mg/kg。油料和油脂按照GB 23200.113规定的方法测定；蔬菜、水果按照GB 23200.8、GB 23200.113、NY/T 761、NY/T 1277规定的方法测定。

部分食品中异菌脲最大残留限量（GB 2763—2021）

食品类别	名称	最大残留限量（mg/kg）
油料和油脂	油菜籽	2
蔬菜	番茄	5
	黄瓜	2
水果	苹果、梨	5
	葡萄、香蕉	10

参考文献

刘长令，2008. 世界农药大全：杀菌剂卷[M]. 北京：化学工业出

Y

版社: 114-116.

马克比恩 C, 2015. 农药手册[M]. 胡笑形, 等译. 北京: 化学工业出版社: 593-594.

农业部种植业管理司, 农业部农药检定所, 2015. 新编农药手册[M]. 2版. 北京: 中国农业出版社: 331-332.

中国农业百科全书总编辑委员会农药卷编辑委员会, 中国农业百科全书编辑部, 1993. 中国农业百科全书: 农药卷[M]. 北京: 农业出版社: 432-433.

（撰稿：刘圣明；审稿：刘西莉）

异硫氰酸烯丙酯　allyl isothiocyanate

一种植物源农药。

其他名称　异硫代氰酸烯丙酯、人造芥子油、烯丙基芥子油。

化学名称　异硫氰酸丙烯酯/3-异硫氰基-1-丙烯。

IUPAC 名称　allyl isothiocyanate。

CAS 登记号　57-06-7。

分子式　C_4H_5NS。

相对分子质量　99.15。

结构式

开发公司　北京亚戈农业生物医药有限公司。

理化性质　无色或淡琥珀色油性液体。蒸气压约 613Pa（25℃）。折射率 1.485。水溶解性 2g/L（20℃）。密度 $0.9g/cm^3 \pm 0.1g/cm^3$。沸点 151.9℃ ±9℃（1.01×10^5 Pa）。熔点 −80℃。闪点 36.3℃ ±26.5℃。具有强烈的刺激性气味，见光容易变色分解。

毒性　中等毒性。吸入可出现流泪、头痛、咳嗽、呕吐，引起支气管炎等，高浓度时可引起肺水肿，有致敏作用，长期直接接触，可引起弥漫性湿疹。过量食入可致呼吸中枢及血管中枢麻痹，消化器官的过度刺激也会引起胃肠炎，通过尿中排泄可引起肾炎，并可引起甲状腺肥大等病症出现。

剂型　中国目前取得正式登记的产品是 20% 可溶液剂和 20% 水乳剂。

防治对象　有强烈的芥子似的刺激性臭味和辣味的化学品，有防霉杀菌的作用。主要用于制备调味品、食品添加剂、医药、杀虫剂、杀菌剂等；还可以用作熏蒸剂、军用毒气等。是农业病虫害防治的新一代绿色环保熏蒸剂。用作土壤熏蒸，可有效杀灭或抑制土壤中的线虫和病原菌。用于棚室表面消毒，可以减轻或延缓病虫害的发生。20% 可溶液剂用于防治番茄根结线虫时，厂商指导制剂用量是 $30 \sim 45L/hm^2$。20% 水乳剂用于防治番茄根结线虫时，厂商指导制剂用量是 $45 \sim 75L/hm^2$。

使用方法

漫灌施药　在移栽前深耕土壤，深度达到 35cm 以上，施药前覆膜，三面压实，将稀释好的药液在膜下随水冲施，冲药期间要控制流速，冲施均匀，使药剂到达土壤深层。施药后四周压实。施药熏蒸 7～15 天揭开塑料膜，揭开塑料膜后要散气 7～10 天，使气体挥发完全后开沟起垄开始移栽作物。

滴灌施药　在移栽前深耕土壤，深度达到 35cm 以上，均匀做畦，铺设好滴灌带后覆地膜，根据土壤情况先滴清水 40～60 分钟，然后将药液稀释 10 倍以上滴灌，使药剂到达土壤深层。滴药结束后继续用清水滴灌 30 分钟，熏蒸 7～15 天后，地膜预留移栽孔通风通气 7～10 天，使气体挥发完全后开始移栽。

注意事项　①使用异硫氰酸烯丙酯时，配药和施药人员要充分了解该品特性和使用方法，或由专业防治人员进行配药和施药，药剂施用后至药剂挥发前，人员远离药剂处理区。配药时应远离饮用水源和居民区，要由专人看管，严防农药丢失或被人、畜禽误食。大风或中午高温时，应停止施药。使用该品时应穿戴防护服、手套和面罩，避免吸入或接触药液。施药后应及时洗手、洗脸、漱口，有条件应洗澡、换洗衣物。②该品对鱼类等水生生物、蚕、鸟有毒，水产养殖区、蚕室及桑园附近禁用。禁止在河塘等水体中清洗施药器具，避免药液污染水源地。患皮肤病及其他疾病尚未恢复健康者暂停施药。孕妇、经期、哺乳期妇女及儿童禁止接触该品。用过的容器应妥善处理，不可作他用，也不可随意丢弃。

参考文献

翟建华, 王蓓, 刘向欣, 等, 2008. 异硫氰酸烯丙酯的常用制法及其主要功效[J]. 中国调味品 (4) : 20-24.

（撰稿：龙海波、张鹏；审稿：黄文坤）

异柳磷　isofenphos

一种触杀、胃毒性杀虫剂。

其他名称　乙基异柳磷、Amoze、Discus、le-Mat、Pryfon 6、BAY 92114、Bayer SRA 12869、Bay SRA 12869、丙胺磷、丰稻松、水杨胺磷、亚芬松（台）、乙基异柳磷胺、异丙胺磷、地虫畏、Isophenphos、Amaze(Mobay)、Oftanol（拜耳）。

化学名称　*O*-乙基-*O*-(2-异丙氧基羰基苯基)-*N*-异丙基硫代磷酰胺；*O*-ethyl-*O*-(*O*-isopropylsalicylate)phosphoro isopropyl amidothioate。

IUPAC 名称　isopropyl (*RS*)-*O*-[ethoxy(isopropylamino)phosphinothioyl]salicylate。

CAS 登记号　25311-71-1。

EC 号　246-814-1。

分子式　$C_{15}H_{24}NO_4PS$。

相对分子质量　345.43。

结构式

开发单位 由法国拜耳公司推广，获有专利DBP 1668047；杀虫活性报道见Landbouwwet. Rijksuniv. Gent，1974，39，789；Berlin-Dahlem，1975，165，208。

理化性质 无色油状液体。熔点-12℃，气态有一定毒性。20℃时溶解度在水中为23.8g/L，在二氯甲烷和环己酮中＞600g/kg，溶于苯、甲苯、乙醇、乙醚等有机溶剂。20℃时蒸气压为0.533mPa，相对密度d_4^{20}1.339。

毒性 急性经口LD_{50}：大鼠28～38.7mg/kg，小鼠91.3～127mg/kg，经皮LD_{50}＞1000mg/kg。对兔皮肤施药无有害作用。日本鹌鹑LD_{50} 5～12.5mg/kg，鲫鱼TLm（96小时）2mg/L。

剂型 50%乳油，40%可湿性粉剂，颗粒剂，拌种剂。

作用方式及机理 为触杀和胃毒，在一定程度上可从根部向植物体内输导。对家蝇和豌豆象甲活性（+）-异柳磷大于（-）-异柳磷。

防治对象 玉米、蔬菜、油菜等的地下害虫，如金针虫、蛴螬、根蛆等，持效期较长，可达3～6周。亦可防治稻螟、叶蝉、蚜虫、红蜘蛛等食叶害虫。

使用方法

防治地下害虫 用5%颗粒剂75～100kg撒施，或30～45kg/hm^{2}沟施或穴施。用0.05%拌花生种子或麦种防治地下害虫，保苗率达85%～98%。

防治水稻害虫 用5%颗粒剂20～30kg/hm^{2}防治，或者用乳剂以0.05%浓度药水防治。以有效成分5kg/hm^{2}剂量撒施时，可有效防治土壤害虫，以0.5～1g/L（有效成分）能有效防治食叶性害虫。

注意事项 属高毒农药，禁止在水果、蔬菜等作物上使用。不能与皮肤和碱性物质直接接触，如中毒可用阿托品硫酸盐做解毒剂。

与其他药剂的混用 可与三唑酮、辛硫磷、仲丁威、多菌灵、戊唑醇等农药混用。

允许残留量 ①日本规定异柳磷的最大允许残留限量：牛奶为0.01mg/kg；香蕉、芹菜、鸡蛋、玉米、其他伞形科蔬菜、油菜籽、萝卜、大头菜等根茎类蔬菜为0.02mg/kg；青花菜、甘蓝、卷心菜、花椰菜、洋葱、十字花科蔬菜为0.1mg/kg；甘蔗为0.2mg/kg；日本夏橙、葡萄柚、柠檬、酸橙、橙子、其他柑橘类水果为2mg/kg。②澳大利亚规定异柳磷在甘蔗中的最大允许残留限量为0.01mg/kg；香蕉中的最大允许残留限量为0.02mg/kg。③韩国规定异柳磷在香蕉、芹菜、牛肉、玉米、羊肉、马肉、猪肉、家禽肉中的最大允许残留限量为0.02mg/kg；在卷心菜、洋葱、马铃薯、甘蓝、朝鲜辣白菜、稻谷中的最大允许残留限量为0.05mg/kg；在葡萄柚、柠檬、橙子、其他柑橘类水果中的最大允许残留限量为0.2mg/kg。

参考文献

孙家隆，2015.新编农药品种手册[M].北京：化学工业出版社.

王振荣，李布青，1996.农药商品大全[M].北京：中国商业出版社.

UEJI M，TOMIZAWA C，1986. Insect toxicity and anti-acetylcholinesterase activity of chiral isomers of isofenphos and its oxon[J]. Journal of pesticide science，11 (3): 447-451.

（撰稿：王鸣华；审稿：吴剑）

异氯磷 dicapthon

一种非内吸性杀虫剂、杀螨剂。

其他名称 Di-Captan、异硫磷、异氯硫磷、地卡通、Dicaptan、Disaptan、Isomeric、chlorthion、DSP、ENT17035、OMS-214、AC 4124、American Cyanamid 4124。

化学名称 *O,O*-二甲基-*O*-(2-氯-4-硝基苯基)硫代磷酸酯；*O,O*-dimethyl-*O*-(2-chloro-4-nitrophenyl)phosphorothioate。

IUPAC名称 *O*-(2-chloro-4-nitrophenyl) *O,O*-dimethyl phosphorothioate。

CAS登记号 2463-84-5。

分子式 $C_8H_9ClNO_5PS$。

相对分子质量 297.66。

结构式

开发单位 美国氰胺公司推广。获有专利USP2664437。杀虫活性报道见于Journal of Economic Entomology，1951，44，528；ibid，1951，44，750。

理化性质 纯品为白色结晶状粉末。熔点51～52℃（经甲醇重结晶得到的纯品）。难溶于水（溶解约40mg/L），微溶于石油醚，可溶于苯、甲苯、乙醇、乙醚等。对酸稳定，在pH1～5的水溶液中半衰期为138天，遇碱分解。在100℃温度下保持稳定，加热到200℃以上即可分解。工业品纯度＞90%，淡黄色油状液体，沸点112℃（5.33Pa），相对密度d_4^{20} 1.437，折射率n_D^{20} 1.568。

毒性 急性经口LD_{50}：雄大鼠400mg/kg，雌大鼠330mg/kg，小鼠475mg/kg（而二乙基同系物为31.5mg/kg）。对豚鼠皮肤施药2g/kg，保持18小时无影响。以含25mg/kg、100mg/kg和250mg/kg剂量的异氯磷饲料喂养大鼠1年，只在较高剂量时对大鼠生长有妨碍。

剂型 4%粉剂，1%～2%、50%可湿性粉剂，1%乳油。

作用方式及机理 非内吸性杀虫、杀螨剂。

防治对象 杀虫范围和杀虫效力与氯硫磷相近。主要用于防治卫生、家畜等方面的害虫及棉铃象鼻虫。用于室内、牛奶房等处防治苍蝇、家畜蚤、鸡螨，效果显著。防治粮食害虫的效果与马拉硫磷相近，且持效期更长。可应用于棉花、大麦、燕麦、小麦、水稻等作物上防治蚜虫、飞虱、叶蝉、象甲、蚧类、梨小食心虫、梨木虱、跳甲、蚊等。30mg/kg 异氯磷杀蚜虫效果达 90% 以上。

使用方法　见氯硫磷。

注意事项　收获前禁用期为 10 天。对十字花科蔬菜易发生药害，使用时须加注意。

与其他药剂的混用　可与大多数农药混用。不得与强碱性农药混合，若须与波尔多液混用时，应在施药前临时混配。

参考文献

孙家隆, 2015. 新编农药品种手册[M]. 北京: 化学工业出版社.

王振荣, 李布青, 1996. 农药商品大全[M]. 北京: 中国商业出版社.

（撰稿：王鸣华；审稿：吴剑）

异杀鼠酮　valone

一种经口茚满二酮类抗凝血杀鼠剂。

其他名称　杀鼠酮钠盐。

化学名称　α-异戊酰基茚满-1,3-二酮。

IUPAC名称　2-(3-methylbutanoyl)indane-1,3-dione。

CAS 登记号　83-28-3。

分子式　$C_{14}H_{14}O_3$。

相对分子质量　230.26。

结构式

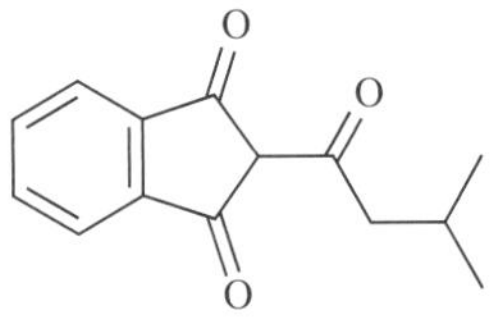

开发单位　辽宁省化工研究所。

理化性质　黄色结晶固体。熔点 67~68℃。沸点 392.6℃。密度 1.195g/cm³。不溶于水，但溶于大多数有机溶剂。

毒性　剧毒物质。对鼠的毒力比杀鼠酮稍差，主要用途为杀虫剂和杀鼠剂。

作用方式及机理　经口毒物。作用方式和杀鼠酮类似，同属茚满二酮类抗凝血性杀鼠剂，对哺乳动物的毒力机制同其他抗凝血剂。对大鼠经口 LD_{50} 为 100mg/kg。

使用情况　主要用途为杀虫剂和杀鼠剂。加入除虫菊酯喷雾杀蝇，对林丹有增效作用。

使用方法　杀鼠时，可撒布薄层药粉于鼠的出没通道。它对鼠的毒杀力比鼠完稍差。家畜间接中毒的危险性小。

注意事项　毒饵应远离儿童可接触到的地方，避免误食。误食中毒后，可肌肉注射维生素 K 解毒，同时输入新鲜血液或肾上腺皮质激素降低毛细血管通透性。

参考文献

田雅芬, 1985. 杀鼠新药——杀鼠酮钠盐(异杀鼠酮)[J]. 精细与专用化学品(24): 19.

周厚芝, 周先植, 1987. 异杀鼠酮钠盐中毒[J]. 湖南医学 (5): 365.

（撰稿：王登；审稿：施大钊）

异索威　isolan

一种内吸性氨基甲酸酯类杀虫剂。

其他名称　Primin、G-23611、ENT-19060。

化学名称　1-异丙基-3-甲基-5-吡唑基-*N*,*N*-二甲基氨基甲酸酯。

IUPAC名称　1-isopropyl-3-methyl-1*H*-pyrazol-5-yl dimethylcarbamate。

CAS 登记号　119-38-0。

EC 号　204-318-2。

分子式　$C_{10}H_{17}N_3O_2$。

相对分子质量　211.26。

结构式

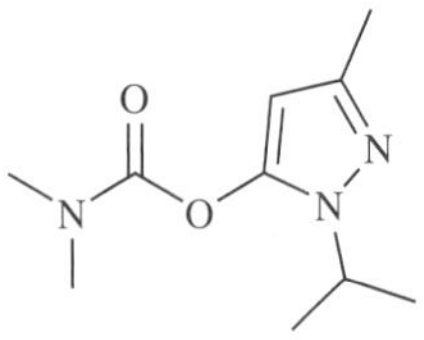

开发单位　1952 年瑞士汽巴-嘉基公司出品，迄今应用范围不广，已停产。

理化性质　纯品为无色液体，工业品为浅红色至棕色液体。沸点 105~107℃（44Pa）。相对密度 d_4^{20} 1.07。20℃时的蒸气压为 0.13Pa。可溶于水、醇和酮类。在强酸和强碱中能分解。

毒性　对大鼠的急性经口 LD_{50}：在水溶液中为 11~50mg/kg，乳油为 10mg/kg。对鼷鼠的急性经口 LD_{50}：在水溶液中为 9~18mg/kg，乳油为 7mg/kg。

剂型　乳油，颗粒剂，水溶液。

作用方式及机理　二甲基氨基甲酸酯类化合物，进入动物体后即抑制胆碱酯酶的活性，其抗胆碱酯酶的活性一般要比与它相似的一甲基氨基甲酸酯为弱，但无论如何，该品的作用机理仍可参照其相似的一甲基化合物。

防治对象　具有内吸性，能防治蚜类和一些刺吸式口器害虫，如用来防治谷物、棉花、饲料等作物上的害虫，可采用喷叶、涂茎、土壤处理或拌种等方法进行。

注意事项　使用时必须戴面具和穿着防护服，勿吸入药雾，并防止药液溅入眼睛或接触皮肤。应与食物、饲料分开储存。勿让儿童接近。中毒时使用硫酸阿托品。

参考文献

张维杰, 2006. 剧毒物品实用技术手册[M]. 北京: 人民交通出版社.

朱永和, 王振荣, 李布青, 2006. 农药大典[M]. 北京: 中国三峡出版社.

（撰稿：李圣坤；审稿：吴剑）

异吸磷 demeton-*S*-methyl

一种有机磷酸酯类内吸、触杀性杀虫剂、杀螨剂。

其他名称 Metasystox（i）、Azotoz、Duratoz、Bayer 18436、Bayer 25/154、Metasystox 55、Isometasystox、Isomethylsystox、Detox、Metaiso-sytox Detox、Metaiso-sytox、Durotox。

化学名称 *O,O*-二甲基-*S*-[2-(乙硫基)-乙基]硫赶磷酸酯；*O,O*-dimethyl *S*-[2-(ethylthio)ethyl] thiophosphate。

IUPAC名称 *S*-2-ethylthioethyl *O,O*-dimethyl phosphorothioate。

CAS登记号 919-86-8。

EC号 213-052-6。

分子式 $C_6H_{15}O_3PS_2$。

相对分子质量 230.29。

结构式

开发单位 Farbenfabriken Bayer AG。

理化性质 为浅黄色油状物，沸点89℃（20Pa）。20℃时的蒸气压为0.048Pa。相对密度 d_4^{20} 1.207。折射率 n_D^{25} 1.5065。室温下于水中的溶解度为3.3g/L，可溶于大多数有机溶剂中。

毒性 急性经口 LD_{50}：雄大鼠57～106mg/kg，雌大鼠80mg/kg，雄豚鼠110mg/kg。雄大鼠急性经皮 LD_{50} 302mg/kg。对兔眼睛无刺激，对兔皮肤有中等刺激。大鼠急性吸入 LC_{50}（4小时）约为0.13mg/L空气（气溶胶）。饲喂试验NOEL：大鼠和小鼠（2年）均为1mg/kg饲料，狗（1年）为1mg/kg饲料。雄日本鹌鹑 LD_{50} 50mg/kg，雌日本鹌鹑 LD_{50} 44mg/kg。鱼类 LC_{50}（96小时）：虹鳟6.4mg/L，金色圆腹雅罗鱼23.2mg/L。对蜜蜂有毒。水蚤 LC_{50}（48小时）0.023mg/L。在植物中代谢成亚砜和砜。

剂型 含不同量有效成分的乳剂。

作用方式及机理 为内吸性和触杀性杀虫剂和杀螨剂。

防治对象 虫螨。

使用方法 收获前禁用期为21天。

允许残留量 日本规定异吸磷在可可豆、咖啡豆、花生、油菜籽、甘蔗、茶叶中的最大允许残留限量为0.05mg/kg；在山药、浆果类、谷物类、菊科蔬菜、十字花科蔬菜、葫芦科蔬菜、水果、豆类、百合科蔬菜、茄果类蔬菜、伞形花科蔬菜中的最大允许残留限量为0.4mg/kg。

参考文献

孙家隆, 2015. 新编农药品种手册[M]. 北京: 化学工业出版社.

王振荣, 李布青, 1996. 农药商品大全[M]. 北京: 中国商业出版社.

（撰稿：王鸣华；审稿：吴剑）

异亚砜磷 oxydeprofos

一种内吸性有机磷杀虫剂、杀螨剂。

其他名称 Estox、Metasystox-S、异砜磷、Bay 23655、5410、EHT25674、Eston、S 410、Thiometan、ESP。

化学名称 *S*-(2-乙基亚硫酰基-1-甲基乙基)-*O,O*-二甲基硫赶磷酸酯；*S*-[2-(ethylsulfinyl)-1-methylethyl]*O,O*-dimethyl phosphorothioate。

IUPAC名称 *S*-[(1*RS*)-2-(ethylsulfinyl)-1-methylethyl] *O,O*-dimethyl phosphorothioate。

CAS登记号 2674-91-1。

分子式 $C_7H_{17}O_4PS_2$。

相对分子质量 260.31。

结构式

开发单位 1960年由Bayer Leverkusen推广，获有专利DBP 1035958，USP 2952700。

理化性质 黄色无味油状液体。沸点115℃（2.67Pa）。蒸气压0.627mPa（20℃）。可溶于水、氯化烃、乙醇和酮类，稍溶于石油醚。容易氧化为砜，对碱不稳定。

毒性 急性经口 LD_{50}（mg/kg）：大鼠103，雄小鼠264。雄大鼠急性经皮 LD_{50} 800mg/kg。腹腔注射 LD_{50}（mg/kg）：大鼠50，豚鼠100。大鼠每天吃10mg/kg，50天不影响其生长。鲤鱼TLm（48小时）> 40mg/L。

剂型 50%乳油。

作用方式及机理 内吸性杀虫、杀螨剂，并有触杀作用。属胆碱酯酶抑制剂。

防治对象 果树害虫如柑橘介壳虫、锈壁虱、恶性叶虫、花蕾蛆、潜叶蛾、红蜘蛛、黄蜘蛛等，对苹果、梨、桃、梅、葡萄、茶树等的蚜虫类、螨类、叶蝉类、梨茎蜂以及十字花科蔬菜、瓜类等蚜虫、菜白蝶、黄守瓜防治均有效。以有效成分25g/100L浓度施用，能有效防治刺吸式口器害虫和螨类。收获前禁用期为21天。

使用方法 药液喷布后会迅速渗透到植物体内，不受雨水冲刷和阳光照射的影响，持效期为15～20天。

喷雾法 50%异亚砜磷乳油1000～2000倍液，用1050～1500g/hm² 药液，对柑橘、苹果、桃、梨及各类蔬菜的蚜虫、螨类、叶蝉类、蚧类等均具优良防效。

涂布法 涂布处理时在柑橘、梨、苹果和葡萄的树干周围1cm涂50%乳油0.2～0.3ml，每株涂4～5ml或20ml（视树龄大小而定）。涂药后为安全和避免雨水冲刷起见，须用塑料薄膜覆盖5～6天，对黄瓜、茄子和番茄亦可采用土壤灌注法，在定植后每株用50%乳油1000～2000倍液1L。

注意事项 ①不能与碱性农药混用。②配药和施药人员需要身体健康，操作时要戴防护眼镜、防毒口罩和乳胶手套，并穿工作服，严格防止污染手、脸和皮肤。万一有污染应立即清洗，操作时切忌抽烟、喝水和吃东西。工作完成后应及时清洗防护用品，并用肥皂洗脸、手和可能被污染的部位。③该药通过食道、呼吸道和皮肤引起中毒，中毒症状有头痛、恶心、呼吸困难、呕吐、痉挛、瞳孔缩小等，遇到这类状况应立即送医院治疗。④施药后，各种工具应认真清洗，污水和剩余药液要妥善保存和处理。不得随意倾倒，以免污染水源和土壤，空瓶要及时回收并妥善处理，不得作为他用。

允许残留量　日本允许残留限量：果实和薯类为0.1mg/L，蔬菜为0.05mg/L。

参考文献

孙家隆, 2015. 新编农药品种手册[M]. 北京: 化学工业出版社.

王振荣, 李布青, 1996. 农药商品大全[M]. 北京: 中国商业出版社.

（撰稿：王鸣华；审稿：吴剑）

异羊角拗苷　divostroside

从夹竹桃科羊角拗属植物羊角拗中提取的植物源杀虫剂。2000年，胡美英等报道羊角拗对菜粉蝶幼虫具有内吸、触杀和胃毒等生物活性。羊角拗在民间可用于治疗跌打、蛇伤、骨折、风湿、多发性脓肿、小儿麻痹后遗症等疾病。现代研究表明，羊角拗的主要化学成分为强心苷类化合物，具有强心、抗肿瘤等生物活性（但目前尚未检索到异羊角拗苷作为农药登记的信息）。

其他名称　绿宝一号、羊角扭苷、羊角拗苷、地伐西。

化学名称　沙门苷元-3-*O*-L-地芰糖苷；sarmentogenin-3-*O*-L-dig-inoside。

IUPAC名称　card-20(22)-enolide,3-[(2,6-dideoxy-3-*O*-methyl-α-L-lyxo-hexopyranosyl)oxy]-11,14-dihydroxy-, (3β,5β,11α)-。

CAS登记号　76704-78-4。

分子式　$C_{30}H_{46}O_8$。

相对分子质量　534.68。

结构式

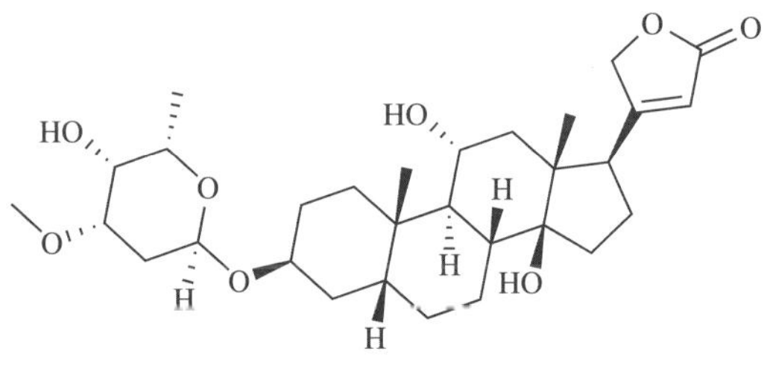

开发单位　广东省信宜市神农杀虫剂有限公司。

理化性质　纯品为乳白色固体。溶于甲醇、氯仿，熔点223～227℃。旋光度[α]$_D$-32.6°（甲醇）。

毒性　中等毒性。原药大鼠急性经口LD_{50}：雄383mg/kg，雌464mg/kg，小鼠静脉注射LD_{50} 6.93mg/kg。

剂型　0.05%水剂。

作用方式及机理　具有内吸、触杀和胃毒作用。

防治对象　菜青虫、二化螟、三化螟、钉螺等害虫。

使用方法　在菜粉蝶幼虫孵化盛期，0.05%异羊角拗苷水剂有效成分用量0.02～0.03g/hm^2（折成0.05%异羊角拗苷水剂40～60ml/亩）稀释1000～1500倍液均匀喷雾，药后7天防治效果可维持在76.51%以上。另外，羊角拗苷对钉螺、福寿螺等具有显著的毒杀作用，其粉剂对钉螺以1.825mg/m^{2}进行室内喷粉，处理48、72小时，平均死亡率分别为85.87%、100%。另据报道，羊角拗苷对大部分阳性和阴性的革兰氏菌有良好的抑菌效果，

注意事项　①不可与酸、碱性农药混合使用。②禁止儿童、孕妇及哺乳期妇女接触。

参考文献

程纹, 2013. 羊角拗根的生物活性研究[D]. 海口: 海南大学.

胡美英, 徐汉虹, 程东美, 等, 2000. 羊角扭对菜粉蝶幼虫的生物活性及药效的研究[J]. 华南农业大学学报, 21 (1): 41-43.

赵红梅, 汪明, 苏加义, 等, 2008. 羊角拗甙对钉螺生理生化的影响[J]. 中国人兽共患病学报, 24(6): 587-588.

（撰稿：龙友华；审稿：李明）

抑草磷　butamifos

一种磷酰胺酯类选择性除草剂。

其他名称　Cremart、克蔓磷、丁胺磷、S 2846。

化学名称　*O*-乙基-*O*-(5-甲基-2-硝基苯基)-*N*-仲丁基硫逐磷酰胺酯。

IUPAC名称　*O*-ethyl-*O*-6-nitro-*m*-tolyl *sec*-butylphosphoramidothioate；(*RS*)-[*O*-ethyl *O*-6-nitro-*m*-tolyl [(*RS*)-*sec*-butyl] phosphoramidothioate]。

CAS名称　*O*-ethyl *O*-(5-methyl-2-nitrophenyl)(1-methylpropyl)phosphoramidothioate。

CAS登记号　36335-67-8。

EC号　609-231-7。

分子式　$C_{13}H_{21}N_2O_4PS$。

相对分子质量　332.36。

结构式

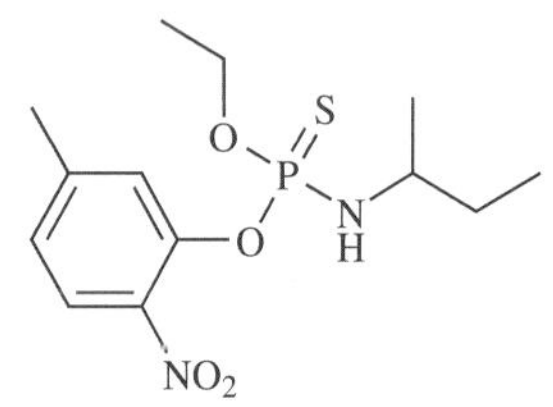

开发单位　日本住友化学公司开发，并于1980年首次在日本注册，M. Ueda（jpn.pestic.inf.，1975）报道其除草活性。

理化性质　黄棕色液体。熔点17.7℃。蒸气压84mPa（27℃）。Henry常数4.5Pa·m^3/mol（计算值）。相对密度1.188（20～25℃）。水溶性（mg/L，20～25℃）6.19，易溶于丙酮、甲醇、二甲苯。

毒性　急性经口LD_{50}：雄大鼠1070mg/kg，雌大鼠845mg/kg，大鼠急性经皮LD_{50}＞5000mg/kg。对兔眼睛

和皮肤无刺激作用。大鼠急性吸入 LC_{50} > 1.2mg/L。鲤鱼 LC_{50}（48 小时）2.4mg/L。

剂型 50% 乳剂。

防治对象 看麦娘、稗、马唐、蟋蟀草、早熟禾、狗尾草、雀舌草、藜、酸模、猪殃殃、一年蓬、苋、繁缕、马齿苋、小苋菜、车前、莎草、菟丝子等一年生禾本科杂草和某些阔叶杂草。

作用方式及机理 该药在土壤中的移动性很小，主要破坏植物的分生组织，因此作物和杂草的分生组织的位置和结构、土壤结构、施药方法对该药的选择性有很大影响。

使用方法 适用作物为水稻、小麦、大豆、棉花、豌豆、菜豆、马铃薯、玉米、胡萝卜、移栽莴苣、甘蓝和洋葱等。一般旱田作物如胡萝卜、棉花等可用 1～2.4kg/hm^2 作播后苗前土壤处理。莴苣、甘蓝、洋葱等芽前处理有药害，需在移栽前后处理，水稻田可用 1～1.5kg/hm^2 于生长初期和中期处理，而芽期处理则有药害。杂草4叶前可用0.5～1kg/hm^2 处理。

注意事项 施药方法对该药的选择性有很大影响。对旱田作物如莴苣、甘蓝、洋葱、胡萝卜、番茄和棉花等采用芽前处理时易产生药害。

参考文献

TURNER J A, 2015. The pesticide manual: a world compendium[M]. 17th ed. UK: BCPC : 146.

（撰稿：贺红武；审稿：耿贺利）

抑草蓬 erbon

一种苯氧类非选择性、内吸性除草剂。

其他名称 Novon、Baron、Pentanate。

化学名称 2,2-二氯丙酸-2-(2,4,5-三氯苯氧基)乙基酯；2-(2,4,5-trichlorophenoxy)ethyl 2,2-dichloropropanoate。

IUPAC 名 称 2-(2,4,5-trichlorophenoxy)ethyl 2,2-dichloropropionate。

CAS 登记号 136-25-4。

分子式 $C_{11}H_9Cl_5O_3$。

相对分子质量 366.45。

结构式

开发公司 道化学公司(后为陶氏益农公司)。

理化性质 该品为白色固体。熔点 49～50℃。沸点 161～164℃(67Pa)。密度 1.47g/ml（20℃）。不溶于水，溶于丙酮、乙醇、煤油和二甲苯等有机溶剂。对紫外光稳定，不易燃，无腐蚀性。工业品为黑棕色固体，纯度在 95% 以上。

毒性 经口 LD_{50}：大鼠 1900mg/kg，小鼠 912mg/kg，兔 2193mg/kg，豚鼠 2600mg/kg。以 0.125mg/kg 或 0.25mg/kg 的日剂量饲喂大鼠和兔，停止饲喂 6 个月后大鼠和兔体内没有发现生理病变。其制剂刺激皮肤和眼睛。

剂型 乳油。

作用方式及机理 是植物生长调节剂型除草剂，主要抑制植物体内的植物天然激素或植物内源激素的合成。

防治对象 非选择性、内吸性除草剂，通过土壤直接处理而被根吸收，对一年生及多年生阔叶杂草有效，药剂不发生从处理点的侧向移动是该药的主要优点。它能被土壤微生物分解。主要用于防除匍匐冰草、狗牙根、马唐、藜、蒲公英、蓟等一年生和多年生杂草。

参考文献

ROZHNOV G I,1969. Comparative hygienic assessment and standardization of residual amounts of new herbicides, pentanate and hexanate, in water[J]. Gigiena i sanitariia, 34(5): 18-22.

（撰稿：胡方中；审稿：耿贺利）

抑菌圈测定法 inhibition zone methods

一种用于衡量杀菌剂抑菌效果的定性或半定量的试验方法。首先在培养基上接入供试病原菌，将药剂加入培养基的表面，适温培养一定时间后，由于药剂在含菌培养基平面上水平扩散，形成大小不同的抑菌圈，利用抑菌圈大小与药剂浓度在某一范围内呈正相关的原理，来检测评价杀菌剂的毒力。根据药剂施加方法的不同可分为滤纸片法、管碟法、孔碟法等。

适用范围 该方法适用于测定溶解性好，在培养基中扩散能力较强的药剂对细菌、真菌、卵菌的抑菌作用。靶标菌也要求是能够在培养基中呈均匀扩散的状态，如细菌菌悬液、真菌或卵菌孢子悬浮液等。

主要内容

培养基及培养条件 培养基组分和 pH 值会影响抑菌圈大小、边缘清晰度及剂量反应曲线的坡度（b 值）。培养基 pH 值有时使测定结果完全相反。通常低浓度的水琼脂培养基获得较高的测定灵敏度，宜控制在 1.5% 左右。供试药剂的理化性质和供试菌株生长发育特征与抑菌圈大小密切相关。为了更好地体现出供试药剂的活性，可将含药培养基置于低温一段时间，减缓供试靶标菌生长的同时延长药剂在培养基中的扩散时间，随后将温度恢复到适宜靶标菌生长的温度，待明显的抑菌圈显示出来后观察结果。

药剂配制 在测定中，供试药剂必须能完全溶解，以便均匀扩散于培养基中。但是，由于不同的药剂具有不同的理化性质，易溶于水的杀菌剂可直接配制成所需的水溶液，而难溶于水的杀菌剂和抗生素选用甲醇、丙酮或其他适当溶剂配制成母液，然后再用水稀释到所需的系列浓度。

病原菌准备 根据病原菌的特性，预先在人工培养基上活化培养，用无菌蒸馏水做溶剂配制浓度约为 1×10^6 个孢子 /ml 的真菌或卵菌孢子悬浮液，或浓度约为 1×10^7CFU/ml

的细菌菌悬液。

试验步骤 ①管碟法。将20ml水琼脂培养基倒入水平放置的培养皿（直径9cm）中，凝固后作底层，然后均匀倒入少量于熔化后降至50～60℃时接种供试菌的琼脂培养基作菌层。在含菌培养基平面上放置用不锈钢或玻璃制成的牛津杯4个（一般外径8mm、内径6mm、高10mm），分别用移液管将已知浓度的标准药液和不同浓度的待测药液加入牛津杯内，在适温下培养形成抑菌圈，十字交叉测定抑菌直径的平均值。根据抑菌圈直径与药剂浓度对数呈正相关的原理，根据标准药剂的标准曲线来计算测试药剂的毒力。②滤纸片法。制作带菌培养基平面的过程同上。把定量滤纸用打孔器打成直径6～8mm的圆形纸片，经灭菌后用微量移液管均匀滴加一定量的药液，晾干后置于含菌培养基平面上，在适温下培养一定时间后，测定抑菌圈的平均直径。根据抑菌圈直径与药剂浓度对数呈正相关的原理，根据标准药剂的标准曲线来计算测试药剂的毒力。③孔碟法。用打孔器在凝固后的培养基平面上打孔，或在培养皿内放不锈钢杯，倒入含菌培养基液，待凝固后取出不锈钢杯而成孔，将药液滴于小孔内。利用药剂的扩散而形成不同直径的抑菌圈来测定药剂的毒力。

参考文献

沈晋良, 2013. 农药生物测定[M]. 北京: 中国农业出版社.

（撰稿：刘西莉；审稿：陈杰）

抑霉胺 vangard

一种对疫霉属和腐霉属卵菌有特效的内吸性杀菌剂。

其他名称 CGA 80000（Giba-Geigy）。

化学名称 *α*-[*N*-(3-氯-2,6-二甲基苯基)-2-甲氧基乙酰氨基]-*γ*-丁内酯；*α*-[*N*-(3-chloro-2,6-dimethylphenyl)-2-methoxy-acetylamide]-*γ*-butyrolactone。

IUPAC名称 3′-chloro-2-methoxy-*N*-[(3*RS*)-tetrahydro-2-oxofuran-3-yl]-acet-2′,6′-xylidide。

CAS登记号 67932-85-8。

分子式 $C_{15}H_{18}ClNO_4$。

相对分子质量 311.76。

结构式

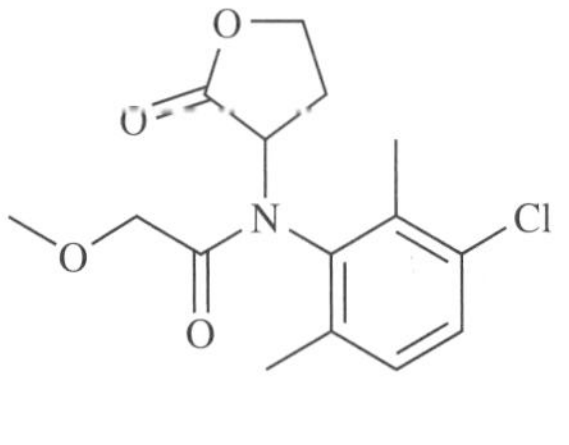

开发单位 瑞士汽巴-嘉基公司。

理化性质 熔点94.9℃。蒸气压5×10^{-4}mPa（20℃）。20℃水中溶解度为680mg/L。在20℃缓冲溶液中的水解DT_{50}：pH1～5稳定，154天（pH7），19天（pH9）。相对淌度（迁移率）系数为1.26。

毒性 大鼠急性经口LD_{50} 808mg/kg，急性经皮LD_{50}＞2g/kg，急性吸入LC_{50} 1728～5502mg/L。对眼睛和皮肤无刺激作用。对鸟、鱼、蜜蜂无毒，在推荐使用剂量下对蚯蚓安全。在3.2mg/L剂量下不抑制藻类生长。

剂型 400g/L有效成分拌种剂，20g/kg有效成分颗粒剂。

作用方式 内吸性杀菌剂，在土壤中移动性差、稳定，不易被微生物降解，在根部浓度较高。

防治对象 对疫霉属和腐霉属卵菌有特效，如烟草黑胫病，辣椒根腐病，柑橘根腐病、茎腐病。

使用方法 拌种或土壤处理。田间试验表明，烟草种植前拌种或撒施和拌土，对黑胫病有优异防效，撒施用量为0.5～1.5kg/hm²，灌浇为0.025～0.075g/株。辣椒在移植前用1～4kg/hm²有效成分撒施和拌毒土，可有效防除根腐病，整个生长期仅需用药1次。1～2g/m²有效成分剂量可有效防治柑橘根腐病和茎腐病，施药方法为土表处理，防效与2g/m²有效成分甲霜灵相似。另外，还可以防治草莓红心病、树莓根腐病以及柏树等观赏植物的根腐病。

参考文献

刘长令, 2006. 世界农药大全: 杀菌剂卷[M]. 北京: 化学工业出版社: 564.

（撰稿：刘西莉；审稿：彭钦）

抑霉威

一种用于防治卵菌病害的苯酰胺类内吸性杀菌剂。

其他名称 LAB149202F。

化学名称 *N*-异噁唑-5-基羧基*N*-(2,6-二甲苯基)-消旋-丙氨酸甲酯；methyl *N*-isoxazol-5-ylcarbonyl-*N*-(2,6(dimethyl-phenyl)-DL-alaninate。

IUPAC名称 methyl *N*-(2,6-dimethylphenyl)-*N*-(1,2-ox-azol-5-ylcarbonyl)-L-alaninate。

CAS登记号 94343-58-5。

分子式 $C_{16}H_{18}N_2O_4$。

相对分子质量 302.33。

结构式

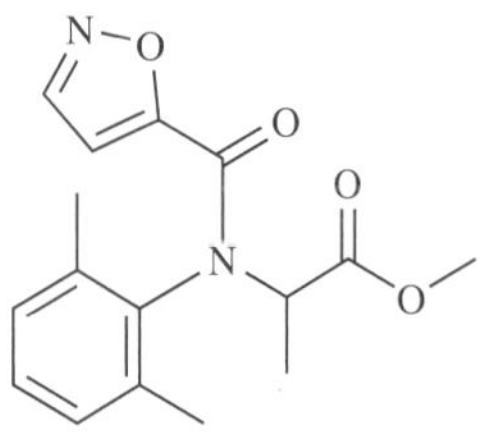

开发单位 德国巴斯夫公司。

理化性质 外观为无色结晶粉末。熔点94～95℃。无固有的难闻气味。20℃蒸气压＜1.33×10^{-5}Pa。在水中溶解度低，20℃水中溶解度为0.18g/L，易溶于或极易溶于大多数有机溶剂。

作用方式 内吸杀菌剂，有向顶传导活性。可被植物根部和叶部吸收，防止病害的发生发展。

防治对象 卵菌引起的气传病害和土传病害有很高的防效且持效期较长，其中对疫霉菌、腐霉菌、单轴霉、盘梗霉、拟霜霉属及霜霉属病原菌引起的病害有很高的防效，可以防治葡萄霜霉病、向日葵霜霉病、马铃薯晚疫病、豌豆猝倒病及棉花立枯病。

使用方法 可用于种子处理、叶面喷雾和土壤处理，葡萄、水果、蔬菜及园艺植物适应性很好，无药害产生。

防治气传病害 用0.25g/L喷雾处理可防治葡萄霜霉病、马铃薯晚疫病、向日葵霜霉病，且对葡萄霜霉病有较长的持效期。在病害严重的情况下，以250g/hm^{2}有效成分的剂量，可以有效防病并增加马铃薯产量。

防治土传病害 用100kg种子施药25g（有效成分），进行种子处理以防治豌豆苗立枯病、棉花苗立枯病。用12.5g/100kg（有效成分）种子进行种子处理，防治棉花苗立枯病。以0.25/L有效成分剂量，100ml/株，浸淋土壤2次，可防治青椒根腐病。

参考文献

化工部农药信息总站，1996. 国外农药品种手册（新版合订本）[M]. 北京：化学工业出版社：565.

（撰稿：刘西莉；审稿：彭钦）

抑霉唑 imazalil

一种影响菌体麦角甾醇生物合成的内吸性广谱杀菌剂。

其他名称 Fungaflor、Fungazil、Deccozil、Flo-Pro、Florasan、Freshgard、万利得、戴挫霉、仙亮、戴寇唑、Magnate、Fecundal。

化学名称 1-[2-(2,4-二氯苯基)-2-(2-烯丙氧基)乙基]-1*H*-咪唑；1-[2-(2,4-dichlorophenyl)-2-(2-propenyloxy)ethyl]-1*H*-imidazole。

IUPAC名称 (*RS*)-1-(*β*-allyloxy-2,4-dichlorophenylethyl)imidazole；allyl(*RS*)-1-(2,4-dichlorophenyl)-2-imidazol-1-ylethyl ether。

CAS登记号 35554-44-0。

EC号 252-615-0。

分子式 $C_{14}H_{14}Cl_2N_2O$。

相对分子质量 297.18。

结构式

Cl Cl N N O

开发单位 比利时杨森制药公司。1973年E. Laville首次报道该化合物。

理化性质 纯品为浅黄色至棕色结晶体。熔点52.7℃。沸点＞340℃。蒸气压0.158mPa（20℃）。K_{ow}lg$P$ 3.82（pH9.2）。Henry常数2.61×10^{-4}Pa·m^3/mol。密度1.348g/cm^3。溶解度（20~25℃，g/L）：水0.21（pH8）、2.9（pH5.4）、26（pH4.6）；丙酮、二氯甲烷、甲醇、乙醇、异丙醇、苯、石油醚、二甲苯、甲苯均＞500，己烷19。稳定性：在285℃以下稳定。在室温及避光条件下，对稀酸及碱非常稳定，在正常储存条件下对光稳定。呈弱碱性，pK_a（20~25℃）6.53。闪点192℃。

毒性 急性经口LD_{50}：大鼠227~243mg/kg，狗＞640mg/kg。大鼠急性经皮LD_{50} 4200~4880mg/kg，兔急性经皮LD_{50} 4200mg/kg。大鼠急性吸入LC_{50}（4小时）2.43mg/L空气。大鼠（2年）和狗（1年）喂养试验NOEL 2.5mg/（kg·d）。野鸭饲喂LC_{50}（8天）＞2510mg/kg饲料。鱼类LC_{50}（96小时）：虹鳟1.5mg/L，蓝鳃翻车鱼4.04mg/L，水蚤LC_{50}（48小时）3.5mg/L，藻类EC_{50} 0.87mg/L。正常使用下对蜜蜂无毒，LD_{50}（经口）40μg/只。蚯蚓LC_{50} 3.5mg/kg土壤。

剂型 14%、22.2%、50g/L乳油，15%烟剂，0.1%涂抹剂，10%、20%、22%、30%水乳剂，3%膏剂。

质量标准 22.2%抑霉唑乳油由有效成分、乳化剂及溶剂组成。外观为黄色液体，相对密度1.05，乳液稳定性良好，水分含量＜1%，闪点＞100℃，75℃以下稳定性良好，室温下储存3~5年稳定。

作用方式及机理 内吸性广谱杀菌剂，具保护和治疗作用。作用机理是影响细胞膜的渗透性、生理功能及脂类合成代谢，从而破坏菌体细胞膜，同时抑制病菌孢子形成。对长蠕孢属、镰孢属和壳针孢属真菌具有高活性，推荐用作种子处理剂，防治谷类病害。对柑橘、香蕉和其他水果喷施或浸渍能防止采后病害。对抗多菌灵的青霉菌品系有高的防效。

防治对象 镰刀菌属、长蠕孢属病害，瓜类、观赏植物白粉病，柑橘青霉病及绿霉病，香蕉轴腐病、炭疽病。

使用方法 茎叶处理推荐使用剂量为有效成分5~30g/100L，仓储水果防腐、防病推荐使用剂量为有效成分2~4g/t水果。

防治柑橘青霉病、绿霉病 应于柑橘果皮开始转色，成熟度8~9成采收，选择采收后3天内无病无伤口的好果，清水洗去果面上的灰尘和药迹，用22.2%乳油450~900倍液浸果1~2分钟，捞起晾干后用保鲜袋包装。安全间隔期为60天，每季最多使用1次。

防治番茄叶霉病 病害发生初期开始施药，日落后密闭温室由里到外依次点燃药剂放烟，棚室密封烟熏处理12小时，每亩地使用15%烟剂200~333g，间隔7~10天施药1次，连续施药2~3次。

防治苹果树腐烂病 3%膏剂200~300g/m^{2}应于苹果树腐烂病发病前期用刷子直接涂抹，无须稀释，春季或秋季均可使用。用修剪刀清洁树木病疤至健康的皮下组织，其病疤边缘切割至形成层，在病疤处均匀涂抹该品，并确保边缘部分涂抹至正常树皮处1~2cm。冬季结冰或预计1小时内降雨勿施药。

注意事项 操作时要穿戴防护用品，防止接触皮肤、眼睛，施药后要用水和肥皂洗手、脸。使用中不可吸烟、饮水及吃东西。孕妇、哺乳期妇女禁止接触该品。如果发生中毒，要立即送医院治疗，如中毒超过 15 分钟，应进行催吐，最好用 Syrup APF 作催吐剂，服阿脱品解毒。对鱼类等水生生物有毒，远离水产养殖区施药，禁止在河塘等水体中清洗施药器具。避免药液及其废液污染水源地、土壤等环境。用过的空药袋应妥善处理，不可作他用，也不可随意丢弃。

与其他药剂的混用　不可与呈碱性的农药等物质混合使用。建议与其他作用机制不同的杀菌剂轮换使用，以延缓抗性产生。

允许残留量　GB 2763—2021《食品中农药最大残留限量标准》规定抑霉唑最大残留限量见表。ADI 为 0.03mg/kg。谷物按照 GB 23200.113、GB/T 20770 规定的方法测定；蔬菜、水果按照 GB 23200.8、GB 23200.113、GB/T 20769 规定的方法测定。

部分食品中抑霉唑最大残留限量（GB 2763—2021）

食品类别	名称	最大残留限量（mg/kg）
蔬菜	番茄、黄瓜	0.50
	腌制用小黄瓜	0.50
	马铃薯	5.00
水果	柑、橘	5.00
	苹果、梨	5.00
	山楂、枇杷	5.00
	榅桲	5.00
	醋栗	2.00
	葡萄	5.00
	柿子、香蕉	2.00
	橙、柠檬、柚	5.00
	草莓	2.00
	甜瓜类水果	2.00
谷物	小麦	0.01

参考文献

刘长令, 2006. 世界农药大全: 杀菌剂卷[M]. 北京: 化学工业出版社: 196-198.

农业部种植业管理司, 农业部农药检定所, 2015. 新编农药手册[M]. 2版. 北京: 中国农业出版社: 255-256.

TURNER J A, 2015. The pesticide manual: a world compendium[M]. 17th ed. UK: BCPC: 612-614.

（撰稿：祁之秋；审稿：刘西莉）

抑食肼　RH-5849

第一个非甾醇蜕皮激素类昆虫生长调节剂。

其他名称　虫死净。

化学名称　*N*-苯甲酰基-*N'*-叔丁基苯甲酰肼；2'-benzoyl-1'-*tert*-butylbenzohydrazide。

IUPAC名称　*N'*-benzoyl-*N*-(2-methyl-2-propanyl)。

CAS 登记号　112225-87-3。

分子式　$C_{18}H_{20}N_2O_2$。

相对分子质量　296.36。

结构式

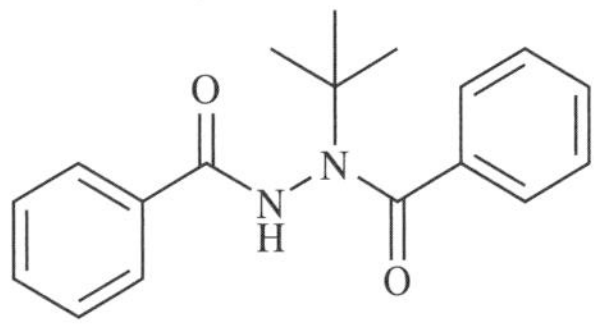

开发单位　由 K. D. Wing 报道并由罗姆 - 哈斯公司（后属陶氏益农公司）开发。

理化性质　外观为白色结晶固体。熔点 168～174℃。蒸气压 0.2394mPa（25℃）。溶解度（g/L）：水 0.05，环己酮 50，异丙叉酮 150。

毒性　大鼠急性经口 LD_{50} 258.3mg/kg。大鼠急性经皮 LD_{50} ＞ 5000mg/kg。对兔眼睛和皮肤无刺激作用。野鸭和鹌鹑饲喂 LC_{50}（8 天）＞ 5000mg/kg 饲料。大翻车鱼和虹鳟 LC_{50}（96 小时）＞ 100mg/L。水蚤 LC_{50}（mg/L）：7（48 小时），0.5～0.7（生命周期）。蜜蜂接触 LD_{50} ＞ 0.1μg/ 只。

作用方式及机理　昆虫生长调节剂。对鳞翅目、鞘翅目、双翅目幼虫具有抑制进食、加速蜕皮和减少产卵的作用。对害虫以胃毒作用为主，施药后 2～3 天见效，持效期长，无残留。

防治对象　对鳞翅目及某些半翅目和双翅目害虫有高效，如二化螟、稻纵卷叶螟、菜青虫、稻黏虫、斜纹夜蛾、小菜蛾、苹果蠹蛾、舞毒蛾、卷叶蛾。对有抗性的马铃薯甲虫防效优异。

参考文献

康卓, 2017.农药商品信息手册[M]. 北京: 化学工业出版社: 379.

（撰稿：杨吉春；审稿：李森）

抑芽丹　maleic hydrazide

一种人工合成的丁烯二酰肼类植物生长抑制剂，可抑制顶端优势和旺长，可以广泛用于多种作物，生产上可用于控制马铃薯等根茎类作物发芽，控制柑橘夏梢等。

其他名称　马来酰肼、青鲜素、MH-30、MH、Sucker-Stuff、Retard、Sprout Stop、Royal MH-30、S10-Gro。

化学名称　1,2-二氢-3,6-哒嗪二酮；1,2-dihydro-3,6-pyridazinedione。

IUPAC 名 称　*N'*-benzoyl-*N*-(2-methyl-2-propanyl) benzohydrazide。

CAS 登记号　123-33-1。

EC 号　204-619-9。

分子式　$C_4H_4N_2O_2$。

相对分子质量　112.09。

结构式

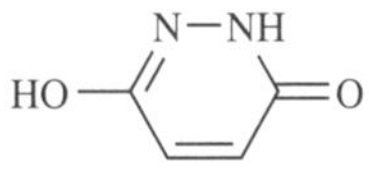

开发单位 1949年美国橡胶公司首先开发。

理化性质 纯品为白色结晶固体。相对密度1.6。熔点298～300℃。蒸气压＜1×10^{-5}Pa（25℃）。在25℃时溶解度（g/100ml）：水0.45、乙醇0.1、二甲基甲酰胺2.4，其钾盐溶于水。光下25℃时分解一半的时间为58天，强酸、氧化剂可促进它的分解。室温结构稳定，耐储藏。

毒性 大鼠急性经口LD_{50} 1400mg/kg，其钠盐为6950mg/kg，二乙醇盐为2340mg/kg。无刺激作用。用含5%原药的饲料喂养大鼠2年未出现中毒症状，未见致畸、致癌、致突变性。对鱼低毒，鲈鱼LC_{50} 75mg/L。对蜜蜂无毒。

剂型 水剂。

作用方式及机理 主要经由植株的叶片、嫩枝、芽、根吸收，然后经木质部、韧皮部传导到植株生长活跃的部位累积起来，进入到顶芽里，可抑制顶端优势，抑制顶部旺长，使光合产物向下输送；进入到腋芽、侧芽或块茎块根的芽里，可控制这些芽的萌发或延长这些芽的萌发期。抑制分生组织的细胞分裂。

使用方法 应用较广的一种调节剂。控制马铃薯、大葱、大蒜发芽，在收获前2～3周以2000～3000mg/L药液喷洒1次，可有效控制发芽，延长储藏期。甜菜、甘薯在收前2～3周以2000mg/L药液喷洒1次，可有效地防止发芽或抽薹。烟草在摘心后，以2500mg/L药液喷洒上部5～6叶，每株10～20ml，能控制腋芽生长。胡萝卜、萝卜等在抽薹前或采收前1～4周，以1000～2000mg/L药液喷洒1次，可抑制抽薹或发芽，甘蓝、结球白菜用2500mg/L药液喷洒，也有此效果。柑橘在夏梢发生初以2000mg/L全株喷洒2～3次，可控制夏梢，促进坐果。棉花第一次在现蕾后，第二次在接近开花初期，以800～1000mg/L药液喷洒，可以杀死棉花雄蕊。玉米在6～7叶，以500mg/L每7天喷1次，共3次，可以杀死玉米的雄蕊。另外，西瓜在2叶1心，以50mg/L药液喷洒2次，间隔1周，可增加雌花。苹果苗期，以500mg/L药液全株喷洒1次，可诱导花芽形成，矮化，早结果。草莓在移栽后，以5000mg/L喷洒2～3次，可使草莓果明显增加。抑芽丹1000mg/L与乙烯利1500mg/L结合，在麦、稻齐穗后（乳熟期）喷洒上部穗、叶片1次，每亩喷液量20～30kg，明显抑制连阴雨下谷粒的发芽、变霉。

注意事项 抑芽丹作烟草控芽剂，最适浓度较窄，低了效果差，高了有药害，它与氯化胆碱混用效果更为理想。因毒性问题，应尽量避免在直接食用的农作物上使用。

参考文献

李玲, 肖浪涛, 谭伟明, 2018. 现代植物生长调节剂技术手册[M]. 北京: 化学工业出版社: 45.

孙家隆, 2015. 新编农药品种手册[M]. 北京: 化学工业出版社: 966.

张宗俭, 李斌, 2011. 世界农药大全: 植物生长调节剂卷[M]. 北京: 化学工业出版社.

中国农业百科全书总编辑委员会农药卷编辑委员会, 中国农业百科全书编辑部, 1993. 中国农业百科全书: 农药卷[M]. 北京: 农业出版社: 433.

（撰稿：谭伟明；审稿：杜明伟）

抑芽醚 bervitan K

一种抑制发芽的醚类化合物，常用于马铃薯储藏期抑制其发芽。

化学名称 1-萘甲基甲醚。

IUPAC名称 1-(methoxymethyl)naphthalene。

CAS登记号 5903-23-1。

分子式 $C_{12}H_{12}O$。

相对分子质量 172.23。

结构式

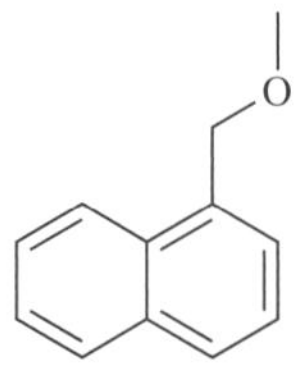

理化性质 无色无臭液体。密度1.058g/cm^3。沸点106～107℃（400Pa）。性质较稳定，不易皂化，闪点122.5℃。

毒性 小鼠腹腔注射LD_{50} 200mg/kg。

剂型 6%粉剂。

质量标准 储存稳定性良好。

作用方式及机理 有抑制发芽作用的醚类化合物的总称，能抑制马铃薯在储藏期发芽。

使用方法 将粉剂溶于水，均匀喷施在待储藏的马铃薯上，有抑制发芽的作用。

注意事项 药品储于干燥通风库房，勿让儿童进入，勿与食物、饲料共储。使用时须戴面具和着工作服，勿吸入药雾。无专用解毒药，出现中毒可对症治疗。

参考文献

孙家隆, 2015. 新编农药品种手册[M]. 北京: 化学工业出版社: 966.

孙家隆, 金静, 张茹琴, 2014. 现代农药应用技术丛书: 植物生长调节剂与杀鼠剂卷[M]. 北京: 化学工业出版社.

（撰稿：谭伟明；审稿：杜明伟）

抑芽唑 triapenthenol

一种三唑类植物生长调节剂，是赤霉酸生物合成抑制剂，能够抑制茎秆生长并能提高作物产量，适用作物有水稻、油菜，抗倒伏。

化学名称 (*E*)-(*RS*)-1-环己基-4,4-二甲基-2-(1,2,4-三氮唑-1-基)-1-戊烯-3-醇。

IUPAC名称 (*E*)-(*RS*)-1-cyclohexyl-4,4-dimethyl-2-(1*H*-1,2,4-triazol-1-yl)pent-1-en-3-ol。

CAS 登记号 76608-88-3。

分子式 $C_{15}H_{25}N_3O$。

相对分子质量 263.38。

结构式

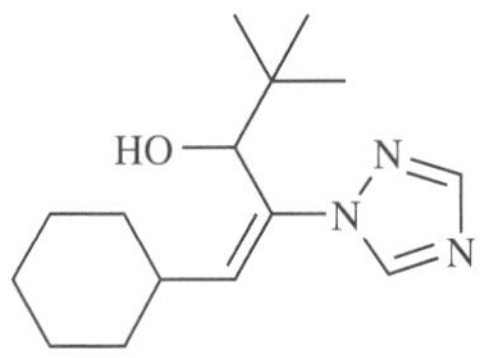

开发单位 德国拜耳公司。

理化性质 外观为白色晶体。熔点 135.5℃。蒸气压 4.4×10^{-6}Pa（20℃）。20℃时溶解度：二甲基甲酰胺 468g/L，甲醇 433g/L，二氯甲烷＞200g/L，异丙醇 100～200g/L，丙酮 150g/L，甲苯 20～50g/L，己烷 5～10g/L，水 68mg/L。

毒性 急性经口 LD_{50}：大鼠 5g/kg。小鼠约 4g/kg。狗急性经口 LD_{50} 5g/kg。大鼠急性经皮 LD_{50} 5g/kg。大鼠 2 年饲喂试验的 NOEL 100mg/（kg·d）。母鸡和日本鹌鹑急性经口 LD_{50}（1 天）＞5g/kg。金丝雀急性经口 LD_{50}（7 天）＞18/kg。鱼类 LC_{50}（96 小时）：鲤鱼 18mg/L、鳟鱼 37mg/L。水蚤 LD_{50}（48 天）＞70mg/L（作为 70% 可湿性粉剂）。对蜜蜂无害。

剂型 70% 可湿性粉剂。

作用方式及机理 为唑类植物生长调节剂，是赤霉素生物合成抑制剂，但不是唯一的作用方式。主要抑制茎秆生长并能提高作物产量。在正常剂量下，不抑制根部生长，无论通过叶或根吸收都能达到抑制双子叶作物生长的目的。而单子叶作物必须通过根吸收叶面处理不能产生抑制作用。还可使大麦的耗水量降低，单位叶面积蒸发明显减少。如果施药时间与感染时间一致时，（*S*）-（+）- 对映体抑制甾醇脱甲基化，是杀菌剂，具有杀菌作用。

使用方法 适用作物水稻、油菜，抗倒伏。

注意事项 注意防护，避免药液接触皮肤和眼睛，误服时饮温开水催吐，送医院治疗。保存时应放在阴凉通风处。

参考文献

孙家隆，2015. 新编农药品种手册[M]. 北京：化学工业出版社:967.

（撰稿：王琪；审稿：谭伟明）

抑蒸保温剂-OED oxyethylene docosanol, OED

一种成膜型抗蒸剂，可通过物理作用在水面组成一层薄膜覆盖，防止水分蒸发，提高薄膜覆盖下的水温，有利于促进作物生长。可用于减轻冻害对水稻、柑橘等作物的影响。

化学名称 羟乙基二十二烷醇。

分子式 $C_{22}H_{46}O+nC_2H_4O$。

相对分子质量 $326.6+n\cdot44.05$。

开发单位 1957 年日本开发用于水稻秧田。

理化性质 白色或淡黄色蜡状固体，无固定熔点。几乎不溶于水，稍溶于乙醇。

毒性 对人畜和水生动物低毒。

剂型 中国无登记。

作用方式及机理 是一种成膜型抗蒸剂，由物理作用在水面组成一层薄膜覆盖，防止水分蒸发，提高薄膜覆盖下的水温，有利于促进作物生长。

使用对象 水稻、柑橘等作物。

使用方法 抑蒸保温剂属于表面活性剂类物质，用于水稻秧田，在气温较低时用水稀释 50～80 倍，喷洒到秧田水中，在水面形成一层薄膜，可防止田水蒸发，促使水温上升，防止烂秧，促进秧苗生长发育，达到健苗壮苗目的。作为药液喷洒，还适用于柑橘的抗蒸防寒。将药液涂布在水果表面，可防止水分蒸发，保持果实新鲜和湿润。

注意事项 低毒，采取一般防护。

允许残留量 中国未规定最大允许残留量，WHO 无残留规定。

参考文献

浙江农业大学园艺系柑桔课题组，1976. 喷布抑蒸保温剂减轻柑橘移植和早期的蒸发[J]. 柑桔科技通讯(2)：39.

朱永和，王振荣，李布青，2006. 农药大典[M]. 北京：中国三峡出版社.

HARTMAN P A, WEBER J A, 1972. Negligible evaporation retardation by oxyethylene docosanol under static conditions[J]. Applied microbiology, 24(3).

（撰稿：杨志昆；审稿：谭伟明）

抑制激素合成 inhibiting hormone synthesis

能抑制调节昆虫生长发育及变态过程的昆虫激素合成。

影响昆虫发育的激素，目前已知的有脑激素（prothoracicotropic hormone）、保幼激素（juvenile hormone）、蜕皮激素（molting hormone）、滞育激素（diapause hormone）、抗保幼激素（anti-juvenile hormone）和羽化激素（eclosion hormone）。不同激素对昆虫各个阶段的生长发育、繁殖起到了至关重要的作用。当昆虫体内激素平衡被打破就会引起昆虫异常的生理效应，甚至导致昆虫死亡。

保幼激素的作用机制 保幼激素简称 JH，是昆虫从咽侧体分泌的一类保持昆虫幼虫性状和促进成虫卵巢发育的激素，又名咽侧体激素、幼虫激素。在昆虫幼虫至蛹期，保幼激素阻止由蜕皮激素引起的变态，从而使幼虫蜕皮后仍然维持幼虫形态。

20 世纪 30 年代 Vincent B. Wigglesworth 在对吸血蝽羽化和卵成熟的生理学研究中首次对保幼激素进行报道；1956 年 Williams 在天蚕蛾 *Hyalophora cecropia* 体内分离得到；1967 年由 Roller 等确定了它的倍半萜结构。目前已公认的 JH 有 7 种，其中，从昆虫中分离出 5 种，分别命名为 JH0、JHI、JHII、JHIII 和异构 JH0（见图）。

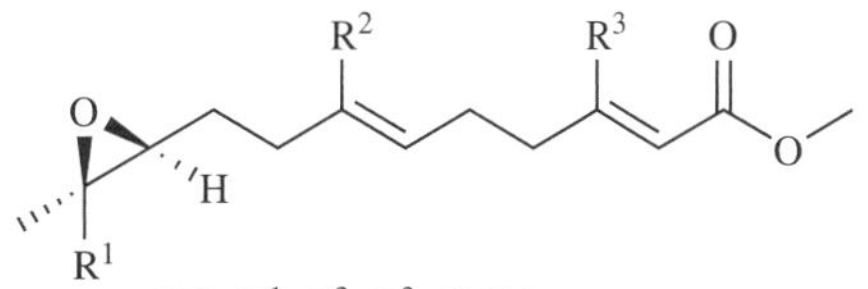

JH0 ($R^1=R^2=R^3=C_2H_5$)

JHI($R^1=R^2=C_2H_5,R^3=CH_3$)

JHII($R^1=C_2H_5,R^2=R^3=CH_3$)

JHIII($R^1=R^2=R^3=CH_3$)

JH的化学结构

虽然保幼激素作为第三代杀虫剂，在实际生产中得到广泛应用，但其作用机制并不是十分清楚。最近发现在许多昆虫中保幼激素能调控特定基因的复制。推测保幼激素通过调控某些DNA结合蛋白来控制依赖保幼激素基因的表达。保幼激素影响较少的基因复制，但作用时间较长，不仅在幼虫，也在成虫期影响基因复制。也有研究表明保幼激素可能调节目标细胞的细胞膜以及二级信号传导，不仅作为信号在分子水平，同样在其他水平也存在作用。因此在雄性附属腺和卵母细胞信号传导膜水平显示保幼激素的多功能性。也有学者认为保幼激素的作用与线粒体有一定关系。

保幼激素已经作为昆虫生长调节剂，导入控制害虫的实际应用。然而，保幼激素的成功应用是有一些限制的，保幼激素对昆虫的影响局限于幼虫最后的龄期和最初的蛹期，保幼激素的生理效应是延长了昆虫的幼虫期。害虫幼虫期的长短直接影响农作物损害的程度，作为害虫控制剂保幼激素不够理想。但这种影响可以使用抗保幼激素得到弥补。

抗保幼激素的作用机制　20世纪70年代，随着昆虫激素研究的深入，人们发现一些化学物质能引起昆虫的早熟变态，有的并随之产生体色变化和生育障碍。这类化学物质，阻碍了昆虫体内正常的JH的合成、释放、运输及反应的受体，虽然此类化学物质并不是昆虫本身分泌的内源性激素，但人们根据它的实际生理效应，称之为抗保幼激素。

抗保幼激素最早是日本学者村月中雄等于1972年在调查真菌素类物质对家蚕幼虫的经口毒性时发现的；1976年鲍尔斯从熊耳草（*Ageratum houstonianum*）中提出早熟素（procoene），能使不完全变态昆虫的若虫早熟变态，使其成虫不育，对完全变态昆虫，虽不能促使早熟，但能引起部分成虫不育。早熟素的发现明确了抗保幼激素的概念。从此，将那些能诱导昆虫早熟变态或引起其他保幼激素缺乏症状的活性物质称为抗保幼激素。

抗保幼激素主要是通过降低血液保幼激素浓度来调节昆虫生长发育，尽管我们还不知道抗保幼激素的作用机制，但从试验及理论上分析，大多数人支持以下两点，一是认为抑制咽侧体产生保幼激素，或作为保幼激素生物合成的阻碍剂；二是认为抑制前胸腺的活性，使体液中蜕皮激素滴度峰比对照蚕延迟呈现，从而表现出变态蜕皮。

目前，抗保幼激素主要用于诱导正常的四眠蚕成为三眠蚕，结成小型茧，能缫制细纤度茧丝，为生产复合丝和超薄型织物开辟了途径。在害虫防治领域的应用，抗保幼激素被认为是大有可为的。它们有的能诱导早熟变态，可缩短害虫幼虫期的危害；有的具有杀卵、绝育的生理效应，可使害虫不能繁衍后代。

参考文献

戴玉锦, 2000. 抗保幼激素的发现与应用[J]. 生物学通报, 35(5): 23-24.

刘影, 胜振涛, 李胜, 2008. 保幼激素的分子作用机制[J]. 昆虫学报, 51(9): 974-978.

王廷良, 2012. 三眠蚕诱导技术及其发育相关蛋白质组的研究[D]. 苏州: 苏州大学.

杨华铮, 邹小毛, 朱有全, 等, 2013. 现代农药化学[M]. 北京: 化学工业出版社.

周树堂, 郭伟, 宋佳晟, 2012. 保幼激素的分子作用机制研究[J]. 应用昆虫学报, 49(5): 1087-1094.

MINAKUCHI C, RIDDIFORD L M, 2006. Insect juvenile hormone action as a potential target of pest management[J]. Journal of pesticide science, 31(2): 77-84.

（撰稿：徐晖、李绍晨；审稿：杨青）

易碎性　friability

片剂在生产和运输过程中受到振动和冲击时表面脱落情况。

适用范围　片剂（可分散片剂、可溶片剂、泡腾片剂等）。

测定方法　CIPAC方法：MT193（片剂的易碎性）。

该方法适合在规定条件下测定无包衣片剂的易碎性。

测定　取相同粒级和水分含量的片剂样品，使用0.125mm筛子筛分除去任何灰尘。用于测量的筛子上残留物的质量应至少为60g。将样品称重并将其转移到脆性测试仪的样品盘中，将盘子转动100圈。然后将样品转移到一个2mm的筛子上筛分，丢弃通过筛子的部分，将残渣和剩余的颗粒一起称重。

计算

$$易碎性=\frac{E-R}{E}\times 100\%$$

式中，E为样品质量（g）；R为筛上残留样品的质量（g）。

参考文献

CIPAC Handbook L, MT 193, 1995, 141.

（撰稿：徐勇；审稿：吴学民）

益硫磷　ethoate-methyl

一种具有内吸和触杀作用的有机磷杀虫剂、杀螨剂。

其他名称　B77、Fitios、OMS252、EMF25506、益果。

化学名称　*S*-乙基氨基甲酰甲基*O,O*-二甲基二硫代磷酸酯；*S*-ethylcarbamoylmethyl *O,O*-dimethyl phosphorodithioate。

IUPAC名称　*S*-[2-(ethylamino)-2-oxoethyl] *O,O*-dimethyl phosphorodithioate。

CAS登记号　116-01-8。

分子式　$C_6H_{14}NO_3PS_2$。

相对分子质量　243.28。

结构式

开发单位　1963年Bombrini Parodi-Delfino开发。

理化性质　纯品为白色结晶固体，微带芳香气味。熔点65.5～66.7℃。相对密度 d^{70} 1.164。折射率 n_D^{70} 1.5225。在25℃水中溶解度为8.5g/L，橄榄油中为0.95%，苯中为630g/kg，易溶于丙酮、乙醇。其在水溶液中是稳定的，但是在室温下遇碱分解。

毒性　急性经口 LD_{50}：雄大鼠340mg/kg，小鼠350mg/kg。大鼠急性经皮 LD_{50} 1g/kg。无刺激性。以含300mg/kg益硫磷饲料喂大鼠50天，无中毒症状。

剂型　200g/L、400g/L乳剂，25%可湿性粉剂，5%粉剂，5%颗粒剂。

作用方式及机理　内吸性杀虫剂和杀螨剂，具有触杀活性。

防治对象　主要用于防治橄榄蝇、果蝇，果蔬、栽培作物上防治蚜类和红蜘蛛。

使用方法　以有效成分0.6g/L防治橄榄蝇、有效成分0.5g/L防治果蝇特别有效。推荐以有效成分0.15～0.375kg，400～1000L/hm^2 剂量用于果蔬、栽培作物和蔬菜上防治蚜类和红蜘蛛。

注意事项　①该品使用时，分两次稀释，先用100倍水搅拌成乳液，然后按需要浓度补加水量；高温时稀释倍数可以大些，低温时稀释倍数小些，对啤酒花、菊科植物、高粱有些品种及烟草、枣树、桃、杏等作物，对稀释倍数在1500倍以下乳剂敏感，使用前先做药害试验，再确定使用浓度。②对牛、羊、家禽的毒性高，喷过药的牧草在1个月内不可饲喂，喷过药的田地在7～10天内不能放牧。③易燃，远离火种。

与其他药剂的混用　不能与碱性农药混用。

参考文献

孙家隆, 2015.新编农药品种手册[M]. 北京: 化学工业出版社.

王振荣, 李布青, 1996. 农药商品大全[M]. 北京: 中国商业出版社.

（撰稿：王鸣华；审稿：薛伟）

益棉磷　azinphos-ethyl

一种有机磷类非内吸性杀虫剂和杀螨剂。

其他名称　Benthion A、Cerathion A、Cotnionethy、ethylguthion、Gusathion A、Triazotion、Aions、乙基谷硫磷、谷硫磷A、乙基保棉磷、乙基谷赛昂、Bayer16259、R1513、Bayer1513、ENT-22014。

化学名称　*S*-(3,4-二氢-4-氧代苯并[d]-[1,2,3]-三氮苯-3-基甲基)*O,O*-二乙基二硫代磷酸酯；*S*-(3,4-dihydro-4-oxobenzo[d]-1,2,3-triazin-3-yl methyl)*O,O*-dimethyl phosphorodithioate。

IUPAC名称　*S*-3,4-dihydro-4-oxo-1,2,3-benzotriazin-3-ylmethyl *O,O*-dimethyl phosphorodithioate。

CAS登记号　2642-71-9。

EC号　220-147-6。

分子式　$C_{12}H_{16}N_3O_3PS_2$。

相对分子质量　345.38。

结构式

开发单位　由W. Lorenz发现，于1953年由拜耳公司推广。

理化性质　无色针状结晶。熔点53℃。沸点111℃（0.133Pa）。20℃时蒸气压0.32mPa。相对密度1.284（20℃/4℃）。折射率1.5928（25℃）。在水中的溶解度很小，但溶于除石油醚和芳香烃以外的有机溶剂。对热稳定，但遇碱易水解。

毒性　急性经口 LD_{50}：雄大鼠17.5mg/kg，雌大鼠12.5mg/kg。大鼠急性经皮 LD_{50}（接触2小时）250mg/kg。大鼠腹腔注射 LD_{50} < 7.5mg/kg。每天以2mg/kg的剂量喂食大鼠3个月，未出现中毒症状。

剂型　200～400g/L乳油，25%～40%可湿性粉剂，500g/L超低容量喷雾剂。

作用方式及机理　非内吸性杀虫剂和杀螨剂，具有很好的杀卵特性和持效性。

防治对象　用于大田、果园杀虫、杀螨，对抗性螨也有效，对棉红蜘蛛的防效比保棉磷稍高。

允许残留量　欧盟规定益棉磷最大残留限量：苹果、芦笋、茄子、甜菜、鳞茎类蔬菜、胡萝卜、花椰菜、芹菜、番茄、大白菜、柑橘类水果、黄瓜、坚果、芸薹属植物、卷心菜、生菜、豆类蔬菜、荔枝、杧果、瓜类、桃子、花生、梨、豌豆、胡桃、红辣椒、马铃薯、仁果类水果、根茎类蔬菜、菠菜、甜玉米、番茄、西瓜最大残留限量为0.02mg/kg。大麦、可可粉、姜、玉米、小米、稻谷、甘蔗、糖料植物、茶、小麦最大残留限量为0.05mg/kg。

参考文献

孙家隆, 2015. 新编农药品种手册[M]. 北京: 化学工业出版社.

王振荣, 李布青, 1996. 农药商品大全[M]. 北京: 中国商业出版社.

（撰稿：王鸣华；审稿：薛伟）

因毒磷 endothion

一种内吸性有机磷杀虫剂。

其他名称 Endocide、AC-18737、Endocid、Niagara 5767。

化学名称 *S*-(5-methoxy-4-pyron-2-ylmethyl)*O*,*O*-dimethyl phosphorothioate。

IUPAC名称 *S*-[(5-methoxy-4-oxo-4*H*-pyran-2-yl)methyl] *O*,*O*-dimethyl phosphorothioate。

CAS登记号 2778-04-3。

EC号 220-472-3。

分子式 $C_9H_{13}O_6PS$。

相对分子质量 280.24。

结构式

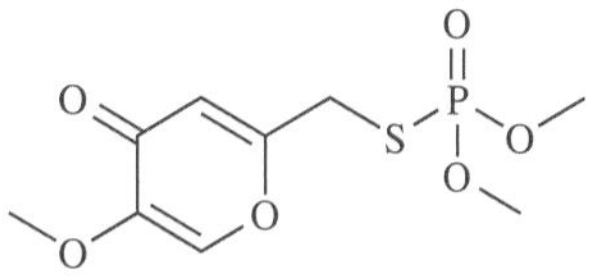

开发单位 由罗纳-普朗克公司（1958）、美国氰胺公司以及富美实公司开发。

理化性质 白色晶体，有轻微气味。熔点96℃。易溶于水（在水中的溶解度为1.5kg/L）、氯仿和橄榄油；不溶于石油醚和环己烷。原药熔点91～93℃。

毒性 大鼠经口 LD_{50} 30～50mg/kg。大鼠急性经皮 LD_{50} 400～1000mg/kg。以50mg/kg饲料喂大鼠49天，无有害影响。将金鱼放至含10mg/L该品的水中，能生存14天。

剂型 25%可溶性粉。

作用方式及机理 内吸性杀虫剂。

防治对象 能有效防治园艺、大田作物以及经济作物的刺吸式口器害虫和各种螨类。

（撰稿：汪清民；审稿：吴剑）

引诱剂 attractant

能够更有效地引诱有害生物取食或接触毒饵的物质。制作毒饵所用到的载体（饵料）虽然也有引诱作用，但不属于引诱剂范围。

作用原理 引诱剂可以通过增加气味或味道、装饰饵剂、性引诱等方式起作用。

分类与主要品种 引诱剂的种类比较复杂，针对不同有害生物所使用的引诱剂也不相同。有的通过增加气味或味道起作用，如对于鼠类来说，巧克力、香料、香精、油类、麦芽糖、正烷基乙二醇等均可以作为其引诱剂。氯化钠、碳酸氢铵和吲哚的混合物对黄脊竹蝗有引诱作用。壬醛、一缩二丙二醇和2-乙基-1-己醇的混合物引诱枣实蝇有较好的效果。另一类重要的引诱剂品种便是性引诱剂，性引诱剂多是由昆虫性信息素或有类似作用的物质组成。关于性引诱剂也有很多研究报道，如从家蝇体内提取分离的性信息素诱虫烯便是一种高效的家蝇引诱剂。人工合成的性引诱剂大蠊素B对蟑螂有很强的引诱作用。某些碳原子数在12～18的乙酸酯、醛、醇、酮类化合物对鳞翅目飞蛾具有性引诱作用，如（反，反）-8,10-十二碳二烯-1-醇可作为苹果蠹蛾的性引诱剂。7～10碳烯醇醋酸酯或丙酸酯对多种半翅目介壳虫具有引诱作用。含有烯烃取代基的二氢呋喃酮2可作为多种丽金龟科金龟子的性引诱剂。

使用要求 在毒饵等诱杀性药剂中引诱剂应满足以下要求：①对非靶标生物毒性低。②无刺激性气味。③用量少，效果明显。④成本低。

应用技术 引诱剂主要在饵剂中使用，根据防治对象的不同，不同产品中所添加的引诱剂也有区别。引诱剂在配方中的添加量要适度，添加量过低，可能达不到引诱效果；添加量过高，可能出现驱避作用。采用嗅觉引诱剂时要考虑饵料的适口性，才能使被吸引来的有害生物大量取食毒饵，以达到良好的防除效果。同种引诱剂不宜在短期内大量连续使用，否则会增强拒食性，降低防除效果。

参考文献

凌世海, 2003. 固体制剂[M]. 3版. 北京: 化学工业出版社.

刘广文, 2013. 现代农药剂型加工技术[M]. 北京: 化学工业出版社.

张威, 舒金平, 孟海林, 等, 2016. 黄脊竹蝗引诱剂的筛选及应用[J]. 林业科学研究, 29(6): 869-874.

张岩, 刘敬泽, 2003. 昆虫的性信息素及其应用[J]. 生物学通报, 38(12): 7-10.

（撰稿：张鹏；审稿：张宗俭）

引诱剂生物测定 bioassay of attractants

通过以诱聚昆虫数量的变化来测定其引诱效力的杀虫剂生物测定方法。昆虫引诱剂指由植物产生的或人工合成的、可以引起特定昆虫向着诱源作定向移动或产生行为反应的一类微量挥发性化学物质或者化学物质混合物。如甲基丁香酚、4-（4-乙酰氧基苯基）-2-丁酮、香兰素、蒎烯、乙酸乙酯、苄醇等。一般昆虫都会释放出同种异性间相互吸引的性信息素和召集同类的集合信息素，这两种信息素都是引诱剂。

适用范围 昆虫有依据引诱性物质寻找异性、食物或产卵场所的习性，可用来诱杀害虫和预测预报，或用于评价引诱剂的引诱效力和筛选特异性的引诱剂。

主要内容 引诱剂可分取食引诱和产卵引诱两类。测定方法通常有如下5种。

喂食法 适用于食物或产卵引诱，用供试昆虫不取食的植物茎、叶涂上其喜食植物的提取液，引诱其取食或产卵。

陷阱法 用于测定性引诱剂，将未交配过的雌虫放入纱笼中并挂在田间，在纱笼四周放上涂有黏胶的铁板架，雄虫飞来即被黏胶黏捕；据此，设计出各种陷阱以诱捕雄虫来鉴定经分离出或合成的性引诱剂。

引诱法 将一张浸过引诱剂的纸片挂在室外，通过药剂的挥发作用诱捕害虫，或将引诱剂与杀虫剂混合在一起诱杀害虫。

迷失法　将引诱剂装在特制的“分配器”里，然后将大量的分配器分别放在一定区域的植物上，诱集的害虫纷纷赶来，因迷失方向而乱飞至精疲力竭跌落地上而死亡。

触角电位法　一般用于测定性外激素，该法需要触角电位装置；当外激素分子接触触角时，触角的感受细胞在短暂的瞬间发生电位差变，触角电位就是这种差变的总和，以此判定有无引诱效果。

在实验室，对引诱剂引诱程度的测定一般采用嗅觉计。

嗅觉计的基本原理　嗅觉计可以用来测定引诱剂，也可以用来测定驱避剂。它的基本原理就是让昆虫在两个可以选择的道路的分叉处，即有引诱剂气味的支路和没有气味的支路，观察昆虫进入哪一个支路。一般昆虫到了分叉处就被诱到有引诱剂气味的支路上。如果加入的引诱剂无效，那么昆虫进入两个分支的概率相同（要求在两个分支上的光和温度等外界环境条件都是同样）。最基本的嗅觉计就是一个 Y 形管。另外，还要求具备两个重要条件：①有引起昆虫起飞或活动的刺激因素，一般用光。②为了防止两个分支中的气味混合，带着气味的空气一定要流动，Y 形管中的空气必须由一端（放有引诱剂的一端）进入，由另一端排出，气流的方向与昆虫的运动方向相反。对于某些昆虫，也有一些特殊设计的嗅觉计，比如有些爬行昆虫不需要光刺激也能不断爬行；有些不需要气流的简单的嗅觉计。

嗅觉计所测结果的分析　用嗅觉计所测的结果只能做相对比较，即用一个已知的引诱剂作为标准，把测定的新化合物与它比较。这个比较一般是间接的，即标准引诱剂在嗅觉计中诱到的昆虫数，与测定的化合物在同样情况下诱到的昆虫数，这二者的比值乘以 100，就是引诱系数。例如对于日本金龟甲，标准性引诱剂为丁子香酚，引诱系数为：

引诱系数 = 测定化合物诱到的虫数 / 丁子香酚诱到的虫数 ×100

在没有标准引诱剂作比较时，可以直接求引诱百分率。

引诱百分率 =（在有化合物一边的虫数 - 在空气一边的虫数）/ 总试验虫数 ×100%

参考文献

沈晋良, 2013. 农药生物测定[M]. 北京: 中国农业出版社.

（撰稿：黄青春；审稿：陈杰）

引诱作用　tyrapping action

药剂使用后依靠其物理、化学作用（如光、颜色、气味、微波信号等）或其他生物学特性，将昆虫诱聚而利于歼灭的作用方式。

引诱作用有食物引诱、性引诱、产卵引诱。

食物引诱　利用昆虫对一种或者几种食物的偏食性，常用喜食的食物与杀虫剂配成比较理想的毒饵。毒饵有较高的毒力、好的引诱力和取食刺激作用，但本身没有明显的驱避作用。

性引诱　性信息素是雌性昆虫为了交配繁殖而从尾端外翻的腺体释放出一种极微量的化学物质（性激素），用于引诱雄虫。有性引诱作用的性信息素普遍存在于昆虫中，通过活体提取或人工合成这些物质，以引诱雄虫进行灭杀或由此预测昆虫的发生期、发生量及危害情况，以便做出防治决策。在田间施用性诱剂，还可以破坏雌雄虫正常的信息联系，使雄虫失去对寻找雌虫的定向能力，打乱其交配，改变种群性别比例，降低出生率。

产卵引诱　将雌蝇引诱集中产卵，达到集中消灭的目的。

具有引诱作用的杀虫剂称为引诱剂。一般与杀虫剂混合使用，将昆虫引诱集中，达到防治目的。

引诱剂举例：(*Z*)-7,8- 环氧 -2- 甲基十八烷（disparlure）、红铃虫性诱素（gossyplure）、棉象甲性诱剂（grandlure）。

参考文献

刘长令, 2012. 世界农药大全: 杀虫剂卷[M]. 北京: 化学工业出版社.

徐汉虹, 2007. 植物化学保护学[M]. 4版. 北京: 中国农业出版社.

ISHAAYA I, DEGHELLE D, 1998. Insecticides with novel modes of action, mechanism and application[M]. New York: Springer Verlag.

（撰稿：李玉新；审稿：杨青）

吲哚丁酸　indole-3-butyric acid, IBA

主要用于插条生根，也可用于冲施、滴灌；或作为冲施肥增效剂、叶面肥增效剂，促进细胞分裂和增生，有助于草本和木本植物的根的分生。

其他名称　3- 吲哚丁酸、3- 吲哚基丁酸、吲哚 -3- 丁酸。

化学名称　4-(吲哚 -3- 基) 丁酸。

IUPAC 名称　4-(1*H*-indol-3-yl)butanoic acid。

CSA 号　133-32-4。

分子式　$C_{12}H_{13}NO_2$。

相对分子质量　203.24。

结构式

HN　O　OH

理化性质　纯品为白色至淡黄色结晶固体，原药为白色至浅黄色结晶。熔点 124~125℃（纯品）、121~124℃（原药）。蒸气压（25℃）< 0.01mPa。溶解度（g/L，20℃）：水 50mg/L，苯 > 1000，丙酮、乙醇、乙醚 30~100，氯仿 0.01~0.1，在中性、酸性介质中稳定。该品对酸稳定，在碱金属的氢氧化物和碳酸化合物的溶液中则成盐。

毒性　小鼠急性经口 LD_{50} 100mg/kg。鲤鱼 TLm（48 小时）180mg/L。按规定剂量使用，对蜜蜂无毒。

剂型　可湿性粉剂。

作用方式及机理　①促进植物主根生长，提高发芽率、成活率。用于促使插条生根。高浓度吲哚丁酸也可促进部分组培苗的增殖。②作为植物主根生长促进剂，常用于木本和草本植物的浸根移栽，硬枝扦插，能加速根的生长，提高植物生根的百分率，也可用于植物种子的浸种和拌种，可提高发芽率和成活率。浸根移植时，草本植物的浸渍浓度为10～20mg/L，木本植物为50mg/L；扦插时的浸渍浓度为50～100mg/L；浸种、拌种浓度则为100mg/L（木本植物）、10～20mg/L（草本植物）。③是内源生长素，能促进细胞分裂与细胞生长，诱导形成不定根，增加坐果，防止落果，改变雌、雄花比例等。可经由叶片、树枝的嫩表皮、种子进入到植物体内，随营养流输导到起作用的部位。

使用方法 ①主要用于插条生根，也可用于冲施、滴灌，或作为冲施肥增效剂、叶面肥增效剂、植物生长调节剂，促进细胞分裂和增生，有助于植物根的分生。②浸渍法。根据插条生根难易的不同情况，用50～300mg/L浸插条基部6～24小时。③快浸法。根据插条生根难易的不同情况，用500～1000mg/L浸插条基部5～8秒。④蘸粉法。将吲哚丁酸钾与滑石粉等助剂拌匀后，将插条基部浸湿，蘸粉，扦插。⑤冲施肥。大水每亩3～6g，滴灌每亩1～1.5g。⑥拌种。0.05g原药拌30kg种子。

注意事项 不慎与眼睛接触后，请立即用大量清水冲洗并征求医生意见。穿戴适当的防护服、手套和护目镜或面具。通风不良时，须佩戴适当的呼吸器。

参考文献

李玲, 肖浪涛, 谭伟明, 2018. 现代植物生长调节剂技术手册[M]. 北京: 化学工业出版社: 43.

孙家隆, 2015. 新编农药品种手册[M]. 北京: 化学工业出版社: 969.

（撰稿：黄官民；审稿：谭伟明）

吲哚酮草酯 cinidon-ethyl

一种*N*-苯基苯邻二甲酰亚胺类触杀性除草剂。

其他名称 Bingo、Lotus、Orbit、Solar、Vega。

化学名称 2-氯-3-[2-氯-5-(环已-1-烯-1,2-二羧酰亚胺基)苯基]丙烯酸乙酯；ethyl-2-chloro-3-[2-chloro-5-(cyclohex-1-ene-1,2-dicarboxamido)phenyl]acrylate。

IUPAC名称 ethyl-2-chloro-3-[2-chloro-5-(cyclohex-1-ene-1,2-dicarboxamido)phenyl]acrylate。

CAS登记号 142891-20-1。

分子式 $C_{19}H_{17}Cl_2NO_4$。

相对分子质量 394.25。

结构式

开发单位 巴斯夫公司。

理化性质 白色晶体。熔点112.2～112.7℃。沸点>360℃。闪点300.8℃。20℃下蒸气压<1×10^{-2}mPa。相对密度1.398（20℃）。

毒性 雄大鼠经口$LD_{50}\geq$2200mg/kg，急性经皮$LD_{50}\geq$2000mg/kg。蜜蜂接触$LD_{50}\geq$200μg/只。虹鳟LC_{50}（96小时）$\geq$24.8mg/L。

剂型 20%乳油。

作用方式及机理 原卟啉原氧化酶抑制剂，可被植物的根和叶吸收。

防治对象 适用作物有大麦、小麦、黑麦、黑小麦，用于除去猪殃殃属、野罂粟、婆婆纳属杂草。

使用方法 用量50g/hm^2。

与其他药剂的混用 与精2甲4氯丙酸、2,4-滴混配。

允许残留量 粮谷、高粱属植物、马铃薯、大豆、花生、油菜籽、芝麻最大残留限量为0.1mg/kg；芹菜、菠菜、蘑菇、豆类、水果、瓜类等最大残留限量为0.05mg/kg（英国）。

参考文献

钱文娟, 2011. 欧盟逐步淘汰吲哚酮草酯和环烷基酰苯胺[J]. 农药市场信息(30): 30.

（撰稿：杨光富；审稿：吴琼友）

吲哚乙酸 indol-3-ylacetic acid

一种植物内源激素，外源施用起生长素作用的植物生长调节剂。生产上可用于诱导雌花和单性结实，提高坐果率，促进种子发芽等，适用于多种作物、蔬菜和果树等。

其他名称 IAA、Heteroauxin、茁长素、生长素、异生长素。

化学名称 1-*H*-吲哚-3-乙酸；1*H*-indole-3-acetic acid。

IUPAC名称 1*H*-indol-3-ylacetic acid；*β*-indoleacetic acid。

CAS登记号 87-51-4。

分子式 $C_{10}H_9NO_2$。

相对分子质量 175.19。

结构式

开发单位 1934年荷兰克格尔首先从酵母培养液中提纯，同年，凯恩首先合成，由北京艾比蒂生物科技有限公司、德国阿格福莱农林环境生物技术股份有限公司、广东省佛山市盈辉作物科学有限公司等生产。

理化性质 纯品为无色结晶，工业品为玫瑰色或黄色，有吲哚臭味。纯品熔点159～162℃。溶于乙醇、丙酮、乙醚、苯等有机溶剂，不溶于水。在光和空气中易分解，不耐储存。

毒性 是对人畜安全的植物激素。小鼠腹腔注射 LD_{50} 1g/kg。鲤鱼 LC_{50}（48 小时）> 40mg/L。对蜜蜂无毒。

剂型 粉剂，可湿性粉剂，片剂（含 0.1g 有效成分）。

作用方式及机理 吲哚乙酸在茎的顶端分生组织、生长着的叶、发芽的种子中合成。外施生长素可经由茎、叶和根系吸收。诱导雌花和单性结实，使子房壁伸长，刺激种子的分化形成，加快果实生长，提高坐果率；使叶片扩大，加快茎的伸长和维管束分化，叶呈偏上性，活化形成层，伤口愈合快，防止落花落果落叶，抑制侧枝生长；促进种子发芽和不定根、侧根和根瘤的形成。低浓度与赤霉素、激动素协同促进植物的生长发育，高浓度则是诱导内源乙烯的生成，促进其成熟和衰老。

使用对象 广谱，适用于多种作物、蔬菜和果树等。

使用方法 诱导番茄单性结实和坐果，在盛花期，以 3000mg/L 药液浸花，形成无籽番茄果，提高坐果率；促进插枝生根是它应用最早的一个方面。以 100～1000mg/L 药液浸泡插枝的基部，可促进茶树、橡胶树、柞树、水杉、胡椒等作物不定根的形成，加快营养繁殖速度。1～10mg/L 吲哚乙酸和 10mg/L 噁霉灵混用，促进水稻秧苗快生根，防止机插秧苗倒伏。25～400mg/L 药液喷洒 1 次菊花，可抑制花芽的出现，延长开花。生长在长日照下的秋海棠以 1.75mg/L 的吲哚乙酸喷洒 1 次，可增加雌花。处理甜菜种子可促进发芽，增加块根产量和含糖量。

注意事项 吲哚乙酸见光分解，产品须用黑色包装物，存放在阴凉干燥处。植物体内易被过氧化物酶吲哚乙酸氧化酶分解，尽量不要单独使用。碱性物也降低它的应用效果。避免吸入药雾，药液沾着皮肤和眼睛时用大量清水冲洗。勿与食品和饲料储存在一块，勿让儿童接近。无专用解毒药，出现中毒对症治疗。

参考文献

李玲, 肖浪涛, 谭伟明, 2018. 现代植物生长调节剂技术手册[M]. 北京: 化学工业出版社: 42.

孙家隆, 2015. 新编农药品种手册[M]. 北京: 化学工业出版社: 969.

中国农业百科全书总编辑委员会农药卷编辑委员会, 中国农业百科全书编辑部, 1993. 中国农业百科全书: 农药卷[M]. 北京: 农业出版社: 209.

朱永和, 王振荣, 李布青, 2006. 农药大典[M]. 北京: 中国三峡出版社.

（撰稿：黄官民；审稿：谭伟明）

吲熟酯 ethychlozate

一种激素型植物生长调节剂，可以在植物体内释放出乙烯，生成离层而促使幼果脱落，此外还能增进根系生理活性，提高植株对矿物质和水的代谢功能，进而提高水果果实质量。

其他名称 Figaron、J-455。

化学名称 5-氯-1*H*-吲唑-3-基乙酸乙酯；ethyl-5-chloro-1*H*-indazol-3-yl-acetate。

IUPAC名称 ethyl 5-chloro-3(1*H*)-indazolylacetate。

CAS 登记号 27512-72-7。

EC 号 201-120-8。

分子式 $C_{11}H_{11}ClN_2O_2$。

相对分子质量 238.67。

结构式

Cl O O N N H

开发单位 1976 年日产化学工业公司开发，1981 年在日本投产。

理化性质 纯品为黄色结晶。熔点 76.6～78.1 ℃，250℃以上分解。24℃时在下列溶剂中的溶解度（g/L）：丙酮 673、乙醇 512、乙酸乙酯 496、己烷 0.213、煤油 2.19、甲醇 691、异丙醇 381、水 0.225。在一般储存条件下稳定；遇碱易分解。

毒性 对兔眼睛和皮肤无刺激性。慢性毒性试验 NOEL：对大鼠为 141mg/（kg·d）（3g/L），小鼠为 284mg/（kg·d）（2g/L）。对大鼠进行 3 代繁殖致畸研究，无明显异常。隐性突变、回复突变和中间寄主试验，均为阴性。鱼类 TLm（48 小时）：鲤鱼 1.8mg/L；青鳟鱼 8.4mg/L。

剂型 20% 乳油，中国暂无登记。

作用方式及机理 激素型植物生长调节剂。在植物体内释放出乙烯，生成离层而使幼果脱落。作喷雾处理后，几天内药剂就能从叶面迅速转移到根部，从而增进根系的生理活性。能提高植株对矿物质和水的代谢功能，还能提高果实质量。

使用对象 用于葡萄、菠萝、甘蔗等提高果实品质，苹果、梨等疏果。

使用方法 在收获前 20～40 天，用 100mg/L 的吲熟酯叶面喷洒葡萄、菠萝和甘蔗，2～3 周后再喷 1 次药，果实（蔗秆）中含糖量明显增加，同时使氨基酸和其他有机酸的含量发生改变。收获的果实中糖和氨基酸的含量，比未用药处理的高 5%～10%，果实品质明显提高。也可用作苹果、梨、桃等的化学疏果，一般施用浓度为 100～200mg/L，可使苹果和梨提前成熟 5～15 天。该品还能处理小麦、大豆和马铃薯，增加其蛋白质含量和产量。喷洒吲熟酯后，即由植物叶面迅速内吸，药效可以维持 3 周之久。

参考文献

李玲, 肖浪涛, 谭伟明, 2018. 现代植物生长调节剂技术手册[M]. 北京: 化学工业出版社: 33.

毛景英, 闫振领, 2005. 植物生长调节剂调控原理与实用技术[M]. 北京: 中国农业出版社.

孙家隆, 2015. 新编农药品种手册[M]. 北京: 化学工业出版社: 970.

（撰稿：谭伟明；审稿：杜明伟）

吲唑磺菌胺　amisulbrom

一种主要用于卵菌病害防治的三唑磺酰胺类杀菌剂。

其他名称　Shinkon、Leimay（叶面喷雾）、Oracle（土壤施用）、Vortex（种子处理）、安美速。

化学名称　3-(3-溴-6-氟-2-甲基吲哚-1-磺酰基)-*N*,*N*-二甲基-1,2,4-三唑-1-磺酰胺；3-[(3-bromo-6-fluoro-2-methyl-1*H*-indol-1-yl)sulfonyl]-*N*,*N*-dimethyl-1*H*-1,2,4-triazole-1-sulfonamide。

IUPAC名称　3-(3-bromo-6-fluoro-2-methylindol-1-yl sulfonyl)-*N*,*N*-dimethyl-1*H*,2,4-triazole-1-sulfonamide。

CAS登记号　348635-87-0。

分子式　$C_{13}H_{13}BrFN_5O_4S_2$。

相对分子质量　466.30。

结构式

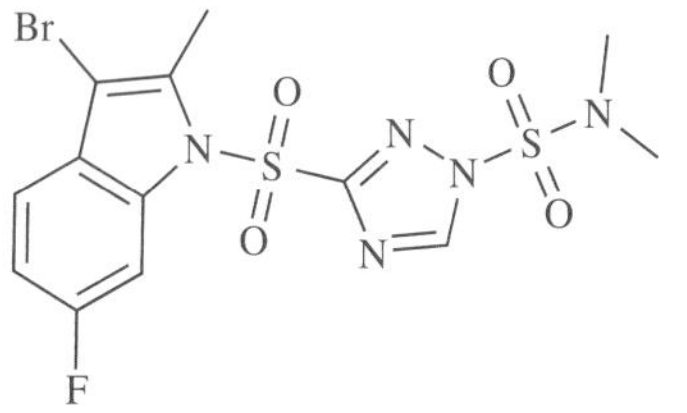

开发单位　日本日产化学工业公司。

理化性质　原药含量99%，纯品为无味粉末。熔点128.6~130℃。相对密度：1.61（99.1%的纯品，20℃），1.72（99.8%的工业纯原药，20℃）。蒸气压1.8×10^{-5}mPa（25℃）。$K_{ow}\lg P$ 4.4（25℃）。Henry常数2.8×10^{-5}Pa·m^3/mol（20℃）。水中溶解度0.11mg/L（20℃，pH6.9）；有机溶剂中溶解度（g/L，20℃）：正己烷0.2643、甲苯88.63、二氯甲烷＞250、丙酮＞250、乙酸乙酯＞250、甲醇10.11、正辛醇2.599。在土壤和水中以及植物上迅速降解，不会在土壤和植物中积累。水DT_{50} 5天（25℃，pH9）。田间土壤DT_{50} 3~15天，DT_{90} 9~42天。

毒性　低毒。大鼠急性经口LD_{50}＞5000mg/kg，急性经皮LD_{50}＞5000mg/kg，急性吸入LC_{50}＞2.85mg/L。对兔皮肤、眼睛无刺激性。对水生生物剧毒。山齿鹑急性经口LD_{50}＞2000mg/kg。山齿鹑饲喂LC_{50}（5天）＞2000mg/kg饲料。对鲤鱼LC_{50}（96小时，流动）22.9μg/L。水蚤EC_{50}（48小时，静态）36.8μg/L。近头状伪蹄形藻EC_{50}（96小时）22.5μg/L。摇蚊幼虫EC_{50}＞111.4μg/L。蜜蜂LD_{50}（经口和接触）＞100μg/只。蚯蚓（土壤混合，原药，接触）LC_{50}（14天）＞1000mg/kg土壤。有益生物蚜茧蜂LR_{50}（48小时）＞1000g/hm^2。

剂型　悬浮剂，水分散粒剂。

作用方式及机理　通过作用于细胞色素bc1（泛醌还原酶）复合物的Qi位点来抑制病原菌的呼吸，是一个以预防为主的保护性杀菌剂，有良好的持效性和抗雨水冲刷能力。

防治对象　对疫病和霜霉等卵菌病害具有很高的活性。登记的作物主要为黄瓜、葡萄、马铃薯和大豆等，可用于防治如黄瓜霜霉病、葡萄霜霉病、马铃薯晚疫病等卵菌病害（表1），以及甘蓝根肿病，也可用于水稻苗期立枯病和烟草黑胫病的防治。使用剂量为60~120g/hm^2。

使用方法　使用方法较为多样灵活，既可以作叶面喷雾处理，也可做土壤处理和种子处理。每次施药间隔期7天，于病害发生前期或初期开始使用，注意喷雾均匀、周到，避免在大风天、预计降雨或烈日下进行喷雾作业。

叶面喷雾　在黄瓜上用18%悬浮剂300~405ml/hm^2（有效成分60~80g/hm^2），在马铃薯上的用量为195~405ml/hm^2（有效成分40~80g/hm^2）。

防治水稻苗期立枯病　在播种时覆土前使用，用50%水分散粒剂0.5~1.5g/m^2（有效成分0.25~0.75g/m^2）进行苗床浇灌。

防治烟草黑胫病　每次施药间隔期7~10天，苗期移栽前及移栽后烟田黑胫病即将发病或零星发病初期使用，用50%水分散粒剂150~210g/hm^2（有效成分75~105g/hm^2）均匀喷淋或喷雾。

注意事项　在黄瓜上，安全间隔期为3天，每季最多使用3次；在马铃薯和烟草上，安全间隔期为7天，每季最多使用3次；在水稻苗床上，每季最多使用1次。使用时振摇容器。不能与石硫合剂及波尔多液等碱性农药混用。在用于甜瓜时，避免于高温时使用，以免产生药害。另外，加用展开剂会增加药害，亟须注意。该剂以预防为主，宜在发病前期及发病初期喷施。操作时穿戴合适的防护服、鞋、手套和护目镜。操作后彻底清洗手和暴露的皮肤。对眼睛有刺激，使用时务必小心。一旦不慎溅入眼中，应立即用水冲洗并请医生诊治。药剂应储于低温、阴凉的地方，避免接触强碱强酸，或放置在极端温度处，避免紫外光照射。仅限于保护农业作物。水产养殖区、河塘等水体附近禁用，防止泄漏物进入排水系统或水源。

与其他药剂的混用　多为单剂产品，但也有少量与代森锰锌、霜脲氰或灭菌丹的复配制剂。

允许残留量　日本规定吲唑磺菌胺最大残留限量见表2。

表1　吲唑磺菌胺（17.7%可湿性粉剂）的防治对象及使用方法

作物	适用病害	稀释倍数	使用时期	使用次数	使用方法
马铃薯	疫病	2000~3000	收获前7天	4次以内	喷洒
大豆	霜霉病	2000	收获前7天	4次以内	喷洒
番茄	疫病	2000~4000	收获前1天	4次以内	喷洒
黄瓜	霜霉病	2000~4000	收获前1天	4次以内	喷洒
甜瓜	霜霉病	2000	收获前1天	4次以内	喷洒
葡萄	霜霉病	3000~4000	收获前14天	3次以内	喷洒

表2　部分食品中吲唑磺菌胺最大残留限量（日本卫生部）

食品类别	名称	最大残留限量（mg/kg）
蔬菜	马铃薯	0.05
	番茄	2.00
	大豆	0.30
	黄瓜	0.70
水果	甜瓜	0.05

参考文献

马克比恩 C, 2015. 农药手册[M]. 胡笑形, 等译. 北京: 化学工业出版社: 33-34.

（撰稿：蔡萌；审稿：刘西莉、刘鹏飞）

印楝素　azadirachtin

对昆虫具有拒食、忌避及抑制生长发育作用的植物源杀虫剂。1959 年德国昆虫学家 Schmutterer 教授开启印楝素对蝗虫拒食、忌避活性的研究，被誉为“现代印楝之父”。1985 年美国首次登记了以印楝素为主要成分的商品化制剂——Magosan-O。中国赵善欢院士 1983 年引进并开展印楝素杀虫活性研究。

其他名称　绿晶、全敌、Neem、Nimmi、Magosan-O、爱禾、Bioneem、Neemazal、Neemix。

化学名称　dimethyl[2a*R*-[2aα,3β,4(1a*R**,2*S**,3a*S**,6a*S**, 7*S**, 7a*S**),4aβ,5α,7a*S**,8β(*E*),10β,10bβ]]-10-(acetyloxy)octahydro-3,5-dihydroxy-4-methyl-8-[(2-methyl-1-oxo-2-butenyl)oxy]-4-(3a,6a,7,7a-tetrahydro-6a-hydroxy-7a-methyl-2,7-methanofuro[2,3-b]oxepin-1a(2*H*)-yl)-1*H*,7*H*-naphtho[1,8-bc : 4,4a-c′]difuran-5,10a(8*H*)-dicarboxylate。

IUPAC名称　azadirachtin A:1*H*,7*H*-naphtho[1,8-bc:4,4a-c′]difuran-5,10a(8*H*)-dicarboxylic acid,10-(acetyloxy)octahydro-3,5-dihydroxy-4-methyl-8-[[(2*E*)-2-methyl-1-oxo-2-buten-1-yl] oxy] -4-[(1a*R*,2*S*,3a*S*,6a*S*,7*S*,7a*S*)-3a,6a,7,7a-tetrahydro-6a-hydroxy-7a-methyl-2,7-methanofuro[2,3-b]oxireno[e]oxepin-1a(2*H*)-yl]-,5,10a-dimethyl ester,(2a*R*, 3*S*,4*S*,4a*R*,5*S*,7a*S*,8*S*,10*R*,10a*S*,10b*R*)-; azadirachtin:2*H*-cyclopenta[b]naphtho[2,3-d]furan-10-acetic acid,5-(acetyloxy)-2-(3-furanyl)-3, 3a,4a,5,5a,6,9,9a,10,10a-decahydro-6-(methoxycarbonyl)-1,6,9a,10a-tetramethyl-9-oxo-,methyl ester,(2*R*,3a*R*,4a*S*,5*R*,5a*R*,6*R*,9a*R*,10*S*,10a*R*)-。

CAS登记号　11141-17-6(印楝素 A)；5945-86-8(印楝素)。

EC号　601-089-4 (印楝素 A); 611-830-3(印楝素)。

分子式　$C_{35}H_{44}O_{16}$(印楝素 A)；$C_{30}H_{36}O_{9}$(印楝素)。

相对分子质量　720.71(印楝素 A)；540.60(印楝素)。

结构式

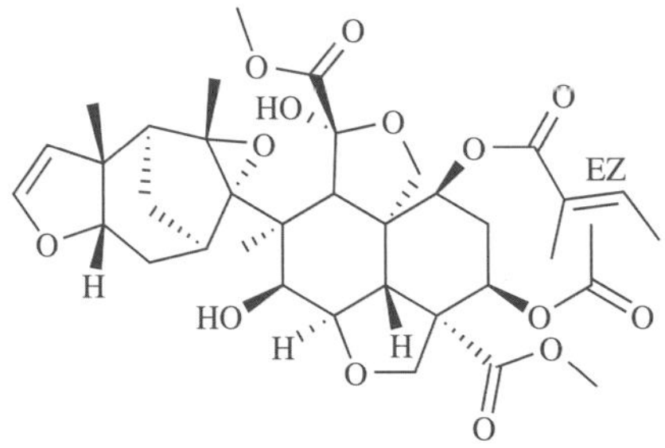

印楝素A

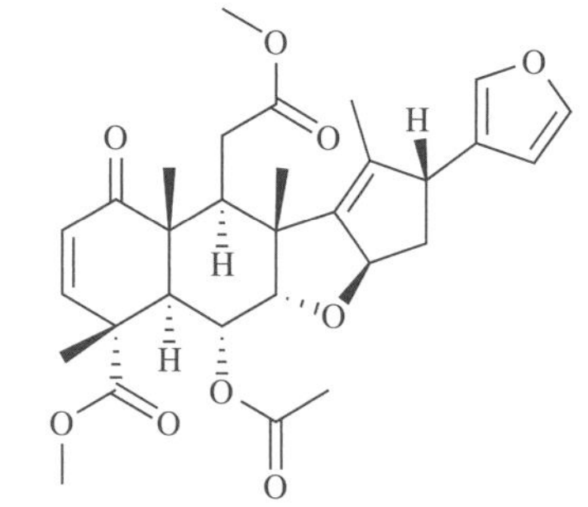

印楝素

开发单位　成都绿金生物科技有限责任公司、云南绿戎生物产业开发股份有限公司、广东园田生物工程有限公司。

理化性质　印楝素是从印楝（*Azadirachta indica* A. Juss）中分离提取的一类化合物，包括印楝素 A 及其类似物。纯品是白色非结晶物质，母药外观为黄绿色固状粉末。印楝素 A 为无色或略带黄色的结晶或结晶性粉末，味微苦。熔点 174℃。旋光度 −13.1°（*c* = 1.75，丙酮）或 −71.4°（*c* = 0.21，氯仿）。易溶于丙酮、乙醇、甲醇、二甲基亚砜等极性有机溶剂，微溶于水、氯仿和苯。在 pH4～6 时比较稳定，在紫外光、阳光和高温下极易分解。

毒性　微毒。鼠急性经口 LD_{50} > 5000mg/kg，兔急性经皮或眼 LD_{50} > 2000mg/kg，野鸭急性经口 LD_{50} > 16 000mg/kg。对鱼中低毒，斑马鱼 48 小时和 96 小时 LC_{50} 分别为 41.9mg/L 和 23.3mg/L；以 Margosan-O 混入水中，96 小时鳟鱼 LC_{50} 88mg/L，翻车鱼 LC_{50} 37mg/L。印楝素蓄积系数 $K > 5$，属于弱蓄积毒性；对皮肤无毒性和过敏性，对人、畜和天敌安全，无残毒，不污染环境。按美国环境保护局（EPA）的规定，印楝素及其杀虫剂属于Ⅳ类，毒性危险可忽略。

剂型　0.3%、0.5%、0.6%、0.7%、0.8% 乳油，0.5% 可溶液剂，10%、12%、20%、40% 母药，2% 水分散粒剂，1% 微乳剂，1% 微胶囊。

质量标准　2006 年 FAO 颁布了印楝素母药和乳油标准，有效成分以印楝素 A 计。1kg 母药中印楝素 A 含量为 250～500g（误差允许范围 ±15%），相关杂质黄曲霉毒素 B1、B2、G1 和 G2 的总和小于 0.00003%（300μg/kg）；1kg 印楝素乳油制剂中印楝素 A 含量为 25g（误差允许范围 ±15%），热储 54℃ ±2℃，14 天后有效成分质量分数不得低于储前测定平均值的 75%。

作用方式及机理　具有拒食、抑制生长发育、忌避、胃毒以及绝育等作用，其中以拒食和抑制昆虫生长发育尤为显著。首先通过抑制昆虫兴奋性胆碱能突触传递和钙离子通道，干扰昆虫神经中枢系统信息传导和处理，从而抑制昆虫的取食行为。还可通过诱导幼虫体内的成虫盘发生细胞凋亡，上调果蝇胰岛素样肽基因表达，进而降低促前胸腺激素的分泌，从而抑制昆虫生长发育。另外，印楝素还能抑制多种昆虫细胞增殖，影响细胞骨架正常功能，可促使草地贪夜蛾卵巢细胞中线粒体膜电位下降、p53 蛋白上调以及溶酶体通透性增加，从而诱导细胞凋亡；或者诱导细胞发生自噬，并通过抑制信号通路磷脂酰肌醇三激酶 - 蛋白激酶 B- 哺乳动物雷帕霉素靶体蛋白的磷酸化水平而诱导自噬产生，同时通过线粒体途径启动半胱氨酸天冬氨酸蛋白酶 -3 引发凋亡，且印楝素诱导的自噬信号先于凋亡发生，并通过启动氨基端产物分子开关促发自噬向凋亡转化。

防治对象　小菜蛾、菜青虫、蝗虫、茶毛虫、烟青虫、斜纹夜蛾、潜叶蛾、玉米螟、茶小绿叶蝉等害虫。

使用方法　①0.6% 印楝素乳油有效成分用药量 9～18g/hm²（折成 0.6% 印楝素乳油 100～200ml/ 亩）兑水喷雾，可防治甘蓝小菜蛾和斜纹夜蛾。②按有效成分用药量，防治菜青虫 0.3% 印楝素乳油 4.05～6.3g/hm²（折成 0.3% 印楝素乳油 90～140ml/ 亩）、防治草原蝗虫 8.1～11.25g/hm²（折成 0.3% 印楝素乳油 180～250ml/ 亩）、防治茶毛虫 5.4～6.75g/hm²（折成 0.3% 印楝素乳油 120～150ml/ 亩）、防治柑橘潜叶蛾 5～7.5mg/kg（折成 0.3% 印楝素乳油 110～166ml/ 亩）、防治高粱玉米螟 3.6～4.5g/hm²（折成 0.3% 印楝素乳油 80～100ml/ 亩）、防治烟青虫 2.7～4.5g/hm²（折成 0.3% 印楝素乳油 60～100ml/ 亩）。③1% 印楝素微乳剂有效成分 4.05～6.75g/hm²（折成 1% 印楝素乳油 27～45ml/ 亩）兑水喷雾可用于防治茶小绿叶蝉。

注意事项　①因其药效较缓，使用后一般 1 周左右药效才能达到高峰，应根据虫情测报于幼虫发生初期预防施用。②不能用碱性水稀释，也不能与碱性化肥、农药混合使用。③使用间隔期为 7～10 天，用于预防时间隔期可延长至 15 天左右。④蔬菜和果树上使用，安全间隔期为 5 天。⑤高温、强光会分解降低活性，应避免中午时使用。

与其他药剂的混用　印楝素可分别与阿维菌素、苦参碱有效成分按 3∶5、3∶2 混配成 0.8%、1% 乳油，按有效成分用药量 4.8～7.2g/hm²、9～12g/hm² 防治小菜蛾。

允许残留量　①GB 2763—2021《食品中农药最大残留限量标准》规定在结球甘蓝和茶叶中的最大残留限量分别为 0.1mg/kg 和 1mg/kg。ADI 为 0.1mg/kg。②印楝素在美国、日本属于农药残留量的豁免对象。

参考文献

陈小军, 杨益众, 张志祥, 等, 2010. 印楝素及印楝杀虫剂的安全性评价研究进展[J]. 生态环境学报, 26 (6): 1478-1484.

徐汉虹, 赖多, 张志祥, 2017. 植物源农药印楝素的研究与应用[J]. 华南农业大学学报, 38 (4): 1-11.

（撰稿：尹显慧；审稿：李明）

英国农药数据库　UK Pesticides Database

由英国健康与安全部（The Health and Safety Executive，HSE）提供的农药 / 植保产品数据库，主要包含两类数据信息：①目前登记的植物保护产品信息，包括两类产品：其一是登记为园艺用的农药数据库（garden pesticides search），可以通过用药的植物、产品名称、生产商、活性成分、登记号或农药类别检索当前允许在园艺上使用的农药信息；其二是农药登记数据库（the pesticides register database），可以检索目前登记在册的植物保护产品的各种信息，如产品特点、农

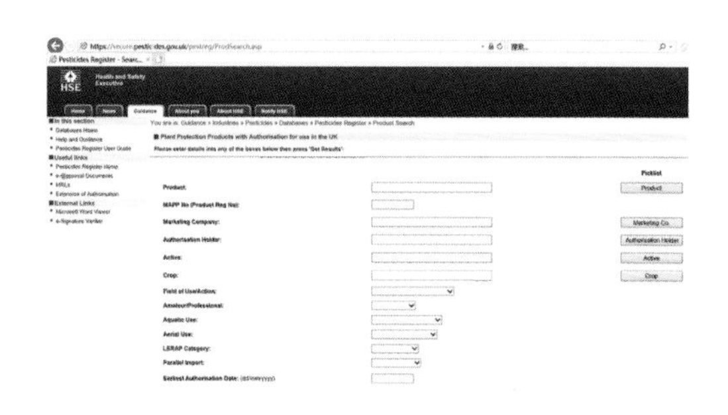

药登记变化、登记撤回情况等信息。②扩展登记产品、助剂以及用于植物保护的商品（如次氯酸钠、二氧化碳）和基本物质（如蔗糖、醋、氢氧化钙）数据信息，其中的农药助剂信息数据库，可以通过助剂名称、助剂号、申请者、助剂有效成分、活性成分、植保产品和作物查询相关助剂的详细信息。另外，也可以检索到允许用于植物保护的一些基本化学品或日用品的相关信息。

网址：https://secure.pesticides.gov.uk/pestreg/ProdSear-ch.asp。

（撰稿：杨新玲；审稿：韩书友）

荧光假单胞菌　*Pseudomonas fluorescens*

一种具有拮抗植物病原菌和促进植物抗逆功能的革兰氏阴性细菌。

其他名称　SPORODEXL、福多多、翠妃、鑫根康、太抗荧光棒等。

开发单位　江苏省常州兰陵制药有限公司，山东泰诺药业有限公司，广东真格生物科技有限公司，山东海利莱化工科技有限公司，山东惠民中联生物科技有限公司，Plant Products Co.Ltd.。

理化性质　荧光假单胞菌 PF-A22 UL 菌株含量为 9%，最小浓度为 2×10^9CFU/ml。商品 SPORODEXL 在 25℃下为液体，米色，有淡淡的蘑菇味，在蒸馏水中的 pH6.4～6.8，密度 1.05g/ml。

毒性　荧光假单胞菌 PF-A22 UL 菌株低毒，无致病性；对哺乳动物无传染性，无经皮和经口毒性，对肺及眼睛有刺激作用。对非靶标生物无不良反应。

剂型　1.3% 液剂（$>3\times10^8$CFU/ml）。可湿性粉剂（有效成分含量 5 亿、1000 亿及 3000 亿 CFU/g）、粉剂（3000 亿 CFU/g）及颗粒剂（5 亿 CFU/g）。

作用方式及机理　荧光假单胞菌 PF-A22 UL 菌株为死体营养型真菌寄生物，通过所分泌的对真菌有毒性的脂肪酸类物质破坏白粉病菌的细胞膜，使白粉病菌细胞很快崩解、死亡。

防治对象　荧光假单胞菌 PF-A22 UL 菌株用于温室黄瓜、玫瑰，防治由病原真菌引起的白粉病、灰霉病、靶斑病，番茄及烟草青枯病，小麦全蚀病，稻瘟病，对其他真菌性叶部病害也有一定防治效果。

使用方法　每 500ml 荧光假单胞菌 PF-A22 UL 菌株制剂产品加水 100L 稀释，另需加入 20ml 润湿剂。切花月季、

黄瓜和盆栽玫瑰上的喷液量为 1500L/hm^2。于发病初期或环境条件利于病害发展时叶面喷雾施药，以在叶面形成流滴为好，视情况间隔 7～10 天用药 1 次。

注意事项 相对湿度较大或达 70% 时对白粉病防治效果较好。施药后 12 小时内应保持相对湿度大于 70%。不可与化学杀菌剂同时施用。于生产之日起 3 个月内使用。-20℃冷冻存储。远离食品及饲料。储存期间产品保存于原容器内，不用时保持容器密封。使用前置于室温下。

参考文献

纪明山, 2011. 生物农药手册[M]. 北京: 化学工业出版社: 43-44.

（撰稿：卢晓红、李世东；审稿：刘西莉、苗建强）

蝇毒磷 coumaphos

一种非内吸性有机磷杀虫剂。

其他名称 Asuntol、Baymix、Meldane、Muscatox、Resistox、Resitox、Unbethion、Bayer 21/199、ENT-17957、蝇毒硫磷。

化学名称 *O,O*-二乙基-*O*-(3-氯-4-甲基香豆素-7)硫逐磷酸酯；*O,O*-diethyl *O*-(3-chloro-4-methyl-comarinyl-7)thionophosphate。

IUPAC名称 *O*-(3-chloro-4-methyl-2-oxo-2*H*-chromen-7-yl) *O,O*-diethyl phosphorothioate。

CAS 登记号 56-72-4。

分子式 $C_{14}H_{16}ClO_5PS$。

相对分子质量 362.77。

结构式

Cl O O O O P S

开发单位 1951 年德国拜耳公司推广的品种。

理化性质 无色晶体。熔点 95℃。相对密度 1.474（20℃）。20℃蒸气压为 0.0133mPa。室温下于水中的溶解度为 1.5mg/L，在有机溶剂中溶解度有限。原药为棕色晶体，熔点 90～92℃。在水性介质中稳定，不易水解。虽然在稀碱液中吡喃环打开，但在酸化时又重新闭环。

毒性 高毒。急性经口 LD_{50}：雄大鼠 41mg/kg，雌大鼠 15.5mg/kg。雄大鼠经皮 LD_{50} 860mg/kg。大鼠吸入 LC_{50}（1 小时，mg/m^3）：雄＞1081，雌 341。鸟类急性经口 LD_{50}（mg/kg）：美洲鹑 4.3，野鸭 29.8。鱼类 LC_{50}（96 小时，μg/L）：蓝鳃太阳鱼 340，斑点叉尾鮰 840。用含 100mg/L 蝇毒磷的饲料喂养大鼠，忍受期为 2 年。禁止在蔬菜等作物上防治蝇蛆和种蛆。

剂型 15% 乳油，20%、30% 可湿性粉剂。

质量标准 15% 蝇毒磷乳油由蝇毒磷原粉 15%、乳化剂环氧乙烷蓖麻油 15% 及溶剂甲苯 70% 组成，为黄褐色透明液体，具乳化性，液面无浮油，液底无沉淀。

作用方式及机理 抑制乙酰胆碱酯酶。

防治对象 有机磷杀虫剂，对双翅目昆虫有显著的毒杀性作用。由于对哺乳类动物有足够低的毒性，允许用于防治家畜体外寄生虫，经皮施用。对防治皮蝇有显著的内吸效果，是防治家畜体外寄生虫如蜱和疥螨等的特效药。该药持效期较长，但用药后在高等动物体内残留限量均低于国际卫生组织的规定标准。因此，是畜牧业上取代有机氯农药的良好药剂。

使用方法

柞蚕饰腹寄蝇的防治 春柞蚕老眠起 4～8 天，用 15% 乳剂 800 倍液浸蚕 10 秒，然后移进窝茧场，防治效果可达 90% 以上，正常情况下对蚕的毒害在 5% 以下。根据辽宁一些地方的经验，小把浸蚕，选出小蚕，浸老眠 4～8 天的蚕，可防止蚕浸药后中毒。

治疗羊疥癣 在夏季剪毛后 7～15 天或 2～4 周内，用 15% 乳剂配制成含有效成分 0.5% 的药液，水温 10℃以上，pH＜8，给羊进行浸浴 1 分钟，需将羊全体浸透，浸后让羊在附近草地上休息，观察是否有中毒者，可间隔 2～4 周再进行药浴 1 次。药浴后应注意避免与未药浴的羊群混杂和接触，并做好栅圈消毒，以防止再度传染。

注意事项 严禁用于蔬菜上防治蝇蛆和种蛆。严格按使用说明配药液，随配随用，用不完的药液要妥善处理，不能乱倒，以免人、畜中毒。根据蚕期不同分批浸蚕，配 1 次药只能浸 20 次，下大雨不能浸蚕。此药易燃，不能近火，不能在阳光下暴晒，储存温度不能低于 8℃，储存在 15℃以上的环境中为宜。若误服，一般催吐洗胃，并注射阿托品，严重时送医院。

允许残留量 ① GB 2763—2021《食品中农药最大残留限量标准》规定蝇毒磷最大残留限量见表。ADI 为 0.0003mg/kg。蔬菜、水果按照 GB 23200.8、GB 23200.113 规定的方法测定。②美国规定蝇毒磷在牛肉、牛肉副产品、羊肉、猪肉、猪肉副产品、马肉、马肉副产品中的最大残留限量为 1mg/kg；蜂蜜中的最大残留限量为 0.15mg/kg；奶制品中的最大残留限量为 0.5mg/kg。③澳大利亚规定蝇毒磷在牛肉、牛脂肪、牛肾、牛肝中的最大残留限量为 0.2mg/kg。

部分食品中蝇毒磷最大残留限量（GB 2763—2021）

食品类别	名称	最大残留限量（mg/kg）
蔬菜	鳞茎类、芸薹属、叶菜类、茄果类、瓜类、豆类、茎类、根茎类和薯芋类、水生类、芽菜类、其他类	0.05
水果	柑橘类、仁果类、核果类、瓜果类浆果和其他小型类、热带和亚热带类	0.05

参考文献

孙家隆, 2015.新编农药品种手册[M]. 北京: 化学工业出版社.
王振荣, 李布青, 1996. 农药商品大全[M]. 北京: 中国商业出版社.

张敏恒, 2006.新编农药商品手册[M]. 北京: 化学工业出版社.

（撰稿：王鸣华；审稿：吴剑）

油剂　oil miscible liquid, OL

由农药原药、溶剂油及助溶剂等组成，用有机溶剂或油稀释后使用的均一油溶液剂型。在溶剂油中具有一定溶解度的、毒性低的农药原药均可配制油剂，而采用高沸点的溶剂油挥发性低、黏度低、闪点高、相对密度接近1、对人畜和作物安全。油剂加工工艺简单，在反应釜中经过简单搅拌溶解即可获得均匀、透明、流动性好的制剂。油剂的挥发性低于30%，开口闪点地面喷雾高于40℃、航空超低容量喷雾高于70℃，黏度小于10mPa·s，低温相容性在-5℃下48小时不析出结晶，有效成分热储分解率低于5%，对靶标植物安全，无药害。

油剂适合在缺水的山地、林区、大面积的田块用于防治农林病虫害，如飞蝗、松毛虫、小麦蚜虫等。其使用方法：①低浓度的油剂等同于超低容量液剂，无须稀释，直接采用超低容量弥雾机及航空超低容量进行飘移性喷雾，雾滴粒径50～100μm，每公顷喷液量1～5L。②较高浓度的油剂需要采用溶剂油稀释进行超低容量喷雾。③在室内滞留喷雾防治卫生害虫。

油剂是为了适应超低容量喷雾技术研制出来的。油剂具有如下特点：①油剂黏着力强，耐雨水冲刷，对生物表面渗透性强，防治及时，持效期长。②药液用溶剂油或矿物油稀释，不用水，省去取水配药等环节，特别适合于干旱少雨地区及缺水的山区、林地。③高沸点溶剂不显著改变雾滴的粒径和重量，使之有较好的沉降能力和沉积效率，农药利用率达到70%以上，药效高于乳油。④风力高于3m/s不适合超低容量喷雾。⑤不适合常规喷雾，需要专用的超低容量喷雾器械。

（撰稿：陈福良；审稿：黄啟良）

油乳剂　emulsion in oil, EO

有效成分溶于水中，并以微小水珠分散在油相中，形成非均相乳状液剂型。它是由农药原药、水、乳化剂及溶剂油组成的不透明的乳白色液体，是一种以油为连续相的油包水（W/O）非均相乳状液分散体系。水溶性农药有效成分均可配制油乳剂，采用具有增效助剂作用的植物油或矿物油作为油连续相，油乳剂需乳化剪切机或均质机经过高速剪切或高压均质，形成具有0.1～10μm（D_{50}为5μm以下更稳定）水珠粒径的乳状液。油乳剂的挥发性低于30%，地面超低容量喷雾的开口闪点高于40℃、航空超低容量喷雾的开口闪点高于70℃，倾倒后残余物、洗涤后残余物分别低于5%及低于1%，经时稳定性，冷储、热储稳定性符合农药质量技术标准。

油乳剂适用于水溶性的原药进行超低容量喷雾，浓度较高的用溶剂油稀释进行地面或航空超低容量喷雾，采用飘移性喷雾，雾滴粒径50～100μm，每公顷喷液量1～5L。

油乳剂具有如下特点：①使水溶性的原药油基化，使之适合超低容量喷雾。②油乳剂用溶剂油稀释，不用水，省去取水配药等环节，特别适合于干旱少雨地区及缺水的山区、林地。③油溶剂黏着力强，耐雨水冲刷，对生物表面渗透性强，杀虫迅速、持效期长。④水溶性的原药被高沸点溶剂包覆，不显著改变雾滴的粒径和重量，使之有较好的沉降能力和沉积效率，药效高。⑤风力高于3m/s不适合超低容量喷雾。

（撰稿：陈福良；审稿：黄啟良）

油酸　oleic acid

一类油酸及其盐化合物的统称，可用作除草剂、杀虫剂、杀菌剂。

其他名称　Hinder（铵盐、动物驱避剂）、M-Pede（钾盐）、Oleate（钠盐）、Savona（钾盐）。

化学名称　油酸; (*Z*)-9-octadecenoic acid。

IUPAC名称　oleic acid。

CAS登记号　112-80-1（Z-异构体）；112-79-8（E-异构体）；2027-47-6（未说明立体化学）；143-18-0（Z-异构体，钾盐）；84776-33-0（铵盐）；61789-22-8（妥尔油，铜盐）。

EC号　204-007-1。

分子式　$C_{18}H_{34}O_2$。

相对分子质量　282.46。

结构式

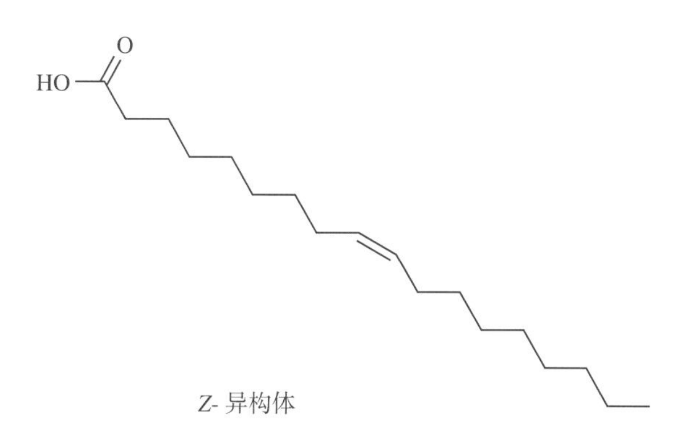

Z-异构体

理化性质　无色或淡黄色透明油状液体，凝固后呈白色柔软固体，露置于空气中色泽逐渐变深。熔点16.3℃。沸点360℃。相对密度1.09（25℃）。蒸气压6.916kPa（37℃）。脂肪酸（或肥皂）包括油酸，通常作为钾盐或钠盐存在，也可以存在其他的长链脂肪酸。M-Pede是油酸和亚油酸的混合物，作为它们的钾盐存在。Oleate是油酸的钠盐，油酸也是楝树油的主要成分。

剂型　乳油。

作用方式及机理　亲脂性碳链渗透和破坏昆虫细胞膜脂蛋白基，这会导致细胞内容物的疏散，导致细胞脱水死亡。破坏昆虫角质层，仅靠接触起作用。无残留活性，无内吸性或层间传导活性。

防治对象　钾盐和钠盐用作杀虫剂、杀螨剂和杀菌剂，防治软体害虫，如蚜虫、粉虱、叶蝉、粉蚧科害虫、牧草虫以及作物、草皮、观赏性温室里的螨虫，同时对白粉病也有防效。

使用方法　M-Pede 使用浓度为 1%～2%（体积分数）。对新移植和新萌发的种子可能产生药害。

参考文献

马克比恩 C, 2015. 农药手册[M]. 胡笑形, 等译. 北京: 化学工业出版社: 740-741.

（撰稿：赵毓；审稿：耿贺利）

油悬浮剂　oil miscible flowable concentrate, OF

农药有效成分在非水分散介质中，依靠表面活性剂形成的高度分散、相对稳定的悬浮液体制剂。用有机溶剂或油稀释后使用，一般具有较小的粒径，通常为 1～5μm，平均粒径小于 3μm。

油悬浮剂的配方中除了原药外，还必须有适宜的油基介质、分散剂、乳化剂、黏度调节剂等。其中原药以内吸性杀菌剂和除草剂或者两种有效成分混配为主。油悬浮剂中原药成分要求尽可能高一些，一般在 20%～50%。一般来说，只有当有效成分加工成油悬浮剂后，能明显增效或可增加制剂稳定性或可供超低容量喷雾，才加工成油悬浮剂。油悬浮剂的质量控制指标主要包括外观、有效成分含量、悬浮率、水分、pH 值、粒度、低温稳定性和热储稳定性。

（撰稿：杜凤沛；审稿：黄啟良）

游离有效成分　free active ingredient

游离有效成分含量是指未包覆在囊球内、游离在囊球外的农药有效成分占总投入农药有效成分的比率。它与微胶囊包覆率是相对的概念，是农药缓释或控释制剂（微囊悬浮剂、颗粒剂、微囊悬浮-悬浮剂、微囊悬浮-水乳剂和微囊悬浮 悬乳剂）的质量指标之 ，也是最能表达缓释或控释制剂性能特征的参数之一。

游离（未在囊内）的有效成分越多，越不容易控制有效成分的释放速率和稳定性，对使用者的潜在危险性越大。不同于其他制剂，微囊制剂需要对游离的有效成分质量分数进行测定，以保证其包封率和制剂的稳定性，使其在较长时间内发挥药效，同时降低对使用者的风险。

目的　为了限制微囊制剂中未包封在囊内的农药有效成分的比例，从而减少对使用者皮肤暴露风险（在该制剂发生严重渗透之前可以从皮肤上冲走）。

适用范围　农药缓释或控释制剂，如微囊悬浮剂（CS）、颗粒剂（GR）、微囊悬浮-悬浮剂（ZC）、微囊悬浮-水乳剂（ZW）和微囊悬浮-悬乳剂（ZE）。

方法　目前中国对游离有效成分的测定尚无统一的标准方法，通常对制剂样品进行处理后，按照有效成分的检测方法进行。具体方法为：称取试样于离心管中，加入少量纯净水（或含有一定比例的有机溶剂）稀释样品，摇匀后在一定转速下离心 30 分钟，取出离心管，将上层清液转移至容量瓶中（注意不要搅起沉淀物）。用溶剂溶解萃取、定容、超声使有效成分完全溶解、摇匀、冷却至室温，过滤后进行游离有效成分质量分数测定，分析方法参照相关有效成分的检测方法。中国大部分农药缓释或控释制剂企业标准中对游离的有效成分质量分数的要求为，测得的游离有效成分（有效成分 ISO 通用名称）平均质量分数应不超过测得的总有效成分质量分数的 10%。同时，产品在进行冷冻-解冻循环稳定性试验时，经过 4 个结冻和融化循环（在 20℃ ±2℃和 -3℃ ±2℃两个温度，经历 18 小时结冻和 6 小时融化的循环）之后，进行均匀化处理，测得的游离有效成分（有效成分 ISO 通用名称）平均质量分数允许增加至测得的总有效成分质量分数的 10%～15%，视实际情况而定；产品在进行热储稳定性试验时，在 54℃ ±2℃储存 14 天后，测得的游离有效成分（有效成分 ISO 通用名称）平均质量分数允许增加至测得的总有效成分质量分数的 10%～15%，视实际情况而定。

国际农药分析协作委员会（CIPAC）方法中给出了 MT188 和 MT189 试验方法（游离甲基对硫磷，游离高效氯氟氰菊酯）。

MT188 试验方法　微囊悬浮剂中游离甲基对硫磷的测定。将试样和一定体积的非离子表面活性剂水溶液混合，在规定的时间内搅拌、离心 2 次，测定清液中的甲基对硫磷，采用高效液相色谱法测定。

MT189 试验方法　微囊悬浮剂中游离高效氯氟氰菊酯的测定。将试样放入玻璃瓶中加入己烷和内标物，在滚动机上卧倒滚动一定时间，测定己烷中高效氯氟氰菊酯的含量，采用气相色谱法测定。

在 FAO 和 WHO 农药标准制定和使用手册中没有给出对游离有效成分的通用要求。需要说明的是，游离有效成分可能在溶液中，乳液中，也可能附着在微囊外壁上。缓释微囊内的有效成分与外界环境中的有效成分通常处于动态平衡，如果测量时干扰了平衡，就会改变有效成分的分布。因此，游离有效成分的值与测量方法有关，所以应按严格的萃取方案执行。

参考文献

徐妍, 刘广文, 2018. 农药液体制剂[M]. 北京: 化学工业出版社.

（撰稿：徐妍；审稿：刘峰）

游霉素　pimaricin

一种由纳他链霉菌或恰塔努加链霉菌产生的多烯大环内酯类的抗生素。

其他名称　Delvolan、纳他霉素、匹马菌素、海松素、多马菌素、田纳西菌素。

化学名称　(1*R*,3*S*,5*R*,7*R*,8*E*,12*R*,14*E*,16*E*,18*E*,20*E*,2*R*,24*S*,5*R*,26-22(3-amino-3,6-dideoxy-*β*-D-mannopyranosyl) oxy]-1,3,26-trihydroxy-12-methyl-10-oxo-6,11,28-trioxatricyclo[22.3.1.0^{5,7}]octacosa-8,14,16,18,20-pentaene-25-carboxylic acid ormerlymaricin。

IUPAC名称　(8*E*,14*E*,16*E*,18*E*,20*E*)-(1*R*,3*S*,5*R*,7*R*,12*R*,22*R*,24*S*,25*R*,26*S*)-22-(3-amino-3,6-dideoxy-*β*-D-mannopyranosyloxy)-1,3,26-trihydroxy-12-methyl-10-oxo-6,11,28-trioxatricyclo[22.3.1.0^{5,7}]octacosa-8,14,16,18,20-pentaene-25-carboxylic acid。

CAS登记号　7681-93-8。

EC号　231-683-5。

分子式　$C_{33}H_{47}NO_{13}$。

相对分子质量　665.73。

结构式

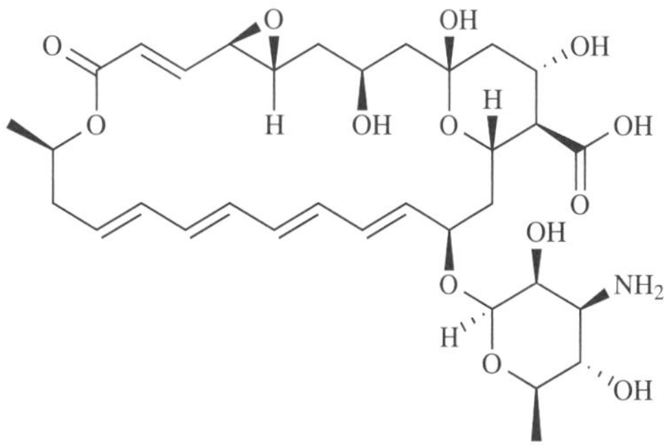

开发单位　霉克（Natamax，荷兰特科特公司）；Myprozine（美国氰胺公司）；Delvocid（美国GB发酵公司）；Natafucin，Pimafucin（美国Aldrich公司）。

理化性质　近白色到奶油黄色粉末，几乎无臭无味。可含有3mol的水。熔点280℃（分解）。几不溶于水，微溶于甲醇，溶于稀盐酸、冰乙酸和二甲基亚砜，难溶于大部分有机溶剂。pH＜3或pH＞9时，可提高其溶解度。由于其含有大环内酯结构，对氧化和紫外线极敏感，故不宜与氧化剂接触或暴露在阳光下。在干燥状态下稳定。pH5～7时活性最高；pH＜3或pH＞9时，活性降低30%。温度在室温时，活性最高；50℃以上，放置24小时，活性明显降低。

毒性　急性经口LD_{50}：小鼠1500mg/kg，雄大鼠2730mg/kg。无毒性作用水平：大鼠急性经口25mg/kg，狗经口6mg/kg。人ADI 0.3mg/kg（FAO/WHO，1994）。该品不能由动物或人的胃肠道吸收，无任何过敏潜在性。

剂型　混悬剂。

作用方式及机理　内吸性杀菌剂。具有广谱、双效的抗真菌作用。

防治对象　防霉剂，主要用于食品防腐。用于霉菌容易增殖的、暴露于空气中的食品表面时，有良好的抗霉效果。用于发酵干酪可选择性地抑制霉菌的繁殖而让细菌得到正常的生长和代谢。该产品应储存于密封良好、无直射阳光、温度低于15℃。

使用方法　用含200～300mg/kg的水溶液采用浸泡法或喷雾法，使其分布于乳酪、水果、容器的表面。在富含酵母的酒中加入该品10mg/L，即可清除酵母。在苹果汁中加入该品30mg/L，6周之内可防止果汁发酵，并保持果汁的原有风味不变。在水果保存时，将苹果浸在含500mg/L该品的混悬液中1～2分钟后包装，可保存8个月。该品抑制食品中腐败霉菌和酵母菌的作用比山梨酸强。该品的MIC为1～10μg/ml，而山梨酸的MIC为500μg/ml。

注意事项　对大部分霉菌、酵母菌和真菌都有高度抑制能力。但对细菌、病毒和其他微生物（如原虫等）则无抑制作用。对光敏感，应避光保存。不宜与氧化剂、重金属接触，宜置于玻璃、塑料或不锈钢容器中。

允许残留量　作为防腐剂，在发酵酒的最大使用量为0.01g/L，在蛋黄酱、沙拉酱中的最大使用量为0.02g/kg，最大允许残留量为10mg/kg；在果蔬汁、发酵肉制品、肉灌肠、西式火腿、油炸肉类、熏烤烧肉、酱卤肉制品、糕点、干酪等食品中最大允许使用量为0.3g/kg，最大允许残留量为10mg/kg。

参考文献

韩雅珊, 1998. 食品化学[M]. 2版: 北京: 中国农业大学出版社.

王运兵, 张志勇, 2008. 无公害农药使用手册[M]. 北京: 化学工业出版社.

王宗瑞, 赵广荣, 2012. 匹马菌素的生物合成研究进展[J]. 中国抗生素杂志, 37 (10) : 728-732.

（撰稿：徐文平；审稿：陶黎明）

《有害生物管理科学》 *Pest Management Science*

国际著名的综合性农药专业学术性期刊。1970年创刊，英文，月刊。ISSN 1526-4998。编辑委员会由英国、美国、德国、中国、日本、荷兰等国科学家组成，约翰威利出版社出版，现任主编为Stephen O. Duke。该刊是报道农药研究、开发、应用，农药对环境影响，有害生物治理策略等原始研究的主要论坛。刊载的论文内容涉及新化合物合成、筛选、分子结构与生物活性的关系；农药的加工、应用、代谢、降解、毒性、田间试验和安全使用；农药对生态环境的影响；有害生物抗药性及其治理；卫生和家畜用杀虫剂等方面。刊物原名*Pesticide Science*，2000年改为现刊名，之后关于生物防治、生物农药和作物综合防治的论文比重增加。也刊载关于生物技术和分子生物学等在作物、动物保护和公众健康等方面的应用论文。

该期刊被RSC, CAS, CABI, AGRICOLA，EBSCO Publishing, Proquest及Web of Science等多个数据库收录。

从网上可提前两个月免费预览将要刊登的文章的题目和

摘要，网址：http://onlinelibrary.wiley.com/journal/10.1002。

（撰稿：杨新玲；审稿：王道全）

《有害生物管理展望》 *Outlooks on Pest Management*

农药评论性期刊。英文，1989年创刊，原刊名为*Pesticide Outlooks*，英国皇家化学学会出版，2004年改为现刊名，并由Research Information Ltd.出版发行，现为双月刊，现任主编为Leonard G. Copping。该刊登载世界范围内的有害生物防治的评论性文章与新闻，内容涉及病虫草的化学、生物及生物技术防治，如农药在植物保护、家畜、卫生、木材、防腐等方面的应用，农药使用技术的改进，农药对环境及人类健康的影响以及综合治理等问题。每期信息量大，内容浅显易懂，可读性强。

网址：http://www.researchinformation.co.uk/pest.php。

（撰稿：杨新玲；审稿：王道全）

有机汞杀菌剂　organomercury fungicide

化学结构中含汞的有机合成杀菌剂。

高效、杀菌力强。种子处理用量一般为种子量的0.2%~0.3%。对温血动物高毒或中等毒性。因存在严重的残留毒性问题，现已禁用。

其作用机制主要是汞抑制病原菌所有的酶，使蛋白质凝固或变性，而致病原菌死亡。主要品种有乙酸苯汞（赛力散）和氯化乙基汞（西力生）。

（撰稿：刘长令、杨吉春；审稿：刘西莉、张灿）

有机磷类杀虫剂　organophosphates, OPs

一类最常用的农用杀虫剂，多数属高毒或中等毒类，少数为低毒类。有机磷杀虫剂（OP）在世界范围内广泛用于防治植物病、虫害，它对人和动物的主要毒性来自抑制乙酰胆碱酯酶引起的神经毒性。

20世纪40年代，在合成有机磷神经毒剂时发现了若干对昆虫毒力较好的化合物。1941年，德国人Schrader合成出第一个内吸性有机磷杀虫剂：八甲基焦磷酸酰胺（OMPA）和1944年商品化的四乙基焦磷酸酯（TEPP）。1944年，合成了E605，即对硫磷，是农药史上的重大突破。通过对E605进行修饰，得到了多个活性良好的类似物。1950年，美国氰胺公司合成出对哺乳动物低毒的马拉硫磷。1952年，Perkow合成了具有优异杀虫活性的敌敌畏和速灭磷。中国，原北京农业大学的黄瑞纶教授于1950年合成了对硫磷，1956年第一家有机磷农药生产商——天津农药厂开始生产对硫磷。2007年1月1日起中国全面禁用列入“PIC”名单的5种高毒农药：甲胺磷、甲基对硫磷、对硫磷、久效磷、磷胺。PIC（预先通知同意Prior Informed Consent）程序：是指对禁止或严格限制的农药和危险化学品，出口国必须事先征得进口国同意后才能向其出口。

有机磷杀虫剂的理化性质多为油状液体，少数为固体，颜色深，有大蒜臭味，沸点一般很高，在常温下蒸气压很低。但敌敌畏蒸气压高。大多数不溶于水或微溶于水，而溶于一般有机溶剂，但有的在水中有较大的溶解度，如敌百虫、乐果、甲胺磷、磷胺等。碱性条件易分解失效。高效、广谱，具有触杀、胃毒、熏蒸等多种作用方式。在植物体内可代谢降解，有些残效期短、低毒，如马拉硫磷；有些残效期较长，如甲拌磷。有些品种具有内吸作用；有的具有很强的渗透作用，施于叶面对叶背害虫也有效。在生物体内及环境中易降解，对环境安全。

内吸性有机磷杀虫剂处理植物的根、茎、叶或其他部位时，能渗入植物体内，并随植株的体液传导到其他部位，有效防治病虫害而不影响植物生长。内吸性药剂多施用于根部或接近根部的部位，如拌种、浸种、涂茎等。内吸性有机磷多为剧毒药剂，残效期长，应严格按规程操作，确保安全间隔期。主要品种：乐果、氧乐果、甲拌磷、乙拌磷、异丙磷、灭蚜松等。磷酸分子中的氧原子被硫原子置换，称为硫代磷酸，根据换上去的硫原子数分为一、二硫代磷酸。硫原子和磷的连接方式可以有P＝S和P—S—R两种，分别称为硫逐磷酸酯和硫赶磷酸酯。有机磷类杀虫剂主要有以下几类：

磷酸酯　通式为二烷基芳基磷酸酯、二烷基乙烯基磷酸酯、磷酰化羟肟酸或肟（图1）。

硫逐磷酸酯　通式为二烷基芳基（包括芳杂环基）硫

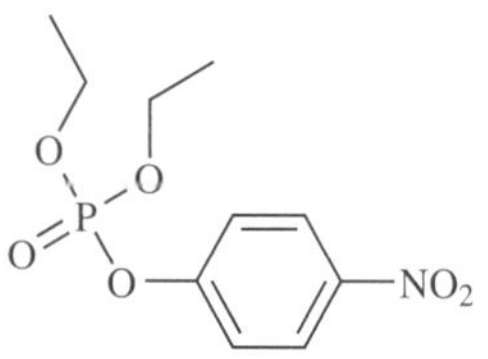

对氧磷 paraxon

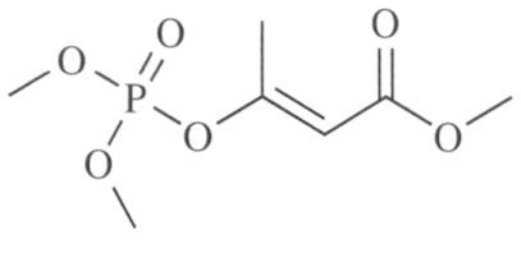

速灭磷 mevinphos

图1 磷酸酯类有机磷杀虫剂

Y

逐磷酸酯、二烷基β-烷基乙基硫逐磷酸酯和肟的酯。毒性一般比磷酸酯低，化学性质更为稳定，是有机磷杀虫剂的重要类型（图2）。

二硫代磷酸酯（图3）。

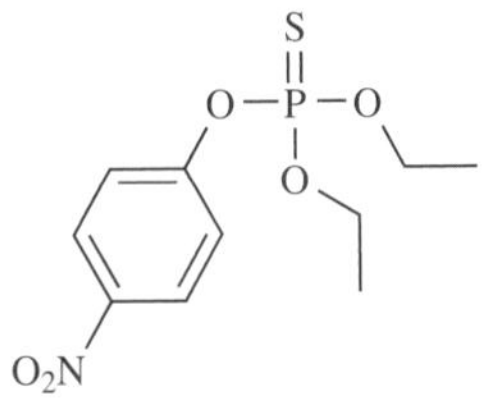

对硫磷 parathion

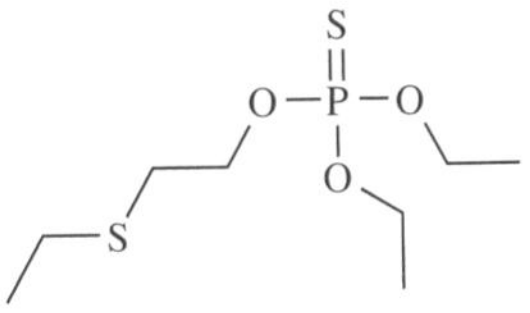

内吸磷 demeton

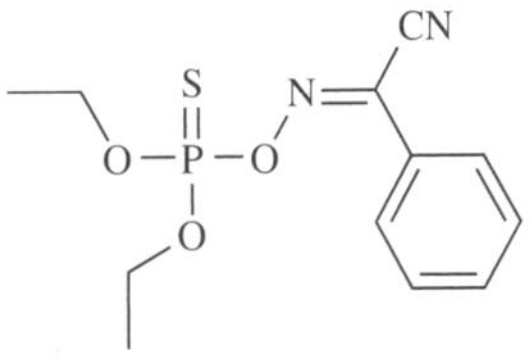

辛硫磷 phoxim

图2 硫逐磷酸酯类有机磷杀虫剂

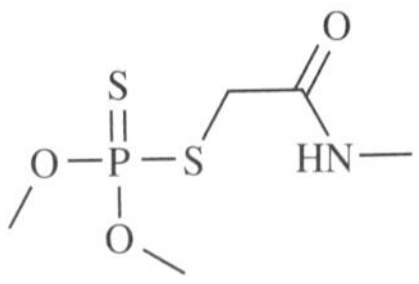

乐果 dimethoate

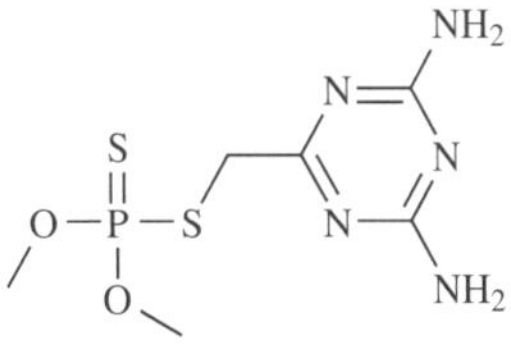

灭蚜松 menazon

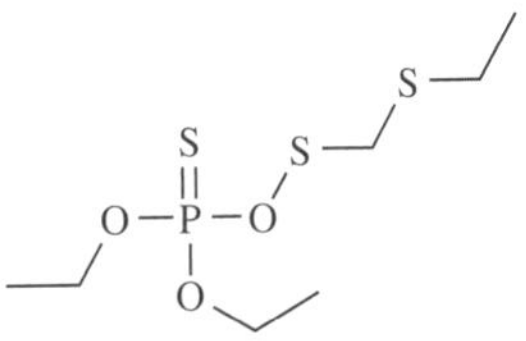

甲拌磷 phorate

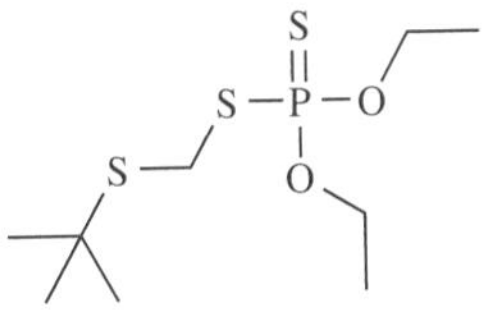

特丁硫磷 terbufos

图3 二硫代磷酸酯类有机磷杀虫剂

硫赶磷酸酯 是二硫代磷酸酯的激活形式（图4）。

磷酰胺酸衍生物 磷酸分子中羟基（—OH）被氨基（$—NH_2$）取代，称为磷酰胺，磷酰胺分子中剩下的氧原子也可能被硫原子替换，而称为硫代磷酰胺（图5）。除杀虫活性外，此类化合物还具有杀螨、肠胃驱虫、杀线虫、杀菌、除草、杀鼠和不育活性。

膦酸酯类 磷酸分子中一个羟基被有机基团置换，形成P—C键称为膦酸（图6）。

有机磷类杀虫剂的作用靶标是昆虫的乙酰胆碱酯酶（acetylcholine esterase，AChE），AChE是神经传导中重要的ACh水解酶，主要存在于胆碱能神经末梢突触的突触前

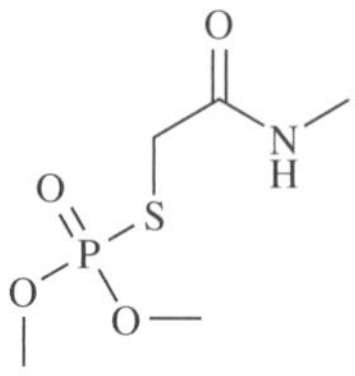

氧乐果 omethoate

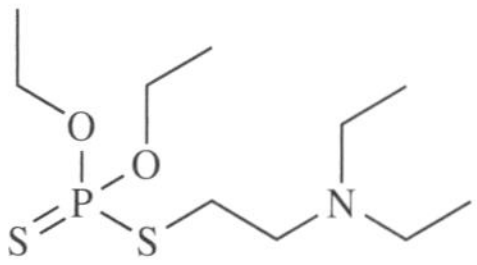

胺吸磷 amiton

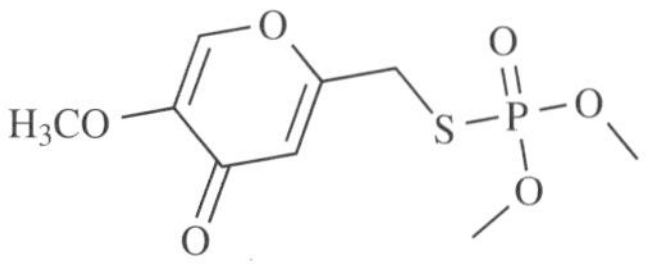

因毒磷 endothion

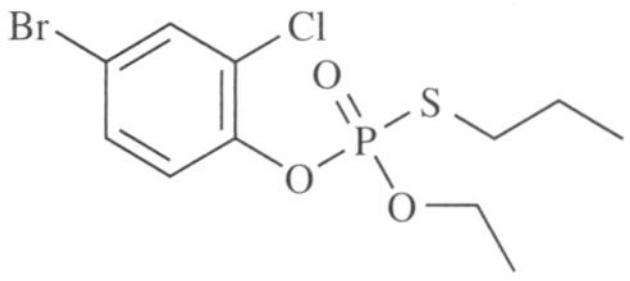

丙溴磷 profenofos

图4 硫赶磷酸酯类有机磷杀虫剂

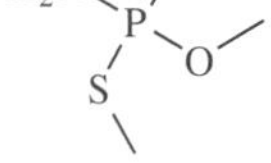

甲胺磷 methamidophos

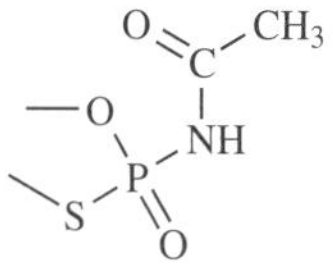

乙酰甲胺磷 acephate

图5 磷酰胺酸衍生物类有机磷杀虫剂

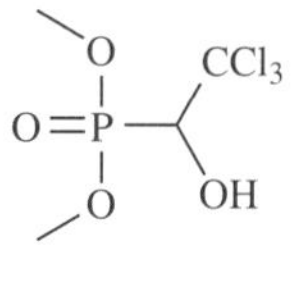

敌百虫 trichlofon

图6 膦酸酯类有机磷杀虫剂

膜、突触后膜和突触间隙。它是有机磷杀虫剂和氨基甲酸酯类杀虫剂的分子靶标，其正常的生理功能是快速水解突触间隙的 ACh。有机磷杀虫剂的作用机制是有机磷酸酯与 AChE 酯动部位丝氨酸的羟基共价结合后，抑制神经突触传递中的递质水解酶——乙酰胆碱酯酶，使释放到突触间隙的乙酰胆碱大量积累，从而阻断神经系统的信号传递，导致昆虫死亡。

参考文献

冯国蕾, 李梅, 何凤琴, 等, 2002. 神经递质释放与家蝇对拟除虫菊酯抗性关系的研究[J]. 昆虫学报, 40(l): 15-22.

李劲彤, 杜先林, 1999. 有机磷杀虫剂的体内活化与解毒[J]. 中国工业医学杂志, 12(1): 53-55.

唐除痴, 李煜昶, 陈彬, 等, 1998. 农药化学[M]. 天津: 南开大学出版社.

唐振华, 毕强, 2003. 杀虫剂作用的分子行为[M]. 上海: 上海远东出版社.

王荫长, 范加勤, 田学志, 等, 1994. 溴氰菊酯和甲胺磷引起稻飞虱再猖獗问题的研究[J]. 昆虫知识, 31(6): 257-262.

吴文君, 2000. 农药学原理[M]. 北京: 中国农业出版社.

张宗炳, 冷欣夫, 1993. 杀虫药剂毒理及应用[M]. 北京: 化学工业出版社.

赵善欢, 1993. 昆虫毒理学[M]. 北京: 农业出版社.

（撰稿：徐晖、孙志强；审稿：杨青）

有机磷杀菌剂 organophosphorus fungicides

具有杀菌或抑菌活性的含磷有机化合物杀菌剂。其基本化学结构是磷酸酯、硫代磷酸酯、磷酰胺类等。此类药剂中有对各种白粉病、水稻病害和各种卵菌有效的内吸性杀菌剂。大多具内吸性，可茎叶喷雾、土壤施药、水田撒施等；低残留，最终代谢产物为磷酸、亚磷酸；使用不当，病原菌可产生抗药性，但不同类型之间也存在负交互抗性。

（撰稿：刘长令、杨吉春；审稿：刘西莉、张灿）

有机硫杀菌剂 organic sulfur fungicides

毒性基团或成型基团中含有硫的有机合成杀菌剂，是最早研制的有机杀菌剂。这类药剂多具有杀菌谱广、高效、低毒、药害少等优点，可代替铜、汞等无机杀菌剂，用于防治许多植物病害。到 20 世纪 80 年代，陆续开发了上百个品种，其中常用的有 20 多种，是世界性大吨位农药。

简史 这类药剂的研制始于 20 世纪 30 年代。1930—1931 年，美国杜邦公司（E. I. Du Pont de Nemours and Company）、德国拜耳公司（Bayer AG）试验了氨基甲酸盐类化合物的杀菌活性，推出二甲基二硫代氨基甲酸盐类的重要品种福美锌（zinc dimethyldithiocarbamate）、福美双（thiram），随后德国赫斯特（Hoechst）公司开发出硫氰酸酯的重要品种二硝散（nirit）。40 年代突出的工作是研制和开发二硫代氨基甲酸盐中的代森系，即乙撑双二硫代氨基甲酸盐类，和另一类三氯甲硫基化合物。迄今，有机硫杀菌剂中的大吨位品种多属于这两类。1943 年，第一个代森系杀菌剂代森钠获得专利注册，但此药剂性能不稳定，容易引起植物药害，很难应用。同年，美国罗姆 - 哈斯（Rohm & Hass）公司试制代森锌获得成功，是代森系中的重要品种。在三氯甲硫基类化合物中，首先研制成克菌丹（captan）和灭菌丹（folpet），都是由美国标准石油公司（Standard Oil Company）于 1949 年生产。50 ~ 60 年代，有机硫杀菌剂的研制、生产和应用达到鼎盛时期，发展了许多代森系和福美系的品种，都是广谱的药剂。另外，还先后开发了杀线虫剂和土壤杀真菌剂兼有除草作用的威百亩（metham-sodium）等品种。60 年代发现代森系药剂容易降解为乙撑硫脲（ethylenethiourea）。此物有慢性毒性，从 1965 年开始，联合国粮农组织（FAO）和世界卫生组织（WHO）的农药残留联合会等均对此问题进行了多次讨论。70 年代有机硫杀菌剂曾一度占世界杀菌剂市场的首位，仅二硫代氨基甲酸盐就占 33%。进入 80 年代，虽然由于内吸性杀菌剂的发展，有机硫制剂的市场占有率有所下降，但其中二硫代氨基甲酸盐类仍然占有 20%，超过主要的内吸性药剂苯并咪唑类。

中国于 20 世纪 50 年代开始研制和开发有机硫杀菌剂。应用的品种有代森锌、代森铵、敌锈钠、福美双、福美胂、福美炭疽、三福美和代森锰锌等。

品种类型 按已知的化学结构类型主要划分为以下 5 种类型：①二硫代氨基甲酸类衍生物。含 $\mathrm{N-\overset{\overset{\large S}{\|}}{C}-S}$ 基团，是最重要的一类。又常区分为 3 类，即二烷氨基二硫代甲酸盐（福美系）。通式为 $\mathrm{R'\,RN-\overset{\overset{\large S}{\|}}{C}-SM}$（R, R′，为低级烷基，M 为 Na、Zn、Fe、Mn、Cu 等金属），如福美锌、福美铁等；二分子二甲基二硫代氨基甲酸氧化物（秋蓝姆及其类似物）。通式为：$C(R)_2NSSSCSN(R)_2$（R 为低级烷基），如福美双；乙撑双二硫代氨基甲酸盐（代森系）。通式为：

$$\mathrm{MS-\overset{\overset{\large S}{\|}}{C}-\overset{H}{N}-CH_2-CH_2-\overset{H}{N}-\overset{\overset{\large S}{\|}}{C}-SM}$$

（M 为 Na、Zn、Mn 等金属），如代森钠、代森铵、代森锰锌等。②含 Cl_3CS- 基团的多种衍生物。如酰胺、酰羟胺、酰肼、醇类、酚类、硫醇类、硫酚类、磺酰胺类、硫代磺酸酯类以及黄原酸、杂环类等。其中酰胺类衍生物最重要，如克菌丹、二甲基克菌丹、灭菌丹等。③氨基磺酸盐和取代苯磺酸。如氨基磺酸钠、敌锈钠。④含硫氰酸基团（—SCN）。如二硝散；含异硫氰酸基团（—N = C = S），如苯基异硫氰酸酯的衍生物。⑤含硫代亚氨基甲酰胺基团。如二 -（亚氨基甲酰胺）二硫化合物。

特性和应用　①杀菌谱广。多数品种不仅对真菌的鞭毛纲、子囊纲、担子纲和半知菌4个亚门中的一些重要植物病原菌具有活性，而且对植物病原细菌如欧氏杆菌、黄单胞杆菌、假单胞杆菌等也有活性。有些品种是杀线虫剂，有些品种也可在造纸、制糖等工业中用作抗微生物剂，这类药剂广泛应用于防治粮食作物和经济作物病害，特别是果树、蔬菜和观赏植物上使用量较大。②施药方法多样。多数品种除用作茎叶喷雾外，还可以作为种子（苗木）处理剂或土壤消毒剂。③一般为非内吸保护性杀菌剂，须在作物发病前均匀施药。有些品种虽非内吸性，但兼具保护和治疗作用，如代森铵、福美胂等。另有少数品种具有内吸性，如敌磺钠、对氨基苯磺酸钠等。④多数品种具有与其他农药的可配伍性。其中二硫代氨基甲酸盐类和三氯甲硫基类的主要品种代森锌、代森锰锌、福美双、克菌丹、敌菌丹等，多与一些内吸性杀菌剂配伍，制成各种优良的复配剂以扩大防治谱，延缓抗药性，提高防治效果。⑤毒性低。一般对哺乳动物毒性低，使用较安全。但代森系药剂可降解为致畸、致癌物乙撑硫脲，曾引起各方关注。经多年研究，证明乙撑硫脲在自然界容易被光解，因此目前一些国家通过改进包装、控制用药次数和用量，延长安全间隔期等措施，最大限度提高安全性。

参考文献

郭奇珍, 1964. 有机硫杀菌剂[M]. 北京: 农业出版社.

中国农业百科全书总编辑委员会农药卷编辑委员会, 中国农业百科全书编辑部, 1993. 中国农业百科全书: 农药卷[M]. 北京: 农业出版社.

（撰稿：徐文平；审稿：陶黎明）

有机氯杀虫剂　organochlorine insecticides

具有杀虫活性的氯代烃的总称。以六六六、DDT及其他有机氯化合物为代表，具有较高的杀虫活性、杀虫谱广、持效性较长等特点。

有机氯杀虫剂可分为3种主要类型，即DDT及其类似物、六六六和环戊二烯衍生物。1935年Bender发现六六六（1,2,3,4,5,6-六氯环己烷）的杀虫活性，后来Slade发现六六六的生物活性基本是由γ-六六六异构体引起的；1940年，Müller发现了DDT［滴滴涕，2,2,-二（对氯苯基）-1,1,1-三氯乙烷］的杀虫活性，商品DDT于1942年上市，并获得第一个瑞士专利，Müller于1948年获得诺贝尔医学奖；环戊二烯类杀虫剂是高度氯化的环状碳氢化合物，于20世纪40年代中期面市。

有机氯杀虫剂为神经毒剂，神经毒剂对神经功能的作用部位如下：以一个简单的反射弧为例，当感觉神经元受到刺激时，能将刺激转换为电信号，此感觉神经元是某些神经毒剂如拒食剂苦楝等的作用部位，即第一类作用部位。电信号转换为神经冲动，以脉冲形式沿着轴突传递到中枢神经系统，轴突传导存在于整个神经系统，它是DDT、河豚毒素等神经毒剂的作用部位，称为第二类作用部位。感觉神经的轴突末端，与中枢神经元没有直接接触，存在间隙，并以化学物质作为联系物，这种连接部位叫做突触，如轴突末端放出的乙酰胆碱到达后一神经元的树突或细胞体时，后一神经元产生电反应。这是某些神经毒剂如六六六、狄氏剂等环戊二烯类杀虫剂引起轴突末端释放化学传递物质，作用于突触前膜，称为第三类作用部位。

DDT的作用机制可归纳为：①DDT影响兴奋组织（神经、肌肉），主要是轴突膜，最敏感的是感觉神经的轴突膜起作用。②在神经膜上可能存在一种DDT受体，DDT对它们起作用，引起膜的三维结构改变，从而影响离子通道，主要是影响钠离子通道使之关闭延迟，加强了负后电位。③负后电位的加强造成了重复后放，这连串的动作电位的产生即为兴奋期。④DDT能够抑制神经膜外表的Ca^{2+}-ATP浓度，使之降低，因而降低电位差，造成不稳定化，使刺激时更易产生重复后放。⑤重复后放使神经产生一种神经毒素，同时重复后放引起了松弛麻痹。⑥神经毒素极可能是酪胺，它的积累影响章鱼胺激性的突触的传导，造成传递的阻断。⑦重复后放必然也引起突触处的过分刺激，突触的传递可能在近期也受抑制，造成乙酰胆碱有所积累。内麻痹期进入完全神经传导的阻断。DDT的中毒机制可能由上述多因素的共同作用，但真正造成其死亡的原因尚未明确。

虽然六六六和环戊二烯类杀虫剂与DDT同属氯化烃类化合物，但它们不作用于轴突，而是作用于中枢神经系统，作用部位是突触。作用方式是促使突触前膜过多地释放乙酰胆碱，从而引起典型的兴奋、痉挛及麻痹等征象。

有机氯杀虫剂作用机制的研究还待完善。DDT作用机制的阐明尚待研究：如DDT有无受体，受体性质及DDT如何对受体起作用，引起离子通道的改变；Ca^{2+}-ATP酶肯定被抑制，但膜外Ca^{2+}的减少是否为引起重复后放的唯一因素，Ca^{2+}的减少与Na^{+}通道的改变有何关系；神经毒素的确定及其作用机制的研究和它在DDT中毒中究竟起什么作用。还应指出，六六六中毒时也有神经毒素产生，它的后期中毒是否由神经毒素引起需待考证。

DDT主要用于植物保护和卫生害虫防治，主要防治对象是双翅目昆虫（如苍蝇、蚊子）和咀嚼式口器害虫（如棉铃虫、玉米螟等），使疟疾、伤寒、霍乱的发病率急剧下降，在防止传染病方面有重大贡献。六六六是一种广谱杀虫剂，主要防治对象是咀嚼式口器害虫和刺吸式口器害虫，用于防治水稻、果树、蔬菜等作物上的多种害虫。环戊二烯类杀虫剂主要用于防治金针虫、蝼蛄、蛴螬等地下害虫，也可用于防治蝗虫、红蜘蛛、马铃薯甲虫等，在确保农业丰收方面起了巨大的作用。

有机氯杀虫剂一般难代谢与降解，且在环境中不易消失、毒性持久，并在人体脂肪内积累，对机体的生理生化功能有一定的影响，因此，中国已对DDT、六六六和环戊二烯类杀虫剂实行禁用，在其他一些国家也被禁用或限制使用。但有机氯杀虫剂品种繁多，作用互有区别，近年来研发了一些高效、低毒，又易降解，不易造成环境污染的新品种如益滴涕、硫丹、三氯杀虫酯等。这些品种虽不像DDT那样广谱，但是杀虫效果却与DDT相同，而且对DDT已产生抗性的昆虫也有效。

参考文献

陈茹玉, 杨华铮, 徐本立, 2009. 农药化学[M]. 北京: 清华大学出版社; 广州: 暨南大学出版社.

黄伯俊, 黄毓麟, 2004. 农药毒理学[M]. 北京: 人民军医出版社.

李孟楠, 雷磊, 刘欣, 2011. DDT毒性及毒理机制的研究进展[J]. 绿色科技, (10): 114-116.

邵文涛, 顾爱华, 2016. 有机氯类杀虫剂对脂质代谢异常的影响[J]. 中华预防医学杂志, 50(11): 1011-1016.

石卫东, 张同庆, 王瑾, 等, 2014. 杀虫剂种类及作用机理[J]. 河南农业, 14(7): 28-29.

吴文君, 2000. 农药学原理[M]. 北京: 中国农业出版社.

徐殿斗, 仲维科, 邓琳琳, 等, 2002. 松叶中有机氯农药HCH、DDT的研究[J]. 中国环境科学, 22(6): 481-484.

周松, 李世根, 刘永刚, 等, 2008. 钠离子通道及其作用药物研究进展[J]. 医药导报, 27(7): 822-823.

（撰稿：徐晖、于明巧；审稿：杨青）

有机砷杀菌剂 organoarsenic fungicide

化学结构中含砷的有机合成杀菌剂。其特点是大部分品种对水稻纹枯病有特效，使用浓度低、用量少。因砷制剂存在残毒问题，20世纪70年代后发展受限制，现仅有福美甲胂、福美胂、田安等少数几个品种。福美甲胂防治苹果黑点病、梨黑星病、葡萄晚腐病；福美胂防治黄瓜、甜瓜和草莓白粉病；田安防治水稻纹枯病、葡萄炭疽病、西瓜炭疽病、人参斑点病、柑橘溃疡病。其作用机制是使菌体内丙酮酸累积，菌体发生变异，使真菌的正常生长受到影响。

（撰稿：刘长令、杨吉春；审稿：刘西莉、张灿）

有机锡杀菌剂 organotin fungicide

化学结构中含锡的有机合成杀菌剂。

大多对温血动物具有中等急性毒性，在动物体内易代谢、分解成无毒的元素锡。抗菌能力优于代森类杀菌剂和铜制剂。

主要品种有三苯基乙酸锡、毒菌锡、三苯基氯化锡，分别用于防治甜菜褐斑病和马铃薯晚疫病，马铃薯早疫病，甜菜褐斑病和稻胡麻斑病等。

（撰稿：刘长令、杨吉春；审稿：刘西莉、张灿）

有效成分 active ingredient

一种混合物中对生物体代谢或者化学反应起作用的成分。是化学、生物学、药物学广泛应用的术语。中国药品中有效成分的定义，一般是指化学上的单体化合物，能用分子式和结构式表示，如乌头碱、麻黄碱等，并在药材中起主要药效的化学成分。农药有效成分是指农药产品中具有生物活性的特定化学结构成分或生物体。农药原药或制剂中的有效成分是农药产品在登记注册中的重要组成部分，是农药产品中对病、虫、草等有生物活性的成分。工业生产的原药中其有效成分含量一般为80%～99%。原药经加工按有效成分计，制成各种含量的剂型，如某农药的10%粉剂、20%可湿性粉剂及25%乳油等。

根据原料来源可以将农药分为化学农药、生物化学农药、微生物农药和植物源农药等。

化学农药包括有机农药、无机农药。无机农药是由天然矿物原料加工制成的一类农药，主要有硫制剂、铜制剂、磷化物等，如硫酸铜、磷化铝、氢氧化铜、波尔多液等，其有效成分为无机化学物质。有机农药是农药中属于有机化合物的品种总称，其有效成分通常是有机氯、有机磷、有机氟、有机硫、有机铜、有机氮、杂环、磺酰脲、氨基甲酸酯等有机化合物。这类农药根据有效成分的活性可以分为杀虫剂、杀菌剂、杀螨剂、除草剂、杀线虫剂及杀鼠剂等，例如吡虫啉、对硫磷等。有机农药是目前使用最多、最广泛的一类农药。

生物化学农药应满足下列两个条件：一是对防治对象没有直接毒性，而只有调节生长、干扰交配或引诱等特殊作用；二是天然化合物，如果是人工合成的，其结构应与天然化合物相同（允许异构体比例的差异）。生物化学农药主要包括化学信息物质、天然植物生长调节剂、天然昆虫生长调节剂、天然植物诱抗剂等。化学信息物质是指由动植物分泌的、能改变同种或不同种受体生物行为的化学物质。天然植物生长调节剂是指由植物或微生物产生的、对同种或不同种植物的生长发育（包括萌发、生长、开花、受精、坐果、成熟及脱落的过程）具有抑制、刺激等作用或调节植物抗逆境（寒、热、旱、湿、风、病虫害）的化学物质。天然昆虫生长调节剂，是指由昆虫产生的对昆虫生长过程具有抑制、刺激等作用的化学物质。天然植物诱抗剂，是指能够诱导植物对有害生物侵染产生防卫反应，提高其抗性的天然源物质。其他生物化学农药包括除上述以外的其他满足生物化学农药定义的物质。

微生物农药是利用微生物或其代谢物来防治危害农作物的病、虫、草等的农药，这类农药的有效成分通常是细菌、真菌、病毒或其代谢物等，如苏云金杆菌、赤眼蜂等。

植物源农药是指有效成分直接来源于植物体的农药，其有效成分通常不是单一的化合物，而是植物有机体的全部或大部分有机物质。植物源农药成分中一般有生物碱、挥发性香精油、有机酸、糖苷类等物质。

参考文献

关德祺, 丁安伟, 2005. 中药有效成分的不同概念[J]. 中华现代中医学杂志, 1(2): 119-121.

（撰稿：李红霞；审稿：刘丰茂）

有效成分释放速率 release rate of active ingredient

单位时间内农药有效成分从微囊中释放到环境中的量，

称为有效成分释放速率。它是农药缓释或控释制剂（微囊悬浮剂、颗粒剂、微囊悬浮-悬浮剂、微囊悬浮-水乳剂和微囊悬浮-悬乳剂）的质量指标之一，也是最能表达缓释或控释制剂性能特征的参数之一。缓释或控释制剂释放速率的测定方法应符合特定产品。农药包封于不同的聚合物内，可减缓有效成分的降解，并使其按照一定的动力学模式释放，实现其较优的防治效果。

影响因子 有效成分释放速率取决于多种因子。

有效成分的溶解度 农药有效成分大部分是难溶于水的，在水中的溶解度极低，但仍然能够缓慢溶解。囊芯在胶囊内形成的水溶液浓度与胶囊外水相浓度之差是囊芯向外迁移的推动力。有些囊芯在水中的溶解度较大，可以很快在进入的水中溶解并达到饱和，这类囊芯释放的推动力很大。不同囊芯的溶解度差别会影响其溶解速率的快慢。

有效成分的扩散系数和分配系数 根据费克扩散定律，囊芯向外扩散的速率与扩散系数、囊芯在囊壁中的分配系数、囊内外有效成分的浓度和扩散面积成正比，与囊壁厚度成反比。如果扩散介质是囊壁，当囊芯物质和微囊粒径不变时，扩散系数主要受囊壁性质影响。

壁材的性质 壁材在很大程度上决定着缓释或控释制剂的释放速率，是微囊的关键组成部分。囊芯物质的理化性质、防治对象和应用环境对于壁材的选择起着决定性的作用。例如，用于叶面处理的微囊壁材应比水中使用的微囊通透性要强；在水中溶解度小的芯材所选壁材的通透性应比溶解度大的芯材要强等。不同囊材的性质、孔隙率和交联度等不同，引起的释放速率不同。

载药量 当载药量低时，有效成分以分子状态分散在聚合物骨架中；当载药量高时（如30%w/w），载药可能超出有效成分在聚合物骨架中的溶解度，这样在聚合物骨架中就会形成少量药物结晶，这时药物在骨架中的实际释药就会比扩散模型所预测的慢许多。

释放环境 不同释放介质、pH值、温度等因素均会影响微囊的释放速率。

目的 保证有效成分从缓释产品中以设定的方式缓慢地释放。

适用范围 缓释颗粒剂（GR）、缓释微囊悬浮剂（CS）和多相液体制剂（ZC，ZW，ZE）。

方法 目前国际上无缓释颗粒剂（GR）的测定方法，针对缓释微囊悬浮剂（CS）的方法只对特定的产品有效。国际农药分析协作委员会（CIPAC）方法中给出了MT190试验方法（高效氯氟氰菊酯微囊制剂的释放性质）。在FAO和WHO农药标准制定和使用手册中没有给出对释放速率的通用要求。

需要说明的是，有效成分从缓释或控释制剂中释放出来的速度与外界环境作用在微囊、颗粒剂上的力的大小有关。微囊和颗粒剂通常施用后会暴露在相对稳定的环境中，所以该试验也应考虑到此因素。因为有效成分的释放速率与检测的方法有关，因此试验需要严格按照已设定的检测方法进行。检测的目的是要把释放速率可接受的样品与释放过快或过慢的样品相区分。任何试验都不可能完全模拟所有日常使用时的释放条件，但可以大概预测，在按照产品标签的推荐方法操作时，有效成分释放速率是否可接受。

方法1 MT190微囊悬浮剂中高效氯氟氰菊酯释放速率的测定 将试样置于加有适量己烷-乙醇混合溶液和内标物的玻璃瓶中，再将瓶卧放在滚动机上，滚动3个不同时间段后，测定己烷-乙醇相中高效氯氟氰菊酯释放速率的质量分数，采用气相色谱法。测得的释放速率：15分钟时，释放出的高效氯氟氰菊酯应为180分钟时释放量的30%～75%；30分钟时，释放出的高效氯氟氰菊酯应为180分钟时释放量的50%～90%；180分钟时，释放出的高效氯氟氰菊酯应为≥测得的总高效氯氟氰菊酯含量的80%。

目前中国对有效成分释放速率的评价尚无统一的标准方法，应根据不同的产品采用不同的方法。对于茎叶处理的药剂，常用的测定方法有磁搅拌法、离心法和透析袋法；对于土壤处理的药剂，还需测定在土壤中的释放速率和土壤淋溶试验。

方法2 磁搅拌法 称取一定试样置于100ml容量瓶中，用50%乙醇水溶液定容，摇匀后在规定条件下用磁力搅拌机不停地搅拌，于20分钟后测定溶液中有效成分的质量，计算其释放速率。

方法3 离心法（适合测定颗粒剂中有效成分在水中的释放速率） 将50mg试样加入50ml离心管中，加入30ml去离子水后置于恒温振荡器中，转速为200r/min，每隔一定时间取出离心管，离心，取出1ml上清液，测定释放介质中有效成分的浓度并计算出有效成分的释放量。值得注意的是，每取出1ml释放介质，需补加1ml去离子水，以保持足够的释放介质。

方法4 透析袋法（适合测定缓释或控释制剂中有效成分在水中的释放速率） 将50g试样分散在3ml的去离子水中，转移至透析袋（截留分子量为12000g/mol），再将透析袋置于50ml离心管中，加入30ml去离子水后置于恒温振荡器中，转速100r/min，然后每隔一定时间从离心管中取出1ml释放介质，测定释放介质中有效成分的浓度并计算有效成分的释放量。值得注意的是，每取出1ml释放介质，需补加1ml去离子水，以保持足够的释放介质。

方法5 适合测定缓释或控释制剂中有效成分在土壤中的释放速率 取15个花盆（直径15cm，高20cm，底部有直径1cm的圆孔），用土壤装满，颗粒剂（包括微囊粒剂）用滤纸包住后，埋在距土壤表面2cm的深度。保持每周给花盆浇1400ml的水，每隔一定时间取出一个滤纸包，测定其中有效成分的质量分数。

方法6 适合测定缓释或控释制剂中有效成分在土壤中淋溶试验 称取有效成分原药和样品各1g，分别与一定量的硅藻土混合，混合均匀后分别加入到两个装有硅藻土（$H=35$cm）的玻璃柱（$H=50$cm，$D=4.5$cm）中，每日分别添加100ml去离子水到柱子中。30天后，将表层5cm高度的硅藻土挖除，余下部分，以2cm为单位将土样依次取出，烘干后用乙腈萃取并抽滤，取滤液测有效成分质量分数，绘制硅藻土深度与淋溶量之间的关系图。

中国大部分农药缓释或控释制剂企业标准中对有效成

分释放速率的要求：20 分钟后，囊外有效成分质量分数占有效成分总质量分数≥ 80%。

参考文献

CIPAC Handbook L, MT 190, 2015, 140-142.

GB/T 19378—2017 农药剂型名称及代码.

（撰稿：徐妍；审稿：刘峰）

莠灭净　ametryn

一种三氮苯类除草剂。

其他名称　阿灭净。

化学名称　2-乙氨基-4-异丙氨基-6-甲硫基-1,3,5-三嗪。

IUPAC名称　N^2-ethyl-N^4-isopropyl-6-methylthio-1,3,5-triazine-2,4-diamin。

CAS 登记号　834-12-8。

EC 号　212-634-7。

分子式　$C_9H_{17}N_5S$。

相对分子质量　227.33。

结构式

开发单位　诺华公司。

理化性质　白色粉末。相对密度 1.18（22℃），熔点 86.3~87℃，蒸气压 1.12×10^{-3}Pa（20℃）、3.65×10^{-14}Pa（25℃）。水中溶解度 200mg/L（20℃）；有机溶剂中溶解度（25℃，g/L）：丙酮 610、甲醇 510、甲苯 470、正辛醇 220、己烷 12。

毒性　低毒。大鼠急性经口 LD_{50} 1110mg/kg，大鼠急性经皮 LD_{50} 3100mg/kg，大鼠急性吸入 LC_{50}（4 小时）＞ 5.17mg/L。对兔眼睛和皮肤无刺激性。对鱼、蜜蜂、鸟低毒。鱼类 LC_{50}（96 小时，mg/L）：金鱼 14，虹鳟 5。鹌鹑急性经口 LD_{50} ＞ 30 000mg/kg，鹌鹑和野鸭饲喂 LC_{50}（5 天）＞ 5620mg/kg 饲料。蜜蜂经口 LD_{50} ＞ 100μg/ 只。蚯蚓 LC_{50}（14 天）166mg/kg 土壤。

剂型　50% 悬浮剂，80% 可湿性粉剂，80% 水分散粒剂。

质量标准　莠灭净原药（T/CCPIA 035—2020）。

作用方式及机理　内吸性传导型除草剂。有效成分被 0~5cm 土壤吸附，形成药层，使杂草萌发出土时接触药剂，通过抑制杂草光合作用电子传递，导致叶片内亚硝酸盐积累，使植物受害死亡。其选择性与植物生态和生化反应的差异有关。该药在低浓度下能促进植物生长，即刺激幼芽和根的生长，促进叶面积增大，茎增粗等。

防治对象　玉米、甘蔗田马唐、稗、牛筋草、狗尾草、千金子、毛臂形草、野稷、野黍、苘麻、田芥、菊芹、空心莲子草、鬼针草、田旋花、苣荬菜，大戟属、蓼属杂草等。

使用方法　用在玉米田、甘蔗田除草，也可用于防除菠萝园杂草。

防治甘蔗田杂草　甘蔗播种后杂草出苗前，每亩用 80% 莠灭净可湿性粉剂 100~160g（有效成分 80~128g），加水 40~50L 土壤均匀喷雾。

防治玉米田杂草　每亩用 80% 莠灭净可湿性粉剂 120~180g（有效成分 96~144g），加水 30L 行间定向喷雾。

防治菠萝田杂草　每亩用 80% 莠灭净可湿性粉剂 120~150g（有效成分 96~120g），加水 30L 行间定向喷雾。

注意事项　①土壤处理时墒情好、土地平整药效理想。因此，施药前应充分整地，并在药前灌小水或雨后喷施。②对处于萌发的杂草防治效果好，茎叶处理效果相对较差。应在播后苗前施药。③砂性土壤、积水地或用药量大时，会影响玉米前期生长。④对水稻、花生、甘薯、谷类、阔叶蔬菜、香蕉苗等均有药害，相邻田块施药时应防止药液飘移。间作大豆、花生、甘薯等作物的玉米田不能使用该药。⑤不可与碱性农药混用。

与其他药剂的混用　可与 2 甲 4 氯、敌草隆、氰草津等混用。

允许残留量　GB 2763—2021《食品中农药最大残留限量标准》规定莠灭净最大残留限量见表。ADI 为 0.072mg/kg。水果、糖料按照 GB 23200.8、GB 23200.113 规定的方法测定。

部分食品中莠灭净最大残留限量（GB 2763—2021）

食品类别	名称	最大残留限量（mg/kg）
糖料	甘蔗	0.05
水果	菠萝	0.20

参考文献

刘长令, 2002. 世界农药大全: 除草剂卷[M]. 北京: 化学工业出版社.

马克比恩 C, 2015. 农药手册[M]. 胡笑形, 等译. 北京: 化学工业出版社.

中国农业百科全书总编辑委员会农药卷编辑委员会, 中国农业百科全书编辑部, 1993. 中国农业百科全书: 农药卷[M]. 北京: 农业出版社.

SHANER D L, 2014. Herbicide handbook[M]. 10th ed. Lawrence, KS: Weed Science Society of America.

（撰稿：李香菊；审稿：耿贺利）

莠去津　atrazine

一种三氮苯类除草剂。

其他名称　阿特拉津。

化学名称　6-氯-N^2-乙基-N^4-异丙基-1,3,5-三嗪-2,4-二胺。

IUPAC名称　6-chloro-N^2-ethyl-N^4-isopropyl-1,3,5-triazine-2,4-diamine

CAS 登记号　1912-24-9。

EC 号　212-634-7。

分子式 $C_8H_{14}ClN_5$。

相对分子质量 215.68。

结构式

Cl / N N / N N / H N H

开发单位 汽巴 - 嘉基公司。

理化性质 白色晶体。相对密度 1.23（20℃）。熔点 175℃。蒸气压 3.87×10^{-5}Pa（25℃）。水中溶解度 33mg/L（22℃，pH7）；有机溶剂中溶解度（25℃，g/L）：乙酸乙酯 24、丙酮 31、二氯甲烷 28、三氯甲烷 52、正己烷 0.11、正辛烷 8.7、甲醇 18、乙醇 15、甲苯 4、二甲基亚砜 183。在中性、弱酸、弱碱性介质中稳定。

毒性 低毒。急性经口 LD_{50}：大鼠 3080mg/kg，小鼠 1500mg/kg。兔急性经皮 LD_{50} 7500mg/kg。大鼠急性经皮 LD_{50} > 3100mg/kg，大鼠急性吸入 LC_{50}（4 小时）> 5.8mg/L。对兔皮肤有中度刺激性，对兔眼睛无刺激性，对豚鼠皮肤有致敏性，对人无致敏性。试验剂量内，未见致畸、致癌作用。对鱼、蜜蜂、鸟低毒。鱼类 LC_{50}（96 小时，mg/L）：虹鳟 4.5～11，鲤鱼 76～100。日本鹌鹑急性经口 LD_{50} 940～4237mg/kg。蜜蜂 LD_{50} > 97μg/ 只（经口）、> 100μg/ 只（接触）。山齿鹑急性经口 LD_{50} 940～2000mg/kg。蚯蚓 LC_{50}（14 天）78mg/kg 土壤。

剂型 20%、38%、45%、50%、55%、60%、500g/L 悬浮剂，48%、80% 可湿性粉剂，90% 水分散粒剂。

质量标准 莠去津原药（GB 22606—2008）。

作用方式及机理 选择性内吸传导型除草剂。药剂主要经植物根吸收后沿木质部随蒸腾迅速向上传导到分生组织及绿色叶片内，抑制杂草光合作用，使杂草饥饿而死亡。温度高时药剂被植物吸收传导快。莠去津的选择性是由不同植物生态及生理生化等方面的差异而致，在玉米等抗性作物体内，有效成分被玉米酮酶分解生成无毒物质，因而对作物安全。莠去津的除草活性高于西玛津、扑草津等同类药剂。莠去津的水溶性大，易被雨水淋洗至较深层，从而对某些深根性杂草有抑制作用。

莠去津在土壤中可被微生物分解，持效期受用药剂量、土壤质地等因素影响，一般情况下可长达半年左右。在低温、土质黏重及土壤有机质含量高的地块，持效期更长。

防治对象 玉米、甘蔗田稗草、狗尾草、牛筋草、马齿苋、反枝苋、苘麻、龙葵、酸浆属、酸模叶蓼、柳叶刺蓼、猪毛菜等杂草，对小麦自生苗、油菜自生苗等有很好的防效，对马唐、铁苋菜等防效稍差。

使用方法 用在玉米田、甘蔗田、高粱田、茶园、果园、防火道等。

防治玉米田杂草　玉米播后苗前，春玉米每亩使用 38% 莠去津悬浮剂 250～350g（有效成分 95～133g），夏玉米每亩使用 38% 莠去津悬浮剂 200～250g（有效成分 76～95g），加水 40～50L 进行土表均匀喷雾。该药也可用作苗后早期茎叶处理，但茎叶处理对已出土的禾本科杂草及苘麻、铁苋菜等防效差。

防治甘蔗田杂草　杂草出苗前，每亩用 38% 莠去津悬浮剂 184～263g（有效成分 69.9～99.9g），加水 40～50L 土壤均匀喷雾。

注意事项 ①玉米田宜与酰胺类药剂混用，扩大杀草谱。②莠去津土壤残留期长，超过推荐剂量易对后茬小麦、大豆、水稻等敏感作物产生药害。③套种大豆、花生、西瓜等作物的玉米田不能使用；麦套玉米田需麦收后才能使用。④施药时应注意对敏感作物如小麦、棉花、蔬菜、瓜类、桃树等的保护。⑤莠去津作播后苗前土壤处理时，干旱条件下适量灌溉或药后混土可提高防效。施药时土地平整、无大块土块有利于保持药效。有机质含量超过 6% 的土壤，不宜作土壤处理，以茎叶处理为好。

与其他药剂的混用 可与乙草胺、烟嘧磺隆、硝磺草酮、莠灭净、2 甲 4 氯、敌草隆、氰草津等混用，依不同作物进行选择。

允许残留量 GB 2763—2021《食品中农药最大残留限量标准》规定莠去津最大残留限量见表。ADI 为 0.02mg/kg。谷物、糖料按照 GB 23200.8、GB 23200.113、GB/T 5009.132 规定的方法测定。

部分食品中莠去津最大残留限量（GB 2763—2021）

食品类别	名称	最大残留限量（mg/kg）
糖料	甘蔗	0.05
谷物	玉米	0.05

参考文献

刘长令, 2002. 世界农药大全: 除草剂卷[M]. 北京: 化学工业出版社.

马克比恩 C, 2015. 农药手册[M]. 胡笑形, 等译. 北京: 化学工业出版社.

中国农业百科全书总编辑委员会农药卷编辑委员会, 中国农业百科全书编辑部, 1993. 中国农业百科全书: 农药卷[M]. 北京: 农业出版社.

SHANER D L, 2014. Herbicide handbook[M]. 10th ed. Lawrence, KS: Weed Science Society of America.

（撰稿：李香菊；审稿：耿贺利）

右旋胺菊酯　d-tetramethrin

一种拟除虫菊酯类杀虫剂。

其他名称 诺毕那命、Neo-Pynamin、Phthalthrin 等。

化学名称 右旋-顺,反-2,2-二甲基-3-(2-甲基-1-丙烯基)环丙烷羧酸-3,4,5,6-四氢肽酰亚胺基甲基酯。

IUPAC 名称 (1,3,4,5,6,7-hexahydro-1,3-dioxo-2*H*-isoindol-2-yl)methyl(1*R*-*trans*)-2,2-dimethyl-3-(2-methylprop-1-enyl) cyclopropanecarboxylate。

CAS 登记号 548460-64-6。

分子式 $C_{19}H_{25}NO_4$。

相对分子质量 331.41。

结构式

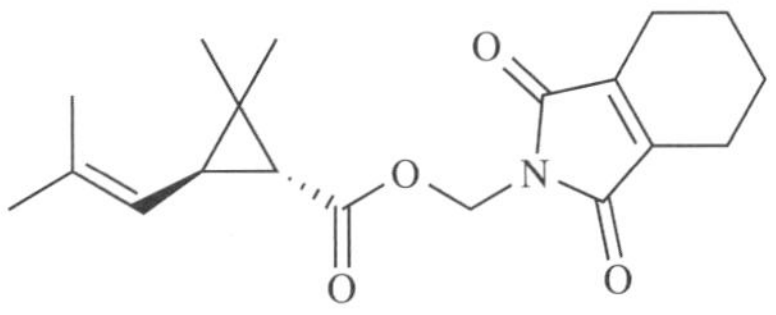

开发单位 1964年日本加藤武明（T. Kato）等首次研制成功。由日本住友化学公司、美国富美实公司等先后开发。

理化性质 黄色至琥珀色黏稠液体。溶于己烷、甲醇、二甲苯；不溶于水。对热稳定。光照下、与碱和某些乳化剂接触也能分解。

毒性 对高等动物低毒。原药对大鼠急性经口 LD_{50} > 5000mg/kg。对大鼠急性经皮 LD_{50} > 5000mg/kg。对皮肤和眼睛无刺激作用。在试验剂量内对试验动物未发现致突变、致癌作用和繁殖影响。对鱼类等水生生物、蜜蜂高毒，对鸟类低毒。

剂型 加工成乳油、液剂、水基气雾剂、油基气雾剂等。

作用方式及机理 触杀、击倒作用。属神经毒剂，对蚊、蝇等卫生害虫有快速击倒作用，但杀死能力较差，有复苏现象。对蜚蠊有驱赶作用，可将其驱赶出来，再用其他杀虫剂的毒杀作用将其杀死。

防治对象 蚊、蝇、臭虫、跳蚤、虱子、蜚蠊等。

注意事项 在车间生产时，需通风良好。使用时勿直接喷到食品上。产品要包装在密闭容器中，储存在低温和干燥场所。远离食品和饲料。勿让儿童接近。

与其他药剂的混用 与对人畜安全的其他卫生用杀虫剂混配用于防治蚊、蝇、臭虫、跳蚤、虱子、蜚蠊等卫生害虫，还可以与其他杀虫剂混配用于防治仓储害虫。

参考文献

马克比恩 C, 2015. 农药手册[M]. 胡笑形, 等译. 北京: 化学工业出版社: 986-987.

朱永和, 王振荣, 李布青, 2006. 农药大典[M]. 北京: 中国三峡出版社: 165-166.

TURNER J A, 2015.The pesticide manual: a world compendium[M]. 17th ed. UK: BCPC: 1084-1085.

（撰稿：陈洋；审稿：吴剑）

诱芯 attract wick, AW

由符合规定的昆虫信息素与少量溶剂经混合，再通过载体浸没、吸附而制成。诱芯是与诱捕器配套使用的引诱害虫的行为控制制剂。诱芯种类很多，其形状、大小与实际应用情况（如所用的载体、诱捕器形状）有关。诱芯的作用效果受诱捕器的影响。因此，在使用性诱剂防治害虫时，除了选择适当的诱捕器以外，还应选择能配合诱捕器使用并对当地害虫种群有效的诱芯。

诱芯通常是将昆虫信息素、易挥发溶剂等经混合均匀后，再将配制诱芯选用的载体浸没在上述混合液中，取出，待溶剂挥发后，即可制得诱芯。制备的诱芯要密封、低温储存。诱芯配方及质量指标基于实际使用场景进行设计，但应有足够试验数据对其有效性进行技术支撑。

诱芯的制备方法很多，结合实际应用情况，目前主要有以下几种：①无纺布型诱芯。以脱脂棉为载体，外面用无纺布包裹，在脱脂棉上滴加预先配好的性引诱剂溶液，之后取出，将制备好的诱芯放入玻璃瓶中，密封，置于−20℃冰箱储存备用。②储藏瓶型诱芯。将一定浓度的性引诱剂装入安瓿瓶，瓶口以泡沫塑料塞、凡士林胶和太阳胶3层封口，于常温阴凉处避光储存、备用。③颗粒状缓释型诱芯。将性诱剂有效成分、缓释载体、稀释剂、辅助剂和润湿剂按照一定比例配制而成的颗粒状缓释诱芯。④毛细管型诱芯。⑤天然橡胶诱芯。将处理后的绿色天然橡胶浸泡在一定浓度的信息素溶液中，取出，待溶剂挥发后，将其密封于聚乙烯保鲜袋中，低温保存。

诱芯是与诱捕器配套使用的引诱害虫的行为控制制剂。国内外通常根据田间实际情况，用不同的性诱剂制备成不同种类、不同形状的诱芯，并将制备的诱芯与相应的诱捕器配套使用，这样不仅可以用于诱捕昆虫、达到防治田间害虫的目的，同时还可以通过诱捕昆虫的数量，监测田间害虫种群的动态发生情况，进行预测预报，为该地区植保部门防治昆虫提供数据支持。

诱捕器种类很多，有屋脊形、漏斗形、干式圆柱形、三角形、水盆形等。诱捕器在田间通常随机排列，通常用3根竹棍支架起，放置离地面约0.8m高。不同防治对象，相邻诱捕器间隔不同。诱芯与诱捕器配套使用防治田间昆虫，具有灵敏度高、专一、高效、无毒、不污染环境、不杀伤天敌、操作简便、不易产生抗性等优点，比较受使用者欢迎。

参考文献

公义, 董学泉, 刘京涛, 等, 2017. 不同配比葱须鳞蛾诱芯诱虫效果初报[J]. 中国植保导刊, 37(3): 44-45.

李为争, 王红托, 游秀峰, 等, 2006. 不同配方信息素诱芯对二化螟的诱捕效果比较研究[J]. 昆虫学报, 49(4): 710-713.

刘广文, 2013. 现代农药剂型加工技术[M]. 北京: 化学工业出版社.

王玲萍, 2016. 不同诱捕器和引诱剂组合对松墨天牛诱捕效果的影响[J]. 亚热带农业研究, 12(4): 275-278.

谢圣华, 梁延坡, 林珠凤, 等, 2010. 不同小菜蛾性诱剂诱芯品种比较试验[J]. 中国农学通报, 26(23): 299-301.

（撰稿：张国生；审稿：遇璐、丑靖宇）

鱼尼丁受体 ryanodine receptor, RyR

生物信号通路中控制钙离子释放的一个重要因子。

生理功能 鱼尼丁受体主要在肌肉和神经系统中调节钙离子信号，既是钙离子来源也是钙离子的沉降池，在磷酸肌醇受体激素的影响下控制钙离子的释放，进而影响离子通道的激活、神经突的生长、突触可塑性、神经递质释放以及基因转录等。

作用药剂 双酰胺类杀虫剂，如氟虫酰胺、氯虫酰胺等。

杀虫剂作用机制 氟虫酰胺与鱼尼丁受体结合后，使钙离子通道功能异常，将储存于钙库的钙离子释放出来，持续的钙离子释放引起虫体压缩性的肌肉麻痹、抽搐、呕吐、昏迷等症状，进而导致无法取食而死亡。

靶标抗性机制 RyR 的基因突变导致靶标对杀虫剂敏感性下降，突变种群产生抗性。

相关研究 对家蚕的研究发现 RyR C- 末端跨膜结构域的氨基酸缺失导致其与双酰胺的结合能力下降，说明该区域可能是双酰胺类杀虫剂的作用位点。小菜蛾的研究也发现双酰胺抗性种群的 RyR C- 末端跨膜结构域中，与该类药剂的结合位点上存在两个氨基酸突变。这两个突变同样存在于番茄斑潜蝇抗性种群中，此外，番茄斑潜蝇两个新的 RyR 突变 G4903V 和 I4746T 也同样被证明与双酰胺类杀虫剂的靶标抗性相关。

参考文献

CAMPOS M R, SILVA T B, SILVA W M, et al, 2015. Susceptibility of *Tuta absoluta* (Lepidoptera: Gelechiidae) Brazilian populations to ryanodine receptor modulators[J]. Pest management science, 71: 537.

GUO L, LIANG P, ZHOU X, et al, 2013. Novel mutations and mutation combinations of ryanodine receptor in a chlorantraniliprole resistant population of *Plutella xylostella* (L.) [J]. Scientific reports, 4: 6924.

KATO K, KIYONAKA S, SAWAGUCHI Y, et al, 2009. Molecular characterization of flubendiamide sensitivity in the lepidopterous ryanodine receptor Ca^{2+} release channel[J]. Biochemistry, 48: 10342-10352.

RAMACHANDRAN S, CHAKRABORTY A, XU L, et al, 2013. Structural determinants of skeletal muscle ryanodine receptor gating[J]. Journal of biological chemistry, 288: 6154-6165.

RODITAKIS E, STEINBACH D, MORITZ G, et al, 2016. Ryanodine receptor point mutations confer diamide insecticide resistance in tomato leafminer, *Tuta absoluta*, (Lepidoptera: Gelechiidae) [J]. Insect biochemistry and molecular biology, 80: 11-20.

STEINBACH D, GUTBROD O, LÜMMEN P, et al, 2015. Geographic spread, genetics and functional characteristics of ryanodine receptor based target-site resistance to diamide insecticides in diamondback moth, *Plutella xylostella*[J]. Insect biochemistry and molecular biology, 63: 14-22.

TROCZKA B, ZIMMER CT, ELIAS J, et al, 2012. Resistance to diamide insecticides in diamondback moth, *Plutella xylostella* (Lepidoptera: Plutellidae) is associated with a mutation in the membrane-spanning domain of the ryanodine receptor[J]. Insect biochemistry and molecular biology, 42: 873-880.

TROCZKA B J, WILLIAMS A J, WILLIAMSON M S, et al, 2015. Stable expression and functional characterisation of the diamondback moth ryanodine receptor G4946E variant conferring resistance to diamide insecticides[J]. Scientific reports, 5: 14680.

（撰稿：徐志峰、何林；审稿：杨青）

鱼藤毒剂作用机制 mechanism of action of derris agents

鱼藤毒剂是从一种名为鱼藤（derris）及有关植物的根部提取分离得到的，主要代表就是鱼藤酮（rotenone），此外还包括苏门答腊酚（sumatrol）、鱼藤素（deguelin）、α- 毒灰叶酚（α-toxicarol）和毛鱼藤酮（elliptone）等。

19 世纪中叶就有人将鱼藤酮当作杀虫剂使用，至今已有 100 多年的历史。鱼藤酮具有触杀、胃毒、拒食和熏蒸作用，杀虫谱广，对 15 个目 137 科的 800 多种害虫均具有一定的防治效果，尤其对蚜、螨类效果突出，对果树、蔬菜、茶叶、花卉及粮食作物上的数百种害虫也有良好的防治效果，对哺乳动物低毒，对害虫天敌和农作物安全，是害虫综合治理上较为理想的杀虫剂，现被广泛应用于蔬菜、果树等农作物和园林害虫的防治。

其中鱼藤酮是最先分离得到的，也是杀虫活性最好的，是 3 大传统植物性杀虫剂之一。在毒理学上是一种专属性很强的细胞毒性化合物，能直接通过皮肤、气孔等进入虫体，进入虫体后迅速抑制线粒体的呼吸，中毒症状表现很快。鱼藤酮是细胞呼吸代谢的抑制剂，主要作用是抑制神经和肌肉组织中细胞的呼吸，引起呼吸运动的停顿，减少氧气的供应，能使氧气的消耗量降低一半，造成内呼吸抑制性缺氧，从而产生细胞毒作用。

早期的研究表明鱼藤酮的作用机制主要是影响昆虫的呼吸作用，主要是与 NADH 脱氢酶与辅酶 Q 之间的某一成分发生作用。鱼藤酮使害虫细胞的电子传递链受到抑制，从而降低生物体内的 ATP 水平，最终使害虫得不到能量供应，然后行动迟滞、麻痹而缓慢死亡。许多生物细胞中的线粒体、NADH 脱氢酶、丁二酸、甘露醇以及其他物质对鱼藤酮都存在一定的敏感性。*Setayriacervi* 线粒体中从 NADPH 到 NADH 这一过程的电子传递可被鱼藤酮高度抑制。并且，丝虫寄生物 *Setaria digitata* 线粒体颗粒中的反丁烯二酸还原酶系统的活性对鱼藤酮敏感。鱼藤酮和水杨氧肟酸可抑制布氏锥虫 *Trypanosoma brucei* 线粒体内膜的电动势（EMT），从而间接地影响 NADH 脱氢酶的活性；鱼藤酮还可抑制 *Trypanosoma brucei* 线粒体呼吸链中的 NADH 到细胞色素 C 和 NADH 到辅酶 Q 还原酶的活性，抑制率高达 80%～90%。鱼藤酮可抑制新型隐球菌 *Cryptococcus neoformans* 细胞中甘露醇的合成，可能是影响了甘露醇合成酶的活性，从而间接地对生物体产生影响。

近年来，鱼藤酮在生物防治方面的研究有一定进展，进一步推广应用要在克服鱼藤酮杀虫剂的缺点上下功夫，有效改善其生产周期长、提取工艺差、易受环境影响等因素。随着生态文明建设的深入人心，全社会环保意识的不断加强，人们必然对用药安全提出更高要求，这就给高效、低毒、低抗性的植物源农药鱼藤酮带来巨大的发展空间。

参考文献

谷文祥, 曾鑫年, 谢建军, 1999. 不同温度对毛鱼藤和西非灰毛豆愈伤组织生长的影响[J]. 华南农业大学学报, 20(4): 125-126.

张庭英, 徐汉虹, 王长宏, 2005. 鱼藤酮的应用现状及存在问题[J]. 农药, 44(8): 354-355.

NIEHAUS W G, FlYNN T, 1994. Regulation of mannitol biosynthesis and degradation by *Cryptococcus neoformans*[J]. Journal of bacteriology, 176(3): 651-655.

ZHONG Z L, ZHOU G L, 1996. Studies on the biological activity of rotenone of *Culex quinquefasciatus*[J]. Annual bulletin of the society of parasitology (18): 15-19.

（撰稿：徐晖、刘广茨；审稿：杨青）

鱼藤酮 rotenone

从豆科鱼藤属植物根中提取分离的植物源杀虫剂。主要杀虫活性成分为脱氢鱼藤酮，主要存在于热带和亚热带的鱼藤属、尖荚豆属和灰叶属植物根中。对害虫具有触杀、胃毒、拒食及抑制生长发育作用。

其他名称 施绿宝、环宝一号、绿易、欧美德、鱼藤精、毒鱼藤、Rotenone、CFTLegumine、Cuberol。

化学名称 6$\alpha\beta$,12$\alpha\beta$,-4′,5′-四氢-2,3-二甲氧基-5′β,-异丙烯基-呋喃(3′,2′,8,9)-6氢-rotoxen-12-酮；[2*R*-(2a,6aa,12aa)]-1,2,12,12a-tetrahydro-8,9-dimethoxy-2-(1-methylethenyl)[1]benzopyrano[3,4-b]furo[2,3-h][1]benzopyran-6(6a*H*)-one。

IUPAC名称 (2*R*,6*a*S,12a*S*)-1,2,6,6*a*,12,12*a*-hexahydro-2-isopropenyl-8,9-dimethoxychrome[3,4-b]furo[2,3-h]chromen-6-one。

CAS登记号 83-79-4。

EC号 201-501-9。

分子式 $C_{23}H_{22}O_6$。

相对分子质量 394.45。

结构式

开发单位 1902年日本学者永井一雄（K. Nagai）从中华鱼藤根中分离得到并定名。广州农药厂从化市分厂、广东田园生物工程有限公司、广东新秀田化工有限公司、内蒙古清源保生物科技有限公司。

理化性质 无色六角板状晶体。沸点210～220℃。熔点163℃，181℃（双晶体）。密度1.27g/cm^3。蒸气压1.93×10^{-10}Pa（25℃）。沸点559.8℃（101.32kPa）。闪点244.7℃。轻微刺鼻性气味。几乎不溶于水，易溶于氯仿、丙酮、四氯化碳、乙醇、乙醚等多种有机溶剂。遇碱消旋，易氧化，尤其在光或碱存在下氧化快，变成黄色、橙色，直至变成深红色，而失去杀虫活性，在干燥情况下比较稳定。

毒性 高毒。大鼠急性吸入LC_{50}：雄0.0235mg/L，雌0.0194mg/L，急性经口LD_{50}：大鼠132～1500mg/kg，小鼠350mg/kg，兔经皮LD_{50}＞5000mg/kg。大鼠2年无作用剂量0.38mg/kg。鱼类LC_{50}（96小时）：虹鳟1.9μg/L，蓝鳃太阳鱼4.9μg/L。对蜜蜂无毒。

剂型 5%可溶液剂，1.3%、2.5%、7.5%、4%、18%、25%乳油，5%、6%微乳剂，2.5%悬浮剂，40%母药，95%原药。

质量标准 2.5%鱼藤酮乳油为淡黄至棕黄色液体，相对密度0.91，pH≤8.5，闪点29℃，低温易析出结晶，高于80℃易变质。

作用方式及机理 具有触杀、胃毒、拒食及抑制生长发育的作用。通过影响昆虫的呼吸作用，导致害虫出现呼吸困难和惊厥等呼吸系统障碍，行动迟缓、麻痹而缓慢死亡。研究表明，其机理为抑制电子传递链上的线粒体呼吸酶复合体Ⅰ活性，使得细胞呼吸链的递氨功能和氧化磷酸化过程受到阻断，不能将还原型烟酰胺腺嘌呤二核苷酸氧化，三磷酸腺苷能量供应不足，进而使害虫对氧的利用受到抑制，最终导致呼吸缺氧，细胞窒息死亡。另外，还以可逆的方式连接在细胞中的微管蛋白上，使纺锤体微管的组装受到抑制，影响微管的形成，直接影响细胞的正常分裂，从而影响虫体的生长；还能诱导过氧化氢产生，抑制蛋白激酶B经X连锁凋亡抑制蛋白通路导致神经细胞凋亡。

防治对象 登记作物为十字花科蔬菜和茶树，防治对象为蚜虫、黄条跳甲、斑潜蝇、小菜蛾和茶小绿叶蝉。

使用方法 2.5%鱼藤酮乳油有效成分用药量37.5～56.25g/hm^2（折成2.5%鱼藤酮乳油100～150ml/亩）喷雾可用于防治蚜虫。5%鱼藤酮可溶液剂有效成分用量112.5～150g/hm^2（折成5%鱼藤酮乳油150～200ml/亩）喷雾可用于防治油菜斑潜蝇和黄条跳甲。5%鱼藤酮微乳剂有效成分用药量30～45g/hm^2（折成5%鱼藤酮乳油40～60ml/亩）喷雾可用于防治甘蓝黄条跳甲和小菜蛾。

注意事项 ①不能与碱性农药混用。②使用该品时应避免进入鱼塘等养殖场。③可燃，避光、避高温，与明火或灼热的物体接触时能产生剧毒的光。④对人、畜高毒，对眼睛、皮肤有刺激作用。

与其他药剂的混用 鱼藤酮与氰戊菊酯可按7∶8混配成7.5%氰戊·鱼藤酮乳油，防治小菜蛾有效成分用药量42.4～84.4g/hm^{2}喷雾；鱼藤酮与敌百虫可按1∶49混配成25%敌百·鱼藤酮乳油，防治菜青虫有效成分用药量150～225g/hm^{2}喷雾；鱼藤酮与辛硫磷可按7∶173混配成18%藤酮·辛硫磷乳油，防治斜纹夜蛾有效成分用药量162～324g/hm^{2}喷雾。

允许残留量 GB 2763—2021《食品中农药最大残留限量标准》规定鱼藤酮在结球甘蓝中的最大残留限量为0.5mg/kg。ADI为0.0004mg/kg。蔬菜参照GB/T 20769规定的方法测定。

参考文献

刘雯, 2015. 鱼藤酮通过诱导过氧化氢抑制Akt/XIAP信号通路导致神经细胞凋亡的分子机理研究[D]. 南京: 南京师范大学.

张庭英, 徐汉虹, 王长宏, 2005. 鱼藤酮的应用现状及存在问题[J]. 农药, 44(8): 352-353.

（撰稿：尹显慧；审稿：李明）

与烃油的混溶性 miscibility with hydrocarbon oil

为保证产品用烃油（非极性有机溶剂）稀释时形成均匀的混合物而设定的指标。适用于使用前用油稀释的制剂（如油剂 OL），此类制剂如在使用时与烃油的混溶性不好可能将影响有效成分的渗透性和内吸性。

农药产品与烃油的混溶性的测定方法主要有如下两种：

CIPAC MT 23 Miscibility with hydrocarbon oil（与烃油的混溶性）；

NY/T 1860.13—2016 农药理化性质测定试验导则第 13 部分：与非极性有机溶剂混溶性。

上述两种方法除试验温度、静置时间不同外，其他测定步骤基本相同。表述如下：在烧杯中倒入适量试样，具体数量按照生产商推荐的稀释倍数应刚好可稀释到 100ml。使用该农药标签上使用说明中推荐的最高和最低稀释倍数进行。以 25ml/min 的速度倒入适量溶剂，辅以 3r/s 的速度搅拌，使溶液总体积为 100ml；将稀释好的溶液倒入干燥、洁净的量筒中。在试验温度下保持规定的时间，观察并记录下列现象：稀释液是否均一，是否有未溶或析出的固体，是否分层。

各方法的比较见表。

测定方法比较

测定方法	对稀释后溶液的操作规定	
	试验温度	保持静置时间
CIPAC MT 23	30℃ ±1℃	1h
NY/T 1860.13—2016	20℃ ±1℃	30min
	25℃ ±1℃	30min
	30℃ ±1℃	1h

参考文献

CIPAC Handbook H, MT23, 1995, 85.

NY/T 1860.13—2016 农药理化性质测定试验导则.

（撰稿：许来威、孙剑英；审稿：路军）

玉米秆螟性信息素 sex pheromone of *Sesamia nonagrioides*

一种适用于玉米的昆虫性信息素。最初从玉米秆螟（*Sesamia nonagrioides*）虫体中提取分离，主要成分为（*Z*）-11- 十六碳烯 -1- 醇乙酸酯。

其他名称 FERSEX SN［混剂，+（*Z*）-11- 十六碳烯 -1- 醇］（SEDQ）、Checkmate DBM-F（喷雾剂）［混剂，（*Z*）-11- 十六碳烯 -1- 醇乙酸酯：（9*Z*，12*E*）-9，12- 十四碳二烯 -1- 醇乙酸酯（1:9）］（Suterra）、Konaga-con（日本）［混剂，+（*Z*）-11- 十六碳烯醛］（Shin-Etsu）、Z11-16Ac。

化学名称 (*Z*)-11- 十六碳烯 -1- 醇乙酸酯；(*Z*)-11-hexadecen-1-ol acetate。

IUPAC 名称 (*Z*)- hexadeca-11-en-1-yl acetate。

CAS 登记号 34010-21-4。

EC 号 251-791-6。

分子式 $C_{18}H_{34}O_2$。

相对分子质量 282.46。

结构式

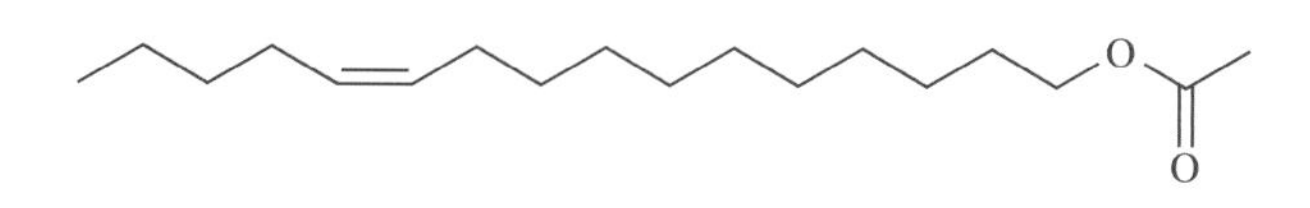

生产单位 由 SEDQ、Suterra、Shin-Etsu 等公司生产。

理化性质 无色或微黄色液体，有特殊气味。沸点 133～135 ℃（26.66Pa）。相对密度 0.87（20 ℃，预测值）。难溶于水，溶于正庚烷、乙醇、苯等有机溶剂。

剂型 喷雾剂，缓释诱芯。

作用方式 主要用于干扰玉米秆螟的交配，诱捕玉米秆螟。

防治对象 适用于防治玉米的玉米秆螟。

使用方法 将含有玉米秆螟性信息素的诱捕器放在玉米田中，用于诱捕玉米秆螟。

参考文献

马克比恩 C, 2015. 农药手册[M]. 胡笑形, 等译. 北京: 化学工业出版社.

（撰稿：钟江春；审稿：张钟宁）

玉米根长法 corn rootlength method

利用药剂浓度与玉米根长抑制程度呈正相关的原理，测定供试样品除草活性的生物测定方法。

适用范围 适用于磺酰脲类、咪唑啉酮类、二硝基苯胺类、二苯醚类、嘧啶水杨酸类除草剂的活性研究；可以用于测定新除草剂的生物活性，测定不同剂型、不同组合物及增效剂对除草活性的影响，比较几种除草剂的生物活性。

主要内容 玉米根长法以均匀一致的露白玉米种子（敏感品种、胚根长 0.2～0.8cm）为试材，采用培养皿、烧杯或者培养钵为容器，在含有代测样品的培养介质（蛭石、土壤、培养液或者蒸馏水）中于恒温培养箱或者气候室（25～28℃，黑暗）培养 3～6 天后测量玉米幼苗胚根长度，以根长抑制率为指标表示供试样品的除草活性。一般设置 5～7 个浓度测定供试样品的活性，每个浓度 3～5 个重复。采用 DPS 统计软件中专业统计分析生物测定功能中的数量反应生测几率值分析方法，获得药剂浓度与生长抑制率之间的剂量效应回归模型，计算得到抑制剂量浓度（IC_{50}、IC_{90}）和95%置信区间。

参考文献

陈年春, 1991. 农药生物测定技术[M]. 北京: 北京农业大学出版社.

刘学, 顾宝根, 2016. 农药生物活性测试标准操作规范: 除草剂卷[M]. 北京: 化学工业出版社.

沈晋良, 2013. 农药生物测定[M]. 北京: 中国农业出版社.

（撰稿：李永红；审稿：陈杰）

玉米健壮素

一种作物生长调节剂的复配剂，其主要化学成分以乙烯利为主，可以促进植株矮健，提高倒伏能力，增加玉米种植密度，增强光合能力，进而提高产量。

理化性质 无色透明酸性液体状，pH＜1。能溶于水和乙醇，不溶于二氯乙烷及苯。遇碱性物质发生化学反应，生成磷酸盐并放出乙烯，同时失去药效。有轻度腐蚀性。

毒性 低毒。大鼠急性经口 LD_{50} 6810mg/kg。

剂型 乳剂。

作用方式及机理 易被玉米叶片吸收进入植物体内，促进根生长，细根增多，叶片增厚，叶色加深，提高光合速率和叶绿素含量，并使株型矮健，节间缩短，防止倒伏。促进雄蕊抽出和开花期提前，促进早熟。植株矮健，叶面积增加，绿叶功能期延长，单株光合速率提高，加上密度增加使群体叶面积指数达5%～6%，提高群体光能利用率，增加产量。

使用方法 应用此项技术的玉米密度应比常规的密度每亩增加500～1000株，紧凑型的品种每亩可增加1000～1500株，这是实现增产的决定因素。最佳施药时间是在玉米雌穗的小花分化末期，每亩用药30ml，兑水15～20kg，均匀喷施于玉米植株的上部叶片。

注意事项 每亩地只需喷药1次，药液均匀喷施在玉米植株上部叶片即可，不必上下左右、正反面都喷，对生长势弱的植株、矮株不能喷，以利生长。掌握好喷药时的行走速度，争取按面积按量1次喷完，做到用药适量。药液现配现用，选晴天喷施。喷施健壮素的器械要专用，使用前后用清水洗净。健壮素只能单用，不能与其他农药、化肥等混合施用，以防药剂失效。健壮素原液有腐蚀性，勿与皮肤、衣物接触，喷药后应立即用肥皂水洗手，喷药时如遇刮风，应顺风喷药，并戴上口罩，注意防护措施。

参考文献

李小丽, 李中勤, 2017. 玉米健壮素使用效果试验初报[J]. 农业科技与信息(2): 97, 99.

欧阳贵成, 2016. 玉米健壮素同田对比试验[J]. 中国农业信息(2): 50-51.

裴书忠, 2016. 不同时期喷施玉米健壮素对大麦植株性状和产量的影响[J]. 现代农业科技(4): 138, 143.

申占保, 2013. 玉米健壮素对浚单20玉米生长发育的影响[J]. 现代农业科技(23): 43-44.

宋加文, 2014. 健壮素在玉米制种中的应用[J]. 种子科技(2): 37-38.

（撰稿：杨志昆；审稿：谭伟明）

玉雄杀 karetazan

一种化学杀雄剂，主要用于杂交育种，促进自花授粉的植物实现异花授粉，获得杂交后代，用于玉米制种。

其他名称 chloretazate。

化学名称 2-(4-氯苯基)-1-乙基-6-甲基-4-氧吡啶-3-羧酸。

IUPAC名称 2-(4-chlorophenyl)-1-ethyl-6-methyl-4-oxopyridine-3-carboxylic acid。

CAS登记号 81051-65-2。

分子式 $C_{15}H_{14}ClNO_3$。

相对分子质量 291.73。

结构式

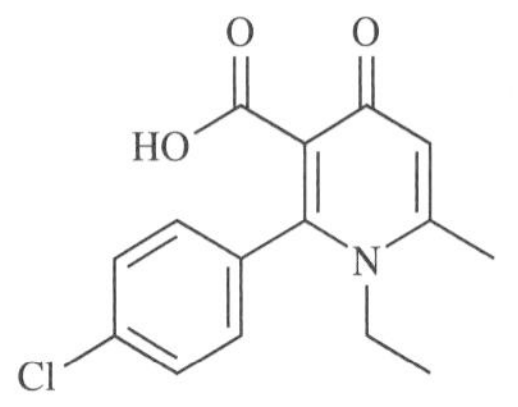

理化性质 密度1.322g/cm^3。沸点419.9℃（101.32kPa）。闪点207.8℃。

剂型 中国未登记。

作用方式及机理 主要用于杂交育种，促进自花授粉的植物实现异花授粉，获得杂交后代。

使用对象 玉米。

使用方法 花期喷施。

注意事项 适期喷施，过早或过晚不会产生有效作用。

参考文献

孙家隆, 2015. 新编农药品种手册[M]. 北京: 化学工业出版社: 972.

（撰稿：谭伟明；审稿：杜明伟）

育畜磷 crufomate

一种内吸性有机磷类杀虫剂和驱虫药。

其他名称 Dowco132、Hypolin、Kempak、Ruelene。

化学名称 4-叔丁基-2-氯苯基甲基甲基氨基磷酸酯；4-*tert*-butyl-2-chlorophenyl methyl methylphosphoramidate。

IUPAC名称 (*RS*)-(4-*tert*-butyl-2-chlorophenyl methyl methylphosphoramidate)。

CAS 登记号 299-86-5。

分子式 $C_{12}H_{19}ClNO_3P$。

相对分子质量 291.72。

结构式

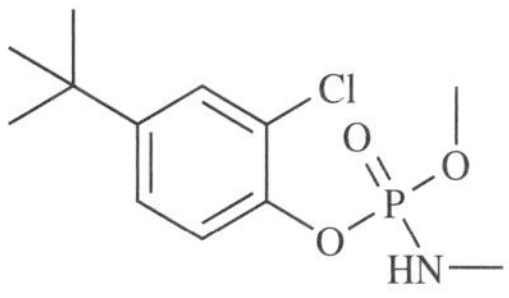

开发单位 1959 年美国道化学公司发展品种。

理化性质 白色结晶。熔点 60℃。工业品亦为白色结晶，加热到沸点以前就分解。不溶于水和石油醚，但易溶于丙酮、乙腈、苯和四氯化碳。在 pH7 或略低于 7 时是稳定的，但在强酸介质中不稳定，不能与碱性农药混用。

毒性 急性经口 LD_{50}：雄大鼠 950mg/kg，雌大鼠 770mg/kg；兔 400～600mg/kg。家畜以 100mg/kg 剂量口服育畜磷，观察到轻度到中度抑制胆碱酯酶的症状。在体内脂肪中无积累，对野生动物无危害。

剂型 25% 乳剂，25% 可湿性粉剂。

作用方式及机理 一种内吸性的杀虫剂和打虫药。

防治对象 主要用于处理家畜，以防皮蝇、体外寄生虫和肠虫。不能用于作物保护。

使用方法 对牲口，为了便于灌注，使用浓度为有效成分 122g/L；缓慢浸透时的使用浓度为有效成分 210g/L；像喷洒一样的灌注，使用浓度为有效成分 250g/L；兑药浴用有效成分 375g/L 的药液。

与其他药剂的混用 因其在碱性环境中不稳定，所以不能与碱性农药混用。

参考文献

孙家隆, 2015.新编农药品种手册[M]. 北京：化学工业出版社.

（撰稿：王鸣华；审稿：薛伟）

元素分析 elemental analysis

对已知样品各个原子的组成进行确定的过程。一般分为定量和定性，即确定样品中有哪些元素和各元素的含量。元素分析在精细化工、药学、农学和生物学等领域有着重要的应用。为了分析感兴趣不明化学物质的各原子组成，已经发展建立了许多元素分析技术。它们包括燃烧法、原子吸收光谱法（AAS）、电子探针微量分析仪法（EPMA）、二次离子质谱法（SIMS）等。

燃烧法 是针对含有碳、氢、氧和硫等元素的大部分有机化合物，可令各种元素定量地转化成与其相对应的挥发性气体，使这些产物流经硅胶填充柱色谱或者吹扫捕集吸附柱，然后利用检测器分别测定其浓度，最后用外标法确定每种元素的含量。而大多数的金属都有其特殊的焰色反应，可以通过焰色反应的颜色对金属元素进行判断。

原子吸收光谱法（AAS） 由于气态原子可以吸收一定波长的光辐射，将原子中外层的电子从基态跃迁到激发态，但是由于各原子中电子的能级跃迁的过程不同，则需要的能量也不同，会选择性吸收不同波长的辐射光，这个共振吸收波长恰好与该原子受激发后发射光谱的波长相等，由此可作为元素定性的依据，而吸收辐射的强度可作为定量的依据。AAS 现已成为无机元素定量分析应用最广泛的一种分析方法。

电子探针微量分析仪法（EPMA） 原理是用细聚焦电子束轰击待测样品表面，击出表面组成元素的原子内层电子，使原子电离，此时外层电子填补空位而释放能量，从而产生特征 X 射线，通过仪器测量特征 X 射线的波长（或能量）和强度，即可鉴别元素的种类和浓度。

二次离子质谱法（SIMS） 用一次离子束轰击表面，将样品表面的原子溅射出来成为带电的离子，然后用磁分析器或四极滤质器所组成的质谱仪分析离子的荷 / 质比，便可知道表面的元素成分。

参考文献

BALARAM V, 2016. Recent advances in the determination of elemental impurities in pharmaceuticals - Status, challenges and moving frontiers[J]. Trends in analytical chemistry, 80: 83-95.

KENT J A, 2003. Pollution control technology[M]. Boston: Springer.

WU Y Y, LI L X, HU X J, 2010. The analysis methods and applications of EPMA in materials[J]. Journal of Chinese electron microscopy society, 29(6): 574-577.

（撰稿：徐晓勇；审稿：李忠）

原药 technical material, TC

在制造过程中得到的农药有效成分及杂质组成的最终产品。不能含有可见的外来物质和任何添加物，必要时可加入少量的稳定剂。原药在常温下是固体的，称为原粉；是液体的，称为原油。大多数原药不能直接使用，需要经过加工形成农药制剂。原药是农药制剂加工最重要的原料，是制剂产品有效成分的来源。

原药可以由生产原料经过一定的工艺反应得到，也可以由母药经过精制或纯化制得。同时，为储存或加工方便等，也可以把原药通过溶剂等稀释来制备母药；根据农药有效成分作用特性，在母药或制剂加工过程中，可能转化成盐或其衍生物。

FAO、WHO 以及中国公布的农药原药质量标准，规定原药有效成分含量（纯度）应在 90% 以上，并限制其中相关杂质的含量。原药的有效成分应符合一种鉴别试验，当对该有效成分识别仍然有疑问时，应至少符合另一种鉴别试验。当原药中有异构体存在，且各异构体在生物活性或者毒性方面存在明显差异时，则需要明确有效异构体及其比值，并以有效异构体含量表示原药含量。相关杂质是农药原药重要控制技术指标之一，是农药产品在生产或储存过程中所含有的对人类和环境具有明显的毒害，或者对施用作物产生药害，或引起农产品污染，或影响农药产品质量稳定性，或引起其他不良影响的杂质。

用于农药登记的原药，必须具有明确的物理、化学性质，并进行有效成分及其他组成的定性和定量分析（即全组分分析试验报告）。全组分分析试验报告至少要对原药中有效成分、含量≥0.1%的任何杂质和含量＜0.1%的相关杂质进行定性和定量分析，包括物理化学性质的确定、有效成分和杂质的名称、结构式、分子量、质量含量等。农药原药中的各组分的鉴定与定性分析方法，主要包括红外光谱法、紫外光谱法、核磁共振谱法、质谱法及熔点沸点测定法等。农药原药中各组分含量的测定与定量分析方法，一般有化学分析法、气相色谱法、高效液相色谱法等。

参考文献

GB 2886—2016 农药登记原药全组分分析试验指南.

中国农业百科全书总编辑委员会农药卷编辑委员会, 中国农业百科全书编辑部, 1993. 中国农业百科全书: 农药卷[M]. 北京: 农业出版社.

（撰稿：黄啟良；审稿：张宗俭）

原药创新技术　innovative technology

利用天然产物筛选、生物电子等排、随机合成、高通量筛选以及计算机辅助等手段，打破现有结构的结构框架，发现全新先导化合物并对其进行进一步优化和衍生的技术。

环境友好是21世纪农药的主要特点，从农药发展的历程来看，农药是动态发展、与时俱进的。也就是说，农药的品种是不断更替的，即新的、更优质、更符合农药需要和环境要求的品种不断地取代老品种。农药新品种的开发是以持续发展、保护环境和生态平衡为前提的。农药新品种在未来仍会发展，仍是发展农业的必需品之一。新农药品种从研制到最终商品化通常经历5个阶段：先导化合物的发现、先导化合物的优化、大田与公开试验、登记注册试验和试销与上市。原药创新技术是农药研发中的重要部分，是指先导化合物的发现和先导化合物的优化。先导化合物经进一步的优化，最后得到待开发的候选化合物。而这些化合物能否最终商品化不仅由其生物活性决定，还与其工艺、环境毒理、市场等诸多因素有关。

先导化合物的发现　通过各种途径得到的具有一定生物活性的化学物质称为先导化合物。

随机筛选　是农药创制的常用途径之一。这种方法通过对大量的化合物进行生物筛选从而选出具有较高活性的化合物。随着分子水平的药物筛选模型的出现，筛选方法和技术都发生了根本性的变化，出现了高通量筛选等新技术，大大加速了先导化合物的寻找和发现。

仿生合成　通过人工合成和修饰特定的植物、动物、微生物所专有的天然产物，利用这些天然产物及其代谢物质，通过大量的活性筛选来筛选先导化合物，然后经过结构确认、人工合成和修饰来开发新农药。采用这种方法有可能会得到一些结构新颖、作用机理独特且环境相容性较好的化合物。

簇合效应　指通过一些连接体将不同或者相同的药效团有机连接形成二效价或者多效价的化合物，使之能够与不同的受体或者相同受体的不同结合位点相互作用，并产生协同效应，引起结合力和特异性增强。这种多效价的配体与受体作用方式在医药的设计和开发中应用广泛，而在新农药的设计和开发中刚起步就已初见成效。

类同合成　有时也被称为模拟合成，是以已商品化的农药结构出发，利用生物等排、活性叠加等原理，设计合成系列新化合物的方法。这种方法的结构目的性强、命中率高，是目前农药创制领域比较受欢迎的方法。

组合化学　一般使用相似的反应条件，可以一次性合成数十、数百甚至数以万计的化合物，从而组成化合物库，然后通过高通量筛选用较低剂量，花费较短时间完成对大量化合物的生物活性的筛选。这两种方法的结合可以缩短新农药的研发周期，降低成本。

虚拟筛选　虚拟化合物库是组合化学家广泛应用的一个概念，是一组并不真正存在的化合物，但可用已知的化学反应和可得到的单体基元分子来合成。这个方法的显著优点是花费少和环境友好，还可以增加化合物结构多样性、减少合成化合物的数量。

先导化合物的优化　因先导化合物存在着某些缺陷，如活性不够高、化学结构不稳定、生物毒性较大、选择性不好、代谢性质不合理等，需要对先导化合物进行有目的的化学修饰，进一步优化使之更加接近理想的药物，这一过程称为先导化合物的优化。

生物电子等排　在结构优化研究中，利用先导化合物基本结构中的可变部分，以生物电子等排体相互替换，对先导化合物进行结构改造，以提高活性，降低毒副作用的理论。

结构化学衍生　先导结构化学衍生，常见的是局部结构改造，所以又名局部修饰。通常的结构修饰是为了保留活性关键部分，对于分子的其他部位进行进一步的修饰，以达到提升活性，降低毒性，提高水溶性/脂溶性的目的。

活性基团拼接　将两个或多个药物的活性片段以共价键形式拼合到一个分子中，使形成的药物或兼具二者的理化性质，强化药理作用，减小各自对非靶标的毒副作用，或作用于同一对象的不同靶标以提高药效，对治理病虫草等发挥协同。活性基团的拼接必须遵循一定的设计和指导思想，否则容易出现拼接之后活性反而下降或者内吸性不好等等问题。

生物合理性设计　是一种利用靶标生物体生命过程中某个关键的生理生化机制作为研究模型，设计和合成能影响该机制的化合物，从中筛选出先导化合物进行新药创制的途径。现在的生物合理性设计仍然处在探索阶段，因为现在很多靶标的实际结构与结合模式尚不能阐述明白，且复合物晶体结构与其在生物体内的实际结合模式也不尽相同，所以作为一种理论上最为合理的设计方式，该优化方法还需进一步发展完善。

参考文献

陈万义, 2007. 新农药的研发: 方法·进展[M] 北京: 化学工业出版社.

杨华铮, 2003. 农药分子设计[M]. 北京: 科学出版社.

叶德泳, 2015. 药物设计学[M]. 北京: 高等教育出版社.

张一宾, 张怿, 2014. 世界农药新进展[M]. 北京: 化学工业出版社.

JOHN G T, 2016. Utilization of operational schemes for analog synthesis in drug design[J]. Journal of medicinal chemistry, 15(10): 1-21.

PETER J, 2016. Progress of modern agricultural chemistry and future prospects[J]. Pest management science. 72: 433-455.

（撰稿：韩醴、邵旭升；审稿：李忠）

圆二色谱法 circular dichroism

旋光谱和圆二色谱是同一现象的两个方面，均属于光与物之间的相互作用。这个现象在19世纪就被发现，但因仪器研制困难，未能深入研究，直到20世纪50年代初，分光旋光谱仪研制成功，才开始了对旋光谱的系统研究，而到了20世纪50年代末、60年代初才开始对圆二色谱进行系统的研究。现在旋光谱和圆二色谱已经广泛用于测定不对称有机化合物的立体构型问题，成为有机结构分析的重要手段之一。

原理 一般而言，单色圆偏振光和物质之间的相互作用可以用两个吸收系数e_l, e_r,以及两个折射指数n_l, n_r来描述，下标代表了光旋转的方向 (l = 左旋，r = 右旋)，对于光学惰性的化合物而言，$e_l = e_r = e$, $n_l = n_r = n$，这时测定的旋光谱和圆二色谱均为一水平直线，没有任何变化。当一个光学活性化合物与偏振光发生作用时，e_l不再等于e_r，其差值$D_e = e_l - e_r$，这种差值叫作圆二色散。同时$n_l \neq n_r$，其差值为$p(n_l - n_r)/\lambda$。当一束偏振光通过一种光学活性介质时偏振平面所转过的角度用下式表示：

$$\alpha = \frac{\pi}{\lambda}(n_l - n_r)$$

D_e和a是波长λ的函数。D_e和a相对于波长所作的曲线分为两种，其中一种曲线$a = f(\lambda)$叫作光学旋转色散曲线，即旋光谱，它是呈“S”形的，如果a_l大于a_r，其值向红移并为正值，在相反的情况下为负值。另一种钟形的吸收曲线$D_e = f(\lambda)$叫作圆二色散曲线，即圆二色谱，这种曲线可以是正的或负的，取决于康顿效应（Cotton Effect, CE）的情况。随着圆二色谱理论和实验技术的发展，圆二色谱法越来越广泛地应用在有机小分子和生物大分子的结构分析中，已经逐步取代了旋光谱的地位。

规则 在利用圆二色谱法来分析不同类型的有机化合物时需要使用不同的规则，如各种烯烃类化合物和饱和羰基化合物的八区律，芳香族化合物的平面规则、八区律、Snatzke和Ho规则，*a*, *b*-不饱和酮的*n*®*p**和*p*®*p**跃迁规则、烯丙基轴向规则，羧酸酯、内酯和酰胺的扇形规则，苯甲酸酯的扇形规则等，每一类化合物的规则适用范围均较小，在应用时要十分小心并与参考化合物对照分析。根据苯甲酸酯的扇形规则进一步发展起来的二苯甲酸酯激子手性法已经成为二级醇和胺手性中心绝对构型分析的经典方法，获得普遍的应用。近年来对于一些含多手性中心、结构复杂的天然产物，使用简单的规则已很难解决其立体化学问题，但是由于计算化学的迅速发展成熟，通过计算多手性且结构复杂的天然产物的CD谱（ECD）并与测试的CD谱进行对比分析，可以确定它们的手性中心的绝对构型，这已经成为普遍应用的方法。

农药学科的应用实例 从卫矛科植物中分离到的杀虫活性成分*b*-二氢沉香呋喃多醇酯的绝对构型就是通过二苯甲酸酯激子手性法分析得到的，对于分子中只含有一个苯甲酸酯基团的分子，通过苯甲酸酯的扇形规则也获得了部分化合物的绝对构型。

参考文献

LEGRAND M, ROUGIER M J, 1990. 旋光谱和圆二色谱[M]. 陈荣峰, 胡靖, 田瑄, 等译. 开封: 河南大学出版社.

王明安, 盛毅, 陈馥衡, 等, 1998. 几个β-二氢沉香呋喃多醇酯的CD谱研究[J]. 中国农业大学学报, 3(1): 7-9.

TAKAISHI Y, TOKURA K, NOGUCHI H, 1991. Sesquiterpene esters from *Tripterygium wilfordii*[J]. Phytochemistry, 3(1): 1561-1566.

（撰稿：王明安；审稿：吴琼友）

圆叶片漂浮法 leafdisc buoyancy method

利用药剂浓度与光照条件下圆叶片中氧气的释放呈负相关的原理，测定光合作用类型除草剂含量及不同植物、品种和生态型对光合作用除草剂的耐受性的生物测定方法。

适用范围 适用于光合作用抑制型除草剂含量和活性的测定，可以用于杂草对该类型除草剂抗性或者耐受性程度的评价，比较几种除草剂的生物活性。

主要内容 圆叶片漂浮法以植物（黄瓜、菠菜等）的圆叶片（直径1cm，打孔器）为试材，先经抽真空（注射器手工或者真空泵抽滤）处理使之沉入缓冲溶液（0.01mol/L磷酸氢钾缓冲溶液，pH7.5）底部，转移入烧杯中，恒温（25℃）暗适应5分钟后加入含除草剂缓冲溶液和0.1mol/L碳酸氢钠溶液（0.1ml），于光照培养箱或培养架（光强为20 000 lx）照光3～5分钟后调查漂浮到溶液表面的圆叶片数量或者记录所有圆叶片漂浮到液面所需的时间，以叶片数或者时间的抑制指数表示供试样品的除草活性。一般设置5～7个浓度测定供试样品的活性，每个浓度3～5个重复。采用DPS统计软件中专业统计分析生物测定功能中的数量反应生测几率值分析方法，获得药剂浓度与生长抑制率之间的剂量效应回归模型，计算得到抑制剂量浓度（IC_{50}、IC_{90}）和95%置信区间。

参考文献

陈年春, 1991. 农药生物测定技术[M]. 北京: 北京农业大学出版社.

刘学, 顾宝根, 2016. 农药生物活性测试标准操作规范: 除草剂卷[M]. 北京: 化学工业出版社.

沈晋良, 2013. 农药生物测定[M]. 北京: 中国农业出版社.

（撰稿：李永红；审稿：陈杰）

Y

云杉八齿小蠹聚集信息素 aggregation pheromone of *Ips typographus*

适用于云杉林的昆虫信息素。最初从云杉八齿小蠹（*Ips typographus*）雄性成虫后肠中提取分离，主要成分为（*R*）-2-甲基-6-亚甲基-2,7-辛二烯-4-醇、（*S*）-2-甲基-6-亚甲基-7-辛烯-4-醇与（1*S*,2*S*，5*S*）-4,6,6-三甲基双环［3.1.1］-3-庚烯-2-醇。

其他名称 tenopax。

化学名称 (*R*)-2-甲基-6-亚甲基-2,7-辛二烯-4-醇(齿小蠹二烯醇)；(*R*)- 2-methyl-6-methylene-2,7-octadien-4-ol(ipsdienol)；(*S*)-2-甲基-6-亚甲基-7-辛烯-4-醇(齿小蠹烯醇)；(*S*)-2-methyl-6-methylene-7-octen-4-ol(ipsenol)；(1*S*,2*S*,5*S*)-4,6,6-三甲基双环［3.1.1］-3-庚烯-2-醇((*S*)-顺马鞭草烯醇)；(1*S*,2*S*,5*S*)-4,6,6-trimethyl-bicyclo［3.1.1.］-3-hepten-2-ol((*S*)-*cis*-verbenol)。

IUPAC名称 (*R*)- 2-methyl-6-methyleneocta-2,7-dien-4-ol；(*S*)-2-methyl-6-methyleneoct-7-en-4-ol；(1*S*,2*S*,5*S*)-4,6,6-trimethyl-bicyclo［3.1.1］hept-3-en-2-ol。

CAS登记号 60894-97-5（齿小蠹二烯醇）；35628-05-8（齿小蠹烯醇）；18881-04-4［（*S*）-顺马鞭草烯醇］。

EC号 242-645-2（*S*）-顺马鞭草烯醇。

分子式 $C_{10}H_{16}O$［齿小蠹二烯醇,（*S*）-顺马鞭草烯醇］；$C_{10}H_{18}O$（齿小蠹烯醇）。

相对分子质量 152.23［齿小蠹二烯醇,（*S*）-顺马鞭草烯醇］；154.25（齿小蠹烯醇）。

结构式

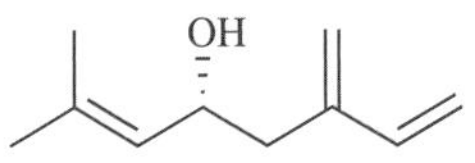

OH

齿小蠹二烯醇

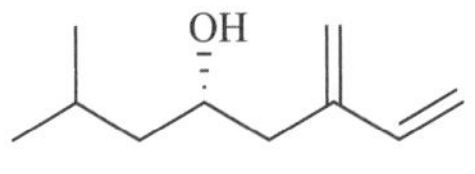

OH

齿小蠹烯醇

OH

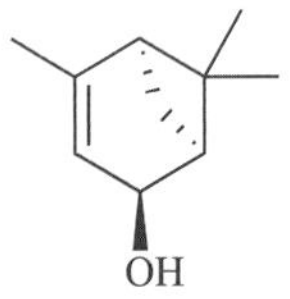

(*S*)-顺马鞭草烯醇

生产单位 由Cyanamid公司生产。

理化性质 无色透明油状液体。沸点234℃(101.32kPa，预测值)(齿小蠹二烯醇)；222℃（101.32kPa，预测值）(齿小蠹烯醇)。熔点64~65℃［（*S*）-顺马鞭草烯醇］。相对密度0.91（25℃）(齿小蠹二烯醇)。比旋光度$[\alpha]_D^{20}$-13.1°（c=1，甲醇）(齿小蠹二烯醇)；$[\alpha]_D^{20}$-17.7°（c=1，乙醇）(齿小蠹烯醇)；$[\alpha]_D^{20}$-10°（c=5，氯仿）［（*S*）-顺马鞭草烯醇］。难溶于水，溶于乙醇、氯仿、丙酮等有机溶剂。

毒性 大鼠急性经口LD_{50}>5000mg/kg［（*S*）-顺马鞭草烯醇］。对兔眼睛与皮肤有轻微刺激性［（*S*）-顺马鞭草烯醇］。

剂型 缓释剂。

作用方式 作为聚集信息素发挥作用，引诱云杉八齿小蠹成虫寻找寄主植物。

防治对象 适用于云杉林，防治云杉八齿小蠹。

使用方法 在云杉林中设置引诱树，在引诱树齐胸高处安放含有云杉八齿小蠹聚集信息素的缓释剂，引诱云杉八齿小蠹成虫，在其大量繁殖转移前，砍伐引诱树，杀死聚集的云杉八齿小蠹。

参考文献

马克比恩C, 2015. 农药手册[M]. 胡笑彤, 等译. 北京: 化学工业出版社.

吴文君, 高希武, 张帅, 2017. 生物农药科学使用指南[M]. 北京: 化学工业出版社.

（撰稿：钟江春；审稿：张钟宁）

芸薹素内酯 brassinolide, BR

一种天然的植物内源激素，是一种广谱高效的植物生长调节剂，通过提取天然产物或者人工合成得到24-表芸薹素内酯活性较高，外源施用能显著促进植物促进营养生长，有利于完成受精。农业生产上可应用于多种作物。

化学名称 (22*R*,23*R*,24*S*)-2*α*,3*α*,22,23-四羟基-*β*-均相-7-氧杂-54-麦角甾烷-6-酮。

IUPAC名称 (22*R*,23*R*,24*S*)-2α,3α,22,23-tetrahydroxy-7-oxa-7a-homo-5α-ergostan-6-one。

CAS登记号 72962-43-7。

分子式 $C_{28}H_{48}O_6$。

相对分子质量 480.68。

结构式

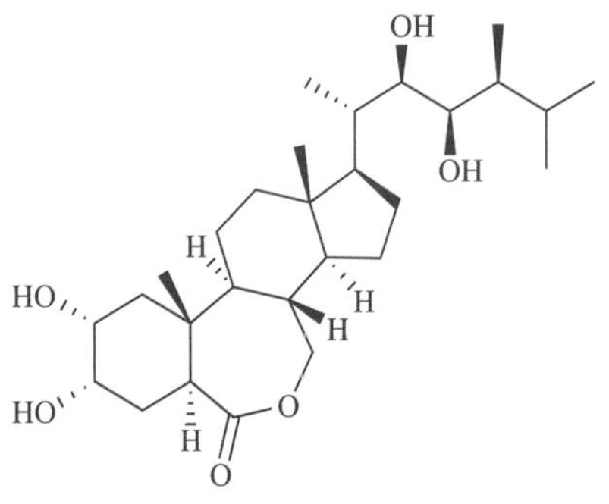

OH OH H HO H H HO H O O

开发单位 20世纪80年代，日本、美国人工合成。现由昆明云大科技产业股份有限公司、山东京蓬生物药业股份公司、上海绿泽生物科技有限公司、深圳诺普信农化股份有限公司和上海威敌生化（南昌）有限公司等生产。

理化性质 外观为白色结晶粉。熔点256~258℃。水中溶解度为5mg/L，溶于甲醇、乙醇、四氢呋喃、丙酮等多种有机溶剂。

Y

毒性 低毒。原药急性经口 LD_{50}：大鼠＞2000mg/kg，小鼠＞1000mg/kg，大鼠急性经皮 LD_{50}＞2000mg/kg。Ames试验没有致突变作用。鲤鱼 LC_{50}（96小时）＞10mg/L。水蚤 LC_{50}（3小时）＞100mg/L。

剂型 0.01%乳油，0.01%粉剂，0.01%可溶性液剂，0.0075%水剂，0.004%乳油。其中以0.01%可溶性液剂推广价值最高。提取于油菜花中，是植物自身分泌产生的第六大生长激素。

作用方式及机理 是甾醇类植物内源生长物质芸薹素类中的一种，在植物生长发育各阶段中，可促进营养生长，有利于完成受精。人工合成的24-表芸薹素内酯活性较高，可经由植物的叶、茎、根吸收，然后传导到起作用的部位，有的认为可增加RNA聚合酶的活性，增加RNA、DNA含量，作用浓度极微量，一般在 10^{-5}～10^{-6}mg/L。在油菜花粉中，可使菜豆第二节间发生异常生长，如节间伸长、弯曲及开裂。

使用对象 芸薹素内酯是一个高效、广谱、安全的多用途植物生长调节剂。

小麦 0.05～0.5mg/L浸种24小时，促进根系发育、增加株高。

玉米 0.05～0.5mg/L分蘖期叶面喷洒，促进分蘖；0.01～0.05mg/L于开花、孕穗期叶喷，提高弱势花结实率、穗粒数、穗重、千粒重，同时增加叶片的叶绿素含量，从而增加产量；0.01mg/L在玉米抽花丝期喷全株或喷花丝，能明显减少穗顶端籽粒的败育率，抽雄前处理效果更好。处理后，叶片增厚，叶色深，叶绿素含量增加，光合作用增强，可明显增加产量。

水稻 0.01mg/L于水稻分蘖后期至幼穗形成期到开花期叶面喷洒，可增加穗重、每穗粒数、千粒重，若开花期遇低温，经过处理可更明显地提高结实率。

黄瓜 0.01mg/L于苗期处理苗，提高幼苗抗夜间7～10℃低温的能力。

番茄 0.1mg/L于果实增大期叶面喷洒，可明显增加果实重量。

茄子 0.1mg/L浸低于17℃开花的茄子花，能促进正常结果。

脐橙 0.01～0.1mg/L于开花盛期和第一次生理落果后进行叶面喷洒，50天后，用0.01mg/L的坐果率增加2.5倍，0.1mg/L的增加5倍，还有一定增甜作用。

使用方法 可根据不同作物不同时期，采用种子浸种和生育期喷雾处理。

与其他药剂的混用

芸薹素内酯+胺鲜酯 其制剂为水剂，是最近两年流行起来的植物生长调节剂，其优越的速效和长效性以及安全性已经凸显出来。

芸薹素内酯+乙烯利 乙烯利可以矮化玉米株高，促进根系发育，抗倒伏，但果穗发育也明显受抑制；芸薹素内酯促进玉米果穗。合液与单独处理相比，用芸薹素内酯和乙烯利复配制剂处理玉米，比单独用乙烯利和芸薹素内酯处理，可明显增强根系活力，延缓后期叶片衰老，促进果穗发育，植株矮化，茎粗，纤维素含量高，增强茎秆韧性，在大风天气里对照倒伏率大大降低，较对照增产52.4%。

芸薹素内酯+多效唑 为可溶性粉剂，主要用于果树的控梢和膨大果实，也是最近几年较为流行的果树专用植物生长调节剂，在果树上的应用方兴未艾。

芸薹素内酯+甲哌鎓 芸薹素内酯能够增强光合作用，促进根系发育；甲哌鎓能够协调棉株生长发育，控制棉株旺长，延缓叶片衰老和提高根系活力。在棉花蕾期、初花期和盛花期使用芸薹素内酯和甲哌鎓的复配制剂，比两者单独处理效果都好，有显著的增效作用，表现为提高叶绿素含量和光合速率，促进根系活力，控制植株徒长。

芸薹素内酯+甲哌鎓+多效唑 甲哌嗡控制旺长较为迅速，但持效期短，多效唑具有控制营养生长，缩短节间距，促进生殖生长，持效期长的特点。复配使用药效持效期长，在控制旺长的同时，增加产量，抗倒伏。

参考文献

李玲, 肖浪涛, 谭伟明, 等, 2018. 现代植物生长调节剂技术手册[M]. 北京: 化学工业出版社: 13.

毛景英, 闫振领, 2005. 植物生长调节剂调控原理与实用技术[M]. 北京: 中国农业出版社.

孙家隆, 2015. 新编农药品种手册[M]. 北京: 化学工业出版社:973.

中国农业百科全书总编辑委员会农药卷编辑委员会, 中国农业百科全书编辑部, 1993. 中国农业百科全书: 农药卷[M]. 北京: 农业出版社: 451.

（撰稿：白雨蒙；审稿：谭伟明）

Z

杂草抗药性 weed resistance to pesticide

早在1950年，由于2,4-滴的大量单一使用，在美国夏威夷的甘蔗田中即发现了铺散鸭跖草对2,4-滴的抗药性生物型，此后又相继发现了拟南芥、山柳菊、苦荬菜、田旋花、地肤等杂草的2,4-滴抗药性生物型。但人们通常把1968年发现抗三氮苯类除草剂的欧洲千里光（*Senecio vulgaris* L.）作为报道的首例抗性杂草。1995—1996年进行的杂草对除草剂抗性的国际调查中，记录了42个国家183种对除草剂抗性的杂草生物型。目前杂草抗性生物型还在不断被发现和报道。

抗药性机制 杂草的抗药性形成机制归纳起来主要概括为：作用位点的改变、ALS抑制剂解毒能力加强、屏蔽或隔离作用4个方面。①除草剂作用位点的改变。在许多杂草中除草剂抗药性生物型的出现是由于除草剂作用位点得到遗传修饰的结果，这在大多数三氮苯类、磺酰脲类及二硝基苯胺类除草剂抗药性研究中得以证实。② ALS抑制剂的抗性机理。磺酰脲类、咪唑啉酮类除草剂主要是通过抑制支链氨基酸、亮氨酸、异亮氨酸和缬氨酸的生物合成而起杀草作用，其靶标是乙酰乳酸合成酶（ALS）。对来自大肠杆菌和酵母的抗磺酰脲类除草剂突变体的ALS基因分析和测序结果表明，每种抗药性突变体的ALS基因与野生型的同一基因相比，发生了单个核苷酸的变化，从而导致ALS蛋白中一个氨基酸被取代。③解毒能力加强。通过提高对除草剂的降解作用、轭合作用以及清除除草剂产生的有毒代谢产物的解毒能力，可以提高植物对除草剂的抗药性。如Gronwald等发现，苘麻（*Abutilon theophrasti* Medic.）的莠去津抗药性生物型的抗性机理是由于谷胱甘肽与除草剂轭合作用的增加，提高了对除草剂的解毒能力，这一解毒过程与具有耐药性玉米植株的解毒过程相似。④屏蔽作用与隔离作用。植物对除草剂及其植物毒性代谢物的屏蔽作用（sequestra tion）和与作用位点的隔离作用（tompantmentation）与除草剂抗药性杂草生物型的产生也有一定关系。百草枯在野塘蒿和飞蓬属一些杂草的抗药性生物型中移动受到限制，并且抗药性生物型中的叶绿体的功能如CO_2固定和叶绿素荧光猝灭可以迅速恢复。研究认为是由于百草枯与抗药性植物中的未知细胞组分结合或由于在液泡中累积屏蔽作用，使百草枯与叶绿体中的作用位点相隔离。

抗药性治理 ①尽可能采用农业措施、生物防除、物理及生态控制等各种非化学除草技术，减少除草剂的使用次数和使用剂量，防止杂草群落的频繁演替和抗药性杂草的产生。作物的轮作能避免栽培系统中使用单一除草剂的副作用，从而延缓杂草产生抗药性。②合理选择和使用除草剂，避免长期单一地在某一地区使用一种或作用机制相同的一类除草剂。杂草抗药性的发生和发展是由于长期单一地使用除草剂的结果。例如，磺酰脲类除草剂连续使用6～9年，一些阔叶杂草就会产生抗性；芳氧基苯氯丙酸类除草剂禾草灵连续使用7～10年，野燕麦就会对其产生抗性。因此，在实际生产中合理进行除草剂轮换或交替使用是防止和延缓杂草产生抗药性的重要措施。③合理混用除草剂。混配使用具有不同作用机理的除草剂被认为是避免、延缓和控制产生抗药性杂草最基本的方法。使用除草剂混剂可以明显降低抗药性杂草发生的频率，同时还能扩大杀草谱。但长期连续使用同一种混剂或混用组合，也有诱发多抗性杂草出现的可能。④使用新型除草剂品种。对于已产生抗药性的杂草，则往往需要更换新的除草剂品种才能收到较好的防治效果。

（撰稿：姜莉莉；审稿：王开运）

杂氮硅三环 silatrane

一类含有Si←N配键的有机硅化合物，可刺激细胞分裂及蛋白质的生物合成，促进叶绿素合成，增强光合作用，提高种子发芽率和成活率，促进植物生长，提高作物的产量，适用于棉花等作物。

其他名称 MV、西拉川。

化学名称 1-取代-2,8,9-三氧杂-5-氮杂-1-硅三环[3,3,3,$0^{1,5}$]十一碳烷。

IUPAC名称 2,8,9-trioxa-5-aza-1-silabicyclo[3.3.3]undecane。

CAS登记号 283 60 3。

分子式 $C_6H_{13}NO_3Si$。

相对分子质量 175.26。

结构式

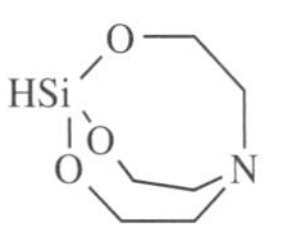

理化性质 原药质量分数≥98%，外观为均匀的白色粉末。熔点211～213℃。溶解度（20℃）：100g水中溶解1g。在52～56℃温度条件下稳定，但在酸性条件下容易水

Z

解开环。

毒性 杂氮硅三环的毒性随硅原子上的R取代基而异。R为苯基或苯基的衍生物的杂氮硅三环类化合物的毒性较高，但在苯环和硅原子之间隔有C、O等原子时，其毒性就可大大降低，如1-烷基或1-烷氧基杂氮硅三环则几乎无毒。

剂型 水剂。

作用方式及机理 是一种具有特殊分子结构及显著生物活性的有机硅化合物，分子中配位键具有电子诱导功能。杂氮硅三环及其衍生物具有促进植物生长和杀菌活性，以杂氮硅三环为主要成分的高效广谱植物生长调节剂可刺激细胞分裂及蛋白质的生物合成，促进叶绿素合成，增强光合作用，提高作物的产量。能促进植物生长，提高种子发芽率和成活率，尤其是氨基烷基杂氮硅三环能够明显促进植物生长。

使用方法 ①该类产品具有高效低毒、增产幅度高、易生物降解、对环境友好等特点，具有良好的农业应用开发前景。与其他的植物生长调节剂相比，其具有用量少、效果显著、无污染等优点。②用5×10^{-5}g/ml水溶液处理棉种，可提高种子发芽和成活率，利于棉花增产和提高纤维质量。还能刺激植物根系生长、组织器官形成和促使植物果实早熟。1000～2000mg/kg药液，拌种4小时（其种子：药液＝10：1）；或用200mg/kg药液浸种3小时（其种子：药液＝1：1），然后播种，可以增加小麦的分蘖数、穗粒数及千粒重，有明显的增产作用。此外，一些杂氮硅三环具有活性高、药效长、毒性小、提高了亲脂性、不易被雨水冲掉、利用硅原子上基团的变化对更多种类的植物产生催熟作用等优点。

参考文献

陶春元, 1993. 杂氮硅三环及其生物活性[J]. 九江学院学报(社会科学版) (6): 28-30.

（撰稿：谭伟明；审稿：杜明伟）

再残留限量 extraneous maximum residue limit

一些持久性农药虽已禁用，但还长期存在于环境中，从而再次在食品中形成残留，为控制这类农药残留物对食品的污染而制定其在食品中的残留限量，以每千克食品或农产品中农药残留的毫克数表示（mg/kg）。

参考文献

GB 2763—2021 食品中农药最大残留限量.

（撰稿：徐军；审稿：郑永权）

再生苗测重法 regenerative seedling weight method

利用药剂浓度与再生苗生长抑制程度呈正相关的原理，测定供试样品对植物地下部分再生能力抑制程度活性的生物测定方法。

适用范围 适用于非触杀型除草剂活性测定，如苯氧羧酸类、氨基甲酸酯类、有机磷类等磺酰脲类、咪唑啉酮类、二硝基苯胺类、二苯醚类、嘧啶水杨酸类除草剂的活性研究。可以用于测定新除草剂的生物活性，测定不同剂型、不同组合物及增效剂对除草活性的影响，比较几种除草剂的生物活性。

主要内容 再生苗测重法以再生能力强的植物为试材，常用植物为香附子、玉米、稗草和水稻等。可以根据除草剂类型选择不同的植物。以均匀一致的露白供试植物种子为试材，采用装好壤土的培养钵为容器，播种后在温室培养至3叶期左右，通过茎叶处理喷雾的方式施用供试药剂。喷雾处理24小时后距土表1cm位置剪除植株茎叶部分，继续培养2周后测定再生苗的鲜重。以再生苗鲜重抑制率为指标表示供试样品的除草活性。一般设置5～7个浓度测定供试样品的活性，每个浓度3～5个重复。采用DPS统计软件中专业统计分析生物测定功能中的数量反应生测几率值分析方法，获得药剂浓度与生长抑制率之间的剂量效应回归模型，计算得到抑制剂量浓度（IC_{50}、IC_{90}）和95%置信区间。

参考文献

陈年春, 1991. 农药生物测定技术[M]. 北京: 北京农业大学出版社.

刘学, 顾宝根, 2016. 农药生物活性测试标准操作规范: 除草剂卷[M]. 北京: 化学工业出版社.

沈晋良, 2013. 农药生物测定[M]. 北京: 中国农业出版社.

（撰稿：李永红；审稿：陈杰）

载体 carriers

通常是指固体农药制剂中荷载或稀释有效成分的惰性物质。其中吸附能力强的一般称为载体，吸附能力差的一般称为稀释剂或填料。载体有两个主要作用：一是制剂加工过程中荷载或稀释农药有效成分，改善产品理化性状；二是制剂使用过程中将有效成分释放出来。

作用机理 虽然载体的主要作用是荷载和稀释有效成分，但从其对农药制剂理化性能的影响来看，其作用是多样的。不同载体之所以表现出不同的性能，大多与其自身结构有关。载体的作用有以下几种：①吸附有效成分。如白炭黑、硅藻土、凹凸棒土等能够荷载有效成分的载体，具有特殊的结构（疏松多孔、纤维状或片层状等）和较大的比表面积，可以将农药有效成分吸附在自身结构的微孔之中，以达到荷载有效成分的目的。②增加粉体流动性，防止结块。滑石粉具有独特片层状结构，能够明显增强粉体的流动性。白炭黑粒子极细，并且疏松多孔，比表面积大，吸附能力好，因此也有增强粉体流动性的作用，还具有抗结块功能。③促进崩解。有些载体如膨润土具有吸水膨胀的作用，在一定程度上可以促进水分散粒剂崩解。在较高含量的水分散粒剂中，也可以直接用可溶性盐类如硫酸铵、氯化铵、硫酸钠等作为载体，这些可溶性盐类也具有促进水分散粒剂崩解的作用。④调节产品密度。有些载体如锯末粉、玉米芯粉、谷壳粉、玻璃微珠等自身密度小，可用来加工水面漂浮粉剂或漂浮粒剂等；一些密度较大的载体如叶蜡石等可用来增大喷雾用粉剂的密度。⑤特殊用途。如锯末粉由于具有可燃性，可作为蚊香或烟剂的载体。

分类与主要品种 载体按组成成分可分为有机载体和无机载体；按来源可分为矿物类载体、植物类载体和合成类载体。

常见的矿物类载体包含以下种类：①硅酸盐类。包含坡缕石族、凹凸棒土、海泡石等黏土类硅酸盐；蠕陶土、地开石、高岭石、珍珠陶土等高岭石族硅酸盐；贝得石、蒙脱石、囊脱石、皂石等蒙脱石族硅酸盐；云母、蛭石等伊利石族硅酸盐；以及叶蜡石和滑石。②碳酸盐类。包含方解石和白云石。③硫酸盐类。如石膏。④氧化物类。如生石灰、镁石灰、硅藻土等。⑤无定性石类。如浮石。⑥元素类。如硫黄。

常见的植物类载体有玉米棒芯、锯末粉、谷壳粉、稻壳、柑橘渣、大豆秸粉、烟草粉、胡桃壳、玉米淀粉、可溶性淀粉等。

常见的合成类载体有白炭黑、轻质碳酸钙、玻璃微珠，可溶性盐类如硫酸铵、尿素、氯化钾、硫酸钠等。

除此之外还有泥煤、褐煤、煤矸石、磷泥等也可作为载体使用。

以上载体中应用较为广泛的有高岭土、凹凸棒土、膨润土、滑石粉、硅藻土、白炭黑、轻质碳酸钙和玉米淀粉。

高岭土 纯净高岭土为白色，但未经处理的高岭土一般因掺杂其他矿物而显黄褐、红等不同色调。密度在2.6g/cm^{3}左右。pH5～6。高岭土阳离子交换性能差，比表面积和孔隙率不大，吸附量小，干燥的高岭土有吸湿性。高岭土在配方中一般作为稀释剂使用。高岭土资源在中国分布广泛，江西景德镇和江苏苏州产的高岭土品质最好。

凹凸棒土 呈浅灰色或灰白色，密度在2.2g/cm^{3}左右。pH6～8.5。阳离子交换能力略高于高岭土，为20～30mmol/100g土。凹凸棒土比表面积大，吸附能力强。凹凸棒土悬浮液具有剪切变稀的触变性，可在低浓度的情况下形成高黏度的悬浮液。凹凸棒土一般用作制备高浓度粉体或颗粒剂载体，特别是可以将一些液体原药加工成高浓度的粉剂或可湿性粉剂。中国凹凸棒土资源也比较丰富，主要分布于江苏和安徽境内。

膨润土 主要成分是蒙脱石，颜色多为黄色或黄绿色，也可呈灰色、黄褐色等。密度在2～2.8g/cm^3。pH6～10。膨润土阳离子交换容量大，比表面积大，具有较高的吸附能力。膨润土吸水易膨胀，能分裂成细小的颗粒，可形成稳定的悬浮液，具有防止分散粒子絮凝及沉降的作用。普通膨润土经过加工后可形成钠基膨润土、钙基膨润土、有机膨润土、SM系列凝胶等多种不同用途的产品。

滑石粉 纯净滑石粉外观为白色，由于含杂质可能呈灰白、浅绿、浅黄等颜色。密度在2.6～2.8g/cm^3。pH6～10。滑石粉阳离子交换容量小、吸附容量小、吸水率低，有增强粉体流动性的作用，可用于加工各种粉剂及水分散粒剂。

硅藻土 一般呈白色，可能因被污染而呈灰色、绿色等颜色。密度0.4～0.9g/cm^3。硅藻土结构中有很多孔隙，有很强的吸附能力，适合作为载体将液体原药加工成粉剂，也可用于加工水分散粒剂。

白炭黑 外观为白色蓬松粉末，主要成分为二氧化硅，根据制备工艺的不同可分为沉淀法白炭黑和气相法白炭黑。一般气相法生产的白炭黑比表面积更大，吸附能力更强，颗粒更细，表观密度更小，但成本也相应地比沉淀法白炭黑的高。白炭黑由于具有非常强的吸附能力，适合用作液体原药加工成粉剂或颗粒剂的载体，也可用于改善粉体制剂的流动性或结块问题。在可分散油悬浮剂中，还可用来抑制样品储存析油。

轻质碳酸钙 外观为白色粉末，密度在2.7g/cm^{3}左右，pH8～11。吸附性能差，一般用作稀释剂或填充剂。

玉米淀粉 外观为白色或略带微黄色粉末。密度在1.5g/cm^{3}左右。吸附性能差，一般作为填充剂使用，具有优良的润滑和抗黏作用。

使用要求 农药加工过程中对载体的硬度、细度、吸附容量、流动性、堆密度和密度、吸湿性能、吸水率和膨胀倍数等有一定的要求。

载体的硬度不宜过大，否则不利于粉碎，例如用雷蒙机生产粉剂，载体的莫氏硬度在7以下为宜。载体的细度对药效发挥有影响，载体粒子过大，不利于药效发挥，还可能造成有效成分分布不均匀，载体的细度一般在15μm以下为宜。载体的吸附容量是指单位质量的载体在保持其分散性和流动性的条件下能够吸附的最大农药量，常以mg/g表示，要将一些液体原药做成粉剂或颗粒剂，需要先将原药用吸附容量大的载体吸附，然后再进行加工，因此要求载体具有一定的吸附容量。制剂加工和使用过程中，要求粉体具有一定的流动性才方便加工和使用，粉体的流动性和所用的载体有很大关系，特别是一些低浓度的粉体中更加明显。常见载体的流动性大小如下：滑石粉＞凹凸棒土＞叶蜡石＞高岭土＞硅藻土。载体的堆密度能够影响所加工的粉剂的堆密度，选择载体时要考虑和原药的堆密度相近，这样可以避免在施药过程中因原药和载体分离而造成的有效成分分布不均，也可以避免在混合过程中组分混合不均。载体的吸湿性能不能太强，以防止产品储存过程中吸潮。对于颗粒剂或水分散粒剂来说，需要样品能够崩解分散开，因此需要载体具有一定的吸水膨胀性能，有利于颗粒崩解分散。

应用技术 载体在固体制剂里应用较为广泛，如各种粉剂、粒剂、片剂制备过程中均需要加入载体。不同的剂型所用到的载体种类有差异，在粉剂或可湿性粉剂中，一般用成本相对较低的矿物类载体即可（或配合元明粉使用）。在水分散粒剂中，为获得更好的崩解性能和更高的悬浮率，一般采用两种或两种以上不同载体搭配使用，如根据具体配方将矿物类载体中的不同土类与玉米淀粉、白炭黑、轻钙或可溶性盐类搭配成复合载体，有提高样品崩解性能和悬浮率的作用。在水分散片剂中，添加膨润土既可作为载体，又有助崩解的作用；添加滑石粉既可作为载体，又能使所压的片剂易于从模具中脱出。一些液体状原药或低熔点原药加工粉剂或颗粒剂时，可以用吸附性能好的载体如白炭黑先将原药吸附处理后再进行加工。载体在配方里面的添加量根据所加工的制剂有效成分含量、助剂用量等而定，除原药、助剂及其他必需的组分外，剩余部分均可用载体补足。

参考文献

凌世海, 2003. 固体制剂[M]. 3版. 北京: 化学工业出版社.

刘广文, 2013. 现代农药剂型加工技术[M]. 北京: 化学工业出版社.

中国农业百科全书总编辑委员会农药卷编辑委员会, 中国农业百科全书编辑部, 1993. 中国农业百科全书: 农药卷[M]. 北京: 农业出版社.

（撰稿：张鹏；审稿：张宗俭）

造粒 granulation

用一种或者多种农药原药，将粉末、块状、熔融液、水溶液等状态的物料经过加工，制成具有一定形状与大小的粒状物的加工过程。造粒的产品配方中通常添加助剂、载体、填料和其他辅助成分。根据造粒时物料的状态可以分为干法造粒、湿法造粒和其他方法。根据造粒工艺与设备可以分为挤出成型造粒法、吸附（浸渍）造粒法、流化床造粒法、喷雾造粒法、转动造粒法、破碎造粒法、熔融造粒法、压缩造粒法、悬浮造粒法和综合造粒法。各种造粒方法在农药颗粒剂的加工中都有应用。

原理 造粒的目的是将物料制成具有一定形状、强度和孔隙率等性能的颗粒。根据 H. Rumph 教授的理论，粉状物料聚集成颗粒的前提是微粒间存在聚集力。微粒间聚集力主要分为带物质桥的固相桥结合力、液相桥黏附力、毛细真空负压力和无物质桥的范德华吸附力、静电吸引力等。影响聚集力的主要因素有粉体表面粗糙度和粉状微粒接触变形等。强度是造粒的重要指标之一，它直接关系到产品颗粒的使用价值。通常根据颗粒可能破坏的原因来确定标准强度。实际测定可采取成型物料受拉、压、弯、剪、坠落和磨损等方法，普遍将抗拉强度作为基本测试指标。

特点 粉末通过造粒制备成颗粒状态，具有以下优点：①颗粒产品不飘散，能准确地撒施于作用目标。②使用时无粉尘危害。③一些颗粒产品不需配制成药液或借助喷洒器械使用，可直接撒施。④改善物料的流动性，便于加工与施用。

制备颗粒剂时，通过配方组成、造粒方式和造粒工艺条件的选择，为了得到良好的颗粒产品，重点关注以下产品指标：①粒径。在农药水分散粒剂中，一般造粒产品的直径在 0.3~1.5mm。直接施用的农药颗粒剂产品，颗粒的粒径范围更宽广。当颗粒产品中混入微细粒子时，就会存在飘散的潜在风险。②硬度。颗粒必须能够经受加工、储运、撒施等过程，所以要有一定的硬度要求。它通常以球磨机的粉碎率来表示，控制在 15% 以下。对于飘散后对环境影响较大的药剂，尤其要注意粉碎率。③水中崩解性和释放性。对于水分散粒剂，投入水中可以充分崩解，并且具有一定的分散稳定性，以方便应用。直接施用的颗粒剂投放到土壤中，需要在水中释放出活性成分，进而被土壤和植物体所吸收，才能发挥其生物活性。需充分了解各种药剂的特性，制备出合理的产品，以控制其在水中的崩解性和释放性。④水分。颗粒中所含的水分，尤其是游离水，会影响活性成分的稳定性和降低颗粒硬度等，常规产品不超过 2%。⑤耐凝结性。低熔点农药加工成颗粒剂后，经过一段时间可能会凝结成块状，进而影响产品的品质，合格的产品需要合理的配方组成和造粒技术。除此之外，其他还有假比重、粒度、pH 值等指标也是影响颗粒产品的重要指标。

设备 造粒的方法有多种，宜根据不同的造粒工艺选择相应的设备。中国农药颗粒剂造粒主要有圆盘造粒机、转鼓造粒机、对辊挤压造粒机、平模挤压造粒机、环模挤压造粒机、螺杆挤压造粒机和喷雾干燥造粒机。

应用 造粒在农药工业中主要用于制备水分散粒剂、颗粒剂、可溶性粒剂和泡腾颗粒剂等。

参考文献

曹宫衡, 1985. 化工产品造粒的聚集力及强度理论[J]. 化工进展 (5): 19-24.

高桥善郎, 西尾道康, 安达享, 1982. 农药颗粒剂的制造方法[J]. 世界农药 (5): 36-40.

刘步林, 1998. 农药剂型加工技术[M]. 北京: 化学工业出版社.

（撰稿：李洋；审稿：遇璐、丑靖宇）

增产胺 guayule

一种叔胺类的植物生长调节剂，是广谱高效的植物生长促进剂，在许多农作物上表现出明显的增产作用并且可以提高化肥利用率，增加作物抗逆性。

其他名称 DCPTA。

化学名称 2-(3,4-二氯苯氧基)三乙胺；2-(3,4-dichlorophenoxy)triethylamine。

IUPAC 名称 2-(3,4-dichlorophenoxy)-*N*,*N*-diethylethanamine。

CAS 登记号 65202-07-5。

分子式 $C_{12}H_{17}Cl_2NO$。

相对分子质量 262.18。

结构式

Cl Cl O N

开发单位 1977 年由美国化学研究员首先发现。

理化性质 淡黄色粉状固体。易溶于水，可溶于甲醇、乙醇等有机溶剂，常规条件下储存稳定。目前中国标准含量 98% 为郑州中联化工精细实验室持有，在中性和酸性条件下稳定，碱性条件下易分解。能与多种元素复配，还可以和多种农药、肥料复配使用，增强植物的抗病能力，提高杀菌效果；增产胺以它独特的多功能作用，在农业上得到广泛应用。对酸稳定，对作物的叶片和生长均无危害。增产胺可以刺激银菊胶增加胶乳，使橡胶增产 2~6 倍。

毒性 低毒。

剂型 可湿性粉剂。

质量标准 纯度＞98%。

作用方式及机理 通过植物的茎和叶吸收，在植物中直接作用于细胞核，增强酶的活性并导致增加植物的浆液、油以及类脂肪的含量，使作物增产。能显著地增强植物的光合作用，使用后叶片明显变绿、变厚、变大。增加对二氧化碳的吸收、利用率，增加蛋白质、酯类等物质的积累储存，促进细胞分裂和生长。阻止叶绿素、蛋白质的降解，促进植物生长发育，延缓作物叶片衰老，增加产量，提高品质等作用。可以明显提高药效和肥效，提高植株体内叶绿素、蛋白质、核酸的含量和光合速率，增强植株对水肥的吸收和干物质的积累，调节体内水分平衡，增强作物的抗病、抗旱、抗寒能力，提高作物的产量和品质。

使用对象 可用于各种经济作物和粮食作物，包括马铃薯、大豆、棉花、银胶菊等。

使用方法 可在作物生长发育的各个生育期应用，且使用浓度范围较宽。

参考文献

郭方玉, 2014. 萘乙酸钠和增产胺的合成工艺研究[D]. 青岛: 青岛科技大学.

孙家隆, 2015. 新编农药品种手册[M]. 北京: 化学工业出版社: 975.

王颖, 耿惠敏, 赵晶晶, 2010. 增产胺浸种对玉米幼苗生长的影响[J]. 贵州农业科学, 38(1): 32-34.

（撰稿：尹佳茗；审稿：谭伟明）

增产灵 4-iodophenoxyacetic acid

一种类似吲哚乙酸生理作用的植物生长调节剂，可加速细胞分裂、分化作用。促进植株生长、发育、开花、结实。应用于棉花可防止蕾铃脱落，增加铃重，缩短发育周期，提早成熟。

其他名称 肥猪灵、增产灵1号、4-碘苯氧基乙酸、碘苯乙酸、4-碘苯氧乙酸。

化学名称 4-碘苯氧乙酸。

IUPAC名称 4-iodophenoxyacetic acid; (4-iodophenoxy) acetate。

CAS登记号 1878-94-0。

分子式 $C_8H_7O_3I$。

相对分子质量 278.05。

结构式

理化性质 纯品是白色针状晶体，熔点154～156℃。工业品是橙黄色针状晶体，略带刺激性碘臭味。难溶于冷水，微溶于热水；溶于乙醇、乙醚、丙酮、氯仿和苯。与碱性物质生成相应的盐。性质稳定。

毒性 对人畜安全。

剂型 95%工业原粉。

作用方式及机理 加速细胞分裂、分化作用。促进植株生长、发育、开花、结实。防止蕾铃脱落，增加铃重。缩短发育周期，提早成熟等。

使用方法

棉花 将30～50mg/L药液加温至55℃，把棉籽浸8～16小时，然后冷却播种，促进壮苗。开花当天以20～30mg/L滴涂在花冠内，或在幼铃上点涂2～3次，间隔3～4天，每亩用药液量0.5～1kg，可防止落花落铃。在现蕾期至始花期以5～10mg/L药液喷洒1～2次，间隔10天，也有保花保铃的效果。

大豆、豇豆等 在花荚期用10～20mg/L喷洒1～2次，可减少落花落荚，增加分枝，促进早熟，与磷酸二氢钾混用效果更佳。

花生 在结荚期以10～40mg/L药液喷洒2～3次，总分枝数、果数均有增加，还促进早熟增产。

芝麻 在蕾花期以10～20mg/L药液喷洒1次，增产明显。

水稻 用10～20mg/L药液浸种或浸秧，促进发根，提早返青。苗期喷洒10～20mg/L药液，加快秧苗生长。在抽穗、扬花、灌浆期以20～30mg/L喷洒1次，可提早抽穗，提高结实率和千粒重。

小麦 以20～100mg/L药液浸种8小时，促进幼苗健壮。抽穗、扬花期以20～30mg/L叶面喷洒1次，提高结实率和千粒重。

玉米 在抽丝期、灌浆期以20～40mg/L药液喷洒全株或灌注在果穗的丝内，可使果穗饱满，防止秃顶，增加单穗重、千粒重。

番茄 在花期或幼果期以5～10mg/L药液喷洒1次，促进坐果、增产。黄瓜结果期以6～10mg/L喷洒或涂果多次，可增加果重、增产。

洋白菜、大白菜 包心期以20mg/L药液喷洒1～3次，增加产量。

葡萄 在花后或幼果期以50mg/L喷洒2次，明显增加果穗重量。

注意事项 增产灵与叶面肥配用效果更好。处理后24小时勿遇雨，否则影响效果。

参考文献

李玲, 肖浪涛, 谭伟明, 2018. 现代植物生长调节剂技术手册[M]. 北京: 化学工业出版社:44.

孙家隆, 2015. 新编农药品种手册[M]. 北京: 化学工业出版社: 975.

（撰稿：谭伟明；审稿：杜明伟）

增产肟 heptopargil

可以通过种子吸收，促进种子发芽和幼苗生长，兼具抗旱能力，还可以延长作物的结实期，且还有一定的杀虫作用，应用于玉米、水稻、番茄、甜菜等蔬菜种子处理。

其他名称 Limbolid、保绿素、EGYT2250、种苗灵。

化学名称 (*E*)-(1*RS*,4*RS*)-莰-2酮*O*-丙-2炔基肟；(2*E*)-1,7,7-trimethyl-*N*-(prop-2-yn-1-yloxy)bicyclo[2.2.1]heptan-2-imine。

IUPAC名称 (*Z*)-1,7,7-trimethyl-*N*-prop-2-ynoxybicyclo[2.2.1]heptan-2-imine。

CAS登记号 73886-28-9。

分子式 $C_{13}H_{19}NO$。

相对分子质量 205.30。

结构式

开发单位 1980年A. Kis-Tamas报道其生物活性，后由易在特公司开发。

理化性质 纯品为浅黄色油性液体。沸点258.4℃（101.32kPa）。相对密度0.9867（20℃）。25℃时水中溶解度为1g/L，溶于有机溶剂。闪点91.8℃。与有机溶剂互溶。

毒性 大鼠急性经口LD_{50} 2100mg/kg（雄），2141mg/kg（雌），大鼠急性吸入LC_{50} > 1400mg/m^3。对鱼和蜜蜂有中等程度的毒性。对眼睛有刺激性。

作用方式及机理 可以通过发芽种子吸收，促进种子发芽和幼苗生长，兼具抗旱能力，还可以延长作物的结实期，且在植物早期生长发育的同时，还有一定的杀虫作用。

使用对象 应用于玉米、水稻、番茄、甜菜等蔬菜种子处理。当花芽初现时，对大豆、苜蓿等作物全株喷药。

使用方法 未查询到具体作物的使用方法，多用于种子包衣剂，也可以在花芽初现时，全株喷药。

注意事项 存放在阴凉通风处，勿与食物和饲料混置，勿让儿童接近。使用时注意防护。避免药液沾染皮肤和眼睛，防止吸入药雾。无专用解毒药，根据出现症状作对症治疗。

允许残留量 中国未规定最大允许残留量，WHO无残留规定。

参考文献

李玲, 肖浪涛, 谭伟明, 2018. 现代植物生长调节剂技术手册[M]. 北京: 化学工业出版社: 64.

孙家隆, 2015. 新编农药品种手册[M]. 北京: 化学工业出版社: 976.

（撰稿：谭伟明；审稿：杜明伟）

增甘膦 glyphosine

一种有机膦酸类植物生长调节剂，能传导到植物生长活跃的部位，抑制生长，在叶、茎内抑制酸性转化酶活性，增加蔗糖含量，同时促进α-淀粉酶的活性。适用于甘蔗、西瓜等增加含糖量，也可作棉花落叶剂。

其他名称 CP41845、草双甘膦、催熟膦、Polaris。

化学名称 *N*,*N*-双(膦羧基甲基)甘氨酸。

IUPAC名称 *N*,*N*-bis(phosphonomethyl)glycine。

CAS登记号 2439-99-8。

分子式 $C_4H_{11}NO_8P_2$。

相对分子质量 263.08。

结构式

开发单位 1969年美国孟山都化学公司最早开发。1974年沈阳化工研究院在中国合成。

理化性质 纯品为白色固体，不挥发。在20℃时，水中溶解度为24.8%，微溶于乙醇，不溶于苯。储藏在阴凉干燥条件下数年不分解。

毒性 低毒。大鼠急性经口LD_{50} 3925mg/kg。兔经皮LD_{50} 5010mg/kg。对人畜皮肤、眼无太大刺激作用。兔、狗饲喂90天无不良作用。甘蔗允许残留量为1.5mg/L。

剂型 纯度为97%的固态粉末。

作用方式及机理 经由植物的茎、叶吸收，然后传导到生长活跃的部位，抑制生长，在叶、茎内抑制酸性转化酶活性，增加蔗糖含量，同时促进α-淀粉酶的活性。

使用方法 用于甘蔗、甜菜、西瓜增加含糖量，也可作棉花落叶剂。

甘蔗 3750g/hm^2 于收获前4~8周，叶面处理。

甜菜 750g/hm^2 于11~12叶片（块根膨大初期），叶面喷洒。

西瓜 750g/hm^2 于西瓜直径5~10cm时，叶面喷洒。

棉花 600g/hm^2 于棉花吐絮时喷洒，促进棉花落叶。

注意事项 所处理的作物要水肥充足并呈旺盛生长势，其效果才好，瘦弱或长势不旺的勿用药。晴天处理效果好。应用时须适量加入表面活性剂。

参考文献

李玲, 肖浪涛, 谭伟明, 2018. 现代植物生长调节剂技术手册[M]. 北京: 化学工业出版社: 40.

孙家隆, 2015. 新编农药品种手册[M]. 北京: 化学工业出版社: 977.

（撰稿：王琪；审稿：谭伟明）

增色胺 triethylamine

一种用于增加水果色泽的植物生长调节剂，可增加类胡萝卜素的含量，用于番茄和柑橘属果树增加色泽。

Z

化学名称 2-对氯苯硫基三乙胺盐酸盐；2-[(*p*-chlorophenyl)thio]-triethulamine, hydrochloride。

IUPAC名称 2-[(4-chlorophenyl)sulfanyl]-*N*,*N*-diethylethanaminium chloride。

CAS登记号 13663-07-5。

分子式 $C_{12}H_{19}Cl_2NS$。

相对分子质量 280.26。

结构式

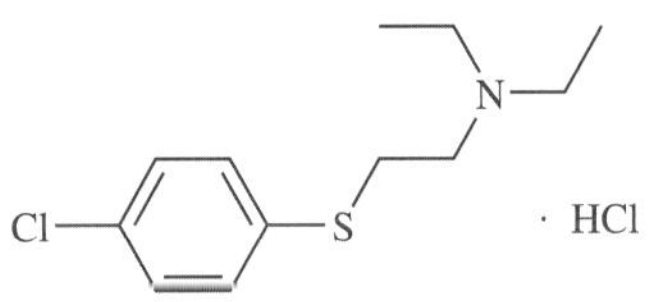

开发单位 1995年首次在加拿大合成。

毒性 无毒。

剂型 水剂。

理化性质 纯品熔点123～124.5℃，溶于水和有机溶剂，在酸性介质中稳定。

作用方式及机理 通过叶片和果实表皮吸收传导，传导到其他组织，可增加类胡萝卜素的含量。

使用对象 番茄、柑橘等。

使用方法 可增加番茄和柑橘属植物果实的色泽，在橘子由绿转黄色时2500mg/L药液喷雾可加速转黄速度。番茄绿色近成熟时喷增色胺可诱导红色素产生，加速由绿向红转变。

参考文献

孙家隆, 2015. 新编农药品种手册[M]. 北京: 化学工业出版社: 977.

（撰稿：徐佳慧；审稿：谭伟明）

增糖胺 fluoridamid

一种酰胺类植物生长调节剂，可用于甘蔗催熟增甜，也可用于抑制草坪及某些木本观赏植物的生长。

其他名称 撒斯达、MBR-6033。

化学名称 3-(三氟甲烷磺酰胺撑)-*p*-乙酰替甲苯胺。

IUPAC名称 4′-methyl-3′-[[(trifluoromethyl)sulfonyl]amino]acetanilide。

CAS登记号 47000-92-0。

分子式 $C_{10}H_{11}F_3N_2O_3S$。

相对分子质量 296.26。

结构式

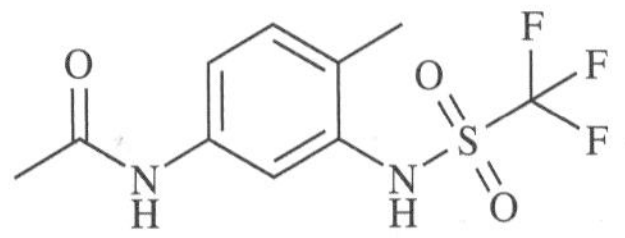

开发单位 美国明尼苏达矿业制造公司。

理化性质 纯品为白色固体，熔点182～184℃，22℃时在水中的溶解度为130mg/kg。

毒性 其二乙醇胺盐急性经口LD_{50}：大鼠2.6g/kg，小鼠1g/kg。对皮肤无刺激性。

剂型 一般使用其二乙醇胺盐。

作用方式及机理 系植物生长抑制剂，也是除草剂，作为甘蔗催熟剂，其作用方式是抑制后期营养生长，积累糖分。同时可用于抑制杂草结籽、草坪和观赏植物的生长。

使用对象 主要用于甘蔗催熟，提高含糖量。

使用方法 做甘蔗催熟剂，在收获前6～8周喷施，可以增加甘蔗含糖量。商品Sustar登记用于甘蔗催熟。亦可用以抑制草坪及某些木本观赏植物的生长。

注意事项 按照一般农药的要求处理，要避免药液与皮肤和眼睛接触，勿吸入药雾。无专用解毒药，按照出现中毒症状作对症治疗。

参考文献

毛景英, 闫振领, 2005. 植物生长调节剂调控原理与实用技术[M]. 北京: 中国农业出版社.

孙家隆, 2015. 新编农药品种手册[M]. 北京: 化学工业出版社: 978.

（撰稿：谭伟明；审稿：杜明伟）

增糖酯 disugran

一种植物生长调节剂，通过抑制酸性转化酶的活性，促进甘蔗、甜菜成熟，提高含糖量。

其他名称 Racuza、拉库扎、60-CS-16、麦草畏甲酯。

化学名称 3,6-二氯-2-甲氧基苯甲酸甲酯。

IUPAC名称 methyl-3,6-dichloro-2-anisate。

CAS登记号 6597-78-0。

分子式 $C_9H_8Cl_2O_3$。

相对分子质量 235.06。

结构式

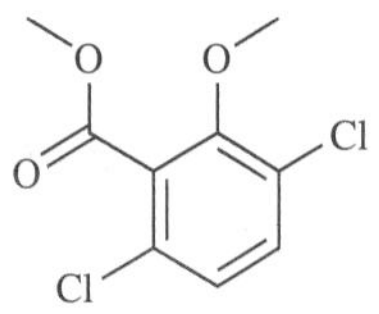

开发单位 1975年美国韦尔西化学公司开发。

理化性质 纯品为白色结晶固体。熔点31～32℃。沸点118～128℃（40～53Pa）。工业品有效成分含量90%，为黏稠清亮液体。易溶于丙酮、二甲苯、甲苯、戊烷、异丙醇等有机溶剂，在水中溶解度＜1%。

毒性 大鼠急性经口LD_{50} 2.7g/kg。兔急性经皮LD_{50}＞10g/kg。

剂型 乳油。

质量标准 乳油（有效成分0.42kg/L）。

作用方式及机理 通过根部和叶面吸收，进入植株体内，抑制酸性转化酶的活性，促进成熟，提高含糖量。

使用对象 甘蔗、甜菜。

使用方法 甘蔗收获前2~4周作叶面喷洒，用量为1~2L/hm^2（折合有效成分0.5~1kg），可使每公顷蔗田多产蔗糖500~1200kg。使用时宜在药液中加入少量非离子型表面活性剂，以增加湿润。

注意事项 该品低毒，采取一般防护。无专用解毒药，发生误服，可对症治疗。

允许残留量 中国尚未制定最大残留限量值。

（撰稿：谭伟明；审稿：杜明伟）

增效胺 octacide 264

一种拟除虫菊酯和氨基甲酸酯类杀虫剂的增效剂。

其他名称 增效灵、MGK 264、ENT-8184、协力克、Van dyk 264。

化学名称 octylbicycloheptene dicarboximide；*N*-(2-乙基己基)-双环[2,2,1]-5-庚烯-2,3-二甲酰亚胺；*N*-2-乙基己基-5-降冰片烯-2,3-二酰亚胺。

IUPAC名称 *N*-(2-ethylhexyl)bicyclo[2.2.1]hept-5-ene-2,3-dicarboximide。

CAS登记号 113-48-4。

EC号 204-029-1。

分子式 $C_{17}H_{25}NO_2$。

相对分子质量 275.39。

结构式

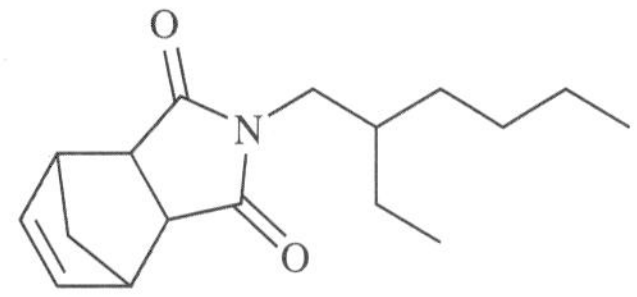

开发单位 1949年，分别由R. H. Nelson和A. Hartzel等人报道增效胺的增效作用。1944年由万迪克公司推广，商品名Van Dyke 264。1949年由马克朗林公司推广，商品名MGK 264，原来称Octacide 264，获有专利USP 2476512。

理化性质 为带有苦味的淡黄色液体（工业品含量约为99%，含氮量5%，主要杂质为2-乙基己醇）。沸点在158℃（2.67×10^2Pa）。凝固点＜20℃。相对密度1.05（20℃）。折射率1.505。几乎不溶于水，可以和大多数有机溶剂包括石油类产品和氟代类烃化物混用。化学性质很稳定，无腐蚀性，可与多数农药混用。对光、热稳定，在pH 6~8时不水解。

毒性 低毒。大鼠急性经口LD_{50} 2800mg/kg。兔急性经皮LD_{50} 470mg/kg。对大鼠，每天以62.5、250、1000mg/L剂量喂养2年，对猪，每天以25、100、300mg/L剂量喂养2年，均未观察到中毒现象。野鸭和鹌鹑LC_{50}（8天）＞5000mg/kg饲料。鱼类LC_{50}（96小时，mg/L）：虹鳟2.6，蓝鳃鱼2.7。

作用方式及机理 可用于拟除虫菊酯和氨基甲酸酯类杀虫剂，特别是使用在除虫菊素和烯丙菊酯等制剂中，可起增效作用而且对防治蟑螂特别有效。

防治对象 蟑螂，虱。

使用方法 可用作除虫菊素、烯丙菊酯和鱼藤酮的增效剂，用量为除虫菊素的5~10倍。以0.15%除虫菊素和0.15%该品配合在滑石粉中处理，4小时内即有100%杀虱效果，药效与含有0.46%烯丙菊酯滑石粉剂一样，在用含1.5ml/kg除虫菊素和5~10倍含量该品的制剂处理储藏产品，可以保护小麦和玉米在储藏期免受虫害，增效作用与同量的增效醚的增效作用相当。对拒避西方角蝇和厩螫蝇对牛体的侵害，用除虫菊素（0.5%）加该品（5%）或增效醚（5%）的油喷射剂，均可获得满意的防治效果。在用0.1%该品加0.1%除虫菊素制剂防治白菜斜纹夜蛾，亦可获得良好的防治效果。

注意事项 需储存于密闭容器内，放置在低温、干燥、通风场所。处理时要求室内通风良好，不需要穿戴防护服。含有该品的混合制剂不宜用于禽舍，也不能直接喷洒到食品上。当喷射剂中该品浓度＞1%时，对农作物会有轻微药害。若误服请送医院对症治疗。

参考文献

吕百龄, 2001. 实用工业助剂全书[M]. 北京: 化学工业出版社.

农业部种植业管理司, 农业部农药检定所, 等, 2006. 中国农药进出口商品编码实用手册[M]. 北京: 中国农业出版社.

（撰稿：徐琪、侯晴晴；审稿：邵旭升）

增效丁 pyrin

一种烯酰胺类除虫菊素的增效剂。

其他名称 INA、MYL、IN-930。

化学名称 *N*-isobutyl underylen-amide；*N*-isobutyl hendecenamide；*N*-异丁基-8-十一碳烯酰胺。

IUPAC名称 *N*-isobutylundec-2-enamide；*N*-isobutylundec-3-enamide。

分子式 $C_{15}H_{29}NO$。

相对分子质量 239.40。

结构式

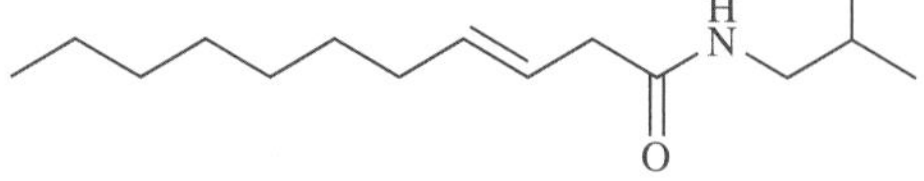

开发单位 1938年在美国问世的国际上第1个除虫菊素增效剂，其后有更高增效活性的化合物陆续出现，渐被取代。

理化性质 油状液体，不溶于水，而能溶于油类和有机溶剂中。

毒性 对昆虫和温血动物低毒。

剂型 油剂，粉剂。市售商品Pyrin是由0.6% IN930和0.4%除虫菊素在脱臭煤油中配制的一种油喷射剂。MYL粉剂是由2% IN930，0.2%除虫菊素，2% 2,4-二硝基苯甲醚（杀卵剂）和0.25%苯酚-S（抗氧剂）在叶蜡石粉中加工成的杀虱粉；此制剂曾在美军部队中被广泛采用，能杀灭体虱，且对头虱和阴虱亦有效，深受士兵们的欢迎。

作用方式及机理 除虫菊素对昆虫体内的细胞核染色质有广泛的结块应用，而该品则可使细胞核进行染色质溶胞作用，当二者混用后却对昆虫的组织构造上产生两种不同的核破坏，从而提高了除虫菊素的杀虫活性，该品在除虫菊喷射剂中，可以提高药剂对昆虫（埃及伊蚊成虫）的杀死活性，但不能对药剂的击倒作用增效。

使用方法 在含除虫菊素的煤油中，分别加入 IN930、DHS 活化剂、芝麻素、增效醚等后做气雾剂喷射，均对防治家蝇有增效作用。而该品与除虫菊素混配的粉剂，对提高除虫菊素的灭虱效果，几乎与增效醚或增效环相媲美。

注意事项 同一般化学品，无特殊要求。

参考文献

朱永和, 王振荣, 李布青, 2006. 农药大典[M]. 北京: 中国三峡出版社.

（撰稿：徐琪、侯晴晴；审稿：邵旭升）

增效砜 sulfoxide

一种 MDP 类增效剂。

其他名称 Sulfocide（Penick）、sulfoxyl、sulfoxcide。

化学名称 1-甲基-2-(3,4-甲撑二氧苯基)乙基辛基亚砜；异黄樟素正辛基亚砜。

IUPAC名称 1-methyl-2-(3,4-methylenedioxyphenyl)-ethyloctyl sulphoxide。

CAS 登记号 120-62-7。

分子式 $C_{18}H_{28}O_3S$。

相对分子质量 324.52。

结构式

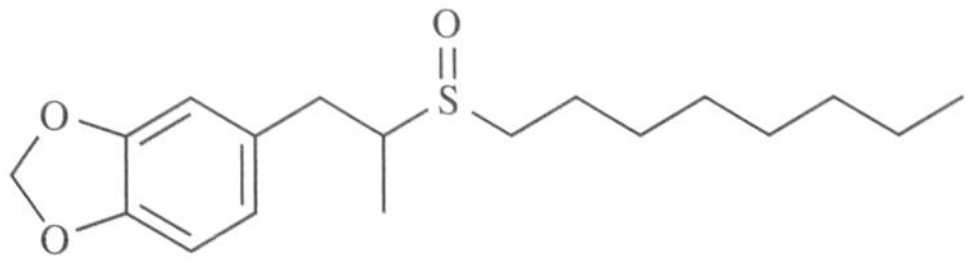

开发单位 它的增效特性最先由 M. E. Synerholm et al. 报道（Contr. Boyce Thompson Inst.，1947，15，35.），1947 年由 S. B. Penick & Company 推广，获有专利 USP 2486445。

理化性质 工业品纯度至少为 88%，棕色液体，稍有气味，蒸馏而分解。相对密度 1.06～1.09。折射率 1.528～1.532。几乎不溶于水，在矿油中的溶解度是 2%～2.5%。可以溶于除石油醚外的大多数有机溶剂，如乙醇、丙酮、二甲苯、二氯甲烷等。在室温条件下稳定，即使在酸性或者碱性介质中亦不分解。可以储存在铁质容器中。

毒性 大鼠急性经口 LD_{50} 2000～2500mg/kg；兔急性经皮 LD_{50} > 9000mg/kg；以含有 2000mg/L 增效砜喂大鼠 15 个月没有发现有害影响。

剂型 在气溶胶制剂中含增效砜 1% 与 0.2% 除虫菊酯或烯丙菊酯。

防治对象 作为除虫菊酯、烯丙菊酯、鱼藤酮及鱼尼丁等增效剂，与其配成复合制剂防治家蝇、蟑螂、虱、蚤、谷象和米象等。

使用方法 可作除虫菊素、烯丙菊酯、鱼藤酮、鱼尼丁等的增效剂，制剂可用于防治家蝇、蚊虫、蟑螂、虱子、跳蚤以及谷象、米象等。在 100ml 精制煤油中，单含除虫菊素 0.025g 时对家蝇的死亡率仅为 19%，0.05g 时死亡率为 32%，0.1g 时死亡率为 50%。如在 100ml 煤油中含除虫菊素 0.025g + 0.5g 该品时，家蝇的死亡率可高达 84%。本品具有很好的配伍性，可以和多种杀虫剂以及其他增效剂混配。

注意事项 储存于阴凉通风场所，勿受日光暴晒，处理时采取一般防护。误服后根据症状治疗，无专用解毒药。

参考文献

马克比恩 C, 2015. 农药手册[M]. 胡笑彤, 等译. 北京: 化学工业出版社: 1101.

朱永和, 王振荣, 李布青, 2006. 农药大典[M]. 北京: 中国三峡出版社.

（撰稿：徐琪、侯晴晴；审稿：邵旭升）

增效环 piperonyl cyclonene

一种拟除虫菊酯的低毒增效剂。

化学名称 3-正己基-(3,4-亚甲基二氧基)-2-环己烯酮。

IUPAC 名称 5-(1,3-benzodioxol-5-yl)-3-hexylcyclohex-2-enone。

CAS 登记号 119-89-1。

分子式 $C_{19}H_{24}O_3$（Ⅰ）；$C_{22}H_{28}O_5$（Ⅱ）。

相对分子质量 300.40；372.46。

结构式

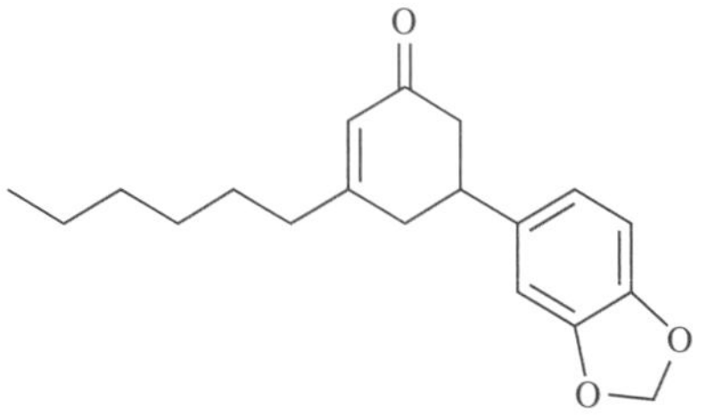

开发单位 1956 年由美国 O. F. Hedenburg 和 H.Wchs 发现，后来由美国工业化学公司生产。现已停产。

理化性质 工业品为增效环和乙酯基增效环的混合物，前者占 70%，后者占 30%。为赤褐色黏稠状液体。乙酯基增效环为白色结晶固体；增效环为透明黏稠状油状液体，加热即分解。不溶于水，可溶于多种有机溶剂。

毒性 对哺乳动物毒性和昆虫基本无毒。

剂型 和除虫菊素以 8～12∶1 的顶量比配合，主要加工成粉剂，有时亦加工成乳油使用。该品在一些溶剂中难溶，一般不用于气雾剂或油剂。

使用方法 与拟除虫菊酯混用，有增效作用，还有一定的杀虫作用。用作除虫菊素、鱼藤酮、鱼尼丁的增效剂。在灭虱试验中，当制剂中含除虫菊素 0.005% 和该品 0.05% 时，体虱的死亡率为 78%；如含除虫菊素 0.025% 和该品

0.125%，则死亡率高达100%；但在单含除虫菊素的处理中，体虱死亡率为0，此结果与用增效醚做增效剂时一样。该品通常与除虫菊素和其他杀虫剂加工成粉剂广泛用在家庭、粮仓、食品库等处使用，十分安全。一种市售的“CPR粉剂”，为含除虫菊素0.05%、鱼藤酮0.25%和该品0.5%的混配制剂。

注意事项 在通风良好的地方操作，不需要采用特殊的防护措施。产品宜储存于密闭的容器中，放置在低温干燥场所。无专用解毒药，如发生误服，可按症状进行治疗。

参考文献

朱永和, 王振荣, 李布青, 2006. 农药大典[M]. 北京: 中国三峡出版社.

（撰稿：徐琪、侯晴晴；审稿：邵旭升）

增效剂 synergist

本身无生物活性，但与某种农药混用时，能大幅度提高农药毒力和药效的一类助剂的总称。农药增效剂能显著提高药剂的活性，降低用量和成本，减少环境污染。好的增效剂能数倍、数十倍提高防效。

邵维忠认为农药增效剂和许多能提高药效的助剂（尤其是喷雾助剂）是不能混淆的，后者应属于药效增强剂（enhancer）。但近几年随着喷雾助剂的开发及应用，以及市场宣传引导，农药增效剂包含的范围更加广泛，氮酮、有机硅、植物油型喷雾助剂等具有增效作用的配方助剂或桶混助剂都被称为农药增效剂。

作用机理 狭义的农药增效剂主要是通过抑制或弱化靶标（害虫、杂草、病菌等）内部的对农药活性物的解毒系统，例如昆虫解毒酶等，从而延缓药剂在防治对象内的代谢，加速或增加生物防效。

产品分类与主要品种 杀虫剂增效剂以多功能氧化酶抑制型化合物为主，分为以下5类：① MDP化合物。如增效醚、增效酯等。②烷基胺和酰胺类化合物。如增效胺、拮抗氯磺胺剂和肽酰亚胺等。③丙炔醚和酯类。如萘基丙炔醚和萘肟丙炔醚等。④有机磷酸酯和氨基甲酸酯类。如二异丙基对氧磷、三甲苯磷、脱叶磷、增效磷等。⑤其他类型化合物。如滴滴涕的同系物DMC、八氯二丙醚、硫氰异莰、硝基苯硫氰酸酯等。

除草剂增效剂品种较少，有对多种玉米田除草剂有增效作用的环己二酮类，还有对2甲4氯、莠去津、双丙氨酰磷增效的*N*-（C_{12}~C_{18}烷基）-吡咯烷酮。

广义上的农药增效剂除以上品种外，还包括有机硅、氮酮、无机盐、部分非离子表面活性剂、植物油型喷雾助剂、矿物油型喷雾助剂等。

使用要求 农药增效剂有单体化合物，也有复配型产品，其性能主要是提高药效，需要采用室内或田间试验来对其效果进行评价，有增效作用即可使用。

另外需要指出的是，八氯二丙醚在环境中滞留时间长，属于类持久性有机污染物，可能具有致畸、致癌、致突变作用，有被禁用的趋势，使用时需要慎重选择。

应用技术 农药增效剂大部分在农药生产时直接加入产品中，还有少量喷雾助剂是在使用时加入配药桶中，如有机硅或植物油型喷雾助剂、矿物油型喷雾助剂等。

参考文献

刘伊玲, 1991. 农药实用技术手册[M]. 长春: 吉林科学技术出版社.

邵维忠, 2003. 农药助剂[M]. 3版. 北京: 化学工业出版社.

（撰稿：张春华；审稿：张宗俭）

增效剂作用机制 mechanism of synergist

增效剂指本身无生物活性或没有杀死害虫的能力，或仅具微弱的作用，但与某种药剂混用时，能大幅提高药剂杀虫效果的助剂。此外，当两种药剂混合使用时，其总效果大于两种药剂分别单独使用时的效果总和，称为互有增效作用，两种药剂互为增效剂。正确使用增效剂可以降低农药用量，缓解有害生物的抗药性，并可减弱农药对环境的压力，减少农药对环境的污染。增效剂作用机理主要有如下几方面：①增强药剂的渗透作用。如茶醇能增强某些杀卵剂对卵壳的渗透能力从而增强了药效。②生理增效作用。增效剂引起昆虫生理上的反应使虫体更容易接触药剂。如石芹脑因刺激家蝇飞翔活动而增加接触药剂的机会而表现为毒效增加作用。③抑制对农药的解毒作用。增效剂抑制昆虫体内发挥杀虫剂降解功能的解毒酶的活性，抑制对农药的解毒作用。④毒理增效作用，或相辅的毒杀作用。增效剂引起虫体发生的病理变化，与杀虫剂所引起的病理变化同时发生，使害虫发生致命的病变。⑤靶标增效作用。增效剂作用于杀虫剂靶标，调控靶标蛋白的空间结构，提升靶标与杀虫剂的亲合力，提升杀虫毒力。

通过增强药剂的渗透和生理增效发挥作用的增效剂的增效作用机制为，接触到害虫的农药药量得到增加。

抑制对农药的解毒作用 昆虫体内的解毒酶主要包括细胞色素P450单加氧酶系（P450s）、酯酶和谷胱甘肽S-转移酶。增效剂与杀虫剂解毒酶结合，使解毒酶对杀虫剂的代谢受抑制，而增加杀虫剂药效。

目前研究较多的是抑制P450s解毒的作用机制。依据结合情况不同而有两种学说：①在解毒酶活性部位上的竞争性抑制作用，又名交换底物抑制作用学说。②自由基作用学说。

竞争性抑制作用学说 认为增效剂是P450s的底物，由于增效剂对此酶的亲合性强，易与此酶的活性部位结合，使多功能氧化酶受到竞争性抑制，而杀虫药剂不被代谢，因而起到增效作用。

1960年孙云沛等首先提出亚甲二氧苯基类增效剂能抑制生物氧化，使艾氏剂（aldrin）不能氧化为狄氏剂（dieldrin）。霍奇森（E. Hodgson）和卡西达（J. E. Casida）1960年、1961年证明了增效醚（piperonyl butoxide）和芝麻素（sesamin）抑制大鼠肝脏中P450s对氨基甲酸酯类杀虫剂的氧化代谢作用。霍奇森等1974年提出，多种杀虫药剂的增效剂与 P450s 相互作用，实际上是竞争性抑制了 P450s 对杀虫剂的代谢，而增加了杀虫剂的毒效。细胞色素是 P450s 中的重要组分，在氧化作用中起中心作用。它既是氧的激活酶，又是底物（增效剂）的结合部位。它对底物的氧化过程为：首先是氧化型细胞色素 P450 与底物结合形成细胞色素 P450- 底物复合体，随后在还原过程中从还原辅酶 II（NADPH）经由黄素蛋白还原酶（又名 NADPH 细胞色素 C 还原酶）获得第一个还原当量（电子）。第二个电子来自还原辅酶 I（NADH）经由细胞色素 b5 和黄素蛋白还原酶。还原型细胞色素 P450- 底物复合体与 CO 结合，形成 CO 复合体，在光谱上的 450nm 处有一吸收峰。当还原细胞色素 P450- 底物复合体与 O_2 结合后，则还原为氧化型，底物则变成羟基化合物和一分子水。当遇到外源化合物时，又会循环氧化。亚甲二氧苯基类化合物的增效作用，是由于苯环上的亚甲基与细胞色素 P450 激活氧复合体反应，形成一个不活泼的稳定细胞色素 P450 复合体。此反应可分为三步。

第一步是亚甲二氧苯基化合物与氧化型的细胞色素 P450结合，形成氧化型细胞色素 P450 亚甲二氧苯基复合体：

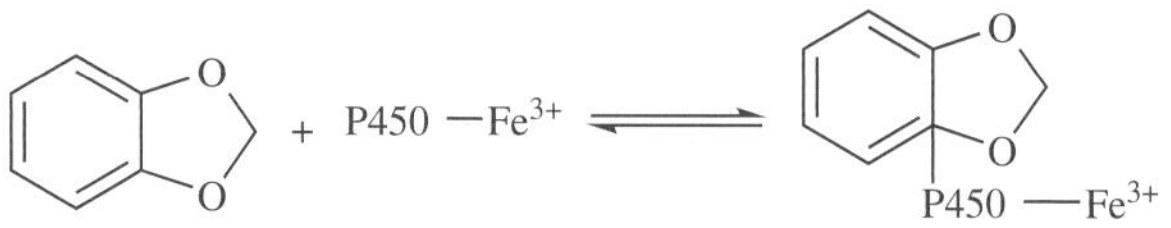

第二步是由 NADPH 结合一个电子，再与氧结合形成活化氧复合体：

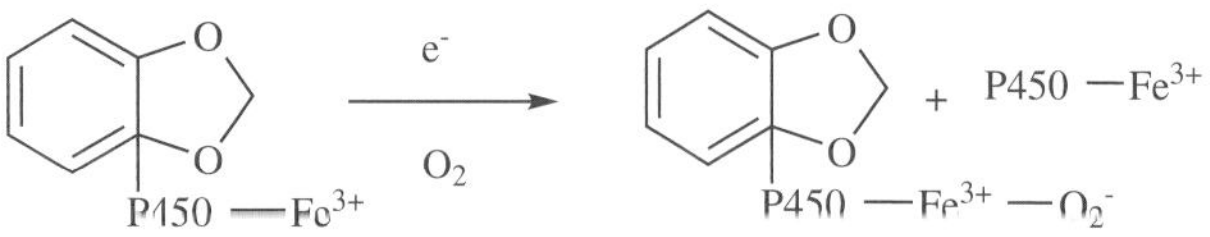

第三步是活化氧复合体从亚甲二氧苯基类化合物的亚甲基碳上取得一个氢原子，在过量的 NADPH 存在的情况下，产生亚铁复合体和过氧化物：

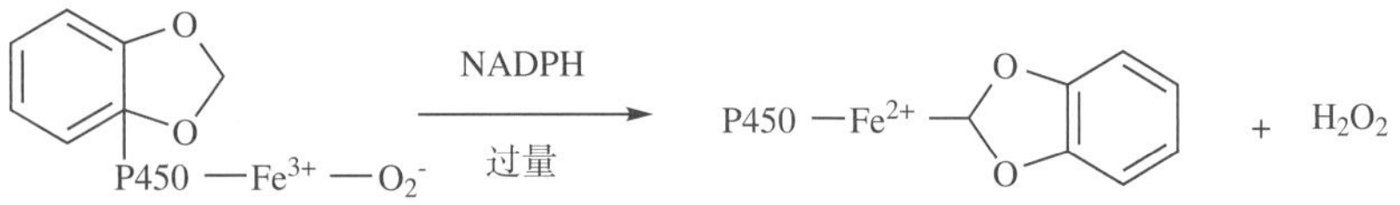

这是在完成了一个完整的氧化过程后，并形成了二价铁的细胞色素复合体。

杀虫剂类似物的增效作用，是由于一些杀虫药剂类似物本身虽无杀虫作用，但能与杀虫剂竞争解毒酶的活性中心，而使杀虫剂不被代谢失效。DMC 是滴滴涕（DDT）的类似物，由于它能竞争结合脱氯化氢酶的活性中心，使滴滴涕不会变为滴滴依（DDE）而失效，则使滴滴涕增效。增效磷（SV1）是对硫磷的类似物，其增效作用机制，也是与解毒酶的竞争性的抑制作用。

自由基作用学说 亚甲二氧苯基类增效剂分子上的亚甲基 C-H 键断裂，分别形成自由基、负碳离子或碳氧正离子，它们与 P450s 中的某些组分相互作用，使酶失去活性。这样杀虫剂不被降解，而发挥增效作用。亨尼西（D. J. Hennessy，1965）提出，由亚甲二氧苯环上亚甲基的氢离子转移体形成亲电性的苯并二氧离子，与 P450s 的血红素进行置换或加成作用。1968 年，汉施（C. Hansch）用立体、均裂和疏水常数等研究了亚甲二氧苯基化合物的结构与生物活性关系，认为此类化合物对杀虫剂的增效作用，是由于增效剂与 P450s 复合体的某些部分相作用，从苯环亚甲基上夺取一个氢原子而产生了均裂自由基（OH·）。亲电性的 OH·基就作为 P450 上活化氧的形式，而增效剂就是与杀虫剂竞争 P450 上的活化氧，而导致对 P450 的抑制作用。乌尔里希（V. Ullrich）认为，亚甲二氧苯基化合物与 P450 作用，产生负碳离子与增效作用有关。此外，用非酶体系 Fenton 氏试剂（含 EDTA、Fe^{2+}、H_2O_2、牛血清蛋白等组分，能产生 OH·自由基）研究证明，亚甲二氧苯基化合物与艾氏剂强烈地争夺 OH·自由基，从而抑制了艾氏剂的环氧化作用，并生成相应的儿茶酚。反应式如下：

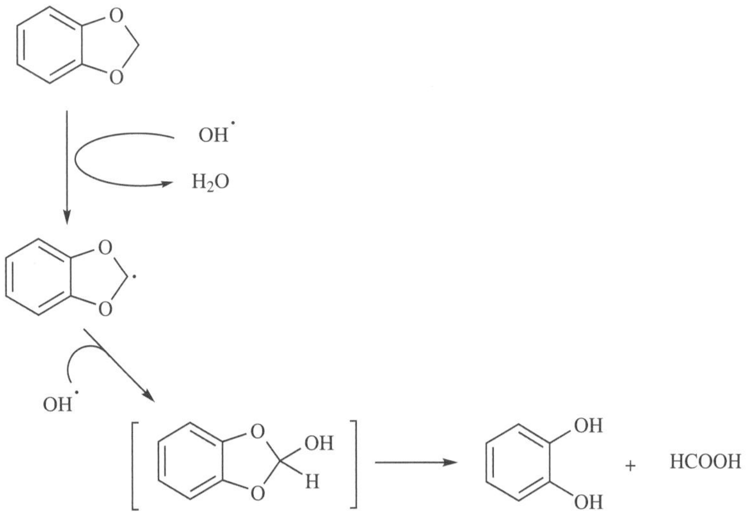

反应中间体　　儿茶酚

这与竞争性抑制作用学说中，经 P450s 代谢作用的结果完全一致。

参考文献

中国农业百科全书总编辑委员会农药卷编辑委员会, 中国农业百科全书编辑部, 1993. 中国农业百科全书: 农药卷[M]. 北京: 农业出版社.

（撰稿：刘泽文、鲍海波；审稿：杨青）

增效磷　dietholate

一种低毒的有机磷增效剂。

其他名称　SV1。

化学名称　*O,O*-二乙基-*O*-苯基硫代磷酸酯。

IUPAC 名称　*O,O*-diethyl *O*-phenyl phosphorothioate。

CAS 登记号　32345-29-2。

分子式　$C_{10}H_{15}O_3PS$。

相对分子质量　246.27。

结构式

开发单位　1971 年荷兰报道过此化合物，中国科学院动物研究所在 20 世纪 80 年代初期开发为杀虫剂增效剂。

理化性质　纯品为无色透明液体，沸点 120～122℃（400Pa）。相对密度 1.01。折射率 1.135。蒸气压 $<$ 4.93mPa。可溶于苯、酮、醚等有机溶剂，碱性介质中水解。工业品为淡黄色或棕色油状液体，含量 90% 以上，沸点 153℃（2.13×10^3Pa），略带腥味。增效磷在生物体内 1 周可代谢排出，无残留、无积累。

毒性　低毒。纯品急性经口 LD_{50}：大鼠 800mg/kg，小鼠 810.4mg/kg。兔急性经皮 LD_{50} $>$ 10 000mg/kg。工业品大鼠急性经口 LD_{50} $>$ 500mg/kg。

剂型　40% 乳油。

作用方式及机理　通过抑制昆虫体内的多功能氧化酶和酯酶而减少药剂在体内的分解，增加药效。它与拟除虫菊酯和有机磷农药混用后，对多种农林害虫、卫生害虫均增效明显。

防治对象　广泛用于农业害虫，如蚜虫、棉铃虫、红蜘蛛，仓库害虫，如玉米象、谷蠹，卫生害虫，如蚊、蝇等。

使用方法　杀虫毒力很低，不能单独使用，但可作为多种农药的增效剂。增效磷对人、畜毒性较低，与其他农药混用时，可显著增加杀虫毒力，而不增加对人、畜的毒性；还可克服害虫的抗药性，降低农药使用量及防治成本。作为农药商品制剂的增效剂，按比例加入农药制剂中，一般加入 5%～15%，即单位面积用药量减少 5%～15%，达到增加防效、降低成本的目的。该剂与甲基对硫磷、甲胺磷、敌敌畏、氧化乐果、马拉硫磷、辛硫磷、磷胺、久效磷等有机磷杀虫剂混用的比例为 1∶1；与拟除虫菊酯类杀虫剂混用比例为 2∶1 或 3∶1。混合后使用，仍按原单剂农药稀释倍数兑水，因此，有机磷杀虫剂可减少用量一半，拟除虫菊酯类农药用量减少得更多。防治棉蚜，40% 乳油与 80% 磷胺（1∶1）、50% 久效磷（1∶1）、20% 氰戊菊酯（3∶1）、50% 辛硫磷（1∶1）、40% 氧乐果（1∶1）混配，上述农药均为乳油，分别稀释 2000、3000、6000、2000、1200 倍，喷雾，防效分别为 95%、90%、99%、95%、96%。防治棉铃虫，40% 乳油 50% 久效磷乳油（1∶1）混配，稀释 5 倍涂基，防效达 98%；或者与 80% 磷胺乳（1∶1）、50% 久效磷乳油（2∶1）、20% 氰戊菊酯乳油（2∶1）混配，分别稀释 1500、2000、3000 倍，喷雾，防效分别为 90%、98%、96%。

注意事项　增效磷在碱性介质中易分解，切记不要和碱性农药混用。与其他农药混用时，请参照其他农药注意事项。储存在干燥、阴凉、通风处。增效磷毒性较低，但与其他剧毒农药的混合剂，仍有有毒物质或剧毒物，所以要严防中毒。增效磷混合制剂中毒后可用阿托品或解磷毒解救。

参考文献

吕百龄, 2001. 实用工业助剂全书[M]. 北京: 化学工业出版社.

马克比恩 C, 2015. 农药手册[M]. 胡笑形, 等译. 北京: 化学工业出版社: 1082.

（撰稿：徐琪、侯晴晴；审稿：邵旭升）

增效醚　piperonyl butoxide

一种除虫菊酯类杀虫剂的增效剂。

其他名称　Butacide（Valent BioScience）、Biopren BH（名称也可用于外消旋体）[+ 除虫菊酯（除虫菊）+ 增效冰烯胺 +（*S*）- 烯虫乙酯]（Bábolna Bio）、Duracide 15（+ 胺菊酯）（Endura）、ExciteR [+ 除虫菊酯（除虫菊）]（Kemio）、Multi-Fog DTP（+ 溴氰菊酯 + 胺菊酯）（Trithin）、NPB（+ 氯氰菊酯 + 生物烯丙菊酯 -*S*- 环戊烯异构体）（Trithin）、Piretrin [+ 除虫菊酯（除虫菊）]（Chemia）、Pyrocide [+ 除虫菊酯（除虫菊）]（MGK）、Pyronyl [+ 除虫菊酯（除虫菊）]（Prentiss）、Synpre Fish（+ 鱼藤酮）（Prentiss）、Trikill（+ 胺菊酯 + 氯氰菊酯）（Mobedco）、PBO、胡椒基丁醚。

化学名称　2-(2- 丁氧基乙氧基) 乙基 -6- 丙基胡椒基丁醚；5[[2-(2- 丁氧基乙氧基) 乙氧基] 甲基]-6- 丙基 -1,3- 苯并二氧杂环戊烯。

IUPAC 名称　5-[2-(2-butoxyethoxy)ethoxymethyl]-6-propyl-1,3-benzodioxole；2-(2-butoxyethoxy)ethyl 6-propylpiperonyl ether；5-[[2-(2-butoxyethoxy)ethoxy]methyl]-6-propyl-1,3-benzodioxole。

CAS 登记号　51-03-6。

分子式　$C_{19}H_{30}O_5$。

相对分子质量　338.43。

结构式

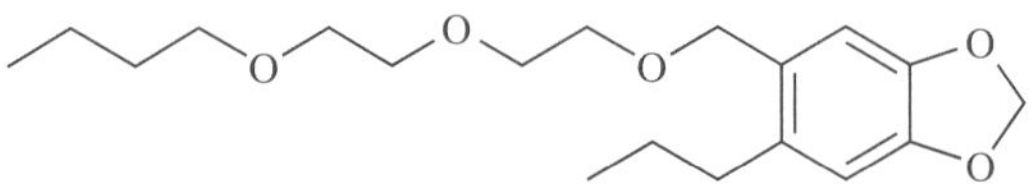

开发单位 由 H. Wachs 发现作为除虫菊酯的活性增效剂（Science，1947，105：30）。专利：US 2485681，US 2550737。

理化性质 含 90% 以上的胡椒基丁醚。浅黄至浅棕色（纯品为无色无味液体，市售商品一般均有色）透明油状液体。无臭或微臭。味微苦。遇光易起变化而着色。呈中性。水中溶解度 14.3mg/L（25℃）；易溶于乙醇、苯等常用有机溶剂。沸点 180℃（133.3Pa）（原药）。蒸气压 2×10^{-2}mPa（60℃，气体饱和法）。K_{ow}lg$P$ 4.75。Henry 常数＜ 2.3×10^{-6} Pa·m^3/mol（计算值）。相对密度 1.06（20℃）。折射率 1.5。闪点 140℃（ASTM D93）。黏度 40mPa·s（25℃）。稳定性：在 25℃黑暗条件下的无菌缓冲液中，pH5、7 和 9 时水解稳定。阳光下水溶液（pH7）中迅速水解（DT_{50} 8.4 小时）。增效醚为亚甲基二氧苯酚类（MDP 类）化合物，该类化合物中已有多种用作增效剂。

毒性 国际癌症研究机构定为 3 类。对人、畜低毒。大鼠和兔急性经口 LD_{50} 7500mg/kg。急性经皮 LD_{50}：大鼠＞7950mg/kg，兔 1880mg/kg。对眼睛和皮肤无刺激作用。对皮肤无致敏性。大鼠吸入 LC_{50} ＞ 5.9mg/L。NOEL：大鼠和小鼠（2 年）30mg/（kg·d），狗（1 年）16mg/kg。无致癌、致畸和致突变作用。山齿鹑急性经口 LD_{50} ＞ 2250mg/kg。鲤鱼 LC_{50}（24 小时）5.3mg/L。水蚤 LC_{50}（24 小时）2.95mg/L。小球藻 EC_{50}（细胞体积）44μmol/L（Pest. Sci.，1996，47，337）。蜜蜂 LD_{50} ＞ 25μg/ 只。

剂型 气雾剂，乳液，油剂。常用的剂型为 92% 乳油。

作用方式及机理 能提高除虫菊素和多种拟除虫菊酯、鱼藤酮、氨基甲酸酯类杀虫剂的活性，亦对杀螟硫磷、敌敌畏、氯丹、三氯杀虫酯、莠去津等有增效效果，并能改善除虫菊浸膏的稳定性。在以家蝇为防治对象时，该品对胺菊酯的增效比八氯二丙醚效果好；但在对家蝇的击倒作用上，不能使氯氰菊酯增效；在蚊香中使用，对烯丙菊酯没有增效作用，甚至药效降低。主要是抑制昆虫的混合功能氧化酶（MOF），使其天然的解毒系统被堵塞，使杀虫剂的效力增加。

防治对象 防治卫生昆虫、仓库害虫、园艺害虫、农业害虫等。

使用方法 作为防治卫生昆虫、仓库害虫、园艺害虫杀虫剂的高效剂，一般它的使用量为 5～10 倍，可使药效提高 3 倍，效果显著。例如在储粮中，使用在氰戊菊酯中含该品（1∶10）的混合粉剂防治多种仓库害虫，1 次施药，可保护储粮免受虫害长达 1 年左右。对农业害虫如棉红铃虫，以该品分别与氯氰菊酯、氟氯氰菊酯、溴氰菊酯和氰戊菊酯复配使用，增效指数达 230、167、80、65.7，也很显著。

注意事项 在通风良好的地方操作，不需要采用特殊的防护措施。产品宜储存于密闭的容器中，放置在低温干燥场所。无专用解毒药，如发生误服，可按症状进行治疗。

参考文献

马克比恩 C, 2015. 农药手册[M]. 胡笑形, 等译. 北京: 化学工业出版社: 812-813.

朱永和, 王振荣, 李布青, 2006. 农药大典[M]. 北京：中国三峡出版社.

（撰稿：徐琪、侯晴晴；审稿：邵旭升）

增效醛 piprotal

一种低毒醛类增效剂。

其他名称 Tropital、胡椒醛。

化学名称 5-[双[2-(2-丁氧乙氧基)]甲基]-1,3-苯并噁茂；胡椒醛缩二[2-(2-丁氧基乙氧基)乙醇]。

IUPAC 名 称 5-[bis[2-(2-butoxyethoxy)methyl]-1,3-benzodioxole]。

CAS 登记号 5281-13-0。

分子式 $C_{24}H_{40}O_8$。

相对分子质量 456.57。

结构式 见下图。

开发单位 1964 年由马克朗林公司开发。

理化性质 黄色油状液体，沸点 190～200℃（0.27Pa），200～230℃（5.33Pa）。折射率 1.4838（18℃），1.447（28℃）。工业品纯度在 90% 以上。不溶于水，微溶于乙二醇，能溶于大多数有机溶剂，如醇类、二氯甲烷、石蜡族和芳族石油馏分，氯代烷类等。对日光敏感，暴露在空气中不稳定，能在无机酸和有机酸存在下分解。在氢离子接受剂的存在下，其水溶液比较稳定，可维持药效达 8 个月以上。无腐蚀性。

毒性 低毒。无蓄积效应。对人、畜安全，对鱼类、鸟类、天敌昆虫微毒。大鼠急性经口 LD_{50} 约 4400mg/kg。兔急性经皮 LD_{50} ＞ 10 000mg/kg，对兔皮肤黏膜没有刺激性。对大鼠每天以 150、300mg/kg 的剂量喂养 90 天，未发现任何影响，但在药量高达 600mg/（kg·d）时，对肝、肾脏、膀胱和胸腺稍有影响。该品单用对蜜蜂无害。

防治对象 作为增效剂，其制剂可用于防治家庭、储粮等室内害虫。

使用方法 可与拟除虫菊酯和氨基甲酸酯混用，有增效作用。

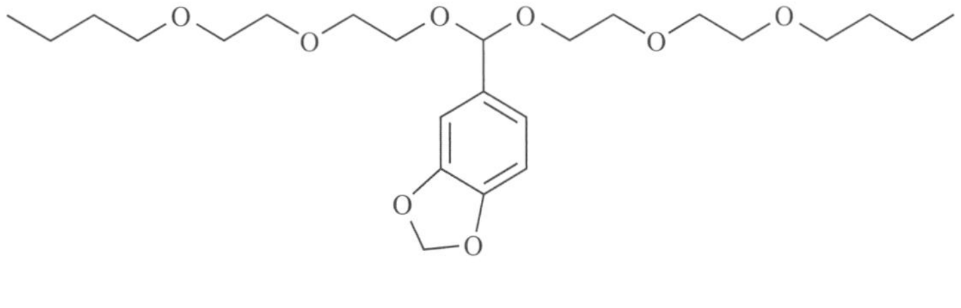

剂型 极易溶于精制矿油中，不需要助溶剂，故适用于加工成各种喷射剂和高浓度气雾剂。

注意事项 作为增效剂，可以和大多数杀虫剂和其他增效剂复配，但是不能和有机磷（马拉硫磷除外）及乳化剂混用。

参考文献

马克比恩 C, 2015. 农药手册[M]. 胡笑形,等译. 北京: 化学工业出版社: 1098.

（撰稿：徐琪、侯晴晴；审稿：邵旭升）

增效散 sesamex

一种除虫菊酯类和甲氧滴滴涕的增效剂。

其他名称 Sesoxane、EHT 20871、胡椒乙醚、增效菊。

化学名称 2-(3,4-亚甲基二氧苯氧基)-3,6,9-三氧十一碳烷。

IUPAC名称 2-(1,3-benzodioxol-5-yloxy)-3,6,9-trioxaundecane。

CAS登记号 51-14-9。

分子式 $C_{15}H_{22}O_6$。

相对分子质量 298.33。

结构式

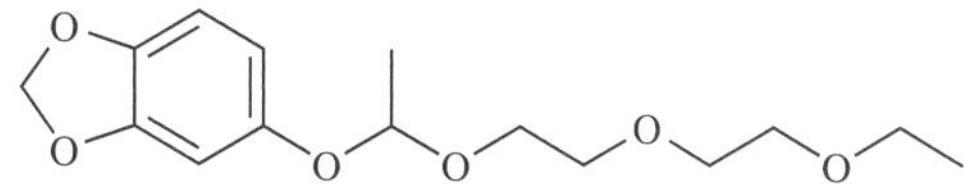

开发单位 1956年美国舒尔珠顿公司开发品种。

理化性质 为微黄色液体，稍有气味。沸点137~141℃（10.6Pa）。折射率1.491~1.493。易溶于灯油和氟利昂及其他有机溶剂，而难溶于水。

毒性 大鼠急性经口 LD_{50} 2000~2270mg/kg，兔急性经皮 LD_{50} > 9000mg/kg。对兔眼睛和皮肤均无刺激性，无致敏作用。

剂型 喷射剂。

使用方法 可以增效除虫菊酯、丙烯除虫菊酯、环除虫菊酯和甲氧滴滴涕，并具有一些杀虫活性。

参考文献

农业部种植业管理司, 农业部农药检定所, 2006. 中国农药进出口商品编码实用手册[M]. 北京: 中国农业出版社.

（撰稿：徐琪、侯晴晴；审稿：邵旭升）

增效特 bucarpolate

一种除虫菊素和合成拟除虫菊酯的增效剂。

其他名称 B.C.P.。

化学名称 3,4-亚甲撑二氧基苯甲酸-2-(2-正丁氧基)乙酯；2-(2-丁氧基乙氧基)乙基胡椒基酸酯。

IUPAC名称 2-(2-*n*-butoxyethoxy)ethyl-3,4-methylene-dioxy-benzoate。

CAS登记号 136-63-0。

分子式 $C_{16}H_{22}O_6$。

相对分子质量 310.34。

结构式

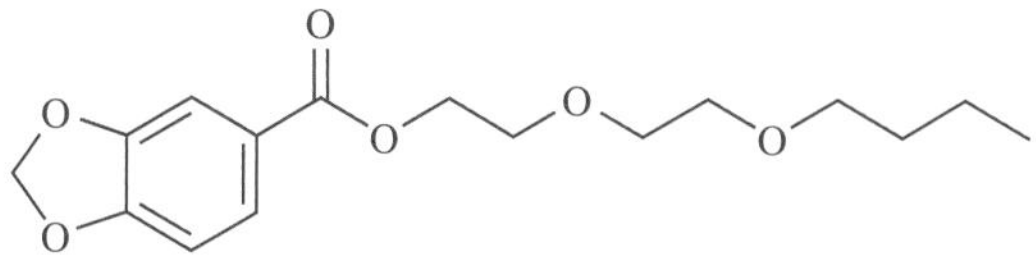

开发单位 1956年美国Stafford Allen和Son公司开发品种。

理化性质 纯品为无色油状液体。沸点176℃（66.7Pa）。不易溶于水，易溶于芳烃、一氯甲烷和二氯甲烷。

使用方法 用于除虫菊酯作增效剂，提高其击倒性。

参考文献

农业部种植业管理司, 农业部农药检定所, 2006. 中国农药进出口商品编码实用手册[M].北京: 中国农业出版社.

（撰稿：徐琪、侯晴晴；审稿：邵旭升）

增效酯 propyl isome

一种低毒酯类增效剂。

其他名称 dipropyl maleate isosafrole condensate。

化学名称 1,2,3,4-四氢-3-甲基-6,7-甲二氧基萘-1,2-二甲酸二丙酯。

IUPAC名称 dipropyl 1,2,3,4-tetrahydro-3-methyl-6,7-methylenedioxynaphthalene-1,2-dicarboxylate

CAS登记号 83-59-0。

分子式 $C_{20}H_{26}O_6$。

相对分子质量 362.42。

结构式

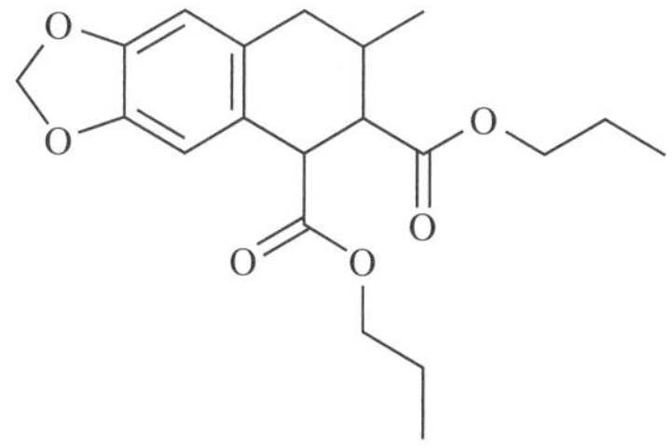

开发单位 M. E. Synerholm和A. Hartzell（Contr. Boyce Thompson Inst.，1945，14，79）首先报道它可作为除虫菊酯增效剂，由S. B. Penick & Co开发。

理化性质 橙色黏稠液体。沸点170~275℃（133Pa）。相对密度1.14。折射率1.51~1.52。不溶于水，微溶于链烷烃溶剂，易溶于醇、醚、芳烃和甘油酯类。对热稳定，在强碱中水解。

毒性 大鼠急性经口 LD_{50} 1500mg/kg，大鼠急性经皮

Z

LD_{50} > 375mg/kg；以含 5000mg/L 的饲料饲喂大鼠 17 周，没有发现组织损伤。

剂型 与拟除虫菊酯一起配成油剂、气雾剂、乳油、粉剂等，亦可与鱼藤酮和鱼尼丁一起使用。

防治对象 制剂可用于家庭和肉类食品包装车间防治害虫。

使用方法 作为高效拟除虫菊酯的增效剂，该品对除虫菊素、烯丙菊酯等可配成用煤油和用乙二醇丁基醚作为助溶剂的油喷射剂，其他制剂尚有气雾剂、粉剂和乳油等。在矿油溶液中，加乙二醇单丁醚作为共溶剂。

参考文献

马丁 H, 1979. 农药品种手册[M]. 北京市农药二厂, 译. 北京: 化学工业出版社.

马克比恩 C, 2015. 农药手册[M]. 胡笑形, 等译. 北京: 化学工业出版社: 1099.

（撰稿：徐琪、邵旭升；审稿：邵旭升）

展膜油剂 spreading oil, SO

施用于水面形成油膜的油溶液剂型。由农药原药、溶剂油及扩散助剂等组成。在溶剂油中具有一定溶解度的、油溶性的农药原药均可配制展膜油剂，而采用的溶剂油挥发性较低、黏度低、相对密度小于 1。展膜油剂加工工艺简单，在反应釜中经过简单搅拌溶解即可获得均匀、透明、流动性好的制剂。展膜油剂挥发性低于 30%，黏度< 10mPa·s，低温相容性在 −5℃下 48 小时不析出结晶，约 1μl 的滴加量铺展面积大于 $1500cm^2$，有效成分热储分解率< 5%。

展膜油剂主要在水稻田洒滴施用，用于防治稻飞虱、稻象甲、纹枯病等水稻植株茎基部的病虫害。

展膜油剂是为了提高施药效率、减轻劳动强度，根据水稻田水层的独特环境特点开发出来，首先在日本开发成功并获得应用。2000 年，中国也开发出 8% 噻嗪酮展膜油剂。展膜油剂具有如下特点：①工效高。与常规手动喷雾相比，施药效率提高了 15~30 倍。②在水面滴加，对水稻植株、人畜安全，环境友好。③油剂在水面扩散均匀，在水稻植株基部聚集，防治效果好。④受环境影响大。刮风、下雨严重影响药效，刮风使水面油膜吹向下风口，破坏了扩散的均匀度，易造成药害及降低防治效果，下雨造成油膜破坏及流失，严重影响药效。

（撰稿：陈福良；审稿：黄啟良）

展着剂 spreader sticker

在给定液体体积时，能增加液体在固体上或在另一液体上的覆盖面积的物质。农药展着剂是农药助剂应用最早的一类，至今已有 50 多年的历史，广泛用于喷雾用各类化学农药。

作用机理 展着剂基本功能是湿展性和固着性，主要通过降低表面张力作用和提高黏着作用来实现。

分类与主要品种 展着剂分为通用展着剂和特种展着剂。通用展着剂是喷施农药现场临时添加的喷雾助剂，以提高药液润湿、渗透展布和黏着性为中心。特种展着剂具有足够强烈的专有特性，如强烈渗透性、液面抗蒸腾性、增效性，既可以现用现配，也可在制剂加工中作为助剂组分，类似现在的农药专用助剂，如特种展着剂 KP-1430，用于除草剂百草枯和草甘膦配方中。

使用要求 展着剂是一大类综合性能助剂，最初的基本功能是湿展性和固着性，延续至今并有所扩大，包括润湿、渗透、展着、黏着、固着、成膜等含义。

应用技术 通用展着剂一般现混现用，根据标签说明及实际试验确定展着剂实际用量，另外还要根据展着剂种类、农药种类、施药对象表面状态、药械、气象条件及水质酸度等因素调整用量。

参考文献

邵维忠, 2003. 农药助剂[M]. 3版. 北京: 化学工业出版社.

（撰稿：张春华；审稿：张宗俭）

章鱼胺受体 octopamine receptor, OAR

存在于突触前后膜上，章鱼胺与受体结合使腺苷酸环化酶活化，使腺苷三磷酸（ATP）转化为环腺苷酸（cAMP）。也称酪胺受体（tyramine receptor，TAR）。

生理功能 昆虫 OAR 属于 G 蛋白偶联受体，神经递质与其结合后激活离子通道，产生第二信使（腺苷 -3′,5′ - 环化一磷酸，cAMP），以完成跨膜信号转换，调节细胞反应。昆虫 OAR 可能参与调控输卵管的肌肉组织，也可调控飞翔肌、外周淋巴系统以及几乎所有器官的感觉功能。

作用药剂 双甲脒。

杀虫剂作用机制 双甲脒与章鱼胺竞争性结合昆虫 OAR，引起细胞释放 cAMP 失调，导致紧张的神经活动增加，影响取食以及破坏生殖行为。

靶标抗性机制 昆虫及叶螨 OAR 的基因突变引起药剂对其结合能力下降，靶标敏感性降低，进而影响其杀虫活性。

相关研究 OAR 只存在于无脊椎动物中，是一种 G 蛋白偶联受体，在昆虫中有着十分重要的生理功能。其蛋白结构包括由 3 个细胞内环和 3 个细胞外环连接的 7 个跨膜结构域，其中跨膜结构域 3 的天冬氨酸残基、5 的丝氨酸残基以及 6 的苯丙氨酸残基形成配体结合位点。家蚕中的研究发现 D103、S198、Y412 位点均与章鱼胺的结合能力相关，这些位点突变后会影响家蚕 cAMP 的生成，却不影响钙离子信号的传递。

双甲脒主要用于家畜体表寄生虫的防治，因此目前其靶标抗性的研究主要集中于微小牛蜱。在墨西哥、美国、巴西和澳大利亚等多个国家均发现了对双甲脒具有较高抗性的微小牛蜱种群，给当地畜牧业带来严重的损失。研究人员从当地的高抗微小牛蜱种群中鉴定出两个氨基酸突变（T8P和 L22S），并证明这两个突变导致了微小牛蜱双甲脒抗性的产生。

参考文献

CHEN A C, HE H, DAVEY R B, 2007. Mutations in a putative octopamine receptor gene in amitraz-resistant cattle ticks[J]. Veterinary parasitology, 148: 379-383.

EL-KHOLY S, STEPHANO F, LI Y, et al, 2015. Expression analysis of octopamine and tyramine receptors in drosophila[J]. Cell and tissue research, 361: 669-84.

GROSS A D, TEMEYER K B, DAY T A, et al, 2015. Pharmacological characterization of a tyramine receptor from the southern cattle tick, *Rhipicephalus* (*boophilus*) *microplus*[J]. Insect biochemistry and molecular biology, 63: 47.

HANA S, LANGE A B, 2017. Octopamine and tyramine regulate the activity of reproductive visceral muscles in the adult female blood-feeding bug, *Rhodnius prolixus*[J]. Journal of experimental biology, 220: 1830-1836.

HUANG J, HAMASAKI T, OZOE F, et al, 2008. Single amino acid of an octopamine receptor as a molecular switch for distinctg protein couplings[J]. Biochemical and biophysical research communications, 371: 610-614.

ROEDER T, 2005. Tyramine and octopamine: ruling behavior and metabolism[J]. Annual review of entomology, 50: 447-477.

SEAN W C, NICHOLAS N J, EMILY K P, et al, 2013. Mutation in the Rm*β*AOR gene is associated with amitraz resistance in the cattle tick *Rhipicephalus microplus*[J]. Proceedings of the National Academy of Sciences of the United States of America, 110: 16772-16777.

（撰稿：徐志峰、何林；审稿：杨青）

针对性喷雾 placement spraying

见定向喷雾。

（撰稿：何雄奎；审稿：李红军）

真菌农药生物测定 bioassay of fungal pesticide

以真菌农药的致病机理为基础，通过被测样品与对照品在一定条件下对目标生物作用的比较，并经过统计分析，进而确定被检生物农药的生物活性和防治效果的一种测定技术。利用真菌对寄主的专一性感染而开发的真菌农药目前主要应用于杀虫剂领域。真菌杀虫剂的生物测定都是以分生孢子活力测定为基础的，多数真菌农药的生物测定类似于Papierok 和 Hajek 提出的昆虫病原体检测原则。与常规合成农药的杀虫活性测定相比，在对真菌杀虫剂的生物活性测定中，给药后对试虫的饲养周期和观察周期显著延长，此外还需要观察虫体表面长出的真菌孢子以确定其感染死亡。

适用范围 适用于作为农药开发的真菌对靶标的活性测定。

主要内容 以白僵菌感染小菜蛾的毒力测定为例。将供试药剂配制成含不同孢子浓度的测试悬浮液，将供试虫体浸渍 20 秒后放入事先灭过菌的培养皿中。培养皿内放置无药的新鲜菜叶。25℃恒温光照培养箱内培养，保持 90% 以上的相对湿度。每天检查死亡虫数，根据虫体表面长出的真菌孢子确定感染致死。幼虫试验连续观察 10 天，成虫试验连续观察 14 天。每天更换新鲜菜叶。每处理 20 头试虫，重复 5 次；以加吐温的无菌水处理作为空白对照。根据浓度对数值和死亡率几率值，获得毒力回归方程、LC_{50} 和 95% 置信区间。

参考文献

沈晋良, 2013. 农药生物测定[M]. 北京: 中国农业出版社.

（撰稿：徐文平；审稿：陈杰）

整形醇 chlorflurenol

一种植物生长调节剂。

其他名称 氯芴素、整形素。

化学名称 2-氯-9-羟基-9*H*-芴-9-甲酸。

IUPAC 名称 (*RS*)-2-chloro-9-hydroxyfluorene-9-carboxylic acid。

CAS 登记号 2464-37-1。

EC 号 219-565-1。

分子式 $C_{14}H_9ClO_3$。

相对分子质量 260.68。

结构式

Cl HO OH O

理化性质 折射率 1.719。闪点 270.8℃。密度 1.552g/cm³。沸点 368.2℃（粗估值）。

注意事项 防止进入眼睛以及对皮肤直接接触。

参考文献

孙家隆, 2015. 新编农药品种手册[M]. 北京: 化学工业出版社: 978.

（撰稿：谭伟明；审稿：杜明伟）

正癸醇 n-decanol

一种接触性植物生长抑制剂，可作为绿色果品的催熟剂，也可用于观赏植物及烟草等种子发芽的控制。

其他名称 癸醇、正十碳醇、壬基甲醇、n-decyl alcohol、

capric alcohol、epal 10。

化学名称　1-癸醇。

IUPAC 名称　decan-1-ol。

CAS 登记号　112-30-1。

分子式　$C_{10}H_{22}O$。

相对分子质量　158.28。

结构式

理化性质　一种醇类的有机化合物，具有 10 个碳原子的直链脂肪醇。它是一种不溶于水的无色黏稠液体，并具有蜡香、甜香、花香、果香香气，也包含着强烈刺激性的气味。熔点 6.4℃，密度 0.8297g/cm^3。沸点 232.9℃。闪点 82℃。蒸气压 133.32Pa（70℃）。能与醇、醚、丙酮、苯、冰乙酸、环己烷、四氯化碳等混溶，20℃时在水中溶解 0.02%；水在癸醇中溶解 3%。

毒性　急性经口 LD_{50}：小鼠 25 000mg/kg，大鼠 12 800～25 600mg/kg，小鼠吸入 LC_{50}（2 小时）4000mg/m^3。兔急性经皮 LD_{50} 2000mg/kg，毒害性中度。对于人体来说属微毒类，对眼黏膜和皮肤有刺激作用。生态环境方面，对水生生物有毒，可能对水体环境产生长期不良影响。

作用方式及机理　主要用于配制橙子、柠檬、椰子和什锦水果等香精。在农业方面可用作除草剂、杀虫剂的溶剂和稳定剂以及合成的原料。用作绿色果品的催熟剂，也可用于观赏植物及烟草等种子发芽的控制，主要用于控制烟草腋芽。

使用对象　绿色果品、观赏植物和烟草等种子。

使用方法　561L 水中加浓液剂 16.8～22.5L 可喷 1hm^2。施药时间为烟草拔顶约 1 周或拔顶后 2 天进行，在第一次喷药后 7～10 天，再喷第二次，一般在施药后 30～60 分钟即可杀死烟草腋芽。

注意事项　使用时佩戴适当的手套和护目镜或面具，若是需要释放至环境中，要严格按照规定进行。

允许残留量　中国无最大允许残留规定，WHO 无残留规定。

参考文献

娄雪, 杨留枝, 史苗苗, 等, 2020. V型小麦直链淀粉-正癸醇复合物的制备及其表征[J]. 河南农业大学学报, 54(5): 871-878, 912.

孙家隆, 2015. 新编农药品种手册[M]. 北京: 化学工业出版社: 979.

（撰稿：谭伟明；审稿：杜明伟）

正形素　chlorflurenol-methyl

一种芴类植物生长调节剂，是 9-羟基-9-羧酸芴的衍生物，可以阻止植株体内的细胞分裂，可以用于抑制禾草和阔叶杂草生长，并使植株矮化。

其他名称　CFI25、IT3456、整形素、氯甲丹。

化学名称　2-氯-9-羟基芴-9-甲酸甲酯。

IUPAC 名称　methyl 2-chloro-9-hydroxy-9*H*-fluorene-9-carboxylate。

CAS 登记号　2536-31-4。

分子式　$C_{15}H_{11}ClO_3$。

相对分子质量　274.70。

结构式

开发单位　1965 年由德国墨克公司开发。

理化性质　纯品为白色无臭结晶固体。熔点 152℃。25℃时蒸气压为 0.67mPa。20℃时在水中的溶解度为 18mg/L；50～70℃时在下列溶剂中的溶解度（g/100g）：丙酮 26、甲醇 15、乙醇 8、苯 7、异丙醇 2.4、四氯化碳 2.4。该品在储存条件下稳定，在强酸和碱中能分解。对光敏感，其苯溶液在紫外光照射下约 10 分钟即分解 50%。该品无腐蚀性。

毒性　急性经口 LD_{50}：大鼠 12.7g/kg，狗 > 6.4g/kg。大鼠急性经皮 LD_{50} > 10g/kg。对皮肤无刺激性。每天以含药 300mg/kg 饲料喂狗，含药 300mg/kg 和 1g/kg 饲料喂大鼠，分别长达 52 周，未出现病变。鱼类 LC_{50}（96 小时）：虹鳟 0.0153mg/L，鲤鱼 9mg/L，蓝鳃鱼 7.2mg/L。对蜜蜂无毒。

剂型　12.5% 乳油，水分散剂，气雾剂。

作用方式及机理　阻止植株体内的细胞分裂，可以用于抑制禾草和阔叶杂草的生长，并使植株矮化。

注意事项　储存于阴凉处。该品较安全。无专用解毒药，按受害症状治疗。

（撰稿：谭伟明；审稿：杜明伟）

症状鉴定法　herbicide visual rating scale method

根据除草剂对供试植物所产生的特异性症状（包括受害症状及形态变化等），症状的强度与除草剂剂量呈正相关关系，通过对症状进行分级（从无明显症状到植株完全死亡）从而评价除草剂活性的方法。

适用范围　用来目测判断除草剂的活性及药效。

主要内容　首先观察和记录供试植物的受害症状，主要包括颜色变化（黄化、白化等）、形态变化（新叶畸形、扭曲等）、生长变化（脱水、枯萎、矮化、簇生等），鉴定是否含有某类除草剂，如激素类除草剂引起叶、茎扭曲畸形，三酮类除草剂引起叶片白化、萎蔫和逐步坏死等。然后与空白对照相比，根据植株在无明显受害症状至完全死亡或生长完全受到抑制的区间进行目测分级，有分 4 级、5 级、6 级、9 级或 10 级，每一级包含不同的指数。在制定各个级别的指数时，应当遵循：①每一级的含义在各次调查中均保持一致。②每个级别的值要有明显的界限且易于区分，如 1 级＝杂草 100% 死亡，2 级＝杂草死亡 90% 等。③各级值包含一定的范围，如1级＝5%，6级＝35%～50%等。

欧洲杂草研究会用目测法进行9级法统计，其中杂草死亡率1级＝97.6%～100%；2级＝95.1%～97.5%；3级＝90.1%～95%；4级＝85.1%～90%；5级＝75.1%～85%；6级＝65.1%～75%；7级＝32.4%～65%；8级＝0.1%～32.5%；9级＝0。对应的1～3级除草效果为好，4～6级为有效，7～9级为差或无效。9级法相对复杂，各级之间界限小，不易掌握。美国和加拿大常用5级法，对应的标准为优势杂草死亡率1级＝95%～100%，除草效果为杂草全部死亡（覆盖面积减少90%～100%）；2级＝80%～95%，除草效果为良好（覆盖面积减少70%～90%）；3级＝60%～80%，除草效果为一般（覆盖面积减少50%～70%）；4级＝0～60%，除草效果差（覆盖面积减少0～50%）；5级为未出现杂草死亡，无除草效果（无伤害、抑制症状）。另外，在实际研究过程中亦有直接使用目测0～100%死亡率或抑制率对除草剂效果进行评价的标准，应用该方法时需要操作者具有坚实的背景知识和经验。

田间试验条件下目测法调查除草剂药效的步骤：①熟悉并掌握整个试验区内田间杂草的分布情况，优势种及群落组成以及作物的生育状况。②首先调查各区组的对照区，记载杂草覆盖度、总覆盖度与平均覆盖度及其相应的级别。③调查各处理区，记载杂草覆盖度、总覆盖度与平均覆盖度及其相应的级别和作物的生育状况。④调查结束后，再普遍核查一次，对个别小区所定级别进行适当调整，使其更符合田间实际情况。

参考文献

NY/T 1155. 4—2006 农药室内生物测定试验准则　除草剂　第4部分: 活性测定试验 茎叶喷雾法.

KING S R, HAGOOD E S Jr, 2006. Herbicide programs for the control of ALS-resistant shattercane (*Sorghum bicolor*) in corn (*Zea mays*)[J]. Weed technology, 20(2): 416-421.

NELSON L S, SKOGERBOE J G, Getsinger K D., 2001. Herbicide evaluation against giant salvinia[J]. Journal of aquatic plant management, 39: 48-53.

ROBLES W, MADSEN J D, WERSAL R M. 2010. Potential for remote sensing to detect and predict herbicide injury on waterhyacinth (*Eichhornia crassipes*)[J]. Invasive plant science and management, 3(4): 440-450.

（撰稿：唐伟；审稿：陈杰）

芝麻林素　sesamolin

一种无毒生物增效剂。

其他名称　芝麻啉。

IUPAC名称　1,3-benzodioxol-5-yl (1*R*,3a*R*,4*S*,6a*R*)-4-(1,3-benzodioxol-5-yl)perhydrofuro[3,4-*c*]furan-1-yl ether。

CAS登记号　526-07-8。

分子式　$C_{20}H_{18}O_7$。

相对分子质量　370.36。

结构式

理化性质　白色至淡黄色粉末或颗粒。熔点93～94℃。有抗氧化性，但其抗氧化能力不如其分解物芝麻酚。芝麻油中分离提取而得。

参考文献

马丁 H, 1979. 农药品种手册[M]. 北京市农药二厂, 译. 北京: 化学工业出版社.

（撰稿：徐琪、侯晴晴；审稿：邵旭升）

芝麻素　sesamin

一种无毒生物增效剂。

其他名称　芝麻明、增效敏、麻油素。

化学名称　5,5′-四氢-1*H*,3*H*-呋喃并[3,4-C]呋喃-1,4-二基双[1,3-苯并二氧杂环戊烷]。

IUPAC名称　5,5'-(1*S*,3a*R*,4*S*,6a*R*)-tetrahydro-1*H*,3*H*-furo[3,4-c]furan-1,4-diylbis(1,3-benzodioxole)。

CAS登记号　607-80-7。

分子式　$C_{20}H_{18}O_6$。

相对分子质量　354.36。

结构式

开发单位　芝麻油对除虫菊素具有增效活性，1942年美国C. Eagleson发现除虫菊素与芝麻油放在一起，加强了虫的初期麻痹症状，因此可减少所需杀虫剂的浓度。其中有效活性成分芝麻素，由H. L. Haller等人确定。

理化性质　白色晶型固体，它的d-型（由乙醇所得）为针形体，熔点122～123℃，比旋光度 $\alpha=+64.5°$（$c=1.75$，$CHCl_3$）。它的dl型（由乙醇所得）为晶型，熔点125～126℃。天然芝麻素为右旋性，难溶于煤油，而易溶于苯、丙酮、氯仿和乙酸，不溶于水、碱性溶液和盐酸。芝麻素可以从芝麻种子油中萃取分离而得，各种芝麻油中所含有的芝麻素，随芝麻品种和产地不同而异。芝麻油中除芝麻素外，尚有芝麻灵和芝麻粉，前者有高效的增效活性，后者是一种酚的抗氧化剂，没有增效活性。

毒性　属无毒生物增效剂。

剂型　商品是含不同有效成分（芝麻素含量5.13%～

19.13%）的浓缩制剂，用于掺入含除虫菊素杀虫剂的气雾剂或油喷射剂中，以提高杀灭蚊蝇等害虫的活性。

作用方式及机理 该品的增效作用是致使神经细胞发生液胞化作用。

防治对象 芝麻素本身虽不具有杀虫活性（对家蝇的杀伤力很低），但能极大地增强除虫菊素和有关杀虫剂的药效。例如在1ml煤油中含除虫菊素1mg，对家蝇的击倒率为100%，死亡率为85%。灭虱试验中，当制剂中含除虫菊素0.25%和芝麻素2%时，体虱成活率6%；但在单含除虫菊素的处理中，体虱成活率高达32%。

使用方法 芝麻素显著的特征之一是对鱼藤酮、除虫菊酯等杀虫剂有交叉（相乘）作用。该品作为除虫菊的增效剂，对很多卫生害虫（特别是蚊蝇）都有增效效果，但用于蟑螂不具有增效效果。

注意事项 对人畜安全，使用时不需采用防护措施。储存于阴凉、干燥处，勿受高温和日晒。

参考文献

张洪昌，李翼，2011. 生物农药使用手册[M]. 北京：中国农业出版社.
朱永和，王振荣，李布青，2006. 农药大典[M]. 北京：中国三峡出版社.

（撰稿：徐琪、侯晴晴；审稿：邵旭升）

脂质生物合成 lipid biosynthesis

脂肪及类脂的总称，不溶于水而易溶于非极性有机溶剂，是一类能被机体利用的重要有机化合物，也是组成生物体细胞组织的重要成分。脂质又名脂类。脂质的范围广泛，如磷脂是构成生物膜的重要组分，而油脂是生物体代谢所需能量的储存和运输形式。脂类物质也可为动物机体提供溶解于其中的必需脂肪酸和脂溶性维生素。某些萜类及类固醇类物质如维生素A、D、E、K，胆酸及固醇类激素对生物体的营养、代谢、调节具有重要功能。有机体表面的脂类物质也具有防止机械损伤与防止热量散发等保护作用。脂类作为细胞的表面物质，与细胞识别、种特异性和组织免疫等有密切关系。脂质的生物合成主要包括脂肪酸合成、脂酰甘油合成、磷脂合成和固醇合成等。20世纪80年代以后人们倾向于认为有机磷杀菌剂主要是抑制了磷脂酰胆碱的生物合成而破坏了细胞质膜的结构。磷脂酰胆碱作为一种重要的磷脂，其合成必须要有磷脂酰乙醇胺甲基转移酶的参与，而稻瘟灵、异稻瘟净和敌瘟磷的作用机理主要是通过抑制磷脂酰乙醇胺甲基转移酶的活性，从而抑制了磷脂酰胆碱的合成。稻瘟灵和有机磷类杀菌剂的作用机制为抑制胆碱合成前的转甲基作用，因此它们也被称为胆碱合成抑制剂。

（撰稿：刘西莉；审稿：苗建强）

植保中国协会 CropLife

植保（国际）协会成员。1997年在香港成立，1998年依法在北京设立办事处。植保（国际）协会是一个代表先进作物技术的全球行业联盟，下设植保（美洲）协会、植保（拉丁美洲）协会、植保（亚太）协会等区域性植保协会，植保（加拿大）协会、以色列作物保护协会等植保协会。

植保中国协会于2018年7月6日由原登记名称“香港植保（中国）协会有限公司北京办事处”变更为“植保中国协会（香港）北京办事处”，批准业务范围为“与植保行业相关的非营利性活动，主要包括开展安全科学使用农药培训及宣传、为农药管理法规提供技术支持、参与对农药知识产权保护行动等”。协会原下设生物技术委员会和种业委员会从中分离，于2018年2月5日经北京市公安局批准成立“作物科学亚洲协会（新加坡）北京代表处”，批准业务范围为“农业生物技术及种业方面的交流合作，宣传及知识推广等”。

植保中国协会现成员以研究和开发为基础的跨国公司组成：巴斯夫（中国）有限公司、拜耳作物科学（中国）有限公司、科迪华农业科技、美国富美实（中国）有限公司、住友化学（上海）有限公司、先正达（中国）投资有限公司、日本石原产业公司、日农（上海）商贸有限公司、日曹达贸易（上海）有限公司、兴农药业（中国）有限公司、印度联合磷化物有限公司、安道麦股份有限公司。

主要宗旨 代表以研究为基础的作物科学工业，提供并支持负责和安全地使用植保技术，发挥其在农业发展中的作用；只有在一个保护环境和保护技术创新的知识产权的法规系统的政策框架下，作物生产技术的收益才能被充分地体现。

主要活动 通过培训来提供信息和帮助，并主动与国内同行业协会、政府机构和企业界结成伙伴关系；赞助和推动安全用药、环境保护、技术创新等倡议和活动；促进作物科学工业和市场发展的研究；推动、参与并组织与国际和国内政府机构和决策者间的交流。

自2006年起，协会在全国范围内组织开展了数百场农药安全科学使用技术的培训；通过专业化的统防统治，培训机械化防治机手数千人；向农民及经销商传授农药安全科学使用知识，免费发放防护服、防护面罩上万件，《安全科学使用农药挂图》数千张，免费赠阅《农药安全科学使用知识手册》《小麦主要病虫草防治手册》等技术手册上万册，录制安全科学使用农药视频，得到了社会各界的广泛好评。

植保中国协会下设法规委员会、安全科学使用农药委员会、知识产权和产品质量委员会、环境健康安全和制造委员会等4个委员会。

网站地址：http：//www.croplifechina.org。

（撰稿：王灿；审稿：李钟华）

《植物化学保护实验》 *Experiment of Plant Chemical Protection*

国家级实验教学示范中心植物学科系列实验教材。由南京农业大学王鸣华、甘肃农业大学沈慧敏、湖南农业大学周小毛共同主编，由中国10所农业大学14位长期从事植物化学保护教学和科研工作的教师参与编写，北京大学出版社于2014年8月出版发行。

“植物化学保护”是植物保护专业本科生的专业必修课和三大支柱课程之一。“植物化学保护实验”是植物化学保护课程的重要组成部分。通过实验教学使学生掌握农药学的研究方法与操作技能，巩固理论教学的效果，提高专业技能，已成为培养植物保护专业人才的必修课程，对学生学习和掌握科学的思想方法，锻炼研究问题和理论联系实际的能力，启发学生的创新意识和培养创新能力起着重要作用。

根据植物化学保护教学特点和要求，该书内容共分5个单元：农药制剂加工及农药理化性质测定、农药生物测定、农药田间药效试验、农药毒理测定、农药环境毒理及农药残留检测。全书共40万字，涉及87个实验内容，系统全面阐述了植物化学保护的实验技术与方法，以对学生进行全面系统的植物化学保护实验知识体系的培养与训练。通过综合性、设计性及开放性实验鼓励学生的学习热情，激发学生的创新欲望，提高学生自主思考解决生产实际问题的能力。

教材知识全面，既是一本具有科学性、准确性、实用性和通俗性的实验教材，也可以作为从事农药研究、生产、管理工作者进行植物化学保护和农药学相关工作的参考书。

（撰稿：王鸣华；审稿：杨新玲）

《植物化学保护学》 Plant Chemical Protection

中国第一部植物化学保护方面具有权威性的全国通用教材。最初由黄瑞纶与赵善欢、方中达合著，高等教育出版社于1959年出版。1978年，根据农业部下达的任务，由多所农业院校担任这门课的教师集体编写，赵善欢院士担任主编。1980年定稿，农业出版社于1983年出版第一版，1990年出版第二版，2000年出版第三版。第四版改名为《植物化学保护学》，由徐汉虹担任主编，2007年出版。2018年出版第五版。

赵善欢（1914—1999）与北京农业大学黄瑞纶、南京农业大学方中达一起奠定了植物化学保护学科的基础。赵善欢在华南农业大学举办了两期植物化学保护师资培训班，统一了教材的内容和范畴。《植物化学保护学》是一门应用科学，其核心是如何科学地使用农药，强调农药、有害生物与环境之间的相互关系，指导学生根据三者之间的关系合理使用农药。

教材第四版中，仍按用途对农药进行分类。另外，植物性农药与化学农药，其本质都是化合物，只是来源不同，故将其按用途归并到各章中，不再单列植物性农药一章，新增加了“农药生物测定与田间药效试验”一章。第四版内容共有11章，第一章介绍植物化学保护学的基本概念，第二章介绍农药剂型和使用方法，第三至第七章，分别介绍杀虫杀螨剂、杀菌剂、除草剂、杀鼠剂及其他有害生物防治剂、植物生长调节剂，第八章介绍农业有害生物抗药性及综合治理，第九章介绍农药与环境安全，第十章介绍农药生物测定与田间药效试验，第十一章介绍农药的科学使用。

该教材强调知识的系统性和完整性，被全国高等农业院校相关专业普遍采用，是该门课程唯一出版的教材，也是植物保护工作者重要的参考书籍。至今已印刷21万册。该教材2012年入选“十二五”普通高等教育本科国家级规划教材。2021年获国家教材委员会颁发的首届全国教材建设奖——全国优秀教材二等奖。

（撰稿：徐汉虹；审稿：杨新玲）

植物激活蛋白 plant activator protein

一种从真菌中提取的热稳定活性蛋白，用于激活植物免疫系统。中国专利产品。

其他名称 蛋白农药、激活蛋白、免疫蛋白、植物疫苗。

毒性 低毒。雄性大鼠急性经口 LD_{50} > 5000mg/kg，雌性大鼠经口 LD_{50} > 3830mg/kg。对兔皮肤无刺激作用。

剂型 3%可湿性粉剂。

作用方式及机理 植物激活蛋白本身无毒。施用在植物上后，首先与植物表面的受体蛋白结合，植物的受体蛋白在接受激活蛋白的信号传导后启动植物体内一系列代谢反应，激活植物自身免疫系统和生长系统，从而抵御病虫害的侵袭和不良环境的影响，起到治病、抗虫、抗逆、促进植物生长发育、改善作物品质和提高产量的作用。

防治对象 植物激活蛋白具广谱性，可广泛应用于植物的浸种、浇根和叶面喷施。适用于番茄、辣椒、西瓜、草莓、棉花、小麦、水稻、烟草、柑橘、油菜等农林作物，增强作物对灰霉病、溃疡病等真菌、细菌病害和病毒病及蚜虫、螨等的抗逆作用。在增强植物抗逆作用的同时，还可促进作物生长和增产、改善果实品质。

使用方法

水稻等粮食作物 用3%可湿性粉剂800~1000倍液喷雾，对纹枯病、螟虫等病虫害有良好的防效。

柑橘 用3%可湿性粉剂1000倍液喷雾。于3月底开始喷药，间隔20~25天喷1次，喷药次数依据天气和病情而定，重点做好出芽期、现花期和壮果期的喷药处理，对螨、疮痂病、溃疡病等有良好的防效。

葡萄 用3%可湿性粉剂1000倍液喷雾，发病高峰期用800倍液，于葡萄展叶后开始喷药，重点在开花前和落花

70%～80% 时喷药，对黑痘病、白粉病、霜霉病和炭疽病有良好的防效。间隔 20～25 天喷 1 次，依据降雨和病情决定喷药次数。

草莓 用 3% 可湿性粉剂 1000 倍液喷雾，于 4 月上旬开始喷药，间隔 25～30 天喷 1 次。连喷 3～4 次，对灰霉病、白粉病有很好的防治效果。

辣椒、番茄 用 3% 可湿性粉剂 1000 倍液，于移栽成活 1 周后开始喷雾（或浇根），对青枯病、疫病和病毒病等有很好的防效。间隔 20～25 天喷 1 次，连喷 3～4 次，具体喷药次数根据病情而定。

油菜 用 3% 可湿性粉剂 1000 倍液喷雾，在间苗后喷第 1 次药，间隔 25～30 天喷 1 次，连喷 2～3 次，对病毒病、菌核病和蚜虫有很好的防效。

烟草 用 3% 可湿性粉剂 1000 倍液喷雾，分别于苗床十字叶期、移栽成活后 5～7 天、团棵期和旺长期共喷 4 次，对病毒病和蚜虫有很好的防治效果。

允许残留量 根据中国食品安全国家标准，豁免制定植物激活蛋白在食品中最大残留限量标准。

参考文献

王运兵, 崔朴周, 2010. 生物农药及其使用技术[M]. 北京: 化学工业出版社: 259-260.

（撰稿：范志金、赵斌；审稿：刘西莉）

植物生长调节剂生物活性测定 bioassays of plant growth regulators

利用敏感植物材料的某些性状反应作指标，针对对植物具有生长调节作用的药剂或生理活性物质进行定性（或定量）测定的生物测定方法。在一定浓度范围内，供试植物材料的性状反应随着药剂浓度的改变而呈现正相关或负相关的规律性变化。植物生长调节剂生物测定方法是植物生长调节剂研究与应用及用于筛选创制的或天然的植物生长调节活性物质的基本方法，还能通过测定这些活性物质在植物体内各部位的存在情况为作用机制的研究提供依据。

适用范围 适用于植物生长素、赤霉素、细胞分裂素、脱落酸以及其他植物生长调节剂。

主要内容 植物生长调节剂生物测定的供试材料一般为敏感植物的种子、幼苗或组织器官（如胚芽鞘、根、茎、子叶等）。植物生长调节剂生物测定时，要求有较强的专一性、较高的灵敏性和较短的试验周期，对环境条件和植物材料的要求均较严格。在一定的温度、湿度和光照条件下，用一定浓度范围的待测药剂进行处理，能够直观地确定被测物质对植物某一器官所表现出的活性和作用特性。不同的生长调节剂类型采用不同的测定方法，如生长素的生物测定一般采用小麦胚芽鞘伸长法、燕麦弯曲法、绿豆生根试法、豌豆劈茎法；赤霉素的生物测定一般采用水稻幼苗叶鞘伸长"点滴"法、大麦胚乳试法、矮生玉米叶鞘法；细胞分裂素的生物测定一般采用萝卜子叶增重法、苋红素合成法、组织培养鉴定法、小麦叶片保绿法；脱落酸的生物测定一般采用小麦胚芽鞘伸长法、棉花外植体脱落法；乙烯的生物测定一般采用豌豆苗法。另外还有其他植物生长调节剂生物测定方法，如茎叶喷雾法。

参考文献

陈年春, 1991. 农药生物测定技术[M]. 北京: 北京农业大学出版社.

（撰稿：许勇华；审稿：陈杰）

植物源农药生物测定 bioassay of botanical pesticide

以植物源农药的致病机理为基础，通过被检样品与对照品在一定条件下对目标生物作用的比较，并经过统计分析，进而确定被检生物农药的生物活性和防治效果的一种测定技术。植物源农药是一类利用具有杀虫、杀菌、杀草活性的植物某些部位或提取物制成的农药。其本质上是将植物生长过程中产生的次生代谢物质直接开发利用，即提取植物中农药活性成分，加工成农药制剂。所以植物源农药中许多活性成分的作用与化学合成农药无本质上的差别，只是成分更多、结构更复杂。植物源农药在一般概念中对农产品和环境安全且具有较好的防治效果，所以较易为人们所接受。但由于其有效成分组成和结构复杂，这些成分的组成和含量受影响因素多，因此植物源农药的质量控制难度大，需要用生物测定来辅助确定其防效。目前植物源农药主要用于杀虫和杀菌用途。

适用范围 适用于植物某些部位或提取物制成的农药对靶标的活性测定。

主要内容

植物源杀虫剂的生物测定 植物源杀虫剂的生物测定是度量植物源杀虫剂对昆虫产生效应大小的生物测定方法。在植物源杀虫剂的生物测定中，常用的方法：①培养基混药法。即将植物源农药样品根据设计浓度均匀混入试虫的人工饲料（培养基）中，接入试虫，经过一定时间，以死亡率或生长发育率作为评价指标。②微量筛选法。在多孔板或小杯中先加入设计浓度的植物源农药的药液，放入一定数量的二、三龄蚊子幼虫，一定时间后以幼虫死亡率为评价指标。③叶片浸药饲喂法。先将待测样品用少量溶剂溶解后，再用水稀释至设计浓度，将试虫喜食的植物叶片或小苗浸入药液，取出，阴干后饲喂试虫，观察试虫的反应症状。④拒食作用测定法。植物源杀虫剂中有许多具有拒食作用。所谓拒食剂是作用于昆虫感受器，对其取食行为产生阻遏作用的一类行为调节物质，一般不应该包括作用于昆虫中枢神经系统而影响取食或对昆虫有亚致死作用的物质。目前常用的拒食活性测定方法易将神经毒剂在亚致死剂量下取食量下降的影响误认为拒食活性。区别的办法，可同时测定等比系列浓度的药剂，在神经毒剂的试验中，亚致死作用是在很低的浓度下出现的反应，但随着浓度的升高，其死亡率会很快上升；而用仅有拒食活性的化合物的测试中，由拒食活性引起的饥饿死亡通常需要数天时间，在一般时间较短的生物测定时，不会明显出现其死亡率很快升高的现象。

理想的拒食活性测定可以同时采用非选择性叶碟法和选择性叶碟法测定，通过两个试验的比较来评价其拒食活性。具体方法如下：①非选择性叶碟法。将新鲜植物叶片制成一定面积的叶碟，分别用等比系列农药药液浸渍5秒，晾干后在培养皿中放入处理叶碟1枚，每个培养皿中接入相同数量的虫龄一致、大小相近的试虫若干头，24小时后测定被取食面积。试验设置必要的重复数。②选择性叶碟法。在同一培养皿中，放入药剂处理的叶碟和对照叶碟各1枚，交叉排列，每个培养皿中接入相同数量的虫龄一致、大小相近的试虫若干头，24小时后测定被取食面积。试验设置必要的重复数。

植物源杀菌剂的生物测定　植物源杀菌剂的生物测定是度量植物源杀菌剂对病原菌产生效应大小的生物测定方法。其毒力测定一般也是采用离体测定方法，主要由抑制菌丝生长速率法、抑制孢子萌发法、抑菌圈法等。此外，在植物源杀菌剂活性成分筛选中还常用到对峙培养法。

参考文献

沈晋良, 2013. 农药生物测定[M]. 北京: 中国农业出版社.

（撰稿：徐文平；审稿：陈杰）

植物源杀虫剂　botanical pesticide

利用植物资源开发的农药，是指将具有杀虫活性的植物（根、茎、叶、花或果实）及其次生代谢产物直接加工或从植物体内提取、分离杀虫活性化合物后间接加工成的农药制剂。又名植物性杀虫剂。

历史　人类利用植物杀虫防病的历史悠久。据史书记载，植物源农药是人类使用最早的农药之一。早在公元前7—前5世纪，中国的《周礼》已有“剪氏掌除蠹物，以攻萗攻之，以莽草熏之”防除蠹虫的记载;《神农本草经》（秦汉时期）、《齐民要术》（533—544）、《本草纲目》（1578）等古书中也记载了大量具有杀虫抑菌作用的植物。西方国家早在古埃及和古罗马时期就开始使用植物材料进行病虫防治，中世纪以后关于利用植物杀虫防病的文献报道逐渐多了起来，如1763年法国开始使用烟草和石灰混合后防治蚜虫。近代（1850年以后）大量的杀虫植物如除虫菊、鱼藤属植物、苦木、沙巴草、鱼尼丁、毛叶藜芦和印楝等被利用。19世纪以来，在近代科学技术和工业发展的基础上，对植物源农药的开发逐渐从经验阶段上升到科学实验阶段，如除虫菊、烟草、鱼藤被加工为商品化制剂广泛使用。20世纪40年代，DDT杀虫活性的发现，开启了化学合成杀虫剂的新纪元，特别是50年代以后，随着化学农药的大量合成和广泛应用于农业生产，植物源农药逐渐被忽视。直到蕾切尔·卡逊《寂静的春天》（1962）揭示了化学合成农药的种种弊端及其对人类环境的危害之后，才使得包括植物源农药在内的生物农药重新受到重视。特别是印楝素、烟碱的研究开发成功以及除虫菊素化学结构的鉴定和拟除虫菊酯类杀虫剂的仿生合成，带动了整个植物源农药的发展。到目前为止，已发现具有杀虫活性的植物有1000多种，登记的植物源杀虫活性化合物19个，农药制剂产品78个，均已在生产实践中应用。

特点　植物源杀虫剂与化学合成等其他类农药相比，具有以下特点：①环境兼容性好。植物源杀虫剂的活性成分是自然存在的物质，来源于自然，在长期的进化过程中已形成了其固有的代谢途径，不会污染环境。②作用方式多样。植物源杀虫剂除具有触杀、胃毒、内吸、熏蒸等多种作用方式之外，通常对昆虫还具有拒食、忌避和调节生长发育的作用。③害虫不易产生抗药性。植物源杀虫剂往往含有多种有效成分，对害虫具有不同的作用机制或多个作用位点，不易使害虫产生抗药性。④对高等动物及天敌安全。除少数植物源杀虫剂外，绝大多数品种的急性毒性低且无残留毒性，因此对人、高等动物及天敌等非靶标生物安全。⑤早期施药防虫效果好。大多数植物源杀虫剂的药效发挥相对较为缓慢，害虫发生初期施药可控制种群繁衍，提高防治效果。⑥可用于绿色食品生产。植物源杀虫剂的原料来源、储存加工、制剂工艺等成本较高，但其可用于高附加值的绿色农产品生产，可使农民增产、增收。

分类　植物源杀虫剂可根据其有效成分与化学结构、作用方式与用途以及作用机理等分为不同的类型。

按有效成分与化学结构　可分为生物碱、萜烯类、精油类、黄酮类、光活化毒素以及其他类杀虫剂。①生物碱杀虫剂。如烟碱、苦参碱、喜树碱、雷公藤碱等，其杀灭害虫的方式多样，如毒杀、忌避、触杀、拒食和抑制生长发育等。②萜烯类杀虫剂。如单萜类、二萜类等，此类化合物的作用方式有拒食、忌避、抑制生长发育，并兼有触杀和胃毒作用。③精油类杀虫剂。如薄荷油、桉树油、菊蒿油、茼蒿油、芸香精油、肉桂精油、猪毛蒿油，此类物质兼具生物碱的作用方式，对害虫还具有熏蒸、引诱作用。④黄酮类杀虫剂。主要是皂苷或皂苷元、双糖苷或三糖苷的化合物，主要有鱼藤酮、毛鱼藤酮等。⑤光活化毒素杀虫剂。如呋喃香豆素、生物碱类、2-噻酚以及醌等，其广泛存在于植物中，此类化学物质在光照下杀灭害虫的能力显著提升。⑥其他类杀虫剂。糖苷类化合物、有机酸类化合物、有毒蛋白类、皂苷类、酚类、甾醇类等。

按作用方式与用途　可分为触杀剂、胃毒剂、熏蒸剂、忌避剂、拒食剂以及生长发育调节剂等。①触杀剂。对害虫具有毒杀作用的植物源提取物，如除虫菊素、鱼藤酮、烟碱等。②胃毒剂。通过消化系统作用于害虫，如苦楝、川楝、苦皮藤素、雷公藤甲素等。③熏蒸剂。某些植物精油及其组分作为杀虫剂，以气态分子进入害虫体内而起毒杀作用，如印楝精油对粉斑螟和烟草甲虫的熏蒸毒力非常显著。④忌避剂。对害虫具有忌避作用的植物源活性物质，如香茅油可忌避蚊虫，丁香酚对玉米象有忌避作用。⑤拒食剂。对昆虫具有拒食作用的植物活性物质，如印楝素是鳞翅目害虫的高效拒食剂，天葵提取物对小菜蛾幼虫、玉米象成虫具有较强的拒食活性。⑥麻醉剂。某些植物的活性物质对害虫具有特殊的麻醉作用，导致死亡，如苦皮藤素、鱼藤酮、毒扁豆碱等。⑦生长发育调节剂。此类物质通过影响昆虫内分泌系统从而导致其生长发育受阻，如印楝素可以抑制玉米螟幼虫不能化蛹而成为“永久性”幼虫，鸭跖草科露水草和水竹叶中含有较多的β-蜕皮激素。

按作用机理 可分为神经毒剂、呼吸毒剂、消化毒剂和生长调节剂。①神经毒剂。作用于害虫神经系统的植物源活性化合物，如鱼藤酮、烟碱、毒扁豆碱和除虫菊素等。②呼吸毒剂。作用于害虫呼吸系统的植物源提取物，如苦参碱、鱼藤酮等。③消化毒剂。作用于害虫消化系统的植物源活性成分，一是对昆虫中肠具有破坏作用，二是影响消化酶系的活性，如川楝素、砂地柏、苦皮藤素等。④生长调节剂。能干扰昆虫体内激素分泌，影响其生长发育的植物源活性物质，如川楝素能使家蝇的蛹出现畸形、发育受阻，蓝喜树碱是目前最有效的昆虫绝育剂。

资源 自然界杀虫植物资源丰富，迄今为止，全世界已报道具有杀虫活性的植物种类有40多个科1000多种，其中具有开发和应用价值的科包括楝科、菊科、豆科、芸香科、唇形科、番荔枝科、毛茛科、大戟科、天南星科等。重要科及其代表性植物如下。

楝科 目前楝科研究比较多且较深入的有印楝（*Azadirachta indica* A. Juss）、苦楝（*Melia azedarach* Linn.）、川楝（*Melia toosendan* Sieb A. Zucc.）3种植物。另外，米籽兰（*Aglaia odorata* Lour.）、香椿［*Toona sinensis*（A. Juss.）Roem.］、红椿（*Toona ciliata* Roem.）、洪都拉斯桃花心木（*Swietenia macrophylla* King）、桃花心木［*Swietenia mahagoni*（L.）Jacq.］、缅甸椿（*Toona ciliata* Roem.）等植物的杀虫活性也有较多研究报道。

菊科 除虫菊（*Pyreythrum cinerariifoliun* Trebr.）是目前研究应用较多的菊科植物。此外，该科具有杀虫活性的植物还有万寿菊（*Tagetes erecta* L.）、艾蒿（*Artemisia argyi* Levl. et Vent.）、胜红蓟（*Ageratum conyzoides* L.）、苍耳（*Xanthium sibiricum* Patrin ex Widder）、莴苣（*Lactuca sativa* L.）、熊耳草（*Ageratum houstonianum* Mill.）、三齿蒿（*Artemisia tridentata* Nutt.）、赛菊芋［*Heliopsis helianthoides*（A. Gray）Blake］、黄花蒿（*Artemisia annua* L.）、天名精（*Carpesium abrotanoides* L.）、旋覆花（*Inula japonica* Thunb.）、史库菊［*Schkuhria pinnata*（Lam.）O. Kntze］、土木香（*Inula helenium* L.）、欧蓍草（*Achillea millefolium* L.）、松果菊［*Echinacea purpurea*（Linn.）Moench］等。

豆科 目前豆科具有开发和应用价值的有毛鱼藤（*Derris elliptica* Benth）、苦参（*Sophara flavescens* Ait.）。此外，百脉根（*Lotus corniculatus* L.）、皂荚（*Gleditsia sinensis* Lam）、苦豆子（*Sophora alopecuroides* Linn.）、小花棘豆（*Oxytropis glabra* DC.）、黄花棘豆（*Oxytropis ochrocephala* Bunge）、镰形棘豆（*Oxytropis falcata* Bunge）、二色棘豆（*Oxytropis bicolor* Bunge）、甘肃棘豆（*Oxytropis kansuensis* Bunge）、豆薯［*Pachyrhizus erosus*（L.）Uran］、紫穗槐（*Amorpha fruticosa* Linn.）、香豌豆（*Lathyrus odoratus* Linn.）等植物也具有杀虫活性。

芸香科 吴茱萸（*Evodia rutaecarpa* Hook f. Thoms）是芸香科重要的杀虫植物。此外，花椒（*Zanthoxylum bungeanum* Maxim.）、茴香黄皮［*Clausena anisata*（Willd）Oliv.］、东风橘［*Atalantia buxifolia*（Poir.）Oliv.］、刺椒（*Zanthoxylum clava-herculis* L.）、柑橘（*Citrus reticulata* Blanco var. *austera*）、酸橙（*Citrus aurantium* L.）、葡萄柚（*Citrus paradisi* Macfadgen）、日本常山（*Orixa japonica* Thunb.）等植物也具有杀虫活性。

唇形科 薄荷（*Mentha haplocalyx* Briq.）是唇形科重要的杀虫植物。此外，薰衣草（*Lavandula vera* L.）、盔状黄芩（*Scutellaria galericulata* Linn.）、高山黄芩（*Scutellaria alpina* L.）、麝香草（*Thymus mongolicus* Ronn）、欧薄荷［*Mentha longifolia*（Linn.）Hudson］、罗勒（*Ocimum basilicum* L.）、匍匐筋骨草（*Ajuga reptans* L.）等植物也具有杀虫活性。

番荔枝科 该科具有杀虫活性的植物主要有番荔枝（*Annona squamosa* L.）、木瓣树（*Xylopia vielana* Pierre）、塞内加尔番荔枝（*Annona senegalensis* Pers）、中心果（*Annona reticulate* L.）、千心果（*Annona glabra* L.）、紫番荔枝（*Annona purpurea* L.）、椭圆番荔枝（*Annona elliptica* R. E. Fries）等。

毛茛科 该科具有杀虫活性的植物主要有毛茛（*Ranunculus japonicus* Thunb.）、打破碗花花（*Anemone hupehensis* L.）、腺毛翠雀（*Delphinium grandiflorum* L. var. *glandulosum* W. T. Wang）、白头翁［*Pulsatilla chinensis*（Bunge）Regel］等。

大戟科 蓖麻（*Ricinus communis* L.）是大戟科重要的杀虫植物。此外，大戟（*Euphorbia pekinensis* Rupr.）、泽漆（*Euphorbia heliscopia* L.）、乌桕［*Sapium sebiferum*（L.）Roxb.］、油桐（*Vernicia fordii* Hemsl.）等植物也具有杀虫活性。

天南星科 该科具有杀虫活性的植物主要有天南星（*Arisaema heterophyllum* Blume）、菖蒲（*Acorus calamus* L.）、半夏［*Pinellia ternata*（Thunb.）Breit］等。

茄科 目前茄科具有开发和应用价值的有烟草（*Nicotiana tabacum* L.）。此外，白花曼陀罗（*Datura stramonium* L.）、番茄（*Lycopersicon esculentum* Mill.）等植物也具有杀虫活性。

百合科 藜芦（*Veratrum nigrum* L.）是目前研究应用较多的百合科植物。此外，石刁柏（*Asparagus officinalis* L.）也具有杀虫活性。

蓼科 该科具有杀虫活性的植物主要有柔毛水蓼（*Polygonum pubescens* Blume）、辣蓼（*Polygonum hydropiper* L.）等。

伞形花科 该科具有杀虫活性的植物主要有当归（*Angelica polymorpha* Maxim. var. *sinensis* Oliv.）、芹菜（*Apium graveolens* L. var. *dulce* DC.）等。

茜草科 该科具有杀虫活性的植物主要有车轴草［*Galium odoratum*（L.）Scop］。

瑞香科 狼毒（*Stellera chamaijasme* L.）是目前研究应用较多的瑞香科植物。

蒺藜科 该科具有杀虫活性的植物主要有骆驼蓬（*Poganum nigellastrum* Bunge）。

萝藦科 该科具有杀虫活性的植物主要有牛皮消（*Cynanchum auriculatum* Bge.）、牛心朴（*Cynanchum komarovii* Al. Iljinski）等。

卫矛科 苦皮藤（*Celastrus angulatus* Max.）是卫矛科重要的杀虫植物。此外，南蛇藤（*Celastrus orbiculatus* Thunb.）、白杜（*Euonymus bungeanus* Maxim.）、扶芳藤［*Euonymus fortunei*（Turcz.）Hand.-Mazz］等植物也具有杀虫活性。

夹竹桃科　该科具有杀虫活性的植物主要有夹竹桃（*Nerium indicum* Mill.）、牛角瓜［*Calotropis gigantea*（L.）Dry.ex Ait.f］等。

马桑科　该科具有杀虫活性的植物主要有马桑（*Coriaria sinica* Maxim.）。

马鞭草科　该科具有杀虫活性的植物主要有马鞭草（*Verbena officinalis* L.）。

石榴科　该科具有杀虫活性的植物主要有石榴（*Punica granatum* L.）。

防己科　该科具有杀虫活性的植物主要有青木防己藤［*Cocculus trilobus*（Thunb.）DC.］。

苦木科　该科具有杀虫活性的植物主要有臭椿（*Ailanthus altissima* Swingle）。

樟科　该科具有杀虫活性的植物主要有香樟［*Cinnamomum camphora*（L.）Presl.］、印度鳄梨［*Persea indica*（L.）Spreng］。

柏科　该科具有杀虫活性的植物主要有砂地柏（*Sabina vulgaris* Ant.）。

胡桃科　该科具有杀虫活性的植物主要有核桃（*Juglans regia* L.）。

胡椒科　该科具有杀虫活性的植物主要有黑胡椒（*Piper nigrum* L.）。

锦葵科　该科具有杀虫活性的植物主要有木槿（*Hibiscus syriacus* L.）、陆地棉（*Gossypium hirsutusm* L.）。

罂粟科　该科具有杀虫活性的植物主要有小果博落回［*Macleaya microcarpa*（Maxim.）Fedde］。

金丝桃科　该科具有杀虫活性的植物主要有黄果木（*Mammea americana* L.）。

水鳖科　该科具有杀虫活性的植物主要有苦草［*Vallisneria natans*（Lour.）Hara］。

爵床科　该科具有杀虫活性的植物主要有穿心莲［*Andrographis paniculata*（Burm. F.）Nee］。

葫芦科　该科具有杀虫活性的植物主要有苦瓜（*Momordica charantia* Linn.）。

肉豆蔻科　该科具有杀虫活性的植物主要有肉豆蔻（*Myristica fragrans* Houtt.）。

桃金娘科　该科具有杀虫活性的植物主要有桉树（*Eucalyptus robusta* Smith）。

紫草科　该科具有杀虫活性的植物主要有天芥菜（*Heliotropium europapaeum* Linn. var. *europapaeum*）。

五加科　该科具有杀虫活性的植物主要有西洋参（*Panax quinquefolius* Linn.）。

红豆杉科　该科具有杀虫活性的植物主要有欧洲云杉［*Picea abies*（L.）Karst.］。

虎耳草科　该科具有杀虫活性的植物主要有虎耳草（*Saxifraga stolonifera* Cutt.）

作用方式　植物源杀虫剂对害虫通常具有触杀、胃毒、忌避、拒食、麻醉、抑制生长发育等作用方式。

触杀作用　指杀虫剂通过接触虫体表皮，渗入到虫体内引起中毒死亡，通常对害虫成虫和虫卵具有作用。昆虫中毒后，表现出兴奋、抽搐、瘫痪和死亡，如除虫菊、鱼藤、烟草、苦参、烟碱等具有较强的触杀作用。

胃毒作用　指杀虫剂通过口器进入虫体，破坏中肠及影响消化系统而引起害虫死亡。昆虫中毒后，表现出中肠穿孔破裂、麻痹、昏迷、死亡。如苦皮藤素Ⅴ破坏黏虫和菜青虫等幼虫中肠肠壁细胞膜及细胞器膜，川楝素可破坏菜青虫中肠组织。

忌避作用　指昆虫对植物源活性物质散发的特殊气味非常敏感，害虫吸入气体后很快远离施药场所。如苦楝对斜纹夜蛾幼虫有较强的忌避活性，辣椒油、樟脑油对橘小实蝇具有产卵忌避作用。

拒食作用　指昆虫取食植物源活性化合物后，抑制昆虫的感觉器官使其无法感知食物，产生厌恶、拒食，最后饥饿而死。如印楝素、苦皮藤根皮粉对小菜蛾幼虫以及盐酸黄连素对蚜虫的拒食作用等。

麻醉作用　指植物活性物质对害虫具有特殊的麻醉作用，昆虫中毒后表现出呼吸减弱、行为迟滞、麻痹，最终缓慢死亡。如苦皮藤素Ⅳ作用于黏虫、菜粉蝶等幼虫的神经—肌肉连接处，抑制神经—肌肉的运动引起麻醉死亡。鱼藤酮抑制昆虫呼吸，使其麻痹死亡。

生长发育抑制作用　指昆虫食用植物源活性物质后，干扰昆虫体内激素分泌，导致其生长发育异常，主要表现为生长延缓、虫卵孵化受阻、幼虫畸形。如印楝素可抑制昆虫的繁殖力或孵化率，影响幼虫或成虫的取食和幼虫蜕皮或化蛹。

作用机理　植物源杀虫剂的杀虫活性成分不同，其对害虫的作用机理也不一样，概括起来主要包括神经系统、呼吸系统、消化系统和内分泌系统作用机理4个方面。

神经系统作用机理　植物源活性物质以神经系统作为作用靶标，干扰破坏昆虫神经生理、生化过程而引起昆虫中毒及死亡。如除虫菊素能破坏昆虫的神经组织（周围神经系统、中枢神经系统、感觉器官等），作用于钠离子通道，引起昆虫神经细胞的重复开放，使昆虫很快中毒死亡。毒扁豆碱可使昆虫胆碱能神经末梢所释放的乙酰胆碱不能水解，导致神经突触中积累大量的乙酰胆碱，破坏神经冲动的正常传导而引起昆虫死亡。

呼吸系统作用机理　植物源活性物质以呼吸系统作为作用靶标发挥毒性，一是堵塞或覆盖昆虫气门而不能呼吸，引起昆虫窒息死亡；二是干扰破坏昆虫呼吸酶系，抑制氧化代谢而引起昆虫中毒死亡。如鱼藤酮进入虫体后会抑制线粒体呼吸链，导致昆虫出现呼吸困难和惊厥等呼吸系统障碍，行动迟缓，最后麻痹死亡。

消化系统作用机理　植物源活性成分以消化系统为初始靶标，通过破坏中肠和影响消化酶系而引起虫体死亡。如苦皮藤素Ⅴ可破坏中肠肠壁细胞质膜及内膜系统，体液穿过肠壁细胞进入消化道，引起昆虫呕吐、泻泄，失水死亡。川楝素可破坏虫体中肠组织与各种解毒酶系，影响虫体消化吸收而死亡。

内分泌系统作用机理　植物源活性成分以分泌细胞为作用靶标，干扰促前胸腺激素、促咽侧体激素、保幼激素及蜕皮激素的合成、释放及平衡，使其不能正常生长、繁殖，从而控制害虫种群。如印楝素阻断促前胸腺激素从心侧体的释放，可明显地降低昆虫血淋巴中蜕皮激素的浓度，影响昆虫的蜕皮；也可阻断促咽侧体激素进入咽侧体而影响保幼激素的合成与释放，导致昆虫体内保幼激素浓度的迅速降低，使昆虫产生形态上的缺陷。

开发 植物是生物活性化合物的天然宝库，在近代工业发展的基础上，植物保护工作者利用丰富的植物资源，结合先进的现代工艺技术，对植物源杀虫剂的研究进行不断的探索与实践，已成为新农药开发的重要途径。到目前为止，植物源杀虫剂的研究主要包括直接利用、间接利用及生物技术利用三大开发途径。

直接利用　主要包括两个方面，一是将具有杀虫作用的植物本身或其初提取物加工成杀虫剂，如10%、12%、20%、40%印楝素母药，5%苦参碱母药，50%除虫菊素母药；二是将植物源活性化合物分离、纯化、鉴定，以活性成分为原药开发成商品制剂。这类植物一般为生物收获量大，其有效成分含量高、活性强且难以人工合成。如中国开发的0.5%印楝素杀虫乳油、2.5%鱼藤酮乳油和1%苦皮藤素水乳剂等均已产业化生产。

间接利用　一是先导化合物模型构建，即从植物中发现活性化合物后，分离提纯植物的有效成分，鉴定其结构，明确理化性质以及作用靶标，分析衍生物的理化参数与活性的关系，建立结构—活性模型，并以此来指导高效杀虫药物分子的设计和合成。如1970年壳牌公司以烟碱结构为基础，开发了先导SD-031588，随后优化得到活性更好的硝虫噻嗪。拜耳公司于1984年将硝虫噻嗪结构衍生出化合物NTN32692，在此基础上，第一个商品化新烟碱类杀虫剂吡虫啉成功开发；二是活性成分仿生合成，即从植物体中分离杀虫活性成分后，对其进行仿生合成。这一方法适合于在植物体内含量较低，但生物活性较高的化合物。如拟除虫菊酯杀虫剂是以菊科植物除虫菊为范本仿生合成，氨基甲酸酯类杀虫剂是以豆科植物的毒扁豆碱为范本仿生合成。

生物技术利用　利用生物合成技术定向生产杀虫活性物质，经提取、分离后加工成制剂使用。目前，在这一领域已开展了高效杀虫植物的微繁殖技术、细胞培养技术、器官培养技术以及利用内生真菌合成目标化合物的研究。如盐酸小檗碱能采用上述生物技术进行定向合成，不仅能满足医药及农药行业生产需求，同时还保护了自然植物资源。这些技术适用于含高活性物质，但化合物难以人工合成或植物体本身不易获得（如珍稀植物、难以栽植或生物收获量很少）的植物种类。目前，人们熟知的印楝、除虫菊、雷公藤和法国万寿菊等活性植物均已建立了细胞液体悬浮培养体系，将现代生物技术用于目标活性物质的开发研究。

应用 植物源农药因对人畜毒性低，在环境中容易降解等特点，20世纪80年代以来成为各国植物保护工作者的研究热点。美国是植物源农药产业化品种最多的国家，据美国环境保护局（EPA）公布的数据显示，截至2014年2月，美国已注册生物农药390种，其中植物源农药有69种。近20年来，中国生物农药产业化取得了长足进展，生物农药2600余种，有效成分90余种，制剂年产量近13万吨，年产值约30亿元人民币，应用面积2600万~3300万hm^2·次。截至2017年8月，植物源农药制剂超过370种，有效成分30余种，其中已登记注册的植物源杀虫活性化合物有苦参碱、印楝素、除虫菊素、鱼藤酮、烟碱、茶皂素、蛇床子素、苦皮藤素、藜芦碱、狼毒素、螺威、苦豆子生物碱、八角茴香油13种，加工制剂78种。加工剂型较多的活性成分主要有除虫菊素（17种）、苦参碱（15种）、印楝素（13种）、鱼藤酮（12种）。目前，苦参碱产量达5858吨/年，印楝素产量为1554吨/年。

目前，植物源杀虫剂主要应用于蔬菜、水果、茶叶、中药材、粮油、花卉生产以及城市绿化、仓储和卫生等方面，特别是在高附加值的绿色农产品生产中使用较为广泛。防治范围包括鳞翅目、半翅目、直翅目、鞘翅目、蜱螨目、缨翅目及双翅目等，主要对象有菜青虫、小菜蛾、棉铃虫、茶毛虫、茶尺蠖、玉米螟、蝗虫、蚜虫、介壳虫、茶小绿叶蝉、茶橙瘿螨、茶黄螨、黄条跳甲、玉米象、谷蠹、红蜘蛛、斑潜蝇等害虫。

在生产实践中，植物源杀虫剂可以单独使用或几种制剂混合使用，也可以与其他生物农药混配使用，扩大防治谱。植物源杀虫剂也可与高效低毒化学农药混配使用，能延缓化学农药抗药性的产生，延长其使用寿命。值得一提的是有些植物源杀虫剂，不仅具有杀虫作用，还兼具防病、营养及改善土质等多重效果。如吴传万等利用苦豆子和牛心朴子残渣混配，研发出兼具防虫、抑菌、营养及改良土壤作用多功能于一体的新一代生态环保型药肥，并获得发明专利授权（ZL200710026023.X）。

随着人们对环境生态、食品安全的日益关注，植物源农药的研究、开发和使用受到政府、科研推广部门及农药企业、农产品生产者等各相关方的高度重视。在大力提倡“绿色农药”、加强环境保护、保障食品安全和发展持续农业的今天，植物源杀虫剂对环境友好和实现农产品质量安全生产的优势尤为凸显。可见，大力加强和积极开展植物源农药的研究和开发，特别是从植物中发掘具有杀虫活性的先导化合物，结合微繁殖技术、细胞培养技术以及基因工程技术等生物技术的利用，开发具有环境兼容性的绿色无公害农药，对推进绿色产业发展、促进农村经济繁荣、保证食物安全以及保护生态环境具有重要深远的意义。

参考文献

蔡璞瑛, 毛绍名, 章怀云, 等, 2014. 植物源杀虫剂国内外研究进展[J]. 农药, 53 (8): 547-551.

何玲, 王李斌, 贾丽, 2013. 植物源杀虫剂作用机理的研究[J]. 农药科学与管理, 34 (6): 16-19.

郝乃斌, 戈巧英, 1999. 中国植物源杀虫剂的研制与应用[J]. 植物学通报, 16 (5): 495-503.

李明, 季祥彪, 曾晞, 等, 1997. 天葵对昆虫的生物活性研究 Ⅰ 天葵提取物对小菜蛾的拒食活性[J]. 贵州农学院学报, 16 (3): 27-30.

李明, 曾晞, 季祥彪, 等, 1999. 盐酸黄连素对蚜虫生物活性的研究[J]. 昆虫学报, 42 (2): 140-144.

邱德文, 2013. 生物农药研究进展与未来展望[J]. 植物保护, 39 (5): 81-89.

吴传万, 杜小凤, 王伟中, 等, 2008. 防治线虫和地下害虫的无公害药肥及其生产工艺[P]. ZL200710026023.X,2008-3-12.

吴厚斌, 郑鹭飞, 刘苹苹, 2012. 近年来美国登记的生物农药品种[J]. 农药科学与管理, 33 (3): 57-62.

吴文君, 胡兆农, 刘惠霞, 等, 2005. 苦皮藤主要杀虫有效成分的杀虫作用机理及其应用[J]. 昆虫学报, 48 (5): 770-777.

吴文君, 1998. 天然产物杀虫剂——原理·方法·实践[M]. 西安: 陕西科学技术出版社.

王桂清, 姬兰柱, 张弘, 等, 2006. 中国植物源杀虫剂研究进展[J]. 中国农业科学, 39 (3): 510-517.

徐汉虹, 2001. 杀虫植物与植物性杀虫剂[M]. 北京: 中国农业出版社.

赵善欢, 2000. 植物化学保护[M]. 3版. 北京: 中国农业出版社: 301-302.

张兴, 马志卿, 冯俊涛, 等, 2015. 植物源农药研究进展[J]. 中国生物防治学报, 31 (5): 685-698.

张兴, 吴志凤, 李威, 等, 2013. 植物源农药研发与应用新进展——特殊生物活性简介[J]. 农药科学与管理, 34 (4): 24-31.

BENNER J P, 1993. Pesticidal compounds from higher plants[J]. Pesticide science, 39 (2): 95-102.

RATTAN R S, 2010. Mechanism of action of insecticidal secondary metabolites of plant origin[J]. Crop protection, 29 (9): 913-920.

（撰稿：李明；审稿：吴小毛、龙友华）

植物源杀菌剂 botanical fungicide

用具有杀菌、抑菌活性的植物的某些部位或提取其有效成分，以及分离纯化的单体物质加工而成的用于防治植物病害的药剂，包括植物源杀真菌剂、杀细菌剂、病毒抑制剂和杀线虫剂。

较早用于植物病害防治的有大蒜汁、洋葱汁、棉籽饼、辣蓼、五凤草等。Wilkins 等报道有 1389 种植物有可能作为杀菌剂。植物中的抗毒素、类黄酮、罹病相关蛋白质、有机酸和酚类化合物等均具有杀菌或抗菌活性。

植物源杀菌剂来源于自然，能在自然界降解，一般不会污染环境及农产品，在环境和人体中积累毒性的可能性不大，对人相对安全，对害虫天敌伤害小，具有低毒、低残留的特点，因此能够保持农产品的高品质，表现出较好的市场前景。

主要活性物质 目前发现的植物中的杀（抑）菌活性成分，其结构类型涉及萜类、生物碱类、黄酮类、苷类、皂甙、醌类、香豆素、木脂素、芪类、胺类、酯类、酚类、醛类、醇类、甾类、有机酸及精油类等化合物。

萜类 异戊二烯聚合物及其衍生物的总称。多数萜类物质多对镰刀菌有抑制作用。可抑制病原菌的初生能量代谢、NADH 及丁二酸脱氢酶（SDH）活性、呼吸过程的电子传递过程，推测其通过影响病原菌呼吸作用及细胞膜功能，从而起到抑菌的作用。

生物碱类 抑菌活性顺序为总生物碱＞水溶性生物碱＞脂溶性生物碱。苦参碱与小檗碱复配可用于防治苹果腐烂病、轮纹病和黄瓜霜霉病。从万寿菊根中分离出 5 类具有抑菌活性的生物碱，其中水溶性生物碱对西瓜枯萎病菌菌丝生长有较好的抑制作用。

黄酮类 从植物番石榴枝条和叶中分离出黄酮类化合物，对丝核菌和大麦网孢长蠕霉具有抑菌活性。从花生壳中提取的木樨草素具有强烈的抑菌活性和良好的抗氧化性能，可作为食品防腐保鲜剂。

苷类 白头翁的活性成分主要是皂苷类，其对小麦赤霉病菌和水稻白叶枯病菌等均表现出很好的抑制活性，并具有杀虫活性。

醌类 大黄素、大黄酚、大黄酸及槲皮素醌类化合物，在 1% 和 0.05% 浓度下对细链格孢、盘多毛孢、栗盘色多格孢和香石竹单孢锈等常见植物病原菌的产孢和孢子萌发均有不同程度的抑制作用。

作用机理 目前对于植物体中活性成分的作用机制研究相对较少，活性物质对细菌、真菌和植物本身的作用机制尚未完全研究清楚。目前该方面的研究主要针对植物提取液对病原菌的直接作用，包括抑制菌丝生长、抑制游动孢子的产生、附着胞形成及侵入丝形成、对病毒病株抑制率及体外钝化效果以及对寄主的作用（如诱导寄主产生抗性、增强寄主的生长及繁殖能力、保鲜及储藏能力等）。

已有研究表明植物源抑（杀）菌物质可作用于病原菌细胞的多个结构。大蒜素的作用机理是其硫代磺酸基团与菌体中含巯基的物质反应，抑制了病原菌正常代谢所需的重要物质。帕地霉素类化合物结合真菌表面甘露糖蛋白中的糖部分，可导致细胞内钾离子的渗漏和细胞形态的严重改变。香叶醇也有类似的提高细胞内钾离子的外渗透的作用，并增加真菌细胞膜的流动性。植物精油的抑菌作用机理是可增加细胞膜的渗透性。万寿菊根的提取物可明显抑制西瓜枯萎病菌菌丝生长，同时该提取物能诱导西瓜保护酶如超氧化物歧化酶（SOD）和过氧化物酶（POD）活性提高，减轻西瓜枯萎病菌粗毒素对西瓜幼苗的毒害作用。有些植物提取物不但作用于病原菌，还对寄主植物的防御系统起活化作用，欧洲防风草和紫草叶子提取物强烈抑制禾白粉菌无性孢子和禾柄锈菌夏孢子的萌发，还激发了小麦自身的防御系统。

参考文献

江志利, 张兴, 冯俊涛, 2002. 植物精油研究及其在植物保护中的利用[J]. 陕西农业科学(1): 32-36.

刘学端, 肖启明, 1997. 植物源农药防治烟草花叶病机理初探[J]. 中国生物防治, 13 (3) : 128-131.

杨征敏, 吴文君, 王明安, 等, 2001. 苦皮藤假种皮中的杀菌活性成分研究[J]. 农药学学报, 3 (2) : 93-96.

CHENG S S, WU C L, CHANG H T, et al, 2004. Antitermitic and antifungal activities of essential oil of *Calocedrus* from osana leaf and its composition[J]. Journal of chemical ecology, 30 (10) : 1957-1967.

MEEPAGALA K M, KUHAJEK J M, STURTZ G D, et al, 2003. Vulgarone B, the antifungal constituent in the steam-distilled fraction of *Artemisia douglasiana*[J]. Journal of chemical ecology, 29 (8) : 1771-1880.

NAKAMURA C V, ISHIDA K, FACCIN L C, et al, 2004. *In vitro* activity of essential oil from *Ocimum gratissimum* L. against four *Candida* species[J]. Research in microbiology, 155: 579-586.

Z

TACHIBANA S, ISHIKAWA H, ITOCH K, 2005. Antifungal activities of compounds isolated from leaves of *Taxus cuspidata* var. *nana* against plant pathogenic fungi[J]. J. Wood science., 51: 181-184.

WALTERS D R, WALKER R L, WALKER K C, 2003. Lauric acid exhibits antifungal activity against plant pathogenic fungi[J]. Journal of phytopathology, 151: 228-230.

WANG S Y, CHEN P F, CHANG S T, 2005. Antifungal activities of essential oils and their constituents from indigenous cinnamon (*Cinnamomum osmophloeum*) leaves against wood decay fungi[J]. Bioresource technology (96) : 813-818.

（撰稿：刘西莉；审稿：刘鹏飞）

制蚜菌素 aphicidin

一种由浅灰链霉菌杭州湾亚种（*Streptomyces griseoluteus* subsp. *hangzhouwanensis*）发酵产生的含氮杂环类抗生素，对多种蚜虫有很好的杀虫活性。

其他名称 组蛋白脱乙酰酶抑制剂、Apicidin、Apicidin Ia、OSI 2040。

化学名称 环(8-氧-L-2-氨基癸酰基-1-甲氧基-L-色氨酰-L-异亮-D-2-哌啶羰基)；ring(8-oxygen-L-2-amino -decanoyl-1-methoxyl-L-tryptophyl-L-isoleucine -D-2-piperidine carbonyl)。

IUPAC名称 cyclo[(2*S*)-2-amino-8-oxodecanoyl-1-methoxy -L-tryptophyl-L-isoleucyl-(2*R*)-2-piperidinecarbonyl]。

CAS登记号 183506-66-3。

分子式 $C_{34}H_{49}N_5O_6$。

相对分子质量 623.78。

结构式

开发单位 浙江新安化工集团股份有限公司。

理化性质 原药为淡黄色膏状物，可溶于碱性水溶液，不溶于中性或酸性水溶液，在碱性环境或冷藏条件下稳定。

毒性 研究制蚜菌素的急性、亚慢性毒性及致突变性结果表明，急性经口 LD_{50}：雌、雄大鼠均为38.3mg/kg，雄小鼠38.3mg/kg，雌小鼠17.8mg/kg。急性经皮 LD_{50}：雄大鼠1470mg/kg，雌大鼠1210mg/kg。小鼠骨髓多染红细胞微核试验、小鼠睾丸精母细胞染色体畸变试验及Ames试验结果均为阴性。亚慢性经口毒性NOEL：雄性大鼠为0.18mg/（kg·d）±0.01mg/（kg·d），雌性大鼠为0.22mg/（kg·d）±0.02mg/（kg·d）。

防治对象 对各种果蚜、菜蚜、棉蚜及一些粮食作物蚜虫均有良好防治效果，对红蜘蛛、锈壁虱以及鳞翅目害虫菜青虫等也有较强毒性。

使用方法 推荐使用剂量为有效成分13.33～20mg/kg，在黄瓜蚜虫盛发期喷第一次药，2～4天后喷第二次药，每次每公顷喷水量为750kg。

参考文献

顾刘金, 杨校华, 黄雅丽, 等, 2007. 制蚜菌素毒性研究[J]. 农药, 46 (3): 189-191.

吴吉安, 竺利红, 梁建根, 等, 2010. 生物农药制蚜菌素对黄瓜瓜蚜的毒力测定及田间药效[J].江西农业学报, 22 (7): 79-80.

（撰稿：陶黎明；审稿：徐文平）

质谱法 mass spectrometry, MS

通过将样品转化为运动的气态离子并按质荷比（*m/z*）大小进行分离记录的分析方法。所得结果即为质谱图（又名质谱，mass spectrum）。根据质谱图提供的信息，可以进行多种有机物及无机物的定性定量分析、复杂化合物的结构分析、样品中各种同位素比的测定及固体表面结构和组成分析等。

原理 质谱法是高真空下，具有高能量的电子流等碰撞加热气化的样品分子时，分子中的一个电子（价电子或非价电子）被打出生成阳离子自由基（$M^+\cdot$，分子离子），这样的离子继续破碎会变成更多的碎片离子，把这些离子按照质量与电荷比值的大小顺序分离并记录的分析方法。根据质谱图提供的信息可以进行多种有机物及无机物的定性和定量分析、复杂化合物的结构分析、样品中各种同位素比的测定等。因此，质谱法可以测定准确的分子量，鉴定化合物，推测未知物的结构，测定分子中氯、溴等的原子数。

质谱仪 质谱仪是利用电磁学原理，使带电的样品离子按质荷比进行分离的装置，包括进样系统、离子化系统、质量分析器、检测系统（见图）。为了获得离子的良好分析，必须处于真空状态，以避免离子干扰。质谱分析的一般过程：通过合适的进样装置将样品引入并进行气化，气化后的样品引入到离子源进行离子化，然后离子经过适当的加速后进入质量分析器，按照不同 *m/z* 进行分离，到达检测器，产生不同的信号而进行分析。

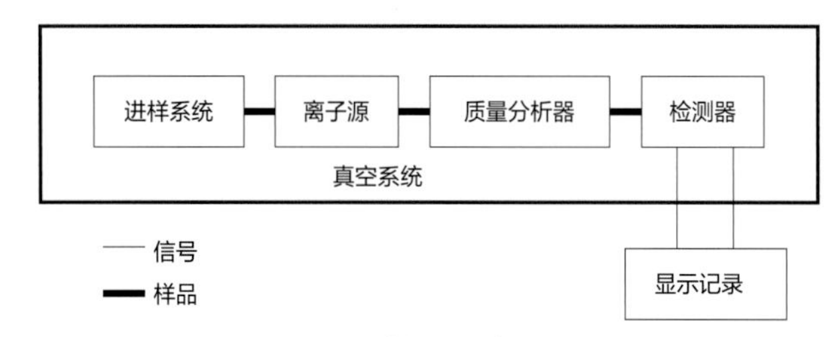

质谱仪的构成

质谱仪分类 按应用范围分为同位素质谱仪、无机质谱仪和有机质谱仪。在农药分析领域中，多使用有机质谱仪，分为四极杆质谱仪、离子阱质谱仪、飞行时间质谱仪和磁质谱仪等。

色谱-质谱联用技术 质谱法可以进行有效的定性分析，但对复杂的有机混合物体系的定性准确性差，在进行有机定量分析时样品要经过分离纯化。色谱法是一种有效的分离分析方法，特别适合进行有机混合物的分离。色谱与质谱的结合为科研工作者提供了一个进行混合有机物体系高效分离并进行定性定量分析的有力工具。在农药残留分析中，常用的色谱-质谱联用技术包括气相色谱-质谱（GC-MS）、液相色谱-质谱（LC-MS）、色谱与串联质谱（MS/MS）的联用等。近年来，色谱与多级质谱、高分辨质谱的联用技术在农药残留分析应用逐步广泛，在市场监测等领域发挥了重要作用。

参考文献

钱传范, 2011. 农药残留分析原理与方法[M]. 北京: 化学工业出版社.

叶宪曾, 张新祥, 2007. 仪器分析教程[M]. 北京: 北京大学出版社.

（撰稿：赵鹏跃；审稿：潘灿平）

治疗活性测定法 curative activity method

利用药剂浓度与烟草叶片发病抑制程度呈正相关的原理，测定供试样品抗病毒活性的生物测定方法。

适用范围 适用于初筛、复筛及深入研究阶段的活性验证；可以用于测定新化合物的抗病毒活性，测定不同剂型、不同组合物及增效剂对抗病毒活性的影响，比较几种抗病毒剂的生物活性。

主要方法 治疗活性采用全株法，接种后喷雾施药，观察3天后调查病情指数，计算防效。试验中选取长势均匀一致的3~5叶期珊西烟植株，用毛笔全叶摩擦接种病毒，病毒浓度为10mg/L，接种后以流水冲洗。叶面收干后，全株喷雾施药，每处理3次重复，并以0.1%吐温80水溶液为对照。3天后调查病斑数，计算防效。

防效 =（对照组病情指数 - 处理组病情指数）/ 对照组病情指数 ×100%

一般设置5~7个浓度测定供试样品的活性，每个浓度3~5个重复。采用DPS统计软件中专业统计分析生物测定功能中的数量反应生测几率值分析方法获得药剂浓度与生长抑制率之间的剂量效应回归模型，计算得到抑制剂量浓度（IC_{50}、IC_{90}）和95%置信区间。

参考文献

陈年春, 1991. 农药生物测定技术[M]. 北京: 北京农业大学出版社.

王力钟, 李永红, 于淑晶, 等, 2013. 2种抗TMV活性筛选方法在农药创制领域的应用[J]. 农药, 52(11): 829-831.

（撰稿：李永红、王力钟；审稿：陈杰）

治疗作用 curative action

利用现代选择性杀菌剂的内吸性和再分布的特性进入植物体内，在植物感病或发病以后，对植物体施用杀菌剂，解除病菌与寄主的寄生关系或阻止病害发展，使植物恢复健康，包括系统治疗作用和局部治疗作用。系统治疗作用（systemic curative action），即利用药剂具有的内吸性和再分布的特性，在植物的不同部位施药后，能够通过植物根部吸收或茎叶渗透等方式进入植物体内，经过质外体系或共质体系输导，使药剂在植物体内达到系统分布，对植株上远离施药点部位的病害具有防治作用。该类杀菌剂一般具有高度的选择性且持效期较长，既可以在病原菌侵入以前使用，起到化学保护作用，也可在病原菌侵入之后，甚至发病以后使用，发挥其化学治疗作用，通常表现出对病原菌的菌丝生长具有强烈的抑制或杀死能力，并能保护植物新生组织免遭病原菌侵害；局部治疗作用（local curative action），是指施药于寄主表面，通过药剂的渗透和杀菌作用，杀死罹病植物或种子被入侵部位附近的病原菌，铲除施药处已形成侵染的病原菌或阻止其继续扩展蔓延，仅具有局部治疗作用的药剂大多数内吸性差，不能在植物体内系统输导，但杀菌作用强，渗透性能好，一般仅在作物罹病的初期使用才能表现出较好的防治作用。可具体分为表面化学铲除（surface chemical eradication）和局部化学铲除（local chemical eradication）。通常可通过喷施非内吸性杀菌剂（如石硫合剂、硫黄粉等）直接杀死寄生附着在植物表面的病原菌（如白粉病菌等），达到表面化学铲除的目的；或喷施具有较强渗透性能的杀菌剂（如异菌脲、腐霉利等），借助药剂的渗透作用将寄生在寄主表面或已侵入寄主表层的病原菌杀死或完全抑制，表现出局部化学铲除作用。

（撰稿：刘西莉；审稿：苗建强、张博瑞）

治螟磷 sulfotep

一种具有触杀作用的广谱性高毒有机磷杀虫剂。

其他名称 Bladafum、硫特普、苏化203、双一六O五、ASP-47、Bayer E393、TEPP、E-393、STEPP、TEDP、TEDTP、Dithio、Dithione、Thiotep。

化学名称 *O,O,O,O*-四乙基二硫代焦磷酸酯；*O,O,O′,O′*-tetracethyl dithiopyrophosphate。

IUPAC名称 *O,O,O,O*-tetraethyl dithiopyrophosphate。

CAS登记号 3689-24-5。

EC号 222-995-2。

分子式 $C_8H_{20}O_5P_2S_2$。

相对分子质量 322.32。

结构式

开发单位 1947年由德国拜耳公司推广。

理化性质 纯品为无色透明油状液体。沸点136～139℃（0.267kPa）。20℃时蒸气压为0.023Pa。相对密度1.196（20℃）。室温下水中的溶解度为25mg/L，可溶于大多数有机溶剂。原油为黄棕色透明油体，沸点131～135℃（0.267kPa）。常温下储存有效成分含量变化不大。遇碱易分解，对铁有腐蚀性。

毒性 高毒。纯品大鼠急性经口LD_{50} 7～10mg/kg，兔急性经皮LD_{50} 20mg/kg，原油小鼠急性经口LD_{50} 33mg/kg。乳油小鼠急性经口LD_{50} 14.63mg/kg±1.96mg/kg。

剂型 40%乳油，烟熏剂。

质量标准 40%乳油由有效成分、乳化剂和溶剂组成，外观为棕黄色透明均相液体，相对密度1.19（25℃）。乳液稳定性（25～30℃，1小时）：在标准硬水（34mg/kg）中无浮油和沉油，水分含量≤0.5%，酸度（以H_2SO_4计）≤0.4%，常温下储存有效成分含量变化不大。

作用方式及机理 触杀作用，杀虫谱较广，在叶面持效期较短，因此，多用来混制毒土撒施。可防治水稻多种害虫，也可以杀蚂蟥以及传播血吸虫的钉螺。

防治对象 主要用于防治水稻稻螟虫、稻叶蝉、稻飞虱，棉红蜘蛛、棉蚜等；也可防治油菜蚜、豆蚜、茄红蜘蛛、黄条跳甲、象鼻虫、谷子钻心虫、萍螟、介壳虫等。对传播血吸虫的钉螺和蚂蟥杀灭效果好。

使用方法 防治水稻害虫一次用药1.5～2.25kg/hm²，稀释倍数为1500～2000倍，混匀喷雾。棉花、大豆、油菜等作物用药0.75～1.5kg/hm²，稀释2000倍左右混匀喷雾。用22.5～37.5kg/hm²水稀释后，喷洒在450～750kg干细土上，边喷边翻，药土混匀后播布或溜施，现配现用。可用于温室熏蒸杀虫、杀螨。防治水稻苗期螟虫用40%乳油48.75L/hm²（有效成分2100g），拌细土225～300kg，在田内均匀撒施。防治穗期螟虫用40%治螟磷乳油48.75L/hm²（有效成分2100g），拌细土225～300kg，在田内均匀撒施。施药前一天，将田内水层调节到3cm左右，堵好水口，防止漏水。施药后3～5天不得放水。以保持药效。

注意事项 ①40%乳油属高毒杀虫剂，不得喷雾使用，只能拌毒土撒施使用。②稻田施药，应在前一天调节水层3cm左右，施药3～5天后不能放水，严防田水外流。③食用作物在收获前20～30天禁止用药。④对鱼类毒性高，养鱼稻田不得施药。⑤40%乳油能通过人食道、呼吸道和皮肤引起中毒，中毒症状有头痛、头晕、腹痛、恶心、呕吐、淌汗、流泪、瞳孔缩小等，遇到这类症状应立即去医院治疗。治疗可采用口服或者注射阿托品或解磷毒。如误服毒物应立即催吐，并口服1%～2%苏打水和水洗胃，并立即送医院治疗。

允许残留量 GB 2763—2021《食品中农药最大残留限量标准》规定治螟磷最大残留限量见表。ADI为0.001mg/kg。蔬菜、水果按照GB 23200.8、GB 23200.113、NY/T 761规定的方法测定。

部分食品中治螟磷最大残留限量（GB 2763—2021）

食品类别	名称	最大残留限量（mg/kg）
蔬菜	鳞茎类、芸薹属、叶菜类、茄果类、瓜类、豆类、茎类、根茎类和薯芋类、水生类、芽菜类、其他类	0.01
水果	柑橘类、仁果类、核果类、瓜果类、浆果和其他小型果类、热带和亚热带水果	0.01

参考文献

孙家隆, 2015. 新编农药品种手册[M]. 北京: 化学工业出版社.

王振荣, 李布青, 1996. 农药商品大全[M]. 北京: 中国商业出版社.

张敏恒, 2006. 新编农药商品手册[M]. 北京: 化学工业出版社.

（撰稿：王鸣华；审稿：薛伟）

中国化工学会农药专业委员会 Pesticides Committee of the Chemical Industry and Engineering Society of China

中国化工学会（The Chemical Industry and Engineering Society of China，CIESC）于1922年4月23日在北京成立，是由中华化学工业会和中国化学工程学会合并发展起来、由化工科技工作者和有关单位自愿结成，依法登记成立的全国性、学术性、非营利性社会组织，具有社会团体法人资格，获得民政部评估的5A等级的全国性社会组织。

全国会员代表大会是中国化工学会的最高权力机构，实行任期制，下设理事会和监事会以及6个工作委员会、4个期刊编辑部、35个专业委员会和27个省市化工学会。农药专业委员会作为其中的一个专业委员会，主要任务是组织农药专业的学术活动，开展农药科学技术交流，推动农药科学技术发展。

中国化工学会农药专业委员会于1979年5月25日在沈阳成立，王大翔任首届理事长，挂靠在沈阳化工研究院，2016年挂靠单位转为沈阳中化农药化工研发有限公司。第六届、七届理事长均由康卓担任，此后第八届至九届主任委员分别由康卓、刘长令担任。

2009—2021年，农药专业委员会坚持每两年举办一次年会，先后共举办了第十四、十五、十六、十七、十八、十九届年会，并于第十七届年会（2016年）中设立“终身成就奖”，在第十八届年会（2018年）中设立“农药学科特殊贡献奖”。

农药专业委员会组织编写的《农药商品信息手册》，由化学工业出版社于2017年2月出版。手册分为杀虫剂、杀菌剂、除草剂、植物生长调节剂和其他农药五大部分，收录1600余个农药品种，对收录的农药品种的中、英文通用名称、其他名称、化学结构式、理化性质、毒性、应用、合成方法、主要生产商等内容进行介绍。

（撰稿：毕超；审稿：李钟华）

《中国农药》 *Journal of China Agrochemicals*

中国农药工业协会组织创办的大型综合性期刊。2005年创刊。以传播农药科技信息为核心，记载行业发展历程、加强行业内沟通为目的，并发挥着传达政策方向和引导行业健康发展的作用。准印证号：京内资准字1819-L0055。月刊，主编为曹承宇。

该刊旨在为农药工业的发展提供宏观的、综合的、深层次的信息交流平台。总揽全球农药工业发展现状与趋势，及时传达与农药相关的各项政策、法规，剖析行业发展的方针、措施，介绍农药行业的发展动态，提供丰富的国内外信息，是了解全球农药工业发展的窗口，也是联系政府与企业间的桥梁和纽带。目前刊物设有资讯、政策、市场、新知、企业等五大栏目。融汇了行业全面新闻、技术和信息。刊物文章被《中国知网》收录。

（撰稿：段又生；审稿：杨新玲）

中国农药发展与应用协会 China Association of Pesticide Development & Application, CAPDA

成立于2006年9月，由从事农药科学发展与应用的管理机构、事企业单位、社会团体及农村专业合作经济组织等单位或个人自愿组成、依法成立的具有法人资格、全国性的非营利性社会团体。主管机关为中华人民共和国农业农村部，登记管理机关为民政部，挂靠单位为农业农村部农药检定所。

现任会长为刘永泉，秘书长为花荣军，顾问为沈寅初、蔡道基、李正名、钱旭红、宋宝安、江树人、陈万权、杨理健等；25家副会长单位，105家常务理事单位，106家理事单位，366家会员单位，30位各省市召集人。协会下设5个专业委员会：植物生长调节剂专业委员会、生物农药专业委员会、植保机械与施药技术专业委员会、信息传播工作委员会和流通服务工作委员会，以及行业服务部、综合服务部、机动服务部和财务服务部4部门。

协会以服务政府和行业为宗旨，充分发挥在政府沟通和行业联系方面的优势，维护和保障会员合法权益，推动会员间团结协作，联合社会各界力量，形成整体优势，促进中国农药事业科学全面健康发展。主要业务范围：行业自律，调查研究，宣传普及，技术推广，业务培训，国际合作，书刊编辑，咨询服务。

主要工作任务：开展调查研究，提出制订、修订有关法律、法规、政策、标准的意见和建议；协助农药主管部门研究农药发展趋势，参与制订发展规划；协助农药主管部门宣传、贯彻落实农药法律、法规、政策及管理措施；向农药主管及相关管理部门及时反映会员的意见和建议，维护会员的合法权益；协助农药主管部门与政府相关部门及农药有关环节的联系与沟通；普及农药科技知识，推广农药新品种、新技术，引导科学合理使用农药；促进农药科技成果的转化、推广及农药学科发展（已举办第十四届中国农药高层论坛）；开展与各国农药主管部门及相关组织的联系、交流与合作；研究国内外农药信息，开拓农药国际市场，为会员提供服务；倡导行业自律，规范会员行为，采取多种形式，引导和促进行业科学、全面、健康发展；为会员提供相关法律法规的咨询及诉讼、非诉讼法律业务方面的援助；组织有关人员培训工作；主办或联合主办农药刊物、信息网站（www.zgnyxh.org.cn）；承担政府有关部门交办的其他任务。

（撰稿：毕超；审稿：李钟华）

中国农药工业 pesticides industry in China

在中国范围内研制、生产、销售农药的化学工业体系。

中国滴滴涕和六六六的研制和生产标志着中国现代农药工业发展的开端。中国农药在发展过程中，农药的应用、政策的变革经历了几个关键时期：禁产禁用有机汞（1972—1973）；有机氯时代（20世纪50~80年代），禁产禁用六六六、滴滴涕（1978—1992），禁产禁用5种高毒有机磷杀虫剂（2007）；高毒农药逐步被高效、低毒、环境友好型农药替代。

经过近70年的发展，中国农药工业已形成了包括科研开发、原药生产和制剂加工、原材料及中间体配套的较为完整的工业体系。现有农药生产企业2000家左右，其中原药生产企业500多家，可生产600多个品种，常年生产300多个品种。2019年，全行业规模以上企业营业收入2146.43亿元，实现利润总额197.8亿元，全国农药产量达225.4万吨，除草剂产量为93.5万吨，占农药总产量的41.5%；杀虫剂产量为38.9万吨，占农药总产量的17.3%；杀菌剂产量为16.5万吨，占农药总产量的7.3%。

中国已成为世界第一大农药生产国，全球最大的农药原药供应国，为全球农药产业链提供原药及制剂。根据中国农药工业协会发布的2020全国农药行业销售前100和制剂销售前100的榜单中，位列首位的企业分别为安道麦股份有限公司（销售额为249.06亿元）、深圳诺普信农化股份有限公司（销售额为25.05亿元）。2018年的全球农化企业20强榜单中，先正达、安道麦、颖泰嘉和、山东润丰、南京红太阳、福华通达、江苏扬农、江苏辉丰共有8家企业位列榜中，其中属于中国化工的先正达公司位列榜首。近年来，中国的高效、安全、环境友好型新品种、新制剂所占比例也得到了明显的提升，杀虫剂、杀菌剂和除草剂所占比重趋于平稳。在国家、地方和企业的共同努力下，充分发挥产学研结合的协同作用，中国农药科技创新平台已初具规模，农药创制体系形成并稳步发展，已经成为世界上少数几个具有新农药创制能力的国家，综合实力大幅提升。截至2019年，中国自主创制并获得登记的农药新品种有50多个。

未来中国农药工业的发展目标：以绿色发展为导向，以改革创新为动力，以提质增效为目标，依靠科技进步，优化产业布局，健全监管体系，强化责任落实，推进安全科学用药，加强市场监管，加快农药产业绿色升级发展，促进农药产业高质量发展，保障农业生产安全、农产品质量安全和生态环境安全。

（撰稿：李钟华；审稿：杨吉春）

中国农药工业网　China Agrochemical Industry Network

中国农药工业协会门户网站，以传播农药工业信息、服务农药企业为宗旨，以咨询服务和市场资讯为主体，主要介绍农药行业信息，包括农药生产批准证书查询、农药原药产品价格等数据信息、各类产品月度分析报告、农药产品价格即时查询等，并为农药生产、经营及相关行业提供有效的展示和交流平台。

具体网址：http://www.ccpia.com.cn。

（撰稿：段又生；审稿：杨新玲）

中国农药工业协会　China Crop Protection Industry Association, CCPIA

成立于1982年4月，是在中华人民共和国民政部注册的跨地区、跨部门、跨行业具有独立法人资格的全国非营利性社团组织，是经原国家化工部批准最早成立的行业协会之一。登记管理机关国家民政部。办公地址在北京。

自成立以来，至2017年历经十届理事会，第一届至第九届理事会先后由崔子英（第一届）、王志廉（第二、三届）、王律先（第四、五、六届）、罗海章（第七、八届）、孙叔宝（第九、十届）等担任理事长。第十届理事会，会长为孙叔宝，常务副会长兼秘书长为李钟华，23位副会长，高级顾问为袁隆平、李正名、钱旭红、宋宝安。

现拥有单位会员770多家，其中副会长单位23家，常务理事单位76家，理事单位232家。其中包括从事农药原药、制剂、中间体、助剂、包装、设备和施药器械的科研、设计和生产的企事业单位等。会员单位的主营业务收入总量与产量均占全行业的90%以上。

目前，协会秘书处下设5部门：公共关系部、信息咨询部、产业发展部、会员发展部、综合办公室，负责协会各项活动的组织实施和事务管理。协会有12个专业委员会分支机构：标准化委员会、国际农药分析协作委员会CHIPAC、药肥专业委员会、安全科学使用农药委员会、国际贸易委员会、农药助剂专业委员会、农药包装专业委员会、农药制剂加工设备专业委员会、农药工程技术中心、中国农药行业责任关怀联盟、中国农药行业采购和供应链管理工作委员会、中国农药行业制剂创新产业联盟；以及16个大宗产品协作组：2,4-滴、阿维菌素、百草枯、百菌清、代森锰锌、多菌灵、乙草胺、草甘膦、氯吡硫磷、乙酰甲胺磷、吡蚜酮、三嗪类、三唑类及其他唑类、甲氧基丙烯酸酯类杀菌剂、新烟碱类杀虫剂、草铵膦协作组。

职责与职能包括：宣传贯彻国家有关法律、法规、条例，协调企业依法经营；向政府有关部门反映行业情况及企业经营中的问题和要求，提出相关政策建议；推进知识产权保护工作，维护会员的合法权益；促进行业自律，规范行业行为，推动诚信经营，协调市场争端，维护公平竞争；组织行业信息交流，分析行业经济运行情况，了解行业发展中的热点和问题，向政府和企业提出相应的政策建议和具体措施；组织调查研究，了解、掌握全球农药工业技术发展动向及市场状况，为会员提供技术和信息服务；组织会员之间的技术交流和协作、技术改造协同攻关，推进国际经济技术交流及合作；组织人才、技术、管理、法规与职业培训；出版专业刊物《世界农药》和《中国农药》，建立专业网站（www.ccpia.org.cn），发布行业价格指数，开展咨询服务；举办全国性交流会及各类专业交流会、展览会（www.agrochemex.net）；参与农药产业政策、发展规划、行业规范和技术标准的研究、制定工作以及建设项目的论证和环境影响评价；承担有关农药检测单位的管理工作；大力推行以安全、健康、环境为中心的“责任关怀”（EHS）准则，树立良好的行业形象；鼓励企业采用“绿色工艺”，减少“三废”排放，保护环境；起草制定行业GMP标准，提高行业整体水平；参与制定国家《国家职业分类大典》修订工作，组建“国家化工行业特有工种职业技能”鉴定站，化工行业特有工种职业技能鉴定工作；组建“中国农药工业产业园”，促进农药工业集约化生产，有利于环境保护，有利于资源循环利用；设立“振兴中国农药工业”奖学金，奖励农药专业博士、硕士和本科学生。

重点工作包括：落实政府宏观调控政策，加大产业结构调整力度；加强经济运行监测和热点问题研究，积极反映行业诉求；促进行业科技进步和技术创新，提高行业核心竞争；担当实施行业自律职责，引导推动行业企业履行社会责任；大力开展大宗产品协作组工作，保持大宗产品持续发展；切实履行服务宗旨，搭建信息交流平台；加强对外交流与合作，不断扩大协会的国际影响；加强协会自身建设，增强服务能力和水平等方面。

协会成立30多年来，秉承为政府、为行业、为会员服务的宗旨，发挥政府与企业、企业与企业之间的桥梁和纽带作用，着力于行业、企业与政府间的沟通协调，加快国际合作步伐，促进农药行业持续、健康、和谐发展。

2018年11月26日，民政部公布2017年度全国性行业协会商会评估等级结果，中国农药工业协会为4A级。

（撰稿：毕超；审稿：李钟华）

中国农药网　China Pesticide Network

由中国农药工业协会农药市场信息中心和南通科技信息中心联合制作的农药专业网站。中国最早建立的农药网站，以报道农药行业新闻，传播农药市场信息为特色，为农药和植保行业提供专业化整合的信息产品与服务。主要栏目有文章中心、数据农药、农资商城、媒体文库、名企专区。

具体网址：http://www.pesticide.com.cn。

（撰稿：杨新玲；审稿：韩书友）

中国农药信息网　China Pesticide Information Network

1994年创建，秉承立足于全球农药信息服务理念，面向整个农药行业，通过互联网及时、准确、高效地为用户提供全面的农药政务公开、农药管理规范、农药新闻与咨询等深度的信息服务，并使之成为国内外农药技术交流与合作的窗口。目前网站已开辟了近20个栏目，并且每个栏目下都有更加详细的子目录，网上数据来源直接与农药行政审批等数据中心相连，搭建了“水平+垂直”的网站结构，构成了庞大的信息服务系统。

建立了全国农药信息数据中心查询系统，利用现有网络、权威出版物等资源，广泛收集农药行业的最新管理信息和技术资料，重点对农药登记管理信息的技术资料进行系统化收集、归纳和整合，实现管理信息资源共享，为农药登记管理及农药行业提供技术支持和服务。该系统目前已建有并提供20多项查询功能，可以快速、及时、便捷地查询到丰富翔实的农药登记等相关管理信息，为农药管理、生产、经营及使用者提供最直观和最广泛的数据。

经过20多年的发展与积累，中国农药信息网已成为农药行业的一面旗帜，日访问量达20多万人次，连续5次被评为全国农业百强网站。

具体网址：http://www.chinapesticide.org.cn/。

（撰稿：李友顺；审稿：杨新玲）

《中国农业百科全书：农药卷》　*Encyclopedia of Chinese Agriculture: Pesticides*

《中国农业百科全书》是一部荟萃古今中外农业科学知识的大型工具书。其《农药卷》则汇集了农药科学各个方面的知识。该卷由中国农业大学韩熹莱任编委会主任，邀请全国100余位农药专家撰写，历经6年，于1993年由农业出版社出版。全卷120多万字，科学体系完整，知识覆盖全

面，包括农药总论（农药发展史、农药管理、农药工业、农药著作、农药团体、农药研究机构与教育、农药界学者），农药合成、农药剂型加工和使用技术、农药分析与残留、农药生物测定与药效试验、农药毒性与毒理、农药与环境、农药品种共7个分支700多个条目。既全面收录农药基本理论概念，也收有300多种农药的应用知识；既概括农药科学发展的历史，也反映当代农药科学的新成果；既有科研、教育、应用、管理、名人大事，也有生产领域的重要企业；既突出中国特色内容，也充分介绍人类共同知识。图文并茂，除附290余幅黑白插图外，还有100多幅插页彩图。

设有条目分类目录、索引、参见和层次标题4种检索系统，便于各层次的读者查阅。其中索引有3种，即条目汉字笔画索引、条目外文索引、内容索引。卷后附有农药大事记，并附有农药名称对照表，包括：中、英通用名—其他名，英文通用名—中文通用名，中文其他名—中文通用名三个表格，三向检索，极为方便，在国内外农药书刊中为首创。以农药专业、植保专业、化学专业、化工专业、环保专业及有关领域的科技、教育、管理、生产、应用人员和学生为主要读者对象，也是各类图书馆、资料室和有关单位应备的工具书。

（撰稿：杨新玲；审稿：陈馥衡）

中生菌素　zhongshengmycin

一种由淡紫灰链霉菌海南变种产生的抗生素。

其他名称　克菌康、农抗751。

化学名称　1-*N*甙基链里定基-2-氨基-L-赖氨酸-2脱氧古罗糖胺。

IUPAC名称　[(2*R*,3*R*,4*S*,5*R*)-5-(hexylamino)-4-hydroxy-2-(hydroxymethyl)-6-[(7-hydroxy-4-oxo-1,3*a*,5,6,7,7a-hexahydroimidazo[4,5-*c*]pyridin-2-yl)amino]oxan-3-yl]carbamate。

分子式　$C_{19}H_{34}N_6O_7$。

相对分子质量　458.51。

结构式

开发单位　中国农业科学院生物技术研究所研制。

理化性质　纯品外观为褐色粉末。熔点173～190℃。易水解，难光解。母药含量12%，外观为浅黄色粉末，易水解，难光解。制剂为褐色液体，pH4。

毒性　低毒。雌、雄大鼠急性经口LD_{50}＞4300mg/kg，急性经皮LD_{50}＞2000mg/kg，急性吸入LC_{50}＞2530mg/m^3。对皮肤无刺激性，对眼睛有轻度刺激性，弱致敏性。

剂型　3%可湿性粉剂。

质量标准　可湿性粉剂由有效成分、填料等其他成分组成，外观为深褐色粉状，水分≤4%，悬浮率≥80%，湿润性≤120秒，pH5～6.5。

作用方式及机理　属于*N*-糖苷类碱性水溶性物质。该药剂具有触杀、渗透作用。其作用机理据病菌类型不同而不同，对细菌是抑制菌体蛋白质的合成，导致菌体死亡；对真菌是使丝状菌丝变形，抑制孢子萌发并能直接杀死孢子。

防治对象　农作物致病菌如白菜软腐病菌、黄瓜角斑病菌、水稻白叶枯病菌、苹果轮纹病病菌、小麦赤霉病菌等。

使用方法

防治黄瓜细菌性角斑病　发病前或发病初期开始施用，每次每亩用3%可湿性粉剂80～110g（有效成分2.4～3.3g）兑水喷雾，每隔7～10天喷1次，视病情发展情况，共喷2～3次。安全间隔期为3天，每季最多使用3次。

防治苹果轮纹病　苹果树落花后7～10天开始施药，每次用3%可湿性粉剂800～1000倍液（有效成分30～37.5mg/kg）整株喷雾，每隔7天喷1次连喷3次。安全间隔期7天，每季最多使用3次。

注意事项　不可与碱性农药混用。无特殊解毒剂，如误入眼睛立即用清水冲洗15分钟，如接触皮肤或误服，应立即送医院就医，对症治疗。应储存在阴凉、避光处。预防和发病初期用药效果显著。施药应做到均匀、周到。如施药后遇雨应补喷。

与其他药剂的混用　与多菌灵混用对西瓜枯萎病的防效和增产率均显著高于其单剂处理，使用时间以西瓜定植期开始用药为佳，可用中生菌素800倍液与50%多菌灵500倍液混用，交替灌根。还可与苯醚甲环唑混用防治苹果斑点落叶病。

参考文献

农业部种植业管理司，农业部农药检定所，2015. 新编农药手册[M]. 2版. 北京：中国农业出版社：365-366.

徐作珽，李林，李长松，等，2003. 中生菌素和氨基寡糖素对西瓜枯萎病防治试验[J]. 中国蔬菜 (3)：10-12.

朱昌雄，蒋细良，孙东园，等，2002. 新农用抗生素——中生菌素[J]. 精细与专用化学品 (16)：14-17.

TOMLIN C D S, 2003. The pesticide manual: a world compendium[M].13th ed. UK: BCPC: 1024.

（撰稿：周俞辛；审稿：胡健）

中试放大　medium-scale research

从小试研究到工业化生产过渡的必要环节。由于工业生产与小试试验在规模上的巨大差距，导致原辅料来源、投料方式、混合方式和效率、热量传递方式和效率、反应器形状和材质等都有明显变化，因此，在确立小试工艺后，还要采用工业手段和装备进行中试放大验证，完成小试的全流程，发现和解决实验室中未能发现的问题，获得5批次左右稳定数据，为工业化设计提供依据。农药生产的中试放大通常在500~2000L的反应釜中进行。中试放大阶段的任务包括：①考查小试工艺的放大效应并研究消除放大效应的方法。②进一步完善工艺条件，获取每一步单元操作的参数，进行物料衡算。③确定每一步单元操作对传热和传质的要求，选择设备材质和型号。④提出“三废”的处理方案。⑤确定所用原料、溶剂、催化剂和其他助剂的规格或标准，一般应与工业化生产时一致。⑥确定消耗定额、原材料成本、操作工时与生产周期等。⑦确定工艺流程和各单元操作的操作规程。⑧制订每一步单元反应的中控方法和标准。⑨制订中间体和成品的分析方法和质量标准。农药中试放大试验通常须经政府相关部门的批准。

（撰稿：杜晓华；审稿：吴琼友）

中穴星坑小蠹聚集信息素 aggregation pheromone of *Pityogenes chalcographus*

适用于云杉林的昆虫信息素。最初从中穴星坑小蠹（*Pityogenes chalcographus*）雄虫成虫挥发物中分离，主要成分为（2*S*,5*R*）-2-乙基-1,6-二氧螺［4.4］壬烷。

其他名称 Chalcoprax、linoprax、chalcogran。

化学名称 (2*S*,5*R*)-2-乙基-1,6-二氧螺［4.4］壬烷；(2*S*,5*R*)-2-ethyl-1,6-dioxaspiro[4.4]nonane。

IUPAC名称 (2*S*,5*R*)-2-ethyl-1,6-dioxaspiro[4.4]nonane。

CAS登记号 70427-57-5。

分子式 $C_9H_{16}O_2$。

相对分子质量 156.22。

结构式

生产单位 1977年被发现，由巴斯夫公司生产。

理化性质 无色或淡黄色液体，有特殊气味。沸点106℃（101.32kPa，预测值）。相对密度1.01（20℃，预测值）。难溶于水，溶于乙醚、氯仿、丙酮等有机溶剂。

剂型 熏蒸剂，缓释剂。

作用方式 作为聚集信息素发挥作用，引诱中穴星坑小蠹成虫寻找寄主植物。

防治对象 适用于云杉林，防治中穴星坑小蠹。

使用方法 在云杉林中设置引诱树，在引诱树齐胸高处安放含有中穴星坑小蠹聚集信息素的缓释剂，引诱中穴星坑小蠹成虫，在其大量繁殖转移前，砍伐引诱树，杀死聚集的中穴星坑小蠹。每公顷云杉林设置4棵引诱树，即可有效防治中穴星坑小蠹。

Z

参考文献

马克比恩C, 2015. 农药手册[M]. 胡笑形, 等译. 北京: 化学工业出版社.

吴文君, 高希武, 张帅, 2017. 生物农药科学使用指南[M]. 北京: 化学工业出版社.

（撰稿：钟江春；审稿：张钟宁）

种菌唑 ipconazole

一种三唑类杀菌剂，广谱安全，兼具内吸、保护及治疗作用，主要用于种子处理。

其他名称 Techlead、Rancona、Rancona Apex、Vortex、KNF-317。

化学名称 (1*RS*,2*SR*,5*RS*; 1*RS*,2*SR*,5*SR*)-2-(4-氯苄基)-5-异丙基-1-(1*H*-1,2,4-三唑-1-基甲基)环戊醇；2-[(4-chlorophenyl)methyl]-5-(1-methylethyl)-1-(1*H*-1,2,4-triazol-1-ylmethyl) cyclopentanol。

IUPAC名称 (1*RS*,2*SR*,5*RS*; 1*RS*,2*SR*,5*SR*)-2-(4-chlorophenyl)-5-isopropyl-1-1-(1*H*-1,2,4-triazol-1-ylmethyl)cyclopentanol。

CAS登记号 125225-28-7。

EC号 603-038-1。

分子式 $C_{18}H_{24}ClN_3O$。

相对分子质量 333.86。

结构式

开发单位 日本吴羽化学公司于20世纪90年代初开发。

理化性质 纯品为无色晶体。熔点333.9。蒸气压＜5.1×10^{-3}mPa（20℃）。K_{ow}lg*P* 4.21（25℃）。Henry常数1.8×10^{-3}Pa·m³/mol。水中溶解度6.93mg/L（20~25℃）；有机溶剂中溶解度（g/L，20℃）：丙酮570、二氯乙烷420、二氯甲烷580、乙酸乙酯430、庚烷1.9、甲醇680、正辛醇230、甲苯160、二甲苯150。稳定性：较好的热稳定性和水解稳定性。

毒性 低毒。大鼠急性经口LD_{50} 1338mg/kg。大鼠急性经皮LD_{50}＞2000mg/kg。对兔皮肤无刺激，对眼睛有轻微刺激性。对皮肤无致敏。鲤鱼LC_{50}（48小时）2.5mg/L。对鸟类、蜜蜂、蚯蚓等均安全。

剂型 4.23%甲霜·种菌唑微乳剂，14%甲·萎·种菌唑悬浮种衣剂。

质量标准 性质稳定，不易被水和光分解，对热稳定。

作用方式及机理 是甾醇脱甲基化抑制剂，通过抑制病原菌的细胞膜重要组成成分麦角甾醇的生物合成，破坏细胞膜的结构和功能，导致菌体生长停滞甚至死亡。种菌唑对水稻和其他作物的种传病害具有防效，特别对水稻恶苗病、由蠕孢引起的叶斑病和稻瘟病有特效。

防治对象 主要用于防治水稻和其他作物的种传病害。如用于防治水稻恶苗病、水稻胡麻斑病、水稻稻瘟病等。

使用方法 主要用于种子处理。剂量为有效成分3～6g/100kg种子。使用时，需将药液摇匀。配制好的药液应于24小时内用完。可用于包衣机械进行种子包衣，也可用于手工拌种。种子包衣时，可加1～3倍水稀释后，将药浆与种子按比例充分搅拌，直至药液均匀分布到种子表面并晾干，水稻上可以先包衣后浸种或先浸种后包衣。由于作物品种之间存在差异，建议在新品种使用前，对包衣的种子先做室内发芽试验，以保证种子在田间播种正常出苗。用于包衣的种子必须符合国家良种标准。

注意事项 用药前应仔细阅读标签，按照标签的推荐使用剂量和方法处置产品。品质差、生活力低、破损率高、含水量、出芽率等不符合国家良种标准的种子不宜进行包衣或拌种。避免使用在甜玉米、糯玉米和亲本玉米种子上。包衣过的种子，如需晾晒须有专人保管，不能用作食物或饲料，并应妥善存放并及时使用，播种后应立即覆土，避免家畜误食。药液及其废液不得污染各类水域等环境。使用过的包装及废弃物应作集中焚烧处理，避免其污染地下水、沟渠等水源。禁止在河塘等水域清洗施药器皿。使用时应采取安全防护措施，戴口罩、手套、穿防护服，避免口鼻吸入和皮肤接触，施药后及时清洗暴露部位皮肤。孕妇、哺乳期妇女及过敏者禁用。使用中有任何不良反应请及时就医。

与其他药剂的混用 种菌唑与甲霜灵复配，可用于防治玉米茎基腐病、花生根腐病和水稻苗期立枯病。与嘧菌酯复配，可防治花生根腐病和水稻苗期立枯病。

允许残留量 GB 2763—2021《食品中农药最大残留限量标准》规定种菌唑在玉米、棉籽中的最大残留限量为0.01mg/kg（临时限量）。ADI为0.015mg/kg。

参考文献

刘长令, 2006. 世界农药大全: 杀菌剂卷[M]. 北京: 化学工业出版社: 173-175.

吴新平, 朱春雨, 张佳, 等, 2015. 新编农药手册[M]. 2版. 北京: 中国农业出版社: 285-286.

TURNER J A, 2015. The pesticide manual: a world compendium[M]. 17th ed. UK: BCPC: 647-648.

（撰稿：刘鹏飞；审稿：刘西莉）

种苗处理法 seedling treatment method

把药剂、肥料等施用在种苗上，或者对种苗进行各种物理或生物措施处理，都属于种苗处理法。种苗处理技术的主要特点是经济、省药、省工，操作比较安全。用少量药剂处理种苗表面使种苗表面带药播种（或移栽），防止种子、幼苗受病虫危害。有些内吸性强的药剂则能进入植株体内并在幼苗出土后仍保持较长时间的药效。

水稻秧盘处理（袁会珠摄）

作用原理 种苗处理的作用原理主要包括4个方面：①杀灭病原菌。沾附在种苗表面或吸入（渗入）种苗内的药剂对种苗表面或在内部潜伏的病原菌产生灭杀作用，作用方式有触杀、熏蒸和内吸（或者内渗）等。②毒杀害虫等有害动物。沾附在种子表面或吸入（渗入）药剂的种子，播种后被害虫取食后，害虫即中毒死亡，主要靠的是药剂的胃毒作用，内吸剂拌种主要靠内吸作用。③促发芽、促生根、壮苗。种子沾附植物生长调节剂，播种后可以促进发芽，早生根，多生根，提高出苗率或成活率。④药剂扩散作用。药剂在种苗周围的土壤环境中形成扩散层，在扩散层内活动的病原菌、害虫和杂草种子（或已萌发的草籽）可被药剂杀死或受到抑制。

适用范围 幼苗移栽、插条扦插。

主要内容 浸秧和蘸根法是在秧苗移栽、插条扦插之前用药水浸秧苗基部、蘸根或用药粉蘸根（插条下端）。例如，用多菌灵、杀虫双药液浸水稻根，可以预防水稻稻瘟、稻飞虱、稻纵卷叶螟；用三环唑药液浸水稻秧苗后栽插，防治水稻叶瘟病；用乙蒜素（抗菌剂402）药液浸种薯或薯秧，防治甘薯黑斑病；用赤霉素（920）药液浸薯秧基部后栽插，可促进生根，提高成活率和增产；用萘乙酸、ABT生根粉浸或蘸树木、花卉插条后扦插，可促进生根，提高成活率；用苗木蘸根保湿剂可明显提高栽植成活率，促进新生枝条的生长。具体操作方法，可参阅有关农药的书籍和文献。

影响因素 根据防治目的和幼苗对药剂的敏感性选择药剂的种类、使用剂量及处理时间，以确保幼苗不出现药害的前提下达到最好的防治效果。

注意事项 幼苗对药剂很敏感，特别是幼根反应最明显，所以在实施时应慎重，以防引发药害。

参考文献

高素梅, 李开森, 王振亮, 等, 2017. 苗木蘸根保湿剂的研制与应用[J]. 河北林业科技(2): 10-12.

万兆忠, 2011. 多菌灵、杀虫双浸秧根预防稻飞虱等效果试验[J]. 科学种养(8): 27.

徐映明, 2009. 农药施用技术问答[M]. 北京: 化学工业出版社.

（撰稿：杨利娟；审稿：袁会珠）

种衣剂 seed treatment formulations

用于种子处理的农药剂型，通常包含农药原药（杀虫剂、杀菌剂等）、警色剂、微肥、生长调节剂以及成膜剂和缓释剂等，经稀释后包覆于种子表面，形成具有一定强度和通透性的保护层膜的农药制剂。种衣剂以种子为载体，借助成膜剂黏附在种子上，并很快固化成为一层均匀薄膜，不易脱落。播种后种衣剂在种子周围形成一个保护屏障，吸水后膨胀，但不溶解，随着种子发芽、出苗、生长，其有效成分逐渐被植株根系吸收，传导到幼苗植株各部位，使幼苗植株对病原菌及地上地下害虫有抗侵害作用，进而促进幼苗生长，增加作物产量。

种衣剂由活性物质、成膜剂、其他助剂（分散剂、渗透剂、结构调节剂、抗冻剂、消泡剂、防腐剂等）、填料、辅助成分（微肥、植物生长调节剂、保水剂、供氧剂等）、警色剂等六大部分组成。其中，活性物质是种衣剂的主配方，是病虫害防治功能中起主要作用的部分，它包括杀菌剂、杀虫剂、杀线虫剂、植物生长调节剂以及相应的保护剂，微量元素等。成膜剂是种衣剂的一个关键成分，它必须在种子外表形成一层衣膜，具有透气透水的功能和一定的强度，但又不被水分所溶解，随着种子的发芽、生长而逐步降解，它是一种特殊的高分子复合材料。其他助剂和辅助成分可根据实际需要进行选择。警色剂是赋予产品呈有一定警示颜色的组分，包括颜料和染料两种警色剂，有时为提升包衣色泽效果，还可加入如珠光粉等物质以增加种子表皮的亮度。

种衣剂的质量指标，要根据具体为何种类型种衣剂而定，除基础剂型所要求的质量指标外，作为应用于种子处理的剂型技术，有其特殊的控制指标，主要包括成膜性、包衣脱落率、包衣均匀度、包衣种子的发芽试验和种子活力的测定等。其中成膜性与包衣脱落率呈正相关，在种子包衣和包装储存过程中可做出一个大致的判别，且在国家标准中有相对应的检测方法。

制备种衣剂的加工工艺，根据不同种衣剂剂型来选定，基本加工工艺的选择与其原有的基础剂型一致，但要注意在加工过程中，一定避免交叉污染。

农作物良种播种之前，根据可能会发生的芽期、苗期虫害及种传、土传病害，选择药液品种，对种子进行包衣。一般包衣种子可在芽期和苗期的近45天内不需再施农药，且用药量仅为田间施药的2%，因此它被称为最节约用药的农药新剂型。种衣剂具有透气、透水性，其在土壤中遇水只能溶胀而几乎不溶于水，这种特性使附着在种衣剂上的有效成分通过稀释、传导、扩散形式缓慢释放，保证种子正常发芽，不受药害，同时又保持较长的药效。

（撰稿：遇璐；审稿：丑靖宇）

种子处理法 seed treatment method

种子往往带有病菌，在播种以后引起植株发病，种子播种后也会受到土壤害虫的危害。因此，为植物全程健康考虑，需要对种子进行药剂处理，把农药施用在种子上，或者对种子进行各种物理或生物措施处理，都属于种子处理。

作用原理 种子处理的作用原理主要包括4个方面。

杀灭病原菌 沾附在种子表面或吸入（渗入）种子内的药剂对种子表面上或在内部潜伏的病原菌产生灭杀作用，作用方式有触杀、熏蒸和内吸（或者内渗）等。

毒杀害虫等有害动物 沾附在种子表面或吸入（渗入）药剂的种子，播种后被害虫取食后，害虫即中毒死亡，主要靠的是药剂的胃毒作用，内吸剂拌种主要靠内吸作用。

促发芽、促生根、壮苗 种子沾附植物生长调节剂，播种后可以促进发芽、早生根，多生根，提高出苗率或成活率。

药剂扩散作用 药剂在种苗周围的土壤环境中形成扩散层，在扩散层内活动的病原菌、害虫和杂草种子（或已萌发的草籽）可被药剂杀死或受到抑制。

适用范围 种子处理法是针对性地在种子生产和加工过程中采用专用的种子处理剂对种子进行拌药、包衣或丸粒化等，使种子标准化和商品化。种子处理技术的主要特点是经济、省药、省工，操作比较安全。用很少量的药剂处理种子表面的某一部位，就能收到预期的效果，是农药有效利用率最高的施药方法。目前在生产上可以用于种子的处理剂有杀虫剂、杀菌剂、植物生长调节剂等，使用的农药剂型有粉剂、可湿性粉剂、悬浮剂、种衣剂、乳油等。

主要内容

浸种法 将种子浸渍在一定浓度的药剂水分散液里，经过一定的时间使种子吸收或沾附药剂，捞出晾干（或不需晾干），从而消灭种子表面和内部所带病原菌或害虫的方法。浸种结束的标志是种皮变软，切开种子，种仁（即胚及子叶）部位已充分吸水。

拌种法 将选定数量和规格的拌种药剂与种子按照一定比例进行混合，使被处理种子外面都均匀覆盖一层药剂，并形成药剂保护层的种子处理方法。药剂拌种既可湿拌，也可干拌，但以干拌为主。

闷种法 将一定量的药液均匀喷洒在播种前的种子上，待种子吸收药液后堆在一起并加盖覆盖物堆闷一定时间，以达到防止病虫危害目的的种子处理方法，是一种介于浸种与拌种之间的种子处理方法，又名干拌法。闷种法主要利用了挥发性药液在相对封闭环境中所具有的熏蒸作用而达到防治病虫害的目的。

包衣法 指利用黏着剂或成膜剂，将杀菌剂、杀虫剂、微肥、植物生长调节剂、着色剂或填充剂等非种子材料，包裹在种子表面，以达到使种子提高抗逆性、抗病性，加快发芽，促进成苗，增加产量，提高质量的一项种子处理新技术（图1、图2）。根据所用介质和包衣方式不同，分为种子丸化技术、种子包膜技术和种子包壳技术。

种子丸化技术是利用黏着剂把有效成分等黏着在种子表面，加工成外表光滑，大小和形状上无明显差异的球形单粒种子。这种形态完全适合播种机播种的需求，种子重量和体积往往变成过去的数倍或者数百倍；也会根据种子储藏和生产的需求，把不同的农药和肥料分层分布在丸粒中，从而

图 1 小麦种子包衣（周洋洋摄）

图 2 玉米种子包衣（Ali 摄）

达到定期释放有效成分的目的。该技术常被用于价值高、籽粒较小和形态不规则的蔬菜和花卉种子的精确播种上。种子丸粒间的误差小。

种子包膜技术是将种子与种衣剂按照一定药种比充分混合均匀，使每粒种子表面涂上一层均匀的药膜，形成包衣种子。种子包膜技术不会改变种子的形态，对种子的重量影响不大，只会增加约 20% 的种子重量。在中国，把这种技术称为包衣或者种衣，常被应用在蔬菜和大田的作物种子中。

种子包壳技术或薄层丸粒化是在种子表面包被一层平滑的保护层，它是介于丸粒化技术和包膜技术之间的一种技术，应用范围非常广泛。主要用于增加种子的重量和改变种子的形状，非常有利于机械化播种。与丸粒化有着很大的区别，包壳一般只侧重于种子重量的增加，对种子形态的改变要求不高，包壳后种子间的大小误差很大，包壳后一般为种子原始重量的 3～5 倍。

影响因素

①浸种法处理种子的防病虫效果与药液浓度、药液温度和浸种时间密切相关。对于同等浓度的药液，药液温度越高，浸种时间就要缩短；药液温度越低，浸种时间可以适当加长；反之药液浓度大、温度高，浸种时间就短；药液浓度小、温度低，浸种时间就长。具体浸种时间要根据药剂使用说明进行操作。

②拌种处理种子的防虫效果与药剂浓度、粉粒细度、用药量、种子含水量、拌后储存密切相关。药剂的选择原则是在保证不出现药害的前提下达到最好的防治效果，依据种子和药剂特性决定。药剂粉粒要细小，一般在 5μm 以下最好，容易沾附在种子表面。根据种子特性确定用药量，禾谷类作物种子表面光滑（水稻除外），粉剂沾附量一般为种子重量的 0.2%～0.5%，棉籽用粉剂一般为棉籽重量的 0.5%～1%，一般拌种的用药量最多不超过 1%。种子含水量要低，有些种子在播种前需经日晒，以除去过多的水分，在拌药后也要在干燥条件下储存备用，以免影响播种后的发芽。一般来说，拌种的防虫效果略低于浸种，但有些种子在拌药后储存一段时间再播种，能显著提高药效，例如用药剂拌种防治红麻和黄麻的炭疽病，拌种后储藏半个月以上播种，若能在收种的当年就拌种，在干燥条件下储藏过冬，翌年播种，其防病效果可与浸种法相当。此外，环境条件也会影响拌种处理的效果，如 2011 年春季低温使山东部分地区吡虫啉拌种处理的花生在萌发期及幼株期表现出不同的药害症状。

③闷种法处理种子的防病虫效果与药液浓度、种子耐药性和闷种时间密切相关。药液浓度高、种子耐药性弱，闷种时间要短；药液浓度低、种子耐药性强，闷种时间可适当延长。例如，水稻种子用 2% 甲醛水溶液闷种，时间为 3 小时；小麦种子用 0.1% 萎锈灵水溶液闷种，时间为 4 小时。

④包衣法处理种子的防病虫效果与药剂种类、剂量和剂型，包衣质量、种子质量和环境条件有关。根据防治目的和种子对药剂的敏感性选择药剂种类、剂量和剂型，有些药剂在过高剂量和逆境条件下使用会出现药害，特别是三唑类杀菌剂，例如，戊唑醇在过高剂量或低温胁迫条件下使用都有药害风险，而微囊化处理可以有效缓解戊唑醇在低温胁迫下对玉米萌发和生长产生的抑制作用。种衣剂的成膜性、脱落率、药粒细度和酸碱度等主要质量指标要达到国家标准。不论选用机械包衣法还是人工包衣法，要确保种子包衣均匀，避免包衣不均匀造成局部种子包衣剂量过高而出现药害。种子包衣必须选用质量达标的种子，否则种子表面所含的杂质成分会影响药剂在种子表面上的正常沾附，降低包衣质量和使用后的药效。棉花种子应先脱绒再精选，种子含水量高，包衣储存中可能会出现药害。包衣处理种子播种后的土壤墒情、温度等会影响种子出苗和防治效果，例如 2015 年春季低温使黑龙江省 120 万亩玉米出现减产。

注意事项

①浸种法处理后的种子一般需要晾晒，对药剂忍受能力差的种子浸种后还应按照要求用清水冲洗；有的浸种后可以直接播种，这要依据农药种类和土壤墒情而定。

②种子进入水后，初期吸水很强，如不预浸种就直接浸入药水中，容易因吸药过度而受到药害。浸种处理前种子是否需要预浸处理，在未取得经验前应进行试验。

③拌种法处理后的种子一般直接用来播种，不需要进行其他处理，更不能进行浸泡或催芽。如果拌种后并不马上播种，种子在储存过程中就需要防止吸潮。

④闷种法处理后的种子晾干即可播种，一般不需其他处理，不宜久储，若遇连续阴雨天，无法播种，需要晾干后备用。

⑤目前的种衣剂产品，有些是含有高毒有效成分，当农户自行购药进行包衣时，须做好安全防护。播剩的种子不得食用或饲用。

参考文献

孙振宇, 2017. 浅析种子包衣的优点及存在问题[J]. 种子科技(2): 67, 69.

王雅玲, 杨代斌, 袁会珠, 等, 2009. 低温胁迫下戊唑醇和苯醚甲环唑种子包衣对玉米种子出苗和幼苗的影响[J]. 农药学学报, 11(1): 59-64.

徐映明, 2009. 农药施用技术问答[M]. 北京: 化学工业出版社.

杨利娟, 2015. 戊唑醇微囊对玉米抗低温胁迫能力影响机制[D]. 北京: 中国农业科学院.

袁会珠, 徐映明, 芮昌辉, 2011. 农药应用指南[M]. 北京: 中国农业科学技术出版社.

郑述东, 史志明, 曹亮, 等, 2017. 试论小粒种子丸粒化包衣技术的推广[J]. 农家参谋(20): 65.

YANG D B, WANG N, YAN X J, et al, 2014. Microencapsulation of seed-coating tebuconazole and its effects on physiology and biochemistry of maize seedlings[J]. Colloid surface B, 114: 241-246.

（撰稿：杨利娟；审稿：袁会珠）

种子处理干粉剂 powder for dry seed treatment, DS

由农药原药、载体或填料、助剂、警色剂经混合、粉碎至合乎规定的细度，同时再加入黏合剂而成的固体农药剂型。种子处理干粉剂类似于农药剂型中的粉剂，它是较老的一种剂型。又名干拌种剂。

种子处理干粉剂可以直接由农药原药、填料、助剂、警色剂等一起混合粉碎然后再加入黏合剂而成，也可以利用挥发性有机溶剂把农药原药溶解、再与达到细度的粉状载体、警色剂和黏合剂混合搅拌而成。根据使用要求，粉粒细度95%以上过200目筛（筛孔内径75μm），水分含量<1.5%，pH5～9，包衣均匀度应大于90%。包衣脱落率直接反映产品包衣效果及包衣种子使用时的安全性，一般要求脱落率≤8%，并具有较好的流动性，经过冷储稳定性、热储稳定性试验后物理性状和外观无明显变化，置于室温条件下能恢复原状，且热储后有效成分分解率应不高于10%。特定情况下，种子处理干粉剂配方及质量指标可以基于有效成分特性及实际使用场景进行设计，但应有足够试验数据对其有效性与安全性进行支撑。

根据配方组分特性，种子处理干粉剂一般采用将配方组分干法混合、粉碎或多次混合、粉碎、再混合的加工工艺，一般要经过2～4次混合和粉碎。此剂型会导致生产工厂的不清洁，其卫生情况较差，且生产设备难以做到清洁卫生，因为此剂型本身就不易被水清洗。为了营造良好的劳动环境和减少职业暴露的风险，整个生产工艺中应具备良好的除尘设备和采用机械化、自动化的加料和包装设备。

种子处理干粉剂易于储藏，对种子安全，主要用于拌种使用。这种种子处理干粉剂不能黏附于种子上，为了改善在种子上的附着黏附性，需要加入黏合剂。在操作时，种子处理干粉剂常常产生很多粉尘，对操作者存在一定的安全隐患。

（撰稿：潘强；审稿：遏璐、丑靖宇）

种子处理机 seed-processing machine

对植物种子进行药剂处理的施药机具。处理方法有拌药、包衣、丸粒化等。通过药剂处理能够有效地防止田间病虫害对种子及其芽苗的侵害。与传统的田间施药相比还能较好地保护天敌，充分利用农药及减少环境污染。在处理剂中加入微肥、微量元素等还可起到壮苗、促进作物生长、提高产量的作用。

简史 20世纪70年代，西方国家开始迅速发展种子处理机。目前，拌药、包衣、丸粒化设备已广泛应用。随着种子处理药剂和剂型的发展，种子处理工艺及机械设备也在迅速发展。现代化种子处理工艺是以药剂雾化状态下处理种子为基础的，药液是农药、黏着剂、湿润剂的水悬浮液，系统为密封型，处理过程自动化。现已制造出每小时处理20吨种子的机型。有茸毛的棉种消毒和丸粒化设备以及防治黑穗病的种子热力消毒机也已制造出来。中国近几年加快了种子处理技术的发展与应用，已生产出多种规格的拌药机，处理能力每小时3～7吨，适用于稻、麦、蔬菜等种子拌药处理。

主要分类与工作原理 主要有拌药机和丸粒机两种。

拌药机原理　通过种子与药剂的机械运动过程，在种子外表形成均匀药膜或包衣的种子处理机。按结构形式分为搅龙式拌药机及滚筒式拌药机。对其技术性能要求：种子外表药膜的质量好，工效高，能适应多种药剂（粉剂、液剂、乳胶剂等）与种子，药剂与种子量的配比调节方便且稳定，使用安全，维修方便。

搅龙式拌药机主要由种子箱、药粉箱、药液箱、混合室、搅龙、传动箱、机架等组成（图1）。种箱内的种子经匀料箱按一定量进入搅拌槽，同时，粉箱内的粉剂定量进入搅拌槽，液箱内的液剂经雾化装置喷射到搅拌槽内。在搅龙的搅拌、推进作用下，粉剂、液剂逐步在种子外表形成均匀的药膜或包衣，在搅拌槽的终端，种子被排送出去，有的还要送入干燥筒进行干燥处理。

滚筒式拌药机与搅龙式拌药机在结构上的主要不同是以滚筒取代了搅龙（图2）。种子、粉剂、液剂在滚筒中，

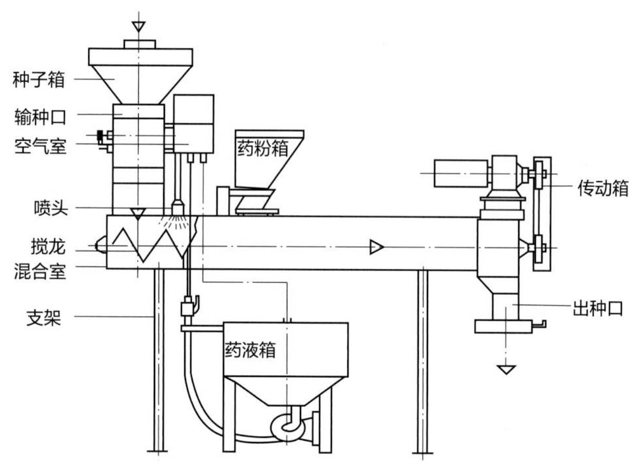

图1 搅龙式拌药机

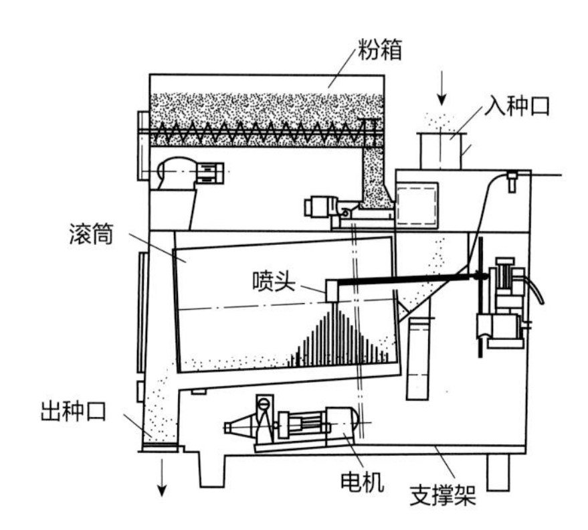

图2 滚筒式拌药机

一面随滚筒的转动沿切向翻转滚动，一面沿滚筒轴向往前运动，逐渐在种子表面形成均匀的药膜或包衣。在滚筒终端，种子从出料口排出，或送入干燥器烘干。

丸粒机原理　能把农药、肥料黏结在种子表面上，使种子获得平滑的、一定形状和大小的丸状种粒的种子处理机。丸粒机主要由电机、药粉搅拌器、出粉口喷头、入种口、液泵、混合室、输送带、出种口等组成（图3）。定量的种子送入滚筒后先经雾状药液湿润表面，一面滚动一面与来自输粉器的粉剂混合，在种子表面形成均匀的粘敷层。在滚筒末端，雾状保护剂喷洒在粘敷层外表面，形成均匀的保护膜，然后由出料口排出或送入干燥器烘干。种子的丸粒化过程，根据不同的目的可以反复地进行，直到获得所需的种子表面形状或大小尺寸。

使用方法　各种形式的种子处理机使用前均需仔细检查种箱、粉箱、液箱及其排出定量装置，应准确可靠；各运动部件运转正常；种、粉、液等物料的配比应严格控制；使用容易起泡的液剂时，应加入适量的消泡剂；冬季严防液剂系统冻结。机具使用完毕必须清除干净残留的物料，用清水洗净机体内部，各运动部件加足润滑油，将机具置于干燥通风处。

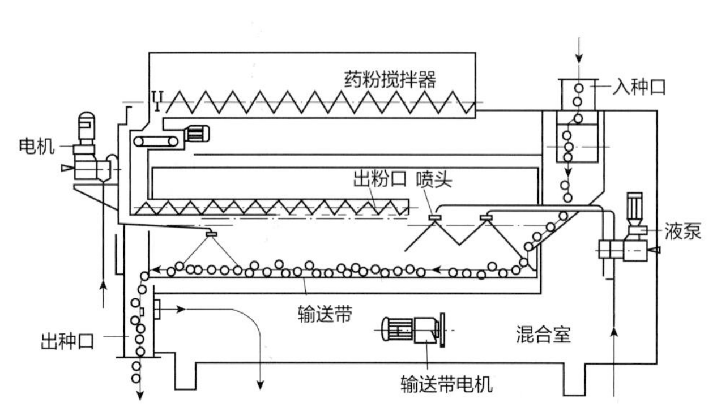

图3 滚筒式丸粒机

参考文献

何雄奎, 2012. 高效施药技术与机具[M]. 北京: 中国农业大学出版社.

何雄奎, 2013. 药械与施药技术[M]. 北京: 中国农业大学出版社.

全国农业技术推广服务中心, 2015. 植保机械与施药技术应用指南[M]. 北京: 中国农业出版社.

中国农业百科全书总编辑委员会农药卷编辑委员会, 中国农业百科全书编辑部, 1993. 中国农业百科全书: 农药卷[M]. 北京: 农业出版社.

（撰稿：何雄奎；审稿：李红军）

种子处理悬浮剂　flowable concentrate for seed treatment, FS

由活性成分和表面活性剂（润湿剂、分散剂）、添加剂（抗冻剂、增稠剂、消泡剂和警色剂）经湿法研磨后再加入成膜剂而制得，由细微颗粒（一般粒径＜5μm）分散悬浮于水中形成的可流动带色的稳定悬浮体系。它可以涂覆在种子上，干燥后能紧密黏附在种子表面，形成具有一定强度且不易脱落的保护层，这是种衣剂的关键特性。目前在中国推广的种子包衣技术中，种子处理悬浮剂使用最广泛且使用量最大。

种子处理悬浮剂是以水为介质，由活性物质（农药原药、植物生长调节剂和微量元素等）、助剂、填料等加工而成。它一般含有悬浮剂的分散剂、润湿剂、抗冻剂和消泡剂，此外还必须含有成膜物质，也含有一种警色剂作为种子的安全标记。

根据农药有效成分生物活性不同，种子处理悬浮剂最高含量可达600g/L，根据使用要求，外观应为均匀流动的液体，一般要求黏度为100～600mPa·s，黏度与包衣均匀度和脱落率有关，不同的作物种子需要不同的黏度，如用于玉米的种衣剂黏度稍低，一般在280～360mPa·s，而用于棉花的种衣剂黏度要高一些。为保证成膜性，要求粒度分布均匀，以2～3μm为佳。细度99%以上要通过325目筛（筛孔内径44μm），包衣脱落率≤8%，同时包衣均匀度要＞90%。成膜性是种子处理悬浮剂非常重要的一个特征性指标，合乎标准的种子处理悬浮剂，包衣时可自动成膜为种衣，包衣后的种子互不粘连，一般成膜时间允许在30分钟以内。为使“粮食”和“种子”区分开，种子处理悬浮剂产品中应加入特定的染料或颜料作为警色剂。

种子处理悬浮剂加工工艺很重要，常常影响到产品的质量。加工方法主要有两种，一种是超微粉碎法（也称湿法研磨法），另一种是凝聚法（亦称热熔—分散法），目前一般采用超微粉碎法。

种子处理悬浮剂是可直接或经稀释后包覆于种子表面，形成能透过空气和水的薄膜，具有一定强度和不易脱落的农药液体制剂。可同时具有杀灭地下害虫、防止种子带菌、提高种子发芽率和改进作物品质等功效。其药力集中，不易向周边扩散，对大气无污染，对天敌危害小。种子处理悬浮剂在使用过程中要预防低温胁迫造成的药害问题，在使用过程中要适时播种，防止低温冷害、低温病害和低温药害的发生。

（撰稿：潘强；审稿：遇璐、丑靖宇）

种子处理液剂　solution for seed treatment, LS

由农药原药溶解在合适的溶剂中，与适宜的助剂（包括警色剂）组成，可直接或稀释后形成有效成分真溶液（无可见的悬浮物和沉淀），用于种子处理的透明或半透明液体制剂。

种子处理液剂可以直接由农药原药、溶剂（或水）、助剂（乳化剂、着色剂）等一起搅拌混合而成。种子处理液剂的质量指标主要包括有效成分含量、水分、pH值（酸碱度）、溶液稳定性、对种子的附着性、低温稳定性、热储稳定性。根据使用要求，种子处理液剂的溶液稳定性、低温储存稳定性应检验合格，经热储稳定性试验后，有效成分分解率应不高于10%。特定情况下，种子处理液剂配方及质量指标可以基于有效成分特性及实际使用场景进行设计，但应有足够试验数据对其有效性与安全性进行支撑。

种子处理液剂的加工过程主要用到的设备包括配制釜、过滤器、真空泵、计量槽、储槽、冷凝器，使用它们共同完成原药、溶剂（或水）、助剂（乳化剂、警色剂）的搅拌混合过程。配制釜的装料系数一般不要超过80%，防止搅拌过程产生泡沫出现跑锅现象，造成污染与浪费。某些制备所得产品中含有不溶性物质，应过滤除去，保证产品的清澈透明。种子处理液剂要选用玻璃瓶及聚酯瓶等耐腐蚀的包装材料进行包装，不可选用不耐有机溶剂腐蚀的聚氯乙烯瓶包装。某些原药在水中的溶解度较低，为了加工出高浓度的种子处理液剂，可先进行化学反应将其转化为可溶性的盐，例如磺酸盐，再进行加工。

种子处理是用化学物质对种子进行的处理，即把杀菌剂和杀虫剂包覆于种子表层，形成保护区，用于抵御土壤中的土传病原菌及害虫。种子处理液剂因直接应用于种子，比应用于田间所需活性成分的量要少很多。种子处理液剂施用时需借助专用的液剂洒药机完成，施用过程中存在着液剂的初次分布和二次分布问题。初次分布是指洒药时，药剂在种子表面的分布，而二次分布是指因液剂挥发而进行的自发性分布，所以为阻止有毒蒸气挥发带来的影响，种子处理后需储存于储仓中24小时，才能用于播种。种子处理液剂因含有有机溶剂而带来的毒性、可燃性、植物药害和安全存放、运输等问题，使其应用受到限制，逐渐被水基性种子处理产品如种子处理悬浮剂等所替代。

参考文献

董小平, 1989. 种子处理[J]. 种子世界, 11: 25-26.

郭武棣, 2003. 液体制剂[M]. 北京: 化学工业出版社: 29-32.

刘敬民, 石隆平, 于乐祥, 2016. 几种常见种子处理剂质量控制项目及测定方法介绍[J]. 今日农药(3): 21-22.

刘西莉, 1997. 种子化学处理技术的应用[J]. 世界农业, 3(3): 24-27.

（撰稿：米双；审稿：遇璐、丑靖宇）

种子杀菌剂生物测定 determination of biological seed treatment agent

测定种子处理剂对引起种苗发病的种子寄存的、携带的病原菌生物活性的试验。

适用范围 适用于测定种子处理的杀菌剂品种对靶标菌的生物活性测定。

主要内容 种子处理剂的生物测定试验中，种子处理剂施药的载体是种子，在试验过程中，除了考虑供试杀菌剂对靶标菌的抑制作用，还须特别注意杀菌剂对种子发芽和生长的影响。因此，针对这类药剂的使用特点，在试验设计时必须注意供试杀菌剂的种类和处理剂量的控制。在寄主植物、病原菌的选择、培养以及供试土壤的准备等方面，该试验与土壤杀菌剂生物测定要求相近，可参考相关条目。下面重点介绍接种和药剂处理方法。

病原菌接种 ①检测杀菌剂对种传病原菌的作用，可采用自然带菌的种子进行药剂处理，不过这样的种子很难获得，通常需采用人工的方法将供试种子用病原菌的孢子悬浮液浸种或拌种的方式制造带菌种子。②供试病原菌为土传病害，一般采取提前土壤接菌或在播种同时接菌两种方式。土壤提前接菌是主要的接菌方式，需根据病原菌的生长特点设定接菌时间，一般情况下在播种前3～5天接菌比较合适。播种的同时接种病原菌的方式比较适合黑粉菌属的试验，如玉米丝黑穗病的温室防效试验，在播种的同时在玉米种子表面直接覆盖上一层菌土接种，这种方式可提高接种成功率。

施药处理 杀菌剂的种子处理通常有拌种、浸种（闷种）和包衣3种方式。①拌种。是指将药剂和种子混合搅拌后播种，可分干拌和湿拌。一般当供试杀菌剂为可湿性粉剂等固体剂型时可采用该方法。拌种处理操作简单，方便易行，但药剂易脱落淋失，靶标施药效能较低。②浸种。是指用药液浸泡种子的方法，其目的是促进种子发芽和消灭病原菌。一般当供试杀菌剂为乳油、水剂等液体剂型时可采用该方法。浸种处理一般为现浸现用，处理的种子不能进行储运，严格控制浸种时间，药剂浓度低时浸种时间可略长，浓度高时浸种时间要缩短，时间过短则没有效果，时间太长容易引起药害；浸过的种子要注意冲洗和晾晒，对于部分药剂允许浸后直接播种的，请遵循使用说明进行。③种子包衣。对于专用于种子包衣的药剂，需要对种子包衣后进行试验。对种子进行包衣处理，除了使用专业的机械包衣机外，还可以进行手工包衣，只需要容量充足的密封塑料袋或有大内腔的容器即可，把药剂和适量的水调制成药液后，加入种子，然后迅速剧烈振荡，使得药剂能均匀分布在种子表面，包衣完毕后，待种子表面药剂晾干后即可播种。

播种和调查 将杀菌剂处理后的供试作物种子播种到接菌处理的土壤内，最少4次重复，每个处理播种200粒种子。放置在适合作物生长的环境中培养，正常水肥管理，观察出苗和幼苗的生长情况。对防效的考察指标主要为出苗率和发病率（对部分病害可调查病情指数），可参照中华人民共和国国家标准《农药田间药效试验准则》，同时需要关注株高、根长、鲜重、干重等反映幼苗质量性状的指标，以考察药剂对寄主植物的安全性。

参考文献

沈晋良. 2013. 农药生物测定[M]. 北京: 中国农业出版社.

（撰稿：刘西莉；审稿：陈杰）

仲草丹 tiocarbazil

一种选择性除草剂。

其他名称 Caswell No. 082AATiocarbazil、丁草威。

化学名称 氨基甲酸二仲丁基硫代*S*-苯甲基酯。

IUPAC名称 *S*-benzyl di-*sec*-butyl-thiolcarbamate。

CAS登记号 36756-79-3。

分子式 $C_{16}H_{25}NOS$。

相对分子质量 279.44。

Z

结构式

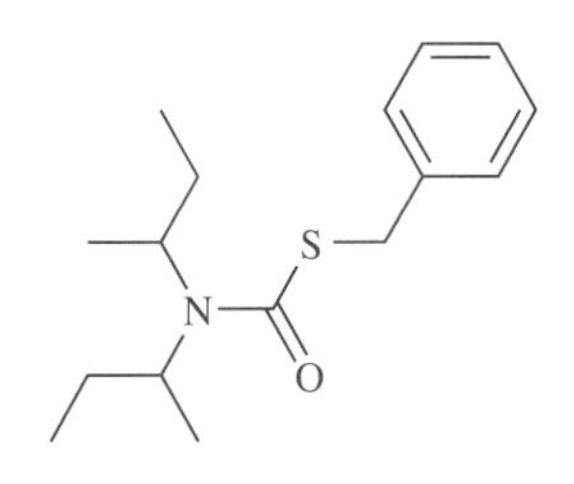

理化性质 无色液体。相对密度 1.023（20℃）。蒸气压 93mPa（50℃）。沸点 372.5℃。30℃水中溶解度 2.5mg/L，微溶于极性和非极性有机溶剂。闪点 179.1℃。pH 5.6~8.4 对光稳定，40℃在 pH 1.5 的乙醇水溶液中，30 天后稍有分解。40℃可稳定储藏 60 天。

毒性 大鼠急性经口 LD_{50} 10g/kg，注射 LD_{50} > 4g/kg。兔急性经口 LD_{50} > 10g/kg，注射 LD_{50} > 1200mg/kg。

剂型 乳油，颗粒剂，可溶液剂。

作用方式及机理 选择性除草剂，通过根和胚鞘吸收。

防治对象 防除水稻田多年生黑麦草和莎草。

参考文献

康卓, 2017. 农药商品信息手册[M]. 北京: 化学工业出版社.

（撰稿：汪清民；审稿：刘玉秀、王兹稳）

仲丁胺 sec-butylamine

一种主要用于水果保鲜及仓储病害防治的杀菌剂。

其他名称 2-AB。

化学名称 2-氨基丁烷。

IUPAC 名称 2-aminobutane。

CAS 登记号 13952-84-6。

EC 号 237-732-7。

分子式 $C_4H_{11}N$。

相对分子质量 73.14。

结构式

理化性质 无色透明液体，有氨味。熔点 -104℃。沸点 63℃。饱和蒸气压 23.7kPa（25℃）。相对密度（水 = 1）0.724（20℃）。溶于水，混溶于乙醇、乙醚、丙酮等多数有机溶剂。

毒性 斑马鱼急性毒性 LC_{50}（96 小时）33mg/L。ADI/RfD（WHO 和 FAO）0.2mg/kg［1975］。毒性等级：Ⅲ（GSH）。

作用方式及机理 2-AB 阳离子能够抑制孢子萌发，并且能降低菌丝的呼吸速率；能够强烈地抑制真菌对某些氨基酸的摄取及将它们掺入蛋白质；还能抑制与氮代谢有关的酶的活性，例如脱羧酶、转氨酶、脱氮酶等；能够与这些酶的辅基（磷酸吡哆醛）结合形成稳定的络合物使其失活。

防治对象 主要抑制危害柑橘、苹果、梨、葡萄等的青霉属真菌；引起桃、李等褐腐的串孢盘菌属真菌，危害柑橘、苹果、梨、山楂、桃、葡萄、柿和茄等果实，产生褐色腐烂斑的小丛壳属真菌、炭疽病菌；危害香蕉，引起炭疽病的盘长孢属真菌；危害柑橘，引起果实褐色蒂腐的拟茎点属真菌；危害香蕉、菠萝，分别引起果柄腐烂和黑腐的拟黑根霉属真菌。

使用方法 浸果，直接使用。

（撰稿：闫晓静；审稿：刘鹏飞、刘西莉）

仲丁通 secbumeton

一种内吸选择性除草剂。

其他名称 密草通、GS14254、Isobumeton、Etazine、Ezitan、Sumitol。

化学名称 2-仲丁基氨基-4-乙氨基-6-甲氧基-1,3,5-三嗪。

IUPAC 名称 N^2-*sec*-butyl-N^4-ethyl-6-methoxy-1,3,5-triazine-2,4-diamine。

CAS 登记号 26259-45-0。

EC 号 247-554-1。

分子式 $C_{10}H_{19}N_5O$。

相对分子质量 225.29。

结构式

开发单位 汽巴 - 嘉基公司。

理化性质 纯品为白色粉末。熔点 86~88℃。20℃时蒸气压 0.097mPa。25℃时水溶度 620mg/L，易溶于有机溶剂。在中性、弱酸及弱碱性介质中稳定，在强酸或强碱性介质中水解为无除草活性的 6- 羟基衍生物。

毒性 原药大鼠急性经口 LD_{50} 2680mg/kg。对野鸭及北美鹌鹑低毒。

剂型 50% 可湿性粉剂。

作用方式及机理 内吸传导。通过根、叶吸收，随蒸腾流传导，抑制植物的光合作用。

防治对象 可防除一年生禾本科杂草及双子叶杂草。

使用方法 用 50% 可湿性粉剂（有效量）1~3kg/hm² 在苜蓿休眠期喷雾。甘蔗栽植后用有效量 3~5kg/hm² 喷雾，可防除一年生禾本科杂草及双子叶杂草，与特丁津混用可用于非选择性除草，与莠灭净的混剂可用于甘蔗和凤梨。

注意事项 该品及混剂残效期可达数年，应用时应特别注意对后茬作物的影响。

与其他药剂的混用 与西玛津、莠灭净、特丁津等的复配可湿性粉剂。

参考文献

孙家隆, 2015. 农药品种手册[M]. 北京: 化学工业出版社: 854-855.

（撰稿：杨光富；审稿：吴琼友）

仲丁威　fenobucarb

一种具有胃毒、触杀、熏蒸和杀卵作用的氨基甲酸酯类杀虫剂。

其他名称　巴沙、扑杀威、丁苯威、Baycarb、Brodan、Carvil、Hopcin、Bayer 41637c、OMS-313、T 321。

化学名称　2-仲丁基苯基-*N*-甲基氨基甲酸酯。

IUPAC名称　*(RS)*-2-sec-butylphenyl methylcarbamate。

CAS 名称　2-(*sec*-butyl)phenyl methylcarbamate。

CAS 登记号　3766-81-2。

分子式　$C_{12}H_{17}NO_2$。

相对分子质量　207.27。

结构式

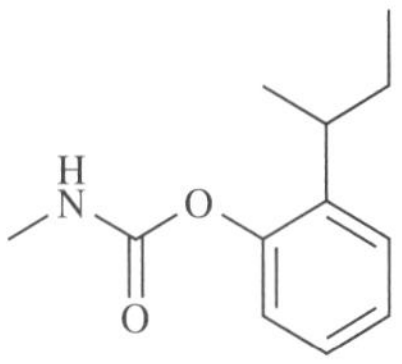

开发单位　该杀虫剂由 R. L. Metcalf 等报道，由日本住友化学公司、组合化学工业公司、三菱化学工业公司和拜耳公司开发。

理化性质　纯品为无色结晶。熔点 31～32℃。工业品为淡黄色油状液体，有芳香味，熔点 26.5～31℃，沸点 106～110℃（1.333Pa）。折射率 1.5115。相对密度 d_4^{20}1.035。工业品的含量约 95%。该品 30℃时在水中溶解 610mg/L，易溶于一般的有机溶剂，如丙酮、三氯甲烷、苯、甲苯、二甲苯等。对碱和强酸不稳定。水解（20℃）DT_{50} > 28 天（缓冲剂 pH2），16.9 天（pH9），2.06 天（pH10）。闪点 142℃（密闭系统）。

毒性　急性经口 LD_{50}：雄大鼠 623mg/kg，雌大鼠 657mg/kg，野鸭 323mg/kg。兔急性经皮 LD_{50} 10.25g/kg。原药大鼠急性吸入 LC_{50}（4 小时）> 0.366mg/L 空气。大鼠 2 年饲喂试验 NOEL 4.1mg/（kg·d）（100mg/kg 饲料）。野鸭 LC_{50}（5 天）> 5500mg/kg 饲料，鹌鹑 LC_{50}（5 天）5417mg/kg 饲料。鲤鱼 LC_{50}（48 小时）16mg/L。水蚤 LC_{50}（3 小时）> 0.32mg/L。

剂型　25%、50% 乳油，2% 粉剂，4% 颗粒剂，3% 微粒剂，60% 超低容量液剂，2% 粉剂和 30% 仲丁威与 45% 杀螟松的混配乳油。

质量标准　原油为淡黄色油状液体，熔点 28.5～31℃，沸点 106～110℃（1.333Pa），纯度≥ 95%。2% 粉剂为疏松粉末，含量≥ 2%，细度（200 目筛）≥ 95%，水分≤ 1.5%，pH5～9。25% 乳油为棕色透明液体，含量≥ 25%，酸度≤ 0.5%，水分≤ 0.5%。

作用方式及机理　为氨基甲酸酯类杀虫剂，对昆虫有触杀作用，并具有一定胃毒、熏蒸和杀卵作用。其毒力机制为抑制昆虫体内胆碱酯酶。

防治对象　对稻飞虱、黑尾叶蝉和稻椿象的防治有速效，持效短，亦可防治棉蚜和棉铃虫，如与杀螟松混用，可兼治二化螟。

使用方法　对植物体有渗透输导作用，将药剂施于植物表面或水面，即可发挥杀虫作用，一般情况下残杀期为 5～6 天。防治水稻害虫褐飞虱，使用 4% 仲丁威颗粒剂 30～45kg/hm²（含有效成分 1.2～1.8kg/hm²），均匀撒施；或使用 50% 仲丁威乳油 0.9～1.5L/hm²（含有效成分 450～750g/hm²），兑水 750kg，喷雾。防治黑尾叶蝉的方法同防治褐飞虱。

注意事项　在一般用量下，对作物无药害，但在水稻上使用的前后 10 天，要避免使用除草剂敌稗。中国规定 50% 仲丁威乳油在水稻上的常用量每公顷 1.2L，最高用量 1.8L。1 季水稻最多使用 4 次，安全间隔期 21 天，每次施药间隔 7～10 天。该品对人畜毒性较低，对操作人员比较安全，使用时可采用一般防护措施，但在鱼塘附近使用时要多加小心。不能与碱性农药混合使用。如发生中毒，可用硫酸阿托品解毒。

允许残留量　根据 ICAMA 的数据，日本规定仲丁威最大残留限量见表。

日本规定仲丁威的最大残留限量

名称	最大残留限量（mg/kg）	名称	最大残留限量（mg/kg）
杏仁	0.30	玉米	0.30
苹果	0.30	棉花籽	0.30
杏	0.30	酸果蔓果	0.30
芦笋	0.30	酸枣	0.30
鳄梨	0.30	茄子	0.50
竹笋	0.30	大蒜	0.30
香蕉	0.30	姜	0.30
大麦	0.30	葡萄	0.30
黑莓	0.30	番石榴	0.30
蓝莓	0.30	黑果木	0.30
青花菜	0.30	猕猴桃	0.30
球茎甘蓝	0.30	柠檬	7.00
卷心菜	0.30	莴苣	0.30
可可豆	0.02	枇杷	0.30
胡萝卜	0.30	杧果	0.30
牛食用内脏	0.02	瓜	0.30
牛肥肉	0.02	乳	0.02
牛肾	0.02	油桃	0.30
牛肝	0.02	黄秋葵	0.30
牛瘦肉	0.02	洋葱	0.30
花椰菜	0.30	木瓜	0.30
芹菜	0.30	西番莲果	0.30
樱桃	0.30	桃	0.30
草莓	2.00	梨	0.30
甘蔗	0.30	榅桲	0.30
向日葵籽	0.30	覆盆子	0.30
茶叶	0.50	黑麦	0.30
番茄	1.00	菠菜	1.00
豆瓣菜	0.30	小麦	0.30

参考文献

朱永和, 王振荣, 李布青, 2006. 农药大典[M]. 北京: 中国三峡出版社.

（撰稿：李圣坤；审稿：吴剑）

助燃剂　combustion adjuvant

一种对可燃物的燃烧有帮助和支持作用的物质。也称作氧化剂。

作用原理　燃烧是可燃物分子与氧化剂分子在一定温度、浓度和压力下接触后发生的一种发光发热的剧烈氧化还原反应。氧化剂的存在是持续燃烧的必要条件之一，助燃剂或氧化剂多为含氧且受热能释放氧的化合物，当含有助燃剂的烟剂被点燃后，助燃剂受热释放出氧气，保证燃烧过程中有足够的氧化剂，从而使燃烧过程可以持续。

分类与主要品种　烟剂制备中常用到以下几种助燃剂：氯酸钾、硝酸钾、硝酸铵，其他可用的助燃剂还有硝酸钠、亚硝酸钠、氯酸钠、高氯酸钾和高锰酸钾等。

氯酸钾　外观为白色晶体或粉末，不易吸湿。在400℃时分解释放氧气，放氧量为39%。分解时放热量为41.8kJ/mol。氯酸钾与可燃物共存时对摩擦和撞击较敏感，粉碎时若无严格防火防爆措施易发生失火或爆炸。

硝酸钾　外观为透明棱柱体或粉末，吸湿性小。在400℃时分解释放氧气，放氧量为40%。硝酸钾分解时吸热，1mol 硝酸钾分解需要吸收热量为317.68kJ。对摩擦和撞击不敏感，安全性较好。

硝酸铵　外观为无色晶体，极易吸湿，极易溶于水。在270℃时分解释放出氧气，放氧量20%，放热107kJ/mol。水分含量大于2%时，对摩擦、撞击不敏感，生产烟剂较为安全，但需采取防潮措施。

使用要求　配制烟剂用的助燃剂应满足以下条件：①安全性及稳定性好，不易因一般的摩擦或撞击而发生爆炸，不易吸潮，遇水不易分解。②含氧量大，在烟剂燃烧温度下能释放较多的氧。③分解温度适宜，在低于150℃时稳定，150～600℃时容易放氧且吸热量小。成本低，来源广泛。

应用技术　助燃剂主要应用在烟剂的制备中，配方中的用量一般在15%～45%，根据具体配方不同而有所差异。助燃剂的选择与使用跟所选择的燃料的种类与用量关系较大，助燃剂与燃料合理搭配才能保证烟剂有良好的应用性能。一般来说将氧化力强的助燃剂与还原力弱的燃料搭配，氧化力弱的助燃剂和还原力强的燃料搭配，氧化力中等的助燃剂和还原力中等的燃料搭配，容易配制出理想的烟剂。除进行正确的选择与搭配外，还需确定助燃剂和燃料合适的配比，这要根据具体选用燃料的燃烧反应方程式进行计算后才能得知。

参考文献

凌世海, 2003. 固体制剂[M]. 3版. 北京: 化学工业出版社.

刘广文, 2013. 现代农药剂型加工技术[M]. 北京: 化学工业出版社.

（撰稿：张鹏；审稿：张宗俭）

助溶剂　cosolvent

能提高农药原药或其他农药组分在主溶剂中溶解度的辅助溶剂。助溶剂大多数为有机溶剂，它与农药原药和主溶剂都具有很好的相容性。

作用机理　助溶剂起到助溶的作用主要为：

增加溶解性能　助溶剂本身对农药原药或农药组分的溶解度就很高，加入少量的助溶剂后农药原药或农药组分就大量溶解在助溶剂中，助溶剂与主溶剂相容性又很好，形成均一溶液。例如：70%的磺化琥珀酸二辛酯钠盐（快速渗透剂T）一般含有水和醇，少量的水不足以形成均一透明的溶液，加入醇后就可以形成均一的溶液。

提高农药原药或农药组分与主溶剂的相容性　助溶剂的介电常数处于农药原药或农药组分、主溶剂之间，加入助溶剂后使两者相容性提高。

形成复合物　加入助溶剂后，助溶剂与农药原药或农药组分通过络合、形成复盐、分子缔合等作用形成复合物，复合物在助溶剂中溶解度高而使溶质溶解度增加。例如：单甲基取代七元瓜环为增溶剂，使噻苯咪唑在水中的溶解度最高提高177倍，麦慧宁提高48倍，多菌灵提高756.5倍。

分类和主要品种　常见的助溶剂一般为极性溶剂。①醇类。甲醇、乙醇、异戊醇等。②酚类。苯酚、混合甲酚等。③酰胺类。二甲基甲酰胺、烷基酰胺等。④大环和笼状化合物。环糊精、瓜环等。⑤其他。乙酸乙酯、吡咯烷酮、二甲基亚砜等。

使用要求　助溶剂与溶剂在农药中使用的要求基本相同，主要为：①对目标农药有效成分溶解度高，或与主溶剂协同作用提高溶解度。②闪点尽量高，挥发度适中，不易燃易爆。农药生产、运输、储存和使用时保证安全。③对农作物不发生药害。④对人畜、环境毒性低。⑤价格适中，质量稳定。

应用技术　一般应用于存在溶解原药的制剂中，例如乳油、可溶性液剂、水乳剂、微乳剂、微胶囊、油剂、超低容量液剂等中，特别是主溶剂溶解度不够，配制高浓度的制剂中。

参考文献

贵州大学. 一种高效增加苯并咪唑类农药在水中溶解度的方法[P]. 中国发明专利, CN2015105657508. 2015-09-08.

罗明生, 高天慧, 2003, 药剂辅料大全[M]. 2版. 成都: 四川科学技术出版社.

邵维忠, 2003. 农药助剂[M]. 3版. 北京: 化学工业出版社.

中国农业百科全书总编辑委员会农药卷编辑委员会, 中国农业百科全书编辑部, 1993. 中国农业百科全书: 农药卷[M]. 北京: 农业出版社.

（撰稿：卢忠利；审稿：张宗俭）

注射法　injection method

将定量杀虫剂药液注射进昆虫体内，以测定药剂毒力大小的生物测定方法，也称微量注射法（microinjection

method）。因其药量控制精确，药剂可直达靶标部位，不受表皮或消化道穿透效率的影响，重复性好，是杀虫剂毒力测定最准确、可靠的方法。微量注射器1922年由J. W. 特万里（J. W. Trevan）发明，通过旋动千分尺（螺旋测微器）的手柄，推动微量注射器的内柱将定量药液注入试虫体内（见点滴法）。

适用范围 适用于大多数昆虫，对部分小型及微型昆虫因操作困难而不适用。

主要内容 用昆虫生理盐水、水或丙酮将杀虫剂原药（或原液）溶解配成母液，再等比稀释配制成系列浓度，用微量注射器将一定体积的药液从昆虫体壁的适当部位注射进体内，以注射相同体积溶剂的试虫为对照。将注射后的试虫于正常条件下饲养一定时间后观察并记录死亡情况，计算致死中量。

操作时要求所选试虫的龄期和生理状态一致；选用适当型号针头，避免机械损伤过大；试虫麻醉处理的方式和时间一致；选择对药剂敏感的部位注射，如鳞翅目幼虫可选择腹足或头部与前胸的节间膜处注射，直翅目可在腹部腹面的节间膜或头部与前胸的节间膜处注射，家蝇应在头部与前胸的节间膜处向后注射。注射的药剂的量视虫体大小而定，一般家蝇为0.2～0.5μl，美洲蜚蠊为1～5μl。增加药量时主要是提高药液浓度，一般不增加注射体积。注射时不可伤及神经或消化道，避免因机械损伤引起的死亡率过高而影响测定结果。

参考文献

中国农业百科全书总编辑委员会农药卷编辑委员会，中国农业百科全书编辑部，1993. 中国农业百科全书: 农药卷[M]. 北京: 农业出版社.

（撰稿：梁沛；审稿：陈杰）

转基因作物生物测定 bioassay of transgenosis plant

通过采用相同方法同时对转基因作物和常规作物生物测定并测定结果进行比较，以评价转基因作物的生物活性的一种生物测定方法。根据农药登记管理规定，以控制有害生物为目的的转基因植物属于农药范畴。

适用范围 适用于转基因作物的活性测定。

主要内容 以转基因抗虫棉对棉铃虫的室内抗虫活性测定为例。分别将转*Bt*基因抗虫棉和常规对照棉播种，常规管理长至棉花幼苗5叶期以上，分别取相同部位叶片，在叶柄基部用浸水的脱脂棉保湿，放入广口瓶内，接种棉铃虫初孵幼虫，每片叶片5头，重复10～15次。在温度为26～28℃、光暗比为14小时∶10小时的培养箱内饲喂5天，记录死虫数、存活幼虫发育龄期及对棉花叶片的危害程度，分别取其平均数。

棉铃虫对棉花叶片危害程度的分级标准如下。

1级：每张叶片受害面积小于5%，针状取食不连片。

2级：每张叶片受害面积占5%～30%，受害部分为小片状分布。

3级：每张叶片受害面积占30%～60%。

4级：每张叶片受害面积大于60%。

参考文献

沈晋良，2013. 农药生物测定[M]. 北京：中国农业出版社.

（撰稿：徐文平；审稿：陈杰）

准确度 accuracy

所得结果与真值的符合程度。又名正确度。农药残留检测方法的正确度一般用回收率进行评价。方法的正确度是指所得结果与真值的符合程度，农药残留检测方法的正确度一般用回收率进行评价。回收率试验一般应做三个水平添加，添加水平为：

①对于禁用物质，回收率在方法定量限、2倍方法定量限和10倍方法定量限进行三个水平试验。

②对于已制定MRL的，一般在1/2MRL、MRL、2倍MRL三个水平各选一个合适点进行试验，如果MRL值是定量限，可选择2倍MRL和10倍MRL两个点进行试验。

③对于未制定MRL的，回收率在方法定量限、常见限量指标选一合适点进行三个水平试验。

每个水平重复次数不少于5次，计算平均值。回收率参考范围见表。

不同添加水平对回收率的要求

添加水平 x（mg/kg）	范围（%）	相对标准偏差（%）
$x \leqslant 0.001$	50～120	≤35
$0.001 < x \leqslant 0.01$	60～120	≤30
$0.01 < x \leqslant 0.1$	70～120	≤20
$0.1 < x \leqslant 1$	70～110	≤15
> 1	70～110	≤10

（撰稿：董丰收；审稿：郑永权）

兹克威 mexacarbate

一种氨基甲酸酯类杀虫剂。

其他名称 Zectran、自克威、净草威、Dowco 139、CAS 315184。

化学名称 甲氨基甲酸4-(二甲氨基)酯。

IUPAC名称 4-dimethylamino-3,5-xylyl methylcarbamate。

CAS登记号 315-18-4。

EC号 206-249-3。

分子式 $C_{12}H_{18}N_2O_2$。

相对分子质量 222.28。

Z

结构式

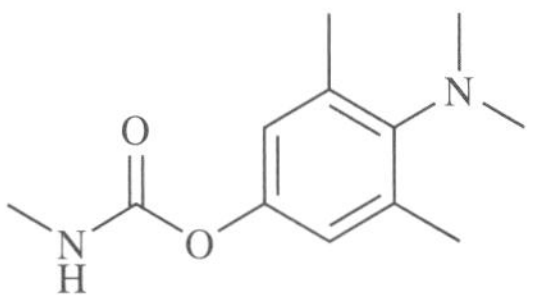

（化学结构式：O、N、H、N 标注）

开发单位　1961年美国道化学公司推广（已停产），获有专利BP 925424。

理化性质　白色无味结晶固体。熔点85℃。溶解度：25℃下溶于水100mg/L；易溶于多数有机溶剂。蒸气压13.3Pa（139℃）。在正常储藏条件下，化学性质稳定。遇碱分解。

毒性　急性经口LD_{50}：大鼠15~63mg/kg，小鼠39mg/kg，兔37mg/kg，鸽6.5mg/kg，鸡4mg/kg，哺乳动物20mg/kg，鸟1mg/kg。小鼠腹腔注射致死最低量为15mg/kg。急性经皮LD_{50}：大鼠1500mg/kg，兔＞500mg/kg，大鼠吃100~300mg/kg无病变。鲤鱼LC_{50}（96小时）13.4mg/L。对蜜蜂有毒。

剂型　2%面粉毒饵（供毒杀蛞蝓、蜗牛），25%可湿性粉剂和23%乳油（供草坪、行道树、灌木丛、花卉及其他观赏植物上用），石油制剂0.22kg/L（有效成分）。

作用方式及机理　具有一定内吸作用。该品为有效的杀虫剂、杀螨剂、杀软体动物剂，和其他氨基甲酸酯类杀虫剂一样，主要是对动物体内胆碱酯酶的抑制作用。

防治对象　对食叶性害虫、螨类和蜗牛、蛞蝓等软体动物都有效。适于防治森林、灌木、花卉等上的害虫。

使用方法　防治森林害虫用量0.34~1.4kg/hm^2（有效成分）剂量。杀蛞蝓、蜗牛等软体动物用量0.23kg/hm^2（有效成分）。

注意事项　要存放在凉爽、干燥和通风良好的地方，远离食品和饲料。勿让儿童接近。避免药液和口、眼及皮肤接触。中毒时注射硫酸阿托品解毒，勿用2-PAM、麻醉剂或抑制胆碱酯酶的药物。如已误服，可使患者饮大量的牛奶、蛋白、明胶液或水，促使呕吐，并立即送医诊治。

允许残留量　国外允许最大残留量：樱桃、越橘25mg/kg，桃15mg/kg，玉米饲料和草料、甜玉米0.03mg/kg，柑橘类水果0.02mg/kg。

参考文献

张维杰, 1996. 剧毒物品实用技术手册[M]. 北京: 人民交通出版社.

朱永和, 王振荣, 李布青, 2006. 农药大典[M]. 北京: 中国三峡出版社.

（撰稿：李圣坤；审稿：吴剑）

紫外光谱法　ultraviolet spectroscopy

利用有机化合物吸收紫外光的特性，对有机农药进行定性、定量或结构分析的方法。

原理　组成物质的分子总是处于不断地运动之中，能量最低的能级状态称为基态，能量高于基态的能级状态称为激发态。以适当频率的光照射处于基态的原子或分子，且光子所具有的能量正好等于激发态与基态的能级差时，光子的能量将向该原子或分子转移，使其由基态能级跃迁至激发态能级，同时产生吸收光谱。以物质内部发生量子化的能级跃迁而所产生的发射、吸收或散射辐射的波长和强度进行分析的方法称为光谱法。分子中价电子经紫外光照射，电子从低能级跃迁到高能级时吸收相应波长的光，产生的吸收光谱为紫外光谱。

紫外光区的波长范围和分类　在紫外光谱中，波长单位用nm（纳米）表示。紫外光的波长范围是10~400nm，其中10~200nm为远紫外区，也称真空紫外；波长在200~400nm称为近紫外区，一般的紫外光谱是指这一区域的吸收光谱。

紫外吸收光谱的表示方法　紫外光谱主要通过谱带位置和吸收强度提供有机分子的结构信息。通常以谱带吸收强度最大处的波长表示谱带位置，称为最大吸收波长（λ_{max}）；λ_{max}与化合物的电子结构密切相关，是化合物分子的特征常数。谱带的吸收强度通常用最大吸收波长处的摩尔吸光系数（ε）表示。当用强度为I_0的入射光照射样品时，若透过光强度为I，则样品的吸光度$A = \lg(I_0/I)$。它反映了光线通过样品后被吸收的程度。习惯上采用吸光度A-波长（nm）曲线表示化合物的紫外吸收光谱图，如图1萘的紫外光谱图。

用透光度T也能表示样品对光的吸收程度，$T = I/I_0$，因此$A = \lg(1/T)$。根据朗伯-比尔定律：$A = \varepsilon bc$，其中ε为摩尔吸光系数[L/（mol·cm）]，b为吸收光程长度（cm），c为吸光物质的摩尔浓度（mol/L）。利用此关系式，可对吸光物质进行定量分析。其中ε表示在特定波长和条件下，浓度为1mol/L的吸光物质溶液在厚度为1cm的吸收池中所测得的吸光度。

紫外光谱法的定性鉴定和定量测定　紫外光谱定性鉴定的主要依据是分子的紫外吸收曲线的形状、吸收峰数目、λ_{max}和ε_{max}等特征。紫外光谱只能反映分子中特定官能团及其邻近结构的特征，而不能反映整个分子的结构特征。因此它常常被用于某些官能团定性，区别饱和与非饱和化合物，测定分子的共轭程度，确定分子的共轭体系骨架，研究与共轭作用和溶剂化作用有关的分子构型、构象、互变异构、氢键现象等。测定时的溶剂极性、溶剂pH性质均可对物质的紫外光谱产生影响。

紫外分光光度计可用于无机物分析，也可用于有机物

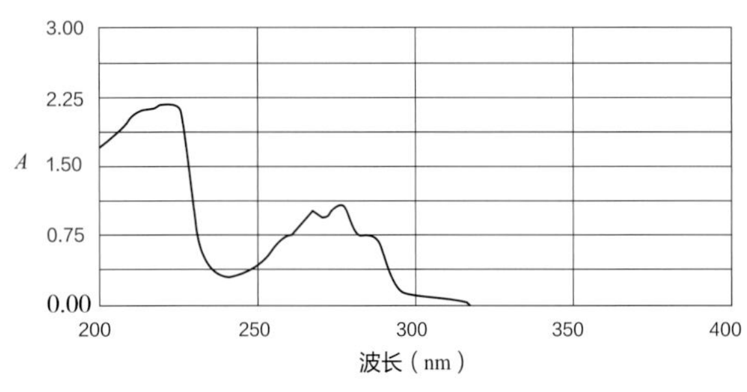

图1 萘的紫外光谱图

分析，在药物、金属、矿物和水中污染物的分析检验中是一种很重要的分析工具。分光光度计的结构和工作原理示意图如图 2 所示，它通常包括 5 个基本组成部分。①光源。提供一定波长范围的连续光，在可见光区用白炽光源，如钨丝灯或碘钨灯，紫外区用低压氢或氘放电灯。②分光系统。由单色器（常用棱镜或光栅，滤光片）、一系列狭缝、反射镜和透射镜等组成，用于将光源发出的连续光色散成具有一定带宽的单色光。③样品池。透明的（如石英玻璃皿）容器，用以盛放试样。④检测器。用于检测透过样品的光强度，并将吸光度或透射率转变为易测定的电信号。⑤记录显示仪。用以记录光谱图或显示吸光度。

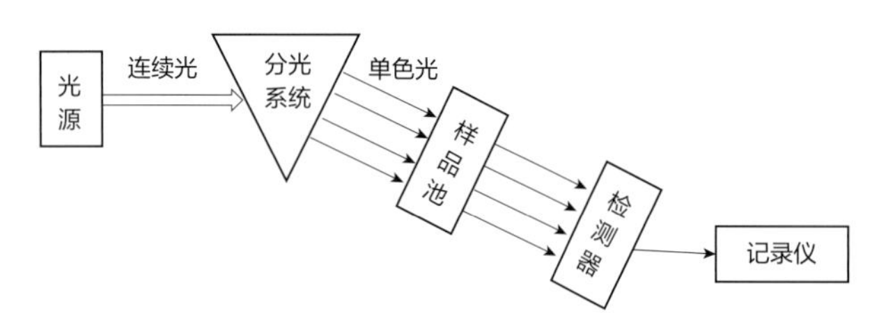

图 2 分光光度计的结构和工作原理示意图

紫外光谱法的应用

物质结构辅助鉴定　通过与标准物质和标准谱图对照，根据吸收光谱图上的特征吸收，特别是最大吸收波长和摩尔吸收系数等常用物理参数，检定待测物与标准物质的一致性。

纯度检验　根据特殊吸收峰特征，检验主成分中的微量杂质成分。如果化合物在紫外可见光区没有明显的吸收峰，而它的杂质在紫外区内有较强的吸收峰，就可以检测出化合物中的杂质。如检测乙醇样品含有的杂质苯。苯的最大吸收波长在 256nm，而乙醇在此波长处没有吸收。

推测化合物的分子结构　通过分析紫外吸收区的谱图，可推测化合物的共轭体系，区分化合物的构型和构象，鉴别互变异构体。如果一个化合物在紫外区没有吸收峰，则它可能是脂肪族碳氢化合物、胺、腈、醇等不含双键或环状结构的化合物；如果在 250～300nm 有强吸收，则可能具有 3～5 个不饱和共轭系统。

反应动力学研究　借助于分光光度法可以得出一些化学反应速率常数，并由两个或两个以上温度条件下得到的速率数据，得出反应活化能，如丙酮的溴化反应的动力学研究。利用紫外分光光度法进行定量分析时，可将待测试样的纯品配制成一系列标准溶液，事先绘制标准曲线，由待测未知样品吸光度对照标准曲线，就可得到其含量。

参考文献

潘铁英, 张玉兰, 苏克曼, 2009. 波谱解析法[M]. 上海: 华东理工大学出版社.

（撰稿：周利；审稿：马永强）

自动对靶喷雾　automatic target spraying

一种利用传感机进行对靶识别而进行喷雾的方式，属于定向喷雾的一种类型。其特点是喷雾精准、节水、节药、污染小等。

沿革　果树喷雾是苗圃和果园普遍采用的有效植保方式。苗圃和果园的喷雾对象是树木，其与喷雾密切相关的典型形态特征有：树冠结构和密度的分散性较大；树和树之间、树木的行与行之间存在空隙区，而且这种空隙区通常不是均布的。这种树木形态的特征意味着：如果采用连续均匀喷雾方式，就必然会有很多农药被喷在树间空隙区，不仅浪费农药，而且增加了环境污染。因此在果树喷雾领域较早地提出了对靶喷雾的概念，即当喷头对着树时才开启，对着树间空隙区时就关闭。

工作原理

基于机器视觉的自动对靶喷雾技术　人工神经网络在农业机械视觉识别中有很高的潜力。通过颜色（RGB）分辨麦粒的精度超过 98%。Yang Chun-Chieh 等用人工神经网络和模糊控制对除草剂的施用量进行了模拟控制。用摄像头采集田间信息，利用人工神经网络区分庄稼和杂草的种类。用图像处理确定杂草的覆盖率和分布，并利用模糊控制决定除草剂的喷量。试验结果证明除草剂的对靶覆盖率为 80%～90%。Tian Lei 研制了一种基于机器视觉的精准对靶智能喷雾机，工作原理如图 1。计算机控制单元是施药系统的核心组成部分，智能喷雾机应用机器视觉系统采集图像信息，应用杂草覆盖率（WCR）算法、离散小波变换（DWT）算法计算杂草的分布特性，应用雷达测速传感器测量拖拉机行驶速度，根据这些参数，喷头控制器决定可变量施药机构的动作。可变量施药机构是可变量系统的关键组成部分。

基于地理信息技术的自动对靶喷雾技术　基于地理信息技术的自动对靶变量施药系统是精准农业的重要组成部分，它是以地理信息系统（GIS）、全球定位系统（GPS）、遥感技术（RS）、决策支持系统（DSS）为基础，智能植保机械根据田间变异，对生产过程实施一整套精确定位、定量管理集成技术。该技术的一个重要方面就是能根据要求动态改变作业参数。其数据流为：田间数据采集（航空成像、杂草检测识别系统）、图像数据处理、数据地图形成、数据文件拷贝，智能喷雾机在全球定位系统的支持下根据数据地图进行防治作业。

基于红外线光电传感器的自动对靶喷雾技术　红外光电探测器，它是由发射和接收系统共同工作的。红外系统的特点：尺寸小，重量轻；能在白天和黑夜工作；对辅助装置

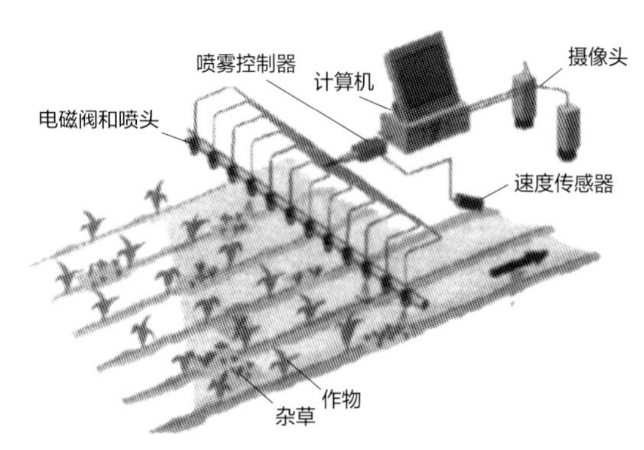

图 1 智能喷雾机结构图

要求少。对红外系统功能的限制主要来自于大气条件的影响，其中潮湿大气、雾和云是主要限制因素。为减少这些因素对系统的影响，采用近红外主值波长940nm光源，通过调制光源，把信息载到光波上，通过发射系统调制光，利用目标的反射，然后由接收系统进行检测，来驱动执行机构工作。940nm这一近红外波段对于近距离探测，所受以上影响可以忽略不计。选用940nm为峰值的发射波长，处于近红外波段。首先，这一波段处于大气窗口中，大气对此能量的衰减较小，这样的系统作用距离远；其次，这一波段的探测器的量子效率高，系统设计调试较方便。

适用范围 适用于树龄较小、种植较稀疏以及果树树冠之间存在较大空隙的果园。该喷雾机可避免在果树间隙的无效喷雾，减少雾滴飘移，达到环保减量的要求。

主要工作部件组成 自动对靶系统目标探测对靶部分选用红外探测器，光波段为近红外线段，分为上、中、下三段探测控制，通过对不同果树形态进行准确的探测和判断，把信号提供给喷雾控制系统。探测器为反射型，在设计上采用红外线调制和解调技术，系统构成如图2所示，主要由红外线发射电路、红外线接收电路和输出电路三部分组成。发射电路为红外线调制和发射电路，它发射经过调制的红外线信号；接收电路为红外线接收和解调电路，它只接收来自发射电路的经过调制的红外线信号而排除其他红外线的干扰；输出电路由继电器构成。

喷雾控制系统 喷雾控制系统由放大电路和电磁阀组成，每个靶标自动探测器产生的靶标信号，经过放大电路放大后分别控制一组喷雾管路中的电磁阀开闭，实现该组管路中喷头的喷雾或停喷的实时控制。喷雾控制系统采用中央控制电阀装置，喷雾控制系统接收到对靶系统的信号后，控制系统迅速做出判断，决定上、中、下三段的喷头同时喷雾还是分别喷雾，以达到节省农药的目的。

风机及风送系统 根据果树树冠茂密的特点，选用轴流风机为喷雾系统送风。轴流风机风量大，有利于吹动树叶，提高气流的穿透性，改善雾滴附着效果。采用轴流进风、径向出风的方式，出风口左右对称布置，出风角度可调，以适应不同高度的果树；喷头位于出风口内，有利于将喷头喷出的雾滴及时向作物吹送。

静电系统 静电喷雾技术应用高压静电使雾滴带电，带电的细雾滴做定向运动趋向植株靶标，最后吸附在靶标上，其沉积率显著提高，在靶标上附着量增大、覆盖均匀，沉降速度增快，尤其是提高了在靶标叶片背面的沉积量，减少飘移和流失。为保证雾滴有足够的穿透性和有效附着，利用风机产生的辅助气流使雾滴有效地穿透果树冠层，使果树枝叶摇动，荷电的雾滴则可在靶标枝叶的正反两面有效、均匀地沉积。

施药质量影响因素 为提高雾滴在树冠中的穿透性，采用大风量的轴流风机输送雾滴，风量达到24 500m^3/h、风机出口风速（喷头处）20m/s。红外传感器安装位置与喷头位置应当匹配。行进速度不能过快，不能超过系统延时的限度。

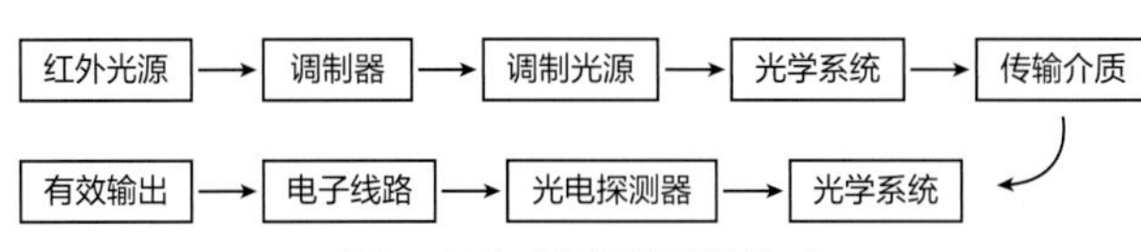

图2 自动对靶探测系统构成

注意事项 自动对靶喷雾机的结构组成含有较多电路以及传感器，需要及时检修和耐心维护，防止传感器受损以及电路短路等故障产生。

操作者应熟知植保机械作业的气象条件。

参考文献

何雄奎, 2013. 药械与施药技术[M]. 北京: 中国农业大学出版社.

邱白晶, 闫润, 马靖, 等, 2015. 变量喷雾技术研究进展分析[J]. 农业机械学报, 46(3): 59-72.

袁会珠, 2011. 农药使用技术指南[M]. 北京: 化学工业出版社.

（撰稿：何雄奎；审稿：李红军）

自动对靶喷雾机 automatic target sprayer

根据探测靶标的有无进行“有靶标喷施、无靶标停喷”的喷雾机。

自动对靶喷雾技术作为精准施药技术的主要组成部分，是目标物探测技术、喷雾技术和自动控制技术的结合。靶标探测传感器发现靶标（果树枝叶）时，喷雾机自动控制系统打开喷雾系统进行对靶喷雾，在没有果树枝叶的空当，传感器把信号传给自动控制系统，将喷雾系统关闭，喷雾机不对外喷雾施药。该项技术至少可节省农药50%，明显提高了农药的利用率和防治效率，可大幅度减少农药使用引起的环境污染。

工作原理 果园自动对靶喷雾控制系统硬件原理见图。系统通过红外传感器探测靶标，信号转换电路将传感器输出信号转换为系统微控制器可识别信号，由微控制器对信号进行处理和判断，当靶标处于设定靶标区域内时则为有效靶标，然后启动电磁阀驱动电路，打开电磁阀，喷头组件开始喷雾，否则为非靶标，不喷雾。通过键盘模块和显示屏可设置自动对靶喷雾控制系统的工作模式和靶标区域范围，系统内设有温度传感器，实时测量系统工作环境温度，当超过

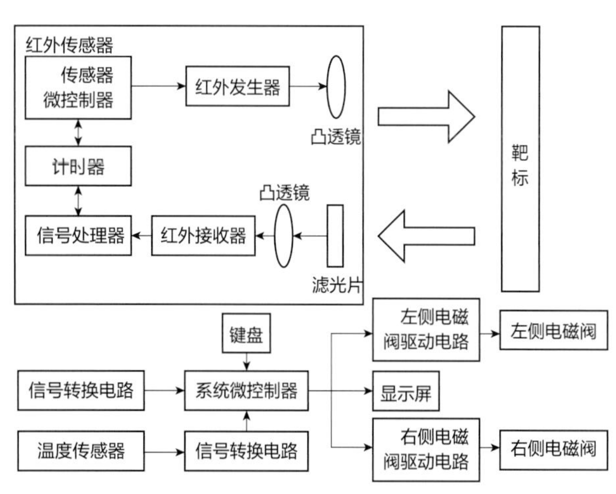

自动对靶喷雾控制系统硬件原理

50℃时即关闭电源，保护系统。

适用范围、主要工作部件组成、施药质量影响因素、注意事项等见自动对靶喷雾。

参考文献

何雄奎, 2013. 药械与施药技术[M]. 北京: 中国农业大学出版社.

邱白晶, 闫润, 马靖, 2015. 变量喷雾技术研究进展分析[J]. 农业机械学报, 46(3): 59-72.

袁会珠, 2011. 农药使用技术指南[M]. 北京: 化学工业出版社.

（撰稿：何雄奎；审稿：李红军）

阻燃剂　flame retardant

能够抑制或中断燃烧过程，从而赋予易燃材料难燃性、自熄性及消烟性的功能助剂。农药中用的阻燃剂是指能够消除烟剂火焰而使其以无焰形式燃烧或消除燃烧后残渣中余烬的物质。

作用原理　不同阻燃剂可通过不同的方式发挥阻燃作用，如吸热阻燃、覆盖作用阻燃、抑制链反应阻燃、窒息阻燃等。烟剂中使用的阻燃剂一般是通过受热时分解放出不可燃气体将可燃物质或氧气稀释，以达到消除火焰的目的。

分类与主要品种　阻燃剂可分为有机阻燃剂和无机阻燃剂，常见的有氯系阻燃剂、溴系阻燃剂、磷系阻燃剂及氢氧化铝、氢氧化镁等。

氯系阻燃剂的代表品种是氯化石蜡，根据氯含量不同分为氯化石蜡 -42，氯化石蜡 -52，氯化石蜡 -70 三种。氯化石蜡具有良好的电绝缘性、耐火及阻燃等特性而且价格便宜。

溴系阻燃剂主要有二溴甲烷、三氯溴甲烷、二氯溴甲烷及八溴二苯基氧化物、十溴二苯醚、五溴甲苯、五溴乙苯、六溴环十二烷、四溴双酚 A 等芳香族溴化物及其他卤代物。此外，还有磷酸三（二溴丙基）酯及卤代环己烷及其衍生物、十溴联苯醚及其衍生物等。溴系阻燃剂分解时可以捕捉高分子材料降解反应生成的自由基，释放出的溴化氢还可覆盖在材料表面，阻隔表面可燃气体，从而延缓或终止燃烧反应链。溴系阻燃剂应用范围广泛，是目前世界上产量最大的有机阻燃剂之一。

磷系阻燃剂主要产品有磷酸三丁酯、磷酸三（2- 乙基己基）酯、磷酸三（2- 氯乙基）酯、磷酸三（2,3- 二氯丙基）酯、磷酸三（2,3- 二溴丙基）酯、磷酸三苯酚、磷酸二甲苯酯、磷酸甲苯 – 二苯酯、磷酸三甲苯酯、磷酸三苯酯、磷酸（2- 乙基己基）– 二苯酯、红磷、磷酸铵盐、聚磷酸铵等。

氢氧化镁和氢氧化铝均具有良好的阻燃性能，其中氢氧化铝具有阻燃、抑烟和填充作用，无毒、无腐蚀、价格低廉且来源广泛。氢氧化镁热稳定性高，有良好的阻燃作用，在温度高的聚烯烃塑料加工中应用较多。

性能要求　适应于烟剂加工的阻燃剂应具有以下特点：①毒性小，燃烧时不产生毒性气体。②不与烟剂中其他组分发生反应而影响使用性能。③用量小，阻燃效果好。④自身稳定性好，不易吸潮或降解。⑤成本低，来源广泛。

应用技术　阻燃剂在农药制剂加工中主要用于烟剂及蚊香中，作用是保证烟剂或蚊香安全燃烧，降低火灾风险。在配方中的添加量一般为 0～15%。

参考文献

凌世海, 2003. 固体制剂[M]. 3版. 北京: 化学工业出版社.

刘广文, 2013. 现代农药剂型加工技术[M]. 北京: 化学工业出版社.

张小燕, 卢其勇, 2011. 阻燃剂的生产状况及发展前景[J]. 塑料工业, 39(4): 1-5.

（撰稿：张鹏；审稿：张宗俭）

组织培养鉴定法　cytokinins bioassay by growth stimulating on plant tissue culture

细胞分裂素类物质测定的经典的方法之一。其原理是在一定浓度范围内，细胞分裂素类物质对植物组织的生长有促进作用。实验材料通常为大豆愈伤组织、烟草茎的髓部、胡萝卜根韧皮部等对细胞分裂素有较高敏感性的组织。该方法专一性较强，但耗时久。

适用范围　适用于细胞分裂素的生物测定。

主要内容　在选取的实验材料生长旺盛期时，选取其对细胞分裂素敏感性较高的部位，用清水清洗，然后放在杀菌剂（如 10%～14% 高氯酸钾溶液）里浸泡 5 分钟，取出后用无菌水再洗 1 次，用木塞穿孔器等取样工具取样，接种到盛有琼脂培养基的三角瓶中，将接种材料放在 25℃温箱中黑暗条件下培养。21 天后，观察并测量各处理的鲜重或干重的增加。在 MS 培养基中加入不同浓度的激动素，组织的生长受到促进，在一定浓度范围内，激动素浓度愈高，鲜重或干重增加愈多。

参考文献

陈年春, 1991. 农药生物测定技术[M]. 北京: 北京农业大学出版社.

马庆虎, 1987. 植物激素的生物试法 (三) ——赤霉素[J]. 植物杂志 (4): 46-47.

（撰稿：谭伟明；审稿：陈杰）

最大残留限量　maximum residue limit, MRL

食品或农产品内部或表面法定允许的农药最大浓度，以每千克食品或农产品中农药残留的毫克数表示（mg/kg），也称允许残留量（tolerance）。为了不被误认为仅是毒理学上允许承受的数量，联合国粮农组织（FAO）于 1972 年采用了“最大残留限量”，但美国仍使用允许残留量一词。食品（包括食用农产品）中农药最大残留限量制定是根据农药使用的良好农业规范（GAP）和规范农药残留试验，推荐农药最大残留水平，参考农药残留风险评估结果，推荐最大残留限量，其数值必须是毒理学上可以接受的，最后由各国政府部门按法规公布。食品（包括食用农产品）中农药残留风险评估是指通过分析农药毒理学和残留化学试验结果，根据消费者膳食结构，对因膳食摄入农药残留产生健康风险的可能性及程度进行科学评价。

MRL的制定可追溯到20世纪初，英国对从美国进口的苹果中砷酸化合物首先制定了允许残留量。以后各国对在食用和饲料作物上使用的农药都要求制定允许残留量或最大残留限量。

制定农药最大残留限量的目的是控制食品或农产品中过量农药残留以保障食用者的安全。新农药申请登记时必须提供其在各类作物上的最大残留量数据，供政府部门对其在农产品中残留的潜在危害作出评价。各国政府均以法规的形式公布此值，对超过此限量的农产品应采取措施，禁止食用或销售；指导和推行合理用药。农产品的监测值大于残留限量时，表明未按推荐剂量和次数施药。由于各国病虫害发生不同，膳食结构不一样，以及有的农产品进口国家要求过严等因素，各国的最大残留限量往往不一致，需要制定国际标准。

国际食品法典委员会（Codex Alimentarius Commission，CAC）下设的食品法典农药残留委员会（Codex Committee on Pesticide Residue，CCPR）是负责制定国际食品法典农药残留限量标准的机构，自1966年至今基本上每年召开一次会议，通常先由FAO和WHO的农药残留专家联席会议（Joint FAO/WHO Meeting of Pesticide Residues，JMPR）评议某农药残留的安全性、允许摄入量和残留数据，提出最大残留限量建议值，提供CCPR讨论通过，再报送CAC大会讨论通过后成为CAC最大残留限量标准。

中国农药最大残留限量制定的一般程序如下：

①确定规范残留试验中值（STMR）和最高残留值（HR）。按照《农药登记资料规定》和《农药残留试验准则》（NY/T 788—2018）要求，在农药使用的良好农业规范（GAP）条件下进行规范残留试验，根据残留试验结果，确定规范残留试验中值（STMR）和最高残留值（HR）。

②确定每日允许摄入量（ADI）和/或急性参考剂量（ARfD）。根据毒物代谢动力学和毒理学评价结果，制定每日允许摄入量（ADI）；对于有急性毒性作用的农药，制定急性参考剂量。

③推荐农药最大残留限量（MRL）。根据规范残留试验数据，确定最大残留水平，依据中国膳食消费数据，估算每日摄入量，或短期膳食摄入量，进行膳食摄入风险评估，推荐食品安全国家标准农药最大残留限量（MRL）。

《食品中农药最大残留限量标准》（GB 2763—2021）是目前中国监管食品（包括食用农产品）中农药残留的唯一强制性国家标准。

参考文献

钱传范，2011. 农药残留分析原理与方法[M]. 北京：化学工业出版社.

GB 2763—2021 食品中农药最大残留限量标准.

（撰稿：徐军；审稿：郑永权）

最大耐受剂量 maximum tolerated dose, MTD

不产生死亡条件下试验动物的最大染毒量。即指在外来化学物质急性毒性试验中，化学物质不引起受试对象（实验动物）出现死亡的最高剂量，也可用LD_0表示。若高于该剂量即可出现死亡。最大耐受剂量可用mg/kg体重表示。

与LD_{100}（绝对致死剂量）的情况相似，LD_0也受个体差异的影响，存在很大的波动性。由于试验动物对外来化学物质的感受性有个体差异，随着试验动物数增多，最大耐受剂量可能下降，故难以在试验中得到可重复的结果。一般不用最大耐受剂量来比较两种外来化合物的毒性。LD_0和LD_{100}常作为急性毒性试验中选择剂量范围的依据。

参考文献

《环境科学大辞典》编辑委员会，1991. 环境科学大辞典[M]. 北京：中国环境科学出版社.

NY/T 1667. 4—2008 农药登记管理术语.

（撰稿：徐军；审稿：郑永权）

最低抑制浓度测定法 minimal inhibition concentration methods, MIC

通过测定杀菌剂完全抑制靶标病原菌生长的最低浓度来评价其抑菌能力的方法。

适用范围 适用于测定对靶标病原菌离体抑菌能力显著的杀菌剂品种的抑菌能力。

主要内容 根据靶标菌的培养差异，最低抑制浓度法一般可采用固体或液体培养两种方式进行测定。

固体培养法是通过制备含有不同浓度药剂的培养基平板，将供试菌株接种到含药平板上，以接种无药平板处理为空白对照，将平板置于适宜温度下培养一定时间，观察菌株生长情况，判断供试菌株不生长的平板所含的药剂浓度。该方法优点是在一个平板上可同时点接多个菌株，效率较高。在试验操作中，当加入药剂后，需要立即充分摇匀后再制备平板，否则药剂分散不均匀，会影响结果。

液体稀释法是在一定培养液中加入不同浓度的药剂，配制成一定浓度梯度，再将制备好的菌悬液（一般浓度为1×10^7CFU/ml）按一定体积接种，静置或摇培培养后，通过肉眼或分光光度计测定浊度，以菌株不能生长的试管内药剂的浓度为MIC，药剂的浓度一般以μg/ml表示。

参考文献

沈晋良，2013. 农药生物测定[M]. 北京：中国农业出版社.

（撰稿：刘西莉；审稿：陈杰）

作物安全性试验 phytotoxicity assessment test

以目标作物为试验靶标，药剂处理后，根据测试靶标受药后的反应症状和受害程度来评价除草剂对供试作物安全性的试验。安全性评价是除草剂应用的关键技术，为除草剂正确合理使用提供重要依据。

适用范围 适用于新除草活性化合物或提取物、新型除草剂、商品化除草剂，及其混配、助剂对供试作物的安全性评价。

主要内容 作物安全性试验可以采用温室盆栽法，也可以在田间开展。供试药剂通过芽前土壤处理法或芽后茎叶处理法进行药剂处理。处理后定期观察作物出苗情况及出苗后的生长发育情况。对有药害的处理应观察记载药害反应的时间、症状以及与对照相比的差异。结果调查可以按试验要求测定试材出苗数、根长、鲜重、干重、株高、分蘖数、花果量、产量等具体的定量指标，计算生长抑制率。也可以视植物受害症状及程度进行综合目测法评价。

作物受药后的主要药害症状有颜色变化（黄化、白化等）、形态变化（新叶畸形、扭曲等）、生长变化（脱水、枯萎、矮化、簇生等）、激素状等（见表）。

对测试靶标受害症状的描述

缩写	释义
TR	Desiccation/ 脱水
WD	Growth inhibition/ 抑制生长
WF	Growth promotion/ 促进生长
WH	Growth regulation/ 生长调节
WS	Herbicidal stunting/ 矮化
WZ	Growth stagnation/ 生长停滞
CH	Bleaching/ 白化
GE	Yellowing/ 黄化
FB	Browning/ 褐化
FG	Green coloration/ 绿化
FR	Red coloration/ 红化
GG	Dark green coloration/ 深绿
AW	Adventitious root formation/ 不定根生长
BI	Rush-like leaf rolling/ 叶片卷曲
BF	Defoliation/ 叶片脱落
BV	Delay of blooming/ 花期延长
DH	Thin stems/ 茎缢缩
HO	Hormonal damage/ 激素状药害
KR	Deformity/ 畸形
KA	Leaf cockling/ 鸡爪状叶
LN	Lodging/ 倒伏
NA	Formation of lateral branches/ 向侧性畸形生长
NL	Postemergence growth/ 芽后处理后再生
NT	Resprouting after injury/ 受害后再发芽
RB	Reduced leaf number/ 叶片数减少
RV	Delay of maturity/ 延迟成熟
ST	Tillers more numerous than control/ 比对照分蘖旺
VB	Necrosis/ 枯斑、坏死
SA	Vapor damage/ 破坏蒸腾
SM	Damage by microorganisms/ 微生物药害
SS	Pesticide injury/ 农药药害
SU	Damage by environmental influences/ 环境影响
UL	Crop stand reduction/ 出苗不齐
KL	Poor emergence/ 出苗差
SW	Root damage/ 根部损坏
PW	Plant withering/ 植株枯萎
SD	Stem damage/ 茎部损坏
FS	Herbicide injury/ 药害
PN	Penetration/ 渗透作用

根据测试作物靶标的受害症状和药害程度，评价药剂的作物安全性，评价标准如下：药害程度＜ 10% 表示安全，10%～30% 表示有轻微药害，30%～50% 为中度药害，＞ 50% 为严重药害。

除草剂的安全性是在特定环境条件下、一定剂量范围内的相对安全性，是同等条件下对比杂草防效的一个相对值，几乎没有绝对安全的除草剂。同时，作物药害从用药初期有一定抑制作用到后期慢慢恢复生长，也是一个动态的变化过程。安全性试验需要综合考虑以上因素得出科学的评价结果。

参考文献

黄春艳, 陈铁保, 王宇, 等, 2003. 28种除草剂对大豆的安全性及药害研究初报[J]. 植物保护, 29(1): 31-34.

宋小玲, 马波, 皇甫超河, 等, 2004. 除草剂生物测定方法[J]. 杂草科学 (3): 1-6.

NY/T 1155. 6—2006 农药室内生物测定试验准则 除草剂 第6部分: 对作物的安全性试验 土壤喷雾法.

NY/T 1155. 8—2007 农药室内生物测定试验准则 除草剂 第8部分: 作物的安全性试验 茎叶喷雾法.

（撰稿：徐小燕；审稿：陈杰）

坐果酸 cloxyfonac

一种芳氧基乙酸类植物生长调节剂，具有生长素作用，在番茄、茄子花期施用，作为坐果剂可以使果实大小均匀。

其他名称 Tomatlane(cloxyfonac-sodium)、CHPA、PCHPA(cloxyfonac)、RP-7194 (cloxyfonac-sodiun)。

化学名称 4-氯-α-羟基-邻-甲苯氧基乙酸；4-chloro-α-hydroxy-*O*-tolyloxyacetic acid。

IUPAC 名称 4-chloro-α-hydroxy-o-tolyloxyacetic acid。

CAS 登记号 6386-63-6。

分子式 $C_9H_9ClO_4$。

相对分子质量 216.62。

结构式

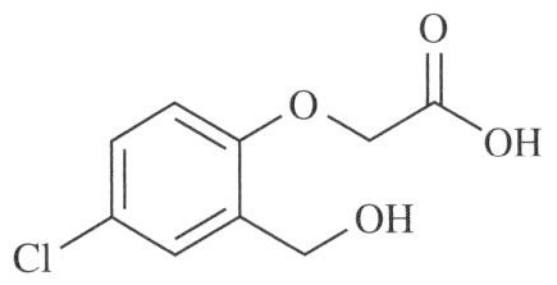

理化性质 无色结晶。熔点 148℃。溶解性：水 2g/L，丙酮 100g/L，二噁烷 125g/L，乙醇 91g/L，甲醇 125g/L。不溶于苯、氯仿。密度 1.44g/cm^3。沸点 391.4℃（101.32kPa）。40℃稳定，对光稳定。在弱酸性或弱碱性介质中稳定。

毒性 有致癌性。对水生生物毒性极大。急性经口 LD_{50}：雄大鼠＞5000mg/kg，雌大鼠＞5000mg/kg。鱼类 LC_{50}＞28.5mg/L。

剂型 98g/L 悬浮液剂（钠盐）。

作用方式及机理 由 2 甲 4 氯苯氧乙酸乙酯溴代生成 2-溴甲基 -4- 氯苯氧乙酸乙酯，再在碱性条件下水解生成。具有生长素作用的坐果剂，在番茄和茄子花期施用，可使果实大小均匀。同时是一种植物生长调节剂和化学转化产物农药剂，用于农作物病虫害防治。

注意事项 储存于阴凉、通风的库房。库温不宜超过 37℃。应与氧化剂、食用化学品分开存放，切忌混储。保持容器密封。收容泄漏物，避免污染环境。防止泄漏物进入下水道、地表水和地下水。

参考文献

孙家隆, 2015. 新编农药品种手册[M]. 北京: 化学工业出版社: 980.

（撰稿：谭伟明；审稿：杜明伟）

唑胺菌酯 pyrametostrobin

一种甲氧基丙烯酸酯类广谱、内吸性的杀菌剂。

化学名称 *N*-[2-[[1-(4- 氯苯基) 吡唑 -3- 基] 氧甲基] 苯基]-*N*- 甲氧基氨基甲酸甲酯；methyl *N*-[2-[[(1,4-dimethyl-3-phenyl-1*H*-pyrazol-5-yl)oxy]methyl]phenyl]-*N*-methoxycarbamate。

IUPAC 名称 methyl 2-[(1,4-dimethyl-3-phenylpyrazol-5-yl)oxymethyl]-*N*-methoxycarbamate。

CAS 登记号 915410-70-7。

分子式 $C_{21}H_{23}N_3O_4$。

相对分子质量 381.43。

结构式

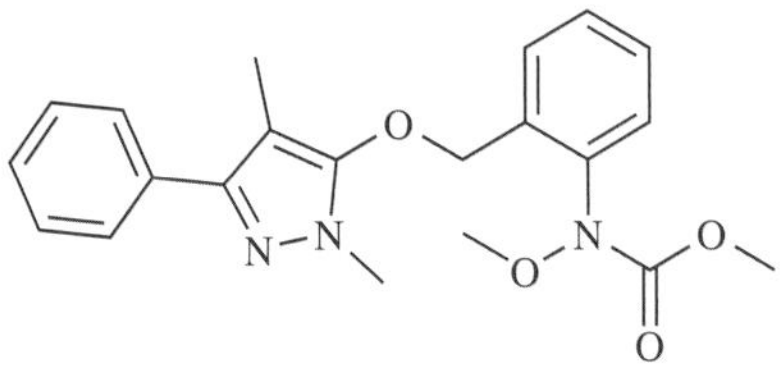

开发单位 1984 年沈阳化工研究院开发。曹秀凤等报道唑胺菌酯的杀菌活性。

理化性质 原药含量 96.5%。熔点 65.6～67.2℃（原药，179.4℃）。蒸气压 4.85×10^{-4}mPa（25℃）。K_{ow}lg$P$ 4.07（25℃）。在水中溶解度（20～25℃）4.05mg/L。

毒性 低毒。大鼠急性经口 LD_{50}：雄性＞5000mg/kg，雌性 LD_{50}＞4300mg/kg。大鼠急性经皮 LD_{50}＞2150mg/kg。对兔眼睛中等刺激性，对皮肤无刺激。鱼类 LC_{50}（96 小时）：虹鳟 10.5μg/L，斑马鱼 0.44mg/L。水蚤 LC_{50}（48 小时）＞0.063mg/L。羊角月牙藻 EC_{50}（72 小时）0.38mg/L。蜜蜂接触 LD_{50}＞100μg/ 只。蚯蚓 LC_{50}（24 小时）＞10mg/kg 土壤。

剂型 20% 悬浮剂，20% 乳油。

作用方式及机理 广谱内吸传导型杀菌剂。具有保护、治疗作用。具有优异的内吸性、持效性和耐雨水冲刷能力。作用机制与其他甲氧基丙烯酸酯类杀菌剂相同。

防治对象 对小麦白粉病、黄瓜白粉病有特效。

使用方法 主要茎叶喷雾处理。防治黄瓜白粉病，在发病前或发病初期，田间使用 20% 乳油有效成分 50～150g/hm^2，一个季节喷药 3～4 次，可有效防治黄瓜白粉病。

允许残留量 GB 2763—2021《食品中农药最大残留限量标准》规定唑胺菌酯在黄瓜中的最大残留限量为 1mg/kg（临时限量）。ADI 为 0.004mg/kg。

参考文献

曹秀凤, 刘君丽, 李志念, 等, 2010. 新杀菌剂唑胺菌酯的作用特性[J]. 农药, 49 (5): 323-325.

孟润杰, 2009. 新杀菌剂唑胺菌酯对黄瓜白粉菌生物活性及其抗药性风险评估[D]. 保定: 河北农业大学.

（撰稿：王岩；审稿：刘西莉）

唑吡嘧磺隆 imazosulfuron

一种磺酰脲类除草剂。

其他名称 咪唑磺隆、唑吡磺隆、Takeoff、Sibatito。

化学名称 2- 氯 -*N*-(((4,6- 二甲氧基 -2- 嘧啶基) 氨基) 甲酰) 咪唑并 [1,2-*a*] 吡啶 -3- 磺酰胺。

IUPAC 名称 1-(2-chloroimidazo(1,2-*a*)pyridin-3-ylsulfonyl)-3-(4,6-dimethoxypyrimidin-2-yl)pyridine-3-sulfonamide。

CAS 登记号 122548-33-8。

分子式 $C_{14}H_{13}ClN_6O_5S$。

相对分子质量 412.81。

结构式

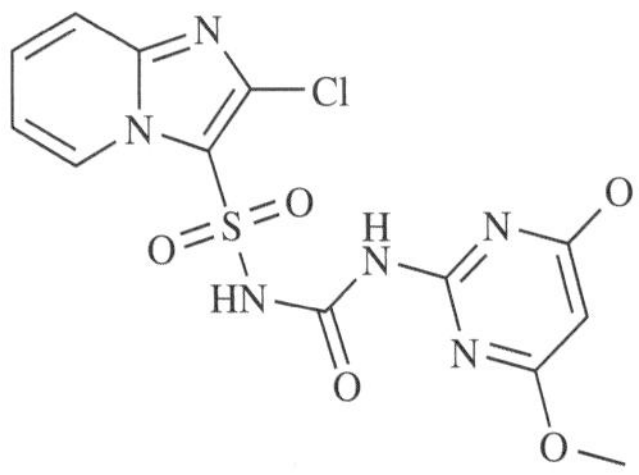

理化性质 纯品为白色结晶，熔点 183～184℃（分解）。相对密度 1.574（25℃）。蒸气压 4.52×10^{-2}Pa（25℃）。pK_a4。

Z

25℃时在有机溶剂中的溶解度：二氯甲烷 12.8g/L、丙酮 7.6g/L、乙腈 2.5g/L、乙酸乙酯 2.2g/L、二甲苯 400mg/L；在水中溶解度为 308mg/L（pH7）、67mg/L（pH6.1）、5mg/L（pH5.1）。K_{ow}lg$P$ 0.05。

毒性 对鱼类和哺乳动物低毒。大鼠和小鼠急性经口 LD_{50} > 5g/kg。大鼠急性经皮 LD_{50} > 2g/kg。对兔皮肤和眼睛无刺激，对豚鼠皮肤无致敏作用。大鼠急性吸入 LC_{50}（4小时）> 2.4mg/L 空气。饲喂试验 NOEL：雄大鼠（2年）106.1mg/（kg·d），雌大鼠 132.46mg/（kg·d），狗（1年）75mg/（kg·d），对大鼠、小鼠无致癌作用，对大鼠和兔无致畸作用。Ames 试验，无诱变作用。鹌鹑和野鸭急性经口 LD_{50} > 2250mg/kg。鹌鹑和野鸭 LC_{50}（5天）> 5620mg/kg 饲料。鱼类 LC_{50}（48小时）：鲤鱼 > 10mg/L。蜜蜂 LD_{50}（48小时）：经口 48.2μg/只，接触 66.5μg/只。水蚤 LC_{50}（3小时）> 40mg/L。

剂型 有5种剂型。Takeoff 颗粒剂（单剂）：含咪唑磺隆 0.3%。Batl 颗粒剂（混剂）：含 0.3% 咪唑磺隆、5% 杀草隆（daimuron）和 3.5% 苯噻草胺（mefenacet）。Gosign 颗粒剂（混剂）：含 0.3% 咪唑磺隆、7% 禾草畏（esprocarb）和 5% 杀草隆。Hayate 颗粒剂（混剂）：含 0.3% 咪唑磺隆、1.5% 丙草胺、5% 杀草隆和二甲丙乙净（dimethametryn）。Award 胶悬剂（混剂）：含 1.7% 咪唑磺隆、12% 稗草畏（pyributicarb）和 27.5% 杀草隆。

质量标准 储存条件 0~6℃。

作用方式及机理 通过根部吸收，然后输送至整株植物，对支链氨基酸生物合成的关键酶乙酰乳酸合成酶（ALS）具有强烈的抑制作用。抑制杂草尖芽生长，阻止根部或幼苗的生长发育，从而使之渐渐死亡。

防治对象 可用于苗前和苗后使用的阔叶杂草除草剂。可在芽前或水稻移植后 10~15 天使用，防除包括稗草在内的大多数一年生杂草和牛毛毡、萤蔺、水莎草、水芹、矮慈姑等多年生杂草。

使用方法 Takeoff 可在芽前或水稻移植后 10~15 天使用，使用剂量 30g/hm²。同其他除草剂混用可增强对稗草的防效，且这些混剂均是一次性除草剂。水稻移植后使用可长时间防除水田中大多数杂草直到收获。Award 是一种分散极快的剂型，可直接滴（或加）入稻田的水中。

参考文献

中国农业百科全书总编辑委员会农药卷编辑委员会，中国农业百科全书编辑部，1993. 中国农业百科全书：农药卷[M]. 北京：农业出版社：24.

（撰稿：王忠文；审稿：耿贺利）

唑草胺 cafenstrole

一种三唑酰胺类选择性除草剂。

其他名称 Grachitor、Lapost（SDS Biotech K.K.）、zuocaoan。

化学名称 *N,N*-二乙基-3-均三甲基苯磺酰基-1*H*-1,2,4-三唑-1-甲酰胺；*N,N*-diethyl-3-[(2,4,6-trimethylphenyl)sulfonyl]-1*H*-1,2,4-triazole-1-carboxamide。

IUPAC 名称 *N,N*-diethyl-3-mesitysulfonyl]-1*H*-1,2,4-triazole-1-carboxamide。

CAS 登记号 125306-83-4。

EC 号 603-054-9。

分子式 $C_{16}H_{22}N_4O_3S$。

相对分子质量 350.44。

结构式

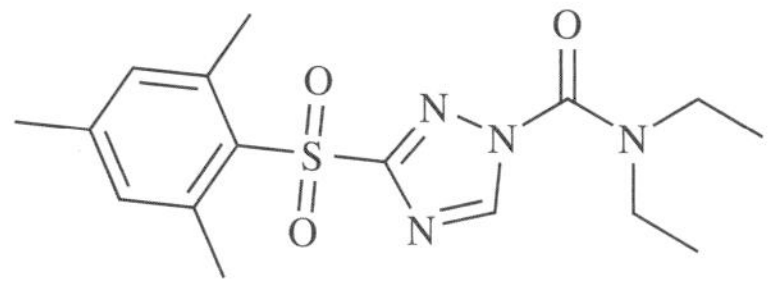

开发单位 1987 年 Chugai 公司发现，1997 年 Eiko Kasei 公司开发上市。2001 年，唑草胺又被转让给日本 SDS 生物技术公司。现由 SDS 生物技术公司生产。

理化性质 纯品为白色至浅白色无味晶体。熔点 117~119℃。相对密度 1.3（30℃）。蒸气压 5.3×10^{-5}mPa（20℃）。K_{ow}lg$P$ 3.21（20℃）。Henry 常数 7.43×10^{-6}Pa·m³/mol（20℃）。在水中溶解度为 2.5mg/L（20℃）。稳定性：在中性、弱酸和弱碱中很稳定，对热相对稳定。

毒性 大鼠、小鼠急性经口 LD_{50} > 5000mg/kg。大鼠急性经皮 LD_{50} > 2000mg/kg。大鼠急性吸入 LC_{50}（14天）> 1.97mg/L。ADI/RfD 0.003mg/kg。Ames 试验中无致突变性。鹌鹑、绿头野鸭急性经口 LD_{50} > 2000mg/kg。鲤鱼 LC_{50}（48小时）> 1.2mg/L。水蚤 LC_{50}（3小时）> 500mg/kg。蜜蜂 LD_{50}（72小时）：经口 > 1000mg/kg，接触 > 5000mg/kg。

剂型 颗粒剂，悬浮剂，水分散颗粒剂，可湿性粉剂。

作用方式及机理 抑制细胞分裂，超长链脂肪酸酶抑制剂。

防治对象 一种苗前和苗后使用的除草剂，可防除稻田大多数一年生与多年生阔叶杂草，如稗草、鸭舌草、异型莎草、萤蔺、瓜皮草等，对稗草有特效。

使用方法 可苗前和苗后处理的除草剂，对移栽水稻安全。持效期超过 40 天，使用剂量 50~300g/hm²。在 200~300g/hm² 剂量下，对水稻有很高选择性；可单独使用或与其他除草剂混用。以 10g/hm²（有效成分）剂量，对稗草、异型莎草具有很高活性，对移栽水稻无药害。以有效成分 500~100g/hm² 剂量可有效防除鸭舌草、萤蔺和一年生阔叶杂草。以有效成分 300g/hm² 剂量可有效防治芽前到 2.5 叶期稗草、异型莎草，而对移栽水稻无药害。

与其他药剂的混用 可以和唑草胺混配的其他有效成分：吡嘧磺隆、杀草隆＋嗪吡嘧磺隆、杀草隆＋唑吡嘧磺隆、杀草隆＋环丙嘧磺隆、吡嘧磺隆＋氰氟草酯、苄嘧磺隆＋氰氟草酯＋杀草隆、氯吡嘧磺隆＋杀草隆＋双环磺草酮、杀草隆＋氯吡嘧磺隆＋氰氟草酯、苄草唑＋双环磺草酮＋杀草隆、双环磺草酮＋苄草唑＋四唑嘧磺隆以及唑草酯＋氟吡磺隆＋双环磺草酮等。

允许残留量 日本：鱼允许残留量 0.2mg/kg、水稻允许残留量 0.02mg/kg。韩国：稻谷允许残留量 0.05mg/kg。

参考文献

柏亚罗, 2015. 唑草胺高效防除稻田稗草[J]. 农药快讯(8): 22-25.

马克比恩 C, 2015. 农药手册[M]. 胡笑形, 等译. 北京: 化学工业出版社: 132-133.

石得中, 2008. 中国农药大辞典[M]. 北京: 化学工业出版社: 589-590.

（撰稿：王红学；审稿：耿贺利）

唑草酮 carfentrazone-ethyl

一种三唑啉酮类除草剂，原卟啉原氧化酶抑制剂。

其他名称 Aim、Affinity、Aurora、Platform、氟酮唑草、福农、快灭灵、三唑酮草酯、唑草酯、F8426、F116426。

化学名称 (*RS*)-2-氯-3-[2-氯-5-(4-二氟甲基-4,5-二氢-3-甲基-5-氧-1*H*-1,2,4-三唑-1-基)-4-氟苯基]丙酸乙酯。

IUPAC名称 ethyl(*RS*)-2-chloro-3-[2-chloro-5-[4-(difluoromethyl)-4,5-dihydro-3-methyl-5-oxo-1*H*-1,2,4-triazol-1-yl]-4-fluorophenyl]propionate。

CAS登记号 128639-02-1。

EC号 603-291-8。

分子式 $C_{15}H_{14}Cl_2F_3N_3O_3$。

相对分子质量 412.19。

结构式

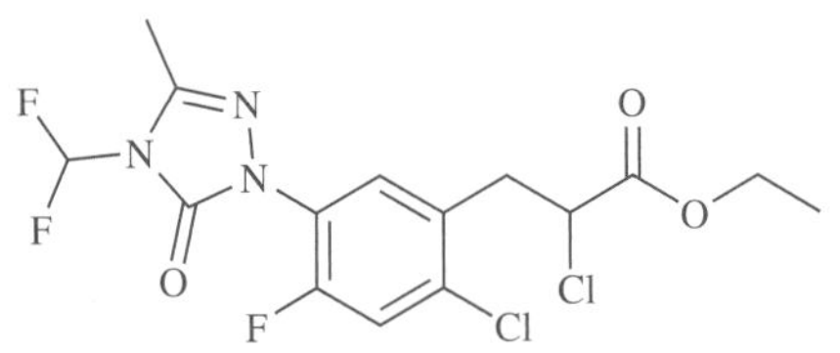

开发单位 美国富美实公司。

理化性质 纯品为黄色黏稠液体。熔点 -22.1℃，沸点 350~355℃。相对密度 1.457（20℃）。闪点 > 110℃。蒸气压 1.6×10^{-5}Pa（25℃）。K_{ow}lg*P* 3.36（20℃）。Henry常数 2.47×10^{-4}Pa·m³/mol（20℃，计算值）；水中溶解度（mg/L）12（20℃）、22（25℃）、23（30℃）；有机溶剂中溶解度（g/L，20℃）：甲苯0.9、己烷0.03，与丙酮、乙醇、乙酸乙酯、二氯甲烷等互溶。在水中pH5时稳定，DT_{50}：3.6小时（pH9）、8.6天（pH7）。水中光照 DT_{50} < 8天（carfentrazone-ethyl），< 28天（carfentrazone）。

毒性 低毒。雌大鼠急性经口 LD_{50} 514mg/kg，兔急性经皮 LD_{50} > 4000mg/kg。对兔眼睛有轻微刺激，对兔皮肤无刺激。大鼠急性吸入 LC_{50}（4小时）5.09mg/L空气。Ames试验呈阴性，小鼠淋巴瘤和活体小鼠微核试验呈阴性。NOEL大鼠（2年）3mg/（kg·d）。野鸭和鹌鹑急性经口 LD_{50} > 1000mg/kg，野鸭和鹌鹑饲喂 LC_{50} > 5620mg/kg饲料。鱼类 LC_{50}（96小时，mg/L）1.6~4.3（由鱼的种类决定）：1.6（虹鳟）、2（大太阳鱼）。蜜蜂 LD_{50}：经口35μg/只，接触 > 200μg/只。蚯蚓 LC_{50} > 820mg/kg土壤。藻类：EC_{50} 2~18mg/L（取决于物种），15（绿藻）。NOEC 0.625mg/L。水蚤 EC_{50}（48小时）9.8mg/L。其他水生动物 EC_{50}（96小时，mg/L）：牡蛎2.05、糠虾1.16。

在大鼠体内，80%的给药剂量在24小时内被迅速吸收并排出体外，主要代谢产物是相应的酸。进一步的代谢可能涉及甲基的氧化羟基化或脱氯化氢。土壤中易被微生物代谢，不易光解或挥发。在无菌土壤强烈吸附（K_{oc} 750在25℃）。在非无菌土壤，迅速转变成游离酸，然后甲基三唑啉酮被羟基化、氧化为二元酸。

剂型 10%唑草酮可湿性粉剂，40%唑草酮可分散粒剂，40%唑草酮乳油，40%炔·唑·氯氟吡可湿性粉剂，8%氯吡·唑·双氟悬浮剂，3%、9%双氟·唑草酮悬浮剂，70.5%2甲·唑草酮可湿性粉剂，24%、28%、36%唑草·苯磺隆水分散粒剂，37%炔·苄·唑草酮可湿性粉剂，30%吡嘧·唑草酮可湿性粉剂，38%苄嘧·唑草酮可湿性粉剂，29.5%苯·唑·氯氟吡可湿性粉剂，40%唑草·灭草松水分散粒剂，36%噻吩·唑草酮可湿性粉剂，12%氯吡·唑草酮可分散油悬浮剂，34%氯吡·唑草酮可湿性粉剂，73%莠·唑·2甲钠可湿性粉剂，34%氯吡·唑草酮可湿性粉剂，60%氟唑·唑草酮水分散粒剂，56%二氯·唑·吡嘧可湿性粉剂，63%吡·甲·唑草酮可湿性粉剂。

质量标准 15%唑草酮可湿性粉剂为疏松粉末，无团块，pH5~8，悬浮率≥75%，储存稳定性良好。40%唑草酮水分散粒剂为能自由流动，基本无粉尘，无可见的外来杂质和硬团块，灰色至棕色柱状或者圆形颗粒，pH5~8，悬浮率≥80%，储存稳定性良好。

作用方式及机理 是一种触杀型选择性除草剂，在有光的条件下，在叶绿素生物合成过程中，通过抑制原卟啉原氧化酶导致有毒中间物的积累，从而破坏杂草的细胞膜，使叶片迅速干枯、死亡。唑酮草酯在喷药后15分钟内即被植物叶片吸收，其不受雨淋影响，3~4小时后杂草就出现中毒症状，2~4天死亡。唑草酮杀草速度快，受低温影响小，用药机会广，由于唑草酮有良好的耐低温和耐雨水冲刷效应，可在冬前气温降到很低时用药，也可在降雨频繁的春季抢在雨天间隙及时用药，而且对后茬作物十分安全，是麦田春季化除的优良除草剂。唑草酮的药效发挥与光照条件有一定的关系，施药后光照条件好，有利于药效充分发挥，阴天不利于药效正常发挥。气温在10℃以上时杀草速度快，2~3天即见效，低温期施药杀草速度会变慢。

防治对象 小麦、大麦、水稻、玉米等，因其在土壤中的半衰期仅为几小时，故对下茬作物亦安全。主要用于防除阔叶杂草和莎草如猪殃殃、野芝麻、婆婆纳、苘麻、萹蓄、藜、红心藜、空管牵牛、鼬瓣花、酸模叶蓼、柳叶刺蓼、卷茎蓼、反枝苋、铁苋菜、宝盖菜、苣荬菜、野芝麻、小果亚麻、地肤、龙葵、白芥等杂草。对猪殃殃、苘麻、红心藜、荠、泽漆、麦家公、空管牵牛等杂草具有优异的防效，对磺酰脲类除草剂产生抗性的杂草如地肤等具有很好的活性。

使用方法 苗后茎叶处理，使用剂量通常为9~35g/hm²（亩用量0.6~2.4g有效成分）。小麦：每亩40%唑草酮干悬浮剂4~5g兑水30~40L，均匀喷雾。如果用于防除敏感杂草，剂量可以降低一半。水田：宜于6月下旬至7月上旬施药，单剂效果不很理想，为提高药效可以与 2 甲 4 氯或苄嘧磺隆混用。唑草酮每亩以 1～2g（有效成分）使用后，水稻叶片虽有锈色斑点，但不影响水稻的生长发育，增产显著。唑草酮在冬前化除使用时，每亩用量一般为 0.8g，每亩用水量 30kg 即可；到春季化除时由于杂草草龄较大，唑草酮亩用量一般为 1.6g，提倡加足水量喷雾，每亩用水量最好在 50～60kg，这样一方面能将麦田中的杂草喷湿喷透，提高除草效果（唑草酮为触杀型药剂，喷到草上才能发挥除草作用）；另一方面施药浓度不至于太大，有利于提高对麦苗的安全性。

适宜施药时期 杂草 2～3 叶期为最佳用药时期，小麦拔节期后禁止施药，由于唑酮草酯受作用机理（无内吸活性）所限，喷雾时力求全面、均匀，使全部杂草充分着药，其对施药后长出的杂草无效，切记不能将该药剂应用于阔叶作物。

注意事项 唑草酮为超高效除草剂，但小麦对唑草酮的耐药性较强，在小麦三叶期至拔节前（一般为 11 月至翌年 3 月）均可使用，但如果施药不当，施药后麦苗叶片上会产生黄色灼伤斑，用药量大、用药浓度高，则灼伤斑大，药害明显。因此施药时药量一定要准确，最好将药剂配成母液，再加入喷雾器。喷雾应均匀，不可重喷，以免造成作物的严重药害。唑草酮只对杂草有触杀作用，没有土壤封闭作用，在用药时期上应尽量在田间杂草大部分出苗后进行。小麦在拔节期至孕穗期喷药后，叶片上会出现黄色斑点，但施药后 1 周就可恢复正常绿色，不影响产量。喷施过唑草酮的药械要彻底清洗，以免药剂残留药效伤害其他作物。

与其他药剂的混用 唑草酮可与 2,4-滴、甲磺隆、苯磺隆、苄嘧磺隆、氯嘧磺隆、吡嘧磺隆、噻吩磺隆、氟唑磺隆钠盐、炔草酯、氟草烟、溴苯腈、灭草松、氯氟苯氧乙酸、二氯喹啉酸、双氟磺草胺、麦草畏、MCPA 钠盐等混用。喷施唑草酮及其与苯磺隆、2 甲 4 氯、苄嘧磺隆的复配剂时，药液中不能加洗衣粉、有机硅等助剂，否则容易对作物产生药害。含唑草酮的药剂不宜与骠马（精噁唑禾草灵）等乳油制剂混用，否则可能会影响唑草酮在药液中的分散性，喷药后药物在叶片上的分布不均，着药多的部位容易受到药害，但可分开使用，例如：第一天打一种药，第二天打另一种药，就不会出现药害，但考虑到苯磺隆、苄嘧磺隆、2 甲 4 氯等药剂会影响精噁唑禾草灵的防效，最好相隔一周左右使用。对禾本科杂草和阔叶杂草混生的田块，可以将炔草酸与唑草酮及其与苯磺隆、苄嘧磺隆的复配剂混用，兼除两类杂草。

允许残留量 ① GB 2763—2021《食品中农药最大残留限量标准》规定唑草酮最大残留限量见表。ADI 为 0.03mg/kg。谷物参照 GB 23200.15 规定的方法测定。②日本和美国 ADI 为 0.03mg/kg。

部分食品中唑草酮最大残留限量（GB 2763—2021）

食品类别	名称	最大残留限量（mg/kg）
谷物	糙米	0.1
	小麦	0.1

参考文献

刘长令, 2002. 世界农药大全除草剂卷[M]. 北京: 化学工业出版社: 137-140.

TURNER J A, 2015. The pesticide manual: a world compendium[M]. 17th ed. UK: BCPC: 167-168.

（撰稿：李香菊；审稿：耿贺利）

唑啶草酮 azafenidin

一种三唑啉酮类广谱性除草剂。

其他名称 Evolus、Milestone、Azafeniden、DPX-R 6447、IN-R 6447、R 6447。

化学名称 2-(2,4-二氯-5-丙炔-2-氧基苯基)-5,6,7,8-四氢-1,2,4-四唑并(4,3-a)吡啶-3(2*H*)-酮；2-[2,4-dichloro-5-(2-propynyloxy)phenyl]-5,6,7,8-tetrahydro-1,2,4-triazolo[4,3-a]pyridin-3(2*H*)-one。

IUPAC 名称 2-(2,4-dichloro-5-prop-2-ynoxyphenyl)-5,6,7,8-tetrahydro-[1,2,4]triazolo[4,3-a]pyridin-3-one。

CAS 登记号 68049-83-2。

分子式 $C_{15}H_{13}Cl_2N_3O_2$。

相对分子质量 338.19。

结构式

O N N N Cl Cl O

开发单位 杜邦公司。

理化性质 纯品为铁锈色、具强烈气味的固体。熔点 168～168.5℃。蒸气压 1×10^{-6}mPa（25℃）。密度 1.4g/cm^3。20℃水中溶解度 16mg/kg。K_{ow}lg$P$ 2.7。

毒性 大鼠急性经口 LD_{50} > 5g/kg。兔急性经皮 LD_{50} > 2g/kg。对兔皮肤和眼睛无刺激作用。大鼠吸入 LC_{50} > 5.3mg/L。最大 NOEL（90 天）：雄、雌大鼠 50mg/kg，雄小鼠 50mg/kg，雌小鼠 300mg/kg，狗 10mg/kg。Ames 试验呈阴性。鱼类LC_{50}（96 小时）：蓝鳃太阳鱼 48mg/L，虹鳟 33mg/L。美洲鹌鹑和绿头野鸭急性经口 LD_{50} > 2.25g/kg，LC_{50}（8 天）5620mg/kg 饲料，水蚤 EC_{50}（48 小时）38mg/L，羊角月牙藻 EC_{50}（120 小时）0.94μg/L。蜜蜂毒性 LD_{50}：经口 > 20μg/只，接触 > 100μg/只。

剂型 80% 水分散粒剂，0.3% 颗粒剂。

质量标准 水分散粒剂加水后能快速产生气泡并崩解分散，直接用于喷施。

作用方式及机理 是原卟啉原氧化酶抑制剂。

防治对象 可防除许多重要杂草，阔叶杂草如苋、马齿苋、藜、芥菜、千里光、龙葵等，禾本科杂草如狗尾草、马唐、早熟禾、稗草等。对三嗪类、芳氧羧酸类、环己二酮类和 ALS 抑制剂如磺酰脲类除草剂等产生抗性的杂草有特效。适宜作物如橄榄、柑、橘、林木及不需要作物及杂草生长的地点等。

使用方法 在葡萄、柑、橘、橄榄作物园中杂草出土前施用，使用剂量为 240g/hm^2（有效成分），观赏树木、灌木使用量为 480g/hm^2（有效成分）。因其在土壤中进行微生物降解和光解作用，无生物积累现象，故对环境和作物安全。

允许残留量 美国环境保护局规定唑啶草酮最大残留限量见表。欧盟农药数据库对所有食品中的最大残留量水平限制为 0.01mg/kg（Regulation No. 396/2005）。

部分食品中唑啶草酮最大残留限量（美国环境保护局）

食品类别	名称	最大残留限量（mg/kg）
水果	柑、橘	0.10
	葡萄	0.02
糖料	甘蔗	0.02
	甘蔗糖蜜	0.10

参考文献

刘长令, 2000. 世界农药信息手册[M]. 北京: 化学工业出版社: 137.

MACBEAN C, 2012. The pesticide manual: a world compendium[M]. 16th ed. UK: BCPC: 27-28.

（撰稿：杨光富；审稿：吴琼友）

唑菌胺酯　pyraclostrobin

一种新型广谱甲氧基丙烯酸酯类杀菌剂，为醌外抑制剂，抑制病原菌线粒体呼吸作用。

其他名称 Cabrio、Headline、Insignia、Attitude、F500、凯润、吡唑醚菌酯。

化学名称 *N*-[2-[1-(4-氯苯基)-1*H*-吡唑-3-基氧甲基]苯基](*N*-甲氧基)氨基甲酸甲酯；methyl[2-[[[1-(4-chlorophenyl)-1*H*-pyrazol-3-yl]oxy]methyl]phenyl]methoxycarbamate。

IUPAC 名称 methyl *N*-[2-[1-(4-chlorophenyl)-1*H*-pyrazol-3-yloxymethyl]phenyl](*N*-methoxy)-carbamate。

CAS 登记号 175013-18-0。

EC 号 605-747-1。

分子式 $C_{19}H_{18}ClN_3O_4$。

相对分子质量 387.82。

结构式

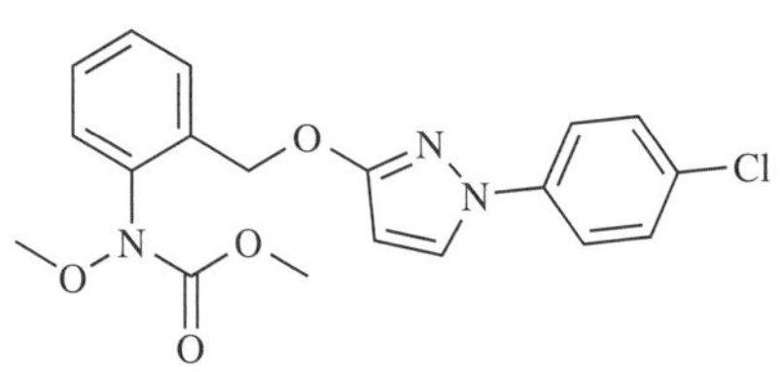

开发单位 1993 年德国巴斯夫公司开发。

理化性质 纯品为白色至褐色固体结晶。熔点 63.7～65.2 ℃。密度 1.055g/cm^3。蒸气压 2.6×10^{-8}Pa（20～25 ℃）。K_{ow}lg$P$ 3.99（25℃）。Henry 常数 5.3×10^{-6}Pa·m^3/mol。水中溶解度（mg/L，25℃）：1.9；有机溶剂中溶解度（g/L，20℃）：二氯甲烷＞500、丙酮＞500、乙腈＞500、乙酸乙酯＞500、庚烷 3.7、甲醇 100.8、甲苯＞500、橄榄油 28、异丙醇 30、正辛醇 24.2。pK_a5.2。在 pH5～7，稳定性＞30 天；水中光解 DT_{50}（25℃）：1.7 天。在土壤中半衰期依土壤类型不同而异，为 12～101 天（室内，5g 土），田间 8～37 天。

毒性 低毒。大鼠急性经口 LD_{50}＞5000mg/kg。兔急性经皮 LD_{50}＞2000mg/kg。对兔眼睛无刺激作用，对皮肤有中度刺激，对皮肤无致敏。大鼠急性吸入 LC_{50}（4 小时）0.58mg/L 空气。NOEL［mg/（kg·d）］：大鼠喂养（2 年）3，兔致畸变（28 天）3，小鼠（90 天）4。无生殖毒性和致畸变性。野鸭急性经口 LD_{50}＞2510mg/kg，野鸭和山齿鹑饲喂 LC_{50}（8 天）＞5620mg/kg 饲料。鱼类 LC_{50}（96 小时，mg/L）：虹鳟 0.006。水蚤 LC_{50}（48 小时）0.016mg/L。羊角月牙藻 E_rC_{50}（72 小时）0.843mg/L，羊角月牙藻 E_bC_{50}（72 小时）0.152mg/L。蜜蜂 LD_{50}（μg/只）：接触＞100，经口＞73。蚯蚓 LC_{50} 567mg/kg 土壤。

剂型 25% 乳油。

质量标准 25% 吡唑醚菌酯乳油外观为暗黄色液体，密度 1.06g/cm^3，悬浮率≥70%，pH6.9，常温下储存稳定。

作用方式及机理 线粒体呼吸抑制剂。与其他甲氧基丙烯酸酯类杀菌剂的作用机制相同。在叶片内向叶尖或叶基传导，熏蒸作用弱，但在植物体内的传导活性强，可改善作物生理机能，增强作物抗逆性，促进作物营养生长，具有保护、治疗和内吸传导作用，耐雨水冲刷。

防治对象 防治谱比较广，对子囊菌、担子菌、半知菌及卵菌等植物病原菌有显著的抗菌活性，具有潜在的治疗作用。

使用方法 主要用于茎叶喷雾。

防治白菜炭疽病　发病前或发病初期开始施药，每次每亩用 25% 乳油 30～50ml（有效成分 7.5～12.5g）兑水喷雾，每隔 7～10 天施药 1 次，安全间隔期为 14 天，每季最多使用 3 次。

防治草坪褐斑病　发病前或发病初期开始施药，用 25% 乳油 1000～2000 倍液（有效成分 125～250g）兑水喷雾，每隔 7 天施药 1 次，每季施药 2～3 次。

防治黄瓜白粉病和霜霉病　发病前或发病初期开始施药，每次每亩用 25% 乳油 20～40ml（有效成分 5～10g）兑水喷雾，每隔 7～14 天施药 1 次，安全间隔期为 3 天，每季最多使用 4 次。

防治西瓜炭疽病　发病前或发病初期开始施药，每次每亩用 25% 乳油 15～30ml（有效成分 3.75～7.5g）兑水喷雾，每隔 7～10 天施药 1 次，安全间隔期为 5 天，每季最多使用 2～3 次。

调节西瓜生长　分别在西瓜伸蔓期、初花期和坐果期各施药 1 次，每次每亩用 25% 乳油 10～25ml（有效成分 2.5～6.25g）兑水喷雾，安全间隔期为 5 天，每季最多使用 3 次。

防治香蕉黑星病和叶斑病　发病前或发病初期开始施药，每次每亩用 25% 乳油 1000～3000ml（有效成分浓度

83.3～250mg/kg）整株喷雾，每隔 10～15 天施药一次，安全间隔期为 42 天，每季最多使用 3 次。

注意事项　发病轻或作为预防处理时使用低剂量；发病重或作为治疗处理时使用高剂量。建议与其他不同作用机制的杀菌剂轮换使用。对鱼毒性高，药械不得在池塘等水源和水体中洗涤，残液不得倒入水源和水体中。

与其他药剂的混用　可与多种药剂复配。代森联 55% 和唑菌胺酯 5% 复配，防治葡萄霜霉病，施药量为有效成分 300～600mg/kg。烯酰吗啉 12.3% 与唑菌胺酯 6.7% 复配，防治番茄晚疫病，施药量为有效成分 210～350g/hm²。戊唑醇 32% 与唑菌胺酯 16% 复配，防治苹果树斑点落叶病，施药量为有效成分 100～150mg/kg。啶酰菌胺 25.2% 与唑菌胺酯 12.8% 复配，防治番茄灰霉病，施药量为有效成分 171～285g/hm²。唑菌胺酯 20% 与苯醚甲环唑 10% 复配，防治苹果树斑点落叶病，施药量为有效成分 85～120mg/kg。氟环唑 4.7% 与唑菌胺酯 12.3% 复配，防治大豆叶斑病和花生褐斑病，施药量为有效成分 110～160g/hm²；防治小麦白粉病，施药量为有效成分 103～155g/hm²；防治玉米大斑病，施药量为有效成分 110～160g/hm²。乙嘧酚 20% 和唑菌胺酯 10%，防治黄瓜白粉病，施药量为 135～225g/hm² 有效成分。

允许残留量　① GB 2763—2021《食品中农药最大残留限量标准》规定唑菌胺酯最大残留限量见表。ADI 为 0.03mg/kg。油料和油脂参照 GB/T 20770 规定的方法测定；蔬菜、水果按照 GB 23200.8、GB/T 20769 规定的方法测定。② WHO 推荐 ADI 为 0.03mg/kg，急性参考剂量（ARfD）为 0.05mg/kg。

部分食品中唑菌胺酯最大残留限量（GB 2763—2021）

食品类别	名称	最大残留限量（mg/kg）
谷物	稻谷	5.00
	小麦	0.20
	大麦、燕麦	1.00
	黑麦、小黑麦	0.20
	玉米、鲜食玉米	0.05
	高粱	0.50
	杂粮类（绿豆、豌豆、小扁豆除外）	0.20
	绿豆	0.50
	豌豆	0.30
	小扁豆	0.50
	糙米	1.00
油料和油脂	油籽类（芝麻、棉籽、大豆、花生仁、葵花籽除外）	0.40
	芝麻	2.00
	棉籽	0.10
	大豆	0.20
	花生仁	0.05
	葵花籽	0.30

（续表）

食品类别	名称	最大残留限量（mg/kg）
蔬菜	洋葱	1.50
	葱	3.00
	韭葱	0.70
	结球甘蓝	0.50
	抱子甘蓝	0.30
	羽衣甘蓝	1.00
	头状花序芸薹属类蔬菜（花椰菜除外）	0.10
	花椰菜	1.00
	芥蓝	2.00
	菜薹	7.00
	菠菜	20.00
	茼蒿	5.00
	叶用莴苣	2.00
	油麦菜	20.00
	叶芥菜	15.00
	萝卜叶	20.00
	芜菁叶	30.00
	芹菜	30.00
	大白菜	5.00
	茄果类蔬菜（番茄、茄子除外）	0.50
	番茄	1.00
	茄子	0.30
	黄瓜	0.50
	西葫芦	1.00
	苦瓜	3.00
	丝瓜	1.00
	冬瓜	0.30
	南瓜	2.00
	食荚豌豆	0.02
	芦笋	0.20
	朝鲜蓟	2.00
	萝卜	0.50
	胡萝卜	0.50
	根芥菜	2.00
	姜	0.30
	芜菁	3.00
	马铃薯	0.02
	甘薯	0.05
	山药	0.20
	芋	0.05
	水芹	30.00
	豆瓣菜	7.00
	黄花菜（鲜）	2.00

（续表）

食品类别	名称	最大残留限量（mg/kg）
干制蔬菜	黄花菜（干）	5.00
水果	柑橘类水果（柑、橘、橙、柠檬、柚和金橘除外）	2.00
	柑、橘、橙	3.00
	柠檬	7.00
	柚	3.00
	金橘	5.00
	苹果、梨	0.50
	枇杷	3.00
	桃	1.00
	油桃	0.30
	杏	3.00
	枣（鲜）	1.00
	李子	0.80
	樱桃、黑莓	3.00
	蓝莓	4.00
	醋栗	3.00
	葡萄	2.00
	猕猴桃	5.00
	草莓	2.00
	柿子	5.00
	杨梅	10.00
	无花果、杨桃	5.00
	莲雾	1.00
	荔枝	0.10
	龙眼	5.00
	杧果	0.05
	香蕉	1.00
	番木瓜	3.00
	菠萝	1.00
	西瓜	0.50
	甜瓜类水果（哈密瓜除外）	0.50
	哈密瓜	0.20
干制水果	李子干	0.80
	葡萄干	5.00
	干制无花果	30.00
坚果	坚果（开心果除外）	0.02
	开心果	1.00
糖料	甜菜	0.20
饮料	茶叶	10.00
	咖啡豆	0.30
	啤酒花	15.00
药用植物	人参（鲜）	0.20
	人参（干）	0.50

（续表）

食品类别	名称	最大残留限量（mg/kg）
动物源性食品	哺乳动物肉类（海洋哺乳动物除外），以脂肪中的残留量计	0.50*
	哺乳动物内脏（海洋哺乳动物除外）	0.05*
	禽肉类	0.05*
	禽类内脏	0.05*
	蛋类	0.05*
	生乳	0.03*

* 临时残留限量。

参考文献

刘长令, 2006. 世界农药大全: 杀菌剂卷[M]. 北京: 化学工业出版社: 139-143.

农业部种植业管理司, 农业部农药检定所, 2015. 新编农药手册[M]. 2版. 北京: 中国农业出版社: 312-314.

TURNER J A, 2015. The pesticide manual: a world compendium[M]. 17th ed. UK: BCPC: 951-953.

（撰稿：王岩；审稿：刘西莉）

唑啉草酯 pinoxaden

一种苯基吡唑啉类除草剂。

其他名称 爱秀。

化学名称 8-(2,6-二乙基对甲苯基)-1,2,4,5-四氢-7-氧-7*h*-吡唑[1,2-d][1,4,5]噁二氮杂卓-9-基-2,2-二甲基丙酸酯。

IUPAC名称 8-(2,6-diethyl-4-methylphenyl)-1,2,4,5-tetrahydro-7-oxo-7*H*-pyrazolo[1,2-*d*][1,4,5]oxadiazepin-9-yl 2,2-dimethylpropanoate。

CAS登记号 243973-20-8。

EC号 635-361-9。

分子式 $C_{23}H_{32}N_2O_4$。

相对分子质量 400.52。

结构式

O O O N N O O

开发单位 先正达公司。

理化性质 原药外观为淡棕色粉末。相对密度1.326（20℃）。熔点120.5~121.6℃。蒸气压2×10^{-4}mPa（20℃）。

水中溶解度（25℃）200mg/L；有机溶剂中溶解度（25℃，mg/L）：丙酮250、二氯甲烷500、乙酸乙酯130、正己烷1、甲醇260、辛醇140、甲苯130。

毒性　低毒。原药大鼠急性经口 LD_{50} > 5000mg/kg，急性经皮 LD_{50} > 2000mg/kg，急性吸入 LC_{50} > 5220mg/L。对兔眼睛有刺激性，对兔皮肤无刺激性，对豚鼠皮肤无致敏性。大鼠饲喂试验NOEL（90天）100mg/（kg·d）。对鱼、水蚤、鸟类、蜜蜂、蚯蚓均低毒，对水藻中毒。鱼（ricefish）LC_{50}（96小时）> 100mg/L。水蚤 LC_{50}（48小时）> 100mg/L。鸟 EC_{50} > 100mg/kg。蜜蜂 LD_{50}（24小时）> 100μg/只。家蚕 LC_{50}（24小时）> 10 000mg/kg 桑叶。

剂型　5%乳油。

质量标准　唑啉草酯原药（Q_LNXD 028）。

作用方式及机理　选择性内吸传导型芽后茎叶处理剂。有效成分被植物叶片和叶鞘吸收，经韧皮部传导，积累于植物体的分生组织内，抑制禾本科杂草叶绿体和细胞质中乙酰辅酶A羧化酶活性，从而抑制正在分裂细胞中脂类的合成，导致植株死亡。阔叶杂草乙酰辅酶A羧化酶的活性不受药剂影响。该药加入了对麦类作物有保护作用的安全剂，因此对小麦、大麦安全。唑啉草酯在土壤中降解快，很少被根部吸收，因此，具有较低的土壤活性。

防治对象　麦田看麦娘、野燕麦、黑麦草、硬草、茵草、棒头草、虉草等。

使用方法　茎叶喷雾。用于小麦田除草。

防治小麦田杂草　小麦苗后3~5叶期，禾本科杂草3~5叶期，每亩用50g/L唑啉草酯乳油60~80g（有效成分3~4g），兑水30L茎叶喷雾施药。

防治大麦田杂草　大麦苗后3~5叶期，禾本科杂草3~5叶期，冬前播种的大麦秋季施药每亩用50g/L唑啉草酯乳油60~80g（有效成分3~4g），返青期施药每亩用50g/L唑啉草酯乳油80~100g（有效成分4~5g）；春季播种的大麦每亩用50g/L唑啉草酯乳油60~80g（有效成分3~4g），兑水30L茎叶喷雾施药。

注意事项　①避免在大幅升降温前后、异常干旱及作物生长不良等条件下施药，否则可能影响药效或导致作物药害。②避免与激素类除草剂如2甲4氯、氟草定等混用。③施药时避免药液飘移到邻近禾本科作物田。④该产品含有可燃的有机成分，燃烧时会产生浓厚的黑烟，分解产物可能危害健康。

与其他药剂的混用　可与炔草酯混用，扩大杀草谱。

允许残留量　GB 2763—2021《食品中农药最大残留限量标准》规定唑啉草酯在小麦中的最大残留限量为0.1mg/kg（临时限量）。ADI为0.1mg/kg。

参考文献

刘长令, 2002. 世界农药大全: 除草剂卷[M]. 北京: 化学工业出版社.

马克比恩 C, 2015. 农药手册[M]. 胡笑形, 等译. 北京: 化学工业出版社.

中国农业百科全书总编辑委员会农药卷编辑委员会, 中国农业百科全书编辑部, 1993. 中国农业百科全书: 农药卷[M]. 北京: 农业出版社.

SHANER D L, 2014. Herbicide handbook[M]. 10th ed. Lawrence, KS: Weed Science Society of America.

（撰稿：李香菊；审稿：耿贺利）

唑螨酯　fenpyroximate

一种非内吸性杀螨剂。

其他名称　Kiron、Ortus、霸螨灵、杀螨王、NNI-850。

化学名称　(*E*)-α-(1,3-二甲基-5-苯氧基吡唑-4-基亚甲基氨基氧)对甲苯甲酸特丁酯；1,1-dimethylethyl(*E*)-4-[[[[(1,3-dimethyl-5-phenoxy-1*H*-pyrazol-4-yl)methylene]amino]oxy] methyl]benzoate。

IUPAC名称　*tert*-butyl(*E*)-α-(1,3-dimethyl-5-phenoxy-pyrazol-4-ylmethyleneaminoxy)-*p*-toluate。

CAS登记号　134098-61-6；111812-58-9（未标明异构体）。

分子式　$C_{24}H_{27}N_3O_4$。

相对分子质量　421.49。

结构式

O O N N O N O

开发单位　由T. Konno等于1990年报道，由日本农药公司于1991年开发上市。

理化性质　工业纯为97%，原药为白色晶体粉末。相对密度1.25（20℃）。熔点101.1~102.4℃。蒸气压 7.4×10^{-3}mPa（25℃）。$K_{ow}\lg P$ 5.01（20℃）。Henry常数 1.35×10^{-1}Pa·m³/mol（计算）。水中溶解度（pH7，25℃）2.31×10^{-2}mg/L；其他溶剂中溶解度（g/L，25℃）：正己烷3.5、二氯甲烷1307、三氯甲烷1197、四氢呋喃737、甲苯268、丙酮150、甲醇15.3、乙酸乙酯201、乙醇16.5。在酸碱中稳定。

毒性　大鼠急性经口 LD_{50}（mg/kg）：雄480，雌245。大鼠急性经皮 LD_{50} > 2000mg/kg。大鼠吸入 LC_{50}（4小时，mg/L）：雄0.33，雌0.36。大鼠NOEL（mg/kg）：雄0.97，雌1.21。ADI：（JMPR）0.01mg/kg；（EC）0.01mg/kg；（EPA）0.01mg/kg。对兔皮肤无刺激性，对兔眼睛有轻微刺激性。在试验剂量内，对试验动物无致突变、致畸和致癌作用。山齿鹑、野鸭 LD_{50} > 2000mg/kg，山齿鹑、野鸭饲喂 LC_{50}（8天）> 5000mg/kg饲料。鲤鱼 LC_{50}（96小时）0.0055mg/L。水蚤 EC_{50}（48小时）0.00328mg/L。羊角月牙藻 EC_{50}（72小时）9.98mg/L。蜜蜂 LD_{50}（72小时，μg/只）：经口 > 118.5，接触 > 15.8。蚯蚓 LC_{50}（14天）69.3mg/kg土壤。在25~50mg/L剂量对普通草蛉、异色瓢虫、茧蜂、三突花蛛、拟环纹狼蛛、小花蝽、蓟马等有轻度负影响。在土壤中 DT_{50} 为26.3~49.7天。

剂型　5%悬浮剂（50g/L有效成分）。

Z

作用方式及机理 线粒体膜电子转移抑制剂，为触杀、胃毒作用较强的广谱性杀螨剂。该药对多种害螨有强烈的触杀作用，速效性好，持效期较长，对害螨的各个生育期均有良好防治效果，而且对蛹蜕皮有抑制作用。但与其他药剂无交互抗性。

防治对象 防除苹果、柑橘、梨、桃、葡萄等上的红蜘蛛、锈壁虱、毛竹叶螨、附线螨、细须螨、斯氏尖叶瘿螨。

使用方法 防治苹果、柑橘、梨、桃、葡萄等上的毛竹叶螨、附线螨、细须螨、斯氏尖叶瘿螨等用量为25～75g/hm^2。防治苹果叶螨、苹果红蜘蛛用5%唑螨酯悬浮剂2000～3000倍液或每100L水加5%唑螨酯33～50ml（有效成分17～25mg/L），持效期一般可达30天以上。防治柑橘害螨等用5%唑螨酯悬浮剂1000～2000倍液或每100L水加5%唑螨酯50～100ml（有效成分25～50mg/L），可有效控制螨的危害。

注意事项 能与波尔多液等多种农药混用，但不能与石硫合剂等强碱性农药混用。全年最多使用1次，最低稀释倍数为1000倍。安全间隔期为14天。用接触该药液的桑叶喂蚕，蚕虽然不会死亡，但会产生拒食现象。在桑园附近施药时，应注意勿使药液飘移污染桑树（安全间隔期25天）。对鱼有毒，施药时避免药液飘移或者流入河川、湖泊、鱼池内。施药后，药械清洗废水或剩余药液不要倒入沟渠、鱼塘内。施药时应戴口罩、手套，穿长裤、长袖工作服，注意避免吸入药雾、溅入眼睛和沾染皮肤。应防止误饮水剂。在使用过程中，如有药剂溅到皮肤上，应立即用肥皂清洗。如药液溅入眼中，应立即用大量清水冲洗。如误服中毒，应立即饮1～2杯清水，并用手指压迫舌头后部催吐，然后送医院治疗。

与其他药剂的混用 可与炔螨特、阿维菌素、苯丁锡、四螨嗪等复配。

允许残留量 GB 2763—2021《食品中农药最大残留限量标准》规定唑螨酯最大残留限量见表。ADI为0.01mg/kg。油料和油脂参照GB 23200.9、GB/T 20770规定的方法测定；水果按照GB 23200.8、GB 23200.29、GB/T 20769规定的方法测定。

部分食品中唑螨酯最大残留限量（GB 2763—2021）

食品类别	名称	最大残留限量（mg/kg）
油料和油脂	棉籽	0.1
水果	柑、橘	0.2
	苹果	0.3

参考文献

刘长令，2012. 世界农药大全：杀虫剂卷[M]. 北京：化学工业出版社：758-761.

马克比恩 C，2015. 农药手册[M]. 胡笑形，等译. 北京：化学工业出版社：431-432.

（撰稿：杨吉春；审稿：李森）

唑嘧磺草胺 flumetsulam

一种三唑并嘧啶磺酰胺类乙酰乳酸合成酶抑制剂。

其他名称 氟唑嘧磺草胺、阔草清。

化学名称 *N*-(2,6-二氟苯基)-5-甲基-1,2,4-三唑并[1,5-a]嘧啶-2-磺酰胺；*N*-(2,6-difluorophenyl)-5-methyl-1,2,4-triazol[1,5-a]pyrimidine-2-sulfonamide。

IUPAC名称 *N*-(2,6-difluorophenyl)-5-methyl-1,2,4-triazol[1,5-a]pyrimidine-2-sulfonamide。

CAS登记号 98967-40-9。

分子式 $C_{12}H_9F_2N_5O_2S$。

相对分子质量 325.29。

结构式

开发单位 美国陶氏益农公司。

理化性质 灰白色无味固体。熔点251～253℃。密度1.66g/cm^3。

毒性 大鼠急性经口LD_{50} > 5000mg/kg。兔急性经皮LD_{50} > 2000mg/kg，大鼠急性吸入LC_{50}（4小时）> 1.2mg/L。对鱼无毒。对兔眼睛有轻微刺激作用，对兔皮肤无刺激作用。

剂型 80%水分散粒剂。

质量标准 唑嘧磺草胺含量：80%±2.5%；水分≤3%；pH4～7；润湿时间≤90秒；细度（通过75μm筛）≥95%；悬浮率≥70%；分散性≥80%；持久起泡性量（1分钟后）≤60ml；耐磨性≥98%；粉尘合格；流动性≥99%；热储稳定性合格。

作用方式及机理 典型的乙酰乳酸合成酶抑制剂，可被植物的茎和叶吸收。

防治对象 适于玉米、大豆、小麦、大麦、三叶草、苜蓿等田中防治一年生及多年生阔叶杂草，如问荆、荠菜、小花糖芥、独行菜、播娘蒿、蓼、婆婆纳、苍耳、龙葵、反枝苋、藜、苘麻、猪殃殃、曼陀罗等。对幼龄禾本科杂草也有一定抑制作用。

使用方法 玉米播后苗前封闭使用，用量分别为30～40g/hm^{2}和20～30g/hm^2（有效成分）。小麦、大麦3叶至分蘖末期茎叶喷雾，用量为18～24g/hm^2。大豆播前土壤处理，用量48～60g/hm^2，苗后茎叶处理用量20～25g/hm^2。使用时配合油酸甲酯30ml/15kg水效果更佳。使用完后须仔细清洗喷雾器械。使用前应二次稀释颗粒，保证药液混匀。东北地区可以秋季施药，可持续至春季见效。

注意事项 后茬不宜种植油菜、萝卜、甜菜等十字花科蔬菜及其他阔叶蔬菜。干旱及低温条件下唑嘧磺草胺仍能保持较好防效。

与其他药剂的混用 与双氟磺草胺混用也有很好效果。

允许残留量 GB 2763—2021《食品中农药最大残留限量标准》规定唑嘧磺草胺在玉米、大豆、小麦中的最大残留限量为0.05mg/kg。ADI为1mg/kg。

参考文献

丁海红, 朱福官, 穆兰芳, 等, 2010. 58g/L双氟磺草胺+唑嘧磺草胺SC对麦田阔叶杂草的防效[J]. 杂草科学 (3) : 45-46.

冒宇翔, 栾玉柱, 顾继伟, 等, 2012. 唑嘧磺草胺WG对大豆田阔叶杂草的防除效果及安全性[J]. 杂草科学, 30 (2) : 46-48.

（撰稿：杨光富；审稿：吴琼友）

唑嘧磺隆 azimsulfuron

一种磺酰脲类除草剂。

其他名称 四唑嘧磺隆、康宁、Azni、Gulliver、DPXA-8947、IN-A8947、A8947、JS-458、Dynam。

化学名称 1-[(4,6-二甲氧基嘧啶-2-基)-3-[1-甲基-4-(2-甲基-2*H*-四唑-5-基)吡唑]-5-基磺酰基]脲；1-(4,6-dimethoxypyrimidin-2-yl)-3-[1-methyl-4-(2-methyl-2*H*-tetrazol-5-yl)-pyrazole-5-ylsulfonyl]urea。

IUPAC名称 1-(4,6-dimethoxypyrimidin-2-yl)-3-[1-methyl-4-(2-methyl-2*H*-tetrazol-5-yl)pyrazol-5-ylsulfon。

CAS登记号 120162-55-2。

分子式 $C_{13}H_{16}N_{10}O_5S$。

相对分子质量 424.40。

结构式

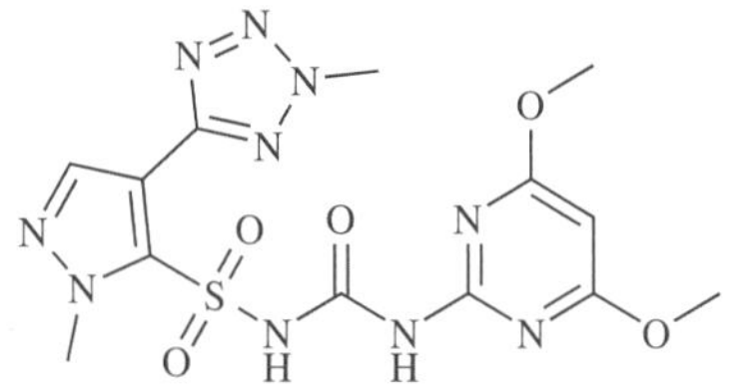

开发单位 美国杜邦公司。

理化性质 纯品为类白色结晶。熔点170~173℃。相对密度1.12（25℃）。蒸气压4×10^{-9}Pa（25℃）。溶解度（g/L，25℃）：水0.0723（pH5）、1.05（pH7）、6.54（pH9），丙酮26.4、乙腈13.9、乙酸乙酯13、甲醇2.1。K_{ow}lg$P$（25℃）：0.646（pH5）、−1.37（pH7）、−2.08（pH9）。pK_a3.6。

毒性 大鼠急性经口LD_{50}：雌、雄均＞5000mg/kg；小鼠急性经口LD_{50}：7161mg/kg（雄）、7943mg/kg（雌）。大鼠急性经皮LD_{50}＞2000mg/kg。大鼠急性吸入LC_{50}：雌、雄均为5940mg/L。鱼毒性：对鲤鱼TLm（48小时）＞300mg/L，对水蚤TLm（3小时）＞300mg/L。亚急性毒性NOEL[mg/(kg·d)]：雄大鼠75.3、雌大鼠82.4；雄小鼠40.62、雌小鼠46.99；雄犬8.81，雌犬9.75。慢性毒性试验NOEL[mg/(kg·d)]：雄大鼠34.3，雌大鼠43.8；雄小鼠247.3，雌小鼠69.9；雄犬17.9，雌犬19.3。

剂型 36%颗粒剂。

作用方式及机理 为一乙酰乳酸合成酶（ALS）、乙酸羟酸合成酶（AHAS）抑制剂，即通过杂草根和叶的吸收和在植株体内传导，从而抑制植物的ALS/AHAS，抑制支链氨基酸（如缬氨酸、亮氨酸、异亮氨酸）的生化合成，最终破坏蛋白质的合成，由此阻碍杂草的细胞分裂和生长，使草株发黄、变褐而死。唑嘧磺隆对水稻具有卓效的选择性，故使用时十分安全。这是由于它在水稻体内迅速分解成无除草活性的代谢物；而在杂草中，则不易被代谢，从而发挥了良好的除草活性。

防治对象 主要用于防除稗草、阔叶杂草和莎草科杂草。其以20~25g/hm² 的剂量施用，可有效地防除稗草、异型莎草、紫水苋菜、眼子菜、欧泽泻、萵草等各种杂草。另外，它还可以破坏藻类的生长，使藻类剥离致死。

使用方法 水稻苗后施用，使用剂量为8~25g/hm²。如果与助剂一起使用，用量将更低。20~25g/hm² 施用，可有效防除稗草、北水毛花、异型莎草、紫水苋菜、眼子菜、花萵、欧泽泻等。

与其他药剂的混用 该药剂的效果优于苄嘧磺隆，但与苄嘧磺隆混用则增效明显。且混用后耐淋洗，并在低温下仍有稳定的除草活性。

参考文献

冯化成, 2001. 磺酰脲类除草剂四唑嘧磺隆[J]. 世界农药, 23 (1): 53.

（撰稿：王忠文；审稿：耿贺利）

唑蚜威 triazamate

一种内吸性的氨基甲酰肟类杀蚜剂。

其他名称 RH7988、WL145158、CL90050、triaguron。

化学名称 3-叔丁基-1-二甲基氨甲酰-1*H*-1,2,4-三唑-5-基硫代乙酸乙酯。

IUPAC名称 ethyl(3-*tert*-butyl-1-dimethylcarbamoyl-1*H*-1,2,4-triazol-5-ylthio)acetate。

CAS登记号 112143-82-5。

分子式 $C_{13}H_{22}N_4O_3S$。

相对分子质量 314.40。

结构式

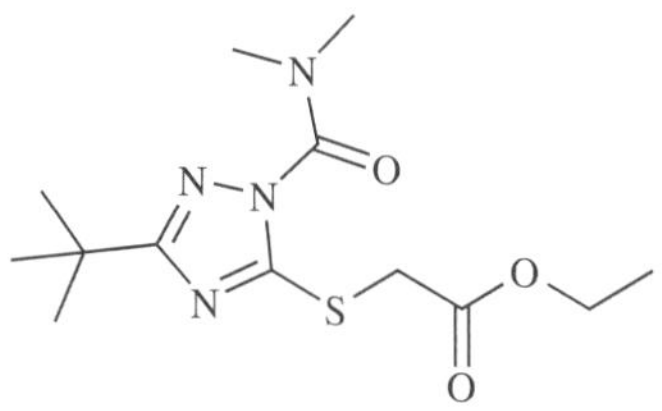

开发单位 1988年由A. Murray等报道，由罗姆-哈斯公司开发。

理化性质 白色至浅棕色结晶固体，具轻微硫黄气味（工业品）。熔点53℃。沸点＞280℃。25℃时蒸气压0.16mPa。相对密度1.222（20.5℃）。溶解度：水中433mg/kg（pH7，25℃），溶于二氯甲烷和乙酸乙酯（工业品）。在正常储存条件和pH≤7时稳定，DT_{50} 220天（pH5），49小时（pH7），1小时（pH9）。闪点189℃（EEC A9）。

毒性 急性经口LD_{50}（工业品）：雄大鼠100~200mg/kg，

雌大鼠 50～100mg/kg，小鼠 54mg/kg。大鼠急性经皮 LD_{50} > 5g/kg，对兔皮肤几乎没有刺激，对兔眼睛无刺激，对豚鼠皮肤无致敏作用。大鼠急性吸入 LC_{50} 0.47mg/L 空气。饲喂试验 NOEL：雄狗 0.023mg/（kg·d），雌狗 0.025mg/（kg·d），雄大鼠 0.45mg/（kg·d），雌大鼠 0.58mg/（kg·d）。对人的 ADI 为 0.004mg/kg。无致畸、诱变和致癌作用，对繁殖无影响。鹌鹑急性经口 LD_{50}（1 次剂量）为 8mg/kg。LC_{50}（8 天，mg/kg 饲料）：野鸭 292，鹌鹑 411。鱼类 LC_{50}（96 小时）：蓝鳃鱼 0.74mg/L，虹鳟 0.53mg/L。对蜜蜂无毒；LD_{50}：96 小时经口 41μg/ 只；24 小时接触 > 160μg/ 只。蚯蚓 LC_{50}（14 天）340mg/kg 土壤；NDEC < 95mg/kg，水蚤 LC_{50}（48 小时）0.014mg/L。

剂型 可湿性粉剂 250g/kg（有效成分），240g/L、480g/L 乳油。

作用方式及机理 高选择性内吸杀蚜剂。通过蚜虫内脏壁的吸附作用和接触作用，对胆碱酯酶有快速抑制作用，对多种作物种群上的各种蚜虫均有效。用常规防治蚜虫的剂量对双翅目和鳞翅目害虫无效。对有益昆虫和蜜蜂安全。

防治对象 属唑类高选择性内吸杀蚜剂，对胆碱酯酶有快速抑制作用。对多种作物上的各种蚜虫都有效。室内和田间试验表明，可防治抗性品系的桃蚜。

使用方法 由于唑蚜威在植物体内能向上向下传导，因此能保护植物整体。在土壤中施药可防治危害茎叶的蚜虫；在植物叶面喷施药液可防治危害根部的蚜虫。防治棉蚜、麦蚜可用 2000～3000 倍液作茎叶喷雾处理。

注意事项 不能与碱性农药混用。不能与食物、饲料混放。乳油应储存在干燥、避光、避热处，严禁与明火接触。使用时注意安全防护，防止皮肤、眼睛接触药液；若误服，可用阿托品解毒。

参考文献

王振荣, 李布青, 1996. 农药商品大全[M]. 北京: 中国商业出版社.

朱永和, 王振荣, 李布青, 2006. 农药大典[M]. 北京: 中国三峡出版社.

（撰稿：李圣坤；审稿：吴剑）

Z

其他

1-甲基环丙烯　1-methylcyclopropene

一种可用于水果和花果保鲜的乙烯竞争抑制剂。

其他名称　FK保鲜王、聪明鲜、鲜峰。

化学名称　1-MCP。

IUPAC名称　1-methylcyclopropene。

CAS登记号　3100-04-7。

分子式　C_4H_6。

相对分子质量　54.09。

结构式

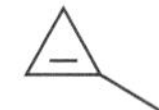

开发单位　美国罗姆-哈斯公司。

理化性质　纯品为无色气体。沸点4.68℃。熔点＜100℃。水溶性137mg/L（20℃）。密度2.24g/L（20℃）。有机溶剂中溶解度（g/L）：庚烷2.5，二甲苯2.3，乙烷基乙酸盐12.5，甲醇11.25，丙酮2.4，二氯甲苯2。蒸气压（25℃）2×10^5Pa。常温下是气体，是一种小环烯烃，性质十分活泼，当超过一定浓度或压力时会爆炸，因此，在制造过程中不能对1-甲基环丙烯以纯品或高浓度原药的形式进行分离和处理，其本身无法作为一种产品（纯品或原药）存在，也很难储存。

毒性　无毒。大鼠吸入LC_{50}（4小时）＞165mg/kg。3.3% 1-甲基环丙烯微胶囊剂对虹鳟，当水中有效成分浓度＞0.966mg/L时未见有毒性反应；对其他非靶标生物的毒性，由于该剂是作为水果采摘后在室内密闭熏蒸条件下受控的使用，其释放到室外空气中或土壤中概率很低，因此与鸟、家蚕、蚯蚓等其他非靶标生物的接触可能性很低。

剂型　0.014%、0.03%、3.3%微囊粒剂，0.03%粉剂，0.18%水分散粒剂，12%发气剂，2%片剂，1%可溶液剂，3.3%可溶性粉剂。

作用方式及机理　是能够抑制植物外源和内源乙烯作用的新型乙烯受体抑制剂，它能够不可逆转地作用于乙烯受体蛋白，阻碍其与乙烯的正常结合，抑制其所诱导的与果实后熟相关的一系列生理生化反应，从而延缓果实衰老，达到较长时间的保鲜效果。

使用对象　用于番茄、梨、苹果、柿子、香瓜、猕猴桃、兰花、李子、康乃馨、花椰菜、玫瑰保鲜。

使用方法　使用该品前，先计算包装箱的体积，即测量包装箱的长、宽、高，将3个数值相乘，得到包装箱的体积。根据包装箱的体积，使用时参照推荐的产品用量。已使用过乙烯类药剂或已使用其他保幼剂的花卉不宜使用。

水果或蔬菜　果实和蔬菜应在适合的成熟度时采收；采后尽快使用该品处理。对二氧化碳敏感的品种，纸箱中若使用保鲜袋，建议进行打孔处理，以免二氧化碳积累造成伤害。将合适数量的药包放入保鲜袋后扎紧或折叠袋口。若不使用保鲜袋，在放入该品后，把纸箱盖封上即可。使用后，对于即采即销的，建议预冷后运输或采用冷藏车运输；如需储存，应尽快按照冷藏管理流程入库，并注意储存期间的二氧化碳管理。

花卉　将合适数量的药包在清水中蘸湿并迅速放入包装箱中，之后立即关闭包装盒盖。对于预冷的花卉，处理期间需尽量保持密闭。处理至少4个小时，以确保花卉获得有效的处理。同种切花的不同品种间对乙烯的敏感程度不同，因此建议在使用该品前先进行敏感性试验。

注意事项　保证施药的设施密闭性，否则会降低效果，不同品种对药剂的敏感性有差异，勿随意加大施药剂量。

与其他药剂的混用　不可与其他药剂混用。

允许残留量　中国尚未制定最大残留限量值，欧盟规定ADI为0.0009mg/kg。

参考文献

李玲, 肖浪涛, 谭伟明, 等, 2018. 现代植物生长调节剂技术手册[M]. 北京: 化学工业出版社: 48.

孙家隆, 2015. 新编农药品种手册[M]. 北京: 化学工业出版社: 932.

（撰稿：王召；审稿：谭伟明）

1,4-二甲基萘　1,4-dimethylnaphthalene

一种在马铃薯种皮中天然存在的萘类物质，能削弱呼吸作用从而抑制马铃薯萌发。外源使用可用作马铃薯抑芽剂。

其他名称　1,4 Seed(1,4 Group)、1,4 Ship(1,4 Group)、1,4 Sight(1,4 Group)、1,4-DMN。

化学名称　1,4-二甲基萘。

英文名称　1,4-dimethylnaphthalene。

IUPAC名称　1,4-dimethylnaphthalene。

CAS登记号　571-58-4。

分子式 $C_{12}H_{12}$。

相对分子质量 156.22。

结构式

开发单位 1995 年由 D-I-1-4 Inc. 在美国上市。

理化性质 浅黄色液体。熔点 −18℃。沸点 262～264℃（100.12kPa）。蒸气压 250mPa（25℃）。$K_{ow}\lg P$ 4.37。Henry 常数 3.43Pa·m^3/mol（25℃，计算值）。相对密度 1.014（25℃）。溶解度：水 11.4mg/L（25℃）。避光稳定 14 天（55℃）；见光 14 天后分解率 14%（55℃）。闪点 122℃（宾斯基 - 马丁闭口杯法）。黏度 6mPa·s（25℃，12r/min、30r/min）。

毒性 大鼠急性经口 LD_{50} 2730mg/kg，兔急性经皮 LD_{50} > 2000mg/kg，中度刺激皮肤和眼睛，对豚鼠皮肤不致敏。基因突变、微核、程序外 DNA 合成（DNA 修复合成）测试中无致突变性。大鼠吸入急性 LC_{50}（4 小时）> 4.2mg/L。山齿鹑急性经口 LD_{50} > 2000mg/kg。虹鳟急性经口 LC_{50}（96 小时）0.67mg/L。水蚤 LC_{50} 0.56mg/L。

作用方式及机理 天然存在于马铃薯中，通过增强马铃薯的自然休眠过程而起作用，当含量下降到一定水平时抑制作用完全消失。抑芽过程显示呼吸作用被削弱。

使用对象 马铃薯，抑制发芽，能用于马铃薯种薯。

使用方法 可作为独立处理系统出售，在马铃薯运输中于包装后使用。在非挥发性液体产品接触到马铃薯后观察到药害现象。气雾剂即使在 2 倍于标签用量时也不产生药害。与氯苯胺灵或任何收获后消毒剂相容。

参考文献

马克比恩 C, 2015. 农药手册[M]. 胡笑形, 等译. 北京：化学工业出版社：338.

（撰稿：谭伟明；审稿：杜明伟）

2-(乙酰氧基)苯甲酸 acetylsalicylic acid

由水杨酸乙酰化修饰得到的植物生长调节剂，通过减轻活性氧对农作物叶面细胞膜的伤害作用而减轻非生物逆境不利影响，减少产量损失，可用于提高玉米、水稻、大豆等作物的抗旱能力。

其他名称 阿司匹林、乙酰水杨酸、巴米尔、力爽、东青。

化学名称 2-(乙酰氧基)苯甲酸；2-(acetoxyl)-benzoic acid。

IUPAC 名称 2-(acetoxyl)-benzoic acid。

CAS 登记号 50-78-2。

EC 号 200-064-1。

分子式 $C_9H_8O_4$。

相对分子质量 180.16。

结构式

开发单位 德国科学家霍夫曼对水杨酸进行乙酰化修饰，得到了乙酰水杨酸。

理化性质 原药（含量≥99%）外观为均匀的白色结晶疏松粉末，无臭或微带乙酸臭味。熔点 50℃。沸点 210～250℃。蒸气压 0.2mPa。水中溶解度（20℃）1.2g/L。遇酸、碱易分解，遇湿气即缓缓水解。

毒性 低毒。原药对雄性和雌性大鼠急性经口 LD_{50} 分别为 3160mg/kg 和 3830mg/kg，急性经皮 LD_{50} > 5000mg/kg。对皮肤、眼睛无刺激作用；有轻度致敏性。30% 可溶粉剂对大鼠急性经口 LD_{50} 为 2150mg/kg，急性经皮 LD_{50} > 5000mg/kg，对眼睛无刺激作用。对鱼和鸟均为低毒，对蜜蜂和家蚕均为低风险性农药。

剂型 30% 可溶粉剂。

作用方式及机理 作为植物生长调节剂有减轻活性氧对农作物叶面细胞膜的伤害作用。由于膜伤害减轻，膜透性降低，膜结构的稳定性得到保护，能有效地调节农作物叶片毛孔的启闭，减少农作物中水分蒸腾，或调节气孔扩张，增强光合作用，叶绿素含量增加，叶片衰老延缓，使产量形成的有效期延长，小麦、水稻的灌浆速率增加，最大灌浆时间延长，千粒重增加，穗粒数也有所增加。

使用对象 提高玉米、水稻等作物的抗旱能力。

使用方法 通常为叶面喷施和拌种两种方式。

水稻 30% 可溶粉剂能自主调节水稻叶片气孔开闭，抑制叶片水分蒸腾，有效缓解水稻受旱，具有明显提高水稻结实率和增产的作用，增幅达 15.8%。

玉米 30% 可溶粉剂对玉米植株有明显的抗旱作用，在干热风胁迫条件下，抑制叶片水分蒸腾，有效地促进其生长，明显提高玉米的产量，比空白对照区增产 12.4%。

大豆 30% 可溶粉剂能促进大豆植株保水，增强作物在水分胁迫逆境下的适应能力，提高植株耐旱性，显著增加大豆的产量，特别是百粒重比空白对照区有明显增加，增产幅度达 21.3%。

注意事项 按照推荐浓度施用，无药害，勿与碱性物质混用。

与其他药剂的混用 无相关报道。

允许残留量 中国尚未制定最大残留限量值。

参考文献

贾建伟, 朱宇耀, 2012. 30% 2-(乙酰氧基)苯甲酸可溶性粉剂 (旱立停) 对玉米抗旱增产效果的影响[J]. 种子世界 (7): 34-35.

蒋长宁, 张灿, 2007. 新型植物抗旱剂——2-(乙酰氧基)苯甲酸的抗旱应用效果研究[J]. 农药科学与管理, 28(12): 21-24.

徐莺, 马瑞, 韩英, 2010. 2-(乙酰氧基)苯甲酸可湿性粉剂对大豆抗旱增产的影响[J]. 农业科技与信息 (15): 22-23.

（撰稿：王召；审稿：谭伟明）

2,4,5-涕 2,4,5-T

一种苯氧类除草剂。

其他名称 TCP、2,4,5-TE、Tippon、Tormona、Tributon、Trinox。

化学名称 2,4,5-三氯苯氧乙酸；2-(2,4,5-trichlorophenoxy)acetic acid。

IUPAC 名称 2-(2,4,5-trichlorophenoxy)acetic acid。

CAS 登记号 93-76-5。

EC 号 202-273-3。

分子式 $C_8H_5Cl_3O_3$。

相对分子质量 255.48。

结构式

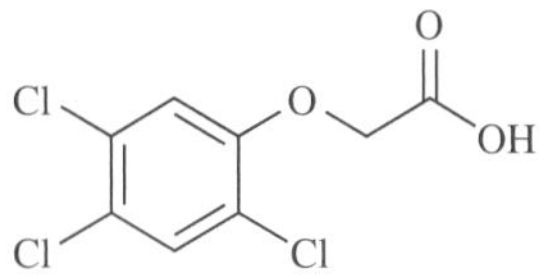

开发单位 安凯公司。

理化性质 无色结晶，熔点 154～155℃，113～115℃（三乙醇胺盐），20℃（凝固，丁酯工业品）。蒸气压 7×10^{-7} mPa（25℃），K_{ow}lg$P$ 2。相对密度 1.8（20℃）。溶解性：水中 150ml/L（25℃）；有机溶剂中溶解度（g/L，25℃）：甲醇 496、乙醇 548.2、乙醚 234.3、甲苯 7.32、二甲苯 6.08、正庚烷 0.4；其碱金属盐和铵盐易溶于水，不溶于石油蜡，酯不溶于水，溶于石油蜡。稳定性：其水溶液在 pH5～9 时稳定。

制造方法 由 2,4,5-三氯苯酚钠与氯乙酸反应制取。

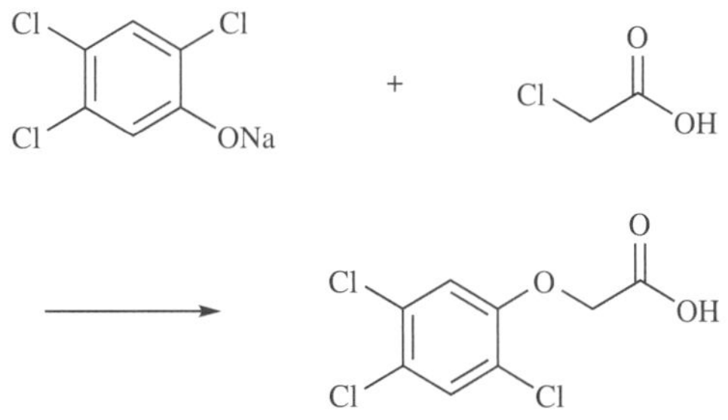

毒性 急性经口 LD_{50}（mg/kg）：大鼠 300～700，小鼠 389～1380；急性经皮 LD_{50}：大鼠＞5000mg/kg。鱼类 LC_{50}（mg/L，96 小时）：虹鳟 350，鲤鱼 335。

剂型 目前中国未见相关制剂产品登记，剂型主要有粉剂、乳剂、液剂等。

环境影响 因含致畸物二噁英，已禁用。

防治对象 为苯氧类除草剂，具有与 2,4-滴相似的除草性质，但对木本植物更为有效。多用于林业上，以除去不需要的阔叶树。用于牧场防除牲畜不吃的有毒的植物及使牧草降低产量的小灌木和乔木。它和 2,4,5-涕丙酸也常用于水稻，防除皱叶槐兰和其他对 2,4-滴、2 甲 4 氯有耐药性的杂草。也可以作为植物生长调节剂在果树果实收获前使用，防止落果。

参考文献

石得中, 2007. 中国农药大辞典[M]. 北京: 化学工业出版社: 474.
孙家隆, 2015. 新编农药手册[M]. 北京: 化学工业出版社: 844-845.

（撰稿：朱有全；审稿：耿贺利）

2,4,5-涕丙酸 fenoprop

其酯为苯氧类除草剂，由道化学开发，其盐由安凯公司开发用作植物生长调节剂。

其他名称 2,4,5-TP、Aqua-Vex、Ded-Weed、Fenormone、Fruitong-T、Garlon、Kuran、Kuron、Kurosal、Nu-Set、Propone、Sta-Set、Weedone、SilviRhap、silvex（WSSA）。

化学名称 2-(2,4,5-三氯苯氧)-丙酸；2-(2,4,5-trichlorophenoxy)propanoic acid。

IUPAC 名称 2-(2,4,5-trichlorophenoxy)propanoic acid。

CAS 登记号 93-72-1。

EC 号 202-271-2。

分子式 $C_9H_7Cl_3O_3$。

相对分子质量 269.51。

结构式

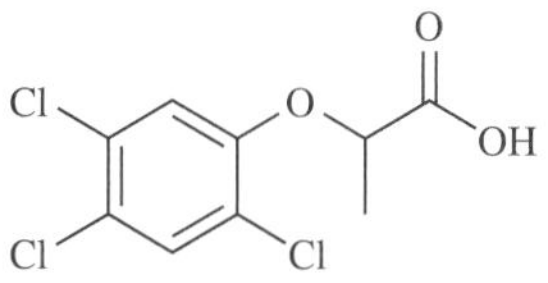

开发单位 1945 年报道，其酯由道化学开发用作除草剂，其盐由安凯公司开发用作植物生长调节剂。专利已过期。

理化性质 白色粉末，熔点 179～181℃。水中溶解度：140mg/kg（25℃）；其他溶剂中溶解度（g/kg，25℃）：丙酮 180、甲醇 134、乙醚 98、庚烷 860；其铵盐及碱金属中盐易溶于水、丙酮、低级醇，不溶于芳烃、氯代烃及大多数非极性有机溶剂，其低级烷基酯略有挥发性，微溶于水，易溶于大多数有机溶剂。

制造方法 由 2,4,5-三氯苯酚与 2-氯丙酸反应制取。英国专利 822199。

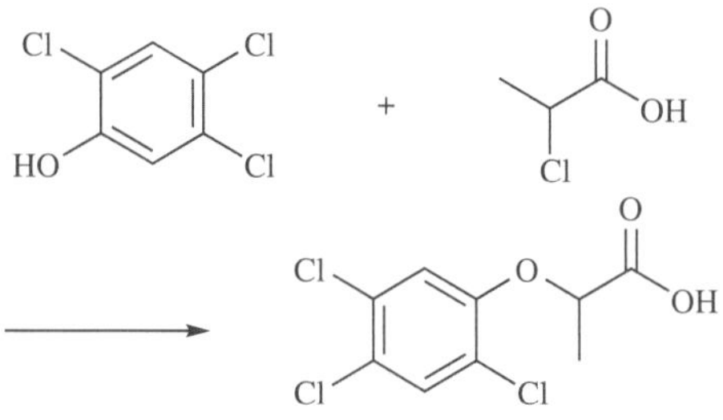

毒性 大鼠急性经口 LD_{50}（mg/kg）：650，500～1000（丁酯或丙二醇丁基醚酯），3940（三乙醇胺盐）；兔急性经皮 LD_{50}＞3200mg/kg（三乙醇胺盐）。

剂型 水剂（盐类），乳油（酯类）。

作用方式及机理 激素型除草剂，可被叶和茎吸收和传导。

防治对象 以 0.75～4.5kg/hm^2、茎叶喷雾方式，主要防治木本植物和阔叶杂草。也可防治水生杂草，主要用于非耕地，在低剂量下与2甲4氯丙酸混用防除谷物田中的多种一年生杂草。其三乙胺盐用于减少苹果收获前的落果。用于玉米和甜菜作物田防除阔叶杂草。

环境影响 因含二噁英，已禁用。

参考文献

石得中, 2007. 中国农药大辞典[M]. 北京: 化学工业出版社: 474.
孙家隆, 2015. 新编农药手册[M]. 北京: 化学工业出版社: 845.

（撰稿：朱有全；审稿：耿贺利）

2,4,5-涕丁酸 2,4,5-TB

一种苯氧类内吸传导型选择性除草剂。

化学名称 4-(2,4,5-三氯苯氧基)丁酸；4-(2,4,5-trichlorophenoxy)-butanoic acid。

IUPAC名称 4-(2,4,5-trichlorophenoxy)butanoic acid。

CAS登记号 93-80-1。

EC号 202-278-0。

分子式 $C_{10}H_9Cl_3O_3$。

相对分子质量 283.54。

结构式

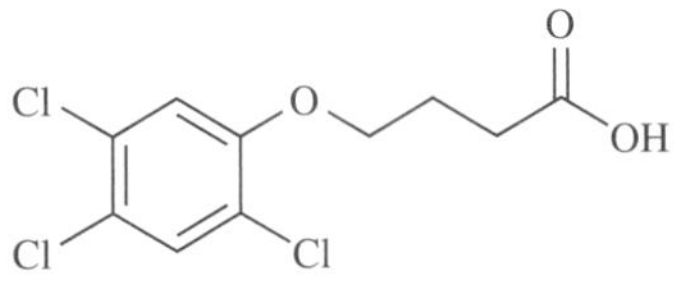

开发单位 阿姆化学产品公司1961年开发。专利已过期。已禁用。

理化性质 纯品为无色晶体。熔点114~115℃。沸点438.1℃（101.32kPa），25℃时溶解性：丙酮＞10%，其钠盐在水中＞20%（25℃）。密度1.465g/cm^3。

制造方法 由2,4,5-三氯苯酚与丁内酯反应制取。

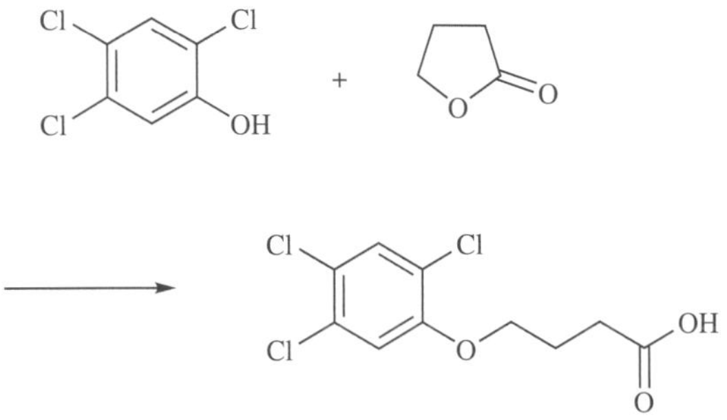

剂型 目前中国未见相关剂型登记。

应用 属于苯氧类除草剂，是一种内吸传导型选择性除草剂。在植物体内类似于天然植物激素吲哚乙酸的作用，对某些杂草显示出很高的选择性。对多种杂草的防除能力比2甲4氯和2,4-滴丁酸差，但选择性高。它也可作为植物生长调节剂。

参考文献

石得中, 2007. 中国农药大词典[M]. 北京: 化学工业出版社: 474.
孙家隆, 2015. 新编农药手册[M]. 北京: 化学工业出版社: 845-846.

（撰稿：朱有全；审稿：耿贺利）

2,4-滴 2,4-D

一种选择性内吸传导型苯氧羧酸类除草剂和植物生长调节剂。

其他名称 2,4-PA。

化学名称 2,4-二氯苯氧乙酸；2,4-dichlorophenoxy acetic acid。

IUPAC名称 (2,4-dichlorophenoxy)acetic acid。

CAS登记号 94-75-7。

EC号 202-361-1。

分子式 $C_8H_6Cl_2O_3$（酸）。

相对分子质量 221.04。

结构式

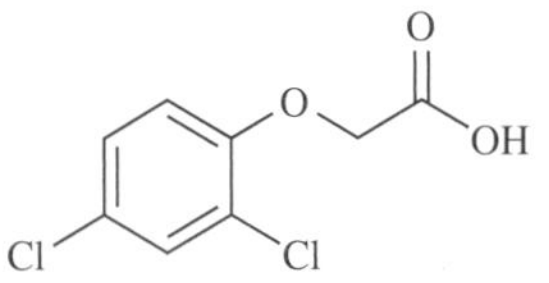

开发单位 1941年美国C. B. Dolge Company的化学家Robert Pokorny发现2,4-滴合成方法，1944年美国农业部报道了2,4-滴杀草效果，1945年2,4-滴商业化。

理化性质 白色固体。相对密度1.508（20℃）。熔点140.5℃。蒸气压1.86×10^{-2}mPa（20℃）、2.3×10^{-5}Pa（25℃）。水中溶解度（g/L, 25℃）：0.311（pH1）、20.03（pH5）、23.18（pH7）、34.2（pH9）；有机溶剂中溶解度（g/kg, 20℃）：乙醇1250、二乙醚243、辛烷1.1、甲苯6.7、二甲苯5.8、辛醇120，不溶于石油。能与各种碱生成相应的盐类。其钠、铵和胺盐易溶于水。2,4-滴钠盐为白色针状结晶，水中溶解度350g/L，在硬水中形成钙、镁盐而沉淀。2,4-滴二甲胺盐水中溶解度3kg/L。

毒性 低毒。大鼠急性经口LD_{50} 639~764mg/kg。兔急性经皮LD_{50}＞2400mg/kg。对兔眼睛和皮肤有刺激性。大鼠急性吸入LC_{50}（24小时）＞1.79mg/L。饲喂试验NOEL：大鼠和小鼠为5mg/kg（2年），狗1mg/kg（1年）。虹鳟LC_{50}（96小时）＞100mg/L，水蚤LC_{50}（21天）235mg/L。蜜蜂经口LD_{50} 104.5μg/只。急性经口LD_{50}（mg/kg）：野鸭＞1000，日本鹌鹑668，鸽子668，野鸡472。蚯蚓LC_{50}（7天）860mg/kg土壤。

剂型 农业上用作除草剂和植物生长剂。常加工成钠盐、铵盐或酯类的液剂、粉剂、乳剂、油膏等使用。如57%丁酯，85%钠盐可溶粉剂，860g/L、720g/L、72%、55%二甲胺盐水剂，35%高渗二甲胺盐水剂等。

质量标准 2,4-滴原药（HG/T 3624—2016）。

作用方式及机理 内吸传导型药剂。药液穿过植物角质层和细胞质膜，最后传导到各部分。在不同部位对核酸和蛋白质的合成产生不同影响，在植物顶端抑制核酸代谢和蛋白质的合成，使生长点停止生长，幼嫩叶片不能伸展，抑制光合作用的正常进行。传导到植株下部的药剂，使植物茎部组织的核酸和蛋白质的合成增加，促进细胞异常分裂，根尖膨大，丧失吸收能力，茎秆扭曲、畸形，筛管堵塞、韧皮部破坏，有机物运输受阻，从而破坏植物正常的生活能力，最终导致植物死亡。

低浓度时促进植物生长。有促进细胞分裂、防止落花、提高坐果率、促进果实膨大、增加产量、形成少籽或无籽果实等作用。可用于番茄等调节生长，保花保果。

防治对象 小麦、玉米、水稻、禾本科牧草等及非耕地防除阔叶杂草。如播娘蒿、荠菜、麦瓶草、救荒野豌豆、繁缕、碎米荠、反枝苋、藜、两栖蓼、鸭舌草、雨久花、野慈姑、陌上菜、眼子菜等。

使用方法 作为除草剂使用通常为苗后茎叶喷雾；作为植物生长调节剂常用方式为涂抹。

防治小麦田杂草 防除阔叶杂草，于春小麦分蘖后期拔节前，每亩用85% 2,4-滴钠盐 85～125g（有效成分72.3～106.3g），或 55% 2,4-滴二甲胺盐水剂 120～150g（有效成分 66～82.5g）；冬小麦每亩用 72% 二甲胺盐水剂 50～70g（有效成分 36～43.2g）。兑水茎叶喷雾。

防治玉米田杂草 防除阔叶杂草，于玉米 4～5 叶期，株高 7～15cm 时，每亩用 35% 高渗二甲胺盐水剂 150～200ml（有效成分 52.5～70g），兑水喷雾，用药后 10～14 天内应避免中耕，防止玉米根颈折断。也可播后苗前 3～5 天喷雾处理土壤。

防治水稻田杂草 防除阔叶杂草，于水稻移栽后秧苗完全返青时毒土法施药，每亩用 70% 二甲胺盐水剂 25～40g（有效成分 17.5～28g）。浅水层保水 3 天，以后正常浇水。有的水稻品种用药后叶色稍褪，分蘖缓慢，植株矮缩，但对产量无大影响。

防治非耕地杂草 防除阔叶杂草，在杂草 4～5 叶期，每亩用 720g/L 二甲胺盐水剂 200～250g（有效成分 140～175g），加水定向喷雾。严防雾滴污染树叶。

调节番茄生长、保果 可用 85% 钠盐可溶粉剂 42 500～85 000 倍液，用毛笔蘸药液涂正开花的番茄花柄 1 次。

注意事项 ①使用该品时应戴防护手套、口罩，穿防护服，戴护目镜。使用后，应立即用肥皂和水洗净。如药液误入眼睛或接触皮肤，应用大量清水冲洗。如发生中毒现象，应漱口、催吐，并立即就医。②严格掌握施药时期和使用量。小麦、玉米 2 叶期前及拔节后不能施药，以免造成穗部畸形或抽雄困难。③分装和喷施 2,4-滴的器械要专用，以免造成二次污染。

与其他药剂的混用 可与苯磺隆、烟嘧磺隆、莠去津、草甘膦等混用扩大杀草谱。

允许残留量 GB 2763—2021《食品中农药最大残留限量标准》规定 2,4-滴最大残留限量见表。ADI 为 0.01mg/kg。水果按照 GB/T 5009.175 规定的方法测定。

部分食品中 2,4-滴最大残留限量（GB 2763—2021）

食物类别	名称	最大残留限量（mg/kg）
水果	柑、橘	0.1
谷物	鲜食玉米	0.1
	小麦	2.0

参考文献

刘长令, 2002. 世界农药大全: 除草剂卷[M]. 北京: 化学工业出版社.

马克比恩 C, 2015. 农药手册[M]. 胡笑形, 等译. 北京: 化学工业出版社.

中国农业百科全书总编辑委员会农药卷编辑委员会, 中国农业百科全书编辑部, 1993. 中国农业百科全书: 农药卷[M]. 北京: 农业出版社.

SHANER D L, 2014. Herbicide handbook[M]. 10th ed. Lawrence, KS: Weed Science Society of America.

（撰稿：李香菊；审稿：耿贺利）

2,4-滴丙酸 dichlorprop

一种生长素类植物生长调节剂，通过抑制叶柄和果柄处纤维素酶活性，抑制离层形成，防止脱落，可用于苹果、梨等果树。

其他名称 防落灵、Fernoxone、Cornox RK、RD-406、2,4-DP、Hormatox、Kildip、BASF-DP、Vigon-RS、Redipon 等。

化学名称 (2,4-二氯)苯氧异丙酸。

IUPAC名称 (*R*)-2-(2,4-dichlorophenoxy)propionic acid。

CAS 登记号 120-36-5。

EC 号 204-390-5。

分子式 $C_9H_8Cl_2O_3$。

相对分子质量 235.07。

结构式

O OH Cl Cl

开发单位 1983 年由日本日产化学公司开发。

理化性质 纯品为白色无臭晶体。熔点 117.5～118.1℃。在 20℃水中溶解度为 0.35g/L，丙酮、乙醇＞1000g/L，乙酸乙酯 560g/L，甲苯 46g/L，易溶于多数有机溶剂。在光、热下稳定。

毒性 高毒。原药大鼠急性经口 LD_{50}：863mg/kg（雄）、870mg/kg（雌）。4.5% 制剂大鼠急性经口 LD_{50}：3352mg/kg（雄）、3757mg/kg（雌）。

剂型 95% 粉剂。

作用方式及机理 主要用于除草剂，为输导型芽后除草剂。也可作为生长素类植物生长调节剂，经由植株的叶、嫩枝、果吸收，然后传导到叶、果的离层处，抑制纤维素酶的活性，从而阻抑离层的形成，防止成熟前果和叶的脱落。

使用对象 作为苹果、梨的采前防落果剂时，以 20mg/L 于采收前 15～25 天，作全面喷洒（亩药液 75～100kg），苹果采前防落效果一般达到 60%～80%，且有促进着色效果。此外，在葡萄、番茄上也有采前防落果作用。

使用方法 使用方法灵活，可用喷雾、浇灌等方法，使用时适当加表面活性剂（如 0.1% 的吐温 80）有利于药剂发挥作用。用作苹果采前防落果剂，与钙离子混用可增加防落效果及防治苹果软腐病。

与其他药剂的混用 无相关报道。

允许残留量 中国尚未制定最大残留限量值。

参考文献

李玲, 肖浪涛, 谭伟明, 等, 2018. 现代植物生长调节剂技术手册[M]. 北京: 化学工业出版社: 24.

孙家隆, 2015. 新编农药品种手册[M]. 北京: 化学工业出版社: 911.

（撰稿：王召；审稿：谭伟明）

2,4-滴丁酸 2,4-DB

一种苯氧羧酸类激素型除草剂。

其他名称 杀草快（2,4-DB）、大豆欢。

化学名称 4-(2,4-二氯苯氧)丁酸；4-(2,4-dichlorophenoxy)butanoic acid。

IUPAC名称 4-(2,4-dichlorophenoxy)butyric acid。

CAS登记号 94-82-6。

EC号 202-366-9。

分子式 $C_{10}H_{10}Cl_2O_3$。

相对分子质量 249.10。

结构式

O OH O Cl Cl

开发单位 1942年由美国阿姆公司合成。

理化性质 纯品为无色菱形结晶或粉末，略带酚的气味，熔点140.5℃。25℃时水中溶解度620mg/L。可溶于碱、乙醇、丙酮、乙酸乙酯和热苯，不溶于石油醚。不吸湿，有腐蚀性。其钠盐熔点215～216℃，室温水中溶解度为4.5%。

毒性 原药急性LD_{50}（mg/kg）：大鼠经口370～700；其钠盐大鼠经口1500，小鼠经口约400。对眼睛、皮肤和黏膜有刺激作用。

防治对象 主要用于苗后茎叶处理，防除小麦、大麦、玉米、谷子、高粱等禾本科作物田杂草，如播娘蒿、藜、荠菜、繁缕、刺儿菜、苍耳、马齿苋等阔叶杂草，对禾本科杂草无效。

参考文献

孙家隆, 2015. 新编农药品种手册[M]. 北京: 化学工业出版社: 663-664.

（撰稿：王大伟；审稿：席真）

2,4-滴丁酯 2,4-D butylate

一种选择性内吸传导型苯氧羧酸类除草剂。

化学名称 2,4-二氯苯氧基乙酸正丁基酯。

IUPAC名称 butyl(2,4-dichlorophenoxy)acetate。

CAS登记号 94-80-4。

EC号 202-364-8。

分子式 $C_{12}H_{14}Cl_2O_3$。

相对分子质量 277.14。

结构式

O O O Cl Cl

开发单位 1941年美国C. B. Dolge Company的化学家Robert Pokorny发现2,4-滴合成方法，1944年美国农业部报道了2,4-滴杀草效果，1945年2,4-滴商业化。

理化性质 无色油状液体。相对密度1.248（20℃）。沸点146～147℃（133.3Pa）。蒸气压0.13Pa（25～28℃）。难溶于水，易溶于有机溶剂。挥发性强，遇碱易水解。

毒性 低毒。急性经口LD_{50}（mg/kg）：大鼠500～1500，雌小鼠375，兔1400。大鼠饲喂试验NOEL 625mg（kg·d）（2年）。对鱼低毒。鲤鱼LC_{50}（48小时）40mg/L。

剂型 72% 2,4-滴丁酯（总酯）乳油，50%悬浮剂。

质量标准 2,4-滴丁酯原药（GB 22600—2008）。

作用方式及机理 药液穿过植物角质层和细胞质膜，最后传导到各部分。在不同部位对核酸和蛋白质的合成产生不同影响，在植物顶端抑制核酸代谢和蛋白质的合成，使生长点停止生长，细嫩叶片不能伸展，抑制光合作用的正常进行。传导到植株下部的药剂，使植物茎部组织的核酸和蛋白质的合成增加，促进细胞异常分裂，根尖膨大，丧失吸收能力，茎秆扭曲、畸形，筛管堵塞、韧皮部破坏，有机物运输受阻，从而破坏植物正常的生活能力，最终导致植物死亡。

防治对象 小麦、玉米、水稻、禾本科牧草等及非耕地防除阔叶杂草。如播娘蒿、荠菜、麦瓶草、救荒野豌豆、繁缕、碎米荠、反枝苋、藜、两栖蓼、鸭舌草、雨久花、野慈姑、陌上菜、眼子菜等。

使用方法 常为苗后茎叶喷雾。

防治小麦田杂草 防除阔叶杂草，于分蘖后期拔节前，小麦4～5叶至拔节期前、阔叶杂草3～5叶期，冬小麦田每亩用57% 2,4-滴丁酯乳油40～50g（有效成分22.8～28.5g），春小麦田每亩用57% 2,4-滴丁酯乳油50～75g（有效成分28.5～42.8g），加水30L茎叶喷雾。

防治春玉米田杂草 防除阔叶杂草，于春玉米播后苗前每亩用57% 2,4-滴丁酯乳油90～110g（有效成分51.3～62.7g），加水40～50L土壤喷雾。

注意事项 ①2,4-滴丁酯挥发性强，雾滴可在空气中飘移很远，使敏感植物受害。小麦、玉米等与菠菜、油菜、大豆、棉花等阔叶作物相邻种植时喷雾器需要带保护罩，并选择无风天气喷药。②严格掌握施药时期和使用量。小麦、玉米2叶期前及拔节后不能施药，以免造成穗部畸形或抽雄困难。③分装和喷施2,4-滴丁酯的器械要专用，以免造成二次污染。④自2016年9月7日起，不再受理、批准2,4-滴丁酯（包括原药、母药、单剂、复配制剂）的田间试验和登记申请；不再受理、批准2,4-滴丁酯境内使用的续展登记申请。保留原药生产企业2,4-滴丁酯产品的境外使用登记，原药生产企业可在续展登记时申请将现有登记变更为仅供出口境外使用登记（中华人民共和国农业部公告第2445号）。

与其他药剂的混用 可与苯磺隆、烟嘧磺隆、莠去津、草甘膦等混用扩大杀草谱。

允许残留量 中国规定2,4-滴丁酯最大残留限量见表。ADI为0.01mg/kg。谷物按照GB 5009.165、GB/T 5009.175规定的方法测定；油料和油脂参照GB/T 5009.165规定的方法测定。

部分食品中2,4-滴丁酯最大残留限量（GB 2763—2021）

食品类别	名称	最大残留限量（mg/kg）
油料和油脂	大豆	0.05
谷物	小麦、玉米	0.05

参考文献

刘长令, 2002. 世界农药大全: 除草剂卷[M]. 北京: 化学工业出版社.

马克比恩 C, 2015. 农药手册[M]. 胡笑形, 等译. 北京: 化学工业出版社.

中国农业百科全书总编辑委员会农药卷编辑委员会, 中国农业百科全书编辑部, 1993. 中国农业百科全书: 农药卷[M]. 北京: 农业出版社.

SHANER D L, 2014. Herbicide handbook[M]. 10th ed. Lawrence, KS: Weed Science Society of America.

（撰稿：李香菊；审稿：耿贺利）

2,4-滴二甲胺盐 2,4-dichlorophenoxyacetate

一种苯氧羧酸类激素型、选择性除草剂。

化学名称 2,4-二氯苯氧乙酸二甲胺盐；2,4-滴二甲胺盐；[2,4-二氯苯氧乙酸、*N*-甲基甲胺(1∶1)]的化合物；2,4-D胺；2,4-D二甲胺盐；2,4-滴二甲胺盐、2,4-二氯苯氧乙酸、*N*-甲基甲胺]的化合物；2,4-D二甲基胺盐；2,4-D二甲胺盐(水剂)；*N*-methylmethanamine。

IUPAC名称 dimethylammonium (2,4-dichlorophenoxy)acetate。

CAS登记号 2008-39-1。

EC号 217-915-8。

分子式 $C_{10}H_{13}Cl_2NO_3$。

相对分子质量 266.12。

结构式

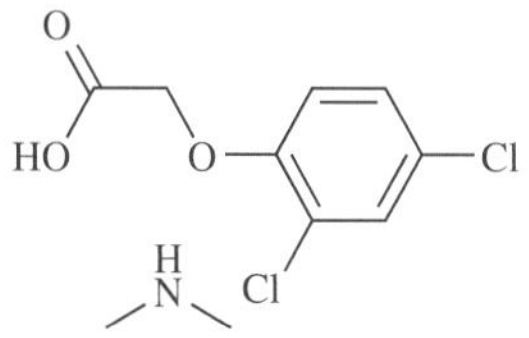

理化性质 棕色液体。熔点92.8~93.4℃。沸点345.6℃。储存于有开放通风口的环境。

防治对象 主要用于防除水稻及小麦田的双子叶杂草。

注意事项 ①该药在大剂量下为除草剂，低剂量使用为植物生长调节剂，因此使用时必须在规定的浓度范围内使用，以免造成药害而减产。在没有使用过的地区，应通过小面积作物试验，取得经验后再扩大施用。②留作种子用的农田禁用该品，以免造成植物生长变态。

（撰稿：邹小毛；审稿：耿贺利）

2,4-滴钠盐 2,4-D-sodium

一种苯氧羧酸类除草剂或植物生长调节剂。

化学名称 2,4-二氯苯氧乙酸钠盐。

CAS登记号 2702-72-9。

EC号 220-290-4。

分子式 $C_8H_5Cl_2NaO_3$。

相对分子质量 243.02。

结构式

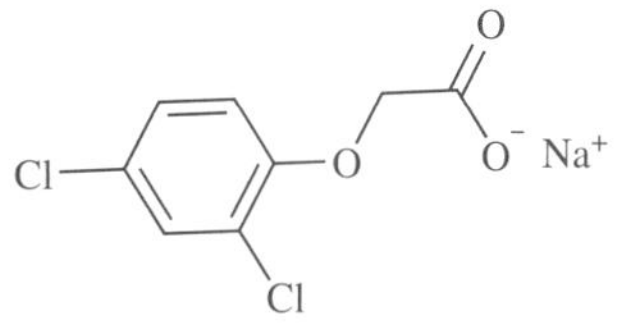

理化性质 为白色粉末。熔点140.5℃。蒸气压1.1×10^{-2}Pa（20℃）。相对密度1.565（30℃）。溶解度（20℃）：水18g/L，溶于碱溶液、醇类、乙醚。不溶于石油、钠盐。

毒性 中等毒性。大鼠急性经口$LD_{50}<500$mg/kg。

作用方式及机理

中毒机制 在体内不经转化，而以整个分子对机体发生作用。其全身作用主要是刺激胆碱能系统，减少胰岛素分泌，抑制肾上腺皮质激素的形成，减少肝、肾、脑和肌肉的耗氧量、降低平滑肌张力。小剂量时，则上述反应却相反。

除草机制 低浓度时可促进植物生长，作为生长调节剂；高浓度则为除草剂，干扰体内激素平衡，影响光合作用、呼吸作用及蛋白质合成。

防治对象及使用方法 低浓度时（1~30mg/kg）具有植物生长素之功能，可刺激作物生长，保花防落果，促进果实膨大，产生无籽果实，促进早熟，可作为植物生长调节剂，适用于番茄、茄子、辣椒、西葫芦、柑橘等作物。较高浓度则抑制生长，更高浓度时可使作物畸形发育致死，可作为除草剂。

允许残留量 GB 2763—2021《食品中农药最大残留限量标准》规定2,4-滴钠盐最大残留限量见表。ADI为0.01mg/kg。

部分食品中 2,4-滴钠盐最大残留限量（GB 2763—2021）

食品类别	名称	最大残留限量（mg/kg）
谷物	小麦、黑麦	2.00
	玉米、鲜食玉米	0.10
	高粱	0.01
油料和油脂	大豆	0.01
蔬菜	大白菜	0.20
	番茄	0.50
	茄子、辣椒	0.10
	马铃薯	0.20
	玉米笋	0.05
水果	柑橘类水果（柑、橘除外）	1.00
	柑、橘	0.10
	仁果类水果	0.01
	核果类水果	0.05
	浆果和其他小型水果	0.10
坚果		0.20
糖料	甘蔗	0.05
食用菌	蘑菇类（鲜）	0.10

参考文献

马克比恩 C, 2015. 农药手册[M]. 胡笑形, 等译. 北京: 化学工业出版社: 263.

（撰稿：邹小毛；审稿：耿贺利）

2,4-滴异辛酯　2,4-D ethylhexyl

一种选择性内吸传导型苯氧羧酸类除草剂。

化学名称　2-甲基-4-氯苯氧乙酸异辛酯；2-ethylhexyl 2-(2,4-dichlorophenoxy)acetate。

IUPAC名称　(*RS*)2-ethylhexyl(2,4-dichlorophenoxy)acetate。

CAS 登记号　25168-26-7。

EC 号　246-704-3。

分子式　$C_{16}H_{22}C_{12}O_3$。

相对分子质量　333.25。

结构式

开发单位　1941 年美国 C. B. Dolge Company 的化学家 Robert Pokorny 发现 2,4-滴合成方法，1944 年美国农业部报道了 2,4-滴杀草效果，1945 年 2,4-滴商业化。

理化性质　黄褐色液体，相对密度 1.14～1.17（20℃），沸点 396.9℃。水中溶解度 10mg/L，易溶于有机溶剂。

毒性　低毒。急性经口 LD_{50}（mg/kg）：大鼠 500～1500，雌小鼠 375，兔 1400。大鼠 2 年饲喂试验 NOEL 625mg/kg。对鱼低毒，鲤鱼 LC_{50}（48 小时）40mg/L。

剂型　900g/L、87.5%、77%、50% 乳油。

质量标准　2,4-滴异辛酯原药（T/CCPIA 032—2020）。

作用方式及机理　药液穿过植物角质层和细胞质膜，最后传导到各部分。在不同部位对核酸和蛋白质的合成产生不同影响，在植物顶端抑制核酸代谢和蛋白质的合成，使生长点停止生长，细嫩叶片不能伸展，抑制光合作用的正常进行。传导到植株下部的药剂，使植物茎部组织的核酸和蛋白质的合成增加，促进细胞异常分裂，根尖膨大，丧失吸收能力，茎秆扭曲、畸形，筛管堵塞、韧皮部破坏，有机物运输受阻，从而破坏植物正常的生活能力，最终导致植物死亡。

防治对象　小麦、玉米、水稻、禾本科牧草等及非耕地防除阔叶杂草。如播娘蒿、荠菜、麦瓶草、救荒野豌豆、繁缕、碎米荠、反枝苋、藜、两栖蓼、鸭舌草、雨久花、野慈姑、陌上菜、眼子菜等。

使用方法　常为苗后茎叶喷雾。

小麦田　防除阔叶杂草，于小麦分蘖后期拔节前，每亩使用 77% 2,4-滴异辛酯乳油 44～55g（有效成分 34～42.4g），加水 30L 茎叶喷雾。

春玉米田　防除阔叶杂草，于春玉米播后苗前每亩用 77% 2,4-滴异辛酯乳油 65～75g（有效成分 50～58g），加水 40～50L 土壤喷雾。

春大豆田　防除阔叶杂草，于春大豆播后苗前每亩用 77% 2,4-滴异辛酯乳油 65～75g（有效成分 50～58g），加水 40～50L 土壤喷雾。

注意事项　①2,4-滴异辛酯挥发性强，雾滴可在空气中飘移很远，使敏感植物受害。小麦、玉米等与菠菜、油菜、大豆、棉花等阔叶作物相邻种植时喷雾器需要带保护罩，并选择无风天气喷药。②严格掌握施药时期和使用量。小麦、玉米 2 叶期前及拔节后不能施药，以免造成穗部畸形或抽雄困难。③分装和喷施 2,4-滴异辛酯的器械要专用，以免造成二次污染。

与其他药剂的混用　可与双氟磺草胺、烟嘧磺隆、莠去津、甲基二磺隆等混用扩大杀草谱。

允许残留量　GB 2763—2021《食品中农药最大残留限量标准》规定 2,4-滴异辛酯最大残留限量见表。ADI 为 0.01mg/kg。

部分食品中 2,4-滴异辛酯最大残留限量（GB 2763—2021）

食品类别	名称	最大残留限量（mg/kg）
油料和油脂	大豆	0.05*
谷物	鲜食玉米、玉米	0.10*
	小麦	2.00*

* 临时残留限量。

参考文献

刘长令, 2002. 世界农药大全: 除草剂卷[M]. 北京: 化学工业出版社.

马克比恩 C, 2015. 农药手册[M]. 胡笑形, 等译. 北京: 化学工业出版社.

中国农业百科全书总编辑委员会农药卷编辑委员会, 中国农业百科全书编辑部, 1993. 中国农业百科全书: 农药卷[M]. 北京: 农业出版社.

SHANER D L, 2014. Herbicide handbook[M]. 10th ed. Lawrence, KS: Weed Science Society of America.

（撰稿：李香菊；审稿：耿贺利）

2,4-二硝基苯酚钾　potassium 2,4-dinitrophenolate

商品化调节剂复硝酚钾中的一个组分，可促进小麦等多种作物生长，未单独登记使用。

其他名称　复硝基苯酚钾盐。

化学名称　2,4-二硝基苯酚钾；phenol 2,4-dinitro-sodium salt (1:1)。

IUPAC名称　potassium 2,4-dinitrophenolate。

CAS 登记号　14314-69-3。

分子式　$C_6H_3KN_2O_5$。

相对分子质量　222.20。

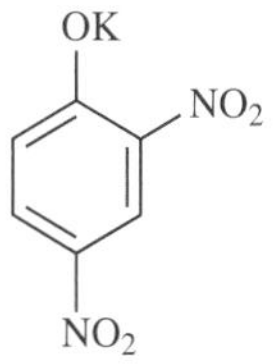

OK NO2 NO2

理化性质　黄棕色针状结晶。无味。易溶于水。

毒性　大鼠急性经口 LD_{50} 14 187mg/kg（复盐制剂）。

剂型　2,4-二硝基苯酚钾是登记植调剂复硝酚钾的一种成分，尚未独立登记。以湖北省天门斯普林植物保护有限公司 2% 复硝酚钾水剂为例，其中含有 0.1% 2,4-二硝基苯酚钾。

使用方法　无单独使用登记，但有报道使用 5mg/L 的 2,4-二硝基苯酚钾溶液可以显著促进小麦的生长与主根的伸长。

允许残留量　中国尚未制定最大残留限量值。

参考文献

马克比恩 C, 2015. 农药手册[M]. 胡笑形, 等译. 北京: 化学工业出版社: 77-79.

岳丹丹, 王继雯, 杨文玲, 等, 2013. 一种植物生长调节剂的合成及其对小麦促生长作用[J]. 河南科学, 31(12): 2178-2181.

（撰稿：王召；审稿：谭伟明）

2,6-二异丙基萘　2,6-diisopropylnaphthalene

一种萘类植物生长调节剂，可用于马铃薯抑制发芽。

其他名称　DIPN。

化学名称　2,6-二异丙基萘。

IUPAC 名称　2,6-diisopropylnaphthalene。

CA 名称　2,6-bis(1-methylethyl)naphthalene。

CAS 登记号　24157-81-1。

分子式　$C_{16}H_{20}$。

相对分子质量　212.33。

结构式

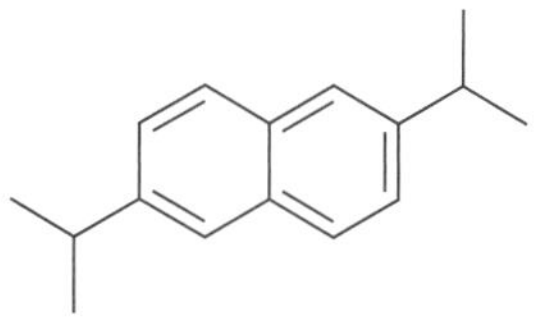

开发单位　2003 年由 Loveland Products，Inc. 在美国首次登记。

理化性质　白色无味晶体。熔点 67.3～68.9℃。相对密度 0.49（25℃）。水中溶解度 20μg/L。

毒性　大鼠急性经口 LD_{50} > 5000mg/kg；大鼠经皮 LD_{50} > 5000mg/kg。对兔眼睛有轻微刺激，对皮肤无刺激。对豚鼠皮肤不致敏。大鼠吸入 LC_{50} > 2.6mg/L（最大可达浓度）。NOEL：大鼠 NOAEL（90 天）1500mg/kg［雄大鼠 104mg/（kg·d）。毒性等级：IV（制剂，EPA）。

使用对象　可用于抑制马铃薯发芽。

参考文献

马克比恩 C，2015. 农药手册[M]. 胡笑形, 等译. 北京：化学工业出版社：324.

（撰稿：谭伟明；审稿：杜明伟）

2甲4氯　MCPA

一种选择性内吸传导型苯氧羧酸类除草剂。

其他名称　二甲四氯、芳米大、兴丰宝、Agroxone。

化学名称　2-甲基-4-氯苯氧乙酸。

IUPAC 名称　(4-chloro-2-methylphenoxy)acetic acid。

CAS 登记号　94-74-6。

EC 号　202-360-6。

分子式　$C_9H_9ClO_3$。

相对分子质量　200.62。

结构式

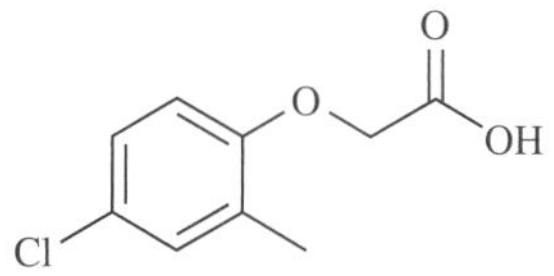

O O OH Cl

开发单位　1945 年 Synerholme 和 Zimmerman 首次报道了 2 甲 4 氯的合成方法。

理化性质　具有芳香气味的白色结晶固体。相对密度 1.41（23.5℃）。熔点 119～120.5℃。蒸气压 2.3×10^{-5}Pa（25℃）。水中溶解度（25℃，mg/L）：395（pH1）、26.2（pH5）、273.9（pH7）、320.1（pH9）；有机溶剂中溶解度（25℃，g/L）：乙醚 770、甲苯 26.5、二甲苯 49、甲醇 775.6、二氯甲烷

69.2、正辛醇 218.3、辛烷 5。对酸很稳定，可形成水溶性碱金属盐和铵盐，其中的钠盐在水中溶解度 270g/L，甲醇中 340g/L。遇硬水析出钙盐和镁盐。

毒性　低毒。大鼠急性经口 LD_{50} 700～1160mg/kg。大鼠急性经皮 LD_{50} ＞ 2400mg/kg。对兔眼睛和皮肤有刺激性。大鼠急性吸入 LC_{50}（4 小时）＞ 6.36mg/L。2 年饲喂试验 NOEL：大鼠 20mg/kg 饲料［折合 1.33mg/（kg·d）］，小鼠 100mg/kg 饲料［折合 18mg/（kg·d）］。虹鳟 LC_{50}（96 小时）50～560mg/L，水蚤 LC_{50}（48 小时）＞ 190mg/L。蜜蜂经口 LD_{50} 104μg/ 只。山齿鹑急性经口 377mg/kg。山齿鹑和野鸭饲喂 LC_{50}（5 天）＞ 5620mg/kg 饲料。蚯蚓 LC_{50}（14 天）325mg/kg 土壤。

剂型　56% 钠盐，85% 可溶粉剂，75% 可溶粒剂，13% 水剂；二甲胺盐 53%、60% 水剂等。

质量标准　2 甲 4 氯原药（GB/T 35668—2017）。

作用方式及机理　主要通过杂草的茎叶吸收，亦能被根吸收，并传导全株，破坏植物正常生理机能。药液穿过植物角质层和细胞质膜，最后传导到各部分。在不同部位对核酸和蛋白质的合成产生不同影响，在植物顶端抑制核酸代谢和蛋白质的合成，使生长点停止生长，细嫩叶片不能伸展，抑制光合作用的正常进行，传导到植株下部的药剂，使植物茎部组织的核酸和蛋白质的合成增加，促进细胞异常分裂，根尖膨大，丧失吸收能力，茎秆扭曲、畸形，筛管堵塞、韧皮部破坏，有机物运输受阻，从而破坏植物正常的生活能力，最终导致植物死亡。在除草使用浓度范围内，对禾谷类作物安全。2 甲 4 氯的挥发速度比 2,4-滴丁酯低且慢，安全性好于 2,4-滴丁酯。

防治对象　小麦、玉米、水稻、禾本科牧草等及非耕地防除阔叶杂草。如播娘蒿、荠菜、麦瓶草、救荒野豌豆、繁缕、碎米荠、葎草、萹蓄、藜、反枝苋、两栖蓼、鸭舌草、雨久花、野慈姑、陌上菜、眼子菜、部分莎草科杂草等。

使用方法

小麦田　防除阔叶杂草，于小麦 4 叶期至拔节期前，每亩用 56% 2 甲 4 氯钠可溶粉剂 85～100g（有效成分 47.6～56g），加水 30L 茎叶喷雾施药。

玉米田　防除阔叶杂草，于玉米 4～5 叶期，每亩用 56% 2 甲 4 氯钠可溶粉剂 110～140g（有效成分 61.66～78.4g），加水 30L 茎叶喷雾施药。

水稻田　防除阔叶杂草，于水稻移栽后秧苗完全返青（分蘖期），每亩用 56% 2 甲 4 氯钠可溶粉剂 90～135g（有效成分 50.4～75.6g），排干田水使杂草露出水面均匀喷雾，两天后即可恢复正常排灌。加水量 30L。

其他农田　用量及方法参考上述作物田。

注意事项　①2 甲 4 氯挥发性强，雾滴可在空气中飘移很远，使敏感植物受害。棉花、马铃薯、向日葵、甜菜、油菜、豆类、瓜类、阔叶作物及阔叶林木对该品敏感，用药时喷雾器应带保护罩，并选择无风天气喷药。②严格掌握施药时期和使用量。小麦、玉米 2 叶期前及拔节后不能施药，以免造成穗部畸形或抽雄困难。③分装和喷施 2 甲 4 氯的器械要专用，以免造成二次污染。④稗草及其他禾本科杂草混生田，应与除禾本科杂草的除草剂配合使用。

与其他药剂的混用　可与唑草酮、灭草松、莠灭净、莠去津、草甘膦等混用扩大杀草谱。

允许残留量　GB 2763—2021《食品中农药最大残留限量标准》规定 2 甲 4 氯最大残留限量见表。ADI 为 0.1mg/kg。水果参照 SN/T 2228 规定的方法测定。

部分食品中 2 甲 4 氯最大残留限量（GB 2763—2021）

食品类别	名称	最大残留限量（mg/kg）
水果	苹果	0.05
谷物	小麦	0.10
动物源性食品	禽肉内脏	0.05

参考文献

刘长令, 2002. 世界农药大全: 除草剂卷[M]. 北京: 化学工业出版社.

马克比恩 C, 2015. 农药手册[M]. 胡笑彤, 等译. 北京: 化学工业出版社.

中国农业百科全书总编辑委员会农药卷编辑委员会, 中国农业百科全书编辑部, 1993. 中国农业百科全书: 农药卷[M]. 北京: 农业出版社.

SHANER D L, 2014. Herbicide handbook[M]. 10th ed. Lawrence, KS: Weed Science Society of America

（撰稿：李香菊；审稿：耿贺利）

2甲4氯丙酸　mecoprop

一种苯氧羧酸类内吸性、选择性、激素型除草剂。

其他名称　Propionyl（Agriphar）、Actril M（+ 碘苯腈钠）（Bayer CropScience）、CMPP。

化学名称　(*RS*)-2-(4- 氯邻甲苯氧基)丙酸。

IUPAC 名称　2-(4-chloro-2-methylphenoxy)propanoic acid。

CAS 登记号　7085-19-0（外消旋体）；93-65-2（以前登录号）。

EC 号　202-264-4。

分子式　$C_{10}H_{11}ClO_3$。

相对分子质量　214.65。

结构式

Cl
O
O
OH

2 甲 4 氯丙酸钾　mecoprop-potassium

CAS 登记号 1929-86-8，曾用 42425-86-5；EC 号：217-683-8（未标明立体化学）；255-816-1（外消旋体）。分子式 $C_{10}H_{10}ClKO_3$，相对分子质量 252.7。

2 甲 4 氯丙酸钠　mecoprop-sodium

CAS 登记号 19095-88-6，曾用 56533-09-6 和 40951-62-0；

其他

EC 号：242-815-6；分子式 $C_{10}H_{10}ClNaO_3$；相对分子质量 236.60。

开发单位　20 世纪 50 年代初由布兹公司农业部开发。专利已过期。

理化性质　无色结晶，熔点 94~95℃，蒸气压 0.31mPa（20℃），K_{ow}lg$P$ 0.1004（pH7）。溶解性：水 734mg/L（25℃），有机溶剂中溶解度（g/kg，20℃）：丙酮、乙醚、乙醇＞1000、乙酸乙酯 825、氯仿 339；其盐在水中的溶解度：钾盐 920、钠盐 500、二乙醇铵盐 580、二甲基铵盐 660（均为 g/L，20℃）。稳定性：对热稳定。2 甲 4 氯丙酸钾：水中溶解度 920g/L（20℃）。2 甲 4 氯丙酸钠：水中溶解度 500g/L（20℃）。

毒性　IARC 分级，根据生产流行病学，氯苯氧基除草剂属于 2B。更多最近证据［M. Kogevinas, et al, Am. J. Epidemiol, 1997, 145（12）：1061］显示早期生产涉及二噁英污染，现有工艺不涉及。急性经口 LD_{50}：大鼠 930~1166mg/kg，小鼠 650mg/kg。急性经皮 LD_{50}：兔 900mg/kg，大鼠＞4000mg/kg。对皮肤有刺激性，对眼睛有高度刺激性。对皮肤无致敏性。大鼠吸入 LC_{50}（4 小时）＞12.5mg/L（空气）。NOEL：（21 天）大鼠 65mg/（kg·d）；（90 天）大鼠 4.5~13.5mg/（kg·d），狗 4mg/（kg·d）；（2 年）大鼠 1.1mg/kg。大鼠饲喂 100mg/kg（饲料）持续 210 天只出现轻微的肾脏肿大。ADI/RfD（EC）0.01mg/kg［2003］；（EPA）cRfD 0.001mg/kg［1990］。Water GV0.01mg/L。无致癌性。毒性等级：III（a.i.，WHO）；III（制剂，EPA）。EC 分级：Xn：R22 | Xi：R38，R41 | N：R50，R53（也适用于盐）。Xn：R22；R43 | N：R50, R53（酯）。鸟类急性经口 LD_{50}（mg/kg）：山齿鹑 500~1000，野鸭＞486。饲喂 LC_{50}（mg/kg 饲料）：山齿鹑＞5000，野鸭＞5620。LC_{50}（96 小时，mg/L）：虹鳟 150~240，蓝鳃翻车鱼＞100，鲤鱼 320~560。水蚤 LC_{50}（48 小时）420mg/L；NOEC（繁殖）22.7mg/L。近头状伪蹄形藻 EC_{50}（72 小时）270mg/L；羊角月牙藻（96 小时）532mg/L。对蜜蜂无毒，LD_{50}：经口＞10μg/ 只；接触＞100μg/ 只。蚯蚓 LC_{50} 988mg/kg 干土。对其他有益生物无害（IOBC）。

制造方法　由 2- 甲基 -4- 氯酚与 2- 氯丙酸反应制取。

作用方式及机理　内吸性、选择性、激素型除草剂，通过叶吸收后传导到根部。集中在分生区抑制生长。只有（R）-（+）- 异构体具有除草活性。

防治对象　苗后防除阔叶杂草（尤其是猪殃殃、繁缕、苜蓿和大蕉）。适用作物：小麦、大麦、燕麦、牧草种子作物（包括套种）、草坪、果树和葡萄。也可防除草地和牧场的酸模。经常与其他除草剂混合使用。使用剂量 2~3kg/hm^2。

剂型　乳油，可溶液剂。

环境影响　哺乳动物经口摄入后，2 甲 4 氯丙酸以未变化的轭合物形式主要通过尿液排出。在植物体内 2 甲 4 氯丙酸的甲基水解形成 2- 羟甲基 -4- 氯。苯氧丙酸，植物体内的次要代谢途径是芳香环的少量水解。在土壤中，代谢主要通过微生物降解为 4- 氯 -2 甲基苯酚，然后在 6- 位发生环羟基化、开环进行。土壤 DT_{50} 7~13 天。土壤中的残效期约为 2 个月。K_{oc}12~25。

参考文献

马克比恩 C, 2015. 农药手册[M]. 胡笑彤, 等译. 北京: 化学工业出版社: 635-636.

石得中, 2007. 中国农药大辞典[M]. 北京: 化学工业出版社: 235.

（撰稿：朱有全；审稿：耿贺利）

2甲4氯丁酸　MCPB

一种苯氧羧酸类除草剂。

其他名称　二甲四氯丁酸、2,4-MCPB、2M-4Kh-M、MB 3046、Tropotox。

化学名称　4-(4- 氯 -2- 甲基苯氧基) 丁酸。

IUPAC 名称　4-(4-chloro-2-methylphenoxy)butanoic acid。

CAS 登记号　94-81-5（酸）；6062-26-6（钠盐）。

EC 号　202-365-3（酸）。

分子式　$C_{11}H_{13}ClO_3$。

相对分子质量　228.67。

结构式

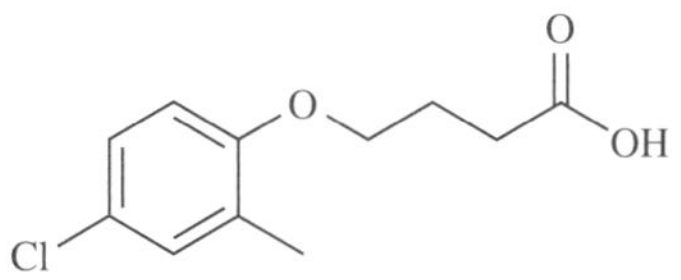

开发单位　1955 年报道，由美倍克公司开发。

理化性质　无色结晶（工业品为褐色至棕色薄片），熔点 101℃（工业品 95~100℃）。沸点＞280℃，蒸气压 0.057mPa（20℃）、0.0983mPa（25℃），K_{ow}lg$P$＞2.37（pH5）、1.32（pH7），相对密度 1.233（22℃）。溶解度：水 0.11（pH5）、4.4（pH7）、444（pH9）（g/L，20℃）；有机溶剂中溶解度（g/L，室温）：丙酮 313、二氯甲烷 169、乙醇 150、己烷 0.26、甲苯 8。常用的碱金属盐和铵盐易溶于水，几乎不溶于大多数有机溶剂。稳定性：酸的化学性质极其稳定，在 pH5~9（25℃）时对水解稳定，固体对光稳定，溶液降解半衰期为 2.2 天，对铝、锡和铁稳定至 150℃。

2 甲 4 氯丁酸乙酯：无色液体。熔点：-1℃。在大气压下沸点无法测量。蒸气压 8.06mPa（25℃）。K_{ow}lg$P$ 4.17（20℃）。相对密度 1.1313（25℃）。溶解性：水中 10mg/L（20℃）。稳定性：在碱性介质中不稳定。

毒性　大鼠急性经口 LD_{50} 4700mg/kg；大鼠急性经皮 LD_{50}＞2000mg/kg。鱼类 LC_{50}（mg/L）：虹鳟 75，大鳍鳞鳃太阳鱼＞100，黑头呆鱼 11。钠盐鱼类 LC_{50}（mg/L，96 小时）：虹鳟 4.3，大鳍鳞鳃太阳鱼 14。乙酯急性经口 LD_{50}（mg/kg）：大鼠 1780（雄）、1420（雌），小鼠 1160（雄）、1550（雌）；急性经皮 LD_{50}（mg/kg）：雄大鼠＞4000。鱼类 LC_{50}（mg/L，96 小时）：鲤鱼 1.05。

作用方式及机理　由 2- 甲基 -4- 氯酚钠与丁酸内酯反应制取；或由 2- 甲基 -4- 氯酚钠与 4- 氯代丁腈反应后，再与乙醇钠反应制取。激素型苗后除草剂，在植株中转化成 2 甲 4 氯而起作用。

防治对象　用于间种禾谷类作物、豌豆、定植草坪等防除一年生与多年生阔叶杂草。

剂型　乳油，可溶液剂。

环境影响　在土壤中的降解半衰期为 5～7 天。

参考文献

石得中, 2007. 中国农药大辞典[M]. 北京: 化学工业出版社: 234.

（撰稿：朱有全；审稿：耿贺利）

2甲4氯乙硫酯　MCPA-thioethyl

一种苯氧羧酸类内激素型选择性处理剂。

其他名称　Herbit、Suleno-ZeroWan、Zero-one、酚硫杀、芳米大、禾必特。

化学名称　*S*-乙基-4-氯邻甲苯氧基硫代乙酸酯。

IUPAC名称　*S*-ethyl 4-chloro-*o*-tolyloxythioacetate。

CAS 登记号　25319-90-8。

EC 号　246-831-4。

分子式　$C_{11}H_{13}ClO_2S$。

相对分子质量　244.74。

结构式

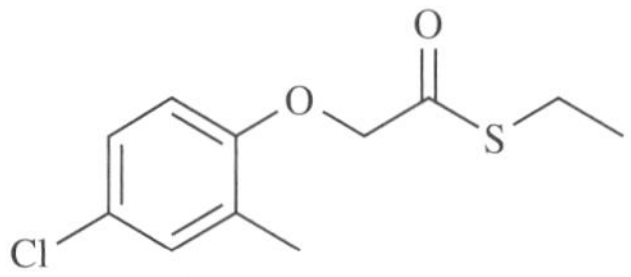

开发单位　1969 年报道，由日本北兴化学工业公司开发。专利已过期。

理化性质　白色针状结晶（工业品为棕色结晶），熔点 41～42℃，沸点 165℃（9.33×10^2Pa），蒸气压 21mPa（20℃）。溶解度：水中 2.3mg/L（25℃）；有机溶剂中溶解度（g/L，25℃）：丙酮、二甲苯＞1000、己烷 290。稳定性：酸性介质中稳定，碱性介质中不稳定，200℃以下稳定，水中半衰期（25℃）：22 天（pH7）、2 天（pH9）。

毒性　雄、雌大鼠急性经口 LD_{50} 分别为 790mg/kg 和 877mg/kg，大鼠急性经皮 LD_{50}＞1500mg/kg，大鼠急性吸入 LC_{50}（4 小时）＞5mg/L。对兔皮肤无刺激性，对兔眼睛有轻度刺激性。在试验剂量内对动物无致突变、致畸、致癌作用。两年喂养试验 NOEL：大鼠 100mg/kg 饲料，小鼠 20mg/kg 饲料。对鱼类毒性中等，如鲫鱼 LC_{50}（48 小时）2.5mg/L。对蜜蜂低毒，LD_{50}＞40μg/ 只（接触）。对鸟类毒性很低，日本鹌鹑 LD_{50} 3000mg/kg。

剂型　颗粒剂，乳油。

作用方式及机理和特点　由 2-甲基-4-氯苯氧乙酰氯与乙硫醇（钠）反应制取。内吸性、选择性、激素型除草剂，通过叶和根吸收后传导。集中在分生区抑制生长。硫代 2 甲 4 氯乙酯为内激素型选择性苗后茎叶处理剂。药剂被茎叶和根吸收后进入植物体内，干扰植物的内源激素的平衡，从而使正常生理机能紊乱，使细胞分裂加快，呼吸作用加速，导致生理机能失去平衡。杂草受药后症状与 2,4-滴类除草剂相似，即茎叶扭曲、畸形、根变形。

防治对象　用于水稻田苗后防除一年生和多年生阔叶杂草、莎草科杂草（包括藜、田旋花、香附属杂草、鸭舌草等），使用剂量 210g/hm²。

使用方法　硫代 2 甲 4 氯乙酯对双子叶植物有药害，若施药田块附近有油菜、向日葵、豆类等双子叶作物，喷药一定要留保护行。如果有风，则不应在上风头喷药。小麦收获前 30 天应停止使用。用于冬、春小麦田，于小麦 3～4 叶期（杂草长出较晚或生长缓慢时，可推迟施药，但不能超过小麦分蘖末期），每亩用 20% 硫代 2 甲 4 氯乙酯乳油 130～150ml，兑水 15～30L 茎叶喷雾。水稻田防除阔叶杂草，每亩用 20% 硫代 2 甲 4 氯乙酯乳油 130～200ml，兑水 20～50L 茎叶喷雾。或者每亩用含量为 1.4% 颗粒剂 2～2.66kg。

参考文献

马克比恩 C, 2015. 农药手册[M]. 胡笑形, 等译. 北京: 化学工业出版社: 635-636.

石得中, 2007. 中国农药大辞典[M]. 北京: 化学工业出版社: 235.

（撰稿：朱有全；审稿：耿贺利）

2甲4氯异辛酯　MCPA-isooctyl

一种苯氧羧酸类传导型除草剂。

化学名称　4-氯-2-甲基苯氧乙酸异辛酯。

IUPAC名称　6-methylheptyl 2-(4-chloro-2-methylphenoxy) acetate。

CAS 登记号　26544-20-7。

EC 号　247-775-3。

分子式　$C_{17}H_{25}ClO_3$。

相对分子质量　312.83。

结构式

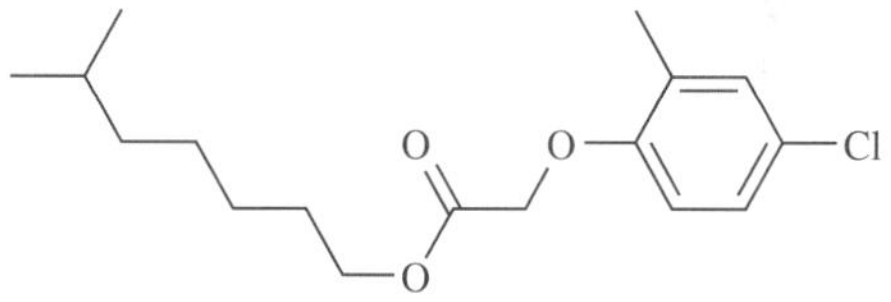

理化性质　原药外观为棕色油状单相液体，无可见的悬浮物或沉淀物。相对密度 1.06（20℃）。沸点 309℃。熔点 -48℃。蒸气压 0.5kPa（38℃）。与正辛醇互溶，易溶于多种有机溶剂。遇酸、碱分解。

作用方式及机理　激素型选择性除草剂。具有较强的内吸传导性，通过杂草茎、叶和根系吸收，使植物分生组织受抑制，长度生长停止，产生次生膨胀而导致根与茎肿胀，进而韧皮部堵塞，最终木质部破坏，植株死亡。

防治对象　适用于水稻、小麦田等作物防治三棱草、鸭舌草、泽泻、野慈姑及其他阔叶杂草。

注意事项　①与喷雾机接触部分结合力很强，用后应彻底清洗机具有关部件，最好是专用。②其对双子叶植物威胁极大，应尽量避开双子叶作物地块，应在无风天气施药。③要穿防护衣、裤，戴口罩、手套。施药后要用肥皂洗手、洗脸。要顺风喷雾，不要逆风喷雾，以免药液接触皮肤，进入眼睛内引起炎症。施药时严禁抽烟、喝水、吃东西。④中毒症状有呕吐、恶心、步态不稳、肌肉纤维颤动、反射降低、瞳孔缩小、抽搐、昏迷、休克等。部分病人有肝、肾损害。发现上述症状时，应立即送医，请医生对症治疗，注意防治脑水肿和保护肝脏。⑤该品储存时应注意防潮，放置于阴凉干燥处，不得与种子、食物、饲料放在一起。勿与酸性物质接触，以免失效。

与其他药剂的混用 能和多种除草剂复配。

（撰稿：邹小毛；审稿：耿贺利）

5-硝基邻甲氧基苯酚钠 2-methoxy-5-nitrophenol

商品化调节剂复硝酚钠成分中的主要组分，可促进植物原生质流动，加快植物生根发芽，促进生长、生殖和结果，用于番茄、黄瓜等多种作物促进生长。

其他名称 爱多收、特多收、Atonik。

化学名称 2-甲氧基-5-硝基苯酚。

IUPAC名称 2-methoxy-5-nitrophenol。

CAS登记号 636-93-1（酚）；67233-85-6（钠盐）。

EC号 211-269-0。

分子式 $C_7H_6NO_4Na$。

相对分子质量 191.12。

结构式

O_2N　ONa　O

开发单位 1952年由日本朝日化学工业公司开发。

理化性质 沸点110℃。闪点147.1℃。外观为橘红色片状晶体，熔点105~106℃。可溶于水，易溶于乙醇、氯仿等有机溶剂。常规条件下储存稳定。

毒性 低毒。对雄、雌大鼠急性经口LD_{50}分别为3100mg/kg、1270mg/kg。对眼睛和皮肤无刺激作用。在试验剂量内对动物无致突变作用。对鱼毒性低，如对鲤鱼TLm（48小时）＞10mg/L。

剂型 目前中国没有单独登记的产品，但复硝酚钠制剂中含有5-硝基邻甲氧基苯酚钠，一般1.8%复硝酚钠水剂中含有0.3%的5-硝基邻甲氧基苯酚钠。

作用方式及机理 5-硝基邻甲氧基苯酚钠（sodium 5-nitroguaiacolate, 5NG）和对硝基苯酚钠（sodium para-nitphenolate, SD2）作为复硝酚钠的主要成分，可通过提高细胞活力、促进细胞原生质流动从而加速细胞生长，提高产量并增强抗逆能力。可用于调节植物生长，具有较强的渗透作用，它能迅速进入植物体内，促进植物原生质流动，加快植物生根发芽，促进生长、生殖和结果，帮助受精结实。

适用对象 番茄、柑橘、黄瓜、荔枝、马铃薯、茄子、水稻。

使用方法 在番茄开花期、坐果期各进行叶面喷雾1次，喷雾时务必均匀周到。大风天或预计1小时内有雨勿喷。安全间隔期：番茄7天，每季最多使用2次。荔枝使用时稀释2000~2500倍，每季可用2次。

注意事项 浓度过高时对作物幼芽及生长有抑制作用。喷洒要均匀，蜡质多的植物要先加入适量的展着剂再喷洒。烟叶在采收30天前停止使用。储放在阴凉处。

与其他药剂的混用 可与农药肥料混合使用，效果更好。

允许残留量 GB 2763—2021《食品中农药最大残留限量标准》规定5-硝基邻甲氧基苯酚钠最大残留限量（mg/kg，临时限量）：小麦0.2，大豆、番茄、马铃薯、柑橘、橙0.1。ADI为0.003mg/kg。

参考文献

张宗俭, 邵振润, 束放, 2015. 植物生长调节剂科学使用指南[M]. 北京: 化学工业出版社.

（撰稿：谭伟明；审稿：杜明伟）

8-羟基喹啉 8-hydroxyquinoline sulfate

主要用于防治蔬菜和观赏植物的灰霉病、土传病害和细菌性病害的内吸性杀菌剂。

其他名称 Cryptonol、Fennosan H 30、quinophenol。

化学名称 8-羟基喹啉硫酸盐；8-quinolinol sulfate(2∶1)(salt)。

IUPAC名称 bis(8-hydroxyquinolin)sulfate。

CAS登记号 134-31-6。

EC号 205-137-1。

分子式 $C_{18}H_{16}N_2O_6S$。

相对分子质量 388.39。

结构式

OH　H　N^+　SO_4^{2-}　2

开发单位 先正达公司。

理化性质 纯品为淡黄色晶状固体。熔点175~178℃。蒸气压几乎为0。水中溶解度（20℃）300g/L；易溶于热的乙醇中，但乙醚中几乎不溶。

毒性 急性经口LD_{50}（mg/kg）：大鼠1250，小鼠500。对鸟、鱼、蜜蜂等无毒。

剂型 乳油，粉剂，原油。

防治对象 主要用于防治蔬菜和观赏植物的灰霉病、土传病害和细菌性病害。

参考文献

刘长令, 2012. 世界农药大全[M]. 北京: 化学工业出版社.

（撰稿：陈雨；审稿：张灿）

14-羟基芸薹素甾醇 14-hydroxylated brassinosteroid

一类广谱、高活性的植物生长调节剂。其活性主要表现为促进植物生长，提高结实率，增加产量，改善品质和抗逆性等，适用于小麦、水稻、蔬菜类、果树类作物。

其他名称 硕丰 481、奥植丰、叶翠翠。

化学名称 (20*R*,22*R*)-2*β*,3*β*,14,20,22,25-六羟基-5*β*-胆甾-6-酮；14-hydroxylated brassinosteroid。

IUPAC名称 (2*β*,3*β*,5*β*)-2,3,14,20,22,25-hexahydroxycholestan-6-one。

CAS登记号 457603-63-3。

分子式 $C_{27}H_{46}O_7$。

相对分子质量 482.66。

结构式

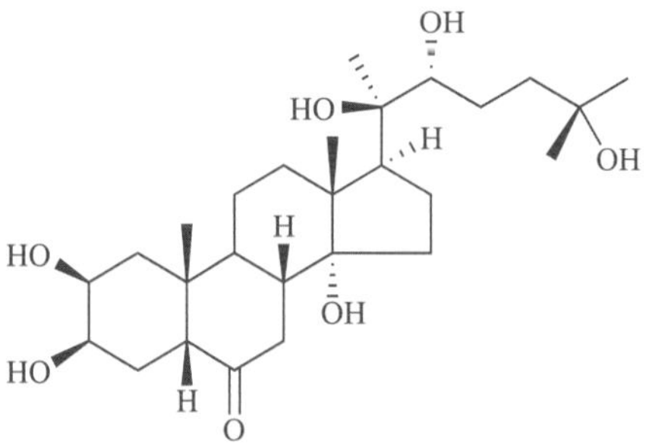

开发单位 成都新朝阳作物科学有限公司。

毒性 微毒。植物生长调节剂。

剂型 水剂，可溶粉剂，可溶液剂。

质量标准 原药有效成分含量应＞90%，水分＜2%，pH 4～7。

作用方式及机理 属甾醇类化合物，具有促使植物细胞分裂和延长的双重功效，可促使植物根系发达，增强光合作用，提高作物叶绿素含量，促进作物新陈代谢与对肥料的有效吸收，从而促进作物生长、达到丰产的效果。促进细胞伸长和分裂，调控叶片形状；改变细胞膜电位和酶活性，增强光合作用；促进 DNA、RNA 和蛋白质的生物合成，提高植株对环境胁迫的耐受力。

适用对象 小麦、水稻、小白菜、葡萄、黄瓜、柑橘等。

使用方法

小麦 孕穗期、齐穗期茎叶喷雾，用药浓度为 0.01% 水剂稀释 1000～1500 倍。

水稻 分蘖期、孕穗期、灌浆期使用，严格按推荐剂量施药，用药浓度为 0.004% 制剂稀释 1000～2000 倍。

小白菜 苗期及生长期各叶面均匀喷雾，共施药 2 次，用药浓度为 0.004% 水剂稀释 2000～3000 倍液。

葡萄 花蕾期、幼果期和果实膨大期各喷施 1 次，用药浓度为 0.01% 制剂稀释 2500～5000 倍。

黄瓜 苗期、花期各喷施 1 次，用药浓度为 0.01% 制剂稀释 2000～3300 倍。

柑橘 幼果期和果实膨大期各施药 1 次，用量为 0.0075% 水剂稀释 1000～1500 倍。

注意事项 不可和碱性物质（波尔多液、石硫合剂等）混用。远离水产养殖区施药，禁止在河塘等水体中清洗施药器具。清洗施药器械等的污水不可污染地下水源、水田、湖泊、河流、池塘等水域，避免对环境中其他生物造成危害。使用该品时应穿戴防护服、手套，避免吸入药液。施药期间不可吃东西、饮水等。喷药后请用肥皂洗净暴露部位皮肤，并用水漱口。用过的容器应妥善处理，不可做他用，也不可随意丢弃。禁止儿童、孕妇及哺乳期的妇女接触。过敏者禁用，使用中有任何不良反应请及时就医。

允许残留量 中国未规定最大允许残留量，WHO 无残留规定。

参考文献

任丹，姜勇，2018. 植物生长调节剂14-羟基芸薹素甾醇 14-hydroxylated brassinosteroid[J]. 农药科学与管理, 39(1): 67.

王强锋, 李芹, 夏中梅, 等, 2020. 芸薹素类物质生物学活性比较研究与评价[J]. 西南农业学报, 33(12): 2766-2774.

（撰稿：黄官民；审稿：谭伟明）

24-表芸薹素内酯 24-epibrassinolide

一种新型的植物内源激素，其生理活性强，处理逆境条件下的植物后，对生物膜有一定的保护作用，能够减缓植物对多种逆境的反应，如高温、低温、干旱、盐渍等，在农作物和蔬菜作物上得到了广泛应用。

其他名称 天丰素、24-表油菜素内酯、八仙丰产素。

化学名称 (22*R*,23*R*,24*R*)-2*α*,3*α*,22,23-四羟基-*β*-高-7-氧杂-5*α*-麦角甾-6-酮。

英文名称 24-Epibrassinolide、Epibrassinolide。

IUPAC名称 (1*S*,2*R*,4*R*,5*S*,7*S*,11*S*,12*S*,15*R*,16*S*)-15-[(2*S*,3*R*,4*R*,5*R*)-3,4-dihydroxy-5,6-dimethylheptan-2-yl]-4,5-dihydroxy-2,16-dimethyl-9-oxatetracyclo[9.7.0.$0^{2,7}$.$0^{12,16}$]octadecan-8-one。

CAS登记号 78821-43-9。

分子式 $C_{28}H_{48}O_6$。

相对分子质量 480.68。

结构式

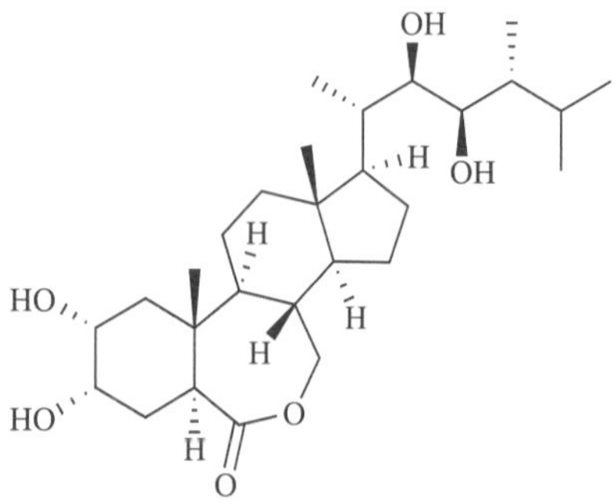

理化性质 属于甾醇类化合物。固体。熔点 274～275℃。

毒性 低毒。

剂型 可溶液剂，可溶粉剂，水剂。

质量标准 原药外观为类白色固体，有效成分含量＞90%，水分含量＜2%，pH 5～8。

作用方式及机理 具有促使植物细胞分裂和延长的双重功效，可促进植物根系发达，增强光合作用，提高作物叶绿素含量，促进作物新陈代谢与对肥料的有效吸收，从而促进作物生长、达到丰产效果。提高作物抗病、抗旱、抗盐、耐涝、耐冷等抗逆能力，促进生殖发育，用于瓜果类可提高坐果率、增加单果重、改善品质。

使用对象　花生、水稻、小白菜、小麦、玉米、草莓、荔枝、黄瓜、苹果等，均可以增强植物干物质积累，实现增产。

使用方法

花生　0.0075% 制剂稀释 2000～4000 倍喷雾。

水稻　0.0075% 制剂稀释 1500～3000 倍喷雾。

小白菜　苗期和生长期各喷 1 次 0.0075% 制剂稀释 1000～1500 倍喷雾。

小麦　在分蘖期、拔节期、孕穗期各施药 1 次，浓度 0.0075% 制剂稀释 2000～3000 倍喷雾。

玉米　浓度 0.0075% 制剂稀释 2000～3000 倍喷雾。

草莓　盛花期和花后一周各喷雾 1 次，0.01% 制剂稀释 3300～5000 倍液。

荔枝　第一、二次生理落果前、幼果期至果实膨大期各喷施 1 次，连续两次使用间隔 7～10 天，浓度为 0.01% 制剂稀释 2500～5000 倍液。

黄瓜　苗期和开花期各喷雾 1 次，每季最多喷雾 2 次；0.01% 制剂 2000～3300 倍液。

苹果　谢花后、幼果期、果实膨大期，施药 1～3 次，施药时应注意均匀，施药浓度为 0.01% 制剂稀释 4000～6000 倍液。

注意事项　不可和碱性物质（波尔多液、石硫合剂等）混用。严格按推荐剂量施药，施药时应周到均匀，勿重喷或漏喷

允许残留量　中国未规定最大残留限量，WHO 无残留规定。

参考文献

孙石昂, 何发林, 姚向峰, 等, 2019. 芸薹素内酯可提高玉米幼苗的抗旱性[J]. 植物生理学报, 55(6): 829-836.

孙晓, 姜兴印, 姚晨涛, 等, 2019. 3种不同结构的芸薹素内酯在小麦上的应用研究[J]. 现代农药, 18(5): 49-52.

王强锋, 李芹, 夏中梅, 等, 2020. 芸薹素类物质生物学活性比较研究与评价[J]. 西南农业学报, 33(12): 2766-2774.

周娜娜, 2016. 24-表芸薹素内酯对盐胁迫下黄瓜种子萌发的影响[J]. 琼州学院学报, 23(2): 66-68, 91.

T/ZZB 0971—2019.　0. 01% 24-表芸薹素内酯水剂.

（撰稿：黄官民；审稿：谭伟明）

24-混表芸薹素内酯

一种甾醇类混合植物生长调节剂，是人工合成 24- 表芸薹素时未提纯的初产物，由 24- 表芸薹素、22,23,24- 三表芸薹素及两个没有生理活性的异构体构成。其可以促进植物新陈代谢与光合作用，促进植物生长。

其他名称　天丰素。

IUPAC 名称　15-(3,4-dihydroxy-5,6-dimethylheptan-2-yl)-4,5-dihydroxy-2,16-dimethyl-9-oxatetracyclo [9.7.0.0^{2,7}.0^{12,16}]octadecan-8-one。

CAS 登记号　72962-43-7。

分子式　$C_{28}H_{48}O_6$。

相对分子质量　480.68。

结构式

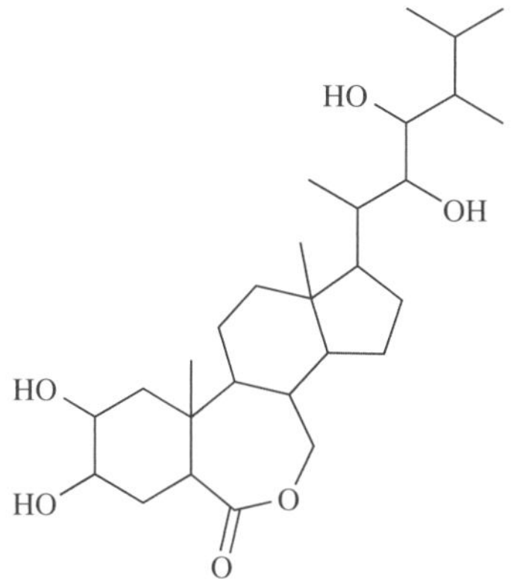

HO　OH　HO　HO　O　O

开发单位　中国科学院上海药物研究所。

理化性质　纯品外观为白色结晶体。熔点 256～258℃。溶于甲醇、乙醇、氯仿、丙酮和四氢呋喃等有机溶剂。

毒性　低毒。对人畜毒性较低，无人体中毒报道。原药对大鼠急性经口 LD_{50} > 2000/kg，原药小鼠急性经口 LD_{50} > 1000mg/kg。Ames 试验表明无致突变作用。

剂型　乳油，水剂，可溶液剂。

作用方式及机理　具有使植物细胞分裂和延长的双重作用，促使根系发达，增强光合作用，提高作物叶绿素含量，促进作物对肥料的有效吸收，辅助作物劣势部分良好生长，起到调节生长、增产的效果。

使用对象　水稻、菜心、葡萄、黄瓜、小麦、小白菜、棉花、玉米、柑橘、马铃薯、花生等。

使用方法

水稻　拔节期、齐穗期、抽穗期喷雾施药各 1 次。

菜心　团棵期、莲座期、叶球期各施药 1 次。

葡萄　于葡萄开花前 7 天、幼果期和膨大期各施药 1 次，注意喷雾均匀。

黄瓜　移植后、初花期、结果期各施药 1 次。

小麦　调节生长、增产，0.01% 24- 混表芸薹素内酯 3333～5000 倍液，扬花和齐穗期各喷药 1 次。

小白菜　调节生长、增产，0.01% 24- 混表芸薹素内酯 2500～5000 倍液，苗期和莲座期各喷药 1 次。

棉花　调节生长、增产，0.01% 24- 混表芸薹素内酯 2500～5000 倍液，苗期、初花、盛花期各喷药 1 次。

玉米　调节生长、增产，0.01% 24- 混表芸薹素内酯 700～1000 倍液浸种及喷雾。

柑橘　调节生长，0.01% 24- 混表芸薹素内酯 2500～3500 倍液喷雾。

马铃薯　调节生长、增产，0.01% 24- 混表芸薹素内酯 2000～3333 倍液，苗期（出齐苗后 15 天）、块茎形成期、块茎膨大期各喷药 1 次。

花生　调节生长、增产，0.01% 24- 混表芸薹素内酯 2500～3500 倍液苗期、花期、扎针期各喷药 1 次。

注意事项　可与弱酸性、中性农药混合喷施使用，忌与碱性药物混合使用。下雨时不能喷，喷后 6 小时内下雨须重喷。喷药时间为 10：00 以前或 15：00 以后。叶面喷施要求达到药液呈“露”状均匀分布在作物叶、茎上。要储存于阴冷、干燥处，远离食物、饲料和儿童。

允许残留量　中国未规定最大残留限量，WHO 无残留规定。

参考文献

汪华, 杨立军, 黄朝炎, 等, 2014. 0. 01%混表芸薹素内酯对小麦生长效果试验[C]//第三十届全国植保信息交流会暨农药械交易会: 266-268.

杨凤英, 杨勇, 方进, 等, 2021. 24-混表芸薹素内酯与水溶肥复配对豆角品质及产量的影响[J]. 肥料与健康, 48(1): 22-26.

（撰稿：黄官民；审稿：谭伟明）

28-表高芸薹素内酯　28-epihomobrassinolide

一种新型甾醇类物质，是广谱、高效、低毒且活性高的植物生长调节剂。具有使植物细胞分裂和延长的双重作用，既可促进根系发达，增强光合作用，提高作物叶绿素含量，又可促进作物对肥料的有效吸收，辅助作物劣势部分良好生长。

其他名称　云大万保 YD-120、丙先、28- 表高油菜素内酯。

化学名称　(22*S*,23*S*,24*S*)-2*α*,3*α*,22,23- 四羟基 -24- 乙基 -B- 高 -7- 氧杂 -5*α*- 胆甾 -6- 酮。

英文名称　22(*S*),23(*S*)-Homobrassinolide、Isohomobrassinolide。

IUPAC 名称　(1*S*,2*R*,4*R*,5*S*,7*S*,11*S*,12*S*,15*R*,16*S*)-15-[(2*S*,3*S*,4*S*,5*S*)-5-ethyl-3,4-dihydroxy-6-methylheptan-2-yl]-4,5-dihydroxy-2,16-dimethyl-9-oxatetracyclo[9.7.0.$0^{2,7}$.$0^{12,16}$]octadecan-8-one。

CAS 登记号　80483-89-2。

分子式　$C_{29}H_{50}O_6$。

相对分子质量　494.70。

结构式

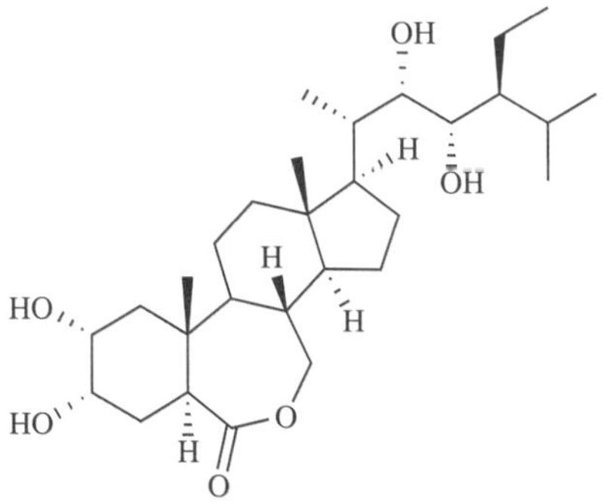

开发单位　2008 年云南云大科技农化有限公司登记。

理化性质　该产品由符合标准的原药、适宜的助剂和填料加工制成。原药外观为白色结晶粉末，有效成分含量≥ 95%，熔点 269～271℃，可溶于甲醇、乙醇、四氢呋喃、丙酮等多种有机溶剂，水中溶解度为 5mg/L。药液外观应是金黄色稳定的均相液体，无可见的悬浮物和沉淀，无刺激性气体。pH 5～8，水不溶物的质量分数≤ 0.5，每毫升持久起泡性（1 分钟后泡沫量）≤ 25ml。

毒性　低毒。

剂型　水剂。

作用方式及机理　具有使植物细胞分裂和延长的双重作用，促进根系发达，增强光合作用，提高作物绿叶素含量，促进作物对肥料的有效吸收，辅助作物劣势部分良好生长。种子或苗期处理，促进幼苗根系生长，增加根系的鲜重和干重，表现为根深苗壮。在作物的营养生长期能促进植株生长，提高叶绿素含量，增加光合作用，促进光合产物的转运，表现为叶面积增大，叶色加深、叶片肥厚，能改善叶的品质。在开花结实期能促进配偶子形成，增加花序数或穗粒数，能促进花粉的成熟和花粉管的伸长，利于授粉受精，提高结实率，还能调节弱势部分养分的再分配，减少空秕率和秃尖，增加千粒重，实现增产。瓜果类则表现为坐果率提高，果实均匀，促进成熟，改进品质。能提高作物对干旱、盐碱、渍涝、低温、病害等的抗性。

使用对象　可用于小麦、水稻、苹果、梨、荔枝、油菜、大豆、大白菜、棉花、烟草等调节生长。

使用方法

大白菜　在苗期、旺长期，用 0.0016% 水剂 1000～1333 倍液各喷 1 次。

大豆　在苗期、花期，用 0.0016% 水剂 800～1600 倍液各喷 1 次。

番茄　在苗期、花蕾期和幼果期，用 0.0016% 水剂 800～1600 倍液各喷 1 次。

柑橘　在初花期、幼果期和膨大期，用 0.0016% 水剂 800～1000 倍液各喷 1 次。

黄瓜　在苗期、花蕾期、幼果期，用 0.0016% 水剂 800～1000 倍液各喷 1 次。

梨　在初花期、幼果期、膨大期，用 0.0016% 水剂 800～1000 倍液各喷 1 次，能促进生长，提高坐果率。

荔枝　在初花期、幼果期、膨大期，用 0.0016% 水剂 800～1000 倍液各喷 1 次。

棉花　在苗期、蕾期、初花期，用 0.0016% 水剂 750～1500 倍液各喷 1 次。

苹果　在初花期、幼果期、膨大期，用 0.0016% 水剂 800～1000 倍液各喷 1 次。

水稻　在分蘖期、拔节期、抽穗期，用 0.0016% 水剂 800～1600 倍液各喷 1 次。

小麦　在分蘖期、拔节期、抽穗期，用 0.0016% 水剂 400～1600 倍液各喷 1 次，能够提高小麦苗期的根数、株高、根长和分蘖数，同时提高穗粒数和千粒重，进而提高产量。

烟草　在苗期、团棵期、旺长期，用 0.0016% 水剂 400～1000 倍液各喷 1 次。

油菜　在苗期、花期、抽薹期，用 0.0016% 水剂 800～1600 倍液各喷 1 次。

注意事项　应按推荐时期及剂量施用，同时加强肥水管理。如遇大风或预计 1 小时内有降雨、高温天气、刮风天气、露水未干时，请勿施药。宜在上午或傍晚喷施，喷后 6 小时内遇雨要补喷。

允许残留量 中国未规定最大残留限量，WHO 无残留规定。

参考文献

孙晓, 姜兴印, 姚晨涛, 等, 2019. 3种不同结构的芸薹素内酯在小麦上的应用研究[J]. 现代农药, 18(5): 49-52.

（撰稿：黄官民；审稿：谭伟明）

28-高芸薹素内酯 28-homobrassinolide

属于植物天然内源物质，与植物的亲和度极好，活性远高于其他类芸薹素内酯。可促进植物的健康生长，促进根系发达，增强光合作用，提高作物叶绿素含量，促进作物对肥料的有效吸收，辅助作物劣势部分良好生长。

其他名称 益泉、宝贝威、迪优美、天然芸薹素内酯408、28 高。

化学名称 (22*R*,23*R*,24*S*)-2*α*,3*α*,22,23-四羟基-24-乙基-*B*-高-7-氧杂-5*α*-胆甾-6-酮。

英文名称 (22*R*,23*R*)-2*a*,3*a*,22,23-tetrahydroxy-24-ethyl-beta-homo-7-oxa-5*a*-cholestan-6-one。

IUPAC名称 (1*S*,2*R*,4*R*,5*S*,7*S*,11*S*,12*S*,15*R*,16*S*)-15-[(2*S*,3*R*,4*R*,5*S*)-5-ethyl-3,4-dihydroxy-6-methylheptan-2-yl]-4,5-dihydroxy-2,16-dimethyl-9-oxatetracyclo[9.7.0.0^{2,7}.0^{12,16}]octadecan-8-one。

CAS 登记号 82373-95-3。

分子式 $C_{29}H_{50}O_6$。

相对分子质量 494.70。

结构式

开发单位 江西威敌生物科技有限公司。

理化性质 白色结晶粉。密度 1.141g/cm^3。沸点 633.7℃（101.32kPa）。闪点 202.3℃。熔点 254~256℃。易溶于甲醇、乙醇、氯仿、丙酮等。

毒性 对人畜低毒。大鼠急性经口 LD_{50} > 2000mg/kg，急性经皮 LD_{50} > 2000mg/kg，鱼毒也很低。

剂型 可溶液剂。

作用方式及机理 具有使植物细胞分裂和延长的双重作用，促进细胞分裂和伸长，增加叶片叶绿素含量，增强作物光合作用，打破植物顶端优势，促进侧芽萌发，平衡作物营养生长及生殖生长，促进作物花粉发育和花粉管伸长，提高花粉授精率。苗期可以促根，使根长、根粗、根多；营养期促长，促进作物茎叶生长，促进作物纵向横向平衡生长；繁殖期可保持营养生长及生殖生长平衡，保花保果，促进果实膨大、淀粉合成及糖分转化；增强抗寒、抗旱、抗病性，特别是抗病毒能力增强；可以解除药害。

适用对象 应用于白菜、水稻、烟草、辣椒等，对于各种粮食作物、蔬菜、果树、经济作物、园林花卉均可以促进植物健康生长，进而增产。

使用方法

水稻 可于分蘖期、孕穗期、齐穗期及灌浆期各施药 1 次 0.004% 可溶液剂 1000~1500 倍液喷雾。

白菜 苗期、生长期使用，0.004% 可溶液剂 2000~4000 倍液喷雾，注意喷雾均匀，最好在傍晚使用。

烟草 苗期、团棵期、旺长期各施药 1 次，共 3 次，施药浓度为 0.01% 的可溶液剂 2000~4000 倍液，用水量 450~750L /hm^2。

辣椒 苗期、旺长期、始花期或幼果期各施药 1 次，共 3 次，施药浓度为 0.01% 的可溶液剂 2000~3000 倍液，用水量 450~600L/hm^2。

注意事项 该品为激素类农药调节植物生长，应加强植物营养以便植物能更好地生长。

允许残留量 中国无最大允许残留规定，WHO 无残留规定。

参考文献

闫佳会, 2020. 0.01%28-高芸薹素内酯可溶液剂调节小麦生长田间试验[J]. 青海农林科技(3): 83-85.

杨万基, 蒋欣梅, 高欢, 等, 2018. 28-高芸薹素内酯对低温弱光胁迫辣椒幼苗光合和荧光特性的影响[J]. 南方农业学报, 49(4): 741-747.

（撰稿：黄官民；审稿：谭伟明）

AERU农药性质数据库 AERU Pesticide Properties Database

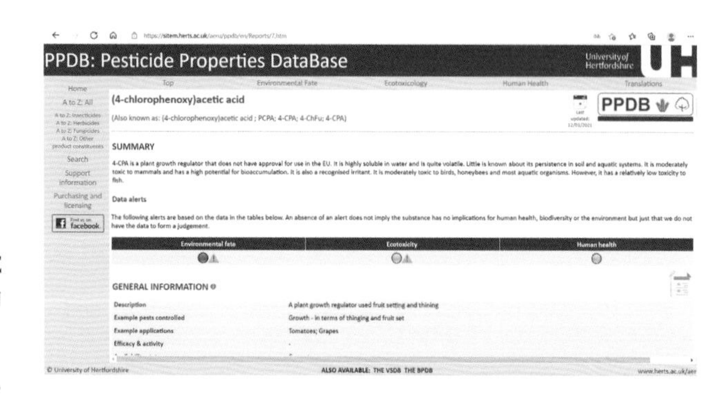

一个综合性的农药数据库，包括农药的化学特性、各种物理化学性质参数、人体健康和生态毒理学数据，以及农药在土壤、水等环境中的降解和代谢信息。该数据库是由英国赫特福德大学农业与环境研究部建立的，旨在为广大用户提供各种农药风险评估和风险管理的技术支持。可以通过物质名称（农药、代谢物或其他材料），别名，CAS 登记号

(如 542-75-6 或 542756),SMILES 或 InChI 进行检索,也可以通过名称的首字母 A-Z 索引进行检索。

网址:https://sitem.herts.ac.uk/aeru/ppdb/en/Reports/7.htm。

(撰稿:杨新玲;审稿:韩书友)

Agrow农化信息网站 Agrow Agribusiness Intelligence Network

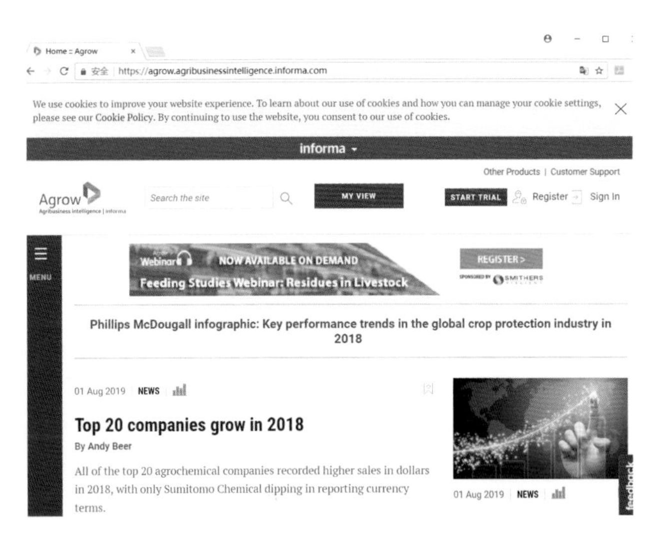

该网站是一个著名的全球作物保护行业新闻分析媒体平台。成立于 1985 年,总部位于英国伦敦。主要报道作物保护及全球农用化学品相关的新闻和信息,包括农药原药/制剂、种子等最新产品信息、贸易信息、行业公司新闻,监管信息及分析、市场分析预测以及生物技术等。

具体网址:https://agrow.agribusinessintelligence.informa.com/。

(撰稿:杨新玲;审稿:韩书友、顾宝根)

Alan Wood农药通用名称数据库 Alan Wood Database for Pesticide Common Names and Classification

该数据库始建于 1996 年,是由 Alan Wood 先生建立的一个专门介绍化学农药 ISO(the International Organization for Standardization)通用名称的数据库,截至 2018 年,该库已包含 1200 余种农药的通用名。除了农药的 ISO 通用名,还可以查询到农药的 IUPAC 系统命名、CAS 名称以及农药的其他名称,也可以通过农药的 CAS 登记号索引、分子式索引、杂原子分子式索引和农药分类等进行检索,查询超过 1800 余种农药和 350 余种酯或盐类衍生物的命名信息。

网址:该数据库于 2021 年整体并入英国作物保护委员会(BCPC)网站,新网址:https://www.bcpc.org/open-access/pest-

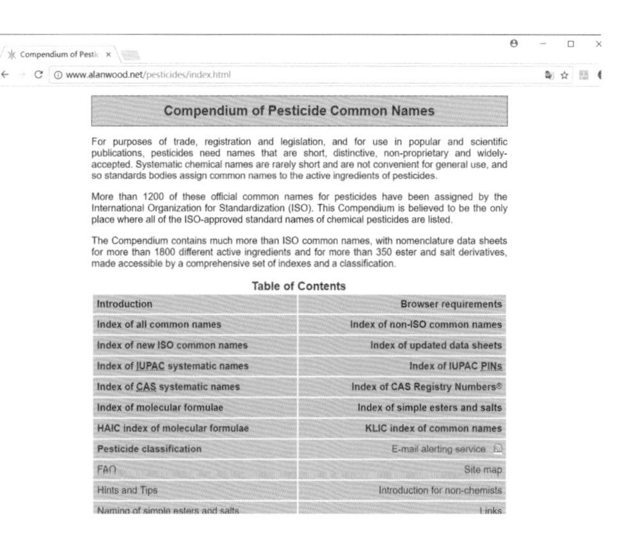

crop-databases。

(撰稿:杨新玲;审稿:韩书友)

ARS农药性质数据库 ARS Pesticide Properties Database

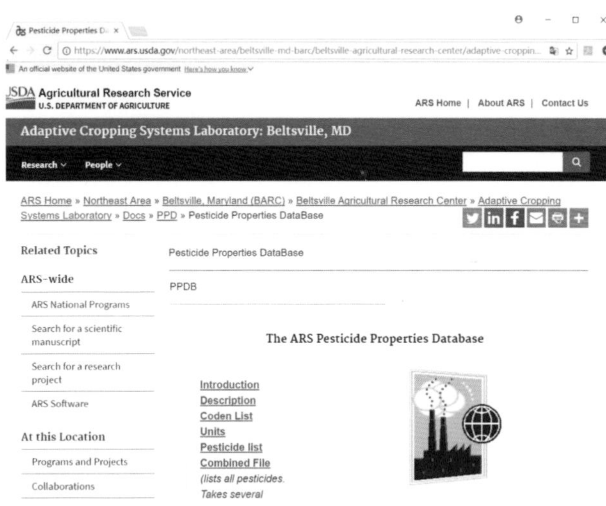

ARS 农药性质数据库(Pesticide Properties Database, PPD)最初是由美国农业部农业研究服务中心为了预测在不同气候和土壤条件下农药在地下和地表水中的迁移情况而建立的数据库,包含有 334 个常用农药的物理和化学性质数据,其中以 16 种最重要的影响农药迁移和降解性能的数据为主,如分子量、物理状态、沸点、熔点、临界分解点、汽化热、水解/光解速率、蒸气压、水溶性、有机溶剂溶解性、Henry 常数、正辛醇/水分配系数、酸度系数、土壤吸附力、消散力场和土壤半衰期。所有农药按通用名的顺序排列,每个农药下除了理化数据外,还有化合物的 CAS 登记号和分子式。所有的数据都经过确认并列出相应的参考文献。

网址:www.ars.usda.gov/northeast-area/beltsville-md-barc/beltsville-agricultural-research-center/adaptive-croppingsystems-laboratory/docs/ppd/pesticide-properties-database/。

（撰稿：杨新玲；审稿：韩书友）

ATP合成酶 ATP synthase, ATPse

一种广泛分布于线粒体内膜、叶绿体类囊体、异养菌和光合菌的质膜上，参与氧化磷酸化和光合磷酸化，在跨膜质子动力势的推动下合成 ATP 的酶。

生理功能 ATP 合成酶作为生物体内氧化磷酸化过程中必不可少的一种关键酶，当电子经呼吸链传递时，需要线粒体复合物Ⅰ、Ⅲ、Ⅳ作为质子泵，将质子从线粒体内膜基质侧（M 侧）泵至膜间隙（胞质侧或 C 侧），从而使膜间隙的质子浓度高于基质，在内膜的两侧形成电化学梯度，当质子顺浓度梯度回流时，ATP 合成酶利用质子流动产生的能量驱动二磷酸腺苷（adenosinediphosphate，ADP）与无机磷（Pi）合成 ATP。

作用药剂 包括有机锡类杀螨剂三唑锡、三环锡、苯丁锡；有机硫类杀螨剂炔螨特；硫脲类化合物丁醚脲等。

杀虫剂作用机制 ATPse 从其结构上可以分为 F1 和 F0 上下两部分，而 ATPse 类杀虫杀螨剂可以特异性和 F0 部分的 8-kDa 蛋白亚基以共价键形式结合，或与 30-kDa 线粒体通道蛋白结合，使 ATPse 无法利用线粒体膜内外质子流动时产生的能量驱动下游反应，从而阻断了 ADP 与 Pi 合成 ATP 的途径。

靶标抗性机制 尚未明确。

相关研究 以 ATP 合成酶作为农药靶标由来已久，如先正达（Syngenta）于 1980 发现的硫脲类化合物丁醚脲，该化合物为一种前体杀虫杀螨剂，在生物体内被氧化代谢为碳化二亚胺而发挥活性，但随着线粒体电子传递链抑制剂（METI）的异军突起，ATPse 抑制剂的使用并不广泛，尚未见靶标突变引起抗药性的报道。

参考文献

ABRAHAMS J P, LESLIE AGW, LUTTER R, et al, 1994. Structure at 2. 8 A resolution of F1-ATPase from bovine heart mitochondria[J]. Nature, 370: 621-628.

BOYER P D, 1997. The ATP synthase—a splendid molecular machine[J]. Annual review of biochemistry, 66: 717-749.

RUDER F J, KAYSER H, 1993. The carbodiimide product of diafenthiuron inhibits mitochondria in vivo[J]. Pesticide biochemistry and physiology, 46: 96-106.

DEKEYSER M A, 2005. Acaricide mode of action[J]. Pest management science, 61: 103-110.

（撰稿：冯楷阳、何林；审稿：杨青）

BCPC农药手册电子版 BCPC Pesticide Manual Online

由英国作物生产委员会（The British Crop Production

Council, BCPC）编制的网上农药手册，是目前世界上最权威、内容最全面的农药品种数据库。该数据库不仅包含最新纸质版《农药手册》（第 19 版）的所有内容，而且还具有先进的搜索引擎和内容更丰富的数据信息，其中包括 10 400 余种产品名称，3100 个停用名和 710 项补充条目。它还包含 Smiles strings。抗性行动委员会定期更新信息，包括来自 JMPR 和 EU 的毒理学评价信息。

该数据库功能强大，不仅内容实时更新，用户界面友好，而且检索便捷、输出功能很强。利用各种索引（产品名称，CAS 登记号，分子式，代码，抗性分类，田间应用，公司，作用靶标和剂型）可以在该数据库进行相关信息检索，也可以自由地进行全文检索；或者结合理化参数开展更强大的高级搜索如 Henry 常数、K_{ow} 值、熔点、分子量、pK_a 值、水溶性、蒸气压，加上产品类别和田间应用，获得更准确的某类信息；也可以通过登记或审批状态，对哺乳动物毒性、蜜蜂毒性进行检索，获得相应农药产品的信息。

该数据库还提供了许多相关数据源的链接地址，为进一步追溯检索提供线索。

网址：https://www.bcpc.org/product/bcpc-online-pesticide-manual-latest-version。

（撰稿：杨新玲；审稿：韩书友）

Bliss法 Bliss method for synergy evaluation

根据 Bliss（1939）的独立联合作用的概念，假如有两种杀虫剂甲和乙，它们对某一种昆虫单独使用时的死亡率分别为 P_1 和 P_2，实际上混用时它们的死亡率并不等于 P_1+P_2，因为 P_1 中可能有一部分也是 P_2 中的一部分，即是说杀虫剂甲能杀死的一部分中也可能有杀虫剂乙所杀死的。因此混用时的理论死亡率为 $P=1-(1-P_1)(1-P_2)$，再以实际死亡率（Me）减去理论死亡率（P）判定药剂混用效果，结果为正值为增效作用，负值为拮抗作用。

适用范围 适用于杀菌剂及杀虫剂混用作用的评价。

主要内容 分别测得杀虫剂单剂的毒力回归线，选择杀死 5%～10% 的剂量。

测定这 2 个剂量混合后的死亡率（即实际死亡率，以 *Me* 表示）。

分别测定每个单剂的实际死亡率，即 P_1 和 P_2。

根据公式求出混用后的理论死亡率（*P*）。

按下式求出增效效果：

$$Me-P=Me-[1-(1-P_1)(1-P_2)]$$

评判标准：结果为正值为增效作用，负值为拮抗作用。

参考文献

陈年春, 1991. 农药生物测定技术[M]. 北京: 北京农业大学出版社.

沈晋良, 2013. 农药生物测定[M]. 北京: 中国农业出版社.

（撰稿：袁静；审稿：陈杰）

Bt毒蛋白受体　Bt toxin protein receptor

指特异性与 Bt 毒蛋白结合的受体蛋白，主要包括氨肽酶和钙黏蛋白。

生理功能　Bt 毒蛋白在昆虫中肠分解成具有杀虫活性的 Bt 毒素单体，Bt 毒素单体和第一受体氨基肽酶 N 结合后，经进一步的切割修饰形成四聚体后与第二受体钙黏蛋白相结合。其中氨基肽酶 N 的主要功能是水解蛋白或多肽 N 末端的中性氨基酸，而钙黏蛋白则通过与胞内结构蛋白相互作用，调节和控制细胞的活动，进而控制生物的发育、组织形态的形成等。在中枢神经系统中钙黏蛋白可调控神经元生长、调节轴突和树突生长、分枝。

作用药剂　苏云金杆菌。

杀虫剂作用机制　昆虫摄入 Bt 蛋白后，蛋白在虫体中肠的碱性环境下被中肠蛋白酶水解为有活性的毒素单体，毒素单体与碱性磷酸酶（alkaline phosphorylase，ALP）和氨肽酶 N（aminopeptidaes，APN）结合，然后逐渐向细胞膜靠近。之后，毒素单体与钙黏蛋白（cadherin）受体高亲和力互作，诱导毒素的 N 末端和结构域 1 的 α-1 螺旋蛋白水解性裂解，裂解后的 Bt 毒素进行寡聚化，Bt 毒素的寡聚体与 ALP 和 APN 受体高亲和力结合，插入细胞膜中，在昆虫的肠道细胞上产生穿孔、溶解，使虫体产生渗透性休克进而引起虫体死亡。

靶标抗性机制　害虫对 Bt 毒蛋白产生靶标抗性的主要机制是害虫中肠 Bt 水解蛋白数量降低，减少了 Bt 毒素单体的形成。同时，Bt 毒素单体靶标蛋白的突变导致其与 Bt 的结合能力下降。

相关研究　Bt 的杀虫谱主要包括鳞翅目、鞘翅目、双翅目及线虫在内的多种农业害虫，且都具有良好的控制作用。Bt 晶体蛋白含有一个典型的 C- 末端片段，它只有在昆虫中肠特殊的 pH 条件下才能溶解，在敏感昆虫的肠道内溶解后以单体的形式释放，通过自由扩散与细胞膜上的特定受体结合，发挥其杀虫剂作用。

害虫对 Bt 毒蛋白产生靶标抗性的原因包括两个方面：一是 Bt 毒蛋白的水解酶含量降低，毒素单体的生成减少；另一方面是 Bt 毒素单体结合蛋白基因突变，结合能力下降。如棉铃虫钙黏蛋白 D172G 突变后蛋白不能运输 Bt 毒素达到细胞膜；其他的鳞翅目昆虫钙黏蛋白突变 T103I，E576K，F1525L 则会减低蛋白与 Bt 毒素的亲和力，使其无法发挥杀虫作用。

参考文献

AROIAN R, VAN F G, 2007. Pore-forming toxins and cellular non-immune defenses (CNIDs) [J]. Current opinion in microbiology, 10: 57-61.

BRAVO A, GILL S S, SOBERON M, 2007. Mode of action of *Bacillus thuringiensis* Cry and Cyt toxins and their potential for insect control[J]. Toxicon, 49: 423-435.

PENG X, ISLAM M, XIAO Y, et al, 2016. Expression of recombinant and mosaic cry1ac receptors from *Helicoverpa armigera*, and their influences on the cytotoxicity of activated cry1ac to *Spodoptera litura*, sl-hp cells[J]. Cytotechnology, 68: 481-496.

XIAO Y, DAI Q, HU R, et al, 2017. A single point mutation resulting in cadherin mislocalization underpins resistance against *Bacillus thuringiensis* toxin in cotton bollworm[J]. Journal of biological chemistry, 292: 2933-2943.

YANG Y, CHEN H, WU Y, et al, 2007. Mutated cadherin alleles from a field population of *Helicoverpa armigera* confer resistance to *Bacillus thuringiensis toxin cry1ac*[J]. Applied & environmental microbiology, 73: 6939-6944.

ZHAO J, JIN L, YANG Y, et al, 2010. Diverse cadherin mutations conferring resistance to *Bacillus thuringiensis* toxin cry1ac in *Helicoverpa armigera*[J]. Insect biochemistry and molecular biology, 40: 113-118.

（撰稿：徐志峰、何林；审稿：杨青）

Colby法　Colby method for herbicide synergy evaluation

通过先测定单剂及混剂对靶标杂草的存活率，再通过单剂的实测存活率计算出混剂的理论存活率，将其与混剂的实测存活率相比较来确定联合作用类型的除草剂混配评价方法。

适用范围　Colby 法是评价除草剂混用效果的快速而实用的方法，尤其适合评价 2 种以上除草剂混用的联合作用类型，明确配比的科学合理性。

主要内容

除草活性测定试验　选择敏感、易培养的杂草为供试靶标，设置 2 个单剂剂量和各剂量混配处理。药剂处理后放入温室统一培养，于药效完全发挥时进行结果调查，可以按试验要求测定试材出苗数、根长、株高、鲜重等具体的定量指标，通过下列公式计算存活率；也可以对植物受害症状及程度进行综合目测法评价。获得的存活率数据用于混配作用评价。

$$存活率 = \frac{处理的生物量}{对照的生物量} \times 100\%$$

混配作用评价　当两种除草剂混用时，Colby 法其理论防效计算公式：

$$E_0 = XY/100$$

式中，E_0 为单剂 A 与 B 混用后的理论存活率。

设 E 为 A、B 混用后实测的杂草存活率。若 E 明显小于 E_0，则为增效作用；E 与 E_0 接近，则为相加作用；E 明显大于 E_0，则为拮抗作用。当 3 种或 3 种以上除草剂混用时，Colby 法理论防效计算公式为：

$$E_0 = 100 - X \times Y \times Z \cdots n/100^{(n-1)}$$

（注：分母为 $100^{(n-1)}$，n 为混配除草剂品种数量）。

式中，X 为用量为 P 时 A 的杂草存活率；Y 为用量为 Q 时 B 的杂草存活率；E_0 为用量为（P+Q）时 A+B 的理论杂草存活率；E 为表示各处理的实际杂草存活率。

当 $E_0-E > 5\%$ 时，说明产生增效作用；当 $E_0-E < -5\%$ 时，说明产生拮抗作用；当 E_0-E 值介于 ±5% 时，说明产生加成作用。

注意事项及影响因素　Colby 法是通过测定各处理的存活率来作为计算依据的，如结果测定时采用目测法评价（目测法一般评价抑制率），需要将抑制率转换为存活率后进行数据处理。

参考文献

高爽，赵平，2007. 除草剂混用及其药效评价方法[J]. 农药，46(9): 633-634.

NY/T 1155. 7—2007 农药室内生物测定试验准则 除草剂 第7部分：混配的联合作用测定.

（撰稿：徐小燕；审稿：陈杰）

EPA农药事实文件数据库　EPA Pesticide Fact Sheets

美国环境保护局（EPA）农药部编辑的“农药事实文件数据库（Pesticide Fact Sheets）”，包含 3 种资源，即健康和安全数据库（Health and Safety Fact Sheets）、管理数据库（Regulatory Action Fact Sheets）及特殊化学品数据库（Specific Chemical Fact Sheets）。其中的特殊化学品数据库包含“新活性成分（New Active Ingredients）”“生物农药（Biopesticide Fact Sheets）”“再登记农药（Re-registration Fact Sheets）”3 种信息，可直接用农药名称或关键词进行检索。亦可点击任一种“新活性成分”获得有关该物质 PDF 格式文件信息，内容涉及该农药的化学描述、理化性质、使用方式和剂型、登记情况、毒理毒性数据、环境归趋、对人类健康的风险评估等，资料非常翔实。

网址：https://www.epa.gov/safepestcontrol/search-registered-pesticide-products。

（撰稿：杨新玲；审稿：韩书友）

EXTOXNET农药毒性数据库　EXTOXNET Pesticides Toxicology Database

EXTOXNET 农药毒性数据库最早建于 1989 年，是在美国农业部（USDA）和环保局（EPA）资助和支持下，由康奈尔大学、密歇根州立大学、加州大学戴维斯分校和俄勒冈州立大学 4 所高校联合建立，可通过农药名称进行检索，获得农药的急性毒性、亚慢性毒性、生态毒性（主要涉及农药对鱼、鸟、昆虫、两栖动物、野生哺乳动物、植物和非脊椎动物的毒性影响）、环境归趋等信息，从该数据库搜到的结果与来自 EPA 等机构的数据一致。该数据库按农药种类又分为生物农药（包括微生物源、植物源和生物化学农药）及生物控制剂、杀虫剂和杀螨剂、杀真菌剂和

杀线虫剂、除草剂和生长调节剂及除湿剂、杀鼠剂和驱避剂及脊椎动物用农药、其他农药（包括抗生素、引诱剂、杀细菌剂、消毒剂等农药）、熏蒸剂、木材防腐剂、惰性成分9个子库。

网址：http://pmep.cce.cornell.edu/profiles/extoxnet/。另外也可以通过网址：http://extoxnet.orst.edu/ghindex.html 获得相关信息。

（撰稿：杨新玲；审稿：韩书友）

FAO有害生物与农药管理网站 FAO Network for Pest and Pesticide Management

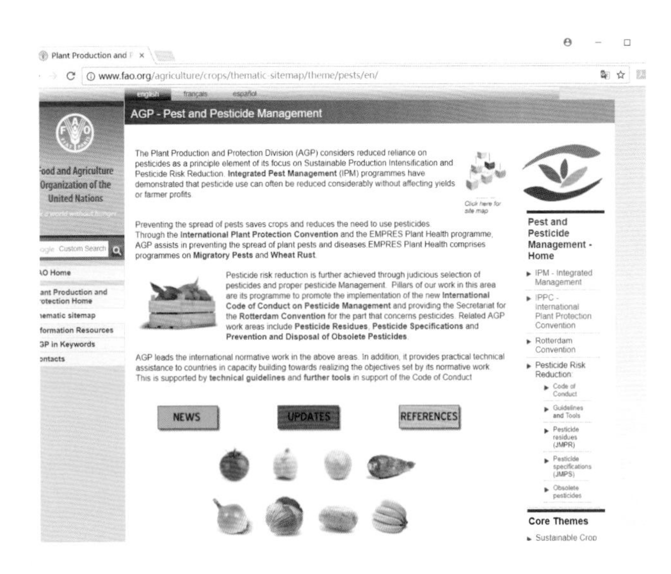

该网站由联合国粮食及农业组织农药管理和植保部门建立的农药管理和IPM信息平台。主要介绍FAO农药管理动态，发布国际农药管理法规、政策、准则和标准。通过该网站可查询农药管理的技术准则、产品质量和残留国际标准，其农药登记工具箱可以查询具体产品在各国登记状况、技术参数等技术资料；还可以查询IPM和农民培训等信息。

具体网址：http://www.fao.org/agriculture/crops/thematic-sitemap/theme/pests/en/。

（撰稿：顾宝根；审稿：杨新玲）

Finney法 Finney method for synergy evaluation

Finney（1952）在Bliss模型基础上提出了“混剂理论毒力倒数值”的观点，是分别测定混合物中各化学物质的LC_{50}，按等毒效应剂量预测混合物的LC_{50}，计算增效系数，评价混用效果。

适用范围 适用于杀菌剂及杀虫剂混用作用的评价。

主要内容

计算方法如下：

$$\frac{1}{\text{混剂理论毒力}\,LC_{50}}=\frac{a}{LC_{50}(A)}+\frac{b}{LC_{50}(B)}$$

式中，a为混剂中A的百分含量（%）；b为混剂中B的百分含量（%）；LC_{50}（A）为混剂中A的LC_{50}值（mg/L）；LC_{50}（B）为混剂中B的LC_{50}值（mg/L）。

$$\text{增效系数}=\frac{\text{混剂理论毒力}\,LC_{50}}{\text{混剂实测毒力}\,LC_{50}}$$

评判标准：增效系数> 2.6，为增效作用；0.5 ≤增效系数≤ 2.6，为相加作用；增效系数< 0.5，为拮抗作用。

参考文献

陈年春, 1991. 农药生物测定技术[M]. 北京: 北京农业大学出版社.

沈晋良, 2013. 农药生物测定[M]. 北京: 中国农业出版社.

（撰稿：袁静；审稿：陈杰）

FRAC杀菌剂抗性网站 FRAC Website for Fungicide Resistance

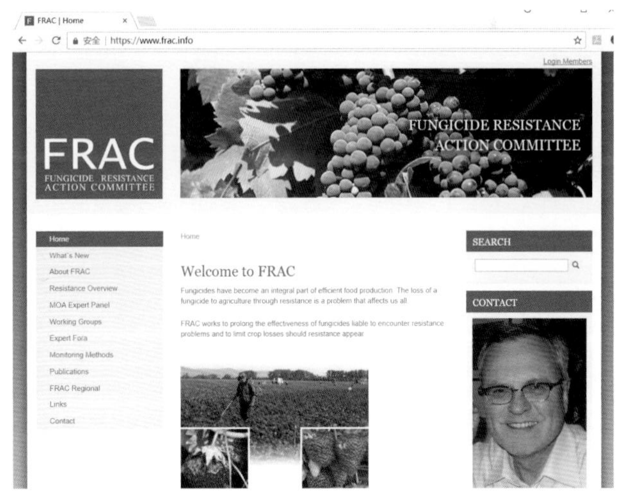

FRAC（The Fungicide Resistance Action Committee，杀菌剂抗性行动委员会）起源于1980年，目前隶属于CropLife国际公司，主要致力于杀菌剂抗性管理，通过延长易产生抗性杀菌剂的防效，从而防止作物因抗性产生的损失。网站主要介绍杀菌剂抗性发展动态、杀菌剂作用机制及相关出版物等信息。

具体网址：http://www.frac.info/。

（撰稿：杨新玲；审稿：韩书友、顾宝根）

Gowing法 Gowing method for herbicide synergy evaluation

首先测定除草剂单剂及混剂对靶标杂草的防效，再通过单剂的实测防效计算出混剂的理论防效，将其与混剂的实测防效相比较来确定联合作用类型的除草剂混配评价方法。

适用范围　适用于评价两个杀草谱互补型除草剂二元混剂配方的联合作用类型，但仅能对两种除草剂的混用配比进行合理性评价，不能得出具体配方。

主要内容　除草活性测定试验选择敏感、易培养的杂草为供试靶标，设置2个单剂剂量和各剂量混配处理。药剂处理后放入温室统一培养，于药效完全发挥时进行结果调查，可以按试验要求测定试材出苗数、根长、株高、鲜重等具体的定量指标，计算生长抑制率；也可以对植物受害症状及程度进行综合目测法评价。获得的除草活性数据用于混配作用评价。

混配作用评价公式：

$$E_0 = X+Y(100-X)/100$$

式中，X为用量为P时A的除草活性；Y为用量为Q时B的除草活性；E_0为用量为（P+Q）时A+B的理论防效；E为各处理的实测防效。

当$E-E_0>5\%$时，说明混配产生增效作用；当$E-E_0<-5\%$时，说明混配产生拮抗作用；当$E-E_0$值介于±5%时，说明混配产生加成作用。

该方法主要用于两元除草剂的混用评价，试验设计和数据处理简单，但仅能验证配比的合理性，不能筛选具体配方。

参考文献

高爽, 赵平, 2007. 除草剂混用及其药效评价方法[J]. 农药, 46(9): 633-634.

徐小燕, 陈杰, 台文俊, 等, 2007. 两种除草剂复配评价方法的研究[J]. 杂草学报 (2): 27-30.

NY/T 1155. 7—2007 农药室内生物测定试验准则 除草剂 第7部分: 混配的联合作用测定.

（撰稿：徐小燕；审稿：陈杰）

HRAC除草剂抗性网站　HRAC Website for Herbicide Resistance

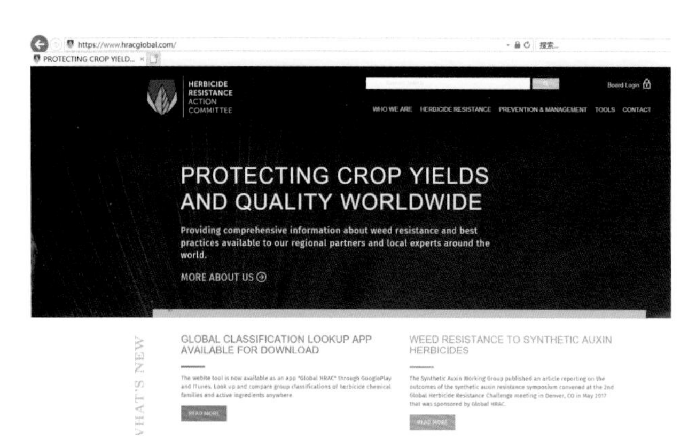

HRAC（The Global Herbicide Resistance Action Committee，除草剂抗性行动委员会），由来自农药工业界成员创立的国际组织，主要致力于除草剂抗性管理，通过治理对除草剂有抗性的杂草来保护全球作物的产量和质量。网站主要介绍除草剂抗性新闻、抗性杂草、除草剂作用机制及分类等信息。

具体网址：http://www.hracglobal.com/。

（撰稿：杨新玲；审稿：韩书友、顾宝根）

IPCS INCHEM农药安全评价数据库　IPCS INCHEM Pesticides Safety Database

IPCS INCHEM是一个关于化学品安全和健康管理的数据库。由化学品安全国际项目（the International Programme on Chemical Safety，IPCS）和加拿大职业健康与安全中心（the Canadian Centre for Occupational Health and Safety，CCOHS）合作建立。数据库包含各类化学品的安全信息，如国际化学品简明评价文档（CICADS）、环境卫生标准（EHC）专著、健康和安全指南（HSGS）、国际癌症研究机构（IARC）-总结和评价、国际化学品安全卡（ICSCs）、IPC / CEC解毒剂系列评价，食品添加剂联合专家委员会（JECFA）-专著及评价、农药残留联席会议（JMPR）-专著及评价、毒物信息专著（PIMS）及英国毒物信息文件（UKPID）等。其检索方式有两种：一种是全文检索，一种是化合物特征检索（包括CAS登记号和名称检索）。

网址：http://www.inchem.org。

（撰稿：杨新玲；审稿：韩书友）

IRAC杀虫剂抗性网站　IRAC Website for Insecticide Resistance

IRAC（The Insecticide Resistance Action Committee，杀

虫剂抗性行动委员会）成立于1984年，旨在通过专业协作来防止或延缓昆虫和螨类的抗性发展。网站主要介绍杀虫剂抗性新闻、杀虫剂作用机制、杀虫剂抗性数据库、害虫数据库、作物数据库以及抗性检测方法等资源信息。

具体网址：http://www.irac-online.org/。

（撰稿：杨新玲；审稿：韩书友、顾宝根）

IUPAC农药门户网站　IUPAC Website for Pesticide

该网站由国际纯粹与应用化学联合会（International Union of Pure and Applied Chemistry, IUPAC）作物化学保护分会主办，主要介绍农药基本知识、农药管理、农药残留、农药风险评估及相关农药网站链接等信息。其中的FOOTPRINT是一个农药性质数据库（PPDB），包含650种农药活性成分和200种代谢物的基本理化性质、生态毒理学和毒性数据。

具体网址：http://agrochemicals.iupac.org 或 http://pesticides.iupac.org。

（撰稿：杨新玲；审稿：顾宝根、韩书友）

N-乙酰己糖胺酶　*N*-acetylglucosaminidase

乙酰己糖胺代谢过程中一个重要的酶，其可水解位于寡糖及糖复合物非还原端以*β*糖苷键连接的*N*-乙酰己糖胺。

生理功能　*N*-乙酰己糖胺是存在于昆虫体内的葡萄糖单糖衍生物，能够通过*β*-1,4糖苷键形成直链线性高聚物几丁质，同时还是肽聚糖和透明质酸等多糖的重要组成成分，并参与了糖蛋白、蛋白聚糖和糖胺聚糖的组成。*β*-*N*-乙酰己糖胺酶在*N*-乙酰己糖胺代谢过程发挥关键作用，主要通过参与昆虫体内乙酰己糖胺代谢从而调控多个生理过程，包括表皮几丁质水解、蛋白质N糖基化修饰、糖复合物水解及精卵识别等。

作用药剂　*N*-乙酰己糖胺酶的抑制剂，如TMG-chitotriomycin及其衍生物，NAG-thiazoline（NGT）及其衍生物和PUGNAc等。

杀虫剂作用机制　*N*-乙酰己糖胺酶抑制剂通过和*N*-乙酰己糖胺酶的活性位点和相应部位的氨基酸结合抑制其活性，从而影响昆虫的蜕皮和其他重要生理过程，起到防治害虫的作用。

靶标抗性机制　尚未有明确的报道。

相关研究　昆虫糖基水解酶20家族*β*-*N*-乙酰己糖胺酶在昆虫体内由多个基因编码，进化分析表明这些基因分别属于4个分支，形成4种不同的*β*-*N*-乙酰己糖胺酶。为了对其区分，将这个分支上的酶分别称为Hex1、Hex2、Hex3和Hex4。研究表明Hex1类的*N*-乙酰己糖胺酶是昆虫蜕皮液中几丁质水解酶“211”组合中的一员，利用RNAi干扰该酶的表达会导致昆虫蜕皮异常而死亡。正是由于*β*-*N*-乙酰己糖胺酶在昆虫发育和蜕皮过程中发挥着重要作用，使其成为杀虫剂研制的一个重要靶标。目前已开发出一系列的*β*-*N*-乙酰己糖胺酶抑制剂。如1991年，Horsch等得到了一种可以广泛抑制动物、植物和真菌*β*-*N*-乙酰己糖胺酶的广谱抑制剂PUGNAc；1996年，Knapp等得到了*β*-*N*-乙酰己糖胺酶抑制剂NGT，NGT由吡喃糖环和噻唑啉环两部分组成，模拟了底物辅助保留机制催化过程中的噁唑啉反应中间体。2008年，Usuki等从环圈链霉菌培养物中得到了一种*β*-*N*-乙酰己糖胺酶抑制剂，TMG-chitotriomycin，TMG-chitotriomycin是一个假四糖结构的底物类似物，由3个*β*-1,4-糖苷键连接的*N*-乙酰-D-氨基葡萄糖与1个非还原端的*β*-1,4-糖苷键连接的*N*,*N*,*N*-三甲基葡萄糖胺共同组成。

参考文献

CANTAREL B L, COUTINHO P M, RANCUREL C, et al, 2009. The Carbohydrate-Active EnZymes database (CAZy): an expert resource for glycogenomics[J]. Nucleic acids research, 37: 233-238.

HORSCH M, HOESCH L, VASELLA A, et al, 1991. N-Acetylglucosaminono-1, 5-lactone oxime and the corresponding (phenylcarbamoyl) oxime[J]. FEBS journal, 197: 815-818.

KNAPP S, VOCADLO D, GAO Z, et al, 1996. NAG-thiazoline, an N-acetyl-*β*-hexosaminidase inhibitor that implicates acetamido participation[J]. Journal of the American Chemical Society, 118: 6804-6805.

LIU T, ZHANG H, LIU F, et al, 2011. Structural determinants of an insect *β*-N-acetyl-D-hexosaminidase specialized as a chitinolytic enzyme[J]. Journal of biological chemistry, 286: 4049-4058.

USUKI H, NITODA T, ICHIKAWA M, et al, 2008. TMG-chitotriomycin, an enzyme inhibitor specific for insect and fungal *β*-N-acetylglucosaminidases, produced by actinomycete *Streptomyces anulatus* NBRC 13369[J]. Journal of the American Chemical Society, 130: 4146-4152.

（撰稿：张一超、何林；审稿：杨青）

OPP农药生态毒性数据库 OPP Pesticide Ecotoxicity Database

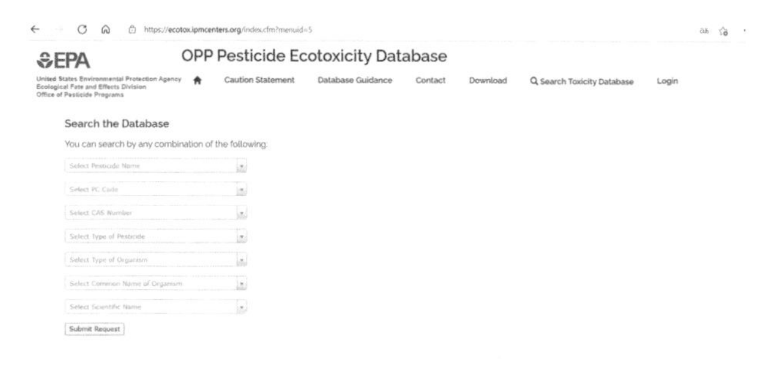

该数据库最早建于1991年，由美国环境保护局（USEPA）农药部下属的生态归趋和影响处负责更新，涵盖通过EPA审核的所有在美国当前和已经登记过的农药的生态毒性数据，涉及1000余个农药活性成分、代谢物和多组分配方。该数据库目前包含33 000余条急性和亚慢性毒性记录，涉及的生物有陆地和水生植物、水生无脊椎动物、陆生无脊椎动物、昆虫、两栖动物、鱼类、鸟类、爬行动物、哺乳动物和野生动物。

网址：http://ecotox.ipmcenters.org。

（撰稿：杨新玲；审稿：韩书友）

PAN 农药数据库 PAN Pesticides Database

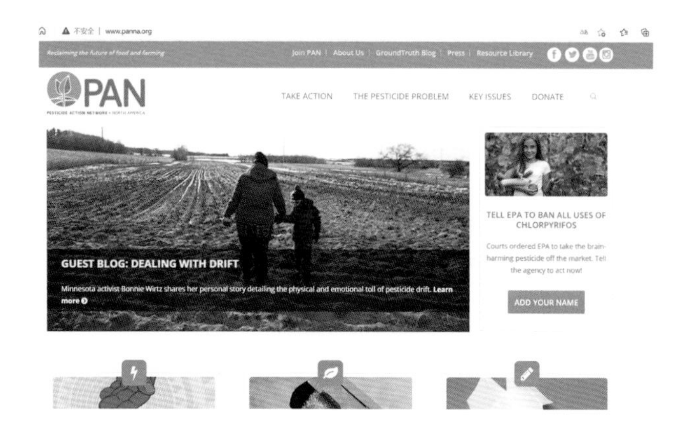

由世界农药行动网（Pesticide Action Network International）提供的农药专业数据库，该库包含6400余种农药活性成分和它们的代谢物以及农药产品中的助剂和溶剂的相关信息如哺乳动物毒性（急性和亚慢性）、生态毒性和监管信息。这些信息来源丰富，如该库中的农药活性成分数据与美国EPA的产品数据库数据共享，并提供数据源的引用文献链接，或者从网页的侧边栏目菜单里查询。

网址：http://www.pesticideinfo.org/。

（撰稿：杨新玲；审稿：韩书友）

Phillips McDougall农药战略咨询网站 Phillips McDougall Website for Pesticide Strategy Consulting

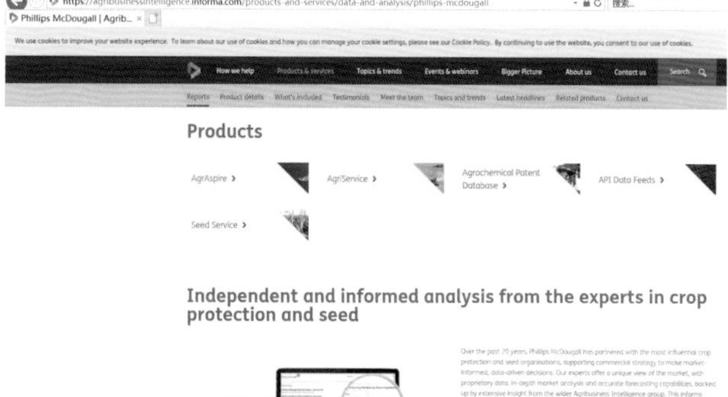

Phillips McDougall成立于1999年，旨在提供独立、准确和详细的农药及种子行业数据和分析。其信息产品主要包括AgriService全球农药行业报告、Seed Service全球种业行业报告、AgrAspire全球农药市场数据库、Agrochemical Patent Database全球农药创新专利数据库，AgreWorld农药行业新闻和GM Seed全球转基因种业数据库等。通过将全球行业分析与基础市场研究相结合，为农药工业、转基因种业及相关领域提供专业咨询服务及行业深度数据报告。2019年7月，Phillips McDougall并入全球最大的咨询公司IHS Markit，相关的信息产品和服务经整合并更名，可使用户更清楚地了解每项服务所提供的信息，并与广义的作物科学名称集相一致。如AgrAspirer更名为Agrochemical Market Data（农用化学品市场数据），AgriService更名为Agrochemical Market Analysis（农用化学品市场分析），Seed Service更名为Seed Market Analysis（种子市场分析），AgreWorld更名为Market Briefings（市场简报），AgriFutura更名为Featured Insight（特别洞察），Agrochemical Patent Database更名为Patent Data（专利数据），Biologicals Database更名为Biologicals Market Data（生物制品市场数据）。

具体网址：https://phillipsmcdougall.agribusiness.ihsmarkit.com或者https://ihsmarkit.com/products/agribusiness-crop-science.html

（撰稿：杨新玲；审稿：顾宝根、韩书友）

pH调节剂 pH conditioning agent

为调节农药制剂的pH而添加的酸性、碱性或具有酸碱缓冲作用的物质。常见的农药用pH调节剂有柠檬酸、酒石酸、碳酸氢钠、氢氧化钠、三乙醇胺等。

作用原理 pH是指溶液中氢离子浓度指数，表示溶液酸性或碱性的程度。在25℃时，纯水的pH为7，一般称pH小于7的溶液为酸性溶液，pH大于7的溶液为碱性溶液。酸性或碱性物质及具有酸碱缓冲作用的盐在水中溶解后能够释放出氢离子或氢氧根离子，因此能够调节体系的 pH。

分类与主要品种 pH 调节剂可以分为酸性调节剂和碱性调节剂，分别可以将体系的 pH 调节为酸性和碱性。常见的酸或碱都可以作为 pH 调节剂使用，如，盐酸、硫酸、硝酸、碳酸、磷酸、甲酸、乙酸、柠檬酸、酒石酸、苯甲酸等可以调节体系的 pH 至酸性范围，而氢氧化钠、碳酸钠、碳酸氢钠、三乙醇胺等通常可用来调节体系的 pH 至碱性。

使用要求 农药制剂加工用的 pH 调节剂不能与有效成分或体系其他组分产生化学反应，一般不用具有强氧化性或还原性的酸或碱。

应用技术 pH 调节剂在农药制剂加工中应用比较普遍，其添加与否主要是根据所加工的农药有效成分的稳定性需求所决定的，因此在各种剂型中都可能用到 pH 调节剂。pH 调节剂在配方中的用量一般不大，对于非酸碱缓冲体系，通常添加量不超过 1%。pH 调节剂一般在制剂加工过程中直接加入；对于某些水基性制剂，也可在制剂加工后另外加入。

参考文献

林宣益, 2010. pH调节剂的使用现状和发展趋势[J]. 中国涂料, 25(10): 12-14, 30.

刘广文, 2013. 现代农药剂型加工技术[M]. 北京: 化学工业出版社.

（撰稿：张鹏；审稿：张宗俭）

防治对象 可用于油菜、萝卜、卷心菜、番茄等蔬菜，西瓜、花生、芝麻、棉花等作物田防除稗草、马唐、牛筋草、看麦娘、早熟禾等禾本科杂草，繁缕、苋、雀舌草等阔叶杂草。

使用方法 土壤处理，作用剂量为 250~500g/hm^2（有效成分）。一般在作物移栽前半天或一天施药，直播作物于播后苗前施药，均喷于土表。当气温高、杂草密度不太高时，宜用低剂量。

注意事项 见敌草胺。对已出土的杂草防效差，施药前应对已出土的杂草予以清除。干旱条件下使用，应进行浇水，以保证药效。该产品有毒，对皮肤、眼睛有刺激作用。施药时应佩戴口罩，穿防护服。如果溅入眼中或沾湿皮肤，应用清水冲洗 15 分钟以上。土壤湿度是药效发挥的关键因素，施药后 5~7 天内如遇天气干燥，应采取人工措施，保持土壤湿润，如连续阴雨，应采取排涝措施。施药适期在杂草出苗前，最迟不超过 1 叶期。在高温季节、高温地区、干旱无灌溉条件下不宜用药。对胡萝卜、芹菜易产生药害。

与其他药剂的混用 见敌草胺。

参考文献

刘长令, 2000. 世界农药大全: 除草剂卷[M]. 北京: 化学工业出版社: 242-244.

（撰稿：王红学；审稿：耿贺利）

R-左旋萘丙酰草胺 *R* (-)-napropamide

一种芳氧酰胺类选择性除草剂。

其他名称 左旋敌草胺、麦平、(-)-Napropamide、(*R*)-Devrinol、(*R*)-Napropamide。

化学名称 propanamide,*N*,*N*-diethyl-2-(1-naphthalenyloxy)-, (2*R*)。

IUPAC 名称 *N*,*N*-diethyl-2-(1-naphthalenyloxy)-, (2*R*)-propanamide。

CAS 登记号 41643-35-0。

分子式 $C_{17}H_{21}NO_2$。

相对分子质量 271.35。

结构式

开发单位 斯道夫化学公司（现先正达公司）。

理化性质 纯品为无色晶体。$[\alpha]_D^{20}=-121.35°$。熔点 90~92℃。

毒性 见敌草胺。

剂型 50% 悬浮剂，颗粒剂，可湿性粉剂，乳油。

作用方式及机理 细胞分裂抑制剂，(*R*)(-) 异构体对某些杂草活性是 (*S*)(+) 异构体的 8 倍，是消旋体的约 4 倍。

S-生物烯丙菊酯 *S*-bioallethrin

一种拟除虫菊酯类杀虫剂。

其他名称 富右旋反式烯丙菊酯、赐百宁、生物烯丙菊酯。

化学名称 (*S*)-3-烯丙基-2-甲基-4-氧代环戊-2-烯基 (1*R*,3*R*)-2,2-二甲基-3-(2-甲基丙-1-烯基)环丙烷羧酸酯。

IUPAC 名称 (*S*)-3-allyl-2-methyl-4-oxocyclopent-2-en-1-yl(1*R*,3*R*)-2,2-dimethyl-3-(2-methylprop-1-en-1-yl)cyclopropane-1-carboxylate。

CAS 登记号 28434-00-6。

EC 号 249-013-5。

分子式 $C_{19}H_{26}O_3$。

相对分子质量 302.41。

结构式

开发单位 1987 年由江苏省农药研究所合成，1992 年通过中试技术鉴定。

理化性质 黄色黏稠液体，熔点＜-40℃，闪点 113℃（闭杯法），蒸气压 44mPa（25℃），相对密度 1.012（20~25℃），Henry 常数 1Pa·m^3/mol，K_{ow}lg$P$ 4.68。水中溶解度（mg/L，20~25℃）4.6。比旋光度 $[\alpha]_D^{20}$-47.5°~-55°（c = 5,

甲苯)。稳定性：紫外光照射下分解。

毒性 大鼠急性经口 LD_{50} 753mg/kg（雄、雌）。大鼠急性经皮 LD_{50} ＞ 2500mg/kg。急性吸入 LC_{50} ＞ 50mg/L 空气。对兔眼睛无刺激性，对动物皮肤亦无刺激性。

剂型 防蛀蛾带（每条 10cm × 10cm，含有效成分 0.5g），加压喷射剂。

作用方式及机理 在常温下具有很高的蒸气压，对昆虫致死活性高，且有拒避作用。对袋谷蛾的杀伤力可与敌敌畏相当，且对多种皮蠹科甲虫有突出的阻止取食作用。其杀虫毒力也和右旋丙烯菊酯一样。

防治对象 蚊蝇、谷蛾、皮蠹等。

使用方法 可作为加热或不加热熏蒸剂用于家庭或禽舍防治蚊蝇等害虫；或以防蛀蛾带代替樟脑丸悬挂于密闭空间或衣柜中，防治危害织物的谷蛾科和皮蠹科害虫。一般在 $0.7m^3$ 西装柜中悬挂防蛀蛾带 2 条，能有效杀死袋谷蛾的初龄幼虫和卵，防效可达半年之久。加工成不含溶剂的加压喷射液，在图书馆、标本室、博物馆等室内喷射，可以保护书籍、文物、标本等不受虫害。

注意事项 必须储藏在密闭容器中，放置在低温和通风良好的房内，防止受热，勿受日光照射。在室内使用加压喷射剂喷雾时，采取一般防护。

允许残留量 进入哺乳动物体内后能迅速排出，不会在组织内积累，在体内极易分解。它在水中的光分解半衰期为 2～5 小时，避光下为 11～15 天，在土壤中半衰期为 4 天，故不会在环境中长期残留。

参考文献

马克比恩 C, 2015. 农药手册[M]. 胡笑形, 等译. 北京: 化学工业出版社: 96-98.

朱永和, 王振荣, 李布青, 2006. 农药大典[M]. 北京: 中国三峡出版社: 209.

TURNER J A, 2015.The pesticide manual: a world compendium [M]. 17th ed. UK: BCPC: 110-111.

（撰稿：陈洋；审稿：吴剑）

S-诱抗素 S-abscisic acid

一种植物内源激素脱落酸，可通过微生物发酵生产，具有天然脱落酸的功能。S- 诱抗素微毒、广谱、高活性，能促进作物生根、果实着色，也能提高作物抵抗干旱等抗逆能力，可广泛用于多种农作物。

其他名称 诱抗素（脱落酸）。

化学名称 [*S*-(*Z*,*E*)]-5-(1′羟基-2′,6′,6′-三甲基-4′-氧代-2′-环己烯-1′-基)-3-甲基-2-顺,4-反戊二酸。

IUPAC 名称 (2*Z*,4*E*)-5-[(1*S*)-1-hydroxy-2,6,6-trimethyl-4-oxocyclohex-2-en-1yl]-3-methylpenta-2,4-dienoic acid。

CAS 登记号 21293-29-8。

EC 号 244-319-5。

分子式 $C_{15}H_{20}O_4$。

相对分子质量 264.32。

结构式

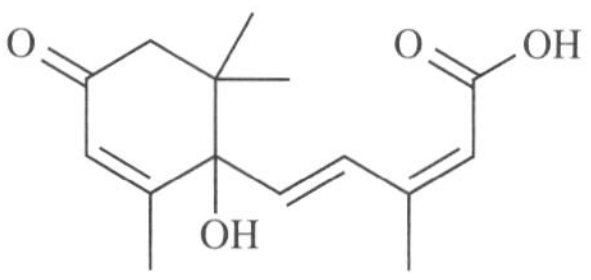

开发单位 1978 年 F. Kienzl 等首先人工合成；四川龙蟒福生科技有限责任公司首先实现了发酵工业化生产。

理化性质 天然发酵诱抗素为（+）-2- 顺 ,4- 反诱抗素，其生物活性最高。从乙酸乙酯 / 正己烷中所得诱抗素的结晶体，其熔点为 160～163℃（分解）。诱抗素溶于碳酸氢钠、乙醇、甲醇、氯仿、丙酮、乙酸乙酯、乙醚、三氯甲烷，微溶于水（1～3g/L，20℃）。最大紫外吸收峰为 252nm。诱抗素稳定性较好，常温下可放置两年，但对光敏感，属于强光分解化合物。

毒性 诱抗素为植物体内的天然物质，大鼠急性经口 LD_{50} ＞ 2500mg/kg。对生物和环境无副作用。

剂型 5%、10% 可溶液剂，0.006%、0.1%、0.25%、0.03%、5% 水剂，1%、10% 可溶粉剂，5% 可溶粒剂。

作用方式及机理 S- 诱抗素能诱导植物增强光合作用和吸收营养物质，促进物质的转运和积累，提高产量、改善品质。干旱胁迫下，S- 诱抗素启动叶片细胞质膜上的细胞传导，诱导叶面气孔不均匀关闭，减少植物体内水分蒸腾散失，提高植物抗干旱能力。低温胁迫下，S- 诱抗素启动细胞抗冷基因，诱导植物产生抗寒蛋白质。土壤盐渍胁迫下，S- 诱抗素诱导植物增强细胞膜渗透调节能力，降低每克干物质中 Na^+ 含量，提高 PEP 羧化酶活性，增强植株的耐盐能力。

使用对象 可用于水稻、小麦等粮食作物，葡萄、番茄、柑橘、烟草、花生、棉花等作物，能调节生长、促进生根，也能促进着色，改善品质。

使用方法 幼苗阶段，3000 倍液整株喷雾。作物移栽前 2～3 天或移栽后 10～15 天，2000～3000 倍液喷雾；若在作物移栽前未施用，可在作物移栽后 2 天内喷施；在直播田初次定苗后，将该品用水稀释 2000～3000 倍，进行叶面喷施；作物整个生育期内，均可根据作物长势，将该品用水稀释 2000～3000 倍后进行叶面喷施，用药间隔期 15～20 天。

注意事项 S- 诱抗素为强光分解化合物，应注意避光储存。在配制溶液时，操作过程中应注意避光。田间施用本产品时，为避免强光分解降低药效，请在早晨或傍晚施用。

与其他药剂的混用 勿与碱性物质混用；与非碱性杀菌剂、杀虫剂混用有利于提高药效。

允许残留量 被列入中国豁免制定限量标准的农药名单。

参考文献

李玲, 肖浪涛, 谭伟明, 等, 2018. 现代植物生长调节剂技术手册[M]. 北京: 化学工业出版社: 8.

邵家华, 陈绍荣, 2017. S-诱抗素的增产抗逆机制及应用[J]. 磷肥与复肥, 32(2): 21-26.

孙家隆, 2015. 新编农药品种手册[M]. 北京: 化学工业出版社: 971.

（撰稿：黄官民；审稿：谭伟明）

SciFinder数据库 SciFinder Database

是美国化学会（ACS）旗下的化学文摘服务社CAS所出版的《化学文摘》（*Chemical Abstracts*，简称CA）的在线版数据库，是最全面和权威的物质和参考文献数据库。美国《化学文摘》是化学和生命科学研究领域中不可或缺的工具书，其内容涵盖了世界上98%以上的化学文献信息（类型涉及期刊、专利、学位论文、会议论文、技术报告、新书及电子出版物等），号称"打开世界化学文献宝库的钥匙"。它涵盖的学科包括生物化学、有机化学、高分子化学、应用化学、物理化学、无机化学及分析化学，涉及免疫化学、生命科学、医学、材料学、食品科学和农学等80个小节的内容，其中第5节农用化学生物调节剂（agrochemical bioregulators）所收录的内容与农药直接相关，刊载杀虫剂、杀菌剂、除草剂、植物生长调节剂、杀鼠剂、引诱剂、绝育剂，以及农药在土壤和水中的残留及其分析研究报告和专利摘要、新书介绍、会议论文及学位论文摘要等。此外，其他许多节也刊登有关农药内容的文摘。例如：与农药毒性有关的内容在第4节毒物学中；农药在生物体内的代谢、作用机制的内容摘载于第10~13节的微生物生物化学、植物生物化学、非哺乳动物生物化学和哺乳动物生物化学的四节中。有机化学下属的21~34节中登载农药合成的内容；与农药生产有关的设备、仪器单元操作等载于第47节和第48节仪器与工厂设备和单元操作与过程中，废水处理在第60节中；另外，药物化学、有机分析化学、食品与食品化学、表面活性剂与去污剂等节的内容亦与农药有关。

网络版化学文摘SciFinder，更是整合了Medline医学数据库、欧洲和美国等近50家专利机构的全文专利资料以及《化学文摘》1907年至今的所有内容，因此，SciFinder数据库的内容比传统的CA印刷版的内容更加丰富，主要包括7个各具特色的数据库。① CAplus。是网络版《化学文摘》的文献数据库，包含4200万篇以上源于期刊、专利和学位论文、会议论文等文献，涵盖了63家专利机构的专利，该库每日更新。② CAS REGISTRY。物质信息数据库，包含了超过1.94亿个化学物质的信息、7000万个基因序列和76亿条物质属性值，该库每日更新，所涵盖的物质最早可追溯到19世纪初。③ CAS REACT。化学反应数据库，包含1.44亿条以上单步及多步反应信息，该库每日更新。④ CHEMLIST。化学管制品数据库，包含来自全球的34.8万余个化学管制品的目录，每周约有50个新物质更新加入该库。⑤ CHEMCATS。商用化学品数据库，内容包括逾1.02亿个商用化学品，3300万个独特物质，660家全球化学品供应商，750种化学品目录，从中可以获得商用化学品、价格及供应商信息，该库每周更新。⑥ MED-LINE。国家医学图书馆（National Library of Medicine）数据库，始自1958年，包含2400多万条与生命科学尤其是生物医学相关的文献记录，文献来自全球5600多种期刊，涉及40个语种，内容每周更新。⑦ MARPAT。专利通式结构数据库，包含116万多个源于专利的有机或者金属有机的马库什结构（Markush structures），但合金、无机盐、金属氧化物、金属间化合物及聚合物不在此库收录。该库每日更新，日增60~75篇专利和150~200个马库什结构。

检索途径 SciFinder检索途径主要分为3种：①文献检索。是最常用的检索途径，可直接检索出相应文献，然后根据需要筛选所需的文献。根据检索对象可具体分为主题检索、作者名检索、机构名检索、文献标识符检索和期刊名称检索等方式。②物质检索。检索农药品种（化学物质）时，可以根据所掌握的线索（如商品名、通用名称、代号、CA化学物质名、分子式、结构式或CAS登记号）进行检索，其中用CAS登记号进行检索是最快捷、准确的检索途径。③反应检索。主要用于反应路线的检索，既可检索某一具体反应，也可以某种物质作为原料或目标物进行相关路线检索。SciFinder提供对所有文献的分析、精选、分类功能，根据用户需要筛选众多信息，迅速锁定兴趣点。

网址：https://www.cas.org/products/scifinder。

（撰稿：杨新玲；审稿：韩书友）

Sun法 Sun method for synergy evaluation

孙云沛发表的方法，根据剂量对数和死亡几率值而形成的，用来评价两种或两种以上杀虫剂或杀菌剂混用时毒力变化的系数。

适用范围 用来判断杀虫剂或杀菌剂混配后的增效、相加或拮抗作用。

主要内容 首先采用生物测定技术分别求出A剂、B剂和M（A+B混合剂）的毒力回归线，求出致死中量LD_{50}、致死中浓度LC_{50}或抑制中浓度EC_{50}，计算出毒力指数（toxicity index，TI），最后计算出共毒系数（co-toxicity coefficient，CTC）来表示混用的效果。

计算方法如下：

$$毒力指数（TI）=\frac{标准药剂\ LC_{50}}{供试药剂\ LC_{50}}\times 100$$

$$实际（混用）毒力指数（ATI）=\frac{A\ 药剂\ LC_{50}}{M\ 药剂\ LC_{50}}\times 100$$

理论混剂毒力指数（*TTI*）= A毒力指数 × 混合中A百分含量 + B毒力指数 × 混合中B百分含量

$$共毒系数（CTC）=\frac{实际混剂的毒力指数（ATI）}{理际混剂的毒力指数（TTI）}\times 100$$

若增效剂或一种药剂对测试的靶标无毒时，可采用下式：

A 为毒剂，B 为无毒的增效剂或药剂。

$$共毒系数 = \frac{A 药剂 LC_{50}}{B 药剂 LC_{50}} \times 100$$

此时共毒系数又名增效系数或增效指数。

评判标准：$CTC \geqslant 120$，为增效作用；$80 < CTC < 100$，为相加作用；$CTC \leqslant 80$，为拮抗作用。

参考文献

陈年春, 1991. 农药生物测定技术[M]. 北京: 北京农业大学出版社.

沈晋良, 2013. 农药生物测定[M]. 北京: 中国农业出版社.

NY/T 1154. 7—2006 农药室内生物测定试验准则 杀虫剂 第7部分: 混配的联合作用测定.

NY/T 1156. 6—2006 农药室内生物测定试验准则 杀菌剂 第6部分: 混配的联合作用测定.

（撰稿：袁静；审稿：陈杰）

USEPA美国环境保护局农药网站 USEPA Website for Pesticides

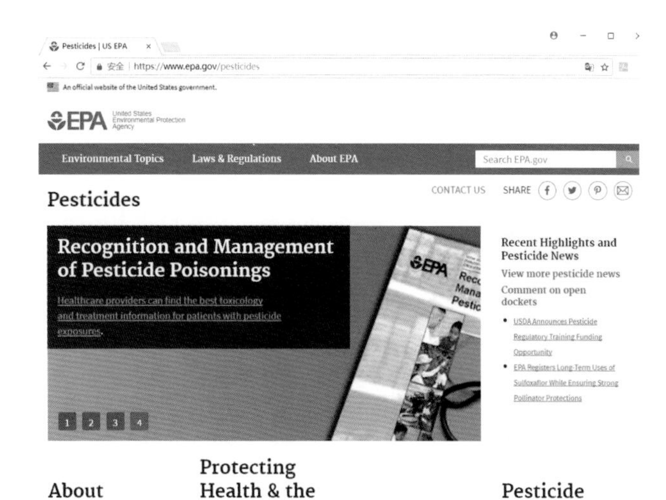

美国环境保护局（U. S. Environmental Protection Agency，美国 EPA）下属的农药官方网站，专门报道美国农药登记、管理、风险评估、安全应用及最新农药政策法规等信息，同时也介绍农药相关的科普知识，如农药的基本概念、分类、对环境和人类的影响等。该网站提供 A-Z 词条索引，便于浏览者快速检索感兴趣的词条，也可以从"Pesticide Chemical Search"数据库中检索农药（包括传统农药、抗生素及生物农药）活性成分，或从"Pesticide Product and Label System"查询农药产品和标签信息。

具体网址：https://www.epa.gov/pesticides/。

（撰稿：杨新玲；审稿：顾宝根、韩书友）

Wadley法 Wadley method for synergy evaluation

Wadley 提出的根据增效系数（SR）来评价药剂混用作用的方法。

适用范围 适用于杀菌剂及杀虫剂混用作用的评价。

主要内容

计算方法如下：

$$X_1 = \frac{PA + PB}{PA / A + PB / B} \times 100$$

式中，X_1 为混剂 EC_{50} 理论值（mg/L）；PA 为混剂中 A 的百分含量（%）；PB 为混剂中 B 的百分含量（%）；A 为混剂中 A 的 EC_{50} 值（mg/L）；B 为混剂中 B 的 EC_{50} 值（mg/L）。

$$SR = \frac{X_1}{X_2}$$

式中，X_1 为混剂 EC_{50} 理论值（mg/L）；X_2 为混剂 EC_{50} 实测值（mg/L）。

评判标准：$SR > 1.5$，为增效作用；$0.5 \leqslant SR \leqslant 1.5$，为相加作用，$SR < 0.5$，为拮抗作用。

参考文献

陈年春, 1991. 农药生物测定技术[M]. 北京: 北京农业大学出版社.

沈晋良, 2013. 农药生物测定[M]. 北京: 中国农业出版社.

NY/T 1156. 6—2006 农药室内生物测定试验准则 杀菌剂 第6部分: 混配的联合作用测定.

（撰稿：袁静；审稿：陈杰）

WHO农药数据库 WHO Pesticides Database

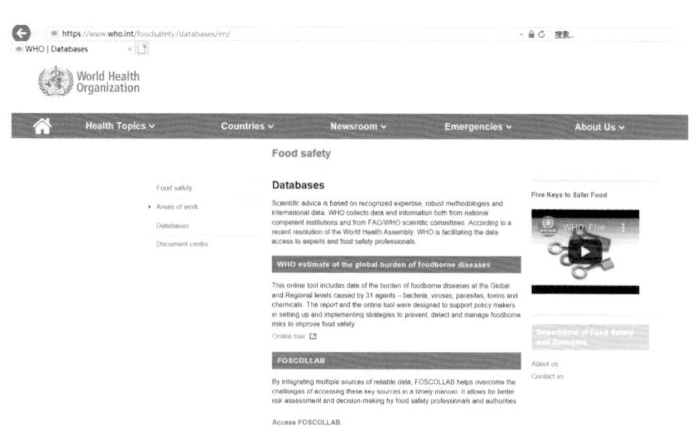

该数据库包含 330 余种农药的毒理学数据，急性和慢性膳食暴露评估结果和最大残留限量（MRLs）信息，这些数据信息经 FAO/WHO 农药残留联席会议（JMPR）评估并被食品法典采纳。

网址：http://www.who.int/foodsafety/databases/en/。

（撰稿：杨新玲；审稿：韩书友）

X射线衍射法 X-ray diffraction

1912年物理学家劳厄（M. T. F. Laue）发现了晶体对X射线衍射的实验现象，1913年人类第一次测定了氯化钠分子的立体结构。其后历经100多年的发展，X射线衍射晶体结构分析已经发展为一门独立的学科，成为数学、物理学、化学、分子生物学、材料科学等多学科的交叉点，形成一个渗透广泛的边缘性学科。有机晶体学就是根据布拉格衍射规则 $2d\sin\theta = n\lambda$（n为整数），利用X射线衍射研究有机分子在晶体结构中立体排布特点的分支学科。中国的有机分子X射线衍射晶体结构测定工作始于20世纪50年代末期，经过50多年的发展，在有机化学、药物化学以及分子生物学等领域均取得了许多重要的研究成果。

原理 利用晶体对X射线产生的衍射效应，经过第一次傅里叶变换（衍射实验）产生了衍射图谱；再通过第二次傅里叶变换完成结构解析，获得有机分子的立体结构图像。通过X射线晶体衍射法可以获得以下结构信息：原子在空间的位置、成键原子的键型及精确键长、键角与二面角、分子的空间排列规律、分子的构象特征、分子的相对构型和绝对构型、分子的几何拓扑学特征等。

学科内容 首先要了解研究的对象有机分子的几何性质，即其原子、分子在空间的排列规律（对称性质）；其次要了解所使用的X射线的产生方法（如靶源材料、电压和电流）和基本性质（如波长等），它与晶体的相互作用（衍射），衍射信息的分布规律（衍射对称性）及其与分子立体结构的关系；最后要了解从衍射信息解析分子立体结构的数学原理和计算方法。

在农药学科的应用实例 1968年Morgan等从印楝中分离到具有杀虫等多种生物活性的活性成分印楝素（azadirachtin），不同课题组提出了数个可能的结构，但是直到1986年才通过X射线衍射法确定它的正确结构，后来又历经22年由英国剑桥大学Ley教授课题组完成了它的全合成。

参考文献

中国医学科学院药物研究所, 1999. 中草药现代研究: 仪器分析卷[M]. 北京: 北京医科大学中国协和医科大学联合出版社.

VEITCH G E, BOYER A, LEY S V, 2008. The azadirachtin story[J]. Angewandte chemie-international edition, 47: 9402-9429.

（撰稿：王明安；审稿：杨光富）

zeta-氯氰菊酯 zeta-cypermethrin

一种拟除虫菊酯类杀虫剂。

IUPAC名称 (*S*)-*α*-cyano-3-phenoxybenzyl (1*RS*,3*RS*; 1*RS*,3*SR*)-3-(2,2-dichlorovinyl)-2,2-dimethylcyclopropanecarboxylate（顺、反异构体比约45~55∶55~45）。

CAS登记号 1315501-18-8。

EC号 257-842-9。

分子式 $C_{22}H_{19}Cl_2NO_3$。

相对分子质量 416.30。

结构式

理化性质 淡黄色黏稠液体，熔点-22.4℃，闪点181℃（闭杯法），蒸气压 2.5×10^{-4}mPa（25℃），堆密度（g/cm³，20~25℃）1.219，$K_{ow}\lg P$ 6.6。水中溶解度（mg/L，20~25℃）：0.045；有机溶剂中溶解度（g/L，20~25℃）：丙酮、1,2-二氯甲烷、乙酸乙酯、甲醇、对二甲苯均＞1000、正庚烷40.1。稳定性：50℃能稳定储存1年，水解 DT_{50} 稳定（pH5）、25天（pH7，25℃）、1.5小时（pH9，50℃），水溶液光解 DT_{50} 20.2~36.1天（pH7）。

毒性 中等毒性。无皮肤刺激性，无眼睛刺激性，有皮肤致敏性。鸟类低毒，鱼类剧毒，大型溞剧毒，绿藻中毒，蜜蜂高毒，家蚕剧毒，蚯蚓低毒。

剂型 乳油，水乳剂。

防治对象 棉铃虫、蚜虫、蚊、蝇、蜚蠊等。

允许残留量 GB 2763—2021《食品中农药最大残留限量标准》规定氯氰菊酯最大残留限量见表。ADI为0.02mg/kg。谷物按照GB 23200.9、GB 23200.113规定的方法测定；油料和油脂、坚果、糖料、调味料参照GB 23200.113、GB/T 5009.146、GB 23200.9规定的方法测定；蔬菜、水果、干制水果、食用菌按照GB 23200.113、GB/T 5009.146、GB 23200.8、NY/T 761规定的方法测定；饮料类按照GB 23200.113、GB/T 23204规定的方法测定。

使用方法 喷雾。棉花：棉铃虫45~67.9g/hm²；十字花科蔬菜：蚜虫45~60g/hm²。

部分食品中zeta-氯氰菊酯最大残留限量（GB 2763—2021）

食品类别	名称	最大残留限量（mg/kg）
谷物	谷物（单列的除外）	0.30
	稻谷	2.00
	小麦	0.20
	大麦、黑麦、燕麦	2.00
	玉米	0.05
	鲜食玉米	0.50
	杂粮类（赤豆除外）	0.05
油料和油脂	小型油籽类	0.10
	棉籽	0.20
	大型油籽类（大豆除外）	0.10
	大豆	0.05
	初榨橄榄油	0.50
	精炼橄榄油	0.50
蔬菜	洋葱	0.01
	韭菜	1.00
	韭葱	0.05

（续表）

食品类别	名称	最大残留限量（mg/kg）
蔬菜	芸薹类蔬菜（结球甘蓝除外）	1.00
	结球甘蓝	5.00
	菠菜、普通白菜、莴苣	2.00
	芹菜	1.00
	大白菜	2.00
	番茄、茄子、辣椒、秋葵	0.50
	瓜类蔬菜（黄瓜除外）	0.07
	黄瓜	0.20
	豇豆、菜豆、食荚豌豆	0.50
	芦笋	0.40
	朝鲜蓟	0.10
	根茎类和薯芋类蔬菜	0.01
	玉米笋	0.05
水果	柑橘	1.00
	橙、柠檬、柚	2.00
	苹果、梨	2.00
	核果类水果（桃除外）	2.00
	桃	1.00
	枸杞	2.00
	葡萄	0.20
	草莓	0.07
	橄榄	0.05
	杨桃	0.20
	荔枝、龙眼	0.50
	杧果	0.70
	番木瓜	0.50
	榴莲	1.00
	瓜果类水果	0.07
干制水果	葡萄干	0.50
糖料	甘蔗	0.20
	甜菜	0.10
饮料类	咖啡豆	0.05
食用菌	蘑菇类（鲜）	0.50
调味料	干辣椒	10.00
	果类调味料	0.10
	根茎类调味料	0.20

参考文献

马克比恩 C, 2015. 农药手册[M]. 胡笑形, 等译. 北京: 化学工业出版社: 252-253.

TURNER J A, 2015.The pesticide manual: a world compendium[M]. 17th ed. UK: BCPC: 1174-1175.

（撰稿：陈洋；审稿：吴剑）

α-氯醛糖 alpha-chloralose

一种经口麻醉剂类有害物质。

其他名称 氯醛葡糖、糖缩氯醛、α-三氯乙醛化葡萄糖。

化学名称 1,2-*O*-2,2,2-三氯亚乙基-*α*-D-呋喃糖。

IUPAC名称 1,2-*O*-[(1*R*)-2,2,2-trichloroethylidene]-D-glucofuranose。

CAS 登记号 15879-93-3。

分子式 $C_8H_{11}Cl_3O_6$。

相对分子质量 309.53。

结构式

开发单位 上海农药所。

理化性质 白色结晶粉状物，无臭，具有令人不快的苦味。熔点 176~182℃。沸点 504.4℃。密度 1.773g/cm³。溶于热水、乙醚，微溶于冷水、乙醇、氯仿，其水溶液无还原作用，性质稳定。

毒性 对小鼠的急性经口 LD_{50} 200mg/kg；对大鼠、小鼠的致死剂量为 300~400mg/kg；对猫和狗为 400~600mg/kg；对禽鸟为 200~500mg/kg；对鱼类为 11~100mg/kg。

作用方式及机理 是一种麻醉剂，具有快速的致死作用，能减缓许多重要的代谢过程，包括大脑活动，心率和呼吸，诱导体温过低进而最终死亡。

使用情况 在英国，最常用含有 2%~4% α-氯醛糖的毒饵控制小家鼠。由于对鸟类的毒性，在一些国家还用于防治一些危害鸟类。近年，欧盟（EU）引入了一些含 4% α-氯醛糖的即用型制剂，包括含有活性物质包封形式的诱饵。

使用方法 堆投，毒饵站投放。

注意事项 远离火源，避免与皮肤和眼睛接触。

参考文献

BUCKLE A P, EASON C T, 2015. Controlmethods: chemical[M]. BUCKLE A P, SMITH R H. Rodent pests and their control. 2nd ed. Wallingford, UK: CABI: 123-155.

GILAD S, EINAT YN, ALAN S, et al, 2005. Alpha-chloralose poisoning in dogs and cats: a retrospective study of 33 canine and 13 felineconfirmed cases[J]. The veterinary journal, 172(1): 109-113.

（撰稿：王登；审稿：施大钊）

γ-氨基丁酸受体 γ-aminobutyric acid receptor, GABAR

作为神经递质γ-氨基丁酸（γ-aminobutyric acid，GABA）的受体，GABAR 分布于整个神经系统，是目前研究较为深入的一种重要的抑制性神经递质，其具有很高的生理活性。

生理功能 GABAR 属半胱氨酸门控离子通道，在神经和肌肉细胞中起抑制突触兴奋传递的作用。突触前膜释放的 GABA 结合于受体位点后，诱导受体构象发生变化，将大量带正电的氨基酸残基暴露在通道口，使通道开放，氯离子顺电化学梯度迅速进入膜内。氯离子的进入使细胞膜瞬间电位产生超极化，从而诱发抑制性突触后电位。

作用药剂 包括环戊二烯类杀虫，如氯丹、硫丹、林丹；苯吡唑类杀虫剂，如乙虫腈、氟虫腈。

杀虫剂作用机制 药剂能够与GABAR特定的位点结合，引起其构象发生改变，从而阻滞神经细胞的氯离子通道，阻碍神经传导，导致昆虫麻痹，不能正常活动而死亡。

靶标抗性机制 研究表明GABAR的基因突变是昆虫对相关药剂产生抗性的主要原因，这些突变导致GABAR和相关化合物无法正常结合，使得这些化合物的杀虫活性降低，突变种群产生抗性。

相关研究 目前，昆虫GABAR还没有类似哺乳动物受体的分类，并且对昆虫GABAR的天然亚基组成尚不明确，但是昆虫的GABAR作为杀虫剂的重要作用靶点之一仍备受关注。在高抗环戊二烯果蝇中克隆得到该受体基因Rdl，其氨基酸序列与哺乳动物GABAR亚基序列高度相似，将Rdl编码的重组蛋白与哺乳动物亚基相比，RDL亚基的M3和M4之间的连接片断较长，氨基酸同源性较低，但同样具有M1-M4的跨膜疏水区，其结构与GABA A受体亚基相似。

已知有277种物种出现了对环戊二烯类药剂的抗性。Ffrench-constant等1991年发现果蝇的抗性和它的受体亚基发生氨基酸残基突变有关，1993年他们通过实验进一步确定了抗性的产生和果蝇RDL亚基中302位的丙氨酸突变为丝氨酸有关。野生型的中国大陆拟果蝇对锐劲特和苦毒宁敏感，通过实验发现当其重组的GABAR301位丙氨酸突变为甘氨酸，或者350位苏氨酸突变为甲硫氨酸时，受体对锐劲特和苦毒宁产生抗性。如果这两个位点同时发生突变，受体对锐劲特和苦毒宁抗性会显著加强；研究发现当莴苣蚜GABAR302位的丙氨酸突变为丝氨酸后，杀虫剂硫丹的活性约为原来的1/1000；西非疟蚊也出现了狄氏剂抗性，此种抗性表型和296位出现从丙氨酸到甘氨酸的突变有关。在库马西疟蚊中也检测到过类似的突变，但研究发现其与抗性没有明显关联，表明该突变的效果在不同物种中存在差异。

此外，有发现昆虫GABAR第302位的丙氨酸突变为丝氨酸后，会对锐劲特产生交互抗性。但是果蝇的GABAR出现同样突变时，却没有产生对锐劲特的交互抗性。该现象背后的机制还有待深入研究。

参考文献

BROOKE B D, HUNT R H, MATAMBO T S, 2006. Dieldrin resistance in the malaria vector *Anopheles gambiae* in Ghana[J]. Medical and veterinary entomology, 20: 294-299.

FFRENCH-CONSTANT R H, MORTLOCK D P, SHAFFER C D, 1991. Molecular cloning and transformation of cyclodiene resistance in *Drosophila*: an invertebrate caminobutyric acid subtype A receptor locus[J]. Proceedings of the National Academy of Sciences of the United States of America, 88: 7209-7213.

FFRENCH-CONSTANT R H, STEICHEN J C, ROCHELEAU T A, 1993. A single-amino acid substitution in a gamma-aminobutyric acid subtype A receptor locus is associated with cyclodiene insecticide resistance in *Drosophila* populations[J]. Proceedings of the National Academy of Sciences of the United States of America, 90: 1957-1961.

HOSIE A M, BAYLIS H A, BUCKINGHAM S D, 1995. Actions of the insecticide fipronil on dieldrin-sensitive and resistant GABA receptors of *Drosophila melanogaster*[J]. British journal of pharmacology, 115: 909-912.

LE GOFF G, HAMON A, BERGE J B, 2005. Resistance to fipronil in *Drosophila simulans*: influence of two point mutations in the RDL GABA receptor subunit[J]. Journal of neurochemistry, 92: 295-1305.

RUfiNGIER C, PASTEUR N, LAGNEL J, 1999. Mechanisms of insecticide resistance in the aphid *Nasonovia ribisnigri* (Mosley) (Homoptera: Ahididae) from France[J]. Insect biochemistry and molecular biology, 29: 385-391.

（撰稿：徐志峰、何林；审稿：杨青）

附录一：国外主要农药公司

外文名称	中文名称
Adam	安道麦公司
Agro-Kanesho Co. , Ltd.	农肯公司
Albright and Wilson (Mfg) Ltd.	阿瑞温森公司
Allied Chemical Corp.	联合化学公司
Amchem Products Inc.	阿姆化学产品公司
American Cyanamid Co.	氰胺公司
Ansul Chemical Co.	安索化学公司
Asahi Chemical Co. , Ltd.	朝日化学工业公司
Aventis CropScience	安万特公司
BASF A. G.	巴斯夫公司
Bayer A. G.	拜耳公司
Bayer CropScience	拜耳作物科学
BDH Ltd.	必得公司
Benzol Products Co.	苯产品公司
Bombrini Parodi-Delfino Co.	伯瑞尼公司
Boots	布兹公司
Brunner Mond & Co（ now ICI ）	英国卜内门公司（现为 ICI 公司）
Budapest Chemicals &. Co.	匈牙利布达佩斯化学公司
California Chemicals Co.	加利福尼亚化学公司
Celamerck GmbH & Co.	西拉墨克公司
Chemagro Corp.	开马格公司
Chemie Linz A. G.	林兹化学公司
Cheminova	科麦农公司
Chevron Chemical International Inc.	谢富隆化学公司
Chinoin Co.	匈牙利喜农公司
Chinoin Pharmacenica l& Chemica Works Co.	西农制药和化学公司（匈牙利）
Chugai Pharmaceutical Co. , Ltd.	中外制药公司
Ciba A.G.	汽巴公司
Ciba-Geigy Ltd.	汽巴 - 嘉基公司
Diamond Alkali Co.	大洋制碱公司
Diamond Shamrock Co.	大洋公司
Dongbu Hannong Chemical Co. , Ltd.	东部汉农化学公司（韩国）
Dow AgroSciences Co.	道农科公司
Dow Chemical Co.	道化学公司

（续表）

外文名称	中文名称
Dow Elanco Co.	陶氏益农公司
Dr. Werne Freyberg Chemische Fabrik	维尔纳·弗赖贝格工厂
Dr.R Maag Ltd.	马戈公司（瑞士）
Duphar B. V.	杜法尔公司
E. I. Dupont De Nemous & Co.	杜邦公司
E. Merck Co.	默克公司
Eastman Kodak	伊斯曼柯达公司
EGYT Petrochemical works	易在特石化公司
EGYT Pharmarochemical Works	易在特公司
Eli Lilly Co.	礼来公司
Eszakmagyarorszagi Vegyimuvek	意维公司
FBC Ltd.	富必西公司
Fertiagro Pte Ltd.	沃农公司（新加坡）
Fisons Ltd.	菲森斯公司
Fisons Pest Control Ltd.	菲森斯害虫防治公司
FMC Corporation	富美实公司
Gowan Co.	高万公司
Gulf Oil Corp.	海湾石油化学公司
Heavy Chem. Industrise	匈牙利重化工公司
Hercules Inc.	赫古来公司
Hodogaya Chemical Co. , Ltd.	保土谷化学公司
Hoechst A. G.	赫斯特公司
Hoffmann La Roche & Co.	霍夫曼 - 罗氏公司
Hokko Chemical Industry Co. , Ltd.	北兴化学工业公司
Hooker Chemical Co.	虎克化学公司
Hopkins Agricultural Chemical Co.	霍普金斯农药公司
I. G. Farbenindustrie A. G.	发本工业公司（拜耳前身）
ICI Agriculture Division	帝国化学农业部
ICI Agrochemicals Co.	帝国化学农化公司
ICI Australia Ltd.	帝国化学澳大利亚公司
ICI Plant Protection Division	帝国化学公司植保部
Idemitsu Kosan Co. , Ltd.	出光兴产公司
Ihara Chemicals Industry Co.,Ltd.	庵原化学公司
Isagro Co.	意赛格公司

（续表）

外文名称	中文名称
Ishihara Sangyo Kaisha Ltd.	石原产业公司
J.R. Geigy S. A.	嘉基公司
Janssen Pharmaceurica N. V.	詹森公司（法）
Kennecott Corp.	肯艾阔特公司
KenoGard VTAB	克诺达公司
Kumiai Chemical Industry Co. , Ltd.	组合化学公司
Kureha Chemical Industry Co. , Ltd.	吴羽化学工公司
LG Chemical Ltd.	LG 化学公司
LG Life Science Ltd.	LG 生命科学公司
M&T Chemical Co. , Ltd.	美蒂化学公司
Makhteshim Chemical Works Ltd.	马克西姆公司（以色列）
Makhteshim-Agan	马克西姆 - 阿甘公司
Marubeni Corp.	丸红公司
May & Baker Ltd.	美倍克公司
McLaughlin Gormley King Co.	马克朗林公司
Merck Chemical Div.	默克公司化学部
Mikasa Chemical Industrial Co. , Ltd.	三笠化学工业公司
Mitsubishi Chemical Corp	三菱化学公司
Mitsubishi Chemical Group	三菱化学集团
Mitsubishi Petrochemical Co , Ltd.	三菱油化公司
Mitsui Toatsu Chemicals Inc.	三井化学公司
Mobil Chemical Co.	美孚化学公司
Monsanto Agricultural Co.	孟山都农业公司
Monsanto Chemicals Co.	孟山都化学公司
Monsanto Co.	孟山都公司
Montecatini S. P. A.	蒙太卡蒂尼公司
Montedison S. P. A.	蒙太蒂森公司
Murphy Chemical Co.	墨菲化学公司
N. V. Orgachemia Co.	恩威有机化学公司
N.V. Philips’ gloeilampenfabrieken Co.	荷兰飞利浦公司
N.V. Philips-Roxane Co.	菲利浦 - 罗萨公司
Nihon Bayer Agrochem Co.	日本拜耳农化公司
Nihon Tokushu Noyaku Seizo K. K.	日本特殊农药公司
Nippon Kayaku Co. , Ltd.	日本化药公司

（续表）

外文名称	中文名称
Nippon Soda Co. , Ltd.	日本曹达公司
Nissan Chemical Industries Ltd.	日产化学公司
Nitrokemia	氮化制药厂（匈牙利）
North Hungarian Co.	北匈公司
Novartis Crop Protection AG	诺华作物保护公司
Novartis Ltd.	诺华公司
Nufarm	纽发姆
Olin Mathieson Chemical Corp.	欧林化学公司
Otsuka Chemical Co. , Ltd.	大塚化学公司
Panorama Chemicals (Pty) Ltd.	帕诺拉马化学公司
Pennwalt Corp.	盘瓦特公司
Philips Duphar B. V.	菲利浦 - 杜法尔公司
Phillips Petroleum Co.	菲利浦石油公司
PPG Industries Inc.	美国 PPG 工业公司
Prentiss Drug & Chem. Co.	普林蒂医药和化学公司
Rhone-Poulenc Agrochimie Co.	罗纳 - 普朗克公司
Roberts Chemicals Inc.	罗伯兹化学公司
Rohm-Hass Co. , Ltd.	罗姆 - 哈斯公司
Roussel Uclaf Co.	罗素 - 尤克福公司
Ruhr stickstoff GmbH	鲁尔氮素公司
Sandoz A. G.	山德士公司
Sankyo Chemical Industries Co. Ltd.	三共化学公司（日本）
Sankyo Co. Ltd.	三共公司（日本）
Schering A. G.	先灵公司
Schering Agriculture A. G.	先灵农业公司
SDS Biotech K. K.	斯得斯生物技术公司
Shell GmbH	壳牌公司
Shell International Chemical Co. , Ltd.	壳牌国际化学公司
Shell International Research Ltd.	壳牌国际研发公司
Sherwin-Williams & Co.	施温 - 威廉公司
Shionogi & Co. , Ltd.	盐野义公司
Shulton Inc.	舒尔珠顿公司
Sorex （London） Ltd.	索耐克（伦敦）公司
Spencer Chemical Co.	斯盘索化学公司

（续表）

外文名称	中文名称
Standard Agricultural Chemicals Inc.	斯坦达农化公司
Stauffer Chemical Co.	斯道夫化学公司
Sumitomo Chemical	住友化学公司
Sunbao Chemicals Co.	三宝化学公司
Syngenta A.G.	先正达公司
Syngenta Crop Protection Co. , Ltd.	先正达植保公司
Taisho Pharmaceutical Co. , Ltd.	大正制药公司
Takeda Chemical Industries Ltd.	武田药品工业公司
The Boots Co. , Ltd.	布兹公司
Toa Noyaku Co. , Ltd (Toa Agricultural Chemical Co. , Ltd.)	东亚农药公司
Toyo Soda Manufacturing Co. , Ltd.	东洋曹达工业公司
Trubek Laboratory	美国特拉贝实验室
U.S. Rubber Co.	橡胶公司（美国）
Ube Industries Ltd.	宇部兴产公司
Union Carbide Corp.	联碳公司
Uniroyal Chemical Inc.	尤尼鲁化学公司
United Stares Rubber Co.	联斯达橡胶公司
Upjohn Co.	厄普约翰公司
US Borax Co.	美国硼砂公司
US Industrial Chemicals Inc.	美国工业化学公司
Van Dyke Co.	万迪克公司
VEB Chemie	韦伯化学公司
VEB FarbenabrikWolfen	韦伯公司（民主德国）
Velsicol Chemicals Co.	韦尔西化学公司
Vineland Chemical Co.	温兰化学公司
Virginia Carolina Chem. Corp.	维卡化学公司
Vondelingenplaat N. V.	温得令公司
Wacker Chemical GmbH	沃克化学公司（德国）
Zeneca Agrochemicals Ltd.	捷利康农化公司
Zeneca Ltd.	捷利康公司
Zoecon Corp.	左伊康公司
Zoecon Industries Ltd.	左伊康工业公司

附录二：常用缩略语

缩略语	外文名称	中文名称
ACCase	acetyl CoA carboxylase	乙酰辅酶A羧化酶
ACS	American Chemical Society	美国化学会
ADI	acceptable daily intake	每日允许摄入量
AFPP	Association Francaise de Protection des Plantes	法国植物保护协会
AG	Aktiengesellschaft (Company)	股份公司
AHAS	acetohydroxyacid synthase	乙酰羟基酸合成酶
a.i.	active ingredient	有效成分
ALC_{50}	approximate concentration required to kill 50% of test organisms	近似半数致死浓度
ALS	acetolactate synthase	乙酰乳酸合成酶
AOAC	AOAC International (formerly Association of Official Analytical Chemists)	美国国家标准研究所公职化学分析家协会
aPAD	Acute Population Adjusted Dose	急性人群调整剂量
aq.	Aqueous	水性的，水相的
aRfD	acute reference dose; see the Guide to Using the Main Entries, under ADI/RfD	急性参考剂量；参照ADI/RFD下的主词条使用说明
ARS PPD	Agricultural Research Service Pesticide Properties Database (USA)	农业研究服务农药特性数据库
atm	atmosphere(s)	大气压
ATP	adenosine triphosphate	三磷酸腺苷
ave.	average	平均
BAN	British Approved Name (by British Pharmacopoeia Commission)	英国药典委员会批准的非专利药品名称
BBA	Biologische Bundesanstalt fur Land- und Forstwirtschaft (former Federal Biological Research Centre for Agriculture and Forestry, Germany), now Julius Kühn-Institut, Bundesforschungsinstitut für Kulturpflanzen	（德国）联邦农业和林业生物研究中心
BCPC	British Crop Production Council	英国作物保护协会
BfR	Bundesinstitut für Risikobewertung (Federal Institute for Risk Assessment, Germany; formerly BgVV)	德国风险评估联邦协会（原BgVV）
BGA	Bundesgesundheitsamt (former Federal Health Office, Germany)	德国联邦健康组织（前身为联邦消费者健康保护和兽医协会）
BVL	Bundesamt für Verbraucherschutz und Lebensmittelsicherheit (Federal Office for Consumer Protection and Food Safety, Germany; formerly BgVV)	德国消费者保护与食品安全联邦办公室（原BgVV）

（续表）

缩略语	外文名称	中文名称
BgVV	Bundesinstitut für gesundheitlichen Verbraucherschutz und Veterinärmedizin (former Federal Institute for Health Protection of Consumers and Veterinary Medicine, Germany), now BVL	原德国消费者健康保护与兽用医药管理联邦协会，现改名为 BVL
BIOS	British Intelligence Objective Sub-Committee (former)	英国情报收集小组委员会
BMD	Benchmark dose. A dose that produces a predetermined change in response rate of an adverse effect (called the benchmark response), compared to background.	基准剂量，是对于某一不良反应产生预设响应率（称之为基准反应）的剂量
BMDL	A statistical lower confidence limit on the dose or concentration at the BMD.	基准剂量的统计置信度下限
b.p.	boiling point at stated pressure	在指定压力下的沸点
BPC	British Pharmacopoeia Commission	英国药典委员会
BS	British Standard	英国标准
BSI	British Standards Institution	英国标准研究所
B.V.	Beperkt Vennootschap (Limited)	私营有限责任公司
b.w.	body weight	体重
C.A.	Chemical Abstracts	化学文摘
CAS RN	Chemical Abstracts Service Registry Number	化学文摘社登录号
cbi	carotenoid biosynthesis inhibitor	类胡萝卜素生物合成抑制剂
cdi	cell division inhibitor	细胞分裂抑制剂
CFU	colony-forming units	菌落形成单位
CHO	Chinese hamster ovary	中国仓鼠卵巢细胞
CIPAC	Collaborative International Pesticides Analytical Council	国际农药分析协作委员会
COLUMA	Comité de Lutte Contre les Mauvaises Herbes	法国杂草防治委员会
cP	centiPoise	厘泊（黏度单位）
cPAD	Chronic Population Adjusted Dose	慢性人群调节剂量　慢性种群调节剂量
cRfD	chronic reference dose; see the Guide to Using the Main Entries, under ADI/RfD	慢性参考剂量，参照 ADI/RfD 目录下的主词条使用指南
d	day(s)	天
DA	diode array	二极管阵列
DAD	diode array detector	二极管阵列检测器
DAR	Draft Assessment Report (of EU)	草案评估报告（欧盟）
dat	days after treatment	处理后天数
DHP	dihydropteroate	二氢叶酸
DMF	N, N-dimethylformamide	二甲基甲酰胺
DMSO	dimethyl sulfoxide	二甲基亚砜

（续表）

缩略语	外文名称	中文名称
DSC	differential scanning calorimetry	差示扫描量热法
DT_{50}	time for 50% loss; half-life	半衰期
EAC	Ecologically Acceptable Concentration	生态可接受浓度
EC	European Community; European Commission	欧盟委员会
EC_{50}	median effective concentration	有效中浓度
E_bC_{50}	median effective concentration (biomass, e.g. of algae)	生物质有效中浓度（如澡）
E_rC_{50}	median effective concentration (growth rate, e.g. of algae)	生长率有效中浓度（如藻）
E_yC_{50}	median effective concentration (growth yield，e.g. of algae)	产量增长有效中浓度（如藻）
ECCO	European Commission Co-Ordination Project, now part of EFSAECD electron-capture detector	欧盟委员会合作项目，现在是 EFSAECD 电子捕获探测器合作项目的一部分
ed.	Editor	编者
Ed.	edition	版本
ED_{50}	median effective dose	半数效量
EFSA	European Food Safety Authority	欧洲食品安全局
E-ISO	ISO name (English spelling)	国际标准化组织名称（用英式英语拼写）
EMEA	European Medicines Agency	欧洲药品管理局
EPA	Environmental Protection Agency (USA)	美国环境保护局
EPPO	European and Mediterranean Plant Protection Organization	欧洲和地中海植物保护组织
ESA	Entomological Society of America	美国昆虫学会
et al.	and others (authors)	及其他（作者）
ETU	ethylenethiourea	乙撑硫脲
EU	European Union	欧盟
EUP	Experimental Use Permit (US EPA)	田间试验许可（美国、欧洲）
EWRC	European Weed Research Council (pre-1975; now European Weed Research Society)	欧洲杂草研究议会（1975 年前，现为欧洲杂草研究学会）
EWRS	European Weed Research Society (since 1975)	欧洲杂草研究学会（1975 年以后）
FAO	Food and Agriculture Organization of the United Nations	联合国粮农组织
FID	flame-ionisation detector	火焰离子化检测器
F-ISO	ISO name (French spelling)	国际标准化组织名称（用法语拼写）
FLD	fluorescence on-line detection	荧光在线检测

（续表）

缩略语	外文名称	中文名称
FOCUS	Forum for the Co-ordination of pesticide fate models and their Use (for the implementation of EC Council Directive 91/414/EEC)	农药归趋模型及其应用合作论坛
FPD	flame photometric detector	火焰光度检测器
FQPA	Food Quality Protection Act	食品质量保护法案
FSC	Food Safety Commission (Japan)	食品安全委员会（日本）
FTD	flame thermionic detector	火焰热离子检测器（氮磷检测器）
gc	gas chromatography	气相色谱
gc-ms	combined gas chromatography-mass spectrometry	气相色谱 - 质谱联用
glc	gas-liquid chromatography	气液色层分离法
GmbH	Gesellschaft mit beschränkter Haflung (limited liability company, Germany, etc.)	有限责任公司（德语）
GSH	glutathione	谷胱甘肽
GSHS	glutathione synthetase	谷胱甘肽合成酶
GV	granulosis virus	颗粒体病毒
GV	Guideline Value (see Guide to Using the Main Entries, under Drinking Water)	饮用水水质基准
h	hour(s)	小时
hm^2	hectare(s) (10^4m^2)	公顷（10^4 平方米）
HGPRT	hypoxanthine-guanine phosphoribosyltransferase (enzyme involved in a cell culture test for mutagens)	次黄嘌呤 - 鸟嘌呤转磷酸核糖转移酶
hplc	high performance liquid chromatography	高效液相色谱法
hptlc	high performance thin layer chromatography	高效薄层色谱法
HRGC	high resolution gas chromatography	高分辨气相色谱法
IARC	International Agency for Research on Cancer	国际癌症研究所
IC_{50}	concentration that produces 50% inhibition	半数抑制浓度
Inc.	Incorporated	股份有限公司
INN	International Nonproprietary Name (by WHO)	国际通用名（WHO）
IOBC	International Organization for Biological Control	国际生物防治组织
IPCS	International Programme on Chemical Safety	国际化学品安全规划署
IPM	integrated pest management	综合治理（综合防治）
ISO	International Organization for Standardization	国际标准化组织
IUPAC	International Union of Pure and Applied Chemistry	国际纯粹与应用化学联合会
JECFA	Joint FAO/WHO Expert Committee on Food Additives	联合国粮农组织 / 世界卫生组织食品添加剂专家委员会

（续表）

缩略语	外文名称	中文名称
JMAFF, JMAF	Japanese Ministry for Agriculture, Forestry and Fisheries (formerly Japanese Ministry for Agriculture and Forestry)	日本农林水产省（原日本农林省）
JMPR	Joint meeting of the FAO Panel of Experts on Pesticide Residues and the Environment and the WHO Expert Group on Pesticide Residues FAO	和 WHO 农药残留专家联席会议
kD	kiloDalton(s)	千道尔顿（原子质量单位）
Kd	soil sorption coefficient (see Soil/Environment in Guide to Using the Main Entries)	土壤吸附系数
Kdes	soil desorption coefficient	土壤解吸系数
Kf	Freundlich soil sorption coefficient, used where sorption is non-linear with concentration.	弗罗因德利克土壤吸附系数，用于吸附和浓度呈非线性关系的情况
Kfoc	Freundlich soil sorption constant adjusted for the proportion of organic carbon in the soil	弗罗因德利克土壤吸附常数，随土壤中有机碳比例而调整
Koc	soil sorption coefficient, adjusted for the proportion of organic carbon in the soil	土壤吸附系数，随土壤中有机碳比例而调整
Koem	soil organic matter sorption coefficient	土壤有机物吸附系数
Kow	distribution coefficient between n-octanol and water	在正辛醇与水之间的分配系数
lc	liquid chromatography	液相色谱
LC_{50}	concentration required to kill 50% of test organisms	致死中浓度
L:D	light:dark	白天：黑夜；见光：避光
LD_{50}	dose required to kill 50% of test organisms	致死中量
LOAEL	lowest observed adverse effect level	最低可见不良效应剂量水平
LOEC	lowest observed effect concentration	最低可见效应浓度
LOQ	limit of quantification	量化限度
LR_{50}	the application rate causing 50% mortality	半致死用量
Ltd	Limited	有限
MAP	mitogen-activated protein	丝裂原活化蛋白
min	minute(s)	分钟
m/m	proportion by mass	质量比
mo	month(s)	月
m.p.	melting point	熔点
MRL	maximum residue limit	最大残留限量
ms	mass spectroscopy	质谱
MSD	mass-selective detection	质量选择性检测
m/v	mass per volume	密度；质量 / 体积分数

（续表）

缩略语	外文名称	中文名称
NADPH	reduced nicotinamide adenine dinucleotide phosphate	还原型烟酰胺腺嘌呤二核苷酸磷酸
NMP	*N*-methylpyrrolidone	*N*- 甲基吡咯烷酮
NMR	nuclear magnetic resonance	核磁共振
NOAEC	no observed adverse effect concentration	最大无不良作用浓度
NOAEL	no observed adverse effect level	最大无不良作用剂量
NOEC	no observed effect concentration	最大无作用浓度
NOEL	no observed effect level	最大无作用剂量
NPD	nitrogen-phosphorus detector	氮磷检测器
NPV	nuclear polyhedrosis virus	核多角体病毒
NRDC	National Research and Development Corporation (former, of UK)	国家研究和发展总公司
N.V.	Naamloze Vennootschap (Limited)	有限责任大众公司
o.c.	organic carbon	有机碳
OECD	Organisation for Economic Cooperation and Development	经济合作与发展组织
o.m.	organic matter	有机物质
OMS	Organisation Mondiale de la Santé (WHO)	（法语）世界卫生组织
OPPTS	The Office of Prevention, Pesticides and Toxic Substances: Test Methods and Guidelines (USA)	农药及有毒物质预防办公室：测试方法与指南（美国）
PAD	Population Adjusted Dose	种群调整剂量
PDS	phytoene desaturase	八氢番茄红素脱氢酶
pH	-log10 hydrogen ion concentration	氢离子浓度
PIB	polyhedral inclusion body	多面包涵体；多角体
pK_2	-log10 acid dissociation constant	酸离解常数
PMRA	Pest Management Regulatory Agency (Health Canada)	害虫管制局（加拿大卫生部）
PTDI	provisional tolerable daily intake	暂定每日允许摄入量
QSAR	quantitative structure activity relationships	定量构效关系
RfD	Reference Dose (see the Guide to Using the Main Entries, under ADI/RfD)	参考剂量：为日平均接触剂量的估计值，人群（包括敏感亚群）在终生接触该剂量水平化学物的条件下，一生中发生有害效应的危险度可低至不能检出的程度
r.h.	relative humidity	相对湿度
S.A.	Société Anonyme (Company)	股份有限公司
SCFA	Standing Committee on the Food Chain and Animal Health (of European Commission)	（欧盟委员会）食物链与动物健康常务委员会
SD	rats Sprague Dawley rats	斯普拉 - 道来（氏）大鼠

（续表）

缩略语	外文名称	中文名称
SI	International System of Units	国际计量系统
S.p.A.	Societe par Actions (Company)	简化股份公司
tlc	thin-layer chromatography	薄层色谱
TLm	median tolerance limit	忍受极限中浓度（鱼毒）
UDS	unscheduled DNA synthesis assay	程序外 DNA 合成试验
UNEP	United Nations Environment Programme	联合国环境规划署
USDA	United States Department of Agriculture	美国农业部
uv	ultraviolet	紫外光
UV-DA	ultraviolet diode array	紫外线二极管阵列
v.p.	vapour pres	蒸气压
w	week(s)	周
WHO	World Health Organization = OMS	世界卫生组织
WSSA	Weed Science Society of America	美国杂草学会
y	year (s)	年
$[\alpha]_D^t$	specific rotation (degrees) for sodium D lines at temperature t℃	在 t℃温度下对钠光 D 线的比旋光度
λ	wave length	波长

附录三：常见农药机构

机构名称缩写	英文全称	中文全称
BCPC	The British Crop Production Council	英国作物生产委员会
CAC	Codex Alimentarius Commission	国际食品法典委员会
CAPDA	China Association of Pesticide Development & Application	中国农药发展与应用协会
CCPIA	China Crop Protection Industry Association	中国农药工业协会
CCPR	Codex Committee on Pesticide Residues	国际食品法典农药残留委员会
CIESC	The Chemical Industry and Engineering Society of China	中国化学工业与工程学会
CIPAC	Collaborative International Pesticides Analytical Council	国际农药分析协作委员会
EFSA	European Food Safety Authority	欧洲食品安全局
EPA	U. S. Environmental Protection Agency	美国环境保护局
EPPO	European and Mediterranean Plant Protection Organization	欧洲和地中海植物保护组织
FAO	Food and Agriculture Organization of the United Nations	联合国粮食及农业组织
FDA	U.S. Food and Drug Administration	美国食品药品监督管理局
FRAC	Fungicide Resistance Action Committe	国际杀菌剂抗性委员会
GIFAP	International Group of National Associations of Manufacturers of Agrochemical Products	国际农药工业协会联合会
HRAC	The Global Herbicide Resistance Action Committee	除草剂抗性行动委员会
ICAMA	Institute for the Control of Agrochemicals, Ministry of Agriculture and Rural Affairs, P. R. C.	农业农村部农药检定所
IRAC	Insecticide Resistance Action Committee	杀虫剂抗性行动委员会
IUPAC	International Union of Pure and Applied Chemistry	国际纯粹与应用化学联合会
JMPR	Joint FAO/WHO Meeting of Pesticide Residues	FAO 和 WHO 的农药残留专家联席会议
JMPS	Joint FAO/WHO Meeting of Pesticide Standards	FAO 和 WHO 农药标准联席会议
OECD	Organization for Economic Co-operation and Development	经济合作与发展组织
USDA	U.S. Department of Agriculture	美国农业部
WHO	World Health Organization	世界卫生组织

条目标题汉字笔画索引

说明

1. 本索引供读者按条目标题的汉字笔画查检条目。
2. 条目标题按第一字的笔画由少到多的顺序排列。笔画数相同的，按起笔笔形横（一）、竖（丨）、撇（丿）、点（、）、折（乛，包括亅、乚、く等）的顺序排列。第一字相同的，依次按后面各字的笔画数和起笔笔形顺序排列。
3. 以外文字母、罗马数字和阿拉伯数字开头的条目标题，依次排在汉字条目标题的后面。

一画

二画

三画

四画

五画

六画

七画

八画

九画

十画

十一画

十二画

十三画

十四画

十五画

十六画

十七画及以上

字母 数字

条目标题外文索引

说 明

1. 本索引按照条目标题外文的逐词排列法顺序排列。无论是单词条目，还是多词条目，均以单词为单位，按字母顺序、按单词在条目标题外文中所处的先后位置，顺序排列。如果第一个单词相同，再依次按第二个、第三个，余类推。
2. 条目标题外文中英文以外的字母，按与其对应形式的英文字母排序排列。
3. 条目标题外文中如有括号，括号内部分一般不纳入字母排列顺序；条目标题外文相同时，没有括号的排在前；括号外的条目标题外文相同时，括号内的部分按字母顺序排列。
4. 条目标题外文中有罗马数字和阿拉伯数字的，排列时分为两种情况：
①数字前有拉丁字母，先按字母顺排再按数字顺序排列；字母相同时，含有罗马数字的排在阿拉伯数字前。
②以数字开头的条目标题外文，排在条目标题外文索引的最后。

A

B

C

D

E

F

G

H

I

J

K

L

M

N

O

P

Q

R

S

T

U

V

W

X

Y

Z

其他

内容索引

说 明

1. 该索引是本卷条目和条目内容的主题分析索引。索引主题按汉语拼音字母的顺序并辅以汉字笔画、起笔笔形顺序排列。同音同调时按汉字笔画由少到多的顺序排列；笔画数相同时按起笔笔形横（一）、竖（丨）、撇（丿）、点（丶）、折（乛，包括亅、乚、く等）的顺序排列。第一字相同时按第二字，余类推。索引主题以拉丁字母、希腊字母、罗马数字、阿拉伯数字和符号开头的，依次排在全部汉字索引主题之后。
2. 设有条目的主题用黑体字，未设条目的主题用宋体字。
3. 索引主题之后的阿拉伯数字是主题内容所在的页码，数字之后的小写拉丁字母表示索引内容所在的版面区域。本书正文的版面区域划分 4 区，如右图。

a	c
b	d

A

B

C

D

E

F

G

H

J

K

L

M

N

O

P

Q

R

S

T

W

X

Y

Z

外文、数字、其他

CAS 登记号索引

说明

1. 本索引是全书条目内 CAS 登记号的索引。索引主题按登记号由小到大的顺序排列。
2. 索引主题之后的阿拉伯数字是主题内容所在的页码，数字之后的小写拉丁字母表示索引内容所在的版面区域。本书正文的版面区域划分 4 区，如右图。

a	c
b	d

后　记

《中国植物保护百科全书》（以下称《全书》）是国家重点图书出版规划项目、国家辞书编纂出版规划项目，并获得了国家出版基金的重点资助。《全书》共分为《综合卷》《植物病理卷》《昆虫卷》《农药卷》《杂草卷》《鼠害卷》《生物防治卷》《生物安全卷》8卷，是一部全面梳理我国农林植物保护领域知识的重要工具书。《全书》的出版填补了我国植物保护领域百科全书的空白，事关国家粮食安全、生态安全、生物安全战略的工作成果，对促进我国农业、林业生产具有重要意义。

《全书》由时任农业部副部长、中国农业科学院院长李家洋和中国林业科学研究院院长张守攻担任总主编，副总主编为吴孔明、方精云、方荣祥、朱有勇、康乐、钱旭红、陈剑平、张知彬等8位知名专家。8个分卷设分卷编委会，作者队伍由中国科学院、中国农业科学院、中国林业科学研究院等科研院所及相关高校、政府、企事业单位的专家组成。

《全书》历时近10年，篇幅宏大，作者众多，审改稿件标准要求高。3000余名相关领域专家撰稿、审稿，保证了本领域知识的专业性、权威性。中国林业出版社编辑团队怀着对出版事业的责任心和职业情怀，坚守精品出版追求，攻坚克难，力求铸就高质量的传世精品。

在《中国植物保护百科全书》面世之际，要感谢所有为《全书》出版做出贡献的人。

感谢李家洋、张守攻两位总主编，他们总揽全面，确定了《全书》的大厦根基和分卷谋划。8位副总主编对《全书》内容精心设计以及对分卷各分支卓有成效的组织，特别是吴孔明副总主编为推动编纂工作顺利进展付出的智慧和汗水令人钦佩。感谢各分卷主编对编纂工作的责任担当，感谢各分卷副主编、分支负责人、编委会秘书的辛勤努力。感谢所有撰稿人、审稿人克服各种困难，保证了各自承担任务高质量完成。

最后，感谢国家出版基金对此书出版的资助。

《中国植物保护百科全书》项目工作组

2022年5月

《中国植物保护百科全书》

项目工作组

项目总负责人、组长：邵权熙

副 组 长：何增明　贾麦娥

成　　员：（按姓氏拼音排序）

李美芬　李　娜　邵晓娟　盛春玲　孙　瑶
王　全　王思明　王　远　印　芳　于界芬
袁　理　张　东　张　华　郑　蓉　邹　爱

项目组秘书：

袁　理　孙　瑶　王　远　张　华　盛春玲
苏亚辉

审稿人员：（按姓氏拼音排序）

杜建玲　杜　娟　高红岩　何增明　贾麦娥
康红梅　李　敏　李　伟　刘家玲　刘香瑞
沈登峰　盛春玲　孙　瑶　田　苗　王　全
温　晋　肖　静　杨长峰　印　芳　于界芬
袁　理　张　华　张　锴　邹　爱

责任校对：许艳艳　梁翔云　曹　慧

策划编辑：何增明

特约编审：陈英君

书名篆刻：王利明

装帧设计：北京王红卫设计有限公司

设计排版：北京美光设计制版有限公司
中林科印文化发展（北京）有限公司
北京八度印象图文设计有限公司